FATORES PARA CONVERSÃO DE UNIDADES

Grandeza	Valores Equivalentes
Massa	$1 \text{ kg} = 1000 \text{ g} = 0,001$ tonelada métrica $= 2,20462 \text{ lb}_m = 35,27392$ oz $1 \text{lb}_m = 16 \text{ oz} = 5 \times 10^{-4} \text{ t} = 453,593 \text{ g} = 0,453593 \text{ kg}$
Comprimento	$1 \text{ m} = 100 \text{ cm} = 1000 \text{ mm} = 10^6$ mícrons $(\mu m) = 10^{10}$ angstroms (Å) $= 39,37 \text{ in} = 3,2808 \text{ ft} = 1,0936 \text{ yd} = 0,0006214$ milha $1 \text{ ft} = 12 \text{ in} = 1/3 \text{ yd} = 0,3048 \text{ m} = 30,48 \text{ cm}$
Volume	$1 \text{ m}^3 = 1000 \text{ L} = 10^6 \text{ cm}^3 = 10^6 \text{ mL} = 35,3145 \text{ ft}^3$ $= 219,97$ galões imperiais $= 264,17 \text{ gal} = 1056,68$ qt $1 \text{ ft}^3 = 1728 \text{ in}^3 = 7,4805 \text{ gal} = 29,922 \text{ qt} = 0,028317 \text{ m}^3 = 28,317 \text{ L}$
Massa específica	$1 \text{ g/cm}^3 = 1000 \text{ kg/m}^3 = 62,43 \text{ lb}_m/\text{ft}^3$ $=$ massa específica da água líquida a 4 ºC (referência para gravidade específica ou densidade relativa)
Força	$1 \text{ N} = 1 \text{ kg·m/s}^2 = 10^5 \text{ dinas} = 10^5 \text{ g·cm/s}^2 = 0,22481 \text{ lb}_f$ $1 \text{ lb}_f = 32,174 \text{ lb}_m\text{·ft/s}^2 = 4,4482 \text{ N} = 4,4482 \times 10^5 \text{ dinas}$
Pressão	$1 \text{ atm} = 1,01325 \times 10^5 \text{ N/m}^2 \text{ (Pa)} = 101,325 \text{ kPa} = 1,01325 \text{ bar}$ $= 1,01325 \text{ dinas/cm}^2 = 14,696 \text{ lb}_f/\text{in}^2 \text{ (psi)}$ $= 760 \text{ mm de Hg a } 0°\text{C (torr)} = 10,333 \text{ m de H}_2\text{O(l) a } 4°\text{C}$ $= 29,921$ polegadas de Hg a $0°\text{C} = 460,8$ polegadas de $\text{H}_2\text{O(l) a } 4°\text{C}$
Energia	$1 \text{ J} = 1 \text{ N·m} = 10^7 \text{ ergs} = 10^7 \text{ dina·cm} = 1 \text{ kg·m}^2/\text{s}^2$ $= 2,778 \times 10^{-7} \text{ kW·h} = 0,23901 \text{ cal} = 0,23901 \times 10^{-3}$ kcal (calorias dos alimentos) $= 0,7376 \text{ ft·lb}_f = 9,486 \times 10^{-4} \text{ Btu}$
Potência	$1 \text{ W} = 1 \text{ J/s} = 1 \text{ N·m/s} = 0,23901 \text{ cal/s} = 0,7376 \text{ ft·lb}_f/\text{s}$ $= 9,486 \times 10^{-4} \text{ Btu/s} = 1,341 \times 10^{-3} \text{ hp}$

Exemplo: O fator para converter gramas em lb_m é $\left(\dfrac{2,20462 \text{ lb}_m}{1000 \text{ g}} \right)$ ou $\left(\dfrac{1 \text{ lb}_m}{453,593 \text{ g}} \right)$.

CB037131

Princípios Elementares dos Processos Químicos

Grupo
Editorial
Nacional

O GEN | Grupo Editorial Nacional – maior plataforma editorial brasileira no segmento científico, técnico e profissional – publica conteúdos nas áreas de ciências exatas, humanas, jurídicas, da saúde e sociais aplicadas, além de prover serviços direcionados à educação continuada e à preparação para concursos.

As editoras que integram o GEN, das mais respeitadas no mercado editorial, construíram catálogos inigualáveis, com obras decisivas para a formação acadêmica e o aperfeiçoamento de várias gerações de profissionais e estudantes, tendo se tornado sinônimo de qualidade e seriedade.

A missão do GEN e dos núcleos de conteúdo que o compõem é prover a melhor informação científica e distribuí-la de maneira flexível e conveniente, a preços justos, gerando benefícios e servindo a autores, docentes, livreiros, funcionários, colaboradores e acionistas.

Nosso comportamento ético incondicional e nossa responsabilidade social e ambiental são reforçados pela natureza educacional de nossa atividade e dão sustentabilidade ao crescimento contínuo e à rentabilidade do grupo.

4ª EDIÇÃO

Princípios Elementares dos Processos Químicos

Richard M. Felder

Departamento de Engenharia Química e Biomolecular
North Carolina State University
Raleigh, North Carolina

Ronald W. Rousseau

Faculdade de Engenharia Química e Biomolecular
Georgia Institute of Technology
Atlanta, Georgia

Lisa G. Bullard

Departamento de Engenharia Química e Biomolecular
North Carolina State University
Raleigh, North Carolina

Tradução:

Luiz Eduardo Pizarro Borges

Professor da Seção de Engenharia Química
Instituto Militar de Engenharia, IME

ELEMENTARY PRINCIPLES OF CHEMICAL PROCESSES, Fourth Edition
Copyright © 2016, John Wiley & Sons, Inc.
All Rights Reserved. This translation published under license with the original publisher John Wiley & Sons Inc.
ISBN 978-0-470-61629-1

Direitos exclusivos para a língua portuguesa
Copyright © 2018 by
LTC — Livros Técnicos e Científicos Editora Ltda.
Uma editora integrante do GEN | Grupo Editorial Nacional

Reservados todos os direitos. É proibida a duplicação ou reprodução deste volume, no todo ou em parte, sob quaisquer formas ou por quaisquer meios (eletrônico, mecânico, gravação, fotocópia, distribuição na internet ou outros), sem permissão expressa da editora.

Travessa do Ouvidor, 11
Rio de Janeiro, RJ — CEP 20040-040
Tels.: 21-3543-0770 / 11-5080-0770
Fax: 21-3543-0896
ltc@grupogen.com.br
www.grupogen.com.br

Foto da Capa: wit88_|iStockphoto

Fotos da Quarta Capa: (da esquerda para a direita) EzumeImages|iStockphoto; 7activeStudio|iStockphoto; archy13|iStockphoto; bellanatelia|iStockphoto

Editoração Eletrônica: Hera

CIP-BRASIL. CATALOGAÇÃO NA PUBLICAÇÃO
SINDICATO NACIONAL DOS EDITORES DE LIVROS, RJ

F341p
4. ed.
Felder, Richard M.
Princípios elementares dos processos químicos / Richard M. Felder, Ronald W. Rousseau, Lisa G. Bullard ; tradução Luiz Eduardo Pizarro Borges. - 4. ed. - Rio de Janeiro : LTC, 2018.
28 cm.

Tradução de: Elementary principles of chemical processes
Inclui bibliografia e índice

ISBN 978-85-216-3491-1

1. Engenharia química. I. Rousseau, Ronald W. II. Bullard, Lisa G. III. Borges, Luiz Eduardo Pizarro. II. Título.

17-46055.   CDD: 660.2
                                            CDU: 661

Dedicamos este livro aos nossos primeiros e mais importantes professores, os nossos pais: Shirley Felder e Robert Felder, Dorothy Rousseau e Ivy John Rousseau, e Faye Gardner e Bobby Gardner.

Material
Suplementar

Este livro conta com os seguintes materiais suplementares:

- Análise de Processos com Excel: arquivo em formato (.pdf) com instruções para instalação do APEx (acesso livre);
- APEx Tutorial Workbook: planilhas em formato (.xls) (acesso livre);
- APEx - Aplicativo do Excel de análise de processos: Auxilia os estudantes na solução de sistemas de equações algébricas usando a ferramenta Solver do Excel, em inglês (acesso livre);
- APEx: Suplemento do Microsoft Excel (add-in) em inglês (acesso livre);
- Estudos de Caso: arquivo em formato (.pdf) (acesso livre);
- Ilustrações da obra em formato de apresentação em (.pdf) (restrito a docentes);
- Notes to the Instructor: Notas didáticas para o professor em formato (.pdf) em inglês (restrito a docentes);
- Notes with Gaps - Instructor Version: Notas de aulas e exercícios realizados com respostas. Arquivo em formato (.pdf) em inglês (restrito a docentes);
- Sample Responses to a Creativity Exercise: Amostra de resposta para um Exercício de Criatividade em formato (.pdf) em inglês (Seção do livro-texto) (restrito a docentes);
- Solutions Manual: Manual de Soluções em formato (.pdf) em inglês (restrito a docentes);
- Tips for Student Success: Ensaios com dicas para o êxito do aluno em formato (.pdf) em inglês (acesso livre).

O acesso ao material suplementar é gratuito. Basta que o leitor se cadastre em nosso *site* (www.grupogen.com.br), faça seu *login* e clique em GEN-IO, no menu superior do lado direito. É rápido e fácil.

Caso haja alguma mudança no sistema ou dificuldade de acesso, entre em contato conosco (sac@grupogen.com.br).

GEN | Informação Online

GEN-IO (GEN | Informação Online) é o repositório de materiais suplementares e de serviços relacionados com livros publicados pelo GEN | Grupo Editorial Nacional, maior conglomerado brasileiro de editoras do ramo científico-técnico-profissional, composto por Guanabara Koogan, Santos, Roca, AC Farmacêutica, Forense, Método, Atlas, LTC, E.P.U. e Forense Universitária. Os materiais suplementares ficam disponíveis para acesso durante a vigência das edições atuais dos livros a que eles correspondem.

Sobre os Autores

Richard M. Felder é professor emérito Hoechst Celanese de Engenharia Química da North Carolina State University. Graduou-se pela City College of New York, em 1962, e concluiu o Ph.D. em Engenharia Química pela Princeton University em 1966. Trabalhou na Atomic Energy Research Establishment (Harwell, Inglaterra) e no Laboratório Nacional de Brookhaven antes de ingressar no corpo docente da North Carolina State Faculty em 1969. É coautor de *Teaching and Learning STEM: A Practical Guide* (Jossey-Bass, 2016). Responde, ainda, pela autoria e coautoria de mais de 300 artigos sobre engenharia de processos químicos e educação em engenharia, além de ter apresentado como convidado centenas de palestras, *workshops* e cursos de curta duração nessas categorias em conferências, instituições industriais, de pesquisa e universidades nos Estados Unidos e no exterior. Entre os prêmios recebidos, encontram-se o prêmio Global de Excelência em Educação em Engenharia oferecido pela International Federation of Engineering Education Societies (2010, primeiro agraciado), o prêmio pelo conjunto de contribuições em Educação em Engenharia da ASEE (2012, primeiro agraciado), o prêmio pela inovação em educação em Engenharia Chester F. Carlson da ASEE, e o prêmio por contribuições para educação em Engenharia Química Warren K. Lewis do AIChE. Ele é membro da American Society for Engineering Education (ASEE) e recebeu o doutorado honorário da State University of New York e da University of Illinois. Muitas de suas publicações sobre educação podem ser encontradas em <www.ncsu.edu/effective_teaching>.

Ronald W. Rousseau ocupa a cadeira Cecil J. "Pete" Silas em Engenharia Química no Georgia Institute of Technology, onde presidiu a Escola de Engenharia Química e Biomolecular de 1987 a 2014. Graduou-se e concluiu Ph.D. em Engenharia Química pela Louisiana State University (LSU) e um *Docteur Honoris Causa* pelo L'Institut National Polytechnique de Toulouse. Foi eleito membro do Engineering Hall of Distinction da LSU; é editor executivo do periódico *Chemical Engineering Science*, editor de seção da revista *Crystal Growth and Design*, editor consultor da *AIChE Journal*, editor associado da *Journal of Crystal Growth* e editor do *Handbook of Separation Process Technology*. Realiza pesquisas sobre separações concentradas na nucleação e no crescimento dos cristais, e nas aplicações da ciência e tecnologia de cristalização. Recebeu o prêmio AIChE Founders por suas contribuições excepcionais no campo da Engenharia Química do American Institute of Chemical Engineers, o prêmio Warren K. Lewis pelas contribuições para a educação em Engenharia Química, o prêmio Clarence G. Gerhold pelas contribuições no campo de separações químicas. A Divisão de Engenharia Química da ASEE presenteou-o com um prêmio pelo Conjunto de Contribuições, e o Council for Chemical Research selecionou-o para o prêmio Mac Pruitt. É membro tanto do AIChE, como da American Association for the Advancement of Science; foi membro do Conselho de Diretores do AIChE e presidente do Council for Chemical Research.

Lisa G. Bullard é diretora de Estudos de Graduação do Departamento de Engenharia Química e Biomolecular da North Carolina State University, da qual recebeu o prêmio Alumni Distinguished Undergraduate Professor pelo trabalho desenvolvido. Após graduar-se em Engenharia Química na North Carolina State University, em 1986, e obter o Ph.D. em Engenharia Química pela Carnegie Mellon University, em 1991, ocupou cargos de engenharia e gestão na empresa Eastman Chemical, em Kingsport, Tennessee, entre 1991 e 2000. É membro do corpo docente da North Carolina State University desde 2000. Já ganhou inúmeros prêmios, tanto por ensino como por orientação, incluindo o prêmio Raymond W. Fahien da ASEE, o Premier da John Wiley pelos Materiais para Educação em Engenharia, o prêmio de Orientação Universitária da North Carolina State University, o de membro da National Effective Teaching Institute, o de Excelência como Professor Ex-Aluno da North Carolina State University, o George H. Blessis por Excelência na Orientação de Graduação, o prêmio Martin da ASEE, e o de Professor em Meio de Carreira oferecido pela Seção Sudeste da ASEE. Ela é ex-diretora da Divisão de Engenharia Química da ASEE, editora da coluna "Lifelong Learning" na revista *Chemical Engineering Education*, e membro da equipe de planejamento da Escola de Verão de Engenharia Química da ASEE de 2017. Seus interesses de pesquisa concentram-se na área de bolsas de estudos, incluindo a eficácia do ensino e orientação, integridade acadêmica, ensino de projeto de processos, cultura organizacional, e a integração da escrita, fala e computação dentro do currículo.

Prefácio da Quarta Edição

Um curso introdutório de balanço de massa e energia possui tradicionalmente grande relevância no currículo da engenharia química. No nível mais óbvio, ele prepara o estudante para formular e resolver balanços de massa e energia de sistemas de processos químicos e estabelece as bases para cursos subsequentes em termodinâmica, fenômenos de transporte, processos de separação, cinética e projeto dos reatores e dinâmica e controle do processo. Mais fundamentalmente, ele introduz a abordagem de engenharia para resolver problemas relacionados com processos: dividir um processo em seus componentes, estabelecer as relações entre as variáveis conhecidas e desconhecidas do processo, reunir as informações necessárias para resolver as incógnitas usando uma combinação de experimentação, empirismo e aplicação das leis naturais, e, finalmente, colocar essas partes juntas para obter a solução desejada do problema.

Tentamos neste livro realizar cada um desses propósitos. Além disso, ao reconhecer que o curso de balanço de massa e energia é muitas vezes o primeiro encontro real dos estudantes com o que eles acham que pode ser a profissão escolhida por eles, procuramos fornecer no texto uma introdução realista, informativa e positiva para a prática da engenharia química. No primeiro capítulo examinamos áreas em que recém-formados de engenharia química ingressaram e descrevemos a variedade de problemas de pesquisa, projeto e produção que eles poderiam enfrentar. No restante do livro, desenvolvemos sistematicamente a estrutura da análise elementar de processos: definições, medição e cálculo das variáveis de processo, leis de conservação e relações termodinâmicas que governam o desempenho dos processos e propriedades físicas dos materiais de processo que devem ser determinadas a fim de se projetar um novo processo ou analisar e melhorar um já existente.

O processo químico constitui a moldura para a apresentação de todo o material do texto. Quando trazemos conceitos da físico-química, tais como pressão de vapor, solubilidade e capacidade calorífica, os apresentamos como quantidades cujos valores são necessários para determinar variáveis de processo ou para executar cálculos de balanço de massa e energia em um processo. Quando discutimos planilhas e técnicas computacionais, as apresentamos nessa mesma medida de necessidade de conhecimento no contexto da análise do processo.

Não muito aconteceu com as leis de conservação de massa e energia ou os princípios básicos da físico-química desde que a edição mais recente de *Princípios Elementares* apareceu há uma década, então os professores que usaram a terceira edição do livro vão notar algumas mudanças nos textos dos capítulos, embora estas não sejam dramáticas. A maior diferença está nos problemas, que refletem a expansão do escopo da engenharia química durante a existência deste livro, partindo das aplicações quase exclusivamente em química industrial e petroquímica para a inclusão até as de biomédica, bioquímica, biomolecular, ambiental, energia, materiais e segurança. Existem cerca de 350 problemas novos e revisados nos finais dos capítulos nesta edição, muitos dos quais abordam essas áreas diversas. Adicionalmente, foi incorporado todo um novo conjunto de recursos para estudantes e professores, incluindo uma ferramenta baseada em planilha eletrônica que elimina grande parte do trabalho penoso de cálculos de rotina que exigem grandes gastos de tempo e têm pouco valor instrutivo.

Os dois autores das três primeiras edições reconhecem com gratidão as contribuições de colegas e estudantes desde que começaram a trabalhar no livro. Nossos agradecimentos vão para Dick Seagrave e os falecidos Professores John Stevens e David Marsland, que leram o primeiro rascunho da primeira edição e fizeram muitas sugestões para o seu aperfeiçoamento; o nosso chefe de departamento, o falecido Jim Ferrell, que nos deu incentivo inestimável quando nós impetuosamente (alguns podem dizer, tolamente) nos lançamos no livro em nosso terceiro ano como membros do corpo docente; e os nossos colegas ao redor do mundo que nos ajudaram a preparar problemas e estudos de caso e sugeriram melhorias para cada edição sucessiva. Celebramos a disponibilidade dos estudantes da disciplina CHE 205, ministrada no outono de 1973 na North Carolina State University, que tiveram a má sorte de utilizar o rascunho do livro como texto do curso. Agradecemos também aos estudantes de graduação e pós-graduação da North Carolina State University que ajudaram a preparar os manuais de solução, e aos muitos alunos tanto da North Carolina State University como da Georgia Tech cujo trabalho foi apontar erros no texto. Sabemos que eles o fizeram devido ao senso de responsabilidade profissional, em vez de por uma motivação financeira.

Os três autores desta edição agradecem aos nossos colegas que contribuíram com ideias para problemas de final de capítulo em áreas de expertise distantes das nossas, cujos nomes estão indicados em notas de rodapé. Somos particularmente gratos a Stephanie Farrell, Mariano Savelski e Stewart Slater, da Rowan University, por contribuírem com vários problemas excelentes extraídos de uma biblioteca de problemas de engenharia farmacêutica (veja <*www. PharmaHUB.org*>). O apoio ao desenvolvimento da biblioteca foi fornecido por uma concessão da National Science Foundation por meio do Engineering Research Center for Structured Organic Particulate Systems, ECC0540855.

O apoio ao desenvolvimento dos problemas sobre escalar o Kilimanjaro foi fornecido por concessões do National Science Foundation por intermédio da Division of Undergraduate Education, conceções números 0088437 e 1140631. Estes problemas foram contribuições de Stephanie Farrell, da Rowan University.

Nossos sinceros agradecimentos vão também para Emma Barber, Michael Burroughs, Andrew Drake, David Hurrelbrink, Samuel Jasper, Michael Jones, William Kappler, Katie Kirkley, Manami Kudoh, George Marshall, Jonathan Mihu, Adam Mullis, Kaitlyn Nilsen, Cailean Pritchard, Jordan Shack, Gitanjali Talreja e Kristen Twidt, que contribuíram para o desenvolvimento e teste do conteúdo *online* e do manual de solução da quarta edição, e especialmente para Karen Uffalussy, que meticulosamente leu cada frase e equação no manuscrito e pegou um número assustador de erros, alguns dos quais remonta à primeira edição.

Finalmente, agradecemos aos nossos colegas da Wiley, Dan Sayre e Jenny Welter, por sua ajuda em trazer esta e as edições anteriores à existência; Rebecca, Sandra e Michael por muitos anos de encorajamento e apoio infalíveis; e à falecida magnífica Mary Wade, que sem reclamar e com grande bom humor digitou revisão após revisão da primeira edição, até que os autores, incapazes de suportar mais, declaram o livro pronto.

RMF
RWR
LGB

Notas aos Professores

Cobertura dos tópicos

A organização deste livro foi planejada para fornecer a flexibilidade necessária para acomodar turmas com formações diversas dentro do escopo de um curso de um semestre ou dois trimestres.* Acreditamos que cursos semestrais, nos quais a maior parte dos alunos têm os conhecimentos tradicionais do primeiro ano de engenharia, devem cobrir a maior parte dos primeiros nove capítulos e os cursos trimestrais devem cobrir os Capítulos 1 a 6. Os alunos que já viram análise dimensional e correlação elementar de dados podem pular o Capítulo 2, e os alunos cujos cursos de química forneceram uma cobertura detalhada das definições de variáveis de processo e o uso sistemático de unidades para descrever e analisar processos químicos podem omitir o Capítulo 3. O tempo ganho com estes cortes pode ser usado para cobrir seções adicionais nos Capítulos 4 a 9 ou para adicionar o Capítulo 10 sobre balanços transientes.

Ensinando e promovendo uma abordagem sistemática para análise de processos

Verificamos consistentemente que a chave para o sucesso do estudante neste curso é abordar os problemas de forma sistemática: desenhando e rotulando fluxogramas, contando os graus de liberdade para se certificar de que os problemas podem ser resolvidos, e formulando estratégias de solução antes de fazer quaisquer cálculos. Descobrimos também que os alunos são notavelmente resistentes a este processo, preferindo lançar-se diretamente na escritura de equações, na esperança de que, mais cedo ou mais tarde, uma solução vai surgir. Os alunos que fazem a transição para a abordagem sistemática geralmente vão bem, enquanto aqueles que continuam a resistir a ela ficam reprovados com frequência.

Em nossa experiência, o único modo de os alunos aprenderem a usar essa abordagem é praticando-a repetidamente. Centenas de problemas nos finais dos capítulos do livro são estruturados para permitir esta prática. Programas de tarefas representativos são fornecidos nas fontes para os professores, e existe duplicação suficiente de tipos de problemas para que os programas variem de forma considerável de um curso para outro.

Suporte para uma ampla gama de resultados de aprendizagem do curso

A maioria dos problemas do livro concentra-se na formulação e resolução de problemas básicos de balanços de massa e energia, como deve ser. Todavia, nem todos eles, pois muitos exercícios concentram-se em objetivos de aprendizagem que extrapolam as habilidades analíticas de resolução de problemas, o que inclui o desenvolvimento de habilidades de pensamento crítico e criativo e a compreensão dos contextos industriais e sociais de muitos dos processos tratados pelos problemas de final de capítulo. (Todos estes resultados de aprendizagem, podemos acrescentar, coincidem com os definidos pelos Critérios de Engenharia ABET.) Alguns desses exercícios estão incluídos nos problemas e outros estão divididos em "exercícios de criatividade" e "exercícios de explorar e descobrir".

Encorajamos os professores a usar esses exercícios como pontos focais nas atividades em sala de aula, incluí-los em tarefas de casa e colocar exercícios semelhantes em testes após a resolução exaustiva de muitos deles. Esses exercícios podem transmitir aos alunos uma noção das possibilidades desafiadoras e intelectualmente estimulantes vivenciadas em uma carreira de engenharia química, talvez a tarefa mais importante que um curso introdutório pode proporcionar.

---

*O autor se refere à periodização de cursos universitários do sistema educacional norte-americano. (N.E.)

Posfácio:
Introdução a um Autor

Muitos dos professores e estudantes que usaram este livro não conseguem informar o título dele sem consultar a capa. Isso porque desde a publicação da primeira edição, em 1978, a referência a ele tem sido como o livro de "Felder e Rousseau". É comum usar o sobrenome dos autores para se referir a livros didáticos e isso se tornou tão corriqueiro para este livro que um dos autores costuma ocasionalmente em apresentações informar ao público que seu primeiro nome é Ronald, não Felderand. Então, sabendo ou não o título, se você já fez uso dele antes, deve ter provavelmente notado que a lista de autores se metamorfoseou nesta edição para FeldereRousseaueBullard.

Quem é Bullard, você pode estar se perguntando. Antes de apresentarmos formalmente Lisa, vamos contar-lhe uma historinha. Começamos a produzir este livro quando éramos jovens professores-assistentes não efetivos. Isso foi em 1972. No momento em que iniciamos a produção da quarta edição, já não éramos mais professores não efetivos tampouco assistentes, e você pode fazer a conta para o quão "jovens" estamos. Concordamos que nossas carreiras e interesses seguiram direções distintas, e que se houver edições posteriores a esta, alguém teria de desempenhar um papel mais importante na sua elaboração. Fazia sentido trazer essa pessoa para trabalhar conosco e ajudar-nos a garantir uma transição suave nas futuras edições.

Rapidamente rascunhamos uma lista de atributos desejáveis para o nosso futuro coautor. Queríamos encontrar um excelente professor com uma grande experiência no ensino de balanços de massa e energia; um engenheiro experiente, com conhecimento sólido tanto na ciência como na arte prática de engenharia química; e um bom escritor, que pudesse continuar o trabalho por muito tempo após os autores originais decidirem se dedicar integralmente aos filhos, netos, bons livros, peças de teatro, óperas, comidas e vinhos excelentes, e estadias ocasionais em hotéis cinco estrelas nos lugares paradisíacos mundo afora. (Preste a atenção, você tem as suas fantasias, nós temos as nossas.)

Encontramos alguns excelentes candidatos, e então chegamos a Lisa Bullard e encerramos nossa busca. Lisa reunia todos esses atributos, assim como era a melhor orientadora acadêmica que seu coautor da North Carolina State University tinha visto ou ouvido falar; autora de artigos e apresentadora de seminários e workshops nacionais e internacionais sobre o ensino e orientação eficazes. E, assim, a convidamos para integrar nossa equipe, e ela aceitou. Sorte a nossa. E a sua também.

Felder & Rousseau

Nomenclatura

As variáveis listadas serão expressas em unidades SI para fins ilustrativos, mas podem ser igualmente expressas em quaisquer unidades dimensionalmente consistentes.

a, b, c, d	Constantes arbitrárias ou coeficientes de uma expressão polinomial para a capacidade calorífica, como aquelas listadas no Apêndice B.2.
$C_p[\text{kJ}/(\text{mol} \cdot \text{K})]$, $C_v[\text{kJ}/(\text{mol} \cdot \text{K})]$	Capacidades caloríficas a pressão constante e volume constante, respectivamente.
E_k (kJ), $\dot{E}_k$ (kJ/s)	Energia cinética, taxa de transporte de energia cinética por uma corrente de processo.
E_p (kJ), $\dot{E}_p$ (kJ/s)	Energia potencial, taxa de transporte de energia potencial por uma corrente de processo.
f	Conversão fracionária.
$\hat{F}$ (kJ/mol)	Perda por atrito.
$g(\text{m/s}^2)$	Aceleração da gravidade, igual a 9,8066 m/s^2 ou 32,174 ft/s^2 ao nível do mar.
H(kJ), $\dot{H}$ (kJ/s), $\hat{H}$(kJ/mol)	Entalpia de um sistema (H), taxa de transporte de entalpia por uma corrente de processo ($\dot{H}$), entalpia específica ($\hat{H}$). $\hat{H} = \hat{U} + P\hat{V}$, todas elas determinadas em relação a um estado de referência especificado.
m(kg), $\dot{m}$(kg/s)	Massa (m) ou vazão mássica ($\dot{m}$) de uma corrente de processo ou de um componente de uma corrente.
M(g/mol)	Peso molecular de uma espécie.
n(mol), $\dot{n}$(mol/s)	Número de mols (n) ou vazão molar ($\dot{n}$) de uma corrente de processo ou de um componente de uma corrente.
p_A(atm)	Pressão parcial da espécie A em uma mistura de espécies gasosas, $= y_A P$.
$p_A^*(T)$(atm)	Pressão de vapor da espécie A à temperatura T.
P(atm)	Pressão total de um sistema. A não ser que seja explicitamente dito o contrário, admita que P é a pressão absoluta e não relativa.
P_c(atm)	Pressão crítica. Os valores desta propriedade são listados na Tabela B.1.
P_r	Pressão reduzida. Razão entre a pressão do sistema e a pressão crítica, P/P_c.
Q(kJ), $\dot{Q}$(kJ/s)	Calor total transferido a ou de um sistema (Q), taxa de transporte de calor a ou de um sistema ($\dot{Q}$). Q é definido como positivo se o calor é transferido ao sistema.
$R[\text{kJ}/(\text{mol} \cdot \text{K})]$	Constante dos gases, dada em diferentes unidades na capa interna traseira deste livro, (GA).
MCNH, LNH, PCNH	Abreviações para metros cúbicos normais por hora [m^3(CNTP)/h], litros normais por hora [L(CNTP)/h] e pés cúbicos normais por hora [ft^3(CNTP)/h], respectivamente; a vazão volumétrica de uma corrente gasosa se a corrente é trazida da sua temperatura e pressão reais às condições normais de temperatura e pressão (CNTP) (0°C e 1 atm).
DR	Densidade relativa, ou a razão entre a massa específica de uma espécie e a massa específica de uma espécie de referência. A abreviação é usada sempre para líquidos e sólidos neste texto, e usualmente refere-se às espécies para as quais a densidade relativa aparece listada na Tabela B.1.
t(s)	Tempo.

$T(K)$	Temperatura.
T_m, T_b, $T_c(K)$	Temperatura do ponto de fusão, temperatura do ponto de ebulição e temperatura crítica, respectivamente. Os pontos de ebulição e de fusão *normais* são os valores dessas propriedades à pressão de uma atmosfera. Os valores destas propriedades aparecem listados na Tabela B.1.
T_r	Temperatura reduzida. Razão entre a temperatura do sistema e a temperatura crítica, T/T_c.
$u(m/s)$	Velocidade.
$U(kJ)$, $\dot{U}(kJ/s)$, $\hat{U}(kJ/mol)$	Energia interna de um sistema (U), taxa de transporte de energia interna por uma corrente de processo ($\dot{U}$), energia interna específica ($\hat{U}$), todas elas relativas a um estado de referência especificado.
$v_A\,(m^3)$	Volume do componente puro da espécie A em uma mistura de espécies gasosas, $= y_A V$.
$V(m^3)$, $\dot{V}(m^3/s)$, $\hat{V}(m^3/mol)$	Volume (V) de um fluido ou de uma unidade de processo, vazão volumétrica ($\dot{V}$) de uma corrente de processo, volume específico ($\hat{V}$) de um material do processo.
$W(kJ)$, $\dot{W}_s(kJ/s)$	Trabalho transferido a ou de um sistema (W), taxa de transporte de trabalho de eixo a ou de um sistema de processo contínuo ($\dot{W}_s$). W é definido como positivo (neste texto) se o trabalho é transferido de um sistema para as suas vizinhanças.
x, y, z	Fração mássica ou fração molar de uma espécie em uma mistura (normalmente usam-se subscritos para identificar a espécie). Em sistemas líquido-vapor, x normalmente representa a fração no líquido e y representa a fração na fase vapor. z pode também significar o fator de compressibilidade de um gás.

LETRAS GREGAS

Δ	Em sistemas fechados (batelada) ΔX representa a diferença $X_{final} - X_{inicial}$, em que X é qualquer propriedade do sistema. Em sistemas abertos (contínuos), $\Delta\dot{X}$ representa a diferença $\dot{X}_{saída} - \dot{X}_{entrada}$.
$\Delta\hat{H}_c^\circ(kJ/mol)$	Calor padrão de combustão, a variação de entalpia quando um g-mol de uma espécie a 25°C e 1 atm sofre combustão completa e os produtos estão à mesma temperatura e pressão. Calores padrão de combustão estão listados na Tabela B.1.
$\Delta\hat{H}_f^\circ(kJ/mol)$	Calor padrão de formação, a variação de entalpia quando um g-mol de uma espécie a 25°C e 1 atm é formada a partir dos seus elementos nos seus estados em que ocorrem naturalmente (por exemplo, H_2, O_2). Calores padrão de formação estão listados na Tabela B.1.
$\Delta\hat{H}_m(T, P)\,(kJ/mol)$	Calor de fusão à temperatura T e pressão P, a variação de entalpia quando um g-mol de uma espécie passa de sólido para líquido, a temperatura e pressão constantes. Calores de fusão a 1 atm e o ponto de fusão normal são listados na Tabela B.1.
$\Delta\hat{H}_v(T, P)\,(kJ/mol)$	Calor de vaporização a temperatura T e pressão P, a variação de entalpia quando um g-mol de uma espécie passa de líquido para vapor, a temperatura e pressão constantes. Calores de vaporização a 1 atm e o ponto de ebulição normal estão listados na Tabela B.1.
$\Delta H_r(T)\,(kJ)$	Calor de reação, a variação de entalpia quando quantidades estequiométricas de reagentes a uma temperatura T reagem completamente a temperatura constante.
$\nu_A(mol)$, $\dot{\nu}_A(mol/s)$	Coeficiente estequiométrico da espécie A em uma reação química, definido como positivo para produtos e negativo para reagentes. Para $N_2 + 3H_2 \rightarrow 2NH_3$, $\nu_{N_2} = -1$ mol, $\nu_{H_2} = -3$ mols, $\nu_{NH_3} = 2$ mols.

ξ	Extensão da reação. Se n_{A0}(mols) da espécie reativa A estão inicialmente presentes em um reator e n_A(mols) estão presentes algum tempo após, então a extensão da reação neste momento é $\xi = (n_{A0} - n_A)/v_A$, em que v_A (mol A) é o coeficiente estequiométrico de A na reação. Se A é um produto cujo coeficiente estequiométrico é 2, então v_A na equação para ξ será 2 mols de A; se A é um reagente, então v_A será -2 mols de A. Em um sistema contínuo, n_A e v_A seriam substituídos por $\dot{n}_A$ (mol A/s) e $\dot{v}_A$ (mol A/s). O valor de ξ é o mesmo, independentemente de qual reagente ou produto é escolhido como espécie A.
$\rho(kg/m^3)$	Massa específica.

OUTROS SÍMBOLOS

˙ (por exemplo, $\dot{m}$)	Vazão, como vazão mássica.
ˆ (por exemplo, $\hat{U}$)	Propriedade específica, como energia interna específica.
( )	Parênteses são usados para expressar uma dependência funcional, como $p^*(T)$, que significa uma pressão de vapor que depende da temperatura, e também para indicar as unidades das variáveis, como $m(g)$, que significa uma massa em gramas. Cada um dos usos pode normalmente distinguir-se facilmente pelo contexto.

Glossário de Termos de Processos Químicos

Absorção Um processo no qual uma mistura gasosa é posta em contato com um solvente líquido e um componente (ou vários) do gás se dissolve no líquido. Em uma *coluna de absorção* ou *torre de absorção* (ou simplesmente *absorvedor*), o solvente entra pelo topo da coluna, escoa para baixo e sai pelo fundo, enquanto o gás entra pelo fundo, escoa para cima (em contato com o líquido) e sai pelo topo.

Adiabático Termo aplicado a um processo no qual nenhum calor é transferido entre o sistema do processo e as suas vizinhanças.

Adsorção Um processo no qual uma mistura líquida ou gasosa entra em contato com um sólido (o *adsorvente*) e um componente da mistura (o *adsorbato*) adere à superfície do sólido.

Barômetro Um dispositivo que mede a pressão atmosférica.

Bomba Um dispositivo usado para impulsionar um líquido ou uma lama de um local para outro, normalmente através de uma tubulação.

Caldeira Uma unidade de processo na qual tubos passam através de uma fornalha de combustão. A *água de alimentação* circula pelos tubos e o calor transferido dos produtos quentes da combustão através das paredes dos tubos converte a água de alimentação em vapor.

Calibração (de um instrumento para a medição de uma variável de processo) É um procedimento no qual um instrumento é usado para medir vários valores independentes de variáveis de processo, e é traçada uma *curva de calibração* dos valores conhecidos das variáveis *versus* a leitura correspondente do instrumento. Uma vez que o instrumento esteja calibrado, as leituras obtidas com ele podem ser convertidas em valores equivalentes da variável de processo diretamente da curva de calibração.

Calor Energia transferida entre um sistema e as suas vizinhanças como consequência de uma diferença de temperatura. O calor flui sempre da temperatura maior para a menor. É definido convencionalmente como positivo quando flui para um sistema a partir de suas vizinhanças.

Catalisador Uma substância que aumenta significativamente a taxa de uma reação química, embora não seja nem um reagente nem um produto.

Compressor Um dispositivo que aumenta a pressão de um gás.

Condensação Um processo no qual um gás é resfriado e/ou comprimido, provocando a liquefação de um ou mais dos seus componentes. Os gases não condensados e o *condensado* líquido deixam o condensador como correntes separadas.

Cristalização Um processo no qual uma solução líquida é resfriada ou o solvente é evaporado até que se formem cristais sólidos de soluto. Os cristais na *lama* (suspensão de sólidos em um líquido) que sai do cristalizador podem subsequentemente ser separados do líquido em um filtro ou em uma centrífuga.

Decantador Um dispositivo no qual duas fases líquidas ou uma fase líquida e uma fase sólida são separadas por gravidade.

Destilação Um processo no qual uma mistura de duas ou mais espécies químicas alimenta uma coluna vertical, que pode conter uma série de pratos horizontais espaçados verticalmente ou um recheio sólido através do qual o fluido pode escoar. Misturas líquidas dos componentes da alimentação escoam para baixo, enquanto misturas gasosas escoam para cima. Através da coluna acontecem o contato entre as fases, a condensação parcial do vapor e a vaporização parcial do líquido. O vapor fluindo para cima se torna progressivamente mais rico nos componentes mais voláteis da alimentação, enquanto o líquido fluindo para baixo se torna mais rico nos componentes menos voláteis. O vapor que sai pelo topo da coluna é condensado: parte dele é retirado como *produto de topo* e o resto é reciclado para a coluna como *refluxo*, constituindo-se na corrente líquida que flui para baixo. O líquido que sai pelo fundo da coluna é parcialmente vaporizado: o vapor é reciclado para a coluna como *boilup*, constituindo-se na corrente de vapor que flui para cima, e o líquido residual é retirado como *produto de fundo*.

Energia interna (U) A energia total das moléculas individuais em um sistema (diferente das energias cinética e potencial do sistema como um todo). U é uma função forte da temperatura, da fase e da estrutura molecular, e uma função fraca da pressão (é independente da pressão para gases ideais). O seu valor absoluto não pode ser determinado, de forma que é sempre expresso em relação a um estado de referência no qual é definido como zero.

Entalpia (H) Propriedade de um sistema definida como $H = U + PV$, em que U = energia interna, P = pressão absoluta e V = volume do sistema.

Evaporação (vaporização) Um processo no qual um líquido puro, uma mistura líquida ou um solvente em uma solução evapora.

Extração (extração líquida) Um processo no qual uma mistura líquida de duas espécies (o *soluto* e o *solvente da alimentação*) é posta em contato, em um misturador, com um terceiro líquido (o *solvente*) que é imiscível ou quase imiscível com o solvente da alimentação. Quando os líquidos são misturados, o soluto se transfere do solvente da alimentação para o solvente. A mistura final é deixada em repouso, formando duas fases que são logo separadas por gravidade em um decantador.

Fator de compressibilidade, z $z = PV/nRT$ para um gás. Se $z = 1$, então $PV = nRT$ (a equação de estado do gás ideal) e o gás se comporta de forma ideal.

Filtração Um processo no qual uma *lama* de partículas sólidas (muitas vezes cristais) suspensas em um líquido passa através de um meio poroso. A maior parte do líquido passa através do meio (por exemplo, um filtro) para formar o *filtrado*, e os sólidos e algum líquido são retidos no filtro, formando a *torta de filtro*. A filtração pode também ser usada para separar sólidos ou líquidos de gases.

Gás de chaminé O produto gasoso que sai de uma fornalha de combustão.

Graus de liberdade Quando aplicado a um processo geral, refere-se à diferença entre o número de variáveis do processo desconhecidas e o número de equações que relacionam estas variáveis; o número de variáveis desconhecidas cujos valores devem ser especificados antes que os valores restantes possam ser calculados. Quando aplicado a um sistema em equilíbrio, refere-se ao número de variáveis intensivas do sistema cujos valores devem ser especificados antes que os valores restantes possam ser calculados. Os graus de liberdade neste segundo sentido são determinados usando a Regra das Fases de Gibbs.

Lavador de gases (*scrubber*) Uma coluna de absorção projetada para remover um componente indesejável de uma corrente gasosa.

Membrana Uma fina película líquida ou sólida através da qual uma ou mais espécies em uma corrente de processo podem permear.

Percentagem em volume (%v/v) Para misturas líquidas, a percentagem do volume total ocupada por um componente em particular; para gases ideais, o mesmo que percentagem molar. Para gases não ideais, a percentagem em volume não tem nenhum significado físico importante.

Ponto de bolha (de uma mistura de líquidos a uma pressão dada) A temperatura na qual aparece a primeira bolha de vapor quando a mistura é aquecida.

Ponto de ebulição (a uma pressão dada) Para uma espécie pura, é a temperatura na qual o líquido e o vapor podem coexistir em equilíbrio à pressão dada. Quando aplicado ao aquecimento de uma mistura de líquidos exposta a um gás à pressão dada, é a temperatura na qual a mistura começa a ferver.

Ponto de orvalho (de uma mistura gasosa a uma pressão dada) A temperatura na qual aparece a primeira gota de líquido quando a mistura é resfriada a pressão constante.

Pressão crítica, P_c A pressão mais elevada na qual podem coexistir as fases líquida e vapor para uma espécie química.

Pressão de vapor A pressão na qual um líquido puro A pode coexistir com seu vapor a uma temperatura dada. Neste livro, as pressões de vapor podem ser determinadas a partir de dados tabelados (Tabelas B.3 e B.5 a B.7 para água), da equação de Antoine (Tabela B.4).

Produto de fundo O produto que sai pelo fundo de uma coluna de destilação. O produto de fundo é relativamente rico nos componentes menos voláteis da alimentação da coluna.

Produto de topo O produto que sai pelo topo de uma coluna de destilação. O produto de topo é relativamente rico nos componentes mais voláteis da alimentação da coluna.

Retificação (*stripping*) Um processo no qual um líquido contendo um gás dissolvido flui para baixo em uma coluna e um gás (gás de retificação) flui para cima em condições tais que o gás dissolvido deixa a solução e é carregado pelo gás de retificação.

Secagem Um processo no qual um sólido molhado é aquecido ou posto em contato com uma corrente de gás quente, causando a evaporação de parte ou de todo o líquido que molha o sólido. O vapor e o gás no qual o primeiro evapora saem do secador como uma única corrente gasosa, e o sólido e o líquido residual saem como uma segunda corrente.

Temperatura crítica, T_c A temperatura mais elevada na qual as fases líquida e vapor podem coexistir para uma espécie química. A temperatura e pressão críticas, coletivamente denominadas como *constantes críticas*, estão listadas para várias espécies na Tabela B.1.

Trabalho Energia transferida entre um sistema e as suas vizinhanças como consequência do movimento contra uma força resistiva, eletricidade ou radiação, ou qualquer outra força motriz, exceto uma diferença de temperatura. Neste livro, trabalho é definido como positivo se ele flui para um sistema a partir de suas vizinhanças.

Trabalho do eixo Todo o trabalho transferido entre um sistema contínuo e as suas vizinhanças fora aquele feito por ou sobre o fluido na entrada e na saída do sistema.

Trocador de calor Uma unidade de processo através da qual duas correntes fluidas a diferentes temperaturas escoam pelos lados opostos de uma barreira metálica (por exemplo, um feixe de tubos metálicos). O calor é transferido da corrente de maior temperatura através da barreira para a corrente de menor temperatura.

Vaporização *flash* Um processo no qual uma alimentação líquida a alta pressão é exposta subitamente a uma pressão menor, provocando uma vaporização parcial. O vapor produzido é rico nos componentes mais voláteis e o líquido residual é rico nos componentes menos voláteis.

Sumário

PARTE 1

Análise de Problemas de Engenharia

CAPÍTULO 1

O que Alguns Engenheiros Químicos Fazem da Vida

No último mês de maio,[1] os formandos de engenharia química de uma grande universidade fizeram a sua última prova final, foram a sua festa de formatura, viraram suas borlas e jogaram seus chapéus de graduação no ar, aproveitaram suas festas de despedida, despediram-se uns dos outros prometendo fielmente ficar em contato e se dispersaram em uma impressionante variedade de direções geográficas e carreiras.

Já que você comprou este livro, provavelmente está pensando em seguir os passos desses recém-formados — passar os próximos anos aprendendo a ser um engenheiro químico e possivelmente os próximos 40 aplicando o que você aprendeu. Mesmo assim, é quase certo que, como a maior parte dos seus colegas, você tem apenas uma ideia limitada do que é ou do que faz um engenheiro químico. Portanto, uma forma lógica de começar este livro seria com uma definição precisa da engenharia química.

Infelizmente, não existe uma definição universalmente aceita da engenharia química, e quase nenhum tipo de atividade que você possa pensar está sendo desenvolvida em algum lugar por pessoas que foram treinadas como engenheiros químicos. Fornecer uma definição se tornou ainda mais difícil recentemente, pois os departamentos de engenharia química das universidades transformaram-se em departamentos de engenharia química e biomolecular ou engenharia química e de materiais ou engenharia química e ambiental. Portanto, vamos abandonar a ideia de formular uma definição simples e, em vez disso, vamos dar uma olhada no que aqueles recém-formados fizeram, seja imediatamente após a formatura ou depois de umas merecidas férias. Também vamos fazer algumas especulações sobre o que eles poderiam fazer anos depois de concluir a graduação, com base em nossas experiências com alunos das classes anteriores. Considere estes exemplos e veja se algum deles soa como o tipo de carreira que você gostaria de seguir.[2]

- Cerca de 45% da turma foram trabalhar para firmas fabricantes de produtos químicos, petroquímicos, polpa e papel e polímeros (plásticos).

- Outros 35% foram trabalhar em agências governamentais e firmas de consultoria e projeto (muitas delas especializadas em legislação ambiental e controle da poluição), empresas em campos como a microeletrônica e de tecnologia da informação que não eram tradicionalmente associadas à engenharia química e empresas especializadas em áreas emergentes como a biotecnologia e o desenvolvimento sustentável (desenvolvimento que aborda considerações econômicas, ecológicas, culturais e políticas).

- Cerca de 10% passaram diretamente para a pós-graduação em engenharia química. Os candidatos ao mestrado aprofundarão o seu conhecimento nas áreas tradicionais da engenharia química (termodinâmica, projeto e análise de reatores químicos, dinâmica dos fluidos, transferência de calor e massa, e controle e projeto de processos químicos), e áreas emergentes como a biotecnologia, biomedicina, ciência e engenharia dos materiais, nanotecnologia e desenvolvimento sustentável. Eles terão acesso à maioria dos empregos disponíveis aos detentores de grau de bacharel, mais empregos nessas áreas emergentes que exigem formação adicional. Os candidatos ao doutorado terão uma formação mais avançada e trabalharão em grandes projetos de pesquisa, e em quatro ou cinco anos a maior parte deles defenderá a sua tese e irá para pesquisa e desenvolvimento industrial ou para o corpo docente de uma universidade.

- Um pequeno número foi atraído para o empreendedorismo e dentro de poucos anos, após a graduação, essas pessoas vão começar suas próprias empresas em áreas que podem não ter nada a ver com sua formação na faculdade.

---

[1] Nos Estados Unidos, o ano escolar vai de setembro a maio, com férias de verão durante os meses de junho, julho e agosto. (N.T.)
[2] Deve ser levado em conta que os autores se referem aqui à realidade do mercado de trabalho nos Estados Unidos. No Brasil, a situação é bastante diferente. (N.T.)

- Os restantes 10% da classe foi para a pós-graduação em áreas outras que a de engenharia, descobrindo que sua formação em engenharia química os fez fortemente competitivos para a admissão nas melhores universidades. Vários que cursaram eletivas em biologia em seus programas de graduação foram para a faculdade de medicina. Outros foram para a faculdade de direito, planejando entrar em direito de patentes ou empresarial, e outros ainda se matricularam em programas de MBA com o objetivo de entrar para a área de gestão na indústria.

- Uma das recém-formadas juntou-se aos Corpos de Paz para um período de dois anos na África Oriental ajudando comunidades locais a desenvolver sistemas de tratamento de esgoto e ensinando ciências e inglês em uma escola rural. Quando ela retornar, cursará um programa de doutorado em engenharia ambiental, entrará para o quadro docente de uma faculdade de engenharia química, escreverá um livro definitivo sobre as aplicações ambientais dos princípios da engenharia química, progredirá rapidamente até se tornar professora titular, se demitirá depois de dez anos para concorrer ao Senado dos Estados Unidos, será eleita por dois mandatos e finalmente se tornará presidente de uma grande e altamente bem-sucedida fundação privada dedicada à melhoria da educação em comunidades economicamente prejudicadas. Ela atribuirá o sucesso da sua carreira às habilidades de resolução de problemas que adquiriu no seu curso de graduação em engenharia química.

- Em vários momentos das suas carreiras, alguns dos engenheiros trabalharão em laboratórios químicos, bioquímicos, biomédicos ou de ciência dos materiais, fazendo pesquisa e desenvolvimento ou engenharia de qualidade; em terminais de computador, projetando processos, produtos e sistemas de controle; em atividades de campo, administrando a construção e a partida de plantas químicas; na planta de produção, supervisionando, resolvendo problemas e melhorando a operação; na rua, prestando serviços de assistência e vendas técnicas; em escritórios executivos, realizando funções administrativas; em agências do governo responsáveis pela saúde e segurança ambiental e ocupacional; em hospitais e clínicas, praticando medicina ou engenharia biomédica; em escritórios de advocacia, especializando-se em patentes de processos químicos; em salas de aula, ensinando a próxima geração de estudantes.

As carreiras descritas neste capítulo são claramente muito diferentes para serem agrupadas em uma única categoria. Elas envolvem áreas como física, química, biologia, ciência ambiental, medicina, direito, matemática aplicada, estatística, tecnologia da informação, economia, pesquisa, projeto, construção, vendas e assistência técnica, supervisão de produção e administração de negócios. A única característica comum é que os engenheiros químicos podem se encaixar em todas elas. Parte do conhecimento específico necessário para realizar estas tarefas será apresentado mais adiante, dentro do currículo de engenharia química, e a maior parte deverá ser aprendida depois da formatura. Existem, no entanto, técnicas básicas que têm sido desenvolvidas para a formulação e ataque de problemas técnicos que se aplicam a uma ampla gama de disciplinas. Quais são algumas dessas técnicas e como e quando usá-las são os tópicos deste livro.

Introdução a Cálculos de Engenharia

O Capítulo 1 sugere o amplo espectro dos problemas abrangidos pela engenharia química,[1] tanto em áreas tradicionais de processos químicos quanto em áreas relativamente novas, como engenharia ambiental, engenharia biomédica ou produção de semicondutores. As diferenças entre os sistemas mencionados neste capítulo — processos de produção de substâncias químicas, laboratórios de engenharia genética, órgãos de controle de poluição e outros — são óbvias. Neste livro, examinaremos as semelhanças.

Uma semelhança é que todos os sistemas descritos envolvem **processos** projetados para transformar matéria-prima nos produtos desejados. Muitos dos problemas levantados por ocasião do projeto de um novo processo ou da análise de um processo já existente são de um certo tipo: dadas as quantidades e propriedades da matéria-prima, calcular as quantidades e propriedades dos produtos, ou vice-versa.

O objetivo deste texto é apresentar uma abordagem sistemática para a solução deste tipo de problema. Este capítulo contém técnicas básicas para expressar os valores das variáveis do sistema e para estabelecer e resolver as equações que relacionam estas variáveis. No Capítulo 3, discutiremos as variáveis de interesse específico na análise de processos — temperaturas, pressões, composições químicas e quantidades ou vazões das correntes do processo —, descrevendo como elas são definidas, calculadas e, em alguns casos, medidas. As Partes 2 e 3 deste livro tratam das leis de conservação da massa e energia, que relacionam as entradas e as saídas dos sistemas de produção, das plantas de energia elétrica e do corpo humano. As leis da natureza constituem a estrutura subjacente a todo o projeto e análise de processos; incluindo as técnicas que nós apresentamos no livro.

2.0 OBJETIVOS DE APRENDIZAGEM

Depois de completar este capítulo, você deve ser capaz de:

- Converter uma quantidade expressa em um conjunto de unidades para o seu equivalente em quaisquer outras unidades dimensionalmente consistentes, usando tabelas de fatores de conversão. [Por exemplo, converter um fluxo de calor de 235 kJ/(m²·s) para o seu equivalente em Btu/(ft²·h).]

- Identificar as unidades comumente usadas para expressar massa e peso em unidades SI e dos sistemas CGS e americano de engenharia. Calcular pesos a partir de massas dadas, seja em unidades naturais (por exemplo, kg·m/s² ou lb_m·ft/s²), seja em unidades definidas (N, lb_f).

- Identificar o número de algarismos significativos em um dado valor, expresso seja em notação decimal ou científica, e estabelecer a precisão com a qual o valor é conhecido, com base nos seus algarismos significativos. Determinar o número correto de algarismos significativos no resultado de uma série de operações aritméticas (adição, subtração, multiplicação e divisão).

- Validar a solução quantitativa de um problema aplicando substituição reversa, estimação da ordem de grandeza e o teste de "razoabilidade".

- Dado um conjunto de variáveis medidas, calcular a média, o intervalo, a variância e o desvio padrão da amostra. Explicar com as suas próprias palavras o que significa cada uma das quantidades calculadas e por que ela é importante.

- Explicar o conceito de homogeneidade dimensional de equações. Dadas as unidades de alguns termos em uma equação, usar este conceito para atribuir unidades aos outros termos.

---

[1]Quando nos referimos à engenharia química, nossa intenção é englobar todos os aspectos de uma disciplina que inclui aplicações em biologia, assim como em um número de outros campos.

- Dados valores tabelados para duas variáveis (x e y), usar interpolação linear entre dois pontos para estimar o valor de uma variável para um dado valor da outra. Traçar um gráfico de *y versus x* e usá-lo para ilustrar como e quando a interpolação linear pode levar a erros significativos nos valores estimados.

- Dados dois pontos em um gráfico de linha reta de *y versus x*, deduzir a expressão para $y(x)$. Dados valores tabelados para x e y, ajustar uma linha reta por inspeção visual.

- Dada uma expressão de dois parâmetros ajustáveis (a e b) relacionando duas variáveis [como (z, y) em $y = a\,\text{sen}(2x) + b$ ou como (P, Q) em $P = 1/(aQ^3 + b)$], estabelecer que tipo de tratamento deve ser dado à expressão para que se possa representá-la graficamente por uma reta. Conhecendo valores para x e y, traçar o gráfico e estimar os parâmetros a e b.

- Dada uma lei de potências ou uma expressão exponencial envolvendo duas variáveis (como em $y = ax^b$ ou $k = ae^{b/T}$), estabelecer que tipo de tratamento deve ser dado para obter uma reta usando coordenadas retangulares, semilog ou logarítmicas. Dado um gráfico linear envolvendo duas variáveis em quaisquer dos três tipos de eixo e dois pontos na linha, determinar a expressão que relaciona as duas variáveis e os valores dos dois parâmetros.

2.1 UNIDADES E DIMENSÕES

Uma quantidade medida ou contada tem um **valor** numérico (2,47) e uma **unidade** (qualquer coisa que seja este 2,47). É muito útil na maior parte dos cálculos de engenharia — e muitas vezes essencial — escrever tanto o valor quanto a unidade de cada quantidade que aparece em uma equação:

$$2 \text{ metros, } \tfrac{1}{3} \text{ segundo, } 4{,}29 \text{ quilogramas, } 5 \text{ anéis de ouro}$$

Uma **dimensão** é uma propriedade que pode ser medida, como comprimento, tempo, massa ou temperatura, ou calculada pela multiplicação ou divisão de outras dimensões, como comprimento/tempo (velocidade), comprimento³ (volume) ou massa/comprimento³ (densidade). Unidades mensuráveis (diferentemente das unidades contáveis) são valores específicos de dimensões que foram definidas por convenção, costume ou lei, como gramas para massa, segundos para tempo e centímetros ou pés para comprimento.

As unidades podem ser tratadas como variáveis algébricas quando as quantidades são somadas, subtraídas, multiplicadas ou divididas. *Os valores numéricos de duas quantidades podem ser somados ou subtraídos apenas se tiverem as mesmas unidades.*

$$3 \text{ cm} - 1 \text{ cm} = 2 \text{ cm} \qquad (3x - x = 2x)$$

mas

$$3 \text{ cm} - 1 \text{ mm (ou 1 s)} = ? \qquad (3x - y = ?)$$

Por outro lado, *os valores numéricos e as suas unidades correspondentes podem sempre ser combinadas por multiplicação ou divisão.*

$$3 \text{ N} \times 4 \text{ m} = 12 \text{ N·m}$$

$$\frac{5{,}0 \text{ km}}{2{,}0 \text{ h}} = 2{,}5 \text{ km/h}$$

$$7{,}0 \frac{\text{km}}{\text{h}} \times 4 \text{ h} = 28 \text{ km}$$

$$3 \text{ m} \times 4 \text{ m} = 12 \text{ m}^2$$

$$6 \text{ cm} \times 5 \frac{\text{cm}}{\text{s}} = 30 \text{ cm}^2/\text{s}$$

$$\frac{6 \text{ g}}{2 \text{ g}} = 3 \qquad (3 \text{ é uma quantidade } adimensional)$$

$$\left(5{,}0 \frac{\text{kg}}{\text{s}}\right) \Big/ \left(0{,}20 \frac{\text{kg}}{\text{m}^3}\right) = 25 \text{ m}^3/\text{s} \qquad (\text{Convença-se})$$

2.2 CONVERSÃO DE UNIDADES

Uma quantidade medida pode ser expressa em termos de quaisquer unidades que tenham a dimensão apropriada. Uma determinada velocidade, por exemplo, pode ser expressa em ft/s, milhas/h, cm/ano ou qualquer outra razão entre uma unidade de comprimento e uma unidade de tempo. O valor numérico da velocidade, naturalmente, dependerá das unidades escolhidas.

A equivalência entre duas expressões da mesma quantidade pode ser definida em termos de uma razão:

$$\frac{1\,cm}{10\,mm} \qquad \text{(1 centímetro por 10 milímetros)} \tag{2.2-1}$$

$$\frac{10\,mm}{1\,cm} \qquad \text{(10 milímetros por centímetro)} \tag{2.2-2}$$

$$\left[\frac{10\,mm}{1\,cm}\right]^2 = \frac{100\,mm^2}{1\,cm^2} \tag{2.2-3}$$

Razões da forma das Equações 2.2-1, 2.2-2 e 2.2-3 são conhecidas como **fatores de conversão**.

Para converter uma quantidade expressa em termos de uma unidade ao seu equivalente em termos de outra unidade, multiplique a quantidade dada pelo fator de conversão (unidade nova/unidade velha). Por exemplo, para converter 36 mg ao seu equivalente em gramas, escreva

$$36\,mg \times \frac{1\,g}{1000\,mg} = 0,036\,g \tag{2.2-4}$$

(Note como as unidades velhas se cancelam, deixando a unidade desejada.) Uma forma alternativa de escrever esta equação é usar uma linha vertical em lugar do sinal de multiplicação:

$$\frac{36\,mg}{}\ \left|\ \frac{1\,g}{1000\,mg}\right. = 0,036\,g$$

Indicar explicitamente as unidades em cálculos deste tipo é a melhor forma de evitar o erro muito comum de multiplicar quando se quer dividir ou vice-versa. No exemplo mostrado, sabemos que o resultado está correto porque os miligramas se cancelam, deixando apenas os gramas do lado esquerdo, enquanto

$$\frac{36\,mg}{}\ \left|\ \frac{1000\,mg}{1\,g}\right. = 36.000\,mg^2/g$$

está claramente errado. (Mais precisamente, não é o que você pretendia calcular.)

A prática de carregar as unidades junto aos cálculos exigirá disciplina, mas é certo que irá salvá-lo de cometer incontáveis erros. Para ilustrar, insira a frase "erros de conversão de unidade" no seu motor de buscas favorito e uma lista de erros famosos será mostrada. Nossa experiência é que uma vez que você comece a carregar as unidades, duas coisas acontecerão: (1) você cometerá menos erros nos cálculos e (2) você frequentemente terá uma maior compreensão de expressões matemáticas que de outra forma seriam incompreensíveis.

Se você tem uma quantidade com uma unidade composta [por exemplo, milhas/h, cal/(g·°C)] e quer convertê-la ao seu equivalente em termos de um outro conjunto de unidades, monte uma **equação dimensional**: escreva a quantidade dada e as suas unidades à esquerda, escreva as unidades dos fatores de conversão que cancelam as velhas unidades e as substituem pelas desejadas, preencha os valores dos fatores de conversão e realize as operações aritméticas indicadas para achar o valor desejado. (Veja o Exemplo 2.2-1.)

Teste	1. O que é um fator de conversão?
(veja *Respostas dos Problemas Selecionados*)	2. Qual é o fator de conversão para s/min? (s = segundo) 3. Qual é o fator de conversão para min²/s²? (Veja a Equação 2.2-3.) 4. Qual é o fator de conversão para m³/cm³?

Exemplo 2.2-1	Conversão de Unidades

Converta uma aceleração de 1 cm/s^2 em seu equivalente em km/ano^2.

Solução

$$\frac{1\ cm}{s^2} \left| \frac{3600^2\ s^2}{1^2\ h^2} \right| \frac{24^2\ h^2}{1^2\ dia^2} \left| \frac{365^2\ dia^2}{1^2\ ano^2} \right| \frac{1\ m}{10^2\ cm} \left| \frac{1\ km}{10^3\ m} \right.$$

$$= \frac{(3600 \times 24 \times 365)^2}{10^2 \times 10^3} \frac{km}{ano^2} = \boxed{9,95 \times 10^9\ km/ano^2}$$

O princípio ilustrado neste exemplo é que, elevando uma quantidade (especificamente um fator de conversão) a uma potência, elevam-se as suas unidades à mesma potência. O fator de conversão para h^2/dia^2, portanto, é o quadrado do fator para h/dia.

$$\left(\frac{24\ h}{1\ dia} \right)^2 = 24^2\ \frac{h^2}{dia^2}$$

2.3 SISTEMAS DE UNIDADES

Um sistema de unidades tem os seguintes componentes:

1. *Unidades básicas* para massa, comprimento, tempo, temperatura, corrente elétrica e intensidade de luz.

2. *Unidades de múltiplo*, que são definidas como múltiplos ou frações das unidades básicas, como minutos, horas e milissegundos, todos definidos em termos da unidade básica, o segundo. As unidades de múltiplo são definidas mais por conveniência que por necessidade: simplesmente é mais conveniente nos referirmos a 3 anos do que a 94.608.000 s.

3. *Unidades derivadas*, obtidas de duas maneiras:
   (a) Multiplicando ou dividindo unidades básicas ou de múltiplo (cm^2, ft/min, kg·m/s^2, etc.). Unidades derivadas deste tipo são chamadas de **unidades compostas**.
   (b) Definindo equivalentes de unidades compostas (por exemplo, 1 erg $\equiv$ 1g·cm/s^2, 1 lb$_f$ $\equiv$ 32,174 lb$_m$·ft/s^2).

O Sistema Internacional de Unidades ou **SI**, para simplificar, tem ganho ampla aceitação na comunidade científica e de engenharia.[2] Duas das unidades SI básicas — o ampère para corrente elétrica e a candela para intensidade luminosa — não serão de interesse neste livro. Uma terceira, o kelvin, para temperatura, será discutida mais adiante. As outras são o metro (m) para comprimento, o quilograma (kg) para massa e o segundo (s) para tempo.

No SI, usam-se prefixos para indicar potências de 10. Os mais usados e as suas abreviações são mega (M) para 10^6 (1 megawatt = 1 MW = 10^6 watts), quilo (k) para 10^3, centi (c) para 10^{-2}, mili (m) para 10^{-3}, micro (μ) para 10^{-6} e nano (n) para 10^{-9}. Os fatores de conversão entre, digamos, centímetros e metros são, portanto, 10^{-2} m/cm e 10^2 cm/m. As principais unidades SI e os seus prefixos estão resumidos na Tabela 2.3-1.

O **sistema CGS** é quase idêntico ao SI; a principal diferença entre eles é que gramas (g) e centímetros (cm) são usados no lugar de quilogramas e metros como unidades básicas para massa e comprimento. As principais unidades do sistema CGS também estão na Tabela 2.3-1.

As unidades básicas do **sistema americano de engenharia** são o pé (ft) para comprimento, a libra-massa (lb$_m$) para a massa e o segundo (s) para o tempo. Este sistema tem duas dificuldades principais. A primeira é a ocorrência de fatores de conversão (como 1 ft/12 in), que, diferentemente dos sistemas métricos, não são múltiplos de dez; a segunda, que tem a ver com a unidade da força, será discutida na próxima seção.

Fatores de conversão de um sistema de unidades para outro podem ser determinados combinando-se as quantidades listadas na tabela no início deste livro. Uma tabela maior de fatores de conversão aparece nas páginas 1-2 a 1-18 do *Perry's Chemical Engineers' Handbook*.[3]

---

[2] Para informações adicionais sobre o sistema SI, incluindo sua história, veja http://physics.nist.gov/cuu/Units/.

[3] R. H. Perry e D. W. Green (Editores), *Perry's Chemical Engineers' Handbook*, 8ª edição, McGraw-Hill, New York, 2008.

TABELA 2.3-1 Unidades SI e CGS

Unidades Básicas

Quantidade	Unidade	Símbolo
Comprimento	metro (SI)	m
	centímetro (CGS)	cm
Massa	quilograma (SI)	kg
	grama (CGS)	g
Mols	grama-mol	mol ou g-mol
Tempo	segundo	s
Temperatura	kelvin	K
Corrente elétrica	ampère	A
Intensidade de luz	candela	cd

Prefixos das Unidades de Múltiplo

tera (T) = 10^{12}	centi (c) = 10^{-2}
giga (G) = 10^{9}	mili (m) = 10^{-3}
mega (M) = 10^{6}	micro (μ) = 10^{-6}
quilo (k) = 10^{3}	nano (n) = 10^{-9}

Unidades Derivadas

Quantidade	Unidade	Símbolo	Equivalente em Termos de Unidades Básicas
Volume	litro	L	$0,001 \text{ m}^3$
			1000 cm^3
Força	netwon (SI)	N	1 kg·m/s^2
	dina (CGS)		1 g·cm/s^2
Pressão	pascal (SI)	Pa	1 N/m^2
Energia, trabalho	joule (SI)	J	$1 \text{ N·m} = 1 \text{ kg·m}^2/\text{s}^2$
	erg (CGS)		$1 \text{ dina·cm} = 1 \text{ g·cm}^2/\text{s}^2$
	caloria	cal	$4,184 \text{ J} = 4,184 \text{ kg·m}^2/\text{s}^2$
Potência	watt	W	$1 \text{ J/s} = 1 \text{ kg·m}^2/\text{s}^3$

Teste

(veja *Respostas dos Problemas Selecionados*)

1. Quais são os fatores (valores numéricos e unidades) necessários para converter
   (a) metros em milímetros?
   (b) nanossegundos em segundos?
   (c) centímetros quadrados em metros quadrados?
   (d) pés cúbicos em metros cúbicos? (use a tabela de fatores de conversão no início deste livro)
   (e) cavalo-vapor em Btu (British thermal units) por segundo?
2. Qual é a unidade derivada para velocidade no SI? E no sistema CGS? E no sistema americano de engenharia?

Exemplo 2.3-1 | Conversão entre Sistemas de Unidades

Converta 23 $\text{lb}_m\cdot\text{ft/min}^2$ em seu equivalente em kg·cm/s^2.

Solução Como anteriormente, comece por escrever uma equação dimensional, preencha as unidades dos fatores de conversão (novo/velho), os valores numéricos destes fatores e, por último, as operações aritméticas. O resultado é

$$\frac{23 \text{ lb}_m\cdot\text{ft}}{\text{min}^2} \left| \frac{0,453593 \text{ kg}}{1 \text{ lb}_m} \right| \frac{100 \text{ cm}}{3,281 \text{ ft}} \left| \frac{1^2 \text{ min}^2}{(60)^2 \text{ s}^2} \right. \quad \text{(Com o cancelamento das unidades, sobra kg·cm/s}^2\text{)}$$

$$= \frac{(23)(0,453593)(100)}{(3,281)(3600)} \frac{\text{kg·cm}}{\text{s}^2} = \boxed{0,088 \frac{\text{kg·cm}}{\text{s}^2}}$$

2.4 FORÇA E PESO

De acordo com a segunda lei do movimento de Newton, a força é proporcional ao produto da massa pela aceleração (comprimento/tempo²). As *unidades naturais da força* são, portanto, kg·m/s² (SI), g·cm/s² (CGS) e lb_m·ft/s² (americano de engenharia). Para evitar lidar com estas unidades complexas em todos os cálculos que envolvem força, foram definidas *unidades derivadas para força* em cada sistema. Nos sistemas métricos, as unidades derivadas para força (o **newton** no SI, a **dina** no CGS) são definidas como iguais às unidades naturais:

$$1 \text{ newton (N)} \equiv 1 \text{ kg·m/s}^2 \tag{2.4-1}$$

$$1 \text{ dina} \equiv 1 \text{ g·cm/s}^2 \tag{2.4-2}$$

No sistema americano de engenharia, a unidade derivada para força — chamada de **libra-força** (lb_f) — é definida como o produto de uma unidade de massa (1 lb_m) e a aceleração da gravidade ao nível do mar e a 45° de latitude, que vale 32,174 ft/s²:

$$1 \text{ lb}_f \equiv 32{,}174 \text{ lb}_m\text{·ft/s}^2 \tag{2.4-3}$$

As Equações 2.4-1 até 2.4-3 definem fatores de conversão entre unidades naturais e derivadas da força. Por exemplo, a força em newtons necessária para acelerar uma massa de 4,00 kg a uma taxa de 9,00 m/s² é

$$F = \frac{4{,}00 \text{ kg}}{} \left| \frac{9{,}00 \text{ m}}{\text{s}^2} \right| \frac{1 \text{ N}}{1 \text{ kg·m/s}^2} = 36{,}0 \text{ N}$$

A força em lb_f necessária para acelerar uma massa de 4,00 lb_m a uma taxa de 9,00 ft/s² é

$$F = \frac{4{,}00 \text{ lb}_m}{} \left| \frac{9{,}00 \text{ ft}}{\text{s}^2} \right| \frac{1 \text{ lb}_f}{32{,}174 \text{ lb}_m\text{·ft/s}^2} = 1{,}12 \text{ lb}_f$$

Os fatores necessários para converter uma unidade de força em outra estão resumidos na tabela no início deste livro. O símbolo g_c é usado algumas vezes para representar o fator de conversão da unidade natural da força para a derivada: por exemplo,

$$g_c = \frac{1 \text{ kg·m/s}^2}{1 \text{ N}} = \frac{32{,}174 \text{ lb}_m\text{·ft/s}^2}{1 \text{ lb}_f}$$

Não usaremos este símbolo no texto, mas se você encontrá-lo em qualquer outro lugar lembre-se de que ele é apenas um fator de conversão (não deve ser confundido com a aceleração da gravidade, que é usualmente representada por g).

O **peso** de um objeto é a força exercida sobre o mesmo pela atração gravitacional. Suponha que um objeto de massa m esteja sujeito a uma força gravitacional W (W, por definição, é o peso do objeto) e que, se este objeto estivesse caindo livremente, sua aceleração seria g. O peso, a massa e a aceleração em queda livre do objeto estão relacionados pela Equação 2.4-4:

$$W = mg \tag{2.4-4}$$

A aceleração da gravidade (g) varia diretamente com a massa do corpo atraente (na maioria dos problemas, a Terra) e inversamente com o quadrado da distância entre os centros de massa do corpo atraente e do objeto que está sendo atraído. O valor de g ao nível do mar e 45° de latitude aparece abaixo em cada um dos sistemas de unidades:

$$\boxed{\begin{aligned} g &= 9{,}8066 \text{ m/s}^2 \\ &= 980{,}66 \text{ cm/s}^2 \\ &= 32{,}174 \text{ ft/s}^2 \end{aligned}} \tag{2.4-5}$$

A aceleração da gravidade não varia muito com a posição sobre a superfície da Terra nem (dentro de limites moderados) com a altitude, de modo que os valores dados na Equação 2.4-5 podem ser usados para a maior parte das conversões entre massa e peso.

Teste	1. Quanto é o equivalente a uma força de 2 kg m/s² em newtons? Quanto é o equivalente a uma força de 2 lb$_m$ ft/s² em lb$_f$?
(veja *Respostas dos Problemas Selecionados*)	2. Se a aceleração da gravidade em um ponto é $g = 9{,}8$ m/s² e um objeto encontra-se em repouso neste ponto, este objeto está sendo acelerado a uma taxa de 9,8 m/s²?
	3. Suponha que um objeto pesa 9,8 N ao nível do mar. Qual é sua massa? Esta massa seria maior, menor ou igual na superfície da Lua? E o peso?
	4. Suponha que um objeto pesa 2 lb$_f$ ao nível do mar. Qual é a sua massa? Esta massa seria maior, menor ou igual no centro da Terra? E o peso? (Cuidado!)

Exemplo 2.4-1 | Peso e Massa

A água tem uma densidade de 62,4 lb$_m$/ft³. Quanto pesam 2,000 ft³ de água (1) ao nível do mar e 45° de latitude e (2) em Denver, Colorado, onde a altitude é de 5374 ft e a aceleração da gravidade é 32,139 ft/s²?

Solução   A massa da água é

$$M = \left(62{,}4\,\frac{\text{lb}_m}{\text{ft}^3}\right)(2\,\text{ft}^3) = 124{,}8\,\text{lb}_m$$

O peso da água é

$$W = (124{,}8\,\text{lb}_m)\,g\left(\frac{\text{ft}}{\text{s}^2}\right)\left(\frac{1\,\text{lb}_f}{32{,}174\,\text{lb}_m\cdot\text{ft/s}^2}\right)$$

1. Ao nível do mar, $g = 32{,}174$ ft/s², de modo que $W = 124{,}8$ lb$_f$.
2. Em Denver, $g = 32{,}139$ ft/s², de modo que $W = 124{,}7$ lb$_f$.

Como mostra este exemplo, o erro cometido ao se admitir que $g = 32{,}174$ ft/s² é normalmente muito pequeno, desde que se esteja na superfície da Terra. Em um satélite ou em um outro planeta, a história seria diferente.

2.5 ESTIMAÇÃO E CÁLCULOS NUMÉRICOS

2.5a Notação Científica, Algarismos Significativos e Precisão

Tanto números muito grandes quanto números muito pequenos são encontrados frequentemente em cálculos de processos. Uma forma conveniente de expressar tais números é usar **notação científica**, na qual um número é expresso pelo produto de um outro número (usualmente entre 0,1 e 10) e uma potência de 10.

Exemplos:

$$123.000.000 = 1{,}23 \times 10^8 \text{ (ou } 0{,}123 \times 10^9\text{)}$$
$$0{,}000028 = 2{,}8 \times 10^{-5} \text{ (ou } 0{,}28 \times 10^{-4}\text{)}$$

Os **algarismos significativos** de um número são os dígitos a partir do primeiro dígito diferente de zero à esquerda ou (a) do último dígito (zero ou diferente de zero) à direita se existe uma vírgula decimal ou (b) do último dígito diferente de zero se não existe vírgula decimal. Por exemplo,

2300 ou $2{,}3 \times 10^3$ tem dois algarismos significativos.
2300 ou $2{,}300 \times 10^3$ tem quatro algarismos significativos.
2300,0 ou $2{,}3000 \times 10^3$ tem cinco algarismos significativos.
23.040 ou $2{,}304 \times 10^4$ tem quatro algarismos significativos.
0,035 ou $3{,}5 \times 10^{-2}$ tem dois algarismos significativos.
0,03500 ou $3{,}500 \times 10^{-2}$ tem quatro algarismos significativos.

(**Nota:** O número de algarismos significativos é facilmente mostrado e visto se for usada notação científica.)

O número de algarismos significativos no valor expresso de uma quantidade medida ou calculada fornece uma indicação da precisão com a qual a quantidade é conhecida: quanto mais algarismos significativos, mais preciso é o valor. Geralmente, se você exprime o valor de uma quantidade medida com três algarismos significativos, você indica que o valor do terceiro dígito pode estar errado aproximadamente pela metade. Então, se você exprime uma massa como 8,3 g (dois algarismos significativos) você indica que a massa está entre 8,25 e 8,35 g, enquanto se você exprime o valor como 8,300 g (quatro algarismos significativos), você indica que a massa está entre 8,2995 e 8,3005 g.

No entanto, note que esta regra se aplica apenas a quantidades medidas ou números calculados a partir de quantidades medidas. Se uma quantidade é conhecida exatamente — como um inteiro puro (2) ou uma quantidade contada (16 laranjas) — o seu valor contém implicitamente um número infinito de algarismos significativos (5 vacas significam exatamente 5,0000... vacas).

Quando duas ou mais quantidades são combinadas por multiplicação ou divisão, o número de algarismos significativos do resultado deve ser igual ao menor número de algarismos significativos de qualquer dos fatores ou divisores. Se o resultado inicial de um cálculo viola esta regra, você deve arredondar o resultado para reduzir o número de algarismos significativos ao seu valor máximo permitido. No entanto, se uma série de cálculos precisa ser feita em sequência, é recomendável manter algarismos significativos extras nas quantidades intermediárias e arredondar apenas o resultado final. Por exemplo:

$$\underset{(3)}{(3,57)}\underset{(4)}{(4,286)} = \underset{(7)}{15,30102} \Longrightarrow \underset{(3)}{15,3}$$

$$\underset{(2)}{(5,2 \times 10^{-4})}\underset{(4)}{(0,1635 \times 10^7)}/\underset{(3)}{(2,67)} = \underset{(9)}{318,426966} \Longrightarrow \underset{(2)}{3,2 \times 10^2} = \underset{(2)}{320}$$

(As quantidades entre parênteses indicam o número de algarismos significativos de cada número.) *Atenção:* se você calcula, por exemplo, 3×4, e a sua calculadora ou o seu computador dá uma resposta como 11,99999, e você copia esta resposta e a usa nos seus cálculos, o seu professor pode ficar nervoso!

A regra para adição e subtração refere-se à posição do último algarismo significativo na soma — quer dizer, a localização deste dígito em relação à vírgula decimal. A regra é: *quando dois ou mais números são somados ou subtraídos, a posição dos últimos algarismos significativos de cada número deve ser comparada. Destas posições, aquela mais afastada à esquerda é a posição do último algarismo significativo permissível da soma ou diferença.*

Vários exemplos aparecem a seguir, nos quais uma seta ($\downarrow$) representa o último algarismo significativo de cada número.

$$
\begin{array}{r}
\overset{\downarrow}{1530} \\
\underset{}{\overset{\downarrow}{-\ 2,56}} \\
\hline
\underset{\uparrow}{1527,44} \Longrightarrow 1530
\end{array}
$$

$$\overset{\downarrow}{1,0000} + \overset{\downarrow}{0,036} + \overset{\downarrow}{0,22} = \overset{\downarrow}{1,2560} \Longrightarrow 1,26$$

$$2,75 \times 10^6 + 3,400 \times 10^4 = (\overset{\downarrow}{2,75} + 0,0\overset{\downarrow}{3}400) \times 10^6$$

$$= 2,78\overset{\downarrow}{4}000 \times 10^6 \Longrightarrow 2,78 \times 10^6$$

Finalmente, uma regra empírica para arredondar números nos quais o dígito a ser rejeitado é 5 é sempre fazer o último dígito do número arredondado ser par:

$$1,35 \Longrightarrow 1,4$$
$$1,25 \Longrightarrow 1,2$$

Teste

(veja *Respostas dos Problemas Selecionados*)

1. Expresse as seguintes quantidades em notação científica e indique quantos algarismos significativos tem cada uma.

(a) 12.200   **(b)** 12.200,0   **(c)** 0,003040

2. Expresse as seguintes quantidades em notação decimal padrão e indique quantos algarismos significativos tem cada uma.

(a) $1,34 \times 10^5$ **(b)** $1,340 \times 10^{-2}$ **(c)** $0,00420 \times 10^6$

3. Quantos algarismos significativos terá a solução de cada um dos seguintes cálculos? Quais as respostas de (c) e (d)?

   (a) (5,74)(38,27)/(0,001250)   **(c)** 1,000 + 10,2

   (b) $(1,76 \times 10^4)(0,12 \times 10^{-6})$ **(d)** 18,76 − 7

4. Arredonde os seguintes números até três algarismos significativos.

   (a) 1465   **(b)** 13,35   **(c)** $1,765 \times 10^{-7}$

5. Quando o valor de um número é dado, os algarismos significativos fornecem um indicativo da incerteza no valor; por exemplo, um valor de 2,7 indica que o número está entre 2,65 e 2,75. Assinale os intervalos onde está cada um dos seguintes números.

   (a) 4,3   **(b)** 4,30   **(c)** $2,778 \times 10^{-3}$ **(d)** 2500   **(e)** $2,500 \times 10^3$

2.5b   Validando Resultados

Cada problema que você terá que resolver — nesta e em outras disciplinas e também durante a sua carreira profissional — envolverá duas questões críticas: (1) Como achar uma solução? (2) Quando achar uma, como saber se é correta? A maior parte deste livro está dedicada à questão 1 — quer dizer, a métodos de resolução de problemas que aparecem no projeto e análise de processos químicos. No entanto, a questão 2 é igualmente importante, e podem aparecer vários problema sérios se não for formulada. Todos os engenheiros bem-sucedidos adquirem o hábito de fazerem a si esta questão sempre que resolvem um problema e desenvolvem uma ampla variedade de estratégias para respondê-la.

Entre as abordagens que você pode usar para validar uma solução quantitativa do problema estão a *substituição reversa*, a *estimação da ordem de grandeza* e o *teste da razoabilidade*.

- A substituição reversa é um método direto: depois que você resolver um conjunto de equações, substitua a sua solução de volta nas equações e assegure-se de que ela funciona.

- A estimação da ordem de grandeza significa começar com uma aproximação grosseira e fácil de obter da solução de um problema e conferir se a solução mais exata está razoavelmente próxima.

- Aplicar o teste da razoabilidade significa verificar se a solução faz sentido. Se, por exemplo, uma velocidade calculada para água escoando por uma tubulação é maior do que a velocidade da luz, ou se a temperatura calculada dentro de um reator químico é maior do que a temperatura do interior do Sol, você deve suspeitar de que algum erro foi cometido em algum ponto do cálculo.

O procedimento para checar um cálculo aritmético pela estimativa da ordem de grandeza é o seguinte:

1. Substitua números inteiros simples para todas as quantidades numéricas usando potências de 10 (notação científica) para números muito grandes e muito pequenos.

$$27,36 \quad \rightarrow 20 \text{ ou } 30 \text{ (o que tornar o cálculo mais fácil)}$$
$$63.472 \quad \rightarrow 6 \times 10^4$$
$$0,002887 \quad \rightarrow 3 \times 10^{-3}$$

2. Faça à mão os cálculos aritméticos resultantes, continuando a arredondar as respostas intermediárias.

$$\frac{(36.720)(0,0624)}{0,000478} \approx \frac{(4 \times 10^4)(5 \times 10^{-2})}{5 \times 10^{-4}} = 4 \times 10^{(4-2+4)} = 4 \times 10^6$$

A solução correta (obtida usando uma calculadora) é $4,78 \times 10^6$. Se você obtém esta solução, e já que é da mesma ordem de grandeza que a estimativa, você pode ter uma razoável confiança de que não foi cometido nenhum erro grosseiro durante o cálculo.

3. Se um número é adicionado a outro muito menor, elimine o segundo número na sua aproximação.

$$\frac{1}{4,13 + 0,04762} \approx \frac{1}{4} = 0,25$$

A solução da calculadora é 0,239.

Exemplo 2.5-1 | Estimação da Ordem de Grandeza

Um cálculo levou à seguinte fórmula:

$$y = \left[\frac{254}{(0,879)(62,4)} + \frac{13}{(0,866)(62,4)}\right] \times \frac{1}{(31,3145)(60)}$$

Estime y sem usar uma calculadora. (A solução exata é 0,00230.)

Solução

$$y \approx \left[\frac{250}{50} + \frac{10}{60}\right] \times \frac{1}{(4 \times 10^1)(6 \times 10^1)} \approx \frac{5}{25 \times 10^2} \approx 0,2 \times 10^{-2} = 0,002$$

A terceira forma de checar um resultado numérico — e talvez a primeira coisa que você deve fazer quando chegar a uma solução — é ver se a resposta é razoável. Se, por exemplo, você calcula que um cilindro contém $4,23 \times 10^{32}$ kg de hidrogênio, quando a massa do Sol é apenas 2×10^{30} kg, isto deve motivar você a refazer o cálculo. Você deve também ficar preocupado se calcula um volume do reator maior do que a Terra (10^{21} m³) ou uma temperatura ambiente elevada o suficiente como para derreter ferro (1535°C). Se você adquire o hábito de se perguntar "Isto faz sentido?" cada vez que chega à solução de um problema — em engenharia e no resto da sua vida — você se poupará de muito embaraço e remorso.

Um jeito certo de se confundir é relatar o resultado de um cálculo com excesso de algarismos significativos. Por exemplo, suponha que você calcule que o volume necessário de um vaso grande a ser usado na produção de um novo bioproduto por fermentação é 1151,6 L. Você pode, na verdade, ter feito todos os cálculos corretamente e obter algarismos significativos suficientes para incluir o 6 à direita da vírgula decimal. A menos que você realmente queira dizer que um volume desta precisão seja necessário (o que é inconcebível), você não deve apresentá-lo sem comentários a seus colegas, chefe, vendedor ou instrutor de curso. Assim, ao final dos cálculos, faça algo parecido com o seguinte:

$$V = 1151,6\,\text{L} \implies \boxed{1150\,\text{L}}$$

2.5c Estimação de Valores Medidos: A Média da Amostra

Suponha que realizamos uma reação química da forma A → Produtos, começando com A puro no reator e mantendo a temperatura do reator constante em 45°C. Após dois minutos retiramos uma amostra do reator e a analisamos para determinar X, a percentagem do A na carga que reagiu.

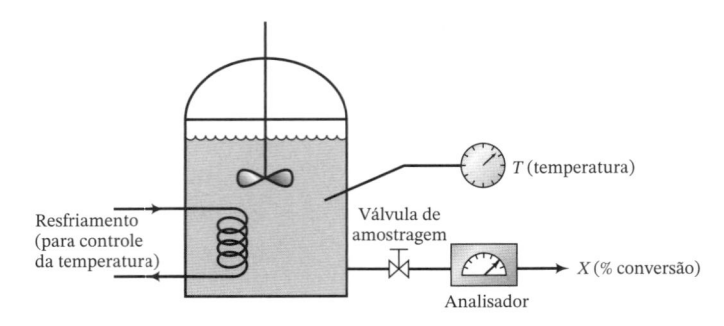

Na teoria, X deve ter um único valor; no entanto, em um reator real, X é uma *variável aleatória*, mudando de maneira imprevisível entre uma corrida e outra nas mesmas condições experimentais. Os valores de X obtidos após 10 corridas sucessivas podem ser como segue:

Corrida	1	2	3	4	5	6	7	8	9	10
$X(\%)$	67,1	73,1	69,6	67,4	71,0	68,2	69,4	68,2	68,7	70,2

Por que não obtemos o mesmo valor de X em todas as corridas? Existem várias razões:

- É impossível reproduzir exatamente as mesmas condições experimentais em experimentos sucessivos. Se a temperatura do reator varia apenas 0,1°C de uma corrida para outra, isso pode ser suficiente para mudar o valor medido de X.

- Ainda que as condições fossem idênticas para duas corridas, não poderíamos retirar a amostra exatamente em $t = 2{,}000...$ minutos, e uma diferença de um segundo pode resultar em uma diferença mensurável em X.

- Variações nos procedimentos de amostragem e de análise química sempre introduzem espalhamento nos valores medidos.

Neste ponto, podemos fazer duas perguntas acerca do sistema.

1. *Qual é o valor verdadeiro de X?*

   Em princípio, poderia existir uma coisa como o "valor verdadeiro" — quer dizer, o valor que obteríamos se pudéssemos fixar a temperatura exatamente a 45,0000... graus, começar a reação, manter a temperatura e todas as outras variáveis experimentais que afetam X perfeitamente constantes, e então amostrar e analisar com precisão completa exatamente em $t = 2{,}0000...$ minutos. No entanto, na prática, não há como fazer nenhuma destas coisas. Poderíamos também definir o valor verdadeiro de X como o valor que obteríamos realizando um número infinito de medidas e tomando a média dos resultados, mas também não há uma forma prática de fazer isto. O melhor que podemos fazer é *estimar* o valor verdadeiro de X a partir de um número finito de valores medidos.

2. *Como podemos estimar o valor verdadeiro de X?*

   A estimativa mais comum é a *média da amostra* (ou *média aritmética*). Obtemos N valores medidos de X ($X_1, X_2, ..., X_N$) e então calculamos

   Média da Amostra: $$\overline{X} = \frac{1}{N}(X_1 + X_2 + \cdots + X_N) = \frac{1}{N}\sum_{j=1}^{N} X_j \qquad \text{(2.5-1)}$$

   Para os dados fornecidos, estimaríamos

   $$\overline{X} = \frac{1}{10}(67{,}1\% + 73{,}1\% + \cdots + 70{,}2\%) = 69{,}3\%$$

   Graficamente, os dados e a média da amostra podem aparecer como mostrado a seguir. Os valores medidos se espalham em torno da média, como deveria ser.

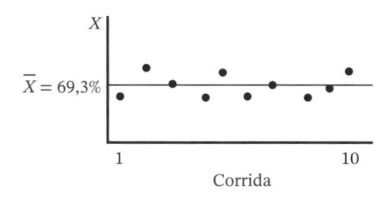

   Quanto mais medidas de uma variável aleatória, melhor será o valor estimado com base na média da amostra. No entanto, mesmo com um número muito grande de medidas, a média da amostra é apenas uma aproximação do valor verdadeiro e pode, de fato, estar muito longe do mesmo (por exemplo, se há algo errado com os instrumentos ou procedimentos usados para medir X).

Teste	As taxas de produção semanal de um produto farmacêutico durante as últimas seis semanas foram 37, 17, 39, 40, 40 e 40 bateladas por semana.
(veja *Respostas dos Problemas Selecionados*)	1. Pense em várias explicações possíveis para a variação observada na taxa de produção semanal.
	2. Se você usa a média da amostra dos dados fornecidos como base, qual seria a sua previsão da taxa de produção semanal?
	3. Faça uma previsão melhor e explique seu raciocínio.

2.5d Variância de Dados Espalhados

Consideremos dois conjuntos de medidas da percentagem de conversão (X) no mesmo reator batelada, medida usando duas diferentes técnicas experimentais.

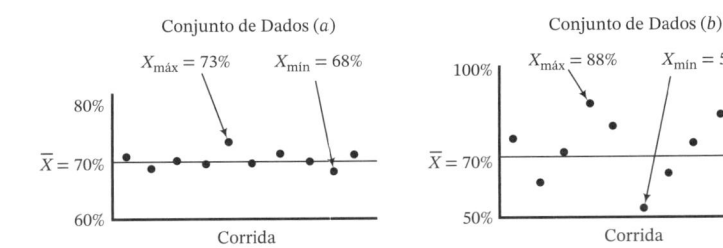

FIGURA 2.5-1 Gráficos de espalhamento para dois conjuntos de dados com diferentes níveis de espalhamento.

Gráficos de espalhamento de *X versus* o número de corridas aparecem na Figura 2.5-1. A média de cada conjunto de dados é 70%, mas os valores medidos se espalham em um intervalo muito mais estreito para o primeiro conjunto (entre 68% e 73%) do que para o segundo (entre 52% e 88%). Em cada caso, você estimaria o valor verdadeiro de *X* a partir das condições experimentais dadas como a média da amostra, 70%, mas você teria claramente mais confiança na estimativa do conjunto (*a*) do que na do conjunto (*b*).

Três quantidades — o *intervalo*, a *variância da amostra* e o *desvio padrão da amostra* — são usadas para expressar o grau no qual os valores de uma variável aleatória se espalham em torno do seu valor médio. O *intervalo* é simplesmente a diferença entre os valores maior e menor de *X* no conjunto de dados:

Intervalo: $$R = X_{máx} - X_{mín} \tag{2.5-2}$$

No primeiro gráfico da Figura 2.5-1, o intervalo de *X* é 5% (73% − 68%) e no segundo gráfico é 36% (88% − 52%).

O intervalo é a medida mais crua do espalhamento; envolve apenas dois dos valores medidos e não dá nenhuma indicação de que a maior parte dos valores fica próxima à média ou se espalha muito em torno desta. A *variância da amostra* é uma medida muito melhor. Para defini-la, calculamos o *desvio* de cada valor medido em relação à média, $X_j - \overline{X}$ (*j* = 1, 2, ..., *N*) e então calculamos

Variância da Amostra: $$s_X^2 = \frac{1}{N-1}\left[\left(X_1 - \overline{X}\right)^2 + \left(X_2 - \overline{X}\right)^2 + \cdots + \left(X_N - \overline{X}\right)^2 \right] \tag{2.5-3}$$

O grau de espalhamento pode também ser expresso em termos do *desvio padrão da amostra*, definido como a raiz quadrada da variância:

Desvio Padrão da Amostra: $$s_X = \sqrt{s_X^2} \tag{2.5-4}$$

Quanto mais um valor medido (X_j) se desvia da média, seja de forma positiva seja de forma negativa, maior é o valor de $(X_j - \overline{X})^2$ e, portanto, maior o valor da variância e do desvio padrão. Se estas quantidades são calculadas para os conjuntos de dados da Figura 2.5-1, por exemplo, serão obtidos valores relativamente pequenos para o Conjunto (*a*) ($s_X^2 = 0,98$, $s_X = 0,99$) e valores grandes para o Conjunto (*b*) ($s_X^2 = 132$, $s_X = 11,5$).

Para variáveis aleatórias típicas, aproximadamente dois terços de todos os valores medidos caem dentro de um desvio padrão da média; cerca de 95% caem dentro de dois desvios padrões; e cerca de 99% caem dentro de três desvios padrões.[4] Uma ilustração gráfica desta afirmação é mostrada na Figura 2.5-2. Dos 37 valores medidos de *X*, 27 caem dentro de um desvio padrão em relação à amostra, 33 caem dentro de dois desvios padrões e 36 dentro de três desvios padrão.

Os valores das variáveis medidas são frequentemente expressos com limites de erro, como *X* = 48,2±0,6. Isto significa que um único valor medido de *X* provavelmente deve cair entre 47,6 e 48,8. O ponto médio deste intervalo (*X* = 48,2) é quase sempre o valor médio do conjunto de dados usado para gerar este resultado; no entanto, o significado dos limites de erro fornecidos (±0,6) não é óbvio a menos que seja dada mais informação. O intervalo entre 47,6 e 48,8 pode

---

[4]As percentagens exatas dependem de como os valores medidos se distribuem ao redor da média — se eles seguem uma *distribuição gaussiana*, por exemplo — e de quantos pontos estão no conjunto usado para calcular a média e o desvio padrão.

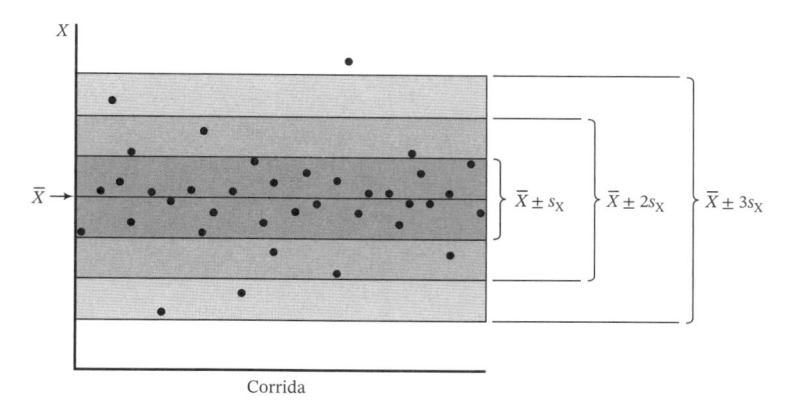

FIGURA 2.5-2 Espalhamento dos dados em torno da média.

representar o intervalo do conjunto de dados $(X_{máx} - X_{mín})$ ou $\pm 0,6$ pode representar $\pm s_X$, $\pm 2s_X$ ou $\pm 3s_X$. (Existem outras possibilidades, mas elas raramente acontecem.) Se você exprime o valor de uma variável desta maneira, esclareça o que significam os seus limites de erro.

Teste **(veja *Respostas dos Problemas Selecionados*)**	A vazão volumétrica de um fluido de processo, $\dot{V}(cm^3/s)$, é medida cinco vezes, com os seguintes resultados:

Medida	1	2	3	4	5
$\dot{V}(cm^3/s)$	232	248	227	241	239

(a) Calcule a média ($\bar{V}$), o intervalo, a variância (s_V^2) e o desvio padrão (s_V).

(b) Há uma alta probabilidade (acima de 90%) de que um valor medido de $\dot{V}$ esteja dentro de dois desvios padrões da média. Exprima o valor de $\dot{V}$ na forma $\dot{V} = a \pm b$, escolhendo os valores de a e b para definir este intervalo.

Exemplo 2.5-2 Controle Estatístico de Qualidade

Quinhentas bateladas de um pigmento são produzidas por semana. Dentro do programa de qualidade da planta, cada batelada é submetida a um teste preciso de análise de cor. Se uma batelada não passa no teste, é rejeitada e enviada de volta para reformulação.

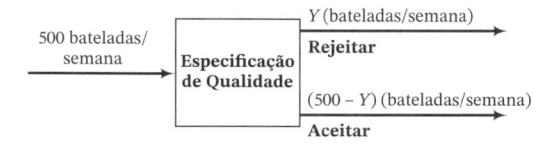

Seja Y o número de bateladas ruins produzidas por semana e suponha que os resultados do teste de qualidade em um período de 12 semanas sejam os seguintes:

Semana	1	2	3	4	5	6	7	8	9	10	11	12
Y	17	27	18	18	23	19	18	21	20	19	21	18

A política da empresa é considerar a operação do processo como normal sempre que o número de bateladas ruins produzidas por semana não ultrapasse três desvios padrões da média do período (quer dizer, sempre que $Y \leqslant \bar{Y} \pm 3s_Y$). Se Y supera este valor, o processo é suspenso para manutenção corretiva (um procedimento longo e custoso). Estes desvios grandes da média podem acontecer como parte do espalhamento normal do processo, mas são tão infrequentes que, se acontecem, a existência de um problema anormal é considerada a explicação mais verossímil.

1. Quantas bateladas ruins por semana devem acontecer para parar o processo?

2. Qual seria o valor limite de Y se dois desvios padrões e não três fossem tomados como critério de parada? Quais seriam as vantagens e desvantagens de usar este critério mais estrito?

Solução **1.** Com base nas Equações 2.5-1, 2.5-3 e 2.5-4, a média, a variância e o desvio padrão de Y durante o período base são

$$\overline{Y} = \frac{1}{12} \sum_{j=1}^{12} (17 + 27 + \cdots + 18) = 19,9 \text{ bateladas/semana}$$

$$s_Y^2 = \frac{1}{11} \left[(17 - 19,9)^2 + (27 - 19,9)^2 + \cdots + (18 - 19,9)^2 \right] = 7,9 \text{ (bateladas/semana)}^2$$

$$s_Y = \sqrt{7,9} = 2,8 \text{ bateladas/semana}$$

O valor máximo permitido de Y é

$$\overline{Y} + 3s_Y = 19,9 + (3)(2,8) = \boxed{28,3}$$

Se 29 ou mais bateladas ruins são produzidas em uma semana, o processo deve ser parado para manutenção.

2. $\overline{Y} + 2s_Y = 19,9 + (2)(2,8) = \boxed{25,5}$. Se este critério fosse usado, 26 bateladas ruins por semana seriam suficientes para parar o processo. A vantagem é que, se alguma coisa *está* errada no processo, o problema será corrigido antes, e menos bateladas ruins serão produzidas a longo prazo. A desvantagem é que podem acontecer mais paradas, a um custo considerável, quando nada de errado está acontecendo, e o número grande de bateladas ruins simplesmente reflete o espalhamento normal do processo.

2.6 HOMOGENEIDADE DIMENSIONAL E QUANTIDADES ADIMENSIONAIS

Começamos a nossa discussão sobre unidades e dimensões dizendo que as quantidades podem ser somadas ou subtraídas apenas quando as suas unidades são as mesmas. Se as unidades são as mesmas, segue-se que as dimensões de cada termo também devem ser. Por exemplo, se duas quantidades podem ser expressas em termos de grama/segundo, as duas devem ter as dimensões (massa/tempo). Isto sugere a seguinte regra:

Cada equação válida deve ser dimensionalmente homogênea: isto é, todos os termos aditivos nos dois lados da equação devem ter as mesmas dimensões.

Consideremos a equação

$$u = u_0 + gt \tag{2.6-1}$$

na qual tanto u como u_0 têm dimensões comprimento/tempo, g tem dimensões de comprimento/tempo², e t é o tempo. Uma simples verificação mostra que cada um dos três grupos de termos tem dimensões de comprimento/tempo e, portanto, a equação é dimensionalmente homogênea; por outro lado, a equação $u = u_0 + g$ não é dimensionalmente homogênea (por que não?) e portanto não pode ser uma relação válida.

Como a Equação 2.6-1 é dimensionalmente homogênea, as unidades de cada termo aditivo devem ser idênticas para que a equação seja válida. Por exemplo, suponha que cálculos usando a Equação 2.6-1 foram executados com o tempo em segundos, mas uma nova batelada de dados expressa t em minutos. A equação deve ser então escrita como

$$u(\text{m/s}) = u_0(\text{m/s}) + g(\text{m/s}^2)t(\text{min})(60 \text{ s/min})$$

A recíproca da regra dada acima não é necessariamente verdadeira — uma equação pode ser dimensionalmente homogênea e não ser válida. Por exemplo, se M é a massa de um objeto, então a equação $M = 2M$ é dimensionalmente homogênea, mas também é obviamente incorreta exceto para um valor específico de M.

Exemplo 2.6-1 | Homogeneidade Dimensional

Considere a equação

$$D(\text{ft}) = 3t(\text{s}) + 4$$

1. Se a equação é válida, quais são as dimensões das constantes 3 e 4?
2. Se a equação é consistente nas suas unidades, quais são as unidades de 3 e 4?
3. Deduza uma equação para a distância em metros em termos do tempo em minutos.

Solução
1. Para a equação ser válida, deve ser dimensionalmente homogênea, de forma que cada termo deve ter as dimensões de comprimento. Portanto, a constante 3 deve ter a dimensão $\boxed{\text{comprimento/tempo}}$, e 4 deve ter a dimensão $\boxed{\text{comprimento}}$.
2. Para a consistência de unidades, as constantes devem ser $\boxed{3 \text{ ft/s}}$ e $\boxed{4 \text{ ft}}$.
3. Defina novas variáveis $D'(m)$ e $t'(min)$. As relações de equivalência entre as variáveis novas e velhas são:

$$D(\text{ft}) = \frac{D'(m)}{\quad} \left| \frac{3,2808 \text{ ft}}{1 \text{ m}} \right. = 3,28D'$$

$$t(s) = \frac{t'(min)}{\quad} \left| \frac{60 \text{ s}}{1 \text{ min}} \right. = 60t'$$

Substitua estas expressões na equação dada,

$$3,28D' = (3)(60t') + 4$$

e divida a equação por 3,28,

$$\boxed{D'(m) = 55t'(min) + 1,22}$$

Exercício: Quais são as unidades de 55 e 1,22?

O Exemplo 2.6-1 ilustra um procedimento geral para reescrever uma equação em termos de novas variáveis tendo as mesmas dimensões, mas diferentes unidades:

1. Defina novas variáveis (por exemplo, colocando linhas nos nomes das variáveis velhas) que tenham as unidades desejadas.
2. Escreva expressões para cada variável velha em termos da variável nova correspondente.
3. Substitua estas expressões na equação original e simplifique.

Uma **quantidade adimensional** pode ser um número puro (2, 1,3, 5/2) ou uma combinação de variáveis que não tenha dimensões. Seguem dois exemplos:

$$\frac{M(\text{g})}{M_o(\text{g})}, \quad \frac{D(\text{cm})u(\text{cm/s})\rho(\text{g/cm}^3)}{\mu[\text{g/(cm·s)}]}$$

Uma quantidade como M/M_0 ou $Du\rho/\mu$ também é chamada de **grupo adimensional**.

Expoentes (como o 2 em X^2), funções transcendentais (como log, exp $\equiv$ e, e sen) e argumentos de funções transcendentais (como X em sen X) sempre devem ser quantidades adimensionais. Por exemplo, 10^2 faz sentido, mas $10^{2 \text{ ft}}$ não tem nenhum sentido, assim como log (20 s) ou sen (3 dinas).

Exemplo 2.6-2 Homogeneidade Dimensional e Grupos Adimensionais

---

Uma quantidade k depende da temperatura T na seguinte forma:

$$k\left(\frac{\text{mol}}{\text{cm}^3 \cdot \text{s}}\right) = 1,2 \times 10^5 \exp\left(-\frac{20.000}{1,987T}\right)$$

As unidades da quantidade 20.000 são cal/mol, e T está em K (kelvin). Quais são as unidades das constantes $1,2 \times 10^5$ e 1,987?

Solução Já que a equação deve ser consistente nas suas unidades e a função exponencial é adimensional, $1,2 \times 10^5$ deve ter as mesmas unidades de k, mol/(cm³·s). Além disso, já que o argumento da função exponencial deve ser adimensional, podemos escrever

$$\frac{20.000 \text{ cal}}{\text{mol}} \left| \frac{1}{T(\text{K})} \right| \frac{\text{mol·K}}{1,987 \text{ cal}} \quad \text{(Todas as unidades se cancelam)}$$

As respostas são então

$$\boxed{1,2 \times 10^5 \text{ mol/(cm}^3 \cdot \text{s)} \quad \text{e} \quad 1,987 \text{ cal/(mol·K)}}$$

1. O que é uma equação dimensionalmente homogênea? Se uma equação é dimensionalmente homogênea, será necessariamente válida? Se uma equação é válida, será necessariamente homogênea?
2. Se y(m/s²) = az(m³), quais são as unidades de a?
3. O que é um grupo adimensional? Que combinações entre r(m), s(m/s²) e t(s) constituem um grupo adimensional?
4. Se z(lb$_f$) = a sen(Q), quais são as unidades de a e Q?

2.7 REPRESENTAÇÃO E ANÁLISE DE DADOS DE PROCESSOS

A operação de qualquer processo químico baseia-se, em última instância, nas medições das variáveis do processo — temperaturas, pressões, vazões, concentrações etc. Às vezes é possível medir diretamente estas variáveis, mas geralmente devem ser usadas técnicas indiretas.

Suponha, por exemplo, que você deseja medir a concentração C de um soluto em uma solução. Para fazer isto, normalmente você mede uma outra quantidade X — como a condutividade térmica ou elétrica, ou a absorbância de luz ou o volume titulado — que varia de uma forma conhecida com a concentração, e então calcula C a partir do valor conhecido de X. A relação entre C e X é determinada em um experimento separado de **calibração**, onde soluções de concentração conhecida são preparadas e X é medido para cada solução.

Consideremos um experimento de calibração onde uma variável y é medida para vários valores de uma outra variável x:

x	1,0	2,0	3,0	4,0
y	0,3	0,7	1,2	1,8

De acordo com o parágrafo anterior, y poderia ser a concentração de um reagente ou alguma outra variável de processo, enquanto x seria uma variável facilmente medida (tal como a condutividade) cujos valores estão correlacionados com y. Nosso objetivo é usar os dados de calibração para estimar o valor de y para um valor de x dentro do intervalo dos pontos tabelados (**interpolação**) ou além deste intervalo (**extrapolação**).

Uma série de técnicas de interpolação e extrapolação é comumente usada, incluindo interpolação linear de dois pontos, interpolação gráfica e ajuste de curvas. Qual desses métodos é o mais apropriado dependerá da natureza da relação existente entre y e x.

A Figura 2.7-1 mostra vários gráficos ilustrativos (x, y). Se o gráfico de um dado conjunto de dados tem a forma dos gráficos (a) ou (b) nesta figura, uma linha reta provavelmente pode ajustar os dados e servir como base para subsequente interpolação ou extrapolação. Por outro lado, se o gráfico é nitidamente uma curva, como no gráfico (c), pode-se traçar uma curva por inspeção e usá-la como base para interpolação, ou podem ser usados segmentos de linha reta entre cada par sucessivo de pontos, ou pode-se usar uma função não linear $y(x)$ que ajuste os dados.

A técnica de traçar uma reta ou uma curva pelos pontos por inspeção não precisa de mais explicações. Os outros métodos aparecem na seguinte seção.

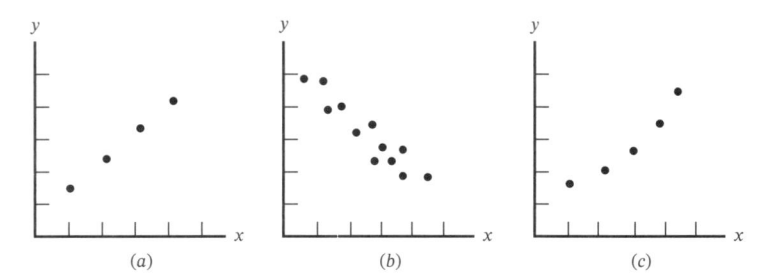

FIGURA 2.7-1 Gráficos representativos de dados experimentais.

2.7a Interpolação Linear de Dois Pontos

A equação de uma linha reta através dos pontos (x_1, y_1) e (x_2, y_2) em um gráfico de *y versus x* é:

$$y = y_1 + \frac{x - x_1}{x_2 - x_1}(y_2 - y_1)$$

(2.7-1)

(Você pode demostrar isto?) Podemos usar esta equação para estimar *y* para um *x* entre x_1 e x_2, bem como para estimar *y* para um *x* fora deste intervalo (quer dizer, para extrapolar os dados), mas com um risco de erro muito maior.

Se os pontos em uma tabela estão relativamente próximos, a interpolação linear deve ser suficiente para proporcionar uma boa estimativa de *y* para qualquer *x* ou vice-versa; por outro lado, se os pontos estão separados, ou se os dados devem ser extrapolados, deve-se usar uma das técnicas de ajuste de curvas mostradas na seção seguinte.

Teste

(veja *Respostas dos Problemas Selecionados*)

1. Valores de uma variável (f) são medidos em diferentes tempos (t):

f	1	4	8
t	1	2	3

Mostre que, se a interpolação linear de dois pontos é usada, $(a) f(t = 1,3) \approx 1,9$; $(b) t(f = 5) \approx 2,25$.

2. Se uma função $y(x)$ aparece como mostrado em cada um dos gráficos abaixo, as estimativas obtidas usando a interpolação linear de dois pontos seriam muito baixas, muito altas ou corretas? Se a fórmula para a interpolação linear de dois pontos (Equação 2.7-1) for usada para estimar $y(x_3)$ a partir dos valores tabelados de (x_1, y_1) e (x_2, y_2) no gráfico (b), as estimativas seriam muito altas ou muito baixas?

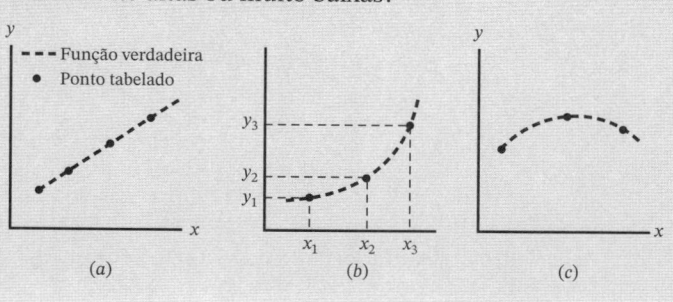

(a) (b) (c)

2.7b Ajustando uma Linha Reta

Uma forma conveniente de indicar como uma variável depende de outra é com uma equação:

$$y = 3x + 4$$
$$y = 4,24(x - 3)^2 - 23$$
$$y = 1,3 \times 10^7 \operatorname{sen}(2x)/(x^{1/2} + 58,4)$$

Se você dispõe de uma equação analítica para $y(x)$ como as mostradas acima, pode calcular *y* para qualquer valor de *x* ou (com maior dificuldade) determinar *x* para qualquer valor de *y*, ou pode programar um computador para fazer estes cálculos.

Suponha que os valores de uma variável dependente *y* foram medidos para vários valores de uma variável independente *x*, e um gráfico de *y versus x* em coordenadas retangulares fornece o que parece ser uma linha reta. A equação que você usaria para representar esta relação entre *y* e *x* seria

$$y = ax + b$$

(2.7-2)

Se os pontos são relativamente pouco espalhados, como os da Figura 2.7-1a, uma linha pode ser traçada através deles por inspeção, e se (x_1, y_1) e (x_2, y_2) são dois pontos — que podem ou não ser dados da tabela — sobre a reta, então

Inclinação:

$$a = \frac{y_2 - y_1}{x_2 - x_1}$$

(2.7-3)

Ponto de Interceptação:
$$b \begin{cases} = y_1 - ax_1 \\ = y_2 - ax_2 \end{cases}$$
(2.7-4)

Uma vez que a foi calculado da Equação 2.7-3 e b foi calculado por uma das Equações 2.7-4, é conveniente checar o resultado verificando se a Equação 2.7-2 é satisfeita no ponto (x_1, y_1) ou (x_2, y_2) que *não* foi usado para calcular b.

Exemplo 2.7-1   Ajustando uma Linha Reta a Dados de Calibração de um Medidor de Fluxo

Dados da calibração de um rotâmetro (vazão *versus* leitura do rotâmetro) são como segue:

Vazão $\dot{V}$(L/min)	Leitura do Rotâmetro R
20,0	10
52,1	30
84,6	50
118,3	70
151,0	90

1. Desenhe a curva de calibração e determine uma equação para $\dot{V}(R)$
2. Calcule a vazão que corresponde a uma leitura no rotâmetro de 36.

Solução   1. A curva de calibração aparece como segue:

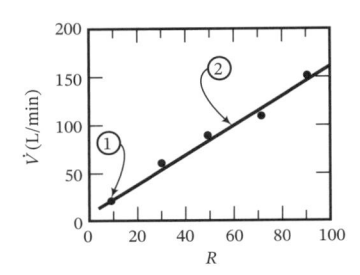

Uma linha traçada através dos dados por inspeção visual passa pelos pontos $(R_1 = 10,\ \dot{V}_1 = 20)$ e $(R_2 = 60,\ \dot{V}_2 = 101)$. Portanto,

$$\dot{V} = aR + b \quad \text{(Já que todos os dados caem sobre a linha)}$$

$$a = \frac{\dot{V}_2 - \dot{V}_1}{R_2 - R_1} = \frac{101 - 20}{60 - 10} = 1{,}62 \quad \text{(Pela Equação 2.7-3)}$$

$$b = \dot{V}_1 - aR_1 = 20 - (1{,}62)(10) = 3{,}8 \quad \text{(Pela Equação 2.7-4)}$$

O resultado, portanto, é:

$$\boxed{\dot{V} = 1{,}62R + 3{,}8}$$

Checando: No ponto ②,

$$aR_2 + b = (1{,}62)(60) + 3{,}8 = 101 = \dot{V}_2 \ \checkmark$$

2. Para $R = 36$, $\dot{V} = (1{,}62)(36) + 3{,}8 = 62{,}1$ L/min.

2.7c   Ajustando Dados Não Lineares

Durante uma semana recente em uma grande universidade, 423 experimentadores mediram separadamente e traçaram gráficos dos seus dados e encontraram que os dados não estavam sobre uma linha reta; 416 desses pesquisadores encolheram os ombros, disseram "Perto o bastante" e traçaram uma linha reta mesmo assim; e os outros sete procuraram uma relação diferente de $y = ax + b$ para relacionar as variáveis.

Ajustar uma equação não linear (qualquer outra que não seja $y = ax + b$) aos dados é normalmente bastante mais difícil do que ajustar uma reta; no entanto, com algumas equações não lineares você ainda pode fazer ajustes de linha reta se você representa graficamente os seus dados de maneira conveniente. Suponhamos, por exemplo, que x e y estão relacionados pela equação $y^2 = ax^3 + b$. Um gráfico das medições de y *versus* x claramente terá a forma de uma curva; no entanto, um gráfico de y^2 *versus* x^3 será uma linha reta com uma inclinação a e intercepto b. De forma mais geral, se quaisquer duas quantidades estão relacionadas por uma equação do tipo

$$(\text{Quantidade 1}) = a\,(\text{Quantidade 2}) + b$$

então um gráfico da quantidade 1 (y^2 no exemplo anterior) *versus* a quantidade 2 (x^3 no exemplo anterior) em coordenadas retangulares será uma linha reta com inclinação a e intercepto b.

Aqui estão outros exemplos de gráficos que fornecem uma linha reta:

1. $y = ax^2 + b$. Faça o gráfico de y *versus* x^2.

2. $y^2 = \frac{a}{x} + b$. Faça o gráfico de y^2 *versus* $1/x$.

3. $\frac{1}{y} = a(x + 3) + b$. Faça o gráfico de $1/y$ *versus* $(x + 3)$.

4. sen $y = a(x^2 - 4)$. Faça o gráfico de sen y *versus* $(x^2 - 4)$. A reta que passa pelos dados deve passar pela origem. (Por quê?)

Ainda que a equação original não esteja em uma forma apropriada para gerar uma linha reta, você às vezes pode rearranjá-la para obter esta forma:

5. $y = \dfrac{1}{C_1 x - C_2} \implies \dfrac{1}{y} = C_1 x - C_2.$

   Faça o gráfico de $1/y$ *versus* x. Inclinação $= C_1$, ponto de interceptação $= -C_2$.

6. $y = 1 + x(mx^2 + n)^{1/2} \implies \dfrac{(y - 1)^2}{x^2} = mx^2 + n.$

   Faça o gráfico de $\dfrac{(y - 1)^2}{x^2}$ *versus* x^2. Inclinação $= m$, ponto de interceptação $= n$.

Vamos resumir o procedimento. Se você tem dados (x, y) que deseja ajustar com uma equação que possa ser escrita na forma $f(x, y) = ag(x, y) + b$,

1. Calcule as funções $f(x, y)$ e $g(x, y)$ para cada ponto tabelado (x, y) e plote f *versus* g.
2. Se os pontos traçados caem sobre uma linha reta, então a equação ajusta os dados. Escolha dois pontos sobre a linha — (g_1, f_1) e (g_2, f_2) — e calcule a e b como mostrado na seção anterior.

$$a = \frac{f_2 - f_1}{g_2 - g_1} \qquad b = f_1 - ag_1 \quad \text{ou} \quad b = f_2 - ag_2$$

Exemplo 2.7-2   Ajuste de Curva Linear a Dados Não Lineares

Uma vazão mássica $\dot{m}\,(g/s)$ é medida como função da temperatura $T(°C)$.

T	10	20	40	80
$\dot{m}$	14,76	20,14	27,73	38,47

Existem razões para acreditar que $\dot{m}$ varia linearmente com a raiz quadrada de T:

$$\dot{m} = aT^{1/2} + b$$

Use um gráfico de linha reta para verificar esta fórmula e determinar a e b.

Solução Se a fórmula está correta, então um gráfico de $\dot{m}$ *versus* $T^{1/2}$ deve ser linear, com inclinação = a e intercepto = b. A tabela de dados é aumentada adicionando-se uma linha para $T^{1/2}$:

T	10	20	40	80
$T^{1/2}$	3,162	4,472	6,325	8,944
$\dot{m}$	14,76	20,14	27,73	38,47

$\dot{m}$ é representada em função de $T^{1/2}$.

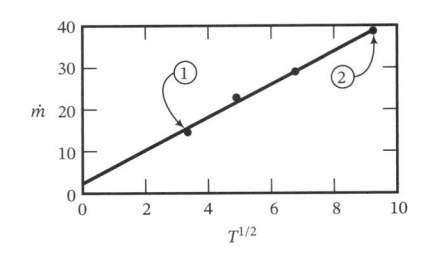

Como o gráfico é linear, a fórmula proposta é verificada. A linha reta passa pelo primeiro e pelo último ponto, de forma que estes pontos podem ser usados para calcular a inclinação e o intercepto:

$$\dot{m} = aT^{1/2} + b$$
$$(T_1^{1/2} = 3,162,\ \dot{m}_1 = 14,76)$$
$$(T_2^{1/2} = 8,944,\ \dot{m}_2 = 38,47)$$

Inclinação: $a = \dfrac{\dot{m}_2 - \dot{m}_1}{T_2^{1/2} - T_1^{1/2}} = \dfrac{38,47 - 14,76}{8,944 - 3,162} = 4,10\ \text{g/(s·°C}^{1/2})$

Ponto de interceptação: $b = \dot{m}_1 - aT_1^{1/2} = 14,76 - (4,10)(3,162) = 1,80\ \text{g/s}$

(verifique as unidades) de forma que

$$\boxed{\dot{m} = 4,10T^{1/2} + 1,80}$$

Checando: No ponto ②, $4,10T_2^{1/2} + 1,80 = (4,10)(8,944) + 1,80 = 38,47 = \dot{m}_2.$ ✔

Duas funções não lineares que acontecem com frequência na análise de processos são a **função exponencial**, $y = ae^{bx}$ [ou $y = a\exp(bx)$], em que $e \approx 2,7182818$, e a **lei de potências**, $y = ax^b$. Antes de descrevermos como podem ser determinados os parâmetros destas funções por ajuste linear, revisemos alguns conceitos elementares de álgebra.

O logaritmo natural (ln) é o inverso da função exponencial:

$$P = e^Q \iff \ln P = Q \tag{2.7-5}$$

Disto segue-se que

$$\ln(e^Q) = Q \quad \text{e} \quad e^{\ln P} = P \tag{2.7-6}$$

O logaritmo natural de um número pode ser calculado a partir do logaritmo comum ($\log_{10}$ ou apenas log) usando a relação

$$\ln x = 2,302585 \log_{10} x \tag{2.7-7}$$

As regras familiares para logaritmos de produtos e potências são aplicáveis a logaritmos naturais: se $y = ax$, então $\ln y = \ln a + \ln x$, e se $y = x^b$, então $\ln y = b\ln x$. Estas propriedades sugerem formas de ajustar as funções exponencial e lei de potências a dados (x, y):

$$\left. \begin{array}{l} y = a\exp(bx) \Longrightarrow \ln y = \ln a + bx \\ \text{Faça o gráfico de } \ln y \textit{ versus } x.\ \text{Inclinação} = b,\ \text{Ponto de interceptação} = \ln a. \end{array} \right\} \tag{2.7-8}$$

$$\left. \begin{array}{l} y = ax^b \Longrightarrow \ln y = \ln a + b\ln x \\ \text{Faça o gráfico de } \ln y \textit{ versus } \ln x.\ \text{Inclinação} = b,\ \text{Ponto de interceptação} = \ln a. \end{array} \right\} \tag{2.7-9}$$

Uma vez que você determinou ln a como o intercepto para cada um desses gráficos, você pode calcular a a partir da Equação 2.7-6 como $\exp(\ln a)$; por exemplo, se ln $a = 3$, então $a = \exp(3) = 20,1$.

| **Teste** | **1.** O seguinte gráfico representa dados experimentais (x, y). |

(veja *Respostas dos Problemas Selecionados*)

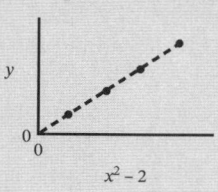

Que equação você usaria para relacionar x e y?

2. Como você traçaria dados (x, y) para obter uma linha reta, e como determinaria a e b para cada uma das seguintes funções?

(a) $y = a\sqrt{x} + b$

Solução: Trace y *versus* $\sqrt{x}$; faça com que $\left(\sqrt{x_1}, y_1\right)$ e $\left(\sqrt{x_2}, y_2\right)$ sejam dois pontos sobre a linha; calcule $a = (y_2 - y_1)/\left(\sqrt{x_2} - \sqrt{x_1}\right)$, $b = y_1 - a\sqrt{x_1}$.

(b) $1/y = a(x - 3)^2 + b$ **(e)** $y = ae^{bx}$

(c) $y = (ax^2 - b)^{1/3}$ **(f)** $y = ax^b$

(d) $\text{sen}(y) = x(ax + b)^{-2}$

2.7d Coordenadas Logarítmicas

Suponha que você deseja ajustar uma função exponencial $y = a\exp(bx)$ a dados medidos (x, y). A determinação de a e b é simplificada traçando o gráfico ln y como uma função de x. Existem dois procedimentos para a elaboração do gráfico que você pode usar: (1) calcule ln y para cada valor de y e faça o gráfico de ln y *versus* x em eixos retangulares, ou (2) coloque y diretamente em uma **escala logarítmica** *versus* x em uma escala retangular. A Figura 2.7-2 ilustra a criação de uma escala logarítmica, desenhada paralela a uma escala retangular para ln y. Todos os valores na escala retangular de ln y são os logaritmos naturais dos valores adjacentes na escala logarítmica de y; inversamente, todos os valores na escala de y são as exponenciais dos valores na escala de ln y (isto é, e elevado àqueles valores). Uma vez que você tem a escala de y, em vez de ter que calcular ln y para cada y tabulado, para colocar os pontos nos eixos retangulares, você pode diretamente localizar e colocar os valores de y na escala logarítmica. Se você quer fazer um gráfico de uma variável dependente *versus* ln x em uma escala retangular, é possível desenhar

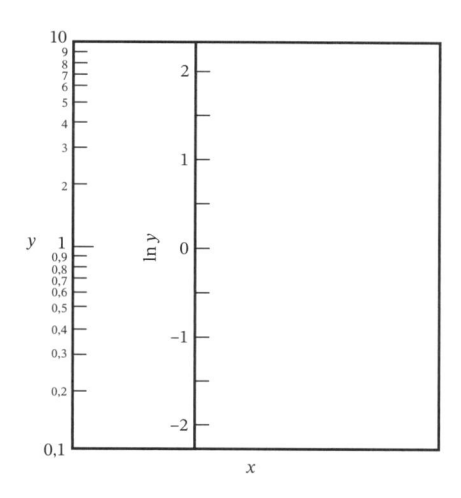

FIGURA 2.7-2 Construção de uma escala logarítmica.

uma escala logarítmica paralela ao eixo horizontal e marcar x diretamente sobre ela, evitando a necessidade de calcular ln x para cada valor tabulado de x. Um gráfico com escalas logarítmicas em ambos os eixos é chamado de **gráfico log**, e um gráfico com um eixo logarítmico e um retangular (com espaços iguais) é chamado de **gráfico semilog**.

Em certa época, o uso de papéis especiais em forma log ou semilog era um ponto essencial na representação gráfica e análise de dados. Hoje, no entanto, muitos programas de computador (como Excel e Kaleidagraph) representarão dados usando qualquer tipo de gráfico que você escolha.

Em resumo, *quando você traça valores de uma variável em uma escala logarítmica, na verdade você está traçando o logaritmo da variável em uma escala retangular.* Suponhamos, por exemplo, que y e x estão relacionados pela equação $y = a \exp(bx)$ (ln y = ln a + bx). Para determinar a e b, você pode traçar y *versus* x em um papel semilog, escolhendo dois pontos (x_1, y_1) e (x_2, y_2) sobre a linha resultante, ou você pode traçar ln y *versus* x em uma escala retangular, passando uma linha pelos pontos correspondentes $(x_1, \ln y_1)$ e $(x_2, \ln y_2)$. Em qualquer dos dois casos, a e b são obtidos como

$$b = \frac{\ln y_2 - \ln y_1}{x_2 - x_1} = \frac{\ln(y_2/y_1)}{x_2 - x_1}$$

$$\ln a = \ln y_1 - bx_1$$

$$\text{ou} \qquad \Longrightarrow [a = \exp(\ln a)]$$

$$\ln a = \ln y_2 - bx_2$$

Resumindo:

1. Se os dados y *versus* x aparecem na forma linear quando traçados em papel semilog, então ln y *versus* x seria linear em um papel retangular, e os dados podem então ser correlacionados por uma função exponencial $y = a \exp(bx)$. (Veja a Equação 2.7-8.)
2. Se os dados y *versus* x aparecem lineares quando traçados em papel log, ln y *versus* ln x seria linear em um papel retangular e os dados podem ser correlacionados por uma lei de potências $y = ax^b$. (Veja a Equação 2.7-9.)
3. Quando você traça valores de uma variável z em um eixo logarítmico e o seu gráfico é uma linha reta que passa através de dois pontos com as coordenadas z_1 e z_2, substitua $z_2 - z_1$ por $\ln(z_2/z_1)$ $(= \ln z_2 - \ln z_1)$ na fórmula para a inclinação.
4. *Não represente valores de* ln z *em uma escala logarítmica; você não obterá nenhum resultado útil.*

| **Exemplo 2.7-3** | Ajuste de Curva em Papel Log e Semilog |

Um gráfico de F *versus* t resulta em uma linha que passa pelos pontos $(t_1 = 15, F_1 = 0{,}298)$ e $(t_2 = 30, F_2 = 0{,}0527)$ em (1) um gráfico semilog e (2) um gráfico log. Em cada caso, calcule a equação que relaciona F e t.

Solução

1. *Gráfico semilog*

$$\ln F = bt + \ln a \qquad \text{(Já que o gráfico parece linear)}$$

$$\Downarrow$$

$$F = ae^{bt}$$

$$b = \frac{\ln(F_2/F_1)}{t_2 - t_1} = \frac{\ln(0{,}0527/0{,}298)}{(30 - 15)} = -0{,}1155$$

$$\ln a = \ln F_1 - bt_1 = \ln(0{,}298) + (0{,}1155)(15) = 0{,}5218$$

$$\Downarrow$$

$$a = \exp(0{,}5218) = 1{,}685$$

ou

$$\boxed{F = 1{,}685 \exp(-0{,}1155t)}$$

Checando: $F(t_2) = 1{,}685 \exp(-0{,}1155 \times 30) = 0{,}0527.$ ✔

2. *Gráfico log*

$$\ln F = b \ln t + \ln a \qquad \text{(Já que o gráfico parece linear)}$$

$$\Downarrow$$

$$F = at^b$$

$$b = \frac{\ln(F_2/F_1)}{\ln(t_2/t_1)} = \frac{\ln(0{,}0527/0{,}298)}{\ln(30/15)} = -2{,}50$$

$$\ln a = \ln F_1 - b \ln t_1 = \ln(0{,}298) + 2{,}5 \ln(15) = 5{,}559$$

$$\Downarrow$$

$$a = \exp(5{,}559) = 260$$

ou

$$\boxed{F = 260t^{-2{,}5}}$$

Checando: $F(t_2) = 260(30)^{-2{,}5} = 0{,}0527.$ ✔

Teste	1. Os seguintes gráficos são linhas retas. Quais são as equações que relacionam as variáveis?

(veja *Respostas dos Problemas Selecionados*)

1. Os seguintes gráficos são linhas retas. Quais são as equações que relacionam as variáveis?

   (a) *P versus t* em coordenadas retangulares.

   (b) *P* (eixo logarítmico) *versus t* em um gráfico semilog.

   (c) *P versus t* em um gráfico log.

   (d) $y^2 - 3$ (eixo logarítmico) *versus* $1/x^2$ em um gráfico semilog (expresse a resposta como uma função exponencial).

   (e) $1/F$ *versus* $(t^2 - 4)$ em um gráfico log (expresse a resposta como uma lei de potências).

2. Quais as variáveis que você deve representar e em que tipo de gráfico para obter uma linha reta das seguintes relações (a e b são constantes)?

   (a) $P = a\exp(bt)$ **(b)** $P = at^b$ **(c)** $P^2 = \exp(at^3 + b)$ **(d)** $1/P = a(t-4)^{-b}$

2.7e Ajustando uma Linha a Dados Espalhados

É bastante fácil ajustar uma linha quando os dados têm esta forma:

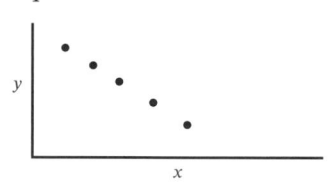

No entanto, a vida sendo do jeito que é, é muito mais provável que você se depare com alguma coisa mais como isto:

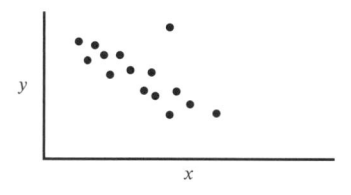

Quando os dados aparecem tão espalhados como estes, você poderia traçar inúmeras linhas que pareceriam ajustar os pontos igualmente bem (ou igualmente mal, dependendo do ponto de vista). A questão é que linha usar.

Existem várias técnicas estatísticas para ajustar uma função a um conjunto de dados espalhados. A aplicação da mais comum — *regressão linear* ou o *método dos mínimos quadrados* — ao ajuste de uma linha reta a uma série de dados de *y versus x* é delineada e ilustrada no Apêndice A.1; e o uso desta técnica é necessário para resolver os Problemas 2.48 a 2.53 no final deste capítulo. Alternativamente, tal ajuste de uma equação aos dados pode ser realizado com programas comerciais (como Excel e Kaleidagraph) e até em algumas calculadoras.

2.8 RESUMO

Este capítulo introduz algumas ferramentas fundamentais de resolução de problemas que você necessitará no resto do curso, em cursos subsequentes, e quase em cada ocasião na sua vida profissional em que você precise fazer cálculos matemáticos. Os pontos principais do capítulo são os seguintes.

- Você pode converter uma quantidade expressa em um conjunto de unidades no seu equivalente em outras unidades dimensionalmente consistentes usando fatores de conversão, como aqueles na tabela na capa interna deste livro.

- O *peso* é a força exercida sobre um objeto pela atração gravitacional. O peso de um objeto de massa m pode ser calculado como $W = mg$, em que g é a aceleração da gravidade no local do objeto. Ao nível do mar na Terra, $g = 9,8066$ m/s² = 32,174 ft/s². Para converter um peso (ou qualquer força) em unidades naturais como kg·m/s² ou lb_m·ft/s² ao seu equivalente em uma unidade derivada de força como N ou lb_f, use a tabela de fatores de conversão.

- Os algarismos significativos (a.s.) com os quais um número é escrito especificam a precisão com a qual o número é conhecido. Por exemplo, $x = 3,0$ (2 a.s.) estabelece que x está em algum lugar entre 2,95 e 3,05, enquanto $x = 3,000$ (4 a.s.) estabelece que está entre 2,9995 e 3,0005. Quando você multiplica e divide números, o número de algarismos significativos do resultado é igual ao menor número de algarismos significativos de quaisquer dos fatores. Em cálculos complexos, mantenha o valor máximo de algarismos significativos até obter o resultado final, e só então arredonde.

- Se X é uma variável medida de processo, a *média da amostra* de um conjunto de valores medidos, $\bar{X}$, é a média do conjunto (a soma dos valores dividida pelo número de valores). Esta é uma estimativa da média verdadeira, o valor que seria obtido com a média de um número infinito de medidas. A *variância* do conjunto, s_X^2, é uma medida do espalhamento dos valores medidos em torno da média. É calculada pela Equação 2.5-3. O *desvio padrão*, s_X, é a raiz quadrada da variância.

- Se $\bar{X}$ e s_X são determinadas a partir de um conjunto de corridas normais do processo, e um valor medido posteriormente de X se afasta mais do que $2s_X$ de $\bar{X}$, é provável que alguma coisa tenha mudado no processo — existe menos de 10% de probabilidade de que um espalhamento normal leve a este desvio. Se o afastamento é maior do que $3s_X$, existe menos de 1% de probabilidade de que seja causado por um espalhamento normal. As percentagens exatas dependem de como os valores medidos se distribuem em torno da média — por exemplo, se seguem uma distribuição gaussiana — e de quantos pontos há no conjunto usado para calcular a média e o desvio padrão.

- Suponha que você tem um conjunto de dados de uma variável dependente y, correspondendo a valores de uma variável independente x, e você deseja estimar y para um x especificado. Você pode admitir uma dependência linear entre dois pontos que englobam o x especificado e usar a interpolação linear de dois pontos (Equação 2.7-1) ou ajustar uma função aos pontos e usá-la para perfazer a estimação desejada.

- Se dados (x, y) aparecem espalhados em torno de uma linha reta em um gráfico de y *versus* x, você pode ajustar uma linha usando as Equação 2.7-3 e 2.7-4 ou, para uma maior precisão nos cálculos e uma estimativa da qualidade do ajuste, você pode usar o método dos mínimos quadrados (Apêndice A.1). Se um gráfico de y *versus* x é não linear, você pode tentar ajustar várias funções não lineares plotando funções de x e y de maneira que forneçam uma linha reta. Por exemplo, para ajustar a função $y^2 = a/x + b$ a dados (x, y), plote y^2 *versus* $1/x$. Se o ajuste é bom, o gráfico deverá ser uma linha reta com inclinação a e ponto de interceptação b.

- Fazer o gráfico y (escala log) *versus* x (escala linear) em um gráfico semilog é equivalente a representar ln y *versus* x em eixos retangulares. Se o gráfico é linear nos dois casos, x e y estão relacionados por uma função exponencial, $y = ae^{bx}$.

- Fazer o gráfico y *versus* x em eixos logarítmicos é equivalente a representar ln y *versus* ln x em eixos retangulares. Se o gráfico é linear nos dois casos, x e y estão relacionados por uma função de lei de potências, $y = ax^b$.

PROBLEMAS

2.1. Usando equações dimensionais, converta:
    (a) 2 semanas a microssegundos.   **(c)** 554 m⁴/(dia·kg) a ft⁴/(min·lb_m).
    (b) 38,1 ft/s a quilômetros/h.

2.2. Usando a tabela de fatores de conversão do início do livro, converta:
    (a) 1760 milhas/h a km/s.   **(c)** $5,37 \times 10^3$ kJ/min a hp.
    (b) 1400 kg/m³ a lb_m/ft³.

2.3. Usando uma única equação dimensional, estime o número de bolas de baseball que seria necessário para encher sua sala de aula.

2.4. Usando uma única equação dimensional, estime o número de passadas que você precisaria, caminhando à sua velocidade normal, para andar desde a Terra até Alfa do Centauro, uma estrela distante 4,3 anos-luz. A velocidade da luz é $1,86 \times 10^5$ milhas/s.

2.5. Você passou a se interessar recentemente em colecionar discos clássicos de vinil usados. Normalmente, as capas destes discos não possuem revestimentos para proteger os discos de poeira ou outras fontes de arranhões, então, você procura comprar alguns revestimentos de vendedores *online*. Dois sítios da Internet oferecem revestimentos plásticos de 12 in: o sítio A anuncia revestimentos com uma espessura de 50 micra, enquanto os revestimentos no sítio B têm a espessura de 3 mils. Qual dos sítios está vendendo o revestimento mais grosso? (*Nota:* Nenhuma das unidades de espessura informadas está definida no texto, mas definições estão disponíveis em outras fontes.)

2.6. Uma professora frustrada disse uma vez que, se todos os relatórios de alunos que ela tinha corrigido durante a sua carreira fossem empilhados um em cima do outro, eles iriam desde a Terra até a

Lua. Admitindo que um relatório padrão tenha 10 folhas de papel sulfite, use apenas uma equação dimensional para estimar o número de relatórios que a professora deveria ter corrigido para que a sua afirmação fosse verdadeira.

2.7. Você está escolhendo entre dois carros para comprar. O primeiro é americano, custa 14.500 dólares e tem um consumo de gasolina estimado de 28 milhas/gal. O segundo é europeu, custa 21.700 dólares e tem um consumo estimado de 19 km/L. Se a gasolina custa 1,25 dólar/gal e se os carros realmente cumprem com o consumo estimado, quantas milhas você tem que dirigir para que o menor consumo do segundo carro compense o seu maior custo?

2.8. Em um sítio da Internet dedicado a responder questões de engenharia, visitantes são convidados a determinar quanto de energia uma unidade termoelétrica de 100 MW gera anualmente. A resposta declarada como a melhor foi submetida por um estudante de engenharia civil, que afirmou, "Ela produz 100 MW/h, então, ao longo de um ano isto é 100*24*365,25 & faça a matemática."
  (a) Faça os cálculos, mostrando todas as unidades.
  (b) O que está errado com a afirmação da questão?
  (c) Por que o estudante estava errado em dizer que a unidade produz 100 MW/h?

2.9. Calcule:
  (a) o peso em lb_f de um objeto de 25,0 lb_m.
  (b) a massa em kg de um objeto que pesa 25 N.
  (c) o peso em dinas de um objeto de 10 toneladas (não são toneladas métricas).

2.10. Uma lagoa de tratamento de resíduos mede 50 m de comprimento e 15 m de largura, e tem uma profundidade média de 2 m. A densidade do resíduo é 85,3 lb_m/ft^3. Calcule o peso do conteúdo da lagoa em lb_f, usando uma única equação dimensional para os seus cálculos.

2.11. Quinhentas lb_m de nitrogênio devem ser carregadas em um pequeno cilindro metálico a 25°C, a uma pressão tal que a densidade do gás é 11,5 kg/m³. Sem usar uma calculadora, estime o volume do cilindro. Mostre a sua resposta.

2.12. A produção diária de dióxido de carbono de uma unidade termoelétrica a carvão de 880 MW é estimada em 31.000 t. Uma proposta foi feita para capturar e sequestrar o CO_2 a aproximadamente 300 K e 140 atm. Nestas condições, o volume específico do CO_2 é estimado em 0,012 m³/kg. Que volume (m³) de CO_2 seria coletado durante um período de um ano?

ENERGIA ALTERNATIVA ⟶

2.13. O custo de um único painel solar fica na faixa de $ 200 a $ 400, dependendo da potência de saída do painel e do material de que ele é feito. Antes de investir em equipar a sua casa com energia solar, é sábio saber se a economia no custo da eletricidade justificaria a quantia investida nos painéis.
  (a) Suponha que o seu uso mensal de eletricidade seja igual à média por domicílio norte-americano de 948 kWh. Assumindo uma média de cinco horas de luz do sol por dia, e um mês de 30 dias, calcule quantos painéis você precisaria para fornecer esta quantidade e qual seria o custo total para cada um dos seguintes tipos de painel: (i) painel de 140 W que custa $ 210; (ii) painel de 240 W que custa $ 260. Qual é a sua conclusão?
  (b) Suponha que você decida instalar os painéis de 240 W, e que o custo médio da eletricidade comprada nos próximos três anos é de $ 0,15/kWh. Qual seria a economia de custo total no período de 3 anos? O que mais você precisaria saber para determinar se o investimento nos painéis solares iria se pagar? (Lembre-se de que a instalação de um painel solar envolve baterias, conversores de corrente, fios e um número considerável de outros itens além dos próprios painéis solares.)
  (c) O que poderia motivar alguém a decidir instalar os painéis solares mesmo que os cálculos da letra (b) mostrem que a instalação não seja economicamente interessante?

2.14. De acordo com o princípio de Arquimedes, a massa de um objeto flutuante é igual à massa do fluido deslocado pelo objeto. Use este princípio para resolver os seguintes problemas:
  (a) Um cilindro de madeira de 30,0 cm de altura flutua verticalmente em um tanque de água (densidade = 1,00 g/cm³). O topo do cilindro está a 14,1 cm acima da superfície do líquido. Qual é a densidade da madeira?
  (b) O mesmo cilindro flutua verticalmente em um líquido de densidade desconhecida. O topo do cilindro está a 20,7 cm acima da superfície do líquido. Qual é a densidade do líquido?
  (c) Explique por que conhecer o comprimento e a largura dos objetos de madeira é desnecessário para resolver das letras (a) e (b).

2.15. Um cone circular reto com base de raio R, altura H e densidade conhecida ρ_s flutua com a base para baixo em um líquido de densidade desconhecida ρ_f. Uma altura h do cone permanece acima da superfície do líquido. Desenvolva uma fórmula para ρ_f em termos de ρ_s, R e h/H, simplificando de forma algébrica o máximo possível. [Lembre do princípio de Arquimedes do problema anterior e note que volume de um cone é dado pela relação (área da base)(altura)/3.]

2.16. Um tambor horizontal, do qual uma seção reta está mostrada abaixo, está sendo cheio com benzeno (densidade = 0,879 g/cm³) a uma taxa constante $\dot{m}$ (kg/min). O tambor tem um comprimento L e um raio r, e o nível do benzeno no tambor é h. A expressão para o volume de benzeno no tambor é:

$$V = L\left[r^2 \cos^{-1}\left(\frac{r-h}{r}\right) - (r-h)\sqrt{r^2 - (r-h)^2}\right]$$

(a) Mostre que a equação fornece resultados razoáveis para $h = 0$, $h = r$ e $h = 2r$.
(b) Estime a massa de benzeno (kg) no tanque se $L = 10$ ft, $r = 2$ ft e $h = 4$ in.
(c) Suponha que exista um visor de vidro no lado do tanque que permita a observação da altura do líquido no tanque. Use uma planilha eletrônica para preparar um gráfico que possa ser afixado próximo ao visor de vidro de maneira que um operador possa estimar a massa que está no tanque sem ter que fazer cálculos como aqueles da letra (b).

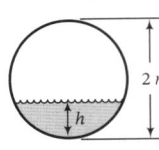

2.17. Um **poundal** é a força necessária para acelerar uma massa de 1 lb_m a uma taxa de 1 ft/s², e um **slug** é a massa de um objeto que é acelerado a uma taxa de 1 ft/s² quando submetido a uma força de 1 lb_f.
    (a) Calcule a massa em slugs e o peso em poundals de um homem de 175 lb_m (i) na Terra e (ii) na Lua, onde a aceleração da gravidade é um sexto do valor terrestre.
    (b) Uma força de 355 poundals é exercida sobre um objeto de 25,0 slugs. Com que taxa (m/s²) o objeto será acelerado?

2.18. "Vigor" é definido como a unidade de força requerida para acelerar uma unidade de massa, chamada "pesado", à aceleração gravitacional na superfície da Lua, que é um sexto da aceleração da gravidade na superfície da Terra.
    (a) Qual é o fator de conversão que deve ser usado para converter uma força da unidade natural à unidade derivada neste sistema? (Forneça o valor numérico e as unidades.)
    (b) Qual o peso em "vigor" de um objeto de 3 pesado na Lua? Qual seria o peso desse mesmo objeto em Lizard Lick, Carolina do Norte?

SEGURANÇA

*2.19. Durante a parte inicial do século XX, a sulfanilamida (uma droga antibacteriana) era apenas administrada por injeção ou em uma pílula sólida. Em 1937, uma companhia farmacêutica decidiu comercializar uma formulação líquida desta droga. Como a sulfanilamida era sabidamente altamente insolúvel em água e outros solventes farmacêuticos comuns, um número de solventes alternativos foi testado e descobriu-se que a droga era solúvel em dietileno glicol (DEG). Após a obtenção de resultados satisfatórios em testes de sabor, aparência e fragrância, 240 galões de sulfanilamida em DEG foram produzidos e comercializados como Elixir Sulfanilamida. Após determinar que certo número de mortes foi provocado pela formulação, o órgão fiscalizador competente montou uma campanha para recolher a droga e recuperou cerca de 232 galões. Neste tempo, 107 pessoas tinham morrido. O incidente levou a aprovação em 1938 de uma nova lei que reforçou significativamente os requisitos de segurança do órgão fiscalizador.
    Nem todas as quantidades necessárias para a solução dos problemas a seguir podem ser achadas no texto. Informe fontes de tais informações e liste todas as premissas adotadas.
    (a) as instruções de dosagem do elixir eram de "tomar 2 ou 3 colheres de chá em água a cada quatro horas". Assuma que cada colher de chá era DEG puro e estime o volume (mL) de DEG que um paciente teria consumido em um dia.
    (b) A dose oral letal de dietileno glicol foi estimada em 1,4 mL DEG/kg de massa corporal. Determine a massa máxima do paciente (lb_m) para quem a dose diária estimada na letra (a) seria fatal. Se você precisa de valores de quantidades que você não conseguiu achar neste texto, use a Internet. Sugira três razões para aquela dose ter sido perigosa para um paciente cuja massa está muito acima do valor calculado.
    (c) Estime quantas pessoas teriam sido envenenadas se a produção total da droga tivesse sido consumida.
    (d) Liste passos que a companhia deveria ter tomado que teriam evitado esta tragédia.

2.20. Faça os seguintes cálculos. Em cada caso, estime primeiro a solução sem usar uma calculadora, seguindo o procedimento mostrado na Seção 2.5b; logo, faça o cálculo prestando atenção nos dígitos significativos.
    (a) $(2,7)(8,632)$
    (c) $2,365 + 125,2$
    (b) $(3,600 \times 10^{-4})/45$
    (d) $(4,753 \times 10^4) - (9 \times 10^2)$

2.21. A seguinte expressão aparece na solução de um problema:

$$R = \frac{(0,6700)(264.980)(6)(5,386 \times 10^4)}{(3,14159)(0,479 \times 10^7)}$$

O fator 6 é um inteiro puro. Estime o valor de R sem usar uma calculadora, seguindo o procedimento mostrado na Seção 2.5b. Calcule então R, expressando a sua resposta tanto em notação científica quanto decimal, com o número correto de dígitos significativos.

*Adaptado de Stephanie Farrell, Mariano J. Savelski e C. Stewart Slater, "Integrating Pharmaceutical Concepts into Introductory Chemical Engineering Courses – Part 1" (2010), http://pharmahub.org/resources/360.

2.22. Dois termopares (aparelhos para a medição de temperatura) são testados submergindo-os em água fervente, anotando as leituras, retirando-os, secando-os e repetindo o procedimento. Os resultados de cinco medições são os seguintes:

$T(°C)$—Termopar A	72,4	73,1	72,6	72,8	73,0
$T(°C)$—Termopar B	97,3	101,4	98,7	103,1	100,4

(a) Para cada conjunto de leituras de temperatura, calcule a média, o intervalo e o desvio padrão da amostra.

(b) Qual termopar exibe o maior grau de espalhamento? Qual termopar é o mais acurado? Explique suas respostas.

2.23. O controle da qualidade de produto é um assunto particularmente delicado na indústria de produção de tinturas. Uma leve variação nas condições da reação pode levar a uma mudança apreciável na cor do produto, e, já que os consumidores usualmente requerem uma alta reprodutibilidade de cor de um lote para o outro, mesmo uma pequena mudança de cor pode levar à rejeição de uma batelada de produto.

Suponha que os vários valores de frequência e intensidade de cor que acompanham uma análise de cor são combinados em um único valor numérico, C, para uma tintura amarela em particular. Durante um período de teste no qual as condições do reator são cuidadosamente controladas e o reator é escrupulosamente limpado entre bateladas sucessivas (o que não é o procedimento usual), a análise de produto de 12 bateladas em dias sucessivos fornece as seguintes leituras de cor:

Batelada	1	2	3	4	5	6	7	8	9	10	11	12
C	74,3	71,8	72,0	73,1	75,1	72,6	75,3	73,4	74,8	72,6	73,0	73,7

(a) A especificação de qualidade para a produção de rotina é que uma batelada que se afasta mais do que dois desvios padrões da média do período de teste deve ser rejeitada e enviada para reprocessamento. Determine os valores mínimo e máximo aceitáveis de C.

(b) Um estatístico da área de qualidade e um engenheiro de produção estão tendo uma discussão. Um deles, Frank, quer elevar a especificação de qualidade para três desvios padrões e o outro, Joanne, quer diminuí-la para um. Reprocessamento é caro, gasta tempo e é extremamente impopular entre os engenheiros que devem fazê-lo. Quem é o estatístico e quem é o engenheiro? Explique.

(c) Suponha que nas primeiras semanas de operação foram produzidas relativamente poucas bateladas inaceitáveis, mas depois o número começa a aumentar sistematicamente. Pense em cinco possíveis causas e estabeleça como você pode determinar se cada uma delas pode ou não de fato ser a responsável pela queda na qualidade.

2.24. Sua empresa fabrica filme plástico para armazenamento de alimentos. A resistência do filme, representada por X, deve ser controlada de forma que o filme possa ser cortado do rolo sem muito esforço, mas que não rasgue facilmente no uso.

Em uma série de testes, 15 rolos de filme são feitos sob condições cuidadosamente controladas e a resistência de cada rolo é medida. Os resultados são usados como base para a *especificação de qualidade* (veja o Problema 2.19). Se, para um rolo produzido após este período, a resistência X se afasta mais do que dois desvios padrões da média do período de teste, o processo é declarado fora de especificação e a produção é suspensa para manutenção de rotina.

A série de dados de teste é a seguinte:

Rolo	1	2	3	4	5	6	7	8	9	10	11	12	13	14	15
X	134	131	129	133	135	131	134	130	131	136	129	130	133	130	133

(a) Escreva uma planilha que tome como entrada os dados da série de teste e calcule a média ($\bar{X}$) e o desvio padrão (s_X) da amostra, preferivelmente usando funções internas do pacote para o cálculo.

(b) Os seguintes valores para a resistência foram obtidos para rolos produzidos em 14 corridas de produção subsequentes ao período de teste: 128, 131, 133, 130, 133, 129, 133, 135, 137, 133, 137, 136, 137, 139. Na sua planilha (preferencialmente usando os recursos gráficos dela) trace um gráfico de controle de X *versus* o número da corrida, mostrando linhas horizontais para os valores correspondentes a $\bar{X}$, $\bar{X} - 2s_X$ e $\bar{X} + 2s_X$ do período de teste e mostre os pontos correspondentes às 14 corridas de produção. (Veja a Figura 2.5-2.) Quais medições levam à suspensão da produção?

(c) Após a última das corridas de produção, o engenheiro-chefe da planta volta das férias, examina os registros da planta e diz que a manutenção de rotina claramente não foi suficiente, e que uma parada total da planta com a revisão completa do sistema deveria ter sido feita em um ponto durante as duas semanas que ele esteve fora. Quando teria sido razoável fazer isto e por quê?

2.25. Diz-se que uma variável, Q, tem o valor de $2,360 \times 10^{-4}$ kg·m²/h.

  (a) Escreva uma equação dimensional para Q', o valor equivalente da variável expresso em unidades americanas de engenharia, usando segundos como a unidade de tempo.

  (b) Estime Q' sem usar uma calculadora, seguindo o procedimento mostrado na Seção 2.5b. (Mostre os seus cálculos.) Determine então Q' com uma calculadora, expressando a sua resposta tanto em notação científica quanto decimal, assegurando o número correto de dígitos significativos.

2.26. O **número de Prandtl**, N_{Pr}, é um grupo adimensional importante em cálculos de transferência de calor e é definido como $C_p\mu/k$, em que C_p é o calor específico de um fluido, μ é a viscosidade do fluido e k é a condutividade térmica. Para um fluido específico, $C_p = 0,583$ J/(g·°C), $k = 0,286$ W/(m·°C) e $\mu = 1936$ lb$_m$/(ft·h). Estime o valor de N_{Pr} sem usar uma calculadora (lembre que é adimensional), mostrando os cálculos; determine-o então com uma calculadora.

2.27. O **número de Reynolds** é um grupo adimensional definido para um fluido escoando através de uma tubulação como

$$Re = Du\rho/\mu$$

em que D é o diâmetro da tubulação, u é a velocidade do fluido, ρ é a densidade do fluido e μ é a viscosidade do fluido. Quando o valor do número de Reynolds é menor que 2100, o fluxo é dito *laminar* — quer dizer, o fluido flui em linhas de corrente suaves. Para números de Reynolds maiores do que 2100, o fluxo é chamado *turbulento*, caracterizado por uma grande agitação.

Metil etil cetona líquida (MEC) flui através de uma tubulação de 2,067 polegadas de diâmetro interno com uma velocidade média de 0,48 ft/s. Na temperatura do fluido, de 20°C, a densidade da MEC líquida é 0,805 g/cm³ e a sua viscosidade é 0,43 centipoises [1 cP = $1,00 \times 10^{-3}$ kg/(m·s)]. Sem usar uma calculadora, determine se o fluxo é laminar ou turbulento. Mostre os seus cálculos.

2.28. A seguinte equação empírica correlaciona os valores das variáveis em um sistema no qual partículas sólidas estão suspensas em uma corrente de gás:

$$\frac{k_g d_p y}{D} = 2,00 + 0,600 \left(\frac{\mu}{\rho D}\right)^{1/3} \left(\frac{d_p u \rho}{\mu}\right)^{1/2}$$

Tanto $(\mu/\rho D)$ quanto $(d_p u\rho/\mu)$ são grupos adimensionais; k_g é um coeficiente que expressa a taxa na qual uma determinada espécie química se transfere da corrente do gás à partícula sólida; e os coeficientes 2,00 e 0,600 são constantes adimensionais obtidas ajustando dados experimentais cobrindo um amplo intervalo de valores para as variáveis da equação.

O valor de k_g é um parâmetro necessário para o projeto de um reator catalítico. Já que este coeficiente é difícil de determinar diretamente, são medidos ou estimados valores para as outras variáveis, e k_g é calculado pela correlação dada. Os valores conhecidos das variáveis são os seguintes:

$$d_p = 5,00 \text{ mm}$$
$$y = 0,100 \text{ (adimensional)}$$
$$D = 0,100 \text{ cm}^2/\text{s}$$
$$\mu = 1,00 \times 10^{-5} \text{ N·s/m}^2$$
$$\rho = 1,00 \times 10^{-3} \text{ g/cm}^3$$
$$u = 10,0 \text{ m/s}$$

  (a) Qual o valor estimado de k_g? (Dê o valor e as unidades.)

  (b) Por que o valor verdadeiro de k_g poderia ser significativamente diferente do valor estimado na parte (a)? (Pense em várias razões possíveis.)

  (c) Crie uma planilha de cálculo na qual entrem até cinco conjuntos de valores das variáveis dadas (d_p até u) e sejam calculados os valores correspondentes de k_g. Teste a sua planilha usando os seguintes conjuntos de variáveis: (i) os valores dados acima; (ii) os mesmos acima, apenas com o dobro do diâmetro de partícula, d_p (fazendo-o 10,00 mm); (iii) os mesmos acima, apenas com o dobro da difusividade D; (iv) os mesmos acima, apenas com o dobro da viscosidade μ; (v) os mesmos acima, apenas com o dobro da velocidade u. Informe todos os cinco valores calculados de k_g.

2.29. Uma semente de cristal de diâmetro D (mm) é colocada em uma solução de sal dissolvido, e se observa a formação (nucleação) de novos cristais a uma taxa constante r (cristais/min). Experimentos realizados com sementes de vários diâmetros mostram que a taxa de nucleação varia com o diâmetro da semente segundo

$$r\text{(cristais/min)} = 200D - 10D^2 \qquad (D \text{ em mm})$$

  (a) Quais são as unidades das constantes 200 e 10? (Admita que a equação é válida e portanto dimensionalmente homogênea.)

  (b) Calcule a taxa de nucleação de cristais em cristais/s correspondente a um diâmetro de cristal de 0,050 polegada.

  (c) Deduza uma fórmula para r (cristais/s) em termos de D (polegadas). (Veja o Exemplo 2.6-1.) Cheque a fórmula usando o resultado da parte (b).

Exercício Exploratório – Pesquise e Descubra

(d) A equação indicada é empírica; isto é, em vez de ter sido desenvolvida a partir de princípios básicos, ela foi obtida simplesmente pelo ajuste de uma equação a dados experimentais. Neste experimento, sementes de cristal de um tamanho conhecido foram imersas em uma solução *supersaturada* bem misturada. Após um tempo de corrida fixo, a agitação era interrompida e deixavam-se os cristais formados durante o experimento decantarem para o fundo do aparato, onde selas podiam ser contadas. Explique o que sobre a equação revela sua natureza empírica. (*Dica:* Considere que o que a equação prediz como *D* continua a aumentar.)

2.30. A densidade de um fluido é dada pela equação empírica

$$\rho = 70{,}5 \exp(8{,}27 \times 10^{-7} P)$$

em que ρ é a densidade (lb_m/ft^3) e P é a pressão (lb_f/in^2).

(a) Quais são as unidades de 70,5 e $8{,}27 \times 10^{-7}$?

(b) Calcule a densidade em g/cm^3 para uma pressão de $9{,}00 \times 10^6 \ N/m^2$.

(c) Deduza uma fórmula para $\rho \ (g/cm^3)$ como função de $P(N/m^2)$. (Veja o Exemplo 2.6-1.) Cheque o resultado usando a solução da parte (b).

SEGURANÇA

2.31. Observa-se que o volume de uma cultura microbiana aumenta de acordo com a fórmula

$$V(cm^3) = ae^{bt}$$

em que t é o tempo em segundos.

(a) Calcule a expressão para $V \ (in^3)$ em termos de $t(h)$.

(b) Como tanto a função exponencial como seu argumento devem ser adimensionais, quais devem ser as unidades de a e b?

2.32. Uma concentração $C \ (mol/L)$ varia com o tempo (min) de acordo com a equação

$$C = 3{,}00 \exp(-2{,}00t)$$

(a) Quais são as unidades de 3,00 e 2,00?

(b) Suponha que a concentração é medida em $t = 0$ e $t = 1$ min. Use a interpolação ou extrapolação linear de dois pontos para estimar $C(t = 0{,}6 \text{ min})$ e $t(C = 0{,}10 \text{ mol/L})$ a partir dos valores medidos e compare estes resultados com os valores verdadeiros destas quantidades.

(c) Trace uma curva de C *versus* t e mostre graficamente os pontos determinados na parte (b).

MEIO AMBIENTE

2.33. A tabela abaixo é um resumo dos dados obtidos para o crescimento de células de leveduras em um biorreator:

Tempo, t(h)	Concentração de levedura, X(g/L)
0	0,010
4	0,048
8	0,152
12	0,733
16	2,457

Os dados podem ser ajustados pela função

$$X = X_0 \exp(\mu t)$$

em que X é a concentração de células a qualquer tempo t, X_0 é a concentração de células inicial, e μ é a *taxa de crescimento específico*.

(a) Baseado nos dados da tabela, quais são as unidades da taxa de crescimento específico?

(b) Cite duas maneiras de construir um gráfico com os dados de forma a se obter uma linha reta. Cada uma de suas respostas deve ser da forma "___ *versus* ___ no eixo ___".

(c) Monte um gráfico de uma das maneiras sugeridas na letra (b) e determine μ a partir do gráfico.

(d) Quanto tempo é necessário para dobrar a população de leveduras?

MEIO AMBIENTE

*2.34. Você chega ao seu laboratório às 8 da manhã e adiciona uma quantidade indeterminada de células bacterianas em um frasco. Às 11 da manhã você mede o número de células usando um espectro-

---

*Adaptado de um problema contribuição de John Falconer e Garret Nicodemus da University of Colorado (Boulder).

fotômetro (a absorbância da luz está diretamente relacionada ao número de células) e determina a partir de uma calibração prévia que o frasco contém 3850 células, e às 5 da tarde a contagem de células atingiu 36.530.

   (a) Ajuste cada uma das seguintes fórmulas com os dois pontos fornecidos (isto é, determine os valores das duas constantes de cada fórmula): crescimento linear, $C = C_0 + kt$; crescimento exponencial, $C = C_0 e^{kt}$; crescimento segundo lei de potência, $C = kt^b$. Nestas expressões, C_0 é concentração inicial de células e k e b são constantes.

   (b) Selecione a mais razoável das três fórmulas e justifique a sua seleção.

   (c) Estime o número inicial de células presentes às 8 da manhã ($t = 0$). Informe todas as premissas adotadas.

   (d) A cultura tem que ser dividida em duas partes iguais quando o número de celulas alcançar 2 milhões. Estime o tempo no qual você deve voltar para executar esta tarefa. Informe todas as premissas adotadas. Se isto é uma operação de rotina, que você deve executar com frequência, o que o seu resultado sugere sobre a programação do experimento?

MEIO AMBIENTE ➔ ***2.35.** Bactérias podem servir como catalisador para a conversão de produtos químicos de baixo custo, como glicose, em compostos de maior valor, incluindo *commodities* químicas (com grandes escalas de produção) e especialidades químicas de alto valor como produtos farmacêuticos, corantes e cosméticos. *Commodities* químicas são produzidas com auxílio de bactérias em biorreatores muito grandes. Por exemplo, culturas até 130.000 galões são usadas para produzir antibióticos e outros produtos terapêuticos, enzimas industriais e intermediários de polímeros.

     Quando uma cultura saudável de bactéria é colocada em um ambiente adequado com nutrientes abundantes, a bactéria experimenta um crescimento balanceado, significando que elas continuam a dobrar em número em um mesmo período fixo de tempo. O tempo de duplicação de bactérias *mesofílicas* (bactérias que vivem confortavelmente em temperaturas entre 35°C e 40°C) varia entre 20 minutos e algumas horas. Durante o crescimento balanceado, a taxa de crescimento da bactéria é dado pela expressão

$$\frac{dC}{dt} = \mu C$$

em que C (g/L) é a concentração de bactérias na cultura e μ é denominada *a taxa de crescimento específico* da bactéria (também descrita no Problema 2.33). A fase de crescimento balanceado eventualmente termina, devido a presença de um subproduto tóxico ou pela falta de um nutriente chave.

     Os dados abaixo foram medidos para o crescimento de uma espécie particular de bactéria mesofílica a uma temperatura constante:

t(h)	1,0	2,0	3,0	4,0	5,0	6,0	7,0	8,0
C(g/L)	0,008	0,021	0,030	0,068	0,150	0,240	0,560	1,10

   (a) Se bactérias são usadas na produção de uma *commodity* química, um valor baixo ou alto de μ seria desejável? Explique.

   (b) Na expressão da taxa, separe as variáveis e integre para obter uma expressão da forma $f(C, C_0) = \mu t$, em que C_0 é a concentração de bactéria que seria medida a $t = 0$, se o crescimento balanceado retrogisse até aquele ponto. (Ele pode eventualmente não retroagir.) O que *versus* o que você colocaria em um gráfico, em que tipo de coordenadas (retangular, semilog, ou log), para obter uma linha reta, se o crescimento for balanceado, e como você determinaria μ e C_0 a partir do gráfico? (Revise a Seção 2.7, se necessário.)

   (c) A partir dos dados fornecidos, determine se o crescimento balanceado foi mantido entre $t = 1$ h e $t = 8$ h. Se foi mantido, calcule a taxa de crescimento específico. (Informe tanto seu valor numérico como suas unidades.)

   (d) Derive uma expressão para o tempo de duplicação de uma espécie de bactéria em crescimento balanceado em termos de μ. [Você pode usar seus cálculos da letra (b).] Calcule o tempo de duplicação da espécie para a qual os dados foram fornecidos.

SEGURANÇA ➔ ****2.36.** As seguintes reações acontecem em um reator batelada:

$$A + B \rightarrow C \text{ (produto desejado)}$$
$$B + C \rightarrow D \text{ (produto perigoso)}$$

Conforme o avanço das reações, D se acumula no reator e pode causar uma explosão se sua concentração exceder a 15 mol/L. Para assegurar a segurança do pessoal da planta, o conteúdo do reator é resfriado rapidamente e os produtos são extraídos quando a concentração de D atinge 10 mol/L.

---

*Adaptado de um problema contribuição de Claire Komives da San Jose State University.
**Adaptado de um problema contribuição de Matthew Cooper da North Carolina State University.

A concentração de C é medida em tempo real e amostras são periodicamente retiradas e analisadas para determinação da concentração de D. Os dados são mostrados abaixo:

C_C (mol/L)	C_D (mol/L)
2,8	1,4
10	2,27
20	2,95
40	3,84
70	4,74
110	5,63
160	6,49
220	7,32

(a) Qual seria a forma geral de uma expressão para C_D como uma função de C_C?

(b) Derive a expressão.

(c) A que concentração de C o reator é parado?

(d) Alguém propôs não parar a reação até $C_D = 13$ mol/L, e outra pessoa discordou firmemente. Quais seriam os argumentos principais a favor e contra aquela proposta?

2.37. As pressões de vapor do 1-clorotetradecano a várias temperaturas são mostradas a seguir.

$T(°C)$	98,5	131,8	148,2	166,2	199,8	215,5
p^* (mm Hg)	1	5	10	20	60	100

(a) Use a interpolação linear de dois pontos para estimar o valor de p^* a $T = 185°C$.

(b) Suponha que você só conheça os dados a 98,5°C e 215,5°C. Use interpolação linear entre dois pontos para estimar a pressão de vapor a 148,2°C. Assuma que a pressão de vapor medida na tabela é o valor verdadeiro e calcule o erro percentual em seu valor interpolado. Por que você esperaria que o erro associado à estimativa na letra (a) fosse significativamente menor que aquele da letra (b)?

2.38. Trace os gráficos descritos abaixo e calcule as equações para $y(x)$ a partir da informação dada. Os gráficos são todos de linha reta. Note que as coordenadas dadas referem-se aos valores da abscissa e da ordenada, não de x e y. [A solução da parte (a) é dada como exemplo.]

(a) Um gráfico de ln y *versus* x em coordenadas retangulares passando pelos pontos (1,0; 0,693) e (2,0; 0,0) (quer dizer, no primeiro ponto $x = 1,0$ e ln $y = 0,693$).

Solução: $\ln y = bx + \ln a \Longrightarrow y = ae^{bx}$

$$b = (\ln y_2 - \ln y_1)/(x_2 - x_1) = (0 - 0,693)/(2,0 - 1,0) = -0,693$$

$$\ln a = \ln y_1 - bx_1 = 0,693 + (0,693)(1,0) = 1,386 \Longrightarrow a = e^{1,386} = 4,00$$

$$\Downarrow$$

$$\boxed{y = 4,00e^{-0,693x}}$$

(b) Um gráfico semilog de y (eixo logarítmico) *versus* x, passando pelos pontos (1, 2) e (2, 1).

(c) Um gráfico log de y *versus* x, passando pelos pontos (1, 2) e (2, 1).

(d) Um gráfico semilog de xy (eixo logarítmico) *versus* y/x, passando pelos pontos (1,0; 40,2) e (2,0; 807,0).

(e) Um gráfico log de y^2/x *versus* $(x - 2)$, passando pelos pontos (1,0; 40,2) e (2,0; 807,0).

2.39. Responda o que você traçaria para obter uma linha reta se dados experimentais (x, y) devem ser correlacionados pelas seguintes relações, e quais seriam a inclinação e o intercepto em cada caso em termos dos parâmetros de cada relação. Se é possível usar dois tipos diferentes de gráfico (por exemplo, retangular e semilog), diga qual você plotaria em cada caso. [A solução da parte (a) é dada como exemplo.]

(a) $y^2 = ae^{-b/x}$.

Solução: Construa um gráfico semilog de y^2 *versus* $1/x$ ou um gráfico de $\ln(y^2)$ *versus* $1/x$ em coordenadas retangulares. Inclinação $= -b$, intercepto $= \ln a$.

(b) $y^2 = mx^3 - n$.

(c) $1/\ln(y - 3) = (1 + a\sqrt{x})/b$

(d) $(y + 1)^2 = [a(x - 3)^3]^{-1}$

(e) $y = \exp\left(a\sqrt{x} + b\right)$

(f) $xy = 10^{[a(x^2+y^2)+b]}$

(g) $y = [ax + b/x]^{-1}$

2.40. Um **higrômetro**, que mede a quantidade de umidade em uma corrente gasosa, é calibrado usando a seguinte montagem:

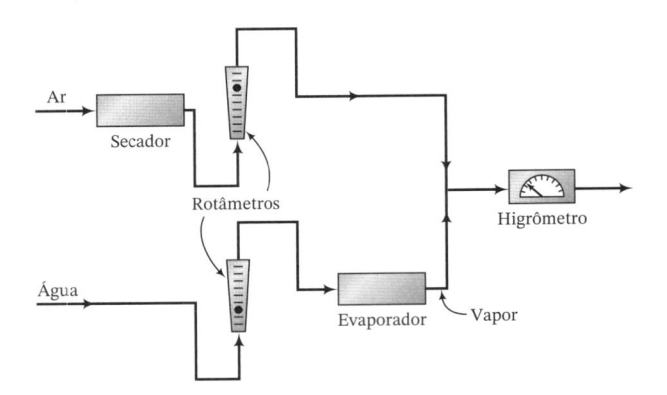

Vapor e ar seco são alimentados a vazões conhecidas e misturados para formar uma corrente de ar com teor de água conhecido e a leitura do higrômetro é anotada; muda-se a vazão da água ou a do ar para formar uma corrente com um novo teor de água e anota-se a nova leitura, e assim por diante. São obtidas as seguintes leituras:

Fração Mássica de Água, y	Leitura do Higrômetro, R
0,011	5
0,044	20
0,083	40
0,126	60
0,170	80

(a) Trace uma curva de calibração e determine uma equação para $y(R)$.

(b) Suponha que uma amostra de gás de chaminé é inserida na câmara de amostragem do higrômetro, obtendo-se uma leitura de $R = 43$. Se a vazão mássica do gás é 1200 kg/h, qual é a vazão mássica de vapor de água?

MEIO AMBIENTE

2.41. L-Serina é um aminoácido importante por seus papéis na síntese de outros aminoácidos e por seu uso em soluções de alimentação intravenosas. Ela é usualmente sintetizada comercialmente por fermentação e recuperada submetendo o mosto de fermentação a várias etapas de processamento e, então, cristalizando a serina a partir de uma solução aquosa. As solubilidades da L-serina (L-Ser) em água foram medidas a várias temperaturas, fornecendo os seguintes dados:[5]

T(K)	283,4	285,9	289,3	299,1	316,0	317,8	322,9	327,1
x(fração molar L-Ser)	0,0400	0,0426	0,0523	0,0702	0,1091	0,1144	0,1181	0,1248

Uma das formas de representação de tais dados é a *equação de van't Hoff*: $\ln x = (a/T) + b$. Monte um gráfico com os dados de forma que o resultado seja linear. Estime a e b e informe suas unidades.

2.42. A temperatura em uma unidade de processo é controlada fazendo-se passar água de resfriamento a uma vazão dada através de uma jaqueta que envolve a unidade.

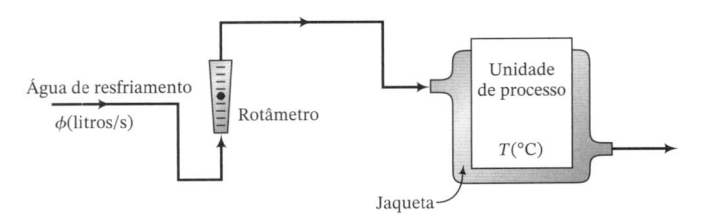

---

[5]C. W. J. Luk, dissertação de mestrado, Georgia Institute of Technology, 2005.

A relação exata entre a temperatura da unidade $T(°C)$ e a vazão de fluxo da água de resfriamento $\phi(L/s)$ é extremamente complicada, e deseja-se deduzir uma fórmula empírica simples para aproximar esta relação ao longo de um intervalo limitado de vazão e temperatura. Foram obtidos dados de T versus ϕ, cujos gráficos em coordenadas retangulares e semilog são claramente curvos (eliminando $T = a\phi + b$ e $T = ae^{b\phi}$ como possíveis funções empíricas), mas que, quando plotados em papel log, aparecem como segue:

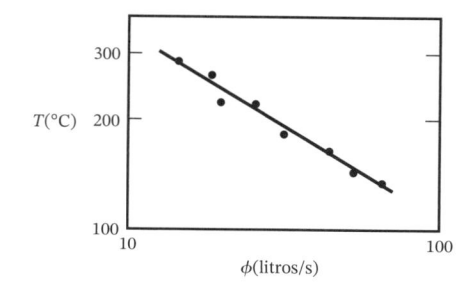

Uma linha traçada através dos dados passa pelos pontos ($\phi_1 = 25$ L/s, $T_1 = 210°C$) e ($\phi_2 = 40$ L/s, $T_2 = 120°C$).

(a) Qual é a relação empírica entre ϕ e T?

(b) Usando a sua equação derivada, estime a vazão de água de resfriamento necessária para manter a temperatura a 85°C, 175°C e 290°C.

(c) Em qual das três estimativas da parte (b) você teria maior confiança e em qual teria a menor confiança? Explique o seu raciocínio.

2.43. Uma reação química A → B é realizada em um recipiente fechado. Os seguintes dados foram coletados para a concentração de A, C_A(g/L) como função do tempo, t(min), a partir do início da reação:

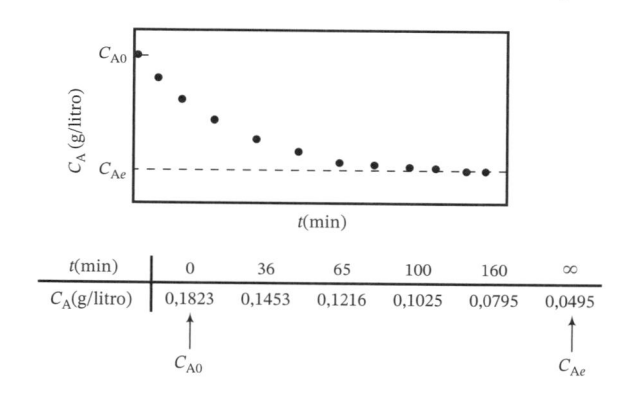

t(min)	0	36	65	100	160	∞
C_A(g/litro)	0,1823	0,1453	0,1216	0,1025	0,0795	0,0495

Um mecanismo de reação proposto prevê que C_A e t devem estar relacionados pela expressão

$$\ln\frac{C_A - C_{Ae}}{C_{A0} - C_{Ae}} = -kt$$

em que k é a **constante da taxa de reação**.

(a) Os dados obtidos apóiam esta previsão? Em caso afirmativo, calcule o valor de k. (Use um gráfico semilog na solução deste problema.)

(b) Se o volume do tanque é 125 L e não há B no tanque no tempo $t = 0$, quanto B(g) contém o tanque após duas horas?

(c) Estime o tempo necessário para que a concentração de A atinja 1,1, 1,05 e 1,01 vezes C_{Ae}, e determine a massa de B produzida em cada uma destas condições para o reator descrito na letra (b).

2.44. O momento culminante do filme *A Berinjela que Comeu New Jersey* é quando o brilhante jovem cientista anuncia a descoberta da equação para o volume da berinjela:

$$V(\text{ft}^3) = 3,53 \times 10^{-2} \exp(2t^2)$$

em que t é o tempo em horas desde o instante em que o vampiro inoculou a berinjela com uma solução preparada com o sangue da dentista bonitona.

(a) Quais são as unidades de $3,53 \times 10^{-2}$ e 2?

(b) O cientista obteve a equação medindo V versus t e determinando os coeficientes por regressão linear. O que ele plotou e em que tipo de coordenadas? O que ele obteve como inclinação e intercepto do gráfico?

(c) O distribuidor europeu do filme insiste em que a fórmula seja dada para o volume em m^3 como função de t(s). Deduza a fórmula.

2.45. A relação entre a pressão P e o volume V do ar em um cilindro durante a compressão do pistão em um compressor de ar pode ser expressa como

$$PV^k = C$$

em que k e C são constantes. Durante um teste de compressão, foram obtidos os seguintes dados:

P(mm Hg)	760	1140	1520	2280	3040	3800
V(cm³)	48,3	37,4	31,3	24,1	20,0	17,4

Determine os valores de k e C que ajustam melhor os dados. (Forneça tanto os valores numéricos quanto as unidades.)

2.46. Ao modelar o efeito de uma impureza sobre o crescimento de um cristal, foi obtida a seguinte equação:

$$\frac{G - G_L}{G_0 - G} = \frac{1}{K_L C^m}$$

em que C é a concentração da impureza, G_L é uma taxa de crescimento limitante, G_0 é a taxa de crescimento do cristal sem a presença de impurezas e K_L e m são parâmetros do modelo.

Em um experimento específico, $G_0 = 3,0 \times 10^{-3}$ mm/min e $G_L = 1,80 \times 10^{-3}$ mm/min. As taxas de crescimento foram medidas para várias concentrações diferentes de impurezas C (partes por milhão, ppm), com os seguintes resultados:

C(ppm)	50,0	75,0	100,0	125,0	150,0
G(mm/min)$\times 10^3$	2,50	2,20	2,04	1,95	1,90

(Por exemplo, quando $C = 50,0$ ppm, $G = 2,50 \times 10^{-3}$ mm/min.)

(a) Determine K_L e m, dando tanto os valores numéricos quanto as unidades.

(b) Uma solução é alimentada a um cristalizador no qual a concentração de impurezas é 475 ppm. Estime a taxa de crescimento do cristal esperada em (mm/min). Diga então por que você seria extremamente cético em relação a este resultado.

2.47. Presume-se que uma leitura instrumental de um processo, Z(volts), está relacionada com a vazão de uma corrente do processo $\dot{V}$(L/s) e a pressão P(kPa) pela seguinte expressão:

$$Z = a\dot{V}^b P^c$$

Foram obtidos dados do processo em dois conjuntos de corridas — um mantendo $\dot{V}$ constante e outro mantendo P constante. Os dados são os seguintes:

Ponto	1	2	3	4	5	6	7
$\dot{V}$(L/s)	0,65	1,02	1,75	3,43	1,02	1,02	1,02
P(kPa)	11,2	11,2	11,2	11,2	9,1	7,6	5,4
Z(volts)	2,27	2,58	3,72	5,21	3,50	4,19	5,89

(a) Suponha que você só tem as corridas 2, 3 e 5. Calcule a, b e c de forma algébrica a partir dos dados destas três corridas.

(b) Use agora um método gráfico e todos os dados para calcular a, b e c. Comente por que você teria mais confiança neste resultado do que naquele da parte (a). (*Sugestão:* Você precisa pelo menos de dois gráficos.)

2.48. Ajuste (a) uma linha, (b) uma linha através da origem aos seguintes dados usando o método dos mínimos quadrados (Apêndice A.1):

x	0,3	1,9	3,2
y	0,4	2,1	3,1

Mostre em um único gráfico as duas linhas ajustadas junto com os pontos.

2.49. Os dados abaixo são valores medidos de temperatura *versus* tempo de um sistema:

t(min)	0,0	2,0	4,0	6,0	8,0	10,0
T(°C)	25,3	26,9	32,5	35,1	36,4	41,2

(a) Use o método dos mínimos quadrados (Apêndice A.1) para ajustar uma linha reta aos dados, mostrando seus cálculos. Você pode usar uma planilha eletrônica para avaliar as fórmulas do Apêndice A.1, mas não use nenhum gráfico ou funções estatísticas. Escreva a fórmula derivada para $T(t)$ e converta-a para uma fórmula para $t(T)$.

(b) Transfira os dados para duas colunas numa planilha Excel, colocando os dados de t (incluindo o cabeçalho) nas células A1-A7 e os dados de T (incluindo o cabeçalho) nas células B1-B7. Seguindo as instruções para a sua versão de Excel, insira um gráfico de T versus t na planilha, mostrando apenas os pontos dos dados e não colocando linhas ou curvas entre eles. Adicione, então, uma linha de tendência linear ao gráfico (isto é, ajuste uma linha reta aos dados usando o método dos mínimos quadrados) e faça o Excel mostrar a equação da linha e o valor de R^2. Quanto mais próximo R^2 for de 1, melhor o ajuste.

MEIO AMBIENTE →

2.50. Uma solução contendo resíduos perigosos é carregada em um tanque de armazenamento e submetida a um tratamento químico que decompõe o resíduo em produtos inofensivos. Foi determinado que a concentração do resíduo que está sendo decomposto varia com o tempo de acordo com a fórmula:

$$C = 1/(a + bt)$$

Quando transcorre tempo suficiente para que a concentração caia para 0,01 g/L, o conteúdo do tanque é descarregado em um rio que passa pela fábrica.

Foram obtidos os seguintes dados para C e t:

t(h)	1,0	2,0	3,0	4,0	5,0
C(g/L)	1,43	1,02	0,73	0,53	0,38

(a) Se a fórmula proposta é correta, o que você traçaria para obter uma linha reta que permita calcular os parâmetros a e b?

(b) Estime a e b usando o método dos mínimos quadrados (Apêndice A.1). Confira a qualidade do ajuste gerando um gráfico de C versus t, que mostre tanto os valores medidos quanto os prescritos.

(c) Usando os resultados da parte (b), estime a concentração inicial de resíduo no tanque e o tempo necessário para que C atinja o nível de descarga.

(d) Você deveria ter muito pouca confiança no tempo estimado na parte (c). Explique por quê.

(e) Existem outros problemas potenciais com o procedimento inteiro de tratamento de resíduos. Sugira vários deles.

Exercício Exploratório – Pesquise e Descubra

(f) O enunciado do problema inclui a frase "descarregado apropriadamente". Reconhecendo que o que é considerado apropriado pode mudar com o tempo, liste três meios de descarte diferentes e suas respectivas restrições.

2.51. Foram obtidos os seguintes dados (x, y):

x	0,5	1,4	84
y	2,20	4,30	6,15

(a) Represente graficamente os dados em eixos logarítmicos.

(b) Determine os coeficientes de uma lei de potências $y = ax^b$ usando o método dos mínimos quadrados. (Lembre o que realmente você está representando — não há como evitar calcular os logaritmos dos dados neste caso.)

(c) Desenhe a linha calculada no mesmo gráfico dos dados.

2.52. Um estudo publicado sobre uma reação química A → P indica que, se o reator tem uma concentração inicial de A C_{A0}(g/L) e a temperatura da reação, T, é mantida constante, então a concentração de P no reator aumenta com o tempo de acordo com a fórmula:

$$C_P(g/L) = C_{A0}(1 - e^{-kt})$$

A *constante da taxa de reação*, $k(s^{-1})$, é expressa como função apenas da temperatura da reação.

Para testar este resultado, a reação é realizada em quatro diferentes laboratórios. Os resultados experimentais relatados aparecem abaixo:

	Lab 1 $T = 275°C$ $C_{A0} = 4{,}83$	Lab 2 $T = 275°C$ $C_{A0} = 12{,}2$	Lab 3 $T = 275°C$ $C_{A0} = 5{,}14$	Lab 4 $T = 275°C$ $C_{A0} = 3{,}69$
$t(s)$	C_P (g/L)			
0	0,0	0,0	0,0	0,0
10	0,287	1,21	0,310	0,245
20	0,594	2,43	0,614	0,465
30	0,871	3,38	0,885	0,670
60	1,51	5,89	1,64	1,20
120	2,62	8,90	2,66	2,06
240	3,91	11,2	3,87	3,03
360	4,30	12,1	4,61	3,32
480	4,62	12,1	4,89	3,54
600	4,68	12,2	5,03	3,59

(a) Que gráfico forneceria uma linha reta se a equação dada fosse correta?

(b) Entre com os dados em uma planilha de cálculo. Para cada conjunto de dados (C_P *versus t*), gere o gráfico da parte (a) e determine o valor correspondente de k. (A sua planilha de cálculo provavelmente contém uma função interna para fazer a regressão linear dos dados em duas colunas especificadas.)

(c) Use os resultados da parte (b) para estimar o valor de k a 275°C. Explique como fazer isto.

(d) Se você fez os cálculos da parte (b) de forma correta, um dos valores calculados de k deve estar consideravelmente fora da faixa dos outros. Pense na maior quantidade de explicações possível para este resultado (pelo menos 10).

2.53. Suponha que você tem n pontos (x_1, y_1), (x_2, y_2), ... ,(x_n, y_n), e deseja ajustar uma linha através da origem ($y = ax$) a estes dados usando o método dos mínimos quadrados. Deduza a Equação A.1-6 (Apêndice A.1) para a inclinação da linha, escrevendo a expressão para a distância vertical d_i desde o i-ésimo ponto (x_i, y_i) até a linha, escrevendo depois a expressão para $\phi = \Sigma d_i^2$ e encontrando por diferenciação o valor de a que minimiza esta função.

2.54. Escreva um programa de computador para ajustar uma linha reta $y = ax + b$ aos dados tabelados (x, y), admitindo que não serão determinados mais de 100 dados em uma única corrida. O seu programa deve ler e armazenar os dados, avaliar a inclinação a e o intercepto b da melhor linha através dos dados usando as Equações A.1-3 a A.1-5 do Apêndice A e escrever os valores medidos de x e y e os valores calculados de $y(= ax + b)$ para cada valor tabelado de x.

Teste o seu programa ajustando uma linha aos dados na seguinte tabela:

x	1,0	1,5	2,0	2,5	3,0
y	2,35	5,53	8,92	12,15	15,38

2.55. A taxa à qual uma substância passa através de uma membrana semipermeável é determinada pela *difusividade D*(cm²/s) do gás. D varia com a temperatura da membrana $T(K)$ de acordo com a *lei de Arrhenius*:

$$D = D_0 \exp(-E/RT)$$

em que D_0 = o *fator pré-exponencial*
E = a *energia de ativação* para a difusão
R = 1,987 cal/(mol·K)

Difusividades de SO_2 em um tubo de borracha de fluorossilicone foram medidas a várias temperaturas, com os seguintes resultados:

$T(K)$	$D(\text{cm}^2/\text{s}) \times 10^6$	
347,0	1,34	← (de modo que $D = 1{,}34 \times 10^{-6}$ cm²/s)
374,2	2,50	
396,2	4,55	
420,7	8,52	
447,7	14,07	
471,2	19,99	

(a) Quais são as unidades de D_0 e E?

(b) Como devem ser plotados os dados para obter uma linha reta em coordenadas retangulares?

(c) Trace o gráfico dos dados na forma indicada na parte (b) e determine D_0 e E da linha resultante.

(d) Repita a parte (c) usando um programa de planilha eletrônica.

Processos e Variáveis de Processo

Um **processo** é qualquer operação ou série de operações através das quais um objetivo particular é atingido. Neste livro, nos referimos àquelas operações que causam uma transformação física ou química em uma substância ou em uma mistura de substâncias. O material que entra em um processo é chamado de **entrada** (*input*) ou **alimentação** do processo, e o material que deixa o processo é chamado de **saída** (*output*) ou **produto**. Normalmente um processo consta de várias etapas, cada uma das quais é realizada em uma **unidade de processo**, e cada unidade de processo tem associado um conjunto de **correntes de processo** de entrada e saída.

Como engenheiro químico, você pode ser chamado a *projetar* ou *operar* um processo. O **projeto** inclui a formulação do fluxograma do processo, bem como as especificações das unidades individuais do processo (como reatores, equipamentos para separar misturas em seus constituintes, trocadores de calor, bombas e compressores) e variáveis de processo associadas que especificam em que condições as unidades devem ser operadas. Em projeto, engenheiros normalmente trabalham com um processo hipotético que ainda terá que ser construído. A **operação** envolve o desempenho do dia a dia de um processo existente. Espera-se que o processo produza um produto a uma vazão específica com características específicas, por isso as tarefas do engenheiro podem envolver o controle de unidades individuais de forma que estes objetivos sejam atingidos.

Adicionalmente, para desempenhar aquelas duas atividades, você pode ser convocado para realizar uma **análise** do processo, com objetivos que podem variar de um processo para outro. Por exemplo, uma tarefa pode ser identificar maneiras de reduzir os custos associados aos consumos de matérias-primas e energia. A metodologia pode envolver testes controlados na unidade de processo ou em uma versão reduzida desta, ou ela pode requerer o desenvolvimento de um modelo matemático para prever resultados em diferentes condições operacionais. Com frequência, uma combinação destas abordagens é empregada.

A avaliação de um processo em operação deve ser permanente, mas existe uma necessidade especial quando o processo está funcionando com baixo rendimento, e uma análise é necessária para identificar a causa do problema. Algumas vezes um aumento na demanda do mercado requer um aumento na vazão de produção e o aumento requerido excede a capacidade dos equipamentos existentes. Identificar e modificar uma etapa no processo que está limitando a vazão de produção de forma a obter uma maior vazão é conhecido como *desgargalamento*. Quando a demanda para o produto cai, ajustar o processo pela redução da produção torna-se importante.

Os elos entre todas as atividades e funções descritas no parágrafo anterior são as correntes de processo que conectam as unidades e formam o fluxograma do processo. Para desempenhar estas funções requer-se o conhecimento das quantidades, composições e condições das correntes de processo e dos materiais dentro das unidades. Você deve ser capaz de medir ou calcular estas informações para as unidades de processo existentes ou especificar e calcular estas informações para as unidades que estão sendo projetadas.

Neste capítulo, apresentamos definições, técnicas de medição e métodos de cálculo das variáveis que caracterizam a operação de processos e unidades individuais de processos. Em capítulos posteriores, discutiremos como você pode usar os valores medidos de algumas destas variáveis para calcular quantidades relacionadas ao processo que não podem ser medidas diretamente, mas que devem ser conhecidas antes que o processo possa ser inteiramente projetado ou avaliado.

3.0 OBJETIVOS DE APRENDIZAGEM

Depois de completar este capítulo, você deve ser capaz de:

- Explicar nas suas próprias palavras e sem uso de terminologia técnica (a) a diferença entre massa específica e densidade relativa; (b) o significado de grama-mol, libra-mol, mol e kmol; (c) pelo menos dois métodos para medir temperaturas e dois métodos para medir a pressão de um fluido; (d) o significado dos termos pressão absoluta e pressão relativa; (e) por que a pressão atmosférica não é necessariamente 1 atm.

- Calcular a massa específica em g/cm^3 ou lb_m/ft^3 de uma espécie líquida ou sólida a partir da sua densidade relativa, e vice-versa.

- Calcular duas das quantidades massa (ou vazão mássica), volume (ou vazão volumétrica) e mols (ou vazão molar) a partir do valor da terceira quantidade para qualquer espécie de massa específica e massa molecular conhecida.

- Dada a composição de uma mistura expressa em termos de fração mássica, calcular a composição em termos de fração molar e vice-versa.

- Determinar o peso molecular médio de uma mistura a partir da composição molar ou mássica da mistura.

- Converter uma pressão expressa como carga de fluido ao seu equivalente expresso como força por unidade de área e vice-versa.

- Converter a leitura de um manômetro em uma diferença de pressão para um manômetro de extremo aberto, um manômetro de extremo selado e um manômetro diferencial.

- Converter entre si temperaturas expressas em K, °C, °F e °R.

3.1 MASSA E VOLUME

A **massa específica*** de uma substância é a massa por unidade de volume da substância (kg/m^3, g/cm^3, lb_m/ft^3 etc.). O **volume específico** de uma substância é o volume ocupado por uma unidade de massa da substância; é o inverso da massa específica. As massas específicas de líquidos e sólidos puros são essencialmente independentes da pressão e variam relativamente pouco com a temperatura. A variação com a temperatura pode ser em qualquer direção: a massa específica da água líquida, por exemplo, aumenta de $0,999868 \ g/cm^3$ a 0°C para $1,00000 \ g/cm^3$ a 3,98°C, e depois diminui para $0,95838 \ g/cm^3$ a 100°C. As massas específicas de muitos compostos puros, soluções e misturas podem ser encontradas em referências padrão (como o *Perry's Chemical Engineers' Handbook*,[1] páginas 2-7 a 2-47 e 2-96 a 2-123). No caso de gases e misturas de líquidos, serão apresentados métodos de estimação de massas específicas no Capítulo 5 deste livro.

MEIO AMBIENTE

SEGURANÇA

O tetracloreto de carbono, CCl_4, era um solvente de limpeza a seco comum até que se descobriu que ele causava problemas no fígado. Foi um importante precursor na produção dos clorofluorcarbonos (CFCs), os quais eram usados amplamente como propelentes aerossol e refrigerante, porém tem sido substituído pelos compostos que causam menos danos ao meio ambiente.

A massa específica de uma substância pode ser usada como um fator de conversão para relacionar a massa e o volume de uma quantidade da substância. Por exemplo, a massa específica do tetracloreto de carbono é $1,595 \ g/cm^3$; portanto, a massa de $20,0 \ cm^3 \ CCl_4$ é

$$\frac{20,0 \ cm^3 \ \bigg| \ 1,595 \ g}{cm^3} = 31,9 \ g$$

e o volume de $6,20 \ lb_m \ CCl_4$ é

$$\frac{6,20 \ lb_m \ \bigg| \ 454 \ g \ \bigg| \ 1 \ cm^3}{1 \ lb_m \ \bigg| \ 1,595 \ g} = 1760 \ cm^3$$

A **densidade relativa**** de uma substância é a razão entre a massa específica ρ da substância e a massa específica ρ_{ref} de uma substância de referência a uma condição especificada:

$$DR = \rho/\rho_{ref} \tag{3.1-1}$$

A substância de referência mais comumente usada para sólidos e líquidos é a água a 4,0°C, que tem a seguinte massa específica:

$$\boxed{\begin{aligned} \rho_{H_2O(l)}(4°C) &= 1,000 \ g/cm^3 \\ &= 1000 \ kg/m^3 \\ &= 62,43 \ lb_m/ft^3 \end{aligned}} \tag{3.1-2}$$

---

*O termo *massa específica* é utilizado aqui como tradução do inglês *density*, embora o termo *densidade* seja largamente utilizado para exprimir a mesma quantidade. (N.T.)
[1] R.H. Perry e D.W. Green, Editores, *Perry's Chemical Engineers' Handbook*, 8ª edição, McGraw-Hill, New York, 2008.
**O termo *densidade relativa* é usado aqui como tradução do inglês *specific gravity*. A tradução literal "gravidade específica" não tem sentido em português. (N.T.)

Note que a massa específica de um líquido ou sólido em g/cm^3 é numericamente igual à sua densidade relativa. A notação

$$DR^{20°C/4°C} = 0,6$$

significa que a densidade relativa de uma substância a 20°C com referência à água a 4°C é 0,6.

Se você tem como dado a densidade relativa de uma substância, multiplique pela massa específica de referência em quaisquer unidades para obter a massa específica da substância nas mesmas unidades. Por exemplo, se a densidade relativa de um líquido é 2,00, sua massa específica é $2,00 \times 10^3 \ kg/m^3$ ou $2,00 \ g/cm^3$ ou $125 \ lb_m/ft^3$. Densidades relativas de sólidos e líquidos aparecem na Tabela B.1.

Nota: Algumas unidades especiais de massa específica, como graus Baumé (°Bé), graus API (°API) e graus Twaddell (°Tw) são usadas ocasionalmente na indústria de petróleo. As definições e fatores de conversão para estas unidades podem ser encontradas na página 1-19 do *Perry's Chemical Engineers' Handbook.*

Teste	
(veja *Respostas dos Problemas Selecionados*)	1. Quais são as unidades da densidade relativa? 2. Um líquido tem uma densidade relativa de 0,50. Qual é a sua massa específica em g/cm^3? Qual é o seu volume específico em cm^3/g? Qual é a sua massa específica em lb_m/ft^3? Qual é a massa de 3,0 cm^3 deste líquido? Qual é o volume ocupado por 18 g deste líquido? 3. Se a substância A e a substância B têm cada uma a massa específica de 1,34 g/cm^3, 3 cm^3 de A devem ter a mesma massa que 3 cm^3 de B? 4. Se a substância A e a substância B têm cada uma a densidade relativa de 1,34, 3 cm^3 de A devem ter a mesma massa que 3 cm^3 de B? Por que não? 5. Se você congela uma garrafa selada cheia de água, obtém uma garrafa quebrada, e se você congela uma garrafa selada de paredes flexíveis cheia de álcool *n*-butílico, obtém uma garrafa de paredes côncavas. O que você pode concluir acerca das massas específicas das formas líquida e sólida destas duas substâncias? 6. A massa específica do mercúrio líquido aumenta ou diminui com a temperatura? Justifique sua resposta usando um termômetro como ilustração.

Exemplo 3.1-1   Massa, Volume e Massa Específica

Calcule a massa específica do mercúrio em lb_m/ft^3 a partir de uma densidade relativa tabelada, e calcule o volume em ft^3 ocupado por 215 kg de mercúrio.

Solução   A Tabela B.1 lista a densidade relativa do mercúrio a 20°C como 13,546. Portanto,

$$\rho_{Hg} = (13,546)\left(62,43 \ \frac{lb_m}{ft^3}\right) = \boxed{845,7 \ \frac{lb_m}{ft^3}}$$

$$V = \frac{215 \ kg}{} \ \left| \ \frac{1 \ lb_m}{0,454 \ kg} \ \right| \ \frac{1 \ ft^3}{845,7 \ lb_m} = \boxed{0,560 \ ft^3}$$

A massa específica pode ser calculada usando a fórmula do APEx = SG ("mercury")* 62,43 ou = SG ("HG")* 62,43 na célula de uma planilha.

Como estabelecido anteriormente, a temperatura e a pressão não têm grande influência sobre as massas específicas de sólidos e líquidos. No entanto, o fato de o mercúrio em um termômetro subir ou descer com as mudanças da temperatura mostra que o efeito da temperatura sobre a massa específica de um líquido é mensurável. Os coeficientes para a expansão térmica linear e volumétrica de líquidos e sólidos selecionados são dados como funções polinomiais empíricas da temperatura nas páginas 2-133 a 2-136 do *Perry's Chemical Engineers' Handbook.* Por exemplo, o *Perry* fornece a dependência do volume do mercúrio com a temperatura como

$$V(T) = V_0\left(1 + 0,18182 \times 10^{-3}T + 0,0078 \times 10^{-6}T^2\right) \tag{3.1-3}$$

em que $V(T)$ é o volume de uma massa dada de mercúrio à temperatura $T(°C)$ e V_0 é o volume da mesma massa de mercúrio a 0°C.

Exemplo 3.1-2	Efeito da Temperatura sobre a Massa Específica de Líquidos

No Exemplo 3.1-1, foi encontrado que 215 kg de mercúrio ocupam 0,560 ft³ a 20°C. (1) Que volume ocupará o mercúrio a 100°C? (2) Suponha que o mercúrio está contido dentro de um cilindro com diâmetro de 0,25 in. Que mudança na altura da coluna seria observada se o mercúrio fosse aquecido de 20°C a 100°C?

Solução 1. Pela Equação 3.1-3

$$V(100°C) = V_0[1 + 0,18182 \times 10^{-3}(100) + 0,0078 \times 10^{-6}(100)^2]$$

e

$$V(20°C) = 0,560 \text{ ft}^3 = V_0[1 + 0,18182 \times 10^{-3}(20) + 0,0078 \times 10^{-6}(20)^2]$$

Resolvendo a segunda equação para V_0 e substituindo na primeira, obtém-se

$$V(100°C) = \boxed{0,568 \text{ ft}^3}$$

2. O volume do mercúrio é igual a $\pi D^2 H/4$, em que D é diâmetro do cilindro e H é sua altura. Como D é constante,

$$H(100°C) - H(20°C) = \frac{V(100°C) - V(20°C)}{\pi D^2/4}$$

$$\Big\Downarrow D = (0,25/12)\,\text{ft}$$

$$= \boxed{23,5 \text{ ft}}$$

3.2 VAZÃO

3.2a Vazões Mássica e Volumétrica

A maior parte dos processos envolve o movimento de material de um ponto a outro — algumas vezes entre unidades de processos, outras entre uma unidade de produção e um armazém. A taxa à qual o material é transportado através de uma linha de processo é a **vazão** do material.

A vazão de uma corrente de processo pode ser expressa como **vazão mássica** (massa/tempo) ou como **vazão volumétrica** (volume/tempo). Suponhamos que um fluido (gás ou líquido) flui através da tubulação cilíndrica mostrada na figura a seguir, onde a área sombreada representa a seção perpendicular à direção do fluxo.

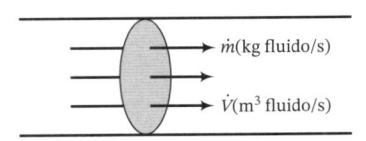

Se a vazão mássica do fluido é $\dot{m}$ (kg/s),[2] então a cada segundo m quilogramas do fluido passam através da seção transversal. Se a vazão volumétrica do fluido é $\dot{V}$(m³/s), então a cada segundo V metros cúbicos do fluido passam através da seção transversal. No entanto, a massa m e o volume V de um fluido — neste caso, o fluido que passa pela seção transversal a cada segundo — não são quantidades independentes, mas estão relacionadas através da massa específica do fluido, ρ:

$$\boxed{\rho = m/V = \dot{m}/\dot{V}} \qquad \textbf{(3.2-1)}$$

Então, *a massa específica de um fluido pode ser usada para converter uma vazão volumétrica conhecida de uma determinada corrente na vazão mássica desta corrente ou vice-versa.*

---

[2]As variáveis cujos símbolos incluem um ponto (·) são vazões; por exemplo, $\dot{m}$ é a vazão mássica e $\dot{V}$ é a vazão volumétrica.

As vazões mássicas das correntes do processo devem ser conhecidas para muitos cálculos de processo, mas muitas vezes é mais conveniente medir a vazão volumétrica. Então, um procedimento comum é medir $\dot{V}$ e calcular $\dot{m}$ a partir de $\dot{V}$ e da massa específica da corrente de fluido.

Teste	
(veja *Respostas dos Problemas Selecionados*)	**1.** A vazão volumétrica de *n*-hexano ($\rho = 0,659$ g/cm³) em uma tubulação é 6,59 g/s. Qual é a vazão volumétrica de M-Hexano? **2.** A vazão volumétrica de CCl_4 ($\rho = 1,595$ g/cm³) em uma tubulação é 100,0 cm³/min. Qual é a vazão mássica de CCl_4? **3.** Suponha que um gás flui através de uma tubulação cônica. 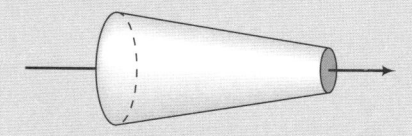 Como se comparam as vazões mássicas na entrada e na saída da tubulação? (Lembre da lei da conservação da massa.) Se a massa específica do gás é constante, como se comparam as vazões volumétricas nestes dois pontos? O que acontece se a massa específica diminui da entrada para a saída?

3.2b Medição de Vazões

Um **medidor de vazão** (ou medidor de fluxo) é um aparelho montado em uma linha de processo que fornece uma leitura contínua da vazão. Dois tipos comumente usados de medidores de fluxo — o **rotâmetro** e o **medidor de orifício** — aparecem de forma esquemática na Figura 3.2-1. Outros tipos são descritos nas páginas 10-14 a 10-24 do *Perry's Chemical Engineers' Handbook*.

O rotâmetro é um tubo cônico vertical contendo um flutuador; quanto maior a vazão, mais alto se eleva o flutuador no tubo. O medidor de orifício mede a queda de pressão através de um orifício (uma pequena abertura) em uma placa fina restringindo o fluxo em um conduto. O fluido escoa através do orifício e a pressão decresce do lado a montante do orifício para o lado a jusante. A diferença de pressão, que varia com a vazão, pode ser medida por diversos dispositivos, incluindo um manômetro diferencial, que é apresentado na próxima seção. Quanto maior a vazão, maior a queda de pressão.

Alguns problemas ao final deste capítulo ilustram a calibração e o uso de ambos tipos de medidor de vazão.

Teste	
(veja *Respostas dos Problemas Selecionados*)	**1.** Uma corrente de água fluindo de forma estacionária (vazão constante) é dirigida para uma proveta graduada por exatamente 30 s, durante os quais são coletados 50 mL. Qual é a vazão volumétrica da corrente? Qual é a vazão mássica? **2.** O que é um rotâmetro? O que é um medidor de orifício? **3.** A curva de calibração de um rotâmetro (vazão versus posição do flutuador) obtida usando um líquido é usada por engano para medir a vazão de um gás. Você esperaria que a vazão medida desta maneira fosse muito alta ou muito baixa?

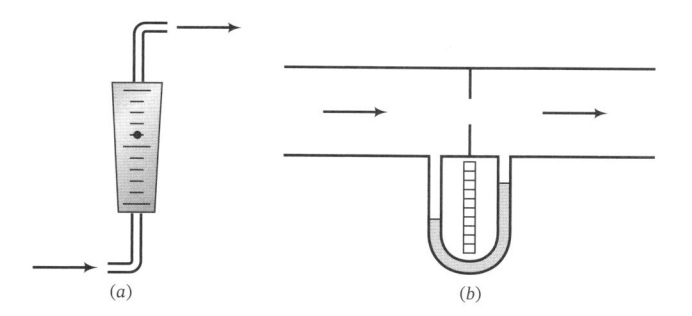

FIGURA 3.2-1 Medidores de vazão: (*a*) rotâmetro e (*b*) medidor de orifício.

EXERCÍCIO DE CRIATIVIDADE

Este é o primeiro de uma série de exercícios contidos no livro que nós chamamos de Exercícios de Criatividade. Estes exercícios são bastante diferentes dos problemas que você está acostumado a resolver em listas ou em testes-surpresa. Nestes, geralmente é dada alguma informação e você deve fornecer a resposta correta ao problema. Nos exercícios de criatividade, pede-se que você pense em tantas respostas quanto seja possível, sem perder muito tempo. Não existe uma resposta "certa" ou "errada". A ideia é procurar quantidade em vez de qualidade, imaginação (e inclusive humor) em vez de precisão. Tente suspender o seu senso crítico e deixe vir as ideias, sem pensar se são eficientes, se são econômicas ou sequer se são viáveis.

Em muitas situações, este tipo de abordagem (*brainstorming*) à solução criativa de problemas é usada como um primeiro passo para resolver problemas difíceis. Estes exercícios ajudarão você a desenvolver as habilidades necessárias para uma abordagem bem-sucedida, e ao mesmo tempo darão uma maior compreensão dos conceitos contidos no texto.

Aqui está, então, o primeiro exercício. Invente tantos aparelhos quanto seja capaz que possam funcionar como medidores de vazão para gases ou líquidos. Em cada caso, descreva o aparelho e informe o que deve ser medido. (*Exemplo:* colocar uma hélice em uma corrente de fluido e medir a sua velocidade de rotação.)

3.3 COMPOSIÇÃO QUÍMICA

A maior parte dos materiais encontrados na natureza e em sistemas de processos químicos é uma mistura de várias espécies. As propriedades físicas de uma mistura dependem fortemente da sua composição. Nesta seção, revisaremos diferentes formas de expressar a composição de uma mistura; mais adiante, mostraremos métodos para estimar as propriedades físicas de uma mistura a partir das propriedades dos componentes puros.

3.3a Mols e Peso Molecular

O **peso atômico** de um elemento é a massa de um átomo em uma escala que atribui ao ^{12}C (o isótopo de carbono cujo núcleo contém seis prótons e seis nêutrons) uma massa de exatamente 12. O peso atômico de todos os elementos no seu estado isotópico natural aparece listado na tabela ao final do livro. O **peso molecular** de um composto é a soma dos pesos atômicos dos átomos que constituem uma molécula do composto: o oxigênio atômico (O), por exemplo, tem um peso atômico de aproximadamente 16, e portanto o oxigênio molecular (O_2) tem um peso molecular de aproximadamente 32. Pesos moleculares para uma variedade de compostos aparecem na Tabela B.1. Você pode encontrar o peso molecular de um composto com a função APEX =MW("espécie"). Por exemplo, se você digitar =MW("oxigênio") ou =MW("O2") em uma célula de planilha, o valor 32 será retornado.

Um **grama-mol** (g-mol ou simplesmente **mol** no SI) de uma espécie é a quantidade desta espécie cuja massa, em gramas, é numericamente igual ao seu peso molecular. (Se a espécie é um elemento, é tecnicamente correto falar de átomo-grama no lugar de grama-mol. Aqui não faremos esta distinção, mas usaremos a palavra mols tanto para elementos quanto para compostos.) Outros tipos de mol (por exemplo, quilograma-mol ou kmol, libra-mol ou lb-mol, tonelada-mol ou ton-mol) são definidos da mesma maneira. Por exemplo, o monóxido de carbono (CO) tem um peso molecular de 28; portanto, 1 mol CO contém 28 g, 1 lb-mol contém 28 lb_m, 1 ton-mol contém 28 toneladas, e assim por diante.

Se o peso molecular de uma substância é M, então existem M kg/kmol, *M* g/mol *e M* lb_m/lb-mol *desta substância.* O peso molecular pode então ser usado como um fator de conversão que relaciona a massa e o número de mols de uma quantidade de substância. Por exemplo, 34 kg de amônia (NH_3, $M = 17$) são equivalentes a

$$\frac{34\ kg\ NH_3}{} \left| \frac{1\ kmol\ NH_3}{17\ kg\ NH_3} = 2,0\ kmol\ NH_3 \right. \tag{3.3-1}$$

e 4,0 lb-mol de amônia são equivalentes a

$$\frac{4,0\ lb\text{-}mol\ NH_3}{} \left| \frac{17\ lb_m\ NH_3}{1\ lb\text{-}mol\ NH_3} = 68\ lb_m\ NH_3 \right. \tag{3.3-2}$$

(Frequentemente é útil, em cálculos de conversão de massa e mols, incluir a fórmula química do composto na equação dimensional, conforme ilustrado.)

Os mesmos fatores usados para converter massa de uma unidade a outra podem ser usados para converter as unidades de mol equivalentes: existem 454 g/lb$_m$, por exemplo, e portanto existem 454 mol/lb-mol, não importa qual seja a substância envolvida. (Demonstre isto — converta 1 lb-mol de uma substância com peso molecular *M* para mols.)

Um mol de qualquer espécie contém aproximadamente 6,02 × 10^{23} *(o número de Avogadro) moléculas desta espécie.*

Exemplo 3.3-1   Conversão entre Massa e Mols

Quanto de cada uma das seguintes quantidades estão contidas em 100,0 g CO_2 (*M* = 44,01)? (1) mol CO_2; (2) lb-mol CO_2; (3) mol C; (4) mol O; (5) mol O_2; (6) g O; (7) g O_2; (8) moléculas de CO_2.

Solução   1.
$$\frac{100,0 \text{ g } CO_2}{} \left| \frac{1 \text{ mol } CO_2}{44,01 \text{ g } CO_2} = \boxed{2,273 \text{ mols } CO_2}\right.$$

2.
$$\frac{2,273 \text{ mols } CO_2}{} \left| \frac{1 \text{ lb-mol}}{453,6 \text{ mols}} = \boxed{5,011 \times 10^{-3} \text{ lb-mol } CO_2}\right.$$

Cada molécula de CO_2 contém um átomo de C, uma molécula de O_2 ou dois átomos de O. Portanto, cada 6,02 × 10^{23} moléculas de CO_2 (1 mol) contém 1 mol C, 1 mol O_2 ou 2 mol O. Então,

3.
$$\frac{2,273 \text{ mols } CO_2}{} \left| \frac{1 \text{ mol C}}{1 \text{ mol } CO_2} = \boxed{2,273 \text{ mols C}}\right.$$

4.
$$\frac{2,273 \text{ mols } CO_2}{} \left| \frac{2 \text{ mols O}}{1 \text{ mol } CO_2} = \boxed{4,546 \text{ mols O}}\right.$$

5.
$$\frac{2,273 \text{ mols } CO_2}{} \left| \frac{1 \text{ mol } O_2}{1 \text{ mol } CO_2} = \boxed{2,273 \text{ mols } O_2}\right.$$

6.
$$\frac{4,546 \text{ mols O}}{} \left| \frac{16,0 \text{ g O}}{1 \text{ mol O}} = \boxed{72,7 \text{ g O}}\right.$$

7.
$$\frac{2,273 \text{ mols } O_2}{} \left| \frac{32,0 \text{ g } O_2}{1 \text{ mol } O_2} = \boxed{72,7 \text{ g } O_2}\right.$$

8.
$$\frac{2,273 \text{ mols } CO_2}{} \left| \frac{6,02 \times 10^{23} \text{ moléculas}}{1 \text{ mol}} = \boxed{1,37 \times 10^{24} \text{ moléculas}}\right.$$

Nota: A parte 7 pode também ser resolvida observando-se na fórmula química que cada 44,01 g CO_2 contém 32,0 g O_2 ou O, de modo que

$$\frac{100,0 \text{ g } CO_2}{} \left| \frac{32,0 \text{ g } O_2}{44,0 \text{ g } CO_2} = 72,7 \text{ g } O_2\right.$$

O peso molecular de uma espécie pode ser usado para relacionar a vazão mássica de uma corrente desta espécie à sua correspondente vazão molar. Por exemplo, se o dióxido de carbono (CO_2, *M* = 44,01) flui através de uma tubulação com uma taxa de 100 kg/h, então a vazão molar do CO_2 é

$$\frac{100 \text{ kg } CO_2}{h} \left| \frac{1 \text{ kmol } CO_2}{44,0 \text{ kg } CO_2} = 2,27 \frac{\text{kmol } CO_2}{h}\right. \tag{3.3-3}$$

Se a corrente de saída de um reator químico contém CO_2 fluindo a uma taxa de 850 lb-mol/min, então a vazão mássica correspondente é

$$\frac{850 \text{ lb-mol } CO_2}{\text{min}} \left| \frac{44,0 \text{ lb}_m CO_2}{1 \text{ lb-mol } CO_2} = 37.400 \frac{\text{lb}_m CO_2}{\text{min}}\right. \tag{3.3-4}$$

O **dalton** (Da) é empregado com frequência em discussões envolvendo peso molecular e o tamanho de moléculas, especialmente quando espécies bioquímicas estão sendo discutidas.

A definição formal de um dalton é 1/12 da massa de um átomo de ^{12}C; em outras palavras, a massa de um átomo de carbono-12 é exatamente 12 daltons e a massa de uma molécula de água é quase exatamente 18 daltons.

Teste (veja *Respostas dos Problemas Selecionados*)	1. O que é um mol de uma espécie de peso molecular *M* em termos de (a) número de moléculas? (b) massa? 2. O que é uma tonelada-mol de uma espécie? 3. Quantos lb-mol e lb_m de (a) H_2 e (b) H estão contidos em 1 lb-mol H_2O? 4. Quantos mols de C_3H_8 estão contidos em 2 kmol desta substância? 5. Cem quilogramas de hidrogênio molecular (H_2) são fornecidos a um reator a cada hora. Qual é a vazão molar desta corrente em mol/h? 6. Quantos mols existem em 2,0 g de lisozima de clara de ovo?

3.3b Frações Molar e Mássica e Peso Molecular Médio

As correntes de processo ocasionalmente contêm apenas uma substância, porém o mais comum é que consistam em misturas de líquidos ou gases, ou em soluções de um ou mais componentes em um solvente líquido.

Os seguintes termos podem ser usados para definir a composição de uma mistura de substâncias que inclui a espécie A.

Fração Mássica: $\quad x_A = \dfrac{\text{massa de A}}{\text{massa total}} \left(\dfrac{\text{kg A}}{\text{kg total}} \text{ ou } \dfrac{\text{g A}}{\text{g total}} \text{ ou } \dfrac{lb_m \text{ A}}{lb_m \text{ total}} \right)$ \hfill **(3.3-5)**

Fração molar: $\quad y_A = \dfrac{\text{massa de A}}{\text{mols totais}} \left(\dfrac{\text{kmol A}}{\text{kmol}} \text{ ou } \dfrac{\text{mol A}}{\text{mol}} \text{ ou } \dfrac{\text{lb-mol A}}{\text{lb-mol}} \right)$ \hfill **(3.3-6)**

A **porcentagem em massa** de A é $100x_A$, e a **porcentagem molar** de A é $100y_A$.

Exemplo 3.3-2	Conversões Usando Frações Mássica e Molar

Uma solução contém 15% A em massa ($x_A = 0,15$) e 20% B molar ($y_B = 0,20$).

1. Calcule a massa de A em 175 kg de solução.

$$\frac{175 \text{ kg solução}}{} \left| \frac{0,15 \text{ kg A}}{\text{kg solução}} \right. = \boxed{26 \text{ kg A}}$$

2. Calcule a vazão mássica de A em uma corrente de solução com vazão de 53 lb_m/h.

$$\frac{53 \text{ } lb_m}{h} \left| \frac{0,15 \text{ } lb_m \text{ A}}{lb_m} \right. = \boxed{8,0 \text{ } \frac{lb_m \text{ A}}{h}}$$

(Se uma unidade de massa ou molar — como lb_m em 53 lb_m/h — não aparece seguida do nome de uma espécie, admite-se que a unidade se refere à solução total ou à mistura total e não a um componente específico.)

3. Calcule a vazão molar de B em uma corrente de solução com vazão de 1000 mol/min.

$$\frac{1000 \text{ mol}}{\text{min}} \left| \frac{0,20 \text{ mol B}}{\text{mol}} \right. = \boxed{200 \text{ } \frac{\text{mol B}}{\text{min}}}$$

4. Calcule a vazão total da solução que corresponde a uma vazão molar de 28 kmol B/s.

$$\frac{28 \text{ kmol B}}{s} \left| \frac{1 \text{ kmol solução}}{0,20 \text{ kmol B}} \right. = \boxed{140 \text{ } \frac{\text{kmol solução}}{s}}$$

5. Calcule a massa da solução que contém 300 lb_m A.

$$\frac{300 \text{ } lb_m \text{ A}}{} \left| \frac{1 \text{ } lb_m \text{ solução}}{0,15 \text{ } lb_m \text{ A}} \right. = \boxed{2000 \text{ } lb_m \text{ solução}}$$

Note que *o valor numérico de uma fração molar ou mássica não depende das unidades de massa no denominador e no numerador, desde que estas unidades sejam as mesmas*. Se a fração mássica de benzeno (C_6H_6) em uma mistura é 0,25, então x_{C6H6} é igual a 0,25 kg C_6H_6/kg total, 0,25 g C_6H_6/g total, 0,25 lb_m C_6H_6/lb_m total e assim por diante. É uma prática comum omitir a palavra *total*, mas aqui nós a incluímos para ênfase.

Um conjunto de frações mássicas pode ser convertido a um conjunto equivalente de frações molares, (a) admitindo como **base de cálculo** uma massa da mistura (por exemplo, 100 kg ou 100 lb_m); (b) usando as frações mássicas conhecidas para calcular a massa de cada componente nesta quantidade-base e convertendo estas massas a mols; e (c) dividindo a massa de cada componente pelo número total de mols. O mesmo procedimento é usado para converter frações molares a frações mássicas, exceto que a base de cálculo é tomada em mols (por exemplo, 100 mol ou 100 lb-mol).

Exemplo 3.3-3   Conversão de Composição Mássica a Composição Molar

Uma mistura de gases tem a seguinte composição mássica:

$$
\begin{array}{lll}
O_2 & 16\% & (x_{O_2} = 0,16 \text{ g } O_2/\text{g total}) \\
CO & 4,0\% & \\
CO_2 & 17\% & \\
N_2 & 63\% &
\end{array}
$$

Qual é a composição molar?

Solução   ***Base: 100 g da mistura***
Uma forma conveniente de realizar estes cálculos é colocá-los na forma de tabela.

Componente i	Fração Mássico x_i (g_i/g)	Massa (g) $m_i = x_i\, m_{total}$	Peso Molecular M_i (g/mol)	Mols $n_i = m_i/M_i$	Fração Molar $y_i = n_i/n_{total}$
O_2	0,16	16	32	0,50	0,15
CO	0,04	4	28	0,14	0,04
CO_2	0,17	17	44	0,39	0,12
N_2	0,63	63	28	2,20	0,69
Total	1,00	100		3,28	1,00

A massa de uma espécie é o produto da fração mássica da espécie e a massa total (base 100 g). O número de mols de uma espécie é a massa da espécie dividida pelo peso molecular da espécie. Finalmente, a fração molar de uma espécie é o número de mols da espécie dividido pelo número total de mols (3,279 mols).

O **peso molecular médio** (ou massa molecular média) de uma mistura, $\overline{M}$ (kg/kmol, lb_m/lb-mol etc.), é a razão entre a massa de uma amostra da mistura (m_t) e o número de mols de todas as espécies (n_t) na amostra. Se y_i é a fração molar do componente i na mistura e M_i é o peso molecular deste mesmo componente, então

$$\overline{M} = y_1 M_1 + y_2 M_2 + \cdots = \sum_{\substack{\text{todos os} \\ \text{componentes}}} y_i M_i \tag{3.3-7}$$

(*Exercício*: Deduza a Equação 3.3-7 tomando uma base de 1 mol de mistura e calculando a massa total m_t, seguindo o procedimento do Exemplo 3.3-3.) Se x_i é fração mássica do componente i, então,

$$\frac{1}{\overline{M}} = \frac{x_1}{M_1} + \frac{x_2}{M_2} + \cdots = \sum_{\substack{\text{todos os} \\ \text{componentes}}} \frac{x_i}{M_i} \tag{3.3-8}$$

(Demonstre isto.)

Exemplo 3.3-4	Cálculo do Peso Molecular Médio

Calcule o peso molecular médio do ar (1) a partir da sua composição molar aproximada, 79% N_2, 21% O_2 e (2) a partir da sua composição mássica aproximada, 76,7% N_2, 23,3% O_2.

Solução   1. Pela Equação 3.3-7, com $y_{N2} = 0,79$ e $y_{O2} = 0,21$,

$$\overline{M} = y_{N_2}M_{N_2} + y_{O_2}M_{O_2}$$

$$= \frac{0,79 \text{ kmol } N_2}{\text{kmol}} \left| \frac{28 \text{ kg } N_2}{\text{kmol}} \right. + \frac{0,21 \text{ kmol } O_2}{\text{kmol}} \left| \frac{32 \text{ kg } O_2}{\text{kmol}} \right.$$

$$= \boxed{29 \frac{\text{kg}}{\text{kmol}}} \left(= 29 \frac{\text{lb}_m}{\text{lb-mol}} = 29 \frac{\text{g}}{\text{mol}} \right)$$

2. Pela Equação 3.3-8,

$$\frac{1}{\overline{M}} = \frac{0,767 \text{ g } N_2/\text{g}}{28 \text{ g } N_2/\text{mol}} + \frac{0,233 \text{ g } O_2/\text{g}}{32 \text{ g } O_2/\text{mol}} = 0,035 \frac{\text{mol}}{\text{g}}$$

$$\Downarrow$$

$$\boxed{\overline{M} = 29 \text{ g/mol}}$$

Nota: O ar contém pequenas quantidades de dióxido de carbono, argônio e outros gases, que foram desprezados neste cálculo, mas que não afetam significativamente os valores calculados de $\overline{M}$.

Teste	1. O peso molecular do hidrogênio atômico é aproximadamente 1, e o do bromo atômico é 80. Qual é (a) a fração mássica e (b) a fração molar de bromo em HBr puro?
(veja *Respostas dos Problemas Selecionados*)	2. Se 100 lb_m/min A ($M_A = 2$) e 300 lb_m/min B ($M_B = 3$) fluem através de uma tubulação, quais são as frações mássicas e molares de A e de B, a vazão mássica de A, a vazão molar de B, a vazão mássica total e a vazão molar total da mistura?

3.3c Concentração

A **concentração mássica** de um componente em uma mistura ou em uma solução é a massa deste componente por unidade de volume da mistura (g/cm^3, lb_m/ft^3, kg/in^3,...). A **concentração molar** de um componente é o número de mols por unidade de volume da mistura ($kmol/m^3$, $\text{lb-mol}/ft^3$, ...). A **molaridade** de uma solução é o valor da concentração molar do soluto expressa em mols de soluto por litros de solução (por exemplo, uma solução 2 molar de A contém 2 mol de A por litro de solução).

A concentração de uma substância em uma mistura ou solução pode ser usada como fator de conversão para relacionar a massa (ou os mols) de uma substância em uma amostra da mistura com o volume da amostra, ou para relacionar a vazão molar (ou mássica) de um componente em uma corrente com a vazão volumétrica total da corrente. Consideremos, por exemplo, uma solução 0,02 molar de NaOH (quer dizer, uma solução contendo 0,02 mol NaOH/L); 5 litros desta solução contêm

$$\frac{5 \text{ L}}{} \left| \frac{0,02 \text{ mol NaOH}}{\text{L}} \right. = 0,1 \text{ mol NaOH}$$

e se uma corrente desta solução flui com uma vazão de 2 L/min, a vazão molar de NaOH é

$$\frac{2 \text{ L}}{\text{min}} \left| \frac{0,02 \text{ mol NaOH}}{\text{L}} \right. = 0,04 \frac{\text{mol NaOH}}{\text{min}}$$

Teste (veja *Respostas dos Problemas Selecionados*)	Uma solução cujo volume é V(L) contém n mols de um soluto A, cujo peso molecular é M_A (g A/mol). Em termos de V, n e M_A: **1.** Qual é a concentração molar de A? **2.** Qual é a concentração mássica de A? Em termos de C_A (mol A/L) e c_A (g A/L): **3.** Que volume de solução contém 20 mols de A? **4.** Qual é a vazão mássica de A em uma corrente cuja vazão volumétrica é 120 L/h?

Exemplo 3.3-5	Conversão entre as Vazões Molar, Mássica e Volumétrica de uma Solução

Uma solução aquosa 0,50 molar de ácido sulfúrico entra em uma unidade de processo com uma vazão de 1,25 m³/min. A densidade relativa da solução é 1,03. Calcule (1) a concentração mássica do H_2SO_4 em kg/m³, (2) a vazão mássica de H_2SO_4 em kg/s e (3) a fração mássica do H_2SO_4.

Solução
1.
$$C_{H_2SO_4}\left(\frac{\text{kg } H_2SO_4}{\text{m}^3}\right) = \frac{0,50 \text{ mol } H_2SO_4}{\text{L}} \left| \frac{98 \text{ g}}{\text{mol}} \right| \frac{1 \text{ kg}}{10^3 \text{ g}} \left| \frac{10^3 \text{ L}}{1 \text{ m}^3} \right.$$

$$= \boxed{49 \, \frac{\text{kg } H_2SO_4}{\text{m}^3}}$$

2.
$$\dot{m}_{H_2SO_4}\left(\frac{\text{kg } H_2SO_4}{\text{s}}\right) = \frac{1,25 \text{ m}^3}{\text{min}} \left| \frac{49 \text{ kg } H_2SO_4}{\text{m}^3} \right| \frac{1 \text{ min}}{60 \text{ s}} = \boxed{1,0 \, \frac{\text{kg } H_2SO_4}{\text{s}}}$$

3. A fração mássica de H_2SO_4 é igual à razão entre a vazão mássica do H_2SO_4 — que já conhecemos — e a vazão mássica total da solução, que pode ser calculada a partir da vazão volumétrica total e da massa específica da solução.

$$\rho_{\text{solução}} = (1,03)\left(\frac{1000 \text{ kg}}{\text{m}^3}\right) = 1030 \, \frac{\text{kg}}{\text{m}^3}$$

$$\Downarrow$$

$$\dot{m}_{\text{solução}}\left(\frac{\text{kg}}{\text{s}}\right) = \frac{1,25 \text{ m}^3 \text{ solução}}{\text{min}} \left| \frac{1030 \text{ kg}}{\text{m}^3 \text{ solução}} \right| \frac{1 \text{ min}}{60 \text{ s}} = 21,46 \, \frac{\text{kg}}{\text{s}}$$

$$\Downarrow$$

$$x_{H_2SO_4} = \frac{\dot{m}_{H_2SO_4}}{\dot{m}_{\text{solução}}} = \frac{1,0 \text{ kg } H_2SO_4/\text{s}}{21,46 \text{ kg solução/s}} = \boxed{0,048 \, \frac{\text{kg } H_2SO_4}{\text{kg solução}}}$$

EXERCÍCIO DE CRIATIVIDADE

Enumere todas as formas que você possa pensar para medir a concentração de um soluto em uma solução. (*Exemplo:* Se o soluto absorve luz a um determinado comprimento de onda, passar um raio de luz neste comprimento de onda pela solução e medir a absorção parcial de luz.)

3.3d Partes por Milhão e Partes por Bilhão

As unidades **partes por milhão (ppm)** e **partes por bilhão (ppb)**[3] são usadas para expressar a concentração de *traços de espécies* (espécies presentes em quantidades muito pequenas) em misturas de gases e líquidos. As definições podem se referir a razões mássicas (normalmente

---

[3]É usada aqui a definição americana de bilhão como 10^9 ou 1000 milhões, em vez da definição britânica de 10^{12}.

para líquidos) ou razões molares (normalmente para gases) e significam quantas partes (gramas, mols) da espécie estão presentes por milhão ou bilhão de partes (gramas, mols) da mistura. Se y_i é a fração do componente i, então, por definição

$$\text{ppm}_i = y_i \times 10^6 \qquad \textbf{(3.3-9)}$$

$$\text{ppb}_i = y_i \times 10^9 \qquad \textbf{(3.3-10)}$$

Por exemplo, suponhamos que o ar nas vizinhanças de uma planta de geração de energia contém 15 ppm de SO_2 (15 partes por milhão de dióxido de enxofre). Admitindo que tenha sido usada uma base molar (o que é costumeiro para gases), esta frase significa que cada milhão de mols de ar contém 15 mols de SO_2, ou, de forma equivalente, que a fração molar de SO_2 no ar é 15×10^{-6}. As unidades ppm e ppb ficaram cada vez mais comuns nos últimos anos, na me-dida em que aumentou a preocupação pública com substâncias–potencialmente perigosas ao meio ambiente.

Uma amostra de sangue contém 68 ppm de creatinina (base mássica).

1. Qual é a fração mássica de creatinina no sangue?
2. Quantos miligramas de creatinina estão contidos em um quilograma de sangue?
3. Qual é a concentração aproximada de creatinina no sangue em g/L?

3.4 PRESSÃO

3.4a Pressão de um Fluido e Carga Hidrostática

Uma **pressão** é a razão entre uma força e a área sobre a qual esta força atua. De acordo com isto, as unidades da pressão são unidades de força divididas por unidades de área (N/m^2, dinas/cm^2, lb_f/in^2 = psi). A unidade de pressão no sistema SI, N/m^2, é chamada **pascal** (Pa).

Consideremos um fluido (gás ou líquido) contido em um recipiente fechado ou fluindo atra-vés de uma tubulação, e suponhamos que seja feito um buraco de área A na parede do recipiente ou da tubulação, como na Figura 3.4-1. A **pressão do fluido** pode ser definida pela razão F/A, na qual F é a força mínima que deve ser exercida sobre um tampão sem atrito para impedir que o fluido escape pelo buraco.

Precisamos introduzir uma definição adicional da pressão do fluido para explicar o conceito de pressão atmosférica e discutir os métodos mais comuns de medição. Suponhamos que uma colu-na vertical de líquido tem uma altura h(m) e uma seção transversal uniforme de área $A(m^2)$. Su-ponhamos também que o fluido tem uma massa específica ρ (kg/m^3) e que uma pressão $P_0(N/m^2)$ é exercida sobre a superfície superior da coluna, como se vê na Figura 3.4-2. A pressão P do fluido na base da coluna — chamada **pressão hidrostática** do fluido — é, por definição, a for-

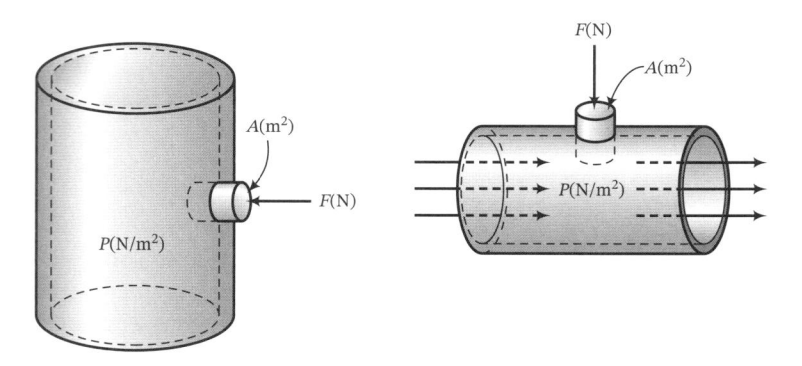

FIGURA 3.4-1 Pressão de fluido em um tanque e em uma tubulação.

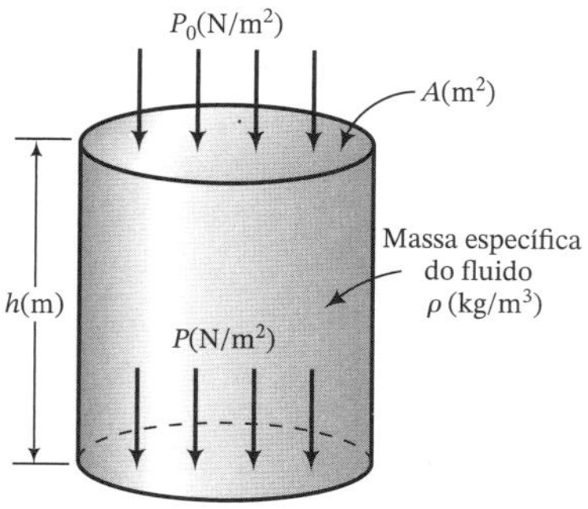

FIGURA 3.4-2 Pressão na base de uma coluna de fluido.

ça F exercida sobre a base dividida pela área da base A. F é então igual à força sobre a superfície do topo da coluna mais o peso do fluido na coluna. Não é difícil mostrar que

$$P = P_0 + \rho g h \qquad (3.4\text{-}1)$$

(Veja se você consegue deduzir esta equação.) Já que A não aparece nesta equação, a fórmula é aplicável a uma coluna de fluido tão fina quanto um tubo de ensaio ou tão larga quanto um oceano.

Além de ser expressa como força por unidade de área, a pressão pode também ser expressa como uma **carga** de um fluido particular — quer dizer, como a altura de uma coluna hipotética deste fluido que exerceria a pressão dada na sua base se a pressão no topo da mesma fosse zero. Você pode falar de uma pressão de 14,7 psi, ou, de forma completamente equivalente, de uma pressão (ou uma carga) de 33,9 pés de água (33,9 ft H_2O) ou 76 cm de mercúrio (76 cm Hg). *A equivalência entre uma pressão P (força/área) e a correspondente carga P_h (altura de um fluido) é dada pela Equação 3.4-1, com $P_0 = 0$:*

$$P\left(\frac{\text{força}}{\text{área}}\right) = \rho_{\text{fluido}}\, g\, P_h (\text{carga do fluido}) \qquad (3.4\text{-}2)$$

Exemplo 3.4-1 | Cálculo de uma Pressão como uma Carga de Fluido

Expresse uma pressão de $2,00 \times 10^5$ Pa em termos de mm Hg.

Solução Resolva a Equação 3.4-2 para P_h(mm Hg), admitindo que $g = 9,807$ m/s² e notando que a massa específica do mercúrio é $13,6 \times 1000$ kg/m³ $= 13.600$ kg/m³.

$$P_h = \frac{P}{\rho_{Hg} g}$$

$$= \frac{2,00 \times 10^5 \text{ N}}{\text{m}^2} \left|\frac{\text{m}^3}{13.600 \text{ kg}}\right| \frac{\text{s}^2}{9,807 \text{ m}} \left|\frac{1 \text{ kg·m/s}^2}{1 \text{ N}}\right| \frac{10^3 \text{ mm}}{1 \text{ m}} = \boxed{1,50 \times 10^3 \text{ mm Hg}}$$

A relação entre a pressão na base de uma coluna de fluido de altura h e a pressão no topo é particularmente simples se as pressões são expressas como cargas do fluido: se o fluido é mercúrio, por exemplo, então

$$P_h(\text{mm Hg}) = P_0(\text{mm Hg}) + h(\text{mm Hg}) \qquad (3.4\text{-}3)$$

Qualquer outra unidade de comprimento e espécie química pode substituir os mm Hg nesta equação.

A tabela de conversão no início deste livro lista valores da pressão expressos em várias unidades comuns de força/área e em cargas de mercúrio e água. O uso destas tabelas para conversão de unidades de pressão é ilustrado pela conversão de 20,0 psi a cm Hg:

$$\frac{20,0 \text{ psi}}{} \left|\frac{76,0 \text{ cm Hg}}{14,696 \text{ psi}}\right| = 103 \text{ cm Hg}$$

| Exemplo 3.4-2 | Pressão Abaixo da Superfície de um Fluido |

Qual é a pressão 30,0 m abaixo da superfície de um lago? A pressão atmosférica (na superfície) é de 10,4 m H_2O, e a massa específica da água é 1000,0 kg/m³. Admita que g é 9,807 m/s².

Solução Primeiro, pelo método mais difícil, usamos a Equação 3.4-1:

$$P_h = P_0 + \rho g h$$

$$\Downarrow$$

$$P_h = \frac{10,4 \text{ m } H_2O}{10,33 \text{ m } H_2O} \left| \frac{1,013 \times 10^5 \text{ N/m}^2}{} \right. + \frac{1000,0 \text{ kg/m}^3}{} \left| \frac{9,807 \text{ m}}{\text{s}^2} \right| \frac{30,0 \text{ m}}{} \left| \frac{1 \text{ N}}{1 \text{ kg·m/s}^2} \right.$$

$$= \boxed{3,96 \times 10^5 \text{ N/m}^2(\text{Pa})}$$

ou

$$\boxed{P_h = 396 \text{ kPa}}$$

Depois, pela maneira fácil, usamos a Equação 3.4-3:

$$P_h = 10,4 \text{ m } H_2O + 30,0 \text{ m } H_2O = \boxed{40,4 \text{ m } H_2O}$$

(Verifique se estas duas pressões são equivalentes.)

Nota: Daqui para a frente usaremos um P sem subscrito para representar a pressão tanto como (força/área) quanto como carga de um fluido.

Teste

(veja *Respostas dos Problemas Selecionados*)

1. Defina (a) a pressão de um fluido escoado por uma tubulação, (b) a pressão hidrostática e (c) uma carga de fluido correspondente a uma pressão dada.
2. Considere o tanque da Figura 3.4-1. A pressão no tampão depende da altura do buraco no tanque? (*Sugestão:* Sim.) Por quê? Você esperaria que a diferença entre as pressões no topo e no fundo fosse muito grande se o fluido fosse ar? E se fosse água? E se fosse mercúrio?
3. Suponha que a pressão do tanque da Figura 3.4-1 é dada como 1300 mm Hg. Este dado diz alguma coisa sobre a altura do tanque? Se você conhecesse a área do buraco (digamos, 4 cm²) como calcularia a força necessária para manter um tampão?
4. Suponha que a pressão em um ponto dentro de uma coluna de mercúrio é de 74 mm Hg. Qual é a pressão 5 mm abaixo deste ponto? (Se você demorar mais de um segundo para responder, provavelmente estará pensando errado.)

3.4b Pressão Atmosférica, Pressão Absoluta e Pressão Manométrica

A pressão da atmosfera pode ser considerada como a pressão na base de uma coluna de fluido (ar) localizada no ponto de medição (ao nível do mar, por exemplo). A Equação 3.4-1 pode ser usada para calcular a pressão atmosférica, admitindo que a pressão no topo desta coluna (P_0) é zero, e ρ e g são os valores médios da massa específica do ar e da aceleração da gravidade entre o topo da atmosfera e o ponto de medida.

Um valor típico da pressão atmosférica ao nível do mar, 760,0 mm Hg, tem sido designado como o valor padrão de 1 atmosfera. A tabela de conversão no início do livro lista valores equivalentes desta pressão em várias unidades.

As pressões de fluido referidas até aqui são todas **pressões absolutas**, onde uma pressão zero corresponde a um vácuo perfeito. Muitos aparelhos de medida de pressão dão a **pressão manométrica** ou *gauge* de um fluido, que é a pressão relativa à pressão atmosférica. Uma pressão manométrica de zero indica que a pressão absoluta do fluido é igual à pressão atmosférica. A relação entre estas duas pressões é dada então por

$$\boxed{P_{\text{absoluta}} = P_{\text{manométrica}} + P_{\text{atmosférica}}}$$

(3.4-4)

As abreviaturas psia e psig são usadas comumente para representar as pressões absoluta e manométrica nas unidades lb_f/in^2. Também é comum se referir a pressões manométricas negativas (quando a pressão absoluta é menor que a atmosférica) como quantidades positivas de vácuo: por exemplo, uma pressão manométrica de -1 cm Hg (75,0 cm Hg de pressão absoluta se a pressão atmosférica é 76,0 cm Hg) pode ser chamada de 1 cm de vácuo.

Teste (veja *Respostas dos Problemas Selecionados*)	**1.** A pressão atmosférica é sempre igual a 1 atm? **2.** O que é pressão absoluta? O que é pressão manométrica? **3.** A pressão manométrica de um gás é -20 mm Hg em um ponto onde a pressão atmosférica é 755 mm Hg. De que outra maneira pode ser expressa a pressão do gás em termos de mm Hg? (Dê dois valores.) **4.** Uma coluna de mercúrio é aberta à atmosfera em um dia em que a pressão atmosférica é 29,9 in Hg. Qual é a pressão manométrica 4 in abaixo da superfície? Qual é a pressão absoluta neste ponto? (Dê os valores em in Hg.)

3.4c Medição da Pressão de um Fluido

O *Perry's Chemical Engineers' Handbook* (páginas 8-58 e 8-59) classifica os aparelhos de medida de pressão como:

- métodos de elementos elásticos — tubos Bourdon, foles ou diafragmas
- métodos de coluna de líquido — manômetros de coluna
- métodos elétricos — de tensão, transdutores piezorresistivos ou transdutores piezoelétricos.

Vamos limitar nossa discussão aos mostradores Bourdon e aos manômetros, mas reconhecendo a importância de outros métodos, sobretudo em modernos sensores de processo.

O aparelho mecânico mais comum para medidas de pressão é o chamado manômetro de **tubo de Bourdon**, ou simplesmente manômetro de Bourdon, que consiste em um tubo vazio fechado em um extremo e dobrado na forma de C. O extremo aberto do tubo é exposto ao fluido cuja pressão quer ser medida. Quando a pressão aumenta, o tubo tende a se endireitar, causando a rotação de um ponteiro. A posição do ponteiro sobre uma escala calibrada fornece a pressão *manométrica* do fluido. A Figura 3.4-3 apresenta um diagrama esquemático do mostrador Bourdon.

Manômetros de Bourdon são usados para medir pressões de fluido desde muito perto do vácuo perfeito até cerca de 7000 atm. Medições mais exatas por baixo de 3 atm são conseguidas usando **manômetros de coluna líquida**.

Um manômetro de coluna líquida é um tubo em forma de U parcialmente cheio com um líquido de massa específica conhecida (o **fluido manométrico**). Quando os extremos do tubo são expostos a diferentes pressões, o nível do fluido cai no braço de alta pressão e sobe no braço de baixa pressão. A diferença entre as pressões pode ser calculada pela diferença medida entre o nível do líquido em cada braço.

Os manômetros de coluna líquida são usados de várias maneiras, como mostrado na Figura 3.4-4. Em cada diagrama, a pressão P_1 é maior que a pressão P_2.

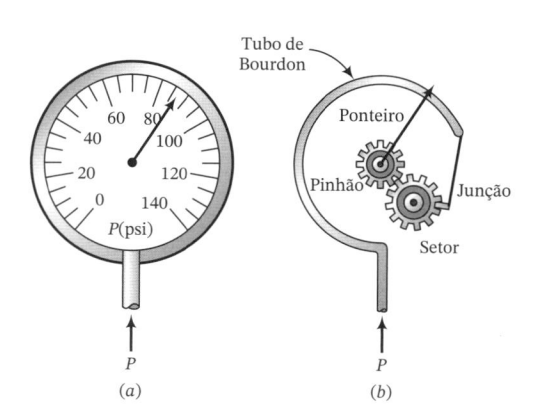

FIGURA 3.4-3 Manômetro com tubo de Bourdon.

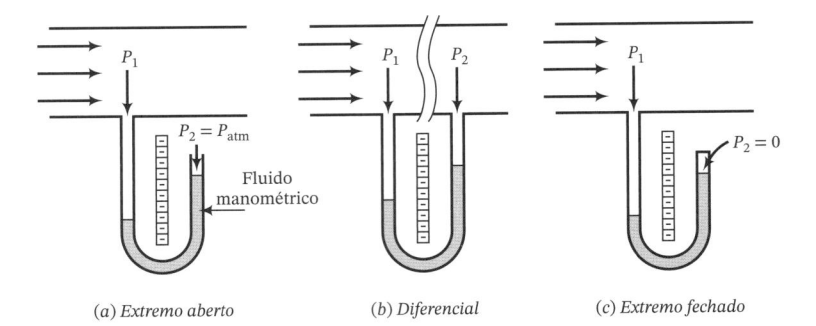

FIGURA 3.4-4
Manômetros de coluna.

(a) Extremo aberto   (b) Diferencial   (c) Extremo fechado

A Figura 3.4-4a mostra um **manômetro de coluna de extremo aberto**: um extremo do tubo é exposto ao fluido cuja pressão deve ser medida, e o outro extremo é aberto à atmosfera. A Figura 3.4-4b mostra um **manômetro de coluna diferencial**, usado para medir a diferença de pressão entre dois pontos em uma linha de processo. A Figura 3.4-4c mostra um **manômetro de coluna de extremo fechado**, que tem um vácuo quase perfeito encapsulado em um dos extremos. (Parte do fluido manométrico vaporiza no espaço vazio, impedindo que o vácuo seja perfeito.) Se o braço aberto de um manômetro fechado é exposto à atmosfera ($P_1 = P_{atm}$), o aparelho funciona como um **barômetro**.

A fórmula que relaciona a diferença de pressões $P_1 - P_2$ à diferença entre os níveis do fluido manométrico está baseada no princípio que estabelece que a pressão de fluido deve ser a mesma em quaisquer dois pontos situados à mesma altura em um fluido contínuo. Em particular, *a pressão na altura da superfície inferior de um fluido manométrico é a mesma nos dois braços do manômetro.* (Veja a Figura 3.4-5.) Escrevendo e igualando as expressões para a pressão nos pontos (a) e (b) da Figura 3.4-5, obtemos a equação geral do manômetro

Equação Geral do
Manômetro de Coluna:
$$P_1 + \rho_1 g d_1 = P_2 + \rho_2 g d_2 + \rho_f g h \qquad \text{(3.4-5)}$$

Em um manômetro diferencial, os fluidos 1 e 2 são um mesmo fluido, e consequentemente $\rho_1 = \rho_2 = \rho$. Então, a equação geral do manômetro se reduz a

Equação do Manômetro de
Coluna Diferencial:
$$P_1 - P_2 = (\rho_f - \rho) g h \qquad \text{(3.4-6)}$$

Se o fluido 1 ou o fluido 2 é um gás a pressão moderada (por exemplo, se um dos braços está aberto à atmosfera), a massa específica deste fluido é de 100 a 1000 vezes menor que a do fluido manométrico, de forma que o termo correspondente $\rho g d$ na Equação 3.4-5 pode ser desprezado. Se *ambos* os fluidos são gases, então a equação se transforma em

$$P_1 - P_2 = \rho_f g h$$

E se as duas pressões P_1 e P_2 são expressas como carga do fluido manométrico, então

Fórmula do Manômetro de
Coluna para Gases:
$$P_1 - P_2 = h \qquad \text{(3.4-7)}$$

Se a pressão P_2 é a pressão atmosférica, então a pressão manométrica no ponto 1 é simplesmente a diferença entre as alturas do fluido manométrico.

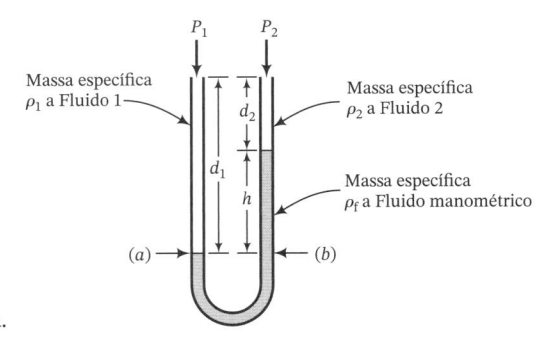

FIGURA 3.4-5 Variáveis do manômetro de coluna.

Exemplo 3.4-3 | Medição de Pressão com Manômetros de Coluna

1. Um manômetro diferencial é usado para medir a queda de pressão entre dois pontos em uma linha de processo contendo água. A densidade relativa do fluido manométrico é 1,05. Os níveis medidos em cada braço aparecem na figura a seguir. Calcule a queda de pressão entre os pontos 1 e 2 em dinas/cm².

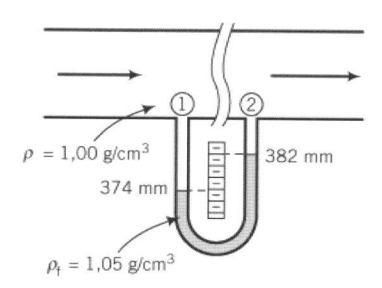

2. A pressão de um gás puxado através de uma linha por uma bomba de vácuo é medida com um manômetro de mercúrio de extremo aberto, e obtém-se uma leitura de -2 in. Qual é a pressão manométrica do gás em polegadas de mercúrio? Qual é a pressão absoluta se $P_{atm} = 30$ in Hg?

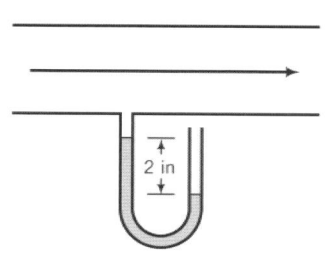

Solução

1. $h = (382 - 374)$ mm $= 8$ mm. Pela Equação 3.4-6,

$$P_1 - P_2 = (\rho_f - \rho)gh$$

$$= \frac{(1,05 - 1,00)\,g}{cm^3} \left| \frac{980,7\,cm}{s^2} \right| \frac{1\,dina}{1\,g \cdot cm/s^2} \left| 8\,mm \right| \frac{1\,cm}{10\,mm}$$

$$= \boxed{40\,\frac{dinas}{cm^2}}$$

2. Pela Equação 3.4-7 e pela definição da pressão manométrica ou gauge,

$$P_1 - P_{atm} = P_{manométrica} = \boxed{-2\,\text{in Hg}}$$

$$\Downarrow$$

$$P_1 = P_{atm} + P_{manométrica} = (30 - 2)\,\text{in Hg} = \boxed{28\,\text{in Hg}}$$

Teste

(veja Respostas dos Problemas Selecionados)

1. O que é um manômetro Bourdon? Ele pode ser usado para medir pressões em que intervalo? Normalmente calibrado, ele mede pressão absoluta ou pressão manométrica (gauge)?
2. O que é um manômetro de coluna de extremo aberto? Um manômetro de coluna diferencial? Um manômetro de coluna de extremo fechado?
3. As afirmações abaixo são verdadeiras ou falsas?
   (a) Um manômetro de coluna de extremo aberto fornece uma leitura direta da pressão manométrica de um gás.
   (b) Um manômetro de coluna de extremo fechado fornece uma leitura direta da pressão absoluta de um gás, desde que a pressão do gás no extremo selado possa ser desprezada.
   (c) A leitura de um manômetro de coluna diferencial não depende da massa específica do fluido na linha de processo, mas apenas da massa específica do fluido manométrico.
4. A pressão de um gás em uma tubulação é medida com um manômetro de coluna de mercúrio de extremo aberto. O nível do mercúrio no braço conectado à linha é 14 mm *mais alto* que o nível no braço aberto. Qual é a pressão manométrica do gás?

EXERCÍCIO DE CRIATIVIDADE

Pense em vários dispositivos que poderiam ser usados para medir pressões de fluidos; seja tão imaginativo quanto puder. (*Exemplo*: Permitir que o gás cuja pressão se quer medir encha um balão calibrado e medir o diâmetro final do balão.)

3.5 TEMPERATURA

A temperatura de uma substância em um determinado estado de agregação (sólido, líquido ou gás) é uma medida da energia cinética média que possuem as moléculas da substância. Já que esta energia não pode ser medida diretamente, a temperatura deve ser determinada indiretamente, pela medição de alguma propriedade física da substância cujo valor dependa da temperatura em uma forma conhecida. Tais propriedades e os dispositivos para medir a temperatura baseados nelas incluem a resistência elétrica de um condutor (**termômetro de resistência**), a tensão na união de dois metais diferentes (**termopar**), o espectro da radiação emitida (**pirômetro**) e o volume de uma massa fixa de um fluido (**termômetro**).

As escalas de temperatura podem ser definidas em termos de qualquer uma destas propriedades, ou em termos de fenômenos físicos, tais como ebulição e congelação, que acontecem a temperaturas e pressões fixas. Por exemplo, você pode se referir à "temperatura à qual a resistividade de um fio de cobre é $1,92 \times 10^{-6}$ ohms/cm^3", ou à "temperatura a dois terços do caminho entre o ponto de ebulição da água a 1 atm e o ponto de fusão do NaCl".

É conveniente ter, além destas escalas físicas, uma escala numérica simples de temperatura — entre outras razões, porque você não vai querer usar 25 palavras cada vez que quiser estabelecer a temperatura de um objeto. Uma escala definida de temperatura é obtida atribuindo-se arbitrariamente valores numéricos a duas temperaturas mensuráveis e reprodutíveis; por exemplo, pode-se atribuir um valor de zero ao ponto de congelamento da água e um valor de 100 ao ponto de ebulição da água a 1 atm. A escala fica completamente determinada, já que, além de determinar a localização destes pontos na escala, também estabelece que o comprimento de um intervalo de temperatura (chamado um **grau**), é 1/100 da distância entre os dois pontos de referência da escala.

As duas escalas de temperatura mais comuns são definidas usando-se o ponto de congelamento (T_f) e o ponto de ebulição (T_b) da água à pressão de 1 atm.

Escala Celsius (ou centígrada): T_f é fixado como 0°C e T_b é fixado como 100°C.

O **zero absoluto** (teoricamente a temperatura mais baixa que pode ser atingida na natureza) nesta escala equivale a $-273,15$°C.

Escala Fahrenheit: T_f é fixado como 32°F e T_b é fixado como 212°F. O zero absoluto equivale a $-459,67$°F.

As escalas **Kelvin** e **Rankine** são definidas de forma tal que o zero absoluto tenha um valor de zero e o tamanho de um grau seja igual ao de um grau Celsius (escala Kelvin) ou ao de um grau Fahrenheit (escala Rankine).

As seguintes relações podem ser usadas para converter uma temperatura expressa em unidades de uma determinada escala para o seu equivalente em outra escala:

$$T(\text{K}) = T(°\text{C}) + 273,15 \tag{3.5-1}$$

$$T(°\text{R}) = T(°\text{F}) + 459,67 \tag{3.5-2}$$

$$T(°\text{R}) = 1,8 T(\text{K}) \tag{3.5-3}$$

$$T(°\text{F}) = 1,8 T(°\text{C}) + 32 \tag{3.5-4}$$

Equações como estas têm sempre a forma de uma linha reta ($y = ax + b$). Se (°A) e (°B) são duas unidades de temperatura, para deduzir uma equação de $T(°B)$ em termos de $T(°A)$, você deve conhecer os valores de duas temperaturas em ambas as escalas — digamos T_1 e T_2. Então:

1. Escreva $T(°B) = aT(°A) + b$
2. Substitua $T_1(°B)$ e $T_1(°A)$ na equação — de forma a ter uma equação e duas incógnitas, a e b. Substitua $T_2(°B)$ e $T_2(°A)$ para obter a segunda equação com as duas incógnitas e resolva o sistema para determinar a e b.

Exemplo 3.5-1	Dedução de uma Fórmula de Conversão de Temperatura

Deduza a Equação 3.5-4 para $T(°F)$ em termos de $T(°C)$. Use $T_1 = 0°C$ ($32°F$) e $T_2 = 100°C$ ($212°F$).

Solução

$$T(°F) = aT(°C) + b$$

Substituindo T_1: $\quad 32 = (a)(0) + b \implies b = 32$

Substituindo T_2: $\quad 212 = (a)(100) + 32 \implies a = 1,8$

$$\Downarrow$$

$$T(°F) = 1,8T(°C) + 32$$

Um grau é tanto uma temperatura quanto um intervalo de temperatura, um fato que costuma causar alguma confusão. Considere o intervalo de temperatura entre 0°C e 5°C. Existem nove graus Fahrenheit e nove graus Rankine neste intervalo, e apenas cinco graus Celsius e cinco Kelvin. Um intervalo de 1 grau Celsius ou 1 Kelvin contém portanto 1,8 graus Fahrenheit ou Rankine, o que leva aos fatores de conversão

$$\frac{1,8°F}{1°C}, \frac{1,8°R}{1K}, \frac{1°F}{1°R}, \frac{1°C}{1K} \tag{3.5-5}$$

$T(°C) \rightarrow$	0		1		2		3		4		5
$T(K) \rightarrow$	273		274		275		276		277		278

$T(°F) \rightarrow$	32	33	34	35	36	37	38	39	40	41
$T(°R) \rightarrow$	492	493	494	495	496	497	498	499	500	501

Nota: *Estes fatores de conversão se referem a intervalos de temperatura, não a temperaturas.*[4] Por exemplo, para encontrar o número de graus Celsius entre 32°F e 212°F você pode dizer que

$$\Delta T(°C) = \frac{(212 - 32)°F}{} \left| \frac{1°C}{1,8°F} \right. = 100°C$$

mas para encontrar a temperatura em graus Celsius correspondente a 32°F você deve usar a Equação 3.5-4; você não pode dizer que

$$T(°C) = \frac{32°F}{} \left| \frac{1°C}{1,8°F} \right.$$

$\qquad\qquad\qquad$ Uma temperatura $\quad$ Um intervalo
$\qquad\qquad\qquad\qquad\qquad\qquad\qquad$ de temperatura

Teste	1. Suponha que você tem um tubo de vidro com mercúrio, mas sem nenhuma marca de escala, e você dispõe apenas de um bécher de água, um congelador e um bico de Bunsen. Como você calibraria o seu termômetro para que ele fornecesse leituras em graus Celsius?
(veja *Respostas dos Problemas Selecionados*)	2. O que é mais quente, uma temperatura de 1°C ou 1°F?
	3. O que reflete uma maior mudança na temperatura, um aumento de 1°C ou 1°F?

---

[4] Alguns autores têm proposto variar a posição do símbolo de graus para indicar se está se falando de uma temperatura ou de um intervalo de temperatura; isto é, 5°C quer dizer uma temperatura de cinco graus Celsius, enquanto 5C° quer dizer um intervalo de cinco graus Celsius. Esta excelente ideia, no entanto, não pegou, de modo que você tem que se acostumar a distinguir entre temperatura e intervalo de temperatura pelo contexto no qual aparece a unidade.

| Exemplo 3.5-2 | Conversão de Temperatura |

Considere o intervalo de 20°F a 80°F.

1. Calcule as temperaturas equivalentes em °C e o intervalo entre elas.
2. Calcule diretamente o intervalo em °C entre as temperaturas.

Solução 1. Pela Equação 3.5-4,

$$T(°C) = \frac{T(°F) - 32}{1,8}$$

de modo que

$$T_1(20°F) = \left(\frac{20 - 32}{1,8}\right)°C = -6,7°C$$

$$T_2(80°F) = \left(\frac{80 - 32}{1,8}\right)°C = 26,6°C$$

e

$$T_2 - T_1 = (26,6 - (-6,7))°C = 33,3°C$$

2. Pela Equação 3.5-5,

$$\Delta T(°C) = \frac{\Delta T(°F)}{} \left| \frac{1°C}{1,8°F} = \frac{(80 - 20)°F}{} \right| \frac{1°C}{1,8°F} = 33,3°C$$

| Exemplo 3.5-3 | Conversão de Temperatura e Homogeneidade Dimensional |

O calor específico da amônia, definido como a quantidade de calor necessário para elevar em exatamente 1° a temperatura de uma unidade de massa de amônia a pressão constante, é dada, ao longo de um intervalo limitado de temperatura, pela expressão

$$C_p\left(\frac{Btu}{lb_m \cdot °F}\right) = 0,487 + 2,29 \times 10^{-4} T(°F)$$

Determine a expressão para o C_p em J/g · °C em termos de $T(°C)$.

Solução Os °F nas unidades de C_p referem-se a um intervalo de temperatura, enquanto a unidade de T é uma temperatura. O cálculo é melhor realizado em duas etapas.

1. Substituindo a conversão de temperatura e simplificando a expressão:

$$C_p\left(\frac{Btu}{lb_m \cdot °F}\right) = 0,487 + 2,29 \times 10^{-4}[1,8T(°C) + 32]$$

$$= 0,494 + 4,12 \times 10^{-4} T(°C)$$

2. Convertendo para as unidades desejadas do intervalo de temperatura usando a Equação 3.5-5:

$$C_p\left(\frac{J}{g \cdot °C}\right) = \left[0,494 + 4,12 \times 10^{-4} T(°C)\right] \frac{(Btu)}{(lb_m \cdot °F)} \left| \frac{1,8°F}{1,0°C} \right| \frac{1 J}{9,486 \times 10^{-4} Btu} \left| \frac{1 lb_m}{454 g} \right.$$

$$\Downarrow$$

$$\boxed{C_p\left(\frac{J}{g \cdot °C}\right) = 2,06 + 1,72 \times 10^{-3} T(°C)}$$

EXERCÍCIOS DE CRIATIVIDADE

1. Invente vários dispositivos para medir temperaturas. Para cada um, descreva o aparelho e estabeleça o que você mediria. (*Exemplo*: Colocar um porquinho da índia em uma roda de moinho e medir a velocidade a qual ele corre para se aquecer.) (Bom, *poderia* funcionar.)
2. Pense na maior quantidade de formas possíveis de usar um bloco sólido como um dispositivo para medir temperaturas. (*Exemplo*: Colocar o bloco em um forno com janela de vidro e observar a cor com que ele brilha.)

3.6 RESUMO

Neste capítulo, descrevemos como quantidades de matéria, vazões, composições, pressões e temperaturas são determinadas a partir de medidas diretas ou calculadas a partir de medições e propriedades físicas. Também descrevemos como converter entre diferentes métodos de expressar estas variáveis. Aqui estão alguns destaques.

- A *massa específica* de uma substância é a razão entre a sua massa e o seu volume. Por exemplo, a massa específica da acetona líquida a 20°C é 0,791 g/cm³, de forma tal que um centímetro cúbico de acetona líquida tem uma massa de 0,791 gramas. A massa específica pode ser considerada como um fator de conversão entre a massa e o volume ou entre a vazão mássica e a vazão volumétrica.

- A *densidade relativa* de uma substância é a razão entre a massa específica da substância e a massa específica de um material de referência (normalmente água a 4°C). Densidades relativas de muitos líquidos e sólidos aparecem na Tabela B.1, com a massa específica de referência sendo a da água líquida a 4°C (1,00 g/cm³, 1,00 kg/L, 62,43 lb_m/ft^3). A massa específica de uma substância é o produto da sua densidade relativa e a massa específica de referência nas unidades desejadas.

- O *peso atômico* de um elemento é a massa de um átomo deste elemento em uma escala na qual o ^{12}C tem uma massa atribuída de exatamente 12. Os pesos atômicos dos elementos nas suas proporções isotópicas naturais aparecem listados na tabela no final deste livro. O *peso molecular* de um composto é a soma dos pesos atômicos dos átomos que compõem uma molécula do composto.

- Um *grama-mol* ou *mol* de um composto é o peso molecular do composto em gramas; por exemplo, 1 mol H_2O tem uma massa de 18,01 gramas. Uma *libra-mol* ou *lb-mol* é o peso molecular em libras-massa; por exemplo, 1 lb-mol H_2O tem uma massa de 18,01 lb_m. Portanto, o peso molecular da água pode ser expresso como 18,01 g/mol, 18,01 lb_m/lb-mol, e assim por diante, e pode ser usado para converter massas a mols ou vazões mássicas a vazões molares e vice-versa.

- A *fração mássica* de um componente em uma mistura é a razão entre a massa do componente e a massa total da mistura. Se 100 gramas de uma mistura contêm 30 gramas de nitrogênio, a fração mássica de nitrogênio é 0,30 g N_2/g mistura. (A palavra "mistura" normalmente é suprimida.) A fração mássica é também 0,30 kg N_2/kg e 0,30 lb_m N_2/lb_m, e a *porcentagem em massa* ou *porcentagem em peso* de nitrogênio é 30%. A *fração molar* de um componente é definida de forma semelhante. Se 10,0 kmol de uma mistura contêm 6,0 kmol de metanol, então a fração molar de metanol é 0,60 kmol CH_3OH/kmol (= 0,60 lb-mol CH_3OH/lb-mol) e a *porcentagem molar* de metanol é 60%.

- O *peso molecular médio* de uma mistura é a razão entre a massa total e o número total de mols de todas as espécies.

- A *concentração* de um componente em uma mistura é a razão entre a massa ou mols do componente e o volume total da mistura. A *molaridade* de um componente em uma solução é a concentração do componente expressa em mol/L.

- A pressão em um ponto de um fluido (gás ou líquido) é a força por unidade de área que o fluido exerceria sobre uma superfície plana que passe pelo ponto. As unidades padrões da pressão de um fluido são N/m² (pascal, ou Pa) no sistema SI, dina/cm² no sistema CGS e lb_f/ft^2 no sistema americano de engenharia. A unidade lb_f/in^2 (psi) também é comum no sistema americano de engenharia.

- A pressão na base de uma coluna vertical de fluido de massa específica ρ e altura h é dada pela expressão

$$P = P_o + \rho gh \qquad (3.4\text{-}1)$$

em que P_o é a pressão exercida no topo da coluna e g é a aceleração da gravidade. Este resultado fornece duas maneiras de expressar a pressão do fluido: como força por unidade de área (por exemplo, $P = 14,7$ lb_f/in^2) ou como uma *carga de pressão* equivalente, $P_h = P/\rho g$ (por exemplo, $P_h = 760$ mm Hg), a altura de uma coluna do fluido especificado com uma pressão zero no topo que exerceria a pressão especificada no seu fundo.

- A atmosfera da Terra pode se considerada como uma coluna de fluido com pressão zero no seu topo. A pressão de fluido na base desta coluna é a *pressão atmosférica* ou *pressão barométrica*, P_{atm}. Embora a pressão atmosférica varie com a altitude e com as condições climáticas, o seu valor ao nível do mar está sempre próximo de $1,01325 \times 10^5$ N/m² (= 14,696 lb_f/in^2 = 760 mm Hg). Este valor de pressão foi designado como *1 atmosfera*. Outros equivalentes a 1 atm em diferentes unidades são dados no início deste livro.

- A *pressão absoluta* de um fluido é a pressão relativa a um vácuo perfeito ($P = 0$). A *pressão manométrica* é a pressão relativa à pressão atmosférica: $P_{manométrica} = P_{abs} - P_{atm}$. Medidores comuns de pressão, como o manômetro de Bourdon e o manômetro de extremo aberto, fornecem uma leitura direta da pressão manométrica. Se a pressão atmosférica não é conhecida através da previsão do tempo ou da leitura de um barômetro, o valor $P_{atm} = 1$ atm é normalmente razoável para converter entre a pressão absoluta e a pressão manométrica.

- As *escalas de temperatura* são obtidas atribuindo-se valores numéricos a duas temperaturas experimentalmente reprodutíveis. Por exemplo, a escala Celsius é obtida atribuindo-se um valor de 0°C ao ponto de congelamento da água pura a 1 atm e o valor de 100°C ao ponto de ebulição da água pura a 1 atm. Portanto, uma temperatura de 40°C quer dizer na verdade "a temperatura localizada a 40% entre o ponto de congelamento e o de ebulição da água pura a 1 atm".

- As quatro escalas de temperatura mais comuns são Celsius (°C), Fahrenheit (°F) e as escalas absolutas Kelvin (K) e Rankine (°R). As temperaturas expressas em quaisquer destas escalas são facilmente convertidas nos seus equivalentes em outra escala usando as Equações 3.5-1 a 3.5-4.

- Temperaturas não devem ser confundidas com intervalos de temperatura. Por exemplo, uma temperatura de 10°C é equivalente a uma temperatura de 50°F (da Equação 3.5-4), mas um intervalo de temperatura de 10°C (por exemplo, o intervalo entre $T = 10$°C e $T = 20$°C) é equivalente a um intervalo de 18°F (o intervalo entre 50°F e 68°F). Um intervalo de 1 grau Celsius ou 1 Kelvin é equivalente a 1,8 grau Fahrenheit ou Rankine.

PROBLEMAS

3.1. Faça as seguintes estimativas *sem usar uma calculadora*.
  - **(a)** Estime a massa de água (kg) em uma piscina olímpica de natação.
  - **(b)** Um copo de água é enchido com uma jarra. Estime a vazão mássica da água (g/s).
  - **(c)** Doze lutadores de boxe peso-pesado coincidentemente entram em um mesmo elevador na Grã-Bretanha. Na parede do elevador há uma placa indicando o limite máximo de peso $W_{máx}$, em stones (1 stone = 14 $lb_m \approx$ 6 kg). Se você fosse um dos lutadores, estime o menor valor de $W_{máx}$ com o qual você se sentiria confortável permanecendo dentro do elevador.
  - **(d)** Uma tubulação de petróleo através do Alasca tem 4 ft de diâmetro e 800 milhas de comprimento. Quantos barris de petróleo são necessários para encher a tubulação?
  - **(e)** Estime o volume do seu corpo (cm³) de duas diferentes maneiras. (Mostre o seu trabalho.)
  - **(f)** Um bloco sólido é jogado na água e afunda muito lentamente. Estime a densidade relativa do bloco.

3.2. Calcule a massa específica em lb_m/ft^3 das seguintes substâncias:
  - **(a)** Um líquido com uma massa específica de 995 kg/m³. Use (i) fatores de conversão da tabela no início do livro; (ii) a Equação 3.1-2.
  - **(b)** Um sólido com uma densidade relativa de 5,7. O que você assumiu para chegar na sua resposta?

3.3. A densidade relativa da gasolina é aproximadamente 0,70.
  - **(a)** Calcule a massa (kg) de 50,0 litros de gasolina.
  - **(b)** A vazão mássica de gasolina saindo de um tanque de refinaria é 1150 kg/min. Estime a vazão volumétrica (litros/s).
  - **(c)** Estime a vazão mássica média (lb_m/min) fornecida por uma bomba de gasolina.
  - **(d)** Gasolina e querosene (densidade relativa = 0,82) são misturados para obter uma mistura com uma densidade relativa de 0,78. Calcule a razão volumétrica (volume de gasolina/volume de querosene) dos dois compostos na mistura, admitindo que $V_{mistura} = V_{gasolina} + V_{querosene}$.

3.4. Em setembro de 2014, o preço médio da gasolina na França era 1,54 euro/litro, e a taxa de câmbio era $1,29 por euro (€). Quanto você pagaria, em dólares, por 50,0 kg de gasolina na França, admitindo que a gasolina tem uma densidade relativa de 0,71? Quanto custaria a mesma quantidade de gasolina nos Estados Unidos, no preço médio atual de $ 3,81/gal?

3.5. Benzeno e *n*-hexano líquidos são misturados para formar uma corrente fluindo com uma vazão de 1700 lb_m/h. Um *densímetro* em linha (um instrumento usado para medir massas específicas) indica que a corrente tem uma massa específica de 0,810 g/mL. Usando as densidades relativas da Tabela B.1, estime as vazões de alimentação mássica e volumétrica dos dois hidrocarbonetos no vaso de mistura (em unidades americanas de engenharia). Cite pelo menos duas suposições necessárias para obter a estimativa a partir dos dados recomendados.

*3.6. Você comprou seis laranjas que pesam um total de 2 lb_f e 13 onças. Após cortá-las ao meio e espremer o suco com toda a sua força em uma grande jarra medidora, você pesou a polpa e a casca remanescentes. Elas pesaram 1 lb_f e 12 onças e o volume total de suco foi de 1,75 xícaras. Qual a densidade relativa do suco de laranja? Informe as premissas adotadas.

*3.7. Uma pequena casa de família em Tucson, Arizona, tem uma área de telhado de 1967 pés quadrados e é possível capturar a queda de chuva em cerca de 56% do telhado. A queda de chuva anual típica é de cerca de 14 polegadas. Se a família quisesse instalar um tanque para coletar a água de chuva por um ano inteiro, sem usar nada dela, qual seria o volume do tanque necessário em m³ e em galões? Quanto a água pesaria quando o tanque estivesse cheio (em N e em lb_f)?

3.8. A 25°C, uma solução aquosa contendo 35,0% em peso de H_2SO_4 tem uma densidade relativa de 1,2563. Precisa-se de uma quantidade desta solução que contenha 195,5 kg H_2SO_4.
  - **(a)** Calcule o volume necessário (L) da solução usando a densidade relativa dada.
  - **(b)** Estime a porcentagem do erro que seria cometido se as densidades relativas dos componentes puros H_2SO_4 (DR = 1,8255) e água tivessem sido usadas para o cálculo em lugar da densidade relativa da mistura.

---

*Adaptado de um problema contribuição de Paul Blowers da University of Arizona.

3.9. Mistura quente de asfalto (HMA) é comumente empregada na construção de estradas nos Estados Unidos em uma taxa estimada em 500.000.000 toneladas/ano. Uma camada superior típica (podem existir até 5 camadas de diferentes espessuras e composições) de uma autoestrada de alto volume é composta de brita (ou agregado) e ligante asfáltico, ela tem aproximadamente 1,25 polegadas de espessura. A brita, que tem a densidade relativa de cerca de 2,7, é misturada com o ligante asfáltico (DR = 1,03) para formar a HMA com uma composição de aproximadamente 95% de agregado e 5% de asfalto. Qual é o volume (ft^3) de ligante asfáltico e o peso (toneladas) de HMA necessários para a camada superior de um segmento de 15 milhas de uma autoestrada interestadual de 5 faixas, cada uma das quais com uma largura de 12 ft?

3.10. Um bloco retangular de carbono sólido (grafite) flutua na interface de dois líquidos imiscíveis. O líquido inferior é um óleo lubrificante relativamente pesado, enquanto o líquido superior é água. Do volume total do bloco, 54,2% estão submersos no óleo e o resto na água. Em um experimento separado, pesa-se um frasco vazio, coloca-se 35,3 cm^3 do óleo lubrificante e pesa-se de novo. Se a leitura foi de 124,8 g na primeira pesagem, qual seria na segunda pesagem? (*Sugestão:* Lembre do princípio de Arquimedes e faça um balanço de forças no bloco.)

3.11. Um bloco retangular flutua em água pura com 0,5 in acima da superfície e 1,5 in abaixo da mesma. Quando colocado em uma solução aquosa, o bloco flutua com 1 in abaixo da superfície. Estime as densidades relativas do bloco e da solução. (*Sugestão:* Chame a seção transversal horizontal do bloco de A. Este valor deve se cancelar nos seus cálculos.)

3.12. Um objeto de massa específica ρ_a, volume V_a e peso W_a é jogado de um barco a remo flutuando na superfície de um reservatório pequeno, e desce até o fundo. O peso do barco sem o objeto é W_b. Antes de o objeto ser jogado, a profundidade do reservatório era h_{p1}, e o fundo do barco estava a uma distância h_{b1} acima do fundo do reservatório. Depois de o objeto afundar, os valores destas quantidades são h_{p2} e h_{b2}, respectivamente. A área do reservatório é A_p, e a área do barco é A_b. Esta última pode ser admitida como constante, de forma que o volume da água deslocada pelo barco é $A_b(h_p - h_b)$.

    (a) Deduza uma expressão para a mudança na profundidade do reservatório ($h_{p2} - h_{p1}$). O nível do líquido no reservatório aumenta, diminui ou é indeterminado?

    (b) Deduza uma expressão para a mudança na distância do fundo do barco até o fundo do reservatório ($h_{b2} - h_{b1}$). A altura do barco em relação ao fundo do reservatório aumenta, diminui ou é indeterminada?

3.13. Desde os anos 1960, o Túnel de Expressão Livre da *North Carolina State University* tem sido a forma de a Universidade combater o grafiti no campus. O túnel é pintado quase que diariamente por vários grupos de estudantes para anunciar reuniões de grupos, enaltecerem conquistas atléticas e declarar amor imortal. Você e seus colegas de classe de engenharia decidiram decorar o túnel com fluxogramas de processos químicos e equações-chave encontrados em seu livro favorito, você comprou uma lata de tinta em spray. O rótulo indica que a lata contém nove onças líquidas, que deveriam cobrir uma área de aproximadamente 25 ft^2.

    (a) Você mediu o túnel e encontrou que ele tem, grosseiramente, 8 pés de largura, 12 pés de altura e 148 pés de comprimento. Baseado na cobertura declarada, quantas latas de tinta spray seriam necessárias para aplicar uma camada às paredes e teto do túnel?

SEGURANÇA →

    (b) Tendo acabado de assistir uma aula de segurança de processo em sua turma de engenharia, você quer tomar as precauções de segurança apropriadas enquanto pinta o túnel. Uma fonte prática para este tipo de informação é a ficha de informações de segurança (*Safety Data Sheet*, SDS, em inglês), um documento usado na indústria para fornecer aos trabalhadores e pessoal de emergência procedimentos para o manuseio ou trabalho seguros com um produto químico. Outras fontes de informação sobre substâncias perigosas podem ser encontradas em manuais,[5] alguns países, incluindo os Estados Unidos, possuem leis que obrigam os empregadores a fornecer a seus empregados as fichas de segurança.[6] Além de informações sobre a composição, a ficha contém informações como propriedades físicas (ponto de fusão, ponto de ebulição, ponto de fulgor etc.), outras ameaças à saúde e segurança, equipamento de segurança recomendado e procedimentos recomendados para armazenamento, descarte, primeiros socorros e manuseio de vazamentos. A ficha de informações de segurança pode ser tipicamente encontrada na Internet para a maioria das substâncias comuns. Procure na Internet "ficha de informações de segurança de tinta spray" e encontre uma ficha representativa para uma tinta spray típica. Baseado no documento que você achou, quais são os três maiores perigos que você pode encontrar durante o projeto de pintura do túnel? Sugira uma precaução de segurança para cada perigo listado.

3.14. Partículas de pedra calcária (carbonato de cálcio) são armazenadas em sacas de 50 litros. A **fração vazia** do material particulado é 0,30 (litros de espaço vazio por litro de volume total) e a densidade relativa do carbonato de cálcio sólido é 2,93.

    (a) Estime a **massa específica global** do conteúdo da saca (kg $CaCO_3$/litros de volume total).

---

[5] R. J. Lewis, *Sax's Dangerous Properties of Industrial Materials*, 10ª Edição, John Wiley & Sons, New York, 2000.
[6] Para uma ilustração, veja a norma NBR 14725 da ABNT para a elaboração de fichas de informações de segurança de produtos químicos.

(b) Estime o peso (*W*) das sacas cheias. Informe o que você está desprezando na sua estimativa.

(c) O conteúdo de três sacas é alimentado a um **moinho de bolas**, um aparelho parecido com uma secadora de roupas rotativa contendo bolas de aço. A ação rotativa das bolas esmaga as partículas de calcário e as reduz a pó. (Veja a página 20-64 do *Perry's Chemical Engineers' Handbook*.) O calcário extraído do moinho é posto de novo em sacas de 50 litros. Este calcário (i) encherá três sacas, (ii) encherá menos de três sacas, (iii) encherá mais de três sacas? Explique brevemente a sua resposta.

MEIO AMBIENTE

3.15. Uma medida útil da condição física de uma pessoa é a fração de gordura do seu corpo. Este problema descreve uma técnica simples para estimar esta fração pesando duas vezes a pessoa, uma no ar e a outra submersa em água.

(a) Um homem tem uma massa corporal $m_b = 122{,}5$ kg. Se ele é pesado em uma balança calibrada em newtons, qual será a leitura? Se ele é pesado enquanto está completamente submerso na água a 30°C (densidade relativa = 0,996) e a escala mostra 44,0 N, qual é o volume do corpo (litros)? (*Dica*: Lembre do princípio de Arquimedes, que diz que o peso de um objeto submerso é igual ao seu peso no ar menos o empuxo sobre o objeto, que por sua vez é igual ao peso da água deslocada pelo objeto. Despreze o empuxo do ar.) Qual é a massa específica do corpo, ρ_b (kg/L)?

(b) Suponha que o corpo está dividido em gordura e componentes não gordurosos, e que x_f (quilogramas de gordura/quilogramas da massa total do corpo) é a fração da massa total do corpo constituída de gordura:

$$x_f = \frac{m_f}{m_b}$$

Prove que

$$x_f = \frac{\dfrac{1}{\rho_b} - \dfrac{1}{\rho_{nf}}}{\dfrac{1}{\rho_f} - \dfrac{1}{\rho_{nf}}}$$

em que ρ_b, ρ_f e ρ_{nf} são as massas específicas médias do corpo, da gordura e dos componentes não gordurosos, respectivamente. [*Sugestão*: Comece especificando as massas (m_f e m_b) e os volumes (V_f e V_b) da gordura e do corpo total, e escreva expressões para as três massas específicas em termos destas quantidades. Depois, elimine algebricamente os volumes e obtenha as expressões para m_f/m_b em termos das massas específicas.][7]

(c) Se a densidade relativa média da gordura corporal é 0,9 e a do tecido não gorduroso é 1,1, que fração do corpo do homem na letra (a) consiste em gordura?

(d) O volume do corpo calculado na letra (a) inclui um volume ocupado pelo gás no trato digestivo, os seios da face e os pulmões. A soma dos dois primeiros é aproximadamente 100 mL e o volume dos pulmões é de aproximadamente 1,2 litro. A massa do gás é desprezível. Use esta informação para melhorar a sua estimativa de x_f.

SEGURANÇA

MEIO AMBIENTE

3.16. Em abril de 2010, o pior vazamento de petróleo já registrado ocorreu quando uma explosão e incêndio na sonda de perfuração *Deepwater Horizon* deixou 11 mortos e começou a vazar petróleo no Golfo do México. Uma das tentativas para conter o vazamento envolveu o bombeamento de lama de perfuração para o poço para equilibrar a pressão do óleo vazando contra uma coluna de fluido (a lama) com uma densidade significativamente maior que aquelas da água do mar e do petróleo. Nos problemas seguintes, você pode assumir que a água do mar tem uma densidade relativa de 1,03 e que a cabeça do poço submarino estava a 5053 ft abaixo da superfície do Golfo.

(a) Estime a pressão manométrica (psig) no Golfo a uma profundidade de 5053 ft.

(b) Medidas indicam que a pressão dentro da cabeça do poço é de 4400 psig. Suponha que um tubo entre a superfície do Golfo e a cabeça do poço está cheio com lama de perfuração e equilibra aquela pressão. Estime a densidade relativa da lama de perfuração.

(c) A lama de perfuração é uma lama estável de água do mar e barita (DR = 4,37). Qual é a fração mássica de barita na lama?

(d) O que você esperaria acontecer se a fração em peso da barita fosse significativamente menor que aquela estimada na Parte (c)? Explique o seu raciocínio.

BIOENGENHARIA

3.17. Soluções aquosas do aminoácido L-isolucina (Ile) são preparadas colocando-se 100,0 gramas de água pura em cada um de seis frascos e adicionando-se diferentes quantidades de Ile, medidas com precisão, em cada frasco. As massas específicas das soluções a $50{,}0 \pm 0{,}05°C$ são medidas com um densímetro de precisão, com os seguintes resultados:

r (g Ile/100 g H_2O)	0,0000	0,8821	1,7683	2,6412	3,4093	4,2064
ρ (g solução/cm³)	0,98803	0,98984	0,99148	0,99297	0,99439	0,99580

---

[7] Se você não consegue provar a expressão, considere a fórmula dada como válida e passe para os itens seguintes.

(a) Faça uma curva de calibração mostrando a razão mássica, r, como função da massa específica da solução, ρ, e ajuste uma linha reta aos dados para obter uma equação da forma $r = a\rho + b$.

(b) A vazão volumétrica de uma solução aquosa de Ile na temperatura de 50°C é 150 l/h. A massa específica de uma amostra da corrente é medida como 0,9940 g/cm³. Use a equação de calibração para estimar a vazão mássica de Ile na corrente (kg Ile/h).

(c) Você descobre que o termopar usado para medir a temperatura da corrente estava mal calibrado e que a temperatura era realmente de 47°C. A vazão mássica de Ile calculada na Parte (b) seria muito alta ou muito baixa? Justifique qualquer suposição e explique em poucas palavras o seu raciocínio.

BIOENGENHARIA →

3.18. Os seguintes dados foram obtidos para o efeito da composição do solvente na solubilidade de serina, um aminoácido, a 10,0ºC:

% Volume de Metanol	0	10	20	30	40	60	80	100
Solubilidade (g/100 mL solv)	22,72	18,98	11,58	6,415	4,205	1,805	0,85	0,65
Densidade da Solução (g/mL)	1,00	0,98	0,97	0,95	0,94	0,91	0,88	0,79

Os dados foram obtidos pela mistura de volumes conhecidos de metanol e água para se obter as composições desejadas de solvente, seguida da adição lenta de quantidades medidas de serina a cada mistura até que mais nenhum material é passado para a solução. A temperatura foi mantida constante a 10,0ºC.

(a) Derive uma expressão para a composição do solvente expressa como a fração mássica de metanol, x, como uma função da fração volumétrica de metanol, f;

(b) Prepare uma tabela de solubilidade da serina (g serina/ g solução) *versus* a fração mássica de metanol.

3.19. Antes que um rotâmetro possa ser usado para determinar uma vazão desconhecida, deve ser preparada uma **curva de calibração** da vazão versus a leitura do rotâmetro. Uma técnica de calibração para líquidos é mostrada abaixo. Uma vazão é selecionada ajustando-se a velocidade da bomba; a leitura do rotâmetro é anotada e o líquido efluente do rotâmetro é coletado em uma proveta graduada por um intervalo de tempo. O procedimento é repetido duas vezes para cada um dos vários ajustes da bomba.

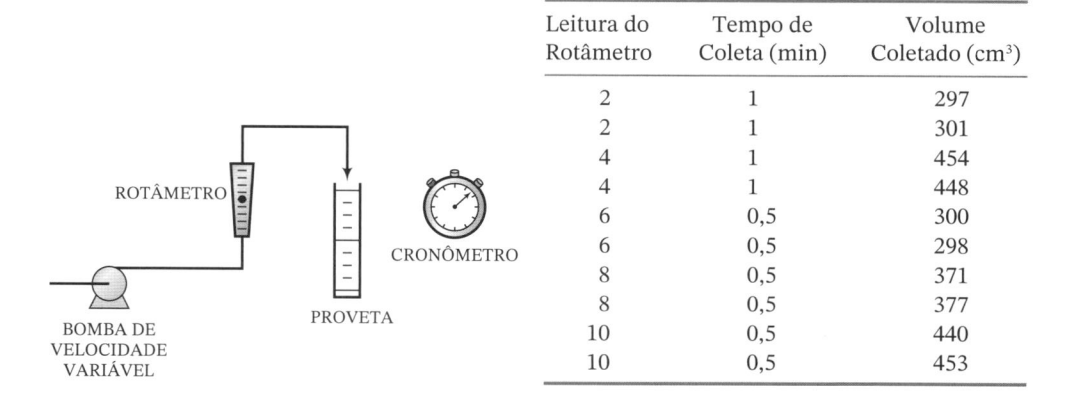

Leitura do Rotâmetro	Tempo de Coleta (min)	Volume Coletado (cm³)
2	1	297
2	1	301
4	1	454
4	1	448
6	0,5	300
6	0,5	298
8	0,5	371
8	0,5	377
10	0,5	440
10	0,5	453

(a) Admitindo que o líquido é água a 25°C, faça uma curva de calibração da vazão mássica, $\dot{m}$(kg/min), versus a leitura do rotâmetro, R, e a use para estimar a vazão mássica de uma corrente de água para a qual a leitura é 5,3.

(b) A **diferença média entre duplicatas**, $\overline{D}_i$, fornece uma estimativa do desvio-padrão de uma única medida, ao qual foi atribuído o símbolo s_x na Eq. 2.5-4:

$$s_x \approx \frac{\sqrt{\pi}}{2}\,\overline{D}_i = 0{,}8862\overline{D}_i$$

Além disso, os **limites de confiança** dos valores medidos podem ser estimados com uma boa aproximação usando a diferença média entre duplicatas. Por exemplo, se uma medida simples de Y fornece um valor Y_{medido}, então existe uma probabilidade de 95% de que este valor esteja dentro dos limites de confiança de 95% $(Y_{medido} - 1{,}74\overline{D}_i)$ e $(Y_{medido} + 1{,}74\overline{D}_i)$.[8] Para uma vazão medida de 610 g/min, estime os limites de confiança de 95% da vazão verdadeira.

---

[8]W. Volk, *Applied Statistics for Engineers*, McGraw-Hill, Nova York, páginas 113-115, 1958.

3.20. Quanto de cada uma das seguintes quantidades está contido em 15,0 kmol de xileno (C_8H_{10})? (a) kg C_8H_{10}; (b) mol C_8H_{10}; (c) lb-mol C_8H_{10}; (d) mol (átomo-grama) C; (e) mol H; (f); g C; (g) g H; (h) moléculas de C_8H_{10}.

3.21. Por uma tubulação escoa tolueno líquido com uma vazão de 175 m³/h.

    (a) Qual é a vazão mássica desta corrente em kg/min?

    (b) Qual é a vazão molar em mol/s?

    (c) De fato, a resposta da Parte (a) é apenas uma aproximação que quase com certeza contém um leve erro. O que você teve de admitir para obter esta resposta?

3.22. Uma mistura de metanol e acetato de propila contém 25,0% em peso de metanol.

    (a) Usando uma única equação dimensional, determine os mols de metanol em 200,0 kg da mistura.

    (b) A vazão de acetato de propila na mistura é 100,0 lb-mol/h. Qual deve ser a vazão da mistura em lb_m/h?

3.23. A alimentação de um reator de síntese de amônia contém 25% molar de nitrogênio, sendo o resto de hidrogênio. A vazão da alimentação é de 3000 kg/h. Calcule a vazão de nitrogênio em kg/h. (*Sugestão:* Primeiro calcule o peso molecular médio da mistura.)

3.18. Uma suspensão de partículas de carbonato de cálcio em água escoa através de uma tubulação. Sua tarefa é determinar a vazão e a composição em peso desta lama. Você coleta a corrente em uma proveta graduada por 1,00 minuto; depois pesa a proveta, evapora a água e pesa de novo a proveta. Os resultados são os seguintes:

Massa da proveta vazia: 65,0 g
Massa da proveta + lama coletada: 565 g
Volume coletado: 455 mL
Massa da proveta depois da evaporação: 215 g

Calcule:

    (a) as vazões mássica e volumétrica da suspensão.

    (b) a massa específica da suspensão.

    (c) a fração mássica de $CaCO_3$ na suspensão.

3.24. Como descrito no problema 3.16, uma *lama de perfuração* é uma lama bombeada em poços de petróleo em perfuração. A lama tem diversas funções: ela leva pedaços de rocha para o topo do poço onde eles podem ser facilmente removidos; lubrifica e resfria a ponta da broca; e evita que sólidos soltos e água passem para dentro do furo de sondagem. Uma lama de perfuração é preparada pela mistura de barita (DR = 4,37) com água do mar (DR = 1,03). A água do mar um teor de sal dissolvido de aproximadamente 3,5%. Pediram a você para determinar a densidade relativa da lama e a % em peso da barita. Você coletou uma amostra da lama de um tanque de mistura em uma plataforma de petróleo e fez as seguintes observações: (i) A lama parece homogênea, mesmo permanecendo parada por 2 dias; (ii) a massa de tara do vaso calibrado onde você coletou sua amostra de lama é 118 g; (iii) o volume da amostra coletada é de 100 mL e a massa do vaso de coleta e amostra é 323 g; e (iv) a massa do vaso e do resíduo restante após a completa evaporação da água da amostra é 254 g.

    (a) estime a densidade relativa da lama e a % em peso da barita.

    (b) Qual é a importância prática da Observação (i)?

3.25. Uma mistura contém 10% molar de álcool metílico, 75,0% molar de acetato de metila ($C_3H_6O_2$) e 15,0% molar de ácido acético. Calcule as frações mássicas de cada componente. Qual é o peso molecular médio da mistura? Qual seria a massa (kg) de uma amostra contendo 25,0 kmol de acetato de metila?

3.26. Certas substâncias sólidas, conhecidas como compostos **hidratados**, têm razões moleculares muito bem definidas de água a outras espécies, geralmente sais. Por exemplo, o sulfato de cálcio diidratado (conhecido comumente como gipsita, $CaSO_4 \cdot 2H_2O$) contém 2 mols de água por mol de sulfato de cálcio; alternativamente, pode-se dizer que 1 mol de gipsita consiste em 1 mol de sulfato de cálcio e 2 mols de água. A água de tais substâncias é chamada **água de hidratação**. (Mais informações sobre sais hidratados aparecem no Capítulo 6.)

MEIO AMBIENTE →

    De forma a eliminar o descarte de H_2SO_4 no meio ambiente, um processo foi desenvolvido no qual o ácido é reagido com aragonita ($CaCO_3$) para produzir sulfato de cálcio. O sulfato de cálcio sai da solução num cristalizador para formar uma *lama* (uma suspensão de partículas sólidas em um líquido) de partículas de gipsita sólida suspensas numa solução aquosa de $CaSO_4$. A lama escoa do cristalizador para um filtro, no qual as partículas são coletadas como *torta de filtro*. Esta torta, na qual 95,0% em peso são de gipsita sólida e o resto é uma solução de $CaSO_4$, alimenta um secador, no qual toda a água (incluindo a água de hidratação dos cristais) é eliminada, fornecendo $CaSO_4$ anidro (livre de água) como produto. Um fluxograma e alguns dados relevantes do processo são dados a seguir.

Conteúdo de sólidos na lama que sai do cristalizador: 0,35 kg $CaSO_4 \cdot 2H_2O$/L de lama
Conteúdo de $CaSO_4$ da lama líquida: 0,209 g $CaSO_4$/100 g H_2O
Densidades relativas: $CaSO_4 \cdot 2H_2O$(s), 2,32; soluções líquidas, 1,05

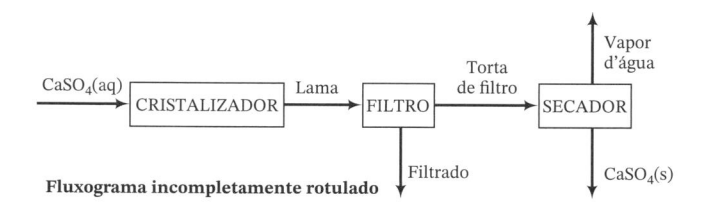

Fluxograma incompletamente rotulado

(a) Explique resumidamente, com suas próprias palavras, as funções das três unidades (cristalizador, filtro e secador).

(b) Tome como base um litro da solução que sai do cristalizador e calcule a massa (kg) e o volume (L) de gipsita sólida, a massa de $CaSO_4$ na gipsita e a massa de $CaSO_4$ na solução líquida.

(c) Calcule a percentagem de recuperação do $CaSO_4$ — isto é, a porcentagem do $CaSO_4$ total (precipitado mais dissolvido) que sai do cristalizador recuperado como $CaSO_4$ sólido anidro.

(d) Liste cinco consequências negativas potenciais do descarte de H_2SO_4 no rio passando pela planta.

BIOENGENHARIA → ***3.27.** Em uma manufatura de produtos farmacêuticos, a maioria dos ingredientes farmaceuticamente ativos é feito em solução e depois recuperados por separação. Acetaminofeno, uma droga contra dor comercializada como Tylenol®, é sintetizada em uma solução aquosa e subsequentemente cristalizada. A lama de cristais é enviada para uma centrífuga da qual emergem duas correntes efluentes: (1) uma torta molhada contendo 90,0% acetaminofeno sólido (MW = 151 g/mol) e 10,0% de água (mais algum acetaminofeno e outras substâncias dissolvidas, que nós iremos desprezar), e (2) uma solução aquosa altamente diluída que é descartada do processo. A torta molhada é alimentada a um secador no qual a água é completamente evaporada, deixando os sólidos do acetaminofeno residual completamente secos. Se a água evaporada fosse condensada, sua vazão volumétrica seria de 50,0 L/h. Segue um fluxograma do processo, que roda 24 h/dia, 320 dias/ano. "A" indica o acetaminofeno.

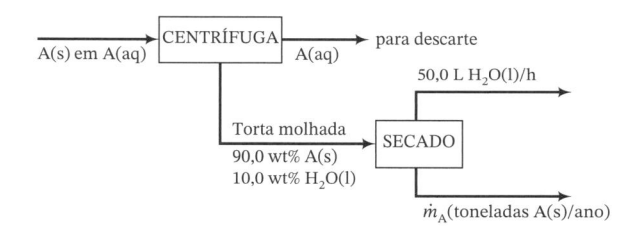

(a) Calcule a vazão de produção anual de acetaminofeno sólido (toneladas/ano), usando o mínimo de equações dimensionais possível.

(b) Uma proposta foi feita para submeter a solução líquida saindo da centrífuga a um processamento adicional para recuperar mais do acetaminofeno dissolvido em vez de descartar a solução. De que dependeria a decisão?

3.28. As coisas estavam indo muito bem na planta-piloto da Companhia de Drogas Breaux Bridge durante o turno de meia-noite às 8 horas da manhã, até que Teresa da Silva, a operadora do reator, deixou a folha de instruções muito perto do fogareiro que era usado para preparar a sagrada xícara de café de Teresa a cada duas horas. O resultado foi a perda total da folha de instruções, do café e de uma parte substancial do romance que Teresa estava escrevendo.

Lembrando a reação pouco entusiasmada que obteve da última vez que tinha ligado para o seu supervisor no meio da noite, Teresa decidiu confiar na sua memória para ajustar os parâmetros de vazão da planta. Os dois líquidos alimentados ao reator de tanque agitado eram o ácido circulostoico (ACS: PM = 75, DR = 0,90) e o flubitol (FB: PM = 90, DR = 0,75). O produto era uma droga muito popular que tratava simultaneamente da pressão alta e da estabanação. A razão molar entre as duas correntes de alimentação devia estar entre 1,05 e 1,10 mol ACS/mol FB para prevenir a solidificação do conteúdo do reator. No momento do acidente, a vazão de ACS era de 45,8 L/min. Teresa ajustou a vazão de flubitol para o valor que ela pensava que figurava na folha de instruções: 55,2 L/min. Ela estava correta? Se não, como ela teria descoberto o erro? (*Nota:* O reator era de aço inox, de modo que ela não podia ver o interior.)

3.29. Uma mistura de metanol (álcool metílico) e água contém 60% em peso de água.

(a) Admitindo a aditividade do volume dos componentes, estime a densidade relativa da mistura a 20°C. Que volume (em litros) desta mistura se requer para totalizar 150 mols de metanol?

(b) Repita a Parte (a) com a informação adicional de que a densidade relativa da mistura a 20°C é 0,9345 (desta forma é desnecessário admitir a aditividade dos volumes). Que porcentagem de erro é resultado da suposição dos volumes aditivos?

---

*Adaptado de Stephanie Farrell, Mariano J. Savelski e C. Stewart Slater, "Integrating Pharmaceutical Concepts into Introductory Chemical Engineering Courses — Part 1" (2010), http://pharmahub.org/resources/360.

3.30. O carvão usado em uma termoelétrica numa vazão de 8000 lb_m/min tem a seguinte composição:

Componente	% peso (base seca)
Cinza	7,2
Enxofre	3,5
Hidrogênio	5,0
Carbono	75,2
Nitrogênio	1,6
Oxigênio	7,5

Adicionalmente, existem 4,58 lb_m H_2O por lb_m de carvão. Determine a vazão molar de cada elemento no carvão (incluindo a água) exceto a cinza.

BIOENGENHARIA

*3.31. A tecnologia de *Drop-on-demand (DoD)* é uma forma emergente de disponibilizar drogas na qual um reservatório é cheio com uma solução de um ingrediente farmaceuticamente ativo dissolvido em um líquido volátil e um dispositivo lança gotas nanométricas da solução em um substrato comestível, como uma pequena faixa do tamanho de uma unidade de goma de mascar. O líquido evapora muito rapidamente, fazendo com que o ingrediente farmaceuticamente ativo cristalize no substrato. A dose exata para um paciente pode ser administrada baseada na concentração conhecida do ingrediente no reservatório e o volume da solução depositada no substrato, permitindo maior acurácia na dosagem do que pode ser conseguida pela administração de frações comprimidos.

(a) Um dispositivo DoD é carregado com uma solução 1,20 molar de ibuprofen (o ingrediente ativo) em *n*-hexano. O peso molecular do ibuprofen é 206,3 g/mol. Se a dosagem prescrita é de 5,0 mg/kg do paciente, quantos mililitros de solução devem ser atomizados para um homem de 245 libras e uma criança de 65 libras? Quantas gotas estão em cada dose, assumindo que cada gota é uma esfera de raio de 1 nm?

(b) O dispositivo DoD deve ser automatizado, de forma que o operador digite o peso corporal do paciente em um computador que determina o volume de solução necessário e faz com que este volume seja atomizado sobre o substrato. Derive uma fórmula para o volume, V_{dose} (mL), em termos das seguintes variáveis:

M_s (mol ingrediente/L) = molaridade da solução do reservatório

DR_s = densidade relativa da solução do reservatório

MW_I (g/mol) = peso molecular do ingrediente farmaceuticamente ativo

D (mg ingrediente/ kg peso corporal) = dosagem prescrita

W_p (lb_f) = peso do paciente

Verifique sua fórmula reavaliando sua resposta da Parte (a).

(c) Calcule a razão superfície-volume de uma esfera de raio *r*. Depois calcule a área superficial total das gotas de 1 mL (= 1 cm^3), se elas foram atomizadas como gotas de (i) raio 1 nm e (ii) 1 mm. Especule sobre a possível razão para atomizar gotas nanométricas em vez de gotas muito maiores.

SEGURANÇA

3.32. Uma mistura de metano e ar é inflamável apenas se a porcentagem molar de metano está entre 5% e 15%. Uma mistura contendo 9,0% molar de metano em ar escoando com uma vazão de 7,00 $\times$ 10^2 kg/h deve ser diluída com ar puro para reduzir a concentração de metano até o limite inferior de inflamabilidade. Calcule a vazão necessária de ar em mol/h e a porcentagem *em massa* de oxigênio na corrente final de gás. (*Nota:* O ar pode ser considerado como tendo 21% molar de O_2 e 79% molar de N_2, com um peso molecular médio de 29,0.)

3.33. Na manufatura do papel, toras de madeira são cortadas em pequenos cavacos que são misturados numa solução alcalina que dissolve vários dos constituintes químicos da madeira, mas não a celulose. A lama de cavacos não dissolvidos em solução é processada para recuperação da maior parte dos constituintes da solução original e polpa de madeira seca. Em um destes processos, cavacos de madeira com uma densidade relativa de 0,64 contendo 45% de água e 47% de celulose (base seca) são tratados para produzir 1400 toneladas/dia de polpa de madeira seca contendo 85% de celulose. Estime a vazão de alimentação de toras de madeira (toras/min), assumindo que as toras tem um diâmetro médio de 8 polegadas e um comprimento médio de 7 pés.

3.34. Uma mistura líquida é preparada pela combinação de *N* líquidos diferentes com massas específicas $\rho_1, \rho_2, ..., \rho_N$. O volume do componente *i* adicionado à mistura é V_i, e a fração mássica deste componente na mistura é x_i. Os componentes são completamente miscíveis.

*Adaptado de Stephanie Farrell, Mariano J, Savelski e C. Stewart Slater, "Integrating Pharmaceutical Concepts into Introductory Chemical Engineering Courses — Part 1" (2010), http://pharmahub.org/resources/360.

As duas fórmulas seguintes fornecem estimativas da densidade da mistura líquida, $\bar{\rho}$, se o volume da mistura for igual à soma dos volumes dos componentes puros.[9] Somente uma fórmula é correta, no entanto.

$$(i) \quad \bar{\rho} = \sum_{i=1}^{N} x_i \rho_i \qquad (ii) \quad \frac{1}{\bar{\rho}} = \sum_{i=1}^{N} \frac{x_i}{\rho_i}$$

Determine se (i) ou (ii) é a fórmula correta (mostre a sua prova) e use a fórmula correta para estimar a massa específica (g/cm^3) de uma mistura líquida contendo 60,0% em peso de acetona, 25,0% em peso de ácido acético e 15,0% em peso de tetracloreto de carbono.

3.35. Uma mistura gasosa contendo CO, CO_2, CH_4 e N_2 é analisada com um cromatógrafo a gás (veja o Problema 3.36). A saída aparece em um monitor de computador, como mostrado aqui.

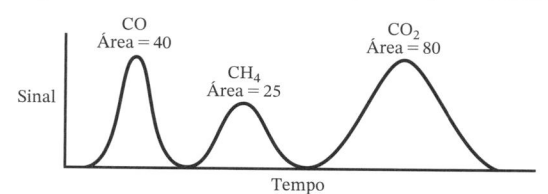

Para cada uma das três espécies, a área embaixo do pico é aproximadamente proporcional ao número de mols da substância indicada na amostra. Através de outra análise, sabe-se que a razão molar entre o metano e o nitrogênio é 0,200.

(a) Quais são as frações molares das quatro espécies no gás?

(b) Qual é o peso molecular médio do gás?

3.36. Um *cromatógrafo a gás* (CG) é um dispositivo utilizado para separar, identificar e quantificar componentes de misturas gasosas. Ele consiste em uma coluna de partículas sólidas que adsorvem os componentes do gás em diferentes graus. Uma amostra de uma mistura é injetada em um fluxo estacionário de um gás de arraste e passa através da coluna, um detector na saída mede uma variável (como condutividade elétrica) proporcional às concentrações de cada espécie no gás saindo da coluna. Quanto mais uma espécie for adsorvida nas partículas sólidas, mais lentamente ela é liberada e, então, mais tempo ela leva para sair da coluna.

O sinal do detector é normalmente mapeado como uma série de picos em um registrador, como no gráfico no Problema 3.35. Cada pico corresponde a um componente específico, e a área sob o pico é proporcional à quantidade deste componente na amostra [$n_i(mol) = k_i A_i$, em que A_i é a área do pico correspondente à substância i]. As constantes de proporcionalidade (k_i) são determinadas em experimentos separados de calibração, nos quais quantidades conhecidas de cada componente são injetadas ao CG e as áreas dos picos correspondentes são medidas. Prepare uma planilha de cálculo para determinar a composição de uma mistura a partir do conjunto de áreas dos picos obtidos em um cromatograma. A planilha deve parecer como a mostrada abaixo:

Amostra	Espécie	PM	Área de Pico	k	Fração Molar	Fração Mássica
1	CH4	16,04	0,150	3,6	—	—
	C2H6	30,07	0,287	2,8	—	—
	C3H8	—	0,467	2,4	—	0,353
	C4H10	—	0,583	1,7	—	—
2	CH4	16,04	0,150	7,8	—	—
	C2H6	—	—	2,4	—	—
⋮	⋮	⋮	⋮	⋮	⋮	⋮

Você pode usar colunas adicionais para armazenar quantidades intermediárias no cálculo das frações mássicas e molares. Na planilha verdadeira, os traços (—) devem ser substituídos por números.

Teste seu programa com dados de cinco misturas de metano, etano, propano e *n*-butano. Os valores de k para estas espécies estão dados na tabela acima, e os picos medidos aparecem abaixo. Por exemplo, a área do pico do metano para a primeira mistura é 3,6, a área do pico do etano para a mesma mistura é 2,8, e assim por diante.

Amostra	A_1	A_2	A_3	A_4
1	3,6	2,8	2,4	1,7
2	7,8	2,4	5,6	0,4
3	3,4	4,5	2,6	0,8
4	4,8	2,5	1,3	0,2
5	6,4	7,9	4,8	2,3

---

[9]Esta é uma aproximação para a maior parte dos líquidos, diferentemente da relação exata que diz que a massa da mistura é a soma das massas dos componentes.

MEIO AMBIENTE

3.37. As preocupações com relação às emissões de CO_2 na atmosfera aumentaram substancialmente depois que um artigo sobre a queima de florestas e pastagens foi publicado em 1990. Os dados da tabela abaixo mostram as emissões globais de compostos contendo carbono lançados na atmosfera a partir da queima de biomassa e a partir de todas as fontes de combustão em 1990.

Componente	Toneladas Métricas de C, Todas as Fontes	Toneladas Métricas de C, % que Vem da Biomassa
CO_2	8700	40
CO	1100	26
CH_4	380	10

Os números na coluna do meio referem-se às quantidades anuais de carbono liberadas na atmosfera no componente indicado; por exemplo, 8700 toneladas métricas de carbono ($8,7 \times 10^6$ kg C) foram liberadas como dióxido de carbono.

(a) Determine a liberação combinada anual (em toneladas métricas) de todas as três espécies resultante da combustão de biomassa e o peso molecular médio dos gases combinados.

(b) Procure uma fonte de consulta sobre poluição atmosférica e liste os riscos ambientais associados com a liberação de CO e CO_2. Que outros elementos podem ser liberados de forma potencialmente perigosa para o meio ambiente na queima de biomassa?

(c) A partir de dados recentes, estime a variação percentual nas emissões totais de CO_2 desde 1990.

3.38. Uma solução aquosa de ácido sulfúrico 5,00% em peso ($\rho = 1,03$ g/mL) escoa através de uma tubulação de 45 m de comprimento e 6,0 cm de diâmetro, com uma vazão de 87 L/min.

(a) Qual é a molaridade do ácido sulfúrico na solução?

(b) Quanto tempo (em segundos) será necessário para encher um barril de 55 galões e quanto ácido sulfúrico (lb_m) conterá o barril? (Você deve chegar à sua resposta com duas equações dimensionais.)

(c) A velocidade média de um fluido em uma tubulação é igual à vazão volumétrica dividida pela área da seção transversal normal à direção do fluxo. Use esta informação para estimar quanto demorará (em segundos) para a solução passar pela tubulação desde a entrada até a saída.

3.39. Você reparou que a água na piscina de seu amigo está turva e que as paredes da piscina estão descoloridas na altura da linha d'água. Uma rápida análise revela que o pH da água é 8,0 quando ele deveria ser de 7,0. A piscina tem 5 m de largura, 12 m de comprimento e tem uma profundidade média de 2 m. Que volume (mL) de ácido sulfúrico a 5,00% em peso (DR = 1,03) deve ser adicionado para retornar a piscina ao pH desejado?

3.40. Uma corrente gasosa contém 18,0% molar de hexano, e o restante é nitrogênio. A corrente flui para um condensador, onde a temperatura é reduzida e parte do hexano condensa. A fração molar de hexano na corrente gasosa que deixa o condensador é 0,0500. O hexano líquido condensado é recuperado com uma taxa de 1,50 L/min.

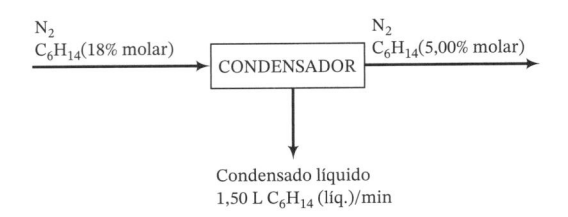

(a) Qual é a vazão da corrente gasosa que sai do condensador em mols/min? (*Sugestão:* Calcule primeiro a vazão molar do condensado e note que as taxas nas quais o C_6H_{14} e o N_2 entram na unidade devem ser iguais às taxas totais nas quais eles saem nas duas correntes de saída.)

(b) Que porcentagem do hexano que entra no condensador é recuperada como líquido?

(c) Sugira uma mudança que você poderia fazer nas condições de operação do processo para aumentar o percentual de recuperação do hexano. Qual seria o lado negativo?

3.41. O elemento de terras-raras nauseum (peso atômico = 172), pouco conhecido, tem a interessante propriedade de ser completamente insolúvel em qualquer líquido, exceto uísque 25 anos. Este fato curioso foi descoberto no laboratório do eminente químico alemão Prof. Ludwig von Schlimazel, que ganhou o Prêmio Nobel por inventar a banheira redonda. Tendo tentado sem sucesso dissolver o nauseum em 7642 diferentes solventes durante um período de 10 anos, Schlimazel finalmente tentou a garrafa de bolso de 30 mL de The Macsporran, que era o único líquido restante no laboratório. Sempre disposto a sofrer uma perda pessoal em nome da ciência, Schlimazel calculou a quantidade de nauseum necessária para fazer uma solução 0,03 molar, colocou a garrafa de The Macsporran na mesa do seu fiel técnico Edgar P. Settera, pesou a quantidade calculada de nauseum e a colocou do lado da garrafa, escrevendo a mensagem que passou para a história:

*"Ed Settera. Add nauseum!"**

Quantos gramas de nauseum ele pesou? (Despreze a mudança no volume do líquido resultante da adição do nauseum.)

MEIO AMBIENTE

3.42. A *meia-vida* ($t_{1/2}$) de uma espécie radioativa é o tempo que leva para metade da espécie emitir radiação e decair (transformar em uma espécie diferente). Se a quantidade N_0 da espécie está presente no momento $t = 0$, a quantidade presente num tempo t posterior é dada pela expressão

$$N = N_0 \left(\frac{1}{2}\right)^{t/t_{1/2}}$$

Cada evento de decaimento envolve a emissão de radiação. A unidade da intensidade da radioatividade é um *curie* (Ci), definido como $3,7 \times 10^{10}$ eventos de decaimento por segundo.

Um tanque de 300.000 galões está estocando um rejeito aquoso radioativo desde 1945. O rejeito contém o isótopo radioativo césio-137 (^{137}Cs), que tem uma meia-vida de 30,1 anos e uma radioatividade específica de 86,58 Ci/g. O isótopo sofre um decaimento beta para bário-137 radioativo, que por sua vez emite raios gama e decai para bário estável (não radioativo) com uma meia-vida de 2,5 minutos. A concentração de ^{137}Cs em 2013 era de $2,50 \times 10^{-3}$ g/L.

(a) Qual fração de ^{137}Cs teria que decair para que o nível da radioatividade relacionada com o césio do conteúdo fosse de $1,0 \times 10^{-3}$ Ci/L? Que massa total de césio (kg) esta perda representaria? Em que ano este nível seria atingido?

(b) Qual era a concentração de ^{137}Cs no tanque (g/L) quando o rejeito foi estocado inicialmente?

(c) Explique por que o césio radioativo no tanque representa uma ameaça ambiental significativa enquanto o bário radioativo não.

3.43. A reação A → B é realizada em um reator de laboratório. De acordo com um artigo publicado, a concentração de A deve variar com o tempo segundo:

$$C_A = C_{A0} \exp(-kt)$$

em que C_{A0} é a concentração inicial de A no reator e k é uma constante.

(a) Se C_A e C_{A0} estão em lb-mol/ft^3 e t está em minutos, quais são as unidades de k?

(b) Foram obtidos os seguintes dados de $C_A(t)$:

t(min)	C_A(lb-mol/ft^3)
0,5	1,02
1,0	0,84
1,5	0,69
2,0	0,56
3,0	0,38
5,0	0,17
10,0	0,02

Verifique graficamente a expressão proposta para a taxa de reação (determine primeiro que gráfico resultará em uma linha reta) e calcule C_{A0} e k.

(c) Converta a fórmula, com as constantes calculadas incluídas, em uma expressão para a molaridade de A na mistura reacional em termos de t(segundos). Calcule a molaridade em $t = 200$ s.

3.44. Faça as seguintes conversões de pressão, admitindo, quando necessário, que a pressão atmosférica é 1 atm. A menos que seja especificado, todas as pressões são absolutas.

(a) 2600 mm Hg a psi

(b) 275 ft H$_2$O a kPa

(c) 3,00 atm a N/cm^2

(d) 280 cm Hg a dinas/m^2

(e) 20 cm Hg de vácuo a atm (absoluta)

(f) 25,0 psig a mm Hg (manométrica)

(g) 25,0 psig a mm Hg (absoluta)

(h) 325 mm Hg a mm Hg (manométrica)

(i) 45,0 psi a cm de tetracloreto de carbono

---

*"Ed Settera. Adicione nauseum!" Este é um trocadilho cujo significado se perde em português. (N.T.)

3.45. Um tanque de armazenamento contendo óleo (DR = 0,92) tem 10,0 metros de altura e 16,0 m de diâmetro. O tanque está fechado, mas o conteúdo de óleo pode ser determinado a partir da pressão gauge no fundo.

(a) Um medidor de pressão conectado ao fundo do tanque é calibrado com o tanque aberto à atmosfera. A curva de calibração é um gráfico da altura de óleo, h(m) versus $P_{manométrica}$(kPa). Trace a forma esperada deste gráfico. Que altura do tanque fornecerá uma leitura de 68 kPa? Qual seria a massa (kg) de óleo no tanque correspondente a esta altura?

(b) Um operador observa que a leitura de pressão é 68 kPa e anota a altura correspondente de líquido da curva de calibração. O que ele não sabe é que a pressão absoluta acima da superfície do líquido era 115 kPa quando ele fez a leitura. Qual é verdadeira altura do óleo? (Admita que a pressão atmosférica é 101 kPa.)

3.46. Um bloco retangular de altura L e área de seção transversal A flutua na interface entre dois líquidos imiscíveis, como mostrado a seguir.

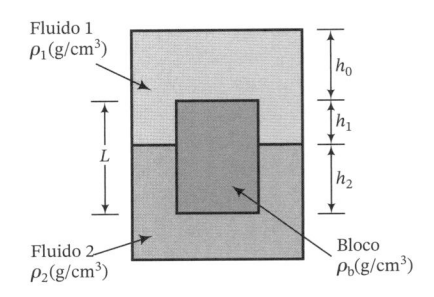

(a) Deduza uma fórmula para a massa específica do bloco, ρ_b, em termos das massas específicas dos fluidos ρ_1 e ρ_2, as alturas h_0, h_1 e h_2 e a área da seção transversal A. (Não é necessário que todas estas variáveis apareçam na expressão final.)

(b) Podem ser calculados balanços de força no bloco de duas maneiras: (i) em termos do peso do bloco e das forças hidrostáticas nas superfícies superior e inferior do bloco; e (ii) em termos do peso do bloco e do empuxo sobre o bloco, como expressa o princípio de Arquimedes. Prove que estas duas abordagens são equivalentes.

SEGURANÇA → ***3.47.** No filme *A Fábrica de Chocolate de Willy Wonka*, Augustus Gloop se debruça sobre o rio de chocolate para beber e cai. Ele é sugado pelo tubo que leva até a sala de *fudge*, onde ele é salvo pelos trabalhadores Oompa Loompa. Infelizmente, acidentes na vida real nem sempre tem finais felizes, mesmo quando eles envolvem chocolate. Em um acidente trágico em 2009, um trabalhador sofreu ferimentos fatais após cair em um misturador cilíndrico que tinha 8 ft de diâmetro e 8 ft de altura. No momento do acidente o misturador estava cheio de chocolate derretido.

(a) Qual era o peso total (lb_f) de chocolate no misturador? A densidade relativa do chocolate é aproximadamente 1,24.

(b) Determine a pressão (psig) no fundo do tanque.

(c) Especule se a pessoa iria flutuar ou afundar no tanque e liste duas possíveis causas da morte do trabalhador.

3.48. O visor de uma roupa de mergulho tem uma área de aproximadamente 65 cm².

(a) Caso fosse feita uma tentativa de manter a pressão dentro da roupa de mergulho a 1 atm, que força (N e lb_f) o visor teria que suportar se o mergulhador descesse até uma profundidade de 150 m? Admita que a densidade relativa da água é 1,05.

(b) Repita os cálculos da Parte (a) para o mergulho com tanque autônomo mais profundo reportado pelo Guiness.

SEGURANÇA → **3.49.** A grande inundação de melaço de Boston aconteceu no dia 15 de janeiro de 1919. Neste dia, 2,3 milhões de galões de melaço cru derramaram de um tanque de 30 pés de altura que se rompeu, matando 21 pessoas e ferindo 150. A densidade relativa estimada do melaço cru é 1,4. Qual era a massa de melaço no tanque em lb_m e qual era a pressão no fundo do tanque em lb_f/in^2? Pense em pelo menos duas causas possíveis para a tragédia.

SEGURANÇA → **3.50.** O reator químico mostrado abaixo tem uma cobertura (chamada de *cabeçote*) que é mantida no lugar por uma série de parafusos. O cabeçote é feito de aço inox (DR = 8,0), tem 3 polegadas de espessura, 24 polegadas de diâmetro e cobre e sela uma abertura de 20 polegadas de diâmetro. Durante a *parada*, quando o reator é desligado para limpeza e manutenção, o cabeçote foi removido por um operador que pensou que o reator tinha sido despressurizado usando um procedimento padrão de ventilação. No entanto, o mostrador de pressão manométrica tinha sido danificado durante um problema anterior (a pressão do reator excedeu o limite superior do mostrador), e em vez de estar completamente despressurizado, o recipiente estava sob uma pressão manométrica de 30 psi.

---

*Adaptado de um problema contribuição de Paul Blowers da University of Arizona.

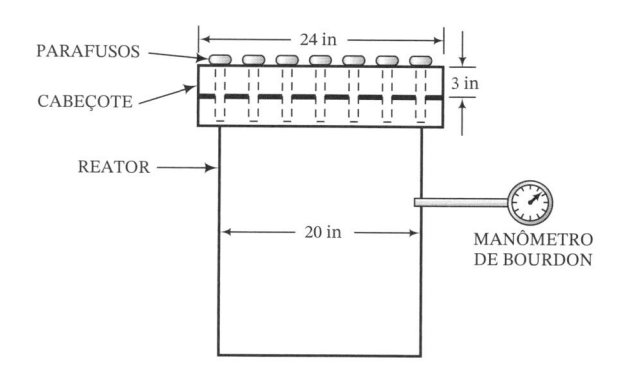

(a) Que força (lb_f) exerciam os parafusos sobre o cabeçote antes que fossem removidos? (*Dica:* Não esqueça que uma pressão está sendo exercida pela atmosfera sobre o topo do cabeçote.) O que aconteceu quando o último parafuso foi retirado? Justifique sua previsão estimando a aceleração inicial do cabeçote depois da retirada do último parafuso.

(b) Proponha uma alteração no procedimento de parada para prevenir a ocorrência deste tipo de incidente.

3.51. No filme *A Piscina Mortal*, o detetive Lew Harper (interpretado por Paul Newman) é aprisionado pelo vilão em um quarto com uma piscina. O quarto pode ser considerado retangular, com 5 metros de largura e 15 metros de comprimento, com uma claraboia aberta no teto, a 10 m do chão. Existe uma única entrada para o quarto, acessível por uma escada: uma porta trancada de 2 m de altura por 1 m de largura, cuja parte inferior está 1 metro acima do chão. Harper sabe que seu inimigo retornará em oito horas, e decide fugir enchendo o quarto com água e flutuando até a claraboia. Ele entope o dreno com as suas roupas, liga as válvulas de água e se prepara para pôr o plano em ação.

Assuma que a água entra no quarto com cerca de 10 vezes a vazão na qual ela entra em uma banheira média e que a porta pode suportar uma força máxima de 4500 newtons. Estime (i) se a porta vai quebrar antes do quarto encher e (ii) se Harper teve tempo para escapar supondo que a porta resistiu. Informe todas as premissas adotadas.

3.52. Um condomínio é abastecido por uma caixa de água na qual o nível é mantido entre 20 e 30 metros acima do chão, dependendo da demanda e da disponibilidade de água. Respondendo a uma reclamação de um morador sobre a pouca vazão de água na pia da cozinha, um representante da construtora mediu a pressão da água na torneira da cozinha e na junção entre a tubulação principal (conectada ao fundo da caixa de água) e a tubulação de alimentação para a casa. A junção está 5 m abaixo do nível da torneira da cozinha. Todas as válvulas da casa estavam fechadas.

(a) Se o nível de água na caixa estava 25 m acima do nível da torneira, qual deveria ser a pressão (kPa) na torneira e na junção?

(b) Suponha que a medição da pressão na torneira é menor do que a estimada na Parte (a), mas que a medição na junção está correta. Forneça uma explicação possível.

(c) Se as medições da pressão correspondem às estimativas da Parte (a), o que mais pode estar causando a baixa vazão na pia?

3.53. Dois manômetros de mercúrio, um de extremo aberto e um de extremo fechado, são conectados a um duto de ar. A leitura do manômetro de extremo aberto é 25 mm e a do manômetro de extremo fechado é 800 mm. Determine a pressão absoluta no duto, a pressão manométrica no duto e a pressão atmosférica, todas em mm Hg.

3.54. Uma estudante vai no depósito de suprimentos do laboratório e obtém cinco pés de tubo de plástico transparente com um diâmetro externo de 1/2 polegadas e uma espessura de parede de 1/16 polegadas. Ela dobra o tubo em formato de U com as extremidades abertas apontando para cima e usa um funil para verter 75 mL de água no tubo. Soprando ar em uma das extremidades do tubo, ela gera uma diferença de 6 polegadas nos níveis da água em cada lado.

(a) Que pressão (atm) que ela exerceu com seus pulmões sobre a água no tubo? Informe todas as premissas adotadas.

(b) Se o fluido tivesse sido etanol em vez de água, qual seria a diferença nos níveis de líquido?

3.55. Três líquidos diferentes são usados no manômetro mostrado a seguir.

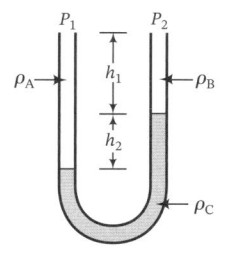

(a) Deduza uma expressão para $P_1 - P_2$ em termos de ρ_A, ρ_B, ρ_C, h_1 e h_2.

(b) Suponha que o fluido A é metanol, B é água e C é um fluido manométrico com uma densidade relativa de 1,37; a pressão P_2 = 121,0 kPa; h_1 = 30,0 cm; e h_2 = 24,0 cm. Calcule P_1(kPa).

3.56. O nível de tolueno (um hidrocarboneto inflamável) em um tanque de armazenamento pode variar entre 10 e 400 cm abaixo do topo do tanque. Já que é impossível ver dentro do tanque, um manômetro de extremo aberto com água ou mercúrio como fluido manométrico é usado para determinar o nível de tolueno. Um braço do manômetro é conectado ao tanque a 500 cm abaixo do topo. Uma camada de nitrogênio à pressão atmosférica é mantido sobre o conteúdo do tanque.

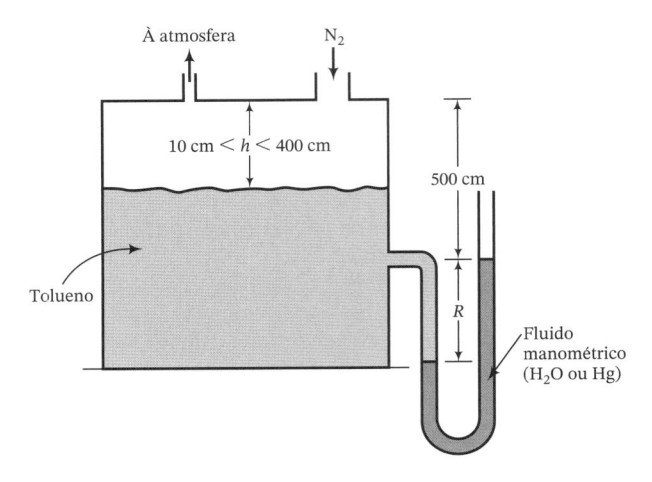

(a) Quando o nível de tolueno no tanque é 150 cm abaixo do topo (h = 150 cm), o nível do fluido manométrico no braço aberto está na altura onde o manômetro se conecta ao tanque. Que leitura do manômetro, R(cm), seria observada se o fluido manométrico fosse (i) mercúrio, (ii) água? Que fluido manométrico você usaria e por quê?

(b) Descreva brevemente como trabalharia o sistema se o manômetro fosse simplesmente enchido com tolueno. Cite várias vantagens do uso do fluido que você escolheu na Parte (a) sobre o do tolueno.

(c) Qual é o propósito da camada de nitrogênio?

3.57. O nível de líquido em um tanque é determinado pela medida da pressão no fundo do tanque. Uma curva de calibração foi preparada enchendo o tanque a vários níveis conhecidos, lendo a pressão do fundo com um manômetro de Bourdon e construindo um gráfico do nível (m) versus a pressão (Pa).

(a) Você esperaria que a curva de calibração fosse uma reta? Explique sua resposta;

(b) O experimento de calibração foi feito usando um líquido com uma densidade relativa de 0,900, mas o tanque é usado para estocar um líquido com uma densidade relativa de 0,800. O nível de líquido determinado a partir da curva de calibração será muito alto, muito baixo ou correto? Explique.

(c) Se o nível de líquido atual é de 8,0 metros, que valor será lido a partir da curva de calibração? Se o tanque tem uma altura de 10,0 metros, qual será a leitura a partir da curva de calibração quando o tanque transbordar?

3.58. Um fluido de massa específica desconhecida é usado como fluido manométrico em dois manômetros — um de extremo fechado e o outro através de um orifício em uma tubulação de água. As leituras mostradas foram obtidas quando a pressão atmosférica era de 756 mm Hg.

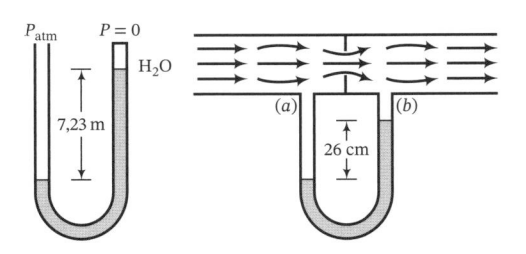

Qual é a queda de pressão (mm Hg) do ponto (a) ao ponto (b)?

3.59. Um manômetro de extremo aberto é conectado a uma tubulação de baixa pressão que fornece gás para um laboratório. O braço do manômetro conectado à tubulação foi coberto com tinta durante uma reforma do laboratório, de maneira que não é possível enxergar o nível do fluido neste braço.

Em um momento no qual o cilindro de gás está conectado à tubulação, mas não há fluxo de gás, um manômetro de Bourdon conectado à linha depois do manômetro mostra uma leitura de 7,5 psig. O nível do mercúrio no braço aberto está a 900 mm acima do ponto mais baixo do manômetro.

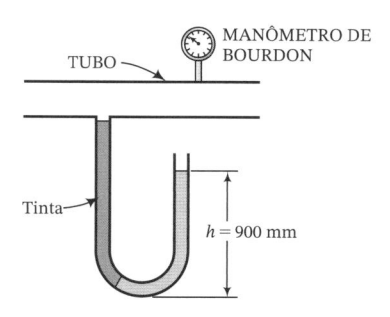

(a) Quando o gás não está fluindo, a pressão é a mesma em qualquer ponto da tubulação. A que altura acima do fundo do manômetro estará o mercúrio no braço conectado à tubulação?

(b) Quando o gás está fluindo, o nível de mercúrio no lado visível cai 25 mm. Qual é a pressão do gás (psig) neste momento?

3.60. Um **manômetro inclinado** é um dispositivo útil para medir pequenas diferenças de pressão.

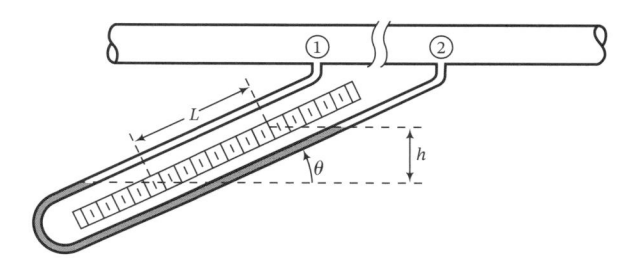

A fórmula para a diferença de pressão em termos da diferença no nível do líquido h dada na Seção 3.4 permanece válida, mas enquanto h seria pequeno e difícil de ler para uma pequena queda de pressão se o manômetro fosse vertical, L pode ser muito grande para a mesma queda de pressão, fazendo o ângulo de inclinação, θ, menor.

(a) Deduza uma fórmula para h em termos de L e de θ.

(b) Suponha que o fluido manométrico é água, o fluido do processo é um gás, o ângulo de inclinação é $\theta = 15°$ e a leitura de L é 8,7 cm. Qual é a diferença de pressão entre os pontos ① e ②?

(c) A fórmula que você derivou na letra (a) não funcionaria se o fluido de processo fosse um líquido em vez de um gás. Forneça uma razão definitiva e outra possível razão.

3.61. Um manômetro de mercúrio de extremo aberto é usado para medir a pressão em um dispositivo contendo um vapor que reage com mercúrio. Uma camada de 10 cm de óleo de silicone (DR = 0,92) é colocada no topo da coluna de mercúrio no braço conectado ao dispositivo. A pressão atmosférica é de 765 mm Hg.

(a) Se o nível de mercúrio no extremo aberto está 365 mm abaixo do nível de mercúrio no outro braço, qual é a pressão (mm Hg) no dispositivo?

(b) Quando a especialista em instrumentação estava decidindo o líquido que colocaria no manômetro, ela listou várias propriedades que o fluido deveria ter e por fim selecionou o óleo de silicone. Quais poderiam ser essas propriedades?

3.62. Um medidor de orifício (veja a Figura 3.2-1) deve ser calibrado para a medição da vazão de uma corrente de acetona líquida. O fluido do manômetro diferencial tem uma densidade relativa de 1,10.

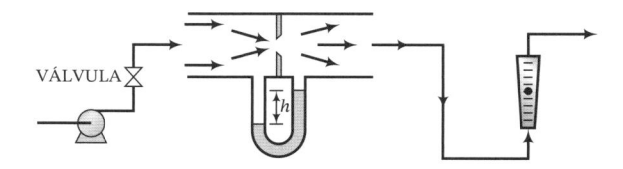

A calibração é feita conectando-se o medidor de orifício a um rotâmetro previamente calibrado com acetona, ajustando-se a válvula a uma determinada vazão e registrando-se a vazão (determinada pela leitura do rotâmetro e por sua curva de calibração) e a leitura do manômetro diferencial h. O procedimento é repetido para vários ajustes da bomba para gerar uma curva de calibração do medidor de orifício, vazão versus h. Foram obtidos os seguintes dados.

Leitura do Manômetro h(mm)	Vazão $\dot{V}$(mL/s)
0	0
5	62
10	87
15	107
20	123
25	138
30	151

(a) Para cada leitura, calcule a queda de pressão através do orifício, ΔP(mm Hg).

(b) A vazão através de um orifício deve estar relacionada com a queda de pressão através do mesmo pela fórmula

$$\dot{V} = K(\Delta P)^n$$

Verifique graficamente se os dados de calibração do orifício fornecidos estão correlacionados por esta fórmula e determine os valores de K e de n que ajustam melhor os dados.

(c) Suponha que o medidor de orifício está montado em uma linha de processo que contém acetona, obtendo uma leitura de $h = 23$ mm. Determine as vazões mássica, volumétrica e molar da acetona.

3.63. Converta as temperaturas nas Partes (a) e (b) e os intervalos de temperatura nas Partes (c) e (d):

(a) $T = 85°$F a $°$R, $°$C, K

(b) $T = -10°$C a K, $°$F, $°$R

(c) $\Delta T = 85°$C a K, $°$F, $°$R

(d) $\Delta T = 150°$R a $°$F, $°$C, K

3.64. Uma escala de temperatura que nunca teve muito sucesso foi formulada pelo químico austríaco Johann Sebastian Farblunget. Os pontos de referência desta escala são 0°FB, a temperatura abaixo da qual o nariz entupido de Farblunget começa a incomodá-lo, e 1000°FB, o ponto de ebulição da cerveja. Conversões entre °C e °FB podem ser feitas de acordo com a fórmula

$$T(°C) = 0,0940\,T(°FB) + 4,00$$

Louis Louis, o sobrinho francês de Farblunget, tentou seguir os passos do seu tio formulando a sua própria escala de temperatura. Ele definiu o grau Louie usando como condições de referência a temperatura ótima para servir caracóis marinados (100°L correspondendo a 15°C) e a temperatura na qual o elástico das suas cuecas começava a afrouxar (1000°L correspondendo a 43°C).

(a) A que temperatura em °F a cerveja ferve?

(b) Qual é o intervalo de temperatura equivalente a 10,0 graus Farblunget em °C, K, °F e °R?

(c) Deduza equações para $T(°C)$ em termos de $T(°L)$ (veja o Exemplo 3.5-1) e $T(°L)$ em termos de $T(°FB)$.

(d) Qual é ponto de ebulição do etano a 1 atm (Tabela B.1) em °F, K, °R, °FB e °L?

(e) Qual é intervalo de temperatura equivalente a 50,0 graus Louie em graus Celsius, Kelvin, graus Fahrenheit, graus Rankine e graus Farblunget?

3.65. Um **termopar** é um dispositivo para medição de temperatura que consiste em dois fios metálicos diferentes juntos em um extremo. Um diagrama bastante simplificado aparece em seguida.

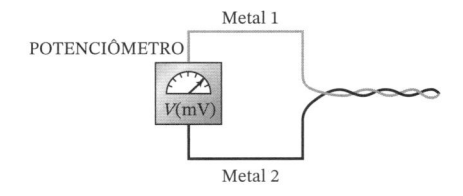

Uma tensão gerada no ponto de junção metálica é lida em um potenciômetro ou em um milivoltímetro. Quando certos metais são usados, a tensão varia linearmente com a temperatura no ponto de junção dos dois metais:

$$V(mV) = a\,T(°C) + b$$

Um termopar de ferro-constantan (constantan é uma liga de cobre e níquel) é calibrado colocando-se a junção metálica em água fervente e lendo-se uma tensão $V = 5,27$ mV, e depois colocando-se a junção em cloreto de prata no seu ponto de fusão e medindo $V = 24,88$ mV.

(a) Deduza a equação linear para $V(mV)$ em termos de $T(°C)$. Depois converta-a para uma equação para T em função de V.

(b) Se o termopar é montado em um reator químico e a tensão passa de 10,0 mV a 13,6 mV em 20 s, qual é o valor médio da taxa de mudança da temperatura, dT/dt, durante o período de medição?

(c) Indique os principais benefícios e desvantagens dos termopares.

3.66. Um controle termostático com divisões no mostrador de 0 a 100 é usado para regular a temperatura de um banho de óleo. Um gráfico de calibração em coordenadas logarítmicas da temperatura $T(°F)$ versus os ajustes do mostrador, R, é uma linha reta que passa pelos pontos ($R_1 = 20,0$, $T_1 = 110,0°F$) e ($R_2 = 40,0$, $T_2 = 250,0°F$).

(a) Deduza uma fórmula para $T(°F)$ em termos de R.

(b) Estime o ajuste termostático necessário para obter uma temperatura de 320°F.

(c) Suponha que você ajusta o termostato ao valor de R calculado na parte (b) e que a leitura do termopar montado no banho se estabiliza em 295°F em vez de 320°F. Sugira várias explicações possíveis.

3.67. Como será discutido com mais detalhes no Capítulo 5, a **equação de estado do gás ideal** relaciona a pressão absoluta, $P(atm)$; o volume do gás, $V(litros)$; o número de mols do gás, $n(mols)$; e a temperatura absoluta, $T(K)$:

$$PV = 0,08206nT$$

(a) Converta esta equação a uma que relacione $P(psig)$, $V(ft^3)$, $n(lb\text{-}mol)$ e $T(°F)$.

(b) Uma mistura gasosa contendo 30,0% molar CO e 70% molar N_2 é armazenada em um cilindro com um volume de 3,5 ft^3 a uma temperatura de 85°F. A leitura de um manômetro de Bourdon conectado ao cilindro é 500 psi. Calcule a quantidade total de gás (lb-mol) e a massa de CO (lb_m) no cilindro.

(c) A que temperatura (°F), aproximadamente, o cilindro teria que ser aquecido para aumentar a pressão até 3000 psig, o seu limite de segurança? (A estimativa será apenas aproximada, pois a equação de estado do gás ideal não será precisa a pressões tão elevadas.)

3.68. Uma corrente de metano e outra de ar (79% molar N_2, o resto de O_2) são combinadas na entrada do preaquecedor de uma fornalha de combustão. A pressão de cada corrente é medida com manômetros de mercúrio de extremo aberto, as temperaturas são medidas com termômetros de resistência, e as vazões volumétricas são medidas com medidores de orifício.

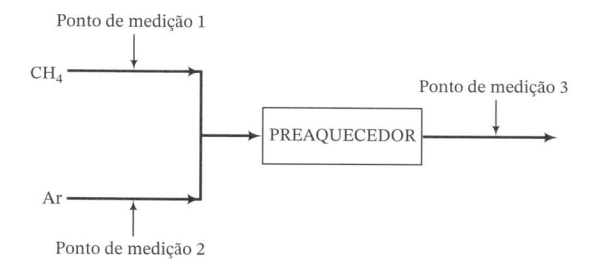

Dados:

Medidor de vazão 1: $V_1 = 947$ m³/h
Medidor de vazão 2: $V_2 = 195$ m³/min
Manômetro 1: $h_1 = 232$ mm
Manômetro 2: $h_2 = 156$ mm
Manômetro 3: $h_3 = 74$ mm
Termômetro de resistência 1: $r_1 = 26,159$ ohm
Termômetro de resistência 2: $r_2 = 26,157$ ohm
Termômetro de resistência 3: $r_3 = 44,789$ ohm
Pressão atmosférica: um manômetro de mercúrio de extremo fechado marca $h = 29,76$ in.

Os termômetros de resistência foram calibrados medindo-se as suas resistências nos pontos de congelação e ebulição da água, com os seguintes resultados:

$$T = 0°C: \quad r = 23,624 \text{ ohm}$$
$$T = 100°C: \quad r = 33,028 \text{ ohm}$$

Pode ser admitida uma relação linear entre T e r.

A relação entre a vazão molar total de um gás e a sua vazão volumétrica é dada, com uma boa aproximação, por uma forma da equação de estado do gás ideal:

$$\dot{n}\left(\frac{\text{kmol}}{\text{s}}\right) = \frac{12,186 P(\text{atm})\dot{V}(\text{m}^3/\text{s})}{T(\text{K})}$$

em que P é a pressão *absoluta* do gás.

(a) Deduza a fórmula de calibração dos termômetros de resistência para $T(°C)$ em termos de r(ohm).

(b) Converta a expressão dada para o gás em uma expressão para $\dot{n}$(kmol/min) em termos de P(mm Hg), $T(°C)$ e $\dot{V}$(m³/min).

(c) Calcule as temperaturas e pressões nos pontos 1, 2 e 3.

(d) Calcule a vazão molar da corrente combinada de gases.

(e) Calcule a leitura do medidor de vazão 3 em m³/min.

(f) Calcule a vazão molar total e a fração mássica de metano no ponto 3.

3.69. Você é parte de uma equipe trabalhando no desenvolvimento de um processo no qual uma espécie mineral (denominada A por questões proprietárias) sofre uma reação para formar um novo pigmento a ser usado em tintas para casa. Em uma série de experimentos em um grande reator tipo tanque agitado, bem misturado, você enche o tanque com uma quantidade conhecida de um líquido inerte, aquece o líquido até uma temperatura especificada, adiciona uma quantidade conhecida de A e mede a concentração de A no tanque como uma função do tempo. A reação libera calor na medida em que evolui, mas água de refrigeração circulando em uma camisa em volta do reator mantém constante a temperatura da mistura reacional. Os seguintes dados foram registrados.

	Concentração de A, C_A(mol A/L)			
t(min)	$T = 94°C$	$T = 110°C$	$T = 127°C$	$T = 142°C$
10	$9{,}30\times10^{-2}$	$5{,}19\times10^{-2}$	$2{,}10\times10^{-2}$	$9{,}87\times10^{-3}$
20	$6{,}17\times10^{-2}$	$2{,}35\times10^{-2}$	$1{,}33\times10^{-2}$	$5{,}55\times10^{-3}$
30	$4{,}41\times10^{-2}$	$1{,}91\times10^{-2}$	$8{,}15\times10^{-3}$	$3{,}97\times10^{-3}$
40	$3{,}12\times10^{-2}$	$1{,}45\times10^{-2}$	$5{,}92\times10^{-3}$	$2{,}45\times10^{-3}$
50	$2{,}58\times10^{-2}$	$1{,}01\times10^{-2}$	$4{,}48\times10^{-3}$	$2{,}27\times10^{-3}$
60	$9{,}30\times10^{-2}$	$9{,}50\times10^{-3}$	$4{,}36\times10^{-3}$	$1{,}83\times10^{-3}$

Um artigo de pesquisa indica que a concentração de A deve variar com o tempo de acordo coma seguinte expressão:

$$C_A(t) = \frac{1}{\dfrac{1}{C_{A0}} = kt} \tag{1}$$

em que C_{A0} (mol/L) é a concentração inicial de A no reator $[C_A\,(t=0)]$ e k é chamada *constante de velocidade de reação*. Apesar de ser chamada de constante, k é uma forte função da temperatura absoluta no reator:

$$k(T) = k_0 \exp\left(-\frac{E_a}{RT(K)}\right) \tag{2}$$

Nesta equação (conhecida como a *equação de Arrhenius* em homenagem ao químico sueco que a propôs), k_0 é uma constante, E_a (J/mol) é a *energia de ativação* da reação e $R = 8{,}314$ J/(mol K) é a *constante universal dos gases*. Sua tarefa será verificar se as expressões para $C_A(t)$ e $k(T)$ ajustam os dados e, se elas ajustarem, determinar os parâmetros C_{A0} e k a cada temperatura e depois as constantes k_0 e E_a.

(a) Quais são as unidades de k, k_0 e E_a, se C_A está em mol/L e t está em minutos?

(b) Transforme a Equação 1 numa equação da forma $y = at + b$, de forma que se a Equação 1 é válida, um gráfico de y *versus* t seria uma linha reta. Como você determinaria C_{A0} e k a partir da inclinação e do ponto de interceptação da linha?

(c) Crie um planilha Excel com a estrutura mostrada como Linhas 1-10 na figura no final do enunciado deste problema e preencha os dados nas Colunas A-I. Depois crie os quatro gráficos de dispersão mostrados nas Linhas 15-21. Na opção de "Linha de Tendência" de cada gráfico, marque as caixas para "Exibir equação no gráfico" e "Exibir valor de R-quadrado no gráfico", mas não para "Definir a interseção". R^2 é o *coeficiente de determinação* (ele tem vários outros nomes) e fornece uma medida de quão bem uma linha reta ajusta um conjunto de dados: quanto mais perto ele for de 1, melhor o ajuste. O que você pode concluir sobre a Equação 1, a partir dos quatro gráficos?

(d) A partir das quatro equações das linhas de tendência, calcule os valores de k e C_{A0} para cada uma das quatro temperaturas experimentais e preencha as Colunas B-I nas linhas 12 e 13 da planilha.

(e) Uma quantidade suficiente de A foi adicionada inicialmente no tanque para a concentração inicial $C_{A0} = 0{,}25$ mol/L, no entanto você calculou quatro valores diferentes de C_{A0} na Parte (d). Como você explica este resultado?

(f) Agora, transforme a Equação 2 de forma que um gráfico de linha reta ($y = ax + b$) permita a você calcular os parâmetros k_0 e E_a. Abaixo dos quatro gráficos da letra (c), insira as informações mostradas nas Linhas 23-27, Colunas A-D, preenchendo os valores de k a partir dos resultados da Parte (d). Crie um gráfico apropriado, mostre a equação da linha de tendência e o valor de R^2, use a equação para determinar k_0 e E_a e preencha as Colunas A e B nas Linhas 29-31. O que você pode concluir sobre a dependência da temperatura da constante de velocidade da reação?

(g) Ao realizar este conjunto de experimentos, é essencial que a temperatura do reator seja controlada cuidadosamente e que o conteúdo do reator seja muito bem misturado. Especule sobre as prováveis razões para estes dois requisitos.

(h) Finalmente, crie e preencha nas Linhas 1-3 e 12 das Colunas J e K. Use a Equação 2 para calcular k a 120ºC e 160ºC e insira-os nas Células J13 e K13, respectivamente. Então preencha as Linhas 5-10 das Colunas J e K usando a Equação 1 e assumindo uma concentração inicial $C_{A0} = 0,25$ mol/L. Em qual destes dois conjuntos de concentrações estimadas você teria mais confiança? Explique a sua resposta.

	A	B	C	D	E	F	G	H	I	J	K
1											
2										C_{A0} = 0,25	C_{A0} = 0,25
3		T(°C) = 94		T(°C) = 110		T(°C) = 127		T(°C) = 142		T(°C) = 120	T(°C) = 160
4	t(min)	C_A	y	C_A	y	C_A	y	C_A	y	C_A	C_A
5	10	9,30E-02	10,75	...	...	...	...	...	...	3,03E-02	4,99E-03
6	20	6,17E-02	16,21	...	...	...	...	...	...	...	...
7	30	...	...	...	...	...	...	...	...	...	...
8	40	...	...	...	...	...	...	...	...	...	...
9	50	...	...	...	...	...	...	...	...	...	...
10	60	...	41,32	...	...	...	...	...	...	5,63E-03	...
11											
12		C_{A0} =	0,252	C_{A0} =	0,336	C_{A0} =	...	C_{A0} =	...	k =	k =
13		k =	0,657	k =	1,760	k =	...	k =	...	2,895	...
14											
15											
16											
17											
18											
19											
20											
21											
22											
23	T(°C)	k	1/8,314T(K)	ln k							
24	94	0,6568	3,276E-04	–0,4201							
25	110	...	...	...							
26	127	...	...	...							
27	142	...	...	...							
28											
29	ln k₀ =	21,795									
30	k₀ =	...									
31	Eₐ =	6,777E04									

Gráfico (sobre as Linhas 15-20):

T = 94°C
y = 0,6568t + 3,9735
R² = 0,9829
(eixos: y vs t)

+ gráficos similares para 110°C, 127°C e 142°C

Gráfico (à direita):

y = –67767x + 21,795
R² = 0,9989
(eixos: y vs t)

PARTE 2

Balanços de Massa

Fundamentos de Balanços de Massa

Certas restrições impostas pela natureza devem ser levadas em conta quando se quer projetar um novo processo ou analisar um já existente. Por exemplo, você não pode especificar uma entrada de 1000 g de chumbo em um reator e uma saída de 2000 g de chumbo ou de ouro ou de qualquer outra coisa. Da mesma maneira, se você sabe que existem 1500 lb$_m$ de enxofre contidas no carvão que é queimado por dia na caldeira de uma planta de energia, você não precisa analisar as cinzas e os gases de chaminé para saber que 1500 lb$_m$ de enxofre estão sendo liberadas por dia de uma forma ou de outra.

A base para ambas as observações é a *lei de conservação da massa*, que estabelece que a massa não pode ser criada nem destruída. (Neste livro não será levada em conta a quase infinitesimal conversão entre massa e energia decorrente das reações químicas.) Enunciados baseados na lei de conservação da massa, tais como "massa total de entrada = massa total de saída" ou "(lb$_m$ enxofre/dia)$_{ent}$ = (lb$_m$ enxofre/dia)$_{saída}$" são exemplos de **balanços de massa** ou **balanços de material**. O projeto de um novo processo ou a análise de um já existente não estão completos até que se estabeleça que as entradas e saídas do processo inteiro e de cada unidade individual satisfazem as equações de balanço.

A Parte 2 deste livro, que começa com este capítulo, mostra os procedimentos para escrever os balanços de massa para unidades individuais de processo e para processos com unidades múltiplas. Neste capítulo são apresentados os métodos para organizar a informação conhecida sobre as variáveis do processo, o estabelecimento das equações de balanço de massa e a solução destas equações para as variáveis desconhecidas. Nos Capítulos 5 e 6 serão introduzidas várias leis e propriedades físicas que governam o comportamento dos balanços de massa, e será mostrado como estas propriedades e leis são levadas em conta (como deve ser) na formulação dos balanços de material.

4.0 OBJETIVOS DE APRENDIZAGEM

Depois de completar este capítulo, você deve ser capaz de:

- Explicar breve e claramente, nas suas próprias palavras, o significado dos seguintes termos: (a) processos em *batelada*, *semibatelada*, *contínuo*, *transiente* e *em estado estacionário*; (b) *reciclo* (e seu propósito); (c) *purga* (e seu propósito); (d) *graus de liberdade*; (e) *conversão fracional* de um reagente limitante; (f) *percentagem de excesso* de um componente; (g) *rendimento* e *seletividade*; (h) *composição em base seca* de uma mistura contendo água; e (i) *ar teórico* e *ar em excesso* em uma reação de combustão.

- Dada a descrição de um processo, (a) desenhar e rotular completamente um fluxograma; (b) escolher uma base de cálculo conveniente; (c) para um processo de múltiplas unidades, identificar os subsistemas para os quais podem ser escritos balanços de massa; (d) realizar uma análise de graus de liberdade para o sistema global e para cada subsistema possível; (e) escrever as equações que você usaria para calcular as variáveis de processo especificadas; e (f) realizar os cálculos. Você deve ser capaz de fazer estes cálculos para processos de unidades simples e de múltiplas unidades, bem como para processos que envolvem correntes de reciclo, desvio e purga. Se o sistema envolve reações químicas, você deve ser capaz de usar balanços de espécies moleculares, balanços de espécies atômicas ou extensão da reação tanto para análise de graus de liberdade quanto para os cálculos de processo.

- Dado um reator de combustão e informações sobre a composição e vazão do combustível, calcular a vazão de alimentação de ar a partir de uma percentagem de excesso dada ou vice-versa. Dada informação adicional acerca da conversão do combustível e da ausência ou presença de CO no gás de combustão, calcular a vazão e composição deste gás.

4.1 CLASSIFICAÇÃO DE PROCESSOS

Os processos químicos podem ser classificados como **contínuos**, em **batelada** ou **semibatelada**, e também como processos **transientes** ou **em estado estacionário**. Antes de escrever o balanço de massa para um determinado processo, você deve saber em quais destas categorias está enquadrado:

1. *Processos em batelada*. A alimentação é carregada (alimentada) no sistema no começo do processo, e os produtos são retirados todos juntos depois de algum tempo. Não existe transferência de massa através dos limites do sistema entre o momento da carga da alimentação e o momento da retirada dos produtos. *Exemplo:* Adicionar rapidamente os reagentes a um tanque e retirar os produtos e reagentes não consumidos algum tempo depois de o sistema ter atingido o equilíbrio. Despreze quaisquer reações que ocorram durante o carregamento e descarregamento.

2. *Processos contínuos*. As entradas e saídas fluem continuamente ao longo do tempo total de duração do processo. *Exemplo:* Bombear uma mistura de líquidos para uma coluna de destilação com vazão constante e retirar de forma constante as correntes de líquido e de vapor no fundo e no topo da coluna.

3. *Processos em semibatelada* (ou *semicontínuos*). Qualquer processo que não é nem contínuo nem em batelada. *Exemplos:* Permitir que o conteúdo de um tanque pressurizado escape para a atmosfera; misturar lentamente vários líquidos em um tanque sem nenhuma retirada.

Se os valores de todas as variáveis no processo (quer dizer, todas as temperaturas, pressões, volumes, vazões etc.) não variam com o tempo, excetuando possíveis flutuações menores em torno de valores médios constantes, se diz que o processo está operando em **estado estacionário**. Se qualquer das variáveis do processo muda com o tempo, diz-se que a operação é **transiente** ou **no estado não estacionário**. Os processos em batelada e semibatelada são transientes por natureza (por quê?), enquanto os processos contínuos podem ser tanto estacionários quanto transientes.

O processamento em batelada é comumente usado quando quantidades relativamente pequenas de um produto devem ser produzidas, enquanto que o processamento contínuo é geralmente mais adequado para maiores taxas de produção. Os processos contínuos são usualmente conduzidos tão perto quanto possível do estado estacionário; condições transientes ocorrem durante as operações de partida de um processo contínuo e nas sucessivas mudanças — intencionais ou não — nas condições de operação deste próprio processo.

Teste	Classifique os seguintes processos como em batelada, contínuos ou semicontínuos, e como transientes ou no estado estacionário.

Teste

(veja *Respostas dos Problemas Selecionados*)

Classifique os seguintes processos como em batelada, contínuos ou semicontínuos, e como transientes ou no estado estacionário.

1. Um balão é enchido com ar a uma taxa constante de 2 g/min.
2. Uma garrafa de leite é tirada da geladeira e deixada sobre a mesa da cozinha.
3. Água é fervida em um recipiente aberto.
4. Monóxido de carbono e vapor de água alimentam um reator tubular com uma vazão constante e reagem para formar dióxido de carbono e hidrogênio. Os produtos e reagentes não usados são retirados pelo outro extremo do reator. O reator contém ar quando o processo começa. A temperatura é constante e a composição e vazão da corrente de reagentes que entram no processo são também independentes do tempo. Classifique este processo (a) no início e (b) depois de um longo período de tempo.

4.2 BALANÇOS

4.2a A Equação Geral do Balanço

Suponha que o metano é um componente das correntes de entrada e de saída de uma unidade de um processo contínuo e que, em um intento de avaliar se a unidade está trabalhando da forma que foi projetada, as vazões mássicas de metano são medidas em ambas as correntes e achadas diferentes ($\dot{m}_{ent} \neq \dot{m}_{saída}$).[1]

---

[1]Usaremos, de forma geral, o símbolo m para representar massa, $\dot{m}$ para vazão mássica, n para número de mols e $\dot{n}$ para vazão molar.

Existem várias explicações possíveis para a diferença observada entre as vazões medidas.

1. O metano está sendo consumido como reagente ou gerado como produto dentro da unidade.
2. O metano está se acumulando dentro da unidade, possivelmente absorvido pelas paredes ou outras superfícies do vaso.
3. Existe vazamento de metano na unidade.
4. As medições estão erradas.

Se as medições estão corretas e não há vazamentos, as outras possibilidades — geração ou consumo em uma reação ou acúmulo dentro da unidade — são as únicas que podem explicar a diferença entre as vazões de entrada e saída.

Um **balanço** de uma quantidade conservada (massa total, massa de uma espécie particular, energia, momento) em um sistema (uma unidade de processo, uma série de unidades ou um processo completo) pode ser escrito na seguinte forma geral:

entrada	+	*geração*	–	*saída*	–	*consumo*	=	*acúmulo*
(entra através das fronteiras do sistema)		(produzido dentro do sistema)		(sai através das fronteiras do sistema)		(consumido dentro do sistema)		(acumula-se dentro do sistema)

$$(4.2\text{-}1)$$

O significado de cada termo da equação é ilustrado no seguinte exemplo.

Exemplo 4.2-1 A Equação Geral do Balanço

A cada ano, 50.000 pessoas se mudam para uma cidade, 75.000 pessoas abandonam a cidade, 22.000 nascem e 19.000 morrem. Escreva um balanço da população desta cidade.

Solução Se representarmos a população por P, então

$$\text{entrada} + \text{geração} - \text{saída} - \text{consumo} = \text{acúmulo}$$

$$50.000\,\frac{P}{\text{ano}} + 22.000\,\frac{P}{\text{ano}} - 75.000\,\frac{P}{\text{ano}} - 19.000\,\frac{P}{\text{ano}} = A\left(\frac{P}{\text{ano}}\right)$$

$$\Downarrow$$

$$A = -22.000\,\frac{P}{\text{ano}}$$

A cada ano, a população da cidade diminui em 22.000 habitantes.

Dois tipos de balanço podem ser escritos:

1. *Balanço diferencial*, aquele que indica o que está acontecendo em um sistema em um instante determinado do tempo. Cada termo da equação de balanço é uma **taxa** (taxa de entrada, taxa de geração etc.) e tem as unidades da quantidade balanceada divididas por uma unidade de tempo (pessoas/ano, g SO_2/s, barris/dia). Este tipo de balanço é usualmente utilizado em um processo contínuo. (Veja o Exemplo 4.2-1.)

2. *Balanço integral*, aquele que descreve o que acontece entre dois instantes de tempo. Cada termo da equação é então uma **porção** da grandeza balanceada e tem as unidades correspondentes (pessoas, g SO_2, barris). Este tipo de balanço normalmente é aplicado a processos em batelada, onde os dois instantes de tempo são o momento depois da entrada dos reagentes e o momento antes da retirada dos produtos.

Neste texto, estaremos sempre nos referindo a balanços diferenciais aplicados a processos contínuos em estado estacionário e a balanços integrais aplicados a processos em batelada entre os estados inicial e final. No Capítulo 10, consideraremos balanços gerais de processos em estado não estacionário e mostraremos como os balanços integral e diferencial estão relacionados — de fato, como um deles pode ser derivado do outro.

As seguintes regras podem ser usadas para simplificar cálculos de balanços de massa :

- *Se a quantidade balanceada é a massa total, faça geração = 0 e consumo = 0.* Exceto em reações nucleares, a massa não pode ser criada nem destruída.

- *Se a substância balanceada é uma espécie não reativa (nem um reagente nem um produto), faça geração = 0 e consumo = 0.*

- *Se um sistema está em estado estacionário, faça acúmulo = 0, não importa o que esteja sendo balanceado.* Por definição, em um processo em estado estacionário, nada pode mudar com o tempo, incluindo a porção da grandeza balanceada.

4.2b Balanços em Processos Contínuos em Estado Estacionário

Para processos contínuos em estado estacionário, o termo de acúmulo na equação geral do balanço, Equação 4.2-1, é igual a zero, e a equação é simplificada para

$$\boxed{\text{entrada} + \text{geração} = \text{saída} + \text{consumo}} \qquad \textbf{(4.2-2)}$$

Se o balanço é sobre uma espécie não reativa ou sobre a massa total, os termos de geração e consumo são zero e a equação se reduz a *entrada = saída*.

Exemplo 4.2-2 | Balanços de Massa em um Processo Contínuo de Destilação

Mil quilogramas por hora de uma mistura de benzeno (B) e tolueno (T) contendo 50% em peso de benzeno são separados por destilação em duas frações. A vazão mássica de benzeno na corrente do topo é 450 kg B/h, e a de tolueno na corrente do fundo é 475 kg T/h. A operação se desenvolve no estado estacionário. Escreva os balanços do benzeno e do tolueno para calcular as vazões do componente desconhecido nas correntes de saída.

Solução O processo pode ser descrito esquematicamente como mostrado a seguir:

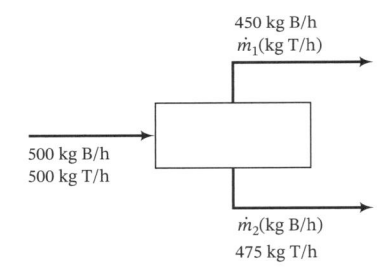

Já que o processo está no estado estacionário, não existe acúmulo de nenhuma espécie no sistema, e o termo de acúmulo é igual a zero em todos os balanços. Além disso, como não há reação química, não existem termos de consumo ou de geração. Para todos os balanços, a Equação 4.2-2 toma a forma simples de *entrada = saída*.

Balanço de Benzeno $\qquad 500\,\text{kg B/h} = 450\,\text{kg B/h} + \dot{m}_2$

$$\Downarrow$$

$$\boxed{\dot{m}_2 = 50\,\text{kg B/h}}$$

Balanço de Tolueno $\qquad 500\,\text{kg T/h} = \dot{m}_1 + 475\,\text{kg T/h}$

$$\Downarrow$$

$$\boxed{\dot{m}_1 = 25\,\text{kg T/h}}$$

Checando os cálculos:

Balanço de Massa Total $\qquad 1000\,\text{kg/h} = 450 + \dot{m}_1 + \dot{m}_2 + 475 \quad (\text{em kg/h})$

$$\Downarrow \dot{m}_1 = 25\,\text{kg/h}, \dot{m}_2 = 50\,\text{kg/h}$$

$$1000\,\text{kg/h} = 1000\,\text{kg/h} \quad \text{✔}$$

4.2c Balanços Integrais em Processos em Batelada

Amônia é produzida a partir de nitrogênio e hidrogênio em um reator em batelada. No tempo $t = 0$ existem n_0 mols de NH_3 no reator, e em um tempo posterior t_f a reação acaba e o conteúdo do reator, que inclui n_f mols de amônia, é retirado. Entre os tempos t_0 e t_f nenhuma quantidade de amônia entra ou sai das fronteiras do reator, e amônia não é consumida em uma reação. A equação geral do balanço (Equação 4.2-1) é simplesmente *geração = acúmulo*. Além disso, a quantidade de amônia que se acumulou no reator entre os tempos t_0 e t_f é simplesmente $n_f - n_0$, a quantidade final menos a quantidade inicial.

O mesmo raciocínio pode ser aplicado para qualquer substância participante em um processo em batelada para se obter

$$\text{acúmulo} = \text{saída final} - \text{entrada inicial (por definição)}$$
$$= \text{geração} - \text{consumo (pela Equação 4.2-1)}$$

Igualando as duas expressões para acúmulo, obtemos:

$$\boxed{\text{entrada inicial} + \text{geração} = \text{saída final} + \text{consumo}}$$ **(4.2-3)**

Esta equação é idêntica à Equação 4.2-2 para os processos contínuos no estado estacionário, exceto que neste caso os termos de entrada e de saída representam as quantidades inicial e final da substância balanceada e não as vazões nas correntes contínuas de alimentação e produto. As palavras "inicial" e "final" podem ser omitidas para simplificar, desde que você não perca de vista o que significam "entrada" e "saída" dentro do contexto dos processos em batelada.

Exemplo 4.2-3 | Balanços em um Processo de Mistura em Batelada

Duas misturas metanol-água estão contidas em recipientes separados. A primeira mistura contém 40,0% em peso de metanol e a segunda contém 70,0%. Se 200 g da primeira mistura são combinados com 150 g da segunda, quais são a massa e a composição do produto?

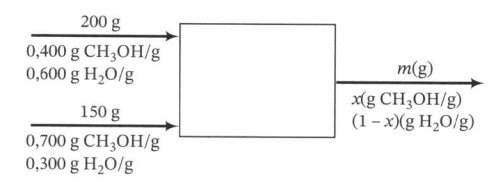

Solução

Observe que as "correntes" de entrada e saída mostradas no esquema representam os estados inicial e final para este processo em batelada. Já que não há reações químicas envolvidas, os termos de consumo e de geração da Equação 4.2-3 podem ser omitidos de forma que todos os balanços tenham a forma simples "*entrada = saída*".

Balanço de Massa Total $200\,g + 150\,g = m$
$$\Downarrow$$
$$\boxed{m = 350\,g}$$

Balanço de Metanol
$$\frac{200\,g}{} \left| \frac{0,400\,g\,CH_3OH}{g} \right. + \frac{150\,g}{} \left| \frac{0,700\,g\,CH_3OH}{g} \right. = \frac{m\,(g)}{} \left| \frac{x\,(g\,CH_3OH)}{(g)} \right.$$
$$\Downarrow m = 350\,g$$
$$\boxed{x = 0,529\,g\,CH_3OH/g}$$

Agora conhecemos tudo acerca do processo, incluindo a fração mássica da água (qual é?). Um balanço de água serve para verificar o cálculo.

Balanço de Água   (Verifique se cada termo aditivo tem as unidades g H_2O.)

$$\text{entrada} = \text{saída}$$
$$(200)(0,600) + (150)(0,300) = (350)(1 - 0,529) \quad (\textit{Verifique!})$$
$$\Downarrow$$
$$165\,g\,H_2O = 165\,g\,H_2O \; \text{✔}$$

4.2d   Balanços Integrais em Processos Semicontínuos

Os balanços integrais também podem ser escritos para processos contínuos e semicontínuos. O procedimento consiste em escrever o balanço diferencial do sistema e integrá-lo entre dois instantes de tempo. (Uma discussão geral deste procedimento aparece no Capítulo 10.) Na maior parte dos casos, os cálculos exigidos são mais complexos que aqueles vistos até agora; no entanto, alguns problemas deste tipo são relativamente diretos, como o visto no seguinte exemplo.

| **Exemplo 4.2-4** | Balanço Integral em um Processo Semicontínuo |

Borbulha-se ar através de um tanque de hexano líquido com uma vazão de 0,100 kmol/min. A corrente de gás que deixa o tambor contém 10,0% molar de vapor de hexano. O ar pode ser considerado insolúvel no hexano líquido. Use um balanço integral para estimar o tempo necessário para vaporizar 10,0 m³ de hexano.

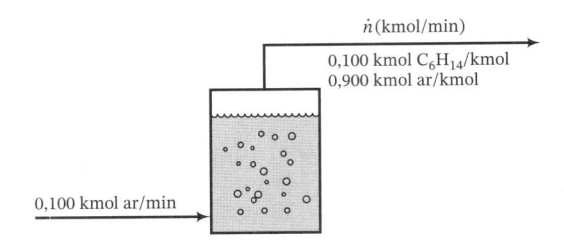

Solução   Começamos com um balanço diferencial de ar. Já que admitimos que o ar não se dissolve no líquido (*acúmulo* = 0) nem reage com o hexano (*geração* = *consumo* = 0), o balanço se reduz a *entrada* = *saída*:

$$0{,}100 \; \frac{\text{kmol ar}}{\text{min}} = \frac{0{,}900 \; \text{kmol ar}}{\text{kmol}} \; \frac{\dot{n} \, (\text{kmol})}{(\text{min})} \implies \dot{n} = 0{,}111 \; \text{kmol/min}$$

Escrevemos depois um balanço integral do hexano, desde o tempo $t = 0$ até $t = t_f$ (min), o tempo que desejamos calcular. O balanço tem a forma *acúmulo* = −*saída* (verifique). O termo de acúmulo, que é a mudança total no número de mols de hexano líquido no sistema durante o tempo t_f, tem que ser negativo, já que o hexano está sendo perdido pelo sistema. Já que o número de mols de hexano evaporado ocupará um volume de 10,0 metros cúbicos e que (conforme a Tabela B.1) a densidade relativa do hexano líquido é 0,659, o termo de acúmulo é igual a

$$\Delta n = \frac{-10{,}0 \; \text{m}^3}{} \; \frac{0{,}659 \; \text{kg}}{\text{L}} \; \frac{10^3 \; \text{L}}{\text{m}^3} \; \frac{1 \; \text{kmol}}{86{,}2 \; \text{kg}} = -76{,}45 \; \text{kmol} \; \text{C}_6\text{H}_{14}$$

O termo de saída no balanço é a taxa na qual o hexano sai do sistema [0,100 $\dot{n}$ (kmol C_6H_{14}/min)] vezes o tempo total do processo, t_f (min). Portanto, o balanço (*acúmulo* = −*saída*) é

$$-76{,}45 \; \text{kmol} \; \text{C}_6\text{H}_{14} = -0{,}100 \dot{n} t_f$$

$$\Big\Downarrow \dot{n} = 0{,}111 \; \text{kmol/min}$$

$$\boxed{t_f = 6880 \; \text{min}}$$

| **Teste** | Escreva os balanços para cada uma das seguintes quantidades em um processo contínuo. Para cada caso, estabeleça as condições sob as quais as equações de balanço tomam a forma simples "entrada = saída". (As soluções das duas primeiras são dadas como ilustração.) |
| **(veja *Respostas dos Problemas Selecionados*)** | 1. Massa total. (Estado estacionário)
2. Massa da espécie A. (Estado estacionário, A não reage)
3. Mols totais.
4. Mols da espécie A.
5. Volume. (A resposta é um indicativo de por que os volumes devem ser convertidos a massas ou mols antes de escrever os balanços). |

EXERCÍCIO DE CRIATIVIDADE

As correntes de alimentação e de saída de um reator químico contêm dióxido de enxofre, mas este componente não é nem um reagente nem um produto. As vazões volumétricas de ambas as correntes (L/min) são medidas com rotâmetros, e as concentrações de SO_2 em ambas as correntes (mol/L) são determinadas por cromatografia gasosa. A vazão molar de SO_2 no efluente do reator (determinada como o produto da vazão volumétrica e a concentração) é 20% menor que a vazão molar do SO_2 na alimentação. Pense em todas as explicações possíveis para esta discrepância.

4.3 CÁLCULOS DE BALANÇO DE MASSA

Todos os problemas de balanço de massa são variações sobre o mesmo tema: dados os valores de algumas variáveis das correntes de entrada e saída, deduza e resolva as equações para as outras variáveis. Resolver as equações normalmente é uma questão de álgebra simples, mas deduzi-las a partir da descrição do processo e de uma quantidade de dados de algumas variáveis do mesmo pode ser uma questão difícil. Pode não ser óbvio a partir do enunciado do problema o que é conhecido e o que se quer calcular, e é comum encontrar alunos (particularmente em provas) que ficam coçando a cabeça e olhando durante horas para um problema que poderia ser facilmente resolvido em dez minutos.

Nesta seção, descreveremos um procedimento para reduzir a descrição de um processo a um conjunto de equações que podem ser resolvidas para as variáveis desconhecidas do processo. A abordagem descrita não é a única estratégia para atacar os problemas de balanço de massa, mas sempre funciona e é eficaz em manter no mínimo possível o tempo gasto em coçar a cabeça e olhar para o papel.

4.3a Diagramas de Fluxo

Neste livro e nos anos que virão, você vai se deparar com textos deste estilo:

A desidrogenação catalítica do propano é realizada em um reator contínuo de leito empacotado. Mil libras por hora de propano puro são preaquecidos a uma temperatura de 670°C antes de entrar no reator. O gás efluente do reator, que inclui propano, propileno, metano e hidrogênio, é resfriado de 800°C a 110°C e alimentado a uma torre de absorção onde o propano e o propileno são dissolvidos em óleo. O óleo passa então a uma coluna de dessorção, onde é aquecido, liberando os gases dissolvidos; estes gases são recomprimidos e enviados a uma coluna de destilação de alta pressão na qual o propano e o propileno são separados. A corrente de propano é reciclada de volta para se juntar à alimentação do preaquecedor do reator. A corrente de produto da coluna de destilação contém 98% de propileno e a corrente de reciclo contém 97% de propano. O óleo retificado é reciclado à torre de absorção.

Quando você se depara com uma descrição de um processo deste tipo e quer determinar alguma coisa sobre o processo, é essencial organizar a informação dada em uma forma apropriada para os cálculos subsequentes. A melhor maneira de se fazer isto é desenhar um **diagrama de fluxo** ou **fluxograma** do processo, usando caixas ou outros símbolos para representar as unidades de processo (reatores, separadores, misturadores, unidades de separação etc.) e linhas com setas para representar as correntes de entrada e de saída.[2]

Por exemplo, suponha que um gás contendo N_2 e O_2 é combinado com propano em uma câmara de combustão em batelada na qual parte do O_2 (mas não todo) e o C_3H_8 reagem para formar CO_2 e H_2O, e que o produto é então resfriado, condensando a água. O fluxograma deste processo de duas unidades pode ser como aparece na Figura 4.3-1.

Quando usado apropriadamente, o diagrama de fluxo de um processo pode ser de enorme ajuda para começar os cálculos dos balanços de massa e no andamento dos mesmos. Para isto, o diagrama deve ser completamente *rotulado*, com valores de todas as variáveis conhecidas do processo e símbolos para todas as variáveis desconhecidas, em cada corrente de entrada ou saída. Além disso, o diagrama funciona como um placar para a solução do problema: à

---

[2]Em fluxogramas profissionais são usados símbolos especiais para representar diferentes unidades de processo, como colunas de destilação e trocadores de calor. Em geral, não usaremos estes símbolos neste texto, já que nosso principal propósito é mostrar como fazer cálculos de balanços de massa e energia. Caixas simples são perfeitamente adequadas para representar as unidades de processo nos fluxogramas que você desenhará para estes cálculos.

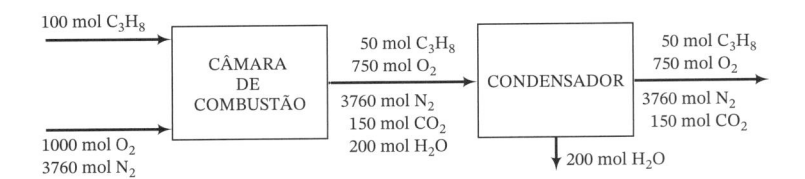

FIGURA 4.3-1 Diagrama de fluxo de um processo de combustão-condensação.

medida que cada variável desconhecida vai sendo determinada, seu valor vai sendo incluído no diagrama, de forma tal que sempre temos à vista em que ponto da solução estamos e o que falta ainda para ser feito.

A seguir, várias sugestões para rotular o seu diagrama de fluxo de modo a tirar o maior proveito possível dele em cálculos de balanços de massa.

1. **Escreva os valores e as unidades de todas as variáveis das correntes conhecidas na localização apropriada no diagrama.** Por exemplo, uma corrente contendo 21% molar O_2 e 79% molar N_2 a 320°C e 1,4 atm fluindo com uma vazão de 400 mol/h pode ser rotulada

$$400 \text{ mol/h} \longrightarrow$$

0,21 mol O_2/mol
0,79 mol N_2/mol
T = 320°C, P = 1,4 atm

Quando você faz isto para cada corrente no diagrama, você tem um resumo de toda a informação conhecida sobre o processo, cada item convenientemente associado com a parte do processo à qual está relacionado.

As variáveis de corrente de interesse primário nos problemas de balanço de massa são aquelas que indicam quanto de cada componente está presente na corrente (para um processo em batelada) ou a vazão de cada componente (para um processo contínuo). Esta informação pode ser dada de duas maneiras: como a quantidade total ou vazão total da corrente e as frações de cada componente, ou diretamente como a quantidade ou a vazão de cada componente.

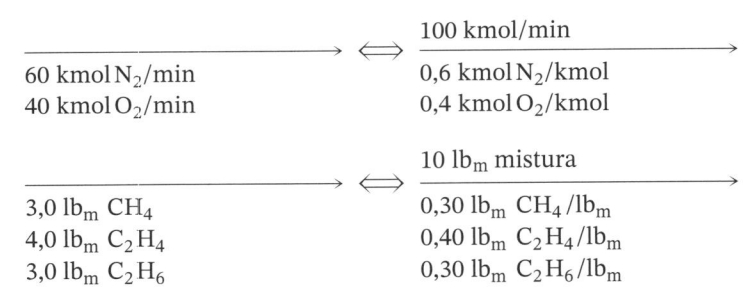

Uma vez que você rotulou uma corrente de uma forma, é fácil calcular as quantidades que correspondem à outra forma de rotular. (Verifique isto nos dois exemplos dados.)

2. **Atribua símbolos algébricos às variáveis desconhecidas de cada corrente** [tais como $\dot{m}$ (kg solução/min)[3], x ($\text{lb}_m N_2/\text{lb}_m$), n (kmol C_3H_8)] **e escreva esses nomes de variáveis e as suas unidades associadas no diagrama.** Por exemplo, se você não conhece a vazão da corrente descrita na primeira ilustração do passo 1, você pode rotular a corrente como

$$\dot{n}(\text{mol/h}) \longrightarrow$$

0,21 mol O_2/mol
0,79 mol N_2/mol
$T = 320°C, P = 1,4$ atm

---

[3] Por convenção, mostraremos as unidades das variáveis rotuladas entre parênteses e omitiremos os parênteses para valores numéricos (por exemplo, 2 kg/s).

enquanto se você não conhece as frações, mas conhece a vazão, a corrente pode ser rotulada como

400 mol/h
————————————————→
y(mol O_2/mol)
$(1 - y)$(mol N_2/mol)
$T = 320°C$, $P = 1,4$ atm

Em último caso, você pode se ver obrigado a deduzir e resolver uma equação para cada incógnita que apareça no diagrama, e portanto é vantajoso manter um mínimo de incógnitas rotuladas. Quando você está rotulando frações molares ou mássicas de componentes de uma corrente, por exemplo, você precisa atribuir nomes de variáveis a todas as frações, exceto a última, que será 1 menos a soma das outras. Se você sabe que a massa da corrente 1 é metade da massa da corrente 2, então é melhor rotular as massas como m e $2m$ em vez de m_1 e m_2; se você sabe que existe três vezes mais (em massa) N_2 do que O_2, então rotule as frações mássicas de O_2 e N_2 como y(g O_2/g) e $3y$(g N_2/g) em vez de y_1 e y_2.

Se a vazão volumétrica de uma corrente é dada, é melhor escrevê-la como vazão molar ou mássica, já que os balanços normalmente não são escritos em quantidades volumétricas.

Nota sobre a Notação: Embora qualquer símbolo possa ser usado para representar qualquer variável, uma notação consistente pode ajudar no entendimento. Neste texto, usaremos geralmente m para massa, $\dot{m}$ para vazão mássica, n para mols, $\dot{n}$ para vazão molar, V para volume e $\dot{V}$ para vazão volumétrica. Além disso, usaremos x para frações (molares ou mássicas) de um componente em correntes líquidas e y para frações em corrente gasosas.

Exemplo 4.3-1 | Fluxograma de um Processo de Umidificação e Oxigenação de Ar

Um experimento sobre a taxa de crescimento de certos microorganismos (por exemplo, leveduras, bactérias ou vírus) requer um ambiente de ar úmido rico em oxigênio. Três correntes de entrada alimentam uma câmara de evaporação para produzir uma corrente de saída com a composição desejada.

A: Água líquida, alimentada na vazão de 20,0 cm^3/min.
B: Ar (21% molar O_2 e o resto N_2).
C: Oxigênio puro, com uma vazão molar de 1/5 da corrente B.

O gás de saída é analisado e contém 1,5% molar de água. Desenhe e rotule o fluxograma do processo e calcule todas as variáveis desconhecidas das correntes.

Solução

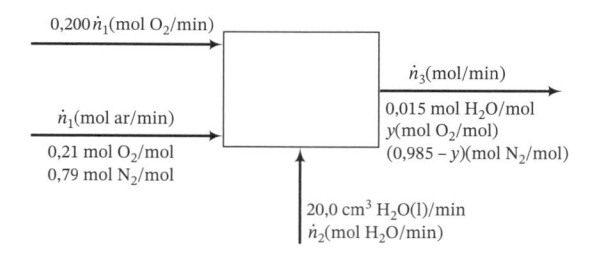

0,200 $\dot{n}_1$(mol O_2/min)

$\dot{n}_1$(mol ar/min)
0,21 mol O_2/mol
0,79 mol N_2/mol

$\dot{n}_3$(mol/min)
0,015 mol H_2O/mol
y(mol O_2/mol)
$(0,985 - y)$(mol N_2/mol)

20,0 cm^3 H_2O(l)/min
$\dot{n}_2$(mol H_2O/min)

Notas sobre a Rotulagem:

1. Já que uma vazão conhecida (20,0 cm^3 H_2O/min) é dada na base de minuto, é mais conveniente rotular todas as outras na mesma base.
2. Já que o nome de variável ($\dot{n}_1$) foi escolhido para a vazão de ar, a informação dada acerca da razão entre as vazões de ar e de O_2 pode ser usada para rotular a vazão de O_2 como 0,200 $\dot{n}_1$.
3. As frações molares dos componentes em cada corrente devem somar 1. Já que a fração molar de H_2O na corrente de saída é conhecida (0,015) e a fração molar do O_2 foi rotulada como y, então a de N_2 deve ser $1 - (y + 0,015) = (0,985 - y)$(mol N_2/mol).

A quantidade $\dot{n}_2$ pode ser calculada a partir da vazão volumétrica dada e da densidade da água líquida:

$$\dot{n}_2 = \frac{20,0 \text{ cm}^3 \text{ H}_2\text{O}}{\text{min}} \left| \frac{1,00 \text{ g H}_2\text{O}}{\text{cm}^3} \right| \frac{1 \text{ mol}}{18,02 \text{ g}} \implies \boxed{\dot{n}_2 = 1,11 \frac{\text{mol H}_2\text{O}}{\text{min}}}$$

As três incógnitas restantes ($\dot{n}_1$, $\dot{n}_3$ e y) podem ser determinadas a partir dos balanços, todos os quais têm a forma simplificada *entrada = saída* para este processo não reativo em estado estacionário. Os balanços são facilmente escritos com ajuda do diagrama.

Balanço de H_2O
$$\dot{n}_2 \left(\frac{\text{mol } H_2O}{\text{min}} \right) = \frac{\dot{n}_3 (\text{mol/min})}{} \frac{0{,}015 \text{ mol } H_2O}{\text{mol}}$$

$$\Downarrow \dot{n}_2 = 1{,}11 \text{ mol/min}$$

$$\boxed{\dot{n}_3 = 74 \, \frac{\text{mol}}{\text{min}}} \text{ (arredondado para baixo de 74,1)}$$

Balanço de Mols Totais
$$0{,}200 \dot{n}_1 + \dot{n}_1 + \dot{n}_2 = \dot{n}_3$$

$$\Downarrow \dot{n}_2 = 1{,}11 \text{ mol/min}$$
$$\Downarrow \dot{n}_3 = 74{,}1 \text{ mol/min}$$

$$\boxed{\dot{n}_1 = 60 \, \frac{\text{mol}}{\text{min}}} \text{ (arredondado para baixo de 60,8)}$$

Balanço de N_2
$$\frac{\dot{n}_1 (\text{mol/min})}{} \frac{0{,}79 \text{ mol } N_2}{\text{mol}} = \frac{\dot{n}_3 (\text{mol/min})}{} \frac{(0{,}985 - y)(\text{mol } N_2)}{(\text{mol})}$$

$$\Downarrow$$

$$0{,}79 \dot{n}_1 = \dot{n}_3 (0{,}985 - y)$$

$$\Downarrow \dot{n}_1 = 60{,}8 \text{ mol/min}$$
$$\Downarrow \dot{n}_3 = 74{,}1 \text{ mol/min}$$

$$\boxed{y = 0{,}34 \text{ mol } O_2/\text{mol}} \text{ (arredondado para cima de 0,337)}$$

<table>
<tr><td>

Teste

(veja *Respostas dos Problemas Selecionados*)

Solução

</td><td>

Abaixo aparecem várias correntes de processo rotuladas. Calcule as quantidades indicadas em termos das variáveis rotuladas. A solução do primeiro problema é dada como ilustração.

1. 100 lb-mol[4]
$$\xrightarrow{\hspace{3cm}}$$
0,300 lb-mol CH_4/lb-mol
0,400 lb-mol C_2H_4/lb-mol
0,300 lb-mol C_2H_6/lb-mol

Calcular n (lb-mol CH_4)
m (lb_m C_2H_4)

$$n = (0{,}300)(100) \text{ lb-mol } CH_4 = 30{,}0 \text{ lb-mol } CH_4$$

$$m = \frac{(0{,}400)(100) \text{ lb-mol } C_2H_4}{} \frac{28{,}0 \text{ lb}_m C_2H_4}{\text{lb-mol } C_2H_4} = 1120 \text{ lb}_m C_2H_4$$

2. 250 kg/h
$$\xrightarrow{\hspace{3cm}}$$
x(kg C_6H_6/kg)
$(1 - x)$(kg C_7H_8/kg)

Calcular $\dot{m}_T$ (kg C_7H_8/min) em termos de x

3. 75 ml CCl_4 (líquido)
$$\xrightarrow{\hspace{3cm}}$$

Calcular n (mol CCl_4)

4.
$$\xrightarrow{\hspace{3cm}}$$
50 kg H_2O/s
$\left\{ \begin{array}{l} \dot{m}_{gs} \text{ kg gás seco/s} \\ 0{,}25 \text{ kg CO/kg gás seco} \\ 0{,}75 \text{ kg } CO_2/\text{kg gás seco} \end{array} \right\}$

Calcular $\dot{m}$ (kg total/s), $\dot{m}_{CO}$ (kg CO/s), e y (kg CO_2/kg total) em termos de $\dot{m}_{gs}$

</td></tr>
</table>

---

[4]Sempre que for dado um número redondo como 100 lb-mol, admita que é uma base de cálculo e que é exata, de forma que tem um número infinito de algarismos significativos.

4.3b Escalonamento de um Diagrama de Fluxo e Base de Cálculo

Suponha que um quilograma de benzeno mistura-se com um quilograma de tolueno. A saída para este processo simples é obviamente 2 kg de uma mistura que tem 50% em peso de benzeno.

O processo descrito por este fluxograma é denominado **balanceado**, pois os balanços de massa dos dois componentes — C_6H_6 e C_7H_8 — são satisfeitos. [1 kg de entrada = ($2 \times 0,5$) kg de saída em ambos os casos.]

Observe agora que as massas (*mas não as frações molares*) de todas as correntes podem ser multiplicadas por um fator comum e o processo continuará balanceado; além disso, as massas das correntes podem ser substituídas por vazões mássicas, e as unidades de massa de todas as variáveis (incluindo as frações mássicas) podem ser trocadas de kg para g ou lb_m ou qualquer outra, e o processo mesmo assim continuará balanceado.

O procedimento de mudar os valores de todas as quantidades ou vazões mássicas das correntes por uma quantidade proporcional, deixando as composições das correntes inalteradas, é chamado de **escalonamento** do diagrama — **ampliação de escala** se as quantidades finais das correntes são maiores que as originais, **redução de escala** se são menores.

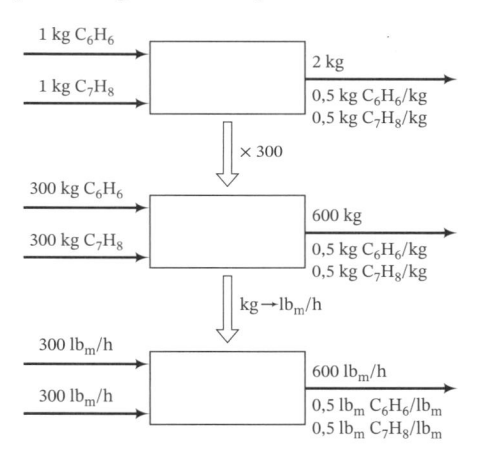

Suponha que você balanceou um processo e que a quantidade ou a vazão mássica de uma das correntes é n_1. Você pode escalonar o diagrama para transformar esta quantidade ou vazão em n_2, multiplicando todas as quantidades ou vazões das correntes pela razão n_1/n_2. No entanto, você não pode escalonar massa ou vazões mássicas para quantidades molares ou vice-versa por multiplicação simples; conversões deste tipo devem ser feitas usando os métodos já mostrados na Seção 3.3b.

Exemplo 4.3-2	Ampliação de Escala do Fluxograma de um Processo de Separação

A conversão de biomassa em etanol tem sido estimulada pela busca por um combustível líquido para substituir a gasolina. Enquanto tecnologias para converter milho e outras culturas ricas em amido em etanol são amplamente usadas, um grande esforço está sendo feito para desenvolver processos econômicos para a utilização de materiais lignocelulósicos, como madeira e gramas, para aquele fim.

Na conversão de biomassa em etanol, que pode ser usado como combustível ou na síntese de outros produtos químicos, o etanol sintetizado sai do reator de fermentação em uma solução aquosa contendo aproximadamente 3,0% molar com (para fins desta ilustração) o restante de água. Cem mols da mistura é alimentada a uma coluna de destilação na qual ela é separada em duas correntes: o *destilado*, que contém a maior parte do etanol (E) da alimentação, e uma corrente de rejeito contendo basicamente água (W). Um fluxograma do processo é mostrado abaixo.

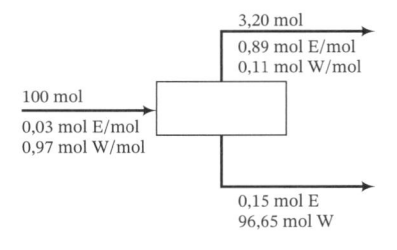

A mesma separação é desejada para um processo com a produção contínua de 100,0 lb-mol/h de destilado. Após confirmar que os balanços em etanol e água fecham, aumente a escala do fluxograma de acordo com a nova condição.

Solução   Podemos facilmente confirmar que 3,0 mols de etanol e 97 mols de água entram e saem do sistema. O fator de escala é

$$\frac{100{,}0 \text{ lb-mol/h}}{3{,}20 \text{ mol}} = 31{,}25 \; \frac{\text{lb-mol/h}}{\text{mol}}$$

As massas de todas as correntes no processo em batelada são convertidas a vazões da seguinte maneira:

$$\textit{Alimentação:} \quad \frac{100 \text{ mol} \;\bigg|\; 31{,}25 \text{ lb-mol/h}}{\text{mol}} = 3125 \; \frac{\text{lb-mol}}{\text{h}}$$

$$\textit{Corrente do topo:} \quad (3{,}20)(31{,}25) = 100 \text{ lb-mol/h (como especificado)}$$

$$\textit{Corrente do fundo:} \quad (0{,}15)(31{,}25) = 4{,}69 \text{ lb-mol E/h}$$

$$(96{,}65)(31{,}25) = 3020{,}3 \text{ lb-mol W/h}$$

As unidades das frações molares na corrente do topo podem ser trocadas de mol/mol para lb-mol/lb-mol, mas os seus valores permanecem inalterados. O diagrama de fluxo para o processo escalonado é mostrado a seguir.

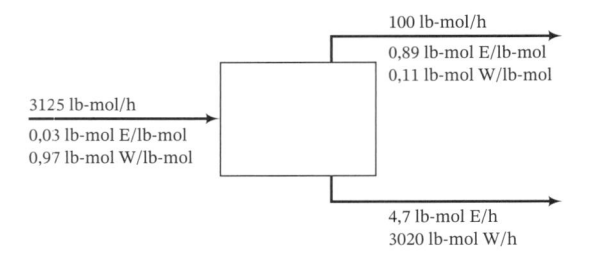

Já que um processo balanceado sempre pode ser escalonado, os cálculos de balanço de massa podem ser feitos na base de qualquer conjunto conveniente de quantidades de corrente ou de vazões, e os resultados podem sempre ser escalonados. Uma **base de cálculo** é uma quantidade (massa ou mols) ou vazão (mássica ou molar) de uma corrente ou de um componente de uma corrente em um processo. O primeiro passo no balanceamento de um processo é escolher uma base de cálculo; todas as variáveis desconhecidas são então determinadas em uma forma consistente com esta base.

Se uma quantidade ou vazão de uma corrente é dada no enunciado de um problema, é normalmente mais conveniente usar esta quantidade como base de cálculo. Se não conhece nenhuma quantidade ou vazão de corrente, adote uma, preferivelmente uma corrente de composição conhecida. Se as frações mássicas são conhecidas, escolha a massa total ou a vazão mássica da corrente (por exemplo, 100 kg ou 100 kg/h) como base; se são as frações molares, escolha os mols totais ou a vazão molar.

Teste

(veja *Respostas dos Problemas Selecionados*)

1. O que é um processo balanceado? Como você escalona um fluxograma? O que é uma base de cálculo?
2. Os processos mostrados abaixo foram balanceados usando a base de cálculo indicada. Escalone os processos como pedido e desenhe os diagramas para os processos escalonados.

   (a) Misturar C_2H_6 e ar. *Base de cálculo: 100 mol C_2H_6.*

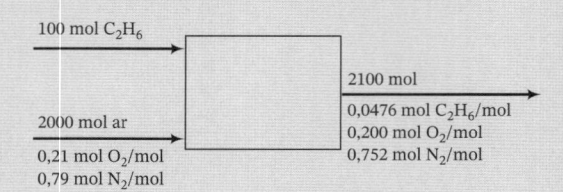

Escalone o processo para uma alimentação de 1000 kmol C_2H_6/h.

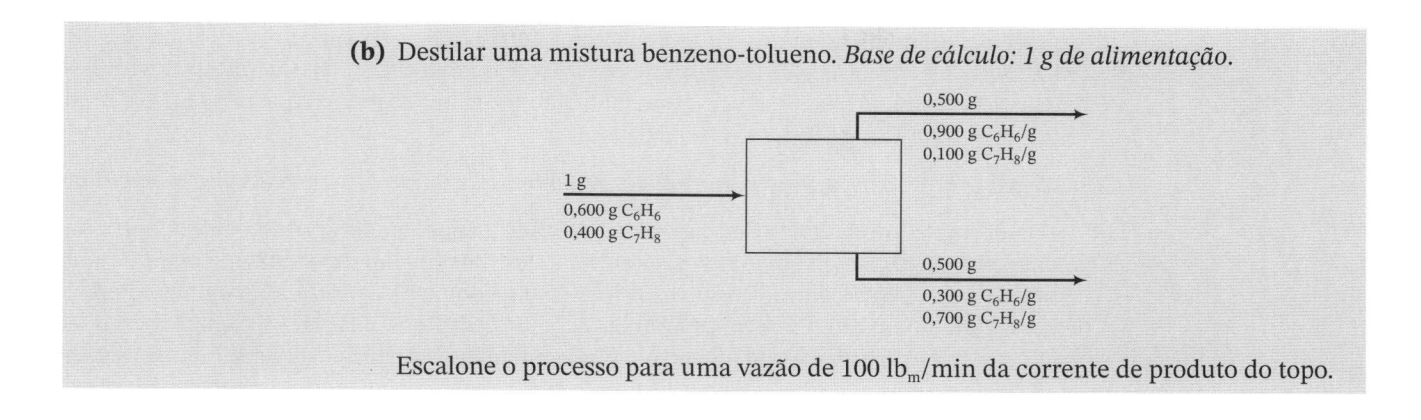

(b) Destilar uma mistura benzeno-tolueno. *Base de cálculo: 1 g de alimentação.*

Escalone o processo para uma vazão de 100 lb$_m$/min da corrente de produto do topo.

4.3c Balanceando um Processo

Drogas anti-inflamatórias não esteroidais (NSAIDS), tal como a descrita na ilustração, diferem em sua utilização e como são eliminadas do corpo. Aspirina é um NSAID especialmente importante que está no mercado desde 1915 e ganhou popularidade como um preventivo de derrame e ataques cardíacos.

O remédio para dor Aleve-D® (http://aleved.com/faqs/) é feito combinando-se sódio naproxen (A) e pseudoefedrina (B) em uma razão mássica de 220 mg A/120 mg B. O processo mostrado abaixo é usado para produzir 100 kg/dia da mistura requerida. Depois da etapa de mistura mostrada, outros ingredientes são adicionados para facilitar a formulação do produto final.

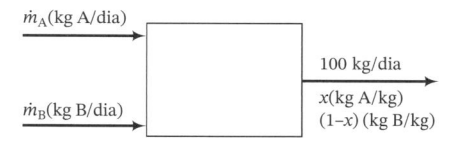

Existem três quantidades desconhecidas — $\dot{m}_A$, $\dot{m}_B$ e x — associadas com o processo, então, três equações são necessárias para calcular seus valores. Uma delas é dada pela razão de A para B especificada: 220 mg A/120 mg B, isto é, $\dot{m}_A/\dot{m}_B = 220$ kg A/120 kg B ou $\dot{m}_A = 1{,}83\dot{m}_B$.

Todos os balanços materiais para este processo não reativo têm a forma simples: vazão de entrada = vazão de saída. Três possíveis balanços podem ser escritos — sobre a massa total, sobre o sódio naproxen (A) e sobre a pseudoefedrina (B) — dos quais quaisquer dois são independentes e podem ser combinados com a razão dada de A para B, de modo a fornecer as equações necessárias para a determinação das incógnitas. Por exemplo,

Balanço de Massa Total: $\dot{m}_A + \dot{m}_B = 1{,}83\dot{m}_B + \dot{m}_B = 100$ kg/dia $\implies$ $\boxed{\dot{m}_B = 35{,}3 \text{ kg B/dia}}$

$$\boxed{\dot{m}_A = 64{,}7 \text{ kg A/dia}}$$

Balanço de Sódio Naproxen: $\dot{m}_A(\text{kg A/dia}) = 100$ kg/dia $\times x \implies$ $\boxed{x = 0{,}647 \text{ kg A/kg}}$

Uma pergunta lógica a se fazer neste ponto é o quão longe você pode ir com este procedimento? Se a vazão do produto fosse também desconhecida, por exemplo, poderia outro balanço (sobre a pseudoefedrina) ter sido escrito para resolver para ela? Outros pontos a considerar são quais balanços devem ser usados quando há uma escolha possível e qual a ordem em que estes balanços devem ser resolvidos.

As respostas a estas perguntas não são nada óbvias quando reações químicas estão envolvidas no processo, por isso vamos temporariamente adiar a consideração deste assunto. As seguintes regras se aplicam a processos não reativos.

1. ***O número máximo de equações independentes que podem ser deduzidas escrevendo balanços em um sistema não reativo é igual ao número de espécies químicas nas correntes de entrada e saída.***

   No exemplo dado, duas substâncias — sódio naproxen (A) e pseudoefedrina (B) — compõem as correntes de entrada e saída do processo; você pode escrever balanços de massa ou de mols para A e B e um balanço total de massa ou mols, mas apenas duas destas três possíveis equações são independentes — a terceira equação não adiciona nenhuma informação. (Se você escreve todas as três equações em um esforço por determinar três variáveis desconhecidas, provavelmente vai resolver um complicado problema algébrico que levará a $1 = 1$ ou alguma outra coisa igualmente inconsequente.)

2. **Escreva primeiro os balanços que envolvem o menor número de variáveis desconhecidas.**

No exemplo, um balanço de massa total envolve apenas uma incógnita, $\dot{m}$, enquanto os balanços de A e B envolvem tanto $\dot{m}$ quanto x. Escrevendo primeiro o balanço total e depois o balanço de A, conseguimos resolver primeiro uma equação para uma incógnita e depois uma segunda equação, também para uma incógnita. Se em vez disso tivéssemos escrito os balanços de A e B, teríamos que ter resolvido simultaneamente um sistema de duas equações com duas incógnitas; as mesmas respostas teriam sido obtidas, mas com maior esforço se estivermos fazendo a solução manualmente (se estivermos usando um programa para resolver as equações, não faz diferença quais duas nós escolhemos).

| **Exemplo 4.3-3** | Balanços em uma Unidade de Mistura |

Uma solução aquosa de hidróxido de sódio contém 20,0% em massa de NaOH. Deseja-se produzir uma solução 8,0% de NaOH diluindo uma corrente da solução de alimentação com uma corrente de água pura. Calcule as razões (litros H_2O/kg solução de alimentação) e (kg solução produto/kg solução de alimentação).

Solução
- **Escolha uma base de cálculo** — uma quantidade ou vazão de uma das correntes, alimentação ou produto — **e depois desenhe e rotule o fluxograma.**

    Vamos escolher de forma arbitrária uma base de 100 kg da solução de alimentação 20%. (Poderíamos também ter escolhido uma vazão de 100 lb_m/min da solução produto 8% ou 10 toneladas de água de diluição. O resultado final não depende da base escolhida, já que o que é pedido são apenas razões entre quantidades de correntes.) O fluxograma pode ser como segue:

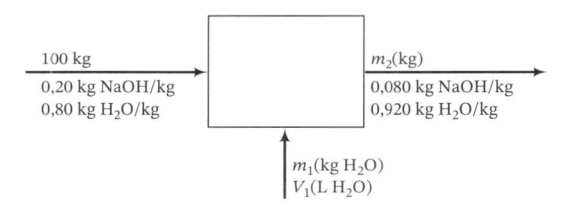

- **Expresse o que o problema pede para calcular em termos das variáveis rotuladas no fluxograma.**

    As quantidades desejadas são $V_1/100$(litros H_2O/kg solução de alimentação) e $m_2/100$ (kg solução produto/kg solução de alimentação). Nossa tarefa, portanto, é calcular as variáveis V_1 e m_2.
- **Conte as variáveis desconhecidas e as equações que as relacionam.**

    Se o número de incógnitas é igual ao número de equações independentes que as relacionam, você deve ser capaz de resolver o problema; se não, ou você esqueceu alguma relação ou o problema não está bem definido. Neste último caso, não vale a pena gastar o seu tempo com cálculos que não levarão à resposta do problema.

    (a) **Incógnitas.** Examinando o fluxograma, vemos três variáveis desconhecidas: m_1, m_2 e V_1.

    (b) **Equações.** *Para um processo não reativo que envolve N espécies, podem ser escritas N equações independentes de balanço de massa.* Já que há duas espécies no nosso processo (hidróxido de sódio e água), podemos escrever dois balanços. Podemos escrevê-los sobre o hidróxido de sódio, a água, a massa total, o sódio atômico, o hidrogênio atômico e assim por diante; o ponto é que, uma vez que escrevemos dois balanços, não podemos obter nova informação escrevendo um terceiro.

    Já que podemos escrever apenas dois balanços, precisamos de uma terceira equação para resolver as nossas três incógnitas (m_1, m_2 e V_1). Por sorte, temos uma: a massa e o volume da água de diluição, m_1 e V_1, estão relacionadas pela massa específica da água líquida, que é um dado conhecido. Temos então três equações em três incógnitas e, portanto, um problema solucionável.
- **Esboce o procedimento da solução.**

    Todos os balanços para este sistema têm a forma *entrada = saída*. Por exemplo, um balanço de massa total é 100 kg $+ m_1 = m_2$. Olhando para o diagrama, podemos ver que os balanços de massa total e de água envolvem duas incógnitas cada (m_1 e m_2), o balanço do hidróxido de sódio envolve apenas uma incógnita (m_2) e a relação da densidade da água envolve duas incógnitas (m_1 e V_1). Portanto, começaremos escrevendo e resolvendo o balanço do NaOH para m_2, depois escrevendo e resolvendo o balanço de massa total ou o balanço de água para m_1 e finalmente determinando V_1 a partir de m_1 e da densidade.

- **Balanço de NaOH** (entrada = saída).

$$(0,20 \text{ kg NaOH/kg})(100 \text{ kg}) = (0,080 \text{ kg NaOH/kg})m_2 \Longrightarrow m_2 = 250 \text{ kg NaOH}$$

É uma boa prática escrever as variáveis desconhecidas no diagrama de fluxo assim que elas são calculadas para usá-las nos cálculos posteriores; neste ponto, m_2 no fluxograma deve ser substituído por 250.

- **Balanço de massa total** (entrada = saída).

$$100 \text{ kg} + m_1 = m_2 \xrightarrow{m_2=250 \text{ kg}} m_1 = 150 \text{ kg H}_2\text{O}$$

- **Volume da água de diluição.** Embora não saibamos a temperatura nem a pressão nas quais é feita a mistura, a densidade da água líquida é aproximadamente constante, 1,00 kg/L (veja a Equação 3.1-2). Podemos então calcular

$$V_1 = \frac{150 \text{ kg}}{} \left| \frac{1,00 \text{ litro}}{\text{kg}} = 150 \text{ litros} \right.$$

- **As razões pedidas no enunciado do problema.**

$$\frac{V_1}{100 \text{ kg}} = \boxed{1,50 \text{ litro H}_2\text{O/kg solução de alimentação}}$$

$$\frac{m_2}{100 \text{ kg}} = \boxed{2,50 \text{ kg solução produto/kg solução de alimentação}}$$

Exercício: Prove que você pode obter o mesmo resultado usando uma base de cálculo diferente.

Teste	**1.** Prove que o seguinte fluxograma mostra um processo balanceado escrevendo três balanços.

(veja *Respostas dos Problemas Selecionados*)

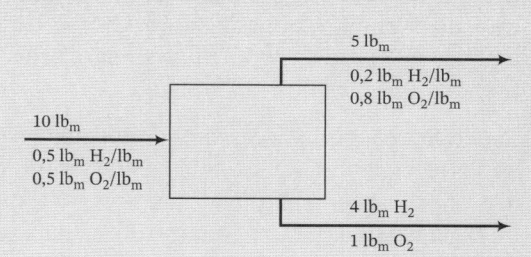

2. Indique os balanços e a ordem em que os escreveria para resolver eficientemente as variáveis desconhecidas no seguinte processo:

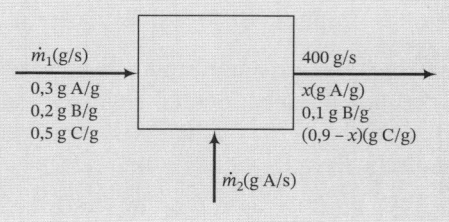

4.3d   Análise de Graus de Liberdade

Todo mundo que já fez cálculos de balanços de massa tem sofrido a frustrante experiência de gastar muito tempo deduzindo e resolvendo equações para variáveis desconhecidas do processo, apenas para descobrir que não há suficiente informação para resolver o problema. Um fluxograma devidamente desenhado e rotulado pode ser usado para determinar, *antes de qualquer cálculo*, se um problema dado pode ou não ser resolvido com a informação conhecida. O procedimento para fazer isto é conhecido como **análise de graus de liberdade**.

Para realizar uma análise de graus de liberdade, desenhe e rotule *completamente* um fluxograma do processo, conte as incógnitas no diagrama, conte depois as equações *independentes* que as relacionam[5] e subtraia o segundo número do primeiro. O resultado é o *número de graus de liberdade* do processo, n_{gl} ($= n_{\text{incógnitas}} - n_{\text{eqs indep}}$). Existem três possibilidades:

1. Se $n_{gl} = 0$, existem n equações independentes em n incógnitas e o problema pode, em princípio, ser resolvido.

2. Se $n_{gl} > 0$, existem mais incógnitas do que equações independentes e, no mínimo, n_{gl} valores de variáveis adicionais devem ser especificados antes que as restantes possam ser determinadas. Pode ser que estejam faltando relações ou que o problema esteja *subespecificado* e tenha infinitas soluções; em qualquer caso, começar os cálculos será uma perda de tempo.[6]

3. Se $n_{gl} < 0$, existem mais equações do que variáveis. Pode ser que o diagrama esteja mal rotulado ou que o problema esteja superespecificado com relações redundantes e possivelmente inconsistentes. De novo não faz muito sentido perder tempo tentando resolver o problema até que as equações e as incógnitas estejam balanceadas.

Algumas fontes de equações que relacionam as variáveis desconhecidas do processo são:

1. **Balanços de massa**. Para um processo não reativo, podem ser escritos até n_{bm} balanços materiais, em que n_{bm} é o número de espécies moleculares (por exemplo, CH_4, O_2) envolvidas no processo. Por exemplo, se as espécies nas correntes que entram e saem de uma coluna de destilação são benzeno e tolueno, você pode escrever balanços de benzeno, de tolueno, de massa total, de carbono atômico, de hidrogênio atômico e assim por diante, mas ao menos dois destes balanços serão independentes. Se você escreve balanços adicionais, eles não serão independentes dos primeiros e não trarão nenhuma nova informação.

   Para um processo reativo, o procedimento é um pouco mais complicado. Deixaremos a discussão deste ponto para a Seção 4.7.

2. **Um balanço de energia** (Capítulos 7 a 9). Se a quantidade de energia trocada entre o sistema e as suas vizinhanças é especificada, ou se esta energia é uma das variáveis do processo, um balanço de energia proporciona uma relação entre as vazões e temperaturas de entrada e saída.

3. **Especificações do processo**. O enunciado do problema pode dizer como algumas variáveis estão relacionadas. Por exemplo, pode ser informado que, da acetona que alimenta um condensador [vazão = $\dot{m}_1$ (kg acetona/s)], 40% aparecem na corrente de condensado [vazão = $\dot{m}_2$ (kg acetona/s)]. Uma equação do sistema seria então $\dot{m}_2 = 0,40\,\dot{m}_1$.

4. **Leis e propriedades físicas**. Duas das variáveis desconhecidas podem ser a massa e o volume de uma corrente; neste caso, uma densidade relativa tabelada (para líquidos e sólidos) ou uma equação de estado para gases (Capítulo 5) pode proporcionar uma relação entre as variáveis. Em outros casos, condições de equilíbrio ou de saturação para uma ou mais das correntes (Capítulo 6) podem fornecer uma relação.

5. **Restrições físicas**. Por exemplo, se as frações molares dos três componentes de uma corrente são rotuladas independentemente (por exemplo, x_A, x_B e x_C), então uma relação entre elas é $x_A + x_B + x_C = 1$. (Se no lugar de x_C você rotula a última fração como $1 - x_A - x_B$, então você tem uma variável a menos e uma relação a menos com que se preocupar.)

6. **Relações estequiométricas**. Se há reações químicas no sistema, as equações estequiométricas das reações (por exemplo, $2H_2 + O_2 \rightarrow 2H_2O$) fornecem relações entre as quantidades dos reagentes consumidos e dos produtos gerados. Consideraremos como incorporar estas relações na análise dos graus de liberdade na Seção 4.7.

---

[5]As equações são independentes se você não pode deduzir uma adicionando e subtraindo combinações das outras. Por exemplo, apenas duas das três equações $x = 3$, $y = 2$ e $x + y = 5$ são independentes; qualquer uma delas pode ser deduzida das outras duas por adição ou subtração.

[6]Quando um processo proposto tem um número positivo de graus de liberdade, n_{gl}, é possível realizar uma *otimização do processo*. O engenheiro escolhe n_{gl} *variáveis de projeto* e atribui valores a elas, calcula os valores das variáveis restantes no sistema resolvendo as equações e calcula uma *função objetivo* a partir do conjunto completo de valores das variáveis do processo. A função objetivo pode ser um custo, um ganho ou uma taxa de retorno de um investimento. O objetivo é encontrar um conjunto das variáveis de projeto que forneça o valor mínimo ou máximo da função objetivo.

| Exemplo 4.3-4 | Análise dos Graus de Liberdade |

Uma corrente de ar úmido entra em um condensador, no qual 95% do vapor de água no ar são condensados. A vazão do condensado (o líquido que sai do condensador) é medida como 225 L/h. Pode-se considerar que o ar seco contém 21% molar de oxigênio, sendo o restante de nitrogênio. Calcule a vazão da corrente de gás que sai do condensador e as frações molares de oxigênio, água e nitrogênio nesta corrente.

Solução **Base: 225 L/h de condensado**

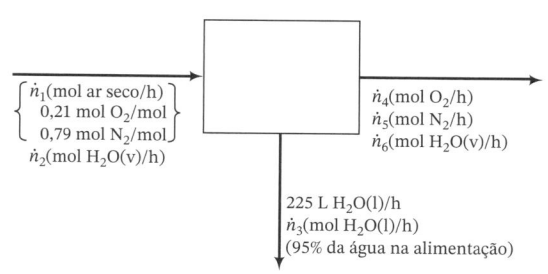

Façamos primeiro a análise dos graus de liberdade. Existem seis incógnitas no diagrama — $\dot{n}_1$ a $\dot{n}_6$. Podemos escrever apenas três balanços de material — um para cada espécie. Precisamos então achar três relações adicionais para resolver todas as incógnitas. Uma é a relação entre as vazões volumétrica e molar do condensado: podemos determinar $\dot{n}_3$ a partir da vazão volumétrica dada e da densidade relativa e massa molecular da água líquida conhecidas. Outra é o fato de que 95% da água são condensados. Isto fornece uma relação entre $\dot{n}_3$ e $\dot{n}_2$ ($\dot{n}_3 = 0,95\,\dot{n}_2$).

No entanto, não existe informação para se achar uma sexta relação, de modo que existe um grau de liberdade. Portanto, o problema está subespecificado, e não pode ser resolvido da maneira como foi colocado. Sem o diagrama, seria extremamente difícil ver isto, e uma grande quantidade de tempo teria sido gasta em um esforço inútil.

Suponha agora que contamos com uma informação adicional — por exemplo, que o ar que entra contém 10,0% molar de água. Neste caso, o fluxograma apareceria da seguinte forma:

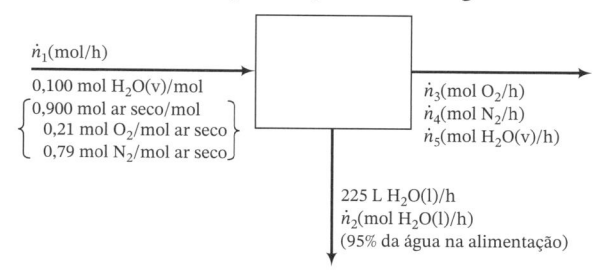

A análise dos graus de liberdade agora nos diz que há cinco incógnitas e que temos cinco relações para resolvê-las [três balanços molares, a relação da densidade entre $\dot{V}_2$ ($= 225$ L/h) e $\dot{n}_2$, e a condensação fracional], ou seja, zero grau de liberdade. Em princípio, o problema pode ser resolvido. Podemos agora rascunhar a solução — antes de fazer qualquer cálculo algébrico ou numérico — escrevendo as equações em uma ordem eficiente de solução (primeiro equações envolvendo uma única variável, depois pares de equações simultâneas etc.) e marcando com um círculo as variáveis para as quais solucionaríamos cada equação ou cada sistema de equações. Neste problema, pode ser achado um esquema de solução que não envolve equações simultâneas. (Verifique se as unidades estão corretas em cada equação).

- **Relação de densidade.**
$$\left(\hat{n}_2\right)\left(\frac{\text{mol } H_2O(l)}{h}\right) = \frac{225 \text{ L } H_2O(l)}{h} \left|\frac{1,00 \text{ kg } H_2O(l)}{L}\right| \frac{1 \text{ mol } H_2O}{18,0 \times 10^{-3} \text{ kg}}$$

- **95% de condensação.** $\dot{n}_2 = 0,95\,(0,100\,\widehat{\dot{n}_1})$

- **Balanço de O_2.** $\dot{n}_1(0,900)(0,21) = \widehat{\dot{n}_3}$

- **Balanço de N_2.** $\dot{n}_1(0,900)(0,79) = \widehat{\dot{n}_4}$

- **Balanço de H_2O.** $\dot{n}_1(0,100) = \dot{n}_2 + \widehat{\dot{n}_5}$

- **Vazão total do gás na saída.** $\widehat{\dot{n}_{\text{total}}} = \dot{n}_3 + \dot{n}_4 + \dot{n}_5$

- **Composição do gás de saída.** $\widehat{y_{O_2}} = \dot{n}_3/\dot{n}_{\text{total}}$, $\widehat{y_{N_2}} = \dot{n}_4/\dot{n}_{\text{total}}$, $\widehat{y_{H_2O}} = \dot{n}_5/\dot{n}_{\text{total}}$

Os detalhes do cálculo são deixados como exercício.

4.3e Procedimento Geral para Cálculos de Balanços de Massa em Processos de Unidade Única

As técnicas introduzidas nas seções anteriores e vários outros procedimentos sugeridos são recapitulados a seguir. Dados uma descrição do processo, os valores de diversas variáveis de processo e uma lista das quantidades a serem determinadas:

1. ***Escolha como base de cálculo uma quantidade ou vazão de uma das correntes do processo.***

   - Se uma quantidade ou vazão de corrente é dada no enunciado do problema, normalmente é conveniente usá-la como base de cálculo. As quantidades calculadas em sequência estarão então corretamente escalonadas.

   - Se várias quantidades ou vazões de corrente são dadas, sempre use-as coletivamente como base.

   - Se não é especificada uma quantidade ou uma vazão de corrente, tome como base uma quantidade ou vazão arbitrária de uma corrente de composição conhecida (por exemplo 100 kg ou 100 kg/h se as frações mássicas são conhecidas ou 100 mols ou 100 mol/h se as frações molares são conhecidas).

2. ***Desenhe o fluxograma e rotule todas as variáveis conhecidas, incluindo a base de cálculo. Rotule depois as variáveis desconhecidas.***

   - *O fluxograma está completamente rotulado se você pode expressar as massas ou vazões mássicas (ou mols ou vazões molares) de cada componente de cada corrente em termos das quantidades rotuladas.* Portanto, as quantidades rotuladas para cada corrente do processo devem ser *ou*
     - **(a)** a massa total [por exemplo, m_1 (kg)] ou a vazão mássica [$\dot{m}_1$ (kg/s)] e as frações mássicas de todos os componentes da corrente [por exemplo, y_{CH4} (kg CH_4/kg)], *ou*
     - **(b)** os mols totais [por exemplo, n_1 (kmol)] ou a vazão molar [$\dot{n}_1$ (kmol/s)] e as frações molares de todos os componentes da corrente [por exemplo, y_{CH4} (kmol CH_4/kmol)], *ou*
     - **(c)** para cada componente, a massa [por exemplo, m_{H2} (kg H_2)], a vazão mássica [$\dot{m}_{H2}$ (kg SO_2/s)], os mols [n_{CO} (kmol CO)] ou a vazão molar [$\dot{n}_{CO}$ (kmol CO/s)].

   - Se você tem (ou pode determinar com facilidade) seja a quantidade ou a vazão ou quaisquer das frações de componente para uma corrente, rotule a quantidade ou vazão total da corrente e as frações (categorias (a) e (b) da lista anterior). Se você conhece apenas quais espécies estão presentes, mas não tem informação quantitativa, rotule as quantidades ou vazões de componente (categoria (c) na lista anterior). Qualquer forma de rotulagem funcionará para qualquer corrente, mas a álgebra tende a se simplificar se você segue estas regras.

   - Tente incorporar as relações dadas entre as variáveis desconhecidas do diagrama. Por exemplo, se você sabe que a vazão molar da corrente 2 é o dobro da vazão molar da corrente 1, rotule as vazões como $\dot{n}_1$ e $2\,\dot{n}_1$ em vez de $\dot{n}_1$ e $\dot{n}_2$.

   - *Rotule quantidades volumétricas apenas se elas são dadas no enunciado do problema ou se elas precisarem ser calculadas.* Você irá escrever balanços de massa ou mols, mas não de volumes. (Você pode pensar do por que disso?)

3. ***Expresse o que o enunciado pede para calcular em termos das variáveis rotuladas.*** Você saberá então quais incógnitas deve determinar para solucionar o problema. Nós vamos nos referir às equações relacionando as variáveis desconhecidas rotuladas no fluxograma como "equações do sistema" e estas expressões como "equações adicionais".

4. ***Se você tem unidades misturadas de massa e mols para determinada corrente*** (como uma vazão mássica total de corrente e as frações molares dos componentes ou vice-versa), ***converta todas as quantidades para uma única base usando os métodos da Seção 3.3.***

5. ***Faça a análise dos graus de liberdade***. Conte as incógnitas e identifique as equações que as relacionam. As equações podem ser de qualquer dos seis tipos listados na Seção 4.3d: balanços de massa, um balanço de energia, especificações do processo, relações de propriedades físicas e leis, restrições físicas e relações estequiométricas. Se você conta mais incógnitas do que equações ou vice-versa, imagine o que pode estar errado (por exemplo, o diagrama não está completamente rotulado, ou existe uma relação adicional que não foi considerada, ou uma ou mais das suas equações não são independentes, ou o problema está subespecificado ou superespecificado). Se o número de equações não é igual ao número de incógnitas, não faz sentido perder tempo tentando resolver o problema. Se existe zero grau de liberdade, passe para a próxima etapa.

6. **(a)** ***Se as equações do sistema devem ser resolvidas manualmente, escreva-as em uma ordem eficiente (minimizando equações simultâneas) e circule as variáveis para as quais você vai resolver*** (como no Exemplo 4.3-4). Comece com as equações que envolvam apenas uma variável desconhecida, então, forme pares de equações simultâneas contendo duas variáveis desconhecidas, e assim por diante. Por fim, faça a álgebra necessária para resolver as equações.

   (b) ***Se um programa de resolução de equações será usado, escreva as equações do sistema em qualquer ordem e resolva-as.***

7. ***Verifique sua solução substituindo os valores calculados das variáveis em quaisquer equações de balanço que você não usou.*** Por exemplo, se você usou somente balanços de componentes para obter a solução, substitua os valores das variáveis no balanço global e assegure-se de que os lados esquerdo e direito são iguais.

8. ***Resolva as equações adicionais para as quantidades solicitadas no enunciado do problema.***

9. ***Se uma quantidade n_g ou vazão de corrente $\dot{n}_g$ foi dada no enunciado e outro valor n_c (ou $\dot{n}_c$) foi escolhido como base ou calculado para esta corrente, escalone o processo balanceado pelo fator n_g/n_c para obter o resultado final.***

O exemplo seguinte ilustra o procedimento.

Exemplo 4.3-5 | Balanços de Massa em uma Coluna de Destilação

Uma mistura líquida contendo 45,0% de benzeno (B) e 55,0% de tolueno (T) em massa alimenta uma coluna de destilação. Uma corrente de produto que deixa o topo da coluna (o *produto de topo*) contém 95,0% molar de B, e uma corrente de produto de fundo contém 8,0% do benzeno fornecido à coluna (querendo dizer que 92% do benzeno saem pelo topo). A vazão volumétrica da alimentação é 2000 L/h e a densidade relativa da mistura de alimentação é 0,872. Determine a vazão mássica da corrente de topo e a vazão mássica e a composição (frações mássicas) da corrente de fundo (a) resolvendo as equações manualmente, e (b) usando um programa de resolução de equações.

Solução Ilustraremos explicitamente a implementação do procedimento descrito acima. Os primeiros cinco passos do procedimento são os mesmos independentemente se as equações do sistema serão resolvidas manualmente ou com um programa de resolução de equações.

1. ***Escolher uma base.*** Sem nenhuma razão para fazer diferente, escolhemos a vazão dada da corrente de alimentação (2000 L/h) como base de cálculo.

2. ***Desenhar e rotular o diagrama.***

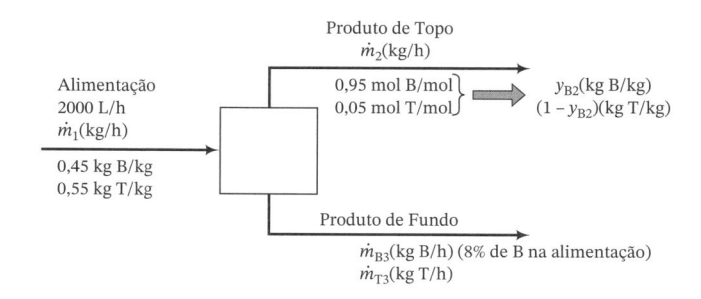

Note vários pontos acerca da rotulagem do diagrama:

- É dada uma vazão volumétrica para a corrente de alimentação, mas serão necessárias as vazões e frações mássicas para os balanços. A vazão mássica da corrente deve, portanto, ser considerada como uma incógnita e rotulada como tal no diagrama. O seu valor será determinado a partir da vazão volumétrica dada e da densidade da corrente de alimentação.

- Já que serão escritos balanços de massa, as frações molares dadas no produto de topo terão que ser convertidas para frações mássicas. Portanto, as frações mássicas são rotuladas como incógnitas.

- Poderíamos ter rotulado a vazão mássica e as frações mássicas da corrente do fundo, como fizemos com a de topo. No entanto, já que não temos informação acerca da vazão ou da composição desta corrente, preferimos rotular as vazões de cada componente (seguindo a regra dada no Passo 2 do procedimento geral).

- A vazão de cada componente em cada corrente do processo pode ser expressa em termos das variáveis e quantidades rotuladas. (Verifique esta afirmação.) Por exemplo, as vazões de tolueno (kg T/h) nas correntes de alimentação, topo e fundo são, respectivamente, $0{,}55\,\dot{m}_1$, $\dot{m}_2 (1 - y_{B2})$ e $\dot{m}_{T3}$. O fluxograma está então completamente rotulado.

- A divisão 8%-92% do benzeno entre as correntes de produto não é uma composição nem uma vazão; no entanto, constitui-se em uma relação adicional entre as variáveis das correntes, e como tal é escrita no diagrama para ser incluída na análise dos graus de liberdade.

3. **Escreva expressões para as quantidades requeridas pelo enunciado do problema.** Em termos das quantidades rotuladas no diagrama de fluxo, as quantidades a serem calculadas são $\dot{m}_2$ (a vazão mássica da corrente de produto de topo), $\dot{m}_3 = \dot{m}_{B3} + \dot{m}_{T3}$ (a vazão mássica da corrente de produto de fundo), $x_B = \dot{m}_{T3}/\dot{m}_3$ (a fração mássica de benzeno no produto de fundo) e $x_T = 1 - x_B$ (a fração mássica de tolueno). Uma vez que determinamos $\dot{m}_2$, $\dot{m}_{B3}$ e $\dot{m}_{T3}$, o problema está praticamente resolvido.

4. **Converta as unidades misturadas na corrente de produto de topo** (veja o procedimento antes do Exemplo 3.3-3).

    Base: 100 kmol topo $\implies$ 95,0 kmol B, 5,00 kmol T

    $\implies$ (95,0 kmol B) $\times$ (78,11 kg B/kmol B) = 7420 kg B, (5,00 $\times$ 92,13) = 461 kg T

    $\implies$ (7420 kg B) + (461 kg T) = 7881 kg mistura

    $\implies$ y_{B2} = (7420 kg B)/(7881 kg mistura) = 0,942 kg B/kg (escrito no diagrama)

    O peso molecular do benzeno (78,11) e do tolueno (92,13) foram tirados da Tabela B1.

5. **Faça a análise dos graus de liberdade.**

    > 4 incógnitas ($\dot{m}_1$, $\dot{m}_2$, $\dot{m}_{B3}$, $\dot{m}_{T3}$)
    > -2 balanços de massa (já que há duas espécies moleculares em um processo sem reação)
    > -1 reação de massa específica (relacionando a vazão mássica com a vazão volumétrica dada da alimentação)
    > -1 divisão específica do benzeno (8% no fundo e 92% no topo)
    >
    > **0 grau de liberdade**

    Portanto, o problema pode ser resolvido.

(a) Solução manual

6. **Escreva e resolva as equações do sistema.** Nenhuma solução simultânea de equações é necessária.

    Conversão da vazão volumétrica. $\boxed{\dot{m}_1} = \left(2000\ \dfrac{\text{L}}{\text{h}}\right)\left(0{,}872 \times 1{,}00\ \dfrac{\text{kg}}{\text{L}}\right)$

    Divisão do benzeno. O benzeno no produto de fundo é 8% do benzeno na corrente de alimentação. Esta frase se traduz diretamente na equação

    $$\boxed{\dot{m}_{B3}} = 0{,}08(0{,}45\dot{m}_1)$$

Existem ainda duas incógnitas restantes no diagrama ($\dot{m}_2$ e $\dot{m}_{T3}$), e podemos escrever dois balanços. Os balanços de massa total e de tolueno envolvem ambas as incógnitas, mas o balanço de benzeno envolve apenas $\dot{m}_2$ (convença-se, lembrando que agora $\dot{m}_{B3}$ é conhecida), portanto começamos com ele.

Balanço de benzeno $0,45\dot{m}_1 = \left(\dot{m}_2\right)y_{B2} + \dot{m}_{B3}$

Balanço de tolueno $0,55\dot{m}_1 = (1 - y_{B2})\dot{m}_2 + \left(\dot{m}_{T3}\right)$

As soluções destas quatro equações são

$$\dot{m}_1 = 1744 \text{ kg/h}, \dot{m}_{B3} = 62,8 \text{ kg B/h}, \boxed{\dot{m}_2 = 766 \text{ kg/h}}, \dot{m}_{T3} = 915 \text{ kg T/h}$$

7. ***Verifique a solução.*** Um balanço de massa total (a soma dos balanços de benzeno e tolueno) pode ser escrito como uma verificação da solução.

$$\dot{m}_1 = \dot{m}_2 + \dot{m}_{B3} + \dot{m}_{T3} \Longrightarrow 1744 \text{ kg/h} = (766 + 62,8 + 915) \text{ kg/h} = 1744 \text{ kg/h} \checkmark$$

8. ***Resolva as equações adicionais.***

Vazão mássica da corrente do produto de fundo

$$\left(\dot{m}_3\right) = \dot{m}_{B3} + \dot{m}_{T3} \boxed{= 978 \text{ kg/h}}$$

Composição da corrente do produto de fundo

$$\left(y_{B3}\right) = \frac{\dot{m}_{B3}}{\dot{m}_3} \boxed{= 0,064} \qquad \left(y_{T3}\right) = 1 - y_{B3} \boxed{= 0,936}$$

Se tivéssemos escolhido outra base de cálculo que não a quantidade ou vazão real da corrente, escalonaríamos agora o processo do valor calculado com a base para o valor real desta variável. Já que no nosso caso usamos como base a vazão real da corrente de alimentação, a solução já está completa.

(b) ***Solução por computador***

9. ***Escreva e resolva as equações do sistema.*** As quatro equações do sistema (dois balanços materiais, relação da densidade da alimentação, e equação de partição do benzeno) podem ser escritas nesta (ou qualquer outra) ordem.

Balanço de massa: $\qquad\qquad\qquad\qquad\qquad\qquad \dot{m}_1 = \dot{m}_2 + \dot{m}_{B3} + \dot{m}_{T3}$ **(1)**

Balanço de benzeno: $\qquad\qquad\qquad\qquad\qquad 0,45\dot{m}_1 = 0,942\dot{m}_2 + \dot{m}_{B3}$ **(2)**

Conversão da vazão volumétrica: $\qquad\qquad \dot{m}_1 = \left(2000 \dfrac{\text{L}}{\text{h}}\right)\left(0,872 \times 1,00 \dfrac{\text{kg}}{\text{L}}\right)$ **(3)**

Partição do benzeno: $\qquad\qquad\qquad\qquad\qquad \dot{m}_{B3} = 0,08(0,45\dot{m}_1)$ **(4)**

As equações podem ser resolvidas com o Solver do Excel ou qualquer outro programa de resolução de equações.

10. ***Verifique a solução.*** Os lados esquerdo e direito do balanço de tolueno seriam calculados e verificados para se assegurar que eles são iguais.

11. ***Resolva as equações adicionais.*** As três variáveis adicionais solicitadas seriam calculadas a partir dos valores das variáveis determinados no Passo 6.

A seguinte planilha Excel ilustra a solução completa do problema. O procedimento de solução é resumido abaixo da planilha.

	A	B	C	D	E	F
1	**Solução do Exemplo 4.3-5**					
2						
3		Variável	**m1**	**m2**	**mB3**	**mT3**
4		Valor	1744	766,47	62,78	914,75
5						
6	**Equações do sistema**		**LE**	**LD**	**(LE-LD)^2**	
7	(1) Balanço de massa	m1= m2+ mB3+ mT3	1744	1744	0	
8	(2) Balanço benzeno	0.45*m1= 0,942*m2+ mB3	784,8	784,8	0	
9	(3) Vazão volume	m1= 2000*0,872	1744	1744	5,17E−26	
10	(4) Partição benzeno	mB3= 0,08*(0,45*m1)	62,78	62,78	8,53E−27	
11				**Soma**	6,02E−26	
12						
13	**Verificação: balanço tolueno**	0,55*m1= 0,05*m2+ mT3	**LE**	**LD**		
14			959,2	959,2	Ok	
15						
16	**Equações adicionais**					
17	(5) Vazão do prod. fundo	m3= mB3+ mT3 =	978			
18	(6) Fração benz. prod. fundo	yB3= mB3/m3=	0,064			
19	(7) Fração tol. prod. fundo	yT3= 1 − yB3 =	0,936			

- Digite as entradas em [A1:A19], [B3:B18], [C3:F3], [C6:E6] e [D11] como mostrado;
- Entre as estimativas iniciais das quatro variáveis desconhecidas (digamos 100, 100, 50, 50) em [C4:F4];
- Entre as seguintes fórmulas em [C7:E10]

[C7] = C4	[D7] = D4+E4+F4	[E7] = (C7-D7)^2
[C8] = 0,45*C4	[D8] = 0,942*D4+E4	[E8] = (C8-D8)^2
[C9] = C4	[D9] = 2000*0,872	[E9] = (C9-D9)^2
[C10]= E4	[D10] = 0,08*0,45*C4	[E10] = (C10-D10)^2

- Abra o *Solver* para minimizar o valor na Célula [E11] ajustando os valores em [C4:F4]. O Solver converge para os valores mostrados em [C4:F4], e o valor desprezível em [E11] indica que aqueles quatro valores são virtualmente a solução exata das quatro equações.
- Digite os lados esquerdo e direito do balanço de tolueno em [C14] e [D14], respectivamente. A igualdade dos dois valores confirma a correção das soluções das equações do sistema. A palavra "Ok" é digitada em [E14].
- Digite

[C17] = E4+F4	[C18] = E4/C17	[C19] = 1−C18

Nota: Este exemplo ilustra o uso direto do Solver. Uma alternativa seria digitar as quatro equações do sistema no *Equation Solving Wizard* do APEx, que então geraria o bloco de células [B3:F11] na planilha com os conteúdos mostrados acima e, então, após isto, chamar o Solver para obter a solução.

4.3f Em Livros, Balanços Normalmente Fecham; Em Processos Químicos Reais, Nem Tanto

O procedimento delineado na seção precedente lhe permitirá resolver a maioria dos problemas nos Capítulos 4-6 e (uma vez que você tenha aprendido sobre balanços de energia) nos Capítulos 7-9 também. Você deve saber, no entanto, que estes problemas foram criados baseados sobre três condições que talvez sejam irrealistas para sistemas de processos reais: (1) um número suficiente de variáveis é conhecido para permitir o cálculo dos valores desconhecidos; (2) valores fornecidos das variáveis (que em um sistema real teriam sido todos medidos usando instrumentos como aqueles descritos no Capítulo 3) são todos conhecidos com precisão; (3) balanços materiais para todas as espécies sempre fecham — isto é, para processos batelada e contínuos estacionários, entrada + geração sempre iguala saída + consumo, e se uma espécie é não reativa, a entrada sempre iguala a saída. Sistemas reais raramente funcionam tão limpos: na verdade, se um balanço vem a fechar exatamente é somente por conta da coincidência de um cancelamento de erros. Na prática, ao menos que a espécie seja excepcionalmente valiosa ou excepcionalmente perigosa, um balanço que chega perto de fechar é normalmente bom o suficiente.

Considere o seguinte sistema trivial no qual correntes contínuas de etanol líquido e água líquida são misturados, e você foi escalado para calcular a vazão mássica da mistura.

A tarefa de calcular $\dot{m}_{saída}$ parece direta. Fazendo E e W representar etanol e água e usando as densidades relativas da tabela B.1, obtemos

$$\dot{m}_{ent} = \frac{55 \text{ L E}}{\text{s}} \left| \frac{0,789 \text{ kg}}{1 \text{ L E}} + \frac{105 \text{ L W}}{\text{s}} \right| \frac{1,000 \text{ kg}}{1 \text{ L W}} = 148 \ \frac{\text{kg}}{\text{s}} \implies \dot{m}_{saída} = \dot{m}_{ent} = 148 \ \frac{\text{kg}}{\text{s}}$$

Agora suponha que um técnico entre e informe o engenheiro de processo (que seria você) que a vazão volumétrica na saída foi medida e convertida para uma vazão mássica de 144 kg/s. Não há mais nada para calcular, e seu trabalho agora é explicar porque o balanço de massa para o sistema não está fechando (148 kg/s entrando ≠ 144 kg/s saindo).

A primeira questão a considerar é se a diferença entre o valor predito de 148 kg/s e o valor medido de 144 kg/s (uma diferença de cerca de 3%) é real ou simplesmente um resultado do fato de que os valores medidos das variáveis — as três vazões volumétricas — podem todos flutuar. Se você fizer medidas repetidas usando os três medidores de vazão e calcular o desvio-padrão dos resultados, uma análise direta vai lhe dizer se a diferença de 4 kg/s é estatisticamente significativa ou se ela cai na faixa do erro de medida normal. No último caso, você deveria realizar mais diversas medidas para diminuir a margem de erro. Se a diferença é significativa, você ainda tem a necessidade de explicar a discrepância.

Cubra a tabela que segue, tome um tempo e pense sobre possíveis explicações, e, então, descubra a tabela e veja quantas você acertou e se você pensou em outras que não estão na lista.

Possíveis razões para entrada ≠ saída

- O estado estacionário ainda não tinha sido atingido quando as medidas foram realizadas.
- As medidas de vazão de qualquer uma das três correntes pode ter sido falsa em função de erro do instrumento ou humano.
- As densidades das correntes dos fluidos podem ser diferentes daquelas na Tabela B.1 (por exemplo, por causa de variações de temperatura), levando a erros na conversão das vazões de volumétrica para mássica.
- Pode existir um pequeno vazamento no tanque.

Em processos mais complexos a lista de possibilidades pode ser consideravelmente mais longa, incluindo fatores como impurezas nos materiais de alimentação, flutuações de temperatura e pressão, reações químicas entre espécies do processo que não foram levadas em conta, hipóteses injustificadas de comportamento ideal, e assim por diante.

Em um número de problemas de final de capítulo neste livro, você será solicitado a gerar listas similares de possíveis razões para discrepâncias entre o que você calculou e o que seria realmente medido para um processo, ou razões para falhas no fechamento de balanços. Você pode não ver mais tais problemas de livro no resto de seus estudos. No entanto, é quase certo que você encontre desvios de predições e balanços que não fecham em seus cursos de laboratório, e se você vai trabalhar na indústria ou em pesquisa acadêmica é garantido que você os encontre rotineiramente. Nós esperamos que os exercícios neste livro ajudem a preparar você para estas ocasiões.

4.4 BALANÇOS EM PROCESSOS DE MÚLTIPLAS UNIDADES

Nas seções anteriores nos referimos de maneira um tanto displicente ao "sistema", como no enunciado "No estado estacionário, a taxa na qual o benzeno entra no sistema é igual à taxa com que ele sai". Nada foi dito acerca do que é este "sistema". Mas também nada precisava ter sido dito até agora, pois consideramos até aqui apenas processos envolvendo uma única unidade — um misturador, uma coluna de destilação ou um reator —, e esta unidade necessariamente constitui o sistema.

Os processos químicos industriais raramente envolvem apenas uma única unidade. Com frequência aparecem um ou mais reatores químicos, mais unidades para mistura de reagentes, para aquecimento ou resfriamento de correntes, para separação dos produtos um do outro e dos reagentes não consumidos, e para remoção de poluentes potencialmente perigosos das correntes antes da descarga no meio ambiente. Antes de analisar tais processos, devemos olhar com mais atenção ao que queremos representar por um sistema.

Em termos gerais, um "sistema" é qualquer parte de um processo que pode ser incluído dentro de uma caixa hipotética (fronteira ou limite). Pode ser o processo completo, uma combinação de algumas unidades do processo, uma única unidade, um ponto no qual duas ou mais correntes se juntam ou um ponto onde uma corrente se divide em outras. As entradas e saídas de um sistema são as correntes de processo que cortam as fronteiras do sistema.

A Figura 4.4-1 mostra um fluxograma para um processo de duas unidades. Cinco limites desenhados em torno das seções deste processo definem diferentes sistemas nos quais podem ser escritos balanços materiais.

A fronteira Ⓐ contém o processo inteiro; o sistema definido por este limite tem como entradas as Correntes de Alimentação 1, 2 e 3 e as Correntes de Produto 1, 2 e 3 como saídas. (Convença-se.) Os balanços escritos para este sistema são conhecidos como **balanços globais**. A corrente que conecta as Unidades 1 e 2 é interna ao sistema e, portanto, não faz parte dos balanços globais do sistema.

O limite Ⓑ contém um ponto de mistura das correntes de alimentação. As Correntes de Alimentação 1 e 2 são as entradas para este sistema e a corrente que flui para a Unidade 1 é a saída. O limite Ⓒ contém a Unidade 1 (uma corrente de entrada e duas correntes de saída), o limite Ⓓ contém um ponto de separação de correntes (uma corrente de entrada e duas de saída), e o limite Ⓔ contém a Unidade 2 (duas correntes de entrada e uma de saída).

O procedimento para resolver os balanços de massa em processo de múltiplas unidades é essencialmente o mesmo já descrito na Seção 4.3. A diferença é que, para processos de unidades múltiplas, você deve isolar e escrever os balanços para vários subsistemas do processo, de modo a obter equações suficientes para resolver todas as incógnitas. Quando analisar processos de múltiplas unidades, faça a análise dos graus de liberdade no processo global e em cada subsistema, levando em conta apenas as correntes que cortam as fronteiras do sistema considerado. Não comece a escrever e resolver equações para um subsistema antes de verificar que ele possui zero grau de liberdade.

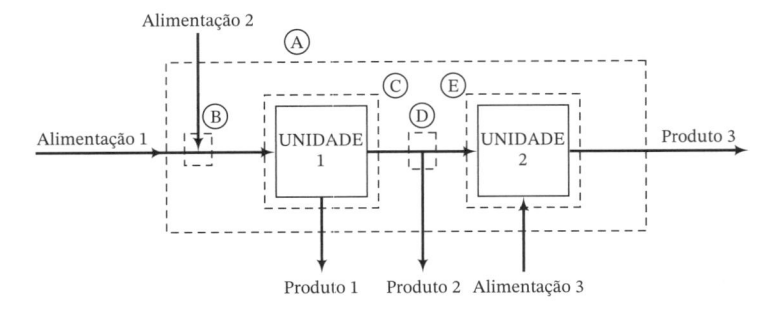

FIGURA 4.4-1 Diagrama de fluxo de um processo com duas unidades. As linhas tracejadas representam as fronteiras dos sistemas em torno dos quais podem ser escritos balanços.

Exemplo 4.4-1 Um Processo de Duas Unidades

Na figura a seguir aparece um fluxograma rotulado de um processo contínuo no estado estacionário contendo duas unidades. Cada corrente contém dois componentes, A e B, em diferentes proporções. Três correntes cujas vazões e/ou composições não são conhecidas são rotuladas 1, 2 e 3.

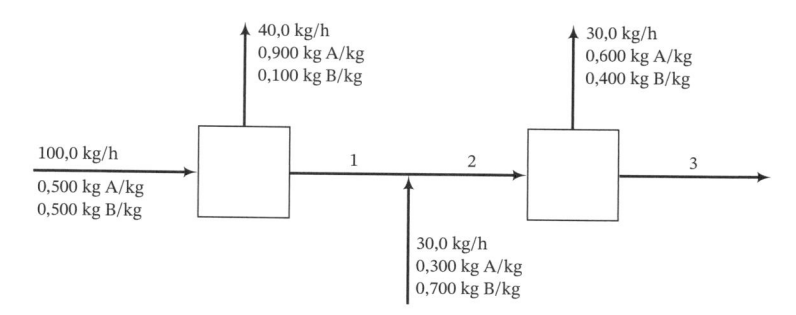

Calcule as vazões e composições desconhecidas das correntes 1, 2 e 3.

Solução **Base — Vazões Dadas**

Os sistemas nos quais os balanços podem ser escritos aparecem na representação a seguir.

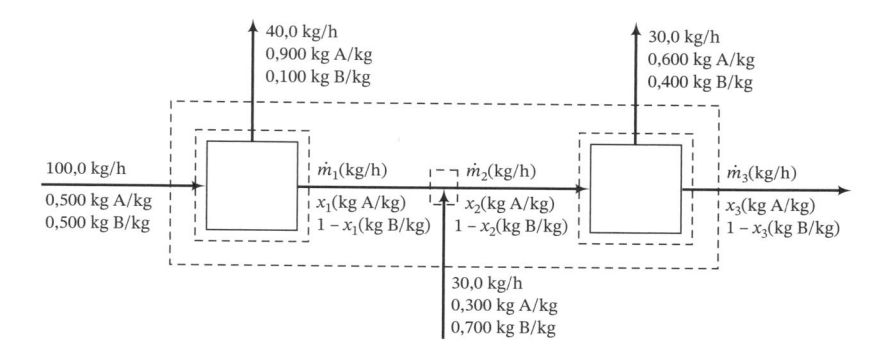

A fronteira externa engloba o processo inteiro e tem como entradas e saídas todas as correntes que entram e saem do processo. Duas das fronteiras internas encerram unidades individuais do processo, e a terceira inclui um ponto de junção de correntes.

Análise dos Graus de Liberdade

Primeiro esboçamos a solução do problema fazendo uma análise dos graus de liberdade nos diferentes sistemas. Lembre-se de que apenas as variáveis associadas com correntes que cortam as fronteiras de um sistema devem ser contadas na análise deste sistema.

Sistema global (fronteira externa tracejada):

$$2 \text{ incognitas } (\dot{m}_3, x_3) - 2 \text{ balanços (2 espécies)} = 0 \text{ grau de liberdade}$$
$$\implies \underline{\text{Determinar } \dot{m}_3 \text{ e } x_3}$$

Nas análises subsequentes, podemos considerar estas duas variáveis como conhecidas. Suponhamos que resolvemos usar agora o ponto de junção como nosso próximo sistema.

Ponto de mistura:

$$4 \text{ incógnitas } (\dot{m}_1, x_1, \dot{m}_2, x_2) - 2 \text{ balanços (2 espécies)} = 2 \text{ graus de liberdade}$$

Aqui temos incógnitas demais para o número de equações disponíveis. Vamos tentar a Unidade 1.

Unidade 1:

$$2 \text{ incógnitas } (\dot{m}_1, x_1) - 2 \text{ balanços (2 espécies)} = 0 \text{ grau de liberdade}$$
$$\implies \underline{\text{Determinar } \dot{m}_1 \text{ e } x_1}$$

Podemos agora analisar tanto o ponto de mistura quanto a Unidade 2, cada um agora com duas variáveis desconhecidas associadas.

Ponto de mistura:

$$2 \text{ incógnitas } (\dot{m}_2, x_2) - 2 \text{ balanços (2 espécies)} = 0 \text{ grau de liberdade}$$
$$\Longrightarrow \underline{\text{Determinar } \dot{m}_2 \text{ e } x_2}$$

O procedimento será então escrever primeiro os balanços globais do sistema para determinar $\dot{m}_3$ e x_3, depois os balanços da Unidade 1 para determinar $\dot{m}_1$ e x_1, e finalmente os balanços no ponto intermediário de mistura para determinar $\dot{m}_2$ e x_2.

Os cálculos são diretos. Note que todos os balanços neste processo não reativo em estado estacionário têm a forma *entrada = saída*, e note também que os balanços estão escritos em uma ordem que não requer a solução de nenhum sistema de equações simultâneas (cada equação envolve apenas uma incógnita).

Cálculos

Balanço de Massa Global:

$$(100,0 + 30,0)\,\frac{\text{kg}}{\text{h}} = (40,0 + 30,0)\,\frac{\text{kg}}{\text{h}} + \dot{m}_3 \Longrightarrow \boxed{\dot{m}_3 = 60,0 \text{ kg/h}}$$

Balanço Global em A: (Verifique se cada termo aditivo tem as unidades kg A/h.)

$$(0,500)(100,0) + (0,300)(30,0) = (0,900)(40,0) + (0,600)(30,0) + x_3(60,0)$$
$$\Longrightarrow \boxed{x_3 = 0,0833 \text{ kg A/kg}}$$

Balanço de Massa na Unidade 1: (Cada termo tem as unidades kg/h.)

$$100 = 40 + \dot{m}_1 \Longrightarrow \boxed{\dot{m}_1 = 60,0 \text{ kg/h}}$$

Balanço de A na Unidade 1: (Cada termo aditivo tem as unidades kg A/h.)

$$(0,500)(100,0) = (0,900)(40,0) + x_1(60,0) \Longrightarrow \boxed{x_1 = 0,233 \text{ kg A/kg}}$$

Balanço de Massa no Ponto de Junção: (Cada termo tem as unidades kg/h.)

$$\dot{m}_1 + 30,0 = \dot{m}_2 \xrightarrow{\ m_1 = 60,0 \text{ kg/h}\ } \boxed{\dot{m}_2 = 90,0 \text{ kg/h}}$$

Balanço de A no Ponto de Junção: (Cada termo aditivo tem as unidades kg A/h.)

$$x_1 \dot{m}_1 + (0,300)(30,0) = x_2 \dot{m}_2$$
$$\left\| \begin{array}{l} \dot{m}_1 = 60,0 \text{ kg/h} \\ x_1 = 0,233 \text{ kg A/kg} \\ \dot{m}_2 = 90,0 \text{ kg/h} \end{array} \right.$$
$$\boxed{x_2 = 0,255 \text{ kg A/kg}}$$

A situação se complica quando três ou mais unidades de processo estão envolvidas. Em tais casos, os balanços podem ser escritos não apenas para o processo inteiro e para os processos individuais, mas também para combinações de unidades. Encontrar as combinações certas pode levar a ganhos consideráveis na eficiência dos cálculos.

Extração com solvente é usada frequentemente para separar componentes de uma mistura líquida (vamos chamá-los de A e B) que são quase igualmente voláteis, de forma que eles não podem ser separados facilmente por métodos como evaporação ou destilação. Segue como ela funciona. Misture a solução de A e B com uma terceira espécie, C, que tem uma forte afinidade por B, mas é imiscível ou quase imiscível com A. Após decantação, a mistura combinada separa em duas fases. Uma é rica em A e pode conter pequenas quantidades de B e C; a outra é rica em C e contém a maior parte de B contida na mistura original e possivelmente uma pequena quantidade de A. A fase rica em C é então alimentada em outra operação que separa B e C, com B recuperado como produto e C reciclado para o extrator.

Outra razão comum para escolher a extração é que a espécie A e/ou B são *termicamente lábeis*: isto é, elas podem reagir ou degradar quando expostas a temperaturas altas, tais como aquelas normalmente encontradas em evaporação e destilação. Tais sistemas são especialmente comuns entre compostos complexos muitas vezes encontrados em processos biológicos ou farmacêuticos.[7] O seguinte exemplo ilustra outra importante aplicação da extração e fornece um exemplo de formulação e resolução de balanços de massa em unidades múltiplas.

Exemplo 4.4-2	Um Processo de Extração-Destilação

Deseja-se separar uma mistura contendo 50% de acetona e 50% de água (em peso) em duas correntes — uma rica em acetona, a outra em água. O processo de separação consiste na extração da acetona da água com a metil isobutil cetona (MIBC ou M), que dissolve a acetona, mas que é praticamente imiscível na água. O processo é mostrado de forma esquemática na figura abaixo.

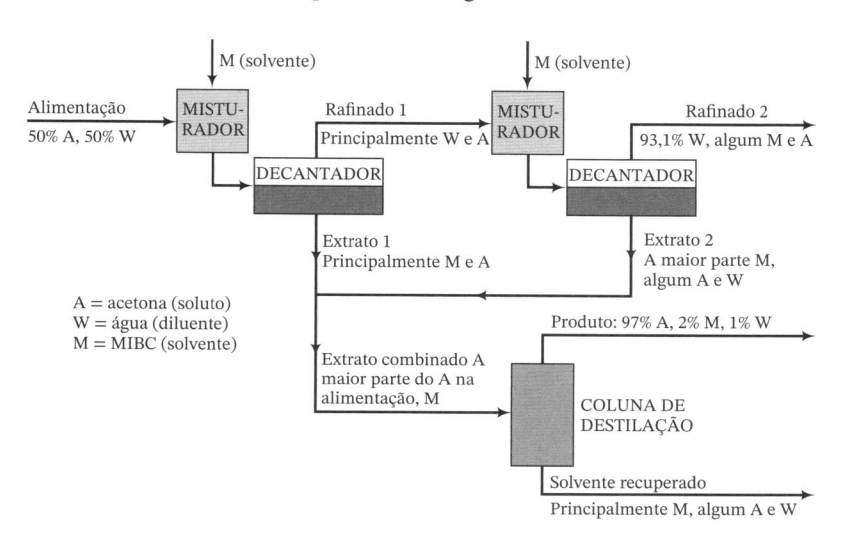

A mistura acetona (**soluto**)-água (**diluente**) é posta em contato com a MIBC (**solvente**) em um misturador que fornece um bom contato entre as duas fases líquidas. Uma porção da acetona na alimentação se transfere da fase aquosa (água) para a fase orgânica (MIBC) neste passo. A mistura passa a um tanque de decantação, onde as fases se separam e são retiradas separadamente. A fase rica no diluente (neste caso, água) é chamada de **rafinado**, e a fase rica no solvente (MIBC) é o **extrato**. A combinação misturador-decantador é a primeira **etapa** deste processo de separação.

O rafinado passa a uma segunda etapa de extração, onde entra em contato com uma segunda corrente de MIBC pura, o que leva à transferência de mais acetona. As duas fases são separadas em um segundo decantador e o rafinado desta segunda etapa é descartado. Os extratos das duas etapas de mistura-decantação são combinados e fornecidos a uma coluna de destilação. O produto do topo da coluna é rico em acetona e constitui o produto do processo. O produto do fundo é rico em MIBC, e em um processo real seria provavelmente reciclado de volta ao extrator, mas isto não será considerado neste exemplo.

Em um estudo em planta-piloto, para cada 100 kg de acetona-água fornecidos à primeira etapa de extração, 100 kg de MIBC são alimentados à primeira etapa e 75 kg à segunda etapa. O extrato da primeira etapa contém 27,5% em peso de acetona. (Todas as percentagens no resto do parágrafo são em peso.) O rafinado da segunda etapa tem uma massa de 43,1 kg e consiste em 5,3% de acetona, 1,6% de MIBC e 93,1% de água, enquanto o extrato da segunda etapa contém 9,0% de acetona, 88,0% de MIBC e 3,0% de água. O produto de topo da coluna de destilação contém 2,0% de MIBC, 1,0% de água e o resto é acetona.

Para uma base admitida de 100 kg de mistura acetona-água na alimentação, calcule as massas e composições (percentagens do componente em peso) do rafinado e do extrato da Etapa 1, do extrato da Etapa 2, do extrato combinado e dos produtos de topo e de fundo da coluna de destilação.

Solução Este é um problema enganoso, no qual não há informação suficiente para calcular todas as quantidades pedidas. Mostraremos como a análise dos graus de liberdade permite estabelecer de forma rápida quais variáveis podem ser determinadas e como calculá-las eficientemente, e como também ajuda a evitar que se perca tempo tentando resolver um problema com informação insuficiente.

---

[7] Por exemplo, um processo de extração com solvente foi um desenvolvimento chave na produção em larga escala da penicilina na década de 1940 (R. I. Mateles, Ed., *Penicilin: A Paradigm for Biotechnology*, Candida Corporation, Chicago, IL, 1998).

Como sempre, começamos por desenhar e rotular um fluxograma. Por simplicidade, trataremos cada combinação misturador-decantador como uma única unidade chamada de "extrator".

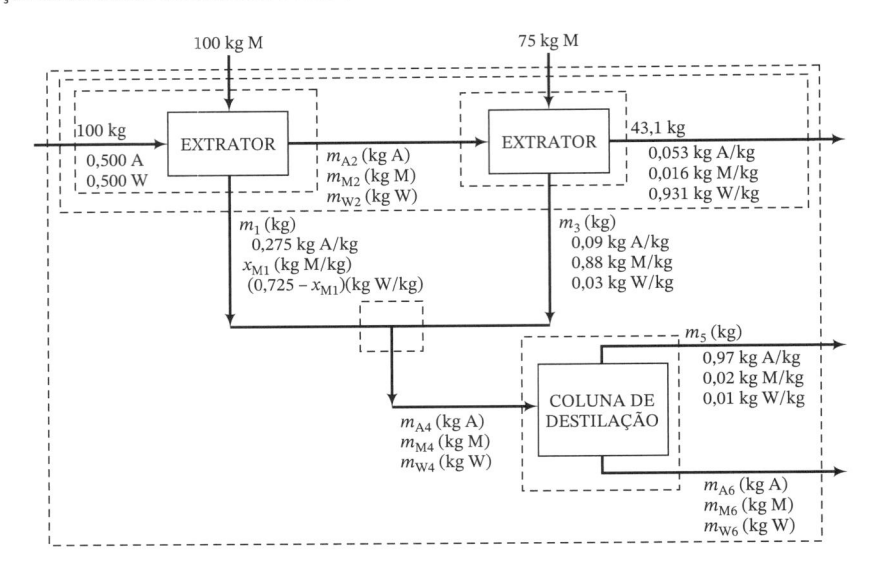

Podem ser escritos balanços para qualquer dos sistemas mostrados no diagrama, incluindo o processo inteiro, os extratores individuais, a combinação dos dois extratores, o ponto onde os dois extratos se combinam e a coluna de destilação. Uma análise dos graus de liberdade para o processo global indica que há quatro incógnitas (m_5, m_{A6}, m_{M6}, m_{W6}) e apenas três equações (um balanço de massa para cada uma das três espécies moleculares independentes envolvidas), deixando um grau de liberdade. Da mesma maneira, cada extrator tem um grau de liberdade, o ponto de mistura dos extratos tem três e a coluna de destilação tem quatro. (Verifique estes números.) No entanto, o sistema constituído pelas duas unidades de extração envolve apenas três incógnitas (m_1, x_{M1}, m_3) e há três balanços independentes, de forma que este subsistema tem zero grau de liberdade. O procedimento de solução é o seguinte:

- ***Analise o subsistema dos dois extratores.*** Escreva o balanço de massa total e o balanço de acetona; resolva-os simultaneamente para determinar m_1 e m_3. Escreva o balanço de MIBC para determinar x_{M1}.

- ***Analise o ponto de mistura dos extratos.*** Escreva os balanços de acetona, MIBC e água; resolva-os para determinar m_{A4}, m_{M4} e m_{W4}, respectivamente.

- ***Analise o primeiro (ou o segundo) extrator.*** Escreva os balanços de acetona, MIBC e água; resolva-os para determinar m_{A2}, m_{M2} e m_{W2}.

Neste ponto, podemos ver que o cálculo trava. Ainda sobram quatro incógnitas — m_5, m_{A6}, m_{M6} e m_{W6}. Tanto se escolhemos o processo total como a coluna de destilação como nosso sistema, temos apenas três equações independentes e, portanto, um grau de liberdade, de modo que o problema não pode ser resolvido. Além disso, já que os três componentes aparecem nas duas correntes de saída, não há como resolver para nenhuma das incógnitas separadamente. (Se não existisse água no produto do topo, por exemplo, poderíamos deduzir que $m_{W6} = m_{W4}$.) O problema está subespecificado; a menos que alguma informação adicional seja fornecida, as vazões e composições dos produtos da coluna de destilação são indeterminados.

Os cálculos possíveis aparecem a seguir. Todos os balanços têm a forma *entrada = saída* (por quê?), e cada termo aditivo de cada balanço tem as unidades de quilogramas da espécie balanceada.

Balanços no Subsistema dos Dois Extratores

$$\textit{Massa total: } (100 + 100 + 75)\,\text{kg} = 43,1\,\text{kg} + m_1 + m_3$$

$$\text{A: } 100(0,500)\,\text{kg A} = (43,1)(0,053)\,\text{kg A} + m_1(0,275) + m_3(0,09)$$

⇓ Resolvendo simultaneamente

$$\boxed{m_1 = 145\,\text{kg}, \ m_3 = 86,8\,\text{kg}}$$

$$\text{M: } (100 + 75)\,\text{kg M} = (43,1)(0,016)\,\text{kg M} + m_1 x_{M1} + m_3(0,88)$$

⇓ $m_1 = 145\,\text{kg}, m_3 = 86,8\,\text{kg}$

$$\boxed{x_{M1} = 0,675\,\text{kg MIBK/kg}}$$

Balanços no Ponto de Mistura dos Extratos

$$A: \quad m_1(0,275) + m_3(0,09) = m_{A4}$$

$$\Big\| \quad m_1 = 145 \text{ kg}, \ m_3 = 86,8 \text{ kg}$$

$$\boxed{m_{A4} = 47,7 \text{ kg acetona}}$$

$$M: \quad m_1 x_{M1} + m_3(0,88) = m_{M4}$$

$$\Big\| \quad m_1 = 145 \text{ kg}, \ m_3 = 87 \text{ kg}, \ x_{M1} = 0,675 \text{ kg M/kg}$$

$$\boxed{m_{M4} = 174 \text{ kg MIBK}}$$

$$W: \quad m_1(0,725 - x_{M1}) + m_3(0,03) = m_{W4}$$

$$\Big\| \quad m_1 = 145 \text{ kg}, \ m_3 = 86,8 \text{ kg}, \ x_{M1} = 0,675 \text{ kg W/kg}$$

$$\boxed{m_{W4} = 9,9 \text{ kg água}}$$

Balanços no Primeiro Extrator

$$A: \quad 100(0,500) \text{ kg A} = m_{A2} + m_1(0,275)$$

$$\Big\| \quad m_1 = 145 \text{ kg}$$

$$\boxed{m_{A2} = 10,1 \text{ kg acetona}}$$

$$M: \quad 100 \text{ kg M} = m_{M2} + m_1 x_{M1}$$

$$\Big\| \quad m_1 = 145 \text{ kg}, \ x_{M1} = 0,675 \text{ kg M/kg}$$

$$\boxed{m_{M2} = 2,3 \text{ kg MIBK}}$$

$$W: \quad (100)(0,500) = m_{W2} + m_1(0,725 - x_{M1})$$

$$\Big\| \quad m_1 = 145 \text{ kg}, \ x_{M1} = 0,675 \text{ kg M/kg}$$

$$\boxed{m_{W2} = 42,6 \text{ kg água}}$$

Se conhecêssemos (ou pudéssemos determinar independentemente) qualquer uma das variáveis m_5, m_{A6}, m_{M6} ou m_{W6}, poderíamos calcular as outras três. Já que não conhecemos, devemos terminar os cálculos neste ponto.

4.5 RECICLO E DESVIO*

É raro que uma reação química A $\rightarrow$ B seja completada em um reator. Não importa quão pouco A está presente na alimentação ou quanto tempo a mistura permaneça no reator, alguma quantidade de A é normalmente encontrada no produto.

Lamentavelmente, você tem que pagar por *todos* os reagentes que entram no processo, não apenas pela fração que reage, e qualquer A que deixe o processo representa, portanto, recursos desperdiçados. Suponha, no entanto, que você pode achar uma maneira de separar a maior parte ou todo o reagente não consumido da corrente dos produtos. Você pode então vender o produto relativamente puro e **reciclar** os reagentes não consumidos de volta para o reator. É claro que você terá que pagar pelos equipamentos de separação e de reciclo, mas este custo é compensado pela compra de menos reagente e a venda de um produto mais puro por um preço maior.

Um fluxograma rotulado de um processo químico envolvendo reação, separação dos produtos e reciclo aparece na Figura 4.5-1. Note a distinção entre a *alimentação fresca* do processo e a alimentação do reator, que é a soma da alimentação fresca e da corrente de reciclo. Se algumas das variáveis das correntes na Figura 4.5-1 fossem desconhecidas, você poderia determiná-las escrevendo balanços no processo global e no reator, no separador e no ponto de mistura.

---

*Em português costuma ser usado o termo em inglês *bypass*, também como verbo ("bypassar") e adjetivo ("bypassado"), mas neste livro serão usados os termos desvio, desviar e desviado. (N.T.)

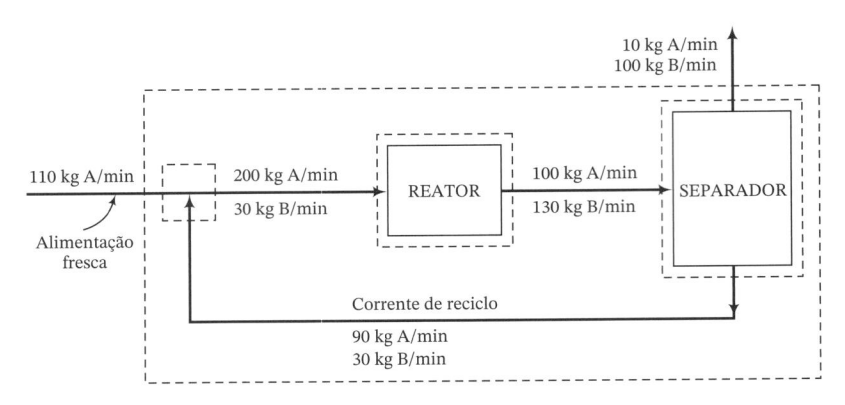

FIGURA 4.5-1 Diagrama de fluxo de um reator com separação e reciclo dos reagentes não consumidos.

Os alunos frequentemente têm dificuldades quando encontram pela primeira vez o conceito de reciclo, pois eles acham difícil entender que o material pode circular dentro do sistema sem que isto signifique acúmulo de massa. Se você tem esta dificuldade, você pode achar útil se referir ao fluxograma da Figura 4.5-1. Observe que, embora tenhamos uma corrente circulando dentro do processo, não existe acúmulo líquido de massa: 110 kg de material entram no sistema por minuto, e a mesma quantidade deixa o sistema por minuto. Dentro do sistema há uma taxa de circulação de 120 kg/min, mas isto não tem nenhum efeito sobre o balanço de massa global do processo.

O próximo exemplo ilustra duas abordagens para resolver problemas de balanço de massa em sistemas com reciclo. A primeira deve ser usada se uma solução manual é buscada, envolve a identificação do sistema global e dos subsistemas para os quais balanços podem ser escritos e uma análise de graus de liberdade para determinar uma ordem eficiente na qual executa a análise. A segunda abordagem é contar as variáveis do sistema desconhecidas, subtrair o número de equações que podem ser escritas para cada subsistema (mas não para o sistema global) e verificar se existe zero grau de liberdade. Se existe, então escreva as equações dos subsistemas e resolva-as com um programa de resolução de equações.

Exemplo 4.5-1 | Balanços de Massa e Energia em um Condicionador de Ar

Ar úmido contendo 4,00% molar de vapor de água deve ser resfriado e desumidificado até um teor de água de 1,70% molar de H_2O. Uma corrente de ar úmido é combinada com uma corrente de reciclo de ar previamente desumidificado e passada através do resfriador. A corrente combinada que entra na unidade contém 2,30% molar de H_2O. No condicionador de ar, parte da água na corrente de alimentação é condensada e removida como líquido. Uma fração do ar desumidificado que sai do resfriador é reciclado e o restante é usado para resfriar um cômodo. Tomando como base 100 mols de ar desumidificado entrando no cômodo, calcule os mols de ar úmido, os mols de água condensada e os mols de ar desumidificado reciclados (a) manualmente, e (b) usando o Solver do Excel.

Solução | O diagrama de fluxo rotulado para este processo, incluindo a base de cálculo admitida, é mostrado na figura a seguir. As linhas tracejadas delimitam os quatro subsistemas em torno dos quais podem ser escritos os balanços — o processo global, o ponto de mistura alimentação fresca-reciclo, o condicionador de ar e ponto de separação de gás de produto-reciclo. As quantidades que devem ser determinadas são n_1, n_3 e n_5.

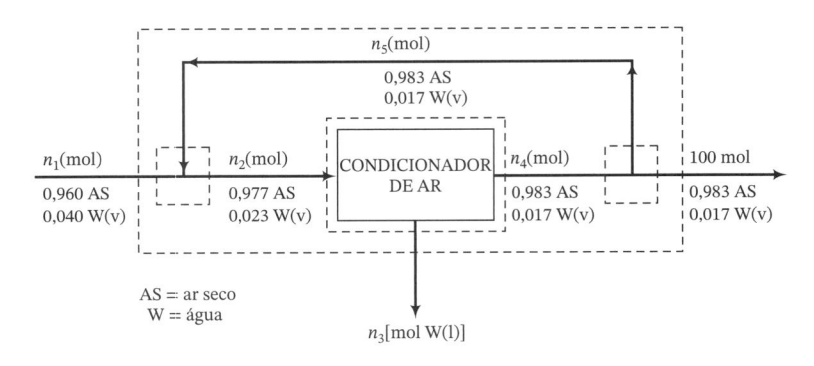

(a) Solução manual. Quando os alunos começam a se deparar com problemas de reciclo, ficam tentados a começar imediatamente escrevendo e resolvendo balanços; quando isto acontece, normalmente eles perdem um *longo* tempo em cada problema, e frequentemente não conseguem resolvê-lo. Se, pelo contrário, você gasta uns poucos minutos fazendo uma análise de graus de liberdade, é capaz de montar um esquema eficiente de solução antes de fazer qualquer cálculo, poupando muito mais tempo do que levou para fazer a análise. Observe o procedimento.

Sistema Global:

2 variáveis (n_1, n_3)   (Considere apenas as correntes que cortam os limites do sistema.)
− 2 equações de balanço   (Duas espécies — ar seco e água — nas correntes.)
──────────────
0 grau de liberdade

Portanto, podemos determinar n_1 e n_3 a partir dos balanços sobre o sistema global. Escrevemos primeiro o balanço de ar seco, já que este envolve apenas uma incógnita (n_1), enquanto o balanço total e o balanço de água envolvem as duas incógnitas. Depois que n_1 foi determinado, o segundo balanço fornece n_3. Nada mais pode ser feito com o sistema global, de forma que procedemos com os outros subsistemas.

Ponto de Mistura:	*Resfriador:*	*Ponto de Divisão:*
2 variáveis (n_2, n_5)	2 variáveis (n_2, n_4)	2 variáveis (n_4, n_5)
− 2 balanços	− 2 balanços	− 1 balanço (veja abaixo)
0 grau de liberdade	0 grau de liberdade	1 grau de liberdade

Apenas um balanço independente pode ser escrito no ponto de separação, já que as correntes que entram e saem deste subsistema estão rotuladas como tendo composições idênticas, de forma que a mistura ar seco/água em todas as três correntes se comporta como uma única espécie. (Convença-se: escreva o balanço de mols totais e o balanço de mols de ar seco ou de água em torno do ponto de separação e observe que você obtém sempre a mesma equação.)

Neste ponto, podemos escrever tanto os balanços em torno do ponto de mistura para determinar n_2 e n_5 como em torno do resfriador para determinar n_2 e n_4 (mas não em torno do ponto de separação, pois este tem um grau de liberdade). O ponto de mistura é o subsistema mais lógico para atacar primeiro, já que o problema pede n_5 mas não n_4. Portanto, escrever e resolver os balanços em torno do ponto de mistura completará a solução.

Agora, finalmente, podemos fazer os cálculos. Todos os balanços têm a forma *entrada = saída* e cada termo aditivo em cada equação tem as unidades de mols da quantidade balanceada.

Balanço global de ar seco: $0{,}960n_1 = 0{,}983(100 \text{ mols}) \implies$ $\boxed{n_1 = 102{,}4 \text{ mols alimentação fresca}}$

Balanço global de mols: $n_1 = n_3 + 100 \text{ mols} \xRightarrow{n_1 = 102{,}4 \text{ mol}}$ $\boxed{n_3 = 2{,}4 \text{ mols } H_2O \text{ condensada}}$

Balanço de mols totais no ponto de mistura: $n_1 + n_5 = n_2$

Balanço de água no ponto de mistura: $0{,}04\, n_1 + 0{,}017n_5 = 0{,}023n_2$

$\quad\Big\| \; n_1 = 102{,}4 \text{ mols}$
$\quad\Downarrow \text{ Resolvendo simultaneamente}$

$n_2 = 392{,}5 \text{ mols}$

$\boxed{n_5 = 290 \text{ mols reciclados}}$

Quase três mols são reciclados para cada mol de ar transferido para o cômodo.

(b) Solução por computador. Existem cinco variáveis desconhecidas no fluxograma (n_1 - n_5) e podemos escrever dois balanços materiais para o ponto de mistura, dois mais para o condicionador de ar e um para o ponto de divisão da corrente, para um total de cinco equações. Temos zero grau de liberdade e assim o problema tem solução. A planilha Excel aparecerá como segue para estimativas iniciais de 100 mols para cada uma das cinco variáveis desconhecidas. Balanços globais são escritos para cada subsistema e balanços de água são escritos para os dois primeiros subsistemas.

	A	B	C	D	E	F
1	**Solução do Exemplo 4.5-1**					
2						
3	**Variável**	n_1	n_2	n_3	n_4	n_5
4	**Valor**	100	100	100	100	100
5						
6	**Equações**	**LE**	**LD**	**(LE-LD)^2**		
7	$n_1 + n_5 = n_2$	200	100	1,00E + 04		
8	$0,04^* n_1 + 0,017^* n_5 = 0,023^* n_2$	5,7	2,3	1,16E + 01		
9	$n_2 = n_3 + n_4$	100	200	1,00E + 04		
10	$0,023^* n_2 = n_3 + 0,017^* n_4$	2,3	101,7	9,88E + 03		
11	$n_4 = n_5 + 100$	100	200	1,00E + 04		
12			SOMA	3,99E+ 04		

[B7] = B4+F4   [C7] = C4   [D7] = (B7-C7)^2
[B8] = 0,04*B4+0,017*F4 [C8] = 0,023*C4   [D8] = (B8-C8)^2
[B9] = C4   [C9] = D4+E4   [D9] = (B9-C9)^2
[B10]= 0,023*C4   [C10] = D4+0,017*E4   [D10] = (B10-C10)^2
[B11]= E4   [C11] = F4+100   [D11] = (B11-C11)^2
                                                [D12] = SUM(D7:D11)

Uma vez que os valores e fórmulas tenham sido digitados, faça o Solver minimizar o valor na Célula D12 ajustando os valores nas Células B4 até F4. As soluções reportadas na Letra (a) aparecem imediatamente na Linha 4.

Existem várias razões para usar reciclo em um processo químico, além daquela citada anteriormente (recuperação e reutilização de reagentes não consumidos), incluindo o seguinte:

1. ***Recuperação de catalisador***. Muitos reatores utilizam catalisadores para aumentar a taxa da reação. Catalisadores são normalmente muito caros, e os processos geralmente incluem procedimentos para recuperá-los da corrente de produtos e reciclá-los para o reator. Os catalisadores podem ser recuperados junto com os reagentes não consumidos ou recuperados separadamente em uma unidade especialmente projetada para este propósito.

2. ***Diluição de uma corrente de processo***. Suponha que uma lama (uma suspensão de sólidos em um líquido) é alimentada a um filtro. Se a concentração de sólidos na lama é muito alta, a lama se torna difícil de manusear e o filtro não opera corretamente. Melhor do que diluir a alimentação com líquido puro é reciclar uma parte do filtrado e usá-la para diluir a alimentação até a concentração de sólidos desejada.

3. ***Controle de uma variável de processo***. Suponha que uma reação libera uma quantidade extremamente grande de calor, dificultando e encarecendo o controle do reator. A taxa de geração de calor pode ser reduzida diminuindo-se a concentração de reagentes, o que pode ser conseguido reciclando-se uma parte do efluente do reator para a alimentação. Além de atuar como diluente para os reagentes, o material reciclado também atua como capacitância para o calor liberado: quanto maior a massa da mistura reacional, menor será o aumento de temperatura que esta massa sofrerá quando receber uma quantidade fixa de calor.

4. ***Circulação de um fluido de trabalho***. O exemplo mais comum desta aplicação é o ciclo de refrigeração usado em geladeiras e condicionadores de ar. Nestes aparelhos, um material simples é reutilizado indefinidamente, com apenas pequenas quantidades sendo adicionadas ao sistema para repor perdas devidas a vazamentos.

A parte 1 do exemplo seguinte apresenta um cálculo detalhado de balanço de massa para um processo de separação que envolve reciclo. A parte 2 do problema mostra o que aconteceria se o reciclo fosse omitido, ilustrando assim uma das razões para reciclagem.

| **Exemplo 2.5-2** | Um Processo de Cristalização por Evaporação |

O diagrama de fluxo de um processo em estado estacionário para recuperar cromato de potássio cristalino (K_2CrO_4) de uma solução aquosa deste sal é mostrado abaixo:

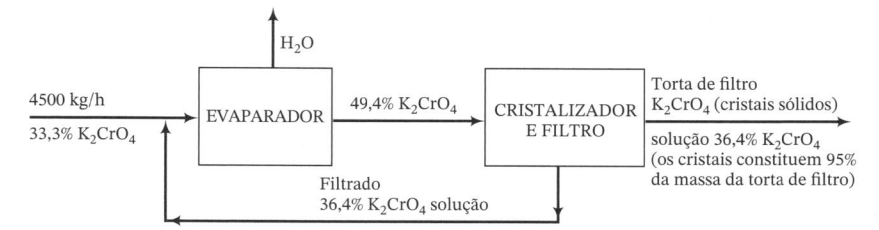

Quatro mil e quinhentos quilogramas por hora de uma solução que é 1/3 K_2CrO_4 em massa se junta com uma corrente de reciclo contendo 36,4% K_2CrO_4, e a corrente combinada alimenta um evaporador. A corrente concentrada que deixa o evaporador contém 49,4% K_2CrO_4; esta corrente entra em um cristalizador, no qual é resfriada (causando a precipitação dos cristais sólidos de K_2CrO_4) e logo filtrada. A torta de filtro consiste em cristais de K_2CrO_4 e uma solução que contém 36,4% K_2CrO_4 em massa; os cristais constituem 95% da massa total da torta de filtro. A solução que passa através do filtro, também contendo 36,4% K_2CrO_4, é a corrente de reciclo.

1. Calcule a taxa de evaporação, a taxa de produção de K_2CrO_4 cristalino, as taxas de alimentação para as quais o evaporador e o cristalizador devem ser projetados e a *razão de reciclo* (massa de reciclo)/(massa de alimentação fresca).

2. Suponha que o filtrado fosse descartado em lugar de ser reciclado. Calcule a taxa de produção dos cristais. Quais são os benefícios e os custos da reciclagem?

Solução   **1. Base: 4500 kg/h de Alimentação Fresca**

Vamos representar K_2CrO_4 por K e água por W. O diagrama é mostrado a seguir; no mesmo aparecem caixas tracejadas delimitando o sistema global e os subsistemas em torno dos quais podem ser escritos balanços.

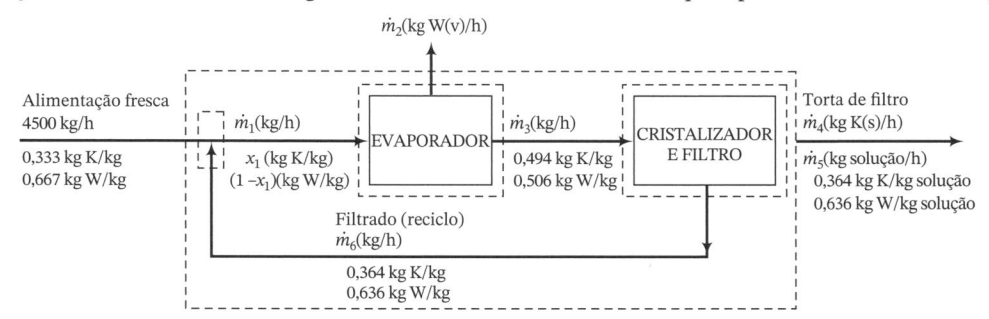

Em termos das variáveis rotuladas, as quantidades pedidas pelo enunciado do problema são $\dot{m}_2$ (kg W evaporada/h), $\dot{m}_4$ [kg K(s)/h], $\dot{m}_1$ (kg/h fornecidos ao evaporador), $\dot{m}_3$ (kg/h fornecidos ao cristalizador) e ($\dot{m}_6$/4500) (kg de reciclo/kg de alimentação fresca).

Note como a corrente de produto é rotulada de forma a tirar o máximo proveito da informação conhecida acerca da sua composição. A torta de filtro é uma mistura de cristais de K sólido e uma solução líquida com frações mássicas de K e W conhecidas. Em vez de rotular, como usual, a vazão mássica e as frações mássicas dos componentes ou as vazões mássicas individuais de K e W, rotulamos as vazões dos cristais e da solução junto com as frações mássicas dos seus componentes. Para confirmar que a corrente está completamente rotulada, devemos verificar se todas as vazões de todos os componentes podem ser expressas em termos das quantidades rotuladas. Neste caso, a vazão total de cromato de potássio é $\dot{m}_4 + 0{,}364\dot{m}_5$ (kg K/h) e a vazão de água é $0{,}636\dot{m}_5$ (kg W/h), de modo que a rotulagem está completa.

Análise dos Graus de Liberdade

A análise dos graus de liberdade começa com o sistema global e continua da seguinte forma:

- *Sistema global*

  3 incógnitas ($\dot{m}_2$; $\dot{m}_4$; $\dot{m}_5$)
  −2 balanços (2 espécies envolvidas)
  −1 relação adicional ($\dot{m}_4 = 95\%$ da massa total da torta de filtro)
  _____
  0 grau de liberdade

Portanto, podemos determinar $\dot{m}_2$, $\dot{m}_4$ e $\dot{m}_5$ analisando o sistema global.

- **Ponto de mistura reciclo–alimentação fresca**

  3 incógnitas ($\dot{m}_6; \dot{m}_1; x_1$)

  −2 balanços

  1 grau de liberdade

Já que não temos equações suficientes para resolver as incógnitas associadas com este subsistema, passemos ao próximo.

- **Evaporador**

  3 incógnitas ($\dot{m}_1; x_1; \dot{m}_3$)

  −2 balanços

  1 grau de liberdade

Não deu certo de novo. Mas ainda temos uma última esperança.

- **Cristalizador/filtro**

  2 incógnitas ($\dot{m}_3; \dot{m}_6$)

  −2 balanços

  0 grau de liberdade

Portanto, podemos determinar $\dot{m}_3$ e $\dot{m}_6$ escrevendo e resolvendo os balanços em torno do cristalizador/filtro e analisando depois o ponto de mistura ou o evaporador para determinar as duas incógnitas remanescentes ($\dot{m}_1$ e x_1), completando desta forma a solução. (*Sugestão:* Tente reproduzir esta análise antes de continuar a leitura.) Os cálculos aparecem a seguir, começando com a análise do sistema global.

Sabemos que os sólidos constituem 95% da massa da torta de filtro. Esta informação se traduz diretamente na equação:

$$\dot{m}_4 = 0,95(\dot{m}_4 + \dot{m}_5)$$
$$\Downarrow \qquad\qquad\qquad\qquad (1)$$
$$\dot{m}_5 = 0,05263\,\dot{m}_4$$

Agora escrevemos os dois balanços permitidos no sistema global. A pergunta é: quais e em que ordem?

- O balanço de massa total envolve todas as três variáveis do sistema — $\dot{m}_2$, $\dot{m}_4$ e $\dot{m}_5$.

- O balanço de K envolve $\dot{m}_4$ e $\dot{m}_5$ — as mesmas duas variáveis que aparecem na Equação 1.

- O balanço de W envolve $\dot{m}_2$ e $\dot{m}_5$.

Portanto, o procedimento será escrever o balanço de K_2CrO_4, resolvê-lo simultaneamente com a Equação 1 para determinar $\dot{m}_4$ e $\dot{m}_5$ e depois escrever o balanço de massa total para determinar $\dot{m}_2$. Os termos aditivos em cada equação têm as unidades de kg/h das espécies balanceadas.

Balanço Global de K_2CrO_4

$$(0,333)(4500)\ \text{kg K/h} = \dot{m}_4 + 0,364\dot{m}_5$$
$$\Downarrow \text{Resolvendo simultaneamente com a Equação 1}$$

$$\dot{m}_4 = \boxed{1470\ \text{kg } K_2CrO_4 \text{ cristais/h}}$$

$$\dot{m}_5 = 77,5\ \text{kg solução impregnada/h}$$

Balanço de Massa Global

$$4500\ \text{kg/h} = \dot{m}_2 + \dot{m}_4 + \dot{m}_5$$
$$\Downarrow \dot{m}_4 = 1470\ \text{kg/h},\ \dot{m}_5 = 77,5\ \text{kg/h}$$

$$\dot{m}_2 = \boxed{2950\ \text{kg } H_2O \text{ evaporada/h}}$$

Balanço de Massa no Cristalizador

$$\dot{m}_3 = \dot{m}_4 + \dot{m}_5 = \dot{m}_6$$
$$\Downarrow \dot{m}_4 = 1470\ \text{kg/h},\ \dot{m}_5 = 77,5\ \text{kg/h}$$
$$\dot{m}_3 = 1550\ \text{kg/h} + \dot{m}_6 \qquad\qquad (2)$$

Balanço de Água no Cristalizador

$$0{,}506\dot{m}_3 = 0{,}636\dot{m}_5 + 0{,}636\dot{m}_6$$

$$\Downarrow \dot{m}_5 = 77{,}5 \text{ kg/h}$$

$$\dot{m}_3 = 97{,}4 \text{ kg/h} + 1{,}257\dot{m}_6 \qquad\qquad (3)$$

Resolvendo as Equações 2 e 3 simultaneamente, obtemos

$$\boxed{\dot{m}_3 = 7200 \text{ kg/h fornecidos ao cristalizador}}$$

$$\dot{m}_6 = 5650 \text{ kg/h}$$

portanto,

$$\frac{\dot{m}_6(\text{kg reciclo/h})}{4500 \text{ kg alimentação fresca/h}} = \frac{5650}{4500} = \boxed{1{,}26 \; \frac{\text{kg reciclo}}{\text{kg alimentação fresca}}}$$

Balanço de Massa no Ponto de Mistura Reciclo–Alimentação Fresca

$$4500 \text{ kg/h} + \dot{m}_6 = \dot{m}_1$$

$$\Downarrow \dot{m}_6 = 5650 \text{ kg/h}$$

$$\boxed{\dot{m}_1 = 10.150 \text{ kg/h alimentados ao evaporador}}$$

Checando: O balanço de massa no evaporador fornece

$$\dot{m}_1 = \dot{m}_2 + \dot{m}_3$$

$$\Longrightarrow 10.150\text{kg/h entram no evaporador} = (2950 + 7200)\text{ kg/h} = 10.150\text{kg/h saem do evaporador.} \; ✔$$

2. Base: 4500 kg/h de Alimentação Fresca.

O fluxograma para o sistema sem reciclo aparece a seguir.

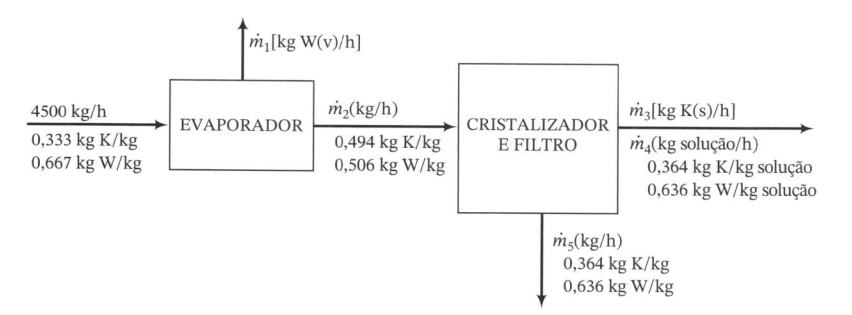

Não faremos a solução detalhada, mas apenas um resumo dela. A análise dos graus de liberdade leva ao resultado de que o sistema global tem um grau de liberdade, o evaporador tem zero e o cristalizador/ filtro tem um. (Verifique estas afirmações.) Portanto, a estratégia consiste em começar com o evaporador e resolver as equações de balanço para $\dot{m}_1$ e $\dot{m}_2$. Uma vez que $\dot{m}_2$ é conhecida, o cristalizador passa a ter zero grau de liberdade e as suas três equações podem ser resolvidas para $\dot{m}_3$, $\dot{m}_4$ e $\dot{m}_5$. A taxa de produção dos cristais é

$$\boxed{\dot{m}_3 = 622 \text{ kg K(s)/h}}$$

Com reciclo, era de 1470 kg/h, uma diferença drástica. A vazão mássica do filtrado descartado é

$$\boxed{\dot{m}_5 = 2380 \text{ kg/h}}$$

O filtrado (que é descartado) contém $0{,}364 \times 2380 = 866$ kg/h de cromato de potássio, mais do que contém a torta de filtro. O reciclo deste filtrado nos permite recuperar a maior parte deste sal. O benefício óbvio do reciclo é o lucro obtido da venda deste cromato de potássio adicional. Os custos incluem a compra e custos de instalação da bomba e da tubulação de reciclo e o custo da energia consumida pela bomba. Provavelmente, em pouco tempo o benefício superará o custo, e a partir daí o reciclo continuará a aumentar a rentabilidade do processo.

Um procedimento que tem bastante em comum com o reciclo é o **desvio**, no qual uma fração da alimentação de uma unidade de processo é desviada ao redor da unidade e combinada com a corrente de saída da mesma. (Para um exemplo de um processo usando desvio, veja os Problemas 4.32 e 4.33 no final deste capítulo.) Variando a fração da alimentação que é desviada, podemos variar a composição e as propriedades do produto.

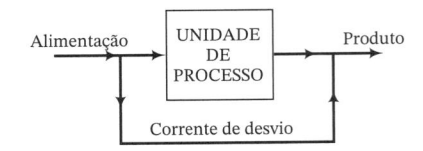

Cálculos de reciclo e de desvio são abordados exatamente da mesma forma: O fluxograma é desenhado e rotulado, e os balanços globais e em torno da unidade ou dos pontos de junção são usados para determinar as incógnitas.

4.6 ESTEQUIOMETRIA DAS REAÇÕES QUÍMICAS

A ocorrência de uma reação química dentro de um processo traz várias complicações para os procedimentos de cálculo de balanço de massa descritos anteriormente. A equação estequiométrica da reação química impõe restrições sobre as quantidades relativas dos reagentes e produtos nas correntes de entrada e de saída (se A → B, por exemplo, você não pode começar com 1 mol de A puro e acabar com 2 mols de B). Além disso, um balanço de massa sobre uma substância que reage não tem a forma simplificada entrada = saída, e deve incluir termos de consumo e/ou de geração.

Nesta seção, revisaremos a terminologia usada nestes casos e descreveremos procedimentos para realizar os cálculos de balanços de massa em sistemas reativos.

4.6a Estequiometria

A **equação estequiométrica** de uma reação química é uma declaração da quantidade relativa de moléculas ou mols de reagentes e produtos que tomam parte na reação. Por exemplo, a equação estequiométrica para a oxidação do dióxido de enxofre

$$2SO_2 + O_2 \rightarrow 2SO_3$$

indica que, para cada duas moléculas de SO_2 consumidas, uma molécula de O_2 é consumida e duas moléculas de SO_3 são produzidas. Já que um (grama)mol de uma espécie contém um número fixo de moléculas ($6{,}02 \times 10^{23}$), a equação química também pode ser entendida como dois mols de SO_2 reagem com um mol de O_2 para produzir dois mols de SO_3. Os números que precedem as fórmulas para cada espécie são chamados de **coeficientes estequiométricos** das espécies. Eles são escritos sem unidades nas equações estequiométricas, mas quando eles são usados em balanços de massa eles tipicamente assumem unidades (mol, kmol, lb-mol etc.) das espécies com as quais estão associados.

Uma equação estequiométrica válida deve estar *balanceada*; isto é, o número de átomos de cada espécie atômica deve ser o mesmo em ambos os lados da equação, já que os átomos não podem ser criados nem destruídos em reações químicas (diferentemente de reações nucleares). A equação

$$SO_2 + O_2 \rightarrow SO_3$$

por exemplo, não pode ser válida, pois indica que três átomos de oxigênio (O) são produzidos para cada quatro átomos de oxigênio que entram na reação, uma perda líquida de um átomom, mas

$$SO_2 + \tfrac{1}{2}O_2 \rightarrow SO_3 \qquad \begin{pmatrix} 1S \rightarrow 1S \\ 3O \rightarrow 3O \end{pmatrix}$$

e

$$2SO_2 + O_2 \rightarrow 2SO_3 \qquad \begin{pmatrix} 2S \rightarrow 2S \\ 6O \rightarrow 6O \end{pmatrix}$$

estão balanceadas.

A **razão estequiométrica** de duas espécies moleculares participantes em uma reação química é a razão entre os seus coeficientes estequiométricos na equação da reação balanceada. Esta razão pode ser usada como um fator de conversão para calcular a quantidade de um reagente (ou produto) específico que é consumido (ou produzido), dada uma quantidade de outro reagente ou produto que participe na reação. Para a reação

$$2SO_2 + O_2 \rightarrow 2SO_3$$

você pode escrever as razões estequiométricas

$$\frac{2 \text{ mol } SO_3 \text{ gerados}}{1 \text{ mol } O_2 \text{ consumido}}, \quad \frac{2 \text{ lb-mol } SO_2 \text{ consumidos}}{2 \text{ lb-mol } SO_3 \text{ gerados}}$$

e assim por diante. Se, por exemplo, você sabe que são produzidos 1600 kg/h de SO_3, pode calcular a quantidade de oxigênio requerido como

$$\frac{1600 \text{ kg } SO_3 \text{ gerados}}{h} \left| \frac{1 \text{ kmol } SO_3}{80 \text{ kg } SO_3} \right| \frac{1 \text{ kmol } O_2 \text{ consumido}}{2 \text{ kmol } SO_3 \text{ gerados}} = 10 \frac{\text{kmol } O_2}{h}$$

$$\Longrightarrow 10 \frac{\text{kmol } O_2}{h} \left| \frac{32 \text{ kg } O_2}{1 \text{ kmol } O_2} \right. = 320 \text{ kg } O_2/h$$

É uma boa prática incluir as palavras "produzido" e "consumido" quando se fazem conversões deste tipo: escrever simplesmente 1 mol O_2/2 mol SO_3 pode ser interpretado como se 2 mol SO_3 contivessem 1 mol O_2, o que não é verdade.

Teste	Considere a reação
(veja *Respostas dos Problemas Selecionados*)	$$C_4H_8 + 6O_2 \rightarrow 4CO_2 + 4H_2O$$ **1.** A equação estequiométrica está balanceada? **2.** Qual é o coeficiente estequiométrico do CO_2? **3.** Qual é a razão estequiométrica de H_2O para O_2? (Inclua as unidades). **4.** Quantos lb-mol O_2 reagem para formar 400 lb-mol CO_2? (Use uma equação dimensional.) **5.** Cem mol/min de C_4H_8 alimentam um reator, e 50% reagem. A que taxa se forma a água?

4.6b Reagente Limitante e em Excesso, Conversão Fracional e Extensão da Reação

Diz-se que dois reagentes, A e B, estão em **proporção estequiométrica** quando a razão (mols de A presentes)/(mols de B presentes) é igual à razão estequiométrica obtida da equação da reação balanceada. Para que os reagentes na reação

$$2SO_2 + O_2 \rightarrow 2SO_3$$

estejam em proporção estequiométrica, devem existir 2 mol SO_2 para cada mol O_2 (de forma tal que $n_{SO_2}/n_{O_2} = 2:1$) presente na alimentação do reator.

Se os reagentes alimentam um reator químico em proporção estequiométrica e a reação é completa, então todos os reagentes são consumidos. Na reação acima, por exemplo, se 200 mol SO_2 e 100 mol O_2 estão presentes no início da reação e esta prossegue até se completar, o SO_2 e o O_2 desaparecem juntos. Segue-se que, se você começa o processo com 100 mol O_2 e menos do que 200 mol SO_2 (quer dizer, se o SO_2 está presente em quantidade menor que sua proporção estequiométrica), o SO_2 desaparece antes do O_2, enquanto se mais de 200 mol de SO_2 estão inicialmente presentes, o O_2 seria completamente consumido primeiro.

O reagente que desaparece primeiro, se uma reação é completada, é chamado de **reagente limitante**, e os outros reagentes são chamados de **reagentes em excesso**. *Um reagente é limitante se está presente em quantidade menor que a sua proporção estequiométrica em relação a qualquer outro reagente.* Se todos os regentes estão na sua proporção estequiométrica, nenhum deles é o limitante (ou todos eles são, dependendo do ponto de vista).

Suponha que $(n_A)_{alim}$ é o número de mols do reagente em excesso, A, presentes na alimentação de um reator, e que $(n_A)_{esteq}$ é o **requisito estequiométrico** de A, ou a quantidade necessária para reagir completamente com o reagente limitante. Então, $(n_A)_{alim} - (n_A)_{esteq}$ é a quantidade pela qual o A na alimentação excede a quantidade necessária para reagir completamente se a reação é completada. O **excesso fracional** deste reagente é a razão entre o excesso e o requisito estequiométrico:

$$\text{excesso fracional de A} = \frac{(n_A)_{alim} - (n_A)_{esteq}}{(n_A)_{esteq}} \qquad \textbf{(4.6-1)}$$

A **percentagem em excesso de A** é 100 vezes o excesso fracional.

Considere, por exemplo, a hidrogenação do acetileno para formar etano:

$$C_2H_2 + 2H_2 \rightarrow C_2H_6$$

e suponha que 20,0 kmol/h de acetileno e 50,0 kmol/h de hidrogênio são fornecidos a um reator. A razão estequiométrica de hidrogênio para acetileno é 2:1 (a razão dos coeficientes na equação estequiométrica), e já que a razão de H_2 para C_2H_2 na alimentação é 2,5:1 (50:20), o hidrogênio está sendo fornecido em uma quantidade maior do que sua proporção estequiométrica para acetileno. Portanto, o acetileno é o reagente limitante. (Convença-se.) Já que seriam necessários 40,0 kmol H_2/h para reagir completamente com o acetileno fornecido ao reator, $(n_{H_2})_{esteq} = 40{,}0$ kmol/h, e, pela Equação 4.6-1,

$$\text{excesso fracional de } H_2 = \frac{(50{,}0 - 40{,}0)\text{kmol/h}}{40{,}0 \text{ kmol/h}} = 0{,}25$$

Dizemos então que há um *excesso de 25% de hidrogênio* na alimentação.

As reações químicas não acontecem instantaneamente; de fato, com muita frequência elas acontecem bastante lentamente. Em tais casos, não é prático projetar o reator para a conversão completa do reagente limitante; em vez disso, o efluente do reator sai ainda com algum conteúdo de reagente não consumido e é submetido a um processo de separação para remover os reagentes não consumidos da corrente de produto. O reagente separado é então reciclado de volta à alimentação do reator. A **conversão fracional** de um reagente é a razão

$$f = \frac{\text{mols reagido}}{\text{mols alimentado}} \qquad \textbf{(4.6-2)}$$

A fração não convertida é, claramente, $1 - f$. Se 100 mols de um reagente são fornecidos e 90 mols reagem, então a conversão fracional é 0,90 (a **percentagem de conversão** é 90%) e a fração não reagida é 0,10. Se 20 mol/min de um reagente são fornecidos e a percentagem de conversão é 80%, então $(20)(0{,}80) = 16$ mol/min reagem e $(20)(1 - 0{,}80) = 4$ mol/min permanecem não convertidos.

Considerando a reação discutida acima, ($C_2H_2 + 2H_2 \rightarrow C_2H_6$), suponha que 20,0 kmol de acetileno, 50,0 kmol de hidrogênio e 50,0 kmol de etano são carregados em um reator em batelada. Suponha também que, após algum tempo, 30,0 kmol de hidrogênio já reagiram. Quanto de cada espécie estará presente no reator neste momento?

Bom, se você começou com 50,0 kmol de H_2 e 30,0 kmol reagem, é claro que no fim você fica com $\boxed{20{,}0 \text{ kmol } H_2}$. Por outro lado, se 30,0 kmol H_2 reagem, então também devem reagir 15,0 kmol C_2H_2 (por quê?), deixando $(20{,}0 - 15{,}0)$ kmol $C_2H_2 = \boxed{5{,}0 \text{ kmol } C_2H_2}$. Finalmente, os 30,0 kmol H_2 que reagem formam 15,0 kmol C_2H_6, que, quando somados aos 50,0 kmol iniciais deste composto, resultam em $\boxed{65{,}0 \text{ kmol } C_2H_6}$.

Nós definimos agora uma variável chamada extensão da reação, que — como conversão fracionária — é uma medida de quão longe uma reação avançou a partir de seu estado inicial (no tempo 0 para uma reação batelada ou na entrada de um reator contínuo) até um ponto posterior (por exemplo, o ponto final da reação batelada ou o produto na saída do reator). O uso da extensão da reação facilita acompanhar as quantidades molares ou vazões dos reagentes e produtos nas correntes de alimentação e saída. Apesar da explicação que nós vamos dar parecer até certo ponto complexa, o método em si é simples.

Para começar, nós definimos ν_i (em que ν é a letra Grega nu) como o coeficiente estequiométrico da espécie i em uma reação química. Como parte da definição, nós especificamos que ν_i

tem unidades de mols da Espécie i e é negativo para reagentes e positivo para produtos. Por exemplo, na reação de hidrogenação de acetileno ($C_2H_2 + H_2 \rightarrow C_2H_6$), $\nu_{C_2H_2} = -1$ mol C_2H_2, $\nu_{H_2} = -2$ mol H_2 e $\nu_{C_2H_6} = +1$ mol C_2H_6. Se o reator é contínuo, nós definimos similarmente $\dot{\nu}_i$ (mols espécie i/tempo) com a mesma convenção de sinais.

Continuando com a reação de hidrogenação do acetileno, mas por conveniência abreviando a reação estequiométrica para A + 2B → C, de forma que $\nu_A = -1$ mol A, $\nu_B = -2$ mol B e $\nu_C = +1$ mol C. Suponha que nós comecemos com n_{A0}, n_{B0} e n_{C0} mols de A, B e C, e que em algum tempo depois existam n_A, n_B e n_C mols das três espécies no reator. Nós definimos a extensão da reação ξ (a letra Grega xi) como segue:

$$\xi = \frac{(n_i - n_{i0})(\text{mols } i)}{\nu_i(\text{mols } i)}$$

A extensão da reação é claramente adimensional. Outras propriedades chave de ξ são que ela começa em zero quando a reação começa, aumenta conforme a reação avança e tem o mesmo valor para todas as espécies. Vamos ver o porquê. Para a reação em consideração, A + 2B → C, nós temos

$$\xi = \frac{(n_i - n_{i0})(\text{mols } i)}{\nu_i(\text{mols } i)} = \frac{(n_A - n_{A0})(\text{mols A})}{-1 \text{ mol A}} = \frac{(n_B - n_{B0})(\text{mols B})}{-2 \text{ mols B}} = \frac{(n_C - n_{C0})(\text{mols C})}{1 \text{ mol C}}$$

Os numeradores de cada uma dessas quatro expressões representam os mols de cada espécie (i, A, B, C) envolvida na reação. Quando a reação começa, $n_i = n_{i0}$ para todas as espécies e o valor inicial de ξ é zero. Assim, os numeradores devem ser negativos para espécies reagente (uma vez que $n_i < n_{i0}$) e positivos para produtos (uma vez que $n_i > n_{i0}$). Como n_i é também negativo para reagentes e positivo para produtos, o valor de ξ deve começar em zero e aumentar conforme a reação avança.

Finalmente, as quantidades das espécies que reagem são proporcionais aos seus coeficientes estequiométricos. Na reação A + 2B → C, por exemplo, 2 mols de B reagem para cada mol de A que reage e para cada mol de C que é formado. As três expressões para ξ na direita, que são as razões entre as quantidades reagindo e os coeficientes estequiométricos de cada espécie, devem assim ter o mesmo valor, de forma que ξ não necessita do subscrito i. O mesmo resultado é obtido para qualquer reação batelada e, se pontos são colocados acima dos símbolos n e ν, para reatores contínuos estacionários também. Resumindo,

$$\xi = \frac{(n_i - n_{i0})(\text{mols } i)}{\nu_i(\text{mols } i)} = \frac{(\dot{n}_i - \dot{n}_{i0})(\text{mols } i/\text{tempo})}{\dot{\nu}_i(\text{mols } i/\text{tempo})} \qquad \textbf{(4.6-3)}$$

Se nós sabemos os valores de n_{i0} para todas as espécies em um sistema e o valor de n_i para uma espécie qualquer, nós podemos calcular ξ a partir de Equação (4.6-3) para aquela espécie e ,então, calcular os valores dos n_i restantes a partir de

$$\boxed{n_i = n_{i0} + \nu_i\xi \quad (\text{ou } \dot{n}_i = \dot{n}_{i0} + \dot{\nu}_i\xi)} \qquad \textbf{(4.6-4)}$$

As equações 4.6-3 e 4.6-4 lhe permitem acompanhar quanto de cada espécie existe em qualquer ponto da reação. Se, por exemplo, você sabe todas as quantidades de alimentação n_{i0} ($i = 1, 2, 3, ...$) e apenas uma das quantidades de saída, digamos n_1, você pode escrever a Equação 4.6-3 para esta espécie, substituir os valores conhecidos de n_{10}, n_1 e ν_1 e resolver para ξ. Você pode então calcular as quantidades de todas as outras espécies (2, 3, ...) a partir da Equação 4.6-4.

Por exemplo, consideremos a reação de formação da amônia:

$$N_2 + 3H_2 \rightarrow 2NH_3$$

Suponha que a alimentação de um reator contínuo é de 100 mol/s de nitrogênio, 300 mol/s de hidrogênio e 1 mol/s de argônio (um gás inerte). Conforme a Equação 4.6-4, podemos escrever para as vazões de saída do reator,

$$\dot{n}_{N_2} = 100 \text{ mol } N_2/\text{s} + (-1 \text{ mol } N_2/\text{s})\xi$$
$$\dot{n}_{H_2} = 300 \text{ mol } H_2/\text{s} + (-3 \text{ mol } H_2/\text{s})\xi$$
$$\dot{n}_{NH_3} = (2 \text{ mol } NH_3/\text{s})\xi$$
$$\dot{n}_{Ar} = 1 \text{ mol } Ar/\text{s}$$

Se você conhece a vazão de saída de qualquer componente ou a conversão fracional do nitrogênio ou do hidrogênio, pode calcular ξ e depois as outras duas incógnitas. *Tente isto:* para uma conversão fracional de 0,60 de hidrogênio, calcule a vazão de saída do hidrogênio, a extensão da reação e as vazões de saída do nitrogênio e da amônia. Este último valor deve ser 120 mol/s.

Uma breve palavra sobre unidades: Nós incluímos explicitamente as unidades dos coeficientes estequiométricos nas equações acima para enfatizar a consistência dimensional. No entanto, não é incomum ver balanços escritos como

$$\dot{n}_{N_2} = 100 \text{ mol } N_2/s - \xi$$
$$\dot{n}_{H_2} = 300 \text{ mol } H_2/s - 3\xi$$
$$\dot{n}_{NH_3} = 2\xi$$
$$\dot{n}_{Ar} = 1 \text{ mol } Ar/s$$

na qual entende-se que os valores numéricos dos coeficientes estequiométricos $(-1, -3$ e $2)$ têm as unidades de mol/s. Nós aceitamos tal prática como inevitável, mas urge cautela em seu uso.

Teste **(veja *Respostas dos Problemas Selecionados*)**	A oxidação do etileno para produzir óxido de etileno transcorre de acordo com a equação $$2C_2H_4 + O_2 \rightarrow 2C_2H_4O$$ A alimentação do reator consiste em 100 kmol C_2H_4 e 100 kmol O_2. 1. Qual é o reagente limitante? 2. Qual é a porcentagem em excesso do outro reagente? 3. Se a reação transcorre até se completar, quanto do reagente em excesso irá sobrar, quanto C_2H_4O será formado e qual será a extensão da reação? 4. Se a reação transcorre até um ponto onde a percentagem de conversão do reagente limitante é 50%, quanto de cada reagente e de cada produto está presente no final, e qual é a extensão da reação? 5. Se a reação transcorre até um ponto onde sobram 60 kmol O_2, qual é a conversão fracional do C_2H_4? Qual é a conversão fracional do O_2? Qual é a extensão da reação?

EXERCÍCIO DE CRIATIVIDADE

Uma reação química simples, $A \rightarrow 2B$, transcorre em um reator em batelada, com quantidades iniciais conhecidas dos reagentes A e B. Pense em tantas variáveis do processo quantas possa lembrar que poderiam variar com a extensão da reação. Sugira então maneiras de medir cada uma destas variáveis em um experimento para determinar a extensão da reação em função do tempo. Por exemplo, o índice de refração da mistura reacional pode variar com a composição da mistura; o experimento consistiria em passar um raio de luz através do reator e medir o ângulo de refração como função do tempo.

Exemplo 4.6-1	Estequiometria de Reação

MATERIAIS
→

Acrilonitrila é um intermediário usado na produção de um número de polímeros, incluindo náilon (após conversão a hexametilenodiamina), fibras acrílicas e elastômeros. Ela é usada na manufatura de muitos polímeros incluindo acrilonitrila butadieno estireno (ABS), um polímero usado para fazer brinquedos, cachimbos, instrumentos musicais e autopeças. O processo primário de síntese da acrilonitrila é a amoxidação do propileno:

$$C_3H_6 + NH_3 + \tfrac{3}{2}O_2 \rightarrow C_3H_3N + 3H_2O$$

A alimentação para um processo de amoxidação de propilelo contém 10,0% molar de propileno, 12,0% de amônia e 78,0% de ar. Uma conversão fracional de 30,0% do reagente limitante é atingida. Tomando como base 100 mols de alimentação, determine qual é o reagente limitante, a porcentagem de excesso dos outros componentes e as quantidades molares de todos os produtos para uma conversão de 30% do reagente limitante.

Solução   **Base: 100 mol de Alimentação**

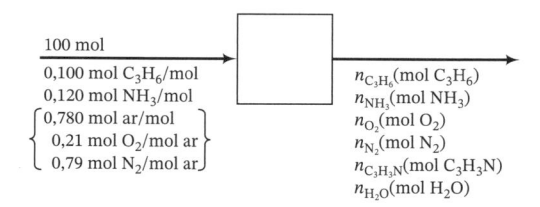

A alimentação ao reator contém

$$(n_{C_3H_6})_0 = 10,0 \text{ mols}$$
$$(n_{NH_3})_0 = 12,0 \text{ mols}$$

$$(n_{O_2})_0 = \frac{78,0 \text{ mol ar}}{} \Bigg| \frac{0,210 \text{ mol } O_2}{\text{mol ar}} = 16,4 \text{ mols}$$

$$\left.\begin{array}{l} (n_{NH_3}/n_{C_3H_6})_0 = 12,0/10,0 = 1,20 \\ (n_{NH_3}/n_{C_3H_6})_{esteq} = 1/1 = 1 \end{array}\right\} \implies NH_3 \text{ está em excesso do } C_3H_6 \,(1,20 > 1)$$

$$\left.\begin{array}{l} (n_{O_2}/n_{C_3H_6})_0 = 16,4/10,0 = 1,64 \\ (n_{O_2}/n_{C_3H_6})_{esteq} = 1,5/1 = 1,5 \end{array}\right\} \implies O_2 \text{ está em excesso do } C_3H_6 \,(1,64 > 1,5)$$

Já que o propileno é fornecido em uma proporção menor do que a sua proporção estequiométrica em relação aos outros dois reagentes, *o propileno é o reagente limitante.*

Para determinar as porcentagens de excesso do oxigênio e da amônia, primeiro devemos determinar as quantidades estequiométricas destes reagentes correspondentes à quantidade de propileno na alimentação (10 mols) e depois aplicar a Equação 4.6-1.

$$(n_{NH_3})_{esteq} = \frac{10,0 \text{ mol } C_3H_6}{} \Bigg| \frac{1 \text{ mol } NH_3}{1 \text{ mol } C_3H_6} = 10,0 \text{ mol } NH_3$$

$$(n_{O_2})_{esteq} = \frac{10,0 \text{ mol } C_3H_6}{} \Bigg| \frac{1,5 \text{ mol } O_2}{1 \text{ mol } C_3H_6} = 15,0 \text{ mol } O_2$$

$$(\% \text{ excesso})_{NH_3} = \frac{(NH_3)_0 - (NH_3)_{esteq}}{(NH_3)_{esteq}} \times 100\%$$

$$= (12,0 - 10,0)/10,0 \times 100\% = \boxed{20\% \text{ excesso } NH_3}$$

$$(\% \text{ excesso})_{O_2} = (16,4 - 15,0)/15,0 \times 100\% = \boxed{9,3\% \text{ excesso } O_2}$$

Se a conversão fracional de C_3H_6 é 30%, então,

$$(n_{C_3H_6})_{saída} = 0,700(n_{C_3H_6})_0 = \boxed{7,0 \text{ mol } C_3H_6}$$

Mas, pela Equação 4.6-4, $n_{C_3H_6} = 7,0 \text{ mol } C_3H_6 = (10,0 - \xi) \text{ mol } C_3H_6$. A extensão da reação então é $\xi = 3,0$. Então, também pela Equação 4.6-4,

$$n_{NH_3} = 12,0 \text{ mol } NH_3 + \nu_{NH_3}\xi = \boxed{\begin{array}{l} 9,0 \text{ mol } NH_3 \\ \end{array}}$$
$$n_{O_2} = 16,0 \text{ mol } O_2 + \nu_{O_2}\xi = \boxed{\begin{array}{l} 11,9 \text{ mol } O_2 \end{array}}$$
$$n_{C_3H_3N} = \nu_{C_3H_3N}\xi = \boxed{\begin{array}{l} 3,00 \text{ mol } C_3H_3N \end{array}}$$
$$n_{N_2} = (n_{N_2})_0 = \boxed{\begin{array}{l} 61,6 \text{ mol } N_2 \end{array}}$$
$$n_{H_2O} = \nu_{H_2O}\xi = \boxed{\begin{array}{l} 9,0 \text{ mol } H_2O \end{array}}$$

Lembrete: As equações acima são dimensionalmente homogêneas; por exemplo, na expressão para n_{NH_3} o fator multiplicando ξ é o coeficiente estequiométrico do NH_3, que neste exemplo é $-1 \text{ mol } NH_3$.

4.6c Equilíbrio Químico

Duas das questões fundamentais da engenharia de reações químicas são: dado um conjunto de espécies reativas e condições de reação, (a) qual será a composição final (de equilíbrio) da mistura reacional, e (b) quanto tempo o sistema demorará para atingir este estado de equilíbrio? A primeira questão está relacionada com a **termodinâmica do equilíbrio químico**, enquanto a segunda tem a ver com a **cinética química**.

Algumas reações são essencialmente **irreversíveis**; isto significa que a reação transcorre apenas em uma direção (dos reagentes para os produtos) e a concentração do reagente limitante ao final se aproximará de zero (embora "ao final" possa significar segundos para algumas reações e anos para outras). A composição de equilíbrio para uma reação deste tipo é, portanto, a composição que corresponde ao consumo completo do reagente limitante.

Outras reações (ou as mesmas reações sob um conjunto diferente de condições) são **reversíveis**; reagentes formam produtos e os produtos podem reagir (na reação reversa) para formar de novo os reagentes. Por exemplo, consideremos a reação na qual o etileno é *hidrolisado* para formar etanol.

$$C_2H_4 + H_2O \rightleftharpoons C_2H_5OH$$

Se você começa a reação com etileno e água, acontece a reação direta; então, uma vez que o etanol é formado, a reação inversa começa. À medida que as concentrações de C_2H_4 e H_2O diminuem, a taxa da reação direta diminui, e à medida que a concentração de C_2H_5OH aumenta, a taxa da reação inversa aumenta. Finalmente será atingido um ponto no qual as taxas das duas reações são iguais. Neste ponto, as composições não mais se alteram e a mistura reacional encontra-se no estado de equilíbrio químico.

Uma discussão completa das relações que podem ser usadas para determinar composições de equilíbrio em misturas reacionais está além do alcance deste livro; no entanto, neste ponto você já tem conhecimento suficiente para calcular as composições de equilíbrio caso fornecidas as relações. O exemplo seguinte ilustra este tipo de cálculo.

Exemplo 4.6-2   Cálculo de uma Composição de Equilíbrio

Diversos processos químicos foram projetados para produzir produtos a base de hidrocarbonetos a partir de combustíveis fósseis (carvão, petróleo, gás natural). O primeiro passo em tais processos envolve frequentemente a conversão do combustível fóssil em uma mistura contendo monóxido de carbono e hidrogênio, seguido pela *reação de deslocamento de gás d'água*, que ajusta a razão destas espécies para um valor desejado:

$$CO(g) + H_2O(g) \rightleftharpoons CO_2(g) + H_2(g)$$

Assuma que a reação atinge o equilíbrio na temperatura $T(K)$, e a fração molar das quatro espécies reativas satisfaz a relação

$$\frac{y_{CO_2}y_{H_2}}{y_{CO}y_{H_2O}} = K(T)$$

em que $K(T)$ é chamada de **constante de equilíbrio** da reação. Na temperatura $T = 1105$ K, $K = 1,00$.

Suponha que a alimentação de um reator contém 1,00 mol CO, 2,00 mol H_2O e nenhum CO_2 nem H_2, e que a mistura reativa atinge o equilíbrio a 1105 K. Calcule a composição de equilíbrio e a conversão fracional do reagente limitante.

Solução   A estratégia consiste em expressar todas as frações molares em termos de uma única variável (ξ_e, a extensão da reação no equilíbrio), substituí-las na relação de equilíbrio, resolvê-la para ξ_e e com este valor calcular as frações e qualquer outra quantidade desejada.

A partir da Equação 4.6-4,

$$
\begin{aligned}
n_{CO} &= 1,00 \text{ mol CO} - \xi_e \\
n_{H_2O} &= 2,00 \text{ mol } H_2O - \xi_e \\
n_{CO_2} &= \xi_e \\
\underline{n_{H_2}} &= \underline{\xi_e} \\
n_{total} &= 3,00 \text{ mol}
\end{aligned}
$$

da qual

$$y_{CO} = (1,00 - \xi_e)/3,00$$
$$y_{H_2O} = (2,00 - \xi_e)/3,00$$
$$y_{CO_2} = \xi_e/3,00$$
$$y_{H_2} = \xi_e/3,00$$

A substituição destas expressões na relação de equilíbrio (com $K = 1,00$) fornece

$$\frac{y_{CO_2}y_{H_2}}{y_{CO}y_{H_2O}} = \frac{\xi_e^2}{(1,00 - \xi_e)(2,00 - \xi_e)} = 1,00$$

Esta equação pode ser reescrita como uma equação padrão de segundo grau (*verifique*) e resolvida para $\xi_e = 0,667$. Esta quantidade pode ser substituída de volta na expressão para y_i, para fornecer

$$\boxed{y_{CO} = 0,111, \quad y_{H_2O} = 0,444, \quad y_{CO_2} = 0,222, \quad y_{H_2} = 0,222}$$

O reagente limitante neste caso é o CO (*verifique*). No equilíbrio,

$$n_{CO} = (1,00 - 0,667)\,mol = 0,333\,mol$$

Portanto, a conversão fracional de CO no equilíbrio é

$$f_{CO} = (1,00 - 0,333)\,mol\ CO\ reagido/(1,00\ mol\ CO\ alimentado) = \boxed{0,667}$$

4.6d Reações Múltiplas, Rendimento e Seletividade

Na maior parte das reações químicas, os reagentes são combinados com o objetivo de produzir determinado produto em uma única reação química. Infelizmente, os reagentes podem combinar-se em mais de uma forma, e o produto formado pode, por sua vez, reagir para transformar-se em algum outro produto menos desejável. O resultado destas reações paralelas é uma perda econômica: (a) obtém-se menos do produto desejado para uma quantidade de reagente, ou uma maior quantidade de reagente precisa ser fornecida ao reator para obter uma quantidade específica de produto e (b) os passos necessários para obter o produto em forma e pureza especificadas tornam-se mais complicados.

Por exemplo, o etileno pode ser produzido pela desidrogenação do etano:

$$C_2H_6 \rightarrow C_2H_4 + H_2$$

Uma vez que o hidrogênio é produzido, pode reagir com o etano para produzir metano:

$$C_2H_6 + H_2 \rightarrow 2CH_4$$

Além disso, o etileno pode reagir com o etano para formar propileno e metano:

$$C_2H_4 + C_2H_6 \rightarrow C_3H_6 + CH_4$$

Já que o objetivo do processo é produzir etileno, apenas a primeira destas três reações é desejável; a segunda consome reagente sem fornecer o produto desejado, e a terceira consome tanto o reagente quanto o produto desejado. Adicionalmente, em vez de recuperar etileno de uma mistura com apenas etano e hidrogênio, as ocorrências da segunda e terceira reações significam que a mistura também inclui metano e propano, fazendo a recuperação do produto desejado mais complexa e custosa. O engenheiro que projeta o reator e especifica as condições de operação para este processo deve considerar não apenas formas de maximizar a produção do produto desejado (C_2H_4), mas também formas de minimizar a produção dos componentes não desejados (CH_4, C_3H_6).

Os termos **rendimento** e **seletividade** são usados para descrever o grau em que uma determinada reação prevalece sobre as outras. A seguir estão as definições gerais e uma ilustração específica usando a desidrogenação do etano (veja o parágrafo anterior) como um exemplo, onde etileno (C_2H_4) é o produto desejado:

$$\text{Rendimento} = \frac{\text{mols formados do produto desejado}}{\text{mols que teriam se formado e não houvesse reações paralelas}} \times 100\% \quad \textbf{(4.6-5)}$$
$$\text{e se o reagente limitante reagisse completamente}$$

$$\text{Seletividade} = \frac{\text{mols formados do produto desejado}}{\text{mols formados do produto não desejado}} \qquad \textbf{(4.6-6)}$$

A aplicação destas definições para a desidrogenação do etano leva às seguintes expressões:

$$\text{Rendimento} = \frac{\left(n_{C_2H_4}\right)_{\text{ger}}}{\left(\nu_{C_2H_4}/\nu_{C_2H_6}\right)\left(n_{C_2H_6}\right)_{\text{ent}}} \times 100\%$$

$$\text{Seletividade} = \frac{\left(n_{C_2H_4}\right)_{\text{ger}}}{\left(n_{CH_4}\right)_{\text{ger}}}$$

em que $\left(n_{C_2H_4}\right)_{\text{ger}}$ é o etileno gerado, $\left(n_{C_2H_6}\right)_{\text{ent}}$ é o etano alimentado, $\left(n_{CH_4}\right)_{\text{ger}}$ é o metano gerado e $\nu_{C_2H_4}/\nu_{C_2H_6}$ é a razão dos coeficientes estequiométricos. Como definido pela Equação 4.6-5, o rendimento é uma porcentagem e o rendimento fracionário é determinado simplesmente dividindo por 100%. Se A é o produto desejado e B é um produto indesejado, refere-se a **seletividade de A relativa a B**. No exemplo acima, a segunda quantidade calculada é a seletividade do etano relativa ao metano. Valores elevados de rendimento e seletividade significam a supressão de reações paralelas indesejadas relativamente à reação desejada.

Além de ser definido pela Equação 4.6-5, o rendimento às vezes também é definido como os mols do produto desejado divididos pelos mols de reagente fornecidos ao reator ou pelos mols de reagente consumidos no reator. Para uma composição dada da alimentação e da corrente de produtos, os rendimentos definido destas três maneiras podem ter três valores completamente diferentes, de forma que quando você vê uma referência a um rendimento é importante estar atento para a definição de trabalho. Similarmente, uma definição alternativa comum de seletividade é mols do reagente limitante convertidos no produto desejado dividido por mols do reagente limitante consumidos × 100%.

O conceito de extensão da reação pode ser estendido a reações múltiplas, só que agora cada reação independente tem a sua própria extensão de reação. Se um conjunto de reações acontece em um reator em batelada ou contínuo no estado estacionário, e ν_{ij} é o coeficiente estequiométrico da substância i na reação j (negativo para reagentes, positivo para produtos), podemos então escrever

$$n_i = n_{i0} + \sum_j \nu_{ij}\xi_j \quad \text{ou} \quad \left(\dot{n}_i = \dot{n}_{i0} + \sum_j \nu_{ij}\dot{\xi}_j\right) \qquad \textbf{(4.6-7)}$$

Para uma única reação, esta equação se reduz à Equação 4.6-4.

Como um exemplo de como a Equação 4.6-7 é aplicada, considere o par de reações nas quais o etileno é oxidado a óxido de etileno (desejada) e a dióxido de carbono (indesejada).

$$C_2H_4 + \tfrac{1}{2}O_2 \rightarrow C_2H_4O$$
$$C_2H_4 + 3O_2 \rightarrow 2CO_2 + 2H_2O$$

Os mols (ou as vazões molares) de cada uma das cinco espécies químicas envolvidas nestas reações podem ser expressos em termos dos valores de alimentação e das extensões das duas reações usando a Equação 4.6-7.

$$\left(n_{C_2H_4}\right)_{\text{saída}} = \left(n_{C_2H_4}\right)_0 - \xi_1 - \xi_2$$
$$\left(n_{O_2}\right)_{\text{saída}} = \left(n_{O_2}\right)_0 - 0{,}5\xi_1 - 3\xi_2$$
$$\left(n_{C_2H_4O}\right)_{\text{saída}} = \left(n_{C_2H_4O}\right)_0 + \xi_1$$
$$\left(n_{CO_2}\right)_{\text{saída}} = \left(n_{CO_2}\right)_0 + 2\xi_2$$
$$\left(n_{H_2O}\right)_{\text{saída}} = \left(n_{H_2O}\right)_0 + 2\xi_2$$

Se são conhecidos valores de quaisquer dois componentes na saída, os valores de ξ_1 e ξ_2 podem ser calculados a partir das duas equações correspondentes, e as quantidades remanescentes podem ser calculadas através das outras três equações. O exemplo seguinte ilustra este procedimento.

Exemplo 4.6-3 Rendimento e Seletividade em um Reator de Desidrogenação

As reações

$$C_2H_6 \rightarrow C_2H_4 + H_2$$
$$C_2H_6 + H_2 \rightarrow 2CH_4$$

ocorrem em um reator contínuo em estado estacionário. A alimentação contém 85,0% molar de etano (C_2H_6) e o resto são inertes (I). A conversão fracional do etano é 0,501, e o rendimento fracional do etileno é 0,471. Calcule a composição molar do produto gasoso e a seletividade da produção do etileno em relação ao metano.

Solução **Base: 100 mols de Alimentação**

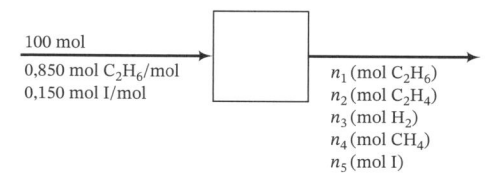

Pela Equação 4.6-7, as quantidades de saída dos componentes em termos das extensões das reações são:

$$n_1(\text{mol } C_2H_6) = 85,0 \text{ mol } C_2H_6 - \xi_1 - \xi_2$$
$$n_2(\text{mol } C_2H_4) = \xi_1$$
$$n_3(\text{mol } H_2) = \xi_1 - \xi_2$$
$$n_4(\text{mol } CH_4) = 2\xi_2$$
$$n_5(\text{mol I}) = 15,0 \text{ mol I}$$

Conversão de Etano:
Se a conversão fracional de etano é 0,501, a fração *não* convertida (e, portanto, o que sai do reator) deve ser $(1 - 0,501)$.

$$n_1 = \frac{(1 - 0,501) \text{ mol } C_2H_6 \text{ não reagido}}{\text{mol } C_2H_6 \text{ alimentados}} \bigg| \frac{85,0 \text{ mol } C_2H_6 \text{ alimentados}}{}$$
$$= 42,4 \text{ mol } C_2H_6 = 85,0 \text{ mol } C_2H_6 - \xi_1 - \xi_2 \qquad \text{(1)}$$

Rendimento de Etileno:

$$\text{máximo possível de etileno formado} = \frac{85,0 \text{ mol } C_2H_6 \text{ alimentados}}{} \bigg| \frac{1 \text{ mol } C_2H_4}{1 \text{ mol } C_2H_6} = 85,0 \text{ mols}$$

$$\Downarrow$$

$$n_2 = 0,471(85,0 \text{ mol } C_2H_6) = 40,0 \text{ mol } C_2H_4 \Longrightarrow \xi_1 = 40,0$$

Substituindo 40,0 mol para ξ_1 na Equação 1 obtém-se $\xi_2 = 2,6$ mols. Então

$$n_3 = (\xi_1 - \xi_2) \text{ mol } H_2 = 37,4 \text{ mol } H_2$$
$$n_4 = 2\xi_2 \text{ mol } CH_4 = 5,2 \text{ mol } CH_4$$
$$n_5 = 15,0 \text{ mol I}$$

$$n_{\text{tot}} = (42,4 + 40,0 + 37,4 + 5,2 + 15,0) \text{ mol} = 140,0 \text{ mol}$$

$$\Downarrow$$

Produto: $\boxed{30,3\% \ C_2H_6, \ 28,6\% \ C_2H_4, \ 26,7\% \ H_2, \ 3,7\% \ CH_4, \ 10,7\% \ I}$

Seletividade: $= (40,0 \text{ mol } C_2H_4)/(5,2 \text{ mol } CH_4)$

$$= \boxed{7,7 \ \frac{\text{mol } C_2H_4}{\text{mol } CH_4}}$$

Teste	Considere o seguinte par de reações:
(veja *Respostas dos Problemas Selecionados*)	A → 2B (desejado) A → C (não desejado) Suponha que 100 mol A são fornecidos a um reator em batelada e que o produto final contém 10 mols de A, 160 mols de B e 10 mols de C. Calcule **1.** A conversão fracional de A. **2.** O rendimento percentual de B. **3.** A seletividade de B em relação a C. **4.** A extensão de cada uma das reações.

4.7 BALANÇOS EM PROCESSOS REATIVOS

4.7a Balanços nas Espécies Atômicas e Moleculares

A Figura 4.7-1 mostra um fluxograma para a desidrogenação do etano em um reator contínuo no estado estacionário. A reação é

$$C_2H_6 \rightarrow C_2H_4 + H_2$$

Cem kmol/min de etano são fornecidos ao reator. A vazão de H_2 na corrente de produto é 40 kmol/min.

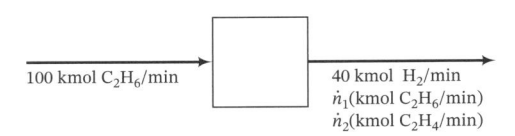

100 kmol C_2H_6/min   40 kmol H_2/min
$\dot{n}_1$(kmol C_2H_6/min)
$\dot{n}_2$(kmol C_2H_4/min)

FIGURA 4.7-1 Desidrogenação do etano.

Podem ser escritos vários balanços diferentes para este processo, incluindo os balanços de massa total, de C_2H_6, C_2H_4 e H_2. Desses, apenas o primeiro tem a forma simples *entrada = saída*: já que as três espécies participam da reação, a equação do balanço para cada espécie deve incluir um termo de geração (para C_2H_4 e H_2) ou um termo de consumo (para C_2H_6).

No entanto, note que também podem ser escritas equações de balanço para o carbono atômico e o hidrogênio atômico, sem levar em conta as espécies moleculares nas quais se encontram os átomos de carbono e hidrogênio. Os balanços nas espécies atômicas *podem* ser escritos sempre na forma simplificada *entrada = saída*, já que os átomos não podem ser criados (geração = 0) nem destruídos (consumo = 0) em uma reação química.

Antes de ilustrar este tipo de balanço, vamos esclarecer uma ambiguidade. Quando falamos de balanço de hidrogênio, isto pode significar duas coisas completamente diferentes: um balanço de hidrogênio molecular (H_2), existindo como espécie química independente, ou um balanço do número total de átomos de hidrogênio (H), ligados ou não. Daqui para frente usaremos os termos **balanço de hidrogênio molecular** e **balanço de hidrogênio atômico** para representar estes dois tipos de balanços, e será importante para você mostrar esta distinção em apresentando o seu trabalho.

Alguns dos balanços que podem ser escritos para o processo mostrado na Figura 4.7-1 são os seguintes. (Lembre que a equação geral do balanço para um processo contínuo no estado estacionário é entrada + geração = saída + consumo.)

Balanço de H_2 Molecular: geração = saída

$$\text{Ger}_{H_2}\left(\frac{\text{kmol } H_2 \text{ gerados}}{\text{min}}\right) = 40 \text{ kmol } H_2/\text{min}$$

Balanço de C_2H_6: entrada = saída + consumo

$$\frac{100 \text{ kmol } C_2H_6}{\text{min}} = \dot{n}_1\left(\frac{\text{kmol } C_2H_6}{\text{min}}\right) + \text{Cons}_{C_2H_6}\left(\frac{\text{kmol } C_2H_6 \text{ consumidos}}{\text{min}}\right)$$

Balanço de C_2H_4: geração = saída

$$\text{Ger}_{C_2H_4}\left(\frac{\text{kmol } C_2H_4 \text{ gerados}}{\text{min}}\right) = \dot{n}_2\left(\frac{\text{kmol } C_2H_4}{\text{min}}\right)$$

Balanço de C Atômico: entrada = saída

$$\frac{100 \text{ kmol } C_2H_6}{\text{min}}\left|\frac{2 \text{ kmol C}}{1 \text{ kmol } C_2H_6}\right. = \dot{n}_1 \frac{\text{kmol } C_2H_6}{\text{min}}\left|\frac{2 \text{ kmol C}}{1 \text{ kmol } C_2H_6}\right. + \dot{n}_2 \frac{\text{kmol } C_2H_4}{\text{min}}\left|\frac{2 \text{ kmol C}}{1 \text{ kmol } C_2H_4}\right.$$

$$\Downarrow$$

$$200 \text{ kmol C/min} = 2\dot{n}_1 + 2\dot{n}_2$$

Balanço de H Atômico: entrada = saída

$$\frac{100 \text{ kmol } C_2H_6}{\text{min}}\left|\frac{6 \text{ kmol H}}{1 \text{ kmol } C_2H_6}\right. = \frac{40 \text{ kmol } H_2}{\text{min}}\left|\frac{2 \text{ kmol H}}{1 \text{ kmol } H_2}\right.$$

$$+ \dot{n}_1 \frac{\text{kmol } C_2H_6}{\text{min}}\left|\frac{6 \text{ kmol H}}{1 \text{ kmol } C_2H_6}\right. + \dot{n}_2 \frac{\text{kmol } C_2H_4}{\text{min}}\left|\frac{4 \text{ kmol H}}{1 \text{ kmol } C_2H_4}\right.$$

$$\Downarrow$$

$$600 \text{ kmol H/min} = 80 \text{ kmol H/min} + 6\dot{n}_1 + 4\dot{n}_2$$

Você pode determinar $\dot{n}_1$ e $\dot{n}_2$ diretamente a partir dos dois balanços atômicos ou usando os balanços das três espécies moleculares juntamente com a equação estequiométrica da reação.

Em geral, sistemas reativos podem ser analisados usando (a) balanços das espécies moleculares (a abordagem usada sempre nos sistemas não reativos), (b) balanços das espécies atômicas, e (c) extensões de reação. Todos os métodos conduzem à mesma resposta, mas um deles pode ser mais conveniente para um cálculo específico, de tal forma que é bom você se familiarizar com todos os três.

Para fazer análises dos graus de liberdade em sistemas reativos, primeiro você deve compreender os conceitos de *equações independentes*, *espécies independentes* e *reações químicas independentes*. Estes conceitos são explicados na próxima seção, após a qual nós delineamos e ilustramos as três abordagens a cálculos de balanços em sistemas reativos.

4.7b Equações Independentes, Espécies Independentes e Reações Independentes

Quando introduzimos a análise dos graus de liberdade na Seção 4.3d, dissemos que o número máximo de balanços de massa que podem ser escritos para um processo não reativo é igual ao número de **espécies independentes** envolvidas no processo. Agora é o momento de olhar com mais atenção para o que isto significa e de ver como se pode estender a análise a processos reativos.

O conceito-chave é o de **equações independentes**. Equações algébricas são independentes se você não pode obter qualquer uma delas adicionando e subtraindo múltiplos de quaisquer das outras. Por exemplo, as equações

$$[1] \quad x + 2y = 4$$
$$[2] \quad 3x + 6y = 12$$

não são independentes, já que [2] = 3 × [1]. De fato, elas são na verdade a mesma equação. (Convença-se tentando resolver o sistema para x e y.) De forma semelhante, mas menos óbvia, as equações

$$[1] \quad x + 2y = 4$$
$$[2] \quad 2x - z = 2$$
$$[3] \quad 4y + z = 6$$

não são independentes, já que [3] = 2 × [1] − [2]. (Prove.)

Se duas espécies moleculares estão na mesma proporção onde quer que elas apareçam em um processo, e esta proporção é incorporada na rotulagem do fluxograma, os balanços destas duas espécies não serão equações independentes. Do mesmo modo, se duas espécies atômicas estão na mesma proporção onde quer que apareçam em um processo, os balanços sobre estas espécies não serão equações independentes.

Por exemplo, considere um processo no qual uma corrente de tetracloreto de carbono líquido é vaporizada em uma corrente de ar.

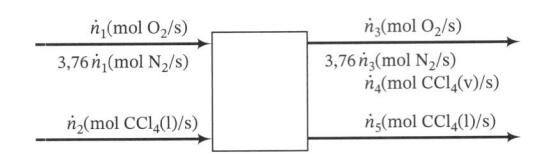

Já que o nitrogênio e o oxigênio estão na mesma proporção em qualquer parte do processo (3,76 mol N_2/mol O_2) você não pode contá-los como duas espécies independentes, de tal forma que você pode contar apenas dois balanços para espécie moleculares independentes em uma análise dos graus de liberdade — um para o O_2 ou o N_2 e outro para o CCl_4. (Tente escrever balanços separados para o O_2 e o N_2 e veja o que acontece.)

De forma semelhante, o nitrogênio atômico (N) e o oxigênio atômico (O) estão sempre na mesma proporção no processo (novamente 3,76:1) como também o cloro atômico e o carbono atômico (4 mol Cl/mol C). Consequentemente, ainda que existam quatro espécies atômicas envolvidas no processo, você pode contar apenas dois balanços sobre espécies atômicas independentes na análise dos graus de liberdade — um para O ou N e outro para C ou Cl. (Novamente, convença-se de que os balanços de O e de N fornecem a mesma equação, bem como os balanços de C e de Cl.)

Finalmente, quando você está usando seja balanços de espécies moleculares, seja extensões das reações para analisar um sistema reativo, a análise dos graus de liberdade deve levar em conta o número de reações químicas independentes entre as espécies que entram e saem do sistema. *Reações químicas são independentes se a equação estequiométrica de qualquer uma delas não pode ser obtida pela adição e subtração de múltiplos das equações estequiométricas de quaisquer das outras.*

Por exemplo, considere as reações

$$[1] \quad A \longrightarrow 2B$$
$$[2] \quad B \longrightarrow C$$
$$[3] \quad A \longrightarrow 2C$$

Estas três reações não são todas independentes, já que [3] = [1] + 2 × [2].

$$[1]: \quad A \longrightarrow 2B$$
$$2 \times [2]: \quad 2B \longrightarrow 2C$$
$$[1] + 2 \times [2]: \quad A + 2B \longrightarrow 2B + 2C \Longrightarrow A \longrightarrow 2C \ (= [3])$$

No entanto, quaisquer duas destas equações são independentes. (Elas têm que ser, já que cada uma envolve pelo menos uma espécie que não aparece na outra.)

Teste

(veja *Respostas dos Problemas Selecionados*)

1. Uma mistura de etileno e nitrogênio alimenta um reator no qual parte do etileno é dimerizada a buteno.

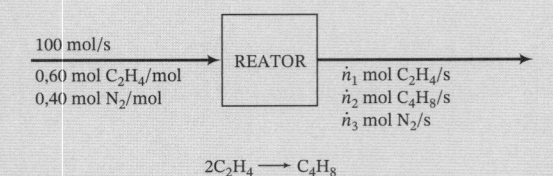

Quantas espécies moleculares independentes estão envolvidas no processo? Quantas espécies atômicas independentes estão envolvidas? Prove esta última resposta escrevendo balanços sobre C, H e N.

2. Escreva as equações estequiométricas para a combustão do metano com oxigênio para formar (a) CO_2 e H_2O e (b) CO e H_2O; e para a combustão do etano com oxigênio para formar (c) CO_2 e H_2O e (d) CO e H_2O. Prove então que apenas três destas quatro reações são independentes.

4.7c Balanços de Espécies Moleculares

Se são usados balanços de espécies moleculares para determinar variáveis desconhecidas das correntes para um processo reativo, os balanços das espécies reativas devem conter termos de geração e/ou consumo. A análise dos graus de liberdade é a seguinte:

Nº de incógnitas rotuladas
+ Nº de reação química independentes (como definido na Seção 4.7b)
− Nº de balanço sobre espécies moleculares independentes (como definido na Seção 4.7b)
− Nº de outras equações que relacionem as incógnitas
= Nº de graus de liberdade

Uma vez que um termo de geração ou de consumo foi calculado para uma espécie em uma reação dada, os termos de geração e de consumo de todas as outras espécies podem ser determinados diretamente da equação estequiométrica. (Mostraremos brevemente esta determinação.) Portanto, um termo de geração ou de consumo deve ser especificado ou calculado para cada reação independente; por este motivo, cada reação adiciona um grau de liberdade ao sistema.

Usaremos a desidrogenação do etano (Figura 4.7-1) para ilustrar os procedimentos. O fluxograma é mostrado de novo aqui para facilitar a discussão.

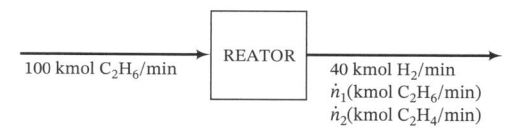

Análise dos Graus de Liberdade

2 incógnitas rotuladas ($\dot{n}_1$, $\dot{n}_2$)
+ 1 reação química independente
− 3 balanços de espécies moleculares independentes (C_2H_6, C_2H_4, e H_2)
− 0 outra equação relacionando as incógnitas
= 0 grau de liberdade

O balanço de hidrogênio será usado para determinar a taxa de geração de hidrogênio, e as vazões de saída de etano e etileno serão calculadas dos seus respectivos balanços. Note que os termos de consumo de etano e de geração de etileno são determinados diretamente a partir do termo de geração de hidrogênio.

Balanço de H_2: geração = saída

$$\text{Ger}_{H_2}\left(\frac{\text{kmol } H_2 \text{ gerados}}{\text{min}}\right) = 40 \text{ kmol } H_2/\text{min}$$

Balanço C_2H_6: entrada = saída + consumo

$$100\,\frac{\text{kmol } C_2H_6}{\text{min}} = \dot{n}_1\left(\frac{\text{kmol } C_2H_6}{\text{min}}\right)$$

$$+ \frac{40 \text{ kmol } H_2 \text{ gerados}}{\text{min}}\left|\frac{1 \text{ kmol } C_2H_6 \text{ consumido}}{1 \text{ kmol } H_2 \text{ gerado}}\right. \Longrightarrow \boxed{\dot{n}_1 = 60 \text{ kmol } C_2H_6/\text{min}}$$

Balanço C_2H_4: geração = saída

$$\frac{40 \text{ kmol } H_2 \text{ gerados}}{\text{min}}\left|\frac{1 \text{ kmol } C_2H_4 \text{ gerado}}{1 \text{ kmol } H_2 \text{ gerado}}\right. = \dot{n}_2\left(\frac{\text{kmol } C_2H_4}{\text{min}}\right)$$

$$\Longrightarrow \boxed{\dot{n}_2 = 40 \text{ kmol } C_2H_4/\text{min}}$$

4.7d Balanços de Espécies Atômicas

Todos os balanços sobre espécies atômicas (C, H, O etc.) têm a forma "entrada = saída", já que as espécies atômicas não podem ser geradas nem consumidas em reações químicas (diferentemente das reações nucleares). O número de graus de liberdade é determinado diretamente subtraindo-se equações a partir das incógnitas rotuladas: as reações não contribuem com graus de liberdade adicionais.

> Nº de incógnitas rotuladas
> − Nº de balanços de espécies atômicas independentes (como definido na Seção 4.7b)
> − Nº de balanços moleculares sobre as espécies não reativas independentes
> − Nº de outras equações que relacionam as incógnitas
> —————————————————
> = Nº de graus de liberdade

No processo de desidrogenação do etano, as duas vazões desconhecidas serão determinadas a partir dos balanços de carbono atômico e de hidrogênio atômico.

Análise dos Graus de Liberdade

> 2 incógnitas rotuladas
> − 2 balanços sobre espécies atômicas independentes (C e H)
> − 0 balanço molecular sobre espécies não reativas independentes
> − 0 outra equação que relacionam as incógnitas
> —————————————————
> = 0 grau de liberdade

Balanço de C: entrada = saída

$$\frac{100 \text{ kmol } C_2H_6}{\text{min}} \left| \frac{2 \text{ kmol } C}{1 \text{ kmol } C_2H_6} \right.$$

$$= \frac{\dot{n}_1 (\text{kmol } C_2H_6)}{(\text{min})} \left| \frac{2 \text{ kmol } C}{1 \text{ kmol } C_2H_6} \right. + \frac{\dot{n}_2 (\text{kmol } C_2H_4)}{(\text{min})} \left| \frac{2 \text{ kmol } C}{1 \text{ kmol } C_2H_4} \right.$$

$$\Downarrow$$

$$100 = \dot{n}_1 + \dot{n}_2 \tag{1}$$

Balanço de H: entrada = saída

$$\frac{100 \text{ kmol } C_2H_6}{\text{min}} \left| \frac{6 \text{ kmol } H}{1 \text{ kmol } C_2H_6} \right. = \frac{40 \text{ kmol } H_2}{\text{min}} \left| \frac{2 \text{ kmol } H}{1 \text{ kmol } H_2} \right.$$

$$+ \frac{\dot{n}_1 (\text{kmol } C_2H_6)}{(\text{min})} \left| \frac{6 \text{ kmol } H}{1 \text{ kmol } C_2H_6} \right. + \frac{\dot{n}_2 (\text{kmol } C_2H_4)}{(\text{min})} \left| \frac{4 \text{ kmol } H}{1 \text{ kmol } C_2H_4} \right.$$

$$\Downarrow$$

$$600 \text{ mol } H/\text{min} = 80 \text{ mol } H/\text{min} + 6\dot{n}_1 + 4\dot{n}_2 \tag{2}$$

Resolvendo simultaneamente as Equações (1) e (2), obtemos a mesma solução já determinada com os balanços sobre as espécies moleculares.

$$\boxed{\dot{n}_1 = 60 \text{ kmol } C_2H_6/\text{min}}$$

$$\boxed{\dot{n}_2 = 40 \text{ kmol } C_2H_4/\text{min}}$$

4.7e Extensão da Reação

A terceira forma de determinar vazões molares desconhecidas para um processo reativo é escrever expressões para cada vazão molar (ou número de mols) de produto em termos das extensões das reações usando a Equação 4.6-4 (ou a Equação 4.6-7 para reações múltiplas), substituir vazões conhecidas de alimentação e de produto e resolver as equações para achar as extensões das reações e as quantidades ou vazões das espécies reativas restantes. A análise dos graus de liberdade é:

N° de incógnitas rotuladas
+ N° de reações independentes (uma extensão de reação desconhecida para cada)
− N° de espécies reativas independentes (uma equação para cada espécie em termos das extensões das reações)
− N° de espécies não reativas independentes (uma equação de balanço para cada espécie)
− N° de outras equações relacionando as incógnitas
= N° de graus de liberdade

No processo de desidrogenação de etano (consulte mais uma vez o fluxograma), GL = 2 incógnitas $(\dot{n}_1, \dot{n}_2)$ + 1 reação independente − 3 espécies reativas independentes (C_2H_6, C_2H_4 e H_2) = 0. Para o mesmo processo, a Equação 4.6-4 ($\dot{n}_i = \dot{n}_{i0} + \dot{v}_i\xi$) para as três espécies no processo são mostradas abaixo. As unidades para cada termo da primeira equação são mostradas explicitamente.

$$H_2\left(\dot{v} = 1\ \frac{\text{kmol } H_2}{\text{min}}\right),\ 40\ \frac{\text{kmol } H_2}{\text{min}} = 0\ \frac{\text{kmol } H_2}{\text{min}} + \left(1\ \frac{\text{kmol } H_2}{\text{min}}\right)\xi \Longrightarrow \xi = 40$$

$$C_2H_6\left(\dot{v} = -1\ \frac{\text{kmol } C_2H_6}{\text{min}}\right),\ \dot{n}_1\left(\frac{\text{kmol } C_2H_6}{\text{min}}\right) = 100 - \xi \Longrightarrow \dot{n}_1 = 60\ \frac{\text{kmol } C_2H_6}{\text{min}}$$

$$C_2H_4\left(\dot{v} = 1\ \frac{\text{kmol } C_2H_6}{\text{min}}\right),\ \dot{n}_2\left(\frac{\text{kmol } C_2H_6}{\text{min}}\right) = \xi \Longrightarrow \dot{n}_2 = 40\ \frac{\text{kmol } C_2H_4}{\text{min}}$$

Já que todos os três métodos de se fazer cálculos de balanços de massa em processos reativos — balanços de espécies moleculares, balanços de espécies atômicas e extensões de reação — necessariamente produzem a mesma resposta, a pergunta é qual deles usar para um processo específico. Não existem regras absolutas, mas sugerimos as seguintes diretrizes:

- *Os balanços de espécies atômicas geralmente conduzem a soluções mais diretas, especialmente quando acontece mais de uma reação.*

- *As extensões de reação são mais convenientes para problemas de equilíbrio químico e nas ocasiões em que é usado um software para resolver as equações.*

- *Os balanços de espécies moleculares requerem cálculos mais complexos do que as outras duas abordagens e devem ser usados apenas para sistemas simples envolvendo uma única reação.*

O exemplo seguinte ilustra todos os três métodos para um sistema envolvendo duas reações.

Exemplo 4.7-1 | Combustão Incompleta do Metano

O metano é queimado com ar em um reator contínuo no estado estacionário para produzir uma mistura de monóxido de carbono, dióxido de carbono e água. As reações envolvidas são

$$CH_4 + \tfrac{3}{2} O_2 \to CO + 2H_2O \tag{1}$$

$$CH_4 + 2O_2 \to CO_2 + 2H_2O \tag{2}$$

A alimentação contém 7,80% molar CH_4, 19,4% O_2 e 72,8% N_2. A percentagem de conversão do metano é 90%, e o gás que sai do reator contém 8 mols CO_2/mol CO. Faça uma análise dos graus de liberdade do processo. Calcule depois a composição molar da corrente de produto usando balanços das espécies moleculares, balanços das espécies atômicas e extensões de reação.

Solução   **Base: 100 mols de Alimentação**

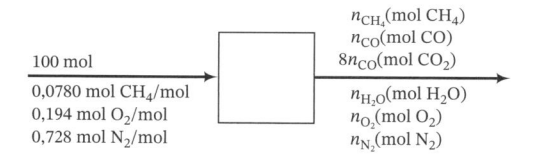

Análise dos Graus de Liberdade

A análise pode ser baseada em qualquer dos três métodos de solução:

- **Balanços de espécies moleculares** (Seção 4.7c). 5 incógnitas + 2 reações independentes − 6 balanços nas espécies moleculares independentes (CH_4, O_2, N_2, CO, CO_2, H_2O) − 1 conversão especificada do metano = 0 grau de liberdade.

- **Balanços de espécies atômicas** (Seção 4.7d). 5 incógnitas − 3 balanços de espécies atômicas independentes (C, H, O) − 1 balanço de espécie molecular não reativa (N_2) − 1 conversão especificada do metano = 0 grau de liberdade.

- **Extensões de reação** (Seção 4.7e). 5 incógnitas + 2 reações independentes − 5 expressões para $n_i(\xi)$ (i = CH_4, O_2, CO, CO_2, H_2O) − 1 balanço de espécie molecular não reativa (N_2) − 1 conversão especificada do metano = 0 grau de liberdade.

Antes de escrever os balanços, a conversão especificada do metano pode ser usada para determinar n_{CH_4}.

Conversão de 90% do Metano: (10% permanecem não convertidos)

$$n_{CH_4} = 0,100(7,80 \text{ mol } CH_4 \text{ alimentados}) = 0,780 \text{ mol } CH_4$$

Todos os três métodos envolvem um balanço de nitrogênio (a espécie não reativa), de modo que podemos escrevê-lo agora também.

Balanço de N_2: entrada = saída

$$n_{N2} = 72,8 \text{ mol } N_2$$

Falta ainda determinar n_{CO}, n_{H_2O} e n_{O_2}. Prosseguiremos então com cada um dos métodos indicados.

Balanços das Espécies Moleculares

Como já foi mencionado, este método é o mais complicado quando estão envolvidas reações múltiplas, de modo que recomendamos fortemente não usá-lo. Ele é apresentado aqui apenas com propósitos ilustrativos (principalmente para ilustrar por que somos contra a sua utilização).

Cada balanço sobre uma espécie reativa deve conter um termo de geração ou de consumo. Usaremos a notação $C_{CH_4,1}$ (mols de CH_4) para representar o consumo de metano na Reação 1, $G_{H_2O,2}$ (mols de H_2O) para representar a geração de água na Reação 2, e assim por diante. Note que qualquer termo G ou C da mesma reação pode ser expresso em termos de qualquer outro termo G ou C da mesma reação, diretamente da equação estequiométrica. Por exemplo, a geração de água na Reação 1 pode ser expressa em termos do consumo de oxigênio na mesma reação como

$$G_{H_2O,1}(\text{mol } H_2O \text{ gerados na Reação1})$$
$$= C_{O_2,1}(\text{mol } O_2 \text{ consumidos na Reação1}) \times \left(\frac{2 \text{ mol } H_2O \text{ gerados}}{1,5 \text{ mol } O_2 \text{ consumidos}} \right) \quad (\textit{Verifique!})$$

Já que os balanços de CO e CO_2 envolvem o mesmo número de mols desconhecido (n_{CO}) começaremos com estes balanços. Assegure-se de entender a forma de cada balanço.

Balanço de CO: saída = geração

$$n_{CO} = G_{CO,1} \tag{3}$$

Balanço de CO_2: saída = geração

$$8n_{CO} = G_{CO_2,2} \tag{4}$$

Já que conhecemos as quantidades de metano na alimentação e na saída, o balanço de metano deve envolver como incógnitas unicamente os dois termos de consumo do metano (um para cada reação). Já que $C_{CH_4,1}$ pode ser expresso em termos de $G_{CO,1}$ e $C_{CH_4,2}$ pode ser expresso em termos de $G_{CO_2,2}$, os balanços de CO, CO_2 e CH_4 fornecem três equações em três incógnitas — n_{CO}, $G_{CO,1}$ e $G_{CO_2,2}$.

Balanço de CH₄: entrada = saída + consumo

$$7,80 \text{ mol CH}_4 = 0,780 \text{ mol CH}_4 + C_{CH_4,1} + C_{CH_4,2}$$

$$\Big\Downarrow \begin{array}{l} C_{CH_4,1} = G_{CO,1} \times (1 \text{ mol CH}_4 \text{ consumido/1 mol CO gerado}) \\ C_{CH_4,2} = G_{CO_2,2} \times (1 \text{ mol CH}_4 \text{ consumido/1 mol CO}_2 \text{ gerado}) \end{array}$$

$$7,02 \text{ mol CH}_4 = G_{CO,1} + G_{CO_2,2}$$

$$\Downarrow \text{Equações 3 e 4}$$

$$7,02 \text{ mol CH}_4 = n_{CO} + 8n_{CO} = 9n_{CO}$$

$$\Downarrow$$

$$\boxed{n_{CO} = 0,780 \text{ mol CO}}$$

$$\boxed{n_{CO_2} = (8 \times 0,780) \text{ mol CO}_2 = 6,24 \text{ mol CO}_2}$$

As Equações 3 e 4 fornecem

$$G_{CO,1} = n_{CO} = 0,780 \text{ mol CO gerado} \tag{5}$$

$$G_{CO_2,2} = 8n_{CO} = 6,24 \text{ mol CO}_2 \text{ gerados} \tag{6}$$

Os balanços de água e oxigênio completam o cálculo das vazões molares desconhecidas.

Balanço H₂O: saída = geração

$$n_{H_2O} = G_{H_2O,1} + G_{H_2O,2}$$

$$= G_{CO,1}\left(\frac{2 \text{ mol H}_2\text{O gerados}}{1 \text{ mol CO gerado}}\right) + G_{CO_2,2}\left(\frac{2 \text{ mol H}_2\text{O gerados}}{1 \text{ mol CO}_2 \text{ gerado}}\right)$$

$$\Downarrow G_{CO,1} = 0,780 \text{ mol CO gerado}, \ G_{CO_2,2} = 6,24 \text{ mol CO}_2 \text{ gerados}$$

$$\boxed{n_{H_2O} = 14,0 \text{ mol H}_2\text{O}}$$

Balanço O₂: saída = entrada − consumo

$$n_{O_2} = 19,4 \text{ mol O}_2 - C_{O_2,1} - C_{O_2,2}$$

$$= 19,4 \text{ mol O}_2 - G_{CO,1}\left(\frac{1,5 \text{ mol O}_2 \text{ consumido}}{1 \text{ mol CO gerado}}\right) - G_{CO_2,2}\left(\frac{2 \text{ mol O}_2 \text{ consumidos}}{1 \text{ mol CO}_2 \text{ gerado}}\right)$$

$$\Downarrow G_{CO,1} = 0,780 \text{ mol CO gerado}, \ G_{CO_2,2} = 6,24 \text{ mol CO}_2 \text{ gerados}$$

$$\boxed{n_{O_2} = 5,75 \text{ mol O}_2}$$

Resumindo, o gás de chaminé contém 0,780 mol CH₄, 0,780 mol de CO, 6,24 mol CO₂, 14,0 mol H₂O, 5,75 mol O₂ e 72,8 mol N₂. Portanto, a composição molar do gás é

$$\boxed{0,78\% \text{ CH}_4, 0,78\% \text{ CO}, 6,2\% \text{ CO}_2, 14,0\% \text{ H}_2\text{O}, 5,7\% \text{ O}_2 \ \text{ e } 72,5\% \text{ N}_2}$$

Balanços das Espécies Atômicas

Voltando ao fluxograma, podemos ver que o balanço de carbono atômico envolve apenas uma incógnita (n_{CO}) e que o balanço de hidrogênio atômico envolve também uma incógnita (n_{H_2O}), mas o balanço de oxigênio atômico envolve três incógnitas. Portanto, escreveremos primeiro os balanços de C e de H, para depois determinar a terceira incógnita, n_{O_2}, através do balanço de O. Todos os balanços atômicos têm a forma *entrada = saída*. Vamos determinar apenas as quantidades dos componentes na corrente de produto; o cálculo das frações molares é exatamente igual ao da parte anterior.

Balanço C:

$$\frac{7,8 \text{ mol CH}_4}{} \left|\frac{1 \text{ mol C}}{1 \text{ mol CH}_4}\right. = \frac{0,78 \text{ mol CH}_4}{} \left|\frac{1 \text{ mol C}}{1 \text{ mol CH}_4}\right.$$

$$+ \frac{n_{CO}(\text{mol CO})}{} \left|\frac{1 \text{ mol C}}{1 \text{ mol CO}}\right. + \frac{8n_{CO}(\text{mol CO}_2)}{} \left|\frac{1 \text{ mol C}}{1 \text{ mol CO}_2}\right.$$

$$\Downarrow \text{Resolvendo para } n_{CO}$$

$$\boxed{n_{CO} = 0,780 \text{ mol CO}}$$

$$\boxed{n_{CO_2} = 8n_{CO} = (8 \times 0,780) \text{ mol CO}_2 = 6,24 \text{ mol CO}_2}$$

Balanço H:

$$\frac{7,8 \text{ mol CH}_4}{} \left| \frac{4 \text{ mol H}}{1 \text{ mol CH}_4} = \frac{0,78 \text{ mol CH}_4}{} \right| \frac{4 \text{ mol H}}{1 \text{ mol CH}_4}$$

$$+ \frac{n_{\text{H}_2\text{O}}(\text{mol H}_2\text{O})}{} \left| \frac{2 \text{ mol H}}{1 \text{ mol H}_2\text{O}} \Longrightarrow \boxed{n_{\text{H}_2\text{O}} = 14,0 \text{ mol H}_2\text{O}} \right.$$

Balanço O:

$$\frac{19,4 \text{ mol O}_2}{} \left| \frac{2 \text{ mol O}}{1 \text{ mol O}_2} = \frac{n_{\text{O}_2}(\text{mol O}_2)}{} \right| \frac{2 \text{ mol O}}{1 \text{ mol O}_2} + \frac{0,78 \text{ mol CO}}{} \left| \frac{1 \text{ mol O}}{1 \text{ mol CO}} \right.$$

$$+ \frac{6,24 \text{ mol CO}_2}{} \left| \frac{2 \text{ mol O}}{1 \text{ mol CO}_2} + \frac{14,0 \text{ mol H}_2\text{O}}{} \right| \frac{1 \text{ mol O}}{1 \text{ mol H}_2\text{O}}$$

$$\Longrightarrow \boxed{n_{\text{O}_2} = 5,75 \text{ mol O}_2}$$

As vazões são as mesmas calculadas com os balanços moleculares (como deveria ser), mas os cálculos envolveram muito menos esforço.

Extensões da Reação

Para as reações

$$\text{CH}_4 + \tfrac{3}{2}\text{O}_2 \rightarrow \text{CO} + 2\text{H}_2\text{O} \tag{1}$$

$$\text{CH}_4 + 2\text{O}_2 \rightarrow \text{CO}_2 + 2\text{H}_2\text{O} \tag{2}$$

a Equação 4.6-7 ($n_i = n_{i0} + \Sigma \nu_{ij}\xi_j$) para as espécies reativas envolvidas no processo fornece as seguintes cinco extenções de balanços de reação [(3)–(7)] com cinco incógnitas (ξ_1, ξ_2, n_{CO}, n_{H2O} n_{O2}):

$$n_{\text{CH}_4}(= 0,78 \text{ mol CH}_4) = (n_{\text{CH}_4})_0 + (\nu_{\text{CH}_4})_1\xi_1 + (\nu_{\text{CH}_4})_2\xi_2$$

$$= 7,80 \text{ mol CH}_4 + (-1 \text{ mol CH}_4)\xi_1 + (-1 \text{ mol CH}_4)\xi_2 \tag{3}$$

$$= (7,80 - \xi_1 - \xi_2) \text{ mol CH}_4$$

$$n_{\text{CO}} = (1 \text{ mol CO})\xi_1 \tag{4}$$

$$8n_{\text{CO}} (= n_{\text{CO}_2}) = (1 \text{ mol CO}_2)\xi_2 \tag{5}$$

$$n_{\text{H}_2\text{O}} = (2 \text{ mol H}_2\text{O})\xi_1 + (2 \text{ mol H}_2\text{O})\xi_2 \tag{6}$$

$$n_{\text{O}_2} = 19,4 \text{ mol O}_2 - \left(\tfrac{3}{2}\text{mol O}_2\right)\xi_1 - (2 \text{ mol O}_2)\xi_2 \tag{7}$$

$$\frac{n_{\text{CO}_2}}{n_{\text{CO}}} = 8 \frac{\text{mol CO}_2}{\text{mol CO}} = \frac{(1 \text{ mol CO}_2)\xi_2}{(1 \text{ mol CO})\xi_1} \Longrightarrow \frac{\xi_2}{\xi_1} = 8 \tag{8}$$

Substituindo a última destas relações na Equação 3 e resolvendo:

$$0,78 = 7,80 - \xi_1 - 8\xi_1$$

$$\Downarrow$$

$$\xi_1 = 0,78 \Longrightarrow \xi_2 = 6,24$$

Das Equações 4 e 5

$$\boxed{\begin{array}{l} n_{\text{CO}} = 0,78 \text{ mol CO} \\ n_{\text{CO}_2} = 6,24 \text{ mol CO}_2 \end{array}}$$

e das Equações 6 e 7

$$\boxed{\begin{array}{l} n_{\text{H}_2\text{O}} = 14,0 \text{ mol H}_2\text{O} \\ n_{\text{O}_2} = 5,75 \text{ mol O}_2 \end{array}}$$

Mais uma vez obtemos as mesmas vazões calculadas anteriormente, de modo que a composição molar do gás de produto deve ser a mesma. Para este problema, os balanços nas espécies atômicas proporcionam a solução mais direta e menos tediosa.

Teste

(veja Respostas dos Problemas Selecionados)

O metano é queimado para formar dióxido de carbono e água em um reator em batelada:

$$CH_4 + 2O_2 \rightarrow CO_2 + 2H_2O$$

A alimentação do reator e os produtos obtidos são mostrados no seguinte diagrama:

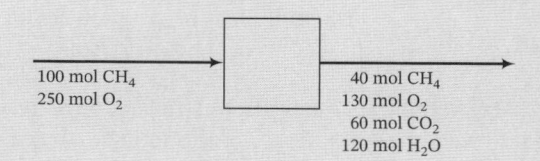

100 mol CH_4
250 mol O_2

40 mol CH_4
130 mol O_2
60 mol CO_2
120 mol H_2O

1. Quanto metano é consumido? Qual é a conversão fracional do metano?
2. Quanto oxigênio é consumido? Qual é a conversão fracional do oxigênio?
3. Escreva a equação da extensão da reação (Equação 4.6-4) para metano, oxigênio e CO_2. Use cada equação para determinar a extensão da reação, ξ, substituindo os valores de entrada e de saída do diagrama.
4. Quantos balanços sobre espécies moleculares independentes podem ser escritos? Quantos balanços sobre espécies atômicas independentes podem ser escritos?
5. Escreva os seguintes balanços e verifique se eles são satisfeitos. A solução do primeiro é dada como exemplo.
   (a) Metano. (I = O + C ⇒ 100 mol CH_4 entrada = 40 mol CH_4 saída + 60 mol CH_4 consumidos)
   (b) Oxigênio atômico (O).
   (c) Oxigênio molecular (O_2).
   (d) Água.
   (e) Hidrogênio atômico.

4.7f Separação de Produtos e Reciclo

Na análise de reatores químicos com separação e reciclo dos reagentes não consumidos, são usadas duas definições para a conversão dos reagentes:

Conversão Global: $\dfrac{\text{reagente que entra no processo} - \text{reagente que sai do processo}}{\text{reagente que entra no processo}}$ **(4.7-1)**

Conversão por Passe no Reator: $\dfrac{\text{reagente que entra no reator} - \text{reagente que sai do reator}}{\text{reagente que entra no reator}}$ **(4.7-2)**

Como sempre, as percentagens de conversão correspondentes são obtidas multiplicando-se estas quantidades por 100%.

Nós vamos ilustrar estas duas definições com um processo envolvendo a *isomerização*, uma reação que rearranja os átomos em uma molécula para formar uma segunda espécie com exatamente a mesma composição atômica. Uma enzima[8] (glicose isomerase) é usada para catalisar[9] a isomerização de glicose (G) em frutose (F), um adoçante artificial usado em muitos produtos comerciais. Segue um fluxograma simplificado rotulado para o processo:

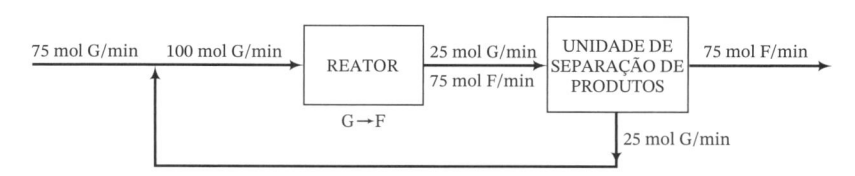

75 mol G/min   100 mol G/min   REATOR   25 mol G/min   UNIDADE DE SEPARAÇÃO DE PRODUTOS   75 mol F/min
75 mol F/min
G→F
25 mol G/min

MEIO AMBIENTE

[8] Uma enzima é uma proteína que catalisa uma reação específica. O nome dado a uma enzima é normalmente ligado à reação catalisada — por exemplo, glicose isomerase catalisa a isomerização da glicose.

[9] Um *catalisador* é uma substância que altera a velocidade de uma reação química — possivelmente por várias ordem de grandeza — sem ser consumida na reação. Moléculas do reagente interagem com o catalisador para formar uma espécie intermediária, que ,então, reage em sequência para formar o produto da reação e regenerar o catalisador.

A conversão global de G é obtida da Equação 4.7-1:

$$\frac{(75 \text{ mol G/min})_{\text{entrada}} - (0 \text{ mol G/min})_{\text{saída}}}{(75 \text{ mol G/min})_{\text{entrada}}} \times 100\% = 100\%$$

A conversão por passe no reator é obtida da Equação 4.7-2:

$$\frac{(100 \text{ mol G/min})_{\text{entrada}} - (25 \text{ mol G/min})_{\text{saída}}}{(100 \text{ mol G/min})_{\text{entrada}}} \times 100\% = 75\%$$

Este exemplo é uma outra ilustração do uso do reciclo. Neste caso, fizemos uso de todo o reagente pelo qual pagamos — a alimentação fresca — embora apenas 75% do reagente que entra no reator sejam consumidos. A razão pela qual a conversão do processo é 100% é que foi admitida uma separação perfeita: qualquer G que não reage é enviado de volta ao reator. Se qualquer separação menos do que perfeita fosse atingida e alguma quantidade de G saísse do processo com a corrente de produto, a conversão do processo seria menor do que 100%, embora sempre fosse maior do que a conversão por passe no reator.

Teste	Quais são as conversões global e por passe no reator para o processo mostrado na Figura 4.5-1?
(veja *Respostas dos Problemas Selecionados*)	

Exemplo 4.7-2	Desidrogenação do Propano

O propano pode ser desidrogenado para formar propileno em um reator catalítico:

$$C_3H_8 \rightarrow C_3H_6 + H_2$$

O processo deve ser projetado para uma conversão de 95% do propano. Os produtos da reação são separados em duas correntes: a primeira, que contém H_2, C_3H_6 e 0,555% do propano que deixa o reator, é considerada a corrente de produto; a segunda, que contém o resto do propano não reagido e 5% do propileno da corrente do produto, é reciclada para o reator. Calcule a composição do produto, a razão (mols reciclados)/(mol de alimentação fresca) e a conversão no reator.

Solução **Base: 100 mols de Alimentação Fresca**

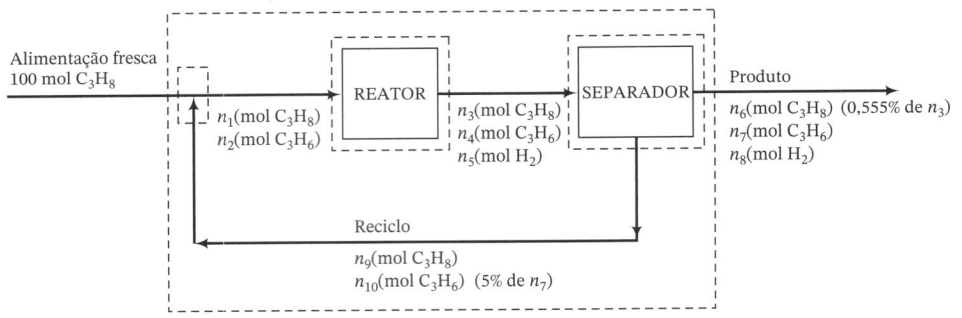

Em termos das variáveis rotuladas, as quantidades a serem calculadas são as frações molares dos componentes da corrente de produto $[n_6/(n_6 + n_7 + n_8)]$, ..., a razão de reciclo $[(n_9 + n_{10})/100 \text{ mol}]$ e a conversão no reator $[100\% \times (n_1 - n_3)/n_1]$. Portanto, devemos calcular n_1, n_3 e n_6 a n_{10}. Como sempre, começamos com a análise dos graus de liberdade para determinar se o problema está apropriadamente especificado (quer dizer, se temos informações suficientes para resolvê-lo).

Análise dos Graus de Liberdade

Quando analisarmos subsistemas onde ocorrem reações químicas (o processo global e o reator) usaremos balanços de espécies atômicas; para subsistemas não reativos (o ponto de mistura do reciclo e a unidade de separação) usaremos balanços de espécies moleculares.

- **Sistema global** (a caixa tracejada externa no diagrama). 3 incógnitas (n_6, n_7, n_8) − 2 balanços de espécies atômicas independentes (C e H) − 1 relação adicional (95% de conversão no processo do propano) $\Rightarrow$ 0 grau de liberdade. Portanto, podemos determinar n_6, n_7 e n_8 através do sistema global. Contemos estas três variáveis como conhecidas para as análises subsequentes.

- ***Ponto de mistura reciclo–alimentação fresca.*** 4 incógnitas (n_9, n_{10}, n_1, n_2) − 2 balanços (C_3H_8, C_3H_6) $\Rightarrow$ 2 graus de liberdade. Já que não temos equações suficientes para resolver as incógnitas associadas a este subsistema, passemos ao seguinte.

- ***Reator.*** 5 incógnitas (n_1 a n_5) − 2 balanços atômicos (C e H) $\Rightarrow$ 3 graus de liberdade. Nada a fazer aqui. Consideremos a unidade restante.

- ***Separador.*** 5 incógnitas (n_3, n_4, n_5, n_9, n_{10}) (n_6, n_7 e n_8 já são conhecidas desde a análise do sistema global) − 3 balanços (C_3H_8, C_3H_6, H_2) − 2 relações adicionais ($n_6 = 0{,}00555n_3$, $n_{10} = 0{,}05n_7$) $\Rightarrow$ 0 grau de liberdade.

Portanto, podemos determinar as cinco variáveis associadas com o separador e depois retornar à análise do ponto de mistura ou do reator; em qualquer caso, podemos escrever dois balanços atômicos para resolver as duas incógnitas restantes (n_1 e n_2), completando desta forma a solução. (De fato, nem todas as variáveis do sistema são pedidas pelo enunciado do problema, de forma que podemos parar antes da análise completa.) Os cálculos são os seguintes, começando com a análise do sistema global.

95% de Conversão Global do Propano ($\Rightarrow$ 5% não convertido)

$$\boxed{n_6 = 0{,}05(100\ \text{mol}) = 5\ \text{mol}\ C_3H_8}$$

Ficam dois balanços globais de espécies atômicas. O balanço de H envolve as duas incógnitas restantes (n_7 e n_8), mas o balanço de C envolve apenas n_7; portanto, começamos com este último.

Balanço de C Global:

$$(100\ \text{mol}\ C_3H_8)(3\ \text{mol}\ C/\text{mol}\ C_3H_8) = [n_6(\text{mol}\ C_3H_8)](3\ \text{mol}\ C/\text{mol}\ C_3H_8)$$
$$+ [n_7(\text{mol}\ C_3H_6)](3\ \text{mol}\ C/\text{mol}\ C_3H_6)$$

$$\xrightarrow{n_6 = 5\ \text{mol}} \boxed{n_7 = 95\ \text{mol}\ C_3H_6}$$

Balanço de H Global: (Introduza as unidades.)

$$(100)(8) = n_6(8) + n_7(6) + n_8(2) \xrightarrow{n_6 = 5\ \text{mol},\ n_7 = 95\ \text{mol}} \boxed{n_8 = 95\ \text{mol}\ H_2}$$

Portanto, o produto contém

$$\begin{array}{l} 5\ \text{mol}\ C_3H_8 \\ 95\ \text{mol}\ C_3H_6 \\ 95\ \text{mol}\ H_2 \end{array} \Longrightarrow \boxed{\begin{array}{l} 2{,}6\ \text{molar}\%\ C_3H_8 \\ 48{,}7\ \text{molar}\%\ C_3H_6 \\ 48{,}7\ \text{molar}\%\ H_2 \end{array}}$$

Relações Dadas entre as Variáveis do Separador:

$$n_6 = 0{,}00555n_3 \xrightarrow{n_6 = 5\ \text{mol}} \boxed{n_3 = 900\ \text{mol}\ C_3H_8}$$

$$n_{10} = 0{,}0500n_7 \xrightarrow{n_7 = 95\ \text{mol}} \boxed{n_{10} = 4{,}75\ \text{mol}\ C_3H_6}$$

Balanço de Propano em Torno do Separador:

$$n_3 = n_6 + n_9 \xrightarrow{n_3 = 900\ \text{mol},\ n_6 = 5\ \text{mol}} \boxed{n_9 = 895\ \text{mol}\ C_3H_8}$$

Poderíamos continuar escrevendo balanços em torno da unidade de separação para determinar os valores de n_4 e n_5, mas não há necessidade disso, já que estes valores não são solicitados pelo enunciado do problema. O único valor que falta determinar é n_1, que pode ser calculado através do balanço de propano no ponto de mistura.

Balanço de Propano no Ponto de Mistura:

$$100\ \text{mol} + n_9 = n_1 \xrightarrow{n_9 = 895\ \text{mol}} \boxed{n_1 = 995\ \text{mol}\ C_3H_8}$$

Agora já temos todas as variáveis necessárias. As quantidades desejadas são

$$\textit{Razão de reciclo} = \frac{(n_9 + n_{10})\ \text{mol reciclo}}{100\ \text{mol alimentação fresca}} \xrightarrow{n_9 = 895\ \text{mol},\ n_{10} = 4{,}75\ \text{mol}} \boxed{9{,}00\ \frac{\text{mol reciclo}}{\text{mol alimentação fresca}}}$$

$$\textit{Conversão por passe no reator} = \frac{n_1 - n_3}{n_1} \times 100\% \xrightarrow{n_1 = 995\ \text{mol},\ n_3 = 900\ \text{mol}} \boxed{9{,}6\%}$$

Considere o que aconteceu no processo analisado. Apenas 10% do propano que entra no *reator* são convertidos a propileno em uma única passagem; no entanto, mais de 99% do propano não consumido no efluente do reator são recuperados na unidade de separação e reciclados de volta ao reator, onde têm outra chance de reagir. O resultado final é que 95% do propano que entram no *processo* são convertidos, e apenas 5% saem com o produto final.

Em geral, altas conversões no processo podem ser atingidas de duas formas: (a) projetar o reator para produzir uma alta conversão em uma única passagem, ou (b) projetar o reator para uma baixa conversão em uma única passagem (por exemplo, 10% no exemplo anterior) e adicionar uma unidade de separação para recuperar e reciclar o reagente não consumido. Se o segundo esquema é usado, o reator tem que manipular um conteúdo maior, mas é necessário um volume de reação *muito* maior para atingir uma conversão de 95% do que de 10% em uma única passagem. A menor conversão por passe leva, consequentemente, a uma diminuição do custo do reator. Por outro lado, a economia pode ser compensada pelo custo da unidade de separação e da bomba e tubulações da linha de reciclo. O projeto final estaria baseado em uma análise econômica detalhada das alternativas.

4.7g Purga

Nos processos com reciclo pode aparecer um problema. Suponha que um material que entra com a alimentação fresca ou que é produzido em uma reação permanece inteiramente na corrente de reciclo em vez de ser carregado para fora do processo pela corrente de produto. Se nada é feito para impedir esta ocorrência, a substância continuará a entrar no processo sem ter nenhuma saída; portanto, irá acumular-se progressivamente, tornando impossível atingir o estado estacionário. Para impedir este acúmulo, uma porção da corrente de reciclo deve ser retirada como uma **corrente de purga**, de forma a eliminar este material indesejado.

O fluxograma na Figura 4.7-2 para a produção de óxido de etileno a partir de etileno ilustra esta situação. A reação é $2\ C_2H_4 + O_2 \rightarrow 2\ C_2H_4O$. Uma mistura de etileno e ar constitui a alimentação fresca do processo. O efluente do reator passa a um absorvedor, no qual é posto em contato com um solvente líquido. Todo o óxido de etileno é absorvido pelo solvente. A corrente de gás que abandona o absorvedor, que contém o nitrogênio, o etileno e o oxigênio não reagidos, é reciclada para o reator.

Se não houvesse nitrogênio (ou qualquer outra substância inerte ou insolúvel) na alimentação, não haveria necessidade da corrente de purga. O reciclo conteria apenas etileno e oxigênio; a alimentação fresca conteria as mesmas substâncias em quantidade suficiente para repor as quantidades consumidas na reação, e o sistema estaria no estado estacionário. No entanto, há nitrogênio. Ele entra no sistema com uma vazão de 113 mol/s e deixa o sistema na mesma vazão pela corrente de purga. Se o sistema não fosse purgado, o nitrogênio se acumularia nesta mesma taxa até que alguma coisa — provavelmente muito desagradável — acontecesse, ocasionando a parada do processo.

Os cálculos de balanços materiais envolvendo reciclo e purga seguem o procedimento mostrado nas seções precedentes. Quando estiver rotulando o diagrama, note que a corrente de purga e a corrente de reciclo antes e depois da retirada da purga têm a mesma composição.

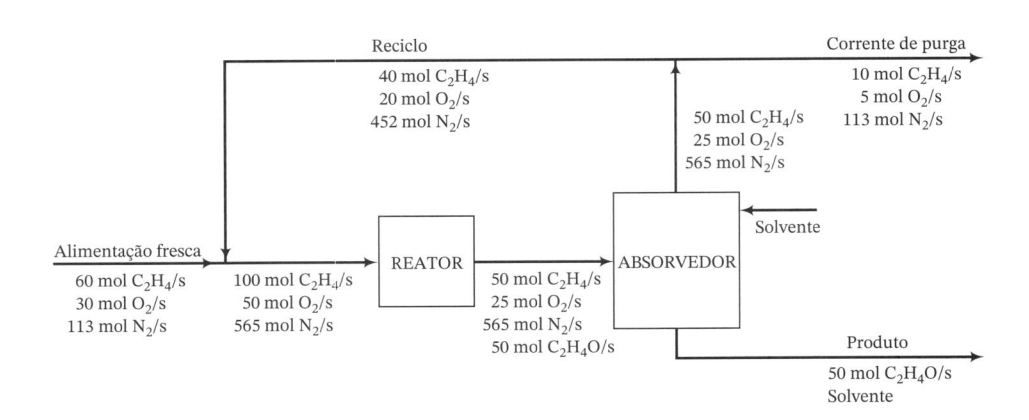

FIGURA 4.7-2 Processo com reciclo e purga.

Teste	Uma reação com a estequiometria A → B acontece em um processo com o seguinte fluxograma:
(veja *Respostas dos Problemas Selecionados*)	

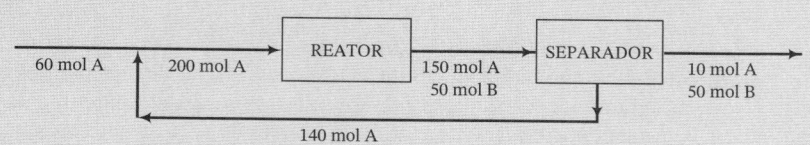

1. Qual é a conversão global de A para este processo? Qual é a conversão por passe no reator?
2. A unidade de separação e a bomba/tubulação de reciclo são caras. Por que não eliminá-las e vender o efluente tal qual sai do reator? Alternativamente, por que não manter o separador mas descartar a corrente de fundo em vez de reciclá-la?
3. Suponha que uma quantidade mínima (digamos, 0,1%) de um material inerte C está presente na alimentação fresca, e que todo ele permanece no efluente de fundo da unidade de separação (e portanto é reciclado de volta ao reator). Por que o processo eventualmente iria parar? O que você faria para colocá-lo de volta em funcionamento?
4. Por que não projetar o reator para produzir 10 mol A e 50 mol B a partir de 60 mol A em uma única passagem, eliminando a necessidade de separação e reciclo?

Exemplo 4.7-3 | **Reciclo e Purga na Síntese de Metanol**

Metanol (também conhecido como álcool metílico e álcool de madeira) é usado como uma matéria-prima na manufatura de formaldeído, ácido acético, metil terc-butil éter (MTBE) e um número de outros produtos químicos importantes. Ele também tem muitos outros usos, incluindo como um solvente, um desinfetante e como um combustível de queima limpa. Uma das maneiras que ele pode ser sintetizado é reagindo dióxido de carbono e hidrogênio:

$$CO_2 + 3H_2 \rightarrow CH_3OH + H_2O$$

A alimentação fresca do processo contém hidrogênio, dióxido de carbono e 0,400% molar de inertes (I). O efluente do reator passa a um condensador, que retira essencialmente todo o metanol e a água formados e nenhum dos reagentes ou inertes. Estas substâncias são recicladas para o reator. Para evitar o acúmulo de inertes no sistema, uma corrente de purga é retirada do reciclo.

A alimentação do *reator* (não a alimentação fresca do processo) contém 28,0% molar CO_2, 70,0% molar H_2 e 2,00% molar de inertes. A conversão no reator é de 60,0%. Calcule as vazões e as composições molares da alimentação fresca, a alimentação total do reator, a corrente de reciclo e a corrente de purga para uma produção de metanol de 155 kmol CH_3OH/h.

(a) Escolha uma base de cálculo de 100 mol de alimentação no reator (uma base conveniente uma vez que você conhece a composição desta corrente) e desenhe e rotule um fluxograma.

(b) Execute uma análise de graus de liberdade para o sistema. Como uma sugestão de sequência, determine a diferença entre o número de equações e o número de variáveis para cada um dos seguintes: sistema global, ponto de mistura reciclo–alimentação fresca, reator, condensador e ponto de divisão das correntes de reciclo e purga. Verifique que existem zero grau de liberdade para todo o processo e identifique um procedimento eficiente para realizar os cálculos (incluindo o escalonamento das variáveis de processo calculadas para a produção de metanol desejada).

(c) Escreva as equações do sistema e use o Solver do Excel para resolvê-las para todas as variáveis.

Solução **(a) Base: 100 mols de Alimentação Combinada do Reator**

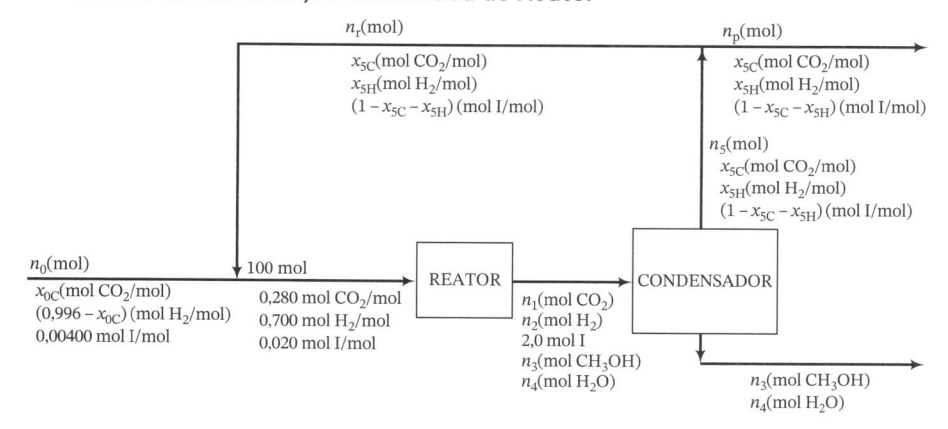

Em termos das variáveis rotuladas, o enunciado do problema estará resolvido quando determinarmos n_0, x_{0C}, n_3, x_{5C}, x_{5H}, n_p e n_r para a base admitida e depois escalonarmos n_0, 100 mol (fornecidos ao reator), n_p e n_r pelo fator (155 kmol CH_3OH/h)/n_3.

(b) Análise dos Graus de Liberdade
Na análise que se segue, faremos balanços de espécies moleculares para todos os sistemas. (Poderíamos perfeitamente usar balanços de espécies atômicas ou a extensão da reação.) Note que a reação aconte-ce no sistema global e no reator, de forma que deve ser incluída na análise dos graus de liberdade dos dois sistemas.

- **Sistema global.** 7 incógnitas ($n_0, x_{0C}, n_3, n_4, n_p, x_{5C}, x_{5H}$) + 1 reação − 5 balanços independentes (CO_2, H_2, I, CH_3OH, H_2O) $\Rightarrow$ 3 graus de liberdade. Já que não temos equações suficientes para resolver as incógnitas associadas com o sistema global, vejamos se algum subsistema possui zero grau de liber-dade.

- **Ponto de mistura reciclo–alimentação fresca.** 5 incógnitas ($n_0, x_{0C}, n_r, x_{5C}, x_{5H}$) − 3 balanços inde-pendentes (CO_2, H_2, I) = 2 graus de liberdade.

- **Reator.** 4 incógnitas (n_1, n_2, n_3, n_4) + 1 reação − 4 balanços independentes (CO_2, H_2, CH_3OH, H_2O) − 1 conversão no reator $\Rightarrow$ 0 grau de liberdade. Portanto, podemos determinar n_1, n_2, n_3 e n_4 e con-tinuar daqui.

  Note que subtraímos quatro balanços e não um para cada uma das cinco espécies. A razão é que, para rotular a saída de I como 2,0 mols, usamos implicitamente o balanço de I (*entrada = saída*), de forma que não podemos mais usá-lo na análise dos graus de liberdade. Usaremos o mesmo ra-ciocínio na análise do condensador.

- **Condensador.** 3 incógnitas (n_5, x_{5C}, x_{5H}) − 3 balanços independentes (CO_2, H_2, I) $\Rightarrow$ 0 grau de liber-dade. Podemos admitir estas três variáveis como conhecidas.

  Nesta análise, admitimos que já conhecemos n_1, n_2, n_3 e n_4 da análise do reator, e já que usamos os balanços de água e de metanol quando rotulamos a corrente de produto de fundo, podemos agora usar apenas três balanços na análise dos graus de liberdade.

- **Ponto de divisão das correntes de reciclo e purga.** 2 incógnitas (n_r, n_p) − 1 balanço independente $\Rightarrow$ 1 grau de liberdade. Já que as frações molares rotuladas dos componentes são as mesmas em to-das as três correntes deste subsistema, os balanços das três espécies se reduzem à mesma equação (tente e veja).

- **Ponto de mistura reciclo–alimentação fresca** (de novo). 3 incógnitas (n_0, x_{0C}, n_r) − 3 balanços independentes $\Rightarrow$ 0 grau de liberdade. Podemos então determinar (n_0, x_{0C} e n_r).

- **Ponto de divisão das correntes de reciclo e purga** (de novo). 1 incógnita (n_p) − 1 balanço inde-pendente $\Rightarrow$ 0 grau de liberdade. A incógnita final pode ser calculada.

O procedimento de solução será então escrever primeiro os balanços no reator, depois no condensador, depois no ponto de mistura e finalmente no ponto de divisão. O fluxograma pode então ser escalonado pela quan-tidade requerida para obter uma taxa de produção de metanol de 155 kmol/h. Os cálculos são os seguintes.

Análise do Reator

Usaremos balanços moleculares. Lembre que a equação estequiométrica é

$$CO_2 + 3H_2 \longrightarrow CH_3OH + H_2O$$

Conversão por Passe no Reator de 60%: ($\Rightarrow$ 40% não são convertidos e saem no efluente do reator)

$$n_2 = 0,40(70,0 \text{ mol } H_2 \text{ alimentados}) = 28,0 \text{ mol } H_2$$

Balanço de H_2: consumo = entrada − saída

$$\text{Cons}_{H_2} = (70,0 - 28,0) \text{ mol } H_2 = 42,0 \text{ mol } H_2 \text{ consumidos}$$

Balanço de CO_2: saída = entrada − consumo

$$n_1 = 28,0 \text{ mol } CO_2 -- \frac{42,0 \text{ mol } H_2 \text{ consumidos}}{} \left| \frac{1 \text{ mol } CO_2 \text{ consumido}}{3 \text{ mol } H_2 \text{ consumidos}} \right. = 14,0 \text{ mol } CO_2$$

Balanço de CH_3OH: saída = geração

$$n_3 = \frac{42,0 \text{ mol } H_2 \text{ consumidos}}{} \left| \frac{1 \text{ mol } CH_3OH \text{ gerado}}{3 \text{ mol } H_2 \text{ consumidos}} \right. = 14,0 \text{ mol } CH_3OH$$

Balanço de H_2O: saída = geração

$$n_4 = \frac{42,0 \text{ mol } H_2 \text{ consumidos}}{} \left| \frac{1 \text{ mol } H_2O \text{ gerado}}{3 \text{ mol } H_2 \text{ consumidos}} \right. = 14,0 \text{ mol } H_2O$$

Análise do Condensador

Balanço de Mols Totais: entrada = saída

$$n_1 + n_2 + n_3 + n_4 + 2,0 \text{ mol} = n_3 + n_4 + n_5$$

$$\Downarrow n_2 = 28,0 \text{ mol}, n_1 = n_3 = n_4 = 14,0 \text{ mol}$$

$$n_5 = 44,0 \text{ mol}$$

Balanço de CO_2: entrada = saída

$$n_1 = n_5 x_{5C}$$

$$\Downarrow n_1 = 14,0 \text{ mol}, n_5 = 44,0 \text{ mol}$$

$$x_{5C} = 0,3182 \text{ mol } CO_2/\text{mol}$$

Balanço de H_2: entrada = saída

$$n_2 = n_5 x_{5H}$$

$$\Downarrow n_2 = 28,0 \text{ mol}, n_5 = 44,0 \text{ mol}$$

$$x_{5H} = 0,6364 \text{ mol } CO_2/\text{mol}$$

$$\Downarrow$$

$$x_{5I} = 1 - x_{5C} - x_{5H} = 0,04545 \text{ mol } I/\text{mol}$$

Análise do Ponto de Mistura Alimentação Fresca-Reciclo

Balanço de Mols Totais: entrada = saída

$$n_0 + n_r = 100 \text{ mols}$$

Balanço de I: entrada = saída

$$n_0(0,00400) + n_r(0,04545) = 2,0 \text{ mols I}$$

Resolvendo estas duas equações de forma simultânea, obtemos

$$n_0 = 61,4 \text{ mol alimentação fresca}, n_r = 38,6 \text{ mols reciclo}$$

Balanço de CO_2: entrada = saída

$$n_0 x_{0C} + n_r x_{5C} = 28,0 \text{ mol } CO_2$$

$$\Downarrow n_0 = 61,4 \text{ mol}, n_r = 38,6 \text{ mol}, x_{5C} = 0,3182 \text{ mol } CO_2/\text{mol}$$

$$x_{0C} = 0,256 \text{ mol } CO_2/\text{mol}$$

$$\Downarrow$$

$$x_{0H} = (1 - x_{0C} - x_{0I}) = 0,740 \text{ mol } H_2/\text{mol}$$

Análise do Ponto Divisão Reciclo-Purga

Balanço de Mols Totais: entrada = saída

$$n_5 = n_r + n_p$$

$$\Downarrow n_5 = 44,0 \text{ mols}, n_r = 38,6 \text{ mols}$$

$$n_p = 5,4 \text{ mol purga}$$

Escalonamento do Diagrama

Para a base admitida de 100 mols de alimentação do reator, a taxa de produção de metanol é $n_3 = 14,0$ mol CH_3OH. Para escalonar o processo até uma taxa de produção de metanol de 155 kmol CH_3OH/h, multiplicamos cada vazão molar total e de componente pelo fator

$$\left(\frac{155 \text{ kmol } CH_3OH/h}{14,0 \text{ mol } CH_3OH} \right) = \frac{11,1 \text{ kmol/h}}{\text{mol}}$$

As reações molares permanecem inalteradas pelo escalonamento. Os resultados finais são:

Variável	Valor na Base	Valor Escalonado
Alimentação fresca	61,4 mols 25,6 molar% CO_2 74,0 molar% H_2 0,400 molar% I	681 kmol/h 25,6 molar% CO_2 74,0 molar% H_2 0,400 molar% I
Alimentação ao reator	100 mols 28,0 molar% CO_2 70,0 molar% H_2 2,0 molar% I	1110 kmol/h 28,0 molar% CO_2 70,0 molar% H_2 2,0 molar% I
Reciclo	38,6 mols 31,8 molar% CO_2 63,6 molar% H_2 4,6 molar% I	428 kmol/h 31,8 molar% CO_2 63,6 molar% H_2 4,6 molar% I
Purga	5,4 mols 31,8 molar% CO_2 63,6 molar% H_2 4,6 molar% I	59,9 kmol/h 31,8 molar% CO_2 63,6 molar% H_2 4,6 molar% I

(c) Solução no Excel

Apenas para variar, nós usaremos balanços atômicos para o reator neste ponto. Os balanços que não aparecem na análise, tais como o balanço do reator em I e os balanços de metanol e água no condensador, já foram incorporados nos rótulos do fluxograma.

Análise de Graus de Liberdade

11 variáveis desconhecidas (n_0; x_{0C}; $n_1 - n_5$; x_{5C}; x_{5H}; n_r; n_p)
– 3 equações para o ponto de mistura (balanços de CO_2, H_2, I)
– 4 equações para o reator (balanços atômicos de C, H, O; conversão por passe do CO_2)
– 3 equações para o condensador (balanços de CO_2, H_2, I)
– 1 equação para o ponto de divisão (balanço total de mols)

0 grau de liberdade

Segue a planilha de cálculo completa (incluindo os cálculos de aumento de escala) para valores estimados de 100 mols para cada quantidade molar e 0,40 para cada fração molar (verifique as equações).

	A	B	C	D	E	F	G	H	I	J	K	L	M
1	**Solução da Equação 4.7-3**												
2													
3	**Variável**	n0	x0C	x0H	n1	n2	n3	n4	n5	x5C	x5H	np	nr
4	**Valor**	100	0,4	0,596	100	100	100	100	100	0,4	0,4	100	100
5													
6	**Equação**	LE	LD	**(LE–LD)^2**									
7	n0+ nr= 100	200	100	1,00E+ 04									
8	n0*x0C + nr*x5C = 28	80	28	2,70E+ 03									
9	n0*x0H + nr*x5H = 70	99,6	70	8,76E+ 02									
10	28(1)= n1(1)+ n3(1)	28	200	2,96E+ 04									
11	70(2)=n2(2)+ n3(4)+ n4(2)	140	800	4,36E+ 05									
12	28(2)=n1(2)+ n3(1)+ n4(1)	56	400	1,18E+ 05									
13	n2= 70(1-0,60)	100	28	5,18E+ 03									

	A	B	C	D	E	F	G	H	I	J	K	L	M
14	$n1 = n5^* x5C$	100	40	3,60E+03									
15	$n2 = n5^* x5H$	100	40	3,60E+03									
16	$2 = n5^*(1\text{-}x5C\text{-}x5H)$	2	20	3,24E+02									
17	$n5 = np + nr$	100	200	1,00E+04									
18			Soma	5,92E+05									
19													
20	**Fator de Escala**	1,55											
21	**Variável**	n0	x0C	x0H	n1	n2	n3	n4	n5	x5C	x5H	np	nr
22	**Valor Escalonado**	155	0,4	0,596	155	155	155	155	155	0,4	0,4	155	155

[B7] = B4 + M4
[B8] = B4*C4 + M4*J4
[B9] = B4*D4 + M4*K4
[B10] 28
[B11] 140
[B12] 56
[B13] = F4
[B14] = E4
[B15] = F4
[B16] 2
[B17] = I4

[C7] 100
[C8] 28
[C9] 70
[C10] = E4 + G4
[C11] = 2*F4 + 4*G4 + 2*H4
[C12] = 2*E4 + G4 + H4
[C13] 28
[C14] = I4*J4
[C15] = I4*K4
[C16] = I4*(1–J4–K4)
[C17] = L4 + M4

[D4] = 0,996–C4
[D7] = (B7–C7)^2
[D8] = (B8–C8)^2
[D9] = (B9–C9)^2
[D10] = (B10–C10)^2
[D11] = (B11–C11)^2
[D12] = (B12–C12)^2
[D13] = (B13–C13)^2
[D14] = (B14–C14)^2
[D15] = (B15–C15)^2
[D16] = (B16–C16)^2
[D17] = (B17–C17)^2
[D18] = SOMA(D7:D17)

[B20] = 155/G4
[B22] = $B$20*B4 (copie em [E22], [F22], [G22], [H22], [I22], [L22], [M22])
[C22] = C4 (copie em [D22], [J22], [K22])

Uma vez preenchida completamente a planilha, faça o Solver minimizar o valor na Célula D18 variando os valores nas Células B4 até M4. As soluções reportadas na Parte (b) vão aparecer imediatamente na Linha 4 e 22.

Exemplo 4.7-4 Reciclo de Latas de Alumínio

MEIO AMBIENTE

O uso de latas de alumínio nos Estados Unidos aumentou de aproximadamente 234 milhões lb_m em 1972 para 2,93 bilhões ($2,93 \times 10^9$) em 2010.[10] Em 1972, essencialmente todas as 6 bilhões de latas de bebida de alumínio vendidas nos Estados Unidos foram descartadas; isto é, nenhuma foi reciclada.[11] Em 2010, a taxa de reciclagem aumentou para 58,1% e avanços na tecnologia durante este período aumentou o número de latas produzidas com 1 lb_m de alumínio de 21,75 em 1972 para 33 em 2010.[12]

(a) Construa um fluxograma mostrando uma entrada de alumínio processado, utilização de latas pelos consumidores e uma unidade refletindo as decisões cumulativas dos consumidores de reciclar ou descartar uma lata.

(b) Calcule a massa de alumínio que deve ser minerada, refinada e processada para uso na produção de latas nos Estados Unidos em 2010.

(c) Qual seria esta quantidade usando os mesmos dados de consumo de 2010, mas a taxa de reciclagem de 1972?

[10] http://www.aluminum.org/Content/NavigationMenu/NewsStatistics/StatisticsReports/UsedBeverageCanRecyclingRate/UBC_Recycling_Rates_2010.pdf.
[11] http://www.container-recycling.org/index.php/number-of-aluminum-cans-recycled-and-wasted-in-the-us-from-1972-2004.
[12] http://www.aluminum.org/Content/NavigationMenu/TheIndustry/PackagingConsumerProductMarket/Can/default.htm#Aluminum%20Can%20Recycling

Base: 1 Ano de Operação

(a) O fluxograma é como segue:

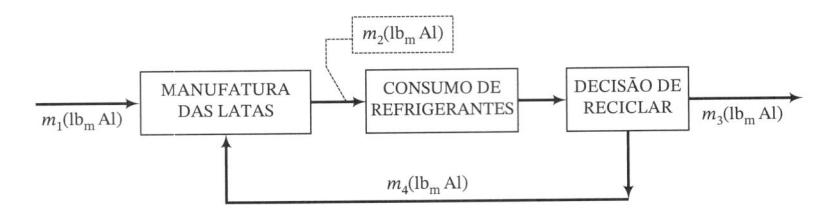

em que m_1 é a massa de alumínio processado, m_2 a massa de alumínio nas latas usadas pelos consumidores, m_3 a massa de alumínio deixando o sistema e m_4 a massa de alumínio em latas recicladas.;

(b) Um balanço de alumínio (Al) em volta do sistema inteiro em estado estacionário fornece $m_1 = m_3$. Em 2010, $m_2 = 2,9 \times 10^9 \text{ lb}_m = m_3 + m_4$, e na taxa de reciclagem de 2010 de 58,1%,

$$\frac{m_4}{m_3 + m_4} = 0,581$$

$$\Downarrow m_3 + m_4 = 2,92 \times 10^9 \text{ lb}_m$$

$$m_4 = 1,70 \times 10^9 \text{ lb}_m \Longrightarrow \boxed{m_3 = 1,22 \times 10^9 \text{ lb}_m = m_1}$$

(c) Na taxa de reciclagem de 1972 (0%), de novo usando os dados de consumo de 2010, m_2 permanece constante, mas a quantidade de alumínio requerida a partir de minério é $2,92 \times 10^9 \text{ lb}_m$. Em outras palavras, o aumento da reciclagem significa que 1,22 bilhões de lb_m de alumínio não precisam ser mineradas, refinadas e processadas para satisfazer as necessidades deste mercado.

EXERCÍCIO DE CRIATIVIDADE

A reciclagem de latas de alumínio tem benefícios: por exemplo, a reciclagem de uma lata consume apenas cerca de 10% da energia necessária para produzir uma nova lata a partir do minério bauxita; a reciclagem reduz as emissões de gases de efeito estufa na atmosfera; e assim por diante. Liste o máximo de outros benefícios indiretos que você consiga.

4.8 REAÇÕES DE COMBUSTÃO

A **combustão** é a reação rápida de uma substância com oxigênio. As reações de oxidação de carbono a CO e CO_2, hidrogênio a H_2O, enxofre a SO_2 e nitrogênio a NO e NO_2 liberam quantidades significativas de energia na forma de calor. As reações de combustão mais importantes são aquelas nas quais combustíveis fósseis — como carvão, petróleo e gás natural — são queimados para liberar energia que em última forma aparece como eletricidade, aquecimento comercial e residencial e movimentação veicular. Como produtos de combustão comuns como aqueles listados acima são liberados para atmosfera em grandes quantidades, um esforço considerável tem que ser feito para monitorar e controlar suas taxas de emissão. Análises de reações e reatores de combustão e a redução e controle da poluição ambiental causada pelos produtos de combustão são problemas com os quais os engenheiros químicos estão pesadamente envolvidos.

MEIO AMBIENTE

Nas seções seguintes são introduzidos termos normalmente usados na análise de reatores de combustão e são discutidos os cálculos de balanços de massa para tais reatores. Os métodos para determinar a energia que pode ser obtida das reações de combustão aparecem mais adiante, no Capítulo 9.

4.8a A Química da Combustão

A maior parte do combustível usado em fornalhas de combustão em plantas de energia é carvão (carbono, algum hidrogênio e enxofre e vários materiais não combustíveis), óleo (principalmente hidrocarbonetos de alto peso molecular e alguma quantidade de enxofre), gás (geralmente **gás natural**, constituído quase que exclusivamente de metano) ou **gás liquefeito de petróleo**, usualmente propano e/ou butano.

Quando um combustível é queimado, o carbono reage para formar CO_2 ou CO, o hidrogênio forma H_2O e o enxofre forma SO_2. A temperaturas maiores do que 1800°C, o nitrogênio do ar pode reagir para formar óxido nítrico (NO). Uma reação de combustão na qual é formado CO a partir de um hidrocarboneto é chamada de **combustão parcial** ou **incompleta** do hidrocarboneto em questão.

Exemplos:

$$C + O_2 \longrightarrow CO_2 \qquad \text{Combustão completa do carbono}$$

$$C_3H_8 + 5O_2 \longrightarrow 3CO_2 + 4H_2O \qquad \text{Combustão completa do propano}$$

$$C_3H_8 + \tfrac{7}{2}O_2 \longrightarrow 3CO + 4H_2O \qquad \text{Combustão parcial do propano}$$

$$CS_2 + 3O_2 \longrightarrow CO_2 + 2SO_2 \qquad \text{Combustão completa do dissulfeto de carbono}$$

O *Manual do Engenheiro Químico* traz uma ampla discussão sobre combustíveis e combustão.[13]

Ar, que é a fonte de oxigênio na maioria dos reatores de combustão, tem a seguinte composição molar média em base seca:

N_2	78,03%	
O_2	20,99%	
Ar	0,94%	Massa molecular média = 29,0
CO_2	0,03%	
H_2, He, Ne, Kr, Xe	0,01%	
	100,00%	

Na maior parte dos cálculos de combustão, é perfeitamente aceitável simplificar esta composição para 79% N_2 e 21% $O_2 \Rightarrow$ 79 mol N_2/21 mol O_2 = 3,76 mol N_2/mol O_2.

O termo **composição em base úmida** é usado comumente para designar as frações molares dos componentes de um gás que contém água; **composição em base seca** se refere às frações molares do mesmo gás, mas sem levar em conta a água. Por exemplo, um gás que contém 33,3% molar CO_2, 33,3% N_2 e 33,3% H_2O (em base úmida) contém 50% CO_2 e 50% N_2 em base seca.

O produto gasoso que deixa a câmara de combustão é conhecido como **gás de chaminé** ou **gás de combustão**. Quando a vazão de um gás em uma chaminé é medida, mede-se a vazão total do gás, incluindo água; por outro lado, técnicas comuns de análise de gases de chaminé fornecem composições em base seca. Portanto, você deve ser capaz de converter uma composição em base seca na sua correspondente composição em base úmida antes de escrever os balanços materiais em um reator de combustão. O procedimento utilizado é igual àquele usado para converter frações mássicas a molares e vice-versa, dado no Capítulo 3: considere uma quantidade de gás de chaminé (por exemplo, 100 mols de gás úmido se a composição em base úmida é conhecida, 100 mols de gás seco se a composição do gás seco é conhecida), calcule quanto de cada componente está presente, e use esta informação para calcular as frações molares na base desejada.

Exemplo 4.8-1 Composição em Base Úmida e Seca

1. *Base Úmida $\Rightarrow$ Base Seca.*
   Um gás de chaminé contém 60,0% molar N_2, 15,0% CO_2, 10,0% O_2 e o resto é H_2O. Calcule a composição molar do gás em base seca.

---

[13]R. H. Perry e D. W. Green, Eds., *Perry's Chemical Engineers' Handbook*, 8ª edição, McGraw-Hill, New York, 2008, pp. 24-3 a 24-51.

Solução **Base: 100 mols de Gás Úmido**

$$\begin{array}{l} 60{,}0 \text{ mols } N_2 \\ 15{,}0 \text{ mols } CO_2 \\ \underline{10{,}0 \text{ mols } O_2} \\ 85{,}0 \text{ mols gás seco} \end{array}$$

$$\frac{60{,}0}{85{,}0} = 0{,}706 \; \frac{\text{mol } N_2}{\text{mol gás seco}}$$

$$\frac{15{,}0}{85{,}0} = 0{,}176 \; \frac{\text{mol } CO_2}{\text{mol gás seco}}$$

$$\frac{10{,}0}{85{,}0} = 0{,}118 \; \frac{\text{mol } O_2}{\text{mol gás seco}}$$

2. **Base Seca $\Rightarrow$ Base Úmida.**

Uma **análise Orsat** (uma técnica para análise de gás de chaminé) fornece a seguinte composição em base seca:

N_2	65%
CO_2	14%
CO	11%
O_2	10%

Uma medição da umidade mostra que a fração molar de H_2O no gás de chaminé é 0,0700. Calcule a composição do gás de chaminé em base úmida.

Solução **Base: 100 lb-mol de Gás Seco**

$$0{,}0700 \; \frac{\text{lb-mol } H_2O}{\text{lb-mol gás úmido}} \Leftrightarrow 0{,}930 \; \frac{\text{lb-mol gás seca}}{\text{lb-mol gás úmido}}$$

$$\frac{0{,}0700 \text{ lb-mol } H_2O/\text{lb-mol gás úmido}}{0{,}930 \text{ lb-mol gás seca}/\text{lb-mol gás úmido}} = 0{,}0753 \; \frac{\text{lb-mol } H_2O}{\text{lb-mol gás seca}}$$

O gás na base assumida contém então:

$$\frac{100 \text{ lb-mol gás seco} \mid 0{,}0753 \text{ lb-mol } H_2O}{\text{lb-mol gás seco}} = 7{,}53 \text{ lb-mol } H_2O$$

$$\frac{100 \text{ lb-mol gás seco} \mid 0{,}650 \text{ lb-mol } N_2}{\text{lb-mol gás seco}} = 65{,}0 \text{ lb-mol } N_2$$

$$(100)(0{,}140) \text{ lb-mol } CO_2 = 14{,}0 \text{ lb-mol } CO_2$$

$$(100)(0{,}110) \text{ lb-mol } CO = 11{,}0 \text{ lb-mol } CO$$

$$(100)(0{,}100) \text{ lb-mol } O_2 = \underline{10{,}0 \text{ lb-mol } O_2}$$

$$107{,}5 \text{ lb-mol gás úmido}$$

As frações molares de cada componente no gás de chaminé podem agora ser facilmente calculadas:

$$y_{H_2O} = \frac{7{,}53}{107{,}5} \; \frac{\text{lb-mol } H_2O}{\text{lb-mol gás úmido}} = 0{,}070 \; \frac{\text{lb-mol } H_2O}{\text{lb-mol gás úmido}}, \cdots$$

Teste	1. Qual é a composição molar aproximada do ar? Qual é a razão molar aproximada de N_2 a O_2 no ar? Memorizar essas quantidades irá ajudá-lo a poupar esforços futuros.
(veja *Respostas dos Problemas Selecionados*)	2. Um gás contém 1 mol H_2, 1 mol O_2 e 2 mol H_2O. Qual é a composição molar do gás em base úmida? E em base seca?
	3. Um gás de combustão contém 5% molar H_2O. Calcule as razões
	(a) kmol de gás de combustão/kmol H_2O.
	(b) kmol de gás de combustão seco/kmol de gás de combustão.
	(c) kmol H_2O/kmol de gás de combustão seco.

4.8b Ar e Oxigênio Teórico e em Excesso

Se dois reagentes participam em uma reação e um deles é consideravelmente mais caro do que o outro, a prática usual consiste em alimentar o componente mais barato em excesso em relação ao mais caro. Isto tem o efeito de aumentar a conversão do reagente valioso à custa do gasto de reagente barato e os gastos de bombeamento adicionais.

O caso extremo de um reagente barato é o ar, que é de graça. Portanto, as reações de combustão são invariavelmente realizadas com mais ar do que necessário para fornecer ao combustível o oxigênio em proporções estequiométricas. Os seguintes termos são comumente utilizados para descrever as proporções de combustível e ar fornecidos a um reator.

Oxigênio Teórico: Os mols (em batelada) ou vazões molares (contínuo) de O_2 necessários para a combustão completa de todo o combustível fornecido ao reator, admitindo que todo o carbono no combustível é oxidado a CO_2 e todo o hidrogênio é oxidado a H_2O.

Ar Teórico: A quantidade de ar que contém o oxigênio teórico.

Ar em Excesso: A quantidade pela qual o ar alimentado excede o ar teórico.

Percentagem de Ar em Excesso:
$$\frac{(\text{mols de ar})_{\text{fornecido}} - (\text{mols de ar})_{\text{teórico}}}{(\text{mols de ar})_{\text{teórico}}} \times 100\% \tag{4.8-1}$$

Se você conhece a vazão de alimentação e a equação estequiométrica para a combustão completa do combustível, você pode calcular as vazões de alimentação de oxigênio e ar teóricos. Se além disso você conhece a vazão de alimentação real de ar, pela Equação 4.8-1 você pode calcular a percentagem de ar em excesso. Também é fácil calcular a vazão do ar fornecido a partir do ar teórico e de um valor dado da percentagem em excesso: se são fornecidos 50% de ar em excesso, então

$$(\text{mols de ar})_{\text{fornecidos}} = 1,5 \, (\text{mols de ar})_{\text{teórico}}$$

Exemplo 4.8-2	Ar Teórico e em Excesso

Cem mol/h de butano (C_4H_{10}) e 5000 mol/h de ar são fornecidos a um reator de combustão. Calcule a porcentagem de ar em excesso.

Solução   Primeiro, calcule o ar teórico a partir da vazão de alimentação do combustível e da equação estequiométrica para a combustão completa do butano:

$$C_4H_{10} + \tfrac{13}{2}O_2 \rightarrow 4CO_2 + 5H_2O$$

$$(\dot{n}_{O_2})_{\text{teórico}} = \frac{100 \text{ mols } C_4H_{10}}{h} \left| \frac{6,5 \text{ mols } O_2 \text{ requerido}}{\text{mol } C_4H_{10}} \right.$$

$$= 650 \, \frac{\text{mols } O_2}{h}$$

$$(\dot{n}_{\text{air}})_{\text{teórico}} = \frac{650 \text{ mols } O_2}{h} \left| \frac{4,76 \text{ mols ar}}{\text{mol } O_2} \right. = 3094 \, \frac{\text{mol ar}}{h}$$

então

$$\% \text{ excesso ar} = \frac{(\dot{n}_{\text{ar}})_{\text{fornecido}} - (\dot{n}_{\text{ar}})_{\text{teórico}}}{(\dot{n}_{\text{ar}})_{\text{teórico}}} \times 100\% = \frac{5000 - 3094}{3094} \times 100\% = \boxed{61,6\%}$$

Se, ao contrário, você tivesse recebido a informação da porcentagem de excesso, 61,6%, você poderia ter calculado a vazão de ar como $(\dot{n}_{\text{ar}})_{\text{fornecido}} = 1,616 \, (\dot{n}_{\text{ar}})_{\text{teórico}} = 1,616(3094 \text{ mol/h}) = 5000 \text{ mol/h}$.

Dois pontos amiúde causam confusão nos cálculos de ar teórico e em excesso; ambos são causados por um desconhecimento das definições desses termos.

1. *O ar teórico necessário para queimar uma dada quantidade de combustível não depende do quanto é realmente queimado.* O combustível pode não reagir completamente, e pode ser parcialmente queimado para formar tanto CO quanto CO_2, mas o ar teórico ainda é aquele que seria necessário para reagir com *todo* o combustível para formar unicamente CO_2.

2. *O valor da percentagem de ar em excesso depende apenas do ar teórico e da vazão de alimentação do ar, não de quanto O_2 é consumido no reator ou de a combustão ser parcial ou completa.*

Teste (veja *Respostas dos Problemas Selecionados*)	O metano queima nas seguintes reações: $$CH_4 + 2O_2 \longrightarrow CO_2 + 2H_2O$$ $$CH_4 + \tfrac{3}{2}O_2 \longrightarrow CO + 2H_2O$$ Cem mol/h de metano são fornecidos ao reator. **1.** Qual é a vazão teórica de O_2 se a combustão no reator é completa? **2.** Qual é a vazão teórica de O_2 admitindo que 70% do metano reagem para formar CO? (Cuidado!) **3.** Qual é a vazão teórica de ar? **4.** Se 100% de excesso de ar são fornecidos, qual é a vazão real de ar entrando no reator? **5.** Se a vazão real de ar é tal que 300 mol O_2/h entram no reator, qual é a percentagem de ar em excesso?

EXERCÍCIO DE CRIATIVIDADE

1. Há anos era comum operar fornalhas de caldeiras com uma alimentação de 20% em excesso de ar ou mais, enquanto hoje em dia projetos melhorados de caldeiras permitem usar 5-10% de excesso de ar. Cite tantas consequências negativas quantas possa pensar decorrentes do fato de a razão ar/combustível ser (a) muito baixa e (b) muito alta.

2. Os custos do petróleo e do gás natural têm aumentado drasticamente nas últimas décadas, e ainda não existe certeza com relação à duração das reservas mundiais. Liste a maior quantidade de fontes alternativas de energia em que você possa pensar, sendo o mais criativo possível, após isto volte atrás e sugira possíveis revezes para cada uma.

4.8c Balanços de Massa em Reatores de Combustão

O procedimento para escrever e resolver balanços de massa para um reator de combustão é essencialmente o mesmo que para qualquer outro sistema reativo. No entanto, tenha em mente os seguintes pontos:

1. Quando você desenhar e rotular um fluxograma, certifique-se de que a corrente de saída (o gás de chaminé) inclui (a) combustível não reagido, a não ser que seja dito que todo ele é consumido, (b) oxigênio não reagido, (c) água e dióxido de carbono, bem como monóxido de carbono se o problema diz que há algum presente, e (d) nitrogênio, se o combustível é queimado com ar e não oxigênio puro.

2. Para calcular a vazão de alimentação de oxigênio a partir de determinada porcentagem de excesso dele ou de ar (as duas percentagens terão o mesmo valor, de modo que não importa qual é estabelecida), calcule primeiro o O_2 teórico para a combustão completa a partir da vazão de alimentação de combustível e da estequiometria da reação, e calcule depois a vazão de alimentação de oxigênio multiplicando o oxigênio teórico por (1 + excesso fracional de oxigênio).

3. Se há apenas uma reação envolvida, todos os três métodos (balanços de espécies moleculares, balanços de espécies atômicas e extensão da reação) são igualmente convenientes. Por outro lado, se várias reações acontecem simultaneamente — como a queima de um combustível para formar tanto CO quanto CO_2 — os balanços de espécies moleculares devem ser geralmente evitados.

Exemplo 4.8-3	Combustão do Etano

O etano é queimado com 50% em excesso de ar. A percentagem de conversão do etano é 90%; do etano queimado, 25% reagem para formar CO e o resto forma CO_2. Calcule a composição molar do gás de chaminé em base seca e a razão molar da água para o gás de chaminé seco.

Solução　Base: 100 mols C_2H_6 Alimentado

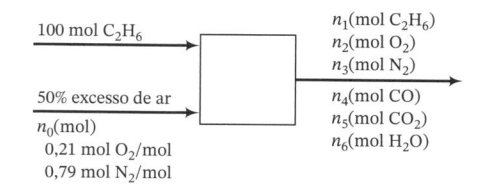

$$C_2H_6 + \frac{7}{2}O_2 \longrightarrow 2CO_2 + 3H_2O$$

$$C_2H_6 + \frac{5}{2}O_2 \longrightarrow 2CO + 3H_2O$$

Notas

1. Já que nenhuma fração molar na corrente de produto é conhecida, os cálculos subsequentes serão mais fáceis se forem rotuladas as quantidades dos componentes individuais e não a quantidade total e as frações molares.
2. A composição do ar é tomada como sendo aproximadamente 21% molar O_2 e 79% molar N_2.
3. Se o etano reagisse completamente, n_1 seria omitido. Já que é fornecido ar em excesso, o O_2 *deve* aparecer na corrente de saída.
4. Nos cálculos de balanços de massa em processos de combustão é razoável admitir que o nitrogênio é inerte — quer dizer, desprezar as pequenas quantidade de NO, NO_2 e N_2O_4 (representados de forma genérica como NO_X) que podem se formar na fornalha. Por outro lado, em estudos de impacto ambiental, o NO_X não pode ser automaticamente desprezado; quantidades muito pequenas de óxidos de nitrogênio podem ter pouco impacto no balanço de nitrogênio, mas podem ter um efeito poluente significativo se são liberadas na atmosfera.

MEIO AMBIENTE

Análise dos Graus de Liberdade:

　　7 incógnitas ($n_0, n_1, \ldots, n_6$)
　－3 banços atômicos (C, H, O)
　－1 balanço N_2
　－1 especificação de excesso de ar (relaciona n_0 com a quantidade de combustível alimentado)
　－1 especificação de conversão de etano
　－1 especificação da razão CO/CO_2
　＝0 grau de liberdade

50% de Ar em Excesso:

$$(n_{O_2})_{\text{teórico}} = \frac{100 \text{ mol } C_2H_6}{} \left| \frac{3{,}50 \text{ mol } O_2}{1 \text{ mol } C_2H_6} \right. = 350 \text{ mol } O_2$$

$\parallel$ 50% de ar em excesso

$$0{,}21 n_0 = 1{,}50(350 \text{ mol } O_2) \Longrightarrow n_0 = 2500 \text{ mol ar fornecido}$$

90% de Conversão de Etano: ($\Rightarrow$ 10% não reage)

$$n_1 = 0{,}100(100 \text{ mol } C_2H_6 \text{ fornecido}) = \boxed{10{,}0 \text{ mol } C_2H_6}$$

$$0{,}900(100 \text{ mol } C_2H_6 \text{ fornecido}) = 90{,}0 \text{ mol } C_2H_6 \text{ reagem}$$

25% de Conversão a CO:

$$n_4 = \frac{(0{,}25 \times 90{,}0) \text{ mol } C_2H_6 \text{ reagem para formar CO}}{} \left| \frac{2 \text{ mol CO gerados}}{1 \text{ mol } C_2H_6 \text{ reage}} \right. = \boxed{45{,}0 \text{ mol CO}}$$

Balanço de Nitrogênio: saída = entrada

$$n_3 = 0{,}79(2500) \text{ mol} = \boxed{1975 \text{ mol } N_2}$$

Balanço de Carbono Atômico: entrada = saída

$$\frac{100 \text{ mol } C_2H_6}{} \left| \frac{2 \text{ mol } C}{1 \text{ mol } C_2H_6} \right. = \frac{n_1(\text{mol } C_2H_6)}{} \left| \frac{2 \text{ mol } C}{1 \text{ mol } C_2H_6} \right. + \frac{n_4(\text{mol } CO)}{} \left| \frac{1 \text{ mol } C}{1 \text{ mol } CO} \right.$$

$$+ \frac{n_5(\text{mol } CO_2)}{} \left| \frac{1 \text{ mol } C}{1 \text{ mol } CO_2} \right.$$

$$\begin{array}{l} n_1 = 10 \text{ mol} \\ n_4 = 45 \text{ mol} \end{array}$$

$$\boxed{n_5 = 135 \text{ mol } CO_2}$$

Balanço de Hidrogênio Atômico: entrada = saída

$$\frac{100 \text{ mol } C_2H_6}{} \left| \frac{6 \text{ mol } H}{1 \text{ mol } C_2H_6} \right. = \frac{10 \text{ mol } C_2H_6}{} \left| \frac{6 \text{ mol } H}{1 \text{ mol } C_2H_6} \right. + \frac{n_6(\text{mol } H_2O)}{} \left| \frac{2 \text{ mol } H}{1 \text{ mol } H_2O} \right.$$

$$\boxed{n_6 = 270 \text{ mol } H_2O}$$

Balanço de Oxigênio Atômico: entrada = saída

$$\frac{525 \text{ mol } O_2}{} \left| \frac{2 \text{ mol } O}{1 \text{ mol } O_2} \right. = \frac{n_2(\text{mol } O_2)}{} \left| \frac{2 \text{ mol } O}{1 \text{ mol } O_2} \right. + \frac{45 \text{ mol } CO}{} \left| \frac{1 \text{ mol } O}{1 \text{ mol } CO} \right.$$

$$+ \frac{135 \text{ mol } CO_2}{} \left| \frac{2 \text{ mol } O}{1 \text{ mol } CO_2} \right. + \frac{270 \text{ mol } H_2O}{} \left| \frac{1 \text{ mol } O}{1 \text{ mol } H_2O} \right.$$

$$\boxed{n_2 = 232 \text{ mol } O_2}$$

A análise do gás de chaminé está completa. Resumindo:

$$n_1 = 10 \text{ mol } C_2H_6$$
$$n_2 = 232 \text{ mol } O_2$$
$$n_3 = 1974 \text{ mol } N_2$$
$$n_4 = 45 \text{ mol } CO$$
$$n_5 = 135 \text{ mol } CO_2$$

Gás seco de chaminé total = 2396 mol gás seco

$$+ n_6 = 270 \text{ mol } H_2O$$

Gás de chaminé total = 2666 mol total

Então, a composição do gás em base seca é

$$y_1 = \frac{10 \text{ mol } C_2H_6}{2396 \text{ mol gás seco}} = 0,00417 \frac{\text{mol } C_2H_6}{\text{mol}}$$

$$y_2 = \frac{232 \text{ mol } O_2}{2396 \text{ mol gás seco}} = 0,0970 \frac{\text{mol } O_2}{\text{mol}}$$

$$y_3 = \frac{1974 \text{ mol } N_2}{2396 \text{ mol gás seco}} = 0,824 \frac{\text{mol } N_2}{\text{mol}}$$

$$y_4 = \frac{45 \text{ mol } CO}{2396 \text{ mol gás seco}} = 0,019 \frac{\text{mol } CO}{\text{mol}}$$

$$y_5 = \frac{135 \text{ mol } CO_2}{2396 \text{ mol gás seco}} = 0,0563 \frac{\text{mol } CO_2}{\text{mol}}$$

e a razão de água para gás seco é

$$\frac{270 \text{ mol } H_2O}{2396 \text{ mol gás seco de chaminé}} = \boxed{0,113 \frac{\text{mol } H_2O}{\text{mol gás seco de chaminé}}}$$

Se um combustível de composição desconhecida é queimado, você pode deduzir algumas coisas sobre a sua composição analisando os produtos da combustão e escrevendo e resolvendo balanços de espécies atômicas. O procedimento é ilustrado no seguinte exemplo.

Exemplo 4.8-4   Combustão de um Hidrocarboneto Combustível de Composição Desconhecida

Um gás de hidrocarboneto é queimado com ar. A composição em base seca do gás de produto é 1,5% molar CO, 6,0% CO_2, 8,2% O_2 e 84,3% N_2. Não existe oxigênio atômico no combustível. Calcule a razão de hidrogênio para carbono no gás combustível e especule sobre qual pode ser este combustível. Calcule então a percentagem de excesso de ar alimentado no reator.

Solução   **Base: 100 mols de Gás de Produto**

Já que a composição molecular do combustível é desconhecida, rotulamos a composição das espécies atômicas. Também devemos observar que, já que o combustível é um hidrocarboneto, deve existir água entre os produtos da combustão.

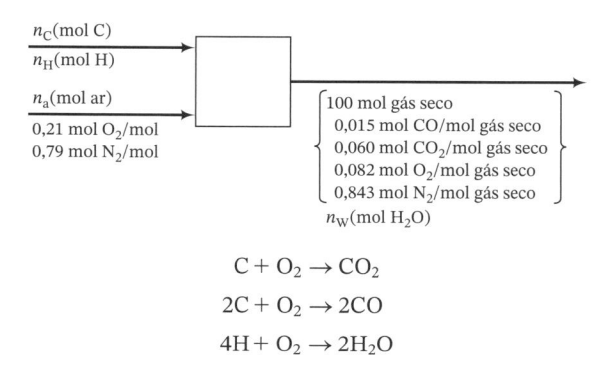

$$C + O_2 \rightarrow CO_2$$

$$2C + O_2 \rightarrow 2CO$$

$$4H + O_2 \rightarrow 2H_2O$$

Análise dos Graus de Liberdade:

$$
\begin{aligned}
&4 \text{ incógnitas } (n_H, n_C, n_a, n_w) \\
&- 3 \text{ balanços atômicos independentes (C, H, O)} \\
&\underline{- 1 \text{ balanço de } N_2} \\
&= 0 \text{ grau de liberdade}
\end{aligned}
$$

Um procedimento de solução que não requer a resolução de um sistema de equações simultâneas é o seguinte:

Balanço de N_2: $0,79 n_a = (100)(0,843) \text{ mol } N_2 \Longrightarrow n_a = 106,7 \text{ mol ar}$

Balanço de C Atômico: $n_C = \dfrac{100 \text{ mol}}{} \left| \dfrac{0,015 \text{ mol CO}}{\text{mol}} \right| \dfrac{1 \text{ mol C}}{1 \text{ mol CO}} + (100)(0,060)(1) \text{ mol C}$

$$\Longrightarrow n_C = 7,5 \text{ mol C}$$

Balanço de O Atômico: $0,21 n_a(2) = n_w(1) + 100 \big[\overbrace{(0,015)(1)}^{CO} + \overbrace{(0,060)(2)}^{CO_2} + \overbrace{(0,082)(2)}^{O_2} \big] \text{ mol O}$

$$\xrightarrow{n_a = 106{:}7 \text{ mol}} n_w = 14,9 \text{ mol } H_2O$$

Balanço de H Atômico: $n_H = \overbrace{n_w(2)}^{H_2O} \xrightarrow{n_w = 14,9 \text{ mol}} n_H = 29,8 \text{ mol H}$

Razão C/H no Combustível: $\dfrac{n_H}{n_C} = \dfrac{29,8 \text{ mol H}}{7,5 \text{ mol C}} = \boxed{3,97 \text{ mol H/mol C}}$

Portanto, a composição do combustível pode ser descrita pela fórmula $(CH_{3,97})_N$.

Já que existe um único hidrocarboneto para o qual a razão C/H é perto de 3,97 — quer dizer, CH_4 —, podemos concluir que o combustível neste caso é essencialmente metano puro, talvez com traços de outros hidrocarbonetos. [Se a resposta obtida tivesse sido, digamos, $n_H/n_C \approx 2$, então não poderíamos ir além de rotular o combustível como $(CH_2)_n$; a partir da informação dada, não haveria como distinguir entre C_2H_4, C_3H_6, uma mistura de CH_4 e C_2H_2 e assim por diante.]

Percentagem de Ar em Excesso

Determinamos primeiro o oxigênio teórico necessário para consumir o carbono e o hidrogênio no combustível. As reações podem ser escritas como

$$C + O_2 \longrightarrow CO_2$$

$$4H + O_2 \longrightarrow 2H_2O$$

$$\Downarrow$$

$$(n_{O_2})_{\text{teórico}} = \frac{7,5 \text{ mol C}}{} \left| \frac{1 \text{ mol } O_2}{1 \text{ mol C}} + \frac{29,8 \text{ mol H}}{} \right| \frac{1 \text{ mol } O_2}{4 \text{ mol H}} = 14,95 \text{ mol } O_2$$

$$(n_{O_2})_{\text{fornecido}} = 0,21(106,7 \text{ mol ar}) = 22,4 \text{ mol } O_2$$

$$\% \text{ ar em excesso} = \frac{(n_{O_2})_{\text{fornecido}} - (n_{O_2})_{\text{teórico}}}{(n_{O_2})_{\text{teórico}}} \times 100\% = \frac{(22,4 - 14,95) \text{ mol } O_2}{14,95 \text{ mol } O_2} \times 100\%$$

$$= \boxed{49,8\% \text{ ar em excesso}}$$

4.9 ALGUMAS CONSIDERAÇÕES ADICIONAIS ACERCA DE PROCESSOS QUÍMICOS

Os métodos apresentados neste capítulo e no resto do texto são aplicados universalmente na indústria de processos químicos. No entanto, existem várias características nos processos industriais que tendem a não aparecer em livros-texto. Você irá se deparar com elas assim que começar a trabalhar como engenheiro químico, mas será útil saber alguma coisa sobre elas por antecipação.

- Os processos nos livros-texto sempre funcionam da forma como foram projetados. Na prática, coisas inesperadas são comuns, principalmente no início das operações do processo.

- As variáveis nos processos dos livros-texto são medidas com uma precisão relativamente alta. Na prática, cada medida introduz um erro.

- As pessoas invisíveis que operam os processo nos livros-texto nunca cometem erros. Os operadores e gerentes de processo reais, sendo humanos, às vezes cometem erros.

- Nos livros-texto você sempre tem exatamente os dados de que precisa para determinar o que quer saber, não importa quão complexo possa ser o problema. Na prática, você pode não ter todos os dados de que precisa, e será necessário usar correlações aproximadas e fazer suposições baseadas no bom senso e na experiência.

- Nos livros-texto, o **fechamento** de todos os balanços de massa em estado estacionário [definido como (saída/entrada) $\times$ 100%] é 100%. Na prática, a imprecisão nas medidas e as suposições pouco realistas podem levar a fechamentos que diferem — às vezes de maneira significativa — de 100%. Além disso, na prática não existe o verdadeiro estado estacionário; os valores das variáveis *sempre* flutuam ou se movem em uma direção.

- Os problemas dos livros-texto usualmente têm uma única resposta correta, e seu trabalho é seguir os procedimentos prescritos para determiná-la. Na prática, você pode ter dificuldades até para definir qual é o problema real, e uma vez que ele for definido várias soluções podem ser encontradas, cada uma com suas vantagens e desvantagens. Fazer a escolha envolve considerações de capacidade tecnológica, lucro de curto prazo, lucro de longo prazo, segurança, proteção ambiental e ética. Os livros-texto fornecem pouca ajuda para este tipo de problema.

Já que nosso propósito neste livro é ajudar você a desenvolver habilidades em certos métodos básicos de análise de processos químicos, intencionalmente omitimos a maior parte dos fatores complicadores que podem fazer os processos industriais tão difíceis de se manejar. Uma vez que você tenha aprendido a base, pode começar a aprender como se ajustar às complicações.

| Exemplo 4.9-1 | Balanços de Massa no Projeto e Operação de Processos |

Metil etil cetona (MEC) é usada extensivamente como solvente em uma ampla gama de aplicações. Por exemplo, ela é o ingrediente chave em marcadores não permanentes usados em muitas salas de aula. Quando usada como um solvente em processos industriais, existem incentivos tanto econômicos como ambientais para a sua recuperação e reuso. Em um destes processos, a metil etil cetona (MEC) deve ser recuperada de uma mistura gasosa contendo 20,0% molar de MEC e 80,0% molar N_2 a 85°C e 3,5 atm. Em uma proposta de projeto para este processo, uma corrente desta alimenta um condensador com uma vazão de 500 L/s, onde é resfriada a pressão constante, causando a condensação da maior parte da MEC.

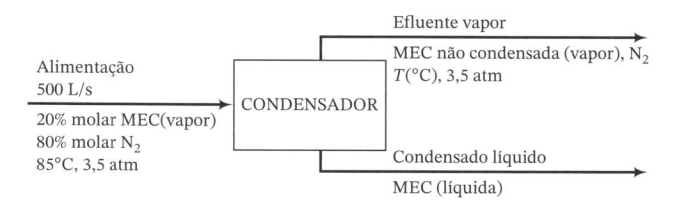

O engenheiro de projeto (a) converte a vazão volumétrica da corrente de alimentação a vazão molar usando a *equação de estado do gás ideal*, uma relação aproximada entre a pressão, a temperatura, a vazão volumétrica e a vazão molar de um gás (Capítulo 5); (b) especifica uma temperatura no condensador de 15°C; (c) calcula a fração molar de MEC no produto vapor usando a *lei de Raoult* — uma relação aproximada entre as composições das fases líquida e vapor em equilíbrio a uma temperatura e pressão dadas (Capítulo 6); e (d) calcula a vazão molar dos produtos líquido e vapor dos balanços de nitrogênio e MEC (entrada = saída). Os resultados são os seguintes.

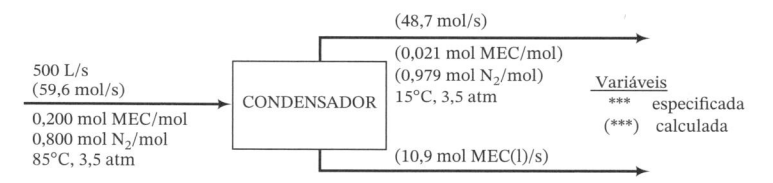

Então, um condensador é instalado e operado na temperatura e pressão do projeto. As vazões volumétricas das correntes de alimentação e dos produtos vapor e líquido são medidas com rotâmetros e as frações molares de MEC nas correntes de alimentação e do efluente vapor são medidas com um cromatógrafo de gás. A vazão da corrente de alimentação é fixada em 500 L/s e deixa-se passar um intervalo de tempo suficiente para que as leituras dos rotâmetros atinjam valores estacionários. As vazões de alimentação e de produto gasoso são então convertidas a vazões molares usando a equação de estado do gás ideal, e a vazão de produto líquido é convertida a vazão molar usando uma densidade tabelada de MEC e o peso molecular. Estes são os resultados.

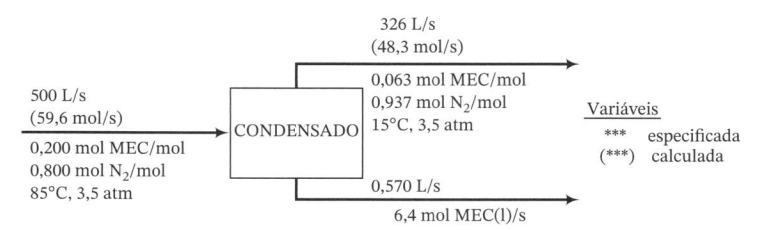

1. Calcule o fechamento do balanço de MEC para o condensador projetado e o experimental.
2. Liste as razões possíveis para as diferenças entre as previsões do projeto e os valores experimentais das variáveis da corrente de saída, e para o não fechamento do balanço do sistema experimental.

Solução   1. **Fechamento dos balanços de massa.**

Projeto

$$\text{MEC entrada} = (59,6 \text{ mol/s})(0,200 \text{ mol MEC/mol}) = 11,9 \text{ mol MEC/s}$$

$$\text{MEC saída} = (48,7 \text{ mol/s})(0,021 \text{ mol MEC/mol}) = 10,9 \text{ mol MEC/s} = 11,9 \text{ mol MEC/s}$$

$$\Downarrow$$

$$\text{Fechamento} = \frac{\text{MEC saída}}{\text{MEC entrada}} \times 100\% = \frac{11,9 \text{ mol/s}}{11,9 \text{ mol/s}} \times 100\% = \boxed{100\% \text{ fechamento}}$$

O fechamento do balanço de nitrogênio também é 100% (*verifique*).

Experimento

$$\text{MEC entrada} = (59,6 \text{ mol/s})(0,200 \text{ mol MEC/mol}) = 11,9 \text{ mol MEC/s}$$

$$\text{MEC saída} = (48,3 \text{ mol/s})(0,063 \text{ mol MEC/mol}) + 6,4 \text{ mol MEC/s} = 9,44 \text{ mol MEC/s}$$

$$\Downarrow$$

$$\text{Fechamento} = \frac{\text{MEC saída}}{\text{MEC entrada}} \times 100\% = \frac{9,44 \text{ mol/s}}{11,9 \text{ mol/s}} \times 100\% = \boxed{79\% \text{ fechamento}}$$

O fechamento do balanço de nitrogênio é 95% (*verifique*).

2. Razões possíveis para a diferença entre os valores de projeto e os valores experimentais.

- *Erros humanos, erros de instrumentação e espalhamento aleatório dos dados.* O pessoal da planta ou do laboratório é responsável pelo ajuste e manutenção das condições de operação do processo, pelas leituras dos medidores das correntes de alimentação e produtos, e pela retirada e análise de amostras do produto gasoso. Qualquer erro de qualquer uma dessas pessoas pode levar a erros no valor das variáveis medidas e nos valores calculados a partir delas. Além disso, qualquer valor medido (quer dizer, uma vazão volumétrica de entrada ou de saída, a fração molar de MEC na corrente de alimentação ou de produto gasoso, qualquer temperatura e pressão) está sujeito a erros por falhas na instrumentação (quer dizer, um rotâmetro ou cromatógrafo quebrado ou mal calibrado) ou ao espalhamento aleatório dos dados.

- *Impurezas na alimentação.* Os cálculos de projeto foram baseados na suposição de que a alimentação contém apenas vapor de MEC e nitrogênio. Impurezas presentes na alimentação podem reagir com a MEC ou podem condensar e afetar a distribuição do equilíbrio líquido-vapor da MEC entre as correntes de produto.

- *Suposição incorreta de estado estacionário.* O fechamento pode ser esperado apenas depois que o sistema atinge o estado estacionário, de modo que entrada = saída. Na corrida experimental, o estado estacionário foi admitido no momento em que o operador não viu mais mudanças na leitura do rotâmetro da corrente de saída. É possível que as vazões ainda estivessem mudando, mas que o rotâmetro não fosse suficientemente sensível para detectar as mudanças. Também é possível que a MEC ainda estivesse sendo acumulada no sistema — por exemplo, adsorvida nas paredes do condensador — e muito mais tempo seria necessário para se atingir o estado estacionário.

- *Suposição incorreta de que a MEC não é reativa.* Se a MEC reage dentro do sistema — se decompondo, por exemplo, ou reagindo com as paredes do condensador — então entrada = saída + consumo. A saída seria então necessariamente menor do que a entrada e o balanço não fecharia.

- *Erros devidos a aproximações na análise dos dados experimentais.* Vários erros potenciais foram introduzidos quando as vazões volumétricas medidas foram convertidas em frações molares. As vazões volumétricas gasosas foram convertidas usando-se a equação de estado do gás ideal, que é aproximada, e a vazão volumétrica líquida foi convertida usando-se uma densidade tabelada que pode não ter sido medida na temperatura do sistema. Além disso, o fato de uma propriedade física ter sido publicada não garante que seja correta.

- *Aproximações na análise do projeto.* A exemplo da equação de estado do gás ideal, a lei de Raoult é uma aproximação que pode ser excelente em alguns casos ou completamente errada em outros, dependendo das condições do processo.

Existem outras possibilidades, mas você deve ter captado a ideia. O ponto é que, por mais cuidadosamente que você projete um processo, você não será capaz de prever exatamente o que o processo realmente irá fazer. Aproximações e suposições devem ser feitas em todo projeto de processo; os fechamentos dos balanços de massa reais nunca são exatamente 100%; nada pode ser medido com precisão absoluta; e qualquer um alguma vez comete um erro.

Os engenheiros de projeto com experiência conhecem estes fatos e os levam em conta com *fatores de segurança*. Se os cálculos indicam que um reator de 2500 litros é necessário, eles podem mandar fazer um reator de 3000 ou 3500 litros para ter certeza de que haverá suficiente volume de reação para fazer frente à demanda atual e prevista de produto. Quanto maior a incerteza no projeto ou na demanda esperada de produto, maior o fator de segurança. Grande parte do que um engenheiro faz é reduzir as incertezas e assim diminuir o fator de segurança, o que resulta em economia na compra de equipamento e nos custos de manutenção.

4.10 RESUMO

Toda análise de processos químicos envolve escrever e resolver balanços de massa que levem em conta todas as espécies do processo nas correntes de entrada e de saída. Este capítulo descreve e ilustra uma abordagem sistemática aos cálculos de balanços de massa. O procedimento é desenhar e rotular um fluxograma, fazer uma análise dos graus de liberdade para verificar se podem ser escritas equações suficientes para determinar todas as variáveis desconhecidas do processo e escrever e resolver as equações.

- A **equação geral do balanço** é

  entrada + geração − saída − consumo = acúmulo

  Um **balanço diferencial** se aplica a um instante de tempo, e cada termo é uma taxa (massa/tempo ou mols/tempo). Um **balanço integral** se aplica a um intervalo de tempo, e cada termo é uma quantidade (massa ou mols). Os balanços podem ser aplicados na massa total, nas espécies individuais ou na energia. (Também podem ser feitos no momento, mas neste texto não serão considerados balanços de momento.)

- Para um balanço diferencial em um processo contínuo (o material escoa através do processo) no estado estacionário (nenhuma variável do processo varia com o tempo), o termo de acúmulo no balanço (a taxa de aumento ou diminuição da quantidade da espécie balanceada) é igual a zero. Para um balanço integral em um processo em batelada (não há fluxo de material para dentro ou para fora do sistema durante o processo), os termos de entrada e de saída são iguais a zero e acúmulo = entrada inicial − saída final. Em ambos os casos, o balanço é simplificado para

  entrada + geração = saída + consumo

  Se o balanço é sobre a massa total ou sobre uma espécie não reativa, a equação simplifica-se ainda mais

  entrada = saída

- Uma corrente de processo em um diagrama de fluxo está *completamente rotulada* se são atribuídos valores ou nomes de variáveis a um dos seguintes conjuntos de variáveis de correntes: (a) vazão mássica total ou massa total e frações mássicas dos componentes; (b) vazões mássicas ou massas de cada componente da corrente; (c) vazão molar total ou mols totais e frações molares dos componentes; e (d) vazões molares ou mols de cada componente da corrente. *Se uma quantidade ou vazão mássica total ou uma ou mais frações de componente são conhecidas para uma corrente, use (a) ou (c) para incorporar os valores conhecidos na rotulagem. Se nem o total nem qualquer fração é conhecida, o uso de (b) ou de (d) (quantidades ou vazões de componentes) geralmente envolve menos álgebra.* Quantidades volumétricas devem ser rotuladas apenas se fornecidas ou exigidas no enunciado do problema. Um fluxograma está completamente rotulado quando cada corrente está completamente rotulada.

- Uma **base de cálculo** para um processo é uma quantidade ou vazão de uma das correntes do processo. Se duas ou mais vazões ou quantidades de componente de correntes são dadas no enunciado do problema, elas constituem a base de cálculo. Se uma é dada, pode ser admitida como base, mas também pode ser conveniente admitir outra base e escalonar o diagrama até o valor especificado. Se nenhuma vazão ou quantidade é dada, considere uma como base, preferivelmente uma quantidade de corrente com composição conhecida.

- Para fazer uma **análise dos graus de liberdade em um processo não reativo de uma única unidade**, conte as variáveis desconhecidas no diagrama e depois subtraia as relações independentes entre elas. A diferença, que é igual ao número de graus de liberdade para o processo, deve ser zero para que uma solução única do problema possa ser determinada. As relações incluem balanços de massa (tantos quantas sejam as espécies independentes nas correntes de alimentação e produto), especificações do processo, relações de densidade entre massas rotuladas e volumes, e restrições físicas (por exemplo, a soma das frações molares ou mássicas dos componentes de uma corrente deve ser 1.)

- Para fazer uma **análise dos graus de liberdade em um processo de múltiplas unidades**, faça análises separadas sobre o processo global, sobre cada unidade do processo, sobre cada ponto de mistura ou divisão de correntes e, se necessário, sobre combinações das unidades de processo. Quando você encontra um sistema com zero graus de liberdade, admita que as incógnitas nas correntes de alimentação e de produto podem ser resolvidas e considere estas variáveis como conhecidas ao analisar os sistemas subsequentes. Este procedimento ajuda a encontrar um esquema eficiente de solução antes de iniciar uma série de cálculos e perder tempo.

- Uma vez que você escreveu as equações do sistema para um processo, você pode resolvê-las manualmente ou usando um programa de computador para resolver sistemas de equações. *Se você resolve as suas equações manualmente, escreva-as em uma ordem que minimize o número das que devem ser resolvidas de forma simultânea, começando com as equações que envolvem apenas uma única incógnita.*

- **Reciclo** é uma ocorrência comum em processos químicos. Seu uso mais comum é o envio da matéria-prima não utilizada que sai de uma unidade de processo de volta à unidade. Os balanços sobre o sistema global são geralmente (mas nem sempre) pontos de partida convenientes para analisar processos com reciclo. Uma corrente de **purga** é retirada de um processo quando uma espécie entra no processo e é completamente reciclada. Se esta espécie não fosse removida na purga, continuaria a se acumular no processo, o que ao final levaria à parada dele.

- O **reagente limitante** em um processo reativo é aquele que é completamente consumido se a reação é completada. Todos os outros reagentes devem ser supridos seja na sua **proporção estequiométrica** em relação ao reagente limitante (as vazões de alimentação estão na proporção dos coeficientes estequiométricos), seja **em excesso** em relação ao reagente limitante (em proporção maior do que a estequiométrica).

- O **requisito teórico** para um reagente em excesso é a quantidade necessária para reagir completamente com o reagente limitante. A **porcentagem de excesso** do reagente é

$$\% \text{ em excesso} = \frac{\text{quantidade fornecida} - \text{quantidade requerida teoricamente}}{\text{quantidade requerida teoricamente}}$$

A percentagem de excesso depende apenas das vazões de alimentação do reagente limitante e do reagente em excesso e dos seus coeficientes estequiométricos; *não* depende de quanto realmente reage ou de qualquer coisa que aconteça no reator.

- A **conversão fracionária** de um reagente é a razão entre a quantidade reagida e a quantidade alimentada. As conversões fracionárias dos diversos reagentes são geralmente diferentes, a não ser que eles sejam fornecidos na proporção estequiométrica.

- A **extensão da reação**, ξ (ou $\dot{\xi}$ para um processo contínuo) é uma quantidade independente da espécie e que satisfaz a equação

$$n_i = n_{i0} + \nu_i \xi \quad \text{ou} \quad \dot{n}_i = \dot{n}_{i0} + \nu_i \dot{\xi}$$

em que n_{i0} ($\dot{n}_{i0}$) é o número de mols (vazão molar) da espécie i na alimentação do reator, n_i ($\dot{n}_i$) é o número de mols (vazão molar) da espécie i na corrente que sai do reator e ν_i é o coeficiente estequiométrico da espécie i (negativo para reagentes, positivo para produtos e zero para espécies não reativas). As unidades de ξ ($\dot{\xi}$) são as mesmas de n ($\dot{n}$). Se você conhece as quantidades ou vazões de entrada e de saída de qualquer espécie reativa, pode determinar ξ ou $\dot{\xi}$ aplicando esta equação à espécie. Depois, você pode substituir o valor calculado nas equações para as outras espécies na corrente de saída para determinar as quantidades ou vazões destas espécies.

- Você pode analisar processos reativos usando (a) **balanços de espécies moleculares** (o único método usado para processos não reativos), (b) **balanços de espécies atômicas**, ou (c) **extensões de reação**. Os balanços de espécies moleculares são frequentemente tediosos: eles devem incluir termos de geração e consumo para cada espécie, e cada reação independente adiciona um grau de liberdade ao sistema. Os balanços de espécies atômicas sempre têm a forma simplificada entrada = saída e são normalmente mais diretos do que os outros dois métodos. As extensões de reação são particularmente convenientes para cálculos de equilíbrio de reação.

- A **combustão** é uma reação rápida entre um combustível e o oxigênio. O carbono no combustível é oxidado a CO_2 (**combustão completa**) ou CO (**combustão parcial**) e o hidrogênio no combustível é oxidado a água. Outras espécies no combustível, como enxofre e nitrogênio, podem ser total ou parcialmente convertidas aos seus óxidos. As reações de combustão são feitas comercialmente para gerar calor ou para consumir resíduos.

PROBLEMAS

4.1. Água entra em um tanque de 2,00 m³ com uma vazão de 6,00 kg/s e é esvaziado em 3,00 kg/s. O tanque está inicialmente pela metade.

   (a) Este processo é contínuo, em batelada ou em semibatelada? É transiente ou estacionário?

   (b) Escreva um balanço de massa para este processo (veja o Exemplo 4.2-1). Identifique os termos da equação geral do balanço (Equação 4.2-1) que estão presentes na sua equação e estabeleça os motivos para a omissão de qualquer termo não presente.

   (c) Quanto tempo levará para o tanque transbordar?

4.2. Chuva está caindo sobre um telhado plano de 150 m² mal projetado de uma residência contemporânea. A falha de projeto faz com que o nível da água no telhado atinja aproximadamente 5 cm acima do plano do telhado antes da água escoar pelos drenos.

   (a) Tomando a chuva acumulada no telhado com o sistema, pode o processo antes do nível da água atingir 5 cm ser considerado batelada, semibatelada ou contínuo? O processo é transiente ou estacionário? Depois que a água começa a escoar pelos drenos, como mudam as suas respostas?

   (b) Antes da água começar a drenar, qual dos termos da equação de balanço geral (Equação 4.2-1) pode ser omitido?

   (c) Água começa a escoar do telhado depois de 30 minutos de precipitação. Qual será a vazão de drenagem (L/s) se a chuva continua a cair na mesma taxa?

MEIO AMBIENTE

   (d) O dono da casa considera a instalação de um telhado "verde" que é parcial ou completamente coberto de vegetação. Se isso for feito, como mudariam suas respostas às Partes (a) e (b)? Liste pelo menos duas preocupações e dois benefícios ambientais do novo telhado.

4.3. Uma reação química em fase líquida A $\rightarrow$ B acontece em um tanque bem agitado. A concentração de A na alimentação é C_{A0}(mol/m³) e a concentração dentro do tanque e na corrente de saída é C_A(mol/m³). Nenhuma destas concentrações varia com o tempo. O volume do conteúdo do tanque é V(m³) e a vazão volumétrica na entrada e na saída é $\dot{V}$ (m³/s). A **taxa da reação** (a taxa na qual A é consumido pela reação no tanque) é dada pela expressão

$$r(\text{mol A consumidos/s}) = kVC_A$$

em que k é uma constante.

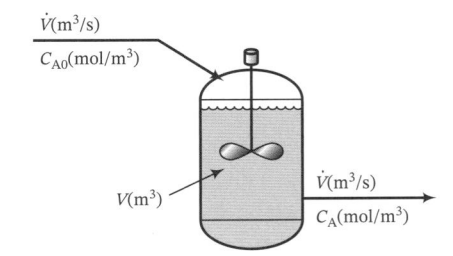

(a) Este processo é contínuo, em batelada ou em semibatelada? Transiente ou estacionário?

(b) Que valor você esperaria da concentração C_A se $k = 0$ (sem reação)? A que valor se aproximaria se $k \to \infty$ (reação infinitamente rápida)?

(c) Escreva um balanço diferencial de A, estabelecendo quais termos da equação geral do balanço (*acúmulo* = *entrada* + *geração* − *saída* − *consumo*) foram descartados e por quê. Use o balanço para derivar a seguinte relação entre as concentrações de A na entrada e na saída:

$$C_A = \frac{C_{A0}}{1 + kV/\dot{V}}$$

Verifique se esta relação prediz os resultados da Parte (b).

4.4. Uma corrente consistindo em 44,6% molar de benzeno e 55,4% molar de tolueno é alimentada a uma taxa constante a uma unidade de processo que produz duas correntes de produto, uma vapor e a outra líquida. A vazão de vapor é inicialmente zero e se aproxima assintoticamente da metade da vazão molar da corrente de alimentação. Durante todo este período, nenhum material se acumula na unidade. Quando a vazão de vapor se torna constante, o líquido é analisado e encontra-se uma concentração de 28% molar de benzeno.

(a) Esquematize um gráfico das vazões de líquido e vapor contra tempo desde o início até quando as vazões se tornam constantes.

(b) Este processo é batelada ou contínuo? Ele é transiente ou estacionário antes da vazão de vapor atingir seu limite assintótico?

(c) Para uma vazão de alimentação de 100 mols/min, desenhe e rotule completamente um fluxograma para o processo depois que a vazão de vapor tenha atingido seu valor limite e, então, use balanços para calcular a vazão molar do líquido e a composição do vapor em frações molares.

4.5. Desenhe e rotule as correntes dadas, e deduza expressões para as quantidades indicadas em termos das variáveis rotuladas. A solução da parte (a) é dada como ilustração.

(a) Uma corrente contínua contém 40,0% molar de benzeno e o resto de tolueno. Escreva expressões para as vazões molar e mássica de benzeno, $\dot{n}_B$ (mol C_6H_6/s) e $\dot{m}_B$ (kg C_6H_6/s), em termos da vazão molar total da corrente, $\dot{n}$ (mol/s).

Solução

$$\underrightarrow{\frac{\dot{n}(\text{mol/s})}{0{,}400 \text{ mol } C_6H_6/\text{mol}}}$$

$0{,}600 \text{ mol } C_7H_8/\text{mol}$

$$\dot{n}_B = \boxed{0{,}400\dot{n} \, (\text{mol } C_6H_6/\text{s})}$$

$$\dot{m}_B = \frac{0{,}400\dot{n} \, (\text{mol } C_6H_6)}{} \left| \frac{78{,}1 \text{ g } C_6H_6}{\text{mol}} \right. = \boxed{31{,}2\dot{n}(\text{g } C_6H_6/\text{s})}$$

(b) A alimentação de um processo em batelada contém quantidades equimolares de nitrogênio e metano. Escreva uma expressão para os quilogramas de nitrogênio em termos dos mols totais n(mol) desta mistura.

(c) Uma corrente contendo etano, propano e butano tem uma vazão mássica de 100,0 g/s. Escreva uma expressão para a vazão molar de etano, $\dot{n}_E$ (lb-mol C_2H_6/h) em termos da fração mássica desta espécie, x_E.

(d) Uma corrente contínua de ar úmido contém vapor de água e ar seco, este último composto aproximadamente de 21% molar O_2 e 79% molar N_2. Escreva expressões para a vazão molar de O_2 e para as frações molares de H_2O e O_2 no gás em termos de $\dot{n}_1$ (lb-mol H_2O/s) e $\dot{n}_2$ (lb-mol ar seco/s).

(e) A corrente de produto de um reator em batelada contém NO, NO_2 e N_2O_4. A fração molar de NO é 0,400. Escreva uma expressão para os mols de N_2O_4 em termos de n(mols de mistura) e y_{NO2} (mol NO_2/mol).

4.6. Uma mistura de acetona e água contém 35% molar de acetona. A mistura deve ser parcialmente evaporada para produzir um vapor com 75% molar de acetona e deixar um líquido residual com 18,7% molar de acetona.

(a) Suponha que o processo é para ser conduzido continuamente e no estado estacionário com uma vazão de alimentação de 10,0 kmol/h. Sendo $\dot{n}_v$ e $\dot{n}_l$ as vazões das correntes de produtos vapor e líquido, respectivamente, desenhe e rotule um fluxograma de processo e, ao fim, escreva e resolva balanços em mols totais e de acetona para determinar os valores de $\dot{n}_v$ e $\dot{n}_l$. Para cada balanço, indique quais termos na equação de balanço geral (*acúmulo* = *entrada* + *geração* − *saída* − *consumo*) podem ser descartados e por quê (veja o Exemplo 4.2-2).

(b) Agora suponha que o processo deva ser conduzido em um vaso fechado que inicialmente contém 10,0 kmol da mistura líquida. Sendo $\dot{n}_v$ e $\dot{n}_l$ os mols das fases finais vapor e líquido, respectivamente, desenhe e rotule um fluxograma de processo, escreva e resolva balanços em mols totais e de acetona. Para cada balanço, indique quais termos na equação de balanço geral podem ser descartados e por quê.

(c) Retornando ao processo contínuo, suponha que a unidade de vaporização foi construída e colocada em operação e que as vazões e composições das correntes de produtos são medidas. O conteúdo de acetona da corrente de vapor medido é 75% molar de acetona e as vazões das correntes de produtos têm os valores calculados na Parte (a). No entanto, a corrente de produto líquido contém 22,3% molar de acetona. É possível que haja um erro na medida da composição da corrente líquida, mas liste pelo menos cinco outras razões para a discrepância [pense sobre as premissas feitas para se obter a solução da Parte(a)].

4.7. (a) Desenhe um fluxograma para a desidrogenação catalítica do propano partindo da descrição do processo que inicia na Seção 4.3a. Rotule todas as correntes de alimentação, produto e conexões entre as unidades do processo.

(b) Faça uma descrição clara do objetivo do processo e das funções de cada uma das unidades de processo (o preaquecedor, o reator, as colunas de absorção e retificação e a coluna de destilação).

4.8. Uma *coluna de destilação* é uma unidade de processo na qual uma mistura de alimentação é separada por múltiplas vaporizações e condensações parciais para formar duas ou mais correntes de produto. A corrente de produto de topo é rica nos componentes mais voláteis da mistura de alimentação (aqueles que vaporizam com maior facilidade) e a corrente de produto de fundo é rica nos componentes menos voláteis.

O fluxograma seguinte mostra uma coluna de destilação com duas correntes de alimentação e três correntes de produto:

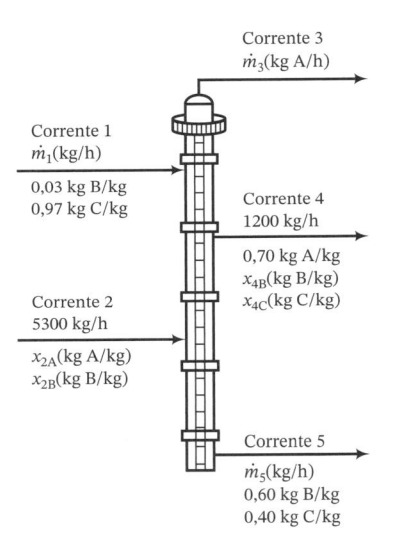

(a) Quantos balanços de massa independentes podem ser escritos para este sistema?

(b) Quantas vazões e/ou frações molares desconhecidas devem ser especificadas antes que as restantes possam ser calculadas? (Veja o Exemplo 4.3-4. Lembre também o que você já sabe sobre as frações molares dos componentes de uma mistura — por exemplo, a relação entre x_2 e y_2.) Explique resumidamente a sua resposta.

(c) Suponha que são dados valores a $\dot{m}_1$ e x_2. Escreva uma série de equações, cada uma envolvendo apenas uma incógnita, para as variáveis restantes. Indique com um círculo a variável para a qual você resolveria cada equação. (Uma vez que uma variável é calculada em uma destas equações, ela pode aparecer em equações subsequentes sem ser considerada uma incógnita.)

4.9. Dentro de uma coluna de destilação (veja Problema 4.8), um líquido escoando para baixo e um vapor escoando para cima mantêm contato entre eles. Por razões que nós discutiremos com maiores detalhes no Capítulo 6, a corrente de vapor fica cada vez mais rica nos componentes mais voláteis da mistura na medida em que ela se move para cima, dentro da coluna, e a corrente de líquido é enriquecida nos componentes menos voláteis na medida em que ela se move para baixo. O vapor deixando o topo da coluna vai para um condensador. Uma porção do condensado é retirada como produto (o **produto de topo**) e o restante (o **refluxo**) é retornado para o topo da coluna para começar seu caminho para baixo como a corrente de líquido. O processo de condensação pode ser representado como mostrado abaixo:

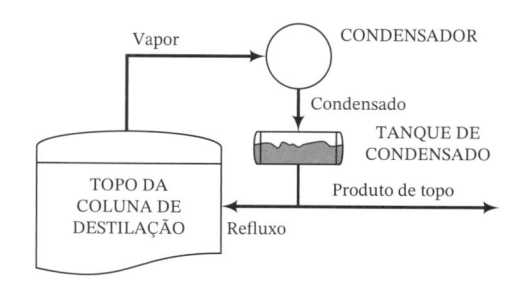

Uma coluna de destilação está sendo usada para separar uma mistura líquida de etanol (mais volátil) e água (menos volátil). Uma mistura de vapor contendo 89,0% molar de etanol e o balanço de água entra no condensador de topo a uma vazão de 100 lb-mol/h. O líquido condensado tem uma densidade de 49,0 lb_m/ft^3 e a razão de refluxo é 3 lb_m de refluxo/lb_m de produto de topo. Quando o sistema é operado em estado estacionário, o tanque de coleta do condensado está cheio de líquido até a metade e o tempo médio de residência no tanque (volume de líquido/vazão volumétrica do líquido) é de 10,0 minutos. Determine a vazão volumétrica do produto de topo (ft^3/min) e o volume do tanque de condensado (gal).

4.10. A **extração líquida** é uma operação usada para separar os componentes de uma mistura líquida de duas ou mais espécies. No caso mais simples, a mistura contém dois componentes: um soluto (A) e um solvente líquido (B). A mistura é posta em contato em um tanque agitado com um segundo solvente (C), que tem duas propriedades principais: ele dissolve A, e é imiscível ou quase imiscível com B. (Por exemplo, B pode ser água, C um óleo mineral e A uma espécie que dissolve tanto na água quanto no óleo.) Parte do A se transfere de B para C, e, depois, a fase rica em B (o rafinado) e a fase rica em C (o extrato) separam-se em um tanque decantador. Se o rafinado é posto em contato com novo C em outra etapa, mais A será transferido dele. Este processo pode ser repetido até que essencialmente todo o A tenha sido extraído de B.

A seguir um fluxograma de um processo no qual o ácido acético (A) é extraído de uma mistura de ácido acético e água (B) com 1-hexanol (C), um líquido que é imiscível com água.

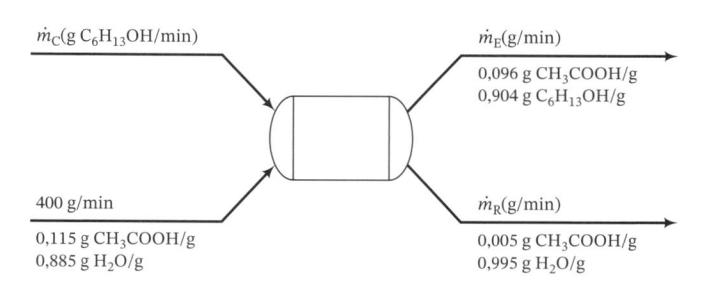

(a) Qual é o número máximo de balanços de massa independentes que podem ser escritos para este processo?

(b) Calcule $\dot{m}_C$, $\dot{m}_E$ e $\dot{m}_R$ usando a vazão da mistura de alimentação dada como base e escrevendo balanços em uma ordem tal que você nunca tenha uma equação que envolva mais do que uma incógnita.

(c) Calcule a diferença entre a quantidade de ácido acético na mistura de alimentação e na mistura de 0,5%, e mostre que é igual à quantidade que sai na mistura de 9,6%.

(d) É relativamente difícil separar completamente o ácido acético da água por destilação (veja o Problema 4.8) e relativamente fácil separá-lo do hexanol por destilação. Desenhe um fluxograma para um processo de separação com duas unidades que possa ser usado para recuperar ácido acético quase puro de uma mistura ácido acético-água.

BIOENGENHARIA

4.11. Na produção de óleo de soja, flocos secos de feijões de soja são colocados em contato com um solvente (normalmente hexano) que extrai o óleo e deixa para trás os sólidos residuais e uma pequena quantidade de óleo.

(a) Desenhe um fluxograma do processo, rotulando as duas correntes de alimentação (feijões e solvente) e correntes de saída (sólidos e extrato).

(b) Os feijões de soja contêm 18,5% de óleo e o restante de sólidos insolúveis, o hexano é alimentado a uma taxa correspondente a 2,0 kg de hexano por kg de feijões. Os sólidos residuais, deixando a unidade de extração, contêm 35% em massa de hexano, todo o material sólido não oleoso que entrou com os feijões e 1,0% do óleo que entrou com os feijões. Para uma vazão de alimentação de 1000 kg/h de flocos secos de feijões de soja, calcule as vazões mássica de extrato e de resíduos sólidos e a composição do extrato.

(c) O óleo de soja produzido deve agora ser separado do extrato. Esquematize um fluxograma com duas unidades, a unidade de extração das Partes (a) e (b) e a unidade de separação do óleo de soja do hexano. Proponha um uso para o hexano recuperado.

4.12. Na Granja do Frango Feliz, os ovos são separados em dois tamanhos, grande e extragrande. Infelizmente, os negócios não têm ido muito bem ultimamente, e a empresa não tem condições de reparar a máquina de triagem de ovos comprada em 2000. Para resolver o problema, o velho Zé, um dos empregados com melhor vista, equipado com um carimbo de borracha escrito "Grande" na sua mão direita e um outro carimbo escrito "Extragrande" na mão esquerda, fica carimbando cada ovo com o seu respectivo carimbo à medida que estes vão passando pela esteira transportadora. No final da linha, outro funcionário separa os ovos de acordo com o carimbo. O sistema funciona razoavelmente bem, considerando tudo, e, na média, quebra 8% dos 120 ovos que passam por ele por minuto. Um controle da corrente de ovos extragrandes revela uma vazão de 70 ovos/min, dos quais 8 ovos/min estão quebrados.

(a) Desenhe e rotule um fluxograma para este processo.

(b) Escreva e resolva os balanços de ovos totais e ovos quebrados no separador de ovos.

(c) Quantos ovos grandes deixam a planta por minuto e que fração deles estão quebrados?

(d) O velho Zé é destro ou canhoto?

4.13. Um processo é conduzido para separar em duas frações uma mistura contendo 25,0% em massa de metanol, 42,5% de etanol e o balanço de água. Um técnico retira e analisa amostras de ambas as correntes de produto e reporta que uma corrente contém 39,8% de metanol, 31,5% de etanol e a outra contém 19,7% de metanol e 41,2% de etanol. Você examina os valores reportados e diz para o técnico que eles devem estar errados e que as análises das correntes devem ser realizadas novamente.

(a) Prove sua afirmação.

(b) Quantas correntes você pediu para o técnico analisar? Explique.

4.14. Morangos contêm cerca de 15% em massa de sólidos e 85% de água. Para fazer geleia de morango, morangos amassados e açúcar são misturados em uma proporção mássica 45:55, e a mistura é aquecida para evaporar a água, até que o resíduo contenha um terço de água em massa.

(a) Desenhe e rotule um fluxograma deste processo.

(b) Faça uma análise dos graus de liberdade e mostre que o sistema tem zero grau de liberdade (quer dizer, o número de variáveis desconhecidas no processo é igual ao número de equações que as relacionam). Se você encontra incógnitas demais, pense no que você pode ter se esquecido de fazer.

(c) Calcule quantas libras de morangos são necessárias para fazer uma libra de geleia.

(d) Fazer uma libra de geleia é uma atividade que você pode realizar em sua própria cozinha (ou talvez até no quarto do dormitório). No entanto, uma típica linha de manufatura de geleia pode produzir 1500 lb_m/h. Liste fatores técnicos e econômicos que você teria que levar em conta se você escalonasse este processo da sua cozinha para uma operação comercial.

4.15. Duas correntes escoam para um tanque de 500 galões. A primeira corrente tem 10,0% em massa de etanol e 90,0% de hexano (a densidade da mistura, ρ_1, é 0,68 g/cm^3) e a segunda contém 90,0% de etanol e 10,0% de hexano (ρ_2 = é 0,78 g/cm^3). Após o enchimento do tanque, o que leva 22 minutos, uma análise de seu conteúdo indica que a mistura tem 60,0% em massa de etanol e 40,0% de hexano. Você deseja estimar a densidade da mistura final e as vazões mássicas e volumétricas das duas correntes de alimentação.

(a) Desenhe e rotule um fluxograma do processo de mistura e faça a análise de graus de liberdade.

(b) Execute os cálculos e indique o que você assumiu.

4.16. Um distribuidor de combustíveis fornece quatro combustíveis líquidos, cada um com uma razão etanol para gasolina diferente. Cinco por cento da demanda é por E100 (etanol puro), 15% para E85 (85% em volume de etanol), 40% para E10 (10,0% de etanol) e o restante para gasolina pura. O distribuidor mistura gasolina e etanol para produzir E85 e E10 e os quatro produtos são produzidos continuamente.

(a) Desenhe e rotule um fluxograma para a operação de mistura, nomeando $\dot{V}$ como a vazão volumétrica combinada de todos os quatro combustíveis e $\dot{V}_G$ e $\dot{V}_E$ como as vazões volumétricas de gasolina e etanol vendidos como combustíveis, depois enviados para a operação de mistura.

(b) Assumindo a aditividade volumétrica quando se mistura etanol e gasolina, determine as vazões volumétricas de todas as correntes quando uma entrega de 100.000 L/d é especificada.

(c) Caminhões tanque devem transportar os combustíveis da operação de mistura até os postos de serviço na região. O peso bruto de um caminhão carregado, que tem uma tara (peso vazio) de 12.700 kg, não pode ultrapassar 36.000 kg. Assumindo que a densidade relativa da gasolina pura é 0,73, estime o volume máximo (L) de cada combustível que pode ser carregado em um caminhão.

SEGURANÇA

4.17. Se a porcentagem de um combustível em uma mistura combustível-ar está abaixo de um certo valor chamado **limite inferior de inflamabilidade** (**LII**), que algumas vezes é chamado de **limite inferior de explosão** (**LIE**), a mistura não pode sofrer ignição. Adicionalmente, existe um **limite superior de inflamabilidade** (**LSI**), que também é conhecido como **limite superior de explosão** (**LSE**). Por exemplo, o LII do propano em ar é 2,3% molar de propano e o LSI é 9,5%.[14] Se a porcentagem de propano em uma mistura propano-ar é maior que 2,3% e menor que 9,5%, a mistura gasosa pode sofrer ignição se ela é exposta a uma chama ou centelha.

Uma mistura de propano em ar contendo 4,03% molar C_3H_8 (*gás combustível*) alimenta uma fornalha de combustão. Se acontece qualquer problema na fornalha, uma corrente de ar puro (*ar de diluição*) é adicionada à mistura combustível antes da entrada para a fornalha, para assegurar que a combustão não é possível.

(a) Desenhe e rotule o fluxograma da unidade de mistura gás combustível–ar de diluição, admitindo que o gás que entra na fornalha contém propano no seu LII, e faça a análise dos graus de liberdade.

(b) Se a vazão de propano no gás combustível original é 150 mol C_3H_8/s, qual é a vazão molar mínima do ar de diluição?

(c) Como você espera que seja a vazão de alimentação real comparada com aquela calculada na Parte (b)? ($>$, $<$, $=$) Explique.

4.18. Destilam-se mil quilogramas por hora de uma mistura contendo partes iguais em massa de metanol e água. As correntes de produto saem pelo topo e pelo fundo da coluna de destilação. A vazão da corrente de produto do fundo é 673 kg/h, enquanto a corrente de produto do topo contém 96,0% em massa de metanol.

(a) Desenhe e rotule um fluxograma do processo e faça a análise dos graus de liberdade.

(b) Calcule as frações mássica e molar de metanol e as vazões molares de metanol e água na corrente de produto do fundo.

(c) Suponha que a corrente de produto do fundo é analisada e que a fração molar de metanol encontrada é significativamente maior do que a calculada na Parte (b). Liste a maior quantidade de razões possíveis para esta discrepância. Inclua na sua lista possíveis violações às suposições feitas na Parte (b).

BIOENGENHARIA

4.19. L-Serina é um aminoácido que frequentemente é fornecido quando soluções de alimentação intravenosa são usadas para manter a saúde de um paciente. Ela tem um peso molecular de 105, é produzida por fermentação e recuperada e purificada por cristalização a 10°C. O rendimento é melhorado adicionando-se metanol ao sistema, diminuindo a solubilidade da serina em soluções aquosas.

Uma solução aquosa de serina contendo 30% em massa de serina e 70% de água é adicionada junto com metanol a um cristalizador batelada que é deixado equilibrar a 10°C. Os cristais resultantes são recuperados por filtração; o líquido passando através do filtro é conhecido como **filtrado**, e os cristais recuperados podem ser considerados livres de filtrado nestes problemas. Os cristais contêm um mol de água por cada mol de serina e são conhecidos como *monohidrato*. A massa de cristal recuperada em um laboratório particular tem 500 g e o filtrado tem 2,4% de serina, 48,8% de água e 48,8% de metanol.

(a) Desenhe e rotule um fluxograma para a operação e faça uma análise de graus de liberdade. Determine a razão de massa de metanol adicionada por unidade de massa de alimentação.

(b) O processo de laboratório deve ser escalonado para produzir 750 kg/h de cristais do produto. Determine as vazões de alimentação necessárias de solução aquosa de serina e metanol.

4.20. Uma corrente de 100 kmol/h com 97% molar de tetracloreto de carbono (CCl_4) e 3% de dissulfeto de carbono (CS_2) deve ser recuperada do fundo de uma coluna de destilação. A alimentação da coluna tem 16% moldar de CS_2 e 84% de CCl_4 e 2% do CCl_4 entrando na coluna está contido na corrente deixando o topo da coluna.

(a) Desenhe e rotule um fluxograma do processo e faça a análise de graus de liberdade.

(b) Calcule as frações mássica e molar de CCl_4 na corrente de topo e determine as vazões molares de CCl_4 e CS_2 nas corrente de topo e de alimentação.

(c) Suponha que a corrente de topo é analisada e a fração molar de CS_2 é determinada como significativamente mais baixa que o valor calculado na Parte (b). Liste o maior número possível de razões para a discrepância, incluindo possíveis violações das premissas adotadas na Parte (b).

4.21. Um produto farmacêutico, P, é manufaturado em um reator em batelada. O efluente do reator passa por um processo de purificação para fornecer uma corrente de produto final e uma corrente de dejetos. A carga inicial do reator (alimentação) e o produto final são pesados e o efluente do reator,

---

[14] R. J. Lewis Sr. (editor), *Hazardous Chemicals Desk Reference*, 6ª edição, John Wiley & Sons, Inc., Nova Iorque, 2002, p. 1176.

o produto final e os dejetos são analisados para o teor de P. A calibração do analisador consiste em uma série de leituras de um medidor, R, correspondentes a frações mássicas conhecidas de P, x_P.

x_P	0,08	0,16	0,25	0,45
R	105	160	245	360

(a) Plote os dados de calibração do analisador em eixos logarítmicos e determine uma expressão para $x_P(R)$.

(b) A folha de dados para uma corrida é mostrada abaixo:

Batelada #: 23601 Data: 10/4

Massa carregada no reator: 2253 kg

Massa do produto purificado: 1239 kg

Análise do efluente do reator: $R = 388$

Análise do produto final: $R = 583$

Análise dos dejetos: $R = 140$

Calcule as frações mássicas de P nas três correntes. Calcule depois a porcentagem de rendimento do processo de purificação

$$Y_P = \frac{\text{kg P no produto final}}{\text{kg P no efluente do reator}} \times 100\%$$

(c) Você é o engenheiro encarregado do processo. Você revisa os dados na folha e os cálculos da parte (b), faz cálculos adicionais de balanço e conclui que não é possível que todos os dados na folha estejam corretos. Explique como você chegou a esta conclusão, liste possíveis causas do problema, identifique a causa mais provável e sugira uma medida para corrigi-lo.

4.22. Uma mistura líquida contendo etanol (55,0% em massa) e o balanço de água entra uma unidade de processo de separação a uma vazão de 90,5 kg/s. Um técnico coleta amostras das duas correntes de produto deixando o separador e as analisa com um cromatógrafo à gás, obtendo valores de 86,2% em massa de etanol (Corrente de Produto 1) e 10,9% de etanol (Corrente de Produto 2). O técnico lê um manômetro ligado a um medidor de orifício montado no tubo levando a Corrente de Produto1, converte a leitura para uma vazão volumétrica usando uma curva de calibração e converte este resultado para uma vazão mássica usando a densidade média de etanol e água. O resultado é 54,0 kg/s. Finalmente, o técnico calcula a vazão mássica da segunda corrente de produto usando um balanço de material e reporta as vazões e composições das correntes de produto para você. Você as examina, faz alguns cálculos e as rejeita.

(a) Desenhe e rotule um fluxograma do processo de separação.

(b) Execute os cálculos que levaram você a rejeitar os resultados submetidos e explique como você sabia que os valores estavam errados.

(c) Liste até cinco possíveis razões para os resultados incorretos. Para cada uma, indique resumidamente como você determinaria se ela era de fato uma causa de erro e o que você faria para corrigi-la se fosse ela.

4.23. Uma corrente de ar úmido contendo 1,50% molar $H_2O(v)$ e o resto de ar seco deve ser umidificada até um teor de água de 10,0% molar H_2O. Para isto, água líquida é alimentada através de um medidor de vazão e evaporada na corrente de ar. A leitura do medidor, R, é 95. Os únicos dados de calibração disponíveis para este medidor são dois pontos rabiscados em uma folha de papel, indicando que as leituras $R = 15$ e $R = 50$ correspondem às vazões $\dot{V} = 40,0$ ft³/h e $\dot{V} = 96,9$ ft³/h, respectivamente.

(a) Admitindo que o processo funciona como é devido, desenhe e rotule o diagrama de fluxo, faça a análise dos graus de liberdade e estime a vazão molar (lb-mol/h) do ar umidificado (na saída).

(b) Suponha que o ar na saída é analisado, contendo apenas 7% de água em vez dos 10% desejados. Liste tantas razões quantas possa imaginar para esta discrepância, concentrando-se nas suposições feitas nos cálculos da Parte (a) que possam ser violadas no processo real.

4.24. Uma mistura líquida contém 60,0% em massa de etanol (E), 5,0% em massa de um soluto dissolvido (S) e o resto é água. Uma corrente desta mistura alimenta uma coluna de destilação contínua operando no estado estacionário. As correntes de produto saem pelo topo e pelo fundo da coluna. O projeto da coluna prevê que as correntes de produto devem ter vazões mássicas iguais e que a corrente de topo deve conter 90,0% em peso de etanol e nenhum soluto.

(a) Suponha uma base de cálculo, desenhe e rotule completamente um diagrama de fluxo para o processo, faça a análise dos graus de liberdade e verifique se todas as vazões e composições desconhecidas podem ser calculadas. (Não faça nenhum cálculo ainda.)

(b) Calcule (i) a fração mássica de S na corrente do fundo e (ii) a fração de etanol na alimentação que sai na corrente de produto do fundo (quer dizer, kg E no fundo/kg E alimentação) se o processo opera como projetado.

(c) Existe um analisador disponível para determinar a composição de misturas etanol-água. A curva de calibração do analisador é uma linha reta em um gráfico *de eixos logarítmicos* da fração mássica de etanol, x(kg E/kg mistura) *versus* a leitura do analisador, R. A linha passa pelos pontos ($R = 15$, $x = 0,100$) e ($R = 38$, $x = 0,400$). Deduza uma expressão para x como função de R ($x = ...$) baseada na calibração e use-a para determinar o valor de R que deve ser obtido se a corrente de produto do topo é analisada.

(d) Suponha que uma amostra da corrente de topo é recolhida e analisada, e a leitura obtida não é aquela obtida na Parte (c). Admita que o cálculo da Parte (c) é correto e que o operador da planta fez a análise corretamente. Dê cinco causas possíveis significativamente diferentes para o desvio entre R_{medido} e $R_{previsto}$, incluindo várias suposições feitas quando foram escritos os balanços da Parte (c). Para cada uma, sugira alguma coisa que o operador possa fazer para conferir se é de fato a causa do problema.

BIOENGENHARIA

*4.25. Certos vegetais e frutas contêm pigmentos de plantas chamados *carotenoides* que são metabolizados no corpo para produzir Vitamina A. A deficiência de Vitamina A leva a estimados 250.000 a 500.000 casos de cegueira infantil todos os anos. Uma abordagem para reduzir a cegueira e outros problemas de saúde da infância resultantes desta deficiência é usar a **engenharia genética** do arroz — um alimento básico em países em desenvolvimento e regiões economicamente desfavorecidas do mundo — de forma que o arroz se torne uma fonte dietética de Vitamina A. Por exemplo, uma cepa conhecida como **Arroz Dourado** foi geneticamente modificada de forma que ela pode produzir e armazenar carotenoides como β-caroteno (que ajuda a dar a cenouras e abóboras sua cor amarelo-laranja). Um tipo de Arroz Dourado contém aproximadamente 30 microgramas de carotenoides (81% β-caroteno, 16% α-caroteno e 3% β-criptoxantina) por grama de arroz não cozido. Um estudo reportou que quando uma pessoa como Arroz Dourado, seu corpo metaboliza 1 micrograma de Vitamina A para cada 3,8 microgramas de β-caroteno que ela consome.

(a) Recomenda-se que crianças entre 1 e 3 anos de idade recebam 300 microgramas de Vitamina A por dia. Considerando apenas o metabolismo do β-caroteno informado acima, quantas gramas de Arroz Dourado deveria comer uma criança para que ela obtenha esta quantidade de Vitamina A? Esta parece ser uma quantidade razoável de arroz para se comer em um dia, se uma xícara de arroz cozido é aproximadamente 175 g?

(b) α-caroteno e β-criptoxantina também podem ser convertidos em Vitamina A, mas quando comparado com β-caroteno, necessita-se de duas vezes de um destes compostos para produzir uma unidade de Vitamina A. Considerando todos os carotenoides no Arroz Dourado como fontes potenciais de Vitamina A, quantas gramas de Arroz Dourado deveria comer uma criança de 3 anos de idade para obter a quantidade diária recomendada de Vitamina A?

Exercícios Exploratórios — Pesquise e Descubra

(c) Alguns indivíduos não estão convencidos que comidas geneticamente modificadas são seguras para plantar ou para comer. Que tipos de riscos ou incertezas são citados por estes indivíduos? Que tipos de medidas são tomadas por fazendeiros e fornecedores de sementes geneticamente modificadas para minimizar estes riscos?

(d) Algumas pessoas não acreditam que o Arroz Dourado é uma solução prática, viável para a deficiência de Vitamina A no mundo. Resuma os principais argumentos a favor e contra a produção e distribuição de Arroz Dourado.

4.26. Duas soluções aquosas de ácido sulfúrico contendo 20,0% em massa de H_2SO_4 (DR = 1,139) e 60,0% em peso de H_2SO_4 (DR = 1,498) são misturadas para formar uma solução 4,00 molar (DR = 1,213).

(a) Calcule a fração mássica de ácido sulfúrico na solução produto.

(b) Tomando 100 kg da solução de alimentação a 20% como base, desenhe e rotule o fluxograma deste processo, rotulando tanto massas quanto volumes, e faça a análise dos graus de liberdade. Calcule a razão de alimentação (litros da solução a 20%/litros da solução a 60%).

(c) Que vazão de alimentação da solução 60%, em (L/h) seria necessária para produzir 1250 kg do produto?

4.27. Uma mistura de tinta contendo 25,0% de um pigmento e o balanço de ligantes (que ajudam o pigmento a grudar na superfície) e solventes (que asseguram que a tinta permaneça na forma líquida) é vendida por $18,00/kg e uma mistura contendo 12,0% é vendida por $10,00/kg.

(a) Se um revendedor de tintas produz uma mistura contendo 17% de pigmento, por quanto ela deve ser vendida para render uma lucro de 10%?

MEIO AMBIENTE

(b) Fabricantes de tintas começaram a comercializar tinta "baixo VOC" como um produto mais ambientalmente correto. O que são VOCs? Liste alguma maneiras nas quais tintas podem ser alteradas para reduzir o conteúdo de VOC.

---

*Adaptado de um problema contribuído por Kay C. Dee e Glen Livesay do *Rose-Hulman Institute of Technology*.

4.28. Na produção comercial de açúcar (sucrose), os cristais do produto são lavados e centrifugados até secura parcial. Os cristais são enviados para um secador rotativo onde eles entram em contato com uma corrente quente de ar que reduz a umidade de 1,0% em massa para 0,1% em massa. A razão de açúcar úmido para alimentação de ar para o secador é de 3,3 kg de açúcar úmido/kg de ar de entrada. O ar de entrada contém 1,5% molar de água.

(a) Desenhe e rotule o fluxograma e faça a análise de graus de liberdade.

(b) Tomando com base 100 kg de açúcar úmido alimentados no secador, calcule a massa de água e sua fração molar no ar saindo do secador.

(c) Se 1000 t/dia de açúcar seco devem ser produzidas, a que vazão (lb_m/h) a água é evaporada do açúcar?

(d) Determine o preço atual do açúcar e estime em $/ano a receita atual (não é o mesmo que lucro) da operação na Parte (c).

(e) Amostras de cristais do produto são analisadas rotineiramente para o conteúdo de água. As frações mássicas da água nas amostras de dias sucessivos de operação estão mostradas na tabela abaixo.

Dia	1	2	3	4	5	6	7	8	9	10
x_W	0,00102	0,00097	0,00099	0,00101	0,00107	0,00099	0,00102	0,00094	0,000101	0,00098

A qualidade do produto durantes estes dias de operação foi classificada como aceitável e foi decidido que o processo será parado para manutenção quando o valor medido de x_w for maior do que três desvios-padrão da média desta série de corridas. Quais são os valores máximo e mínimo de x_w?

4.29. Um processo de sedimentação é usado para separar carvão pulverizado de ardósia. É preparada uma suspensão de partículas finamente divididas de galena (sulfeto de chumbo, DR = 7,44) em água. A densidade relativa global da suspensão é 1,48.

(a) Quatrocentos quilogramas de galena e uma quantidade de água são carregados em um tanque e agitados para obter uma suspensão uniforme com a densidade relativa requerida. Desenhe e rotule o diagrama de fluxo (rotule tanto as massas quanto os volumes de galena e água), faça a análise dos graus de liberdade e calcule quanta água (m^3) deve alimentar o tanque.

(b) Uma mistura de carvão e ardósia é colocada nesta suspensão. O carvão flutua e permanece na superfície, de onde é retirado, enquanto a ardósia afunda. O que você pode concluir acerca das densidades relativas do carvão e da ardósia?

(c) O processo de separação funciona bem por várias horas, mas depois começa a se formar uma região de líquido claro no topo da suspensão turva, e o carvão afunda até a interface da região clara com a suspensão turva, dificultando a sua retirada. Qual pode ser a causa deste comportamento e que ação corretiva pode ser tomada? O que você pode dizer agora sobre a densidade relativa do carvão?

SEGURANÇA

4.30. Uma roupa para proteger o usuário de agentes tóxicos pode ser feita de tecido que contém um adsorvente, tal como carvão ativado. Em um teste de um tal tecido, uma corrente de gás contendo 7,76 mg/L de tetracloreto de carbono (CCl_4) foi passa por uma amostra de 7,71 g de tecido a uma vazão de 1,0 L/min e a concentração do CCl_4 no gás deixando o tecido foi monitorada. A corrida foi continuada por 15,5 min com nenhum CCl_4 sendo detectado, após o que a concentração de CCl_4 começou a subir.

(a) Quanto CCl_4 foi alimentado ao sistema durante os primeiros 15,5 min de corrida? Quanto foi adsorvido? Usando esta informação como guia, esquematize a concentração esperada de CCl_4 no gás de saída como uma função do tempo, mostrando acurva de $t = 0$ a $t \gg$ 15,5 min.

(b) Assumindo uma relação linear entre a quantidade de CCl_4 adsorvido e a massa de tecido, que massa de tecido seria necessária se a concentração da alimentação é 5 mg/L, a vazão de alimentação é 1,4 L/min e deseja-se que nenhum CCl_4 deixe o tecido antes de 30 min?

4.31. Uma solução aquosa diluída de H_2SO_4 (solução A) deve ser misturada com uma solução contendo 90,0% em massa de H_2SO_4 (solução B) para produzir uma solução 75,0% (solução C).

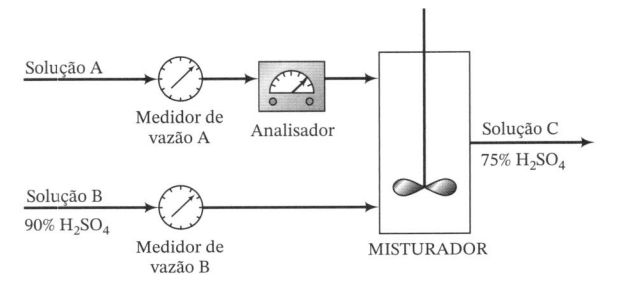

A vazão e a concentração da solução A mudam periodicamente, de forma que é necessário ajustar a vazão da solução B para manter a concentração de H_2SO_4 constante na corrente de produto.

Os medidores de vazão A e B apresentam gráficos de calibração lineares de vazão mássica ($\dot{m}$) *versus* leitura (R), que passam pelos seguintes pontos:

$$\text{Medidor A:} \quad \dot{m}_A = 150\,\text{lb}_\text{m}/\text{h}, \quad R_A = 25$$
$$\dot{m}_A = 500\,\text{lb}_\text{m}/\text{h}, \quad R_A = 70$$
$$\text{Medidor B:} \quad \dot{m}_B = 200\,\text{lb}_\text{m}/\text{h}, \quad R_B = 20$$
$$\dot{m}_B = 800\,\text{lb}_\text{m}/\text{h}, \quad R_B = 60$$

A curva de calibração do analisador é uma linha reta em um gráfico semilog de %H_2SO_4(x) em escala logarítmica *versus* leitura (R_x) em escala linear. Esta linha passa pelos pontos ($x = 20\%$, $R_x = 4{,}0$) e ($x = 100\%$, $R_x = 10{,}0$).

(a) Calcule a vazão da solução B necessária para processar 300 lb$_\text{m}$/h de 55% H_2SO_4 (Solução A), e a vazão resultante de solução C. (Os dados de calibração não são necessários para esta parte.)

(b) Deduza as equações de calibração para $\dot{m}_A$ (R_A), $\dot{m}_B$ (R_B) e x (R_x). Calcule os valores de R_A, R_B e R_x correspondentes às vazões e concentrações da Parte (a).

(c) O trabalho do técnico que acompanha o processo é ler o medidor A e o analisador periodicamente, e ajustar a vazão de solução B ao seu valor apropriado. Deduza uma fórmula que o técnico possa usar para R_B em termos de R_A e R_x e cheque-a substituindo os valores da Parte (a).

4.32. Misturas de gases contendo hidrogênio e nitrogênio em diferentes proporções são produzidas sob encomenda misturando-se gases de dois tanques de alimentação: o Tanque A (com uma fração molar de hidrogênio = x_A) e o Tanque B (com uma fração molar de hidrogênio = x_B). As encomendas especificam a fração de hidrogênio desejada, x_P, e a vazão *mássica* da corrente de produto, $\dot{m}_P$ (kg/h).

(a) Suponha que as composições dos tanques de alimentação são $x_A = 0{,}10$ mol H_2/mol e $x_B = 0{,}50$ mol H_2/mol, e que a fração molar e a vazão mássica da corrente combinada desejada são $x_P = 0{,}20$ mol H_2/mol e $\dot{m}_P = 100$ kg/h. Desenhe e rotule o fluxograma e calcule as vazões molares requeridas das misturas de alimentação, $\dot{n}_A$ (kmol/h) e $\dot{n}_B$ (kmol/h).

(b) Deduza uma série de fórmulas para $\dot{n}_A$ e $\dot{n}_B$ em função de x_A, x_B, x_P e $\dot{m}_P$. Teste-as usando os valores da Parte (a).

(c) Escreva uma planilha de cálculo que tenha os cabeçalhos de colunas x_A, x_B, x_P, $\dot{m}_P$, $\dot{n}_A$ e $\dot{n}_B$. A planilha deve fazer os cálculos das duas últimas colunas correspondentes aos dados das primeiras quatro. Nas primeiras seis linhas de dados da planilha, faça os cálculos para $x_A = 0{,}10$, $x_B = 0{,}50$ e $x_P = 0{,}10$, 0,20, 0,30, 0,40, 0,50 e 0,60, todas para $\dot{m}_P = 100$ kg/h. Depois, nas próximas seis linhas, repita os cálculos para os mesmos valores de x_A, x_B e x_P, para $\dot{m}_P = 250$ kg/h. *Explique qualquer um dos seus resultados que pareça estranho ou impossível.*

(d) Introduza as equações da Parte (b) em um programa de resolução de equações. Execute o programa para determinar $\dot{n}_A$ e $\dot{n}_B$ para os 12 conjuntos de variáveis de entrada dadas na Parte (c) e explique qualquer resultado fisicamente impossível.

BIOENGENHARIA ⟶ **4.33.** Um **rim artificial** é um dispositivo que remove água e dejetos metabólicos do sangue. Em um aparelho deste tipo, o **hemodialisador de fibra oca**, o sangue flui de uma artéria através do interior de um conjunto de fibras ocas de acetato de celulose, e o *fluido dialisador*, que consiste em água e vários sais dissolvidos, flui pelo exterior das fibras. Água e dejetos metabólicos — principalmente ureia, ácido úrico, creatinina e íons fosfato — passam através das paredes das fibras, dissolvendo-se no fluido dialisador, e o sangue purificado retorna ao paciente por uma veia.

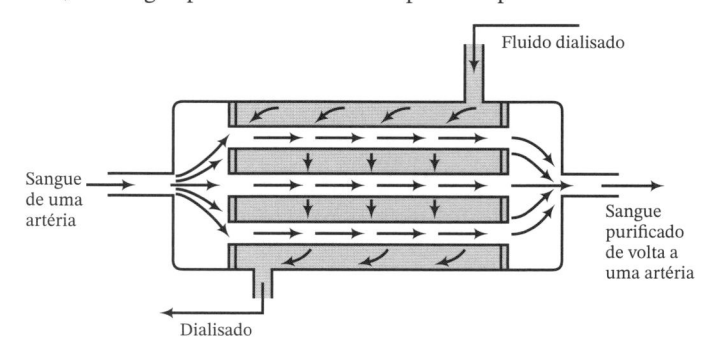

Em um dado momento durante o processo de diálise, as condições do sangue venoso e arterial são as seguintes:

	Sangue arterial (entrada)	Sangue venoso (saída)
Vazão	200,0 mL/min	195,0 mL/min
Concentração de ureia (H_2NCONH_2)	1,90 mg/mL	1,75 mg/mL

(a) Calcule as vazões nas quais a ureia e a água são removidas do sangue.

(b) Se o fluido dialisador entra com uma vazão de 1500 mL/min e a solução resultante (o *dialisado*) sai aproximadamente com a mesma vazão, calcule a concentração de ureia no dialisado.

(c) Suponha que se deseja reduzir o nível de ureia de um paciente de um valor inicial de 2,7 mg/mL para um valor final de 1,1 mg/mL. Se o volume total do sangue é 5,0 litros e a taxa média de remoção de ureia é aquela calculada no item (a), quanto tempo o paciente deve permanecer na hemodiálise? (Desconsidere a perda no volume total de sangue devida à remoção de água no dialisador.)

4.34. O *método da diluição do indicador* é uma técnica usada para determinar vazões de fluidos em canais nos quais aparelhos como rotâmetros e medidores de orifício não podem ser usados (por exemplo, rios, vasos sanguíneos e tubulações de grande diâmetro). Uma corrente de uma substância facilmente mensurável (o *traçador* ou *indicador*) é injetada no canal com uma vazão conhecida, e a concentração do traçador é medida a um ponto suficientemente longe do ponto de injeção, de forma a assegurar que o traçador esteja completamente misturado com o fluido. Quanto maior a vazão do fluido, menor a concentração de traçador no ponto de medição.

Uma corrente gasosa que contém 1,50% molar CO_2 flui através de uma tubulação. Vinte (20,0) quilogramas por minuto de CO_2 são injetados na tubulação. Uma amostra da corrente gasosa 150 metros abaixo deste ponto é analisada, e verifica-se que contém 2,3% molar CO_2.

(a) Estime a vazão molar do gás (kmol/min) antes do ponto de injeção.

(b) Dezoito segundos transcorrem desde o instante da injeção até que a concentração no ponto de coleta começa a aumentar. Admitindo que o traçador se desloca à velocidade média do gás na tubulação (quer dizer, desprezando a difusão do CO_2), estime a velocidade média (m/s). Se a densidade molar do gás é 0,123 kmol/m³, qual é o diâmetro da tubulação?

BIOENGENHARIA

4.35. Uma variação do método da diluição do indicador (veja o problema anterior) é usada para medir o volume total de sangue. Uma quantidade conhecida de traçador é injetada na corrente sanguínea e se dispersa uniformemente através do sistema circulatório. Uma amostra de sangue é retirada e a concentração do traçador nesta amostra é analisada; a concentração medida [que, se nenhum traçador se perde através das paredes dos vasos sanguíneos, é igual a (traçador injetado)/(volume total de sangue)] é usada para determinar o volume total de sangue.

Em um experimento deste tipo, 0,60 cm³ de uma solução contendo 5,00 mg/litro de um corante são injetados na artéria de um homem adulto. Cerca de 10 minutos depois, quando o traçador teve tempo para se distribuir uniformemente na corrente sanguínea, uma amostra de sangue é retirada e colocada na câmara de amostragem de um espectrofotômetro. Um feixe de luz passa através desta câmara, e o espectrofotômetro mede a intensidade do feixe transmitido, mostrando o valor da absorbância da solução (uma quantidade que aumenta com a quantidade de luz absorvida pela amostra). O valor mostrado é 0,18. Uma curva de calibração de absorbância *A versus* a concentração de traçador *C* (microgramas de corante/litro de sangue) é uma linha reta que passa através da origem e do ponto ($A = 0,9$, $C = 3$ μg/litro). Estime o volume total de sangue do paciente com estes dados.

4.36. A **absorção de gases** ou **lavagem de gases** é um método comumente usado para remover espécies potencialmente perigosas ao meio ambiente de gases liberados durante processos de combustão e de manufatura de produtos químicos. O gás de resíduo é posto em contato com um solvente líquido no qual os poluentes são altamente solúveis e as outras espécies no gás são relativamente insolúveis. A maior parte dos poluentes passa para a solução e sai com o efluente líquido do lavador de gases, e o gás limpo é descarregado na atmosfera. O efluente líquido pode ser descarregado em uma lagoa de resíduos ou submetido a um tratamento posterior para recuperar o solvente e/ou converter os poluentes em espécies que possam ser liberadas com segurança para o meio ambiente.

MEIO AMBIENTE

Um gás de resíduo contendo SO_2 (um precursor da chuva ácida) e várias outras espécies (designadas de forma geral como A) alimenta uma torre de lavagem de gases, onde é posto em contato com um solvente (B) que absorve SO_2. A vazão de alimentação do solvente para a torre é de 1000 L/min. A densidade relativa do solvente é 1,30. A absorção de A e a evaporação de B no lavador de gases podem ser desprezadas.

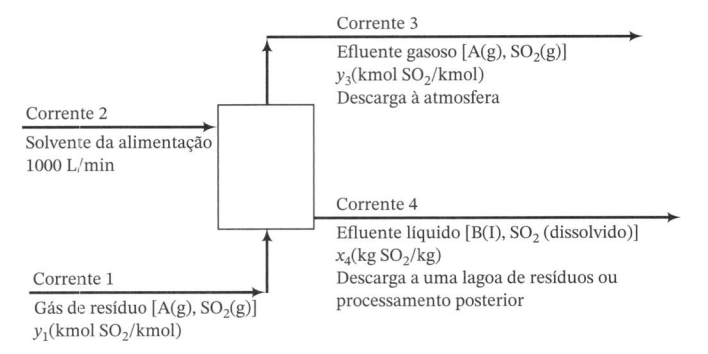

Corrente 3
Efluente gasoso [A(g), SO_2(g)]
y_3(kmol SO_2/kmol)
Descarga à atmosfera

Corrente 2
Solvente da alimentação
1000 L/min

Corrente 4
Efluente líquido [B(l), SO_2 (dissolvido)]
x_4(kg SO_2/kg)
Descarga a uma lagoa de resíduos ou processamento posterior

Corrente 1
Gás de resíduo [A(g), SO_2(g)]
y_1(kmol SO_2/kmol)

O gás no lavador sobe através de uma série de *pratos* (placas metálicas perfuradas com muitos pequenos orifícios) e o solvente escoa sobre os pratos e através dos *vertedouros* para os pratos abaixo. As bolhas de gás emergem dos orifícios em cada prato e borbulham através do líquido que os cobre, causando a difusão do SO_2 das bolhas para a solução.

A vazão volumétrica do gás de alimentação é determinada com um medidor de orifício, sendo usado um manômetro diferencial de mercúrio para medir a queda de pressão através do orifício. Os dados de calibração para o medidor aparecem na seguinte tabela:

h(mm)	$\dot{V}$(m³/min)
100	142
200	204
300	247
400	290

A densidade molar do gás de alimentação pode ser determinada pela fórmula

$$\rho\left(\frac{mol}{litro}\right) = \frac{12,2P(atm)}{T(K)}$$

em que P e T são a pressão e a temperatura absolutas do gás. Um detector eletroquímico é usado para medir a concentração de SO_2 nas correntes de gás na entrada e na saída do lavador: o SO_2 na amostra é absorvido por uma solução através da qual passa uma voltagem fixa, e a fração molar de SO_2 é determinada pela corrente elétrica resultante. A curva de calibração para o analisador é uma linha reta em um gráfico semilog de y(mol SO_2/mols totais) versus R(leitura de analisador), que passa pelos seguintes pontos:

y (escala logarítmica)	R (escala retangular)
0,00166	20
0,1107	90

Os seguintes dados são coletados:

$$
\left.
\begin{array}{l}
T = 75°F \\
P = 150 \text{ psig} \\
h(\text{medidor de orifício}) = 210 \text{ mm} \\
R(\text{analisador } SO_2) = 82,4
\end{array}
\right\} \text{(gás de alimentação)}
$$

$R(\text{analisador } SO_2) = 116$ (gás de saída)

(a) Desenhe e rotule completamente um fluxograma para este processo. Inclua na rotulagem as vazões molares e as frações de SO_2 nas correntes de gás e as frações mássicas de SO_2 das correntes líquidas. Mostre que o lavador de gases tem zero graus de liberdade.

(b) Determine (i) a fórmula de calibração do medidor de orifício plotando $\dot{V}$ versus h em escala logarítmica e (ii) a fórmula de calibração do analisador de SO_2.

(c) Calcule (i) a fração mássica de SO_2 no efluente líquido e (ii) a taxa na qual o SO_2 é removido da corrente de gás (kg de SO_2/min).

(d) Os pratos em uma coluna de lavagem de gases comumente têm diâmetros da ordem de 1 a 5 metros e os orifícios têm diâmetros da ordem de 4 a 12 mm, formando muitas bolhas pequenas no líquido de cada prato. Pense nas vantagens de fazer as bolhas tão pequenas quanto possível.

MEIO AMBIENTE →

*4.37. A coluna de lavagem de SO_2 descrita no Problema 4.36 é usada para reduzir a fração molar de SO_2 no gás de resíduo até um nível que satisfaça as normas de controle da qualidade do ar. A vazão de alimentação do solvente deve ser suficientemente grande para manter a fração molar de SO_2 no efluente líquido abaixo de um valor máximo especificado.

---

*É recomendável resolver o Problema 4.36 antes de tentar este.

(a) Desenhe e rotule um fluxograma da coluna. Junto com as vazões molares de frações de SO_2 nas quatro correntes do processo, rotule também a pressão e a temperatura do gás $[T_1(°F), P_1(\text{psig})]$, a leitura do medidor de orifício no gás de alimentação $[h_1(\text{mm})]$, a leitura do analisador de SO_2 para o gás de alimentação (R_1), a vazão volumétrica de alimentação do solvente à coluna $[\dot{V}_2 (\text{m}^3/\text{min})]$ e a leitura do analisador de SO_2 para o gás de saída (R_3). (As unidades da pressão e temperatura são tomadas das curvas de calibração dos medidores usados para medir essas variáveis.)

(b) Deduza uma série de equações relacionando todas as variáveis rotuladas no diagrama. As equações devem incluir as fórmulas de calibração calculadas na Parte (b) do Problema 4.36. Determine o número de graus de liberdade para o processo.

No resto do problema, você terá valores das variáveis medidas na corrente de gás de alimentação $[T_1(°F), P_1(\text{psig}), h_1(\text{mm})$ e $R_1]$, a máxima fração molar de SO_2 permitida na solução de saída $[x_4]$ e a fração molar de SO_2 especificada na corrente de gás de saída (y_3), e deverá calcular a leitura esperada do analisador de SO_2 para o gás de saída (R_3) e a vazão volumétrica mínima de solvente $(\dot{V}_2)$. A Parte (c) envolve o uso de uma planilha para os cálculos e a Parte (d) pede um cálculo independente usando um programa de solução de equações.

(c) Crie uma planilha de cálculo para armazenar os valores de T_1, P_1, h_1, R_1, x_4 e y_3, e para calcular R_3 e $\dot{V}_2$. Nas primeiras cinco linhas, entre com os valores $T_1 = 75$, $P_1 = 150$, $h_1 = 210$, $R_1 = 82{,}4$, $x_4 = 0{,}10$ e $y_3 = 0{,}05$; 0,025; 0,01; 0,005 e 0,001. Nas próximas cinco linhas, entre com os mesmos valores, mas com $x_4 = 0{,}02$. Em um único gráfico, trace as curvas de $\dot{V}_2$ versus y_3 para cada um dos valores dados de x_4 (preferivelmente usando o programa da planilha para gerar o gráfico). Explique sucintamente a forma das curvas e a posição relativa de cada uma.

(d) Insira as equações da Parte (b) em um programa de solução de equações. Use o programa para calcular R_3 e $\dot{V}_2$ correspondentes a $T_1 = 75$, $P_1 = 150$, $h_1 = 210$, $R_1 = 82{,}4$, $x_4 = 0{,}10$ e $y_3 = 0{,}05$; 0,025; 0,01; 0,005 e 0,001; depois faça o mesmo para $T_1 = 75$, $P_1 = 150$, $h_1 = 210$, $R_1 = 82{,}4$, $x_4 = 0{,}002$ e $y_3 = 0{,}05$; 0,025; 0,01; 0,005 e 0,001. Se você não o fez ainda na Parte (c), trace as curvas de $\dot{V}_2$ versus y_3 em um único gráfico para cada um dos valores dados de x_4 e explique sucintamente a forma das curvas e a posição relativa de cada uma.

4.38. Na figura a seguir aparece um fluxograma rotulado para um processo em estado estacionário de duas unidades de processo, no qual são mostrados os limites para delimitar subsistemas, em torno dos quais podem ser feitos os balanços. Estabeleça o número máximo de balanços que podem ser escritos para cada subsistema e a ordem em que você escreveria estes balanços para determinar as variáveis desconhecidas do processo. (Veja o Exemplo 4.4-1.)

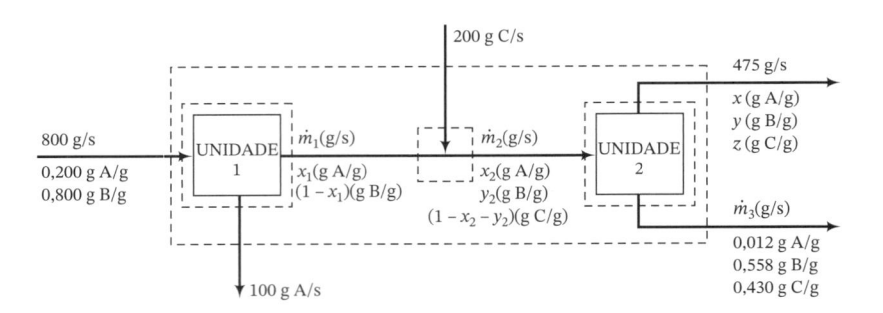

BIOENGENHARIA

*4.39. O hormônio *estrogênio* é produzido nos ovários das mulheres e em outros lugares do corpo de homens e mulheres pós-menopausa e ele é também administrado em terapia de reposição de estrogênio, um tratamento comum para mulheres que tenham sofrido uma histerectomia. Infelizmente, ele também se liga a receptores de estrogênio no tecido mamário e pode ativar células que podem se tornar cancerosas. *Tamoxifen* é uma droga que também se liga aos receptores de estrogênio, mas não ativa células, na verdade bloqueando os receptores do acesso ao estrogênio e inibindo o crescimento de células de câncer de mama.

Tamoxifen é administrada na forma de comprimidos. No processo de manufatura, em pó fino moído contém Tamoxifen (tam) e dois excipientes inativos, monohidrato de lactose (lac) e amido de milho (cs). O pó é misturado com a segunda corrente contendo água e partículas sólidas em suspensão do aglutinante polivinilpirrolidona (pvp), que evita que os comprimidos se esfarelem facilmente. A lama que deixa o misturador vai para um secador, no qual 94,2% da água alimentada no processo é vaporizada. O pó úmido deixando o secador conte, 8,8% em massa de tam,

*Adaptado de Stephanie Farrell, Mariano J. Savelski e C. Stewart Slater, "Integrating Pharmaceutical Concepts into Introductory Chemical Engineering Courses — Part 1" (2010), http://pharmahub.org/resources/360.

66,8% de lac, 21,4% de cs, 2,00% de pvp e 1,00% de água. Após alguns processamentos adicionais, o pó é moldado em comprimidos. Para produzir cem mil comprimidos, 17,13 kg de pó úmido são necessários.

(a) Tomando uma base de 100.000 comprimidos produzidos, desenhe e rotule um fluxograma de processo, rotulando as massas dos componentes individuais em vez das massas totais e frações mássicas dos componentes. Não é necessário rotular a corrente entre o misturador e o secador. Faça uma análise de graus de liberdade do processo (de duas unidades) global.

(b) Calcule as massas e composições das correntes que devem entrar no misturador para fazer 100.000 comprimidos.

(c) Por que não foi necessário rotular a corrente entre o misturador e o secador? Sob que circunstâncias isto teria sido necessário?

(d) Volte ao fluxograma da Parte (a). Sem usar a massas de pó úmido (17,13 kg) ou qualquer dos resultados da Parte (b) em seus cálculos, determine as frações mássica dos componentes da corrente na alimentação de pó para o misturador e verifique se elas concordam com a sua solução da Parte (b) (dica: Tome uma base de 100 kg de pó úmido).

(e) Suponha que um estudante faça a Parte (d) antes da Parte (b) e re-rotule a alimentação de pó para o misturador no fluxograma da Parte (a) com uma massa total desconhecida (m_1) e as três agora conhecidas frações molares (esquematize o fluxograma resultante). O estudante faz uma análise de graus de liberdade, conta quatro incógnitas (as massas de pó, pvp e água alimentadas no misturador, e a massa de água evaporada no secador) e seis equações (cinco balanços materiais para cinco espécies e o percentual de evaporação), para um valor final de -2 graus de liberdade. Uma vez que existem mais equações do que incógnitas, não será possível chegar a uma solução única para as quatro . No entanto, o estudante escreve quatro equações, resolve para as quatro incógnitas e verifica que todas as equações de balanço foram satisfeitas. Deve haver um erro no cálculo dos graus de liberdade. Qual foi esse erro?

4.40. Uma mistura líquida contendo 30,0% molar de benzeno (B), 25,0% de tolueno (T) e o resto de xileno (X) alimenta uma coluna de destilação. O produto de fundo contém 98,0% molar de X e nenhum B, e 96,0% do X na alimentação são recuperados nesta corrente. O produto de topo alimenta uma segunda coluna. O produto de topo da segunda coluna contém 97,0% do B contido na alimentação desta coluna. A composição desta corrente é 94,0% molar de B e o resto de T.

(a) Desenhe e rotule um diagrama de fluxo para este processo e faça uma análise dos graus de liberdade para provar que, para uma base admitida de cálculo, as vazões molares e composições de todas as correntes de processo podem ser calculadas com a informação dada. Escreva em ordem as equações que você resolveria para calcular as variáveis desconhecidas do processo. Em cada equação (ou par de equações simultâneas), marque as variáveis para as quais você as resolveria. Não faça nenhum cálculo.

(b) Calcule (i) a porcentagem do benzeno na alimentação do processo (quer dizer, a alimentação da primeira coluna) que sai no produto de topo da segunda coluna e (ii) a percentagem do tolueno na alimentação do processo que sai no produto de fundo da segunda coluna.

4.41. Água de mar contendo 3,50% em massa de sal passa através de uma série de 10 evaporadores. Quantidades aproximadamente iguais de água são vaporizadas em cada uma destas 10 unidades e logo condensadas e combinadas para obter uma corrente de produto de água potável. A salmoura na saída de cada evaporador alimenta o seguinte, exceto a saída do último. A salmoura que sai do décimo evaporador contém 5,00% em massa de sal.

(a) Desenhe um fluxograma do processo, mostrando o primeiro, quarto e décimo evaporadores. Rotule todas as correntes que entram e saem destes três evaporadores.

(b) Escreva em ordem o conjunto de equações que você usaria para determinar o rendimento fracional de água potável do processo (kg H_2O recuperados/kg H_2O na alimentação do processo) e a percentagem em massa de sal na solução que sai do quarto evaporador. Cada equação deve conter apenas uma única incógnita. Em cada equação, indique a variável para a qual você a resolveria. Não faça nenhum cálculo.

(c) Resolva as equações da Parte (b) para as duas quantidades especificadas.

Exercícios Exploratórios — Pesquise e Descubra

(d) O enunciado do problema não faz menção ao descarte do efluente de 5% em massa do décimo evaporador. Sugira duas possibilidades para sua disposição e descreva quaisquer preocupações ambientais que devam ser consideradas.

4.42. Uma mistura líquida equimolar de benzeno e tolueno é separada em duas correntes de produto por uma coluna de destilação. Um fluxograma do processo e uma descrição simplificada do que acontece são mostrados a seguir.

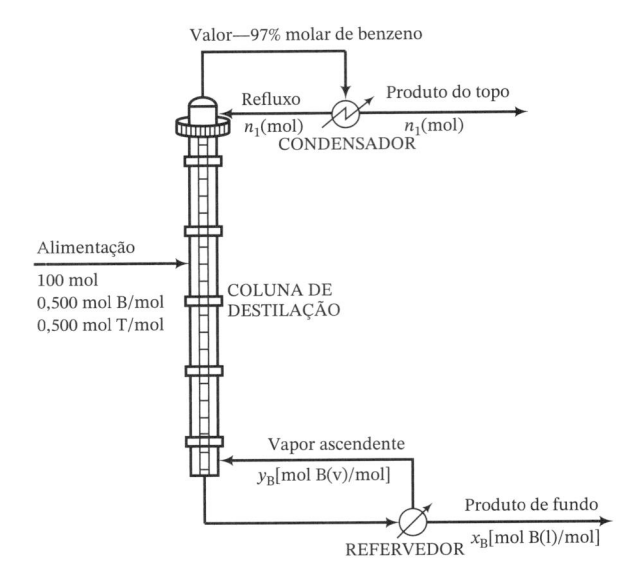

Dentro da coluna, uma corrente líquida desce enquanto uma corrente gasosa sobe. Em cada ponto da coluna, uma parte do líquido vaporiza e uma parte do vapor condensa. O vapor que deixa o topo da coluna, contendo 97% molar de benzeno, é completamente condensado e separado em duas frações iguais: uma delas é retirada como produto de topo, e a outra (o **refluxo**) é recirculada ao topo da coluna. O produto de topo contém 89,2% do benzeno que alimenta a coluna. O líquido que deixa o fundo da coluna alimenta um refervedor parcial, no qual 45% do líquido são vaporizados. O vapor gerado no refervedor retorna ao fundo da coluna, constituindo a corrente de vapor ascendente, e o líquido residual é retirado como produto de fundo. As composições das correntes que saem do refervedor estão governadas pela relação:

$$\frac{y_B/(1-y_B)}{x_B/(1-x_B)} = 2,25$$

em que y_B e x_B são as frações molares de benzeno nas correntes de vapor e líquido, respectivamente.

(a) Tome como base 100 mols de alimentação da coluna. Desenhe e rotule completamente o fluxograma, e para cada um dos quatro subsistemas (o processo global, a coluna, o condensador e o refervedor) faça a análise dos graus de liberdade e identifique um sistema por onde possa começar a análise do processo (um que tenha zero grau de liberdade).

(b) Escreva em ordem as equações que você resolveria para calcular todas as incógnitas, indicando as variáveis para as quais cada equação seria resolvida. Não faça nenhum cálculo nesta parte.

(c) Calcule as vazões molares da corrente de produto de topo, a fração molar de benzeno na corrente de produto de fundo, e a percentagem de recuperação do tolueno no produto de fundo ($100 \times$ mols de tolueno no fundo/mols de tolueno na alimentação).

4.43. A popularidade do suco de laranja, especialmente como uma bebida matinal, faz este produto um importante fator na economia de regiões de plantação de laranjas. A maior parte do suco comercializado é concentrado e congelado e depois reconstituído antes do consumo, sendo alguns "não de-concentrado". Apesar dos sucos concentrados serem menos populares nos Estados Unidos do que eram antes, eles ainda tem um grande segmento do mercado para suco de laranja.

As abordagens para concentração de suco de laranja incluem evaporação, **concentração por congelamento** e **osmose reversa**. Aqui nós examinamos o processo de evaporação focando somente em dois constituintes no suco: sólidos e água. Suco de laranja fresco contém aproximadamente 42% em massa de sólidos. O concentrado congelado é obtido pela evaporação da água do suco de laranja fresco para produzir uma mistura que contém aproximadamente 65% em massa de sólidos. No entanto, para que o sabor do concentrado se aproxime mais do sabor do suco fresco, o concentrado do evaporador é misturado com suco de laranja fresco (e outros aditivos) para produzir um concentrado final com aproximadamente 42% em massa de sólidos.

(a) Desenhe e rotule o fluxograma do processo, desprezando a vaporização de qualquer coisa que não seja água. Prove primeiro que o subsistema contendo o ponto onde a corrente de desvio se separa da corrente de alimentação tem um grau de liberdade. (Se você acha que tem zero graus de liberdade, tente determinar as variáveis associadas com este subsistema.) Faça depois a análise dos graus de liberdade para o sistema global, o evaporador e o ponto de mistura do produto do evaporador com a corrente desviada, e escreva em ordem as equações que você usaria para determinar todas as incógnitas. Em cada equação, marque a variável para a qual você resolveria, mas não faça nenhum cálculo.

(b) Calcule a quantidade de produto (concentrado 42%) produzido por cada 100 kg de suco integral que alimentam o processo e a fração da alimentação que é desviada do evaporador.

(c) A maior parte dos ingredientes voláteis que dão sabor estão contidos no suco integral que se desvia do evaporador. Você pode obter mais destes ingredientes evaporando (digamos) até 90% de sólidos em vez de 65%; você pode então desviar uma fração maior de suco integral e obter assim um produto de melhor sabor. Sugira possíveis desvantagens desta proposta.

MEIO AMBIENTE ⟶ **4.44.** Efluentes de plantas de acabamento metálico têm o potencial de descarte de quantidades indesejadas de metais, tais como cádmio, níquel, chumbo, manganês e cromo, em formas que são deletérias para a qualidade da água e do ar. Uma planta local de acabamento metálico identificou uma corrente de água residual que contém 5,15% em massa de cromo (Cr) e vislumbra a seguinte abordagem para reduzir o risco e recuperar o metal valioso. A corrente de água residual alimenta uma unidade de tratamento que remove 95% do cromo na alimentação e o recicla de volta à planta. A corrente líquida residual que sai da unidade de tratamento é enviada a uma lagoa de resíduos. A unidade de tratamento tem uma capacidade máxima de 4500 kg de dejetos/h. Se os dejetos saem da planta com uma vazão maior do que a capacidade da unidade de tratamento, o excesso (qualquer coisa acima de 4500 kg/h) é desviado da unidade e se combina com o líquido residual que sai dela; a corrente combinada é então levada à lagoa.

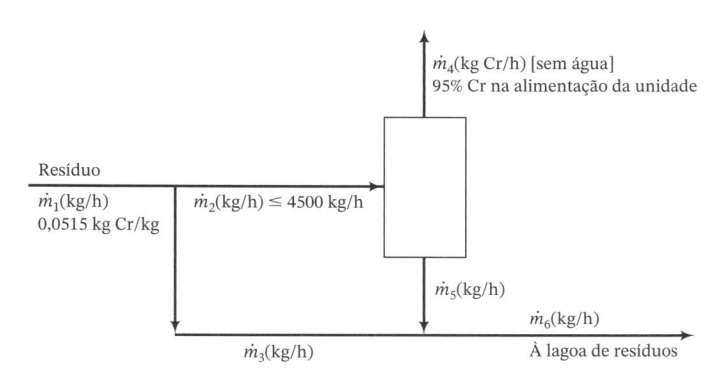

(a) Sem admitir uma base de cálculo, desenhe e rotule o fluxograma do processo.

(b) Os dejetos saem da planta com uma vazão $\dot{m}_1 = 6000$ kg/h. Calcule a vazão do líquido encaminhado à lagoa, $\dot{m}_6$ (kg/h) e a fração mássica de Cr neste líquido, x_6 (kg Cr/kg).

(c) Calcule a vazão de líquido encaminhado à lagoa e a fração de Cr neste líquido para $\dot{m}_1$ variando entre 1000 kg/h e 10.000 kg/h em incrementos de 1000 kg/h. Gere um gráfico de x_6 versus $\dot{m}_1$. (*Sugestão*: Use uma planilha para estes cálculos.)

(d) A companhia contratou você como consultor para ajudar a decidir se vale a pena aumentar a capacidade da unidade de tratamento para aumentar a recuperação de cromo. O que você precisa saber para recomendar ou não esta decisão?

(e) Que pontos devem ser considerados com relação à lagoa de resíduos?

4.45. Um processo de evaporação–cristalização do tipo descrito no Exemplo 4.5-2 é usado para se obter sulfato de potássio sólido de uma solução aquosa deste sal. A alimentação fresca do processo contém 19,6% em massa de K_2SO_4. A torta úmida de filtro consiste em cristais de K_2SO_4 sólido e de uma solução 40,0% em massa de K_2SO_4, em uma proporção 10 kg cristais/kg solução. O filtrado, também uma solução 40,0%, é reciclado para se juntar à alimentação fresca. Da água que alimentou o evaporador, 45,0% são evaporados. O evaporador tem uma capacidade máxima de 175 kg de água evaporada/s.

(a) Considere que o processo opera com a sua capacidade máxima. Desenhe e rotule o diagrama de fluxo e faça a análise dos graus de liberdade para o sistema global, o ponto de mistura alimentação fresca-reciclo, o evaporador e o cristalizador. Escreva depois em uma ordem eficiente (minimizando as equações simultâneas) as equações que usaria para resolver as incógnitas. Em cada equação, indique a variável a ser determinada, mas não faça os cálculos ainda.

(b) Calcule a taxa de produção máxima de K_2SO_4 sólido, a vazão na qual a alimentação fresca deve ser suprida para garantir esta taxa de produção e a razão kg reciclo/kg alimentação fresca.

(c) Calcule a composição e a vazão da corrente que entra no cristalizador se o processo é escalonado para 75% da sua capacidade máxima.

(d) A torta úmida de filtro é submetida a uma outra operação depois de deixar o filtro. Sugira qual poderia ser esta operação. Quais você pensa que seriam os principais custos operacionais deste processo?

(e) Use um programa de solução de equações para resolver as equações derivadas na Parte (a). Verifique se são obtidas as mesmas soluções da Parte (b).

BIOENGENHARIA

*4.46. Células de mamíferos podem ser cultivadas para diversos fins, incluindo a síntese de vacinas. Elas devem ser mantidas em meio de crescimento contendo todos os componentes necessários para o funcionamento celular para assegurar sua sobrevivência e propagação. Tradicionalmente, o meio de crescimento era preparado misturando-se um pó, tal como Meio Dulbecco Eagle Modificado (MDEM) com água deionizada estéril. MDEM contém glicose, agentes de tamponamento, proteínas e aminoácidos. Usando um meio de crescimento estéril (isto é, livre de bactérias, fungos e leveduras) assegura o crescimento apropriado das células, mas algumas vezes a água (ou o pó) pode ser contaminada, requerendo a adição de antibióticos para eliminar contaminantes indesejados. O meio de cultura é suplementado com serum fetal bovino (SFB) que contém fatores de crescimento adicionais requeridos pelas células.

Suponha que uma corrente aquosa (DR = 0,90) contaminada com bactéria seja dividida, com 75% sendo alimentada a uma unidade de mistura para dissolver uma mistura em pó de MDEM contaminada com a mesma bactéria encontrada na água. A razão de água de alimentação impura para pó entrando no misturador é de 4,4:1. A corrente deixando o misturador (contendo MDEM, água e bactéria) é combinada com os 25% restantes da corrente aquosa e alimentada a uma unidade de filtração para remover todas as bactérias que contaminaram o sistema, um total de 20,0 kg. Uma vez removidas as bactérias, o meio estéril é combinado com SFB e o coquetel de antibióticos PSG (Penicilina-Estreptomicina-L-Glutamina) em uma unidade de agitação para gerar 5000 L de meio de crescimento (DR = 1,2). A composição final do meio de crescimento é 66% em massa de água, 11% SFB, 8,0PSG e o balanço de MDEM.

(a) Desenhe e rotule o fluxograma de processo.

(b) Faça uma análise de graus de liberdade para cada equipamento (misturador, filtro e agitador), o divisor, o ponto de mistura e o sistema global. Baseado na análise, identifique qual sistema ou equipamento deve ser o ponto de partida para os cálculos.

(c) Calcule todas as variáveis desconhecidas do processo.

(d) Determine o valor para (i) a razão mássica entre o produto de meio de crescimento estéril e água de alimentação e (ii) a razão mássica entre as bactérias na água e as bactérias no pó.

(e) Sugira duas razões para que as bactérias sejam removidas do sistema.

4.47. Em uma **coluna de absorção** (ou **absorvedor**), um gás é posto em contato com um líquido sob condições tais que uma ou mais espécies no gás se dissolvem no líquido. Uma **coluna de dessorção** (ou **dessorvedor**) também envolve um gás em contato com um líquido, mas sob condições tais que um ou mais dos componentes do líquido evaporam e saem junto com o gás que deixa a coluna.

Um processo que consiste em uma coluna de absorção e uma de dessorção é usado para separar os componentes de um gás contendo 30,0% molar de dióxido de carbono e o resto de metano. Uma corrente deste gás alimenta o fundo do absorvedor. Um líquido contendo 0,500% molar CO_2 dissolvido em metanol é reciclado do fundo do dessorvedor e alimenta o topo do absorvedor. O produto gasoso que sai do topo do absorvedor contém 1,00% molar CO_2 e praticamente todo o metano fornecido. O solvente rico em CO_2 que sai pelo fundo do absorvedor alimenta o topo do dessorvedor e uma corrente de nitrogênio gasoso alimenta o fundo. Noventa por cento do CO_2 na alimentação líquida do dessorvedor são retirados nesta coluna e a corrente nitrogênio/CO_2 que sai da mesma é liberada para a atmosfera através de uma chaminé. A corrente líquida que sai da coluna de dessorção é a solução 0,500% molar de CO_2 que é reciclada para o absorvedor.

O absorvedor opera na temperatura T_a e na pressão P_a, enquanto o dessorvedor opera na temperatura T_s e na pressão P_s. O metanol pode ser admitido como não volátil — quer dizer, nada de metanol entra na fase vapor em nenhuma unidade — e o N_2 pode ser considerado insolúvel no metanol.

(a) Nas suas próprias palavras, explique o objetivo global deste processo de duas unidades e as funções do absorvedor e do dessorvedor.

(b) As correntes que alimentam o topo de cada coluna têm alguma coisa em comum, como também têm as correntes que alimentam o fundo. Quais são essas características em comum e quais as prováveis razões para elas?

(c) Tomando como base 100 mol/h de gás que alimentam o absorvedor, desenhe e rotule um fluxograma do processo. Para o gás que sai do dessorvedor, rotule as vazões molares dos componentes em vez da vazão molar total e das frações molares. Faça a análise dos graus de liberdade e escreva em ordem as equações que você resolveria para determinar todas as incógnitas, *exceto a vazão de nitrogênio que entra e sai do dessorvedor*. Marque as variáveis para as quais você resolveria cada equação (ou sistema de equações simultâneas), mas não faça nenhum cálculo ainda.

(d) Calcule a remoção fracional de CO_2 (mols absorvidos/mols na alimentação de gás) e a vazão molar e composição da alimentação líquida da coluna de dessorção.

(e) Calcule a vazão molar de gás que alimenta o absorvedor necessária para produzir uma vazão de produto gasoso do absorvedor de 1000 kg/h.

---

*Adaptado de um problema contribuído por Adam Melvin da *Louisiana State University*.

(f) Você acha que T_s será maior ou menor do que T_a? Explique. (*Dica:* Pense no que acontece quando você aquece um refrigerante carbonatado e no que você quer que aconteça no dessorvedor.) E como será P_s em relação a P_a?

(g) Quais as propriedades do metanol que você acha que o qualificam como um solvente apropriado para este processo? (Em termos mais gerais, o que você deve procurar quando escolhe um solvente para um processo de absorção-dessorção para separar um gás de outro?)

4.48. Na produção de óleo de soja, grãos de soja contendo 13,0% em massa de óleo e 87,0% de sólidos são moídos e vertidos em um tanque agitado (o **extrator**), junto com uma corrente reciclada de *n*-hexano líquido. A razão de alimentação é de 3 kg de hexano/kg de grãos moídos. Os grãos moídos são suspensos no líquido, e praticamente todo o óleo nos grãos é extraído pelo hexano. O efluente do extrator passa para um filtro onde os sólidos são coletados e formam uma torta de filtro. A torta de filtro contém 75,0% em massa de sólidos e o resto é óleo e hexano, na mesma razão com que saem do extrator. A torta de filtro é descartada e o filtrado líquido é vertido em um evaporador, no qual o hexano é vaporizado e o óleo permanece como líquido. O óleo é armazenado em tambores e comercializado. O vapor de hexano é subsequentemente esfriado e condensado, e o hexano líquido é reciclado para o extrator.

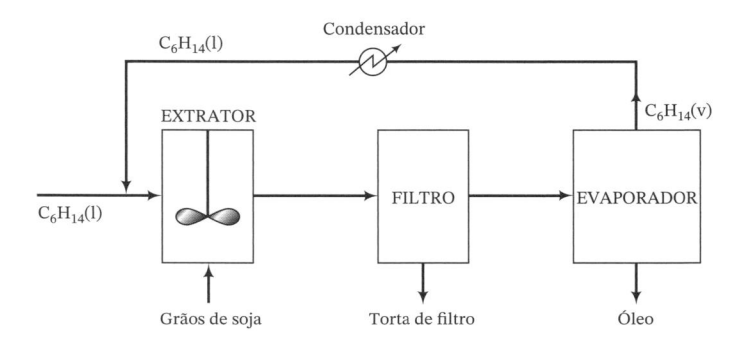

(a) Desenhe e rotule o fluxograma do processo, faça a análise dos graus de liberdade e escreva em uma ordem eficiente as equações que você resolveria para determinar todas as incógnitas, indicando as variáveis para as quais você resolveria as equações.

(b) Calcule o rendimento de óleo de soja (kg óleo/kg grãos fornecidos), a alimentação fresca de hexano requerida (kg C_6H_{14}/kg grãos fornecidos), e a razão do reciclo para a alimentação fresca (kg hexano reciclado/kg alimentação fresca).

(c) Foi sugerida a adição de um **trocador de calor** ao processo. Esta unidade consistiria em um feixe de tubos metálicos paralelos contidos em uma carcaça. O filtrado líquido passaria do filtro para o interior dos tubos e depois para o evaporador. O vapor de hexano quente, no seu caminho do evaporador para o extrator, passaria pela carcaça e por entre os tubos, aquecendo o filtrado. De que forma a inclusão desta unidade levaria a uma redução nos custos operacionais do processo?

(d) Sugira etapas adicionais que possam melhorar a economia deste processo.

*4.49. Caldeiras são usadas na maioria das plantas química para gerar vapor para vários fins, tais como preaquecer correntes de processo alimentadas a reatores e unidades de separação. Em um tal processo, vapor e um fluido de processo frio são alimentados a um trocador de calor onde energia suficiente é transferida do vapor para fazer com que uma grande fração dele condense. O vapor não condensado é ventilado para a atmosfera e o líquido condensado é reciclado para um desaerador no qual outra corrente líquida (água de reposição) é alimentada. A água de reposição contém algumas impurezas dissolvidas e outros produtos químicos que ajudam a prevenir a deposição de sólidos nas paredes e elementos de aquecimento da caldeira, o que poderia levar à redução da eficiência operacional e eventualmente a problemas de segurança, possivelmente incluindo explosões. O líquido deixando o desaerador é alimentado à caldeira. Nela, a maior parte da água na alimentação evapora para formar vapor e algumas impurezas na água de alimentação precipitam para formar partículas sólidas suspensas no líquido (mantidas em suspensão pelos aditivos químicos na água de reposição). O líquido e os sólidos suspensos são drenados como uma purga da caldeira seja por ações manuais intermitentes ou por um sistema contínuo.

SEGURANÇA →

Um diagrama do sistema é mostrado abaixo. O símbolo I é usado para impurezas combinadas e aditivos químicos. A água de reposição contém 1,0 kg I/2,0 × 10³ kg de água e a razão na purga é de 1,0 kg/3,5 × 10² kg de água. Do vapor alimentado ao trocador de calor, 76% é condensado.

---

*Adaptado de um problema contribuído por Carol Clinton do National Institute of Occupational Safety and Health.

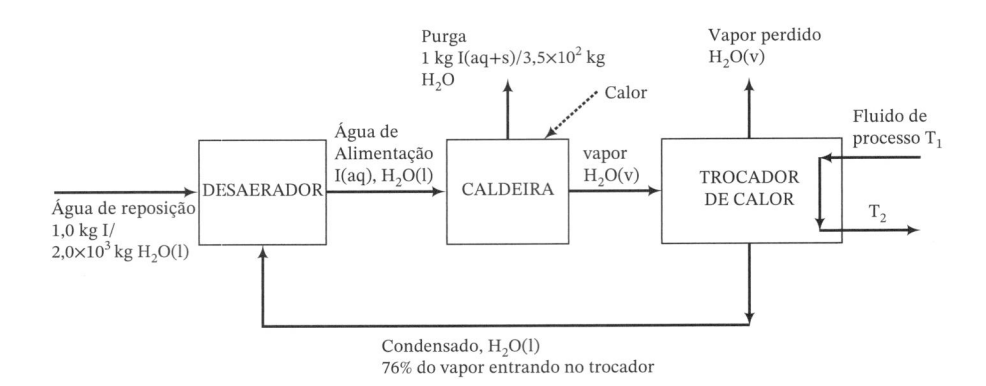

(a) Em suas palavras, descreva por que a água de reposição, aditivos químicos para a água de reposição e purga são necessários neste processo. Especule sobre a provável desvantagem de fazer a razão I/H$_2$O na purga (i) muito pequena e (ii) muito alta.

(b) Assuma uma base de cálculo e desenhe e rotule completamente um fluxograma do processo (quando você desenhar o trocador de calor você pode omitir o fluido de processo, que não desempenha nenhum papel no problema).

(c) Faça uma análise de graus de liberdade e delineie um procedimento de solução (quais equações você escreveria em qual ordem para calcular todas as incógnitas no fluxograma?).

(d) Calcule a razão (massa de água de reposição/100 kg vapor produzido na caldeira) e a porcentagem da água de alimentação da caldeira retirada na purga.

(e) Uma proposta foi feita para se usar água altamente purificada como reposição. Liste os benefícios que resultariam de se fazer isso e a razão mais provável para não se fazer.

4.50. Na figura seguinte aparece um diagrama do processo de lavagem de camisas usado pelo Serviço de Lavanderia Enchente de Espuma Ltda. As camisas são mergulhadas em um tanque agitado contendo Whizzo, o Detergente Maravilhoso, e depois torcidas e enviadas à etapa de enxágue. O Whizzo sujo é enviado a um filtro no qual a maior parte da sujeira é removida; o detergente depois de limpo é reciclado de volta e se junta com uma corrente de Whizzo puro; esta corrente combinada serve como alimentação para o tanque de lavagem.

Dados:

1. Cada 100 lb$_m$ de camisas sujas contém 2 lb$_m$ de sujeira.

2. A lavagem remove 95% da sujeira.

3. Para cada 100 lb$_m$ de camisas sujas, 25 lb$_m$ de Whizzo saem junto com as camisas limpas, dos quais 22 lb$_m$ são recuperadas ao torcer as camisas e enviados de volta ao tanque.

4. O detergente que entra no tanque contém 97% de Whizzo, e o que entra no filtro contém 87%. A sujeira molhada que sai do filtro contém 8% de Whizzo.

    (a) Quanto Whizzo puro deve ser fornecido por cada 100 lb$_m$ de camisas sujas?

    (b) Qual é a composição da corrente de reciclo?

4.51. Uma droga (D) é produzida em um processo de extração de três estágios das folhas de uma planta tropical. Cerca de 1000 kg de folhas são necessários para produzir 1 kg da droga. O solvente de extração (S) é uma mistura contendo 16,5% em massa de etanol (E) e o resto é água (W). O seguinte processo é usado para extrair a droga e recuperar o solvente:

1. Um tanque de mistura é carregado com 3300 kg de S e 620 kg de folhas. O conteúdo do misturador é agitado por várias horas, durante as quais uma porção da droga contida nas folhas passa para a solução. O conteúdo do misturador é descarregado através de um filtro. O filtrado líquido, que carrega aproximadamente 1% das folhas colocadas no misturador, é bombeado a um tanque de armazenamento, e a torta de filtro (folhas exaustas e líquido) é enviada a um segundo misturador. O líquido na torta tem a mesma composição que o filtrado e uma massa igual a 15% da massa total do líquido posto no misturador. A droga extraída tem um efeito desprezível sobre a massa e o volume totais das folhas exaustas e do filtrado.

2. O segundo misturador é carregado com as folhas exaustas do primeiro misturador e com o filtrado da batelada anterior do terceiro misturador. As folhas são extraídas por várias horas mais, e o conteúdo do misturador é descarregado através de um segundo filtro. O filtrado, que contém 1% das folhas fornecidas ao segundo misturador, é bombeado ao mesmo tanque de armazenamento que recebeu o filtrado do primeiro misturador, e a torta de filtro — folhas exaustas e líquido — é enviada ao terceiro misturador. A massa do líquido na torta é 15% da massa do líquido colocado no segundo misturador.

3. O terceiro misturador é carregado com as folhas exaustas do segundo misturador e com 2720 kg do solvente S. O conteúdo do misturador é filtrado; o filtrado, que contém 1% das folhas fornecidas ao terceiro misturador, é reciclado ao segundo misturador, e a torta de filtro é descartada. Como nas etapas anteriores, a massa do líquido na torta é 15% da massa de líquido fornecido a este misturador.

4. O conteúdo do tanque de armazenamento de filtrado é filtrado de novo para remover as folhas arrastadas e a torta úmida é prensada para recuperar o líquido, que é combinado com o filtrado. Uma quantidade desprezível de líquido permanece na torta úmida. O filtrado, que contém D, E e W, é bombeado a uma unidade de extração (outro misturador).

5. Na unidade de extração, a solução água-álcool-droga é posta em contato com outro solvente (F), que é quase, mas não completamente, imiscível com etanol e água. Essencialmente, toda a droga (D) é extraída no segundo solvente, do qual será posteriormente separada por um outro processo que não diz respeito a este problema. Algum etanol mas nada de água está também presente no extrato. A solução da qual a droga foi extraída (o **rafinado**) contém 13,0% em massa de E, 1,5% de F e 85,5% de W. Esta solução é vertida em uma coluna de retificação para recuperar o etanol.

6. As alimentações da coluna de retificação são a solução descrita e vapor de água. As duas correntes são alimentadas em uma proporção tal que o produto de topo contém 20,0% em peso de E e 2,6% de F, e o produto de fundo contém 1,3% em peso de E e o resto de W.

Desenhe e rotule um fluxograma do processo, tomando como base uma batelada de folhas processadas. Depois, calcule:

(a) As massas dos componentes no tanque de armazenamento de filtrado.

(b) As massas dos componentes D e E na corrente de extrato que sai da unidade de extração.

(c) A massa de vapor de água que alimenta a coluna de retificação e as massas dos produtos de topo e de fundo da mesma.

4.52. O acetileno é hidrogenado para formar etano. A alimentação do reator contém 1,50 mol H_2/mol C_2H_2.

(a) Calcule a razão estequiométrica de reagente (mols H_2 que reagem/mol C_2H_2 que reage).

(b) Determine o reagente limitante e calcule a percentagem pela qual o outro reagente está em excesso.

(c) Calcule a vazão mássica de alimentação de hidrogênio (kg/s) necessária para produzir 4×10^6 toneladas métricas de etano por ano, admitindo que a reação seja completa e que o processo opere por 24 horas por dia, 300 dias por ano.

(d) Existe uma desvantagem muito séria ao operar o processo com um reagente em excesso em vez de alimentar os reagentes na proporção estequiométrica. Qual é? [*Dica:* No processo da Parte (c), em que consiste o efluente do reator e o que provavelmente deverá ser feito antes que o etano produzido possa ser vendido ou usado?]

4.53. A amônia é queimada para formar ácido nítrico na seguinte reação:

$$4NH_3 + 5O_2 \rightarrow 4NO + 6H_2O$$

(a) Calcule a razão (lb-mol O_2 que reage/lb-mol NO formado).

(b) Se a amônia alimenta um reator contínuo com uma vazão de 100,0 kmol NH_3/h, que vazão de alimentação de oxigênio (kmol/h) corresponderia a 40,0% de excesso de O_2?

(c) Se 50,0 kg de amônia e 100,0 kg de oxigênio alimentam um reator em batelada, determine o reagente limitante, a percentagem de excesso do outro reagente, a extensão da reação (mol) e a massa de NO produzido (kg), admitindo que a reação é completa.

BIOENGENHARIA

*4.54. O processo respiratório envolve **hemoglobina** (Hgb), um composto contendo ferro encontrado nas células vermelhas do sangue. No processo, dióxido de carbono difunde de células de tecido como CO_2 molecular, enquanto O_2 simultaneamente entra nas células de tecido. Uma fração significativa do CO_2 deixando as células de tecido entra nas células vermelhas do sangue e reage com a hemoglobina; o CO_2 que não entra nas células vermelhas do sangue (① na figura adiante) permanece dissolvido no sangue e é transportado para os pulmões. Parte do CO_2 entrando nas células vermelhas do sangue reage com a hemoglobina para formar um composto (Hgb·CO_2; ② na figura). Quando as células vermelhas do sangue chegam aos pulmões, Hgb·CO_2 se dissocia, liberando CO_2 livre. Enquanto isso, o CO_2 que entra nas células vermelhas do sangue mas não reage com

---

*Adaptado de um problema contribuído por Kay C. Dee e Glen Livesay do *Rose-Hulman Institute of Technology*.

a hemoglobina combina com água para formar ácido carbônico, H_2CO_3, que se dissocia em íons hidrogênio e íons bicarbonato (③ na figura). Os íons bicarbonato difundem para fora das células (④ na figura) e os íons são transportados para os pulmões via a corrente sanguínea.

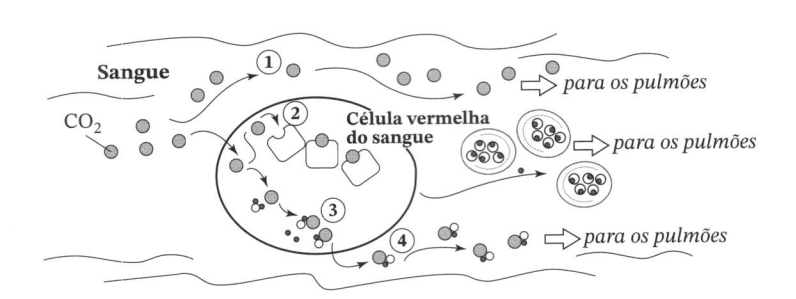

Para humanos adultos, cada decilitro de sangue transporta um total de $1,6 \times 10^{-4}$ mol de dióxido de carbono em suas várias formas (CO_2 dissolvido, $Hgb \cdot CO_2$ e íons bicarbonato) dos tecidos para os pulmões sob condições normais, de repouso. Do CO_2 total, $1,1 \times 10^{-4}$ mol são transportados como íons bicarbonato. Em um típico adulto humano em repouso, o coração bombeia aproximadamente 5 litros de sangue por minuto. Você foi solicitado a determinar quantos mols de CO_2 estão dissolvidos no sangue e quantos mols de $Hgb \cdot CO_2$ são transportados para os pulmões durante uma hora de respiração.

(a) Desenhe e rotule completamente um fluxograma e faça uma análise de graus de liberdade. Escreva as reações químicas que ocorrem e gere, mas não resolva, um conjunto de equações independentes relacionando as variáveis desconhecidas no fluxograma.

(b) Se você tem informação suficiente para obter uma solução numérica única, faça-o. Se você não tem informação suficiente, identifique uma parte/partes de informação que (se conhecida) permitiria você resolver o problema e mostre que você poderia resolver o problema se aquela informação fosse conhecida.

Exercícios Exploratórios — Pesquise e Descubra

(c) Quando alguém perde uma grande quantidade de sangue devido a um ferimento, ele "entra em choque": seu volume total de sangue é baixo e o dióxido de carbono não é eficientemente transportado para fora dos tecidos. O dióxido de carbono reage com a água nas células do tecido para produzir concentrações muito altas de ácido carbônico, parte do qual pode se dissociar (como mostrado neste problema) para produzir altos níveis de íons hidrogênio. Qual é o efeito provável desta ocorrência no pH do sangue perto do tecido e das células do tecido? Como isto deve afetar a pessoa ferida?

4.55. Uma corrente contendo H_2S e gases inertes e uma segunda corrente de SO_2 puro alimentam um reator de recuperação de enxofre, onde ocorre a reação:

$$2H_2S + SO_2 \rightarrow 3S + 2H_2O$$

As vazões de alimentação são ajustadas de tal forma que a razão de H_2S para SO_2 na alimentação combinada é sempre estequiométrica.

Na operação normal do reator, tanto a vazão quanto a composição da corrente de alimentação de H_2S flutuam. No passado, cada vez que uma destas variáveis mudava, a vazão de alimentação de SO_2 devia ser ajustada por uma válvula na linha de alimentação. Recentemente foi instalado um sistema de controle para automatizar este processo. A corrente de alimentação de H_2S passa através de um medidor de fluxo eletrônico que transmite um sinal R_f diretamente proporcional à vazão molar da corrente, $\dot{n}_f$. Quando $\dot{n}_f = 100$ kmol/h, o sinal transmitido $R_f = 15$ mV. A fração molar de H_2S nesta corrente é medida com um detector de condutividade térmica, que transmite um sinal R_a. Os dados de calibração para este analisador aparecem a seguir.

R_a(mV)	0	25,4	42,8	58,0	71,9	85,1
x(mol H_2S/mol)	0,00	0,20	0,40	0,60	0,80	1,00

O controlador recebe os valores transmitidos de R_f e R_a e calcula e transmite um sinal de tensão, R_c, para uma válvula de controle de fluxo na linha de SO_2, que abre e fecha dependendo do valor de R_c. Um gráfico da vazão de SO_2, $\dot{n}_c$ versus R_c em coordenadas retangulares é uma linha reta que passa pelos pontos ($R_c = 10,0$ mV, $\dot{n}_c = 25,0$ kmol/h) e ($R_c = 25,0$ mV, $\dot{n}_c = 60,0$ kmol/h).

MEIO AMBIENTE

(a) Por que seria importante alimentar os reagentes na proporção estequiométrica? (*Dica:* O SO_2 e especialmente o H_2S são poluentes perigosos.) Quais poderiam ser as razões para querer automatizar o ajuste da vazão de alimentação de SO_2?

(b) Se a primeira corrente contém 85,0% molar H_2S e entra na unidade com uma vazão $\dot{n}_f = 3,00 \times 10^2$ kmol/h, qual deve ser o valor de $\dot{n}_c$ (kmol SO_2/h)?

(c) Ajuste uma função aos dados de calibração do analisador de H_2S para deduzir uma expressão para x como função de R_a. Cheque o ajuste traçando as curvas da função e dos dados de calibração no mesmo gráfico.

(d) Deduza uma fórmula para R_c a partir dos valores especificados de R_f e R_a, usando o resultado da parte (c). (Esta fórmula seria implementada no controlador.) Teste a fórmula usando os dados de vazão e composição da Parte (a).

(e) O sistema é instalado e posto para funcionar, e, em algum momento, a concentração de H_2S na corrente de alimentação muda subitamente. Uma amostra da mistura gasosa é coletada e analisada logo após e descobre-se que a razão molar de H_2S para SO_2 não é a razão 2:1 requerida. Liste tantas razões quantas possa pensar para esta aparente falha do sistema de controle.

4.56. A reação entre etileno e brometo de hidrogênio para formar brometo de etila é conduzida em um reator contínuo. A corrente de produto é analisada, contendo 51,7% molar C_2H_5Br e 17,3% HBr. A alimentação do reator contém apenas etileno e brometo de hidrogênio. Calcule a conversão fracional do reagente limitante e a percentagem pela qual o outro reagente está em excesso. Se a vazão molar da corrente de alimentação é 165 mol/s, qual é a extensão da reação?

4.57. No processo Deacon para a fabricação de cloro, HCl e O_2 reagem para formar Cl_2 e H_2O. Alimenta-se o ar (79% molar N_2, 21% O_2) o suficiente para fornecer 35% de excesso de oxigênio, e a conversão fracional de HCl é 85%.

(a) Calcule as frações molares dos componentes na corrente de produto usando balanços de espécies atômicas.

(b) Calcule de novo as frações molares na corrente de produto usando agora a extensão da reação.

(c) Uma alternativa ao uso de ar como fonte de oxigênio seria usar oxigênio puro no reator. Usar oxigênio implica um custo extra significativo em relação ao uso de ar, mas também oferece potencial para uma considerável economia. Especule sobre quais poderiam ser os custos e a economia. Qual seria o fator determinante para escolher de que forma operar o processo?

MATERIAIS

*4.58. Nanotubos de carbono (NTC) estão entre os mais versáteis materiais básicos em nanotecnologia. Estes materiais de carbono puro únicos se parecem com folhas enroladas de grafite com diâmetros de vários nanômetros e comprimentos de até vários micrômetros. Eles são mais fortes que o aço, tem condutividades térmicas maiores do que a maioria dos materiais conhecidos e tem condutividades elétricas como aquela do cobre, mas com maior capacidade de conduzir corrente. Transistores moleculares e biosensores estão entre suas muitas aplicações.

Enquanto a maior parte da pesquisa em nanotubos de carbono foi baseada em sínteses em escala de laboratório, aplicações comerciais envolvem grandes processos de escala industrial. Em um tal processo, monóxido de carbono saturado com um composto organo-metálico (ferro penta-carbonila) é decomposto a altas temperatura e pressão para formar NTC. Carbono amorfo e CO_2. Cada "molécula" de NTC contém cerca de 3000 átomos de carbono. As reações pelas quais tais moléculas são formadas são:

Decomposição de $Fe(CO)_5$ para formar ferro, que catalisa a Reação (2)

$$Fe(CO)_5(g) \longrightarrow Fe(s) + 5CO(g) \tag{1}$$

*Adaptado de um problema contribuído por Vinay K. Gupta da *University of South Florida*. Veja também A. E. Agboola, R. W. Pike, T. A. Hertwig e H. H. Lou, "Conceptual Design of Carbon Nanotube Processes," *Clean Technologies and Environmental Policy*, **9**. 289-311 (2007).

Decomposição do CO para formar NTC

$$6000CO(g) \longrightarrow C_{3000}(s) + 3000CO_2(g) \tag{2}$$

Decomposição de CO para formar carbono amorfo

$$2CO(g) \longrightarrow C(s) + CO_2(g) \tag{3}$$

No processo a ser analisado, uma alimentação fresca de CO saturado com $Fe(CO)_5$ (v) contém 19,2% em massa deste último componente. A alimentação é misturada com uma corrente de reciclo de CO puro e alimenta o reator, onde todo o ferro penta-carbonila se decompõe. Baseado em dados de laboratório, 20% do CO alimentado no reator é convertido e a seletividade do NTC para produção de carbono amorfo é (9,00 kmol NTC/kmol C). O efluente do reator passa através de um complexo processo de separação que produz três correntes de produto: uma consiste em NTC sólido, C e Fe; uma segunda é CO_2 e a terceira é o CO reciclado. Você deseja determinar a vazão de alimentação fresca (m³/h, nas condições-padrão), o CO_2 total gerado no processo (kg/h) e a razão (kmol CO reciclado/kmol CO na alimentação fresca).

(a) Tome uma base de 100 kmol de alimentação fresca. Desenhe e rotule completamente um fluxograma e faça análises de graus de liberdade para o processo global, o ponto de mistura alimentação fresca/reciclo, o reator e o processo de separação. Baseie a análise em sistemas reativos em balanços atômicos.

(b) Escreva e resolva os balanços e escalone o processo para calcular a vazão de alimentação fresca (m³/h, nas condições-padrão) necessária para produzir 1000 kg NTC/h e a vazão mássica de CO_2 que será produzida.

(c) Na sua análise de graus de liberdade do reator, você pode ter contado balanços separados para C (carbono atômico) e O (oxigênio atômico). Na verdade, estes dois balanços não são independentes, então um, mas não ambos, deve ser contado. Revise a sua análise se necessário e então calcule a razão (kmol CO reciclado/kmol CO na alimentação fresca).

(d) Prove que os balanços de carbono e oxigênio atômicos no reator não são equações independentes.

MATERIAIS

4.59. O dióxido de titânio (TiO_2) é amplamente usado como um pigmento branco. É produzido a partir de um minério que contém ilmenita ($FeTiO_3$) e óxido férrico (Fe_2O_3). O minério é digerido com uma solução aquosa de ácido sulfúrico para produzir uma solução aquosa de sulfato de titanila [(TiO)SO_4] e sulfato ferroso ($FeSO_4$). É adicionada água para hidrolisar o sulfato de titanila a H_2TiO_3, que precipita, e H_2SO_4. O precipitado é calcinado, eliminando água e deixando um resíduo de dióxido de titânio puro. (Vários passos usados para remover o ferro das soluções intermediárias como sulfato ferroso foram omitidos nesta descrição.)

Suponha que um minério contendo 24,3% em massa de Ti é digerido com uma solução 80% de H_2SO_4, fornecida com 50% de excesso em relação à quantidade necessária para converter toda a ilmenita em sulfato de titanila e todo o óxido férrico em sulfato férrico [$Fe_2(SO_4)_3$]. Suponha também que 89% da ilmenita realmente se decompõem. Calcule as massas (kg) de minério e de solução 80% de ácido sulfúrico que devem ser fornecidas para produzir 1000 kg de TiO_2 puro.

MEIO AMBIENTE

*4.60. Sob o projeto FutureGen 2.0 (http://www.futuregenalliance.org/) financiado pelo Departamento de Energia dos Estados Unidos, um novo processo é usado para converter carvão em eletricidade com mínimas emissões de gases de efeito estufa (CO_2) para atmosfera. No processo, carvão é queimado em uma caldeira com O_2 puro; o calor liberado produz vapor, que é usado para aquecimento e para mover turbinas que geram eletricidade. Um excesso de O_2 é fornecido para a caldeira converter todo o carvão em um gás de queima consistindo em dióxido de carbono, vapor e o oxigênio não reagido. A vazão mássica de carvão para a caldeira é de 50 kg/s e O_2 é alimentado em 8,33% de excesso. Para fins desta análise, a fórmula química do carvão pode ser aproximada como $C_2H_8O_2$.

(a) Desenhe e rotule o fluxograma e faça análises de graus de liberdade usando balanços das espécies atômicas.

(b) Determine o fluxo molar de oxigênio fornecido para a caldeira.

(c) Resolva para as vazões e frações molares restantes. Determine a composição molar do gás de queima em base seca.

(d) Uma característica que faz a termoelétrica da FutureGen única é a intenção de capturar o CO_2 gerado, comprimi-lo e enviá-lo para formações geológicas profundas nas quais ele será permanentemente armazenado. Liste pelo menos duas questões de segurança ou ambientais que devem ser consideradas na construção e operação desta planta.

(e) Liste pelo menos dois prós e dois contras de se usar O_2 em vez de ar.

MEIO AMBIENTE

4.61. Um carvão contendo 5,0% em massa de S é queimado com uma vazão de 1250 lb_m/min na fornalha de uma caldeira. Todo o enxofre no carvão é oxidado a SO_2. O produto gasoso é enviado a um lavador, no qual a maior parte do SO_2 é removida, e o gás lavado é liberado através de uma chaminé. Um

---

*Adaptado de um problema contribuído por Paul Blowers da *University of Arizona*.

regulamento da Agência de Proteção Ambiental requer que o gás de chaminé não contenha mais do que 0,018 lb_m SO_2/lb_m de carvão queimado. Para confirmar se o processo cumpre a legislação, um medidor de vazão e um analisador de SO_2 são montados na chaminé. A vazão volumétrica do gás lavado é medida como sendo 2867 ft^3/s, e a leitura do analisador de SO_2 é 37. Os dados de calibração para este analisador estão na tabela a seguir.

Dados de calibração do analisador SO_2

C(g SO_2/m^3 de gás)	Leitura (escala 0–100)
0,30	10
0,85	28
2,67	48
7,31	65
18,2	81
30,0	90

(a) Determine a equação que relaciona a concentração de SO_2 em lb_m/ft^3 à leitura do analisador.
(b) A legislação está sendo cumprida?
(c) Que percentagem do SO_2 produzido na fornalha é removida no lavador?
(d) Um regulamento mais antigo fixava um limite na fração molar de SO_2 no gás que saía da chaminé (em vez da quantidade de SO_2 emitida por massa de carvão queimado), mas as empresas acharam uma forma de liberar grandes quantidades de SO_2 sem violar este regulamento. Pense qual poderia ter sido a forma de contornar o regulamento antigo. (*Dica:* O método envolve alimentar uma segunda corrente na base da chaminé.) Explique por que este método não funcionou com a nova legislação.

BIOENGENHARIA

*4.62. Oxigênio consumido por um organismo vivo em reações aeróbica é usado na adição de massa ao organismo e/ou para a produção de produtos químicos e dióxido de carbono. Como nós podemos não saber as composições moleculares de todas as espécies em tal reação, é comum definir uma razão de mols de CO_2 produzido por mol de O_2 consumido como o **quociente respiratório**, *QR*, onde

$$RQ = \frac{n_{CO_2}}{n_{O_2}} \ \left(\text{ou } \frac{\dot{n}_{CO_2}}{\dot{n}_{O_2}}\right)$$

Como geralmente é impossível predizer valores de *QR*, eles devem ser determinados a partir de dados operacionais.

Células de mamíferos são usadas em um bioreator para converter glicose a ácido glutâmico pela reação

$$C_6H_{12}O_6 + aNH_3 + bO_2 \rightarrow pC_5H_9NO_4 + qCO_2 + rH_2O$$

A alimentação para o bioreator é composta de $1,00 \times 10^2$ mol $C_6H_{12}O_6$/dia, $1,20 \times 10^2$ mol NH_3/dia e $1,10 \times 10^2$ mol O_2/dia. Dados do sistema mostram que QR = 0,45 mol de CO_2 produzido/mol de O_2 consumido.

(a) Determine os cinco coeficientes estequiométricos e o reagente limitante.
(b) Assumindo que o reagente limitante é consumido completamente, calcule as vazões molares e mássicas de todas as espécies deixando o reator e as conversões fracionárias dos reagentes não limitantes.

BIOENGENHARIA

*4.63. Uma cepa geneticamente modificada de ***Escherichia coli*** (E. coli) é usada para sintetizar insulina humana para pessoas sofrendo de diabetes mellitus tipo I. No seguinte esquema reacional simplificado, bactérias consomem todo o reagente limitante sob condições aeróbicas e produzem insulina e biomassa.

$$C_6H_{12}O_6 + aNH_3 + bO_2 \longrightarrow$$
$$pC_{2,3}H_{2,8}O_{1,8}N(\text{insulina}) + qCH_{1,9}O_{0,3}N_{0,3}(\text{biomassa}) + rCO_2 + sH_2O$$

Uma corrente de alimentação contendo 150 mM de glicose (isto é, 150×10^{-3} $C_6H_{12}O_6$ mol /L) e 50 mM de amônia entra um bioreator com uma vazão de 100 L/h. Oxigênio puro entra no reator como um gás na mesma vazão molar que a amônia. A corrente de produto deixa o reator a uma vazão de 100 L/h. O quociente respiratório (veja Problema 4.62) *QR* = 0,50 mol de CO_2 produzido/mol de O_2 consumido e a razão molar de biomassa em relação à insulina produzida na reação é de 1,5. O sistema opera em estado estacionário.

---

*Adaptado com permissão de um problema em A. Saterbak, L. V. McIntire e K.-Y. San, *Bioengineering Fundamentals*, Pearson/Prentice Hall, Nova Jersey, 2007.

(a) Determine os seis coeficientes estequiométricos e o reagente limitante.

(b) Qual a conversão fracionária da glicose e a vazões de produção (g/h) de insulina e biomassa?

4.64. A reação em fase gasosa entre metanol e ácido acético para formar acetato de metila e água

$$CH_3OH + CH_3COOH \rightleftharpoons CH_3COOCH_3 + H_2O$$
$$(A) \qquad (B) \qquad\qquad (C) \qquad (D)$$

acontece em um reator em batelada e prossegue até o equilíbrio. Quando a mistura reacional atinge o equilíbrio, as frações molares das quatro espécies reativas satisfazem a relação

$$K_y = \frac{y_C y_D}{y_A y_B} = 4{,}87$$

(a) Suponha que a alimentação do reator consiste em n_{A0}, n_{B0}, n_{C0}, n_{D0} e n_{I0} mols de A, B, C e D e de um gás inerte I, respectivamente. Seja ξ(mols) a extensão da reação. Escreva expressões para o número de mols de cada espécie reativa no produto final, $n_A(\xi)$, $n_B(\xi)$, $n_C(\xi)$ e $n_D(\xi)$. Use então estas expressões e a relação de equilíbrio fornecida para deduzir uma equação para ξ_e, a extensão da reação no equilíbrio, em termos de n_{A0}, n_{B0}, n_{C0}, n_{D0} e n_{I0}. (Veja o Exemplo 4.6-2.)

(b) Se a alimentação do reator contém quantidades equimolares de metanol e ácido acético e nenhuma outra espécie, calcule a conversão fracional no equilíbrio.

(c) Deseja-se produzir 70 mols de acetato de metila começando com 80 mols de ácido acético. Se a reação prossegue até o equilíbrio, quanto metanol deve ser alimentado? Qual é a composição do produto final?

(d) Suponha que seja importante reduzir a concentração de metanol fazendo sua conversão no equilíbrio o mais alta possível, digamos 99%. Novamente assumindo que a alimentação do reator contém apenas metanol e ácido acético e que deseja-se produzir 70 mols de acetato de metila, determine a extensão da reação e as quantidades de metanol e ácido acético que devem ser alimentadas no reator.

(e) Se você quiser conduzir o processo da Parte (b) ou (c) comercialmente, o que você precisaria saber além da composição de equilíbrio para determinar se o processo seria rentável?

4.65. A pressões baixas ou moderadas, o estado de equilíbrio da reação de deslocamento água-gás

$$CO + H_2O \rightleftharpoons CO_2 + H_2$$

é aproximadamente descrito pela relação

$$\frac{y_{CO_2} \, y_{H_2}}{y_{CO} \, y_{H_2O}} = K_e(T) = 0{,}0247 \exp\left[4020/T(K)\right]$$

em que T é a temperatura da reação, K_e é a constante de equilíbrio da reação e y_i é a fração molar da espécie i no conteúdo de equilíbrio do reator.

A alimentação de um reator em batelada contém 20,0% molar CO, 10,0% CO_2, 40,0% de água e o resto é um gás inerte. O reator é mantido a $T = 1123$ K.

(a) Admita uma base de 1 mol de alimentação e desenhe e rotule um fluxograma. Faça uma análise dos graus de liberdade do reator baseada na extensão da reação e use-a para provar que você tem informação suficiente para calcular a composição da mistura reacional no equilíbrio. Não faça nenhum cálculo.

(b) Calcule os mols totais de gás dentro do reator no equilíbrio (se você demorar mais do que 5 segundos deve estar errado) e a fração molar de equilíbrio do hidrogênio no produto. (*Sugestão:* Comece escrevendo expressões para os mols de cada espécie no produto gasoso em ternos da extensão da reação e depois escreva expressões para as frações molares das espécies.)

(c) Suponha que uma amostra de gás é retirada do reator e analisada logo após a partida e que a fração molar de hidrogênio é significativamente diferente do valor calculado. Admitindo que não há erros de cálculo ou de medição, qual é a explicação mais provável para a discrepância entre os rendimentos calculado e medido de hidrogênio?

(d) Faça uma planilha que use como entrada a temperatura do reator e as frações molares dos componentes na alimentação, x_{CO}, x_{H_2O} e x_{CO_2} (admita que não há hidrogênio na alimentação) e calcule a fração molar y_{H_2} no produto gasoso no equilíbrio. Os cabeçalhos das colunas da planilha devem ser

$$T \quad x(CO) \quad x(H2O) \quad x(CO2) \quad Ke \quad \cdots \quad y(H2)$$

As colunas entre Ke e y(H2) podem conter quantidades intermediárias no cálculo de y_{H_2}. Teste primeiro o seu programa para as condições da Parte (a) e verifique se ele está correto. Tente então uma série de valores das variáveis de entrada e tire conclusões acerca das condições (temperatura do reator e composição da alimentação) que maximizem o rendimento de equilíbrio do H_2.

4.66. O metanol é formado a partir de monóxido de carbono e hidrogênio na reação em fase gasosa

$$CO + 2H_2 \rightleftharpoons CH_3OH$$
$$(A) \quad (B) \quad\quad (C)$$

As frações molares das espécies reativas no equilíbrio satisfazem a relação

$$\frac{y_C}{y_A \, y_B^2} \frac{1}{P^2} = K_e(T)$$

em que P é a pressão total (atm), K_e é a constante de equilíbrio da reação (atm^{-2}) e T é temperatura (K). A constante de equilíbrio K_e é igual a 10,5 a 373 K, e $2,316 \times 10^{-4}$ a 573 K. Um gráfico semilog de K_e (escala logarítmica) versus $1/T$ (escala retangular) é aproximadamente linear entre $T = 300$ K e $T = 600$ K.

(a) Deduza uma fórmula para $K_e(T)$ e use-a para mostrar que $K_e(450$ K$) = 0,0548$ atm^{-2}.

(b) Escreva expressões para n_A, n_B e n_C (mols de cada espécie) e para y_A, y_B e y_C, em termos de n_{A0}, n_{B0}, n_{C0} e ξ, a extensão molar da reação. Depois deduza uma equação envolvendo apenas n_{A0}, n_{B0}, n_{C0}, P, T e ξ_e, em que ξ_e(mols) é o valor da extensão da reação no equilíbrio.

(c) Suponha que você começa com quantidades equimolares de CO e H$_2$ e nenhum CH$_3$OH, e que a reação prossegue até o equilíbrio a 423 K e 2,00 atm. Calcule a composição molar do produto (y_A, y_B e y_C) e a conversão fracional de CO.

(d) A conversão de CO e H$_2$ pode ser melhorada pela remoção do metanol do reator deixando CO e H$_2$ não reagidos no vaso. Revise a equação que você derivou na resolução da Parte (c) e determine quaisquer restrições físicas em ξ associadas com $n_{A0} = n_{B0} = 1$ mol. Agora suponha que 90% do metanol é removido do reator na medida em que é produzido; em outras palavras, somente 10% do metanol formado permanece no reator. Estime a conversão fracionária de CO e o total de mols de metanol produzido na operação modificada.

(e) Repita a Parte (d), mas agora assuma que $n_{B0} = 2$ mol. Explique o aumento significativo da conversão fracionária do CO.

(f) Escreva um conjunto de equações para y_A, y_B, y_C e f_A (a conversão fracional de CO) em termos de y_{A0}, y_{B0}, T e P (a temperatura e a pressão do reator no equilíbrio). Insira as equações em um programa de resolução de equações. Cheque o programa com as condições da Parte (c) e depois use-o para determinar os efeitos sobre f_A (aumento, diminuição ou nenhum efeito) de aumentar separadamente (i) a fração de CO na alimentação, (ii) a fração de CH$_3$OH na alimentação, (iii) a temperatura e (iv) a pressão.

4.67. O metano e o oxigênio reagem na presença de um catalisador para formar formaldeído. Em uma reação paralela, parte do metano é oxidada a dióxido de carbono e água:

$$CH_4 + O_2 \rightarrow HCHO + H_2O$$

$$CH_4 + 2O_2 \rightarrow CO_2 + 2H_2O$$

A alimentação do reator contém quantidades equimolares de metano e oxigênio. Admita uma base de 100 mols de alimentação/s.

(a) Desenhe e rotule um fluxograma. Use uma análise dos graus de liberdade baseada nas extensões de reação para determinar quantas variáveis de processo devem ser especificadas para que as restantes possam ser calculadas.

(b) Use a Equação 4.6-7 para deduzir expressões para as vazões dos componentes da corrente de produto em termos das duas extensões de reação, ξ_1 e ξ_2.

(c) A conversão fracional de metano é 0,900, e o rendimento fracional de formaldeído é 0,855. Calcule a composição molar da corrente de saída do reator e a seletividade da produção de formaldeído em relação à produção de dióxido de carbono.

(d) Um colega de classe seu faz a seguinte observação: *"Se você adiciona as equações estequiométricas para as duas reações, você obtém a equação balanceada*

$$2CH_4 + 3O_2 \rightarrow HCHO + CO_2 + 3H_2O$$

A saída do reator deve então conter um mol de CO$_2$ para cada mol de HCHO, de forma que a seletividade do formaldeído em relação ao dióxido de carbono deve ser 1,0. Fazendo da maneira que o livro disse para fazer, eu obtive uma seletividade diferente. Qual a maneira certa, e por que a outra maneira é errada?" Qual é a sua resposta?

4.68. O etano é clorado em um reator contínuo:

$$C_2H_6 + Cl_2 \rightarrow C_2H_5Cl + HCl$$

Parte do produto, monocloroetano, é depois clorado em uma reação paralela não desejada:

$$C_2H_5Cl + Cl_2 \rightarrow C_2H_4Cl_2 + HCl$$

(a) Suponha que seu principal objetivo é maximizar a seletividade da produção de monocloro-etano em relação à produção de dicloroetano. Você projetaria o seu reator para altas ou baixas conversões de etano? Explique a sua resposta. (*Dica:* Se o conteúdo do reator permanece dentro do próprio reator por um tempo suficiente para que a maior parte do etano na alimentação seja consumido, qual será, provavelmente, o maior constituinte do produto?) Que passos adicionais, quase com certeza, deverão ser seguidos para tornar o processo economicamente viável?

(b) Tome como base 100 mol C_2H_5Cl produzido. Admita que a alimentação contém apenas etano e cloro e que todo o cloro é consumido; faça uma análise dos graus de liberdade baseada nos balanços de espécies atômicas.

(c) O reator é projetado para fornecer uma conversão de 15% de etano e uma seletividade de 14 mol C_2H_5Cl/mol $C_2H_4Cl_2$, com uma quantidade desprezível de cloro no produto gasoso. Calcule a razão de alimentação (mol Cl_2/mol C_2H_6) e o rendimento fracional de monocloroetano.

(d) Suponha que o reator é construído e posto para funcionar, e que a conversão é de 14%. Uma análise cromatográfica mostra que não há Cl_2 no produto, mas há uma outra espécie com uma massa molecular maior do que a do dicloroetano. Ofereça uma explicação razoável para estes resultados.

4.69. O etanol é produzido comercialmente pela hidratação do etileno:

$$C_2H_4 + H_2O \rightarrow C_2H_5OH$$

Parte do produto é convertida a dietil éter na reação paralela

$$2C_2H_5OH \rightarrow (C_2H_5)_2O + H_2O$$

A alimentação do reator contém etileno, vapor de água e um gás inerte. Uma amostra do efluente do reator é analisada, e contém 43,3% molar de etileno, 2,5% de etanol, 0,14% de éter, 9,3% de inertes e o resto de água.

(a) Tomando como base 100 mols do efluente gasoso, desenhe e rotule um fluxograma e faça uma análise dos graus de liberdade baseada nos balanços de espécies atômicas para provar que o sistema tem zero graus de liberdade.[15]

(b) Calcule a composição molar da alimentação do reator, a percentagem de conversão de etileno, o rendimento fracional de etanol e a seletividade da produção de etanol em relação à produção de éter.

(c) A percentagem de conversão de etileno calculada deve ser muito baixa. Por que você acha que o reator foi projetado para consumir tão pouco reagente? (*Dica:* Se a mistura reacional permanecesse no reator tempo suficiente para consumir a maior parte do etileno, qual seria, provavelmente, o principal constituinte do produto?) Que passos de processamento adicionais devem acontecer a jusante do reator?

BIOENGENHARIA

4.70. A fermentação de açúcares obtidos da hidrólise de amido ou biomassa celulósica é uma alternativa ao uso de petroquímicos como matéria-prima na produção de etanol. Um dos muitos processos comercias de se fazer isto[16] usa uma enzima para hidrolisar amido de milho em maltose (um dissacarídeo consistindo em suas unidades de glicose) e oligômeros consistindo em várias unidades de glicose. Uma cultura de leveduras converte a maltose em álcool etílico e dióxido de carbono:

$$C_{12}H_{22}O_{11} + H_2O \,(+ \text{levedura}) \rightarrow 4C_2H_5OH + 4CO_2 \,(+ \text{levedura} + H_2O)$$

Na medida em que as leveduras crescem, 0,0794 kg de leveduras são produzidos por cada kg de álcool etílico formado e 0,291 kg de água é produzida para cada kg de leveduras formado. Para uso como um combustível, o produto de um tal processo deve ser por volta de 99,5% álcool etílico. O milho alimentado ao processo contém 72% de amido em base seca e contém 15,5% em massa de água. Estima-se que 101,2 bushels de milho podem ser colhidos de um acre de milho, que cada bushel equivale a 25,4 lb_m de milho e que 6,7 kg de etanol podem ser obtidos de um bushel de milho. Que área de fazenda (acre) é necessária para produzir 100.000 kg de etanol produto? Que fatores (econômicos e ambientais) devem ser considerados na comparação da produção de etanol por esta rota com outras rotas envolvendo matérias-primas petroquímicas?

MEIO AMBIENTE

4.71. O fluoreto de cálcio sólido (CaF_2) reage com ácido sulfúrico para formar sulfato de cálcio sólido e fluoreto de hidrogênio gasoso. O HF é então dissolvido em água para formar ácido fluorídrico. Uma fonte de fluoreto de cálcio é o minério de fluorita, que contém 96,0% em massa de CaF_2 e 4,0% de SiO_2.

---

[15]A sua primeira tentativa provavelmente deu GL = −1, significando que (i) você contou um balanço independente a mais, (ii) você esqueceu de rotular uma incógnita, ou (iii) o enunciado do problema contém uma especificação de variável de processo redundante — e provavelmente inconsistente. Prove que, neste caso, (i) foi o que aconteceu. (Revise a definição de balanços independentes na Seção 4.7b.)

[16]"Grain Motor Fuel Alcohol Technical and Economic Assessment Study", relatório para o Departamento de Energia dos Estados Unidos, NTIS HCP/J6639-01, Junho 1979.

Em um processo típico de produção de ácido fluorídrico, o minério de fluorita reage com uma solução aquosa 93% em massa de ácido sulfúrico, fornecida com 15% de excesso em relação à quantidade estequiométrica. Noventa e cinco por cento do minério se dissolvem no ácido. Parte do HF formado reage com o silício dissolvido através da reação

$$6HF + SiO_2(aq) \rightarrow H_2SiF_6(s) + 2H_2O(l)$$

O fluoreto de hidrogênio que deixa o reator é subsequentemente dissolvido em água suficiente para produzir ácido fluorídrico 60,0% em massa. Calcule a quantidade de minério de fluorita necessária para produzir uma tonelada métrica de ácido. Nota: Alguns dos dados fornecidos não são necessários para resolver o problema.

MEIO AMBIENTE

4.72. Uma planta Claus converte compostos gasosos de enxofre para enxofre elementar, eliminando assim a emissão de enxofre para a atmosfera. O processo pode ser especialmente importante na gaseificação do carvão, que contém quantidades significativas de enxofre que é convertido a H_2S durante a gaseificação. No processo Claus, o produto rico em H_2S recuperado a partir de um sistema de remoção de gás ácido a jusante do gaseificador é dividido, com um terço indo para uma fornalha onde o sulfeto de hidrogênio é queimado a 1 atm com uma quantidade estequiométrica de ar para formar SO_2.

$$H_2S + \tfrac{3}{2}O_2 \rightarrow SO_2 + H_2O$$

Os gases quentes deixam a fornalha e são resfriados antes de serem misturados com o restante dos gases ricos em H_2S. O gás misturado é alimentado a um reator catalítico onde o sulfeto de hidrogênio e o SO_2 reagem para formar enxofre elementar.

$$2H_2S + SO_2 \rightarrow 2H_2O + 3S$$

O carvão disponível para o processo de gaseificação contém 0,6% em massa de enxofre e você pode assumir que todo o enxofre é convertido em H2S, que é enviado para a planta Claus.
   (a) Estime a vazão de alimentação de ar para a planta Claus em kg/ kg de carvão.
   (b) Apesar da remoção de emissões de enxofre para a atmosfera ser ambientalmente benéfica, identifique uma preocupação ambiental que ainda deve ser avaliada com os produtos da planta Claus.

4.73. O clorobenzeno (C_6H_5Cl), um importante solvente e intermediário na produção de muitos outros produtos químicos, é produzido borbulhando-se gás cloro através de benzeno líquido na presença de um catalisador de cloreto férrico. Em uma reação paralela não desejada, o produto é clorado para formar diclorobenzeno, e em uma terceira reação o diclorobenzeno é clorado para formar triclorobenzeno.

A alimentação de um reator de cloração consiste em benzeno praticamente puro e em um gás cloro de grau técnico (98% em massa de Cl_2, sendo o resto impurezas gasosas, com uma massa molecular média de 25,0). O efluente líquido do reator contém 65,0% em massa C_6H_6, 32,0% C_6H_5Cl, 2,5% $C_6H_4Cl_2$ e 0,5% de $C_6H_3Cl_3$. O efluente gasoso contém apenas HCl e as impurezas que entraram com o cloro.
   (a) Você deseja determinar (i) a porcentagem pela qual o benzeno é fornecido em excesso, (ii) a conversão fracional do benzeno, (iii) o rendimento fracional de monoclorobenzeno, e (iv) a razão mássica da alimentação gasosa para a alimentação líquida. Sem fazer nenhum cálculo, prove que você tem informação suficiente acerca do processo para determinar estas quantidades.
   (b) Faça os cálculos.
   (c) Por que o benzeno seria fornecido em excesso e a conversão fracional mantida tão baixa?
   (d) O que pode ser feito com o efluente gasoso?
   (e) É possível usar cloro 99,9% puro (de grau analítico) em vez do cloro de grau técnico usado no processo. Por que, provavelmente, isto não é feito? Sob que condições poderia ser interessante o uso de reagentes de alta pureza em um processo comercial? (*Dica:* Pense em possíveis problemas associados com as impurezas em reagentes de grau técnico.)

4.74. As duas reações seguintes acontecem em um reator em fase gasosa:

$$2CO_2 \rightleftharpoons 2CO + O_2$$
$$\text{(A)} \qquad \text{(B)} \quad \text{(C)}$$
$$O_2 + N_2 \rightleftharpoons 2NO$$
$$\text{(C)} \quad \text{(D)} \qquad \text{(E)}$$

Se o sistema atinge o equilíbrio a 3000 K e 1 atm, as frações molares no produto gasoso satisfazem as relações

$$y_B^2 y_C = 0{,}1071 y_A^2 \quad (1) \qquad y_E^2 = 0{,}01493 y_C y_D \quad (2)$$

   (a) Sejam $n_{A0}, ..., n_{E0}$ os mols iniciais de cada espécie e ξ_{e1} e ξ_{e2} as extensões das reações 1 e 2 no equilíbrio, respectivamente (veja a Equação 4.6-6). Escreva expressões para as frações molares $y_A, y_B, ..., y_E$ em termos de $n_{A0}, n_{B0}, ..., n_{E0}, \xi_{e1}$ e ξ_{e2}. Substitua então estas quantidades nas relações de equilíbrio para deduzir duas equações simultâneas para as duas extensões de reação.

(b) Um terço de mol de cada reagente, CO_2, O_2 e N_2, é carregado em um reator em batelada, e o conteúdo do reator chega ao equilíbrio a 3000 K e 1 atm. Sem fazer nenhum cálculo, prove que você tem informação suficiente para calcular as frações molares dos componentes no reator no equilíbrio.

(c) Crie uma planilha e digite os conjuntos de valores de n_{A0}, n_{B0}, n_{C0}, n_{D0} e n_{E0} mostrados abaixo e duas estimativas iniciais de ξ_1 e ξ_2 (faça cada uma 0,1). Então, para cada conjunto, faça a planilha calcular n_A, n_B, n_C, n_D e n_E a partir da Equação (4.6-7); então n_{total} e y_A, y_B, y_C, y_D e y_E; e então os quadrados do lado esquerdo menos o lado direito das Equações (1) e (2). Finalmente, use o Solver para encontrar os valores de ξ_1 e ξ_2 que minimizam a soma destes dois quadrados. Quando você acionar o Solver a primeira vez, clique em "Opções" e selecione "Use escala automática". Não se surpreenda se você obter extensões de reação negativas, o que pode acontecer com reações reversíveis.

n_{A0}	n_{B0}	n_{C0}	n_{D0}	n_{E0}
1/3	0	1/3	1/3	0
0	1/3	1/3	1/3	0
1/2	0	0	0	1/2
1/5	1/5	1/5	1/5	1/5

4.75. Um reator catalítico é usado para produzir formaldeído a partir de metanol através da reação

$$CH_3OH \rightarrow HCHO + H_2$$

Uma conversão por passe no reator de 60,0% é atingida. O metanol no produto do reator é separado do formaldeído e do hidrogênio em um processo de múltiplas unidades. A taxa de produção de formaldeído é de 900,0 kg/h.

(a) Calcule a vazão de alimentação de metanol necessária (kmol/h) se não houver reciclo.

(b) Suponha que o metanol recuperado é reciclado para o reator e que a conversão no mesmo permanece em 60%. Sem fazer nenhum cálculo, prove que você tem informação suficiente para determinar a vazão de alimentação fresca de metanol necessária (kmol/h) e as vazões (kmol/h) nas quais o metanol entra e sai do reator. Faça depois os cálculos.

(c) A conversão por passe no reator, X_r, afeta os custos do reator (C_r) e do processo de separação e a tubulação de reciclo (C_s). Qual é o efeito de um aumento na conversão X_r que você esperaria em cada um destes custos para uma taxa de produção fixa de formaldeído? (*Sugestão*: Para atingir uma conversão de 100% no reator você precisaria de um reator infinitamente grande, enquanto a diminuição da conversão no reator leva à necessidade de processar maiores quantidades de fluido nas unidades de processo e na linha de reciclo.) Que forma você esperaria para o gráfico de ($C_r + C_s$) versus X_r? O que significa, provavelmente, a especificação de projeto $X_r = 60\%$?

4.76. O metanol é produzido pela reação do monóxido de carbono com o hidrogênio. Uma corrente de alimentação fresca contendo CO e H_2 se junta a uma corrente de reciclo, e a corrente combinada alimenta um reator. A corrente de saída do reator flui com uma vazão de 350 mol/min e contém 10,6% em massa de H_2, 64,0% CO e 25,4% CH_3OH. (Note que estas percentagens são em massa e não molares.) Esta corrente entra em um resfriador, onde a maior parte do metanol é condensada. O metanol líquido condensado é retirado como produto, e a corrente gasosa que sai do condensador — que contém CO, H_2 e 0,40% molar CH_3OH não condensado — é a corrente de reciclo que é combinada com a alimentação fresca.

(a) Sem fazer nenhum cálculo, prove que você tem informação suficiente para determinar (i) as vazões molares de CO e H_2 na alimentação fresca, (ii) a taxa de produção de metanol líquido e (iii) a conversões por passe e global de monóxido de carbono. Depois, faça os cálculos.

(b) Depois de vários meses de operação, a vazão de metanol líquido que sai do condensador começa a diminuir. Liste pelo menos três possíveis explicações para este comportamento e diga como você checaria a validade de cada uma. (O que você mediria e o que você esperaria obter para saber se a explicação é válida.)

4.77. O metano reage com cloro para produzir cloreto de metila e cloreto de hidrogênio. Uma vez formado, o cloreto de metila pode ser clorado novamente para formar cloreto de metileno (CH_2Cl_2), clorofórmio e tetracloreto de carbono.

Um processo de produção de cloreto de metila consiste em um reator, um condensador, uma coluna de destilação e uma coluna de absorção. Uma corrente gasosa contendo 80,0% molar de metano e o resto de cloro alimenta o reator. Uma conversão de 100% no reator pode ser admitida. A proporção molar de cloreto de metila para cloreto de metileno no produto é de 5:1, e são produzidas quantidades desprezíveis de clorofórmio e tetracloreto de carbono. A corrente de produto passa ao condensador. Duas correntes saem do condensador: o condensado líquido, que contém essencialmente todo o cloreto de metila e o cloreto de metileno no efluente do reator, e um gás contendo o metano e o cloreto de hidrogênio. O condensado vai para a coluna de destilação, na qual os dois componentes são separados. O gás que deixa o condensador vai para uma coluna de absorção, onde é posto em contato com uma solução aquosa. A solução absorve praticamente todo o HCl e nada do CH_4. O líquido que sai do absorvedor é bombeado para outro lugar da planta para processamento posterior, e o metano é reciclado para se juntar com a alimentação fresca do processo (uma mistura de metano e cloro). A corrente combinada é a alimentação do reator.

(a) Escolha uma quantidade da alimentação do reator como base de cálculo, desenhe e rotule o diagrama de fluxo, e determine o número de graus de liberdade para o processo global e para cada unidade e ponto de mistura de correntes. Em seguida, escreva em ordem as equações que você usaria para calcular a vazão molar e a composição molar da alimentação fresca, a vazão na qual o HCl deve ser removido no absorvedor, a taxa de produção de cloreto de metila e a vazão molar da corrente de reciclo. Não faça nenhum cálculo.

(b) Calcule as quantidades especificadas na Parte (a), seja de forma manual ou com um programa de resolução de equações.

(c) Que vazões e composições molares da alimentação fresca e da corrente de reciclo são necessárias para atingir uma taxa de produção de 1000 kg/h de cloreto de metila?

4.78. O óxido de etileno é produzido pela oxidação catalítica do etileno:

$$2C_2H_4 + O_2 \longrightarrow 2C_2H_4O$$

Uma reação não desejada, que compete com a primeira, é a combustão do etileno:

$$C_2H_4 + 3O_2 \longrightarrow 2CO_2 + 2H_2O$$

A alimentação do reator (*não* a alimentação fresca do processo) contém 3 mols de etileno por mol de oxigênio. A conversão do etileno no reator é 20%, e para cada 100 mols de etileno consumidos no reator 90 mols de óxido de etileno saem nos produtos. Um processo de múltiplas unidades é usado para separar estes produtos: o etileno e o oxigênio são reciclados para o reator, o óxido de etileno é vendido como um produto e o dióxido de carbono e a água são descartados.

(a) Tome uma quantidade da corrente de alimentação do reator como base de cálculo, desenhe e rotule o fluxograma do processo, faça uma análise dos graus de liberdade e escreva as equações que você usaria para calcular (i) as vazões molares de etileno e oxigênio na alimentação fresca, (ii) a taxa de produção do óxido de etileno e (iii) a conversão de etileno no processo. Não faça nenhum cálculo.

(b) Calcule as quantidades especificadas na parte (a), seja manualmente, seja com um programa de solução de equações.

(c) Calcule as vazões molares de etileno e oxigênio na alimentação fresca necessárias para produzir uma tonelada por hora de óxido de etileno.

*4.79. Acroleína (C_3H_4O) é um intermediário de especialidades químicas usada na manufatura de ácido acrílico ($C_3H_4O_2$) e na síntese de metionina, um aminoácido essencial. Ela é gerada via a oxidação catalítica de propileno com ar na presença de vapor a uma temperatura na faixa de 350-450ºC.[17] Um fluxograma do processo é mostrado abaixo para uma base de cálculo assumida de 100 kmol de alimentação de propileno.

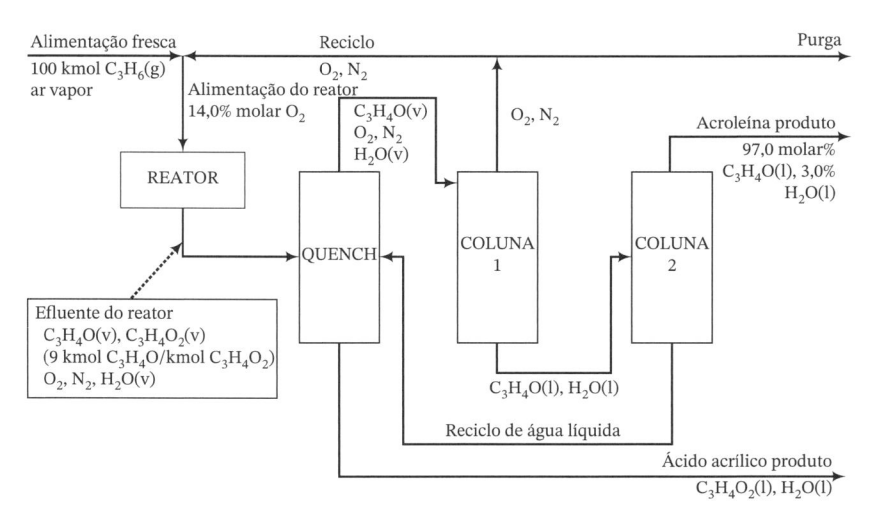

---

*Adaptado de um problema contribuído por Jeffrey R. Seay da *University of Kentucky.*
[17] Weigert, W. M. e Haschke, H. (1976), "Acrolein and Derivatives", em J. McKetta, Editor, *Encyclopedia of Chemical Processing and Design*, Nova Iorque, Marcel Deker.

As razões molares de propileno para oxigênio para vapor na alimentação fresca do reator são 10:20:6,5. Da alimentação do propileno, 90% é convertido em acroleína e o resto é convertido em ácido acrílico.

$$C_3H_6 + O_2 \rightarrow C_3H_4O + H_2O$$
$$C_3H_6 + \tfrac{3}{2}O_2 \rightarrow C_3H_4O_2 + H_2O$$

Para atender os requisitos estequiométricos do processo e permanecer fora da zona inflamável, a concentração de oxigênio entrado no reator é mantida a 14,0% molar.

Um *quench* (resfriamento rápido) com água seguido de um par de colunas de separação é usado para isolar e purificar a acroleína produto. Na torre de *quench*, todo o ácido acrílico do efluente do reator é absorvido pela água líquida reciclada da Coluna 2. Da água entrando na torre de *quench* contida no efluente do reator e no reciclo, metade sai com a corrente líquida do ácido acrílico e a outra metade sai na corrente gasosa alimentada na Coluna 1.

O oxigênio e nitrogênio entrando na Coluna 1 saem na corrente de produto deixando o topo da coluna, da qual uma fração Z_p é retirada como purga enquanto o restante é reciclado para o reator. A acroleína e a água entrando na Coluna 1 são recuperadas em uma corrente líquida deixando o fundo da Coluna 1 e enviadas para a Coluna 2. A corrente de produto do topo da Coluna 2 é uma mistura líquida contendo 97,0% molar de acroleína, o que representa essencialmente toda a acroleína entrando na coluna, e 3% molar de água. A corrente de produto deixando o fundo da Coluna 2 é essencialmente água líquida pura e é a corrente de reciclo que alimenta a torre de *quench*.

(a) Rotule completamente o fluxograma para o processo. Descreva em suas palavras o propósito de cada unidade do processo.

(b) Faça uma análise de graus de liberdade para o sistema e escreva as equações que você resolveria para calcular os valores de todas as variáveis desconhecidas no fluxograma (incluindo a fração de purga).

(c) Complete a resolução.

4.80. O metanol é sintetizado a partir de monóxido de carbono e hidrogênio em um reator catalítico. A alimentação fresca do processo contém 32,0% molar CO, 64,0% H_2 e 4,0% N_2. Esta corrente é misturada com uma corrente de reciclo na proporção de 5 mols de reciclo/mol de alimentação fresca para formar a alimentação ao reator, que contém 13,0% molar N_2. Uma baixa conversão por passe no reator é atingida. O efluente do reator passa a um condensador, de onde saem duas correntes: uma corrente líquida contendo essencialmente todo o metanol formado no reator, e uma corrente gasosa contendo todo o CO, o H_2 e o N_2 que saem do reator. A corrente gasosa é dividida em duas frações: uma é removida do processo como uma purga e a outra é a corrente de reciclo que é combinada com a alimentação fresca.

(a) Assuma uma taxa de produção de metanol de 100 kmol/h. Execute a análise de graus de liberdade para o sistema global e todos os subsistemas para provar que não há informações suficientes para resolver todas as incógnitas.

(b) Explique sucintamente, com suas próprias palavras, as razões para incluir no projeto (i) a corrente de reciclo e (ii) a corrente de purga.

4.81. A alimentação fresca de um processo de produção de amônia contém nitrogênio e hidrogênio na proporção estequiométrica, junto com um gás inerte (I). A alimentação é combinada com uma corrente de reciclo contendo as mesmas três espécies, e a corrente combinada alimenta um reator no qual é atingida uma baixa conversão de nitrogênio. O produto passa através de um condensador. Do mesmo saem uma corrente líquida contendo essencialmente toda a amônia formada e uma corrente gasosa contendo todos os inertes e o hidrogênio e nitrogênio não convertidos. A corrente gasosa é dividida em duas frações com a mesma composição: uma é removida do processo como uma corrente de purga e a outra é a corrente de reciclo que se combina com a alimentação fresca. *Em cada corrente contendo nitrogênio e hidrogênio, as duas espécies estão na proporção estequiométrica.*

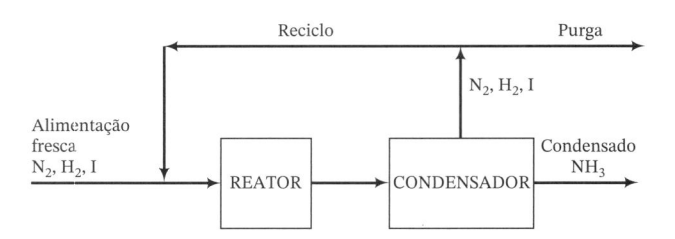

(a) Seja x_{I0} a fração molar de inertes na alimentação fresca, f_r a conversão de nitrogênio (e de hidrogênio) no reator e y_p a fração do gás que sai do condensador e que é purgada (mols purgados/mols totais). Tomando como base 1 mol de alimentação fresca, desenhe e rotule completamente um fluxograma do processo, incorporando x_{10}, f_r e y_p na rotulagem até a maior extensão possível. Então, admitindo que os valores destas três variáveis são conhecidos, escreva um conjunto de equações para os mols totais fornecidos ao reator (n_r), os mols de amônia produzidos (n_p) e a conversão global de nitrogênio (f_g). Cada equação deve envolver apenas uma única incógnita, que deve ser marcada.

(b) Resolva as equações da Parte (a) para $x_{10} = 0,01$, $f_r = 0,20$ e $y_p = 0,10$.

(c) Explique sucintamente, com suas próprias palavras, os motivos para incluir no projeto do processo (i) a corrente de reciclo e (ii) a corrente de purga.

(d) Prepare uma planilha para fazer os cálculos da Parte (a) para os valores dados de x_{10}, f_r e y_p. Teste-a com os valores da Parte (b). Então, em linhas sucessivas da planilha, varie cada uma das variáveis de entrada duas ou três vezes, mantendo as outras duas constantes. As seis primeiras colunas e cinco primeiras linhas da planilha devem aparecer como mostrado a seguir:

xio	fsp	yp	nr	np	fov
0,01	0,20	0,10			
0,05	0,20	0,10			
0,10	0,20	0,10			
0,01	0,30	0,10			

Faça um resumo dos efeitos das mudanças das três variáveis de entrada sobre a produção de amônia (n_p) e o conteúdo do reator (n_r).

4.82. O iso-octano é produzido pela reação do butileno com o isobutano em uma emulsão com ácido sulfúrico concentrado:

$$i\text{-}C_4H_{10} + C_4H_8 \rightarrow i\text{-}C_8H_{18}$$

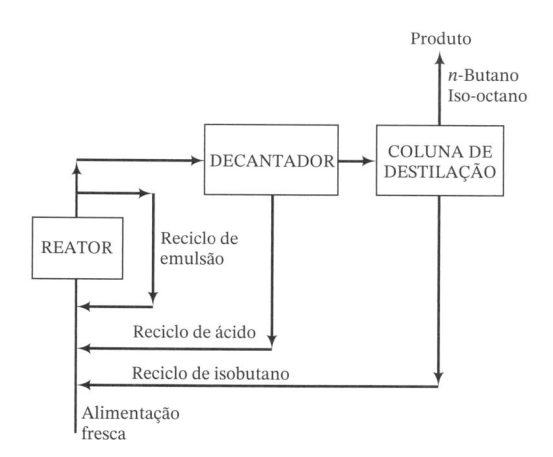

A alimentação fresca do processo flui com uma vazão de 60.000 kg/h e contém 25,0% molar de isobutano, 25,0% de butileno e 50,0% de n-butano, o qual é quimicamente inerte neste processo. A alimentação fresca se combina com três correntes separadas de reciclo, como aparece no diagrama, e a corrente combinada entra no reator. Essencialmente todo o butileno alimentado no reator é consumido. Uma parte do efluente do reator é reciclado para a entrada do mesmo, e o restante passa a um decantador, no qual as fases aquosa (ácido sulfúrico) e orgânica (hidrocarbonetos) são separadas. O ácido é reciclado para o reator e os hidrocarbonetos passam a uma coluna de destilação. O produto de topo da coluna contém iso-octano e n-butano, e o produto de fundo, que é reciclado para o reator, contém apenas isobutano. A corrente que entra no reator contém 200 mols de isobutano por mol de butileno, e 2 kg de solução aquosa 91% em massa de H_2SO_4(aq) por kg de hidrocarboneto. A corrente obtida pela combinação da alimentação fresca com o isobutano reciclado contém 5,0 mols de isobutano por mol de butileno.

Você deseja determinar as vazões molares (kmol/h) de cada componente na alimentação fresca, na corrente de produto e nas correntes de reciclo de emulsão, isobutano e ácido.

(a) Desenhe e rotule completamente o fluxograma, faça a análise dos graus de liberdade no processo global e nos subsistemas, e escreva as equações que usaria para determinar as vazões molares pedidas. (*Sugestão:* Comece calculando a vazão molar total da alimentação fresca.)

(b) Faça os cálculos.

(c) Liste as suposições neste problema que não devem ser satisfeitas na prática.

4.83. O acetato de etila (A) participa de uma reação com hidróxido de sódio (B) para formar acetato de sódio e etanol:

$$CH_3COOC_2H_5 + NaOH \longrightarrow CH_3COONa + C_2H_5OH$$
$$\text{(A)} \qquad\qquad \text{(B)}$$

A reação é conduzida em estado estacionário em uma série de reatores de tanque agitado. A saída do reator i é a entrada do reator $(i + 1)$. A vazão volumétrica entre os reatores é constante, $\dot{V}$(L/min) e o volume de cada tanque é V(L).

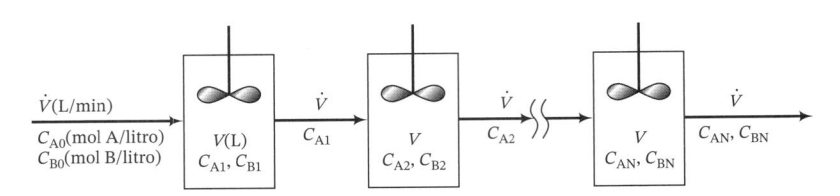

As concentrações de A e de B na alimentação do primeiro tanque são C_{A0} e C_{B0} (mol/L). Os tanques são suficientemente agitados para que seus conteúdos sejam uniformes, de forma que as concentrações C_A e C_B em cada tanque são iguais às concentrações C_A e C_B que saem do mesmo. A taxa de reação é dada pela expressão

$$r\left(\frac{\text{mol A ou B reagem}}{\text{min} \cdot \text{L}}\right) = kC_AC_B$$

em que $k[\text{L}/(\text{mol} \cdot \text{min})]$ é a *constante da velocidade de reação*.

(a) Escreva o balanço de massa de A no tanque i, e mostre que se obtém

$$C_{A,i-1} = C_{Ai} + k\tau C_{Ai}C_{Bi}$$

em que $\tau = V/\dot{V}$ é o *tempo médio de residência* em cada tanque. Escreva então o balanço de B no tanque i e subtraia os dois balanços, usando o resultado para provar que

$$C_{Bi} - C_{Ai} = C_{B0} - C_{A0}, \quad \text{para todos os valores de } i$$

(b) Use as equações deduzidas na parte (a) para provar que

$$C_{A,i-1} = C_{Ai} + k\tau C_{Ai}(C_{Ai} + C_{B0} - C_{A0})$$

e desta relação deduza uma equação da forma

$$\alpha C_{Ai}^2 + \beta C_{Ai} + \gamma = 0$$

em que α, β e γ são funções de k, C_{A0}, C_{B0}, $C_{A,i-1}$ e τ. Escreva então a solução desta equação para C_{Ai}.

(c) Prepare uma planilha ou um programa de computador para calcular N, o número de tanques necessários para atingir uma conversão fracional $x_{AN} \geq x_{Af}$ na saída do último reator. Seu programa deve executar os seguintes passos:

(i) Ler os valores de k, $\dot{V}$, V, C_{A0}(mol/L), C_{B0}(mol/L) e x_{Af}.

(ii) Usar a equação para C_{Ai} derivada na parte (b) para calcular C_{A1}; calcular então a conversão fracional correspondente x_{A1}.

(iii) Repetir o procedimento para calcular C_{A2} e x_{A2}, depois C_{A3} e x_{A3}, continuando até $x_{Ai} \geq x_{Af}$.

Teste o programa supondo que a reação é conduzida a uma temperatura na qual $k = 36{,}2$ L/(mol $\cdot$ min), e que as outras variáveis do processo têm os seguintes valores:

$$\text{Concentrações na alimentação:} \quad C_{A0} = 5{,}0 \text{ g/L} (= ???\ \text{mol/L})$$
$$C_{B0} = 0{,}10 \text{ molar} (= ???\ \text{mol/L})$$
$$\text{Vazão:} \quad \dot{V} = 5000 \text{ L/min}$$
$$\text{Volume do tanque:} \quad V = 2000 \text{ L}$$

Use o programa para calcular o número necessário de tanques e a conversão fracional final para os seguintes valores da conversão fracional final mínima desejada, x_{Af}: 0,50; 0,80; 0,90; 0,95; 0,99; 0,999. Explique sucintamente a relação entre N e x_{Af} e o que provavelmente acontece com os custos do processo à medida que a conversão fracional final necessária se aproxima de 1,0. *Dica:* Se você escreve uma planilha, pode aparecer, em parte, como mostrado a seguir:

Planilha para o Problema 4.83					
k =	36,2	N	gamma	CA(N)	xA(N)
Vdot =	5000	1	−5,670E−02	2,791E−02	0,5077
V =	2000	2	−2,791E−02	1,512E−02	0,7333
CA0 =	0,0567	3	⋮	⋮	⋮
CB0 =	0,1000	⋮	⋮	⋮	⋮
alpha=	14,48	⋮	⋮	⋮	⋮
beta=	1,6270	⋮	⋮	⋮	⋮
		⋮	⋮	⋮	⋮

(d) Suponha que se deseja uma conversão de 95%. Use o programa para determinar como o número de tanques varia à medida que você aumenta (i) a constante da reação, k; (ii) a vazão, $\dot{V}$, (iii) o volume individual de cada reator, V. Explique sucintamente por que seus resultados fazem sentido fisicamente.

4.84. Um gás contém 80,0% em massa de propano, 15,0% de n-butano e o resto de H_2O.

   (a) Calcule a composição *molar* deste gás em base seca e em base úmida, e a razão (mol H_2O/mol ar seco).

   (b) Se 100 kg/h deste combustível são queimados com 30% de ar em excesso, qual é a vazão de ar de alimentação requerida (kmol/h)? Como mudaria a resposta se a combustão fosse apenas 75% completa?

4.85. Cinco litros de n-hexano líquido e quatro litros de n-heptano líquido são misturados e queimados com 4000 mols de ar. Nem todos os hidrocarbonetos são queimados na fornalha e são formados tanto CO quanto CO_2. Se é possível fazê-lo sem informação adicional, calcule a porcentagem de excesso do ar alimentado; se for necessária alguma informação, diga qual é e esboce o cálculo da porcentagem de ar em excesso.

4.86. Gasolina, que nós iremos representar como tendo as propriedades do iso-octano, é consumida por um motor de automóvel em marcha lenta a uma taxa de 1 gal/h. Um monitor na garagem onde um trabalho está sendo feito no motor detecta a acumulação de CO, indicando combustão incompleta da gasolina. O que esta informação implica sobre a razão gasolina-ar sendo alimentada para o motor? Se nós assumimos que a gasolina tem as propriedades do iso-octano, C_8H_{18}, estime a vazão de alimentação (mol/h) de ar para 10% de excesso de oxigênio alimentado para o motor.

4.87. Um gás combustível produzido pela gaseificação de carvão é queimado com 20% de ar em excesso. O gás contém 50,0% molar de nitrogênio e o resto é monóxido de carbono e hidrogênio. Uma amostra deste gás é passada por um espectrofotômetro de infravermelho, que registra um sinal R que depende da fração molar de monóxido de carbono na amostra, e uma leitura de $R = 38,3$ é obtida.

   Os dados de calibração do analisador aparecem a seguir.

x(mol CO/mol)	0,05	0,10	0,40	0,80	1,00
R	10,0	17,0	49,4	73,6	99,7

   Uma lei de potências ($x = aR^b$) deve ajustar os dados de calibração. Deduza a equação que relaciona x e R (use um método gráfico) e calcule a vazão molar de ar necessária para uma vazão de alimentação de combustível de 175 kmol/h, admitindo que o CO e o H_2 são oxidados, mas o N_2 não o é.

4.88. Um gás natural contendo uma mistura de metano, etano, propano e butano é queimado em uma fornalha com excesso de ar.

   (a) Cem kmol/h de um gás contendo 94,4% molar de metano, 3,40% de etano, 0,60% de propano e 0,50% de butano são queimados com 17% de excesso de ar. Calcule a vazão molar de ar necessária.

   (b) Sejam

   $$\dot{n}_f(\text{kmol/h}) = \text{vazão molar do gás combustível}$$
   $$x_1,\ x_2,\ x_3,\ x_4 = \text{frações molares de metano, etano, propano e}$$
   $$\text{butano no combustível, respectivamente}$$
   $$P_{xs} = \text{porcentagem de ar em excesso}$$
   $$\dot{n}_a(\text{kmol/h}) = \text{vazão molar de ar fornecido à fornalha}$$

   Deduza uma expressão para $\dot{n}_a$ em termos das outras variáveis definidas acima. Cheque a sua fórmula com os resultados da Parte (a).

(c) Suponha que a vazão de alimentação e a composição do gás combustível estão sujeitas a variações periódicas, e que um controlador computadorizado do processo é usado para ajustar a vazão de ar para manter uma percentagem de excesso constante. Um medidor de vazão eletrônico calibrado na linha de gás combustível transmite um sinal R_f que é diretamente proporcional à vazão ($\dot{n}_f = aR_f$), com uma vazão de 75,0 kmol/h produzindo um sinal $R_f = 60$. A composição do gás combustível é obtida com um cromatógrafo de gás (CG) em linha. Uma amostra do gás é injetada no cromatógrafo, e os sinais A_1, A_2, A_3 e A_4, que são diretamente proporcionais aos mols de metano, etano, propano e butano na amostra, respectivamente, são transmitidos. (Considere a mesma constante de proporcionalidade para todas as espécies.) O computador processa estes dados para determinar a vazão de ar necessária e envia um sinal R_a a uma válvula de controle na linha de ar. A relação entre R_a e a vazão de ar resultante, $\dot{n}_a$, também é diretamente proporcional, com um sinal $R_a = 25$ conduzindo a uma vazão de ar de 550 kmol/h.

Faça uma planilha ou um programa de computador para realizar as seguintes tarefas:

(i) Tomar como variável de entrada a percentagem de excesso desejada e os valores de R_f, A_1, A_2, A_3 e A_4.

(ii) Calcular e escrever $\dot{n}_f, x_1, x_2, x_3, x_4, \dot{n}_a$ e R_a.

Teste seu programa com os seguintes dados, admitindo que 15% de excesso de ar é necessário em todos os casos. Então, explore os efeitos de variações em P_{ex} e R_f sobre $\dot{n}_a$ para os valores de A_1 até A_4 dados na terceira linha da tabela de dados. Explique sucintamente seus resultados.

R_f	A_1	A_2	A_3	A_4
62	248,7	19,74	6,35	1,48
83	305,3	14,57	2,56	0,70
108	294,2	16,61	4,78	2,11

(d) Finalmente, suponha que, quando o sistema está operando como descrito, a análise do gás de chaminé indica que a vazão de alimentação de ar é sistematicamente alta demais para atingir a percentagem de excesso especificada. Dê várias explicações possíveis.

4.89. Um hidrocarboneto parafínico desconhecido é definido pela fórmula química C_xH_{2x+2}. A parafina é queimada com ar e não há CO nos produtos de combustão.

(a) Use uma análise de graus de liberdade para determinar quantas variáveis devem ser especificadas para determinar as vazões de todos os componentes entrando e deixando a unidade de combustão. Expresse a fração de excesso de ar como y e escreva balanços elementares em termos de x, y e a vazão molar de C_xH_{2x+2}.

(b) Calcule a composição molar do gás produto de combustão em termos de x para cada um dos seguintes casos: (i) ar teórico fornecido ($y = 0$), 100% de conversão da parafina; (ii) 20% de excesso de ar ($y = 0,2$), 100% de conversão da parafina; (iii) 20% de excesso de ar ($y = 0,2$), 90% de conversão da parafina.

(c) Suponha $x = 3$ (isto é, a parafina é o propano). Assumindo combustão completa do hidrocarboneto, qual é a razão de CO_2 para H_2O no produto gasoso? Use este resultado para sugerir um método para a determinação da fórmula molecular da parafina.

4.90. Propano é queimado completamente com excesso de oxigênio. O produto gasoso contém 24,5% molar de CO_2, 6,10% de CO, 40,8% de H_2O e 28,6% de O_2.

(a) Calcule a porcentagem de excesso de O_2 alimentado na fornalha.

(b) Um estudante escreveu a equação estequiométrica da combustão do propano para formar CO_2 e CO como

$$2C_3H_8 + \tfrac{17}{2}O_2 \longrightarrow 3CO_2 + 3CO + 8H_2O$$

De acordo com esta equação, CO_2 e CO deveriam estar em uma razão 1/1 nos produtos de reação, mas no produto gasoso da Parte (a) eles estão em uma razão de 24,8/6,12. Este resultado é possível? (*Dica*: Sim.) Explique como.

4.91. Uma mistura 75% molar de propano e 25% de hidrogênio é queimada com 25% de ar em excesso. São atingidas conversões fracionais de 90% do propano e 85% do hidrogênio; do propano que reage, 95% formam CO_2 e o resto forma CO. O produto gasoso quente passa através de uma caldeira, na qual o calor transferido do gás converte a água da caldeira em vapor de água.

(a) Calcule a concentração de CO (ppm) no gás de chaminé.

MEIO AMBIENTE

(b) O CO no gás de chaminé é um contaminante. Sua concentração pode ser diminuída aumentando-se a percentagem de ar em excesso fornecido ao queimador. Pense nos custos (pelo menos dois) de se fazer isto. (*Dica*: O calor liberado pela combustão aquece os produtos da mesma, e quanto maior a temperatura dos produtos de combustão, mais vapor é produzido.)

4.92. O *n*-pentano é queimado com ar em excesso em uma câmara de combustão contínua.

   (a) Um técnico faz uma análise e relata que o produto gasoso contém 0,270% molar de pentano, 5,3% de oxigênio, 9,1% de dióxido de carbono e o resto de nitrogênio *em base seca*. Admitindo 100 mols de produto gasoso seco como base de cálculo, desenhe e rotule um diagrama de fluxo, faça uma análise dos grau de liberdade baseada em balanços das espécies atômicas e mostre que o sistema tem −1 grau de liberdade. Interprete este resultado.

   (b) Use balanços para provar que as percentagens relatadas não podem estar corretas.

   (c) O técnico refaz a análise e relata novos valores como 0,304% molar de pentano, 5,9% de oxigênio, 10,2% de dióxido de carbono e o resto de nitrogênio. Verifique se este resultado *poderia* estar correto e, admitindo que esteja, calcule a percentagem de ar em excesso fornecido ao reator e a conversão fracional de pentano.

   (d) Foi enfatizado na Parte (c) que a nova composição *poderia* ser correta. Explique por que não é possível dizer com certeza; ilustre sua resposta considerando um conjunto de equações com −1 grau de liberdade.

4.93. Metanol líquido é fornecido a um aquecedor com uma vazão de 12,0 L/h e queimado com ar em excesso. O produto gasoso é analisado e são determinadas as seguintes percentagens molares em base seca: $CH_3OH = 0,45\%$, $CO_2 = 9,03\%$, $CO = 1,81\%$.

   (a) Desenhe e rotule um fluxograma e verifique se o sistema tem zero grau de liberdade.

   (b) Calcule a conversão fracional de metanol, a percentagem de ar em excesso fornecida e a fração molar de água no produto gasoso.

SEGURANÇA

   (c) Suponha que os produtos da combustão são liberados diretamente em um cômodo. Que problemas potenciais você vê e que soluções pode sugerir?

4.94. Um gás contendo metano, etano e dióxido de carbono é analisado com um cromatógrafo de gás (CG) e um detetor de ionização de chama (FID): o CG separa os componentes do gás e o FID registra sinais proporcionais à quantidade de cada hidrocarboneto (mas não de CO_2) na câmara de amostragem.

A saída do FID é como segue:

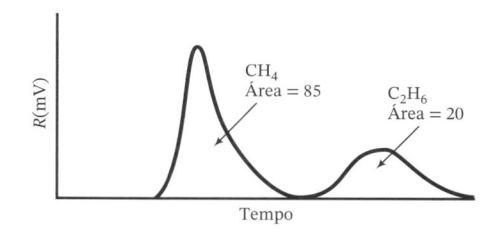

A área embaixo de cada pico é proporcional ao número de átomos de carbono na amostra, de forma que 1 mol de etano produzirá um pico com o dobro da área de um pico correspondente a 1 mol de metano.

Este combustível é queimado com ar em uma câmara de combustão contínua. A razão molar de alimentação de ar para combustível deveria ser 7:1, mas você suspeita de que o medidor de vazão de ar não está funcionando corretamente. Para checar, você coleta uma amostra de 0,50 mol de produto gasoso e a faz passar através de um condensador, que condensa essencialmente toda a água na amostra. O condensado (que pode ser admitido como água pura) é pesado, tendo uma massa de 1,134 g. O gás seco que sai do condensador é analisado, encontrando-se que contém 11,9% molar CO_2 e nenhum CO nem hidrocarbonetos.

   (a) Calcule a composição molar (frações molares dos componentes) no gás combustível e a percentagem desejada de ar em excesso.

   (b) Calcule a razão real de alimentação de ar para combustível e a percentagem real de ar em excesso.

4.95. Uma mistura de propano e butano é queimada com oxigênio puro. Os produtos da combustão contêm 47,4% molar H_2O. Depois que toda a água é removida dos produtos, o gás residual contém 69,4% molar CO_2 e o resto de O_2.

   (a) Qual é a percentagem molar de propano no combustível?

   (b) Parece agora que a mistura combustível pode conter não apenas propano e butano, mas também outros hidrocarbonetos. Tudo o que se sabe é que não há oxigênio no combustível. Use balanços atômicos para calcular a composição molar elementar do combustível a partir da análise dada dos produtos de combustão (quer dizer, qual é a porcentagem molar de C e qual é a de H). Prove que a sua solução é consistente com a da Parte (a).

4.96. Um óleo combustível é analisado, contendo 85,0% em massa de carbono, 12,0% de hidrogênio elementar (H), 1,7% de enxofre e o resto são materiais não combustíveis. O óleo é queimado com 20,0% de excesso de ar, baseado na combustão completa do carbono a CO_2, do hidrogênio a H_2O e do enxofre a SO_2. O óleo queima completamente, mas 8% do carbono formam CO. Calcule a composição molar do gás de chaminé.

MEIO AMBIENTE

4.97. A análise de um carvão indica 75% em massa de C, 17% H, 2% S e o resto são cinzas não combustíveis. O carvão queima com uma taxa de 5000 kg/h e a vazão de alimentação de ar para o queimador é de 50 kmol/min. Todas as cinzas e 6% do carbono no combustível saem da fornalha como uma escória fundida; o restante do carbono sai com o gás de chaminé na forma de CO e CO_2; o hidrogênio no carvão é oxidado a água e o enxofre sai como SO_2. A seletividade da produção de CO_2 em relação à de CO é 10:1.

  (a) Calcule a percentagem de ar em excesso fornecido ao reator.

  (b) Calcule as frações molares dos poluentes gasosos — CO e SO_2 — no gás de chaminé.

  (c) O dióxido de enxofre emitido já é um perigo por si próprio, mas se torna mais nocivo ao meio ambiente como precursor da **chuva ácida**. Sob a ação catalítica dos raios do Sol, o dióxido de enxofre é oxidado a trióxido de enxofre, que por sua vez se combina com o vapor de água para formar ácido sulfúrico, que retorna à Terra como chuva. A chuva ácida formada desta maneira causa extensos danos a florestas, campos e lagos em muitas partes do mundo. Para a fornalha descrita acima, calcule a taxa de formação de ácido sulfúrico (kg/h) se todo o SO_2 emitido fosse convertido da forma indicada.

  (d) Acesse http://www.epa.gov/airmarkets/quaterlytracking.html para encontrar o relatório trimestral ARP (do inglês *Acid Rain Program*, Programa de Chuva Ácida) com emissões de SO_2 de termoelétricas a carvão nos Estados Unidos. Escolha alguns estados e veja quantas termoelétricas a carvão existem por estado. Qual o total anual de toneladas de emissões de SO_2 destas plantas de acordo com os dados mais recentes?

4.98. A composição de um carvão é determinada por uma **análise aproximada**. Primeiro, o carvão é finamente dividido e secado com ar. Amostras do carvão seco são então submetidas a várias operações, com o peso das amostras sendo registrado antes e depois de cada operação. O *conteúdo de umidade* é determinado como a perda de massa que a amostra sofre quando mantida a 105°C em uma atmosfera livre de oxigênio por 2 h, somada com a perda no passo inicial de secagem. A *matéria volátil* (principalmente alcatrão orgânico) é determinada mantendo-se a amostra a 925°C em uma atmosfera livre de oxigênio por 7 min e subtraindo-se a perda de umidade da perda total. As *cinzas* (ou *matéria mineral* — óxidos e sulfatos de silício, alumínio, ferro, cálcio, enxofre e outros minerais) são o resíduo que permanece depois que a amostra é aquecida a 800°C em uma atmosfera contendo oxigênio, até que toda a matéria orgânica queima. O *carbono fixo* é o que está presente no carvão, além da umidade, matéria volátil e cinzas.

  (a) Use os seguintes dados de análise aproximada para determinar as porcentagens mássicas de umidade, carbono fixo, matéria volátil e cinzas em um carvão:

$$1{,}207 \text{ g} \xrightarrow[25°C, 12 \text{ h}]{\text{seco no ar}} 1{,}147 \text{ g}$$

  Os testes seguintes são feitos em amostras secas com ar.

$$1{,}234 \text{ g} \xrightarrow[2 \text{ h}]{105°C, N_2} 1{,}204 \text{ g}$$

$$1{,}347 \text{ g} \xrightarrow[7 \text{ min}]{925°C, N_2} 0{,}811 \text{ g}$$

$$1{,}175 \text{ g} \xrightarrow[1 \text{ h}]{800°C, O_2} 0{,}111 \text{ g}$$

  (b) Se a razão mássica de C para H na matéria volátil é 6:1, calcule os mols de ar teórico necessários para queimar 1 tonelada métrica deste carvão.

4.99. Um óleo combustível alimenta uma fornalha e é queimado com 25% de ar em excesso. O óleo contém 87,0% em massa de C, 10,0% H e 3,0% S. A análise do gás de saída da fornalha mostra apenas N_2, O_2, CO_2, SO_2 e H_2O. A taxa de emissão de dióxido de enxofre é controlada fazendo-se passar o gás através de uma coluna de lavagem, onde a maior parte do SO_2 é absorvida em uma solução alcalina. Os gases que saem do lavador (todo o N_2, O_2 e CO_2, e uma parte da H_2O e SO_2 que entram na unidade) são liberados por uma chaminé. No entanto, o lavador tem uma capacidade limitada, de maneira que uma fração do gás de exaustão da fornalha deve ser encaminhada diretamente à chaminé, sendo desviada do lavador.

  Em algum momento durante a operação do processo, o lavador remove 90% do SO_2 contido no gás que o alimenta, e o gás combinado da chaminé contém 612,5 ppm (partes por milhão) de SO_2 em base seca; quer dizer, cada milhão de mols de gás de chaminé seco contém 612,5 mol SO_2. Calcule a fração de gás de exaustão que é desviada do lavador neste momento.

MEIO AMBIENTE

4.100. Você foi enviado pela Agência de Proteção Ambiental para medir emissões de SO_2 em uma pequena planta industrial de energia. Você retira e analisa uma amostra de gás da chaminé da caldeira e obtém as seguintes composições: 75,66% N_2, 10,24% CO_2, 8,27% H_2O, 5,75% O_2 e 0,0825% SO_2. Você mostra estes números à superintendente da planta, e ela insiste que devem estar errados, pois o combustível era um gás natural contendo metano e etano e nenhum enxofre. Você pergunta se eles queimam algum outro combustível e a superintendente responde que às vezes eles usam um óleo combustível, mas que os registros da planta mostram que isto não estava sendo feito quando as medições foram realizadas. Você faz alguns cálculos e prova que o óleo e não o gás devia ser o combustível; a superintendente verifica e descobre que os registros estão errados e que você está certo.

(a) Calcule a razão molar de carbono a hidrogênio no combustível, e use o resultado para provar que o combustível não poderia ter sido o gás natural.

(b) Calcule a razão *mássica* de carbono a hidrogênio e a porcentagem em massa de enxofre no combustível, admitindo que C, H e S são os únicos elementos presentes. Use depois estes resultados, junto com a análise final de óleo combustível da Tabela 24-6 de *Perry's Chemical Engineers' Handbook*,[18] para deduzir a composição mais provável do óleo combustível.

4.101. Os óleos combustíveis contêm principalmente compostos orgânicos e enxofre. A composição molar da fração orgânica de um óleo combustível pode ser representada pela fórmula $C_pH_qO_r$; a fração mássica de enxofre no óleo é x_S (kg S/kg óleo); e a porcentagem em excesso de ar, P_{ex}, é definida em termos do ar teórico necessário para queimar apenas o carbono e o hidrogênio no combustível.

(a) Para um certo óleo combustível número 6, com alto teor de enxofre, $p = 0,71$, $q = 1,1$, $r = 0,003$ e $x_S = 0,02$, calcule a composição do gás de chaminé em base seca se o combustível é queimado com 18% de ar em excesso, admitindo a combustão completa do combustível para formar CO_2, SO_2 e H_2O e expressando a fração de SO_2 como ppm (mol $SO_2/10^6$ mol gás seco).

(b) Crie uma planilha para calcular as frações molares dos componentes do gás de chaminé em base seca a partir dos valores especificados de p, q, r, x_S e P_{ex}. A saída deve ser como segue:

Solução do Problema 4.101			
Corrida	1	2	. . .
p	0,71	0,71	. . .
q	1,1	1,1	. . .
r	0,003	0,003	. . .
xS	0,02	0,02	. . .
Pxs	18%	36%	. . .
y(CO2)	13,4%	. . .	. . .
y(O2)	. . .	. . .	. . .
y(N2)	. . .	. . .	. . .
ppm SO2	1165	. . .	. . .

(As linhas abaixo da última mostrada podem ser usadas para calcular quantidades intermediárias.) Execute corridas suficientes (incluindo as duas mostradas acima) para determinar o efeito de cada uma das cinco variáveis de entrada sobre a composição do gás de chaminé. Então, para os valores de p, q, r e x_S dados na parte (a), encontre a porcentagem mínima de ar em excesso necessária para manter a composição de SO_2 em base seca abaixo de 700 ppm. (Faça com que esta seja a última corrida na tabela de saída.)

Você deve encontrar que, para uma dada composição de óleo combustível, o aumento da porcentagem de ar em excesso diminui a concentração de SO_2 no gás de chaminé. Explique por quê.

(c) Alguém propõe usar a relação entre P_{ex} e ppm de SO_2 como a base de uma estratégia de controle da poluição. A ideia é determinar a concentração mínima aceitável de SO_2 no gás de chaminé e depois operar o processo com um excesso de ar suficientemente alto para atingir este valor. Dê várias razões pelas quais esta não é uma boa ideia.

---

[18]R. H. Perry e D. W. Green, Editores, *Perry's Chemical Engineering Handbook*, 8ª Edição, McGraw-Hill, Nova Iorque, 2008, p. 24-9.

Sistemas Monofásicos

A maior parte dos problemas de balanço de massa mostrados no Capítulo 4 pode ser resolvida inteiramente com base na informação dada no próprio enunciado. Como você descobrirá na sua vida profissional, problemas reais em análise de processos raramente vêm com as informações completas; antes que você possa estabelecer um balanço de massa completo no processo, normalmente deverá determinar antes uma série de propriedades físicas de cada um dos materiais do processo e usar estas propriedades para deduzir relações adicionais entre as variáveis do sistema. Os seguintes métodos podem ser usados para determinar uma propriedade física de um determinado material:

Procurar. Quando você precisa de um valor para uma propriedade física de uma substância — seja massa específica, pressão de vapor, solubilidade ou capacidade calorífica — existe uma boa chance de que alguém, em algum lugar, já tenha medido esta propriedade e tenha publicado o resultado. Já que experimentos tomam muito tempo e custam caro, uma fonte confiável de dados de propriedades físicas é uma ferramenta indispensável para a análise de processos. Quatro excelentes fontes de dados são:

Perry's Chemical Engineers' Handbook, 8th Edition, R. H. Perry e D. W. Green, Eds., McGraw-Hill, New York, 2008.

CRC Handbook of Chemistry and Physics, 95th Edition, D. Lide, editor, Chemical Rubber Company, Boca Raton, FL, 2014.

NIST Chemistry WebBook (http://webbook.nist.gov/chemistry/) é uma excelente fonte de informação *on-line* em relação à termoquímica, termofísica e outros recursos compilados pelo *National Institute of Standards and Technology.*

Se a informação desejada não pode ser encontrada nestas referências, a substância em questão pode ser procurada no índice do *Chemical Abstracts*, em um esforço para localizar dados na literatura aberta.

Estimar. Existe um número relativamente pequeno de elementos químicos e uma quantidade muito maior, mas ainda quantificável, de compostos moleculares de interesse para o engenheiro químico. No entanto, as espécies químicas podem combinar-se em misturas de infinitas maneiras, e é claramente impossível tabelar dados de propriedades físicas, mesmo para uma pequena fração de todas as combinações possíveis. Além disso, mesmo quando você encontra dados, provavelmente eles terão sido determinados para condições diferentes das que você precisa. Poling, Prausnitz e O'Connell[1] apresentam um grande número de correlações empíricas que expressam as propriedades físicas de uma mistura em termos das propriedades dos componentes puros e da composição da mistura. Estas correlações podem ser usadas para estimar propriedades físicas quando não há dados disponíveis e para extrapolar dados disponíveis a condições diferentes daquelas nas quais foram obtidos.

Medir. Quando não há informações na literatura sobre uma determinada propriedade física, ou quando o valor desta precisa ser conhecido com uma precisão maior que aquela fornecida pelos métodos de estimação, o único recurso é determinar a propriedade experimentalmente. Informação sobre técnicas experimentais para medir propriedades físicas podem ser encontradas em qualquer dos muitos textos sobre experimentos em físico-química, química orgânica e química analítica.

A massa específica é uma propriedade física frequentemente necessária para um fluido de processo. Por exemplo, os engenheiros medem normalmente as vazões volumétricas ($\dot{V}$) das correntes de processo usando medidores de vazão, mas precisam de vazões mássicas ($\dot{m}$) ou molares ($\dot{n}$) para os cálculos de balanços de massa. O fator necessário para calcular $\dot{m}$ ou $\dot{n}$ a partir de $\dot{V}$ é a massa específica da corrente. Este capítulo ilustra o uso de dados tabelados e fórmulas de estimação para calcular massas específicas. A Seção 5.1 trata de sólidos e líquidos; a Seção 5.2 trata de *gases ideais*, gases para os quais a equação de estado dos gases ideais ($PV = nRT$) é uma boa aproximação; e a Seção 5.3 estende a discussão a gases não ideais.

---

[1] B. E. Poling, J. M. Prausnitz e J. P. O'Connell, *The Properties of Gases and Liquids*, 5th Edition, McGraw-Hill, New York, 2001.

5.0 OBJETIVOS DE APRENDIZAGEM

Depois de completar este capítulo, você deve ser capaz de:

- Explicar com suas próprias palavras e sem usar o jargão da área (a) as três maneiras de obter valores de propriedades físicas; (b) por que alguns fluidos são chamados de incompressíveis; (c) a "suposição da aditividade dos volumes líquidos" e as espécies para as quais é provável que seja válida; (d) o termo "equação de estado"; (e) o que significa admitir comportamento de gás ideal; (f) o que significa dizer que o volume específico de um gás ideal nas condições normais de temperatura e pressão é 22,4 L/mol; (g) o significado de pressão parcial; (h) por que a fração molar e a fração volumétrica são idênticas para um gás ideal; (i) o que representa o fator de compressibilidade, z, e o que indica o seu valor em relação à validade da equação de estado dos gases ideais; (j) por que certas equações de estado são chamadas de cúbicas; e (k) o significado físico da temperatura e pressão críticas (explique em termos do que acontece quando um vapor acima ou abaixo da sua temperatura crítica é comprimido).

- Para uma mistura de líquidos de composição conhecida, determinar V (ou $\dot{V}$) a partir de um m (ou $\dot{m}$) conhecido ou vice-versa, usando (a) dados de massa específica tabelados para a mistura e (b) as massas específicas dos componentes puros e a suposição da aditividade dos volumes. Deduzir a fórmula de estimação da massa específica para o segundo caso (Equação 5.1-1).

- Dadas quaisquer das três quantidades P, V (ou $\dot{V}$), n (ou $\dot{n}$) e T para um gás ideal, (a) calcular a quarta diretamente da equação de estado dos gases ideais ou por conversão das condições normais; (b) calcular a massa específica do gás; e (c) testar a suposição da idealidade seja usando uma regra empírica de volume específico, seja estimando um fator de compressibilidade e comprovando o quanto se desvia de 1.

- Explicar o significado de "37,5 PCNH" (37,5 pés cúbicos normais por hora) e o que significa dizer que a vazão de uma corrente gasosa a 120°F e 2,8 atm é 37,5 PCNH. (Por que este enunciado não especifica a situação impossível de que o gás se encontre em duas condições diferentes de pressão e temperatura simultaneamente?) Calcular a verdadeira vazão volumétrica deste gás.

- Dadas as pressões parciais dos componentes de uma mistura de gases ideais e a pressão total do gás, determinar a composição da mistura expressa em frações molares (ou porcentagens molares), frações volumétricas (ou porcentagens em volume, % v/v) ou frações mássicas (ou porcentagens em massa, % m/m).

- Realizar cálculos *PVT* para um gás usando (a) a equação de estado do virial truncada, (b) a equação de estado de van der Waals, (c) a equação de estado de Soave-Redlich-Kwong, e (d) a equação de estado do fator de compressibilidade, seja com fatores de compressibilidade tabelados, seja com uma carta generalizada de compressibilidade para um composto puro e a regra de Kay para uma mistura de gases não ideais.

- Dada a descrição de um processo no qual uma vazão volumétrica é especificada ou pedida para qualquer corrente, (a) fazer a análise dos graus de liberdade, incluindo estimativas das massas específicas para as correntes líquidas ou sólidas e equações de estado para as correntes gasosas; (b) escrever as equações do sistema e esboçar o procedimento de solução que você usaria para determinar todas as quantidades pedidas; (c) fazer os cálculos; (d) descrever todas as suposições feitas (por exemplo, aditividade dos volumes líquidos ou comportamento de gás ideal para gases) e estabelecer se elas são ou não razoáveis para as condições dadas do processo.

5.1 MASSAS ESPECÍFICAS DE LÍQUIDOS E SÓLIDOS

As densidades relativas de sólidos e líquidos foram discutidas nas Seções 3.1 e 3.2. Os valores para várias substâncias simples a uma temperatura dada aparecem tabelados na Tabela B.1 do Apêndice B, e tabelas mais extensas podem ser encontradas no *Perry's Chemical Engineers' Handbook*,[2] nas páginas 2-7 a 2-47 e 2-96 a 2-125.

---

[2] R. H. Perry e D. W. Green, editores, *Perry's Chemical Engineers' Handbook*, 8th Edition, McGraw-Hill, New York, 2008.

Quando você aquece um sólido ou um líquido, este normalmente se expande (quer dizer, sua massa específica diminui). No entanto, na maior parte das aplicações de processos, pode-se admitir, com um erro pequeno, que as massas específicas de sólidos e líquidos são independentes da temperatura. Da mesma forma, mudanças na pressão não ocasionam mudanças significativas na massa específica de sólidos ou líquidos; portanto, estas substâncias são denominadas **incompressíveis**.

O *Perry's Chemical Engineers' Handbook* (páginas 2-96 a 2-97) lista a massa específica da água e do mercúrio líquidos a diferentes temperaturas e fornece expressões (páginas 2-134 a 2-136) que podem ser usadas para calcular massas específicas para muitas outras substâncias a diferentes temperaturas. Poling, Prausnitz e O'Connell (veja a nota de rodapé 1) apresentam vários métodos para estimar a massa específica de um líquido para o qual não existem dados disponíveis. Algumas dessas fórmulas de estimação também aparecem no *Perry* (páginas 2-497 a 2-504).

A maneira mais exata de determinar a massa específica de uma mistura de líquidos ou de uma solução de um sólido em um líquido é a partir de dados experimentais. O *Perry's Chemical Engineers' Handbook* fornece dados para misturas e soluções de uma série de substâncias nas páginas 2-104 a 2-123 e lista fontes adicionais de dados na página 2-104.

Na ausência de dados, a massa específica $\bar{\rho}$ de uma mistura de n líquidos ($A_1, A_2, ..., A_n$) pode ser estimada a partir das frações mássicas dos componentes $[x_i]$ e das massas específicas dos componentes puros $[\rho_i]$ de duas formas. Primeiro, podemos admitir a *aditividade dos volumes* — quer dizer, se 2 mL do líquido A e 3 mL do líquido B são misturados, o volume resultante será exatamente 5 mL. Admitindo isso e lembrando que as massas dos componentes são sempre aditivas, chega-se à fórmula

$$\frac{1}{\bar{\rho}} = \sum_{i=1}^{n} \frac{x_i}{\rho_i} \tag{5.1-1}$$

Segundo, podemos simplesmente ponderar as massas específicas dos componentes puros, multiplicando cada uma pela fração molar do componente:

$$\bar{\rho} = \sum_{i=1}^{n} x_i \rho_i \tag{5.1-2}$$

(A Equação 5.1-1 calcula o inverso da massa específica da mistura ou o *volume específico* da mistura, como a média ponderada dos volumes específicos dos componentes puros.)

Uma destas fórmulas de estimação pode funcionar melhor para algumas espécies enquanto a outra pode ser melhor para outras espécies. Por exemplo, a Figura 5.1-1 mostra as massas específicas das misturas metanol-água e ácido sulfúrico-água a 20°C. As massas específicas para cada par de componentes são obtidas de três formas: a partir de dados experimentais no *Perry's Chemical Engineers' Handbook* (p. 2-112 para soluções de ácido súlfurico e p. 2-116 para soluções de metanol), usando a Equação 5.1-1 e a Equação 5.1-2. A Equação 5.1-1 fornece uma estimativa levemente melhor (quer dizer, um valor mais próximo do dado experimental) para metanol e água, enquanto a Equação 5.1-2 fornece uma estimativa muito melhor para a mistura ácido sulfúrico e água.

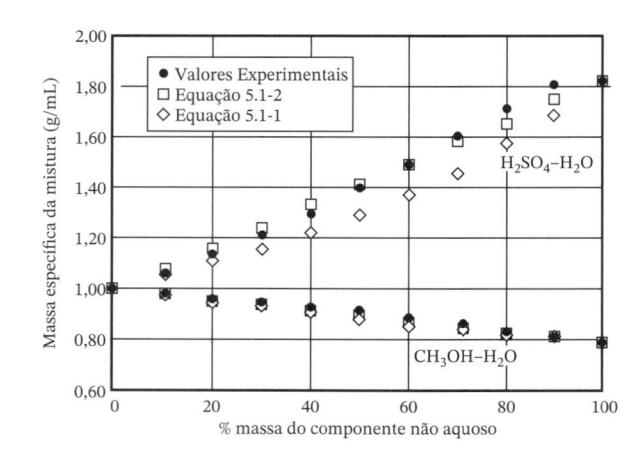

FIGURA 5.1-1 Massas específicas de misturas experimentais e estimadas. Os valores experimentais são do *Perry's Chemical Engineers' Handbook*, p. 2-112 para ácido sulfúrico-água e p. 2-116 para metanol-água, ambos a 20°C.

Que método você deve usar? A Equação 5.1-1 e a suposição da aditividade dos volumes funciona melhor para misturas de espécies líquidas com estruturas moleculares semelhantes (por exemplo, todos os hidrocarbonetos de cadeia linear e de peso molecular semelhante, tais como *n*-pentano, *n*-hexano e *n*-heptano). Não existe uma regra geral que nos diga quando a Equação 5.1-2 será melhor — tudo o que podemos fazer é confiar na evidência empírica (experimental).

Teste (veja *Respostas dos Problemas Selecionados*)	**1.** A densidade relativa da água é 1,0000 a 4,0°C. Uma corrente de água a 4°C tem uma vazão mássica de 255 g/s. Qual é a vazão volumétrica? Se a temperatura da corrente é aumentada para 75°C, a vazão mássica muda? Como você espera que mude a vazão volumétrica? Como você calcularia a vazão volumétrica a 75°C sem medi-la? **2.** A equivalência das unidades de pressão 14,696 $lb_f/in^2 \Leftrightarrow$ 760 mm Hg não está completa — deve ser escrita como: $$14{,}696 \; lb_f/in^2 \Longleftrightarrow 760 \; mm \; Hg \; a \; 0°C$$ Por que é tecnicamente necessário especificar a temperatura? Por que omitir a temperatura não acarreta um erro muito sério? **3.** Suponha que você misture m_1 (g) do líquido A_1, que tem a massa específica $\rho_1(g/cm^3)$, m_2(g) do líquido A_2, que tem a massa específica ρ_2, ... e m_n(g) do líquido A_n, que tem a massa específica ρ_n. Admitindo que os volumes são aditivos, mostre que a massa específica da mistura é dada pela Equação 5.1-1.

Exemplo 5.1-1 | Determinação da Massa Específica de uma Solução

Determine a massa específica em g/cm^3 de uma solução aquosa 50% em massa de H_2SO_4 a 20°C, (1) consultando uma tabela e (2) admitindo a aditividade dos volumes dos componentes da solução.

Solução

1. *Procurar.* Nas páginas 2-112 e 2-113 do *Perry's Chemical Engineers' Handbook*, uma tabela mostra dados de densidade relativa para soluções de ácido sulfúrico. Conforme esta tabela,

$$\rho(50\% \; H_2SO_4, \; 20°C) = 1{,}3951 \; g/cm^3$$

2. *Estimar.* As massas específicas dos componentes puros são:

$$\rho(H_2O, 20°C) = 0{,}998 \; g/cm^3 \; (Perry's \; Chemical \; Engineers' Handbook, \; p. \; 2\text{-}96)$$

$$\rho(H_2SO_4, 18°C) = 1{,}834 \; g/cm^3 \; (Perry's \; Chemical \; Engineers' Handbook, \; p. \; 2\text{-}25)$$

Vamos desprezar a mudança na massa específica do H_2SO_4 entre 18°C e 20°C, embora o *Perry's Chemical Engineers' Handbook* forneça, na página 2-136, dados de expansão térmica para H_2SO_4, que poderiam ser usados para esta pequena correção. Então, pela Equação 5.1-1, podemos estimar:

$$1/\overline{\rho} = (0{,}500/0{,}998 + 0{,}500/1{,}834) \, cm^3/g = 0{,}7736 \; cm^3/g$$
$$\Downarrow$$
$$\overline{\rho} = 1{,}29 \; g/cm^3$$

A massa específica estimada admitindo volumes aditivos difere da massa específica real, dada na Parte (1), em $[(1{,}29 - 1{,}3951)/1{,}3951] \times 100\% = -7{,}3\%$. Alternativamente, podemos estimar a massa específica pela Equação 5.1-2:

$$\overline{\rho} = (0{,}500 \times 0{,}998 + 0{,}500 \times 1{,}834)\frac{g}{cm^3} = 1{,}42 \; g/cm^3$$

Isto leva a um erro na estimação de $[(1{,}42 - 1{,}3951)/1{,}3951] \times 100\% = 1{,}5\%$. Claramente, a precisão da Equação 5.1-2 é melhor do que a da Equação 5.1-1, neste caso.

5.2 GASES IDEAIS

Procurar uma massa específica ou um volume específico a uma temperatura e pressão e usá-lo em outra temperatura e pressão usualmente funciona bem para um sólido ou um líquido, mas certamente não para um gás. Para os problemas envolvendo gases, precisa-se de uma expressão que relacione o volume específico com a temperatura e a pressão, de maneira tal que se duas dessas quantidades são conhecidas a terceira possa ser calculada.

Dentre os problemas típicos que requerem uma relação *PVT*, temos:

1. Propano a 120°C e 2,3 bar passa através de um medidor de fluxo que lê 250 L/min. Qual é a vazão mássica do gás?

2. Um hidrocarboneto gasoso puro enche um recipiente de 2 litros a 30°C com uma pressão absoluta de 25 atm. Quantos mols de gás estão contidos no recipiente? Se a massa do gás é 60 g, que gás poderia ser?

3. Um cilindro de gás de 20 ft³ no seu laboratório pode resistir a pressões de até 400 atm. Um dia, o mostrador Bourdon do cilindro mostra 380 atm quando a temperatura é 55°F. Quanto mais pode aumentar a temperatura antes que seja aconselhável ir para um outro laboratório?

Uma **equação de estado** relaciona a quantidade molar e o volume de um gás com a pressão e a temperatura. A equação de estado mais simples e mais amplamente usada é a **equação de estado dos gases ideais** (a familiar $PV = nRT$), que, embora aproximada, é adequada para muitos cálculos de engenharia dentro de um amplo intervalo de condições. No entanto, alguns gases se desviam do comportamento ideal praticamente em todas as condições, e todos os gases se desviam substancialmente em certas condições (principalmente em altas pressões e/ou baixas temperaturas). Nestes casos, é necessário usar equações de estado mais complexas para realizar cálculos *PVT*.

Nesta seção, discutimos a equação de estado dos gases ideais e mostramos como ela se aplica a sistemas contendo gases puros e misturas de gases. A Seção 5.3 mostra métodos usados para um gás não ideal puro (por definição, um gás para o qual a equação de estado dos gases ideais não funciona bem) e para misturas de gases não ideais.

5.2a A Equação de Estado dos Gases Ideais

A equação de estado dos gases ideais pode ser deduzida da teoria cinética dos gases, admitindo-se que as moléculas de gás têm um volume desprezível, que não exercem forças umas sobre as outras e que colidem de forma elástica entre si e com as paredes do recipiente. A equação se aplica normalmente na forma

$$\boxed{PV = nRT} \quad \text{ou} \quad \boxed{P\dot{V} = \dot{n}RT} \tag{5.2-1}$$

em que

$$
\begin{aligned}
P &= \text{pressão } absoluta \text{ do gás} \\
V(\dot{V}) &= \text{volume (vazão volumétrica) do gás} \\
n(\dot{n}) &= \text{número de mols (vazão molar) do gás} \\
R &= \text{a } constante\ dos\ gases, \text{ cujo valor depende das unidades de } P, V, n \text{ e } T \\
T &= \text{temperatura } absoluta \text{ do gás}
\end{aligned}
$$

A equação também pode ser escrita como

$$P\hat{V} = RT \tag{5.2-2}$$

em que $\hat{V} = V/n$ (ou $\dot{V}/\dot{n}$) é o **volume molar específico** do gás.

Um gás cujo comportamento *PVT* é bem representado pela Equação 5.2-1 é conhecido como **gás ideal** ou **gás perfeito**. O uso desta equação não requer o conhecimento da espécie de gás: *1 mol de gás ideal a 0°C e 1 atm ocupa 22,415 litros*, seja este gás argônio, nitrogênio, uma mistura de propano e ar ou qualquer outro gás puro ou mistura.

A constante dos gases R tem unidades de (pressão × volume)/(mols × temperatura); além disso, já que o produto pressão vezes volume tem unidades de energia (prove isto), R também pode ser expresso em unidades de (energia)/(mols × temperatura). Alguns valores da constante dos gases expressos em várias unidades aparecem listados no final deste livro.

A equação de estado dos gases ideais é uma aproximação. Funciona bem sob algumas condições — de forma geral, sob temperaturas acima de 0°C e pressões abaixo de 1 atm —, mas sob outras condições pode levar a erros substanciais. Existe uma regra empírica útil para escolher quando é razoável admitir o comportamento de gás ideal. Faça com que X_{ideal} seja uma quantidade calculada usando a equação de estado dos gases ideais [$X = P$(absoluta), T(absoluta), n ou V] e seja ε o erro no valor estimado,

$$\varepsilon = \frac{X_{ideal} - X_{real}}{X_{real}} \times 100\%$$

Pode-se esperar um erro de aproximadamente 1% se a quantidade RT/P (o *volume molar específico ideal*) satisfaz o seguinte critério:[3]

$$|\varepsilon| < 1\% \text{ se } \hat{V}_{ideal} = \frac{RT}{P} > 5 \text{ L/mol}(80 \text{ ft}^3/\text{lb-mol}) \quad \text{(gases diatômicos)} \qquad \textbf{(5.2-3a)}$$

$$> 20 \text{ L/mol}(320 \text{ ft}^3/\text{lb-mol}) \quad \text{(outros gases)} \qquad \textbf{(5.2-3b)}$$

Exemplo 5.2-1	A Equação de Estado dos Gases Ideais

Cem gramas de nitrogênio estão armazenados em um recipiente a 23,0°C e 3,00 psig.

1. Admitindo comportamento de gás ideal, calcule o volume do recipiente em litros.

2. Verifique se a equação de estado dos gases ideais é uma boa aproximação para as condições dadas.

Solução
1. A equação de estado dos gases ideais relaciona a temperatura absoluta, a pressão absoluta e a quantidade do gás em mols. Portanto, devemos primeiro calcular

$$n = \frac{100,0 \text{ g}}{28,0 \text{ g/mol}} = 3,57 \text{ mol}$$

$$T = 296 \text{ K}$$

e (admitindo $P_{atm} = 14,7$ psia) $P = 17,7$ psia. Então, pela equação de estado dos gases ideais

$$V(\text{L}) = \frac{nRT}{P}$$

$$= \frac{(3,57 \text{ mol})(296 \text{ K})}{17,7 \text{ psia}} \left| \frac{R(\text{L} \cdot \text{psia})}{(\text{mol} \cdot \text{K})} \right.$$

Infelizmente, a tabela de valores da constante dos gases no final deste livro não inclui o valor de R neste sistema particular de unidades. Neste caso, usamos um valor listado na tabela e aplicamos as conversões de unidades necessárias:

$$V = \frac{(3,57 \text{ mol})(296 \text{ K})}{17,7 \text{ psi}} \left| \frac{0,08206 \text{ L} \cdot \text{atm}}{\text{mol} \cdot \text{K}} \right| \frac{14,7 \text{ psi}}{\text{atm}} = \boxed{72,0 \text{ L}}$$

2. Para checar a suposição do comportamento de gás ideal para N_2 (um gás diatômico), aplicamos o Critério 5.3-a. Como já determinamos n e V_{ideal}, podemos determinar $\hat{V}_{ideal} = \hat{V}_{ideal}/n$ em vez de usar RT/P. (Os dois cálculos proporcionam a mesma resposta, como você pode comprovar.)

$$\hat{V}_{ideal} = \frac{V}{n} = \frac{72,0 \text{ L}}{3,57 \text{ mol}} = 20,2 \text{ L/mol} > 5 \text{ L/mol} \; ✔$$

Já que o valor calculado de $\hat{V}_{ideal}$ excede o valor do critério de 5 L/mol, a equação de estado dos gases ideais deve fornecer um erro inferior a 1%.

Teste	**1.** O que é uma equação de estado? O que é a equação de estado dos gases ideais? Em que condições (temperatura alta ou baixa, pressão alta ou baixa) a equação de estado dos gases ideais fornece as melhores estimativas?
(veja *Respostas dos Problemas Selecionados*)	**2.** Dois cilindros de gases têm volumes idênticos e contêm gases a temperaturas e pressões idênticas. O cilindro A contém hidrogênio e o cilindro B contém dióxido de carbono. Admitindo comportamento de gás ideal, quais das seguintes variáveis serão diferentes para

---

[3]O. A. Hougen, K. M. Watson e R. A. Ragatz, *Chemical Process Principles*. Part 1. Material and Energy Balances, 2th Edition, John Wiley & Sons, New York, 1956, p. 67.

os dois gases: (a) número de mols, (b) número de moléculas, (c) massas, (d) volumes específicos molares (L/mol), (e) massas específicas (g/L)? Para cada quantidade que difira, qual é maior e quanto? (Admita comportamento de gás ideal.)

3. Cem gramas por hora de etileno (C_2H_4) fluem através de uma tubulação a 1,2 atm e 70°C, e 100 g/h de buteno (C_4H_8) fluem por uma segunda tubulação à mesma pressão e mesma temperatura. Quais das seguintes quantidades serão diferentes para os dois gases: (a) vazão volumétrica, (b) volume molar específico (L/mol), (c) massa específica (g/L)? Para cada quantidade que difira, qual é maior e quanto? (Admita comportamento de gás ideal.)

4. Um gás está armazenado a $T = 200$ K e $P = 20$ atm. Determine se a equação de estado dos gases ideais fornecerá uma boa estimativa do volume específico do gás, $\hat{V}$(L/mol), dentro de 1% do valor verdadeiro.

A relação entre a massa específica ρ (massa/volume), a temperatura e a pressão de um gás ideal pode ser obtida relacionando-se primeiro o volume molar específico, $\hat{V}$ (volume/mol), à massa específica. Usando um conjunto específico de unidades como ilustração,

$$\hat{V}\left(\frac{L}{mol}\right) = \frac{\overline{M}\,(g/mol)}{\rho\,(g/L)}$$

em que $\overline{M}$ é a massa molecular média do gás (a massa molecular se o gás é uma espécie pura ou a Equação 3.3-7 para uma mistura). Substituindo $\hat{V} = \overline{M}/\rho$ na Equação 5.2-2 e resolvendo para ρ, obtemos

$$\rho = \frac{P\overline{M}}{RT} \tag{5.2-4}$$

EXERCÍCIO DE CRIATIVIDADE

Um cilindro de gás sem rótulo está equipado com um mostrador de pressão sensível. Projete vários experimentos que possam ser usados para estimar a massa molecular do gás, usando apenas materiais e equipamentos que possam ser encontrados em casa ou comprados em qualquer loja de ferragens. (Você pode usar uma balança sensível se precisar, mas você não pode supor que a casa típica tenha seu próprio laboratório de química.)

5.2b Condições Normais de Pressão e Temperatura

Fazer cálculos *PVT* substituindo valores das variáveis na equação de estado dos gases ideais é direto, mas para usar este método você deve ter sempre à mão uma tabela com valores de *R* ou uma excelente memória. Uma maneira de evitar essas restrições é usar a *conversão das condições normais*.

Para um gás ideal a uma temperatura *T* e uma pressão *P* arbitrárias,

$$PV = nRT \tag{5.2-1}$$

e para o mesmo gás ideal a uma temperatura T_s e uma pressão P_s especificadas de referência (conhecidas como as *condições normais de temperatura e pressão*, CNTP), podemos escrever a Equação 5.2-2 como

$$P_s\hat{V}_s = RT_s$$

A primeira equação dividida pela segunda fornece

$$\frac{PV}{P_s\hat{V}_s} = n\frac{T}{T_s} \tag{5.2-5}$$

(Para uma corrente, $\dot{n}$ e $\dot{V}$ substituiriam *n* e *V* nesta equação.) Já que as condições normais (P_s, T_s, $\hat{V}_s = RT_s/P_s$) são conhecidas, a Equação 5.2-5 pode ser usada para determinar *V* para um valor dado de *n* ou vice-versa. Note que, quando usar este método, você não precisa do valor de *R*.

TABELA 5.2-1 Condições Normais para Gases

Sistema	T_s	P_s	V_s	n_s
SI	273 K	1 atm	0,022415 m³	1 mol
CGS	273 K	1 atm	22,415 L	1 mol
Americano de Engenharia	492°R	1 atm	359,05 ft³	1 lb-mol

As condições normais mais usadas aparecem na Tabela 5.2-1. A temperatura normal (T_s = 0°C $\implies$ 273 K) e a pressão normal (P_s = 1 atm) são fáceis de lembrar. Você deve memorizar também os seguintes valores do volume molar específico normal:

$$\hat{V}_s = 22,4\ \frac{m^3(STP)}{kmol} \iff 22,4\ \frac{L(STP)}{mol} \iff 359\ \frac{ft^3(STP)}{lb\text{-}mol} \tag{5.2-6}$$

A expressão **metros cúbicos normais** (**MCN**) é usada com frequência para representar m³ (CNTP) e **pés cúbicos normais** (**PCN**) representam ft³ (CNTP). Uma vazão volumétrica de 18,2 MCNH significa 18,2 m³/h a 0°C e 1 atm.

Cuidado: Embora a temperatura e pressão normais para a maior parte dos cálculos em equações de estado sejam 0°C e 1 atm, A União Internacional de Química Pura e Aplicada (IUPAC) usa 273,15 K e 100 kPa (0,986 atm ou 14,505 psi), e algumas indústrias (como a indústria do petróleo) têm adotado valores diferentes. Se você encontra uma referência às condições normais de temperatura e pressão em cálculos de uma lei de gases, tente descobrir quais os valores considerados. (Neste livro sempre são usados 0°C e 1 atm.)

Exemplo 5.2-2 | Conversão das Condições Normais

Butano (C_4H_{10}) a 360°C e 3,00 atm absoluta flui para dentro de um reator com uma vazão de 1100 kg/h. Calcule a vazão volumétrica desta corrente usando conversão das condições normais.

Solução Como sempre, devem ser usados o número de mols e a temperatura e a pressão absolutas .

$$\dot{n} = \frac{1100\ kg/h}{58,1\ kg/kmol} = 19,0\ kmol/h$$

$$T = 633\ K; \qquad P = 3,00\ atm$$

Da Equação 5.2-5

$$\frac{P\dot{V}}{P_s\hat{V}_s} = \dot{n}\frac{T}{T_s} \implies \dot{V} = \dot{n}\hat{V}_s\frac{T}{T_s}\frac{P_s}{P}$$

$$\Downarrow$$

$$\dot{V} = \frac{19,0\ kmol}{h}\left|\frac{22,4\ m^3(CNTP)}{kmol}\right|\frac{633\ K}{273\ K}\left|\frac{1,00\ atm}{3,00\ atm}\right| = \boxed{329\ \frac{m^3}{h}}$$

Com frequência você encontrará problemas envolvendo gases em dois estados diferentes (condições) — por exemplo, na entrada e na saída de uma unidade de processo. Uma forma conveniente de determinar uma variável desconhecida (P, V, n ou T) do gás em um destes estados é escrever a lei dos gases para ambos estados e dividir uma equação pela outra. Qualquer variável que mantenha o valor ao longo do processo se cancelará, deixando uma equação com apenas a incógnita que você deseja determinar e as quantidades conhecidas. É inerente a esta abordagem a suposição de que a equação de estado do gás ideal é válida em ambos os conjuntos de condições.

Exemplo 5.2-3 | Efeitos de T e de P sobre Vazões Volumétricas

Dez pés cúbicos de ar a 70°F e 1,00 atm são aquecidos até 610°F e comprimidos até 2,50 atm. Que volume ocupa o gás no seu estado final?

Solução Vamos designar o estado inicial como 1 e o final como 2. Note que $n_1 = n_2$ (não há mudança no número de mols do gás). Admitindo o comportamento de gás ideal,

$$P_2V_2 = nRT_2 \implies \frac{P_2V_2}{P_1V_1} = \frac{T_2}{T_1}$$
$$P_1V_1 = nRT_1$$

$$\implies V_2 = V_1\left(\frac{P_1}{P_2}\right)\left(\frac{T_2}{T_1}\right) = \frac{10,0 \text{ ft}^3 \mid 1,00 \text{ atm} \mid 1070°R}{2,50 \text{ atm} \mid 530°R} = \boxed{8,08 \text{ ft}^3}$$

Ocasionalmente, você pode encontrar enunciados que nomeiam a vazão de uma corrente gasosa como, digamos, 23,8 MCNH [ou m³(CNTP)/h] a 150°C e 2,5 atm. Isto parece uma contradição: como pode um gás estar na temperatura e pressão normais (0°C e 1 atm) *e* a 150°C e 2,5 atm?

A resposta é que não pode — o gás *não* está na temperatura e pressão normais. Uma vazão especificada desta maneira (23,8 MCNH) não é a verdadeira vazão volumétrica da corrente na temperatura e pressão reais (150°C e 2,5 atm), mas a vazão que seria obtida *se* a corrente fosse trazida das condições reais para as condições normais de temperatura e pressão. A partir do valor dado de 23,8 MCNH você pode (a) calcular a vazão molar (kmol/h) dividindo 23,8 m³/h por 22,4 m³(CNTP)/kmol, ou (b) calcular a verdadeira vazão volumétrica (m³/h) multiplicando 23,8 m³/h por (423 K/273 K)(1 atm/2,5 atm). (Convença-se destas duas afirmações.)

Exemplo 5.2-4 **Vazões Volumétricas Normal e Verdadeira**

A vazão de uma corrente de metano a 285°F e 1,30 atm é medida com um medidor de orifício. O gráfico de calibração do medidor indica que a vazão é 3,95 × 10⁵ PCNH. Calcule a vazão molar e a verdadeira vazão volumétrica da corrente.

Solução Lembre que PCNH significa ft³ (CNTP)/h.

$$\dot{n} = \frac{3,95 \times 10^5 \text{ ft}^3(\text{CNTP}) \mid 1 \text{ lb-mol}}{\text{h} \mid 359 \text{ ft}^3(\text{CNTP})} = \boxed{1,10 \times 10^3 \text{ lb-mol/h}}$$

Note que, para calcular a vazão molar a partir de uma vazão volumétrica normal, você não precisa conhecer a temperatura e a pressão reais do gás.

A vazão volumétrica verdadeira do metano é calculada usando o método ilustrado no Exemplo 5.2-3, só que agora vamos trazer o gás das condições normais ($T_1 = 492°R$, $P_1 = 1,0$ atm, $\dot{V}_1 = 3,95 \times 10^5$ ft³/h) para as condições reais ($T_2 = 745°R$, $P_2 = 1,30$ atm, $\dot{V}_2 = ?$). Portanto, obtemos

$$\dot{V}_2 = \dot{V}_1\left(\frac{T_2}{T_1}\right)\left(\frac{P_1}{P_2}\right) = (3,95 \times 10^5 \text{ ft}^3/\text{h})\left(\frac{745°R}{492°R}\right)\left(\frac{1,00 \text{ atm}}{1,30 \text{ atm}}\right) = \boxed{4,60 \times 10^5 \text{ ft}^3/\text{h}}$$

Teste	
(veja *Respostas dos Problemas Selecionados*)	**1.** Quais são as condições normais de temperatura e pressão? Quais são os valores de $\hat{V}_s$ nos sistemas SI, CGS e Americano de Engenharia?
	2. O que acontece com o volume de um gás ideal quando você dobra a pressão mantendo fixa a temperatura? E quando você dobra a temperatura mantendo fixa a pressão?
	3. O que acontece com a massa específica de uma quantidade fixa de gás ideal quando a temperatura aumenta, mantendo fixa a pressão? E quando a temperatura aumenta mantendo fixo o volume?
	4. A vazão volumétrica de um gás ideal é dada como sendo 35,8 MCNH. A temperatura e a pressão do gás são −15°C e 1,5 atm. A vazão volumétrica real do gás é (a) <35,8 m³/h, (b) 35,8 m³/h, (c) >35,8 m³/h, ou (d) não pode ser determinada sem informação adicional?

5.2c Misturas de Gases Ideais

Suponha que n_A mols da substância A, n_B mols da substância B, n_C mols da substância C, e assim por diante, estão contidos em um volume V à temperatura T e à pressão absoluta P. A **pressão parcial** p_A e o **volume do componente puro** v_A de A na mistura são definidos como segue:

p_A: a pressão que seria exercida por n_A mols de A sozinhos no mesmo volume total V à mesma temperatura T.

v_A: O volume que seria ocupado por n_A mols de A sozinhos à mesma temperatura T e à mesma pressão P.

Suponha também que cada um dos componentes individuais da mistura e a própria mistura como um todo se comportam de maneira ideal. (Esta é a definição de uma **mistura de gases ideais**.) Se existem n mols de todas as espécies no volume V à pressão P e temperatura T, então

$$PV = nRT$$

Além disso, da definição de pressão parcial,

$$p_A V = n_A RT$$

Dividindo a segunda pela primeira, obtemos

$$\frac{p_A}{P} = \frac{n_A}{n} = y_A \qquad \text{(a fração molar de A no gás)}$$

ou

$$\boxed{p_A = y_A P} \tag{5.2-7}$$

Isto é, *a pressão parcial de um componente em uma mistura de gases ideais é a fração molar do componente vezes a pressão total.*[4] Além disso, já que $y_A + y_B + \cdots = 1$, então

$$p_A + p_B + \cdots = (y_A + y_B + \cdots)\, P = P \tag{5.2-8}$$

ou, *a soma das pressões parciais dos componentes em uma mistura de gases ideais é igual à pressão total (lei de Dalton).*

Uma série semelhante de cálculos pode ser feita para o volume do componente puro:

$$Pv_A = n_A RT$$

$$\Downarrow \text{ Dividido por } PV = nRT$$

$$\frac{v_A}{V} = \frac{n_A}{n} = y_A$$

ou

$$\boxed{v_A = y_A V} \tag{5.2-9}$$

e

$$v_A + v_B + \cdots = V \qquad \text{(lei de Amagat)}$$

A quantidade v_A/V é a **fração de volume** ou **fração volumétrica** de A na mistura, e 100 vezes esta quantidade é a **porcentagem em volume** (% v/v) deste componente. Como mostrado anteriormente, *a fração volumétrica de uma substância em uma mistura de gases ideais é igual à fração molar desta substância.* Dizer, portanto, que uma mistura de gases ideais contém 30% CH_4 e 70% C_2H_6 em volume (ou 30% v/v CH_4 e 70% v/v C_2H_6) é equivalente a especificar 30% molar CH_4 e 70% molar C_2H_6.

---

[4]A Equação 5.2-7 é frequentemente usada como definição da pressão parcial. Para uma mistura de gases ideais, a definição dada e a Equação 5.2-7 são equivalentes. Para um gás não ideal, o conceito de pressão parcial tem pouca utilidade.

Exemplo 5.2-5   Balanços de Massa em um Evaporador-Compressor

Acetona líquida (C_3H_6O) alimenta uma câmara aquecida com uma vazão de 400 L/min, onde evapora junto com uma corrente de nitrogênio. O gás que deixa o aquecedor é diluído por outra corrente de nitrogênio que flui com uma vazão de 419 m³ (CNTP)/min. Os gases combinados são comprimidos até uma pressão total $P = 6,3$ atm (pressão manométrica) a 325°C. A pressão parcial da acetona nesta corrente é $p_a = 501$ mm Hg. A pressão atmosférica é 763 mm Hg.

1. Qual é a composição molar da corrente que sai do compressor?
2. Qual é a vazão volumétrica do nitrogênio que entra no evaporador se a temperatura e a pressão desta corrente são 27°C e 475 mm Hg (manométrica)?

Solução   **Base: Vazões Dadas**

Admita comportamento de gás ideal. Faça com que $\dot{n}_1$, $\dot{n}_2$, ... (mol/min) sejam as vazões molares de cada corrente.

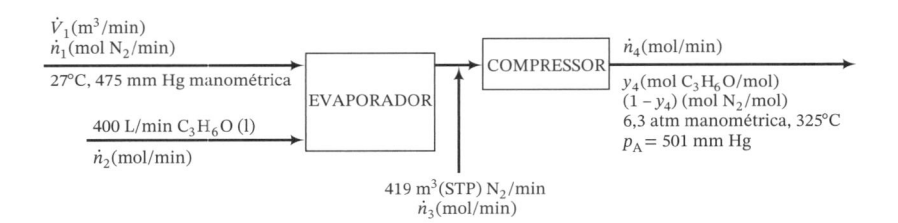

Você deve ser capaz de examinar o fluxograma e ver exatamente como se chega à solução.

1. Faça uma análise de graus de liberdade para o sistema e verifique se o problema pode ser solucionado.
2. Calcule $\dot{n}_2$ (a partir da vazão volumétrica dada e uma massa específica tabulada para a acetona líquida), $\dot{n}_3$ (a partir da equação de estado do gás ideal) e y_4 ($= p_A/P$).
3. Calcule $\dot{n}_4$ (balanço global de acetona), $\dot{n}_1$ (balanço de massas global) e $\dot{V}_1$ (equação de estado do gás ideal).

Análise de Graus de Liberdade

$$
\begin{array}{l}
6 \text{ incógnitas } (\dot{V}_1, \dot{n}_1, \dot{n}_2, \dot{n}_3, \dot{n}_4, y_4) \\
-1 \text{ relação de densidade relativa } (\dot{n}_2) \\
-2 \text{ balanços moleculares (global, } C_3H_6) \\
-1 \text{ equação de estado do gás ideal } (\dot{V}_1) \\
-1 \text{ relação de pressão parcial } (y_4) \\
-1 \text{ equação de estado do gás ideal } (\dot{n}_3) \\
\hline
0 \text{ grau de liberdade}
\end{array}
$$

Calculando a Vazão Molar de Acetona

Conforme a Tabela B.1 do Apêndice B, a massa específica da acetona líquida é 0,791 g/cm³ (791 g/L), de modo que

$$
\dot{n}_2 = \frac{400\,\text{L}}{\text{min}} \left| \frac{791\,\text{g}}{\text{L}} \right| \frac{1\,\text{mol}}{58,08\,\text{g}} = 5450\,\frac{\text{mol C}_3\text{H}_6\text{O}}{\text{min}}
$$

Determinando as Frações Molares a Partir das Pressões Parciais
Na corrente que deixa o compressor,

$$\frac{p_A}{P} = y_4 \left(\frac{\text{mol } C_3H_6O}{\text{mol}} \right)$$

$$P = P_{\text{manométrica}} + P_{\text{atm}} = \frac{6{,}3 \text{ atm}}{} \left| \frac{760 \text{ mm Hg}}{1 \text{ atm}} + 763 \text{ mm Hg} = 5550 \text{ mm Hg} \right.$$

então

$$\boxed{\begin{aligned} y_4 &= \frac{501 \text{ mm Hg}}{5550 \text{ mm Hg}} = 0{,}0903 \; \frac{\text{mol } C_3H_6O}{\text{mol}} \\ 1 - y_4 &= 0{,}9097 \; \frac{\text{mol } N_2}{\text{mol}} \end{aligned}}$$

Calculando $\dot{n}_3$ a partir da Informação PVT $\dot{n}_3 = \dfrac{419 \text{ m}^3(\text{STP})}{\text{min}} \left| \dfrac{1 \text{ mol}}{0{,}0224 \text{ m}^3(\text{STP})} = 18.700 \; \dfrac{\text{mol}}{\text{min}} \right.$

Balanço de Acetona no Processo Global $\dot{n}_2 = \dot{n}_4 y_4$
$$\begin{Vmatrix} \dot{n}_2 = 5450 \text{ mol/min} \\ y_4 = 0{,}0903 \end{Vmatrix}$$
$$\dot{n}_4 = 60.400 \text{ mol/min}$$

Balanço Global de Mols $\dot{n}_1 + \dot{n}_2 + \dot{n}_3 = \dot{n}_4$
$$\begin{Vmatrix} \dot{n}_2 = 5450 \text{ mol/min} \\ \dot{n}_3 = 18.700 \text{ mol/min} \\ \dot{n}_4 = 60.400 \text{ mol/min} \end{Vmatrix}$$
$$\dot{n}_1 = 36.200 \text{ mol/min}$$
$$\begin{Vmatrix} \text{Equação de estado dos gases ideais} \\ T_1 = 27{\,}°C \; (300 \text{ K}) \\ P_1 = 475 \text{ mm Hg manométrica (1238 mm Hg)} \end{Vmatrix}$$
$$\dot{V}_1 = \dot{n}_1 \frac{V_s}{n_s} \frac{T_1}{T_s} \frac{P_s}{P_1}$$

$$= \frac{36.200 \text{ mol}}{\text{min}} \left| \frac{0{,}0224 \text{ m}^3}{1 \text{ mol}} \right| \frac{300 \text{ K}}{273 \text{ K}} \left| \frac{760 \text{ mm Hg}}{1238 \text{ mm Hg}} \right.$$

$$\boxed{\dot{V}_1 = 550 \text{ m}^3 \; N_2/\text{min}}$$

5.3 EQUAÇÕES DE ESTADO PARA GASES NÃO IDEAIS

O gás ideal é a base para a mais simples e conveniente das equações de estado: a sua solução é trivial, não importa qual é a variável desconhecida, e o cálculo é independente da espécie do gás e é o mesmo para compostos puros e suas misturas. O problema é que pode ser seriamente inexata. A uma temperatura suficientemente baixa e/ou a uma pressão suficientemente alta, um valor de $\hat{V}$ previsto pela equação de estado dos gases ideais pode se desviar por duas ou três ordens de magnitude ou mais, em qualquer direção. Pior ainda, o valor previsto para uma espécie a uma temperatura e uma pressão dadas pode ser muito alto, para uma outra espécie nas mesmas P e T pode ser muito baixo, e para uma terceira espécie pode estar muito próximo do valor real.

Nesta seção, introduzimos várias equações de estado mais complexas, porém mais precisas para um componente puro: a *equação do virial*, a *equação de van der Waals* e a *equação de Soave-Redlich-Kwong*. Na Seção 5.4 introduzimos uma outra abordagem à análise de gases não ideais que faz uso da *Lei dos Estados Correspondentes* e dos *fatores de compressibilidade*, e descrevemos a *regra de Kay*, um método para se fazer cálculos *PVT* em misturas gasosas.

5.3a Temperatura e Pressão Críticas

Quão bem ou mal a equação de estado dos gases ideais ajusta dados PVT para uma espécie depende com frequência dos valores da pressão e temperatura do sistema em relação a duas propriedades físicas da espécie — a **temperatura crítica** (T_c) e a **pressão crítica** (P_c). Os valores destas *constantes críticas* podem ser procurados na Tabela B.1 e na maior parte dos manuais de química padrões de referência. Consideremos primeiro o seu significado físico e vejamos depois como elas podem ser usadas em cálculos de gases não ideais.

Suponha que uma quantidade de água é mantida em um cilindro fechado provido de um pistão.

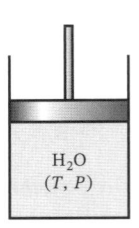

H_2O
(T, P)

A temperatura do cilindro é fixada primeiro em um valor especificado, com a pressão dentro do cilindro suficientemente baixa como para que toda a água esteja na forma de vapor; depois, a água é comprimida a temperatura constante, abaixando o pistão até que apareça a primeira gota de líquido (quer dizer, até que comece a condensação). A pressão na qual a condensação começa (P_{cond}) e as massas específicas do vapor (ρ_v) e do líquido (ρ_l) são anotadas e o experimento é repetido sob várias temperaturas progressivamente mais elevadas. Os seguintes resultados podem ser obtidos (observe a tendência para as três variáveis observadas à medida que a temperatura aumenta):

Corrida	$T(°C)$	$P_{cond}(atm)$	$\rho_v(kg/m^3)$	$\rho_l(kg/m^3)$
1	25,0	0,0329	0,0234	997,0
2	100,0	1,00	0,5977	957,9
3	201,4	15,8	8,084	862,8
4	349,8	163	113,3	575,0
5	373,7	217,1	268,1	374,5
6	374,15	218,3	315,5	315,5
7	>374,15	*Não há condensação!*		

Note o que acontece. A 25°C, a água condensa a uma pressão muito baixa, e a massa específica do líquido é mais de quatro vezes maior do que a do vapor. A temperaturas mais elevadas, a pressão de condensação vai aumentando e as massas específicas do vapor e do líquido vão se aproximando uma da outra. A 374,15°C, as massas específicas das duas fases são virtualmente iguais, e acima desta temperatura não se observa uma separação de fases, não importa o quanto a pressão aumente.

Em geral, *a maior temperatura na qual uma espécie pode coexistir em duas fases (líquida e vapor) é a* **temperatura crítica** *desta espécie, T_c, e a pressão correspondente é a* **pressão crítica**, P_c. Uma substância a T_c e P_c é descrita como estando no seu **estado crítico**. Esse experimento demonstra, e a Tabela B.1 confirma, que, para água, $T_c = 374,15°C$ e $P_c = 218,3$ atm.

Os termos "gás" e "vapor" são normalmente usados como sinônimos, mas existe uma diferença técnica entre eles e agora você está em posição de compreendê-la. Um **vapor** é uma espécie gasosa abaixo da sua temperatura crítica, e um **gás** é uma espécie acima da sua temperatura crítica, a uma pressão suficientemente baixa para que a espécie se comporte mais como um vapor do que como um líquido (quer dizer, uma massa específica mais perto de 1 g/L do que 1000 g/L). Você pode condensar um vapor comprimindo-o isotermicamente, mas embora você possa tornar um gás mais e mais denso comprimindo-o isotermicamente, você nunca conseguirá uma separação em duas fases. Substâncias a temperaturas acima de T_c e pressões acima de P_c são chamadas de **fluidos supercríticos**.

Teste

(veja *Respostas dos Problemas Selecionados*)

As temperatura e pressão críticas do isopropanol (álcool isopropílico) são $T_c = 508,8$ K e $P_c = 53,0$ atm.

1. O isopropanol está no estado gasoso a $T = 400$ K e $P = 1$ atm. Ele seria classificado como um vapor ou como um gás?

2. O isopropanol é comprimido isotermicamente a 400 K até que se forma uma fase líquida na pressão P_a. As massas específicas do vapor e do líquido neste ponto são ρ_{va} e ρ_{la}, respectivamente. Em um segundo experimento, o isopropanol é comprimido a 450 K até que ocorra a condensação, quando então a pressão e as massas específicas do vapor e do líquido são P_b, ρ_{vb} e ρ_{lb}, respectivamente. Quais são as relações ($>$, $=$, $<$ ou ?) entre (a) P_a e P_b, (b) ρ_{va} e ρ_{vb} e (c) ρ_{la} e ρ_{lb}?

3. Se o isopropanol a 550K e 1 atm for comprimido isotermicamete até 100 atm, será formado um condensado? Que termo você poderia usar para se referir ao fluido na condição inicial? E na condição final?

5.3b Equações de Estado do Virial

Uma **equação de estado do virial** expressa a quantidade $P\hat{V}/RT$ como uma série de potências no inverso do volume específico:

$$\frac{P\hat{V}}{RT} = 1 + \frac{B}{\hat{V}} + \frac{C}{\hat{V}^2} + \frac{D}{\hat{V}^3} + \cdots \qquad \text{(5.3-1)}$$

em que B, C e D são funções da temperatura e são conhecidos como o segundo, terceiro e quarto coeficientes do virial, respectivamente. Esta equação de estado tem uma base teórica na mecânica estatística, mas os procedimentos para o cálculo dos coeficientes não estão ainda bem desenvolvidos, especialmente para aqueles além do B. Note que é obtida a equação de estado dos gases ideais se $B = C = D = \cdots = 0$.

Aproximações simples da Equação 5.3-1 podem ser úteis porque são relativamente fáceis de manipular e podem haver informações limitadas sobre o terceiro e os subsequentes coeficientes do virial. Truncando a equação de estado do virial depois do segundo termo, tem-se

$$\frac{P\hat{V}}{RT} = 1 + \frac{B}{\hat{V}} \qquad \text{(5.3-2)}$$

Uma outra aproximação substitui $\hat{V} = P/RT$ (isto é, a equação de estado do gás ideal) no lado direito da equação 5.3-2 para dar

$$\frac{P\dot{V}}{RT} = 1 + \frac{BP}{RT} \qquad \text{(5.3-3)}$$

A última equação pode ser resolvida facilmente para qualquer das três variáveis P, $\hat{V}$ ou T.

Poling et al. (veja a nota de rodapé 1) desaconselham o uso desta equação para compostos polares (compostos assimétricos com um momento dipolar diferente de zero, como a água). O seguinte procedimento pode ser usado para estimar $\hat{V}$ ou P para uma dada T para uma espécie não polar (uma com momento dipolar próximo de zero, como hidrogênio, oxigênio e todos os outros compostos molecularmente simétricos).

• Procure a temperatura e pressão críticas (T_c e P_c) para a espécie de interesse na Tabela B.1 ou em outra fonte. Procure também o **fator acêntrico de Pitzer**, ω, um parâmetro que expressa a geometria e a polaridade de uma molécula. A Tabela 5.3-1 lista valores de ω para compostos selecionados, e uma lista mais completa pode ser encontrada em Poling et al. (veja a nota de rodapé 1).

• Calcule a **temperatura reduzida**, $T_r = T/T_c$.

• Estime B usando as seguintes equações:

$$B_0 = 0,083 - \frac{0,422}{T_r^{1,6}} \qquad \text{(5.3-4)}$$

$$B_1 = 0,139 - \frac{0,172}{T_r^{4,2}} \qquad (5.3\text{-}5)$$

$$B = \frac{RT_c}{P_c}(B_0 + \omega B_1) \qquad (5.3\text{-}6)$$

- Substitua os valores de B e da variável conhecida P ou $\hat{V}$ na Equação 5.3-3 e resolva para a outra variável.

TABELA 5.3-1 Fatores Acêntricos de Pitzer
(Valores com * estão na 4ª Edição da referência na Nota de Rodapé 1)

Componente	Fator Acêntrico, ω
Água	0,344
Amônio	0,257
Argônio	−0,002
Cloro*	0,073
Dióxido de carbono	0,225
Dióxido de enxofre*	0,251
Etano	0,099
Etileno	0,087
Metano	0,011
Metanol	0,565
Monóxido de carbono	0,045
Nitrogênio	0,037
Oxigênio*	0,021
Propano	0,152
Sulfeto de hidrogênio	0,090

Exemplo 5.3-1 A Equação do Virial Truncada

Dois mols de nitrogênio são colocados em um tanque de três litros a $-150,8°C$. Estime a pressão do tanque usando a equação de estado dos gases ideais e depois usando a equação de estado do virial truncada após o segundo termo. Tomando a segunda estimativa como o valor correto, calcule a porcentagem de erro que resulta do uso da equação de estado dos gases ideais nas condições do sistema.

Solução $T = (-150,8 + 273,2)K = 122,4$ K e $\hat{V} = 3,00$ L/2,00 mols $= 1,50$ L/mol. Conforme a equação de estado dos gases ideais,

$$P_{\text{ideal}} = \frac{RT}{\hat{V}} = \frac{0,08206 \text{ L·atm}}{\text{mol·K}} \left| \frac{123 \text{ K}}{} \right| \frac{1 \text{ mol}}{1,50 \text{ L}} = \boxed{6,73 \text{ atm}}$$

O procedimento de solução para a equação de estado do virial é o seguinte:

- Tabela B.1 $\Longrightarrow (T_c)_{N_2} = 126,2$ K, $(P_c)_{N_2} = 33,5$ atm
  Tabela 5.3-1 $\Longrightarrow \omega_{N_2} = 0,040$
- $T_r = \dfrac{T}{T_c} = \dfrac{122,4 \text{ K}}{126,2 \text{ K}} = 0,970$
- Equação 5.3-4 $\Longrightarrow B_0 = 0,083 - \dfrac{0,422}{0,970^{1,6}} = -0,36$
  Equação 5.3-5 $\Longrightarrow B_1 = 0,139 - \dfrac{0,172}{0,970^{4,2}} = -0,056$
  Equação 5.3-6 $\Longrightarrow B = \dfrac{\left(0,08206 \dfrac{\text{L·atm}}{\text{mol·K}}\right)(126,2 \text{ K})}{33,5 \text{ atm}}[-0,36 + 0,040(-0,056)]$
  $= -0,113$ L/mol

- A partir do rearranjo da Equação 5.3-3, $P = \dfrac{RT}{\hat{V} - B}$, de forma que

$$P = \frac{\left(0{,}08206 \; \frac{\text{L}\cdot\text{atm}}{\text{mol}\cdot\text{K}}\right)(122{,}4 \text{ K})}{(1{,}50 - 0{,}113) \; \frac{\text{L}}{\text{mol}}} = \boxed{6{,}23 \text{ atm}}$$

O erro na pressão calculada usando a equação de estado dos gases ideais é

$$\varepsilon = \frac{P_{\text{ideal}} - P}{P} \times 100\% = \boxed{8{,}0\% \text{ erro}}$$

5.3c Equações de Estado Cúbicas

Uma grande quantidade de relações analíticas PVT são chamadas de **equações de estado cúbicas** porque, quando expandidas, elas fornecem expressões de terceira ordem para o volume específico. A **equação de estado de van der Waals** é a mais antiga destas expressões, e permanece útil até hoje para discutir desvios do comportamento de gás ideal.

$$P = \frac{RT}{\hat{V} - b} - \frac{a}{\hat{V}^2} \tag{5.3-7}$$

em que

$$a = \frac{27R^2 T_c^2}{64P_c} \quad b = \frac{RT_c}{8P_c}$$

Na dedução de van der Waals, o termo $a/\hat{V}^3$ quantifica as forças atrativas entre as moléculas, e b é uma correção que representa o volume ocupado pelas próprias moléculas.[5]

Poling, Prausnitz e O'Connell (veja a nota de rodapé 1) discutem outras importantes equações de estado cúbicas, incluindo as equações de **Redlich-Kwong**, **Soave-Redlich-Kwong (SRK)** e **Peng-Robinson (PR)**. Estas equações são empíricas, mas se têm mostrado extremamente robustas para descrever uma ampla variedade de sistemas. Usaremos aqui a expressão SRK para ilustrar as características gerais das equações de estado cúbicas.

A equação de estado SRK é

$$P = \frac{RT}{\hat{V} - b} - \frac{\alpha a}{\hat{V}(\hat{V} + b)} \tag{5.3-8}$$

na qual os parâmetros a, b e α são funções empíricas da pressão e temperatura críticas (P_c e T_c da Tabela B.1), do fator acêntrico de Pitzer (ω da Tabela 5.3-1) e da temperatura do sistema. Para estimar estes três parâmetros podem ser usadas as seguintes correlações:

$$a = 0{,}42747 \, \frac{(RT_c)^2}{P_c} \tag{5.3-9}$$

$$b = 0{,}08664 \, \frac{RT_c}{P_c} \tag{5.3-10}$$

$$m = 0{,}48508 + 1{,}55171\omega - 0{,}1561\omega^2 \tag{5.3-11}$$

$$T_r = T/T_c \tag{5.3-12}$$

$$\alpha = \left[1 + m\left(1 - \sqrt{T_r}\right)\right]^2 \tag{5.3-13}$$

---

[5] Uma discussão interessante sobre o papel de a e b está no texto da aula que Johannes D. van der Waals ministrou quando recebeu o Prêmio Nobel pelo seu trabalho no desenvolvimento de sua equação de estado (http://nobelprize.org/nobel_prizes/physics/laureates/1910/waals-lecture.html).

A complexidade de se usar a equação de estado SRK pode variar dependendo de quais das três variáveis (P, $\hat{V}$, T) são conhecidas. Nós sugerimos o seguinte procedimento:

1. Para espécies dadas, procure T_c, P_c e o fator acêntrico de Pitzer ω (Tabela 5.3-1 para espécies selecionadas). Calcule a, b e m a partir das Equações 5.3-9, 5.3-10 e 5.3-11.

2. Se T e $\hat{V}$ são conhecidos, avalie T_r a partir da Equação 5.3-12 e α a partir da Equação 5.3-13 e resolva a Equação 5.3-8 para P.

3. Se T e P são conhecidas, digite a Equação 5.3-8 e todos os valores conhecidos no Solver do Excel e resolva para $\hat{V}$. (Alternativamente, use *Atingir Meta* no Excel, como no exemplo 5.3-3.)

4. Se P e $\hat{V}$ são conhecidos, digite as Equações 5.3-8, 5.3-11 para T_r, 5.3-13 para α e todos os valores conhecidos no Solver do Excel e resolva para T.

Exemplo 5.3-2 A Equação de Estado SRK

Um cilindro de gás com um volume de 2,50 m³ contém 1,00 kmol de dióxido de carbono a T = 300 K. Use a equação de estado SRK para estimar a pressão do gás em atm.

Solução O volume molar é calculado como

$$\hat{V} = \frac{V}{n} = \frac{2,5\,\text{m}^3}{1,00\,\text{kmol}} \left| \frac{10^3\,\text{L}}{1\,\text{m}^3} \right| \frac{1\,\text{kmol}}{10^3\,\text{mol}} = 2,50\,\text{L/mol}$$

Pela Tabela B.1, T_c = 304,2 K e P_c = 72,9 atm, e pela Tabela 5.3-1, ω = 0,225. Os parâmetros da equação de estado SRK são avaliados usando as Equações 5.3-9 a 5.3-13:

$$\text{Equação 5.3-9} \implies a = 0{,}42747 \frac{\{[0{,}08206\,\text{L}\cdot\text{atm/(mol·K)}](304{,}2\,\text{K})\}^2}{72{,}9\,\text{atm}}$$
$$= 3{,}654\,\text{L}^2\cdot\text{atm/mol}^2$$

$$\text{Equação 5.3-10} \implies b = 0{,}08664 \frac{[0{,}08206\,\text{L}\cdot\text{atm/(mol·K)}](304{,}2\,\text{K})}{72{,}9\,\text{atm}}$$
$$= 0{,}02967\,\text{L/mol}$$

$$\text{Equação 5.3-11} \implies m = 0{,}8263$$
$$\text{Equação 5.3-12} \implies T_r = 0{,}986$$
$$\text{Equação 5.3-13} \implies \alpha = 1{,}0115$$

Agora a equação SRK (Equação 5.3-8) pode ser resolvida para a pressão do tanque:

$$P = \frac{RT}{\hat{V} - b} - \frac{\alpha a}{\hat{V}(\hat{V} + b)}$$
$$= \frac{[0{,}08206\,\text{L}\cdot\text{atm/(mol·K)}](300\,\text{K})}{[(2{,}50 - 0{,}02967)\text{L/mol}]} - \frac{1{,}0115(3{,}654\,\text{L}^2\cdot\text{atm/mol}^2)}{(2{,}50\,\text{L/mol})[(2{,}50 + 0{,}02967)\text{L/mol}]}$$
$$= \boxed{9{,}38\,\text{atm}}$$

O uso da equação de estado dos gases ideais leva a uma pressão estimada de 9,85 atm (*verifique*), um desvio de 5% em relação ao valor mais exato calculado pela equação de estado SRK.

O cálculo do volume de um sistema para uma temperatura e pressão dadas usando uma equação de estado cúbica requer um procedimento iterativo de tentativa e erro. Uma planilha de cálculo é muito conveniente para resolver problemas deste tipo. O próximo exemplo ilustra o procedimento.

Exemplo 5.3-3 Estimação de Volumes Usando a Equação de Estado SRK

Uma corrente de propano na temperatura T = 423 K e na pressão P(atm) flui com uma vazão de 100,0 kmol/h. Use a equação de estado SRK para estimar a vazão volumétrica da corrente para P = 0,7 atm, 7 atm e 70 atm. Em cada caso, calcule as diferenças percentuais entre as previsões da equação SRK e da equação de estado dos gases ideais.

Solução   O cálculo de $\hat{V}$(L/mol) é o seguinte: a equação de estado SRK é escrita da forma

$$f(\hat{V}) = P - \frac{RT}{\hat{V} - b} + \frac{\alpha a}{\hat{V}(\hat{V} + b)} = 0$$

os valores de T_c, P_c e ω são localizados nas tabelas correspondentes; os parâmetros a, b e α são calculados a partir das fórmulas dadas; os valores especificados de T e de P são substituídos; e o valor de $\hat{V}$ para o qual $f(\hat{V}) = 0$ é calculado por tentativa e erro. A diferença percentual entre $\hat{V}_{SRK}$ e $\hat{V}_{ideal}$ $(= RT/P)$ é

$$D(\%) = \frac{\hat{V}_{ideal} - \hat{V}_{SRK}}{\hat{V}_{SRK}} \times 100\%$$

Uma vez que $\hat{V}$ é conhecido para uma pressão P dada, a vazão volumétrica correspondente a uma vazão molar de 100,0 kmol/h é obtida por

$$\dot{V}(\text{m}^3/\text{h}) = \frac{\hat{V}(\text{L})}{(\text{mol})} \left| \frac{10^3\,\text{mol}}{1\,\text{kmol}} \right| \frac{1\,\text{m}^3}{10^3\,\text{L}} \left| \frac{100,0\,\text{kmol}}{\text{h}} \right. = 100,0\,\hat{V}(\text{L/mol})$$

Na Figura 5.3-1 mostramos uma das muitas configurações possíveis de planilhas que podem ser criadas para este propósito, junto com as fórmulas em células selecionadas. As constantes críticas do propano ($T_c = 369,9$ K e $P_c = 42,0$ atm) vêm da Tabela B.1 e o fator acêntrico de Pitzer ($\omega = 0,152$) vem da Tabela 5.3-1. Nas fórmulas da planilha, um asterisco duplo significa exponencial. (Muitas planilhas usam o acento circunflexo para esta função.) Note que a equação de estado dos gases ideais funciona muito bem a 0,7 atm e razoavelmente bem a 7 atm, mas a 70 atm as diferenças entre as duas estimativas de $\hat{V}$ são consideráveis.

	A	B	C	D	E	F
1	Planilha para o Exemplo 5.3-3					
2						
3	Tc =	369,9	Pc =	42,0	ω =	0.152
4	a =	9,3775	b =	0,06262	m =	0,7173
5	T =	423	Tr =	1,14355	α =	0,903
6						
7	P	$\hat{V}_{ideal}$	$\hat{V}$	$f(\hat{V})$	D	$\dot{V}$
8	(atm)	(L/mol)	(L/mol)	(atm)	(%)	(m3/h)
9	0,7	49,59	49,41	1,6E–5	0,37	4941
10	7	4,959	4,775	9,9E–6	3,9	477
11	70	0,4959	0,2890	9,2E–5	72	28,9

[B4] = 0,42747*(0,08206*B3)**2/D3
[D4] = 0,08664*0,08206 * B3/D3
[F4] = 0,48508+1,55171*F3–0,1561*F3**2
[D5] = B5/B3
[F5] = (1+F4*(1–SQRT(D5)))**2
[B9] = 0,08206*$B$5/A9
[C9] = 49,588
[D9] = A9–0,08206*$B$5/(C9–$D$4)+$F$5*$B$4/(C9*(C9+$D$4))
[E9] = 100*(B9–C9)/C9
[F9] = 100*C9

FIGURA 5.3-1 Planilha para o Exemplo 5.3-3.

Quando a planilha é montada, os valores mostrados nas Linhas 1, 3-5, 7 e 8 são inseridos exatamente como mostrado, exceto para as fórmulas dadas nas Células B4, D4, F4, D5 e F5. Depois que os conteúdos das células da Linha 9 são inseridos, eles são copiados nas Linhas 10 e 11, e as pressões na Coluna A são alteradas para os valores desejados. Os valores nas Células C9-C11 (as estimativas iniciais de $\hat{V}$) são os valores copiados das células adjacentes na Coluna B (os valores obtidos com a equação de estado dos gases ideais). Os valores corretos são obtidos por tentativa e erro; por exemplo, o valor na Célula C9 seria variado até que o valor da Célula D9 estivesse suficientemente perto de zero; o mesmo procedimento para as Linhas 10 e 11. A procura do valor correto pode ser feita de forma conveniente com a ferramenta *Atingir Meta*. Se você não tem experiência com planilhas de cálculo, pode ser útil construir esta e tentar reproduzir os resultados dados.

Lembre que a equação de estado SRK (e qualquer outra equação de estado) é uma aproximação. Voltando ao exemplo anterior, um estudo publicado fornece dados experimentais para o comportamento *PVT* do propano.[6] Os dados indicam que, a 423 K e 70 atm, o valor de $\hat{V}$ é 0,2579 L/mol. A porcentagem de erro na estimativa SRK ($\hat{V}$ = 0,2890 L/mol) não é tão desprezível assim: 12%, enquanto o erro na estimativa do gás ideal ($\hat{V}$ = 0,4959 L/mol) é de 92%.

Todas as equações de estado têm parâmetros obtidos ajustando-se expressões empíricas a dados experimentais *PVT*. O ajuste pode ser excelente dentro do intervalo de temperatura e pressão onde os dados foram obtidos, mas pode ser horrível fora dele. Você deve sempre tentar trabalhar dentro da região de validade da equação que pretende usar. Em condições longe desta região, você não tem nenhuma certeza da precisão da equação.

Teste (veja *Respostas dos Problemas Selecionados*)	1. Por que a equação de estado SRK é chamada uma *equação de estado cúbica*? 2. Que propriedades físicas de uma espécie você deve procurar para poder usar a equação de estado SRK? Onde você pode encontrar estas propriedades neste livro? 3. A equação de estado SRK é usada para determinar uma das variáveis T, P e $\hat{V}$, a partir de valores dados das outras duas. Classifique os seguintes problemas do mais fácil ao mais difícil: (a) dados P e T, calcular $\hat{V}$; (b) dados T e $\hat{V}$, calcular P; e (c) dados P e $\hat{V}$, calcular T. 4. Explique nas suas próprias palavras por que as estimativas obtidas usando uma equação de estado podem ser inexatas e quando você deve ser particularmente cético em relação a elas.

5.4 A EQUAÇÃO DE ESTADO DO FATOR DE COMPRESSIBILIDADE

O **fator de compressibilidade** de uma espécie gasosa é definido como a razão

$$z = \frac{P\hat{V}}{RT} \tag{5.4-1}$$

Se o gás se comporta idealmente, $z = 1$. A extensão com a qual z difere de 1 é uma medida da extensão com a qual o gás se comporta não idealmente. A Equação 5.4-1 pode ser rearranjada para formar a **equação de estado do fator de compressibilidade**,

$$P\hat{V} = zRT \tag{5.4-2a}$$

ou, já que $\hat{V} = V/n$ para uma quantidade fixa de gás, e $\dot{V}/\dot{n}$ para uma corrente,

$$PV = znRT \tag{5.4-2b}$$

$$P\dot{V} = z\dot{n}RT \tag{5.4-2c}$$

Seria conveniente se o fator de compressibilidade a uma temperatura e pressão específicas fosse o mesmo para todos os gases, de forma que um único gráfico ou tabela de $z(T, P)$ pudesse ser usado para todos os cálculos *PVT*. No entanto, a natureza não é tão simples assim: por exemplo, z para nitrogênio a 0°C e 100 atm é 0,9848, enquanto z para CO_2 nas mesmas condições é 0,2020. Consequentemente, para usar valores tabelados para todos os cálculos *PVT*, como no exemplo anterior, você deve medir o fator de compressibilidade como função da temperatura

---

[6]R. D. Gray, N. H. Rent e D. Zudkevitch, *AIChE Journal*, **16**, 991 (1970).

e da pressão separadamente para cada espécie química. As equações de estado como as de van der Waals e de Soave-Redlich-Kwong foram desenvolvidas para evitar ter que compilar o volume maciço de dados de z que seriam necessários.

Uma abordagem para uso da equação de estado do fator de compressibilidade seria determinar z experimentalmente como uma função de T e P para diferentes espécies químicas e substituir seu valor nas Equações 5.-4a, 5.-4b ou 5.-4c nos cálculos de processo. Apesar de encontrar tabulações para algumas espécies comuns, a imensa quantidade de trabalho experimental que seria necessária para fazê-lo para a maioria das espécies torna esta abordagem impraticável.

Um método alternativo usa a *lei dos estados correspondentes* para estimar z e substitui z na equação de estado do fator de compressibilidade. A base da lei é a observação de que os valores de certas propriedades físicas dos gases — incluindo o fator de compressibilidade — depende em grande parte da proximidade da temperatura e pressão do gás (T e P) da temperatura crítica (T_c) e da pressão crítica (P_c) da espécie gasosa. A lei afirma que o fator de compressibilidade de qualquer gás, a um valor específico da *temperatura reduzida*, T/T_c, e *pressão reduzida*, P/P_c, tem aproximadamente o mesmo valor para todas as espécies. Um único **gráfico do fator de compressibilidade** generalizado[7] mostrando z como uma função de (T_r, P_r) pode então ser preparado e usado para estimar fatores de compressibilidade.

A Figura 5.4-1 mostra uma carta generalizada de compressibilidade para os fluidos que têm um fator de compressibilidade crítico de 0,27.[8] São mostradas as condições tanto para gases quanto para líquidos, embora na nossa discussão aqui consideremos apenas a estimação de z para gases. Note o aumento dos desvios do comportamento ideal à medida que a pressão se aproxima ao valor de P_c (isto é, quando $P_r \rightarrow 1$).

As Figuras 5.4-2 até 5.4-4 são expansões de várias regiões da Figura 5.4-1. O parâmetro V_r^{ideal} é introduzido nestas figuras para eliminar a necessidade de cálculos de tentativa e erro em problemas nos quais a pressão ou a temperatura é desconhecida. Este parâmetro é definido em termos do volume crítico ideal[9] como

$$V_r^{\text{ideal}} = \frac{\hat{V}}{\hat{V}_c^{\text{ideal}}} = \frac{\hat{V}}{RT_c/P_c} = \frac{P_c\hat{V}}{RT_c} \qquad \textbf{(5.4-3)}$$

A Figura 5.4-1 cobre um espectro muito amplo de pressões reduzidas e é difícil ler o valor de z com precisão em algumas faixas de pressão. As Figuras 5.4-2, 5.4-3 e 5.4-4 expandem o gráfico para pressões reduzidas baixas, médias e altas, respectivamente, acrescentando considerável precisão para aquelas faixas. Se P (e P_r) é conhecida, é fácil de identificar o gráfico apropriado para usar; se P deve ser determinada a partir da equação de estado do fator de compressibilidade e são conhecidos os valores de T_r e V_r, encontrar o gráfico certo pode ser um pouco mais difícil.

O procedimento para usar a carta generalizada de compressibilidade para cálculos PVT é o seguinte:

1. Procure ou estime a temperatura crítica T_c e a pressão crítica P_c da substância de interesse seja por meio de consulta à Tabela B.1, por meio das funções Tcrit do APEx ("Espécies") e Pcrit ("Espécies"), ou ainda usando um procedimento de estimativa, como os exemplificados em Poling et al. (veja a nota de rodapé 1) ou os descritos nas páginas 2-468 a 2-471 do *Perry's Chemical Engineers Handbook* (veja a nota de rodapé 2).

2. Se o gás é hidrogênio ou hélio, determine as *constantes críticas ajustadas* a partir das fórmulas empíricas

$$T_c^a = T_c + 8\,\text{K} \qquad \textbf{(5.4-4)}$$

$$P_c^a = P_c + 8\,\text{atm} \qquad \textbf{(5.4-5)}$$

Estas equações são conhecidas como **correções de Newton.**

---

[7]L. C. Nelson e E. F. Obert, *Trans. ASME*, **76**, 1057 (1954).

[8]Uma extensão das cartas generalizadas que fornece uma maior precisão permite também uma dependência de $z(T, P)$ com z_c, o fator de compressibilidade no ponto crítico, que geralmente varia entre 0,25 e 0,29.

[9]$V_c^{\text{ideal}} = RT_c/P_c$ é o volume molar específico que seria calculado pela equação de estado dos gases ideais na temperatura T_c e na pressão P_c. Não tem nenhum significado físico para o gás, diferentemente de T_c, P_c e do *volume crítico* $\hat{V}_c$, uma outra propriedade do gás.

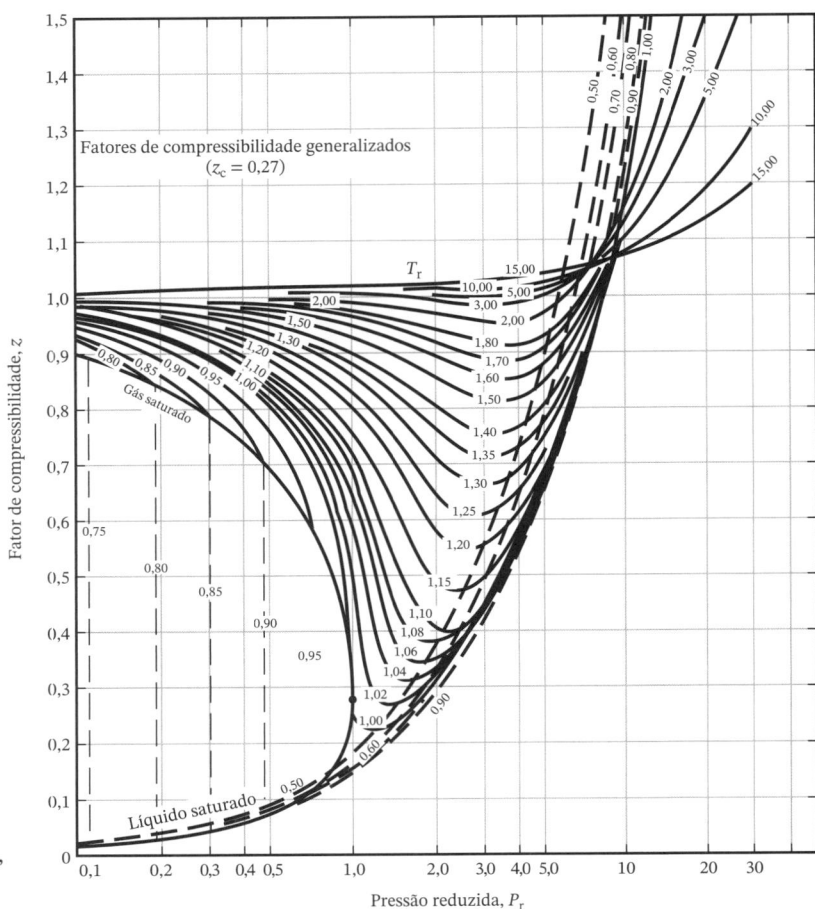

FIGURA 5.4-1 (Reproduzida com permissão de *Chemical Process Principles Charts*, 2nd Edition, por O. A. Hougen, K. M. Watson e R. A. Ragatz, John Wiley & Sons, New York, 1960.)

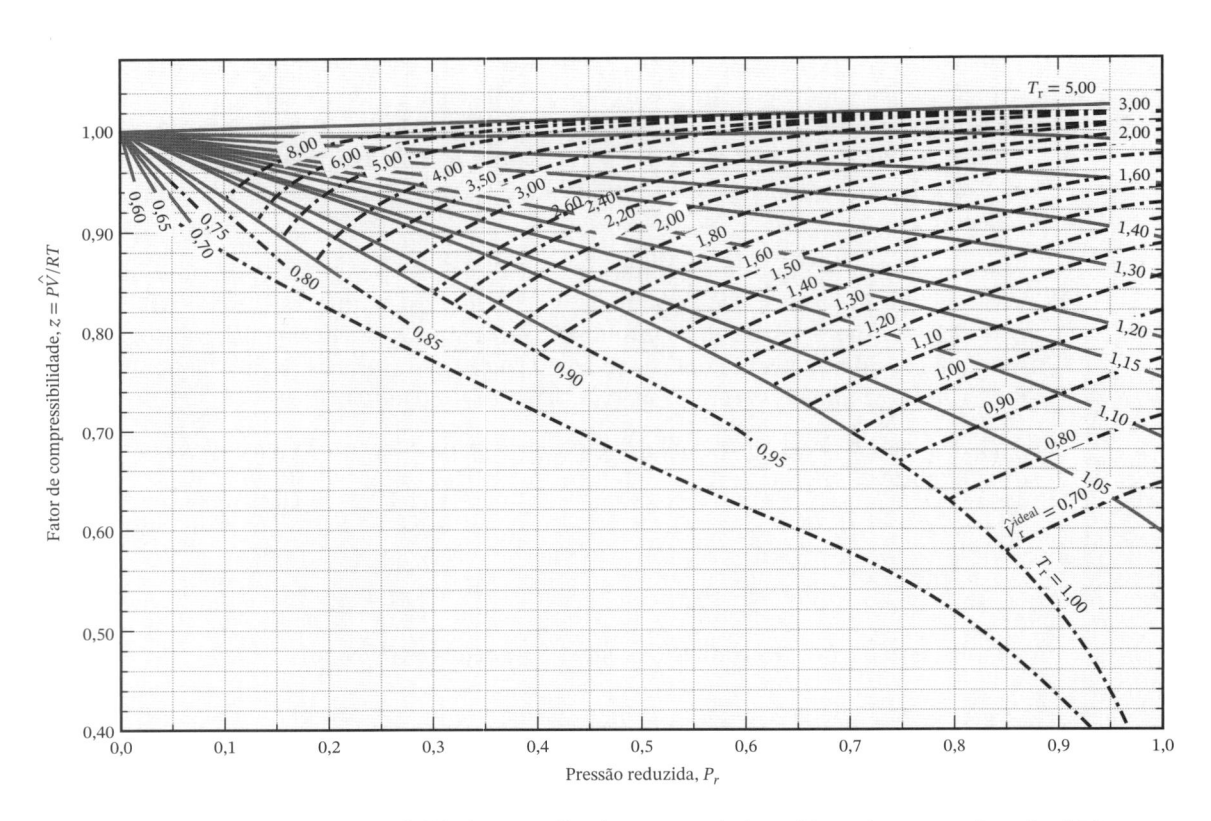

FIGURA 5.4-2 Carta de compressibilidade generalizada, pressões baixas. (Baseada na nota de rodapé 7.)

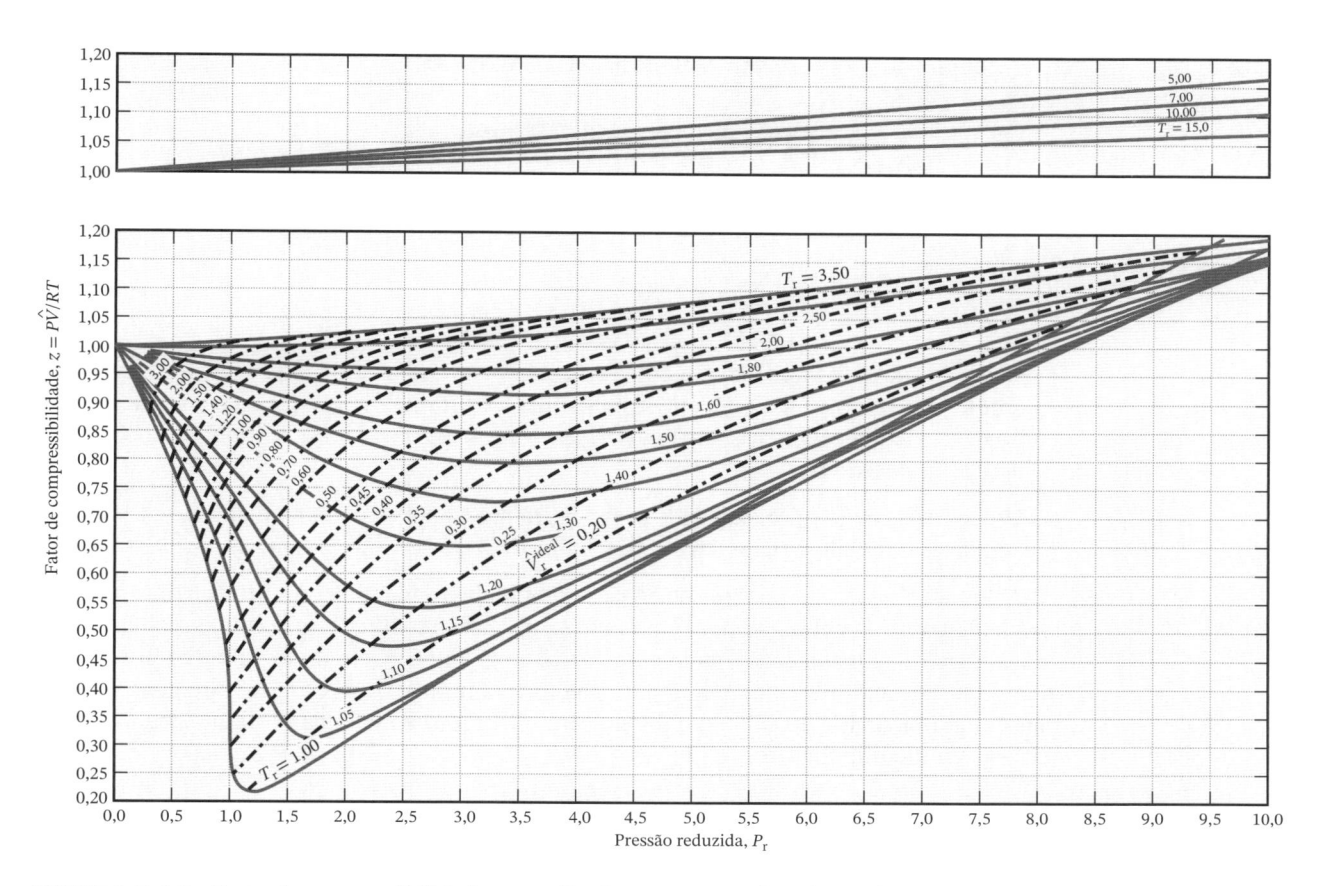

FIGURA 5.4-3 Carta de compressibilidade generalizada, pressões médias. (Baseada na nota de rodapé 7.)

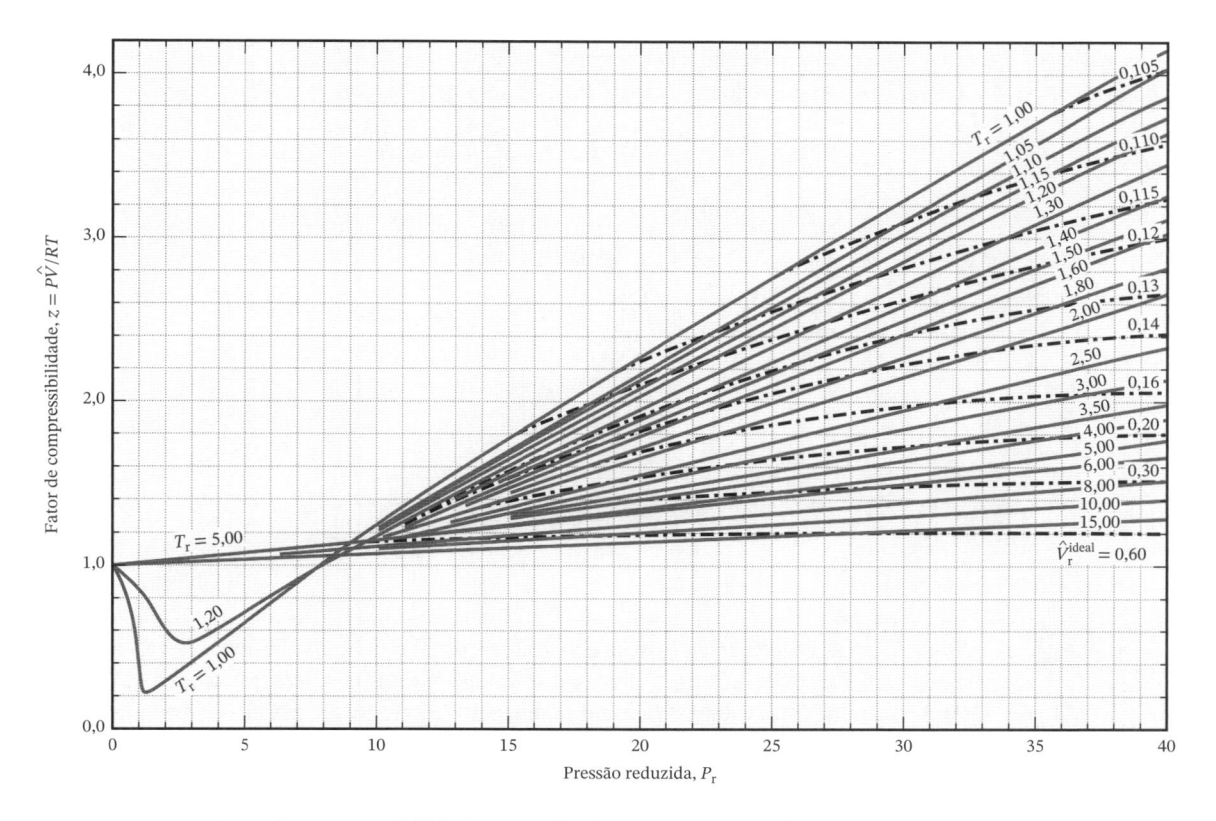

FIGURA 5.4-4 Carta de compressibilidade generalizada, pressões altas. (Baseada na nota de rodapé 7.)

3. Calcule valores reduzidos das duas variáveis conhecidas (temperatura e pressão, temperatura e volume, ou pressão e volume) usando as definições

$$T_r = \frac{T}{T_c} \tag{5.4-6}$$

$$P_r = \frac{P}{P_c} \tag{5.4-7}$$

$$V_r^{ideal} = \frac{P_c \hat{V}}{RT_c} \tag{5.4-8}$$

Não se esqueça de fazer todas as conversões necessárias para que as variáveis reduzidas sejam adimensionais. Se o gás é H_2 ou He, substitua para T_c e P_c os valores ajustados destas quantidades calculados no Passo 2. *Todas as temperaturas e pressões substituídas nestas fórmulas devem ser absolutas.*

4. Use as cartas de compressibilidade para determinar o fator de compressibilidade e então resolva a equação de estado do fator de compressibilidade (Equações 5.4-2) para a variável desconhecida.

A equação de estado do fator de compressibilidade usada em conjunto com a carta generalizada de compressibilidade não é tão precisa para cálculos *PVT* em condições altamente não ideais como as equações de estado com várias constantes. Além disso, falta-lhe precisão e ela não pode ser facilmente adaptada para cálculos computacionais. Suas vantagens incluem a relativa simplicidade do cálculo e (como será mostrado) a facilidade de adaptação a misturas gasosas multicomponentes.

Exemplo 5.4-1   A Carta Generalizada de Compressibilidade

Cem mols de nitrogênio estão contidos em um recipiente de 5 litros a –20,6°C. Estime a pressão do recipiente.

Solução   Pela Tabela B.1, as propriedades críticas do nitrogênio são

$$T_c = 126,2 \, K, \quad P_c = 33,5 \, atm$$

Temperatura e volume reduzidos são calculados das Equações 5.4-6 e 5.4-8

$$T_r = \frac{T}{T_c} = \frac{(-20,6 + 273,2) \, K}{126,2 \, K} = 2,00$$

$$V_r^{ideal} = \frac{\hat{V}P_c}{RT_c} = \frac{5 \, L}{100 \, mol} \left| \frac{33,5 \, atm}{126,2 \, K} \right| \frac{mol \cdot K}{0,08206 \, L \cdot atm} = 0,161$$

Conforme a Figura 5.4-4, a interseção de $T_r = 2$ e $V_r^{ideal} = 0,161$ acontece aproximadamente a $z = 1,77$. Pela Equação 5.4-2a, podemos então calcular

$$P = \frac{zRT}{\hat{V}} = \frac{1,77}{} \left| \frac{0,08206 \, L \cdot atm}{mol \cdot K} \right| \frac{252,6 \, K}{0,05 \, L/mol} = \boxed{734 \, atm}$$

Nota: Você pode também ler o valor de P_r na interseção e calcular $P = P_r P_c$; no entanto, é geralmente mais acurado calcular as variáveis desconhecidas determinando primeiro z e depois usar a equação de estado, como foi feito antes.

Teste

(veja Respostas dos Problemas Selecionados)

1. Suponha que você precisa conhecer o volume que seria ocupado por 10 kmol H_2 a $-190°C$ e 300 atm. Você consideraria razoável usar um valor obtido com a equação de estado dos gases ideais? Como você usaria a carta generalizada de compressibilidade para este cálculo?
2. Por que um gráfico como o da Figura 5.4-1 seria inútil se os parâmetros do gráfico fossem T e P?
3. O que é a lei dos estados correspondentes e como ela serve de base para a carta generalizada de compressibilidade?

5.4a Misturas de Gases Não Ideais

Sempre que se usam correlações gráficas ou analítica para descrever o comportamento de gases não ideais aparecem dificuldades quando o gás contém mais do que uma espécie. Considere, por exemplo, a equação de estado SRK (Equação 5.3-8): como você estimaria os parâmetros a, b e α se o gás fosse composto de metano, dióxido de carbono e nitrogênio? **Regras de mistura** desenvolvidas para estas circunstâncias são apresentadas por Poling et al. (veja a nota de rodapé 1). Ilustraremos os cálculos *PVT* para misturas com uma regra simples desenvolvida por Kay,[10] que utiliza as cartas generalizadas de compressibilidade.

A **regra de Kay** estima as *propriedades pseudocríticas* de misturas como médias simples das constantes críticas dos componentes puros:[11]

Temperatura Pseudocrítica: $\qquad\qquad T'_c = y_A T_{cA} + y_B T_{cB} + y_C T_{cC} + \cdots$ $\qquad$ **(5.4-9)**

Pressão Pseudocrítica: $\qquad\qquad P'_c = y_A P_{cA} + y_B P_{cB} + y_C P_{cC} + \cdots$ $\qquad$ **(5.4-10)**

em que y_A, y_B, ... são as frações molares das espécies A, B, ... na mistura. Admitindo que a temperatura T e a pressão P do sistema são conhecidas, as propriedades pseudocríticas podem ser usadas para estimar a *temperatura e pressão pseudorreduzidas* da mistura:

Temperatura Pseudorreduzida: $\qquad\qquad T'_r = T/T'_c$ $\qquad$ **(5.4-11)**

Pressão Pseudorreduzida: $\qquad\qquad P'_r = P/P'_c$ $\qquad$ **(5.4-12)**

O fator de compressibilidade para uma mistura de gases, z_m, pode agora ser estimado a partir das cartas de compressibilidade e das propriedades pseudorreduzidas, e $\hat{V}$ para a mistura pode ser calculado como

$$\hat{V} = \frac{z_m R T}{P} \qquad\qquad \textbf{(5.4-13)}$$

Como acontece com componentes puros, se você conhece $\hat{V}$ e T ou P, pode estimar o volume ideal pseudo-reduzido $\hat{V}_r^{ideal} = \hat{V}P'_c/RT'_c$ e usar a outra propriedade reduzida conhecida para determinar a pressão ou a temperatura desconhecida da carta de compressibilidade.

Como a lei dos estados correspondentes na qual está baseada, a regra de Kay fornece apenas valores aproximados das quantidades calculadas. Funciona bem quando usada para misturas de compostos não polares cujas temperaturas e pressões críticas estão no intervalo do dobro uma da outra. Poling et al. (veja a nota de rodapé 1) fornecem regras de mistura mais complexas, porém mais acuradas, para sistemas que não se encaixam nesta categoria.

Teste (veja *Respostas dos Problemas Selecionados*)	O que é a regra de Kay? Como você a usaria para calcular o volume molar específico de uma mistura equimolar de gases a uma dada temperatura e pressão? Para que tipo de gases você teria maior confiança na resposta?

Exemplo 5.4-2	A Regra de Kay

Uma mistura de 75% H_2 e 25% N_2 (base molar) está contida em um tanque a 800 atm e $-70°C$. Estime o volume específico da mistura em L/mol usando a regra de Kay.

Solução *Constantes Críticas:* Conforme a Tabela B.1:

$$H_2: \quad T_c = 33\ K$$
$$T_c^a = (33 + 8)\ K = 41\ K \quad \text{(correção de Newton: Equação 5.4-4)}$$
$$P_c = 12{,}8\ atm$$
$$P_c^a = (12{,}8 + 8)\ atm = 20{,}8\ atm \quad \text{(correção de Newton: Equação 5.4-5)}$$

---

[10]W. B. Kay, *Ind. Eng. Chem.*, **28**, 1014 (1936).
[11]As constantes pseudocríticas são apenas parâmetros empíricos úteis para correlacionar as propriedades físicas da mistura. Diferentemente de T_c e P_c para um componente puro, $T_c{}'$ e $P_c{}'$ não têm nenhum significado físico.

$$N_2: \quad T_c = 126,2 \text{ K}$$
$$P_c = 33,5 \text{ atm}$$

Constantes Pseudocríticas: Conforme as Equações 5.4-9 e 5.4-10:

$$T'_c = y_{H_2}(T^a_c)_{H_2} + y_{N_2}(T_c)_{N_2} = 0,75 \times 41 \text{ K} + 0,25 \times 126,2 \text{ K} = 62,3 \text{ K}$$
$$P'_c = y_{H_2}(P^a_c)_{H_2} + y_{N_2}(P_c)_{N_2} = 0,75 \times 20,8 \text{ atm} + 0,25 \times 33,5 \text{ atm} = 24,0 \text{ atm}$$

Condições Reduzidas: $T = (-70 + 273) \text{ K} = 203 \text{ K}$, $P = 800 \text{ atm}$

$$T'_r = \frac{T}{T'_c} = \frac{203 \text{ K}}{62,3 \text{ K}} = 3,26$$
$$P'_r = \frac{P}{P'_c} = \frac{800 \text{ atm}}{24,0 \text{ atm}} = 33,3$$

Fator de Compressibilidade da Mistura: Conforme a Figura 5.4-4:

$$z_m(T'_r = 3,26, P'_r = 33,3) = 1,86$$

Cálculo do Volume Específico: $\quad P\hat{V} = z_m RT$

$$\Downarrow$$

$$\hat{V}\left(\frac{\text{L}}{\text{mol}}\right) = \frac{z_m T(\text{K})}{P(\text{atm})} \times R\left(\frac{\text{L} \cdot \text{atm}}{\text{mol} \cdot \text{K}}\right) = \frac{(1,86)(203)(0,08206)}{800} \frac{\text{L}}{\text{mol}}$$

$$= \boxed{0,0387 \frac{\text{L}}{\text{mol}}}$$

5.5 RESUMO

Frequentemente aparecem problemas que requerem a determinação do valor de uma das quatro variáveis P, T, V e n (ou $\dot{V}$ e $\dot{n}$) para um material do processo, a partir dos valores conhecidos das outras três.

- Se o material é um sólido ou um líquido e consiste em uma espécie pura, procure a densidade relativa ou a massa específica na Tabela B.1 ou em uma das referências no início deste capítulo. Como uma primeira aproximação, admita que o valor tabelado é independente da temperatura e da pressão. Para uma estimativa mais refinada, encontre e aplique uma correlação para a dependência da massa específica com a temperatura.

- Se o material é uma mistura líquida, encontre uma tabela da massa específica da mistura como função da composição, ou admita a aditividade dos volumes e estime a massa específica da mistura da Equação 5.1-1 ou da Equação 5.1-2. Se o material é uma solução líquida diluída, encontre uma tabela da massa específica da mistura como função da composição ou use a massa específica do solvente puro.

- Se o material é um gás, a equação de estado dos gases ideais ($PV = nRT$) pode fornecer uma aproximação razoável para cálculos PVT. A equação funciona bem a baixas pressões (da ordem de 1 atm ou menos) e altas temperaturas (geralmente não abaixo de 0°C). Uma regra prática é que a equação de estado dos gases ideais fornece estimativas razoáveis se RT/P é maior do que 5 L/mol para gases diatômicos e maior do que 20 L/mol para outros gases.

- As *condições normais de temperatura e pressão* (CNTP) são geralmente definidas como 0°C e 1 atm. Estes valores e o correspondente *volume específico normal*, $\hat{V}_s = 22,4$ L(CNTP)/mol $\Longrightarrow$ 359 ft³(CNTP)/lb-mol, podem ser usados em conjunto com a Equação 5.2-5 para cálculos PVT em gases ideais.

- A *pressão parcial* de um componente em uma mistura de gases ideais é $y_i P$, em que y_i é a fração molar do componente e P é a pressão absoluta total. A soma das pressões parciais dos componentes é igual à pressão total.

- A porcentagem em volume de um componente em uma mistura de gases ideais (%v/v) é igual à porcentagem molar do componente. Se a mistura gasosa é não ideal, a porcentagem em volume não tem nenhum significado útil.

- A *temperatura crítica* T_c de uma espécie é a maior temperatura na qual a compressão isotérmica do vapor resulta na formação de uma fase líquida separada, e a *pressão crítica* é a pressão na qual esta fase se forma. A compressão isotérmica de uma espécie que está acima da sua temperatura crítica — um *gás* (como oposto de *vapor*) ou *fluido supercrítico* — resulta em um fluido de maior massa específica, mas não em uma fase líquida separada.

- Se as condições do processo são tais que a equação de estado dos gases ideais é uma aproximação ruim, deve ser usada uma equação de estado mais complexa. A maior parte destas equações, incluindo a equação de estado de *Soave-Redlich-Kwong (SRK)*, contém parâmetros ajustáveis que dependem da temperatura e pressão críticas da espécie e, possivelmente, outros fatores que dependem da geometria molecular e da polaridade da espécie.

- Uma alternativa ao uso de equações de estado quadráticas (como a equação do virial truncada) e cúbicas (como a equação SRK) é usar a *equação de estado do fator de compressibilidade: PV = znRT*. O fator de compressibilidade *z*, definido como a razão $P\hat{V}/RT$, é igual a 1 se o gás se comporta de forma ideal. Para algumas espécies, ele pode ser encontrado em uma tabela (por exemplo, no *Perry's Chemical Engineers' Handbook*) ou, de uma forma mais geral, estimado a partir das cartas de compressibilidade generalizadas (Figuras 5.4-1 a 5.4-4).

- A base das cartas de compressibilidade generalizadas é a *lei dos estados correspondentes*, uma regra empírica que estabelece que o fator de compressibilidade de uma espécie a uma temperatura e pressão dadas depende principalmente da *temperatura reduzida* e da *pressão reduzida*, $T_r = T/T_c$ e $P_r = P/P_c$. Uma vez que você determina estas quantidades, pode usar as cartas para determinar *z* e depois substituir o valor na equação de estado do fator de compressibilidade e resolver para qualquer incógnita.

- Para fazer cálculos *PVT* em misturas de gases não ideais, você pode usar a *regra de Kay*. Determine as *constantes pseudocríticas* (temperatura e pressão) ponderando as constantes críticas de cada componente da mistura pela fração molar do mesmo; calcule depois a temperatura e pressão reduzidas e o fator de compressibilidade, como dito anteriormente.

- Lembre-se de que todas as equações de estado para gases não ideais são aproximações, normalmente baseadas no ajuste de parâmetros a dados experimentais *PVT*. Seja sempre cético em relação aos valores que você obtém, especialmente se está usando uma equação de estado além do intervalo de condições para as quais foi deduzida.

- Se um cálculo *PVT* é parte de um problema de balanço de massa e um volume (ou uma vazão volumétrica) é dada ou pedida para uma corrente do processo, rotule tanto *n* (ou $\dot{n}$) quanto *V* (ou $\dot{V}$) no fluxograma e conte uma relação de massa específica (para sólidos ou líquidos) ou uma equação de estado (para gases) como uma relação adicional na análise dos graus de liberdade.

PROBLEMAS

Nota: *Salvo quando especificado, todas as pressões dadas nestes problemas são absolutas.*

5.1. Uma mistura líquida contendo 40,0% em massa de *n*-octano e o balanço de *n*-decano flui para um tanque montado sobre uma balança. A massa em kg indicada pela escala é plotada em função do tempo. Os dados sugerem uma linha reta que passa pelos pontos (*t* = 3 min, *m* = 150 kg) e (*t* = 10 min, *m* = 250 kg).

(a) Estime a vazão volumétrica da mistura líquida.

(b) Quanto pesa o tanque vazio?

5.2. Ácido sulfúrico é usado na síntese e processamento de inúmeros produtos químicos e metais e é o eletrólito nas baterias de chumbo-ácido comuns. Ele é usado em várias forças, variando de concentrado (100%) a diluído, por isso ser capaz de estimar sua concentração a partir de uma simples medida de densidade relativa é bastante útil.

SEGURANÇA →

Suponha que você prepare uma solução de 30% em massa de H_2SO_4 em água e pretenda confirmar a concentração comparando a densidade relativa da solução com um valor obtido da literatura. Você adicionou cuidadosamente 30 g de H_2SO_4 a 70 g de água (você sabe que adicionar rapidamente ácido a água ou água a ácido concentrado pode levar a respingos perigosos de líquido) e deixa a mistura resultante equilibrar a 20ºC.

(a) Das densidades relativas na Tabela B.1, estime os volumes de água e ácido sulfúrico que devem ser misturados e, após isto, estime a massa específica da solução 30% em massa de ácido sulfúrico, assumindo que os volumes são aditivos. Por que os valores das densidades relativas dos componentes puros são diferentes daqueles no Exemplo 5.1-1 e qual o efeito destas diferenças no volume total da mistura?

(b) O *Perry's Chemical Engineers' Handbook* (p. 2-112) fornece a densidade relativa do ácido sulfúrico como uma função tanto da concentração de ácido como da temperatura. O valor para 30% em massa de ácido sulfúrico a 20ºC é 1,2185. Estime o volume da solução 30% em massa preparada como descrito pelo processo acima.

(c) Qual volume de ácido sulfúrico 40% em massa a 25ºC (DR = 1,2991) deve ser adicionado a 100,0 g da solução 30% em massa para produzir uma solução que é 35% em massa de ácido sulfúrico?

5.3. Quando um líquido ou um gás ocupa um determinado volume, pode-se admitir que enche completamente este volume. Por outro lado, quando partículas sólidas ocupam um volume, sempre existem espaços vazios entre as mesmas. A **porosidade** ou **fração de vazio** de um leito de partículas é a razão (volume vazio/volume total do leito). A **massa específica global** ou "aparente" do sólido é a razão (massa de sólido/volume total do leito), e a **massa específica absoluta** do sólido tem a definição usual, (massa de sólido/volume de sólido).

Suponha que 600,0 g de um minério moído são colocados em uma proveta graduada, enchendo-a até o nível de 184 cm³. Cem cm³ de água são adicionados à proveta, e observa-se que a água atinge o nível de 233,5 cm³. Calcule a porosidade do leito de partículas secas, a massa específica global do minério no leito e a massa específica absoluta do minério.

5.4. O volume de um cristalizador no estado estacionário é 85.000 L e a fração de sólidos na unidade e na corrente de saída é 0,35; isto é, existem 0,35 kg de cristais por kg de lama (a mistura cristal-solução). A massa específica da solução é 1,1 g/mL e aquela dos cristais é 2,3 g/mL. A vazão de produção de cristais do cristalizador é 19,5 kg de cristais/min. Estime a vazão volumétrica da lama do cristalizador e o tempo de esvaziamento do cristalizador (o tempo que levaria para esvaziar o cristalizador se a alimentação fosse descontinuada).

5.5. Duas correntes líquidas escoam com vazões constantes para um misturador. Uma delas é composta de benzeno, com uma vazão medida de 20,0 L/min, e a outra consiste em tolueno. Depois do misturador, a mistura passa a um tanque de armazenamento (diâmetro interno = 5,5 m) equipado com um medidor visual de nível. Durante um intervalo no qual nenhum líquido sai do tanque, observa-se que o nível de líquido no mesmo aumenta 0,15 m em uma hora. Calcule a vazão de tolueno para o misturador (L/min) e a composição do conteúdo do tanque (% em massa de benzeno).

5.6. Uma lama contém cristais de sulfato de cobre pentaidratado [$CuSO_4 \cdot 5H_2O(s)$, densidade relativa = 2,3] suspensos em uma solução aquosa de sulfato de cobre (densidade relativa do líquido = 1,2). Um transdutor sensível é usado para medir a diferença de pressão, ΔP(Pa), entre dois pontos dentro do recipiente separados por uma distância vertical de h metros. A leitura, por sua vez, é usada para determinar a fração mássica de cristais na lama, x_c(kg cristais/kg lama).

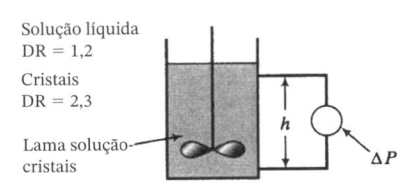

Solução líquida
DR = 1,2
Cristais
DR = 2,3
Lama solução-cristais
h
ΔP

(a) Deduza uma expressão para a leitura do transdutor, ΔP(Pa), em termos da massa específica global da lama, ρ_{sl}(kg/m³), admitindo que a fórmula da carga de pressão do Capítulo 3 ($P = P_0 + \rho gh$) é válida para este sistema de duas fases.

(b) Valide a seguinte expressão que relaciona a massa específica global da lama às massas específicas do líquido e dos cristais sólidos (ρ_l e ρ_c) e à fração mássica de cristais na lama:

$$\frac{1}{\rho_{sl}} = \frac{x_c}{\rho_c} + \frac{(1 - x_c)}{\rho_l}$$

(*Sugestão:* Inclua as unidades para todas as variáveis.)

(c) Suponha que 175 kg de lama são colocados no recipiente, com $h = 0,200$ m, e que é obtida uma leitura do transdutor de $\Delta P = 2775$ Pa. Calcule (i) ρ_{sl}, (ii) x_c, (iii) o volume total de lama, (iv) a massa de cristais na lama, (v) a massa de sulfato de cobre anidro ($CuSO_4$ sem a água de hidratação) nos cristais, (vi) a massa de solução líquida e (vii) o volume de solução líquida.

(d) Prepare uma planilha de cálculo para gerar uma curva de calibração de x_c versus ΔP para este sistema. Use como variáveis de entrada ρ_c(kg/m³), ρ_l(kg/m³) e h(m), e calcule ΔP(Pa) para $x_c = 0,0; 0,05; 0,10; ...; 0,60$. Rode o programa com os valores dos parâmetros dos problemas ($\rho_c = 2300$, $\rho_l = 1200$ e $h = 0,200$). Plote depois x_c versus ΔP (faça com que o programa da planilha trace o gráfico, se possível) e verifique se o valor de x_c correspondente a $\Delta P = 2775$ Pa na curva de calibração confere com aquele calculado na Parte (c).

(e) Deduza a expressão da Parte (b). Tome como base 1 kg de lama [x_c (kg), V_c (m³) de cristais, $(1 - x_c)$(kg), V_l(m³) de líquido] e use o fato de os volumes dos cristais e do líquido serem aditivos.

5.7. Sulfato de magnésio tem um número de usos, alguns dos quais estão relacionados à habilidade da forma anidra de remover água do ar e outros baseados na alta solubilidade da forma heptahidratada ($MgSO_4 \cdot 7H_2O$), também conhecida como sal de Epsom. As massas específicas das formas cristalinas anidra e heptahidratada são 2,66 e 1,68 g/mL, respectivamente.

Suponha que você queira fazer uma solução aquosa 20% em massa de $MgSO_4$ simplesmente jogando cristais de uma das formas em um tanque de água enquanto a temperatura é mantida constante a 30ºC. A densidade relativa da solução 20% em massa a 30ºC é 1,22. Responda as seguintes questões para ambas as formas de cristais de $MgSO_4$:

(a) Que volume de água deveria estar no tanque antes dos cristais serem adicionados se o produto final deve ser 1000 kg da solução a 20% em massa?

(b) Suponha que o diâmetro do tanque é 0,30 m. Qual é a altura do líquido no tanque antes dos cristais serem adicionados?

(c) Qual é a altura da água no tanque depois da adição dos cristais, mas antes deles começarem a dissolver?

(d) Qual é a altura de líquido no tanque depois que todo o $MgSO_4$ tenha dissolvido?

5.8. Use a equação de estado dos gases ideais para estimar o volume molar em m³/mol e a massa específica em kg/m³ do ar a 40°C e 3,00 atm (pressão manométrica).

5.9. Um mol de vapor de cloreto de metila está contido em um recipiente a 100°C e 10 atm.
  (a) Use a equação de estado dos gases ideais para estimar o volume do sistema.
  (b) Suponha que o volume real do recipiente é 2,8 litros. Qual foi a porcentagem de erro que resultou do uso da equação de estado dos gases ideais?

5.10. A pressão manométrica ou relativa de um tanque de 20,0 m³ de nitrogênio a 25°C marca 10 bar. Estime a massa de nitrogênio no tanque (a) pela solução direta da equação de estado dos gases ideais e (b) pela conversão das condições normais. (Veja o Exemplo 5.2-2.)

5.11. A partir das condições normais na Tabela 5.2-1, calcule o valor da constante dos gases R em (a) atm·m³/(kmol·K) e (b) torr·ft³/(lb-mol·°R).

SEGURANÇA

*5.12. Após ser purgado com nitrogênio, um tanque de baixa pressão usado para armazenar líquidos inflamáveis está a uma pressão total de 0,03 psig.
  (a) Se o processo de purga é feito durante a manhã quando o tanque e seus conteúdos estão a 55°F, qual será a pressão no tanque quando ele estiver a 85°F no período da tarde?
  (b) Se a pressão manométrica máxima de projeto do tanque é 8 polegadas de água, a pressão de projeto foi excedida?
  (c) Especule sobre o propósito de purgar o tanque com nitrogênio.

5.13. O volume de uma **caixa seca** (uma câmara fechada com nitrogênio seco fluindo através da mesma) é de 2,0 m³. A caixa seca é mantida a uma pressão relativa levemente positiva de 10 cm H_2O e a temperatura ambiente (25°C). Se o conteúdo da caixa é trocado a cada cinco minutos, calcule a vazão mássica necessária de nitrogênio em g/min por (a) solução direta da equação de estado dos gases ideais e (b) conversão das condições normais. Você pode assumir que o gás na caixa seca está bem misturado.

5.14. Uma corrente de ar entra em uma tubulação de 7,50 cm de diâmetro interno com uma velocidade de 60,0 m/s, a 27°C e 1,80 bar (pressão relativa). Mais adiante, a tubulação se estreita até 5,00 cm de diâmetro interno, e o ar flui a 60°C e 1,53 bar (pressão relativa). Qual é a velocidade do gás neste ponto?

5.15. Um cilindro de gás no seu laboratório está sem rótulo. Você sabe que dentro dele há um gás puro, mas não sabe se é hidrogênio, oxigênio ou nitrogênio. Para descobrir, você faz o vácuo em um frasco de 5 litros, sela e pesa; depois, você deixa o gás encher este frasco até que a pressão relativa seja igual a 1,00 atm. O frasco é pesado de novo e a massa adicionada de gás resulta ser 13,0 g. A temperatura do laboratório é 27°C e a pressão barométrica é 1,00 atm. Qual é o gás?

5.16. Um cilindro de gás contendo nitrogênio nas condições normais de temperatura e pressão (CNTP) tem uma massa de 37,289 g. O mesmo cilindro, quando cheio com dióxido de carbono nas CNTP, pesa 37,440 g. Quando cheio com um gás desconhecido nas CNTP, a massa do cilindro é 37,062 g. Calcule a massa molecular do gás desconhecido e estabeleça qual é o gás mais provável.

5.17. No filme da Pixar, *Up*, Carl Fredrickson transforma sua casa em um dirigível improvisado usando balões de hélio.
  (a) Negligenciando a força necessária para remover a casa de suas fundações, quantos balões esféricos, cada um com um diâmetro de 9,5 polegadas e uma pressão interior de gás de 1,05 atm, Carl deveria amarrar a sua casa para que ela flutuasse? Assuma que a casa pesa $1,00 \times 10^5$ lb$_f$ e que a pressão atmosférica e a temperatura são 1,0 atm e 25°C.
  (b) A versão original deste problema assumia que a pressão nos balões também era 1,0 atm. Por que a pressão dos balões deve ser maior do que isso?

5.18. Um rotâmetro de nitrogênio é calibrado alimentando N_2 de um compressor através de um regulador de pressão, de uma válvula de agulha, do rotâmetro e de um **medidor de teste seco** — um aparelho que mede o volume total do gás que passa por ele. Um manômetro de água é usado para medir a pressão do gás na saída do rotâmetro. É selecionada uma vazão usando-se a válvula de agulha, a leitura do rotâmetro, ϕ, é anotada e a mudança na leitura do medidor de teste seco (ΔV) para um determinado tempo de fluxo (Δt) é registrada.

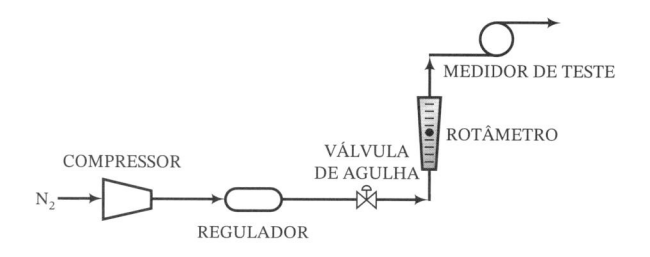

Os seguintes dados de calibração foram obtidos em um dia em que a temperatura era 23°C e a pressão barométrica era 763 mm Hg.

ϕ	Δt(min)	ΔV(L)
5,0	10,0	1,50
9,0	10,0	2,90
12,0	5,0	2,00

(a) Prepare um gráfico de calibração ϕ versus $\dot{V}_{norm}$, a vazão em cm^3/min CNTP equivalente à vazão real nas condições da medida.

(b) Suponha que a combinação rotâmetro-válvula é usada para controlar a vazão em 0,010 mol N$_2$/min. Qual leitura do rotâmetro deveria ser mantida ajustando a válvula?

5.19. A vazão necessária para produzir uma leitura específica em um medidor de orifício varia inversamente com a raiz quadrada da massa específica do fluido; quer dizer, se um fluido com massa específica ρ_1 (g/cm^3) fluindo com uma vazão $\dot{V}_1$(cm^3/s) fornece uma leitura ϕ, então a vazão de um fluido com uma massa específica ρ_2 requerida para a mesma leitura é

$$\dot{V}_2 = \dot{V}_1(\rho_1/\rho_2)^{1/2}$$

(a) Suponha que um medidor de orifício calibrado com nitrogênio a 25°C e 758 mm Hg é usado para medir a vazão de uma corrente de processo de hidrogênio a 50°C e 1800 mm Hg, e que o valor lido da curva de calibração é 21 L/min. Calcule a verdadeira vazão volumétrica do gás.

(b) Repita a Parte (a), supondo que o fluido de processo contém 10,0% molar de CO$_2$ e 5,0% molar de etano além de metano.

BIOENGENHARIA

5.20. Foi projetado um aparelho para medir a vazão de dióxido de carbono na saída de um reator de fermentação. O reator é selado, exceto por um tubo que permite que o dióxido de carbono gerado borbulhe através de uma solução de sabão para dentro de um tubo vertical de vidro com um diâmetro interno de 1,2 cm. Ao sair da solução de sabão, o gás força finos filmes de sabão esticados através da área transversal do tubo a percorrer o comprimento do mesmo. A temperatura e pressão ambientes são 27°C e 755 mm Hg. Os filmes demoram 7,4 s para percorrer 1,2 m entre duas marcas de calibração feitas no tubo.

(a) Desenhe o aparelho.

(b) Qual é a taxa de geração de CO$_2$ em mol/min?

(c) Uma análise mais refinada do sistema leva em consideração que o gás deixando o reator de fermentação contém água com uma pressão parcial de 26,7 mm Hg. Calcule o erro percentual na Parte (b) usando esta nova informação.

5.21. Uma corrente de ar (21% molar O$_2$, o resto N$_2$) escoando com uma vazão de 10,0 kg/h é misturada com uma corrente de CO$_2$. O CO$_2$ entra no misturador com uma vazão de 20,0 m^3/h a 150°C e 1,5 bar. Qual é a percentagem molar de CO$_2$ na corrente de produto?

5.22. A elevação L (força para cima) associada ao fluxo através a asa de um avião pode ser aproximada pela expressão $L = C\rho u^2 A$, em que C é um coeficiente que depende das características da asa, ρ é a massa específica do ar, u é a velocidade do ar através da asa e A é a área da asa. O peso máximo de um novo Boeing 737-900 na decolagem é 187.700 lb$_f$. Estime a razão de velocidades de decolagem entre Nova Orleans, onde a pressão barométrica média é 14,69 psia, e a cidade do México, onde a pressão barométrica média é 11,2 psia. Assuma que as temperaturas em ambas as localidades são as mesmas.

5.23. A **secagem por pulverização** é um processo no qual um líquido contendo sólidos dissolvidos ou em suspensão é injetado em uma câmara através de um bocal de pulverização ou um disco atomizador centrífugo. A névoa resultante é colocada em contato com ar quente, que evapora a maior parte ou a totalidade do líquido, deixando cair os sólidos secos sobre uma esteira transportadora no fundo da câmara.

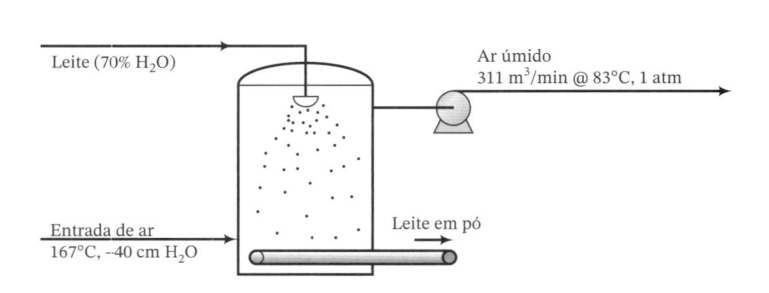

Leite em pó é produzido em um secador por pulverização de 6 m de diâmetro e 6 m de altura. O ar entra a 167°C e –40 cm H_2O. O leite fornecido ao bocal pulverizador contém 70% de água em peso, que evapora totalmente. O gás de saída contém 12% molar de água e deixa o secador a 83°C e 1 atm (absoluta), com uma vazão de 311 m³/min.

(a) Calcule a taxa de produção de leite em pó e a vazão volumétrica de ar quente. Estime a velocidade ascendente do ar (m/s) no fundo do secador.

(b) Com frequência, engenheiros enfrentam o desafio do que fazer em um processo quando a demanda para um produto aumenta (ou diminui). Suponha que, no caso presente, a produção deva ser dobrada. (i) Por que é pouco provável que as vazões de alimentação e ar possam simplesmente ser aumentadas para alcançar a nova taxa de produção? (ii) Uma opção óbvia é comprar outro secador como o existente e operar os dois em paralelo. Dê duas vantagens e duas desvantagens desta opção. (iii) Ainda outra possibilidade é comprar um secador maior e substituir a unidade original. Dê duas vantagens e duas desvantagens de se fazer isso. Estime as dimensões aproximadas da unidade maior.

5.24. Muitas referências fornecem a densidade relativa de gases em relação ao ar. Por exemplo, a densidade relativa do dióxido de carbono é 1,53 em relação ao ar à mesma temperatura e pressão. Mostre que este valor é correto sempre que a equação de estado dos gases ideais se aplica.

SEGURANÇA →

5.25. Lewis[12] descreve os perigos de respirar ar contendo quantidades apreciáveis de um *asfixiante* (um gás que não tem uma toxicidade específica, mas que, quando inalado, exclui o oxigênio dos pulmões). Quando a percentagem molar de um gás asfixiante no ar atinge 50%, aparecem sintomas de mal-estar, e quando atinge 75%, a morte acontece em questão de minutos.

Um pequeno cômodo de armazenamento cujas dimensões são 2 m × 1,5 m × 3 m contém vários reagentes caros e perigosos. Para prevenir a entrada de pessoas não autorizadas, a porta fica sempre trancada e pode ser aberta com chave dos dois lados. Um cilindro de dióxido de carbono líquido encontra-se armazenado no mesmo cômodo. A válvula do cilindro tem um vazamento e parte do conteúdo escapou durante um fim de semana. A temperatura do cômodo é 25°C.

(a) Se a concentração de CO_2 atinge o nível letal de 75% molar, qual seria a percentagem molar de O_2?

(b) Quanto CO_2 (kg) há no cômodo quando a concentração letal é atingida? Por que teria que escapar mais do que esta quantidade para atingir esta concentração?

(c) Descreva uma série de eventos que poderiam resultar em uma fatalidade na situação mostrada. Sugira ao menos duas medidas que reduziriam os perigos associados com o armazenamento desta substância aparentemente inofensiva.

5.26. Uma corrente de ar a 35°C e uma pressão manométrica de 0,5 atm (Corrente 1), que escoa em um tubo passando através de um aquecedor, emerge a 87°C e 0,2 atm (manométrica) e se divide em duas correntes. A Corrente 2 sai do sistema, a Corrente 3 passa através de um outro aquecedor e emerge a 180°C e 0,1 atm (manométrica). Medidores de vazão montados em todas as três correntes mostram leituras de 3120 L/min (Corrente 1), 1940 L/min (Corrente 2) e 3420 L/min (Corrente 3).

(a) Mostre que o sistema não está funcionando corretamente.

(b) Especule sobre várias causas possíveis para o mal funcionamento, e indique como você iria verificar cada uma.

5.27. Um tanque em uma sala a 19°C está inicialmente aberto à atmosfera, em um dia em que a pressão barométrica é 102 kPa. Um bloco de gelo-seco (CO_2 sólido), com uma massa de 15,7 kg é jogado dentro do tanque, que é selado imediatamente. A leitura da pressão do tanque inicialmente aumenta muito rápido, depois de forma mais devagar, atingindo por fim um valor constante de 3,27 MPa. Admita que $T_{final} = 19°C$.

(a) Quantos mols de ar havia dentro do tanque inicialmente? Despreze o volume ocupado pelo CO_2 no estado sólido e considere que não houve perda de CO_2 antes que o tanque fosse selado.

(b) Estime o erro percentual feito por negligenciar-se o volume do bloco de gelo-seco colocado no tanque. (A densidade relativa do dióxido de carbono sólido é aproximadamente 1,56.)

(c) Qual é a massa específica final (g/L) do gás no tanque?

(d) Explique a variação observada da pressão com o tempo. Mais especificamente, o que acontece no tanque durante o aumento rápido inicial da pressão e durante o aumento posterior mais lento?

5.28. Na **flotação de espuma**, é borbulhado ar através de uma solução aquosa ou uma lama, à qual é adicionado um agente espumante (sabão). As bolhas de ar carregam sólidos finamente dispersos e materiais hidrofóbicos como graxa e óleo até a superfície, onde podem ser retirados junto com a espuma.

Uma lama contendo minério deve ser processada em um tanque de flotação de espuma, com uma vazão de 300 t/h. A lama consiste em 20,0% em massa de sólidos (o minério, DR = 1,2) e o resto é uma solução aquosa com massa específica próxima à da água. O ar é *atomizado* (bombeado

---

[12]R. J. Lewis, *Hazardous Chemicals Desk Reference*, 6th Edition, John Wiley & Sons, New York, 2008, p. 98.

através de um bocal projetado para produzir bolhas pequenas) dentro da lama com uma vazão de 40,0 ft³ (CNTP)/1000 gal de lama. O ponto de entrada do ar está a 10 ft abaixo da superfície da lama. O conteúdo do tanque está a 75°F e a pressão barométrica é 28,3 in Hg. O projeto do atomizador é tal que o diâmetro médio das bolhas na entrada é de 2,0 mm.

(a) Qual é a vazão volumétrica de ar nas condições de entrada?

(b) Qual é a porcentagem de mudança no diâmetro médio das bolhas entre o ponto de entrada e a superfície da lama?

SEGURANÇA →

*5.29. Ar em plantas industriais é sujeito a contaminação por muitos produtos químicos diferentes e as empresas devem monitorar os níveis ambiente de espécies perigosas para assegurar que eles estão abaixo dos limites especificados pelo *National Institute for Occupational Safety and Health* (NIOSH). Em *amostragem de zona de respiração pessoal* (em oposição a amostragem de área), trabalhadores vestem dispositivos que periodicamente coletam amostras de ar a menos de 10 polegadas de distância de seus narizes. Amostragem de zona de respiração e métodos de análise para centenas de espécies estão reunidos no *NIOSH Manual of Analytical Methods*.[13] Para benzeno, o NIOSH especifica um *limite de exposição recomendada* (REL) de 0,1 ppm de exposição *média ponderada no tempo* (TWA) e o limite de exposição permissível da *Occupational Safety and Health Administration* (OSHA) é 1,0 ppm TWA.

Um trabalhador em uma refinaria de petróleo tem um amostrador de zona de respiração pessoal para benzeno preso ao colarinho de sua camisa. Seguindo a prescrição do NIOSH, ar é bombeado através do amostrador a uma vazão de 0,200 L/min por uma pequena bomba operada por bateria presa no cinto do trabalhador. O amostrador contém um adsorvente que remove essencialmente todo o benzeno do ar passando através dele. Após várias horas, o amostrador é removido e enviado para um laboratório para análise e o trabalhador coloca um amostrador fresco. Em um dia específico quando a temperatura é 21°C e a pressão barométrica é 730 mm Hg, amostras são coletadas durante um período de 4 h antes do almoço e um período de 3,5 h depois do almoço. O laboratório analítico reporta 0,17 mg de benzeno na primeira amostra e 0,23 mg na segunda.

(a) Calcule a concentração média de benzeno, C_B (ppm), na zona de respiração do trabalhador durante cada período de amostragem, em que 1 ppm = 1 mol $C_6H_6/10^6$ mols de ar.

(b) O TWA do trabalhador é a concentração média de benzeno na sua zona de respiração durante as oito horas de seu turno. É calculado multiplicando C_B em cada período de amostragem pelo tempo daquele período, somando os produtos de todos os períodos durante o turno e dividindo pelo tempo total do turno. Assuma que a exposição do trabalhador durante os 30 minutos não amostrados foi zero e calcule seu TWA;

(c) Se a exposição do trabalhador está acima dos limites recomendados, quais ações a companhia poderia tomar?

SEGURANÇA →

5.30.[14] Várias décadas atrás, o benzeno era considerado um reagente inofensivo com um odor agradável, e era amplamente usado como fluido de limpeza. Posteriormente foi descoberto que a exposição crônica ao benzeno pode causar danos à saúde como anemia e possivelmente leucemia. O benzeno tem hoje um *nível de exposição permissível* (PEL) de 1,0 ppm (parte por milhão em base molar, equivalente a uma fração molar de $1,0 \times 10^{-6}$) em média durante um período de 8 horas.

A engenheira de segurança de uma planta deseja determinar se a concentração de benzeno no laboratório excede o PEL. Numa segunda-feira às 9 da manhã, 1 da tarde e 5 da tarde, ela recolhe amostras do ar do laboratório (33°C, 99 kPa) em recipientes de aço inox de 2 litros, evacuados. Para recolher uma amostra, ela abre a válvula do recipiente, deixa que o ar do laboratório entre até que a pressão do recipiente seja igual à pressão atmosférica e depois carrega hélio seco dentro do recipiente até que a pressão atinge 500 kPa. Logo após, ela leva os recipientes até um laboratório de análises, no qual a temperatura é 23°C, deixa eles lá por um dia, e depois deixa sair o gás de cada recipiente através de um cromatógrafo de gás (CG) até que a pressão do recipiente reduz até 400 kPa. Na mesma ordem em que foram recolhidas, as amostras passadas pelo CG mostram conter 0,656 μg (microgramas), 0,788 μg e 0,910 μg de benzeno, respectivamente.

(a) Qual era a concentração de benzeno (ppm em base molar) no laboratório original nos horários de coleta das três amostras? (Admita comportamento de gás ideal.) A concentração média está abaixo do PEL?

(b) Por que a engenheira adicionou hélio ao recipiente após recolher as amostras de ar no laboratório? Por que ela esperou um dia antes de analisar o conteúdo dos recipientes?

(c) Por que encontrar uma concentração média de benzeno abaixo do PEL pode não necessariamente significar que o laboratório é seguro em relação à exposição ao benzeno? Dê várias razões, incluindo possíveis fontes de erro nos procedimentos de coleta e análise. (Entre outras coisas, note em que dia as amostras foram coletadas.)

---

*Adaptado de um problema contribuído por Ed Burroughs do *National Institute for Occupational Safety and Health*.
[13]http://www.cdc.gov/niosh/docs/2003-154/.
[14]De D. A. Crowl, D. W. Hubbard e R. M. Felder, *Problem Set: Stoichiometry*, Center for Chemical Process Safety, New York, 1993.

BIOENGENHARIA ————→

*5.31. Pão é tipicamente feito primeiro dissolvendo levedura preservada (um organismo biológico microscópico que consome açúcares e emite CO_2 como produto residual) em água, adicionando outros ingredientes, incluindo farinha, açúcar, gordura (normalmente manteiga ou gordura hidrogenada) e sal. Após a combinação dos ingredientes, a massa é «amassada» ou misturada para promover a formação de uma rede de proteína de duas proteínas (gliadina e glutenina)[15] presentes na farinha de trigo. Esta rede é o que dá força a massa e permite que ela estique elasticamente sem quebrar. A massa é então deixada crescer em um processo no qual a levedura consome açúcar e libera CO_2, que infla bolsos de ar na massa que subsequentemente cheios com ar. Finalmente, a massa é assada; os bolsos de gás expandem em função do aumento da temperatura e evaporação da água, o amido da farinha são desidratados (secos) e a levedura morre.

Um bom pão francês tem uma estrutura aberta, porosa. Os poros devem ser estabilizados pela rede de proteínas até que o pão esteja seco o suficiente para manter seu formato. O pão colapsa se a rede de proteínas enfraquecer prematuramente.

(a) Rouille et al.[16] investigaram a influência de ingredientes e condições de mistura na qualidade da massa congelada de pão francês. Cada pão foi inicialmente formado como um cilindro com uma massa de 150 g (incluindo essencialmente nenhum CO_2), um diâmetro de 2,0 cm e um comprimento de 25,0 cm. Determine o volume específico da massa de pão crescida por duas horas a 28°C da qual evoluia 1,20 cm3/min por 100 g de massa como bolhas na massa. Enumere suas premissas.

(b) Durante o crescimento da massa, os aumentos em volume de uma série de pães de controle foram monitorados juntamente com a massa de CO_2 liberado. A ruptura da rede de proteína durante o crescimento pode ser detectada quando o volume da massa não aumenta mais na mesma taxa de produção de CO_2 pela levedura. Dados sobre um destes experimentos são mostrados na tabela abaixo. Faça um gráfico dos volumes específicos de CO_2 (por 100 g de massa) e de massa em função do tempo. Se o tempo recomendado de crescimento é tal que a massa atinja 70% do seu volume total antes do colapso, especifique um tempo de crescimento apropriado para esta fórmula.

(c) O estudo referenciado descobriu que o parâmetro com a influência mais significativa na qualidade da massa foi o tempo de mistura, com um tempo de mistura estendido produzindo uma rede de proteínas mais forte. Por que tempos de mistura estendidos poderiam não ser desejados na produção comercial de pão?

(d) Sugira causas para os seguintes resultados indesejados na produção de pães: (i) pão achatado, denso; (ii) um pão muito grande.

(e) Sugira por que o período durante o crescimento da massa é chamado em inglês de "proofing" (verificação, controle). Lembre-se de que a levedura é um organismo biológico.

t(min)	0	20	40	60	80	100	120	140	160	180	200	220	240
ΔV(cm^3 massa)	0	0	20	60	80	115	155	198	247	305	322	334	336
gás produzido (g CO_2)	0,0	37,2	63,2	68,8	126,3	192,7	234,8	315,8	385,4	515,0	578,1	657,5	745,0

5.32. Um balão de 20 m de diâmetro é enchido com hélio a uma pressão relativa de 2,0 atm. Um homem fica de pé em uma cesta suspensa do fundo do balão. Uma corda amarrada à cesta impede o balão de levantar voo. O balão, (sem incluir o gás), a cesta e o homem têm uma massa combinada de 150 kg. A temperatura ambiente é de 24°C e o barômetro indica 760 mm Hg.

(a) Calcule a massa (kg) e o peso (N) do hélio no balão.

(b) Qual a intensidade da força exercida sobre o balão pela corda de segurança? (*Lembrete:* A força de flotação sobre um objeto submerso é igual ao peso do fluido — neste caso, o ar — deslocado pelo objeto. Despreze o volume da cesta e do homem.)

(c) Calcule a aceleração inicial do balão quando a corda de segurança é cortada.

(d) Por que o balão finalmente para de subir? O que você precisaria saber para calcular a altitude na qual ele para?

(e) Suponha que neste ponto de suspensão no meio do ar, o balão é aquecido, elevando a temperatura do hélio. O que acontece e por quê?

5.33. A Companhia de Gás Chama Fraca bombeia gás propano para uma planta de produção de polipropileno próxima, a Reagentes Nocivos, Ltda. A vazão de gás é medida na planta da Nocivos como sendo 400 m³/h, a 4,7 atm (pressão relativa) e 30°C. A pressão na Chama Fraca é 8,5 atm (pressão relativa) e a temperatura é também 30°C. A Nocivos paga à Chama Fraca a taxa de 0,60 dólares/kg C_3H_8.

---

*Adaptado de um problema contribuído por David Silverstein da University of Kentucky.
[15]Estas proteínas combinam com a água para formar glúten, que dá à massa elasticidade e força. Aproximadamente 6% da população norte-americana exibem leve sensibilidade ao glúten e 1% deve aderir a uma dieta livre de glúten para tratar a doença celíaca.
[16]J. Rouille, A. Le Bail e P. Courcoux, *J. Food Engr.*, **43**(4), 197-203 (2000).

Numa noite escura, Sebastian Goniff, um engenheiro da Nocivos que é na verdade um espião da Corporação Plásticos Rançosos — o principal concorrente da Nocivos, uns caras barra-pesada — coloca em funcionamento o seu plano de desviar o propano da linha Chama Fraca-Nocivos para uma tubulação subterrânea que leva a uma estação secreta de carga de caminhões-tanque da Plásticos Rançosos, localizada em um depósito de lixo abandonado. Para encobrir a operação, Goniff obtém um medidor de pressão quebrado que indica sempre o valor 4,7 atm e o coloca no lugar do medidor da planta da Nocivos. Ele ajusta o regulador de pressão do gás de forma que a pressão relativa real seja 1,8 atm e ordena a um cúmplice via rádio que abra gradualmente a tubulação subterrânea, até que o medidor de fluxo na Nocivos indica 400 m³/h. Para o operador que lê os instrumentos na Nocivos, tanto a pressão quanto a vazão aparecerão normais.

Tudo transcorre segundo o planejado, até que o cúmplice sente cheiro de gás, suspeita de um vazamento perto da válvula e acende um fósforo para tentar localizar o vazamento.

(a) Qual deve ser a leitura do medidor de fluxo no lado da Chama Fraca?

(b) Quanto a Nocivos paga à Chama Fraca por mês?

(c) Que vazão de propano (kg/h) é esperada na estação de carga da Plásticos Rançosos?

(d) O que aconteceu?

5.34. Uma mistura de gases ideais contém 35% de hélio, 20% de metano e 45% de nitrogênio em volume, a 2,00 atm absoluta e 90°C. Calcule (a) a pressão parcial de cada componente, (b) a fração mássica de metano, (c) a massa molecular média de gás, e (d) a massa específica do gás em kg/m³.

SEGURANÇA

5.35. O *limite inferior de inflamabilidade* (LII) e o *limite superior de inflamabilidade* (LSI) do propano em ar a 1 atm são, respectivamente, 2,3% molar C_3H_8 e 9,5% molar C_3H_8.[17] Se a porcentagem molar de propano em uma mistura propano-ar está entre 2,3% e 9,5%, a mistura explodirá quando exposta a uma chama ou a uma faísca; se a porcentagem está fora destes limites, a mistura é segura — um fósforo pode acender, mas a chama não se espalhará. Se a porcentagem está abaixo do LII, diz-se que a mistura é *rarefeita* demais para explodir; se está acima do LSI, a mistura é *rica* demais para explodir.

(a) O que seria mais seguro liberar na atmosfera, uma mistura combustível-ar rarefeita demais ou rica demais? Explique.

(b) Uma mistura de propano em ar contendo 4,03% molar C_3H_8 alimenta uma fornalha de combustão. Se acontece algum problema na fornalha, a mistura é diluída com uma corrente de ar puro para assegurar que ela não explodirá acidentalmente. Se o propano entra na fornalha com uma vazão de 150 mol C_3H_8/s na mistura original propano-ar, qual deve ser a vazão molar mínima da corrente de ar de diluição?

(c) A vazão molar real de ar de diluição é especificada como sendo 130% do valor mínimo. Admitindo que a mistura combustível (4,03% molar C_3H_8) entra na fornalha com a mesma vazão que na Parte (b) a 125°C e 131 kPa e que o ar de diluição entra a 25°C e 110 kPa, calcule a razão m³ de ar de diluição/m³ de gás combustível e a porcentagem molar de propano na mistura diluída.

(d) Dê várias razões possíveis para fornecer o ar de diluição com uma vazão maior do que a vazão mínima calculada.

BIOENGENHARIA

5.36. Um adulto respira aproximadamente 12 vezes por minuto, inalando perto de 500 mL de ar em cada respiração. As composições molares dos gases inalados e exalados são:

Espécie	Gás Inalado (%)	Gás Exalado (%)
O_2	20,6	15,1
CO_2	0,0	3,7
N_2	77,4	75,0
H_2O	2,0	6,2

O gás inalado está a 24°C e 1 atm, e o gás exalado está à temperatura do corpo, 37°C, e 1 atm. O nitrogênio não é absorvido pelo sangue, de forma que $(N_2)_{entrada} = (N_2)_{saída}$.

(a) Calcule as massas de O_2, CO_2 e H_2O transferidos dos gases pulmonares ao sangue ou vice-versa (especifique qual) por minuto.

(b) Calcule o volume de ar exalado por cada mililitro inalado.

(c) Com que taxa (g/min) uma pessoa perde peso só respirando?

(d) A taxa na qual oxigênio é transferido do ar nos pulmões para o sangue é proporcional a $[(p_{O_2})_{ar} - (p_{O_2})_{sangue}]$, em que $(p_{O_2})_{sangue}$ é uma quantidade relacionada a concentração de oxigênio no sangue. Comparado às regiões onde a pressão atmosférica é 14,7 psia, que efeito tem a pressão atmosférica em Denver, que é aproximadamente 12,1 psia, sobre a taxa de transporte e taxa de respiração? Como o corpo se ajusta para enfrentar esta condição?

BIOENGENHARIA

*5.37. Quando um humano respira, o ar inalado flui através das narinas e traqueia antes de se dividir em dois tubos bronquiais primários. Os tubos primários se dividem por sua vez para formar tubos menores

---

*Este problema é adaptado de A. Saterbak, L. V. McIntire e K.-Y. San, *Bioengineering Fundamentals*, Pearson Prentice Hall, Upper Saddle River, 2007.

[17]Veja Problema 4.17 para definições e fonte de dados.

e eventualmente as passagens de ar terminam em sacos, chamados de *alvéolos*. No alvéolo, oxigênio de dióxido de carbono são trocados com o sangue. A traqueia típica tem 2 cm de diâmetro, o tubo bronquial direito tem um diâmetros de 12 mm e o esquerdo de 10,0 mm. Um adulto médio respira 12 vezes por minuto, com cada respirada tomando cerca de 0,5 L de ar nas condições ambientes, que podem ser consideradas como 1,0 atm e 25ºC. As velocidades do ar nos dois tubos bronquiais são relacionadas pela aproximação

$$\frac{u_{\mathrm{L}}}{u_{\mathrm{R}}} = \left(\frac{D_{\mathrm{R}}}{D_{\mathrm{L}}}\right)^{0,5}$$

em que u_{L} e u_{R} são as velocidades nos tubos bronquiais esquerdo e direito e D_{L} e D_{R} são os diâmetros dos tubos esquerdo e direito, respectivamente. Pode-se considerar que a temperatura do ar nos tubos bronquiais atingiu 37ºC. Reconhecendo que metade do ciclo de respiração é expiração, estime as vazões mássicas e as velocidades do ar fluindo através da traqueia e de cada um dos tubos bronquiais primários.

BIOENGENHARIA ⟶ ***5.38.** Durante suas férias de verão, você planeja uma viagem de aventura épica para escalar o Monte Kilimanjaro na Tanzânia. Desidratação é um grande perigo em tal escalada e é essencial beber água suficiente para repor a quantidade que você perde pela respiração.

(a) Durante o seu exame físico antes da viagem, seu médico mediu o vão médio e a composição do gás que você expirou (ar expirado) enquanto realizava uma atividade leve. Os resultados foram 11,36 L/mina temperatura do corpo (37ºC) e 1 atm, 17,08% molar de oxigênio, 3,25% de dióxido de carbono, 6,12% molar de H_2O e o balanço de nitrogênio. O ar ambiente (inspirado) continha 1,67% molar de água e uma quantidade desprezível de dióxido de carbono. Calcule a taxa de massa perdida através do processo de respiração(kg/dia) e o volume de água em litros que você deve beber por dia apenas para repor a água perdida na respiração. Considere seus pulmões um sistema contínuo, no estado estacionário, com as correntes de entrada sendo ar inspirado e água e CO_2 transferidos do sangue e as correntes de saída sendo ar expirado e O_2 transferido para o sangue. Assuma que nenhum nitrogênio é transferido para ou do sangue.

(b) Você fez a viagem para a Tanzânia e completou a escalada do Monte Uhuru, o pico do Kilimanjaro, a uma altitude de 5895 metros acima do nível do mar. A temperatura e pressão ambientes médias lá eram $-9,4$ºC e 360 mm Hg e o ar continha 0,46% molar de água. A vazão molar de seu ar expirado era aproximadamente a mesma que tinha sido no nível do mar e o ar expirado continha 14,86% de O_2, 3,80% de CO_2 e 13,20% de H_2O. Calcule a taxa de perda de massa (g/dia) através da respiração e a água que você deveria beber (L/dia) apenas para repor a água perdida na respiração.

(c) A igualdade das vazões molares de ar expirado no nível do mar e no Pico Uhuru é devida a um cancelamento de efeitos, um dos quais tenderia a aumentar a vazão a maiores altitudes e o outro a diminuí-la. Quais são estes efeitos? (*Dica:* Use a equação de estado do gás ideal em sua solução, e pense sobre como a concentração de oxigênio em uma elevada altitude poderia afetar sua vazão de respiração.)

5.39. Todo mundo que já usou uma lareira sabe que quando o fogo é aceso, induz-se um leve vácuo ou **tiragem**, que faz com que os gases quentes da combustão e o material particulado fluam para acima e para fora da chaminé. O motivo é que os gases quentes na chaminé são menos densos que o ar à temperatura ambiente, produzindo uma carga hidrostática menor dentro da chaminé do que fora dela. A **tiragem teórica** $D(\mathrm{N/m^2})$ é a diferença entre essas duas cargas hidrostáticas; a **tiragem real** leva em conta as quedas de pressão sofridas pelos gases que fluem pela chaminé.

Suponha que $T_\mathrm{s}(\mathrm{K})$ é a temperatura média em uma chaminé de altura $L(\mathrm{m})$ e T_a é a temperatura exterior, e que M_s e M_a são as massas moleculares médias dos gases dentro e fora da chaminé. Admita que as pressões dentro e fora da chaminé são iguais à pressão atmosférica, $P_\mathrm{a}(\mathrm{N/m^2})$ (de fato, a pressão dentro da chaminé é normalmente um pouco menor).

(a) Use a equação de estado dos gases ideais para provar que a tiragem teórica é dada por

$$D(\mathrm{N/m^2}) = \frac{P_\mathrm{a}Lg}{R}\left(\frac{M_\mathrm{a}}{T_\mathrm{a}} - \frac{M_\mathrm{s}}{T_\mathrm{s}}\right)$$

(b) Suponha que o gás em uma chaminé de 53 m tem uma temperatura média de 655 K e contém 18% molar CO_2, 2% O_2 e 80% N_2 em um dia em que a pressão barométrica é 755 mm Hg e a temperatura ambiente é 294 K. Calcule a tiragem teórica (cm H_2O) induzida na fornalha.

BIOENGENHARIA ⟶ **5.40.** Uma operação de secagem por pulverização similar àquela descrita no Problema 5.23 é usada por uma indústria farmacêutica. Acetaminophen é um *ingrediente farmacêutico ativo* (API) que pode ser produzido na forma em pó por secagem por pulverização. Uma mistura da API contendo 75% em massa de água é alimentada ao atomizador em um secador onde ele é colocado em contato com ar

---

*Adaptado de um problema contribuído por Stephanie Farrell da *Rowan University*.

quente que entra o secador a 220ºC e 6,0 bar. Toda a água é evaporada. O gás de saída contém 0,81% molar de água e deixa a câmara do secador a 80ºC e 1 atm absoluta com uma vazão de 513,6 m³/h. Calcule a vazão de produção do API em pó e a vazão volumétrica de ar de entrada.

SEGURANÇA

5.41. O fosgeno (CCl_2O) é um gás incolor que foi usado como arma de guerra durante a Primeira Guerra Mundial. Ele tem o cheiro de feno recém-colhido (o que pode ser um bom sinal de advertência se você conhece o cheiro do feno recém-colhido).

Pedro Espeto, um inovador estudante de engenharia química, projeta o que ele acha ser um novo e efetivo processo que usa fosgeno como matéria-prima. Imediatamente ele monta um reator e um sistema para analisar a mistura reacional com um cromatógrafo gasoso. Para calibrar o cromatógrafo, (quer dizer, para determinar a resposta a uma quantidade conhecida de fosgeno), ele faz o vácuo em um tubo de 15,0 cm de comprimento, com um diâmetro externo de 0,635 cm e uma espessura de parede de 0,559 mm, e conecta este tubo à válvula de saída de um cilindro que contém fosgeno puro. A ideia é abrir a válvula, encher o tubo, fechar a válvula, deixar fluir o fosgeno para cromatógrafo e observar a resposta do instrumento.

O que o Pedro não pensou (entre outras coisas) é que o fosgeno estava armazenado no cilindro a uma pressão suficientemente alta para que estivesse no estado líquido. Quando ele abriu a válvula do cilindro, o tubo se encheu rapidamente com o líquido. De repente, ele se achou com um tubo cheio de fosgeno líquido a uma pressão que o tubo não era capaz de suportar. Em um instante, ele se lembrou de uma vez que o pai dele o levou para passear de trator por um campo de feno, e teve certeza que o fosgeno estava vazando. Ele saiu correndo do laboratório, chamou a segurança do campus e disse a eles que tinha acontecido um vazamento de produto tóxico e que o prédio precisava ser evacuado. O pessoal das máscaras e roupas isolantes apareceu rapidamente e tomou conta do problema, e então começou uma investigação que ainda está em andamento.

(a) Mostre por que uma das razões para o fosgeno ser uma arma química efetiva é que ele se depositava nos buracos no chão onde os soldados se refugiavam.

(b) A intenção do Pedro era deixar que o tubo atingisse o equilíbrio na temperatura ambiente (23°C) e pressão atmosférica. Quantos mols de fosgeno estariam contidos na amostra fornecida ao cromatógrafo se o plano tivesse funcionado?

(c) O laboratório onde Pedro estava trabalhando tem um volume de 2200 ft³, a densidade relativa do fosgeno líquido é 1,37 e Pedro leu em algum lugar que a concentração máxima "segura" de fosgeno no ar é 0,1 ppm ($0,1 \times 10^{-6}$ mol CCl_2O/mol ar). Esta concentração segura teria sido excedida se todo o fosgeno líquido no tubo vazasse e evaporasse? Mesmo se o limite não tivesse sido excedido, cite várias razões pelas quais o laboratório ainda não seria seguro.

(d) Liste várias coisas que Pedro fez (ou deixou de fazer) que fizeram com que o experimento fosse desnecessariamente arriscado.

BIOENGENHARIA

*5.42. Fermentação é um processo bioquímico no qual um carboidrato — tal como o açúcar glicose — é convertido por bactéria ou levedura em um composto orgânico — como o etanol — e dióxido de carbono. O processo é mais conhecido por seu uso na fabricação de cerveja e outras bebidas alcoólicas, mas ela também é usada para produzir uma ampla gama de outros produtos químicos industrialmente importantes.

O diagrama abaixo mostra um processo contínuo de fermentação. Uma lama aquosa sólido-líquido contendo um carboidrato e bactérias entra em um tanque agitado onde o composto sofre fermentação. Os produtos de fermentação, incluindo espécies condensadas do gás liberado e bactérias são retirados do tanque. Um misturador com múltiplos impelidores rotativos mantém os sólidos no tanque suspensos no líquido. Uma corrente de ar entra no fermentador através de um dispersor (alguma coisa como um

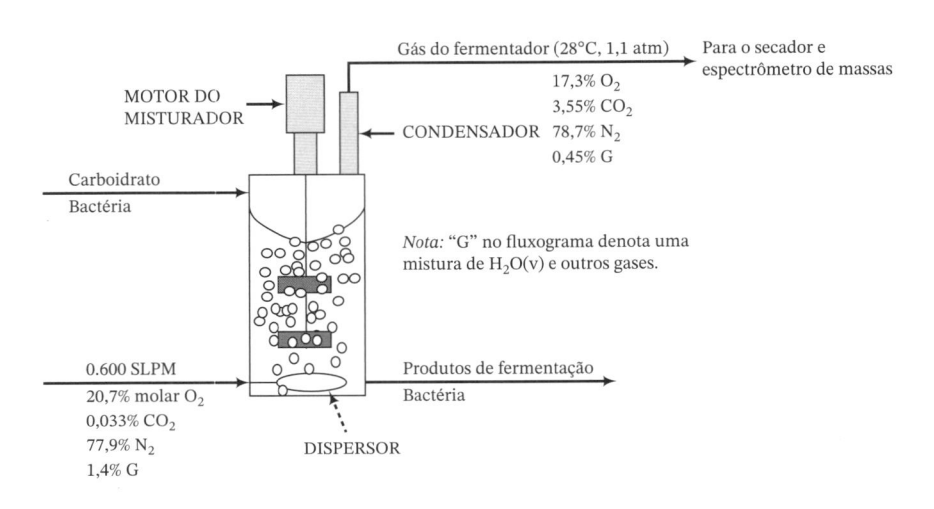

Gás do fermentador (28°C, 1,1 atm) Para o secador e espectrômetro de massas

MOTOR DO MISTURADOR

17,3% O_2
3,55% CO_2
CONDENSADOR 78,7% N_2
0,45% G

Carboidrato
Bactéria

Nota: "G" no fluxograma denota uma mistura de $H_2O(v)$ e outros gases.

0.600 SLPM
20,7% molar O_2
0,033% CO_2
77,9% N_2
1,4% G

Produtos de fermentação
Bactéria

DISPERSOR

---

*Adaptado de um problema contribuído por Claire Komives da *San Jose State University*.

chuveiro invertido) projetado para produzir pequenas bolhas que sobem através da mistura e removem o CO_2 formado na reação. Parte do oxigênio no ar alimentado ao fermentador é consumido pelas bactérias. Os produtos gasosos passam por um condensador, que condensa a maior parte da água, e retorna para o fermentador, o gás não condensado vai para um secador e então para um espectrômetro de massas, onde sua composição é determinada. A vazão da alimentação de ar foi medida em 0,600 SLPM (litros por minuto nas condições-padrão de temperatura e pressão) e as composições medidas do ar e do gás liberado são mostradas no diagrama. O gás liberado está a 28ºC e 1,1 atm.

(a) Descreva em suas próprias palavras o propósito deste processo e as funções do misturador, do ar e do dispersor.

(b) Em um pequeno fermentador de laboratório, a massa do mosto no tanque é 0,58 kg e a massa específica do mosto é 1,05 kg/L. Calcule a taxa de evolução de dióxido de carbono (CER) e a taxa de incorporação de oxigênio (OUR) em mmol/(h · L), onde a unidade de volume no denominador refere-se ao volume do mosto no tanque. Calcule também a vazão volumétrica de gás liberado em L/min.

5.43. Uma coluna de destilação está sendo usada para separar metanol e água a pressão atmosférica. A temperatura da coluna varia de aproximadamente 65ºC no topo a 100ºC no fundo. Líquido entra no topo da coluna e escoa para baixo até o fundo; vapor é gerado em um refervedor no fundo da coluna, escoa para cima, e sai no topo. A vazão molar de vapor para cima da coluna pode ser considerada constante do topo até o fundo. A velocidade do vapor é mantida abaixo de 5,0 ft/s para evitar que o vapor arraste líquido (suspendendo e carregando gotículas de líquido).

(a) Onde na coluna existe o maior risco de arraste de líquido? Explique sua resposta.

(b) Assumindo que o líquido escoando para baixo da coluna e os internos da coluna (equipamentos dentro da coluna) ocupam uma fração desprezível da área da seção reta da coluna, estime o diâmetro mínimo da coluna se a vazão de vapor é de 25,0 lbmol/min.

(c) Suponha que a coluna é construída com um diâmetro 10% maior do que aquele determinado na Parte (b). Quais são as velocidades do vapor no topo e no fundo da coluna se a vazão molar do vapor em ambas as posições é 25,0 lbmol/min? Quanto a vazão molar de vapor pode ser aumentada sem causar arraste de líquido?

(d) Existe a necessidade de aumentar a vazão do processo, o que implicaria em dobrar a vazão molar de vapor. Foi sugerido que o aumento da pressão na coluna permitiria que isso fosse feito sem risco excessivo de arraste de líquido. Novamente aplicando um limite de velocidade de vapor de 5 ft/s, qual seria a nova pressão?

5.44. Um gás combustível contendo 86% de metano, 8% de etano e 6% de propano em volume flui para dentro de uma fornalha com uma vazão de 1450 m^3/h a 15°C e 150 kPa (pressão relativa), onde é queimado com 8% de ar em excesso. Calcule a vazão requerida de ar em MCNH (metros cúbicos normais por hora).

5.45. Etano a 25ºC e 1,1 atm (abs) escoando a uma vazão de 100 mol/s é queimado com 20% de excesso de oxigênio a 175ºC e 1,1 atm (abs). Os produtos de combustão deixam a fornalha a 800ºC e 1 atm.

(a) Qual é a vazão volumétrica de oxigênio (L/s) alimentada à fornalha?

(b) Qual seria a vazão volumétrica dos produtos de combustão? Enumere todas as suposições feitas.

(c) A vazão volumétrica dos produtos de combustão é medida e encontra-se um valor diferente do valor calculado na Parte (b). Assumindo que nenhum erro foi cometido no cálculo, o que poderia estar acontecendo que poderia levar a esta discrepância? Considere as suposições feitas no cálculo e coisas que podem dar errado em um sistema real.

5.46. O fluxo de ar na fornalha a gás de um refervedor é regulado por um microcomputador. Os gases combustíveis usados são misturas de metano (A), etano (B), propano (C), n-butano (D) e isobutano (E). A temperatura, a pressão e a vazão volumétrica do gás combustível são medidas periodicamente, e sinais de tensão proporcionais aos seus valores são transmitidos ao computador. Além disso, quando uma nova mistura de gases é usada, uma amostra do gás é coletada e analisada, e as frações molares dos cinco componentes são determinadas e lidas pelo computador. Especifica-se então a percentagem desejada de ar em excesso e o computador calcula a vazão volumétrica requerida de ar e transmite um sinal apropriado a uma válvula de controle de fluxo na linha de ar.

A proporcionalidade linear entre os sinais de entrada e saída e as correspondentes variáveis do processo podem ser determinadas dos seguintes dados de calibração:

Temperatura do Combustível:	$T = 25{,}0°C$,	$R_T = 14$
	$T = 35{,}0°C$,	$R_T = 27$
Pressão do Combustível:	$P_{relativa} = 0$ kPa,	$R_P = 0$
	$P_{relativa} = 20{,}0$ kPa,	$R_P = 6$
Vazão Volumétrica do Combustível:	$V_f = 0$ m^3/h,	$R_f = 0$
	$V_f = 2{,}00 \times 10^3$ m^3/h,	$R_f = 10$
Vazão Volumétrica do Ar:	$V_a = 0$ m^3 (CNTP)/h,	$R_a = 0$
	$V_a = 1{,}0 \times 10^5$ m^3 (CNTP)/h,	$R_a = 25$

(a) Crie uma planilha ou escreva um programa que leia os valores de R_f, R_T, R_P, as composições molares dos componentes do gás combustível x_A, x_B, x_C, x_D e x_E e a porcentagem de ar em excesso *PX*, e que calcule e escreva o valor requerido de R_A.

(b) Rode o seu programa com os seguintes dados.

R_f	R_T	R_P	x_A	x_B	x_C	x_D	x_E	PX
7,25	23,1	7,5	0,81	0,08	0,05	0,04	0,02	15%
5,80	7,5	19,3	0,58	0,31	0,06	0,05	0,00	23%
2,45	46,5	15,8	0,00	0,00	0,65	0,25	0,10	33%

BIOENGENHARIA ⟶ ***5.47.** A bactéria *acetobacter aceti* converte etanol em ácido acético na presença de oxigênio de acordo com a reação

$$C_2H_5OH + O_2 \rightarrow CH_3COOH + H_2O$$

Em um processo contínuo de fermentação, etanol entra no topo do fermentador a uma vazão de 145 kg/h e o ar alimentado no fundo está 25% em excesso da quantidade necessária para consumir todo o etanol. Uma corrente de gás contendo nitrogênio e oxigênio não reagido deixa o topo do fermentador e uma corrente líquida contendo ácido acético, água e 10% do etanol que entrou sai pelo fundo. Assuma que nada do etanol, água e ácido acético no reator seja vaporizado. O fermentador opera a 30ºC, mantendo uma altura de líquido (DR = 0,95) de 4,5 m e é aberto para a atmosfera (isto é, a pressão no topo do fermentador é 1 atm).

(a) Qual é a vazão volumétrica do ar quando ela entra no fundo do fermentador? Qual é a vazão volumétrica do gás deixando o topo do fermentador?

(b) Assuma uma relação linear entre a fração de oxigênio reagido e a posição das bolhas de gás subindo através do líquido no fermentador: por exemplo, metade do oxigênio reagido é consumido na metade de baixo do fermentador. A meia altura do fermentador, o diâmetro médio da bolha é 1,5 mm. Qual é o diâmetro médio da bolha no ponto de entrada do ar e quando o gás deixa o líquido no topo do fermentador?

Exercícios Exploratórios — Pesquise e Descubra

(c) Que diferença faz o tamanho da bolha no projeto e operação do fermentador? (*Dica:* Qual é a área de uma esfera?)

(d) *Acetobacter aceti* são bactérias gram-negativas. O que isso significa e por que isto é importante?

5.48. A oxidação do dióxido de enxofre

$$NO + \tfrac{1}{2} O_2 \rightleftharpoons NO_2$$

é conduzida em um reator em batelada isotérmico. O reator é carregado com uma mistura contendo 20,0% em volume de NO e o resto é ar, na pressão inicial de 380 kPa (absoluta).

(a) Admitindo comportamento de gás ideal, determine a composição da mistura (fração molar dos componentes) e a pressão final (kPa) se a conversão de NO é 90%.

(b) Suponha que a pressão no reator por fim se estabiliza a 360 kPa. Qual é a porcentagem de conversão no equilíbrio de NO? Calcule a constante de equilíbrio da reação na temperatura do problema, $K_p[(\text{atm})^{-0,5}]$, definida como

$$K_p = \frac{(p_{NO_2})}{(p_{NO})(p_{O_2})^{0,5}}$$

em que $p_i(\text{atm})$ é a pressão parcial do componente i (NO_2, NO, O_2) no equilíbrio.

(c) Assumindo que K_p depende somente da temperatura, estime a pressão e composição finais no reator se a razão de alimentação de NO para O_2 e a pressão inicial são as mesmas que na Parte (a), mas a alimentação para o reator é oxigênio puro em vez de ar.

(d) Substitua as pressões parciais na expressão de K_p e use o resultado para explicar como a pressão do reator influencia na conversão de NO a NO_2.

5.49. O monoclorobenzeno (M) é produzido comercialmente pela cloração catalítica direta do benzeno (B) a 40°C e 120 kPa absolutos. No processo, o diclorobenzeno (D) é gerado como um subproduto

$$C_6H_6 + Cl_2 \rightarrow C_6H_5Cl + HCl$$
$$C_6H_5Cl + Cl_2 \rightarrow C_6H_4Cl_2 + HCl$$

---

*Este problema é adaptado de A. Saterbak, L. V. McIntire e K.-Y. San, *Bioengineering Fundamentals*, Pearson Prentice Hall, Upper Saddle River, 2007.

Duas correntes, uma líquida e outra gasosa, saem do reator. O líquido contém 49,2% em massa de M, 29,6% de D e o resto é B não reagido. O gás, que é enviado a uma unidade de tratamento, contém 92%(v/v) de HCl e 8% de cloro não reagido.

(a) Que volume de gás sai do reator (m³/kg B alimentado)?

(b) A tubulação através da qual flui o gás é dimensionada de forma que a velocidade do gás não exceda 10 m/s. Deduza uma expressão relacionando o diâmetro da tubulação d_p (cm) com a vazão de alimentação de benzeno $\dot{m}_{B0}$ (kg B/min).

(c) Em 2004, a demanda por monoclorobenzeno foi projetada como decrescente 6% por ano até o ano 2007.[18] Que fatores contribuíram para a redução da demanda quando a projeção foi feita?

MATERIAIS

5.50.[19] Na *deposição química de vapor* (DQV), um material semicondutor ou isolante é formado pela reação entre uma espécie gasosa e uma espécie adsorvida sobre a superfície de um *sanduíche* de silício (discos de cerca de 10 cm de diâmetro e 1 mm de espessura). O sanduíche revestido é submetido a outros procedimentos para produzir os *chips* microeletrônicos para computadores e outros aparelhos eletrônicos em uso nos dias de hoje.

Em um desses processos, o dióxido de silício (MW = 60,06, DR = 2,67) é formado na reação entre o diclorossilano gasoso (DCS) e o óxido nitroso adsorvido:

$$SiH_2Cl_2(g) + 2N_2O(ads) \rightarrow SiO_2(s) + 2N_2(g) + 2HCl(g)$$

Uma mistura de DCS e N_2O escoa através de um "reator de bote" — um tubo horizontal no qual de 50 a 100 sanduíches de silício de cerca de 12 cm de diâmetro e 1 mm de espessura são colocados em pé ao longo do comprimento do reator, com cerca de 20 mm de separação entre eles. Uma vista lateral do reator é mostrada a seguir:

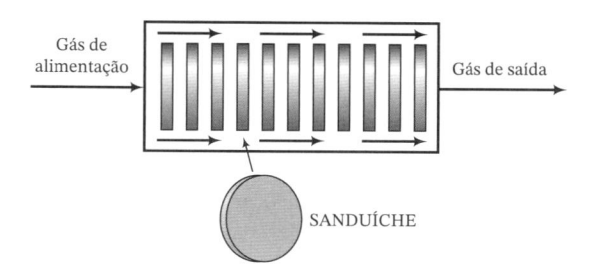

O gás de alimentação entra ao reator com uma vazão de 3,74 PCNM (pés cúbicos normais por minuto) e contém 22,0% molar de DCS e o resto de N_2O. No reator, o gás escoa em torno dos sanduíches, o DCS e o N_2O se difundem nos espaços entre os sanduíches, o N_2O é absorvido na superfície destes e o N_2O adsorvido reage com o DCS gasoso. O dióxido de silício formado permanece na superfície e o nitrogênio e o cloreto de hidrogênio se transferem à fase gasosa e por fim saem do reator com os reagentes não consumidos. A pressão e temperatura absolutas no reator são mantidas constantes a 900°C e 604 militorr.

(a) A porcentagem de conversão do DCS em uma certa posição axial (a distância ao longo do comprimento do reator) é 60%. Calcule a vazão volumétrica (m³/min) do gás nesta posição axial.

(b) A taxa de deposição de dióxido de silício por unidade de área de superfície de sanduíche é dada pela fórmula

$$r\left(\frac{mol\ SiO_2}{m^2 \cdot s}\right) = 3{,}16 \times 10^{-8} p_{DCS} p_{N_2O}^{0,65}$$

em que p_{DCS} e p_{N_2O} são as pressões parciais de DCS e N_2O em militorr. Qual é o valor de r na posição axial do reator onde a conversão de DCS é 60%?

(c) Considere um sanduíche localizado na posição axial determinada na Parte (b). Que espessura tem a camada de dióxido de silício neste sanduíche após duas horas de operação do reator, admitindo que a difusão do gás é rápida o bastante — na baixa pressão do reator — para que a composição do gás (e portanto as pressões parciais dos componentes) sejam uniformes sobre a superfície do sanduíche? Expresse a sua resposta em angstroms, em que $1\ \text{Å} = 1{,}0 \times 10^{-10}$ m. (*Dica:* Você pode calcular a taxa de crescimento da camada de SiO_2 em Å/min a partir de r e das propriedades do SiO_2 dadas no enunciado do problema.) Esta espessura seria maior ou menor em uma posição axial mais perto da entrada do reator? Explique brevemente a sua resposta.

---

[18] http://www.icis.com/Articles/2005/12/02/570444/chemical-profile-chlorobenzene.html.
[19] Baseado em um problema de H. S. Fogler, *Elements of Chemical Reaction Engineering*, 2nd Edition, Prentice Hall, Englewood Cliffs, NJ, 1992, p. 323.

5.51. Uma turbina de uma planta de energia recebe um carregamento de combustível de hidrocarbonetos, cuja composição é incerta, mas que pode ser representada pela expressão C_xH_y. O combustível é queimado com ar em excesso. Uma análise do produto gasoso fornece os seguintes resultados em base livre de umidade: 10,5% (v/v) de CO_2, 5,3% O_2 84,2% N_2.

  (a) Determine a razão molar de hidrogênio para carbono no combustível, r, em que $r = y/x$, e a porcentagem de ar em excesso usada na combustão.

  (b) Qual é a razão de ar para combustível (m^3 ar/kg combustível) se o ar é fornecido à planta a 30°C e 98 kPa?

  (c) A densidade relativa do combustível (um produto do petróleo) é 0,85. Estime a razão pés cúbicos padrão de gás alimentado para a turbina por barril de combustível.

Exercícios Exploratórios — Pesquise e Descubra

  (d) Quais são os problemas associados com o uso de óleo como combustível em comparação com o gás natural? Considere dois fatores: (i) a composição completa de óleos combustíveis típicos e suas emissões resultantes e (ii) a disponibilidade e a distribuição global das duas fontes de combustível.

5.52. A hidrazina líquida (DR = 0,82) sofre uma série de reações de decomposição que podem ser representadas pela expressão estequiométrica

$$3N_2H_4 \rightarrow 6xH_2 + (1 + 2x)N_2 + (4 - 4x)NH_3$$

  (a) Para que intervalo de valores de x a equação é fisicamente válida?

  (b) Faça um gráfico do volume de produto gasoso [V(L)] a 600°C e 10 bar absolutos que seriam formados a partir de 50 litros de hidrazina líquida como função de x, cobrindo o intervalo de valores determinado na Parte (b).

  (c) Especule sobre o que faz com que a hidrazina seja um bom propelente.

SEGURANÇA → **5.53.**[20] Alguns reagentes estão armazenados em um laboratório com volume V(m^3). Como consequência de maus procedimentos, uma espécie tóxica, A, se introduz no ar do laboratório (vindo do próprio) com uma vazão constante $\dot{m}_A$(g A/h). O cômodo é ventilado com ar puro com uma vazão constante $\dot{V}_{ar}$(m^3/h). A concentração média de A no laboratório aumenta progressivamente até estabilizar em um valor constante $C_{A,r}$(g A/m^3).

  (a) Liste ao menos quatro situações que podem levar à entrada de A no ar do laboratório.

  (b) Admita que A mistura-se perfeitamente com o ar do laboratório e deduza a fórmula

$$\dot{m}_A = \dot{V}_{ar}C_A$$

  (c) A suposição de mistura perfeita nunca é justificada quando o espaço fechado é um cômodo (a diferença de, digamos, um reator agitado). Na prática, a concentração de A varia de um ponto a outro do cômodo: é relativamente alta perto do ponto em que A entra no ar e relativamente baixa em regiões longe deste ponto, incluindo a saída do duto de ventilação. Se dizemos que $C_{A,duto} = kC_A$, em que $k < 1$ é um fator de mistura não ideal (geralmente entre 0,1 e 0,5, com o menor valor correspondente à pior mistura), então a equação da Parte (b) se transforma em:

$$\dot{m}_A = k\dot{V}_{ar}C_A$$

  Use esta equação junto com a equação de estado dos gases ideais para deduzir a seguinte expressão para a fração molar média de A no ar do laboratório:

$$y_A = \frac{\dot{m}_A}{k\dot{V}_{ar}} \frac{RT}{M_A P}$$

  em que M_A é a massa molecular de A.

  (d) O *nível de exposição permissível* (PEL — *permissible exposure level*) para o estireno ($M = 104,14$) definido pela *U.S. Occupational Safety and Health Administration* é 50 ppm (base molar).[21] Um tanque de armazenamento aberto em um laboratório de polimerização contém estireno. A taxa de evaporação deste tanque é estimada como sendo 9,0 g/h. A temperatura ambiente é 20°C. Admitindo que o ar do laboratório está razoavelmente bem misturado (de forma que $k = 0,5$), calcule a vazão de ventilação mínima (m^3/h) necessária para manter a concentração média de estireno igual ou abaixo do PEL. Depois, dê várias razões acerca de por que ainda seria arriscado trabalhar no laboratório se fosse usada a vazão de alimentação mínima.

  (e) O nível de risco na situação descrita na Parte (d) aumentaria ou diminuiria se a temperatura ambiente aumentasse? (Aumenta, diminui, não tem como saber.) Explique a sua resposta, citando ao menos dois efeitos da temperatura na sua explicação.

---

[20]De D. A. Crowl, D. W, Hubbard e R. M. Felder, *Problem Set: Stoichiometry*, Center for Chemical Process Safety, New York, 1993.
[21]R. J. Lewis, *Hazardous Chemicals Desk Reference*, 6th Edition, John Wiley & Sons, Inc., New York, 2008, p. 1281.

5.54. O propileno é hidrogenado em um reator em batelada segundo

$$C_3H_6(g) + H_2(g) \rightarrow C_3H_8(g)$$

Quantidades equimolares de propileno e hidrogênio são fornecidas ao reator a 25°C e uma pressão total absoluta de 32,0 atm. A temperatura do reator aumenta até 235°C e depois é mantida constante até que a reação se complete. A conversão do propileno no começo do período isotérmico é 53,2%. Você pode admitir comportamento de gás ideal para este problema, embora, na alta pressão envolvida, esta suposição constitua, no mínimo, uma aproximação grosseira.

(a) Qual é a pressão final no reator?

(b) Qual é a percentagem de conversão do propileno quando $P = 35{,}1$ atm?

(c) Construa um gráfico da pressão versus a conversão fracional de propileno, cobrindo a período isotérmico de operação. Use o gráfico para confirmar os resultados das Partes (a) e (b). (*Sugestão*: Use uma planilha.)

5.55. Um gás natural contém 95% em massa de CH_4 e o resto é C_2H_6. Quinhentos metros cúbicos por hora deste gás a 40°C e 1,1 bar devem ser queimados com 25% de excesso de ar. O medidor de fluxo de ar está calibrado para ler a vazão volumétrica nas condições normais de temperatura e pressão. Qual deve ser a leitura do medidor (em MCNH) quando a vazão é ajustada para o valor desejado?

5.56. Uma corrente de nitrogênio quente e seco flui através de uma unidade de processo contendo acetona líquida. Uma parte substancial da acetona evapora e é arrastada pelo nitrogênio. Os gases combinados saem da unidade de recuperação a 205°C e 1,1 bar e entram em um condensador no qual uma parte da acetona é liquefeita. O gás restante sai do condensador a 10°C e 40 bar. A pressão parcial da acetona na entrada do condensador é 0,100 bar, e na saída do mesmo é de 0,379 bar. Admita comportamento de gás ideal.

(a) Calcule, para uma base de 1 m³ de gás que alimenta o condensador, a massa de acetona condensada (kg) e o volume de gás que sai do condensador (m³).

(b) Suponha que a vazão volumétrica do gás que sai do condensador é 20,0 m³/h. Calcule a taxa (kg/h) na qual a acetona é vaporizada na unidade de recuperação de solvente.

MEIO AMBIENTE →

5.57. A amônia é um dos componentes que devem ser removidos por uma planta de tratamento antes que uma corrente de efluentes químicos possa ser descarregada em um rio ou lagoa. A amônia está normalmente presente nos efluentes líquidos na forma de hidróxido de amônia aquoso ($NH_4^+OH^-$). Com frequência, usa-se um processo em duas etapas para conseguir esta remoção. Primeiro adiciona-se cal (CaO) à corrente de efluentes, levando à reação

$$CaO + H_2O \rightarrow Ca^{2+} + 2(OH^-)$$

Os íons hidróxido produzidos nesta reação deslocam a seguinte reação para a direita, resultando na conversão dos íons amônio em amônia dissolvida:

$$NH_4^+ + OH^- \rightleftharpoons NH_3(g) + H_2O(l)$$

Então, o efluente é posto em contato com ar, que retira amônia.

(a) Um milhão de galões de efluente alcalino contendo 0,03 mol NH_3/mol H_2O abastecem uma coluna de extração que opera a 68°F. Ar a 68°F e 21,3 psia é posto em contato com o efluente de forma contracorrente. A razão de alimentação é 300 ft³ de ar/galão de efluente, e 93% da amônia é extraída. Calcule a vazão volumétrica do gás que sai da coluna e a pressão parcial da amônia neste gás.

(b) Explique brevemente, em termos que um aluno de química do primeiro ano possa entender, como funciona este processo. Inclua a constante de equilíbrio da segunda reação na sua explicação.

Exercícios Exploratórios — Pesquise e Descubra

(c) Este problema é uma ilustração dos desafios associados com o trato de liberações indesejadas no ambiente; especificamente, no desenvolvimento de um processo para prevenir o descarte de amônia em um curso d'água, a liberação é, em vez disso, feita para a atmosfera. Suponha que você tenha que escrever um artigo para um jornal sobre a instalação do processo descrito no início deste problema. Explique por que a companhia está instalando o processo em duas etapas e então explique o destino final da amônia. Tome uma das duas posições — ou aquela liberação é inofensiva ou ela prejudica o ambiente na vizinhança da planta. Como este é um artigo de jornal, ele não pode ter mais que 800 palavras.

5.58. Você comprou um cilindro de gás que se supõe conter 5,0% em mol Cl_2 ($\pm0{,}1\%$) e 95% de ar. No entanto, os experimentos que você tem feito não vêm dando bons resultados, e você suspeita que a porcentagem de cloro no cilindro está incorreta.

Para checar esta hipótese, você borbulha o gás através de 2,0 litros de uma solução aquosa de NaOH (12% em massa de NaOH, DR = 1,13) por exatamente uma hora. O gás na entrada é medido a uma pressão relativa de 510 mm H_2O e uma temperatura de 23°C. Antes de entrar ao recipiente, o gás passa através de um medidor de fluxo que indica uma vazão de 2,00 L/min. No fim da corrida, uma amostra da solução residual de NaOH é analisada, e o resultado mostra que o teor de NaOH reduziu-se em 23%. Qual é a concentração de Cl_2 no cilindro de gás? (Admita que o Cl_2 é completamente consumido na reação $Cl_2 + 2NaOH \rightarrow NaCl + NaOCl + H_2O$.)

ENERGIA ALTERNATIVA →

*5.59. A atual dependência global em combustíveis fósseis para aquecimento, transporte e geração e energia elétrica levanta preocupações quanto à liberação de CO_2 e CH_4, que são gases de efeito estufa que, acredita-se, levam à mudança climática, e NO, que contribui para o *smog* (mistura de fumaça com neblina). Uma solução potencial para estes problemas é produzir combustíveis para transporte a partir de biomassa renovável.

Você foi solicitado a fazer uma avaliação de um processo proposto para converter resíduos florestais em álcoois que podem ser usados como combustíveis para transporte. No primeiro estágio do processo, vapor e madeira seca de árvores de álamo híbridas (que crescem entre cinco e oito pés por ano e podem ser colhidas aproximadamente a cada cinco anos) são alimentados a um gaseificador no qual a biomassa é convertida a gases leves nas seguintes reações:

$$C + H_2O \rightarrow CO + H_2$$
$$CO + H_2O \rightarrow CO_2 + H_2$$
$$C + CO_2 \rightarrow 2CO$$
$$C + 2H_2 \rightarrow CH_4$$
$$CH_4 + H_2O \rightarrow CO + 3H_2$$

Os efluentes do reator são uma corrente gasosa contendo H_2, CO, CO_2, CH_4 e H_2O e uma corrente de carvão sólido que contém somente carbono e hidrogênio. O carvão é descartado e os gases passam através de etapas adicionais nas quais o hidrogênio e o monóxido de carbono são convertidos em uma mistura de álcoois. Este problema aborda somente o gaseificador.

Dados:

- Composição elementar da biomassa: 51,9% molar de C, 6,3% de H e 41,8% de O
- Pressão e temperatura do vapor entrando: 155ºC, 4,4 atm
- Razão de alimentação vapor para biomassa: 1,1 kg de vapor/kg de biomassa
- Rendimento e composição em base seca do gás produto: 1,35 kg de gás seco/kg de biomassa a 700ºC, 1,2 atm; 50,7% molar de H_2, 23,8% de CO, 18% de CO_2, 7,5% de CH_4

(a) Tomando uma base de 100 kg de biomassa alimentada, desenhe e rotule completamente um fluxograma para o gaseificador incorporando os dados fornecidos, rotulando os volumes de vapor alimentado e dos gases produzidos. Faça uma análise de graus de liberdade.

(b) Calcule a massa e a composição mássica do carvão e os volumes das correntes de alimentação de vapor e gás produto.

(c) Liste as vantagens e possíveis inconvenientes de usar biomassa no lugar de petróleo como uma fonte de combustível.

5.60. Duas correntes de gás úmido são combinadas em uma câmara aquecida de mistura. A primeira corrente contém 23,5% molar de etano e 76,5% molar de etileno em base seca, e entra na câmara de mistura a 25°C e 105 kPa, com uma vazão de 125 L/min. A segunda corrente é ar úmido, que entra a 75°C e 115 kPa, com uma vazão de 355 L/min. A corrente combinada sai a 65°C e 1,00 atm. Um *higrômetro* é usado para medir o conteúdo de água das duas correntes de alimentação e da corrente combinada. A curva de calibração do higrômetro é uma linha reta em um gráfico semilog de y (fração molar de água) versus R (leitura do higrômetro), que passa pelos pontos ($y = 10^{-4}$, $R = 5$) e ($y = 0,2$, $R = 90$). As seguintes leituras foram obtidas:

Corrente de alimentação de hidrocarbonetos: $R = 86,0$

Corrente de alimentação de ar úmido: $R = 12,8$

(a) Deduza uma expressão para $y(R)$.

(b) Calcule a vazão volumétrica da corrente de produto e a composição molar do gás de produto em base seca.

(c) Calcule a pressão parcial da água no gás de produto e a leitura do higrômetro para esta corrente.

5.61. A maior parte do concreto usado na construção de prédios, estradas, barragens e pontes é feito de **cimento Portland**, uma substância obtida pela pulverização do resíduo duro e granuloso (*clínquer*) da calcinação de uma mistura de argila e rocha calcária, com a adição de outros materiais para modificar as propriedades de assentamento do cimento e as propriedades mecânicas do concreto.

---

*Adaptado de um problema contribuído por W. James Frederick da *Table Mountain Consulting*.

A carga de um forno rotatório de cimento Portland contém 17% de uma argila seca de construção (72% em massa de SiO_2, 16% Al_2O_3, 7% Fe_2O_3, 1,7% K_2O, 3,3% Na_2O) e 83% de rocha calcária (95% em massa de $CaCO_3$, 5% de impurezas). Quando a temperatura do sólido atinge cerca de 900°C acontece a *calcinação* da rocha calcária a cal (CaO) e dióxido de carbono. À medida que a temperatura aumenta até perto de 1450°C, a cal reage com os minerais na argila para formar compostos como 3 $CaO \cdot SiO_2$, 3 $CaO \cdot Al_2O_3$ e 4 $CaO \cdot Al_2O_3 \cdot Fe_2O_3$. A vazão de CO_2 do forno é 1350 m^3/h a 1000°C e 1 atm. Calcule as vazões de alimentação de argila e rocha calcária (kg/h) e a porcentagem em peso de Fe_2O_3 no cimento final.

5.62. A análise elementar de um óleo combustível N.° 4 revelou 86,47% em massa de carbono, 11,65% de hidrogênio, 1,35% de enxofre e o resto de inertes não combustíveis. O óleo é queimado em uma fornalha de geração de vapor com 15% de excesso de ar. O ar é preaquecido a 175°C e entra na fornalha com uma pressão relativa de 180 mm Hg. O enxofre e o hidrogênio no óleo são completamente oxidados a SO_2 e H_2O; 5% do carbono são oxidados a CO e o resto forma CO_2.

MEIO AMBIENTE

(a) Calcule a razão de alimentação (m^3 ar/kg óleo).

(b) Calcule as frações molares (em base seca) e as ppm (partes por milhão em base úmida ou mols contidas em 10^6 mols do gás de chaminé úmido) das espécies do gás de chaminé que podem ser consideradas como riscos ambientais.

5.63. Uma corrente de *n*-pentano líquido flui com uma vazão de 50,4 L/min para dentro de uma câmara de aquecimento, onde evapora junto com uma corrente de ar com 15% em excesso da quantidade necessária para a queima completa do pentano. A temperatura e pressão relativa do ar entrando no aquecedor são 336 K e 208,6 kPa. O gás aquecido sai do aquecedor e passa a uma câmara de combustão, na qual uma fração do pentano é queimado. O gás de produto, que contém todo o pentano não reagido e não contém CO, passa a um condensador, onde toda a água formada na combustão e todo o pentano não reagido condensam. O gás que deixa o condensador sai a 275 K e 1 atm (absoluta). O condensado líquido é separado nos seus componentes e a vazão de pentano é medida como sendo 3,175 kg/min.

(a) Calcule a conversão fracional do pentano atingida na fornalha e a vazão volumétrica (L/min) do ar de alimentação, do gás que sai do condensador e do condensado líquido antes da separação nos seus componentes.

(b) Desenhe o aparelho que poderia ser usado para separar o pentano e a água no condensado. *Dica*: Note que o pentano é um hidrocarboneto e lembre do ditado sobre óleo (hidrocarbonetos) e água.

BIOENGENHARIA

*5.64. Alka-Seltzer® é um medicamento de balcão usado para tratar indigestão ácida e azia. Os ingredientes farmacêuticos ativos (API) em cada comprimido de Alka-Seltzer® são aspirina (325 mg), ácido cítrico ($1,916 \times 10^3$ mg) e bicarbonato de sódio ($1,000 \times 10^3$ mg). Para uma dose única, dois comprimidos de Alka-Seltzer® são dissolvidos em 4,0 onças fluidas de água (1,0 onça fluida = 29,57 mL), provocando a seguinte reação:

$$\underbrace{C_6H_7O_8(aq)}_{\text{ácido cítrico}} + \underbrace{3NaHCO_3(aq)}_{\substack{\text{bicarbonato} \\ \text{de sódio}}} \rightarrow 3H_2O(l) + 3CO_2(g) + \underbrace{Na_3C_6H_5O_7(aq)}_{\text{citrato de sódio}}$$

(a) Que volume de CO_2 gás (mL) a 25°C e 1 atm deve ser produzido por uma dose normal de Alka-Seltzer®? Assuma comportamento de gás ideal e que a reação vai até conversão total.

(b) Você acordou se sentindo péssimo antes do seu exame final de balanços de massa e energia, mas você sabe que não pode perdê-lo. Você pega alguns Alka-Seltzer® e um garrafa de água de 11 onças. Você bebe exatamente a quantidade de água para deixar 4,0 onças fluidas na garrafa (você tem muita prática com isto). Então você joga dois comprimidos, fecha a tampa da garrafa firmemente e sai correndo pela porta. Calcule a pressão no interior da garrafa, assumindo que a temperatura permanece constante a 25°C e desprezando o volume dos comprimidos;

(c) O quão razoáveis são as suposições de comportamento de gás ideal nas Partes (a) e (b)?

MEIO AMBIENTE

5.65. Sulfeto de hidrogênio tem o odor desagradável distinto associado com ovos podres e é venenoso. Frequentemente ele deve ser removido do gás natural bruto e é então um produto do refino de gás natural. Em tais casos, o *processo Claus* fornece um meio de converter H_2S em enxofre elementar.

Considere que a corrente de alimentação de uma planta Claus consiste em 10,0% molar H_2S e 90,0% molar CO_2. Um terço da corrente é enviado a uma fornalha onde o H_2S é completamente queimado com uma quantidade estequiométrica de ar alimentado a 1 atm e 25°C. A reação é

$$H_2S + \tfrac{3}{2}O_2 \rightarrow SO_2 + H_2O$$

Os produtos gasosos desta reação são misturados com os dois terços remanescentes da corrente de alimentação e enviados a um reator no qual ocorre a seguinte reação completa:

$$2H_2S + SO_2 \rightarrow 3S + 2H_2O$$

---

*Adaptado de Stephanie Farrell, Mariano J, Savelski e C. Stewart Slater, (2010). "Integrating Pharmaceutical Concepts into Introductory Chemical Engineering Courses — Part 1", http://pharmahub.org/resources/360.

Os gases saem do reator com uma vazão de 10,0 m³/min a 320°C e 205 kPa (absoluta). Admitindo comportamento de gás ideal, determine a vazão de alimentação de ar em kmol/min. Forneça uma única equação química balanceada refletindo a estequiometria global do processo. Quanto enxofre é produzido em kg/min?

5.66. A quantidade de ácido sulfúrico usada globalmente o coloca entre as mais abundantes *commodities* químicas. Na indústria química moderna, a síntese da maior parte do ácido sulfúrico utiliza enxofre elementar como matéria-prima. No entanto, uma fonte alternativa e historicamente importante de ácido sulfúrico era a conversão de um minério contendo piritas de ferro (FeS_2) em óxidos de enxofre pela calcinação (queima) do minério com ar. As seguintes reações ocorrem em um forno:

$$2FeS_2(s) + \tfrac{11}{2}O_2(g) \rightarrow Fe_2O_3(s) + 4SO_2(g) \tag{1}$$

$$SO_2(g) + \tfrac{1}{2}O_2(g) \rightarrow SO_3(g) \tag{2}$$

O gás que sai da fornalha passa por um conversor catalítico no qual a maior parte do SO_2 é oxidado a SO_3. Finalmente, o gás que sai do conversor passa através de uma torre de absorção na qual o SO_3 é absorvido em água para produzir o ácido sulfúrico (H_2SO_4).

(a) Um minério contendo 90% em massa de FeS_2 e o resto de inertes é alimentado a um forno. Ar seco é alimentado à fornalha com 30% de excesso da quantidade teoricamente requerida para oxidar todo o enxofre no minério a SO_3. Obtém-se uma oxidação do FeS_2 de 85%, com 40% do FeS_2 convertido formando dióxido de enxofre e o resto formando trióxido de enxofre. Duas correntes saem do tostador: (i) uma corrente gasosa contendo SO_2, SO_3, O_2 e N_2, e (ii) uma corrente sólida contendo a pirita não convertida, óxido férrico e o material inerte no minério. Calcule a vazão requerida de alimentação de ar em metros cúbicos padrão por 100 kg de minério tostado e a composição molar e o volume (MCN/100 kg de minério) de gás que sai do forno.

(b) O gás que sai do forno de tostadura entra ao conversor catalítico, que opera a 1 atm. A reação de conversão [2] prossegue até o ponto de equilíbrio, no qual as pressões parciais dos componentes satisfazem a relação

$$K_P(T) = \frac{p_{SO_3}}{p_{SO_2} p_{O_2}^{0,5}}$$

Os gases são primeiramente aquecidos a 600°C, para acelerar a velocidade de reação, e depois resfriados até 400°C, para aumentar a conversão de SO_2. Calcule as conversões fracionais de equilíbrio do dióxido de enxofre nestas duas temperaturas.

(c) Estime a taxa de produção de ácido sulfúrico em kg/kg de minério se todo o SO_3 deixando o conversor foi transformado em ácido sulfúrico. Qual seria esta razão se todo o enxofre no minério fosse convertido?

Exercícios Exploratórios — Pesquise e Descubra

(d) Dois dos fatores importantes afetando a utilidade de uma reação química são a extensão máxima da reação e a velocidade em que a reação ocorre. Considere estes dois fatores e explique os passos no conversor onde o gás é aquecido primeiro e depois resfriado.

(e) Por que o enxofre elementar se tornou a matéria-prima dominante na manufatura do ácido sulfúrico?

MEIO AMBIENTE → **5.67.** Uma pequena termoelétrica produz 500 MW de eletricidade através da combustão de carvão que tem a seguinte composição em base seca: 76,2% em massa de carbono, 5,6% de hidrogênio, 3,5% de enxofre, 7,5% de oxigênio e o restante de cinzas. O carvão contém 4,0% em massa de água. A vazão de alimentação de carvão é de 183 t/h e ele é queimado com 15% de excesso de ar a 1 atm, 80ºF e 30,0% de umidade relativa.

(a) Estime a vazão volumétrica (ft³/min) de ar alimentado na fornalha.

(b) Os gases efluentes são descartados da fornalha a 625ºF e 1 atm. Estime as vazões molar (lbmol/min) e volumétrica (ft³/min) do gás deixando a fornalha.

(c) Injeção de calcário seco ($CaCO_3$) na fornalha está sendo considerada como um meio de reduzir o SO_2 emitido pela planta. A tecnologia está baseada na reação do SO_2 com o calcário:

$$CaCO_3 + SO_2 + \tfrac{1}{2}O_2 \rightarrow CaSO_4 + CO_2$$

Infelizmente, a expectativa é que o processo remova apenas 75% do SO_2 nos gases efluentes, mesmo o calcário sendo alimentado a uma taxa 2,5 vezes a quantidade estequiométrica. Qual é a vazão de alimentação de calcário requerida? Como algum do SO_2 é removido do efluente da fornalha [em contraste com a Parte (b)], recalcule a vazão molar e a composição do efluente da fornalha.

(d) O gás deixando a fornalha passa através de um precipitador eletrostático, onde partículas de cinzas e calcário são removidas e entram em uma chaminé para liberação para a atmosfera. Qual é a velocidade do gás em um ponto da chaminé onde o diâmetro da chaminé é 25 ft e a temperatura é 300ºF? O gás descartado pela chaminé atende o novo padrão da *Environmental*

Protection Agency que determina que emissões de tais termoelétricas contenham menos do que 75 partes de SO_2 por bilhão?

5.68. Você foi encarregado de medir a constante de equilíbrio para a reação $N_2O_4 \rightleftharpoons 2NO_2$ como função da temperatura. Para isso, você providencia um recipiente rígido de 2 litros equipado com um medidor de pressão, faz o vácuo e o enche com uma mistura de NO_2 e N_2O_4, e aquece até $T_0 = 473$ K, uma temperatura na qual você sabe que o gás é essencialmente NO_2 puro. O medidor de pressão neste ponto indica 1,00 atm. Você então diminui gradualmente a temperatura, registrando a pressão relativa de equilíbrio para cada temperatura. Os dados obtidos são

T(K)	473	350	335	315	300
P_{relativa}(atm)	1,00	0,272	0,111	−0,097	−0,224

$\uparrow$
NO_2 puro

(a) Quantos mols de NO_2 há no recipiente a 473 K?

(b) A constante de equilíbrio da reação é

$$K_p = p_{NO_2}^2 / p_{N_2O_4}$$

em que p_{NO_2} e $p_{N_2O_4}$ são as pressões parciais de equilíbrio do NO_2 e N_2O_4, respectivamente. Desenvolva uma equação ou uma série de equações para calcular K_p(atm) a partir dos dados de pressão e temperatura. (*Sugestão:* Comece definindo n_1 e n_2 como os mols de NO_2 e N_2O_4 presentes no equilíbrio.) Calcule então K_p para $T = 350$ K, 335 K, 315 K e 300 K. (*Sugestão:* Use uma planilha de cálculo.)

(c) A constante de equilíbrio deve variar com a temperatura de acordo com a relação

$$K_p = ae^{-b/T}$$

Use o resultado da Parte (b) para determinar os valores de a e b por um procedimento gráfico de ajuste de curvas. [*Sugestão:* Use a planilha de cálculo da Parte (b).]

5.69. A demanda por um composto hidrogenado particular, S, é 5,00 kmol/h. Este reagente é sintetizado na reação em fase gasosa

$$A + H_2 \rightleftharpoons S$$

A constante de equilíbrio da reação na temperatura de operação do reator é

$$K_p = \frac{p_S}{p_A p_{H_2}} = 0,1 \text{ atm}^{-1}$$

A alimentação fresca do processo é uma mistura de A e hidrogênio, que é misturada com uma corrente de reciclo que consiste nas mesmas duas espécies. A mistura resultante, que contém 3 kmol A/kmol H_2, é fornecida ao reator, que opera com uma pressão absoluta de 10,0 atm. Os produtos da reação estão em equilíbrio. O efluente do reator é enviado a uma unidade de separação que recupera todo o S em uma forma pura. O A e o hidrogênio que saem da unidade de separação formam o reciclo que é misturado com a alimentação fresca do processo. Calcule as vazões de alimentação de hidrogênio e A ao processo em kmol/h e a vazão da corrente de reciclo em MCNH (metros cúbicos normais por hora).

5.70. O metanol é sintetizado a partir de monóxido de carbono e hidrogênio na reação

$$CO + 2H_2 \rightleftharpoons CH_3OH$$

Um fluxograma do processo é mostrado a seguir.

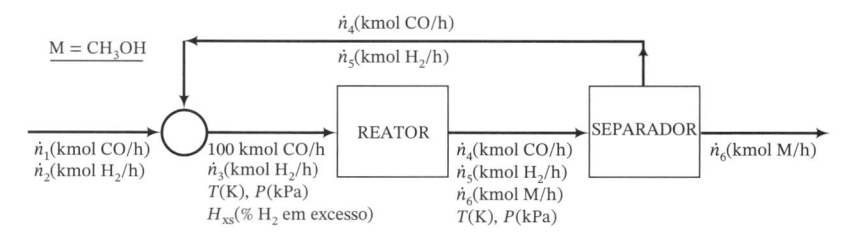

A alimentação fresca do sistema, que contém apenas CO e H_2, é misturada com uma corrente de reciclo contendo as mesmas espécies. A corrente combinada é aquecida e comprimida até a temperatura T(K) e pressão P(kPa) e fornecida ao reator. A porcentagem de hidrogênio em excesso nesta corrente é H_{ex}. O efluente do reator — também a T e P — vai para uma unidade de separação onde praticamente todo o metanol produzido no reator é condensado e removido como produto. O CO e H_2 não reagidos constituem a corrente de reciclo que é misturada com a alimentação fresca.

Considerando que a temperatura da reação (e portanto também a taxa da reação) é suficientemente alta, e que a equação de estado dos gases ideais é uma aproximação razoável nas condições de saída do reator (uma suposição questionável), a razão

$$K_{pc} = \frac{p_{CH_3OH}}{p_{CO}p_{H_2}^2}$$

se aproxima ao valor de equilíbrio

$$K_p(T) = 1,390 \times 10^{-4} \exp\left(21,225 + \frac{9143,6}{T} - 7,492 \ln T + 4,076 \times 10^{-3} T - 7,161 \times 10^{-8} T^2\right)$$

Nestas equações, p_i é a pressão parcial da espécie i em kPa ($i =$ CH$_3$OH, CO, H$_2$) e T está em Kelvin.

(a) Suponha que $P = 5000$ kPa, $T = 500$ K e $H_{ex} = 5,0\%$. Calcule $\dot{n}_4$, $\dot{n}_5$ e $\dot{n}_6$, as vazões dos componentes (kmol/h) no efluente do reator. [*Sugestão:* Use o valor conhecido de H_{ex}, balanços atômicos em torno do reator e a relação de equilíbrio, $K_{pc} = K_p(T)$, para escrever quatro equações nas quatro variáveis $\dot{n}_3$ a $\dot{n}_6$; use álgebra para eliminar todas menos $\dot{n}_6$; e use tentativa e erro para resolver a equação não linear remanescente para $\dot{n}_6$.] Calcule então as vazões dos componentes da alimentação fresca ($\dot{n}_1$ e $\dot{n}_2$) e a vazão (MCNH) da corrente de reciclo.

(b) Prepare uma planilha para fazer os cálculos da Parte (a) para a mesma base de cálculo (100 kmol CO/h fornecidos ao reator) e valores diferentes especificados para P(kPa), T(K) e H_{ex}(%). A planilha deve ter as seguintes colunas:

A. P(kPa)
B. T(K)
C. H_{ex}(%)
D. $K_p(T) \times 10^8$. (A função dada de T multiplicada por 10^8. Quando $T = 500$ K, o valor nesta coluna deve ser 91,113.)
E. $K_p P^2$
F. $\dot{n}_3$. A vazão (kmol/h) com que o H$_2$ entra ao reator.
G. $\dot{n}_4$. A vazão (kmol/h) com que o CO sai do reator.
H. $\dot{n}_5$. A vazão (kmol/h) com que o H$_2$ sai do reator.
I. $\dot{n}_6$. A vazão (kmol/h) com que o metanol sai do reator.
J. $\dot{n}_{tot}$. A vazão molar total (kmol/h) da saída do reator.
K. $K_{pc} \times 10^8$. A razão $y_M/(y_{CO}y_{H_2}^2)$ multiplicada por 10^8. Quando a solução correta for obtida, este valor deve ser igual ao da Coluna E.
L. $K_p P^2 - K_{pc} P^2$. Coluna E − Coluna K, deve ser igual a zero para a solução correta.
M. $\dot{n}_1$. A vazão (kmol/h) de CO na alimentação fresca.
N. $\dot{n}_2$. A vazão (kmol/h) de H$_2$ na alimentação fresca.
O. $\dot{V}_{rec}$(MCNH). A vazão da corrente de reciclo em m³(CNTP)/h.

Quando as fórmulas corretas tiverem sido introduzidas, o valor na Coluna I deve ser variado até que o valor da Coluna L seja zero.

Rode o seu programa para as seguintes nove condições (três das quais são as mesmas):

- $T = 500$ K, $H_{ex} = 5\%$ e $P = 1000$ kPa, 5000 kPa e 10.000 kPa.
- $P = 5000$ kPa, $H_{ex} = 5\%$ e $T = 400$ K, 500 K e 600 K.
- $T = 500$ K, $P = 5000$ kPa e $H_{ex} = 0\%$, 5% e 10%.

Analise os efeitos da pressão do reator, da temperatura do reator e do excesso de hidrogênio sobre o rendimento de metanol (kmol M produzidos por 100 kmol CO alimentado ao reator).

(c) Você deve concluir que o rendimento de metanol aumenta com o aumento da pressão e com a diminuição da temperatura. Qual é o custo associado com o incremento da pressão?

(d) Por que o rendimento pode ser muito menor que o valor calculado se a temperatura for muito baixa?

(e) Se você realmente opera a reação nas condições dadas e analisa o efluente do reator, por que os valores da planilha nas Colunas F-M podem ser significativamente diferentes dos valores medidos para estas quantidades? (Dê várias razões, incluindo as suposições feitas para encontrar os valores da planilha.)

5.71. Um reator em batelada é alimentado com um mol de CO$_2$, O$_2$ e N$_2$ aquecidos a 3000 K sob 5,0 atm. As duas reações dadas atingem o equilíbrio (também são mostradas as constantes de equilíbrio a 3000 K):

$$CO_2 \rightleftharpoons CO + \tfrac{1}{2}O_2$$

$$K_1 = (p_{CO}p_{O_2}^{1/2})/p_{CO_2} = 0,3272 \text{ atm}^{1/2}$$

$$\tfrac{1}{2}O_2 + \tfrac{1}{2}N_2 \rightleftharpoons NO$$

$$K_2 = p_{NO}/(p_{O_2}p_{N_2})^{1/2} = 0,1222$$

Calcule a composição de equilíbrio (frações molares dos componentes) do conteúdo do reator. [*Sugestão:* Expresse K_1 e K_2 em termos da extensão das duas reações, ξ_1 e ξ_2. (Veja a Seção 4.6d.) Use então o Solver do Excel para obter ξ_1 e ξ_2 e use os resultados para determinar as frações molares no equilíbrio.]

MATERIAIS

5.72. O ácido tereftálico (ATF), uma matéria-prima na manufatura de fibras de poliéster, filmes plásticos e garrafas de refrigerante, é sintetizado a partir do *p*-xileno (PX) no processo mostrado a seguir.

$$\underset{PX}{\underline{C_8H_{10}}} + 3O_2 \rightarrow \underset{TPA}{\underline{C_8H_6O_4}} + 2H_2O$$

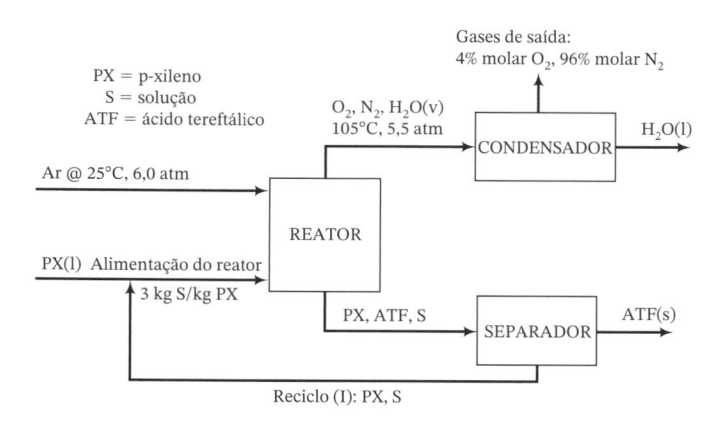

Uma alimentação fresca de PX líquido puro se combina com uma corrente de reciclo contendo PX e uma solução (S) de um catalisador (um sal de cobalto) em um solvente (metanol). A corrente combinada, que contém S e PX em uma razão 3:1 em massa, alimenta um reator no qual 90% do PX é convertido a ATF. Uma corrente de 25°C e 6,0 atm absoluta também alimenta o reator. O ar borbulha através do líquido e a reação dada acontece sob a influência do catalisador. Uma corrente líquida contendo o PX não reagido, o ATF dissolvido e todo o S que entra no reator vai para um separador, onde cristais sólidos de ATF são formados e filtrados da solução. O filtrado, que contém todo o S e o PX que saem do reator, é a corrente de reciclo. Uma corrente gasosa contendo oxigênio não reagido, nitrogênio, e a água formada na reação sai do reator a 105°C e 5,5 atm absoluta, e passa por um condensador onde toda a água é condensada. O gás não condensado contém 4,0% molar de O_2.

(a) Tomando 100 kmol ATF produzidos/h como base de cálculo, desenhe e rotule um fluxograma para o processo.
(b) Qual é a vazão requerida da alimentação fresca (kmol PX/h)?
(c) Quais são as vazões volumétricas (m^3/h) do ar alimentado ao reator, do gás que sai do reator e da água líquida que sai do condensador? Admita comportamento de gás ideal para as duas correntes gasosas.
(d) Qual é a vazão mássica (kg/h) da corrente de reciclo?
(e) Explique resumidamente, com suas próprias palavras, as funções do oxigênio, do nitrogênio, do catalisador e do solvente no processo.
(f) No processo real, a corrente de condensado líquido contém tanto água quanto PX. Especule sobre o que poderia ser feito com esta corrente para aumentar a economia do processo. [*Dica:* Note que o PX é caro e lembre do ditado sobre óleo (hidrocarbonetos) e água.]

5.73. Reforma a vapor é uma importante tecnologia para conversão de gás natural refinado, que aqui nós tomamos como metano, em um gás de síntese que pode ser usado para produzir uma variedade de outros compostos químicos. Por exemplo, considere um reformador para o qual gás natural e vapor são alimentados em uma razão de 3,5 mols de vapor por mol de metano. O reformador opera a 18 atm e os produtos de reação deixam o reformador em equilíbrio químico a 875°C. A reação de reforma a vapor é

$$CH_4 + H_2O \rightleftharpoons CO + 3H_2 \tag{1}$$

e a reação de deslocamento de gás d'água também ocorre no reformador.

$$CO + H_2O \rightleftharpoons CO_2 + H_2 \tag{2}$$

As constantes de equilíbrio para estas duas reações são dadas pelas expressões

$$K_R = \frac{y_{CO}y_{H_2}^3}{y_{CH_4}y_{H_2O}} P^2$$

$$K_{WG} = \frac{y_{CO_2}y_{H_2}}{y_{CO}y_{H_2O}}$$

A 875ºC, $K_R = 872,9$ atm^2 e $K_{DA} = 0,2482$. O processo deve produzir 100,0 kmol/h de hidrogênio. Calcule as vazões de alimentação (kmol/h) de metano e vapor e a vazão volumétrica (m^3/min) de gás deixando o reformador.

5.74. Um fluxograma do processo de síntese do metanol é mostrado a seguir.

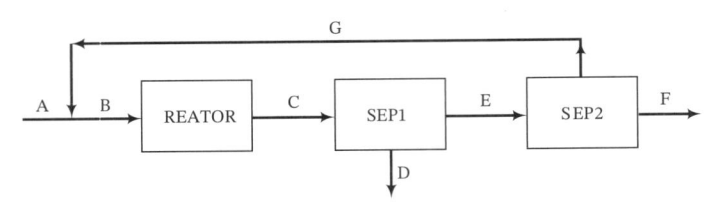

As seguintes especificações se aplicam às correntes rotuladas e unidades de processo:

A. Alimentação fresca — uma mistura de CO, H$_2$, N$_2$ e CO$_2$.
B. Alimentação do reator — 30,0% molar CO, 63,0% H$_2$, 2,0% N$_2$ e 5,0% CO$_2$.
Reator. Ocorrem duas reações, que atingem o equilíbrio a 200°C e 4925 kPa absoluta:

$$\text{CO} + 2\text{H}_2 \rightleftharpoons \text{CH}_3\text{OH(M)}, \qquad (K_p)_1 = \frac{p_M}{p_{CO}p_{H_2}^2} = 3,49 \times 10^{-6} \text{ kPa}^{-2}$$

$$\text{CO}_2 + 3\text{H}_2 \rightleftharpoons \text{CH}_3\text{OH} + \text{H}_2\text{O} \quad (K_p)_2 = \frac{p_M p_{H_2O}}{p_{CO_2}p_{H_2}^3} = 5,19 \times 10^{-8} \text{ kPa}^{-2}$$

C. Efluente do reator — contém todas as espécies alimentadas e produzidas na temperatura e pressão do reator. As pressões parciais das espécies satisfazem as duas equações dadas.
Sep1. Condensa todo o metanol e a água no efluente do reator.
D. Metanol líquido e água. (Estas espécies serão separadas por destilação em uma unidade não mostrada.)
E. Gás contendo N$_2$ e CO, H$_2$ e CO$_2$ não reagidos.
Sep2. Processo de separação de múltiplas unidades.
F. Todo o nitrogênio e parte do hidrogênio na Corrente E.
G. Corrente de reciclo — CO, CO$_2$ e 10% do hidrogênio fornecido ao Sep2.

(a) Tomando como base 100 kmol/h da corrente B como base de cálculo, calcule as vazões molares (kmol/h) e composições molares das seis correntes rotuladas remanescentes.
(b) O processo será usado para produzir 237 kmol/h de metanol. Escale o fluxograma da parte (a) para calcular a vazão necessária da alimentação fresca (MCNH), a vazão do efluente do reator (MCNH) e a vazão volumétrica real do efluente do reator (m^3/h), admitindo comportamento de gás ideal.
(c) Use o critério para um gás diatômico dado na equação 5.2-3 para testar a suposição de gás ideal na saída do reator. Se a suposição não é válida, quais dos valores calculados na Parte (b) estão errados?

5.75. A vazão volumétrica medida de etano a 10,0 atm absoluta e 35°C é $1,00 \times 10^3$ L/h. Usando um valor estimado do segundo coeficiente do virial na equação do virial truncada (Equação 5.3-2), (a) calcule $\hat{V}$(L/mol); (b) estime o fator de compressibilidade, z; e (c) determine a vazão mássica de etano em kg/h.

5.76. Determinar o valor de campos de gás natural recém-localizados envolve estimar a composição do gás, quantidade e facilidade de acesso. Por exemplo, um relatório descreve uma descoberta de 2 trilhões de pés cúbicos de gás natural que estão significativamente longe da costa, em 20 pés de água, e a uma profundidade de perfuração de 25.000 ft. (na América do Norte e em países da OPEP, volumes reportados são determinados a 14,73 psia e 60ºF). A pressão nesta descoberta é estimada em 750 atm e o gás contém 94% molar de metano, 3,5% de etano e o balanço de CO$_2$.
(a) Estime o total de lbmols de gás na descoberta.
(b) Use a equação de estado do fator de compressibilidade para estimar o volume específico (ft^3/lbmol) no poço. A temperatura de poços como este pode variar dependendo de um número de fatores; para fins deste problema, assuma que ela é 200ºC.

5.77. Metanol deve ser fornecido a uma unidade de processo com uma vazão de 15,0 kmol/h por uma corrente que contém 30,0% molar de metanol e 70,0% molar de propano. Estime a vazão volumétrica desta corrente a 10,0 atm e 100,0°C usando a equação do virial truncada e a seguinte regra de mistura:

$$B_{mis} = \sum_i \sum_j y_i y_j B_{ij}$$

em que os coeficientes do virial para as espécies puras B_{ii} e B_{jj} são determinados da Equação 5.3-6 e $B_{ij} \approx 0,5(B_{ii} + B_{jj})$.

5.78. A equação de estado de van der Waals (Equação 5.3-7) será usada para estimar o volume molar específico $\hat{V}$(L/mol) de ar a valores especificados de T(K) e P(atm). As constantes de van der Waals para ar são $a = 1{,}33$ atm·L²/mol² e $b = 0{,}0366$ L/mol.

   (a) Mostre por que a equação de van der Waals é classificada como uma equação de estado cúbica expressando-a na forma

   $$f(\hat{V}) = c_3\hat{V}^3 + c_2\hat{V}^2 + c_1\hat{V} + c_0 = 0$$

   em que os coeficientes c_3, c_2, c_1 e c_0 envolvem P, R, T, a e b. Calcule os valores destes coeficientes para ar a 223 K e 50,0 atm. (Inclua as unidades apropriadas quando achar os valores.)

   (b) Qual seria o valor de $\hat{V}$ se a equação de estado dos gases ideais fosse usada nos cálculos? Use este valor como estimativa inicial de $\hat{V}$ para ar a 223 K e 50,0 atm e resolva a equação de van der Waals usando Atingir Meta ou Solver no Excel. Que porcentagem de erro resulta do uso da equação de estado dos gases ideais, tomando a estimativa de van der Waals como o valor correto?

   (c) Monte uma planilha para fazer os cálculos da Parte (b) para ar a 223 K e várias pressões. A planilha deve aparecer como segue:

T(K)	P(atm)	c3	c2	c1	c0	V(ideal) (L/mol)	V(L/mol)	f(V)	% erro
223	1,0	...	...	...	...	...	...	...	...
223	10,0	...	...	...	...	...	...	...	...
223	50,0	...	...	...	...	...	...	...	...
223	100,0	...	...	...	...	...	...	...	...
223	200,0	...	...	...	...	...	...	...	...

   A expressão polinomial para $\hat{V}(f = c_3\hat{V}^3 + c_2\hat{V}^2 + ...)$ deve ser inserida na coluna $f(V)$, e o valor na coluna V deve ser determinado usando Atingir Meta ou Solver no Excel.

5.79. Um tanque de 5,0 m³ é carregado com 75,0 kg de gás propano a 25°C. Use a equação de estado SRK para estimar a pressão no tanque; calcule depois o erro percentual que resultaria do uso da equação de estado dos gases ideais para este cálculo.

5.80. A pressão absoluta dentro de um cilindro de gás de 35,0 litros não deve exceder 51,0 atm. Suponha que o cilindro contém 50,0 mol de um gás. Use a equação de estado SRK para calcular a máxima temperatura permissível do cilindro se o gás é (a) dióxido de carbono e (b) argônio. Finalmente, calcule os valores que seriam preditos pela equação de estado dos gases ideais.

5.81. Uma corrente de oxigênio a -65°C e 8,3 atm flui com uma vazão de 250 kg/h. Use a equação de estado SRK para estimar a vazão volumétrica desta corrente. (Veja o Exemplo 5.3-3.)

5.82. Um engenheiro inovador inventou um dispositivo para substituir os macacos hidráulicos encontrados em postos de combustível e oficinas mecânicas. Um pistão móvel com um diâmetro de 0,15 m é colocado dentro de um cilindro. Os carros são levantados abrindo uma pequena porta perto da base do cilindro, colocando um bloco de gelo-seco (CO_2 sólido), fechando e selando a porta e vaporizando o gelo-seco aplicando apenas o calor suficiente para aquecer o cilindro até a temperatura ambiente (25°C). O carro é depois abaixado abrindo uma válvula e descarregando o gás de dentro do cilindro.

   O aparelho é testado levantando um carro a uma altura vertical de 1,5 m. A massa combinada do pistão e do carro é 5500 kg. Antes que o pistão levante, o cilindro contém 0,030 m³ de CO_2 na temperatura e pressão ambiente (1 atm). Despreze o volume do gelo-seco.

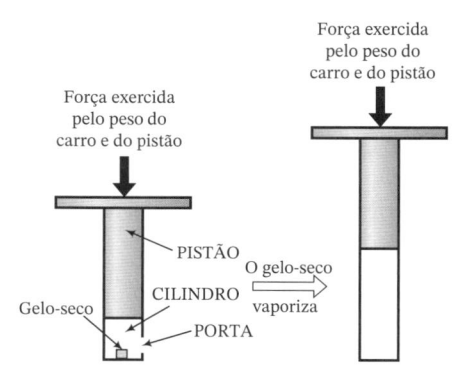

   (a) Calcule a pressão no cilindro quando o pistão chega na altura desejada.

   (b) Quanto gelo-seco (kg) deve ser colocado no cilindro? Use a equação de estado SRK para este cálculo.

(c) Mostre como você calcularia o diâmetro mínimo do pistão requerido para qualquer elevação do carro se fosse adicionada a quantidade calculada de gelo-seco. (Dê apenas as fórmulas e descreva o procedimento — não são necessários cálculos numéricos.)

SEGURANÇA

5.83.[22] Um tanque de oxigênio com um volume de 2,5 ft³ é mantido em um cômodo a 50°F. Um engenheiro usou a equação de estado dos gases ideais para determinar que, se o tanque é primeiro esvaziado e depois cheio com 35,3 lb$_m$ de oxigênio puro, será atingida a *máxima pressão de trabalho permitida* (*MPTP*). A operação a pressões acima deste valor é considerada insegura.

(a) Qual é a máxima pressão de trabalho permitida (psig) do tanque?

(b) Você suspeita que, nas condições do tanque completamente carregado, a equação de estado dos gases ideais pode não ser uma boa aproximação. Use a equação de estado SRK para obter uma melhor estimativa da massa máxima de oxigênio que pode ser carregada no tanque. A suposição de gás ideal levou a uma estimativa conservadora (mais segura) ou não conservadora da quantidade de oxigênio que pode ser carregada?

(c) Suponha que o tanque é carregado e se rompe antes que a quantidade de oxigênio calculada na Parte (b) seja completamente carregada. (Devia suportar pressões até quatro vezes o valor da MPTP.) Pense em pelo menos cinco razões possíveis para a falha do tanque abaixo do seu limite de pressão estabelecido.

5.84. O uso da equação de estado SRK (ou de qualquer outra equação de estado cúbica) para calcular o volume específico de um gás a uma dada pressão e temperatura requer um cálculo de tentativa e erro. Podem ser usadas três abordagens computacionais para resolver este problema: (1) programas de planilha como o Solver do Excel; (2) pacotes matemáticos como Mathcad, Mathematica, Matlab e Polymath; e (3) linguagens de programação como Fortran e C^{++}. O objetivo deste problema é usar cada uma das três abordagens para determinar $\hat{V}$(L/mol) para o CO_2 a (i) 200 K e 6,8 atm; (ii) 250 K e 12,3 atm; (iii) 300 K e 6,8 atm; (iv) 300 K e 21,5 atm; e (v) 300 K e 50,0 atm.

(a) Começando com a Equação 5.3-8, deduza a seguinte expressão equivalente para a equação de estado SRK:

$$f(\hat{V}) = P\hat{V}^3 - RT\hat{V}^2 + (a\alpha - b^2P - bRT)\hat{V} - a\alpha b = 0$$

(b) Prepare uma planilha que use como entradas um identificador da espécie (tal como o CO_2), a temperatura crítica, a pressão crítica e o fator acêntrico de Pitzer, e a temperatura e pressão para as quais se deseja calcular $\hat{V}$, e que calcule $\hat{V}$ usando as Equações 5.3-8 a 5.3-13 para cada uma das condições especificadas. A planilha deve ter a seguinte estrutura:

PROBLEMA 5.84 – PLANILHA PARA A EQUAÇÃO DE ESTADO SRK					
Espécie	CO2				
Tc(K)	304,2				
Pc(atm)	72,9				
w	0,225				
a	* . ****				
b	* . ****				
m	* . ****				
T(K)	P(atm)	alfa	V(ideal)	V(SRK)	f(V)
200	68	1,3370	2,4135	2,1125	* . ** E–**
250	12,3	* . ****	* . ****	* . ****	* . ** E–**
300	6,8	* . ****	* . ***	* . ****	* . ** E–**
300	21,5	* . ****	* . ****	* . ****	* . ** E–**
300	50,0	* . ****	* . ****	* . ****	* . ** E–**

Números simples devem aparecer no lugar de cada asterisco mostrado na tabela. As fórmulas devem ser inseridas na linha de 200 K e 6,8 atm e copiadas nas seguintes quatro linhas. A ferramenta "atingir meta" deve ser usada para determinar cada $\hat{V}$(SRK), começando com o valor do gás ideal e variando o valor da célula para fazer $f(\hat{V})$ tão perto quanto possível de zero.

---

[22]De D. A. Crowl, D. W. Hubbard e R. M. Felder, *Problem Set: Stoichiometry*, Center for Chemical Process Safety, New York, 1993.

(c) Use um procedimento de procura de raízes em um pacote matemático para determinar $\hat{V}$ para cada uma das cinco condições.

5.85. Use a carta generalizada de compressibilidade para estimar z para (a) nitrogênio a 40°C e 40 MPa e (b) hélio a -200°C e 350 atm. (Não esqueça das correções de Newton.)

Exercícios Exploratórios — Pesquise e Descubra

Conforme você examina as Figuras 5.4-1 até 5.4-4, você notará curvatura dos gráficos de z versus P_r a T_r constante. Por exemplo, considere a curva para $T_r = 1,1$: Na medida em que P_r se aproxima de 0, z se aproxima de 1,0, mas na medida em que P_r aumenta, z decresce para um mínimo em torno de $P_r = 2$ e então começa a crescer, ultrapassando 1,0 em torno de $P_r = 9$. Depois de você pensar sobre suas observações, estabeleça um critério para comportamento de gás ideal envolvendo T_r e P_r. Aplique este critério para nitrogênio e hélio recomendando limites para temperatura e pressão para uso da equação de estado do gás ideal. Especule sobre as interações moleculares levando a transições de $z < 1,0$ para $z > 1,0$.

5.86. Um certo gás tem um peso molecular de 30,0, uma temperatura crítica de 310 K e uma pressão crítica de 4,5 MPa. Calcule a massa específica em kg/m^3 deste gás a 465 K e 9,0 MPa (a) se o gás for ideal e (b) se o gás obedecer à lei dos estados correspondentes.

5.87. Cem libras de CO_2 estão contidas em um tanque de 10,0 ft^3. O limite de segurança do tanque é 1600 psig. Use a carta de compressibilidade para estimar a máxima temperatura permissível do gás.

5.88. Uma corrente de oxigênio entra a um compressor a 298 K e 1,00 atm com uma vazão de 127 m^3/h e é comprimida a 358 K e 1000 atm. Estime a vazão volumétrica do O_2 comprimido, usando a equação de estado do fator de compressibilidade.

BIOENGENHARIA

5.89. Oxigenoterapia usa vários dispositivos para fornecer oxigênio a pacientes com dificuldades para obter quantidades suficientes de ar através de respiração normal. Entre os dispositivos existe a *cânula nasal*, que transporta oxigênio através de pequenos tubos plásticos de um tanque de suprimento para adaptadores colocados nas narinas. Considere uma configuração específica na qual o tanque de suprimento, cujo volume é 6,0 ft^3, é cheio a uma pressão de 2100 psig a uma temperatura de 85ºF. O paciente está em um ambiente onde a temperatura é 40ºF. Quando a cânula é colocada em uso, a pressão no tanque começa a decrescer na medida em que o oxigênio flui a 10-15 L/min através de um tubo e da cânula para as narinas.

(a) Estime a massa original de oxigênio no tanque usando a equação de estado do fator de compressibilidade.

(b) Qual é a pressão inicial quando a temperatura é 40ºF? Quanto oxigênio permanece no tanque quando a aplicação da equação de estado do gás ideal fornece um resultado que está dentro de uma faixa de 3% daquele predito pela equação de estado do fator de compressibilidade (isto é, quando $0,97 \leq z \leq 1,03$)?

(c) Quanto tempo irá levar para o manômetro no tanque indicar 50 psig, assumindo uma vazão média de 12,5 L/min?

ENERGIA ALTERNATIVA

***5.90.** Uma **célula combustível** é um dispositivo eletroquímico que reage hidrogênio com oxigênio do ar para produzir água e eletricidade em corrente contínua. Uma aplicação proposta é a substituição do motor de combustão interna alimentado por gasolina em um automóvel por uma célula combustível de 100 kW.

Você está em um estágio de verão com um fornecedor de gás planejando transportar hidrogênio para postos de gasolina para uso em carros movidos a células combustível. O hidrogênio deve ser transportado em *reboques de tubos*, cada qual com 10 tubos de 10,5 m de comprimento e 0,56 m de diâmetro. O hidrogênio nos tubos a 2600 psig e uma temperatura média de 298 K é descarregado nos postos até uma pressão final de 55 psig. O reabastecimento de cada automóvel movido a célula combustível é estimada em 4,0 kg de hidrogênio.

(a) Você e seu companheiro de escritório — um estagiário de uma universidade diferente — foram solicitados a estimar o número de automóveis que podem ser reabastecidos pela carga de hidrogênio de um reboque de tubos. Ele faz um cálculo muito rápido e chega a um valor de 95 carros. Especule como ele fez o cálculo e forneça suporte para a sua especulação. Qual foi o erro do seu companheiro?

(b) Faça os cálculos usando a equação de estado SRK. Em vez de usar as Equações 5.3-11 e 5.3-13 para o parâmetro α, use a seguinte correlação desenvolvida especificamente para o hidrogênio:[23]

$$\alpha = 1,202 \exp(-0,3228T_r).$$

(c) Faça o cálculo usando a lei dos estados correspondentes.

(d) Em qual das três estimativas você tem a maior confiança e por quê?

---

*Adaptado de um problema contribuído por Jason M. Keith da *Mississipi State University*.

[23] M. S. Graboski e T. E. Daubert, *Industrial and Engineering Chemistry Process Design and Development*, **18**, 300 (1979).

BIOENGENHARIA

MEIO AMBIENTE

*5.91. Em um inalador dosimetrado, como aqueles usados para medicação de asma, o remédio é carreado por um gás propelente pressurizado (o dispositivo é similar em conceito a uma lata de tinta em spray). Quando o inalador é ativado, uma quantidade fixa de remédio suspensa no propelente é expelida pelo bocal e inalada. No passado, clorofluorocarbonos (CFCs) eram usados como propelentes; no entanto, por causa de sua reatividade com a camada de ozônio da Terra, eles foram substituídos por hidrofluorocarbonos (HFCs), que não reagem com ozônio.

Em uma marca de inaladores, o propelente original de CFC foi substituído por HFC 227ea (C_3HF_7, heptafluoropropano). O volume do reservatório de propelente do inalador é $1,00 \times 10^2$ mL e o propelente é carregado no reservatório a uma pressão manométrica de 4,443 atm a 23°C. Uma busca por propriedades do HFC 227ea retorna a informação que a temperatura e pressão críticas da substância são 374,83 K e 28,74 atm e o fator acêntrico é $\omega = 0,180$.

(a) Assumindo comportamento de gás ideal, estime a massa (g) de propelente em um inalador completamente carregado.

(b) Alguém na Divisão de Controle da Qualidade do fabricante levantou a questão de que assumir comportamento de gás ideal pode ser inexato na pressão de carregamento. Use a equação de estado SRK para recalcular os mols de propelente nas condições especificadas. Que erro percentual resulta da utilização da hipótese de gás ideal?

5.92. A concentração de oxigênio em um tanque de 5000 litros contendo ar a 1 atm deve ser reduzida por uma purga de pressão antes de se carregar um combustível dentro do tanque. O tanque é carregado com nitrogênio a alta pressão e depois descarregado até a pressão ambiente. O processo é repetido tantas vezes quantas sejam necessárias para trazer a concentração de oxigênio abaixo de 10 ppm (quer dizer, para trazer a fração molar de O_2 abaixo de $10,0 \times 10^{-6}$). Admita que a temperatura é de 25°C no início e no fim de cada ciclo de carga e descarga.

Ao fazer os cálculos *PVT* das Partes (b) e (c), use a carta generalizada de compressibilidade, se possível, para o tanque completamente carregado e admita que o tanque contém nitrogênio puro.

(a) Especule por que o tanque está sendo purgado.

(b) Estime a pressão relativa (atm) até a qual o tanque deve ser carregado se a purga for feita em único ciclo de carga e descarga. Estime então a massa de nitrogênio (kg) usado neste processo. (Para esta parte, se você não consegue encontrar a condição do tanque na carta de compressibilidade, admita comportamento de gás ideal e estabeleça se a estimativa da pressão é muito baixa ou muito alta.)

(c) Suponha que está sendo usado nitrogênio na pressão relativa de 700 kPa para a carga. Calcule o número de ciclos de carga e descarga requeridos e a massa total de nitrogênio usada.

(d) Use os seus resultados para explicar por que vários ciclos a uma baixa pressão do gás são preferíveis a um único ciclo. Qual seria uma provável desvantagem dos vários ciclos?

5.93. Uma corrente de propano a uma temperatura média $T = 566°R$ e pressão absoluta $P = 6,8$ atm escoa desde uma planta de processamento de hidrocarbonetos até uma unidade de produção próxima. Um técnico na planta de processamento mede periodicamente a vazão volumétrica da corrente, $\dot{V}$(ft³/h), e informa o valor ao escritório comercial. O valor cobrado pelo propano é

$$C(R\$/h) = 60,4 \frac{SP\dot{V}}{T}$$

em que S(R\$/lb$_m$) é o custo unitário do propano.

(a) Deduza a expressão dada, admitindo comportamento de gás ideal.

(b) Um dia, um engenheiro químico recém-formado que trabalha na planta de processamento se depara com a fórmula usada para calcular o custo do propano. Ele se pergunta de onde vem esta fórmula, e usa a carta de compressibilidade generalizada para deduzir uma fórmula melhor. Qual é o seu resultado? Calcule a porcentagem pela qual o custo está sendo super ou subestimado (diga qual) pela fórmula antiga.

5.94. Aproximadamente 150 PCNM (pés cúbicos normais por minuto) de nitrogênio são requeridos por uma unidade de processo. Como mostrado no diagrama abaixo, o plano é abastecer a unidade a partir de um tanque de nitrogênio líquido (DR = 0,81) na sua temperatura de ebulição normal ($-350°F$) e 1 atm. O nitrogênio sai do tanque na forma de vapor, que é comprimido e aquecido para obter as condições desejadas, 150°F e 600 psia.

(a) Usando a carta de compressibilidade generalizada, determine a vazão volumétrica do nitrogênio que entra no aquecedor.

(b) Qual seria o tamanho mínimo requerido do tanque se a entrega de nitrogênio na unidade de processo fosse feita a cada duas semanas?

---

*Adaptado de Stephanie Farrell, Mariano J, Savelski e C. Stewart Slater, (2010). "Integrating Pharmaceutical Concepts into Introductory Chemical Engineering Courses — Part 1", http://pharmahub.org/resources/360.

```
                    COMPRESSOR
                                        → 600 psia
                                          150°F
                       AQUECEDOR

                       Nitrogênio
                       líquido
                       SG = 0,81
```

SEGURANÇA

5.95. Um cilindro de 150 litros de monóxido de carbono encontra-se armazenado em um cômodo de 30,7 m^3. O medidor de pressão no cilindro indicava 2500 psi quando foi entregue. Sessenta horas depois, o medidor marca 2245 psi, indicando que há um vazamento. O *Valor Limite Máximo* (VLM) de concentração molar de CO — quer dizer, a concentração considerada perigosa mesmo para exposição instantânea — é 200 ppm (200×10^{-6} mol CO/mol ar ambiente).[24] A temperatura ambiente é constante a 27°C.

(a) A diminuição na pressão é uma fonte de preocupação, mas ela pode ter resultado de uma redução na temperatura do tanque quando este foi transportado da doca de carregamento para o laboratório com ar condicionado. Sem assumir que o gás se comporta idealmente, mostre que isto é pouco provável de ser o caso.

(b) Tendo determinado que a diminuição da pressão deve ser por causa de um vazamento, estime a taxa de vazamento médio (mol CO/h), de novo sem assumir que o gás se comporta idealmente.

(c) Calcule t_{min}(h), o tempo mínimo a partir do momento da entrega no qual a concentração média de CO pode atingir o VLM. Explique por que o tempo real para atingir esta concentração será maior do que o calculado.

(d) Por que seria arriscado entrar no cômodo a qualquer momento sem os equipamentos adequados de proteção, mesmo no tempo $t < t_{min}$? (Pense ao menos em três razões possíveis.)

5.96. Um gás é composto de 20,0% molar CH_4, 30,0% C_2H_6 e 50,0% C_2H_4. Dez quilogramas deste gás devem ser comprimidos até uma pressão de 200 bar a 90°C. Usando a regra de Kay, estime o volume final do gás.

5.97. Um cilindro de 30 litros é esvaziado e preenchido com 5,00 kg de um gás contendo 10,0% molar N_2O e o resto N_2. A temperatura do gás é 24°C. Use a carta de compressibilidade para resolver os seguintes problemas.

(a) Qual é a pressão relativa (atm) do cilindro depois que é enchido com o gás?

(b) Acontece um incêndio na planta onde fica o cilindro, e a válvula do mesmo estoura quando a pressão relativa atinge 273 atm. Qual era a temperatura do gás (°C) no instante imediatamente anterior à ruptura?

5.98. O produto gasoso de uma planta de gaseificação de carvão consiste em 60,0% molar CO e o resto H_2. Este gás sai da planta a 150°C e 135 bar absoluto. O gás é expandido através de uma turbina e o gás de saída vai para o queimador de uma caldeira a 100°C e 1 atm, com uma vazão de 425 m^3/min. Estime a vazão de entrada na turbina em ft^3/min usando a regra de Kay. Qual seria a porcentagem de erro cometido se a equação de estado dos gases ideais fosse usada na entrada da turbina?

5.99. O metanol é produzido pela reação de monóxido de carbono e hidrogênio a 644 K sobre um catalisador de ZnO-Cr_2O_3. Uma mistura de CO e H_2 na razão de 2 mol H_2/mols CO é comprimida e fornecida ao leito catalítico a 644 K e 34,5 MPa (absoluta). É obtida uma conversão de 25% por passe. A **velocidade espacial**, ou razão entre a vazão volumétrica do gás de alimentação e o volume do leito catalítico, é (25.000 m^3/h)/(1 m^3 de leito). O produto gasoso passa através de um condensador, onde o metanol é liquefeito.

(a) Você está projetando um reator para produzir 54,5 kmol CH_3OH/h. Estime a vazão volumétrica que o compressor deve ser capaz de fornecer se não há reciclo de gases, e o volume requerido do leito catalítico. (Use a regra de Kay para cálculos pressão-volume.)

(b) Se os gases do condensador são reciclados para o reator (como é feito na prática), o compressor deve fornecer apenas a alimentação fresca. Qual é a vazão volumétrica que o compressor deve fornecer, admitindo que o metanol produzido é completamente recuperado no condensador? (Na prática isto não acontece; por isso uma corrente de purga deve ser retirada para prevenir o acúmulo de impurezas no sistema.)

5.100. Uma corrente de processo escoando a 35 kmol/h contém 15% molar de hidrogênio e o resto de 1 buteno. A pressão absoluta da corrente é 10,0 atm, a temperatura é 50°C e a velocidade é 150 m/min. Determine o diâmetro (em cm) da tubulação que transporta esta corrente, usando a regra de Kay nos seus cálculos.

---

[24] R. J. Lewis, *Hazardous Chemicals Desk Reference*, 6th Edition, John Wiley & Sons, Inc., New York, 2008, p. 287.

5.101. Uma mistura gasosa composta de 15,0% molar de metano, 60,0% de etileno e 25,0% de etano é comprimida até uma pressão de 175 bar a 90°C. A mistura flui através de uma linha de processo na qual a velocidade não pode ultrapassar 10 m/s. Que vazão (kmol/min) da mistura pode ser transportada por uma tubulação de 2 cm de diâmetro interno?

*5.102. Foi projetado um sistema para estocar acetonitrila de forma segura a altas pressões e temperaturas. A acetonitrila está contida em um tanque de 0,2 ft³ mantido a 4500 psia e 550°F. Este tanque é colocado dentro de um segundo tanque cujo volume, excluindo o volume do primeiro, é 2 ft³. Este segundo tanque contém nitrogênio a 10,0 atm e 550°F. Use a carta de compressibilidade para estimar a pressão final do sistema (atm) se o primeiro tanque se rompe e a temperatura final é 550°F. A temperatura e pressão críticas da acetonitrila são 548 K e 47,7 atm, respectivamente.

5.103. Um carboidrato sólido ($C_aH_bO_c$), com uma densidade relativa de 1,59, é colocado em uma câmara de combustão de 1,000 litros. A câmara é esvaziada e depois carregada com oxigênio puro. Acontece uma combustão completa do carboidrato. Uma amostra do produto gasoso é resfriada para condensar toda a água formada na combustão, e o gás restante é analisado por cromatografia gasosa. São obtidos os seguintes dados:

Massa de Carboidrato:	3,42 g
Condições da Câmara antes da Combustão:	$T = 26,8°C, P = 499,9$ kPa
Condições da Câmara após a Combustão:	$T = 483,4°C, P = 1950,0$ kPa
Análise do Produto Gasoso:	38,7% molar CO_2, 25,8% O_2, 35,5% H_2O

Admita que (i) não há perda de carboidrato quando a câmara é esvaziada e (ii) a pressão de vapor do carboidrato a 27°C é desprezível. Não despreze o volume do carboidrato e não admita comportamento de gás ideal.

(a) Determine ao menos duas fórmulas moleculares possíveis para o carboidrato (quer dizer, conjuntos dos valores inteiros de *a*, *b* e *c*) consistentes com os dados.

(b) Se o peso molecular do carboidrato é determinado independentemente como estando na faixa de 300 a 350, qual é a fórmula molecular?

5.104. A **temperatura adiabática de chama** de um combustível é a temperatura atingida se o combustível é completamente queimado em um recipiente perfeitamente isolado.

Você está realizando um experimento para medir a temperatura adiabática de chama do ciclopentano. Você coloca 10,0 mL de ciclopentano líquido em um recipiente de aço bem isolado com um volume de 11,2 L e pressuriza o recipiente com ar para atingir uma razão estequiométrica de oxigênio para ciclopentano. Depois, você acende o combustível, planejando registrar a temperatura final. O recipiente é equipado com um termopar e um medidor de pressão relativa.

(a) Se a temperatura ambiente é 27°C e a pressão barométrica é 1,00 bar, qual deve ser a leitura do medidor de pressão antes da ignição?

(b) Suponha que você descobre após a combustão que o termopar não funciona apropriadamente. Use a leitura final do medidor de pressão, de 75,3 bar, para estimar a temperatura adiabática de chama do ciclopentano. Não admita comportamento de gás ideal.

---

*Este problema foi adaptado de *Professional Engineering Examinations*, Volume 1, National Council of Engineering Examiners, 1972, p. 347.

CAPÍTULO 6

Sistemas Multifásicos

Virtualmente, todos os processos químicos comerciais envolvem operações nas quais um material é transferido de uma fase (gasosa, líquida ou sólida) para outra. Estas operações multifásicas incluem todas as **operações de mudança de fase** de uma espécie pura, como congelação, fusão, evaporação e condensação, e a maior parte dos processos de **separação** e **purificação**, que são projetados para separar os componentes de uma mistura uns dos outros. A maior parte das separações são realizadas alimentando-se uma mistura das espécies A e B em um sistema bifásico sob condições tais que a maior parte de A permanece na fase original e a maior parte de B se transfere para a segunda fase. As duas fases então se separam por si próprias sob a influência da gravidade — como quando gases e líquidos ou dois líquidos imiscíveis se separam — ou são separadas com a ajuda de um aparelho, como um filtro ou uma peneira.

A seguir aparecem alguns exemplos de processo de separação multifásicos.

- *Preparação de uma xícara de café.* Água líquida quente e grãos sólidos de café moído são postos em contato. Os componentes solúveis nos grãos são transferidos da fase sólida para a solução líquida (o café), e os resíduos sólidos (a borra) são filtrados da solução. A operação de dissolver um componente de uma fase sólida em um solvente líquido é chamada de **lixiviação**.

MEIO AMBIENTE

- *Remoção de dióxido de enxofre de uma corrente gasosa.* Se um combustível que contém enxofre é queimado, os produtos gasosos conterão dióxido de enxofre. Se este gás for liberado diretamente na atmosfera, o SO_2 se combinará com o oxigênio atmosférico para formar trióxido de enxofre. O SO_3, por sua vez, se combinará com o vapor de água na atmosfera para produzir ácido sulfúrico (H_2SO_4), que por fim precipitará como *chuva ácida*. Para prevenir este fato, o produto gasoso da combustão é posto em contato com uma solução líquida em um processo de **absorção** ou **lavagem do gás**. O SO_2 se dissolve no solvente e o gás limpo que permanece é liberado na atmosfera.

- *Recuperação de metanol de uma solução aquosa.* Depois de ser usado como reagente ou solvente, o metanol (álcool metílico) frequentemente sai do processo como uma mistura aquosa (combinado com água). O metanol tem uma *pressão de vapor* maior do que a água, o que significa que tem maior tendência a se vaporizar quando uma mistura das duas espécies é aquecida. O processo de separação por **destilação** explora esta diferença vaporizando parcialmente uma mistura líquida, proporcionando um vapor relativamente rico em metanol e um líquido residual relativamente rico em água. Condensações e vaporizações parciais subsequentes podem ser usadas para recuperar metanol quase puro. O metanol recuperado pode ser reciclado e reutilizado, resultando em uma economia considerável nos custos de matéria-prima.

- *Separação de hidrocarbonetos parafínicos e aromáticos.* Hidrocarbonetos parafínicos líquidos (como pentano, hexano e heptano) e hidrocarbonetos aromáticos líquidos (como benzeno, tolueno e xileno) têm características químicas diferentes: por exemplo, os compostos parafínicos são quase completamente imiscíveis em etileno glicol líquido, enquanto os compostos aromáticos e o etileno glicol formam facilmente misturas líquidas homogêneas. Portanto, compostos parafínicos e aromáticos podem ser separados uns dos outros adicionando-se etileno glicol a uma mistura dos mesmos. Depois de decantar, os compostos aromáticos se distribuem entre uma fase rica em parafinas e uma fase rica em glicol. Este processo é conhecido como **extração líquida**. Um processamento subsequente separa os aromáticos do glicol, recuperando o glicol para reciclo e reutilização no processo de extração.

- *Separação de uma mistura de isômeros.* Uma mistura contendo três isômeros do xileno (C_8H_{10}) é uma das correntes de produtos recuperadas a partir do petróleo bruto.

para-xileno   orto-xileno   meta-xileno

Paraxileno (*p*-xileno) é separado dos seus dois isômeros e usado como uma matéria-prima na síntese do ácido *p*-tereftálico, que por sua vez é usado na produção de vários polímeros importantes. Uma vez que os três isômeros têm volatilidades similares, sua separação por destilação é difícil e não econômica.

Foram desenvolvidas duas operações comerciais alternativas para realizar esta separação. Em uma delas, uma mistura dos isômeros é posta em contato com uma *peneira molecular* que tem poros suficientemente grandes para acomodar o *para*-xileno, mas não os isômeros *meta* e *orto*. Esta separação é conhecida como **adsorção**. Em outro processo, a diferença nos pontos de congelação dos três isômeros (o *para*-xileno congela a 13,3°C, o *orto* a −25,2°C e o *meta* a −47,9°C) constitui a base de uma operação de **cristalização**. A mistura é resfriada a uma temperatura na qual o *para* cristaliza e pode ser separado fisicamente dos líquidos *orto* e *meta*.

Quando uma espécie se transfere de uma fase a outra, a taxa de transferência geralmente diminui com o tempo até que a segunda fase fica **saturada** com a espécie, mantendo o quanto pode nas condições do processo. Quando as concentrações de todas as espécies em cada fase não mudam com o tempo, diz-se que as fases estão em **equilíbrio de fase**. A eficácia de qualquer um dos processos de separação descritos acima depende tanto de como as espécies se distribuem entre as fases em equilíbrio quanto da taxa na qual o sistema se aproxima do equilíbrio desde o seu estado inicial.

Teste	Sugira um método que possa ser apropriado para atingir cada uma das seguintes separações.
(veja *Respostas dos Problemas Selecionados*)	**1.** Separar óleo cru em componentes voláteis de baixo peso molecular (naftas usadas para fazer gasolina e químicos leves), compostos de peso molecular intermediário (usado para óleos de aquecimento) e componentes não voláteis de peso molecular elevado (usados para óleo lubrificante). **2.** Remover água de uma lama aquosa de branqueamento de polpa de madeira. **3.** Obter água potável de água de mar. **4.** Separar NH_3 de uma mistura de N_2, H_2 e NH_3. A amônia é altamente solúvel em água; além disso, congela a −33,4°C. **5.** Concentrar O_2 para pacientes com insuficiência respiratória.

EXERCÍCIO DE CRIATIVIDADE

Um gás contém duas espécies, A e B. Sugira todos os métodos que você consiga imaginar, convencionais ou não convencionais, para separar as duas espécies. Indique sucintamente quais as condições necessárias para cada método. (Por exemplo, você pode encontrar uma terceira substância, C, que reaja com A para formar um sólido, e introduzir C na mistura. O composto A reage e deposita como sólido, deixando o composto B na fase gasosa.)

6.0 OBJETIVOS DE APRENDIZAGEM

Depois de completar este capítulo, você deve ser capaz de:

- Explicar com suas próprias palavras os termos *processo de separação, destilação, absorção, lavagem de gás, extração líquida, cristalização, adsorção* e *lixiviação*. (O que são e como funcionam?)

- Desenhar um diagrama de fase (*P* versus *T*) para uma espécie pura e rotular as regiões (sólido, líquido, vapor, gás). Explicar a diferença entre um vapor e um gás. Usar o diagrama de fase para definir (a) a pressão de vapor a uma temperatura especificada, (b) o ponto de ebulição a uma pressão especificada, (c) o ponto de ebulição normal, (d) o ponto de fusão a uma pressão especificada, (e) o ponto de sublimação a uma pressão especificada, (f) o ponto triplo e (g) a pressão e a temperatura críticas. Explicar como os pontos de ebulição e de fusão da água variam com a pressão e como P e T variam (aumentam, diminuem ou permanecem constantes) ao seguir uma trajetória especificada no diagrama.

- Estimar a pressão de vapor para uma substância pura a uma temperatura e pressão dadas ou o ponto de ebulição normal a uma pressão dada usando (a) a equação de Antoine, (b) a equação de Clausius-Clapeyron e pressões de vapor conhecidas a duas temperaturas dadas ou (c) a Tabela B.3 para a água.

- Distinguir entre variáveis extensivas e intensivas, dando exemplos de cada uma. Usar a regra das fases de Gibbs para determinar o número de graus de liberdade para um sistema multifásico multicomponente no equilíbrio, e interpretar o significado deste valor em termos das variáveis intensivas do sistema. Especificar um conjunto factível de variáveis intensivas que permita determinar as variáveis intensivas restantes.

- No contexto de um sistema contendo uma única espécie condensável junto com gases não condensáveis, explicar com suas próprias palavras os termos *vapor saturado*, *vapor superaquecido*, *ponto de orvalho*, *graus de superaquecimento* e *saturação relativa*. Explicar o seguinte boletim meteorológico nos termos em que um estudante de engenharia do primeiro ano possa entender: *A temperatura é 75°F, a pressão barométrica é de 29,87 polegadas de mercúrio e em declínio, a umidade relativa é de 50% e o ponto de orvalho é 54°F.*

- Dados um sistema gás-líquido em equilíbrio contendo um único componente condensável A, uma correlação para $p_A^*(T)$, e quaisquer duas das variáveis y_A (fração molar de A na fase gasosa), a temperatura e a pressão total, calcular a terceira variável usando a lei de Raoult.

- Dada uma mistura de um único vapor condensável, A, e um ou mais gases não condensáveis, uma correlação para $p_A^*(T)$, e quaisquer duas das variáveis y_A (fração molar de A), temperatura, pressão total, ponto de orvalho, graus de superaquecimento e saturação relativa, molar, absoluta e percentual (ou umidade se A é água e o gás não condensável é ar), usar a lei de Raoult para uma única espécie condensável para calcular as variáveis remanescentes.

- Para um sistema de processo que envolve um único componente condensável, uma mudança de fase vapor-líquido e valores especificados ou requeridos das propriedades das correntes de alimentação ou produto (temperatura, pressão, ponto de orvalho, saturação ou umidade relativa, graus de superaquecimento etc.), desenhar e rotular o fluxograma, realizar a análise dos graus de liberdade e fazer os cálculos necessários.

- Explicar o significado do termo *comportamento de solução ideal* aplicado a uma mistura líquida de componentes voláteis. Escrever e explicar claramente as fórmulas para a lei de Raoult e para a lei de Henry, especificar as condições para as quais cada uma delas pode ser considerada exata, e aplicar a equação apropriada para determinar quaisquer das variáveis T, P, x_A ou y_A (temperatura, pressão e fração molar de A na fase líquida e vapor), dados os valores para as outras três.

- Explicar com as suas próprias palavras os termos *ponto de bolha*, *ponto de ebulição* e *ponto de orvalho* de uma mistura de espécies condensáveis e as diferenças entre *vaporização* e *ebulição*. Usar a lei de Raoult para determinar (a) a temperatura (ou pressão) do ponto de bolha de uma mistura líquida de composição conhecida a uma pressão (ou temperatura) especificada e a composição da primeira bolha formada; (b) a temperatura (ou pressão) do ponto de orvalho de uma mistura gasosa de composição conhecida a uma pressão (ou temperatura) especificada e a composição da primeira gota líquida formada; (c) se uma mistura de quantidade (mols) e composição (frações molares) conhecidas a uma pressão e temperatura dadas é um líquido, um gás ou uma mistura gás-líquido e, se for este último caso, as quantidades e composições de cada fase; e (d) a temperatura do ponto de ebulição de uma mistura líquida de composição conhecida a uma pressão total especificada.

- Usar um diagrama *Txy* ou *Pxy* para determinar as temperaturas e pressões dos pontos de bolha e de orvalho, as composições e as quantidades relativas de cada fase em uma mistura de duas fases e os efeitos da variação da temperatura e da pressão sobre os pontos de bolha e de orvalho, as quantidades e as composições. Esquematizar como são construídos estes diagramas para misturas de componentes que obedecem à lei de Raoult.

- Para um sistema de processo que envolve correntes líquidas e gasosas em equilíbrio e relações de equilíbrio líquido-vapor para todos os componentes distribuídos, desenhar e rotular o fluxograma, realizar a análise dos graus de liberdade e fazer os cálculos necessários.

- Explicar com as suas próprias palavras os termos *solubilidade* de um sólido em um líquido, *solução saturada* e *sal hidratado*. Conhecendo os dados de solubilidade, determinar a temperatura de saturação de uma solução de alimentação de composição conhecida e a quantidade de cristais sólidos que se formam se a solução é resfriada a uma temperatura especificada abaixo do ponto de saturação.

- Dada uma solução líquida de um soluto não volátil, estimar o abaixamento da pressão de vapor do solvente, a elevação do ponto de ebulição e a diminuição do ponto de congelamento, e especificar as suposições necessárias para que a estimativa seja precisa.

- Explicar o termo *coeficiente de distribuição* (ou *razão de partição*) para um soluto distribuído entre dois líquidos quase imiscíveis. Dadas as vazões e composições das correntes de alimentação para um processo de extração líquida e tanto dados do coeficiente de distribuição do soluto quanto um diagrama de fase triangular, calcular as vazões e composições da corrente de produto.

- Explicar o termo *isoterma de adsorção*. Conhecendo os dados de equilíbrio de adsorção ou uma expressão para a isoterma de adsorção, calcular a quantidade máxima de adsorbato que pode ser removido de um gás por uma quantidade específica de adsorvente ou, ao contrário, a quantidade mínima de adsorvente necessária para remover uma quantidade específica de adsorbato.

6.1 EQUILÍBRIO DE FASES DE UM COMPONENTE PURO

6.1a Diagramas de Fase

Na maior parte das pressões e temperaturas, uma substância pura no equilíbrio existe inteiramente como um sólido, um líquido ou um gás; mas a certas temperaturas e pressões, duas e mesmo três fases podem coexistir. Por exemplo, água pura é um gás a 130°C e 100 mm Hg, e um sólido a -40°C e 10 atm, mas a 100°C e 1 atm pode ser um gás, um líquido ou uma mistura dos dois, e aproximadamente a 0,0098°C e 4,58 mm Hg pode ser um sólido, um líquido, um gás ou qualquer combinação dos três.

Um **diagrama de fase** de uma substância pura é um gráfico de uma variável do sistema versus outra que mostra as condições nas quais a substância existe como sólido, líquido ou gás. O mais comum destes diagramas representa a pressão no eixo vertical versus a temperatura no eixo horizontal. As fronteiras entre as regiões monofásicas representam as pressões e temperaturas nas quais duas fases podem coexistir. Os diagramas de fase da água e do dióxido de carbono são mostrados na Figura 6.1-1.

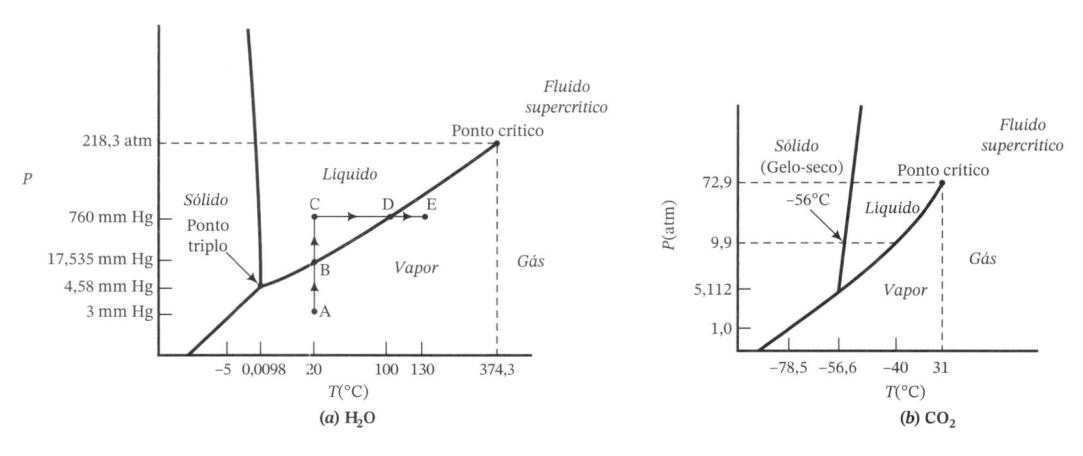

FIGURA 6.1-1 Diagramas de fase de H_2O e CO_2 (não estão em escala).

O que o diagrama de fase significa e o que pode se feito com ele é ilustrado por um experimento hipotético no qual água pura é colocada em um cilindro evacuado hermético provido de um pistão móvel, como no diagrama a seguir. Pode ser retirado ou adicionado calor ao cilindro, de forma que a temperatura na câmara pode ser ajustada a qualquer valor desejado, e a pressão absoluta do interior do cilindro [que é igual a $(F + W)/A$, em que W é o peso do pistão] pode igualmente ser ajustada variando-se a força F sobre o pistão.

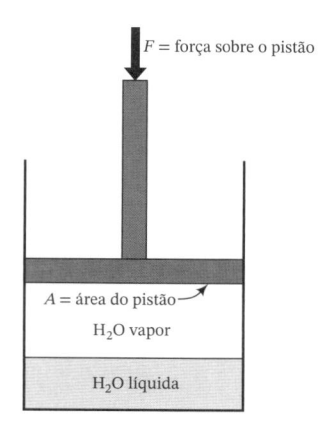

Suponha que o sistema está inicialmente a 20°C e que a força é ajustada de forma que a pressão seja 3 mm Hg. Como mostra o diagrama de fase, nestas condições a água pode existir apenas como vapor, de forma que qualquer líquido que houver inicialmente no cilindro evapora até finalmente o cilindro conter apenas vapor de água a 20°C e 3 mm Hg (ponto A na Figura 6.1-1a).

Suponha agora que a força sobre o pistão é aumentada lentamente enquanto a temperatura permanece constante a 20°C, até que a pressão atinja 760 mm Hg, e que neste momento adiciona-se calor ao sistema mantendo a pressão constante, até que a temperatura atinja 130°C. O estado da água através deste processo pode ser determinado seguindo-se a trajetória A → B → C → D → E na Figura 6.1-1a. As condições do sistema nas várias etapas do processo são mostradas no diagrama a seguir.

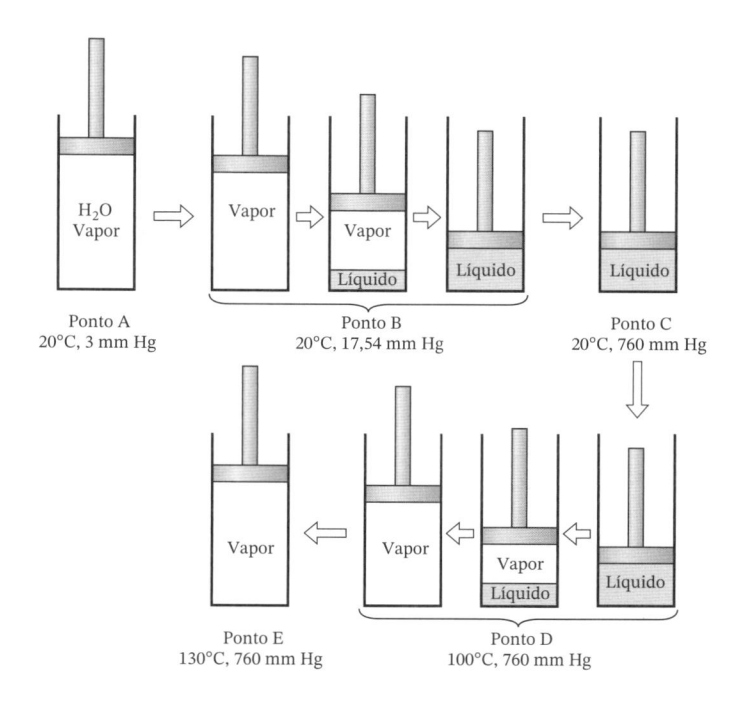

Note que todas as transições de fase — condensação no ponto B e evaporação no ponto D — acontecem nas fronteiras do diagrama de fase; o sistema não pode se mover das fronteiras até que as transições estejam completas.

Vários termos familiares podem ser definidos em referência ao diagrama de fase:

1. Se T e P correspondem a um ponto sobre a curva de equilíbrio líquido-vapor para uma determinada substância, P é a **pressão de vapor** da substância à temperatura T, e T é o **ponto de ebulição** (mais precisamente, a **temperatura do ponto de ebulição**) da substância à pressão P.

2. O ponto de ebulição de uma substância a $P = 1$ atm é o **ponto de ebulição normal** da substância.

3. Se (T, P) cai sobre a curva de equilíbrio sólido-líquido, então T é o **ponto de fusão** ou **ponto de congelamento** à pressão P.

4. Se (T, P) cai sobre a curva de equilíbrio sólido-vapor, então P é a pressão de vapor do sólido à temperatura T e T é o **ponto de sublimação** à pressão P.

5. O ponto (T, P) no qual as fases sólida, líquida e vapor podem coexistir é chamado **ponto triplo** da substância.

6. A curva de equilíbrio líquido-vapor termina na **temperatura crítica** e na **pressão crítica** (T_c e P_c). Acima e à direita do ponto crítico nunca podem coexistir duas fases separadas.

Como é visto na Figura 6.1-1a, o ponto de congelamento da água diminui com o aumento da pressão. (*Verifique.*) Este comportamento é extremamente inusual; a maior parte das substâncias, incluindo o dióxido de carbono, exibem um comportamento oposto. Note também que as mudanças são muito leves; as curvas de equilíbrio sólido-líquido são de fato quase verticais. Suas inclinações aparecem exageradas na Figura 6.1-1 para propósitos ilustrativos.

Os pontos de ebulição e de fusão normais para muitas substâncias aparecem na Tabela B.1 do Apêndice B e pelas funções Tb e Tm do APEx e para muitas outras substâncias nas páginas 2-7 a 2-47 do *Perry's Chemical Engineers' Handbook*.[1] Pontos de ebulição de muitas espécies a pressões especificadas podem ser calculados a partir da equação de Antoine usando os coeficientes na Tabela B.4 e a partir da função AntoineT do APEx. Pressões de vapor da água a temperaturas de 0°C a 100°C estão tabuladas na Tabela B.3 e podem ser obtidas usando a função VPWater do APEx e pressões de vapor de muitas outras espécies a temperaturas especificadas podem ser calculadas usando a equação de Antoine e os coeficientes na Tabela B.4, ou ainda, a função AntoineT do APEx, e a partir de dados tabulados nas páginas 2-48 até 2-79 do *Perry's Handbook* e na página da Internet do *National Institute of Standards and Technology* (http://webbook.nist.gov/). Técnicas para estimar pressões de vapor de espécies para as quais não se dispõem de dados tabulados ou de coeficientes da equação de Antoine são fornecidas na Seção 6.1b.

Teste	(Referente à Figura 6.1-1)
(veja *Respostas dos Problemas Selecionados*)	1. Qual é o ponto de sublimação de H_2O a 3 mm Hg? Qual é a pressão de vapor do gelo a $-5°C$?
	2. Qual é o ponto triplo do CO_2?
	3. Descreva o que acontece quando a pressão do CO_2 puro é elevada de 1 atm até 9,9 atm a $-78,5°C$, e depois a temperatura é elevada de $-78,5°C$ a 0°C a 9,9 atm.
	4. Qual é a pressão de vapor do CO_2 a $-78,5°C$? E a $-40°C$?
	5. Qual é o ponto de sublimação do CO_2 a 1 atm? E o ponto de fusão a 9,9 atm? E o ponto de ebulição nesta última pressão?
	6. O estado da água no ponto E da Figura 6.1-1a depende da trajetória seguida na mudança da temperatura e da pressão do ponto A até os valores do ponto E?

[1] R. H. Perry e D. W. Green, Eds., *Perry's Chemical Engineers' Handbook*, 8th Edition, McGraw-Hill, New York, 2008.

6.1b Estimação de Pressões de Vapor

A **volatilidade** de uma espécie é o grau no qual a espécie tende a se transferir de um estado líquido (ou sólido) para um estado vapor. A uma temperatura e pressão dadas, é muito mais provável encontrar uma substância altamente volátil como vapor do que uma substância com baixa volatilidade, a qual é muito mais provável que se encontre em uma fase condensada (líquido ou sólido).

Processos de separação, incluindo vaporização parcial, condensação parcial e destilação, são usados para separar misturas de acordo com as volatilidades relativas de seus componentes. Por exemplo, se uma mistura líquida é parcialmente vaporizada, os produtos são um vapor rico nas espécies mais voláteis e um líquido rico nas espécies menos voláteis. A pressão de vapor de uma espécie reflete a sua volatilidade: geralmente, quanto maior a pressão de vapor a uma dada temperatura, maior a volatilidade da espécie naquela temperatura.

Acontece frequentemente que os dados tabelados da pressão de vapor não estão disponíveis para a temperatura de interesse, ou pode ser que nem existam para uma espécie dada. Uma solução para este problema é medir p^* à temperatura desejada. No entanto, fazer isto nem sempre é conveniente ou barato, especialmente se não é necessário um valor muito preciso. Uma alternativa é *estimar* a pressão de vapor usando uma correlação empírica para $p^*(T)$. Poling, Prausnitz e O'Connell[2] apresentam e comparam vários métodos de estimação da pressão de vapor, a maior parte dos quais são tratados a seguir.

Uma relação entre p^*, a pressão de vapor de uma substância pura, e T, a temperatura *absoluta*, é a **equação de Clapeyron**,

$$\frac{dp^*}{dT} = \frac{\Delta \hat{H}_v}{T(\hat{V}_g - \hat{V}_l)} \tag{6.1-1}$$

em que $\hat{V}_g$ e $\hat{V}_l$ são os volumes molares específicos (volume/mol) do gás (vapor) e do líquido, respectivamente; e $\Delta \hat{H}_v$ é o **calor latente de vaporização**, a energia necessária para vaporizar um mol de líquido (a ser melhor definido no Capítulo 8).

A não ser nos casos em que a pressão é extremamente alta, o volume específico do líquido é desprezível quando comparado ao do vapor (quer dizer, $\hat{V}_g - \hat{V}_l \approx \hat{V}_g$). Se admitimos esta suposição, então, aplicando a equação de estado dos gases ideais ao vapor (de forma tal que $\hat{V}_g$ é substituído por RT/p^* na Equação 6.1-1) e rearranjando a equação resultante com ajuda de cálculo elementar, obtemos

$$\frac{d(\ln p^*)}{d(1/T)} = -\frac{\Delta \hat{H}_v}{R} \tag{6.1-2}$$

(Convença-se de que a Equação 6.1-2 está correta tentando voltar para a Equação 6.1-1.)

Se a pressão de vapor de uma substância é medida a várias temperaturas e se $\ln p^*$ é plotado versus $1/T$ (ou p^* versus $1/T$ em coordenadas semilog), então, pela Equação 6.1-2, a inclinação da curva resultante a uma temperatura dada é igual a $-\Delta \hat{H}_v/R$. Este é o método mais comum para determinar calores de vaporização experimentalmente.

Suponha agora que o calor de vaporização de uma substância é independente da temperatura (ou quase isso) no intervalo de temperatura ao longo do qual as pressões de vapor estão disponíveis. Então, a Equação 6.1-2 pode ser integrada, resultando na **equação de Clausius-Clapeyron**,

$$\ln p^* = -\frac{\Delta \hat{H}_v}{RT} + B \tag{6.1-3}$$

em que B é uma constante que varia para cada substância. De acordo com esta equação, um gráfico de $\ln p^*$ versus $1/T$ (ou um gráfico semilog de p^* versus $1/T$) deve ser uma linha reta, com a inclinação igual a $-\Delta \hat{H}_v/R$ e o ponto de interseção igual a B.

Se você conhece $\Delta \hat{H}_v$ e p^* a uma temperatura dada T_0, você pode resolver a equação de Clausius-Clapeyron para B e depois usar a equação para estimar p^* a qualquer outra temperatura próxima de T_0. Se você tem dados de p^* versus T, pode traçar o gráfico $\ln p^*$ versus $1/T$ e determinar $\Delta \hat{H}_v/R$ e B graficamente ou pelo método dos mínimos quadrados (veja o Apêndice A.1).

---

[2]B. E. Poling, J. H. Prausnitz e J. P. O'Connell. *The Properties of Gases and Liquids*, 5th Edition, McGraw-Hill, New York, 2001.

| Exemplo 6.1-1 | Estimação da Pressão de Vapor Usando a Equação de Clausius-Clapeyron |

A pressão de vapor do benzeno é medida em duas temperaturas, com os seguintes resultados:

$$T_1 = 7{,}6°C; \qquad p_1^* = 40\,\text{mm Hg}$$
$$T_2 = 15{,}4°C; \qquad p_2^* = 60\,\text{mm Hg}$$

Calcule o calor latente de vaporização e o parâmetro B da equação de Clausius-Clapeyron e estime p^* a 42,2°C usando esta equação.

Solução

p^*(mm Hg)	$T(°C)$	$T(K)$
40	7,6	280,8
60	15,4	288,6

A inclinação da linha que passa pelos dois pontos em um gráfico de $\ln p^*$ versus $1/T$ é

$$-\frac{\Delta \hat{H}_v}{R} = \frac{\ln(p_2^*/p_1^*)}{[(1/T_2) - (1/T_1)]} = \frac{T_1 T_2 \ln(p_2^*/p_1^*)}{(T_1 - T_2)}$$

$$= \frac{(280{,}8\,\text{K})(288{,}6\,\text{K})\ln(60\,\text{mm Hg}/40\,\text{mm Hg})}{(280{,}8 - 288{,}6)\,\text{K}} = -4213\,\text{K}$$

O ponto de interseção B é obtido da Equação 6.1-3,

$$B = \ln p_1^* + \frac{\Delta \hat{H}_v}{RT_1}$$
$$= \ln 40 + (4213/280{,}8) = 18{,}69$$

Portanto, a equação de Clausius-Clapeyron é

$$\boxed{\ln p^* = -\frac{4213\,\text{K}}{T(\text{K})} + 18{,}69} \qquad p^* \text{ em mm Hg}$$

Checando: $T = 15{,}4°C \Rightarrow 288{,}6$ K

$$\ln p^* = -\frac{4213}{288{,}6} + 18{,}69 = 4{,}093$$
$$\Downarrow$$
$$p^* = \exp(4{,}093) = 60\,\text{mm Hg} \quad ✔$$

Finalmente, a $T = 42{,}2°C = 315{,}4$ K

$$\ln p^* = -\frac{4213}{315{,}4} + 18{,}69 = 5{,}334$$
$$\Downarrow$$
$$p^* = \exp(5{,}334) = \boxed{207\,\text{mm Hg}}$$

O *Perry's Chemical Engineers' Handbook*, na página 2-65, lista a pressão de vapor do benzeno a 42,2°C como 200 mm Hg, de forma que o uso da equação de Clausius-Clapeyron resulta em uma estimativa com um erro de aproximadamente 3,5%.

O calor de vaporização do benzeno, $\Delta \hat{H}_v$, pode ser estimado a partir da inclinação do gráfico de Clausius-Clapeyron $(-\Delta \hat{H}_v/R)$ como

$$\Delta \hat{H}_v = (\Delta \hat{H}_v/R)(R)$$
$$= \frac{4213\,\text{K}}{} \left| \frac{8{,}314\,\text{J}}{\text{mol} \cdot \text{K}} \right. = \boxed{35.030\,\text{J/mol}}$$

(O valor verdadeiro é aproximadamente 31.000 J/mol.)

Suponha que você precise conhecer a pressão de vapor de uma espécie a uma temperatura específica. Existem tabelas de p^* a diferentes temperaturas para muitas espécies, mas é difícil interpolar entre valores tabelados, já que p^* varia bruscamente com a temperatura. Os gráficos de p^* versus T para diferentes espécies não são particularmente úteis, já que seriam necessários muitos pontos muito próximos para gerar cada gráfico, e a forma das curvas dificultaria mostrar dados para diferentes espécies em um único gráfico.

Uma equação empírica relativamente simples que correlaciona muito bem dados de pressão de vapor–temperatura é a **equação de Antoine**

$$\log_{10} p^* = A - \frac{B}{T + C} \tag{6.1-4}$$

A Equação 6.1-4 pode ser facilmente rearranjada para gerar uma fórmula para a temperatura do ponto de ebulição T_b a uma pressão especificada, P. Tente fazer.

Valores de A, B e C para vários compostos estão listados na Tabela B.4. Se você usar os coeficientes tabelados, assegure-se de substituir o valor da temperatura em graus Celsius. Uma vez que você calculou o lado direito da equação (LDE), você pode determinar p^* (mm Hg) como 10^{LDE}. *Cuidados:* (1) Não confie na equação de Antoine para estimar pressões de vapor a temperaturas muito fora da faixa usada para determinar os coeficientes na Tabela B.4; tal extrapolação pode levar a erros significativos. (2) Outras referências podem expressar a equação de Antoine em unidades diferentes e usando logaritmos na base e.

No APEx, você pode usar a equação de Antoine para determinar uma pressão de vapor a uma temperatura especificada usando a função AntoineP e o valor da temperatura do ponto de ebulição a uma pressão especificada usando AntoineT.

Teste (veja *Respostas dos Problemas Selecionados*)	1. Determine a pressão de vapor do n-hexano a 87°C usando (a) Tabela B.4, (b) APEx.
	2. Informe três maneiras como você poderia determinar o ponto de ebulição normal do benzeno a partir de dados neste livro — um que envolva procura do mesmo, um que requeira um cálculo simples e um que use o APEx.
	3. Suponha que você conheça a pressão de vapor p^* de uma substância a três temperaturas próximas T_1, T_2 e T_3, e você deseje determinar p^* a uma quarta temperatura T_4 distante das outras três. Se você usar a equação de Clausius-Clapeyron para correlacionar p^* e T, como você representaria graficamente os dados e extrapolaria para T_4?

EXERCÍCIO DE CRIATIVIDADE

Pense na maior quantidade de motivos possíveis, mesmo absurdos, para querer conhecer a pressão de vapor de uma substância a uma temperatura dada. (*Exemplo:* Você quer saber se pode deixar um vidro aberto com a substância de um dia para o outro sem que a maior parte do seu conteúdo evapore.)

6.2 A REGRA DAS FASES DE GIBBS

Quando duas fases são colocadas em contato uma com a outra, normalmente acontece uma redistribuição dos componentes de cada fase — as espécies evaporam, condensam, se dissolvem ou precipitam, até que seja atingido um estado de equilíbrio, no qual a temperatura e a pressão das duas fases são iguais e a composição de cada fase não mais varia com o tempo.

Suponha que você tem um recipiente fechado contendo três componentes A, B e C, distribuídos nas fases líquida e gasosa, e você deseja descrever este sistema para outra pessoa com suficientes detalhes para que a pessoa possa duplicá-lo exatamente. Especificar a temperatura e a pressão do sistema, a massa de cada fase e duas frações molares ou mássicas para cada fase certamente seria suficiente; no entanto, estas variáveis não são todas independentes — uma vez que algumas são especificadas, outras são fixas naturalmente e, em alguns casos, podem ser calculadas a partir das propriedades físicas dos componentes do sistema.

As variáveis que descrevem a condição de um sistema de processo se dividem em duas categorias: **variáveis extensivas**, que dependem do tamanho do sistema, e **variáveis intensivas**, que não dependem do mesmo. Massa e volume são exemplos de variáveis extensivas; as variáveis intensivas incluem temperatura, pressão, massa específica, volume específico e frações mássicas e molares dos componentes individuais do sistema em cada fase.

O número de variáveis intensivas que podem ser especificadas independentemente para um sistema em equilíbrio é chamado de **número de graus de liberdade** do sistema. Sejam

Π = número de fases no sistema em equilíbrio
c = número de espécies químicas
r = número de reações químicas equilibradas independentes entre as espécies.
GL = número de graus de liberdade do sistema

A relação entre GL, Π, c e r é dada pela **regra das fases de Gibbs**:

$$GL = 2 + c - \Pi - r \qquad \text{(6.2-1)}$$

[*Nota:* O *Perry's Chemical Engineers' Handbook* (veja a nota de rodapé 1), na página 4-27, apresenta uma prova da regra das fases e mostra um método para determinar quantas reações independentes podem acontecer entre os componentes de um sistema.]

O significado da expressão *graus de liberdade* na regra das fases de Gibbs é similar ao significado da análise dos graus de liberdade que você vem fazendo desde o Capítulo 4. Naquelas análises, os graus de liberdade representam o número de variáveis do processo que devem ser especificadas para o sistema antes que as variáveis remanescentes possam ser calculadas. Na regra das fases de Gibbs, os graus de liberdade são iguais ao número de variáveis *intensivas* que devem ser especificadas para um sistema *no equilíbrio* antes que as variáveis intensivas remanescentes possam ser calculadas.

O exemplo seguinte ilustra a aplicação da regra das fases de Gibbs a vários sistemas simples. O restante do capítulo apresenta as relações de equilíbrio que são usadas para determinar as variáveis intensivas restantes do sistema uma vez especificado o número permitido destas variáveis.

Exemplo 6.2-1   A Regra das Fases de Gibbs

Determine o número de graus de liberdade de cada um dos seguintes sistemas no equilíbrio. Especifique um conjunto adequado de variáveis intensivas independentes para cada sistema.

1. *Água líquida pura*

Uma fase ($\Pi = 1$), um componente ($c = 1$),
sem reações ($r = 0$)

$$\Downarrow$$

$$GL = 2 + 1 - 1 = 2$$

Duas variáveis intensivas devem ser especificadas para fixar o estado do sistema, por exemplo, T e P. Uma vez especificadas estas variáveis, outras variáveis intensivas, como massa específica e viscosidade, podem ser determinadas.

2. *Uma mistura de água líquida, sólida e vapor*

Três fases ($\Pi = 3$), um componente ($c = 1$),
sem reações ($r = 0$)

$$\Downarrow$$

$$GL = 2 + 1 - 3 = 0$$

Nenhuma informação adicional acerca do sistema pode ser especificada e todas as variáveis intensivas estão fixadas. Note pela Figura 6.1-1a que as três fases podem coexistir no equilíbrio apenas a uma dada temperatura e pressão.

3. *Uma mistura líquido-vapor de acetona e metil etil cetona*

$$\text{Duas fases } (\Pi = 2), \text{ dois componentes } (c = 2),$$
$$\text{sem reações } (r = 0)$$
$$\Downarrow$$
$$GL = 2 + 2 - 2 = 2$$

Duas variáveis devem ser especificadas para fixar o estado do sistema. Por exemplo, selecionando T e P fixam-se as frações molares de acetona e MEC nas fases líquida e vapor. Alternativamente, T e a fração molar de acetona no vapor podem ser especificadas, e P e a fração molar de acetona no líquido são então fixadas.

<table>
<tr><td>

Teste

(veja *Respostas dos Problemas Selecionados*)

</td><td>

1. Defina e dê exemplos de variáveis extensivas e intensivas. Defina "graus de liberdade de um sistema". O que é a regra das fases de Gibbs?

2. Use a regra das fases para determinar os graus de liberdade de cada um dos seguintes sistemas em equilíbrio, e dê um conjunto possível de variáveis intensivas que possa ser especificado.
  (a) Cristais de NaCl suspensos em uma solução aquosa de NaCl.
  (b) Ar úmido em equilíbrio com água condensada (o ar seco pode ser considerado como uma única espécie).
  (c) Uma mistura líquido-vapor de quatro hidrocarbonetos.
  (d) Uma mistura gasosa de H_2, Br_2 e HBr, visto que a reação

$$H_2 + Br_2 \rightleftharpoons 2HBr$$

já atingiu o equilíbrio.

</td></tr>
</table>

6.3 SISTEMAS GÁS-LÍQUIDO: UM COMPONENTE CONDENSÁVEL

Sistemas contendo vários componentes, dos quais apenas um pode existir como líquido nas condições do processo, são comuns em processos industriais. Operações como **evaporação, secagem** e **umidificação** — todos os quais envolvem transferência de líquido para a fase gasosa — e **condensação** e **desumidificação**, que envolvem transferência da espécie condensável da fase gasosa para a fase líquida, são exemplos de tais processos.

Suponha que água líquida é colocada em uma câmara que inicialmente contém ar seco, e que a temperatura e a pressão do sistema são mantidas constantes a 75°C e 760 mm Hg. Inicialmente, a fase gasosa não contém água ($p_{H_2O} = 0$); com o tempo, as moléculas de água começam a evaporar. A fração molar de água na fase gasosa, y_{H_2O}, aumenta, assim como $p_{H_2O} = y_{H_2O}P$. No entanto, a quantidade de água na fase gasosa é tal que a taxa na qual as moléculas de água entram na fase gasosa se aproxima de zero, e daqui em diante não há mudanças na quantidade nem na composição de cada fase. Diz-se então que a fase gasosa está **saturada** com água — contém toda a água que pode manter na temperatura e pressão do sistema — e a água na fase gasosa é denominada **vapor saturado**.

Apliquemos a regra das fases de Gibbs a este sistema no equilíbrio. Já que há duas fases e dois componentes,

$$GL = 2 + c - \Pi = 2$$

Então, apenas duas das três variáveis intensivas, T, P e y_{H_2O} podem ser especificadas, e deve existir alguma relação que determine de forma única o valor da terceira variável, uma vez que as primeiras duas tenham sido especificadas.[3]

---

[3]Pode-se argumentar que especificar a fração molar do ar na água líquida elimina um grau de liberdade. No entanto, de fato não estamos fixando um valor preciso desta variável; o que estamos dizendo é que a fração molar do ar na água líquida é próxima de zero, e o valor é tão pequeno que não afeta o comportamento líquido-vapor e os balanços de massa no sistema.

Uma lei que descreva o comportamento de sistemas gás-líquido dentro de um amplo intervalo de condições fornece a relação desejada. *Se um gás à temperatura T e pressão P contém um vapor saturado cuja fração molar é y_i (mols de vapor/mols totais do gás), e se este vapor é a única espécie que condensaria se a temperatura fosse levemente abaixada, então a pressão parcial do vapor no gás é igual à pressão de vapor do componente puro $p_i^*(T)$ à temperatura do sistema.*

Lei de Raoult, uma única espécie condensável: $\qquad p_i = \boxed{y_i P = p_i^*(T)}$ (6.3-1)

A Equação 6.3-1 é um caso limite da **lei de Raoult**, que será introduzida de forma mais geral na Seção 6.4. É a relação fundamental usada na análise de sistemas gás-líquido em equilíbrio, com um único componente condensável. Aparece uma ampla variedade de problemas relacionados com tais sistemas, mas todos eles no final envolvem o conhecimento de duas das variáveis y_i, T e P, determinando-se a terceira pela Equação 6.3-1.

Exemplo 6.3-1   Composição de um Sistema Gás-Vapor Saturado

Ar e água líquida em equilíbrio estão contidos em um recipiente fechado a 75°C e 760 mm Hg. Calcule a composição molar da fase gasosa.

Solução   Já que o gás e o líquido estão em equilíbrio, o ar deve estar saturado com vapor de água (se não fosse assim, então mais água evaporaria), de forma que a lei de Raoult pode ser aplicada:

$$y_{H_2O} = p_{H_2O}^*(75°C)/P$$

Pela Tabela B.3 no Apêndice B, $p_{H_2O}^*(75°C) = 289$ mm Hg. Consequentemente,

$$y_{H_2O} = \frac{289 \text{ mm Hg}}{760 \text{ mm Hg}} = \boxed{0,380 \ \frac{\text{mol } H_2O}{\text{mol}}}$$

$$y_{\text{ar seco}} = 1 - y_{H_2O} = \boxed{0,620 \ \frac{\text{mol ar seco}}{\text{mol}}}$$

Vários pontos importantes relativos ao comportamento de sistemas gás-líquido e vários termos usados para descrever o estado de tais sistemas são mostrados aqui.

1. Um gás em equilíbrio com um líquido deve estar saturado com os componentes voláteis deste líquido.

2. A pressão parcial de um vapor em equilíbrio com uma mistura gasosa contendo um único componente condensável não pode exceder a pressão de vapor do componente puro na temperatura do sistema. Se $p_i = p_i^*$, o vapor está saturado; qualquer tentativa de aumentar p_i — seja adicionando mais vapor à fase gasosa, seja aumentando a pressão total a temperatura constante — deve, ao contrário, levar à condensação.

3. Um vapor presente em um gás em quantidade menor do que a saturação é um **vapor superaquecido**. Para um vapor deste tipo,

$$p_i = \boxed{y_i P < p_i^*(T)}$$ (6.3-2)

Já que apenas um vapor saturado pode condensar (por quê?), para atingir a condensação em um sistema contendo vapor superaquecido uma ou mais das variáveis da Equação 6.3-2 devem ser mudadas, de forma tal que a desigualdade se transforme na igualdade da lei de Raoult. Isto pode ser feito de várias formas, tais como aumentar a pressão a temperatura constante (o lado esquerdo aumenta enquanto o lado direito permanece constante) ou diminuir a temperatura a pressão constante (o lado esquerdo permanece constante enquanto o lado direito diminui).

4. Se um gás contendo um único vapor superaquecido é resfriado a pressão constante, a temperatura na qual o vapor vira saturado é conhecida como **ponto de orvalho** do gás. Pela lei de Raoult (Equação 6.3-1),

$$p_i = \boxed{y_i P = p_i^*(T_{po})} \tag{6.3-3}$$

A diferença entre a temperatura e o ponto de orvalho de um gás é chamada de **graus de superaquecimento** do gás. Se quaisquer duas das quantidades y_i, P e T_{po} (ou, de forma equivalente, a temperatura do gás e os graus de superaquecimento) são conhecidas, a terceira pode ser calculada pela Equação 6.3-3 e por uma tabela, um gráfico ou uma equação que relacione p_i^* e T.

Exemplo 6.3-2	Balanços de Massa em um Condensador

Uma corrente de ar a 100°C e 5260 mm Hg contém 10,0% de água em volume.

1. Calcule o ponto de orvalho e os graus de superaquecimento do ar.
2. Calcule a percentagem do vapor que condensa e a composição final da fase gasosa se o gás for resfriado até 80°C a pressão constante.
3. Calcule a percentagem de condensação e a composição final da fase gasosa se, em vez de ser resfriado, o gás for comprimido isotermicamente até 8500 mm Hg.
4. Suponha que o processo da Parte 2 é realizado, o produto gasoso é analisado e a fração molar encontrada difere consideravelmente do valor calculado. Qual poderia ser a causa para a disparidade entre os valores medido e calculado? (Liste várias possibilidades.)

Solução

1. $p_{H_2O} = y_{H_2O}P = (0,100)(5260 \text{ mm Hg}) = 526 \text{ mm Hg}$
   $p_{H_2O}^*(100°C) = 760 \text{ mm Hg} > p_{H_2O} \Rightarrow$ o vapor é superaquecido (veja a Desigualdade 6.3-2)
   Pela Equação 6.3-3

$$p_{H_2O} = p_{H_2O}^*(T_{po}) = 526 \text{ mm Hg}$$

$$\Downarrow \text{Tabela B.3}$$

$$\boxed{T_{po} = 90°C}$$

e o ar tem $100°C - 90°C = \boxed{10°C \text{ de superaquecimento}}$

2. Já que o ar vira saturado a 90°C, qualquer resfriamento posterior deve levar à condensação. Já que o produto consiste em água líquida em equilíbrio com uma fase vapor, o vapor de água no gás deve permanecer saturado.

   No seguinte fluxograma, o símbolo BDA vem do inglês ***bone-dry air***, e significa o componente livre de água (ar seco) de uma mistura ar/vapor de água.

Base: 100 mol de Gás Fornecido

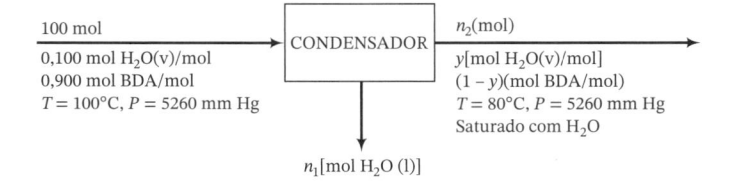

Façamos primeiro a análise dos graus de liberdade. No fluxograma aparecem três variáveis desconhecidas — n_1, n_2 e y. Já que apenas duas espécies estão envolvidas no processo, podemos escrever apenas dois balanços de massa independentes, ficando com uma equação a menos. Se não tivéssemos notado que o ar na saída do condensador está saturado com água, o problema não poderia ser resolvido; no entanto, a condição de saturação nos fornece a terceira equação necessária, a lei de Raoult.

O procedimento de solução seria: aplicar a lei de Raoult na saída para determinar y, a fração molar de água no gás de saída; a seguir, usar um balanço de ar seco para determinar n_2 e um balanço de mols totais ou um balanço de água para determinar a última variável, n_1.

Lei de Raoult na Saída: $\quad yP = p_{H_2O}^*(T)$

$$\Downarrow$$

$$y = \frac{p_{H_2O}^*(80°C)}{P} = \frac{355 \text{ mm Hg}}{5260 \text{ mm Hg}} = \boxed{0,0675 \frac{\text{mol H}_2\text{O}}{\text{mol}}}$$

Balanço de Ar Seco :

$$\frac{100\ \text{mol}\ \left|\ 0{,}900\ \text{mol BDA}\right.}{\text{mol}} = n_2(1 - y)$$

$$\Downarrow y = 0{,}0675$$

$$n_2 = 96{,}5\ \text{mol}$$

Balanço de Mols Totais:

$$100\ \text{mol} = n_1 + n_2$$

$$\Downarrow n_2 = 96{,}5\ \text{mol}$$

$$n_1 = 3{,}5\ \text{mol}\ H_2O\ \text{condensada}$$

Porcentagem de Condensação :

$$\frac{3{,}5\ \text{mol}\ H_2O\ \text{condensada}}{(0{,}100 \times 100)\ \text{mol}\ H_2O\ \text{fornecida}} \times 100\% = \boxed{35\%}$$

3. Inicialmente $y_{H_2O}P < p^*_{H_2O}(100°C)$. A saturação acontece quando P é suficientemente alta para que a desigualdade vire igualdade, ou seja

$$P_{\text{saturação}} = \frac{p^*_{H_2O}(100°C)}{y_{H_2O}} = \frac{760\ \text{mm}}{0{,}100} = 7600\ \text{mm Hg}$$

Qualquer aumento em P acima de 7600 mm Hg tem que causar condensação, de forma que o produto da compressão até 8500 mm Hg deve incluir uma corrente líquida.

Base: 100 mol de Gás Fornecido

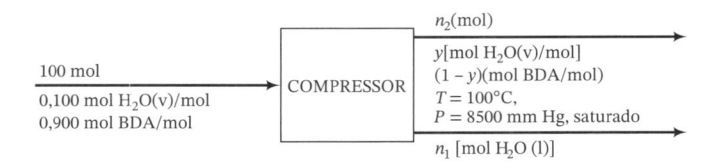

Antes de ir para a solução, trate de esquematizar o procedimento como se fez na Parte 2.

Lei de Raoult:

$$y = \frac{p^*_{H_2O}(100°C)}{P} = \frac{760\ \text{mm Hg}}{8500\ \text{mm Hg}} = \boxed{0{,}0894\ \frac{\text{mol}\ H_2O}{\text{mol}}}$$

Balanço de Ar Seco:

$$(100\ \text{mol})(0{,}900) = n_2(1 - y)$$

$$\Downarrow y = 0{,}0894$$

$$n_2 = 98{,}8\ \text{mol}$$

Balanço de Mols Totais:

$$100\ \text{mol} = n_1 + n_2$$

$$\Downarrow n_2 = 98{,}8\ \text{mol}$$

$$n_1 = 1{,}2\ \text{mol}\ H_2O\ \text{condensada}$$

Porcentagem de Condensação:

$$\frac{1{,}2\ \text{mol}\ H_2O\ \text{condensada}}{(0{,}100 \times 100)\ \text{mol}\ H_2O\ \text{fornecida}} \times 100\% = \boxed{12\%}$$

4. (a) Erro experimental (você deve ser capaz de listar várias possibilidades). (b) O condensador não estava no estado estacionário quando as medições foram feitas, possivelmente porque o sistema ainda não tinha se estabilizado depois da partida ou porque o vapor de água estava sendo adsorvido nas paredes do condensador. (c) As correntes gasosa e líquida na saída não estavam em equilíbrio (quer dizer, a condensação aconteceu a uma temperatura inferior a 100°C e as correntes de produto foram separadas e reaquecidas antes de sair). (d) A lei de Raoult não é aplicável (esta não é uma explicação razoável para o sistema ar-água nas condições dadas).

O mecanismo de evaporação de um líquido depende dos valores relativos da pressão de vapor do líquido e da pressão total do sistema. Se a evaporação acontece a uma temperatura tal que $p^* < P$, então o processo envolve transferência de moléculas da superfície do líquido para o gás acima da superfície, enquanto se $p^* = P$, são formadas bolhas de vapor através de todo o líquido, predominantemente nas paredes aquecidas do recipiente: quer dizer, o líquido *ferve*. A temperatura na qual $p^* = P$ é o ponto de ebulição do líquido na pressão dada.

	1. Se vapor de água está em equilíbrio com água líquida, o vapor deve estar saturado? Pode um vapor estar saturado se não há líquido presente no sistema?
	2. A pressão de vapor da acetona é 200 mm Hg a 22,7°C. Acetona líquida é mantida em um vidro selado a 22,7°C, e o gás acima do líquido contém ar e vapor de acetona à pressão de 960 mm Hg. Qual é (a) a pressão parcial da acetona no gás, (b) a pressão parcial de N_2 e (c) a fração molar de acetona no gás? Que suposição você fez para responder a estas questões? Como você determinaria o ponto de ebulição da acetona, admitindo uma pressão total constante de 960 mm Hg?
	3. Suponha que você tem uma curva de $p^*_{H_2O}$ versus T e você conhece a pressão e a temperatura (P_0 e T_0) de uma mistura de água e gases não condensáveis.
	    (a) Defina o ponto de orvalho do gás. Se $T_0 > T_{po}$, o vapor estaria saturado ou superaquecido? E se $T_0 = T_{po}$?
	    (b) Se você sabe que o gás está saturado, como calcularia a fração molar de água nele? O que aconteceria com o vapor se você (i) aquecesse o gás isobaricamente (a pressão constante), (ii) resfriasse o gás isobaricamente, (iii) comprimisse o gás isotermicamente (a temperatura constante), e (iv) expandisse o gás isotermicamente?
	    (c) Se você conhece a fração molar de água no gás, como calcularia o ponto de orvalho do mesmo?
	    (d) Se você conhece os graus de superaquecimento do gás, como calcularia a fração molar de água no mesmo?

Várias quantidades, além das introduzidas na seção anterior, são usadas para descrever o estado e a composição de um gás contendo uma única espécie condensável. *Nas definições seguintes, o termo "saturação" refere-se a qualquer combinação gás-vapor, enquanto "umidade" refere-se especificamente ao sistema ar-água.*

Suponha que um gás na temperatura T e pressão P contém um vapor cuja pressão parcial é p_i e cuja pressão de vapor é $p_i^*(T)$.

Saturação Relativa (Umidade Relativa):

$$s_r(h_r) = \frac{p_i}{p_i^*(T)} \times 100\% \tag{6.3-4}$$

Uma umidade relativa de 40%, por exemplo, significa que a pressão parcial do vapor de água é igual a 4/10 da pressão de vapor da água na temperatura do sistema.

Saturação Molal (Umidade Molal):

$$s_m(h_m) = \frac{p_i}{P - p_i} = \frac{\text{mols de vapor}}{\text{mols de gás livre de vapor (seco)}} \tag{6.3-5}$$

(Você pode provar a segunda igualdade?)

Saturação Absoluta (Umidade Absoluta):

$$s_a(h_a) = \frac{p_i M_i}{(P - p_i)M_{seco}} = \frac{\text{massa de vapor}}{\text{massa de gás seco}} \tag{6.3-6}$$

em que M_i é o peso molecular do vapor e M_{seco} é o peso molecular médio do gás seco (livre de vapor de água).

Porcentagem de Saturação (Porcentagem de Umidade):

$$s_p(h_p) = \frac{s_m}{s_m^*} \times 100\% = \frac{p_i/(P - p_i)}{p_i^*/(P - p_i^*)} \times 100\% \tag{6.3-7}$$

Se você conhece qualquer uma destas quantidades para um gás a uma temperatura e pressão dadas, você pode resolver a equação da definição para calcular a pressão parcial ou a fração molar do vapor no gás; depois, pode continuar pelos métodos mostrados anteriormente, calculando o ponto de orvalho e os graus de superaquecimento.

Teste (veja *Respostas dos Problemas Selecionados*)	A pressão de vapor do estireno é 100 mm Hg a 82°C e 200 mm Hg a 100°C. Um gás que consiste em 10% molar de estireno e 90% molar de não condensáveis está contido em um tanque a 100°C e 1000 mm Hg. Calcule: 1. O ponto de orvalho do gás. 2. A saturação relativa. 3. A saturação molal e a percentagem de saturação.

EXERCÍCIO DE CRIATIVIDADE

1. Suponha que você conheça a temperatura ambiente e a pressão barométrica. Liste todas as maneiras que você possa imaginar para determinar — de forma exata ou aproximada — a fração molar de vapor de água no ar.

2. Repita a questão 1, só que desta vez limite-se a métodos envolvendo um ursinho de pelúcia na determinação. (*Exemplo:* Você pode saturar o ursinho com água e medir a taxa de perda de peso devido à evaporação.)

Exemplo 6.3-3 | Ar Úmido

Ar úmido a 75°C, 1,1 bar e 30% de umidade relativa alimenta uma unidade de processo com uma vazão de 1000 m³/h. Determine (1) as vazões molares de água, ar seco e oxigênio que entram na unidade de processo, (2) a umidade molal, a umidade absoluta e a percentagem de umidade do ar e (3) o ponto de orvalho.

Solução 1.

$$h_r(\%) = 100 p_{H_2O}/p^*_{H_2O}(75°C)$$

$$\Downarrow \quad h_r = 30\%$$

$$\quad p^*_{H_2O}(75°C) = 289 \text{ mm Hg (pela Tabela B.3)}$$

$$p_{H_2O} = (0,3)(289 \text{ mm Hg}) = 86,7 \text{ mg Hg}$$

$$\Downarrow \quad y_{H_2O} = p_{H_2O}/P$$

$$\quad P = 1,1 \text{ bar} \Longrightarrow 825 \text{ mm Hg}$$

$$y_{H_2O} = (86,7 \text{ mm Hg})/(825 \text{ mm Hg}) = 0,105 \text{ mol } H_2O/\text{mol}$$

A vazão molar de ar úmido é dada pela equação de estado dos gases ideais como

$$\dot{n} = P\dot{V}/RT = \frac{1000 \text{ m}^3}{h} \left| \frac{1,1 \text{ bar}}{348 \text{ K}} \right| \frac{\text{kmol} \cdot \text{K}}{0,0831 \text{ m}^3 \cdot \text{bar}} = 38,0 \frac{\text{kmol}}{h}$$

Consequentemente,

$$\dot{n}_{H_2O} = \frac{38,0 \text{ kmol}}{h} \left| \frac{0,105 \text{ kmol } H_2O}{\text{kmol}} \right. = \boxed{3,99 \frac{\text{kmol } H_2O}{h}}$$

$$\dot{n}_{BDA} = \frac{38,0 \text{ kmol}}{h} \left| \frac{(1-0,105) \text{ kmol BDA}}{\text{kmol}} \right. = \boxed{34,0 \frac{\text{kmol BDA}}{h}}$$

$$\dot{n}_{O_2} = \frac{34,0 \text{ kmol BDA}}{h} \left| \frac{0,21 \text{ kmol } O_2}{\text{kmol BDA}} \right. = \boxed{7,14 \frac{\text{kmol } O_2}{h}}$$

2.

$$h_m = \frac{p_{H_2O}}{P - p_{H_2O}} = \frac{86,7 \text{ mm Hg}}{(825 - 86,7) \text{ mm Hg}} = \boxed{0,117 \frac{\text{mol } H_2O}{\text{mol BDA}}}$$

O mesmo resultado poderia ter sido obtido do resultado da Parte 1 como (3,99 kmol H_2O/h)(34,0 kmol BDA/h).

$$h_a = \frac{0,117 \text{ kmol } H_2O}{\text{kmol BDA}} \left| \frac{18,0 \text{ kg } H_2O}{\text{kmol } H_2O} \right| \frac{1 \text{ kmol BDA}}{29,0 \text{ kg BDA}} = \boxed{0,0726 \frac{\text{kg } H_2O}{\text{kg BDA}}}$$

$$h^*_m = \frac{p^*_{H_2O}}{P - p^*_{H_2O}} = \frac{289 \text{ mm Hg}}{(825 - 289) \text{ mm Hg}} = 0,539 \frac{\text{kmol } H_2O}{\text{kmol BDA}}$$

$$h_p = 100 h_m/h^*_m = (100)(0,117) = (0,539) = \boxed{21,7\%}$$

3. $p_{H_2O} = 86,7$ mm Hg $= p^*_{H_2O}(T_{po})$

⇓ Tabela B.3

$$T_{po} = 48,7°C$$

6.4 SISTEMAS GÁS-LÍQUIDO MULTICOMPONENTES

Os processos gás-líquido que envolvem vários componentes em cada fase incluem muitas reações químicas, destilação e transferência de uma ou várias espécies do gás para o líquido (**absorção** ou **lavagem de gases**) ou vice-versa (**retificação**).

Quando as fases líquida e gasosa multicomponentes estão em equilíbrio, um número limitado de variáveis intensivas do sistema pode ser especificado arbitrariamente (este número é dado pela regra das fases de Gibbs) e as variáveis restantes devem ser determinadas usando relações de equilíbrio para a distribuição dos componentes entre as duas fases. Nesta seção, definimos várias destas relações e ilustramos como são usadas na resolução de problemas de balanço de massa.

6.4a Dados de Equilíbrio Líquido-Vapor

A melhor maneira de avaliar composições de equilíbrio é através de dados tabelados. O *Perry's Chemical Engineers' Handbook* (veja a nota de rodapé 1), nas páginas 2-80 a 2-94, fornece pressões parciais de vapores sobre várias soluções líquidas. O Exemplo 6.4-1 ilustra o uso destes dados.

Exemplo 6.4-1 | Absorção de SO$_2$

MEIO AMBIENTE

Dióxido de enxofre (SO$_2$) é produzido quando carvão é queimado em termoelétricas. Antes da implementação de padrões de ar limpo, emissões de SO$_2$ eram responsáveis por chuva ácida, mas a utilização de absorvedores (algumas vezes chamados de *scrubbers* ou *lavadores*) para remoção de SO$_2$ dos produtos de combustão reduziu significativamente o problema.

Em uma implementação simples desta estratégia de controle de emissões, uma mistura gasosa contendo 45% molar de SO$_2$ e o balanço de ar (uma concentração de SO$_2$ muito mais alta que os valores normalmente encontrados em emissões de termoelétricas) escoando a uma vazão de 100 lbmol/h é posta em contato com água líquida em um absorvedor contínuo. A análise do líquido que sai do absorvedor mostra que ele contém 2,00 g SO$_2$ por 100 g H$_2$O. Admitindo que as correntes de gás e de líquido que saem do absorvedor estão em equilíbrio a 30°C e 1 atm, calcule a fração do SO$_2$ fornecido que é absorvida pela água e a vazão de água necessária.

Solução **Base: Vazão Dada do Gás**

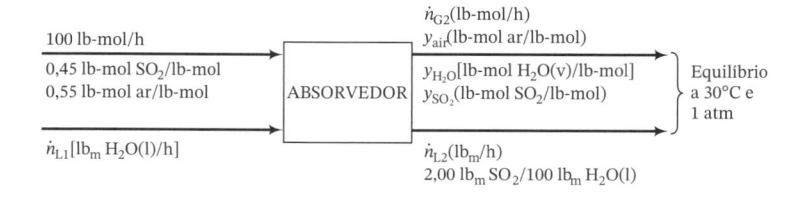

Pela Tabela 3-12 da página 3-65 da 6.ª edição do *Perry's Chemical Engineers' Handbook*,[4] as pressões parciais de equilíbrio de H$_2$O e SO$_2$ sobre uma solução da composição indicada são

$$p_{H_2O} = 31,6 \text{ mm Hg}$$
$$p_{SO_2} = 176 \text{ mm Hg}$$

---

[4]R. H. Perry e D. W. Green, Eds., *Perry's Chemical Engineers' Handbook*, 6th Edition, McGraw-Hill, New York, 1984. (*Nota:* Estes dados não aparecem nas edições posteriores.)

de forma que a composição da corrente de gás de saída é

$$y_{H_2O} = \frac{31,6 \text{ mm Hg}}{760 \text{ mm Hg}} = 0,0416 \frac{\text{lb-mol } H_2O}{\text{lb-mol}}$$

$$y_{SO_2} = \frac{176 \text{ mm Hg}}{760 \text{ mm Hg}} = 0,232 \frac{\text{lb-mol } SO_2}{\text{lb-mol}}$$

$$y_{ar} = 1 - y_{H_2O} - y_{SO_2} = 0,727 \frac{\text{lb-mol ar}}{\text{lb-mol}}$$

Restam três variáveis do processo desconhecidas — $\dot{n}_{L1}$, $\dot{n}_{G2}$ e $\dot{n}_{L2}$ —, já que podem ser escritos três balanços independentes, o sistema está determinado.

Balanço de Ar:

$$(0,55 \times 100) \frac{\text{lb-mol ar}}{\text{h}} = y_{ar} \dot{n}_{G2}$$

$$\Big\Downarrow y_{ar} = 0,727 \text{ lb-mol ar/lb-mol}$$

$$\dot{n}_{G2} = 75,7 \text{ lb-mol/h}$$

Para escrever os dois balanços restantes, é necessário determinar as frações mássicas de SO_2 e H_2O no efluente líquido.

$$\frac{2,00 \text{ lb}_m SO_2}{100 \text{ lb}_m H_2O} \Longrightarrow \frac{2,00 \text{ lb}_m SO_2}{102 \text{ lb}_m \text{ total}} \Longrightarrow x_{SO_2} = 0,0196 \text{ lb}_m SO_2/\text{lb}_m$$

$$\Big\Downarrow x_{SO_2} + x_{H_2O} = 1$$

$$x_{H_2O} = 0,9804 \text{ lb}_m H_2O/\text{lb}_m$$

Balanço de SO_2:

$$\frac{100 \text{ lb-mol}}{\text{h}} \left| \frac{0,45 \text{ lb-mol } SO_2}{\text{lb-mol}} \right. = \dot{n}_{G2}\, y_{SO_2} + \frac{\dot{n}_{L2} (\text{lb}_m)}{(\text{h})} \left| \frac{x_{SO_2} (\text{lb}_m SO_2)}{(\text{lb}_m)} \right| \frac{\text{lb-mol}}{64 \text{ lb}_m SO_2}$$

$$\left.\begin{array}{l} \dot{n}_{G2} = 75,7 \text{ lb-mol/h} \\ y_{SO_2} = 0,232 \\ x_{SO_2} = 0,0196 \end{array}\right\Downarrow$$

$$\dot{n}_{L2} = 89.600 \text{ lb}_m/\text{h}$$

Balanço de Água:

$$\dot{n}_{L1}(\text{lb}_m H_2O/\text{h}) = \frac{\dot{n}_{G2} (\text{lb-mol})}{(\text{h})} \left| \frac{y_{H_2O}(\text{lb-mol } H_2O)}{(\text{lb-mol})} \right| \frac{18 \text{ lb}_m H_2O}{\text{lb-mol}} + \dot{n}_{L2}x_{H_2O}$$

$$\left.\begin{array}{l} \dot{n}_{G2} = 75,7 \text{ lb-mol/h} \\ y_{H_2O} = 0,0416 \text{ lb-mol } H_2O/\text{lb-mol} \\ \dot{n}_{L2} = 89.600 \text{ lb}_m/\text{h} \\ x_{H_2O} = 0,9804 \text{ lb}_m H_2O/\text{lb}_m \end{array}\right\Downarrow$$

$$\boxed{\dot{n}_{L1} = 87.900 \text{ lb}_m H_2O/\text{h}} \quad \text{(alimentados ao absorvedor)}$$

Fração de SO_2 Absorvido:

$$SO_2 \text{ absorvido} = \frac{89.600 \text{ lb}_m \text{ efluente líquido}}{\text{h}} \left| \frac{0,0196 \text{ lb}_m SO_2}{\text{lb}_m} \right.$$

$$= 1756 \frac{\text{lb}_m SO_2 \text{ absorvidos}}{\text{h}}$$

$$SO_2 \text{ alimentado} = \frac{100 \text{ lb-mol}}{\text{h}} \left| \frac{0,45 \text{ lb-mol } SO_2}{\text{lb-mol}} \right| \frac{64 \text{ lb}_m SO_2}{\text{lb-mol } SO_2} = 2880 \frac{\text{lb}_m SO_2 \text{ alimentado}}{\text{h}}$$

$$\Downarrow$$

$$\frac{1756 \text{ lb}_m SO_2 \text{ absorvidos/h}}{2880 \text{ lb}_m SO_2 \text{ alimentado/h}} = \boxed{0,610 \frac{\text{lb}_m SO_2 \text{ absorvidos}}{\text{lb}_m SO_2 \text{ alimentado}}}$$

6.4b Leis de Raoult e de Henry

Se você aplicar a regra das fases a um sistema gás-líquido multicomponente no equilíbrio, você descobrirá que as composições das duas fases a uma temperatura e pressão dadas não são independentes. Uma vez que a composição de uma das fases é especificada (em termos de frações molares, frações mássicas, concentrações ou, para a fase gasosa, pressões parciais), a composição da outra fase é fixada e pode, em princípio, ser determinada a partir das propriedades físicas dos componentes do sistema.

As relações que governam a distribuição de uma substância entre uma fase líquida e uma fase gasosa são o objeto de estudo da **termodinâmica do equilíbrio de fases**, e, na sua maior parte, estão fora do escopo deste livro. No entanto, estudaremos várias relações simples aproximadas que levam a resultados razoavelmente acurados dentro de um amplo intervalo de condições. Estas relações formam a base para métodos mais precisos, que devem ser usados quando as condições do sistema o requeiram.

Suponha que A é uma substância contida em um sistema gás-líquido em equilíbrio à temperatura T e à pressão P. Duas expressões simples — a **lei de Raoult** e a **lei de Henry** — fornecem relações entre p_A, a pressão parcial de A na fase gasosa, e x_A, a fração molar de A na fase líquida.

Lei de Raoult:
$$p_A = \boxed{y_A P = x_A p_A^*(T)} \tag{6.4-1}$$

em que p_A^* é a pressão de vapor do líquido puro A na temperatura T e y_A é a fração molar de A na fase gasosa.

A lei de Raoult é uma aproximação geralmente válida quando x_A é próxima de 1 — quer dizer, quando a fase líquida é A quase pura. Algumas vezes também é válida ao longo do intervalo completo de composições para misturas de substâncias semelhantes, como hidrocarbonetos parafínicos de peso molecular semelhante.

Nota: Quando $x_A = 1$ — quer dizer, quando o líquido é A puro — a lei de Raoult se reduz à expressão $p_A = p_A^*(T)$, dada previamente para sistemas com apenas um componente condensável.

Lei de Henry:
$$p_A \equiv \boxed{y_A P = x_A H_A(T)} \tag{6.4-2}$$

em que $H_A(T)$ é a **constante da lei de Henry** para A em um solvente específico.

A lei de Henry é geralmente válida para soluções nas quais x_A está próximo de zero (soluções diluídas em A) desde que A não se dissocie, ionize ou reaja na fase líquida. A lei é frequentemente aplicada a soluções de gases não condensáveis. Os valores das constantes de Henry (ou quantidades relacionadas) são dados para vários gases em água nas páginas 2-130 até 2-133 do *Perry's Chemical Engineers' Handbook* (veja nota de rodapé 1).

Diz-se que um sistema gás-líquido exibe **comportamento de solução ideal** quando nele a relação do equilíbrio líquido-vapor para cada espécie volátil é dada pela lei de Raoult ou pela lei de Henry. Em tais sistemas a equação de estado do gás ideal descreve a fase gasosa.

Teste (veja *Respostas dos Problemas Selecionados*)	1. O que é a lei de Raoult e quando se espera que seja válida? 2. O que é a lei de Henry e quando se espera que seja válida? 3. O que é uma solução ideal? 4. Um gás contendo CO_2 está em equilíbrio com água líquida contendo uma pequena quantidade de CO_2 dissolvido a 30°C e 3 atm. Você usaria a lei de Raoult ou a lei de Henry para estimar a relação entre (a) x_{CO_2} e p_{CO_2}, (b) x_{H_2O} e p_{H_2O}, em que x representa a fração molar no líquido e p representa a pressão parcial no gás? Em cada caso, o que você deve procurar e onde você procuraria? Você esperaria observar o comportamento de solução ideal para este sistema? 5. Depois que uma garrafa fria de soda (CO_2 dissolvido em água e aditivos não voláteis) é aberta, bolhas lentamente se formam e sobem. Explique por que, usando a lei de Henry na sua explicação.

Exemplo 6.4-2	Leis de Raoult e de Henry

Use a lei de Raoult ou a lei de Henry (a que for mais apropriada) para resolver os seguintes problemas.

1. Um gás contendo 1,00% molar de etano está em contato com água a 25,0°C e 20,0 atm. Estime a fração molar de etano dissolvido.
2. Uma mistura líquida equimolar de benzeno (B) e tolueno (T) está em equilíbrio com o seu vapor a 30,0°C. Quais são a pressão e a composição do vapor?

Solução 1. Os hidrocarbonetos normalmente são relativamente insolúveis em água, de forma tal que a solução de etano provavelmente está extremamente diluída. Apliquemos então a lei de Henry. Na página 2-130 do *Perry's Chemical Engineers' Handbook* (veja a nota de rodapé 1) encontramos a constante de Henry para o etano em água a 25°C como $2,67 \times 10^4$ atm/fração molar.[5] Pela Equação 6.4-2,

$$x_{C_2H_6} = \frac{y_{C_2H_6}P}{H_{C_2H_6}} = \frac{(0,0100)(20,0 \text{ atm})}{2,67 \times 10^4 \text{ atm/fração molar}} = \boxed{7,49 \times 10^{-6} \ \frac{\text{mol } C_2H_6}{\text{mol}}}$$

2. Já que o benzeno e o tolueno são componentes estruturalmente semelhantes, podemos aplicar a lei de Raoult. Pela Tabela B.4,

$$\log_{10} p_B^* = 6,906 - \frac{1211}{T + 220,8} \xrightarrow{T = 30°C} p_B^* = 119 \text{ mm Hg}$$

$$\log_{10} p_T^* = 6,9533 - \frac{1343,9}{T + 219,38} \xrightarrow{T = 30°C} p_T^* = 36,7 \text{ mm Hg}$$

(Os valores de p_B^* e p_T^* poderiam ter sido obtidos usando a função AntoineP do APEx.)
Usando a Equação 6.4-1,

$$p_B = x_B p_B^* = (0,500)(119 \text{ mm Hg}) = 59,5 \text{ mm Hg}$$

$$p_T = x_T p_T^* = (0,500)(36,7 \text{ mm Hg}) = 18,35 \text{ mm Hg}$$

$$P = p_B + p_T = \boxed{77,9 \text{ mm Hg}}$$

$$y_B = p_B/P = \boxed{0,764 \text{ mol benzeno/mol}}$$

$$y_T = p_T/P = \boxed{0,236 \text{ mol tolueno/mol}}$$

EXERCÍCIO DE CRIATIVIDADE

Pense na maior quantidade de casos nos quais seria útil ou necessário conhecer a constante de Henry para um gás em um líquido. (*Exemplo:* Você deseja calcular a pressão necessária para atingir um determinado nível de gás carbônico em um refrigerante.) Inclua na sua lista exemplos com relevância ambiental.

6.4c Cálculos de Equilíbrio Líquido-Vapor para Soluções que Obedecem a Lei de Raoult

Suponha que se adicione calor lentamente a um recipiente fechado que contém um líquido, e que a pressão no recipiente seja mantida constante. Já examinamos o que acontece em uma situação deste tipo se o líquido é uma espécie pura: a temperatura aumenta até o ponto de ebulição do líquido e a partir deste ponto o líquido vaporiza a temperatura constante. Uma vez que a vaporização é completada, qualquer adição posterior de calor levará ao aumento da temperatura do vapor.

Considere agora o que acontece se o líquido é uma mistura de vários componentes. À medida que o calor é adicionado, a temperatura do líquido aumenta até que se forma a primeira bolha de vapor. Até este ponto, o processo é idêntico ao do componente puro. No entanto, se o

---

[5]A incerteza associada às constantes da lei de Henry é ilustrada pelo fato de que na página 2-130 do *Perry's Chemical Engineers' Handbook* (veja a nota de rodapé 1) dois valores diferentes para etano em água a 25°C são informados: Tabela 2-123 indica $H = 2,94 \times 10^4$ atm/fração molar enquanto a Tabela 2-124 indica $H = 2,67 \times 10^4$ atm/fração molar, uma diferença de 9%.

líquido é uma mistura, normalmente o vapor gerado terá uma composição diferente daquela do líquido. *À medida que a vaporização continua, a composição do líquido remanescente varia continuamente, e também a sua temperatura de vaporização.* Acontece um fenômeno semelhante se uma mistura de vapores é submetida a um processo de condensação a pressão constante: a uma temperatura dada, forma-se a primeira gota de líquido, e daí em diante a composição do vapor e a temperatura de condensação variam.

Para projetar ou controlar um processo de evaporação ou de condensação, você deve conhecer as condições nas quais se dá a transição do vapor a líquido ou do líquido a vapor. O projeto ou o controle de outros processos de separação, como destilação, absorção ou retificação, também requer informação acerca das condições nas quais acontecem transições de fase e das composições das fases resultantes. Esta seção mostra os cálculos necessários para uma classe de misturas relativamente simples.

Quando um líquido é aquecido lentamente a pressão constante, a temperatura na qual se forma a primeira bolha de vapor chama-se **temperatura do ponto de bolha** do líquido na pressão dada. Quando um gás (vapor) é resfriado lentamente a pressão constante, a temperatura na qual se forma a primeira gota de líquido é chamada **temperatura do ponto de orvalho** na pressão dada. Calcular pontos de bolha e de orvalho pode ser uma tarefa complexa para uma mistura arbitrária de componentes. No entanto, se a fase líquida se comporta como uma **solução ideal** (uma solução para a qual a lei de Raoult ou a lei de Henry é válida para todos os componentes), e se a fase vapor pode também ser considerada ideal, os cálculos se tornam bem mais simples.

Suponha que uma solução líquida segue a lei de Raoult e contém as espécies A, B, C, ..., com frações molares conhecidas $x_A, x_B, x_C,...$ Se a mistura é aquecida a uma pressão constante P até o seu ponto de bolha T_{pb}, a adição posterior de uma pequena quantidade de calor levará à formação de uma fase vapor. Já que o vapor está em equilíbrio com o líquido e a fase vapor é admitida como ideal (seguindo a equação de estado dos gases ideais), as pressões parciais dos componentes estão dadas pela lei de Raoult, Equação 6.4-1.

$$p_i = x_i p_i^*(T_{bp}), \quad i = A, B, \dots \tag{6.4-3}$$

em que p_i^* é a pressão de vapor do componente i na temperatura do ponto de bolha. Além disso, já que admitimos que apenas A, B, C, ... estão presentes no sistema, a soma das pressões parciais deve ser igual à pressão total do sistema P; portanto,

$$P = x_A p_A^*(T_{pb}) + x_B p_B^*(T_{pb}) + \cdots \tag{6.4-4}$$

Uma vez que a temperatura do ponto de bolha é a única incógnita, ela pode ser calculada usando Solver ou Atingir Meta do Excel como o valor de T_{pb} que satisfaz esta equação; tudo que é preciso é um conjunto de relações para $p_i^*(T_{pb})$, tais como a equação de Antoine para cada espécie. Uma vez que T_{pb} é conhecido, a composição da fase vapor pode ser facilmente determinada avaliando-se as pressões parciais de cada componente pela Equação 6.4-3 e determinando-se cada fração molar da fase vapor como $y_i = p_i/P$.

A pressão na qual se forma o primeiro vapor quando um líquido é descomprimido a temperatura constante é a **pressão do ponto de bolha** do líquido na temperatura dada. A Equação 6.4-4 pode ser usada para determinar esta pressão para uma mistura líquida para a qual a lei de Raoult se aplica para todas as espécies a uma temperatura especificada, e as frações molares na fase vapor em equilíbrio com o líquido podem ser determinadas como

$$y_i = \frac{p_i}{P_{pb}} = \frac{x_i p_i^*(T)}{P_{pb}} \tag{6.4-5}$$

O ponto de orvalho de um gás (vapor) pode ser calculado por um método semelhante ao usado para a estimação do ponto de bolha. De novo, suponha que uma fase gasosa contém os componentes condensáveis A, B, C, ... e um componente não condensável, G, a uma pressão fixa P, com y_i sendo a fração molar do componente i no gás. Se a mistura gasosa é resfriada lentamente até o seu ponto de orvalho, T_{po}, estará em equilíbrio com o primeiro líquido formado. Admitindo que a lei de Raoult é aplicável, as frações molares na fase líquida podem ser calculadas como

$$x_i = \frac{y_i P}{p_i^*(T_{po})}, \qquad i = A, B, C, \dots \quad \text{excluindo } G \tag{6.4-6}$$

No ponto de orvalho da mistura gasosa, as frações molares dos componentes líquidos (aqueles que são condensáveis) devem somar 1:

$$x_A + x_B + x_C + \cdots = 1$$

$$\Downarrow \text{Equação 6.4-6}$$

$$\frac{y_A P}{p_A^*(T_{po})} + \frac{y_B P}{p_B^*(T_{po})} + \cdots = 1 \tag{6.4-7}$$

O valor de T_{po} pode ser encontrado depois que as relações para $p_i^*(T_{po})$ forem substituídas. As composições da fase líquida podem então ser determinadas pela Equação 6.4-6.

A **pressão do ponto de orvalho**, que está relacionada com a condensação produzida pelo aumento da pressão do sistema a temperatura constante, pode ser determinada resolvendo-se a Equação 6.4-7 para P:

$$P_{po} = \frac{1}{\dfrac{y_A}{p_A^*(T)} + \dfrac{y_B}{p_B^*(T)} + \dfrac{y_C}{p_C^*(T)} + \cdots} \tag{6.4-8}$$

As frações molares líquidas podem ser calculadas pela Equação 6.4-6, substituindo-se T_{po} pela temperatura do sistema T.

Exemplo 6.4-3 Cálculos de Pontos de Bolha e de Orvalho

1. Calcule a temperatura e a composição de um vapor em equilíbrio com um líquido que é 40,0% molar de benzeno e 60,0% molar de tolueno a 1 atm. Esta temperatura corresponde ao ponto de bolha ou ao ponto de orvalho?
2. Calcule a temperatura e a composição de um líquido em equilíbrio com uma mistura gasosa contendo 10,0% molar de benzeno, 10,0% molar de tolueno e o resto de nitrogênio (que pode ser considerado não condensável) a 1 atm. Esta temperatura corresponde ao ponto de bolha ou ao ponto de orvalho?
3. Uma mistura gasosa consistindo em 15,0% molar de benzeno, 10,0% molar de tolueno e 75,0% molar de nitrogênio é comprimida isotermicamente a 80°C até ocorrer condensação. A que pressão começará a condensação? Qual será a composição do condensado inicial?

Solução Sejam A = benzeno e B = tolueno.

1. A Equação 6.4-4 pode ser escrita na forma

$$f(T_{pb}) = 0{,}400 p_A^*(T_{pb}) + 0{,}600 p_B^*(T_{bp}) - 760 \text{ mm Hg} = 0$$

O procedimento de solução é substituir para p_A^* e p_B^* ou a equação de Antoine (Tabela B.4) ou a função AntoineP do APEx e, então, usar um programa de resolução de equações ou (em uma planilha) as ferramentas Solver ou Atingir Meta do Excel para determinar o ponto de ebulição. A solução é considerada como $\boxed{T_{pb} = 95{,}1°C}$. Nesta temperatura, a Equação 6.4-1 fornece

$$p_A = 0{,}400\,(1181 \text{ mm Hg}) = 472{,}5 \text{ mm Hg}$$
$$p_B = 0{,}600\,(479 \text{ mm Hg}) = 287{,}5 \text{ mm Hg}$$
$$\Downarrow$$
$$P = (472{,}5 + 287{,}5) \text{ mm Hg} = 760 \text{ mm Hg}$$

Além disso, pela Equação 6.4-5,

$$y_A = \frac{472{,}5}{760{,}0} = \boxed{0{,}622 \text{ mol benzeno/mol}}$$

$$y_B = 1 - y_A = \boxed{0{,}378 \text{ mol tolueno/mol}}$$

Já que a composição do líquido foi dada, este foi um cálculo de $\boxed{\text{ponto de bolha}}$.

2. A Equação 6.4-7 pode ser escrita como

$$f(T_{po}) = \frac{(0{,}100)(760 \text{ mm Hg})}{p_A^*(T_{po})} + \frac{(0{,}100)(760 \text{ mm Hg})}{p_B^*(T_{po})} - 1{,}00 = 0$$

Um procedimento semelhante ao da Parte (1) leva ao resultado $T_{po} = 52,4°C$, temperatura na qual $p_A^* = 297,4$ mm Hg e $p_B^* = 102,1$ mm Hg. Então, pela Equação 6.4-6,

$$x_A = \frac{0,100(760 \text{ mm Hg})}{p_A^*(52,4°C)} = \boxed{0,256 \text{ mol benzeno/mol}}$$

$$x_B = 1 - x_A = \boxed{0,744 \text{ mol tolueno/mol}}$$

A composição do vapor foi dada e a do líquido foi calculada; então, este foi um cálculo de $\boxed{\text{ponto de}}$ $\boxed{\text{orvalho}}$.

3. As pressões de vapor do benzeno e do tolueno a 80°C são determinadas pela equação de Antoine como 757,7 mm Hg e 291,2 mm Hg, respectivamente. Admitindo que o nitrogênio é insolúvel no condensado, a Equação 6.4-8 fornece

$$P = \frac{1}{(0,150 / 757,7 \text{ mm Hg}) + (0,100 / 291,2 \text{ mm Hg})} = \boxed{1847 \text{ mm Hg}}$$

$$x_A = \frac{y_A P}{p_A^*} = \frac{0,150(1847 \text{ mm Hg})}{757,7 \text{ mm Hg}} = \boxed{0,366 \text{ mol benzeno/mol}}$$

$$x_B = 1 - x_A = \boxed{0,634 \text{ mol tolueno/mol}}$$

6.4d Representações Gráficas do Equilíbrio Líquido-Vapor

Suponha que o ponto de bolha T de uma solução de dois componentes — A (o componente mais volátil) e B — é determinado a uma pressão fixa P e vários valores de x_A, e que a composição do vapor em equilíbrio y_A é determinada para cada composição do líquido. Esta informação pode ser representada em um **diagrama Txy**, um gráfico da temperatura de equilíbrio versus a fração molar de A, com curvas sendo traçadas tanto para a fase líquida (T versus x_A) quanto para a fase vapor (T versus y_A). Um gráfico deste tipo aparece na Figura 6.4-1a para o sistema benzeno-tolueno a $P = 1$ atm. Alternativamente, a pressão de equilíbrio pode ser plotada versus uma fração molar a uma temperatura fixa para gerar um **diagrama Pxy** (Figura 6.4-1b).

Uma vez que você tenha um diagrama Txy como o da Figura 6.4-1a, os cálculos de pontos de bolha e de orvalho se tornam triviais. Para determinar a temperatura do ponto de bolha para uma determinada composição de líquido, você precisa apenas ir até a curva do líquido no diagrama Txy para a pressão do sistema e ler a temperatura desejada na escala da ordenada. (Se você não tem certeza de como isto funciona, volte atrás e considere como a curva é gerada.) Você pode então se mover horizontalmente até a curva do vapor para determinar a composição da fase vapor em equilíbrio com o líquido dado a esta temperatura.

O ponto de orvalho de uma mistura gasosa de A e B em P pode ser determinado através de um diagrama Txy se não há outras espécies presentes na fase gasosa. Procure a fração molar de A especificada na fase vapor, leia a temperatura do ponto de orvalho na escala da ordenada da curva do vapor, e desloque-se horizontalmente até a curva do líquido e para baixo para ler a composição da fase líquida em equilíbrio com este vapor. No entanto, se uma espécie não condensável está presente na fase vapor, então você deve usar a Equação 6.4-6 para encontrar o ponto de orvalho, como no exemplo anterior.

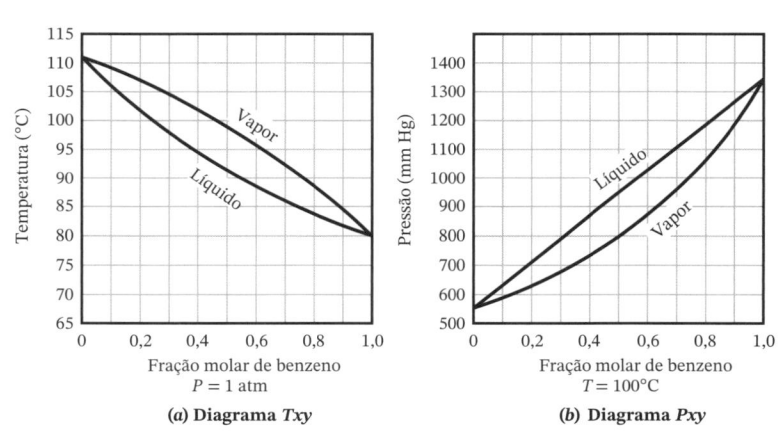

FIGURA 6.4-1
Diagramas Txy e Pxy para o sistema benzeno-tolueno.

(a) Diagrama Txy

(b) Diagrama Pxy

O que acontece quando uma mistura líquida é continuamente vaporizada pode facilmente ser visto no diagrama *Txy*. Considere de novo o sistema benzeno-tolueno e suponha que se adicione calor a uma mistura 55% molar de benzeno e 45% molar de tolueno, na pressão fixa de 1 atm. Como mostra a Figura 6.4-1*a*, a mistura começará a ferver a 90°C, e o vapor gerado conterá 77% de benzeno. No entanto, uma vez que uma pequena quantidade de líquido já foi vaporizada, o líquido remanescente não mais contém 55% de benzeno; contém menos, já que o vapor produzido é relativamente rico neste componente. Consequentemente, a temperatura do líquido aumenta paulatinamente à medida que mais e mais líquido é vaporizado, e as composições de ambas as fases mudam continuamente durante o processo.

Exemplo 6.4-4 | Cálculos de Pontos de Bolha e de Orvalho Usando o Diagrama *Txy*

1. Usando o diagrama *Txy*, estime a temperatura do ponto de bolha e a composição do vapor em equilíbrio com uma mistura líquida 40,0% molar de benzeno e 60,0% molar de tolueno a 1 atm. Se a mistura é continuamente vaporizada até que o líquido remanescente contenha 25% de benzeno, qual será a temperatura final?
2. Usando o diagrama *Txy*, estime a temperatura do ponto de orvalho e a composição do líquido em equilíbrio com uma mistura de vapores de benzeno e tolueno contendo 40% molar de benzeno a 1 atm. Se a condensação continua até que o vapor remanescente contenha 60% de benzeno, qual será a temperatura final?

Solução

1. Pela Figura 6.4-1*a*, para $x_B = 0,40$, $\boxed{T_{pb} \approx 95°C}$ e $\boxed{y_B \approx 0,62}$. (Isto condiz com o resultado obtido pelo procedimento bastante mais longo do exemplo anterior.) Quando $x_B = 0,25$, $\boxed{T_{pb} \approx 100°C}$. A temperatura então aumenta 5°C à medida que a vaporização continua.
2. Pela Figura 6.4-1*a*, para $y_B = 0,40$, $\boxed{T_{po} \approx 102°C}$ e $\boxed{x_B \approx 0,20}$. Quando $y_B = 0,60$, $\boxed{T_{pb} \approx 96°C}$.

Nota: A precisão associada com cálculos gráficos é menor do que aquela obtida com cálculos numéricos, como expresso neste exemplo pelo uso do símbolo $\approx$. No entanto, a simplicidade e clareza de seguir a trajetória do processo tornam os cálculos gráficos muito úteis.

O termo "ebulição" é às vezes usado incorretamente para descrever qualquer processo que envolve a transição do líquido para o vapor. De fato, ebulição refere-se a um tipo específico de vaporização no qual se formam bolhas de vapor na superfície aquecida de um recipiente e elas escapam do líquido; *não se refere* à evaporação molecular de líquido a partir da interface gás-líquido, o que pode acontecer a temperaturas abaixo do ponto de ebulição. (Lembre da sua experiência ao deixar um recipiente de líquido aberto à atmosfera e encontrá-lo parcial ou completamente evaporado ao voltar.)

Na nossa discussão sobre sistemas de um componente, consideramos o caso de um líquido sendo aquecido em um recipiente exposto à atmosfera e observamos que o líquido ferve a uma temperatura na qual a pressão de vapor do líquido é igual à pressão total da atmosfera em contato com ele. Acontece um fenômeno similar com misturas líquidas. Se uma mistura é aquecida lentamente em um recipiente aberto, formam-se bolhas de vapor na superfície aquecida, as quais emergem na fase vapor quando a pressão de vapor do líquido se iguala à pressão acima do líquido.[6] Se pensar um pouco, você se convencerá de que a temperatura na qual isto acontece é a temperatura do ponto de ebulição do líquido a esta pressão. Para uma solução líquida ideal, o ponto de ebulição pode, portanto, ser determinado, *de forma aproximada,* pela Equação 6.4-9.

$$x_A p_A^*(T_{pb}) + x_B p_B^*(T_{pb}) + \cdots = P \tag{6.4-9}$$

Exemplo 6.4-5 | Ponto de Ebulição de uma Mistura

Uma mistura composta de 70% molar de benzeno e 30% molar de tolueno deve ser destilada em uma coluna de destilação em batelada. O procedimento de partida da coluna consiste em carregar o refervedor na base da mesma e adicionar calor lentamente até que o líquido ferva. Estime a temperatura na qual começa a ebulição e a composição inicial do vapor gerado, admitindo que a pressão do sistema é 760 mm Hg.

---

[6]Esta é apenas uma aproximação, embora geralmente boa. De fato, a pressão de vapor deve ser levemente maior que a pressão da fase gasosa para superar os efeitos da tensão superficial e da carga hidrostática do líquido na superfície aquecida.

Solução Conforme o diagrama *Txy*, a mistura ferverá a aproximadamente ⎡87°C⎤ . A composição inicial do vapor é aproximadamente ⎡88% molar de benzeno e 12% molar de tolueno⎤ .

Concluímos esta discussão com uma lembrança final. Os cálculos de equilíbrio líquido-vapor que mostramos na Seção 6.4c estão baseados na suposição de solução ideal e no uso correspondente da lei de Raoult. Muitos sistemas comercialmente importantes envolvem soluções não ideais ou sistemas de líquidos imiscíveis ou parcialmente miscíveis, para os quais a lei de Raoult é inaplicável e o diagrama *Txy* é bastante diferente daquele mostrado para o sistema benzeno-tolueno. Cálculos para este tipo de sistemas são considerados em textos sobre termodinâmica do equilíbrio de fases.

Teste

(veja *Respostas dos Problemas Selecionados*)

1. Qual é o ponto de bolha de uma mistura líquida a uma pressão dada? E o ponto de orvalho de uma mistura gasosa a uma pressão dada?
2. A que temperatura uma mistura líquida equimolar de benzeno e tolueno começará a ferver a 1 atm? Qual é a fração molar de benzeno na primeira bolha?
3. A que temperatura uma mistura gasosa equimolar de benzeno e tolueno a 1 atm começará a condensar? Qual é a fração molar de benzeno na primeira gota? O que acontece com a temperatura do sistema à medida que a vaporização avança?
4. Você esperaria que o ponto de bolha de uma mistura líquida aumentasse, diminuísse ou permanecesse constante com o aumento da pressão? E quanto ao ponto de orvalho de uma mistura gasosa?
5. Quando você traz um líquido até sua temperatura de ebulição, a pressão abaixo da superfície líquida onde se formam as bolhas é diferente da pressão da fase gasosa (por quê?), de forma tal que a ebulição não acontece exatamente na temperatura calculada. Explique. Se o fundo de um recipiente de água é aquecido em um dia em que a pressão atmosférica é 1 atm e a altura do líquido é 5 ft, como você estimaria a temperatura de ebulição?
6. Por que a determinação de T_{pb} na Equação 6.4-4 ou de T_{po} na Equação 6.4-8 envolvem o cálculo por tentativa e erro?

6.5 SOLUÇÕES DE SÓLIDOS EM LÍQUIDOS

6.5a Solubilidade e Saturação

A **solubilidade** de um sólido em um líquido é a quantidade máxima desta substância que pode ser dissolvida em uma quantidade específica de líquido no equilíbrio. Esta propriedade física varia consideravelmente de um par soluto-solvente para outro; por exemplo, 100 g de água a 20°C podem dissolver 222 g $AgNO_3$, 0,003 g $AgCO_3$ e 0,00002 g AgBr. O limite pode também depender fortemente da temperatura: a solubilidade do $AgNO_3$ em 100 g de água aumenta de 222 g a 20°C até 952 g a 100°C. O *Perry's Chemical Engineers' Handbook* (veja nota de rodapé 1), nas páginas 2-7 até 2-47 e 2-126 até 2-129, fornece solubilidades de várias substâncias em água, álcool etílico e dietil éter a temperaturas especificadas.

Uma solução que contém, *no equilíbrio*, tanta quantidade de uma espécie dissolvida quanto é capaz de manter é chamada de **saturada** com esta espécie. *Uma solução em equilíbrio com um soluto sólido deve estar saturada com este soluto; se não fosse assim, mais soluto se dissolveria.*

Se uma solução saturada é resfriada, a solubilidade do soluto geralmente diminui (mas não sempre); para que a solução resfriada retorne ao equilíbrio, parte do soluto deve sair da solução e precipitar na forma sólida. No entanto, a taxa de cristalização pode ser lenta, de forma que pode existir uma condição metaestável na qual a concentração de soluto é maior do que o valor de equilíbrio na temperatura de solução. Sob tais condições, diz-se que a solução é **supersaturada**, e a diferença entre a concentração real e a de equilíbrio é chamada de **supersaturação**. Todos os problemas deste livro envolvendo separações sólido-líquido admitem que existe equilíbrio entre as fases sólida e líquida, de forma que a supersaturação não precisa ser considerada.

| **Exemplo 6.5-1** | Cristalização e Filtração |

Cento e cinquenta quilogramas de uma solução aquosa saturada de $AgNO_3$ a 100°C são resfriados até 20°C, formando cristais de $AgNO_3$, que são filtrados e removidos da solução remanescente. A torta úmida de filtro, que contém 80% em peso de cristais sólidos e 20% de solução saturada, passa através de um secador no qual a água remanescente é eliminada. Calcule a fração de $AgNO_3$ na corrente de alimentação posteriormente recuperada na forma de cristais secos e a quantidade de água que deve ser removida na etapa de secagem.

Solução   **Base: 150 kg de Alimentação**

Tanto a solução filtrada quanto o líquido retido na torta de filtro estão em equilíbrio com cristais sólidos de $AgNO_3$ e devem, portanto, estar saturados com $AgNO_3$ a 20°C. As composições das soluções saturadas de nitrato de prata a 100°C e 20°C foram dadas no começo da seção e são usadas no fluxograma.

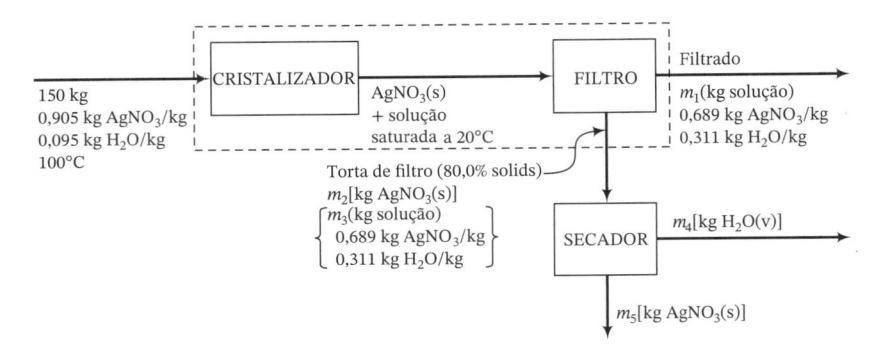

Solubilidades:

$$100°C: \quad \frac{952 \text{ g } AgNO_3}{100 \text{ g } H_2O} \Longrightarrow \frac{952 \text{ g } AgNO_3}{(100 + 952) \text{ g}} = 0{,}905 \text{ g } AgNO_3/g$$

$$\Downarrow$$

$$0{,}095 \text{ g } H_2O/g$$

$$20°C: \quad \frac{222 \text{ g } AgNO_3}{100 \text{ g } H_2O} \Longrightarrow \frac{222 \text{ g } AgNO_3}{(100 + 222) \text{ g}} = 0{,}689 \text{ g } AgNO_3/g$$

$$\Downarrow$$

$$0{,}311 \text{ g } H_2O/g$$

Análise dos Graus de Liberdade:

Uma vez que se conhece bastante sobre a alimentação do cristalizador e as duas correntes deixando o filtro, primeiro determinamos os graus de liberdade do subsistema do processo que inclui ambas as unidades (mostrado como um retângulo tracejado no fluxograma).

3 variáveis desconhecidas (m_1, m_2 e m_3)

− 2 balanços materiais ($AgNO_3$ e H_2O)

− 1 percentagem em massa de sólidos na torta do filtro (80,0% de sólidos)

= 0 grau de liberdade

Por fim, podemos resolver para as três incógnitas associadas a este subsistema. Balanços globais do sistema ou balanços em torno do secador podem ser usados para calcular as duas incógnitas restantes do sistema (m_4 e m_5), sendo após possível calcular a recuperação fracionária do nitrato de prata e a quantidade de água evaporada no secador.

Composição da Torta de Filtro: $m_2 = 0{,}800(m_2 + m_3) \Longrightarrow m_2 = 4m_3$

Balanço de H_2O no Cristalizador e no Filtro: $(0{,}095 \times 150) \text{ kg } H_2O = 0{,}311m_1 + 0{,}311m_3$

Balanço de Massa no Cristalizador e no Filtro: $150 \text{ kg} = m_1 + m_2 + m_3$

A resolução simultânea destas equações fornece

$$m_1 = 20 \text{ kg}$$

$$m_2 = 104 \text{ kg}$$

$$m_3 = 26 \text{ kg}$$

Balanço Global AgNO₃:

$$(0{,}905 \times 150) \text{ kg AgNO}_3 = 0{,}689m_1 + m_5$$

$$m_1 = 20 \text{ kg}$$

$$m_5 = 122 \text{ kg cristais de AgNO}_3 \text{ recuperados}$$

Porcentagem de Recuperação:

$$\frac{122 \text{ kg AgNO}_3 \text{ recuperados}}{(0{,}905 \times 150) \text{ kg AgNO}_3 \text{ alimentados}} \times 100\% = \boxed{89{,}9\%}$$

Balanço de Massa Global:

$$150 \text{ kg} = m_1 + m_4 + m_5$$

$$m_1 = 20 \text{ kg}$$

$$m_5 = 122 \text{ kg}$$

$$m_4 = \boxed{8 \text{ kg H}_2\text{O recuperados no secador}}$$

6.5b Solubilidades de Sólidos e Sais Hidratados

A regra das fases de Gibbs mostra que, especificando a temperatura e a pressão para um sistema de dois componentes em equilíbrio contendo um soluto sólido e uma solução líquida, os valores de todas as outras variáveis intensivas são fixados. (Verifique esta afirmação.) Além disso, já que as propriedades de líquidos e sólidos são apenas levemente afetadas pela pressão, um único gráfico de solubilidade (uma variável intensiva) versus temperatura pode ser aplicado sobre um amplo intervalo de pressões.

Os gráficos de solubilidade na Figura 6.5-1 ilustram como o efeito da temperatura sobre a solubilidade pode variar de um sistema para outro. Um aumento de temperatura de 0°C até 100°C apenas afeta a solubilidade do NaCl, mas aumenta a solubilidade do KNO_3 em mais de 10 vezes. Para o Na_2SO_4, a solubilidade aumenta até aproximadamente 40°C para diminuir depois.

Exemplo 6.5-2 | Balanços de Massa em um Cristalizador

Uma solução aquosa de nitrato de potássio contendo 60,0% em peso de KNO_3 a 80°C alimenta um cristalizador por resfriamento no qual a temperatura é reduzida até 40°C. Determine a temperatura na qual a solução atinge a saturação e a percentagem do nitrato de potássio na alimentação que se transforma em cristais.

Solução | A concentração da alimentação deve ser convertida a uma razão soluto/solvente para poder usar a Figura 6.5-1. Já que 100,0 g da solução contém 60,0 g KNO_3 e 40,0 g H_2O, a razão desejada é

$$\frac{60{,}0 \text{ g KNO}_3}{40{,}0 \text{ g H}_2\text{O}} = 1{,}50 \frac{\text{g KNO}_3}{\text{g H}_2\text{O}} = \frac{150 \text{ g KNO}_3}{100 \text{ g H}_2\text{O}}$$

Pela Figura 6.5-1, a temperatura de saturação desta solução é $\boxed{74°C}$.

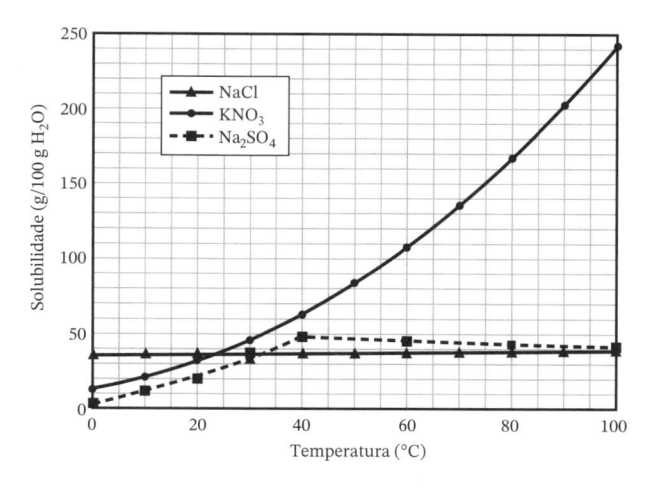

FIGURA 6.5-1 Solubilidades de solutos inorgânicos.

Eis um fluxograma do processo para uma base admitida de 100 kg de alimentação.

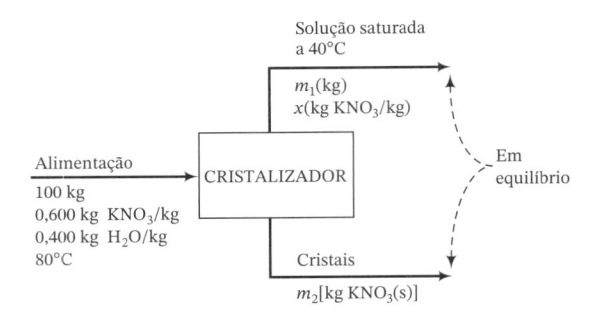

Existem três incógnitas no diagrama (m_1, x, m_2). Vamos admitir que a solução que sai do cristalizador está saturada a 40°C. Desta forma, o valor de x pode ser determinado a partir da solubilidade conhecida do KNO_3 a esta temperatura, e as duas variáveis remanescentes podem ser determinadas por balanços de massa. Pela Figura 6.5-1, a solubilidade a 40°C é aproximadamente 63 kg KNO_3/100 kg H_2O. Os cálculos seguem abaixo.

$$x = \frac{63 \text{ kg } KNO_3}{(63 + 100)\text{kg solução}} = 0,386 \text{ kg } KNO_3/\text{kg}$$

Balanço de H_2O: $\quad \dfrac{100 \text{ kg}}{} \left| \dfrac{0,400 \text{ kg } H_2O}{\text{kg}} = \dfrac{m_1(\text{kg})}{} \right| \dfrac{(1 - 0,386) \text{ kg } H_2O}{\text{kg}} \Longrightarrow m_1 = 65,1 \text{ kg}$

Balanço de Massa: $\quad 100 \text{ kg} = m_1 + m_2 \xrightarrow{\;m_1 = 65,1 \text{ kg}\;} m_2 = 34,9 \text{ kg } KNO_3(s)$

A percentagem do nitrato de potássio na alimentação que cristaliza é, portanto,

$$\frac{34,9 \text{ kg } KNO_3 \text{ cristalizado}}{60,0 \text{ kg } KNO_3 \text{ alimentado}} \times 100\% = \boxed{58,2\%}$$

Os cristais sólidos formados no exemplo anterior consistiam em nitrato de potássio *anidro* (livre de água). Quando certos solutos cristalizam a partir de soluções aquosas, os cristais são **sais hidratados**, contendo moléculas de água ligadas às moléculas de soluto (**água de hidratação**). O número de moléculas de água associadas com cada molécula de soluto pode variar com a temperatura de cristalização.

Por exemplo, quando o sulfato de sódio cristaliza a partir de uma solução aquosa acima de 40°C, os cristais formados são de Na_2SO_4 anidro, enquanto, abaixo de 40°C, cada molécula de Na_2SO_4 que cristaliza tem 10 moléculas de água associadas. O sal hidratado, $Na_2SO_4 \cdot 10H_2O(s)$, é chamado *sulfato de sódio decaidratado*. A mudança da forma anidra para a hidratada é a responsável pela descontinuidade no gráfico da Figura 6.5-1. Outro soluto que forma sais hidratados é o sulfato de magnésio, que pode existir em cinco formas diferentes em diferentes intervalos de temperatura. (Veja a Tabela 6.5-1.)

TABELA 6.5-1 Sais Hidratados de $MgSO_4$

Fórmula	Nome	% em peso $MgSO_4$	Condições
$MgSO_4$	Sulfato de magnésio anidro	100,0	> 100°C
$MgSO_4 \cdot H_2O$	Sulfato de magnésio monoidratado	87,0	67 a 100°C
$MgSO_4 \cdot 6H_2O$	Sulfato de magnésio hexaidratado	52,7	48 a 67°C
$MgSO_4 \cdot 7H_2O$	Sulfato de magnésio heptaidratado	48,8	2 a 48°C
$MgSO_4 \cdot 12H_2O$	Sulfato de magnésio dodecaidratado	35,8	−4 a 2°C

| Exemplo 6.5-3 | Produção de um Sal Hidratado |

Uma solução de sulfato de magnésio a 104°C contendo 30,1% em massa de $MgSO_4$ alimenta um cristalizador por resfriamento que opera a 10°C. A corrente que sai do cristalizador é uma lama de partículas sólidas de sulfato de magnésio heptaidratado [$MgSO_4 \cdot 7\,H_2O$] suspensas em uma solução líquida. Dados tabelados de solubilidade para o sulfato de magnésio [*Perry's Chemical Engineers' Handbook* (veja nota de rodapé 1), página 18-40] mostram que uma solução saturada a 10°C contém 23,2% em massa de $MgSO_4$. Determine a vazão na qual a solução deve alimentar o cristalizador para produzir uma tonelada métrica (1 t, 1000 kg) de sulfato de magnésio heptaidratado por hora.

Solução **Base de cálculo: 1 tonelada $MgSO_4 \cdot 7H_2O$(s) Produzido/h**

Admitimos que a solução que sai do cristalizador está em equilíbrio com os cristais sólidos e, portanto, está saturada com $MgSO_4$. Um fluxograma do cristalizador aparece em seguida:

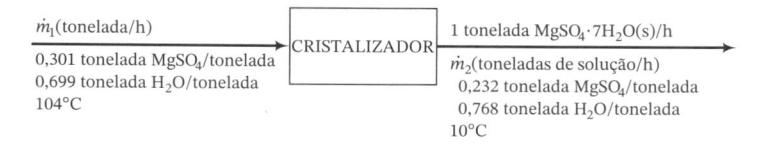

Existem duas incógnitas no diagrama ($\dot{m}_1$ e $\dot{m}_2$) e duas espécies moleculares independentes para as quais podem ser escritos balanços ($MgSO_4$ e H_2O), de forma que o problema pode ser resolvido. Os pesos atômicos no fim do livro podem ser usados para mostrar que o peso molecular do sulfato de magnésio anidro é 120,4 e o do sal heptaidratado é 246,4. Os balanços são:

Balanço de Massa Global: $\dot{m}_1 = 1\ \text{tonelada/h} + \dot{m}_2$

Balanço de $MgSO_4$

$$0{,}301\dot{m}_1 \left(\frac{\text{tonelada } MgSO_4}{\text{h}} \right) = \frac{1\ \text{tonelada } MgSO_4 \cdot 7H_2O}{\text{h}} \left| \frac{120{,}4\ \text{toneladas } MgSO_4}{246{,}4\ \text{toneladas } MgSO_4 \cdot 7H_2O} \right.$$
$$+ \frac{\dot{m}_2(\text{tonelada de solução/h})}{} \left| \frac{0{,}232\ \text{tonelada } MgSO_4}{\text{toneladas de solução}} \right.$$

Resolvendo estas duas equações simultaneamente encontra-se $\dot{m}_1 = 3{,}71$ t/h e $\dot{m}_2 = 2{,}71$ t/h.

| **Teste** | 1. Cristais sólidos de cloreto de sódio são adicionados lentamente a 1000 kg de água a 60°C. Após cada pequena adição, a mistura é agitada até que o sal se dissolva, e então mais sal é adicionado. Quanto sal pode ser dissolvido se a temperatura é mantida em 60°C? O que acontecerá se mais do que esta quantidade for adicionada? (Consulte a Figura 6.5-1.) |

(veja *Respostas dos Problemas Selecionados*)

2. Uma solução aquosa contém 50,0% em massa de KNO_3 a 80°C. A que temperatura teria que ser resfriada esta solução antes que comecem a se formar cristais sólidos? O que acontece se a solução for resfriada até temperaturas progressivamente menores?

3. O que significam os termos *sal hidratado*, *água de hidratação* e *sal anidro*? Como provavelmente seria chamado o $MgSO_4 \cdot 4H_2O$ (s) se esta substância fosse encontrada na natureza? (*Dica:* Pense no CCl_4.)

4. Já que o peso molecular do $MgSO_4$ é 120,4, qual é a fração mássica de $MgSO_4$ no sulfato de magnésio monoidratado?

5. Por que existe uma descontinuidade a 40°C na inclinação da curva de solubilidade do Na_2SO_4 da Figura 6.5-1?

6.5c Propriedades Coligativas de Solução

As propriedades físicas de uma solução geralmente diferem das mesmas propriedades do solvente puro. Sob certas condições, as mudanças nos valores de várias propriedades — tais como pressão de vapor, ponto de ebulição e ponto de congelamento — dependem apenas da concentração de soluto na solução e não de quais são o solvente e o soluto. Tais propriedades são conhecidas como **propriedades coligativas de solução**. (Uma quarta propriedade coligativa — a pressão osmótica — não será tratada neste texto.)

Compreender as propriedades coligativas é importante na determinação das condições de operação de certos processos. Por exemplo, um processo pode ser projetado para recuperar água pura por evaporação ou congelamento de água de mar. No primeiro caso, a água pura é recuperada por condensação do vapor produzido no evaporador, enquanto no segundo é recuperada por separação e fusão do gelo produzido no congelador. Um engenheiro que pretende projetar um evaporador ou um cristalizador de gelo naturalmente precisa conhecer a temperatura na qual acontece a transição de fase — o ponto de ebulição no primeiro caso e o ponto de congelamento no segundo. Além disso, valores medidos das propriedades coligativas de solução são usadas amiúde para deduzir propriedades seja do solvente, seja do soluto, tais como o peso molecular, que não pode ser facilmente determinado por meios mais diretos.

Esta seção apresenta uma visão introdutória das propriedades coligativas, considerando apenas o caso simples de uma solução na qual o soluto é não volátil (quer dizer, tem uma pressão de vapor desprezível na temperatura da solução) e o soluto dissolvido não se dissocia (o que exclui os ácidos, bases e sais) nem reage com o solvente. Discussões sobre sistemas mais complexos podem ser encontradas na maior parte dos textos de físico-química.

Considere uma solução na qual a fração molar de soluto é x e a pressão de vapor do solvente puro na temperatura da solução é p_s^*. Aplicando a lei de Raoult (Equação 6.4-1) à solução, obtemos a pressão parcial do solvente

$$p_s(T) = (1 - x)p_s^*(T) \qquad \textbf{(6.5-1)}$$

Se o líquido é o solvente puro ($x = 0$), esta equação prevê que a pressão parcial do vapor do solvente é igual à pressão de vapor do solvente, como é esperado. Já que o soluto é não volátil, o solvente é o único componente da solução líquida que também está no vapor. A pressão exercida por este vapor é conhecida como a pressão de vapor *efetiva* do solvente:

$$(p_s^*)_e = p_s = (1 - x)p_s^* \qquad \textbf{(6.5-2)}$$

Já que x — e portanto $(1 - x)$ — é menor do que 1, o efeito do soluto é diminuir a pressão de vapor efetiva do solvente. O **abaixamento da pressão de vapor**, definido como a diferença entre a pressão de vapor do componente puro e a pressão de vapor efetiva do solvente, é

$$\Delta p_s^* = p_s^* - (p_s^*)_e = xp_s^* \qquad \textbf{(6.5-3)}$$

A simplicidade e generalidade da Equação 6.5-3 são surpreendentes. De acordo com esta equação, se uma solução contém 20% molar de soluto, então a pressão parcial do solvente é 80% da pressão de vapor do solvente puro na temperatura da solução, independentemente da temperatura, da pressão, e quais sejam o *solvente e o soluto*. (Por isso, o abaixamento da pressão de vapor é, por definição, uma propriedade coligativa.) O único requisito é que a lei de Raoult deve ser válida e que o soluto deve ser não volátil, não reativo e não dissociativo.

O abaixamento da pressão de vapor tem duas importantes consequências. *O solvente em uma solução a uma pressão dada ferve a uma temperatura maior e congela a uma temperatura menor do que o solvente puro na mesma pressão.* A validade destas afirmações pode ser vista consultando-se a Figura 6.5-2, um diagrama de fase para um sistema arbitrário solvente-soluto. Nesta figura são mostradas as curvas de equilíbrio líquido-vapor e sólido-líquido para um solvente puro (curva sólida) e para uma solução de concentração fixa de soluto (curva tracejada). As curvas do equilíbrio líquido-vapor e sólido-líquido da solução aparecem abaixo

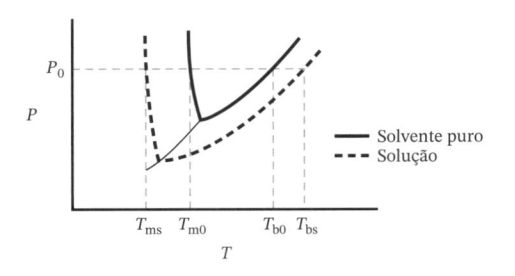

FIGURA 6.5-2 Curvas de equilíbrio de fase para o solvente puro e a solução.

das curvas do solvente, refletindo o fato que a pressão de vapor efetiva a uma dada temperatura e o ponto de congelamento a uma dada pressão para a solução são inferiores àqueles do solvente puro. Quanto maior a concentração de soluto, maior a separação entre as curvas do solvente puro e da solução.

O efeito do soluto sobre o ponto de ebulição é fácil de se perceber através do diagrama. Lembre que o ponto de ebulição de um líquido a uma pressão dada é a interseção de uma linha horizontal a esta pressão com a curva do equilíbrio líquido-vapor. Na pressão P_0, o solvente puro ferve à temperatura T_{b0}, enquanto a solução ferve a uma temperatura superior, T_{bs}.

A mudança no ponto de congelamento do solvente é um pouco menos óbvia. Considere primeiro o ponto triplo — a interseção das curvas de equilíbrio sólido-vapor e líquido-vapor. Pela Figura 6.5-2, fica claro que o efeito do abaixamento da pressão de vapor é abaixar o ponto triplo da solução em relação ao ponto triplo do solvente puro. Se além disso a curva do equilíbrio sólido-líquido para a solução é (como a do solvente puro) quase vertical, então o ponto de congelamento a uma pressão arbitrária P_0 também diminui — no diagrama, de T_{m0} para o solvente puro até T_{ms} para a solução.

Já que conhecemos como a pressão de vapor da solução varia com a concentração (a relação dada pela Equação 6.5-2) e com a temperatura (através da equação de Clausius-Clapeyron, Equação 6.1-3), podemos determinar as relações entre a concentração, o aumento no ponto de ebulição e a diminuição no ponto de congelamento. As relações são extremamente simples no caso de soluções diluídas ($x \to 0$, em que x é a fração molar do soluto).

$$\Delta T_b = T_{bs} - T_{b0} = \frac{RT_{b0}^2}{\Delta \hat{H}_v} x \qquad \text{(6.5-4)}$$

$$\Delta T_m = T_{m0} - T_{ms} = \frac{RT_{m0}^2}{\Delta \hat{H}_m} x \qquad \text{(6.5-5)}$$

Nestas equações, $\Delta \hat{H}_v$ refere-se ao calor de vaporização do solvente puro no seu ponto de ebulição T_{b0}, e $\Delta \hat{H}_m$ significa o calor de fusão do solvente puro no seu ponto de congelamento T_{m0}. Estas propriedades do solvente podem ser achadas em tabelas de dados, tais como a Tabela B.1 deste livro. O seu significado físico é discutido mais adiante no Capítulo 8. A dedução da Equação 6.5-4 é assunto do Problema 6.95 no fim deste capítulo.

Já que os coeficientes de x nestas duas equações são constantes, segue-se que, para soluções diluídas de solutos não voláteis, não reativos e não dissociativos, tanto o aumento do ponto de ebulição como a diminuição do ponto de congelamento variam linearmente com a fração molar do soluto.

O próximo exemplo mostra aplicações das Equações 6.5-2 a 6.5-5 para a determinação da pressão de vapor e das temperaturas de transição de fase para uma concentração conhecida de soluto, e para a determinação da composição de uma solução e o peso molecular do soluto a partir de uma propriedade coligativa medida.

Teste	
(veja *Respostas dos Problemas Selecionados*)	1. O que é uma propriedade coligativa de solução? Nomeie três delas.
	2. A pressão de vapor de um solvente a 120°C é 1000 mm Hg. Uma solução contém 15% molar de um soluto neste solvente a 120°C. Se a solução segue o comportamento descrito nesta seção, qual é a pressão de vapor efetiva do solvente? Em que condições a sua resposta será válida?
	3. A solução da questão 2 é aquecida até uma temperatura na qual acontece a ebulição, com uma pressão total de 1000 mm Hg. Esta temperatura de ebulição é maior, menor ou igual que 120°C? Qual é a pressão de vapor do solvente no ponto de ebulição da solução?
	4. Explique por que se espalha sal em estradas e calçadas em dias com neve (em países frios, é claro).
	5. Explique por que um anticongelante (que você pode identificar como um soluto não volátil) é um aditivo útil para o radiador de um carro tanto no calor do verão quanto no frio do inverno (de novo nos países frios).

| Exemplo 6.5-4 | Cálculos de Propriedades Coligativas |

Uma solução de 5,000 g de soluto em 100,0 g de água é aquecida lentamente à pressão constante de 1,00 atm, e observa-se que ela ferve a 100,421°C. Estime o peso molecular do soluto, a pressão de vapor efetiva do solvente a 25°C e o ponto de congelamento da solução a 1 atm. As propriedades necessárias da água podem ser encontradas na Tabela B.1.

Solução Se os valores do ponto de ebulição normal e do calor de vaporização da água pura (da Tabela B.1) e a constante dos gases são substituídos na Equação 6.5-4, o resultado é

$$\Delta T_b(K) = \frac{[8,314\ J/(mol\cdot K)](373,16\ K)^2 x}{40.656\ J/mol} = 28,5x$$

Pelo aumento medido do ponto de ebulição, $\Delta T_b = 0,421$ K, podemos deduzir que a fração molar do soluto na solução é $x = 0,421/28,5 = 0,0148$. Mas já que a solução contém $(5,000/M_s)$ mols de soluto, em que M_s é o peso molecular, e 100,0 g/18,016 g/mol = 5,551 mol de água, então podemos escrever

$$0,0148 = (5,000\ g/M_s) / (5,000\ g/M_s + 5,551\ mol)$$
$$\Downarrow$$
$$\boxed{M_s = 60,1\ g/mol}$$

Pela Equação 6.5-2, a pressão de vapor efetiva do solvente a 25°C é determinada a partir da pressão de vapor da água pura a esta temperatura (obtida da Tabela B.3) como

$$(p_s^*)_e = (1,000 - 0,0148)(23,756\ mm\ Hg) = \boxed{23,40\ mm\ Hg}$$

Finalmente, substituindo os valores do ponto de fusão e do calor de fusão da água (da Tabela B.1) e a constante dos gases na Equação 6.5-5, obtemos

$$\Delta T_m = \frac{[8,314\ J/(mol\cdot K)](273,16\ K)^2 (0,0148)}{(6009,5\ J/mol)} = 1,53\ K = 1,53°C$$
$$\Downarrow$$
$$T_{ms} = (0,000 - 1,53)°C = \boxed{-1,53°C}$$

EXERCÍCIO DE CRIATIVIDADE

Uma solução contém uma quantidade desconhecida de sal de cozinha dissolvida em água. Liste tantas maneiras quantas consiga pensar para medir ou estimar a concentração de sal na solução, sem sair da cozinha da sua casa. Os únicos instrumentos que você pode trazer para casa são um termômetro que cobre o intervalo $-10°C$ a $120°C$ e uma pequena balança de laboratório. (*Exemplo*: Faça várias soluções com concentrações conhecidas de sal e compare o seu sabor com o da solução desconhecida.)

6.6 EQUILÍBRIO ENTRE DUAS FASES LÍQUIDAS

6.6a Miscibilidade e Coeficientes de Distribuição

Se água e metil isobutil cetona (MIBC) são misturadas a 25°C, obtém-se uma mistura homogênea se a mistura contém mais de 98% de água ou 97,7% MIBC em massa; em qualquer outro caso, a mistura separa-se em duas fases líquidas, uma das quais contém 98% de H_2O e 2% MIBC e a outra 97,7% MIBC e 2,3% H_2O. Água e MIBC são exemplos de líquidos **parcialmente miscíveis**; eles seriam denominados **imiscíveis** se uma fase contivesse uma quantidade desprezível de água e a outra uma quantidade desprezível de MIBC.

Se uma terceira substância é adicionada a uma mistura líquida de duas fases, a substância se distribui de acordo com a sua solubilidade relativa em cada fase. Por exemplo, acetona é solúvel em água e em clorofórmio — dois líquidos quase imiscíveis —, porém muito mais em clorofórmio. Se uma mistura de acetona e água é posta em contato com ele, uma parte substancial da acetona passa para a fase rica em clorofórmio. A separação da acetona e da água pode ser feita então facilmente deixando-se a mistura decantar e separando as duas fases. Este exemplo ilustra o processo de separação por **extração líquida**.

Suponha que A e S são dois líquidos quase imiscíveis, e que B é um soluto distribuído entre as duas fases de uma mistura A–S. O **coeficiente de distribuição** (também conhecido como **razão de partição** ou **coeficiente de partição**) do componente B é a razão entre a fração mássica de B na fase S e na fase A. O *Perry's Chemical Engineers' Handbook* (veja nota de rodapé 1), nas páginas 15-29 a 15-31, lista coeficientes de distribuição para uma quantidade de sistemas líquidos ternários (de três componentes). O Exemplo 6.6-1 ilustra o uso desta propriedade física em um cálculo de balanço de massa.

Exemplo 6.6-1	Extração de Acetona da Água

Duzentos centímetros cúbicos de uma mistura acetona–água que contém 10,0% em peso de acetona são misturados com 400,0 cm³ de clorofórmio a 25°C, e as fases são deixadas para decantar. Que percentagem da acetona é transferida da água para o clorofórmio?

Solução **Base: Quantidades Fornecidas**

As massas específicas das substâncias puras são dadas na Tabela B.1:

Acetona (A)	$0,792 \text{ g/cm}^3$
Clorofórmio (C)	$1,489 \text{ g/cm}^3$
Água (W)	$1,000 \text{ g/cm}^3$

Já que os dados de massa específica para a mistura acetona–água não estão disponíveis, vamos usar a Equação 5.1-1 para estimar a massa específica da solução de alimentação:

$$\frac{1}{\bar{\rho}} = \frac{x_A}{\rho_A} + \frac{x_W}{p_W} = \left(\frac{0,100}{0,792} + \frac{0,900}{1,000}\right)\frac{\text{cm}^3}{\text{g}} = 1,026\ \frac{\text{cm}^3}{\text{g}}$$

$$\Downarrow$$

$$\bar{\rho} = 0,974 \text{ g/cm}^3$$

Portanto, a massa da solução de alimentação é

$$\frac{200,0\ \text{cm}^3 \quad \left| \quad 0,974\ \text{g} \right.}{\left| \quad \text{cm}^3 \right.} = 195\ \text{g}$$

e a massa do clorofórmio é

$$\frac{400,0\ \text{cm}^3 \quad \left| \quad 1,489\ \text{g} \right.}{\left| \quad \text{cm}^3 \right.} = 596\ \text{g}$$

Vamos admitir que o clorofórmio e a água são imiscíveis. (Como lidar com a miscibilidade parcial será discutido na Seção 6.6b.) Ao desenhar o fluxograma para este processo, é recomendável rotular as quantidades de cada componente em cada uma das duas correntes de saída em vez das massas totais das correntes e as frações mássicas dos componentes. (Rotular nesta última forma conduziria a quatro equações simultâneas com quatro incógnitas.)

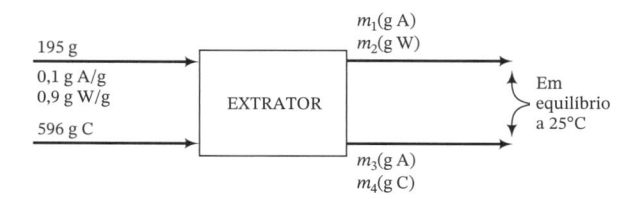

O coeficiente de distribuição para o sistema A-C-W é dado na página 15-12 do *Perry's Chemical Engineers' Handbook* (veja nota de rodapé 1) como 1,72. Se *x* significa a fração mássica da acetona,

$$K = \frac{(x)_{C\ \text{fase}}}{(x)_{W\ \text{fase}}} = \frac{m_3/(m_3 + m_4)}{m_1/(m_1 + m_2)} = 1,72 \tag{6.6-1}$$

Isto fornece uma equação com as quatro incógnitas m_1, m_2, m_3 e m_4. As outras são fornecidas pelos balanços de massa.

Balanço de C: $\qquad\qquad\qquad\qquad 596\,g = m_4$

Balanço de W: $\qquad\qquad (0{,}900)(195\,g) = m_2 \Longrightarrow m_2 = 175{,}5\,g$

Balanço de A: $\qquad\qquad\quad (0{,}100)(195\,g) = m_1 + m_3$

Substituindo os valores conhecidos de m_2 e m_4 na primeira equação chegamos (junto com o balanço de acetona) a um sistema de duas equações e duas incógnitas, que pode ser resolvido para obter

$$m_1 = 2{,}7\,g\ \text{A na fase água}$$
$$m_3 = 16{,}8\,g\ \text{A na fase clorofórmio}$$

A percentagem de acetona transferida é, portanto,

$$\frac{16{,}8\,g\ \text{A na fase clorofórmio}}{(0{,}100 \times 195)\,g\ \text{de acetona alimentada}} \times 100\% = \boxed{86{,}1\%}$$

Na prática, a extração é normalmente realizada em vários estágios consecutivos, com a solução que sai de cada estágio posta em contato com solvente adicional no estágio seguinte. Se são usados estágios suficientes, a transferência quase completa do soluto pode ser atingida. O Problema 6.99 no fim do capítulo ilustra este método de operação.

Teste	1. O que é extração líquida? O que é um coeficiente de distribuição?

Teste

(veja *Respostas dos Problemas Selecionados*)

1. O que é extração líquida? O que é um coeficiente de distribuição?
2. O coeficiente de distribuição para o sistema água–ácido acético–acetato de vinila é

$$\frac{\text{fração mássica de ácido acético no acetato de vinila}}{\text{fração mássica de ácido acético na água}} = 0{,}294$$

O ácido acético é mais ou menos solúvel no acetato de vinila do que na água? Se você usa acetato de vinila para extrair ácido acético da água, como se comparariam as massas relativas das duas fases ($m_{AV} \ll m_W$, $m_{AV} \approx m_W$ ou $m_{AV} \gg m_A$)?

6.6b Diagramas de Fase para Sistemas Ternários

O comportamento de sistemas ternários (três componentes) parcialmente miscíveis pode ser representado em um **diagrama de fase triangular**, que pode ter a forma de um triângulo equilátero (como o mostrado na Figura 6.6-1a para o sistema H_2O–MIBC–acetona a 25°C) ou de um triângulo retângulo (como mostrado na Figura 6.6-1b). Este último é mais fácil de construir em coordenadas retangulares, mas as duas formas são igualmente fáceis de usar. Nos dois casos, cada vértice do triângulo representa um componente puro e os lados representam soluções binárias. Por exemplo, o lado b na Figura 6.6-1 representa soluções de H_2O e acetona. O ponto K representa uma mistura que é 20,0% em peso MIBC, 65,0% acetona e 15,0% H_2O. Qualquer mistura cuja composição esteja localizada na região A, tal como o ponto K, é um líquido homogêneo, enquanto qualquer mistura cuja composição *global* esteja localizada na região B separa-se em duas fases.

As linhas mostradas dentro da região B — chamadas de **linhas de amarração** — conectam as composições das duas fases líquidas em equilíbrio. Por exemplo, se MIBC, água e acetona são misturadas de forma a obter uma composição global no ponto M (55,0% em peso água, 15,0% acetona, 30,0% MIBC), a mistura separa-se em duas fases com as composições dadas pelos pontos L (85% água, 12% acetona, 3% MIBC) e N (4% água, 20% acetona e 76% MIBC). Quando a composição de uma mistura não cai sobre uma linha de amarração do diagrama, é necessário interpolar entre as linhas para determinar as composições de cada fase.

A regra das fases de Gibbs mostra que uma mistura de três componentes que forma duas fases líquidas tem três graus de liberdade. (*Verifique.*) Se a pressão (que em qualquer caso tem pouco efeito sobre as propriedades líquidas) e a temperatura são fixadas, sobra um grau de liberdade.

Portanto, é suficiente especificar a fração molar ou mássica de um componente em uma fase para determinar as composições das duas fases. Por exemplo, (em referência à Figura 6.6-1), especificar que a fração mássica da acetona é 0,25 na fase rica em MIBC fixa tanto a composição desta fase como a composição da fase rica em água. (Verifique esta afirmação determinando as duas composições.)

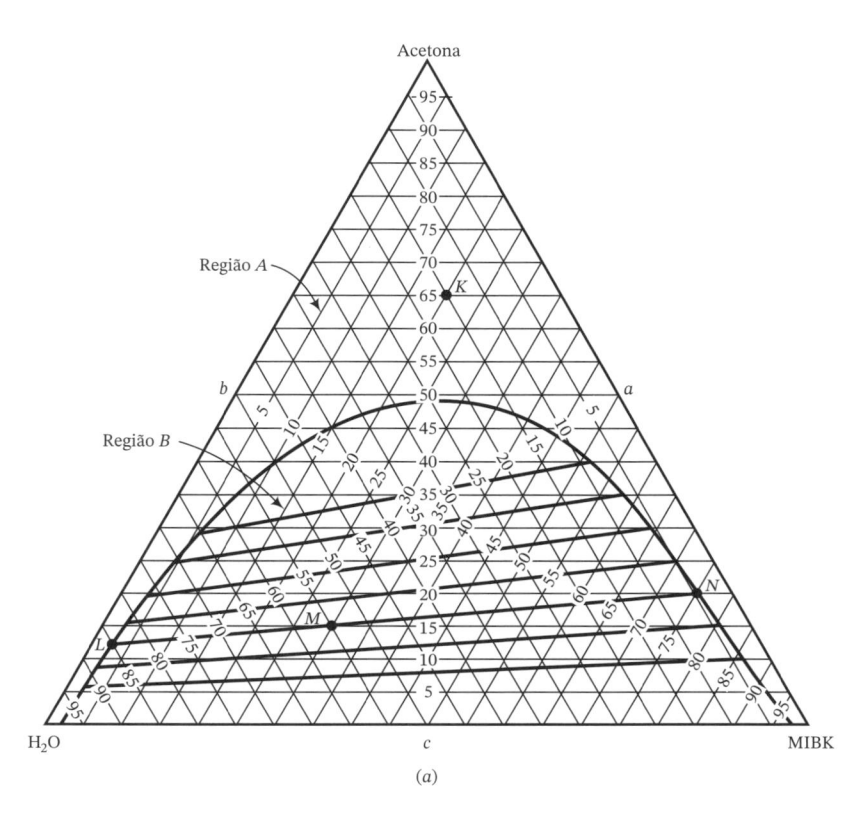

(a)

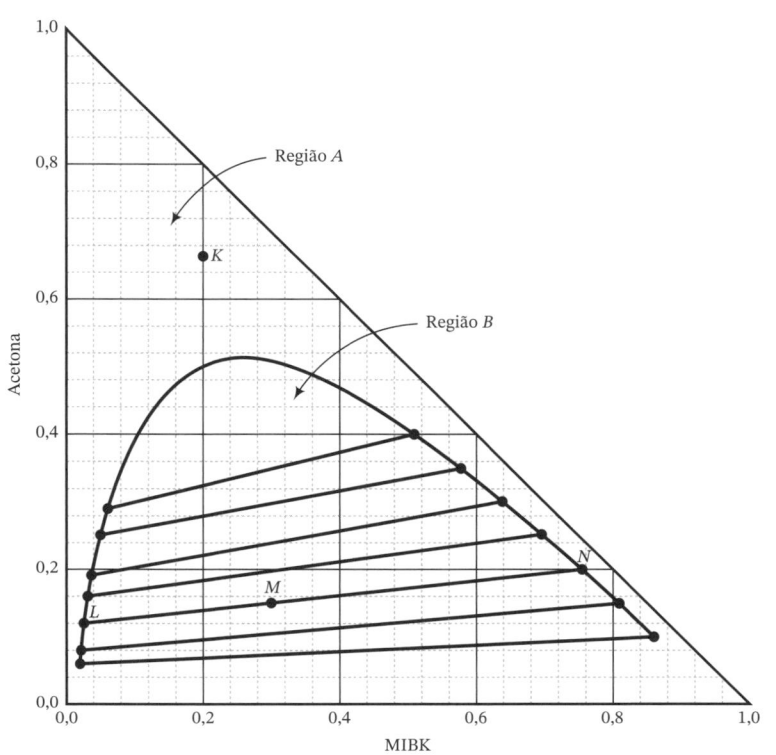

FIGURA 6.6-1 Diagrama de fase triangular para água–acetona–metil isobutil cetona (composição em percentagem em peso) a 25°C. (De D. F. Othmer, R. E. White e E. Trueger, *Ind. Eng. Chem.*, **33**: 1240, 1941.)

(b)

<table>
<tr><td>Teste

(veja Respostas dos Problemas Selecionados)</td><td>1. O que é uma linha de amarração em um diagrama de fase triangular?
2. Mostre que uma mistura com uma composição 4% acetona, 51% MIBC e 45% H_2O separa-se em duas fases. Quais são as composições de cada fase? Calcule a razão entre a massa da fase rica em MIBC e a da fase rica em H_2O.</td></tr>
</table>

Exemplo 6.6-2 Extração de Acetona da Água: Uso do Diagrama de Fase

Mil quilogramas de uma solução 30,0% em peso de acetona em água e uma segunda corrente de metil isobutil cetona pura (MIBC) alimentam um misturador. A mistura passa então a um decantador, onde se formam duas fases, que são retiradas separadamente a 25°C. Que quantidade de MIBC deve alimentar o processo para reduzir a concentração de acetona na fase rica em água para 5,00% em peso, admitindo que a mistura permanece no decantador o tempo suficiente para atingir o equilíbrio?

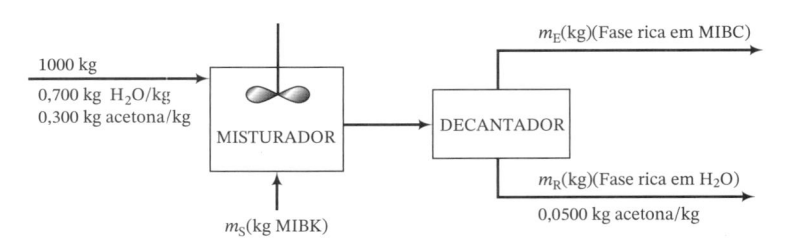

Solução Já que as duas correntes de produto estão em equilíbrio, suas composições devem cair no envelope de fase e devem estar conectadas por uma linha de amarração. Portanto, a composição de m_R é 5% acetona, 93% H_2O e 2% MIBC, enquanto a composição de m_E é 10% acetona, 87% MIBC e 3% H_2O. Balanços de massa podem ser usados para determinar m_E, m_R e m_S.

Balanço de Massa: $\qquad m_S = 1000\,\text{kg} = m_E = m_R$

Balanço de Acetona: $\qquad (0,30)(1000\,\text{kg}) = 0,10 m_E + 0,05 m_R$

Balanço de H_2O: $\qquad (0,70)(1000\,\text{kg}) = 0,03 m_E + 0,93 m_R$

Resolvendo as equações, obtemos (arredondando os algarismos significativos)

$$m_E = 2667\,\text{kg}$$
$$m_R = 667\,\text{kg}$$

e

$$\boxed{m_S = 2334\,\text{kg MIBK}}$$

6.7 ADSORÇÃO SOBRE SUPERFÍCIES SÓLIDAS

A atração de espécies químicas em gases e líquidos por superfícies sólidas é a base de uma quantidade de processos de separação. Por exemplo, bicarbonato de sódio ou carvão podem ser colocados em uma geladeira para remover odores desagradáveis, e o ar comprimido pode ser secado e purificado fazendo-o passar através de um leito de cloreto de cálcio para remover o vapor de água, e depois através de um leito de carvão ativado para separar os hidrocarbonetos que podem ter sido arrastados pelo ar durante a compressão. Cada uma destas operações usa um sólido com uma área superficial extremamente alta (por exemplo, em torno de 800 m²/g de carvão ativado)[7] e tira proveito da afinidade de componentes específicos do fluido com a superfície do sólido. O sólido é conhecido como o **adsorvente** e o componente atraído pela superfície sólida é o **adsorbato**.

---

[7]Para fins de comparação, a área de um diamante de beisebol (parte central do campo) é de cerca de 750 m² e de um campo de futebol americano é 4180 m².

Os dados de equilíbrio de um adsorbato sobre um adsorvente específico são normalmente determinados a uma temperatura específica e são conhecidos como **isotermas de adsorção**. Estas funções ou gráficos relacionam X_i^*, a quantidade máxima do adsorbato i que pode ser adsorvida por uma unidade de massa do adsorvente, a c_i ou p_i a concentração ou pressão parcial do adsorbato i no fluido que está em contato com o sólido.

Considere como uma isoterma pode ser determinada para o sistema tetracloreto de carbono e carvão ativado.

- Coloque uma massa conhecida de carvão ativado em uma câmara cuja temperatura é controlada em um valor específico.

- Faça vácuo dentro da câmara e admita vapor de tetracloreto de carbono até atingir uma pressão desejada.

- Permita que o sistema atinja o equilíbrio, leia a pressão de equilíbrio e determine a massa de tetracloreto de carbono adsorvida pesando o sólido.

- Admita mais vapor de tetracloreto de carbono no sistema e repita o procedimento.

Os dados obtidos de uma série de experimentos deste tipo podem ser expressos como os mostrados na Tabela 6.7-1.

O Capítulo 16 do *Perry's Chemical Engineers' Handbook* (veja nota de rodapé 1) fornece as propriedades físicas de vários adsorventes importantes e várias expressões diferentes para isotermas de adsorção. Dados de equilíbrio para sistemas específicos adsorbato-adsorvente podem ser encontrados em artigos publicados, planilhas de especificação de fabricantes de adsorventes ou registros de empresas. Se os dados não podem ser encontrados, as isotermas devem ser obtidas experimentalmente.

A baixas pressões parciais do adsorbato, as isotermas podem ser lineares:

$$X_i^* = Kc_i \qquad \text{ou} \qquad X_i^* = K'p_i \tag{6.7-1}$$

A **isoterma de Langmuir** é uma expressão mais complexa que é válida para alguns sistemas ao longo de um amplo intervalo de pressões parciais ou concentrações de adsorbato.

$$X_i^* = \frac{aK_L p_i}{1 + K_L p_i} \qquad \text{ou} \qquad X_i^* = \frac{aK'_L c_i}{1 + K'_L c_i} \tag{6.7-2}$$

Nestas equações, a, K_L e K'_L são parâmetros determinados pelo ajuste das equações a dados de equilíbrio. A Figura 6.7-1 mostra o ajuste da isoterma de Langmuir (Equação 6.7-2) aos dados de adsorção da Tabela 6.7-1. Os valores dos parâmetros ajustados são $a = 0,794$ g CCl_4/g carvão e $K_L = 0,096$ (mm Hg)$^{-1}$.

TABELA 6.7-1 Dados de Equilíbrio para CCl_4 Adsorvido sobre Carvão Ativado a 34°C

p(mm Hg)	0	1,69	3,38	6,76	8,45	11,8	20,7	32,1	40,0	84,5	104	123	133
X^*(g CCl_4/g carvão)	0	0,07	0,14	0,27	0,34	0,48	0,57	0,63	0,68	0,70	0,71	0,71	0,71

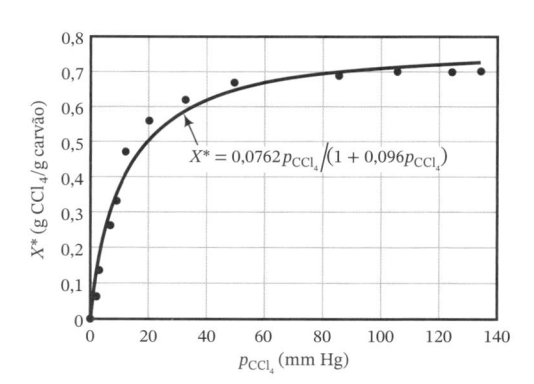

FIGURA 6.7-1 Isoterma de adsorção de Langmuir para tetracloreto de carbono sobre carvão ativado a 34°C.

Exemplo 6.7-1	Balanços em um Processo de Adsorção

Um tanque de 50,0 litros contém uma mistura ar–tetracloreto de carbono a 1 atm absoluta, 34°C e 30,0% de saturação relativa. Coloca-se carvão ativado dentro do tanque para adsorver o CCl_4. A temperatura do conteúdo do tanque é mantida a 34°C, enquanto ar limpo é continuamente fornecido ao tanque através do processo, para manter a pressão total a 1,00 atm. O processo pode ser mostrado esquematicamente como segue:

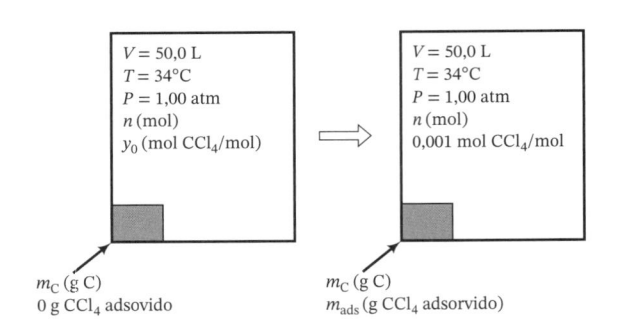

Calcule a quantidade mínima de carvão ativado necessária para reduzir a fração molar de CCl_4 no gás até 0,001. Despreze o volume do carvão ativado e do CCl_4 adsorvido. Por que a quantidade realmente colocada no tanque deve ser maior do que o valor calculado?

Solução A quantidade mínima de carvão ativado seria necessária se o equilíbrio fosse atingido no estado final, de forma que o adsorvente retenha tanto CCl_4 quanto possível. A estratégia seria determinar

1. n a partir da equação de estado do gás ideal.
2. y_0 a partir das condições iniciais de saturação especificadas.
3. p_{CCl_4} (a pressão parcial final de CCl_4) $= 0,001P$.
4. $X^*_{CCl_4}$ (a razão mássica entre o CCl_4 adsorvido e o carvão no equilíbrio) a partir da isoterma de Langmuir (Equação 6.7-2).
5. m_{ads} (a massa de CCl_4 adsorvida) como a diferença entre a massa presente inicialmente no gás ($= y_0 n M_{CCl_4}$) e a massa presente no fim ($= 0,001 n M_{CCl_4}$).
6. m_C (a massa de carvão) a partir de X^*_{CCl4} e m_{ads} ($m_C = m_{ads} X^*_{CCl_4}$)

Equação de Estado de Gás Ideal: $n = \dfrac{PV}{RT} = \dfrac{(1,00 \text{ atm})(50,0 \text{ L})}{\left(0,08206 \dfrac{\text{L·atm}}{\text{mol·K}}\right)(307 \text{ K})} = 1,98 \text{ mol}$

Saturação Relativa Inicial = 0,300:

Pela equação de Antoine (Tabela B.4), a pressão de vapor do tetracloreto de carbono a 34°C é $p^*_{CCl_4} = 169$ mm Hg. Consequentemente,

$$\frac{p_{CCl_4}}{p^*_{CCl_4}(34°C)} = \frac{y_0 P}{169 \text{ mm Hg}} = 0,300 \xrightarrow{P = 760 \text{ mm Hg}} y_0 = 0,0667 \text{ mol } CCl_4/\text{mol}$$

Isoterma de Langmuir:

A pressão parcial final do tetracloreto de carbono é

$$p_{CCl_4} = y_0 P = 0,001(760 \text{ mm Hg}) = 0,760 \text{ mm Hg}$$

Pela Equação 6.7-2,

$$X^*_{CCl_4} = \frac{a K_L p_{CCl_4}}{1 + K_L p_{CCl_4}}$$

$$\left\downarrow \begin{array}{l} a = 0,794 \text{ g } CCl_4/\text{g C} \\ K_L = 0,096 \text{ (mm Hg)}^{-1} \\ p_{CCl_4} = 0,760 \text{ mm Hg} \end{array}\right.$$

$$X^*_{CCl_4} = 0,0540 \ \frac{\text{g } CCl_4 \text{ ads}}{\text{g C}}$$

Massa de CCl$_4$ Adsorvida:

$$m_{ads} = \left(\frac{0,0667 \text{ mol CCl}_4}{\text{mol}} \middle| \frac{1,98 \text{ mol}}{} - \frac{0,001 \text{ mol CCl}_4}{\text{mol}} \middle| \frac{1,98 \text{ mol}}{}\right)\left(\frac{154 \text{ g CCl}_4}{\text{mol CCl}_4}\right)$$

$$= 20,0 \text{ g CCl}_4 \text{ adsorvidos}$$

Massa de Carvão Requerida: $\quad m_C = \dfrac{20,0 \text{ g CCl}_4 \text{ ads}}{0,0540 \text{ g CCl}_4 \text{ ads/g C}} = \boxed{370 \text{ g carvão}}$

Seria necessário colocar mais do que esta quantidade de tetracloreto de carbono no recipiente, por várias razões. Primeiro, já que a taxa de adsorção se aproxima de zero quando o adsorvente se aproxima da saturação, seria necessário um tempo infinito para que a fração molar de CCl$_4$ no gás atingisse 0,001. Se mais carvão está presente, então a fração molar desejada será atingida em um tempo finito (antes que o carvão esteja saturado). Segundo, a isoterma de Langmuir é uma correlação aproximada com parâmetros obtidos ajustando-se dados experimentais dispersos, de forma que a capacidade de adsorção estimada do adsorvente (X^*) pode ser alta demais. Terceiro, admitimos que nada além do CCl$_4$ é adsorvido pelo carvão. Se oxigênio, nitrogênio ou outra espécie que possa estar presente no gás for adsorvido, isto pode diminuir a quantidade de tetracloreto de carbono adsorvido.

Nesta seção, admitimos que a isoterma de adsorção de um adsorbato não é afetada pela presença de outros constituintes na mistura fluida além do adsorbato. Se esta idealidade é admitida para a isoterma de Langmuir desenvolvida no exemplo anterior, você pode usar a expressão deduzida para qualquer sistema gasoso contendo tetracloreto de carbono e o mesmo carvão ativado. No entanto, na realidade a presença de outros solutos que tenham afinidade pela superfície do carvão alteram o comportamento de equilíbrio do CCl$_4$. Uma representação exata do sistema requereria dados ou modelos para a mistura multicomponente completa.

Teste **(veja *Respostas dos Problemas Selecionados*)** SEGURANÇA →	1. Qual é a diferença entre absorção e adsorção? 2. Qual é a diferença entre um adsorbato e um adsorvente? 3. Por que é possível usar tanto concentração molar quanto pressão parcial como variável independente na isoterma de Langmuir sem mudar a forma da expressão? 4. Um **respirador-purificador de ar** — muitas vezes chamado incorretamente de máscara de gás — é um aparelho que permite ao seu usuário respirar em um ambiente que contém baixos níveis de uma substância tóxica. O ar inspirado passa através de um filtro que contém um adsorvente, como carvão ativado. Forneça uma breve explicação sobre o funcionamento deste aparelho. Como o uso de um carvão não ativado afetaria a ação do respirador?

6.8 RESUMO

Duas fases postas em contato são consideradas em *equilíbrio* quando temperatura, pressão, composição e todas as outras variáveis que caracterizam cada fase não mudam com o tempo. Muitas operações de processos químicos — particularmente processos de separação tais como destilação, absorção, cristalização, extração líquida e adsorção — funcionam pela distribuição dos componentes entre as duas fases e depois pela separação das mesmas. Uma etapa essencial na análise de tais processos é determinar como os componentes da mistura de alimentação se distribuem entre as duas fases em equilíbrio. Este capítulo revisa procedimentos comuns para se fazer esta determinação.

- O **diagrama de fase** de uma espécie pura é um gráfico de pressão versus temperatura que mostra regiões onde a espécie existe como um sólido, um líquido ou um gás; curvas que delimitam estas regiões onde pares de fases podem coexistir no equilíbrio; e um ponto (o *ponto triplo*) onde todas as três fases podem coexistir.

- A coordenada da temperatura de um ponto sobre a curva de equilíbrio líquido-vapor (a curva que separa as regiões líquida e vapor em um diagrama de fase) é o **ponto de ebulição** da espécie à pressão correspondente, e a coordenada da pressão é a **pressão de vapor** da espécie à temperatura correspondente. O **ponto de ebulição normal** é o ponto de ebulição a $P = 1$ atm. Os pontos de ebulição normais (e pontos de fusão normais) de espécies selecionadas podem ser encontrados na Tabela B.1. As pressões de vapor a temperaturas específicas podem ser estimadas usando-se a equação de Antoine (Tabela B.4), a função AntoineP do APEx ou a Tabela B.3 para água.

- A pressão de vapor de uma espécie é uma medida da sua **volatilidade**, ou tendência para vaporizar. O aquecimento de uma mistura líquida tende a formar um vapor enriquecido nos componentes mais voláteis (aqueles com pressões de vapor maiores) e deixar um líquido residual enriquecido nos componentes de menor volatilidade. O processo de separação por **destilação** está baseado neste princípio. Do mesmo modo, se uma mistura gasosa contém um ou mais componentes com volatilidades relativamente baixas, o resfriamento desta mistura em uma operação de **condensação** pode ser usado para recuperar um líquido enriquecido nestes componentes.

- A **regra das fases de Gibbs** fornece os *graus de liberdade* de um sistema multifásico em equilíbrio, ou o número de variáveis intensivas (independentes do tamanho) do sistema que devem ser especificadas antes que as restantes possam ser determinadas.

- Para um gás na temperatura T e pressão P contendo um único vapor condensável A com fração molar y_A e pressão de vapor $p_A^*(T)$, a **lei de Raoult** $[y_A P = p_A^*(T)]$ fornece a base para uma série de definições. Se a lei de Raoult é satisfeita, o vapor está **saturado** (ou, de forma equivalente, o gás está saturado com A); se $y_A P < p_A^*(T)$, o vapor está **superaquecido**. Se A está saturado e a temperatura diminui ou a pressão aumenta, A começa a condensar. Se A líquido é posto em contato com uma fase gasosa e o sistema atinge o equilíbrio, o vapor de A no gás deve estar saturado.

- Se um gás contendo um único vapor superaquecido A é resfriado a pressão constante, a temperatura na qual o vapor vira saturado é o **ponto de orvalho** do gás. O ponto de orvalho pode ser determinado pela lei de Raoult, $y_A P = p_A^*(T_{po})$. O **grau de superaquecimento** é a diferença entre a temperatura real do gás e o ponto de orvalho do gás. A **saturação relativa** de um gás (ou **umidade relativa** para um sistema ar-água) é a razão entre a pressão parcial do vapor e a pressão de vapor na temperatura do sistema, expressa como percentagem: $[y_A P/p_A^*(T)] \times 100\%$. Se você conhece a temperatura, a pressão e ainda o ponto de orvalho, ou o grau de superaquecimento, ou a saturação relativa, ou uma quantidade relacionada (saturação molal ou absoluta ou percentagem de saturação), você pode usar a lei de Raoult para calcular a fração molar de A no gás.

- Se o líquido puro A é colocado em um recipiente aberto à pressão P e a uma temperatura na qual $p_A^*(T) < P$ e $p_A^*(T) > p_A$, o líquido **evapora**: moléculas de A se transferem da superfície líquida para o gás circundante. Se o recipiente é aquecido até uma temperatura na qual $p_A^*(T) = P$, o líquido **ferve**: bolhas de vapor se formam na superfície aquecida e se elevam através do líquido até o gás circundante. A temperatura do líquido permanece constante durante a fervura.

- Se os componentes voláteis de uma mistura líquida são todos estruturalmente semelhantes (por exemplo, são todos parafinas), a forma geral da **lei de Raoult** pode ser uma boa aproximação para todas as espécies: $y_i P = x_i p_i^*(T)$, em que x_i e y_i são as frações molares da espécie i nas fases líquido e gás, respectivamente. Se o líquido é A quase puro ($x_A \approx 1$), a lei de Raoult pode ser aplicada apenas à espécie A.

- No processo de separação por **absorção**, uma mistura gasosa é posta em contato com um solvente líquido e um ou mais dos componentes da mistura se dissolvem no solvente. Se uma solução líquida contém apenas pequenas quantidades de um soluto dissolvido, A ($x_A \approx 0$), a **lei de Henry** pode ser aplicada a A: $y_A P = x_A H_A(T)$, em que H_A é a **constante de Henry**.

- Uma **solução líquida ideal** é aquela na qual todos os componentes voláteis estão distribuídos entre as fases líquido e gás no equilíbrio de acordo com a lei de Raoult ou a lei de Henry.

- A **temperatura do ponto de bolha** de uma mistura líquida é a temperatura na qual se forma a primeira bolha de vapor se a mistura é aquecida a pressão constante. Ao contrário do que a maioria dos estudantes admite erroneamente, o ponto de bolha *não é* a temperatura de ebulição do componente mais volátil no líquido; é sempre maior do que esta temperatura para uma solução líquida ideal. A **temperatura do ponto de orvalho** de uma mistura gasosa é a temperatura na qual aparece a primeira gota de líquido se a mistura é resfriada a pressão constante. Se a lei de Raoult se aplica a todas as espécies, qualquer destas temperaturas pode ser determinada por tentativa e erro usando-se a Equação 6.4-4 (para o ponto de bolha) ou a Equação 6.4-7 (para o ponto de orvalho).

- Se uma mistura líquida é aquecida acima do seu ponto de bolha, o vapor gerado é rico nos componentes mais voláteis da mesma. À medida que a vaporização continua, a temperatura do sistema aumenta de forma paulatina (diferentemente de um sistema composto por um componente puro, em que T permanece constante). Do mesmo modo, se uma mistura gasosa é resfriada abaixo do seu ponto de orvalho, o líquido que condensa é rico nos componentes menos voláteis e a temperatura diminui progressivamente.

- A **solubilidade** de um sólido (o *soluto*) em um líquido (o *solvente*) é a quantidade máxima de soluto que pode se dissolver em uma quantidade específica de líquido no equilíbrio. Uma solução que contém todo o soluto dissolvido que ela pode manter está **saturada** com esse soluto. Se é adicionado qualquer soluto adicional, este não se dissolve, a menos que a temperatura mude de forma tal que a solubilidade aumente.

- No processo de separação por **cristalização**, uma solução de um soluto é resfriada abaixo da sua temperatura de saturação, causando a formação de cristais sólidos de soluto; de outro modo, o solvente pode ser evaporado para provocar a cristalização do soluto. Em soluções aquosas de alguns solutos ao longo de certos intervalos de temperatura, os cristais que se formam são **sais hidratados**, contendo moléculas de **água de hidratação** ligadas às moléculas de soluto em proporções específicas. Por exemplo, se o sulfato de magnésio cristaliza a temperaturas acima dos 100°C, os cristais contêm $MgSO_4$ **anidro** (livre de água), enquanto, se a cristalização acontece entre 48°C e 67°C, os cristais consistem em $MgSO_4 \cdot 6H_2O$ (sulfato de magnésio hexaidratado).

- Contanto que o soluto em uma solução seja não volátil e não reaja com o solvente, a pressão de vapor da solução a uma dada temperatura é menor do que a do solvente puro, o ponto de ebulição a uma dada pressão é maior e o ponto de congelamento a uma dada pressão é menor. O abaixamento da pressão de vapor, a elevação do ponto de ebulição e a diminuição do ponto de congelamento são exemplos de **propriedades coligativas de solução**; as fórmulas para elas estão dadas na Seção 6.5c.

- A **extração líquida** é um processo de separação no qual uma solução líquida de alimentação é combinada com um segundo solvente que é imiscível ou quase imiscível com o solvente da alimentação, fazendo com que parte do soluto (e de forma ideal todo ele) se transfira à fase que contém o segundo solvente. O **coeficiente de distribuição** é a razão entre as frações mássicas do soluto nas duas fases em equilíbrio. O seu valor determina quanto solvente deve ser adicionado à solução de alimentação para atingir uma determinada transferência de soluto. Quando os dois solventes são parcialmente miscíveis, um **diagrama de fase triangular**, como o da Figura 6.6-1, simplifica os cálculos de balanços em processos de extração.

- A **adsorção** é um processo no qual uma espécie em uma mistura fluida (líquida ou gasosa) adere à superfície de um sólido com o qual o fluido está em contato. (Este processo não deve ser confundido com a *ab*sorção, na qual um componente de uma mistura gasosa se dissolve em um solvente líquido.) O sólido é o **adsorvente** e a espécie que adere à superfície é o **adsorbato**. Os bons adsorventes, como o carvão ativado, têm áreas superficiais específicas extremamente altas (m^2 superfície/g sólido), permitindo que pequenas quantidades de adsorvente removam grandes quantidades de adsorbato de uma mistura fluida. Uma **isoterma de adsorção** é um gráfico ou uma equação que relaciona a quantidade de equilíbrio de um adsorbato mantido por uma determinada massa de adsorvente com a pressão parcial ou concentração de adsorbato no fluido que o rodeia, a uma temperatura específica.

- Os cálculos de balanço de massa em processos de separação seguem os mesmos procedimentos usados nos Capítulos 4 e 5.

Se as correntes de produto que saem de uma unidade incluem duas fases em equilíbrio, uma relação de equilíbrio para cada espécie distribuída entre as duas fases deve ser contada na análise dos graus de liberdade e incluída nos cálculos. Se uma espécie está distribuída entre as fases líquida e gasosa, (como nos processos de destilação, absorção ou condensação), use dados tabelados de equilíbrio líquido-vapor, a lei de Raoult ou a lei de Henry. Se um soluto sólido está em equilíbrio com uma solução líquida, use dados tabelados de solubilidade. Se um soluto está distribuído entre duas fases líquidas imiscíveis, use um coeficiente de distribuição tabelado ou dados de equilíbrio. Se um adsorbato está distribuído entre uma superfície sólida e uma fase gasosa ou uma solução líquida, use uma isoterma de adsorção.

PROBLEMAS

A menos que seja indicado de forma diferente, use os dados de propriedades físicas contidos no livro para resolver estes problemas.

6.1. Dez mL de água líquida pura em um cilindro com um pistão móvel são aquecidos a uma pressão constante de 1 atm desde uma temperatura inicial de 80°C. A temperatura do sistema é monitorada, e o seguinte comportamento é observado:

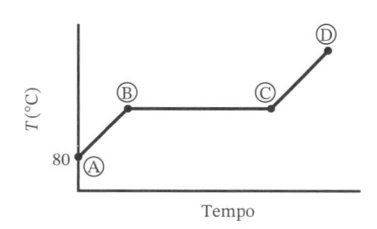

(a) O que acontece nas etapas AB, BC e CD? Qual é a temperatura correspondente à porção horizontal da curva?

(b) Estime o volume ocupado pela água nos pontos B e C. (Admita que o vapor segue a equação de estado do gás ideal.)

6.2. Uma quantidade de acetato de metila líquido é colocada em um frasco aberto e transparente de 3 litros e fervida o tempo suficiente para purgar todo o ar do espaço do vapor. O frasco é selado e equilibra-se a 30°C, uma temperatura na qual o acetato de metila tem uma pressão de vapor de 269 mm Hg. Uma inspeção visual mostra 10 mL de acetato de metila líquido dentro do frasco.

(a) Qual é a pressão no frasco no equilíbrio? Explique seu raciocínio.

(b) Qual é a massa total (gramas) de acetato de metila no frasco? Que fração está na fase vapor no equilíbrio?

(c) As resposta acima seriam diferentes se a espécie no vaso fosse acetato de *etila* porque acetato de metila e acetato de etila têm pressões de vapor diferentes. Forneça uma explicação para esta diferença;

6.3. O álcool etílico tem uma pressão de vapor de 20,0 mm Hg a 8,0°C e um ponto de ebulição normal de 78,4°C. Estime a pressão de vapor a 45°C usando (a) a equação de Antoine; (b) a equação de Clausius-Clapeyron e os dois pontos dados; e (c) interpolação linear entre os dois pontos dados. Tomando a primeira estimativa como o valor correto, calcule a porcentagem de erro associada com a segunda e terceira estimativas.

6.4. A pressão de vapor do etileno glicol a várias temperaturas é dada na tabela abaixo:

$T(°C)$	79,7	105,8	120,0	141,8	178,5	197,3
p^*(mm Hg)	5,0	20,0	40,0	100,0	400,0	760,0

(a) Construa um gráfico semilog dos dados de pressão de vapor e determine uma expressão linear para ln p^* como uma função de $1/T$(K). Use os resultados para estimar o calor de vaporização (kJ/mol) do etileno glicol e então use este valor na equação de Clausius-Clapeyron para estimar as pressões de vapor de cada temperatura dada na tabela.

(b) Repita a Parte (a) usando as funções Slope e Intercept do APEx para obter a expressão para ln p^* versus $1/T$(K).

(c) Use os resultados da Parte (b) para estimar as pressões de vapor do etileno glicol a 50°C, 80°C e 110°C. Estime também o ponto de ebulição desta substância a pressões do sistema de 760 mm Hg e 2000 mm Hg. Compare todos os cinco resultados com aqueles obtidos diretamente usando as funções do APEx. Em qual das estimativas nas temperaturas e pressões dadas você teria a menor confiança? Explique o seu raciocínio.

6.5. O aparelho mostrado aqui é usado para medir a pressão de vapor da etilenodiamina.

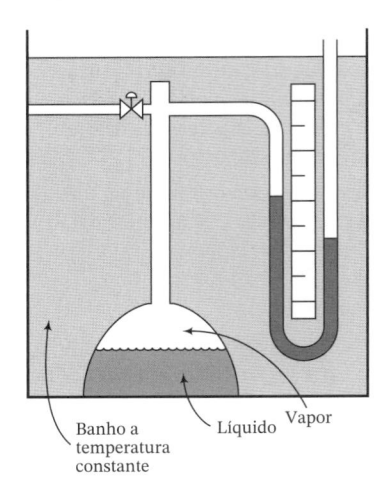

Banho a temperatura constante — Líquido — Vapor

O sistema é carregado com etilenodiamina pura e banho é ajustado para várias temperaturas conhecidas. As seguintes leituras foram obtidas em um dia no qual a pressão atmosférica era 758,9 mm Hg:

	Nível de Mercúrio	
$T(°C)$	Braço direito (mm)	Braço esquerdo (mm)
42,7	138	862
58,9	160	840
68,3	182	818
77,9	213	787
88,6	262	738
98,3	323	677
105,8	383	617

(a) Calcule p^* para a etilenodiamina a cada temperatura.
(b) Use um gráfico semilog de p^* versus $1/T$ para estimar o ponto de ebulição normal e o calor de vaporização da etilenodiamina.
(c) A equação de Clausius-Clapeyron parece estar justificada para a etilenodiamina no intervalo de temperatura coberto pelos dados? Explique.

6.6. Estime a pressão de vapor da acetona (mm Hg) a 50°C (a) a partir de dados no *Perry's Chemical Engineers' Handbook* (nota de rodapé 1) e da equação de Clausius-Clapeyron, (b) usando a equação de Antoine e os parâmetros da Tabela B.4 e (c) usando a função AntoineP no APEx.

6.7. A pressão de vapor de um solvente orgânico é 50 mm Hg a 25°C e 200 mm Hg a 45°C. O solvente é a única espécie em um frasco fechado a 35°C e está presente nos estados líquido e vapor. O volume do gás acima do líquido é 150 mL.
(a) Estime a quantidade de solvente (mols) contidos na fase gasosa.
(b) Que suposições você fez? Como a sua resposta mudaria se a espécie dimerizasse (uma molécula resulta de duas moléculas da espécie se combinando)?

6.8. Metil etil cetona líquida (MEC) é colocada em um recipiente contendo ar. A temperatura do sistema é aumentada até 55°C e o conteúdo do recipiente atinge o equilíbrio com alguma MEC permanecendo no estado líquido. A pressão de equilíbrio é 1200 mm Hg.
(a) Use a regra das fases de Gibbs para determinar quantos graus de liberdade existem para o sistema no equilíbrio. Explique o significado deste número com suas próprias palavras.
(b) As misturas de vapor de MEC e ar que contêm entre 1,8% molar e 11,5% molar de MEC podem se inflamar e queimar de forma explosiva se forem expostas a uma chama ou a uma faísca. Determine se o conteúdo do recipiente constitui ou não um risco de explosão.

SEGURANÇA →
6.9. Quando um líquido inflamável (como gasolina) se inflama, a substância realmente queimando é o vapor gerado a partir do líquido. Se a concentração do vapor no ar acima do líquido excede um determinado nível (o *limite inferior de inflamabilidade*), o vapor se inflamará se for exposto a uma

centelha ou outra fonte de ignição. Uma vez inflamado, o calor liberado provavelmente irá provocar vaporização adicional do líquido e o fogo resultante pode continuar até que todo o material combustível tenha sido consumido.

(a) O *ponto de fulgor* é definido como a temperatura mínima na qual um líquido ou sólido volátil inflamável fornece vapor suficiente para formar uma mistura inflamável com o ar próximo à superfície do líquido ou dentro de um vaso (página 2-515, *Perry's Chemical Engineers' Handbook*, veja nota de rodapé 1). Por exemplo, o ponto de fulgor do *n*-octano a 1 atm é 13°C (55°F), o que significa que derrubar um palito de fósforo em um recipiente aberto de octano provavelmente vai iniciar um fogo no laboratório, mas não do lado de fora em um dia frio de inverno. (Não tente fazer isso! Uma referência — L. Bretherick, *Bretherick's Handbook of Reactive Chemical Hazards*, 4a Edição, Butterworths, Londres, 1990, p. 1596 — assinala que existe "usualmente uma *razoável* [nossa ênfase] correlação entre o ponto de fulgor e a probabilidade de envolvimento em fogo.")

Suponha que você mantém dois solventes no seu laboratório — um com um ponto de fulgor de 15°C e o outro com um ponto de fulgor de 75°C. Como esses dois solventes diferem do ponto de vista da segurança? De que formas diferentes você manusearia esses solventes?

(b) O limite inferior de inflamabilidade (LII) do metanol em ar é 6,0% molar. Calcule a temperatura na qual a porcentagem de equilíbrio do vapor de metanol em uma mistura metanol-ar seria igual ao LII. Qual é a relação deste valor com o ponto de fulgor e que valor você atribuiria ao ponto de fulgor do metanol?

(c) Indique razões por que seria inseguro manter um recipiente aberto de metanol em um ambiente abaixo do LII (isto é, o valor calculado na Parte (b)) se existem fontes de ignição por perto. Liste fontes de ignição comuns que podem ser encontradas em um laboratório.

6.10. Uma mistura gasosa contém 10,0% molar $H_2O(v)$ e 90,0% molar N_2. A temperatura e a pressão absoluta do gás no início de cada uma das três partes deste problema são 50°C e 500 mm Hg. O comportamento de gás ideal pode ser admitido em cada parte do problema.

(a) Se parte da mistura gasosa é colocada em um cilindro e resfriada lentamente a pressão constante, a que temperatura se formará a primeira gota de líquido?

(b) Se um recipiente de 30,0 litros é enchido com parte da mistura gasosa e depois selado, e 70% do vapor de água no recipiente é condensado, que volume (cm^3) seria ocupado pela água líquida? Qual seria a temperatura do sistema?

(c) Se a mistura gasosa é armazenada em um cilindro de paredes rígidas e uma frente climática de baixa pressão avança, abaixando a pressão barométrica (atmosférica), quais das seguintes propriedades mudariam: (i) a massa específica do gás, (ii) a pressão absoluta do gás, (iii) a pressão parcial de água no gás, (iv) a pressão manométrica do gás, (v) a fração molar de água no gás, (vi) a temperatura do ponto de orvalho da mistura?

6.11. Clorobenzeno puro está contido em um frasco acoplado a um manômetro de mercúrio de extremo aberto. Quando o conteúdo do frasco está a 58,3°C, a altura do mercúrio no braço do manômetro conectado ao frasco é 747 mm e no braço aberto à atmosfera é de 52 mm. A 110°C, o nível de mercúrio é 577 mm no braço conectado ao frasco e 222 mm no outro braço. A pressão atmosférica é 755 mm Hg.

(a) Extrapole os dados usando a equação de Clausius-Clapeyron para estimar a pressão de vapor do clorobenzeno a 130°C.

(b) Ar saturado com clorobenzeno a 130°C e 101,3 kPa é resfriado até 58,3°C a pressão constante. Estime a percentagem do clorobenzeno originalmente presente no vapor que condensa. (Veja o Exemplo 6.3-2.)

(c) Resuma as suposições que fez quando dos cálculos da Parte (b).

6.12. O relatório do tempo informa que a temperatura é 86°F, que o barômetro está em 30,05 polegadas de Hg, que a umidade relativa é 62% e o ponto de orvalho é 71°F. Estime a fração molar de água no ar, a umidade molar, a umidade absoluta e a umidade percentual no ar. Os dados fornecidos para umidade relativa e ponto de orvalho são consistentes?

6.13. Ao observar a decolagem de um avião de uma pista curta, você ouve alguém dizer que está preocupado com o comprimento da pista porque a temperatura está muito alta e a umidade muito baixa. Você não sabe ao certo por que estes fatores deveriam causar preocupação, então você volta para o seu escritório e calcula a massa específica do ar a 90°F e 20% de umidade relativa e a 80°F e 50% de umidade relativa. Você então procura na Internet e acha que $L = C\rho u^2 A$, em que L é a sustentação (a força para cima resultante do escoamento do ar acima e abaixo da asa), C é um coeficiente que depende das características da asa, ρ é a massa específica do ar, u é a velocidade do ar sobre a asa e A é a área da asa. A preocupação ouvida é justificada? Explique a sua resposta.

6.14. Ar com 50% de umidade relativa é resfriado isobaricamente a 1 atm (absoluta) de 90°C até 25°C.

(a) Estime o ponto de orvalho e o grau de superaquecimento do ar a 90°C.

(b) Quanta água condensa (mols) por metro cúbico de gás de alimentação? (Veja o Exemplo 6.3-2.)

(c) Suponha que uma amostra do ar a 90°C é colocada em um recipiente fechado de volume variável contendo um espelho, e que a pressão é aumentada a temperatura constante até que se forma uma névoa no espelho. A que pressão (atm) se forma a névoa? (Admita comportamento de gás ideal.)

MEIO AMBIENTE

6.15. Na tentativa de conservar água e receber a certificação LEED (*Leadership in Energy and Environmental Design*), uma cisterna de 20.000 litros foi instalada durante a construção de um novo prédio. A cisterna coleta água de um sistema HVAC (aquecimento, ventilação e ar condicionado) projetado para fornecer 2830 metros cúbicos de ar por minuto a 22°C e 50% de umidade relativa após conversão a partir das condições ambientes (31°C, 70% de umidade relativa). O condensado coletado serve como uma fonte de água para manutenção do ramado. Estime (a) a vazão de aspiração do ar nas condições ambientes em pés cúbicos por minuto e (b) as horas de operação necessárias para encher a cisterna.

6.16. Ar contendo 20,0% molar de vapor de água a uma pressão inicial de 1 atm absoluta é resfriado em um recipiente selado de 1 litro desde 200°C até 15°C.

    (a) Qual será a pressão no recipiente no fim do processo? (*Dica*: A pressão parcial do ar no sistema pode ser determinada a partir da expressão $p_{ar} = n_{ar}RT/V$ e $P = p_{ar} + p_{H_2O}$. Você pode desprezar o volume da água líquida condensada, mas deve mostrar que a condensação acontece.)

    (b) Qual será a fração molar da água na fase gasosa no fim do processo?

    (c) Quanta água (gramas) condensará?

6.17. Ar a 90°C e 1,00 atm (absoluta) contém 10,0% molar de água. Uma corrente contínua deste ar entra em um compressor-condensador, no qual a temperatura é diminuída até 15,6°C e a pressão é aumentada até 3,00 atm. O ar que sai do condensador é então aquecido isobaricamente até 100°C. Calcule a fração de água que condensa do ar, a umidade relativa do ar a 100°C e a razão (m^3 de ar na saída a 100°C)/(m^3 de ar alimentado a 90°C).

BIOENGENHARIA

6.18. Quando unidades de fermentação são operadas com altas taxas de aeração, quantidades significativas de água podem ser evaporadas para o ar passando através do mosto de fermentação. Como a fermentação pode ser afetada negativamente se a perda de água é significativa, o ar é umidificado antes de ser alimentado ao fermentador. Ar ambiente esterilizado é combinado com vapor para formar uma mistura saturada ar-água a 1 atm e 90°C. A mistura é resfriada até a temperatura do fermentador (35°C), condensando parte da água e o ar saturado é alimentado no fundo do fermentador. Para uma vazão de ar para o fermentador de 10 L/min a 35°C e 1 atm, estime a vazão de vapor que deve ser adicionado ao ar esterilizado e a vazão (kg/min) de condensado coletado após o resfriamento da mistura ar-vapor.

*6.19. Quando você sai de um chuveiro, a temperatura no banheiro é 71°F e a umidade relativa 96%. Você nota que uma quase imperceptível quantidade de água condensou na parte de dentro da janela do banheiro.

    (a) Assumindo que o ar imediatamente adjacente ao vidro tem a mesma composição do resto do ar no banheiro, estime a temperatura da superfície interna do vidro.

    (b) O que você poderia dizer sobre a temperatura da superfície interna se a janela estivesse completamente encharcada com condensado?

ENERGIA ALTERNATIVA

**6.20. Uma *célula combustível* é um dispositivo eletroquímico no qual hidrogênio reage com oxigênio para produzir água e eletricidade em corrente contínua (CC). Uma célula combustível a membrana trocadora de prótons (PEMFC) de 1 watt pode ser usada para aplicações portáteis como telefones celulares e uma PEMFC de 100 kW pode ser usada para fornecer energia para um automóvel.

As seguintes reações ocorrem dentro da PEMFC:

    Anodo: $H_2 \rightarrow 2H^+ + 2e^-$

    Catodo: $\frac{1}{2}O_2 + 2H^+ + 2e^- \rightarrow H_2O$

    Global: $H_2 + \frac{1}{2}O_2 \rightarrow H_2O$

Um fluxograma de uma célula unitária de uma PEMFC é mostrado abaixo. A célula completa consistiria em uma pilha de tais células em série, conforme mostrado no Problema 9.19.

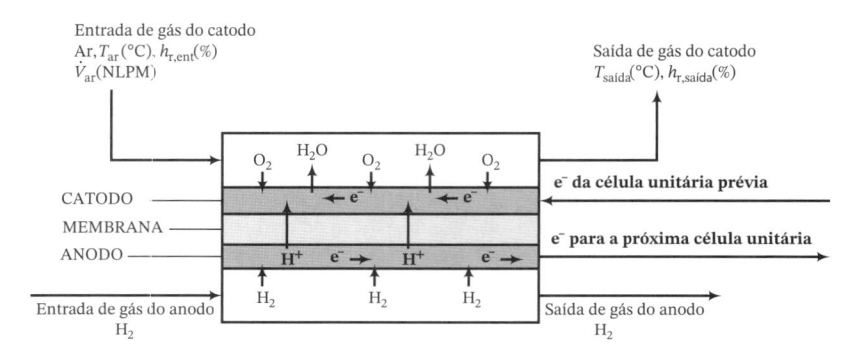

A célula consiste em dois canais de gás separados por uma membrana presa entre dois eletrodos planos de papel-carbono — o anodo e o catodo — que contêm partículas de platina embebidas. Hidrogênio escoa para dentro da câmara do anodo,eles entram em contato, onde moléculas de H_2 são catalisadas pela platina a dissociar e ionizar para formar íons hidrogênio (prótons) e elétrons. Os elétrons são conduzidos através das fibras de carbono do anodo para um circuito externo, onde eles passam para o catodo da próxima célula na pilha. Os íons hidrogênio permeiam a partir do anodo através da membrana até o catodo.

O ar úmido é alimentado na câmara do catodo e nele moléculas de O_2 são cataliticamente divididas para formar átomos de oxigênio, que se combinam com os íons hidrogênio, vindos através da membrana e elétrons vindos do circuito externo para formar água. A água dessorve no gás do catodo e é carregada para fora da célula. O material da membrana é um polímero hidrofílico que absorve moléculas de água e facilita o transporte de íons hidrogênio do anodo para o catodo. Elétrons vêm do anodo da célula em uma ponta da pilha e fluem através do circuito externo para impulsionar o dispositivo que a célula combustível está energizando, enquanto os elétrons vindos do dispositivo fluem de volta para o catodo na ponta oposta da pilha para completar o circuito.

É importante manter o teor de água no gás do catodo entre limites inferior e superior. Se o teor atinge um valor para o qual a umidade relativa excederia 100%, condensação ocorreria no catodo (inundando a câmara) e o oxigênio entrando deveria difundir através de um filme de água líquida antes de reagir. A taxa desta difusão é muito mais baixa que a taxa de difusão através do filme de gás normalmente adjacente ao catodo, e o desempenho da célula combustível se deteriora. Por outro lado, se não há água suficiente no gás do catodo (menos do que 85% de umidade relativa), a membrana seca e não pode transportar hidrogênio eficientemente, o que também leva a um desempenho reduzido.

Uma PEMFC de 400 células e 300 volts opera em estado estacionário com uma potência de saída de 36 kW. O ar alimentado ao lado do catodo está a 20°C e aproximadamente a 1,0 atm (absoluta) com uma umidade relativa de 70% e uma vazão volumétrica de 4,00 x 10³ NLPM (normal litro por minuto). O gás sai a 60°C.

(a) Explique em suas próprias palavras o que acontece em uma célula unitária de uma PEMFC.
(b) A quantidade estequiométrica de hidrogênio para uma PEMFC é dada por $(n_{H2})_{consumido} = IN/_2F$, em que I é a corrente em ampères (coulombs/s), N é o número de células unitárias na pilha da célula combustível e F é a constante de Faraday, 96.485 coulombs de carga por mol de elétrons. Derive esta expressão. (*Dica:* Lembre-se de que, como as células são empilhadas em série, a mesa corrente flui através de cada uma e a mesma quantidade de hidrogênio deve ser consumida em cada célula unitária para produzir a corrente em cada anodo.)
(c) Use a expressão da Parte (b) para determinar as vazões molares de oxigênio consumido e água gerada na unidade com as especificações dadas, ambos em mol/min. (Lembre-se de que potência = voltagem × corrente.) Determine então a umidade relativa da corrente de saída do catodo, $h_{r,saída}$.
(d) Determine a vazão de entrada do catodo mínima em NLPM para prevenir a inundação da célula combustível ($h_{r,saída}$ = 100%) e a vazão máxima para prevenir que ela seque ($h_{r,saída}$ = 85%).

SEGURANÇA

6.21. Um tanque de armazenamento de *n*-octano líquido tem um diâmetro de 30 ft e uma altura de 20 ft. Durante um período típico de 24 h, o nível do octano líquido cai de 18 para 8 ft, quando mais octano é bombeado ao tanque para retornar ao nível de 18 ft. À medida que o nível de octano diminui, alimenta-se nitrogênio para o espaço livre para manter a pressão em 16 psia; quando o tanque está sendo enchido, a pressão é mantida em 16 psia descarregando-se gás do espaço de vapor para o meio ambiente. O nitrogênio no tanque pode ser considerado saturado com vapor de octano o tempo todo. A temperatura média do tanque é 90°F.
(a) Qual é a vazão diária, em galões e em lb_m, na qual o octano é utilizado?
(b) Qual é a variação na pressão absoluta no fundo do tanque em polegadas de mercúrio?
(c) Quanto octano é perdido para o meio ambiente durante um período de 24 h?
(d) Por que se usa nitrogênio no espaço de vapor, quando o ar seria mais barato?
(e) Sugira um meio através do qual o octano possa ser recuperado da corrente de gás descartada para a atmosfera.

6.22. Um tanque de 1000 galões contém na verdade 100,0 galões de tolueno líquido e um gás saturado com vapor de tolueno a 85°F e 1 atm.
(a) Que quantidade de tolueno (lb_m) irá para a atmosfera quando o tanque for enchido e o gás deslocado?
(b) Suponha que 90% do tolueno deslocado é recuperado comprimindo-se o gás deslocado até uma pressão total de 5 atm e depois fazendo-se resfriamento isobaricamente até uma temperatura T(°F). Calcule T.

6.23. Uma mistura gasosa contendo 85,0% molar N_2 e o resto de *n*-hexano flui através de uma tubulação com uma vazão de 100,0 m³/h. A pressão é 2,00 atm absolutas e a temperatura é de 100°C.
(a) Qual é a vazão molar do gás em kmol/h?

(b) O gás está saturado? Se não, até que temperatura (°C) deveria ser resfriado a pressão constante para que começasse a condensação do hexano?

(c) Até que temperatura (°C) deveria ser resfriado o gás a pressão constante para condensar 80% do hexano?

6.24. A recuperação e processamento de vários óleos são importantes elementos das indústrias agrícola e alimentícia. Por exemplo, as cascas de soja são removidas dos feijões, que são transformados em flocos e postos em contato com hexano. O hexano extrai o óleo de soja e deixa muito pouco óleo nos sólidos residuais. Os sólidos são secos a uma temperatura elevada e, desta forma, são usados para alimentar gado ou processado para extrair proteína de soja. A corrente de gás deixando o secador está a 80°C, 1 atm absoluta e 50% de saturação relativa.

(a) Uma de várias possibilidades para a recuperação do hexano a partir do gás é enviar a corrente a um condensador que opera a uma pressão de 1 atm absoluta. A corrente de gás que sai do condensador conteria 5,00% molar de hexano e o hexano condensado seria recuperado com uma vazão de 1,50 kmol/min.

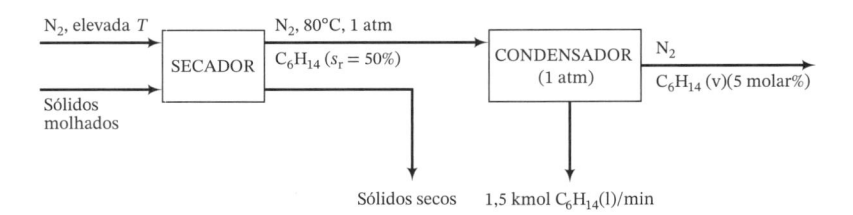

Calcule a temperatura até a qual o gás deve ser resfriado e a vazão necessária de nitrogênio ao secador em metros cúbicos normais por minuto (MCNM).

(b) Em um arranjo alternativo, o gás que sai do secador seria comprimido até 10,0 atm e a temperatura seria simultaneamente aumentada, de forma que a saturação relativa permanecesse em 50%. O gás seria então resfriado a pressão constante para produzir uma corrente contendo 5,00% molar de hexano. Calcule a temperatura final do gás e a razão entre as vazões volumétricas das correntes de gás que saem e que entram no condensador. Exprima qualquer suposição que você faça.

(c) O que você precisaria saber para determinar quais dos processos (a) e (b) é o mais econômico?

SEGURANÇA

6.25. Um tanque de armazenamento de 20.000 litros foi desativado para reparos e para reacoplar uma linha de alimentação danificada por uma batida com um caminhão-tanque. O tanque foi esvaziado e deixado aberto por vários dias para que um soldador entrasse nele e realizasse o trabalho. No entanto, ninguém percebeu que 15 litros de nonano líquido (C_9H_{20}) permaneceram em um coletor no fundo do tanque após sua drenagem.

(a) O nonano tem um limite inferior de inflamabilidade de 0,80% molar e um limite superior de inflamabilidade de 2,9% molar[8] (quer dizer, misturas nonano-ar a 1 atm podem explodir quando expostas a uma faísca ou uma chama se a fração molar de nonano estiver entre os dois valores dados). Admita que qualquer nonano líquido que evapora se espalhe uniformemente pelo tanque. É possível que a composição média da fase gasosa no tanque esteja dentro dos limites de explosão em algum momento? Mesmo que a composição média esteja fora dos limites, por que ainda existe a possibilidade de uma explosão? (*Dica:* Pense sobre sua suposição.)

(b) Use a equação de Antoine (6.1-4) para estimar a temperatura na qual o sistema deveria se equilibrar de maneira que o gás no tanque esteja no limite inferior de inflamabilidade.

(c) Felizmente, um inspetor de segurança examinou o sistema antes que o soldador começasse a trabalhar e imediatamente cancelou a ordem de serviço. O soldador foi autuado e multado por violar os procedimentos estabelecidos de segurança. Uma regulamentação obrigava que o tanque fosse purgado abundantemente com vapor depois de ter sido drenado. Qual é o propósito desta regulamentação? (Por que a purga e por que vapor em vez de ar?) Que outras precauções devem ser tomadas para assegurar que o soldador não corra risco algum?

BIOENGENHARIA

6.26. Um adulto respira mais ou menos 12 vezes por minuto, inalando aproximadamente 500 mL em cada respiração. O oxigênio e o dióxido de carbono são trocados nos pulmões. A quantidade de nitrogênio exalado é igual à quantidade inalada, e a fração molar de nitrogênio no ar exalado é 0,75. O ar exalado está saturado com vapor de água na temperatura do corpo, 37°C. Se as condições ambientes são 25°C, 1 atm e 50% de umidade relativa, que volume de água líquida (mL) deveria ser consumida ao longo de um período de duas horas para repor a água perdida pela respiração? Quanto deveria seria consumido se a pessoa está em um avião onde a temperatura, pressão e umidade relativa são, respectivamente, 25°C, 1 atm e 10%?

[8]R. J. Lewis, *Hazardous Chemicals Desk Reference*, 6ª Edição, John Wiley & Sons, New York, 2008, p. 1036.

MEIO AMBIENTE →

6.27. A recuperação e reutilização de solventes orgânicos é uma parte importante da operação da maioria das plantas químicas. A ordem de grandeza destes esforços de recuperação pode ser impressionante: nos anos recentes, a Eastman Chemical Company usou 3,6 milhões de libras de solventes e recuperou 3,5 bilhões de libras (97%). A instalação por parte da Eastman de um sistema de recuperação de acetona de 26 milhões de dólares reduziu as emissões de acetona em 50% na divisão responsável pela maior parte das emissões.[9]

Uma corrente gasosa contendo 20,0% molar de acetona e o resto de nitrogênio sai de uma planta química a 90°C e 1 atm. Em um processo de recuperação de acetona. A corrente é resfriada a pressão constante em um condensador, permitindo que parte do vapor de acetona seja recuperada como um líquido. O nitrogênio e a acetona não condensada são descarregados na atmosfera.

(a) Cite dois benefícios importantes da recuperação de acetona.

(b) Dois fluidos refrigerantes encontram-se disponíveis — água de uma torre de resfriamento a 20°C e um refrigerante a −35°C. (Nesta última temperatura, a pressão de vapor da acetona é praticamente zero.) Para cada fluido, calcule a percentagem de recuperação de acetona [(mols de acetona condensadas/mols de acetona que alimentam o condensador) × 100%], admitindo que a temperatura do condensador é igual à do fluido refrigerante.

(c) O que você precisaria saber para decidir qual fluido usar?

(d) Em um sistema real, a temperatura do condensador jamais poderia ser igual à temperatura inicial do fluido refrigerante. Por que não? (*Dica:* Em um condensador, o calor é transferido do fluido de processo para o fluido de refrigeração.) Explique como este fato afetaria a percentagem de recuperação do solvente.

6.28. Em um dia de verão, a temperatura é 35°C, a pressão barométrica é 103 kPa e a umidade relativa é 90%. Um aparelho de ar-condicionado puxa o ar externo, resfria este ar até 20°C e o libera com uma vazão de 12.500 L/h. Calcule a taxa de condensação da umidade (kg/h) e a vazão volumétrica do ar puxado do exterior.

6.29. Um aparelho de ar-condicionado está projetado para trazer 10.000 ft^3/min de ar externo (90°F, 29,8 in H$_2$O, 88% de umidade relativa) até 40°F, condensando uma parte do vapor de água e aquecendo depois o ar, liberando-o em um quarto a 65°F. Calcule a taxa de condensação (galões de H$_2$O/min) e a vazão volumétrica de ar liberado no quarto. (*Dica:* No fluxograma, trate a condensação-resfriamento e o reaquecimento como duas etapas separadas do processo.)

6.30. O ar dentro de um prédio deve ser mantido a 25°C e 55% de umidade relativa fazendo passar o ar externo por um pulverizador de água. O ar entra na câmara de pulverização a 32°C e 70% de umidade relativa, sai resfriado e saturado com vapor de água, e é depois reaquecido até 25°C. Estime a temperatura do ar que sai da câmara e a água (kg) adicionada ou removida (especifique qual) por quilograma de ar seco processado.

6.31. Um **higrômetro** é usado para medir o conteúdo de umidade de ar úmido. A calibração deste instrumento gera uma linha reta em um gráfico semilog de y, a fração molar de água no ar (escala logarítmica), versus H, a leitura do instrumento (escala linear).

Ar ambiente é carregado no compartimento de amostragem do higrômetro em um dia no qual a temperatura é 22°C, a pressão barométrica é 1,00 atm e a umidade relativa é 40%. A leitura resultante no medidor é $H = 5,0$. É feita em seguida uma segunda medição aquecendo-se água até 50°C em um frasco selado contendo ar. O sistema atinge o equilíbrio à pressão de 839 mm Hg com algum líquido ainda presente no frasco, e uma amostra do ar acima deste líquido é retirada e injetada no compartimento de amostragem (que está aquecido para prevenir a condensação). A leitura do medidor, neste caso, é $H = 48$.

(a) Determine uma expressão para y como função de H.

(b) Suponha que você deseja processar ar a 35°C e 1 atm para produzir ar condicionado a 22°C, 1 atm e 40% de umidade relativa. O condicionador de ar primeiro resfria o ar, condensando a quantidade necessária de água, e depois reaquece o ar restante até 22°C. Uma amostra de ar externo é colocada no compartimento do higrômetro e a leitura resultante é $H = 30$. Calcule até que temperatura o ar deve ser resfriado antes de ser reaquecido e determine a quantidade de água condensada em kg/m^3 de ar condicionado liberado.

6.32. A recuperação de um vapor de solvente a partir de uma corrente gasosa por condensação pode ser realizada pelo resfriamento do gás, pela compressão do mesmo, ou por uma combinação das duas operações. Quanto maior a compressão, menor resfriamento é necessário.

(a) Uma mistura gasosa na pressão P_0 e temperatura T_0 alimenta um processo de recuperação. Um único vapor condensável e vários gases não condensáveis estão presentes na mistura, dando à alimentação um ponto de orvalho T_{00}. Uma fração f do vapor deve ser condensada. Para uma vazão de alimentação de gás $\dot{n}_0$, desenhe e rotule um fluxograma. Deduza então a seguinte

---

[9]Relatório de Prevenção da Poluição da Chemical Manufacturers Association, a Chemical Industry Progress Report (1988-1992), Responsible Care — A Public Commitment.

relação para a pressão final do condensador em termos da temperatura final T_f e das condições especificadas da alimentação e da recuperação fracional do solvente:

$$P_f = \frac{p^*(T_f)[1 - fp^*(T_{d0})/P_0]}{(1-f)p^*(T_{d0})/P_0}$$

Também mostre que para uma pressão do condensador final dada, a pressão de vapor do componente condensável é dada por

$$p^*(T)_f = \frac{P_f(1-f)p^*(T_{d0})}{P_0 - fp^*(T_{d0})}$$

(b) O custo do equipamento de refrigeração e do compressor pode ser estimado usando as fórmulas empíricas[10]

$$C_{refr}(\text{R\$/kmol gás alimentado}) = 2000 + 27(\Delta T)^2$$

$$C_{comp}(\text{R\$/kmol gás alimentado}) = 4500 + 5,58(\Delta P)$$

em que $\Delta T(°C) = T_f - T_0$ e $\Delta P(\text{mm Hg}) = P_f - P_0$. Prepare uma planilha para estimar o custo operacional de um processo no qual o etilbenzeno é recuperado a partir de uma mistura gasosa etilbenzeno-nitrogênio. Você pode usar as funções do APEx ou as constantes de Antoine da Tabela B.4 nos seus cálculos. Explore duas regiões de operação: A primeira deve variar a temperatura final entre T1 = 45°C e T10 = 0°C em incrementos de 5°C, e a segunda deve variar a pressão final entre P1 = 1000 mm Hg e P10 = 10.000 mm Hg em incrementos de 1000 mm Hg.

Condensação do Etilbenzeno no Nitrogênio											
Variações na Temperatura Final											
Corrida	T0(C)	P0(mm Hg)	Td0(C)	p*(Td0) (mm Hg)	f	Tf(C)	p*(Tf) (mmHg)	Pf(mmHg)	Cref	Ccomp	Ctot
T1	50	765	40	21,5	0,95	45	27,6	19,139	2675	107,027	109,702
T2	50	765	40	21,5	0,95	40					
Topt	50	765	40	21,5	0,95	Tinitial					
Variações na Pressão Final											
Corrida	T0(C)	P0(mm Hg)	Td0(C)	p*(Td0) (mm Hg)	f	Pf(mm Hg)	p*(Tf) (mmHg)	Tf(C)	Cref	Ccomp	Ctot
P1	50	765	40	21,5	0,95	1000	1,4	−3,7	79,778	5811	85,590
P2	50	765	40	21,5	0,95	2000					
Popt	50	765	40	21,5	0,95	Pinitial					

A linha mostrada no quadro anterior para a Corrida 1 contém os resultados para um gás de alimentação a 50°C e 765 mm Hg com um ponto de orvalho de 40°C, do qual 95% do etilbenzeno devem ser recuperados resfriando-se a mistura até 45°C. A saída mostra que a mistura deve ser comprimida até 19.139 mm Hg para atingir a recuperação desejada e que os custos de refrigeração e compressão e o custo total (\$/kmol de gás alimentado) são, respectivamente, \$2675, \$107.027 e \$109.702. (Nós reconhecemos que os algarismos significativos mostrados são excessivos, mas deixe-os na planilha.)

Depois de você ter construído a tabela e duplicado os resultados descritos para a Corrida 1, (i) copie esta linha para as três linhas seguintes e modifique os valores das primeiras seis colunas para duplicar aquelas acima; (ii) mantenha as Corridas 2 e 3 do jeito que estão; e (iii) na Corrida 4, varie o valor de T_f para encontrar a temperatura que minimize o custo final e a pressão para as condições dadas da alimentação e recuperação fracional, tomando nota do que acontece às variáveis P_f, C_{refr}, C_{comp} e C_{tot} à medida que você faz sua procura.

(c) Quando você tiver construído a planilha e duplicado os resultados para a Corrida T1, copie aquela linha nas próximas 9 linhas e mude os valores na primeira e sétima colunas para corres-

---

[10]Estas fórmulas são fictícias. Fórmulas reais de estimação de custos podem ser encontradas em vários textos, incluindo M. S. Peters, K. D. Timmerhaus e R. West, *Plant Design and Economics for Chemical Engineers*, 5th Edition, McGraw-Hill, New York, 2003; W. D. Seider, J. D. Seader, D. R. Lewin e S. Widagdo, *Product and Process Design Principles*, 3th Edition John Wiley & Sons, New York, 2009.

ponderem aos números das corridas e respectivas temperaturas finais. Observe o que acontece com os valores calculados de P_f, C_{ref}, C_{comp} e C_{tot} na medida em que você vai da Corrida 1 para a Corrida 10. Agora copie a linha da Corrida 10 na linha seguinte da planilha e rotule-a Topt. Use o Solver para minimizar o custo total variando a temperatura final.

(d) Repita os procedimentos da Parte (c), mas desta vez varie a pressão final, P_f. Use o solver novamente para minimizar o custo total, desta vez ajustando P_f. Você deve obter os mesmos valores para Corrida Popt que aqueles determinados na Corrida Topt.

(e) Faça um resumo dos efeitos de T_f e P_f um sobre o outro e sobre os custos de compressão e refrigeração. Explique por que o custo total tem um mínimo.

6.33. Uma corrente gasosa contendo 40,0% molar de hidrogênio, 35,0% de monóxido de carbono, 20,0% de dióxido de carbono e 5,0% de metano é resfriada de 1000°C a 10°C a uma pressão absoluta constante de 35,0 atm. O gás entra no resfriador a 120 m³/min e, após sair do resfriador, alimenta um absorvedor, onde é posto em contato com metanol líquido refrigerado. O metanol alimenta o absorvedor com uma vazão molar 1,2 vez maior do que a do gás a −15°C. Praticamente todo o CO_2 é absorvido, assim como 98% do metano e nada dos outros componentes do gás de alimentação. O gás que sai do absorvedor, que está saturado com metanol a −12°C, alimenta um reator para processamento posterior.

(a) Calcule a vazão volumétrica do metanol que entra no absorvedor (m³/min) e a vazão molar de metanol no gás que sai do absorvedor. *Não admita comportamento de gás ideal ao fazer os cálculos PVT.*

SEGURANÇA

(b) Liste e explique pelo menos três perigos associados com o sistema descrito.

(c) Um dos possíveis usos do produto gasoso é como alimentação para um reator no qual a reação de deslocamento de gás d'água ocorre: $H_2 + CO_2 \rightleftharpoons H_2O + CO$. Explique o efeito de remover CO_2 antes de introduzir a alimentação no reator.

6.34. Você foi recém-contratado como um engenheiro de processo por uma firma produtora de polpa e papel. Seu novo chefe te chama e fala sobre um secador de polpa projetado para reduzir o conteúdo de umidade de 1500 kg/min de polpa úmida de madeira desde 0,9 kg H_2O/kg polpa seca para 0,15% em peso de H_2O. O ar é tirado da atmosfera a 25°C, 760 mm Hg e 90% de umidade relativa, enviado através de um soprador-aquecedor e depois alimenta o secador. Quando a operação foi posta em serviço, as condições do tempo estavam exatamente como assumido no projeto e medidas mostraram que o ar deixando o secador estava a 80°C e uma pressão manométrica de 10 mm Hg. No entanto, não havia como verificar a operação do soprador para ver se ele estava fornecendo a vazão volumétrica de ar especificada. Seu chefe quer verificar aquele valor e pede para criar um método para fazê-lo. Você volta ao escritório, rascunha o processo e determina que você pode estimar a vazão de ar a partir das informações dadas se você também souber o teor de unidade do ar deixando o secador.

(a) Proponha um método para estimar o teor de umidade do ar da saída.

(b) Suponha que suas medidas foram feitas e que você descobriu que o ar da saída a 10 mm Hg manométrico tem um ponto de orvalho de 40°C. Use esta informação e a massa de água removida da polpa úmida para determinar a vazão volumétrica (m³/min) de ar entrando no sistema.

6.35. Na manufatura de um ingrediente farmacêutico ativo (API), o API passa por uma etapa de purificação final na qual ele é cristalizado, filtrado e lavado. Os cristais lavados contêm 47% de água. Eles são alimentados a um secador de túnel e deixam o secador a uma vazão de 165 kg/h contendo 5% de umidade aderida. Ar seco entra no secador a 145°F e 1 atm e o ar da saída está a 130°F e 1 atm com uma umidade relativa de 50%. Calcule a vazão (kg/h) na qual o API entra no secador e a vazão volumétrica (ft³/h) de ar na entrada.

6.36. O *n*-hexano é usado para extrair óleo de grãos de soja (veja o problema 6.24). O resíduo sólido da unidade de extração, que contém 0,78 kg hexano líquido/kg sólidos secos, passa a um secador, onde é posto em contato com nitrogênio, que entra a 85°C. Os sólidos saem do secador contendo 0,05 kg hexano líquido/kg sólidos secos e o gás sai a 80°C e 1 atm, com uma saturação relativa de 70%. O gás alimenta logo um condensador, no qual é comprimido até 5,0 atm e resfriado até 28°C, permitindo que parte do hexano seja recuperado como condensado.

(a) Calcule a recuperação fracional de hexano (kg condensado/kg alimentado com os sólidos molhados).

(b) Foi feita a proposta de dividir a corrente de gás que sai do condensador combinando 90% da mesma com nitrogênio limpo, aquecendo a corrente combinada até 85°C e reciclando a corrente aquecida para a entrada do secador. Que fração do nitrogênio limpo requerido na Parte (a) seria economizado pela introdução deste reciclo? Que custos envolveria a introdução do reciclo?

6.37. Na etapa final do processo de manufatura de um produto orgânico sólido, este produto é limpo com tolueno líquido e depois secado em um processo cujo fluxograma aparece em seguida.[11]

---

[11]Adaptado de *Professional Engineering Examinations*, Vol. 1 (1965-1971), National Council of Engineering Examiners, pp. 60.

O produto molhado entra no secador com uma vazão de 300 lb_m/h contendo 0,200 lb_m tolueno/ lb_m sólidos secos. Uma corrente de nitrogênio a 200°F, 1,2 atm contendo uma pequena quantidade de vapor de tolueno entra também no secador. (Uma temperatura maior faria com que o produto amolecesse e degradasse.) O calor se transfere no secador do gás para os sólidos molhados, causando a evaporação da maior parte do tolueno. O produto final contém 0,020 lb_m tolueno/lb_m sólidos secos. O gás sai do secador a 150°F e 1,2 atm, com uma saturação relativa de 70%, e passa através de um condensador resfriado com água. As correntes líquida e gasosa saem do condensador em equilíbrio a 90°F e 1 atm. O gás é reaquecido até 200°F e retorna ao secador.

(a) Explique sucintamente este processo com suas próprias palavras. Na sua explicação, inclua a inalidade do condensador e do reaquecedor de nitrogênio e uma razão provável para o uso de nitrogênio no lugar de ar como gás de recirculação. O que você acha que acontece com o tolueno líquido que sai do condensador?

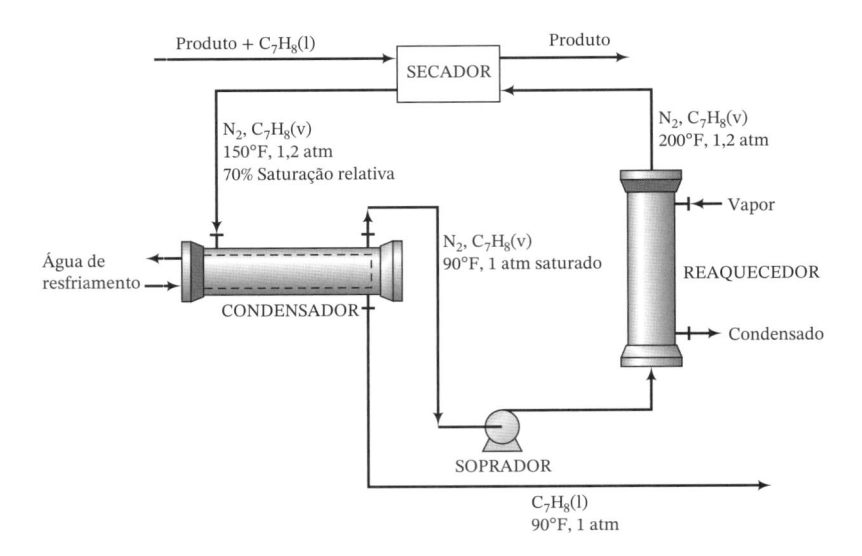

(b) Calcule as composições (frações molares dos componentes) das correntes gasosas que entram e saem ao secador, a taxa de circulação de nitrogênio seco (lb_m/h) e a vazão volumétrica do gás que entra no secador (ft^3/h).

(c) Explique por que o processo real tem uma pequena corrente de reposição de nitrogênio misturada com a alimentação para o soprador.

6.38. *n*-Hexano é queimado com ar em excesso. Uma análise do produto gasoso fornece a seguinte composição molar *em base seca*: 6,9% CO_2, 2,1% CO, 0,265% C_6H_{14} ($+O_2$ e N_2). O gás de chaminé sai a 760 mm Hg. Calcule a porcentagem de conversão do hexano, a porcentagem de ar em excesso que alimenta o queimador e o ponto de orvalho do gás de chaminé, considerando a água como a única espécie condensável.

6.39. Um gás combustível contendo metano e etano é queimado com ar em uma fornalha, produzindo um gás de chaminé a 300°C e 105 kPa (absoluto). Você analisou o gás da chaminé e encontrou que ele contém nenhum hidrocarboneto não queimado, oxigênio ou monóxido de carbono. Você também determina a temperatura de ponto de orvalho.

(a) Estime a faixa de possíveis temperaturas de ponto de orvalho determinando os pontos de orvalho quando a alimentação é ou metano puro ou etano puro.

(b) Estime a fração da alimentação que é metano se a temperatura de ponto de orvalho medida é 59,5°C.

(c) Que faixa de temperaturas de ponto de orvalho medidas levaria a frações molares de metano calculadas distantes até 5% do valor determinado na Parte (b)?

6.40. Uma mistura de propano e butano é queimada com ar. Uma análise parcial do gás de chaminé fornece as seguintes percentagens volumétricas em base seca: 0,0527% C_3H_8, 0,0527% C_4H_{10}, 1,48% CO e 7,12% CO_2. O gás de chaminé está a uma pressão absoluta de 780 mm Hg e o ponto de orvalho do gás é 46,5°C. Calcule a composição molar do combustível.

6.41. Um parâmetro importante no projeto de absorvedores de gás é a razão entre a vazão do líquido e a do gás. Quanto menor esta relação, menor será o custo do solvente necessário para processar uma quantidade específica de gás, porém maior terá que ser o absorvedor para atingir a separação especificada.

O propano é recuperado de uma mistura 7% molar de propano–93% de nitrogênio pondo-se a mistura em contato com *n*-decano líquido. Uma quantidade insignificante de decano é vaporizada no processo, e 98,5% do propano que entra na unidade é absorvido.

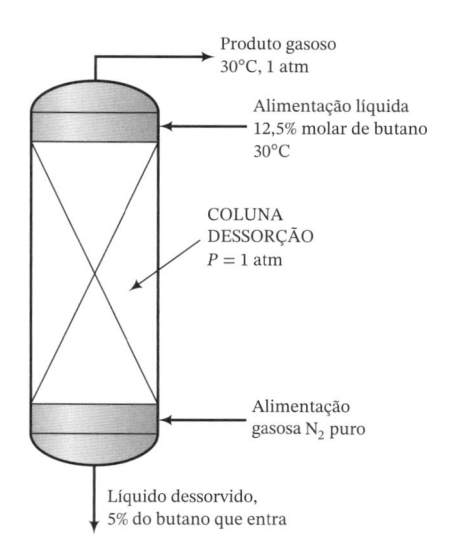

Produto gasoso
$\dot{n}_{G_1}$(lb-mol/h)

Alimentação líquida
$\dot{n}_{L_1}$(lb-mol/h)

ABSORVEDOR
$T = 80°F, P = 1$ atm

Alimentação gasosa
$\dot{n}_{G_2}$(lb-mol/h)
0,07 lb-mol C_3H_8/lb-mol

Produto líquido
$\dot{n}_{L_2}$(lb-mol/h)

(a) A maior fração molar possível de propano no gás de saída seria aquela que estivesse em equilíbrio com a fração molar de propano no gás de entrada (uma condição que requereria uma coluna infinitamente alta). Usando e a lei de Raoult para relacionar as frações molares de propano no gás de entrada e no líquido de saída, calcule a razão $(\dot{n}_{L1}/\dot{n}_{G2})$ correspondente a esta condição limitante.

(b) Suponha que a razão real de alimentação $(\dot{n}_{L1}/\dot{n}_{G2})$ é 1,2 vez o valor calculado na Parte (a) e que a porcentagem do propano que entra e que é absorvido é a mesma (98,5%). Calcule a fração molar de propano no líquido de saída.

(c) Quais são os custos e benefícios associados com o aumento de $(\dot{n}_{L1}/\dot{n}_{G2})$ do seu valor mínimo [aquele calculado na Parte (a)]? O que você precisa saber para determinar o valor mais econômico desta razão?

6.42. Uma corrente líquida consistindo em 12,5% molar de n-butano e o resto sendo um hidrocarboneto pesado não volátil alimenta o topo de uma coluna de retificação, onde é posta em contato com uma corrente ascendente de nitrogênio. O líquido residual sai pelo fundo da coluna contendo todo o hidrocarboneto pesado, 5% do butano que entrou na coluna e uma quantidade desprezível de nitrogênio dissolvido.

Produto gasoso
30°C, 1 atm

Alimentação líquida
12,5% molar de butano
30°C

COLUNA
DESSORÇÃO
$P = 1$ atm

Alimentação
gasosa N_2 puro

Líquido dessorvido,
5% do butano que entra

(a) A maior fração molar possível de butano no gás de saída seria aquela que estivesse em equilíbrio com o butano no líquido que entra (uma condição que requereria uma coluna infinitamente alta). Usando a lei de Raoult para relacionar as frações molares do butano no líquido que entra e no gás que sai, calcule a razão molar de alimentação (mols de gás alimentado/mols de líquido alimentado) correspondente a esta condição limitante.

(b) Suponha que a fração molar real de butano no gás de saída é 80% do seu valor máximo teórico, e que a porcentagem retificada (95%) é a mesma da Parte (a). Calcule a razão (mols de gás alimentado/mols de líquido alimentado) para este caso.

    (c) Elevar a vazão de alimentação do nitrogênio para uma dada vazão de líquido de alimentação e uma dada recuperação de butano aumenta o custo do processo por um lado e o diminui por outro. Explique. O que você deveria saber para determinar o valor mais econômico da razão gás/líquido?

6.43. Ácido nítrico é um intermediário químico usado primariamente na síntese de nitrato de amônio, que é usado na manufatura de fertilizantes. O ácido também é importante na produção de outros nitratos e na separação de metais a partir de minérios.

    Ácido nítrico pode ser produzido pela oxidação da amônia a óxido nítrico sobre um catalisador de platina-ródio, seguida pela oxidação do óxido nítrico a dióxido de nitrogênio em uma unidade separada, onde este último é absorvido em água para formar uma solução aquosa de ácido nítrico.

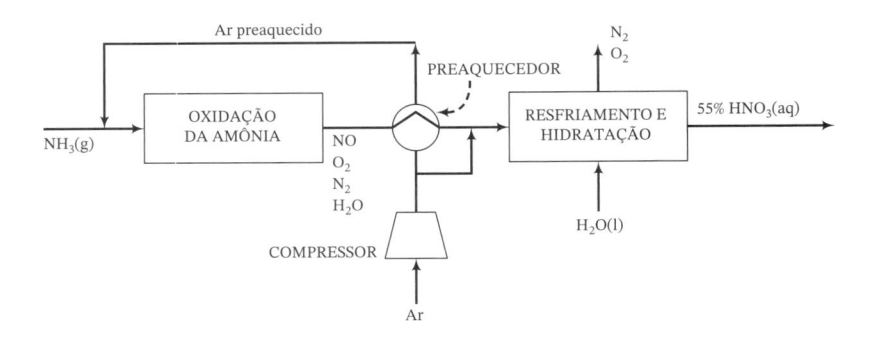

A sequência de reações é como segue:

$$4NH_3 + 5O_2 \rightarrow 4NO + 6H_2O$$

$$4NO + 2O_2 \rightarrow 4NO_2$$

$$4NO_2 + 2H_2O(l) + O_2 \rightarrow 4HNO_3(aq)$$

na qual, ao menos que indicado de outra forma, as espécies são gases. Uma reação paralela na qual a amônia é oxidada para formar nitrogênio e água pode baixar o rendimento do produto:

$$4NH_3 + 3O_2 \rightarrow 2N_2 + 6H_2O$$

    Vapor de amônia produzido pela vaporização de amônia líquida pura a 820 kPa absoluta é misturado com ar, a corrente combinada entra na unidade de oxidação de amônia. Ar a 30°C, 1 atm absoluta e 50% de umidade relativa é comprimido e alimentado ao processo. Uma fração do ar é enviada para as unidades de resfriamento e hidratação, enquanto o restante é passado através de um trocador de calor e misturado com a amônia. O oxigênio total alimentado ao processo é a quantidade estequiométrica necessária para converter toda a amônia a HNO_3, enquanto a fração enviada para a unidade de oxidação de amônia corresponde à quantidade estequiométrica necessária para converter a amônia a NO.

    A amônia reage completamente na unidade de oxidação, com 97% formando NO e o resto formando N_2. Somente uma quantidade desprezível de NO_2 é formada na unidade de oxidação. No entanto, o gás deixando a unidade de oxidação é submetido a uma série de etapas de resfriamento e hidratação nas quais o NO é completamente oxidado a NO_2, que por sua vez combina com a água (parte da qual está presente no gás da unidade de oxidação e o resto é adicionado) para formar uma solução aquosa de ácido nítrico a 55% em massa. O produto gasoso do processo pode ser considerado como contendo apenas N_2 e O_2.

    (a) Tomando como base de cálculo 100 mols de amônia que alimentam o processo, calcule (i) os volumes (m^3) de vapor de amônia e de ar que alimentam o processo usando a equação de estado do fator de compressibilidade para o cálculo da amônia; (ii) os mols e a composição molar do gás que sai da unidade de oxidação; (iii) a alimentação requerida de água líquida (m^3) para as etapas de hidratação e resfriamento e (iv) a fração do ar alimentado para a oxidação.

    (b) Escalone os resultados calculados na Parte (a) para uma nova base de cálculo de 100 toneladas métricas por hora de solução aquosa 55% em peso de ácido nítrico.

Exercícios Exploratórios — Pesquise e Descubra

MEIO AMBIENTE

    (c) Óxidos de nitrogênio (coletivamente referidos como NO_x) são uma categoria de poluentes que são formados de diversas maneiras, incluindo processos como o descrito neste problema. Liste as vazões anuais de emissão das três maiores fontes de emissão de NO_x na região de sua casa. Quais são os efeitos da exposição a concentrações excessivas de NO_x?

    (d) Um catalisador de platina-ródio é usado na oxidação da amônia. Explique a função do catalisador, descreva a sua estrutura e explique a relação entre a estrutura e a função.

6.44. Um gás seco contendo 10,0% de NH_3 em volume é posto em contato com água a 10°C e 1 atm em um borbulhador de estágio único. As correntes de gás e de efluente líquido podem ser consideradas em equilíbrio uma com a outra. Uma pequena fração da corrente líquida alimenta um densímetro contínuo, que indica que a massa específica do líquido é 0,9534 g/mL.

    (a) Usando dados tabelados do *Perry's Chemical Engineers' Handbook*[12] estime a porcentagem da amônia na alimentação que é removida no borbulhador.

    (b) Por que é importante manter a fração da corrente líquida e o compartimento do densímetro a uma temperatura conhecida igual ou abaixo da temperatura do borbulhador?

6.45. O trióxido de enxofre (SO_3) se dissolve e reage com a água para formar uma solução aquosa de ácido sulfúrico (H_2SO_4). O vapor em equilíbrio com a solução contém tanto SO_3 quanto H_2O. Se for adicionado suficiente SO_3, toda a água reage e a solução se transforma em H_2SO_4 puro. Se for adicionado ainda mais SO_3, ele se dissolve para formar uma solução de SO_3 em H_2SO_4, chamada **oleum** ou **ácido sulfúrico fumegante**. O vapor em equilíbrio com o oleum é SO_3 puro. Por definição, um oleum 20% contém 20 kg SO_3 dissolvido e 80 kg H_2SO_4 a cada cem quilogramas de solução. De outro modo, a composição do oleum pode ser expressa como percentagem de SO_3 em peso, considerando que os constituintes do oleum são o SO_3 e H_2O.

    (a) Prove que um oleum 15,0% contém 84,4% SO_3.

    (b) Suponha que uma corrente gasosa a 40°C e 1,2 atm contendo 90% molar SO_3 e 10% N_2 é posta em contato com uma corrente líquida de 98% em peso de H_2SO_4 (aq), produzindo um oleum 15% na saída da coluna. Dados de equilíbrio tabelados indicam que a pressão parcial do SO_3 em equilíbrio com este oleum é 1,15 mm Hg. Calcule (i) a fração molar de SO_3 no gás de saída se este gás está em equilíbrio com o produto líquido a 40°C e 1 atm, e (ii) a razão (m^3 gás alimentado)/(kg líquido alimentado).

6.46. Responda se você usaria a lei de Raoult ou a de Henry para fazer cálculos de equilíbrio líquido-vapor para cada componente nas seguintes misturas líquidas: (a) água e nitrogênio dissolvido; (b) hexano, octano e decano; e (c) água com CO_2 ou qualquer outro refrigerante carbonatado.

6.47. Um gás contendo nitrogênio, benzeno e tolueno está em equilíbrio com uma mistura líquida 40% molar de benzeno e 60% molar de tolueno a 100°C e 10 atm. Estime a composição da fase gasosa (frações molares) usando a lei de Raoult. Indique suas suposições. Por que você teria confiança na exatidão da lei de Raoult?

6.48. Usando a lei de Raoult ou a de Henry para cada substância (a que você considerar mais apropriada), calcule a pressão e a composição da fase gasosa (frações molares) em um sistema contendo um líquido que é 0,3% molar N_2 e 99,7% molar de água em equilíbrio com nitrogênio gasoso e vapor de água a 80°C.

6.49. A pressão em um recipiente contendo metano e água a 70°C é 10 atm. Na temperatura dada, a constante de Henry para o metano é $6,66 \times 10^4$ atm/fração molar. Estime a fração molar do metano no líquido.

6.50. Uma correlação para a solubilidade do metano na água do mar[13] é dada pela equação

$$\ln \beta = -67,1962 + 99,1624 \left(\frac{100}{T} \right) + 27,9015 \ln \left(\frac{T}{100} \right)$$
$$+ S \left[-0,072909 + 0,041674 \left(\frac{T}{100} \right) - 0,0064603 \left(\frac{T}{100} \right)^2 \right]$$

em que β é o volume de gás em mL (CNTP) por unidade de volume (mL) de água quando a pressão parcial do metano é 760 mm Hg, T é a temperatura em Kelvin e S é a salinidade em partes por milhar em massa. Em condições de interesse, a salinidade média é de 35 partes por milhar, a temperatura é 42°F e a massa específica média da água do mar é 1,027 g/cm³.

    (a) Estime a fração molar de metano na água do mar para equilíbrio nas condições dadas. Use um peso molecular médio de 18,4 g/mol para a água do mar. Qual é a constante da lei de Henry nesta temperatura e salinidade?

    (b) O que diz a equação acima sobre o efeito de S na solubilidade do metano?

    (c) Use a constante da lei de Henry da Parte (a) para estimar a solubilidade do metano na temperatura e salinidade dadas, mas a 5000 ft abaixo da superfície do oceano. (*Dica:* Estime a pressão naquela profundidade.)

Exercícios Exploratórios — Pesquise e Descubra

MEIO AMBIENTE

    (d) Nas baixas temperaturas e altas pressões associadas com as profundidades descritas na Parte (c), metano pode combinar com água para formar *hidratos de metano*, que podem afetar tanto

---

[12]R. H. Perry e D. W. Green, Eds., *Perry's Chemical Engineers' Handbook*, 8th Edition, McGraw-Hill, New York, 2008, p. 2-91, 2-92 e 2-104.

[13]S. Yamamoto, J. B. Alcauskas e T. E. Crozier, *J. Chem. Eng. Data*, **21**, 78(1976).

a disponibilidade de energia como ao meio ambiente. Explique (i) como este comportamento influenciaria os resultados na Parte (c) e (ii) como a dissolução de metano na água do mar pode afetar a disponibilidade de energia e meio ambiente.

BIOENGENHARIA

6.51. Quando o ar ($\approx$21% molar O_2, 79% molar N_2) é colocado em contato com 1000 cm³ de água líquida à temperatura do corpo, 36,9°C, e 1 atm absoluta, aproximadamente 14,1 centímetros cúbicos padrão [cm³ (CNTP)] de gás são absorvidos pela água no equilíbrio. Uma análise subsequente do líquido revela que 33,4% molar do gás dissolvido são oxigênio e o resto é nitrogênio.

   (a) Estime as constantes de Henry (atm/fração molar) do oxigênio e do nitrogênio a 36,9°C.

   (b) Um adulto absorve aproximadamente 0,4 g O_2/min no sangue que circula pelos pulmões. Admitindo que o sangue se comporte como a água e que entre nos pulmões livre de oxigênio, estime a vazão do sangue nos pulmões em L/min.

   (c) A vazão real do sangue nos pulmões é aproximadamente 5 L/min. Identifique as suposições feitas na Parte (b) que possam ter causado a discrepância entre as vazões real e calculada do sangue.

6.52. As pressões parciais dos constituintes de um gás em equilíbrio com uma solução líquida a 30°C e 1 atm contendo 2 lb$_m$ SO_2/100 lb$_m$ H_2O são $p_{H_2O} = 31,6$ mm Hg e $p_{SO_2} = 176$ mm Hg. O balanço do gás é ar.

   (a) Calcule a pressão parcial do ar. Se você fizer suposições, indique quais são.

   (b) Suponha que o único dado disponível sobre o sistema seja $p_{SO_2} = 176$ mm Hg, mas não tinha informação dada sobre a pressão parcial de equilíbrio da água. Use a lei de Raoult para estimar o valor desta propriedade. Assumindo que o valor dado no enunciado do problema é correto, que o erro percentual resulta do uso da lei de Raoult?

   (c) O mesmo sistema foi examinado no Exemplo 6.4-1. Que erros percentuais nos dois valores calculados resultam do uso da lei de Raoult para a pressão parcial da água?

6.53. O **coeficiente de solubilidade** de um gás pode ser definido como o número de centímetros cúbicos (CNTP) do gás que se dissolvem em 1 cm³ de um solvente sob uma pressão parcial de 1 atm. O coeficiente de solubilidade do CO_2 em água a 20°C é 0,0901 cm³ CO_2(CNTP)/cm³ de H_2O(l).

   (a) Calcule a constante de Henry em atm/fração molar para o CO_2 em H_2O a 20°C a partir do coeficiente de solubilidade dado.

   (b) Quantos gramas de CO_2 podem ser dissolvidos em uma garrafa de 12 onças de refrigerante a 20°C se o gás acima do refrigerante é CO_2 puro a uma pressão relativa de 2,5 atm (1 litro = 33,8 onças fluidas)? Admita que as propriedades do líquido são as da água.

   (c) Que volume ocuparia o CO_2 dissolvido se fosse liberado da solução a pressão e temperatura do corpo — 1 atm e 37°C?

MEIO AMBIENTE

6.54. O conteúdo de dióxido de enxofre de um gás de chaminé é monitorado fazendo-se passar uma amostra do gás através de um analisador de SO_2. A leitura do analisador é 1000 ppm de SO_2 (partes por milhão em base molar). A amostra de gás sai do analisador com uma vazão de 1,50 L/min a 30°C e 10,0 mm Hg relativa, e é borbulhada através de um tanque contendo inicialmente 140 litros de água pura. No borbulhador, o SO_2 é absorvido e a água evapora. O gás que sai do borbulhador está em equilíbrio com o líquido no mesmo a 30°C e 1 atm absoluta. O conteúdo de SO_2 do gás que sai do borbulhador é monitorado periodicamente com o analisador de SO_2, e quando atinge 100 ppm, a água no borbulhador é substituída por mais 140 litros de água pura.

   (a) Pense sobre por que a amostra de gás não é simplesmente descarregada na atmosfera após sair do analisador. Admitindo que o equilíbrio entre o SO_2 no gás e o SO_2 dissolvido é descrito pela lei de Henry, explique por que o conteúdo de SO_2 no gás que sai do borbulhador aumenta com o tempo. De que valor se aproximaria se a água não fosse substituída? Explique. (A palavra "solubilidade" deve aparecer na sua explicação.)

   (b) Use os seguintes dados de soluções aquosas de SO_2 a 30°C[14] para estimar a constante de Henry nas unidades mm Hg/fração molar:

g SO_2 dissolvido/100 g H_2O(l)	0,0	0,5	1,0	1,5	2,0
p_{SO_2}(mm Hg)	0,0	37,1	83,7	132	183

   (c) Estime a concentração de SO_2 na solução do borbulhador (mol SO_2/litro), os mols totais de SO_2 dissolvido e a composição molar do gás que sai do borbulhador (frações molares de ar, SO_2 e vapor de água) no momento em que a solução no borbulhador precisa ser substituída. Faça as seguintes suposições:

   - As correntes de alimentação e de saída se comportam como gases ideais.
   - O SO_2 dissolvido se distribui uniformemente através do líquido.

---

[14]A. E. Rabe e J. F. Harris, *J. Chem. Eng. Data*, **8**, 333(1963).

- O volume líquido permanece praticamente constante em 140 litros.
- A água perdida por evaporação é suficientemente pequena para que o número total de mols de água no tanque possa ser considerado constante.
- A distribuição de SO_2 entre o gás de saída e o líquido no recipiente em qualquer momento é governada pela lei de Henry, enquanto a distribuição de água é governada pela lei de Raoult (admita $x_{H_2O} \approx 1$).

(d) Sugira mudanças nas condições de lavagem do gás e na solução de lavagem que possam levar a um aumento na remoção de SO_2 do gás de alimentação.

6.55. Uma corrente de vapor 65% molar de estireno e 35% molar de tolueno está em equilíbrio com uma mistura líquida das mesmas duas espécies. A pressão do sistema é 150 mm Hg (absoluta). Use a lei de Raoult para estimar a composição do líquido e a temperatura do sistema.

6.56. Um gás contendo nitrogênio, benzeno e tolueno está em equilíbrio com um líquido contendo 35% molar de benzeno e 65% molar de tolueno a 85°C e 10 atm. Estime a composição do gás (frações molares) usando a lei de Raoult e admitindo comportamento de gás ideal.

6.57. Uma mistura líquida contendo 50% molar de propano, 30% n-butano e 20% isobutano está armazenada em um recipiente rígido a 77°F. O recipiente tem uma pressão máxima de trabalho de 400 psig. O espaço sobre o líquido contém apenas vapores dos três hidrocarbonetos.

(a) Uma forma da equação de Antoine para a qual constantes para os três componentes são disponíveis[15] é $\log_{10} p^* = A - B/(T + C)$, em que p^* está em bar e T em Kelvin. As constantes e a faixa dos dados da qual elas foram obtidas estão indicadas na tabela seguinte:

Componente	A	B	C	Faixa (K)
propano	4,53678	1149,360	24,906	278–361
n-butano	4,35576	1175,581	–2,070	273–425
isobutano	4,32810	1132,108	0,918	261–408

SEGURANÇA ⟶

Usando estes valores e a lei de Raoult, mostre que o uso do recipiente na temperatura dada é seguro.

(b) Assuma que sob aquecimento há pouca alteração da composição do líquido e obtenha uma estimativa da temperatura acima da qual a pressão máxima permitida seria excedida. Explique por que a suposição referente a não alteração da composição do líquido é razoável.

6.58. Um sistema fechado contém uma mistura equimolar de n-pentano e isopentano.

(a) Suponha que o sistema é inicialmente todo líquido a 120°C e a alta pressão, e que a pressão é gradativamente reduzida a temperatura constante. Estime as pressões nas quais se forma a primeira bolha de vapor e desaparece a última gota de líquido. Calcule também as composições do líquido e do vapor (frações molares) nestas duas condições. (*Dica:* Use uma planilha eletrônica.)

(b) Suponha agora que o sistema começa como vapor a 1200 mm Hg relativa e a alta temperatura, e que a temperatura é gradativamente reduzida à pressão constante. Estime as temperaturas nas quais se forma a primeira gota de líquido e condensa a última bolha de vapor. Calcule também as composições do líquido e do vapor nestas duas condições.

6.59. Borbulha-se nitrogênio através de uma mistura líquida que contém inicialmente quantidades equimolares de benzeno e tolueno. A pressão do sistema é de 3 atm e a temperatura é 80°C. A vazão do nitrogênio é 10,0 litros normais por minuto. O gás que sai do borbulhador está saturado com vapores de benzeno e tolueno.

(a) Estime as vazões iniciais (mol/min) nas quais o benzeno e o tolueno saem do borbulhador.

(b) Como mudarão as frações molares de benzeno e tolueno na mistura líquida com o tempo (aumentarão, diminuirão ou permanecerão constantes)? Explique sua resposta.

(c) Como mudarão as frações molares de benzeno e tolueno no gás de saída com o tempo (aumentarão, diminuirão ou permanecerão constantes)? Explique sua resposta.

6.60. Calcule o seguinte:

(a) A temperatura do ponto de bolha de uma mistura equimolar de n-hexano e n-heptano líquidos a 1,0 atm e a composição (frações molares) do vapor em equilíbrio com esta mistura.

(b) A temperatura do ponto de orvalho de uma mistura gasosa com uma composição molar de 30% n-hexano, 30% n-heptano e 40% ar a 1 atm e a composição (frações molares) do líquido em equilíbrio com esta mistura.

6.61. Uma mistura líquida contém N componentes (N pode ser qualquer número entre 2 e 10) na pressão P(mm Hg). A fração molar do componente i é x_i ($i = 1, 2, ..., N$) e a pressão de vapor deste componente é dada pela equação de Antoine (veja a Tabela B.4) com as constantes A_i, B_i e C_i. A lei de Raoult pode ser aplicada a cada um dos componentes.

---

[15]http://webbook.nist.gov/cgi/.

(a) Escreva as equações que você usaria para calcular a temperatura do ponto de bolha da mistura, terminando com uma equação da forma $f(T) = 0$. (O valor de T que satisfaz esta equação é a temperatura do ponto de bolha.) Escreva depois as equações para as frações molares de cada componente (y_1, y_2, ..., y_N) na primeira bolha formada, admitindo que a temperatura já é conhecida.

(b) Prepare uma planilha para fazer os cálculos da Parte (a). A planilha deve incluir uma linha de título para identificação do problema e uma linha com as entradas para a pressão dada e uma estimativa da temperatura do sistema. Assegure-se de rotular estas variáveis e mostrar as unidades na qual cada uma é expressa. Colunas adjacentes devem ser denominadas Espécie, p_i^*, x_i, p_i e y_i. Valores de pressão de vapor na temperatura estimada devem ser calculados usando a base de dados de propriedades físicas do APEx e a lei de Raoult deve ser usada para determinar as pressões parciais. A linha final na tabela deve conter as somas das frações molares e pressões parciais do vapor. Coloque uma função de convergência $f(T) = P - \sum p_i$ abaixo da tabela de forma que a função Atingir Meta possa ser usada para variar a T estimada até $f(T) = 0$. Teste a planilha calculando a temperatura do ponto de bolha para uma mistura líquida contendo 22,6% molar de benzeno, 22,6% de etilbenzeno, 22,3% de tolueno e o balanço de estireno nas pressões de 250 mm Hg, 760 mm Hg e 7500 mm Hg. Identifique qualquer ressalva que você tiver sobre os resultados calculados.

(c) Foi determinado que em vez de estireno, o balanço da mistura acima na Parte (b) é de propilbenzeno. Ao entrar o nome "propilbenzeno" na função AntoineP do APEx, você provavelmente receberá a mensagem de erro #VALUE!, que significa que esta substância não está na base de dados do APEx. Poling et al. (veja nota de rodapé 2, p. A.57) fornece constantes para a pressão de vapor do propilbenzeno correspondentes à seguinte expressão da equação de Antoine:

$$\log_{10} p^*(\text{bar}) = A - B/[T(°C) + C],$$

em que $A = 4{,}07664$, $B = 1491{,}8$ e $C = 207{,}25$; a correlação é válida na faixa de 324 K-461 K. Modifique a planilha para incorporar esta expressão e estime a temperatura de ponto de bolha da mistura a uma pressão de 760 mm Hg.

6.62. Uma mistura vapor de n-butano (B) e n-hexano (H) contém 50% molar de butano a 120°C e 1,0 atm. Uma corrente desta mistura fluindo com uma vazão de 150,0 L/s é resfriada e comprimida, causando a condensação de parte, mas não de todo o vapor. (Trate este processo como uma operação de estágio simples.) As correntes de produto líquido e vapor saem do processo em equilíbrio a T(°C) e 1100 mm Hg. A corrente de produto vapor contém 60,0% de butano.

(a) Desenhe e rotule um fluxograma. Faça uma análise dos graus de liberdade para mostrar que você dispõe de informação suficiente para determinar a temperatura final necessária (T), a composição do produto líquido (frações molares dos componentes) e as vazões molares dos produtos líquido e vapor a partir da informação dada e das expressões de Antoine para as pressões de vapor $p_B^*(T)$ e $p_H^*(T)$. *Apenas identifique as equações — por exemplo, um balanço molar de butano ou a lei de Raoult para o hexano —, mas não as escreva ainda.*

(b) Escreva em ordem as equações que você usaria para determinar as quantidades listadas na Parte (a) e também a condensação fracional de *hexano* (mols de H condensado/mols de H alimentado). Em cada equação, indique a variável para a qual você a resolveria. Não faça nenhum algebrismo ou cálculo.

(c) Complete os cálculos, manualmente ou com a ajuda de um programa de solução de equações.

(d) Destaque três suposições que você fez que possam levar a erros nas quantidades calculadas.

6.63. A alimentação de uma coluna de destilação (mostrada abaixo) é uma mistura líquida 45,0% molar de n-pentano–55,0% molar de n-hexano. A corrente de vapor que sai no topo da coluna, que contém 98,0% molar de pentano e o resto de hexano, vai para um condensador total (no qual todo o vapor é condensado). Metade do líquido condensado retorna ao topo da coluna como *refluxo* e o resto é retirado como produto de topo (*destilado*), com uma vazão de 85,0 kmol/h. O destilado contém 95% do pentano fornecido à coluna. A corrente líquida que sai pelo fundo da coluna passa a um *refervedor*. Parte desta corrente é vaporizada; o vapor é reciclado para o fundo da coluna como *boilup*, e o líquido residual é retirado como *produto de fundo*.

(a) Calcule a vazão molar da corrente de alimentação e a vazão molar e composição da corrente de produto de fundo.

(b) Estime a temperatura do vapor que entra no condensador, admitindo que está saturado (no seu ponto de orvalho) a uma pressão absoluta de 1 atm e que a lei de Raoult se aplica tanto ao pentano quanto ao hexano. Estime depois as vazões volumétricas da corrente de vapor que sai da coluna e do destilado líquido. Exprima qualquer suposição que você faça.

(c) Estime a temperatura do refervedor e a composição do boilup, de novo admitindo a operação a 1 atm.

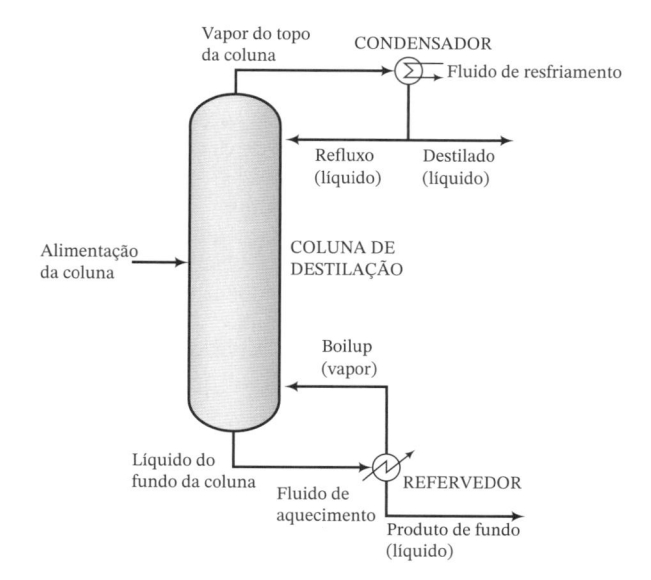

(d) Calcule o diâmetro mínimo da tubulação que conecta a coluna e o condensador se a velocidade máxima permitida é de 10 m/s. Depois, liste todas as suposições que fundamentam este cálculo.

6.64. O vapor que sai do topo de uma coluna de destilação vai para um condensador no qual pode acontecer a condensação parcial ou total. Se a condensação é total, uma parte do condensado retorna ao topo da coluna como *refluxo* e o líquido remanescente é retirado como *produto de topo* (ou *destilado*). (Veja o Problema 6.63.) Se um *condensador parcial* é usado, o líquido condensado retorna como refluxo e o vapor não condensado é retirado como produto de topo.

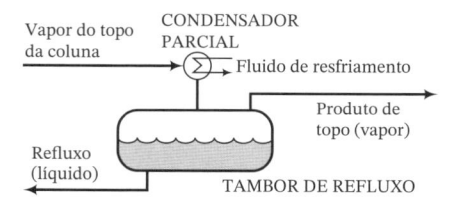

O produto de topo de uma coluna de destilação *n*-butano–*n*-pentano contém 96% molar de butano. A temperatura do fluido refrigerante limita a temperatura do condensador a 40°C ou mais.

(a) Usando a lei de Raoult, estime a pressão mínima na qual o condensador pode operar como condensador parcial (quer dizer, na qual pode produzir líquido para o refluxo) e a pressão mínima na qual pode operar como condensador total. Em termos de ponto de orvalho e ponto de bolha, o que cada uma dessas pressões representa para a temperatura dada?

(b) Suponha que o condensador opera como condensador total a 40°C, a taxa de produção de destilado é 75 kmol/h e a razão molar do refluxo para o destilado é 1,5:1. Calcule as vazões molares e composições da corrente de refluxo e do vapor que entra ao condensador.

(c) Suponha agora que se usa um condensador parcial, com o refluxo e o destilado em equilíbrio a 40°C, e que a vazão de destilado e a razão de refluxo têm os mesmos valores que na Parte (b). Calcule a pressão de operação do condensador e as composições do refluxo e do vapor que entram no condensador.

6.65. Cálculos de equilíbrio líquido-vapor podem, às vezes, ser simplificados pelo uso de uma quantidade chamada de **volatilidade relativa**, que pode ser definida em termos da seguinte representação das fases líquida e vapor em equilíbrio:

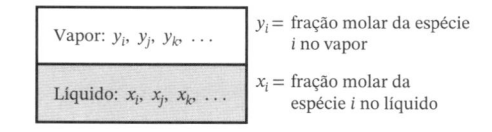

A volatilidade relativa entre a espécie *i* e a espécie *j* é

$$\alpha_{ij} = \frac{y_i/x_i}{y_j/x_j} = \frac{y_i/y_j}{x_i/x_j}$$

Se α_{ij} é muito maior do que 1, a espécie i é muito mais volátil do que a espécie j (quer dizer, tem uma tendência muito maior a se vaporizar na pressão e temperatura do sistema); pelo contrário, se $\alpha_{ij} \ll 1$, a espécie i é muito menos volátil do que a espécie j. Quanto mais α_{ij} se aproxima de 1, mais difícil é separar a espécie i da espécie j por um processo como a destilação ou a condensação parcial de uma mistura de vapores.

(a) Mostre que a volatilidade relativa entre as espécies A e B, α_{AB}, é igual à razão entre as pressões de vapor na temperatura do sistema, p_A^*/p_B^*, se ambas as espécies obedecem à lei de Raoult e seguem o comportamento de gás ideal.

(b) Determine a volatilidade relativa entre estireno e etilbenzeno a 85°C e a volatilidade relativa entre benzeno e etilbenzeno à mesma temperatura. Que par você classificaria como o mais difícil de separar por destilação?

(c) Mostre que para uma mistura binária de i e j

$$y_i = \frac{\alpha_{ij}x_i}{1 + (\alpha_{ij} - 1)x_i}$$

(d) Aplique a equação da Parte (c) a um sistema benzeno–etilbenzeno a 85°C, usando-a para estimar as frações molares de benzeno na fase vapor em equilíbrio com líquidos que têm frações molares de 0,0; 0,2; 0,4; 0,6; 0,8 e 1,0. Calcule depois a pressão total do sistema para cada uma destas seis condições.

6.66. Um **estágio** de um processo de separação é definido como uma operação na qual os componentes de uma ou mais correntes de alimentação se dividem entre duas fases, que são retiradas separadamente. Em um **estágio ideal** ou **estágio de equilíbrio**, as correntes de efluente (de saída) estão em equilíbrio umas com as outras.

As colunas de destilação consistem muitas vezes em uma série de estágios distribuídos verticalmente. O vapor flui para cima e o líquido flui para baixo entre estágios adjacentes; parte do líquido que alimenta cada estágio vaporiza e parte do vapor que alimenta o próximo estágio condensa. Uma representação da seção superior de uma coluna de destilação é mostrada na figura a seguir. (Veja o Problema 4.42 para uma representação mais realista.)

Considere uma coluna de destilação operando a 0,4 atm absoluta, na qual estão sendo separados benzeno e estireno. Uma corrente de vapor contendo 65% molar de benzeno e 35% molar de estireno entra no estágio 1 com uma vazão de 200 mol/h, e um líquido contendo 55% molar de benzeno e 45% molar de estireno sai deste estágio com uma vazão de 150 mol/h. Você pode admitir que (1) os estágios são ideais, (2) a lei de Raoult pode ser usada para relacionar as composições das correntes que saem de cada estágio, e (3) as vazões molares totais do líquido e do vapor não variam significativamente de um estágio para outro.

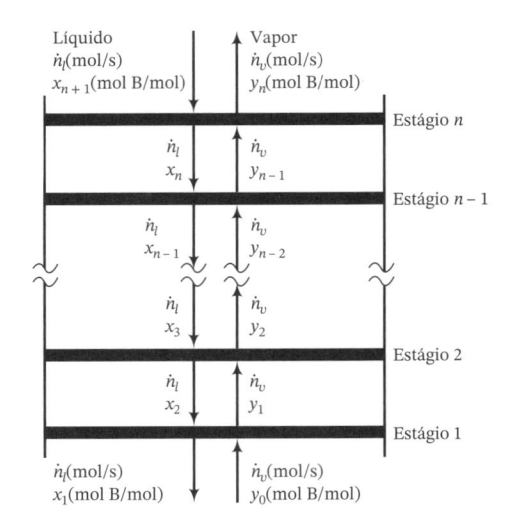

(a) Como você esperaria que variasse a fração molar de benzeno no líquido de um estágio para outro, começando no estágio 1 e movendo-se para cima da coluna? Baseado na sua resposta e considerando que a pressão permanece praticamente constante de um estágio para outro, como você esperaria que variasse a temperatura nos estágios cada vez mais altos? Explique brevemente.

(b) Estime a temperatura no estágio 1 e as composições da corrente de vapor que sai deste estágio e da corrente líquida que entra no mesmo. Repita depois os cálculos para o estágio 2.

(c) Descreva como você calcularia o número de estágios ideais necessários para reduzir o conteúdo de estireno no vapor até menos de 5% molar.

6.67. O seguinte diagrama mostra uma coluna de absorção em estágios na qual o n-hexano (H) é absorvido de um gás por um óleo pesado.

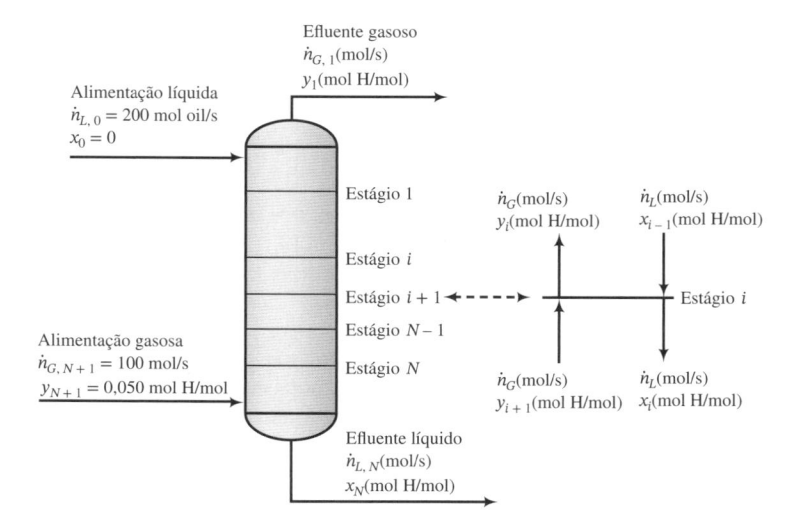

Uma corrente de alimentação de gás contendo 5,0% molar de vapor de hexano e o resto de nitrogênio entra pelo fundo de uma coluna de absorção com uma vazão básica de 100 mol/s, e um óleo não volátil entra pelo topo da coluna com uma razão de 2 mols óleo alimentado/mol gás alimentado. O absorvedor consiste em uma série de estágios ideais (veja o Problema 6.66), arranjados de forma que o gás flui para cima e o líquido flui para baixo. As correntes de gás e de líquido que saem de cada estágio estão em equilíbrio uma com a outra (pela definição de um estágio ideal), com composições relacionadas pela lei de Raoult. O absorvedor opera a uma temperatura aproximadamente constante $T(°C)$ e 760mm Hg. Do hexano que entra na coluna, 99,5% são absorvidos e saem na corrente de efluente líquido. Nas condições especificadas, pode-se admitir que o N_2 é insolúvel no óleo e que nada do óleo vaporiza.

(a) Calcule as vazões molares e frações molares de hexano nas correntes de gás e de líquido que saem da coluna. Calcule depois os valores médios das vazões molares do líquido e do gás dentro da coluna, $\dot{n}_L$(mol/s) e $\dot{n}_G$(mol/s). Para simplificar, nos cálculos subsequentes use estes valores médios como as vazões molares das correntes de gás e de líquido dentro da coluna, mas os valores reais para as vazões correspondentes entrando e saindo da coluna.

(b) Considerando o estágio de fundo como ideal, estime a fração molar de hexano no gás que sai do estágio do fundo da coluna (y_N) e do líquido que entra neste estágio (x_{N-1}) se a temperatuda da coluna esta a 50°C.

(c) Suponha que x_i e y_i são as frações molares de hexano nas correntes de gás e de líquido que saem do estágio i. Deduza as seguintes fórmulas a partir de uma relação de equilíbrio e um balanço de massa em torno de uma seção da coluna abrangendo o estágio i e o fundo da coluna:

$$y_i = x_i p_i^*(T)/P \tag{1}$$

$$x_{i-1} = \left(x_N n_{L,N} + y_i \dot{n}_G - y_{N+1} \dot{n}_{G+1}\right)/\dot{n}_L \tag{2}$$

Verifique se estas equações fornecem as respostas que você calculou na Parte (b).

(d) Examine o efeito da temperatura de operação sobre a coluna estimando o número de estágios ideais necessários para atingir a separação desejada. Nos cálculos, que serão feitos usando uma planilha, considere a pressão na coluna como constante a 760 torr, mas considere três temperaturas de operação diferentes: 30°C, 50°C e 70°C. Os cálculos seguirão uma estratégia estágio a estágio começando pelo fundo da coluna e repetidamente aplicando as Equações (1) e (2) até que a fração molar do hexano no vapor deixando a coluna seja menor ou igual àquela calculada na Parte (a). Você pode usar o APEx ou a equação de Antoine e a Tabela B.4 para estimar a pressão de vapor do hexano. Os cálculos para o caso de $T = 30°C$ ilustram como proceder; para este caso, $y_{N-1} < y_1 = 0,00263$ após apenas dois estágios.

Absorção do Hexano								
P(torr) =	760	yN+1 =	0,05	x0 =	0	nG,N+1(mol/s) =	100	
Remoção Fracional =	0,95	y1 =	0,00263	xN =		nL,0(mol/s) =	200	
						nG(mol/s) =		
						nL(mol/s) =		
T(°C) =	30		T(°C) =	50		T(°C) =	70	
p*(torr) =	187,1		p*(torr) =			p*(torr) =		
i	$x_i \times 10^3$	$y_i \times 10^3$	i	$x_i \times 10^3$	$y_i \times 10^3$	i	$x_i \times 10^3$	$y_i \times 10^3$
N+1		50,00			50,00			50,00
N	24,27	5,976						
N–1	2,754	0,678						

Quando você montar sua planilha, você deve ser capaz de realizar vários dos seus cálculos simplesmente copiando células de um local para outro. Em qualquer caso, *não vá além de 25 estágios* para qualquer temperatura, atingindo ou não a separação requerida.

(e) Você pode ver que o número de estágios requeridos aumenta conforme a temperatura da coluna aumenta. De fato, existe uma temperatura máxima além da qual a separação requerida não pode ser atingida. Nesta temperatura, o gás entrando e o líquido saindo estão aproximadamente em equilíbrio, de forma que $x_N p^*(T) = y_{N+1} P$. Use o APEx ou a equação de Antoine para estimar a temperatura máxima na qual a separação pode ser atingida.

6.68. Uma mistura de vapor contendo 30% molar de benzeno e 70% de tolueno a 1 atm é resfriada isobaricamente em um recipiente fechado a partir de uma temperatura inicial de 115°C. Use o diagrama *Txy* da Figura 6.4-1 para responder às seguintes questões.

(a) A que temperatura se forma a primeira gota de condensado? Qual é a sua composição?

(b) Em um ponto do processo a temperatura é 100°C. Determine a fração molar de benzeno nas fases líquida e vapor e a razão (mols totais no vapor/mols totais no líquido) neste ponto.

(c) A que temperatura condensa a última bolha de vapor? Qual é a sua composição?

6.69. Três grama-mols de benzeno e 7 grama-mols de tolueno são colocados em um cilindro fechado equipado com um pistão. O cilindro é submerso em um banho de água fervente que mantém a temperatura a 100°C. A força exercida sobre o pistão pode ser variada para ajustar a pressão do cilindro a qualquer valor desejado. A pressão é inicialmente de 1000 mm Hg e é abaixada gradualmente até 600 mm Hg. Use o diagrama *Pxy* da Figura 6.4-1 para se convencer de que o cilindro contém inicialmente apenas benzeno e tolueno líquidos e para responder às seguintes questões.

(a) A que pressão se forma a primeira bolha de vapor? Qual é a sua composição?

(b) A que pressão evapora a última gota de líquido? Qual é a sua composição?

(c) Quais são as composições do vapor e do líquido em equilíbrio quando a pressão é 750 mm Hg? Qual é a razão (mols de vapor/mols de líquido) neste ponto?

(d) Estime o volume do conteúdo do cilindro quando a pressão é (i) 1000 mm Hg, (ii) 750 mm Hg e (iii) 600 mm Hg.

6.70. Este problema trata de misturas bifásicas de benzeno e tolueno no equilíbrio. A fase vapor pode ser considerada ideal e a lei de Raoult pode ser usada para todas as composições do sistema. Use o APEx e o Solver (e não a Figura 6.4-1) para os cálculos solicitados.

(a) Use a regra das fases de Gibbs para mostrar que existem dois graus de liberdade para o sistema.

(b) Para $T = 25$°C e $P = 50$ mm Hg, estime as composições do líquido e vapor.

(c) Para $T = 25$°C e $x_B = 0,500$, estime a pressão e a composição do vapor.

(d) Para $P = 100$ mm Hg e $x_B = 0,500$, estime a temperatura e a composição do vapor.

(e) Para $P = 100$ mm Hg e $y_B = 0,500$, estime a temperatura e a composição do líquido.

(f) Para $x_B = 0,5$ e $y_B = 0,8$, estime a temperatura e pressão.

6.71. Uma corrente de alimentação metanol-água é introduzida em um vaporizador no qual uma fração molar f da alimentação é vaporizada. A alimentação tem uma fração molar de metanol de $x_F = 0,4$, e o vaporizador opera à pressão de 1 atm absoluta e 80°C. O vapor e o líquido que saem do aparelho estão em equilíbrio na temperatura e pressão do sistema e têm frações molares de metano de y e x, respectivamente.

Um diagrama *Txy* para misturas metanol-água a 1 atm absoluta é mostrado a seguir. A alimentação do vaporizador e as correntes de produto vapor e líquido são mostradas como os pontos B, A e C, respectivamente.

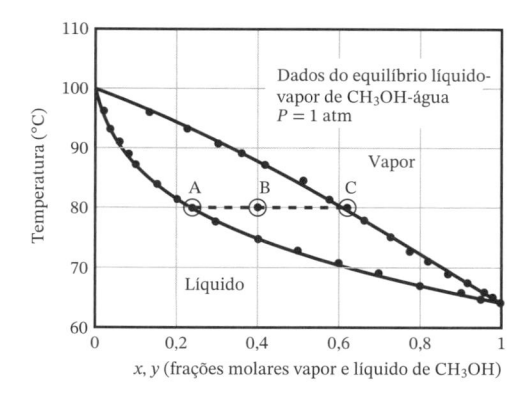

(a) Prove que f pode ser determinada pela equação

$$f = \frac{\text{mols de vapor}}{\text{mols de líquido}} = \frac{x_F - x}{y - x_F}$$

Use este resultado para determinar f para as condições especificadas acima ($x_F = 0,4$, $T = 80°C$).

(b) Use o diagrama Txy para estimar as temperaturas mínima e máxima nas quais a corrente de alimentação dada pode ser separada em frações líquida e vapor a 1 atm. Em cada caso, que fração da alimentação seria vaporizada?

(c) O vapor em C é enviado para um condensador operado a pressão constante (1 atm). As correntes de produto líquido e vapor deixando o condensador estão em equilíbrio e em uma razão de 1 mol de vapor/1 mol de líquido. Estime a temperatura e as composições das duas correntes deixando o condensador.

6.72. Dados de equilíbrio líquido-vapor para mistura de acetona (A) e etanol a 1 atm são mostrados na seguinte tabela:

$T(°C)$	78,3	67,3	65,9	63,6	61,8	60,4	59,1	58,0	57,0	56,1
x_A	0,000	0,250	0,300	0,400	0,500	0,600	0,700	0,800	0,900	1,000
y_A	0,000	0,478	0,524	0,605	0,674	0,739	0,802	0,865	0,929	1,000

(a) Use os dados para construir um diagrama Txy para este sistema. Use o diagrama para resolver as Partes (b)–(d).

(b) Um termopar inserido em uma mistura bifásica de acetona e etanol em equilíbrio lê 62,1°C. A pressão do sistema é 1 atm. Estime as frações molares de acetona nas fases líquida e vapor.

(c) Uma mistura equimolar de acetona e etanol alimenta um recipiente evacuado, atingindo o equilíbrio a 65°C e 1,00 atm absoluta. Indique uma maneira rápida para mostrar que o sistema tem duas fases. Estime (i) as composições molares de cada fase, (ii) a percentagem dos mols totais no recipiente que estão na fase vapor e (iii) a percentagem do volume do recipiente ocupado pela fase vapor.

(d) Uma mistura líquida contendo 40,0% molar de acetona e 60,0% molar de etanol alimenta um evaporador *flash* contínuo. As correntes de produto líquido e vapor saem da unidade em equilíbrio a 1,00 atm. A vazão molar da corrente de produto vapor é 20% da vazão molar da corrente de alimentação. Estime a temperatura de operação do evaporador e as composições das correntes de produto líquido e vapor.

(e) Use a lei de Raoult e APEx ou a Tabela B.4 para estimar a temperatura do ponto de bolha e a composição do vapor em equilíbrio com uma mistura líquida equimolar de acetona e etanol. Calcule a percentagem de erro nos valores estimados de T_{pb} e y. Proponha uma razão pela qual a lei de Raoult produz estimativas ruins para este sistema. (*Dica:* Considere a estrutura molecular dos dois componentes.)

6.73. Neste problema você usará uma planilha para criar um diagrama Txy para o sistema benzeno-clorofórmio a 1 atm. Uma vez criada a planilha, ela pode ser usada como um modelo para cálculos de equilíbrio vapor-líquido para outras espécies. Os cálculos serão baseados na lei de Raoult (isto é, $y_i P = x_i p_i^*$), apesar de reconhecermos que esta relação pode eventualmente não produzir resultados exatos para misturas benzeno-clorofórmio.

(a) Comece estabelecendo limites no comportamento do sistema. Procure os pontos de ebulição normais das duas espécies a 1 atm e desenhe aproximadamente a forma esperada de um diagrama Txy para elas a 1 atm. Não faça nenhum cálculo.

(b) Usando APEx ou a Tabela B.4, estime os pontos de ebulição normais das duas espécies e compare-os com os resultados da Parte (a).

(c) Crie uma planilha que contenha uma linha de título "Diagrama *Txy* para uma Solução Ideal Binária Clorofórmio e Benzeno". Na primeira célula da Linha 2, coloque o rótulo "P (mm Hg) =" e na célula adjacente digite a pressão do sistema, que para este caso é 760. Na Linha 3 coloque cabeçalhos para as colunas: xC, xB, T, p*C, p*B, P, yC, yB e yC +yB. Nem todas as colunas são essenciais, mas quando preenchidas elas darão uma imagem completa do sistema e uma verificação final dos cálculos. Implemente os seguintes procedimentos em cada linha subsequente:

- Digite os valores para a fração molar de clorofórmio (a primeira entrada deve ser 1,000 e a última deve ser 0,000).
- Calcule a fração molar do benzeno subtraindo o valor na célula prévia de 1,000.
- Digite uma estimativa da temperatura de equilíbrio que está entre os pontos de ebulição dos dois componentes puros.
- Use APEx ou a Tabela B.4 para estimar p*C, p*B a partir da temperatura estimada.
- Calcule pC e pB usando a lei de Raoult.
- Calcule $P = p_C + p_B$ e use a ferramenta Atingir Meta para ajustar o valor de T até $P = 760$ mm Hg.
- Calcule yC e yB a partir das pressões parciais e P.
- Some yC e yB para se assegurar que eles são iguais a 1,000.

Uma vez que você completou uma linha para o primeiro valor de xC, você deve ser capaz de copiar as fórmulas nas linhas subsequentes. Quando os cálculos estiverem completos para todas as linhas (isto é, xC = 0,0, 0,2, 0,4, 0,5, 0,6, 0,8, 1,0), desenhe o diagrama *Txy*.

(d) Explique com as suas próprias palavras exatamente o que você está fazendo nos passos mostrados na Parte (c) e escreva as fórmulas correspondentes. A frase "ponto de bolha" deve aparecer na sua explicação.

(e) Os seguintes dados do equilíbrio líquido-vapor foram obtidos para misturas de clorofórmio (C) e benzeno (B) a 1 atm.

$T(°C)$	80,6	79,8	79,0	77,3	75,3	71,9	68,9	61,4
x_C	0,00	0,08	0,15	0,29	0,44	0,66	0,79	1,00
y_C	0,00	0,10	0,20	0,40	0,60	0,80	0,90	1,00

Plote estes dados no gráfico gerado na Parte (C). Estime as percentagens de erro nos valores da temperatura do ponto de bolha e da fração molar em fase vapor a partir da lei de Raoult para $x_C = 0,44$, admitindo que os valores tabelados estão corretos. Por que a lei de Raoult fornece estimativas ruins para este sistema?

6.74. Uma mistura de benzeno e tolueno está em um tanque cuja pressão é mantida a 2 atm. A observação através de um visor de vidro no vaso mostra que metade do volume do tanque é ocupada por líquido. Uma análise mostra que o líquido contém 50% em massa de benzeno e o balanço tolueno. A lei de Raoult se aplica para todas as composições e a massa específica do líquido é essencialmente independente da temperatura. Estime (a) a temperatura e (b) a fração da massa do sistema na fase líquida.

6.75. Uma mistura líquida contendo 40,0% molar de metanol e 60,0% de 1-propanol é colocada em um recipiente aberto e aquecida lentamente. Estime a temperatura na qual a mistura começará a ferver. Liste as suposições feitas nos seus cálculos. Se o calor é fornecido de forma contínua, como variarão a temperatura e a composição do líquido com o tempo? Qual é a temperatura quando o líquido contém 15% molar de metanol?

6.76. Uma mistura líquida contendo 35,0% molar de acetona e 65,0% molar de água deve ser parcialmente vaporizada para produzir um vapor que contém 70% molar de acetona e um líquido residual com 30,0% molar de acetona.

(a) Suponha que o processo deva ser conduzido continuamente e, no estado estacionário, a vazão de alimentação para o evaporador é 10,0 kmol/h. Calcule as vazões molares das correntes de produtos e a temperatura (°C) e a pressão (mm Hg) do sistema.

(b) Suponha que a unidade de vaporização foi construída, as operações começaram e as vazões das correntes de produtos e composições são medidas. O teor de acetona medido na corrente de vapor é 70,0% molar e as vazões das correntes de produtos apresentam os valores calculados na Parte (a). No entanto, a medida indica que a corrente de produto líquido contém 22,3% molar de acetona. Seu colega sugere que o laboratório analítico cometeu um erro na determinação da composição do líquido. Forneça pelos menos cinco outras possíveis razões para a discrepância. [Pense sobre suposições feitas na obtenção da solução da Parte (a).]

6.77. O acetaldeído é sintetizado pela desidrogenação catalítica do etanol:

$$C_2H_5OH \rightarrow CH_3CHO + H_2$$

Uma alimentação fresca (etanol puro) é misturada com uma corrente de reciclo (95% molar de etanol e 5% de acetaldeído) e a corrente combinada é aquecida e vaporizada, entrando no reator a 280°C. Os gases que saem do reator são resfriados até −40°C para condensar o acetaldeído e o etanol não reagido. O gás que sai do condensador passa a um lavador de gases, onde os compostos orgânicos não condensados são removidos e o hidrogênio é recuperado como um subproduto. O condensado, que tem 45% molar de etanol, é enviado a uma coluna de destilação que produz um destilado contendo 99% molar de acetaldeído e um produto de fundo que constitui a corrente de reciclo que é juntada à alimentação fresca. A taxa de produção de destilado é 1000 kg/h. A pressão através do processo pode ser considerada como 1 atm absoluta.

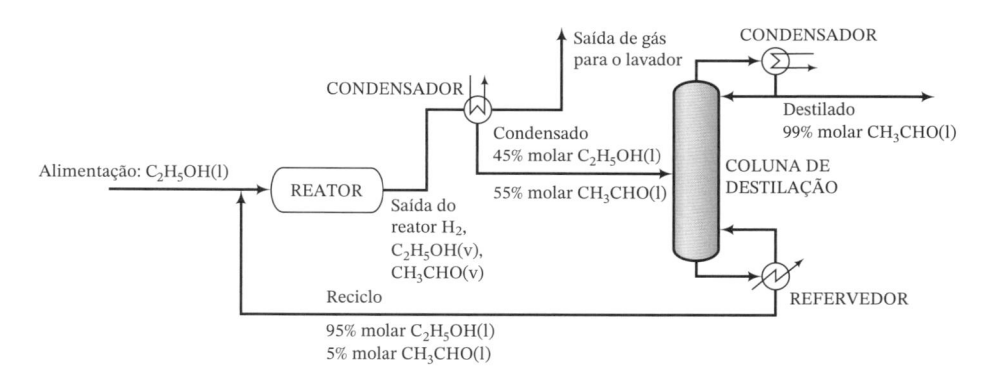

(a) Calcule as vazões molares (kmol/h) da alimentação fresca, da corrente de reciclo e do hidrogênio no gás de saída do condensador. Determine também a vazão volumétrica (m³/h) da alimentação do reator. (*Dica:* Use a lei de Raoult na análise do condensador.)

(b) Estime (i) as conversões global e por passe no reator do etanol e (ii) as vazões (kmol/h) nas quais o etanol e o acetaldeído são enviados ao lavador de gases.

6.78. A desidratação do gás natural é necessária para prevenir a formação de hidratos de gás, que podem entupir válvulas e outros componentes em uma tubulação de gás, e também para reduzir problemas potenciais de corrosão. A remoção de água pode ser feita como mostrado no seguinte diagrama esquemático:

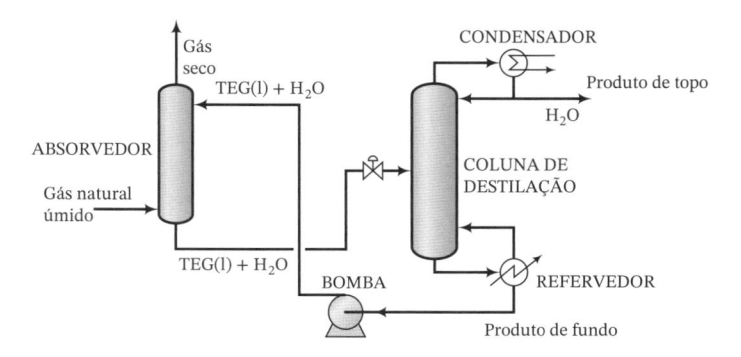

Gás natural contendo 80 lb_m $H_2O/10^6$ PCN de gás [PCN = ft³(CNTP)] entra pelo fundo de um absorvedor com uma vazão de 4,0 × 10^6 PCN/dia. Uma corrente líquida contendo trietilenoglicol (TEG, peso molecular = 150,2) e uma pequena quantidade de água alimenta o absorvedor pelo topo. O absorvedor opera a 500 psia e 90°F. O gás seco que sai do absorvedor contém 10 lb_m $H_2O/10^6$ PCN de gás. O solvente que sai do absorvedor, que contém toda a mistura TEG-água que alimenta a coluna mais toda a água absorvida do gás natural, passa a uma coluna de destilação. A corrente de produto de topo da coluna contém apenas água líquida. A corrente de produto de fundo, que contém TEG e água, é a corrente reciclada para o absorvedor.

(a) Desenhe e rotule completamente um fluxograma do processo. Calcule a vazão mássica (lb_m/dia) e a vazão volumétrica (ft³/dia) do produto de topo da coluna de destilação.

(b) A maior desidratação possível acontece quando o gás que sai da coluna de absorção está em equilíbrio com o solvente que entra na mesma. Se a constante de Henry para água em TEG a 90°F é 0,398 psia/fração molar, qual é a fração molar máxima permissível de água no solvente que alimenta o absorvedor?

(c) Seria necessária uma coluna de altura infinita para atingir o equilíbrio entre o gás e o líquido no topo do absorvedor. Para que a separação desejada seja atingida na prática, a fração molar de água no solvente na entrada deve ser menor do que o valor calculado na Parte (b). Suponha que é 80% deste valor e que a vazão de TEG no solvente de recirculação é 37 lb_m TEG/lb_m de água absorvida na coluna. Calcule a vazão (lb_m/dia) da corrente de solvente que entra no absorvedor e a fração molar de água na corrente de solvente que sai do absorvedor.

(d) Qual a finalidade da coluna de destilação no processo? (*Dica:* Pense como o processo operaria sem ela.)

6.79. Um processo em duas etapas é usado para separar H_2S de um gás contendo 96% H_2 e 4% H_2S em volume. O H_2S é absorvido em um solvente, que é depois regenerado por ar em uma coluna de dessorção. A constante de Henry para a absorção do H_2S neste solvente a 0°C é 22 atm/fração molar.

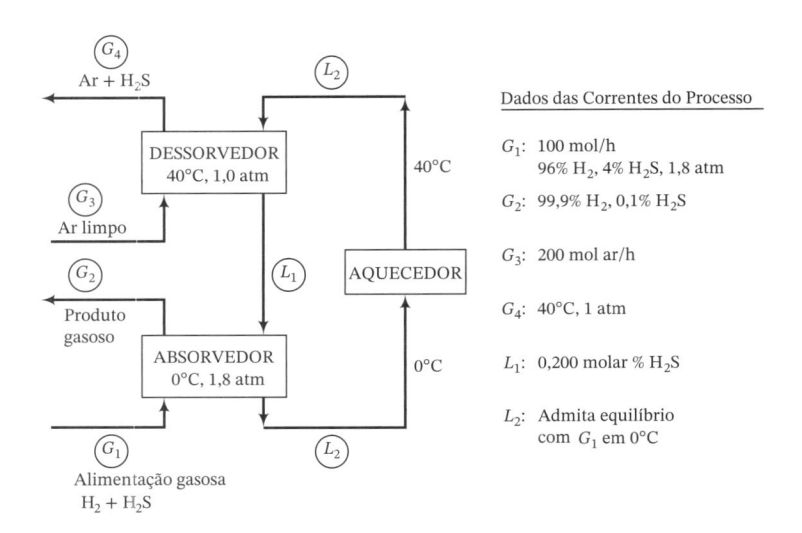

(a) Explique sucintamente com suas próprias palavras as funções das três unidades de processo. Inclua na sua explicação a finalidade do ar no dessorvedor e a razão de ele operar a uma temperatura maior do que a do absorvedor.

(b) Calcule a vazão molar de solvente puro e a vazão volumétrica do gás em G_4, desprezando a evaporação do solvente em ambas as colunas. (Veja o fluxograma.)

Exercícios Exploratórios — Pesquise e Descubra

MEIO AMBIENTE

(c) O objetivo do processo descrito acima é produzir hidrogênio purificado. No entanto, ao fazê-lo o processo também gera uma corrente efluente contendo H_2S. Identifique pelo menos três preocupações com a simples liberação desta corrente no ar. Sugira uma etapa adicional para o processo que alivie o máximo possível destas preocupações. Calcule a massa por 100 mol de G_1 de qualquer reagente requerido pela etapa adicional. Identifique qualquer nova preocupação criada pela etapa adicional.

6.80. A solubilidade do bicarbonato de sódio em água é 11,1 g $NaHCO_3$/100 g H_2O a 30°C e 16,4 g $NaHCO_3$/100 g H_2O a 60°C. Se uma solução saturada de $NaHCO_3$ a 60°C é resfriada e atinge o equilíbrio a 30°C, que porcentagem do sal dissolvido cristaliza?

6.81. Uma solução aquosa de hidróxido de potássio alimenta, com uma vazão de 875 kg/h, um cristalizador por evaporação operando a 10°C, produzindo cristais de KOH · $2H_2O$. Água evaporada do cristalizador flui para um condensador e o condensado resultante é coletado em um tanque. Durante um período de 30 minutos, 73,8 kg de água são coletados. Amostras de 5 gramas da alimentação do cristalizador e do líquido removido com os cristais são levados para análise e subsequentemente titulados com 0,85 M H_2SO_4. Encontrou-se que 22,4 mL da solução de H_2SO_4 são necessários para a alimentação e 26,6 mL são necessários para o líquido produto.

(a) Que fração do KOH na alimentação é cristalizada?

(b) Mais tarde você descobre que a solução em equilíbrio com cristais de KOH · $2H_2O$ a 10°C tem uma concentração de 103 kg KOH/100 kg H_2O. Como esta informação faria você reconsiderar o procedimento pelo qual uma amostra de liquor mãe é obtida? (*Dica:* Considere a coleta de uma amostra de lama — isto é, uma contendo tanto solução como cristais KOH · $2H_2O$ — que é mantida a 10°C, mas inicialmente tem uma concentração de soluto de 121 kg KOH/100 kg H_2O. Qual seria esta concentração após a amostra ser armazenada por várias horas?)

6.82. Um sal A é solúvel em um solvente S. Um medidor de condutividade usado para medir a concentração de soluto em soluções A–S é calibrado dissolvendo-se uma quantidade conhecida de A em S, adicionando-se mais S para levar a solução até um volume fixo e anotando-se a leitura do medidor de condutividade. Os dados abaixo foram obtidos a 30°C:

Soluto Dissolvido (g)	Volume da Solução (mL)	Leitura do Medidor R
0	100,0	0
20,0	100,0	30
30,0	100,0	45

É realizado o seguinte experimento. Cento e sessenta gramas de A são dissolvidos em S a 30°C. Adiciona-se S até se obter um volume final de solução de 500 mL. A solução é resfriada lentamente até 0°C enquanto é agitada e mantida nesta temperatura pelo tempo suficiente para que a cristalização seja completa. A concentração de A no líquido sobrenadante é então medida com o medidor de condutividade, obtendo-se uma leitura $R = 17,5$. Depois, a solução é reaquecida em pequenos intervalos de temperatura. Observa-se que o último cristal dissolve-se a 10,2°C. Uma densidade relativa de 1,10 pode ser admitida para todas as soluções A–S.

(a) Deduza uma expressão para C(g A/mL solução) em termos de R.

(b) Calcule as solubilidades (g A/100 g S) a 10,2°C e 0°C e a massa de cristais sólidos no vaso a 0°C.

(c) Se metade do solvente no frasco evaporasse a 0°C, quanto mais A sairia da solução?

6.83. Uma solução aquosa contendo 35% em massa de $MgSO_4$ é alimentada a um cristalizador evaporativo operando a 50°F. O vapor gerado é 20% em massa da alimentação. A solução, que contém 23% em massa de $MgSO_4$, e os cristais suspensos nela estão em equilíbrio.

(a) Baseado nas informações da Tabela 6.5-1, qual é a composição do produto cristalino?

(b) Para uma taxa de produção de 1000 kg/h de material cristalino, estime (i) a vazão de alimentação necessária no cristalizador (kg/h) e (ii) a vazão na qual $MgSO_4$ pode ser recuperado a partir dos cristais se toda a água é removida deles pela secagem.

6.84. Uma solução contendo 100 lb_m KNO_3/100 lb_m H_2O a 80°C alimenta um cristalizador por resfriamento operado a 25°C. A lama do cristalizador (uma suspensão de cristais de KNO_3 na solução saturada) alimenta um filtro, onde os cristais são separados da solução. Use os dados de solubilidade da Figura 6.5-1 para determinar a taxa de produção de cristais (lb_m/lb_m alimentada) e a razão mássica entre o sólido e o líquido (lb_m cristais/lb_m líquido) na lama que sai do cristalizador.

6.85. Uma solução aquosa 10,0% em peso de cloreto de sódio alimenta um cristalizador por evaporação que opera em vácuo parcial. A evaporação da água concentra a solução remanescente além do seu ponto de saturação na temperatura do cristalizador e causa a cristalização do NaCl. O produto do cristalizador é uma lama de cristais de soluto suspensos em uma solução saturada a 80°C. A unidade deve produzir 1000 kg NaCl(s)/h. A solubilidade do NaCl em água é dada pela Figura 6.5-1.

(a) Deduza expressões para a taxa de evaporação de água necessária (kg/h) e a vazão mássica da solução na lama de saída em termos da vazão mássica da corrente de alimentação para o cristalizador. Determine a vazão mínima possível de alimentação (explique por que é a vazão mínima) e os valores correspondentes para a taxa de evaporação e a vazão da solução de saída.

(b) A bomba que impulsa a lama de saída do cristalizador até um filtro posterior não pode manipular material contendo mais do que 40% em peso de sólidos. Determine a vazão máxima de alimentação para o cristalizador e a correspondente taxa de evaporação.

6.86. O dicromato de potássio ($K_2Cr_2O_7$) deve ser recuperado de uma solução aquosa 21% em peso em um processo contínuo de cristalização. A solução junta-se a uma corrente de reciclo e alimenta um evaporador a vácuo onde a água é removida e a solução remanescente é resfriada até 30°C, temperatura na qual a solubilidade do sal é 0,20 kg $K_2Cr_2O_7$/kg H_2O. A solução e os cristais suspensos de dicromato de potássio passam a uma centrífuga. Os cristais e 5,0% da solução constituem o efluente sólido da centrífuga e a solução remanescente é reciclada para o evaporador. O efluente sólido, que contém 90% em peso de cristais e 10% de solução, alimenta um secador, onde é posto em contato com ar quente. A água restante no efluente é evaporada, deixando cristais de dicromato de potássio puro. O ar sai do secador a 90°C e 1 atm, com um ponto de orvalho de 39,2°C. Para uma taxa de produção de 1000 kg de $K_2Cr_2O_7$ sólido/h, calcule a vazão de alimentação necessária (kg/h) da solução 21%, a taxa de evaporação (kg/h) da água no evaporador, a vazão (kg/h) da corrente de reciclo e a vazão de alimentação de ar (litros normais/h).

BIOENGENHARIA

6.87. Vários *aminoácidos* têm utilidade como aditivos alimentares e em aplicações médicas. Eles são frequentemente sintetizados por fermentação usando um microrganismo específico para converter um substrato (por exemplo, um açúcar) no produto desejado. Pequenas quantidades de outras espécies também podem ser formadas e devem ser removidas para se atender as especificações do produto. Por exemplo, isoleucina (Ile), que tem um peso molecular de 131,2, é um aminoácido essencial[16] produzido por fermentação e outros aminoácidos tais como leucina e valina também são encontrados no mosto de fermentação. O mosto é submetido a várias etapas de processamento para remover estes e outras impurezas, mas o processamento final por cristalização é necessário para atender rigorosas especificações de pureza. A estratégia é cristalizar a forma ácida hidratada da Ile (Ile · HCl · H$_2$O), cujos cristais excluem outros aminoácidos e então redissolver, neutralizar e cristalizar a Ile produto final.

Em um processo batelada projetado para produzir 2500 kg de Ile por batelada, uma solução de alimentação aquosa contendo 35 g Ile/dL e concentrações muito mais baixas de leucina e valina é alimentada aos estágios finais de purificação. O pH da solução é 1,1 e sua densidade relativa é 1,02. A solução é aquecida a 60°C e uma solução 35% em massa de HCl é adicionada em uma razão de 0,4 kg por kg de alimentação. A adição de HCl provoca a formação de cristais de Ile · HCl · H$_2$O e a produção destes cristais é aumentada pela redução lenta da temperatura para 20°C. Nas condições finais do cristalizador, a solubilidade da Ile é de 5 g Ile/100 g solução. A lama resultante é enviada para uma centrífuga onde os cristais são separados da solução líquida e a torta de cristais é lavada com água. Os sólidos deixando a centrífuga contêm 12% de água livre (isto é, não parte da estrutura dos cristais) e 88% de cristais puros de Ile · HCl · H$_2$O.

Os cristais lavados são redissolvidos em água para formar uma solução que contém 4 g Ile/dL com uma densidade relativa de 1,1. A solução é enviada para uma unidade de troca iônica onde o HCl é removido. Após sair da unidade de troca iônica, a solução tem um pH em torno de 5,5. Ela é enviada para um segundo cristalizador onde a temperatura é gradualmente reduzida para 10°C e a solubilidade da Ile é de 3,4 g Ile/100 g H$_2$O. Os cristais são separados da lama por centrifugação, lavados com água pura e enviados para um secador para processamento final.

(a) Construa um fluxograma rotulado para o processo.

(b) Escolhendo uma base de 1 kg de solução de alimentação, estime (i) a massa de solução de HCl adicionada ao sistema, (ii) a água adicionada para redissolver os cristais de Ile · HCl · H$_2$O, (iii) a massa de HCl removido pela unidade de troca iônica e (iv) a massa da Ile produto final.

(c) Escalone as quantidades calculadas na Parte (b) para a taxa de produção de 2500 Ile/batelada.

(d) Estime o volume ativo (em litros) de cada um dos cristalizadores.

Exercícios Exploratórios — Pesquise e Descubra

(e) Aminoácidos são anfóteros, o que significa que eles podem tanto doar como receber um próton (H$^+$). A pH baixo eles tendem a aceitar um próton e passarem a ácidos, enquanto a pH elevado eles tendem a doar um próton e passarem a básicos. Eles também são conhecidos como *zwitterions* porque suas pontas são carregadas de forma oposta, apesar da molécula como um todo ser neutra. A isoleucina tem um ponto isoelétrico (pI) de 6,02 e valores de pK$_a$ de 2,36 e 9,60. Procure o significado destes termos e prepare um gráfico mostrando como estes valores são usados indicando a distribuição da Ile entre as formas ácida, zwitterions (neutra) e básica como uma função do pH. Explique por que uma distribuição como esta é importante na execução das separações descritas no processo.

BIOENGENHARIA → **6.88.** Serina (Ser, peso molecular = 105,1 g/mol) é um aminoácido não essencial (veja a nota de rodapé 16) produzido por fermentação. Como muitos outros produtos de fermentação, substancial processamento subsequente é necessário para atender as especificações de pureza do produto. Cristalização a partir de uma solução aquosa é útil para atender estas especificações. A tabela seguinte mostra como a solubilidade na água da serina varia com a temperatura:

$T(°C)$	5,0	10,0	15,0	20,0	25,0	30,0	35,0	45,0	50,0
Solubilidade[17] (g Ser/100 g H$_2$O)	18,45	22,71	26,88	30,22	35,91	39,40	44,34	50,77	53,76

(a) Prepare um gráfico da solubilidade em função da temperatura que pode ser usado para interpolação.

(b) Uma solução aquosa de serina contendo 60 g Ser/100 g H$_2$O é bombeada para um cristalizador por resfriamento batelada e a temperatura é reduzida lentamente para 10°C, provocando a formação de cristais do sal monohidratado Ser · H$_2$O. Usando os dados de solubilidade fornecidos, estime a massa produzida de cristais por unidade de massa da solução de alimentação e a fração da alimentação de serina que é recuperada como produto cristalino.

---

[16]Designar um aminoácido como essencial significa que ele não é produzido pelo corpo e deve ser obtido de outras maneiras (isto é, através de comida ou do uso de suplementos alimentares). Aminoácidos não essenciais são produzidos pelo corpo.

[17]H. Charmolue, M.S. Thesis, Georgia *Institute of Technology*, 1990.

(c) A estrutura molecular da serina faz com que ela seja muito mais hidrofílica que outros aminoácidos e, por isso, sua solubilidade é cerca de uma ordem de grandeza maior que aquela da maioria dos outros aminoácidos. A adição de metanol para reduzir a solubilidade na solução foi sugerida. Dados experimentais mostram que a solubilidade da Ser como uma função do teor de metanol é dada pela correlação $S/S_0 = \exp(-4{,}8x_M)$, em que x_M é a fração mássica de metanol em uma mistura solvente metanol-água, S_0 (g/g solvente) é a solubilidade da serina em água a uma dada temperatura e S é a solubilidade no solvente metanol-água.

Em uma alternativa ao esquema de processamento descrito na Parte (b), suficiente metanol é adicionado ao cristalizador depois que este atingiu 10°C para produzir uma solução final que tem um razão mássica metanol para água de 55:45, e o sistema resultante é deixado entrar em equilíbrio. Estime a massa produzida de cristais por unidade de massa de solução de alimentação e a fração da alimentação de serina que é recuperada como produto cristalino.

Exercícios Exploratórios — Pesquise e Descubra

(d) Explique por que a serina é mais hidrofílica do que a maioria dos outros aminoácidos.

(e) Esboce um fluxograma para um processo no qual a alimentação do metanol para o cristalizador na Parte (c) é reciclado e sugira por que este projeto pode ser preferível em relação àquele sem reciclo.

6.89. O bicarbonato de sódio é sintetizado pela reação do carbonato de sódio com dióxido de carbono e água a 70°C e 2,0 atm relativa:

$$Na_2CO_3 + CO_2 + H_2O \rightarrow 2NaHCO_3$$

Uma solução aquosa contendo 7,00% em peso de carbonato de sódio e uma corrente gasosa contendo 70,0% molar CO_2 e o resto de ar alimentam um reator. Todo o carbonato de sódio e parte do dióxido de carbono na alimentação reagem. O gás que sai do reator, que contém o ar e o CO_2 não reagido, está saturado com vapor de água nas condições do reator. Uma lama de cristais de bicarbonato de sódio em uma solução saturada contendo 2,4% em peso de bicarbonato de sódio dissolvido e nenhum CO_2 dissolvido sai do reator e é bombeado para um filtro. A torta úmida do filtro contém 86% em peso de cristais de bicarbonato de sódio e o resto é a solução saturada; o filtrado é também a solução saturada. A taxa de produção de cristais sólidos é 500 kg/h.

Sugestão: Embora os problemas propostos possam ser resolvidos em termos da vazão de produto de 500 kg $NaHCO_3(s)$/h, pode ser mais fácil admitir uma base diferente para o cálculo e depois escalonar o processo para a taxa de produção desejada de cristais.

(a) Calcule a composição (fração molar dos componentes) e vazão volumétrica (m^3/min) da corrente gasosa que sai do reator.

(b) Calcule a vazão de alimentação de gás para o processo em metros cúbicos normais/min [m^3(CNTP)/min].

(c) Calcule a vazão (kg/h) da alimentação líquida para o processo. Que mais você precisa saber para calcular a vazão volumétrica desta corrente?

(d) Admite-se que o filtrado que sai do filtro é uma solução saturada a 70°C. Qual seria o efeito nos seus cálculos se a temperatura do filtrado na verdade caísse até 50°C ao passar através do filtro?

(e) A pressão no reator de 2 atm relativa foi definida em um estudo de otimização. Qual é o benefício que você acha que resultaria do aumento da pressão? Que desvantagem estaria associada com este aumento? O termo "lei de Henry" deve aparecer na sua explicação. (*Dica:* A reação acontece em fase líquida e o CO_2 entra no reator como gás. Que passo deve preceder a reação?)

6.90. Um minério contendo 90% em peso de $MgSO_4 \cdot H_2O$ e o resto de minerais insolúveis alimenta um tanque de dissolução com uma vazão de 60.000 lb_m/h junto com água pura e uma corrente de reciclo. O conteúdo do tanque é aquecido até 120°F, fazendo com que todo o sulfato de magnésio heptaidratado no minério se dissolva, formando uma solução 10°C acima da saturação. A lama de minerais sólidos em uma solução de $MgSO_4$ resultante é bombeada para um filtro aquecido, onde uma torta úmida de filtro é separada do filtrado livre de sólidos. A torta de filtro retém 5 lb_m solução saturada por 100 lb_m minerais. O filtrado é enviado a um cristalizador no qual a temperatura é reduzida até 50°F, produzindo uma lama de cristais de $MgSO_4 \cdot 7H_2O$ em uma solução saturada, que é enviada a um outro filtro. A torta de filtro produzida contém todos os cristais junto com solução entranhada, de novo na mesma proporção de 5 lb_m solução por 100 lb_m cristais. O filtrado é retornado ao tanque de dissolução como corrente de reciclo.

Dados de solubilidade: As soluções saturadas de sulfato de magnésio a 110°F e 50°F contêm 32% e 23% em peso de $MgSO_4$, respectivamente.

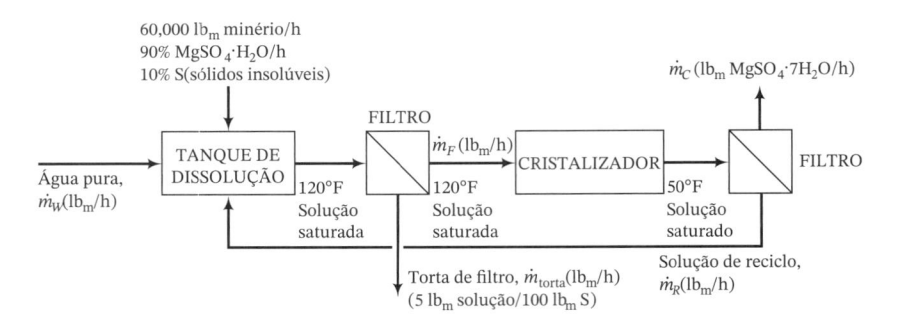

(a) Explique por que a solução é primeiro aquecida (no tanque de dissolução) e filtrada, e depois resfriada (no cristalizador) e filtrada.

(b) Calcule a taxa de produção de cristais e a vazão de alimentação necessária de água pura no tanque de dissolução. (*Nota:* Não esqueça de incluir a água de hidratação quando escrever o balanço de massa da água.)

(c) Calcule a razão lb_m reciclo/lb_m água pura.

6.91. Uma corrente líquida de dejetos que sai de um processo contém 10,0% em peso de ácido sulfúrico e 1 kg ácido nítrico por kg ácido sulfúrico. A vazão de ácido sulfúrico na corrente de dejetos é 1000 kg/h. Os ácidos são neutralizados antes de serem enviados à planta de tratamento de efluentes pela combinação da corrente de dejetos com uma lama aquosa de carbonato de cálcio sólido que contém 2 kg de líquido reciclado por kg carbonato de cálcio sólido. (A fonte deste líquido reciclado será dada depois na descrição do processo.)

As seguintes reações de neutralização acontecem no reator:

$$CaCO_3 + H_2SO_4 \rightarrow CaSO_4 + H_2O + CO_2$$
$$CaCO_3 + 2HNO_3 \rightarrow Ca(NO_3)_2 + H_2O + CO_2$$

Os ácidos nítrico e sulfúrico e o carbonato de cálcio que alimentam o reator são completamente consumidos. O dióxido de carbono que sai do reator é comprimido até 30 atm absoluto e 40°C e enviado a outro setor da planta. Os efluentes remanescentes do reator são enviados a um cristalizador que opera a 30°C, temperatura na qual a solubilidade do sulfato de cálcio é 2,0 g $CaSO_4$/1000 g H_2O. Formam-se cristais de sulfato de cálcio no cristalizador, enquanto todas as outras espécies permanecem na solução.

A lama que sai do cristalizador é filtrada para produzir (i) uma torta de filtro contendo 96% de cristais de sulfato de cálcio e o resto uma solução saturada de sulfato de cálcio entranhada, e (ii) uma solução filtrada saturada com $CaSO_4$ a 30°C que contém também nitrato de cálcio dissolvido. O filtrado é dividido, com uma porção sendo reciclada para se misturar com carbonato de cálcio sólido, formando a lama fornecida ao reator, e a outra porção sendo enviada à planta de tratamento de efluentes.

(a) Desenhe e rotule completamente um fluxograma para este processo.

(b) Especule por que os ácidos devem ser neutralizados antes de serem enviados à planta de tratamento de efluentes.

(c) Calcule as vazões mássicas (kg/h) do carbonato de cálcio fornecido ao processo e da torta de filtro; determine também as vazões mássicas e composições da solução enviada ao tratamento de efluentes e da corrente de reciclo. (*Cuidado:* Se você escrever um balanço de água em torno do reator ou do sistema global, lembre-se de que a água é um produto de reação e não apenas um solvente inerte.)

(d) Calcule a vazão volumétrica (L/h) do dióxido de carbono que sai do processo a 30 atm absolutas e 40°C. Não admita comportamento de gás ideal.

(e) A solubilidade do $Ca(NO_3)_2$ a 30°C é 152,6 kg $Ca(NO_3)_2$ por 100 kg H_2O. Qual é a razão máxima entre ácido nítrico e ácido sulfúrico na alimentação que pode ser tolerada sem encontrar dificuldades associadas com a contaminação do subproduto sulfato de cálcio por $Ca(NO_3)_2$?

6.92. Uma solução de bifenila (PM = 154,2) em benzeno é obtida misturando-se 56,0 g bifenila com 550,0 mL benzeno. Estime a pressão de vapor efetiva da solução a 30°C e os pontos de congelamento e de ebulição da solução a 1 atm.

6.93. Uma solução aquosa de uréia (PM = 60,06) congela a −4,6°C e 1 atm. Estime o ponto de ebulição normal da solução; calcule também a massa de ureia (gramas) que teria que ser adicionada a 1,00 kg de água para elevar o ponto de ebulição normal em 3°C.

6.94. Uma solução é preparada dissolvendo-se 0,5150 g de um soluto (PM = 110,1) e 100,0 g de um solvente orgânico (PM = 94,10). Observa-se que a solução tem um ponto de congelamento 0,41°C abaixo do solvente puro. Uma segunda solução é preparada dissolvendo-se 0,4460 g de um soluto com peso molecular desconhecido em 95,60 g do solvente original. Observa-se uma diminuição do ponto de congelamento de 0,49°C. Determine o peso molecular do segundo soluto e o calor de fusão (kJ/mol) do solvente. O ponto de fusão do solvente puro é −5,000°C.

MEIO AMBIENTE

6.95. Deduza a Equação 6.5-4 para a elevação do ponto de ebulição de uma solução diluída de um soluto não volátil com fração molar x em um solvente que tem uma pressão de vapor de componente puro $p_s^*(T)$. Para isso, suponha que, quando a pressão é P_0, o solvente puro ferve na temperatura T_{b0} [de forma que $P_0 = p_s^*(T_{b0})$] e que o solvente na solução ferve a $T_{bs} > T_{b0}$. Suponha também que, na temperatura T_{b0}, a pressão de vapor efetiva do solvente é $P_s = (p_s^*)_e(T_{b0}) < P_0$. (Veja o diagrama.)

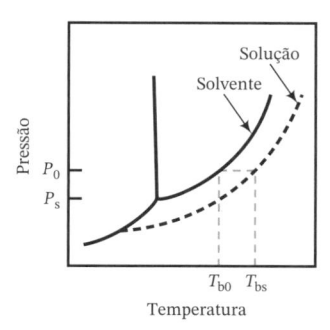

O procedimento é o seguinte.

(a) Escreva a equação de Clausius-Clapeyron (Equação 6.1-3) para P_s (a pressão de vapor efetiva do solvente a T_{b0}) e depois para P_0 (a pressão de vapor efetiva do solvente a T_{bs}), admitindo que, a baixas concentrações do soluto em questão, o calor de vaporização é o mesmo nas duas temperaturas. Subtraia as duas equações. Simplifique a equação de forma algébrica, admitindo que T_{eb0} e T_{ebs} são suficientemente próximas para se dizer que $T_{b0}T_{bs} \approx T_{b0}^2$.

(b) Substitua a expressão da lei de Raoult (Equação 6.5-2) para $P_s = (p_s^*)_e(T_{b0})$. Observe que, se $x \ll 1$ (o que vale para soluções altamente diluídas), então $\ln(1 - x) \approx -x$. O resultado desejado é obtido em seguida.

SEGURANÇA

6.96. A separação de compostos aromáticos de parafinas é essencial na produção de muitos polímeros que são usados em uma variedade de produtos. Quando aromáticos e parafinas têm o mesmo número de átomos de carbono, eles frequentemente têm pressões de vapor similares, o que os faz difíceis de separar por destilação. Extração é uma alternativa viável, como ilustrado pelo seguinte sistema simples.

Sulfolane (um solvente industrial) e octano podem ser considerados completamente imiscíveis. A 25°C a razão da fração mássica de xileno na fase rica em octano para a fração mássica do xileno na fase rica em sulfolane é 0,25. Cem kg de sulfolane puro são adicionados a 100 kg de uma mistura contendo 75% em massa de octano e 25% de xileno e o sistema resultante é deixado equilibrar. Quanto xileno é transferido para a fase sulfolane?

6.97. Uma corrente de 5,00% em peso de ácido oléico em óleo de algodão entra em uma unidade de extração com uma vazão de 100,0 kg/h. A unidade opera como um estágio de equilíbrio (as correntes que saem da unidade estão em equilíbrio) a 85°C. Nesta temperatura, o propano e o óleo de algodão são praticamente imiscíveis, pressão de vapor do propano é 34 atm e o coeficiente de distribuição (fração mássica de ácido oléico no propano/fração mássica de ácido oléico no óleo de algodão) é 0,15.

(a) Calcule a vazão na qual deve ser alimentado o propano líquido para extrair 90% do ácido oléico.

(b) Estime a pressão mínima de operação da unidade de extração. Explique a sua resposta.

(c) A operação a alta pressão é cara e introduz riscos potenciais de segurança. Sugira duas razões possíveis para usar propano como solvente quando outros hidrocarbonetos menos voláteis são solventes igualmente bons para o ácido oléico.

6.98. Benzeno e hexano estão sendo considerados como solventes para extrair ácido acético de misturas aquosas. A 30°C, os coeficientes de distribuição para os dois solventes são $K_B = 0,098$ fração mássica de ácido acético no benzeno/fração mássica do ácido acético na água e $K_H = 0,017$ fração mássica de ácido acético no hexano/fração mássica do ácido acético na água.

(a) Baseando-se apenas nos coeficientes de distribuição, qual dos dois solventes você usaria e por quê? Demonstre a lógica da sua decisão comparando as quantidades dos dois solventes necessárias para reduzir o conteúdo de ácido acético em 100 kg de uma solução aquosa de 30% em peso para 10% em peso.

(b) Que outros fatores podem ser importantes na escolha entre o benzeno e o hexano?

6.99. A acetona deve ser extraída com n-hexano de uma mistura 40,0% em peso de acetona–60,0% em peso de água a 25°C. O coeficiente de distribuição da acetona (fração mássica da acetona na fase rica em hexano/fração mássica da acetona na fase rica em água) é 0,34.[18] A água e o hexano podem

[18]*Perry's Chemical Engineers' Handbook*, 8th Edition, McGraw-Hill, New York, 2008, p. 15-30.

ser considerados imiscíveis. Três diferentes alternativas de processamento são consideradas: um processo de duas etapas e dois processos de uma única etapa.

(a) Na primeira etapa do processo de duas etapas proposto, massas iguais da mistura de alimentação e de hexano puro são colocadas em contato, misturadas vigorosamente e depois deixadas em repouso. A fase orgânica é retirada e a fase aquosa é misturada com 75% da quantidade de hexano adicionada na primeira etapa. A mistura é deixada em repouso e as duas fases são separadas. Que percentagem da acetona presente na mistura original permanece na água no fim do processo?

(b) Suponha que todo o hexano adicionado no processo de duas etapas da Parte (a) é adicionado à mistura de alimentação e o processo é realizado em uma única etapa de equilíbrio. Que percentagem da acetona presente na mistura original permanece na água no fim do processo?

(c) Finalmente, suponha que um processo de uma única etapa é usado, mas que se deseja reduzir o conteúdo de acetona na água ao valor final da Parte (a). Quanto hexano deve ser adicionado à solução de alimentação?

(d) Sob que circunstâncias cada um dos três processos seria o mais econômico? Que informação adicional você precisaria para fazer a sua escolha?

BIOENGENHARIA **6.100.** A penicilina é produzida por fermentação e recuperação do caldo aquoso resultante por extração com acetato de butila. O coeficiente de distribuição da penicilina K (fração mássica de penicilina na fase acetato de butila/fração mássica de penicilina na fase água) depende fortemente do pH da fase aquosa:

pH	2,1	4,4	5,8
K	25,0	1,38	0,10

Esta dependência fornece a base para o processo descrito a seguir. Água e acetato de butila podem ser considerados imiscíveis.

A extração é feita no seguinte processo de três unidades:

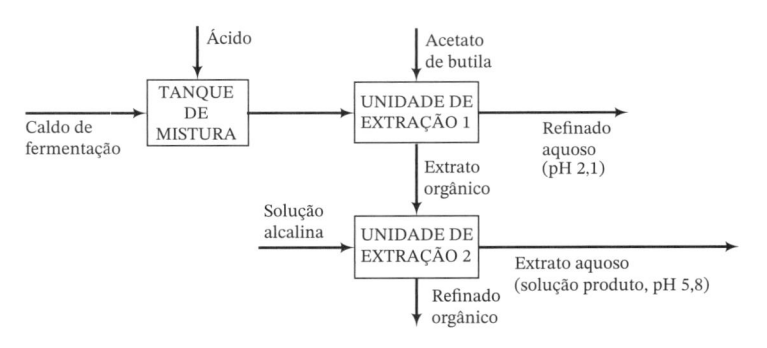

- Após filtração, o caldo que vem de um fermentador e contém penicilina dissolvida, outras impurezas dissolvidas e água é acidificado em um tanque de mistura. O caldo acidificado, que contém 1,5% em peso de penicilina, é colocado em contato com acetato de butila líquido em uma unidade de extração que consiste em um misturador, no qual as fases orgânica e aquosa são colocadas em contato íntimo, seguido por um tanque de decantação, no qual as duas fases se separam sob o efeito da gravidade. O pH da fase aquosa na unidade de extração é 2,1. No misturador, 90% da penicilina no caldo de alimentação se transferem da fase aquosa para a fase orgânica.
- As duas correntes que saem do decantador estão em equilíbrio — quer dizer, a razão das frações mássicas de penicilina nas duas fases é igual ao valor de K correspondente ao pH da fase aquosa (= 2,1 na unidade 1). As impurezas no caldo de alimentação permanecem na fase aquosa. O *rafinado* (por definição, a corrente de produto que contém o solvente da solução de alimentação) que sai da unidade de extração 1 é enviado a outro lugar para processamento posterior, e o *extrato* orgânico (a corrente de produto que contém o solvente de extração) é enviado a uma segunda unidade de mistura-decantação.
- Na segunda unidade, a solução orgânica alimentada na etapa de mistura é colocada em contato com uma solução aquosa alcalina que ajusta o pH da fase aquosa na unidade para 5,8. No misturador, 90% da penicilina que entram na solução orgânica de alimentação se transferem para a fase aquosa. Novamente, as duas correntes que emergem do decantador estão em equilíbrio. O extrato aquoso é o produto do processo.

(a) Tomando como base 100 kg de caldo acidificado que alimentam a primeira unidade de extração, desenhe e rotule completamente um fluxograma deste processo e faça uma análise dos graus de liberdade para mostrar que todas as variáveis rotuladas podem ser determinadas. (*Sugestão:* Considere a combinação de água, impurezas e ácido como uma única espécie e a solução alcalina como uma segunda espécie, já que os componentes destas duas "pseudo espécies" sempre permanecem juntos ao longo do processo.)

(b) Calcule as razões (kg acetato de butila necessárias/kg caldo acidificado) e (kg solução alcalina necessários/kg caldo acidificado) e a fração mássica de penicilina na solução produto.

(c) Explique sucintamente o seguinte:

  (i) Qual é a razão plausível para se transferir a maior parte da penicilina da fase aquosa para uma fase orgânica e depois transferir a maior parte dela de volta a uma fase aquosa, quando cada transferência acarreta uma perda de parte da droga?

  (ii) Qual é o propósito da acidificação do caldo antes da primeira etapa de extração e por que a solução extratante adicionada na segunda unidade é uma base?

  (iii) Por que os dois "rafinados" no processo são a fase aquosa que sai da primeira unidade, e a fase orgânica que sai da segunda unidade e o contrário para os "extratos"? (Veja de novo as definições destes termos.)

(d) Um processo alternativo para recuperação da penicilina do mosto de fermentação deve envolver evaporação até secura. Neste caso, toda a água simplesmente é evaporada. Forneça duas possíveis razões para rejeição desta alternativa.

6.101. Uma mistura de 20% em peso de água, 33% de acetona e o resto de metil isobutil cetona atinge o equilíbrio a 25°C. Se a massa total do sistema é 1,2 kg, use os dados da Figura 6.6-1 para estimar a composição e a massa de cada fase da mistura.

6.102. Cinco quilogramas de uma mistura 30% em peso de acetona–70% de água são adicionados a 3,5 kg de uma mistura 20% em peso de acetona–80% em peso de MIBC a 25°C. Use a Figura 6.6-1 para estimar a massa e a composição de cada fase da mistura resultante.

6.103. Uma solução aquosa de acetona alimenta um tanque agitado com uma vazão de 32,0 lb_m/h. Uma corrente de metil isobutil cetona pura alimenta o mesmo tanque, e a mistura resultante é enviada a um decantador operando a 25°C. Uma das fases formadas tem uma vazão de 41,0 lb_m/h e contém 70% em peso de MIBC. Use a Figura 6.6-1 para determinar a vazão e a composição da segunda corrente de produto e a vazão com a qual a MIBC alimenta a unidade.

6.104. Dois sistemas contêm água, acetona e metil isobutil cetona em equilíbrio a 25°C. O primeiro sistema contém massas iguais das três espécies e o segundo contém 9,0% de acetona, 21,0% de água e 70,0% de MIBC em peso. Sejam $x_{a,aq}$ e $x_{a,org}$ as frações mássicas da acetona nas fases aquosa (a fase que contém a maior parte da água do sistema) e orgânica (a fase que contém a maior parte da MIBC), respectivamente, e sejam $x_{w,aq}$ e $x_{w,org}$ as frações mássicas da água nas duas fases.

(a) Use a Figura 6.6-1 para estimar a massa e a composição (frações mássicas dos componentes) de cada fase da mistura no Sistema 1 e no Sistema 2.

(b) Determine o coeficiente de distribuição da acetona na fase orgânica em relação à fase aquosa em cada sistema, $K_a = x_{a,org}/x_{a,aq}$. Se um processo está sendo projetado para extrair acetona de um dos dois solventes (água e MIBC) para o outro, quando seria desejável um alto valor de K_a e quando seria desejável um valor baixo?

(c) Determine a *seletividade*, β_{aw}, da acetona em relação à água nos dois sistemas, onde

$$\beta_{aw} = \frac{(\text{fração mássica de acetona/fração mássica de água})_{\text{fase extrato}}}{(\text{fração mássica de acetona/fração mássica de água})_{\text{fase rafinado}}}$$

Qual seria o valor de β_{aw} se a água e a MIBC fossem completamente imiscíveis?

(d) Expresse a seletividade, β_{aw}, em termos dos coeficientes de distribuição da acetona e da água, K_a e K_w. [Comece pela fórmula dada na Parte (c).] Se a MIBC está sendo usada para extrair acetona de uma fase aquosa, sob que circunstâncias poderia ser importante ter um valor muito alto de β_{aw}, mesmo que isto signifique que menos acetona seria extraída?

6.105. Água é usada para extrair acetona de uma mistura 30% em peso de acetona–70% em peso de MIBC que escoa com uma vazão de 200 kg/h. São usadas duas etapas de equilíbrio a 25°C, como mostrado no diagrama a seguir. Se 300 kg H_2O/h alimentam cada unidade de extração, que fração de acetona na solução de alimentação seria removida e qual seria a composição do extrato combinado?

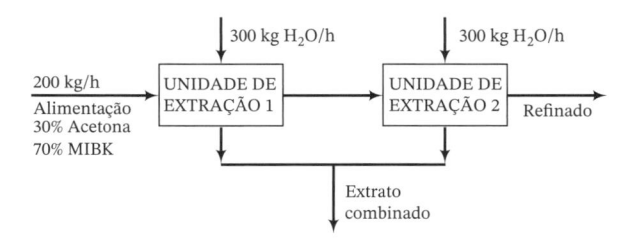

6.106. Ar a 25°C e 1 atm com uma umidade relativa de 25% deve ser desumidificado em uma coluna de adsorção empacotada com sílica-gel. O equilíbrio de adsorção de água sobre sílica-gel é dado pela expressão[19]

$$X^*(\text{kg água/100 kg sílica-gel}) = 12,5 \frac{p_{H_2O}}{p^*_{H_2O}}$$

em que p_{H_2O} é a pressão parcial de água no gás em contato com a sílica-gel e $p^*_{H_2O}$ é a pressão de vapor da água na temperatura do sistema. A coluna é alimentada com ar a uma vazão de 1,50 L/min até que a sílica-gel fica saturada (quer dizer, até que atinge o equilíbrio com o ar de alimentação), momento no qual o fluxo cessa e a sílica-gel é regenerada.

(a) Calcule a quantidade mínima de sílica-gel necessária na coluna se a substituição deve ser feita com frequência não maior do que duas horas. Justifique cada suposição feita.

(b) Descreva sucintamente este processo usando termos que um aluno do segundo grau compreenderia. (Para que o processo é projetado, o que acontece dentro da coluna, e por que é necessário regenerar o recheio da mesma?)

6.107. Um tanque de 50,0 L contém uma mistura gasosa ar–tetracloreto de carbono a uma pressão absoluta de 1 atm, uma temperatura de 34°C e uma saturação relativa de 30%. Adiciona-se carvão ativado para remover o CCl_4 do gás por adsorção, e o tanque é selado. O volume do carvão ativado adicionado pode ser considerado desprezível em comparação com o volume do tanque.

(a) Calcule p_{CCl_4} no momento em que o tanque é selado, admitindo comportamento de gás ideal e desprezando a adsorção que acontece antes de selar o mesmo.

(b) Calcule a pressão total no tanque e a pressão parcial do tetracloreto de carbono em um ponto no qual metade do CCl_4 inicial já foi adsorvida. *Nota:* Foi mostrado no Exemplo 6.7-1 que, a 34°C,

$$X^* \left(\frac{\text{g } CCl_4 \text{ adsovido}}{\text{g carvão}} \right) = \frac{0,0762 p_{CCl_4}}{1 + 0,096 p_{CCl_4}}$$

em que p_{CCl_4} é a pressão parcial (mm Hg) do tetracloreto de carbono no gás em contato com o carvão.

(c) Quanto carvão ativado deve ser adicionado ao tanque para reduzir a fração molar de CCl_4 no gás até 0,001?

6.108. Os seguintes dados de equilíbrio[20] foram obtidos para adsorção de dióxido de nitrogênio, NO_2, sobre sílica-gel a 25°C e 1 atm:

p_{NO_2}(mm Hg)	0	2	4	6	8	10	12
X^*(kg NO_2/100 kg sílica-gel)	0	0,4	0,9	1,65	2,60	3,65	4,85

(a) Confirme se estes dados são razoavelmente correlacionados pela **isoterma de Freundlich**

$$X^* = K_F p_{NO_2}^\beta$$

e determine os valores de K_F e β que fornecem a melhor correlação. (Use um dos métodos gráficos introduzidos na Seção 2.7c.)

(b) A coluna de adsorção mostrada na figura a seguir tem um diâmetro interno de 10,0 cm e uma altura de leito de 1,00 m. O leito de sílica-gel tem uma densidade global de 0,75 kg/L. O adsorvedor deve remover o NO_2 de uma corrente contendo 1,0% molar NO_2 e o resto de ar que entra na coluna com uma vazão de 8,00 kg/h. A pressão e temperatura são mantidas em 1 atm e 25°C. Experiências anteriores com este sistema mostraram que um gráfico da razão das pressões parciais $[(p_{NO_2})_{saída}/(p_{NO_2})_{entrada}]$ versus tempo produz uma **curva de ruptura** com a seguinte aparência.

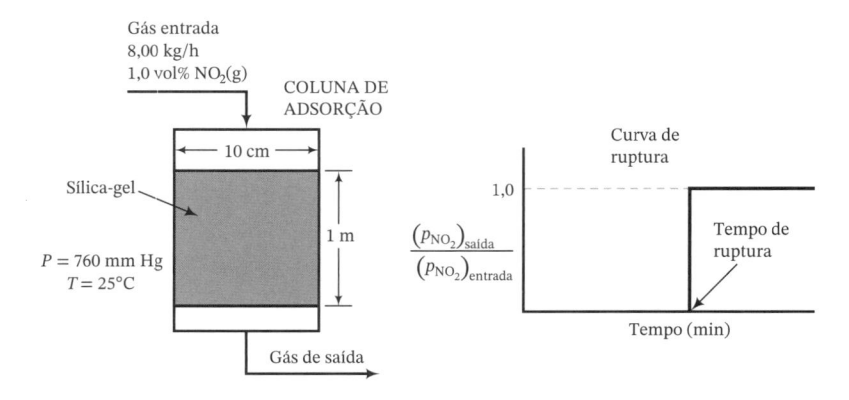

[19]R. Yang, *Gas Separation by Adsorption Processes*, Butterworths, London, 1987, p. 13.
[20]Adaptado de R. E. Treybal, *Mass-Transfer Operations*, 3rd Edition, McGraw-Hill, New York, 1980, p. 308.

Usando a isoterma deduzida na Parte (a), determine o tempo (em minutos) necessário para a ruptura do NO_2.

(c) A sílica-gel na coluna pode ser *regenerada* (quer dizer, o NO_2 adsorvido pode ser removido, de forma que a coluna de sílica-gel possa ser reutilizada) elevando-se a temperatura do leito e/ou purgando-se o leito com ar limpo. Suponha que este processo de regeneração demore 1,5 hora para ser completado. A parada do processo pode ser evitada instalando-se várias colunas de sílica-gel em paralelo e usando-se uma para fazer a purificação enquanto as outras estão sendo regeneradas. Qual é o número mínimo de colunas necessárias para atingir uma operação contínua do processo?

6.109. Várias quantidades de carvão ativado foram adicionadas a uma quantidade fixa de solução de açúcar de cana (48% em peso de sacarose em água) a 80°C. Um colorímetro foi usado para medir a cor das soluções, R, que é proporcional à concentração de impurezas desconhecidas na solução. Os seguintes dados foram obtidos (veja a nota de rodapé 20):

kg carvão/kg sacarose seca	0	0,005	0,010	0,015	0,020	0,030
R(unidades de cor/kg sacarose)	20,0	10,6	6,0	3,4	2,0	1,0

A redução nas unidades de cor é uma medida da massa das impurezas (o adsorvato) adsorvidas pelo carvão (o adsorvente).

(a) A forma geral da **isoterma de Freundlich** é

$$X_i^* = K_F c_i^{\beta}$$

em que X_i^* é a massa de i adsorvido/massa de adsorvente e c_i é a concentração de i na solução. Demonstre que a isoterma de Freundlich pode ser formulada para o sistema descrito acima como

$$\vartheta = K_F' R^{\beta}$$

em que ϑ é a porcentagem de remoção da cor/[massa de carvão/massa de sacarose dissolvida]. Determine então K_F' e β ajustando esta expressão aos dados acima, usando um dos métodos na Seção 2.7.

(b) Calcule a quantidade de carvão que teria que ser adicionada a um vaso contendo 1000 kg da solução com 48% em peso de açúcar a 80°C para uma redução na cor até 2,5% do valor original.

PARTE 3

Balanços de Energia

Energia e Balanços de Energia

A energia é cara. Ainda não aprendemos a usar eficientemente o infinito fornecimento de energia grátis proveniente de fontes como o Sol, os ventos e as marés; a geração de energia nuclear é possível, mas a necessidade de descartar com segurança os dejetos radiativos dos reatores nucleares é um sério problema, ainda não resolvido; além disso, não existem suficientes quedas de água e represas para suprir a demanda energética do mundo. Isto nos deixa com a queima de combustíveis — queimar um gás, um líquido ou um sólido e usar o calor liberado como uma fonte de energia térmica ou (indiretamente) elétrica.

As indústrias de processos sempre reconheceram que o desperdício de energia leva a uma diminuição dos lucros, mas durante a maior parte do século XX o custo da energia era frequentemente uma parte desprezível do custo total do processo, e ineficiências operacionais grosseiras eram toleradas. Nos anos 1970, no entanto, um aumento drástico no preço do gás natural e do petróleo elevou muito o custo da energia e aumentou a necessidade de eliminar consumos desnecessários de energia. Se uma planta gasta mais energia que seus concorrentes, seus produtos deixarão de ser competitivos no mercado consumidor.

Como engenheiro de projeto de processos, uma das suas principais tarefas é contabilizar cuidadosamente a quantidade de energia que flui para dentro e para fora de cada unidade de processo e determinar a necessidade energética global do processo. Você pode fazer isto escrevendo do **balanços de energia** em torno do processo, da mesma maneira que você escreve balanços de massa para determinar as vazões mássicas para dentro e para fora das unidades de processo e do processo global. Alguns problemas típicos que podem ser resolvidos usando balanços de energia são os seguintes:

1. Quanta potência (energia/tempo) é necessária para bombear 1250 m³/h de água desde um tanque de armazenamento até uma unidade de processo? (A resposta determina o tamanho do motor da bomba.)

2. Quanta energia é necessária para converter 2000 kg de água a 30°C em vapor a 180°C?

3. Uma mistura de hidrocarbonetos é destilada, produzindo uma corrente líquida e uma corrente vapor, cada uma com uma vazão e composição conhecidas ou passíveis de cálculo. A entrada de energia na coluna de destilação é fornecida pela condensação de vapor saturado à pressão de 15 bar. Com que vazão o vapor deve ser fornecido para processar 2000 mol/h da mistura de alimentação?

4. Uma reação altamente exotérmica A → B acontece em um reator contínuo. Se uma conversão de 75% de A é atingida, com que taxa a energia deve ser transferida do reator para manter o conteúdo a temperatura constante?

5. Quanto carvão deve ser queimado por dia para produzir a energia suficiente para gerar vapor que movimente as turbinas e produza a quantidade de eletricidade necessária para as necessidades diárias de uma cidade de 500.000 habitantes?

6. Um processo químico consiste em quatro reatores, 25 bombas e uma quantidade de compressores, colunas de destilação, tanques de mistura, evaporadores, filtros e outras unidades de manipulação e separação de materiais. Cada unidade individual absorve ou libera energia.

    (a) Como pode ser projetada a operação do processo para minimizar a necessidade global de energia? (Por exemplo, a energia liberada por uma unidade de processo que emite energia pode ser aproveitada por uma unidade de processo que absorve energia?)

    (b) Qual é a necessidade total de energia para o processo no seu projeto final e quanto custará fornecer esta energia? (A resposta pode determinar se o processo é ou não economicamente viável.)

Neste capítulo, mostramos como os balanços de energia são formulados e aplicados. A Seção 7.1 define os tipos de energia que um sistema de processo pode possuir e as formas nas quais a energia pode ser transferida para dentro e para fora de um sistema. A Seção 7.2 revisa os procedimentos para calcular a energia cinética e potencial gravitacional de uma corrente de processo. As Seções 7.3 e 7.4 deduzem a equação geral do balanço de energia para sistemas fechados (em batelada) e abertos (contínuos e semicontínuos), e várias aplicações destas equações são mostradas nas Seções 7.5 a 7.7.

7.0 OBJETIVOS DE APRENDIZAGEM

Depois de completar este capítulo, você deve ser capaz de:

- Listar e definir com suas próprias palavras os três componentes da energia total de um sistema de processo e as duas formas de transferência de energia entre um sistema e as suas vizinhanças. Estabelecer as condições sob as quais o calor e o trabalho são positivos. Converter uma energia ou potência (energia/tempo) expressa em qualquer unidade (por exemplo, J, dina·cm, Btu, ft·lb$_f$/h, kW, hp) ao seu equivalente em quaisquer outras unidades dimensionalmente consistentes.

- Calcular a energia cinética de um corpo de massa m movendo-se com velocidade u ou a taxa de transporte de energia cinética por uma corrente movendo-se com vazão mássica $\dot{m}$ e velocidade u. Calcular a energia potencial gravitacional de um corpo de massa m na altura z ou a taxa de transporte de energia potencial gravitacional por uma corrente movendo-se com a vazão mássica $\dot{m}$ na altura z, em que z é a altura acima de um plano de referência no qual a energia potencial gravitacional é definida como igual a zero.

- Definir os termos **sistema de processo fechado**, **sistema de processo aberto**, **processo isotérmico** e **processo adiabático**. Escrever a primeira lei da termodinâmica (a equação do balanço de energia) para um sistema de processo fechado e estabelecer as condições sob as quais cada um dos cinco termos da equação pode ser desprezado. Dada uma descrição de um sistema de processo fechado, simplificar o balanço de energia e resolvê-lo para qualquer termo não especificado na descrição do processo.

- Definir os termos **trabalho de fluxo**, **trabalho no eixo**, **energia interna específica**, **volume específico** e **entalpia específica**. Escrever o balanço de energia para um sistema de processo aberto em termos de entalpia e trabalho no eixo e estabelecer as condições sob as quais cada um dos cinco termos pode ser desprezado. Dada a descrição de um sistema de processo aberto, simplificar o balanço de energia e resolvê-lo para qualquer termo não especificado na descrição do processo.

- Estabelecer por que os valores reais de $\hat{U}$ e $\hat{H}$ nunca podem ser conhecidos para uma espécie dada em um **estado** específico (temperatura, pressão e fase) e definir o conceito de **estado de referência**. Explicar com suas próprias palavras o enunciado: "A entalpia específica do $CO(g)$ a 100°C e 0,5 atm em relação ao $CO(g)$ a 500°C e 1 atm é –12.141 J/mol." (Sua explicação deve incluir um processo pelo qual o gás monóxido de carbono passa de um estado para outro.)

- Explicar por que o estado de referência usado para gerar uma tabela de energias internas ou entalpias específicas é irrelevante se você está interessado apenas no cálculo de ΔU e ΔH para um processo. (O termo "função de estado" deve aparecer na sua explicação.)

- Dado um processo no qual uma massa especificada m de uma espécie passa de um estado para outro e com valores tabelados disponíveis de $\hat{U}$ ou $\hat{H}$ para a espécie nos estados inicial e final, calcular ΔU e ΔH. Dados valores de $\hat{V}$ para cada estado, calcular ΔH a partir do valor previamente calculado de ΔU ou vice-versa. Execute os cálculos correspondentes para determinar $\Delta \dot{U}$ e $\Delta \dot{H}$ para uma corrente com vazão mássica $\dot{m}$ indo de um estado para outro.

- Usar as tabelas de vapor saturado e superaquecido (Tabelas B.5, B.6 e B.7) para determinar (a) se a água a uma temperatura e pressão dadas é um líquido, vapor saturado ou vapor superaquecido; (b) o volume específico, a energia interna específica e a entalpia específica da água líquida ou do vapor de água a uma temperatura e pressão dadas; (c) a pressão de vapor da água a uma temperatura dada; (d) o ponto de ebulição da água a uma pressão dada; e (e) o ponto de orvalho do vapor superaquecido a uma pressão dada.

- Explicar o significado das energias internas e entalpias específicas tabeladas nas tabelas de vapor (B.5, B.6 e B.7), lembrando que nunca podemos conhecer os valores verdadeiros de uma variável em um estado dado. Dado um processo no qual uma massa especificada (ou vazão mássica) de água muda de um estado para outro, usar as tabelas de vapor para calcular ΔU (ou $\Delta \dot{U}$) e/ou ΔH (ou $\Delta \dot{H}$).

- Dada uma descrição de qualquer processo não reativo para o qual estejam disponíveis energias internas ou entalpias específicas tabeladas para todas as espécies em todos os estados de entrada e saída, (a) desenhar e rotular completamente um fluxograma, incluindo Q e W (ou $\dot{Q}$ e $\dot{W}$ para um sistema aberto) se seus valores são especificados ou requeridos pelo enunciado do problema; (b) realizar uma análise dos graus de liberdade; e (c) escrever as equações necessárias (incluindo o balanço de energia apropriadamente simplificado) para determinar todas as variáveis solicitadas.

- Começando com a equação do balanço de energia de um sistema aberto, deduzir a equação de balanço de energia mecânica (Equação 7.7-2) para um fluido incompressível e simplificar a equação para deduzir a equação de Bernoulli. Listar todas as suposições feitas na dedução desta última equação.

- Dadas as condições de um fluido (pressão, vazão, velocidade, altura) na entrada e na saída de um sistema aberto, e os valores da perda por atrito e do trabalho no eixo dentro do sistema, substituir as quantidades conhecidas na equação do balanço de energia mecânica (ou na equação de Bernoulli se a perda por atrito e o trabalho no eixo puderem ser desprezados) e resolver a equação para qualquer variável desconhecida.

7.1 FORMAS DE ENERGIA: A PRIMEIRA LEI DA TERMODINÂMICA

A energia total de um sistema tem três componentes:

1. **Energia cinética**: A energia devida ao movimento translacional do sistema como um todo, em relação a um determinado sistema de referência (normalmente a superfície da Terra) ou à rotação do sistema em torno de algum eixo. Neste texto trataremos apenas da energia cinética translacional.

2. **Energia potencial**: A energia devida à posição do sistema em um campo potencial (tal como um campo gravitacional ou eletromagnético). Neste texto, trataremos apenas da energia potencial gravitacional.

3. **Energia interna**: Toda a energia possuída por um sistema além das energias cinética e potencial, tal como a energia devida ao movimento das moléculas em relação ao centro de massa do sistema, ao movimento rotacional e vibracional e às interações eletromagnéticas das moléculas, e ao movimento e às interações dos constituintes atômicos e subatômicos das moléculas.

Suponhamos que um sistema de processo seja **fechado**, significando que não existe transferência de massa através dos seus limites enquanto o processo acontece. A energia pode ser transferida entre o sistema e suas vizinhanças de duas formas:

1. Como **calor**, ou energia que flui como resultado de uma diferença de temperatura entre o sistema e suas vizinhanças. O sentido do fluxo de energia é sempre da temperatura mais alta para a mais baixa. *O calor é definido como positivo quando é transferido das vizinhanças para o sistema.*

2. Como **trabalho**, ou energia que flui como resposta a qualquer outra força motriz que não a diferença de temperaturas, tais como uma força, um torque ou uma voltagem. Por exemplo, se um gás dentro de um cilindro se expande e movimenta um pistão contra uma força de resistência, o gás exerce um trabalho sobre o pistão (a energia é transferida como trabalho do gás para as vizinhanças, o que inclui o pistão). *Neste livro, o trabalho — como calor — é definido como positivo quando é transferido das vizinhanças para o sistema.* (*Nota:* a convenção de sinal oposto é frequentemente usada. A escolha é arbitrária, desde que seja usada de forma consistente; no entanto, para evitar confusão quando estiver lendo referências termodinâmicas, você deve ter certeza de qual convenção está sendo adotada.)

Os termos "calor" e "trabalho" se referem apenas à energia que está sendo transferida; você pode falar de calor e trabalho adicionado ou liberado pelo sistema, mas não tem nenhum significado falar do calor ou do trabalho possuído ou contido em um sistema.

A energia, como o trabalho, tem unidades de força vezes distância: por exemplo, joules (N·m), ergs (dina·cm) e ft·lb$_f$. Também é comum usar unidades de energia definidas em termos da quantidade de calor que deve ser transferido a uma massa específica de água para elevar a sua temperatura por um intervalo específico, a uma pressão constante de 1 atm. As unidades mais comuns deste tipo aparecem na tabela a seguir.

Unidade	Símbolo	Massa de Água	Intervalo de Temperatura
Caloria-quilograma ou quilocaloria	kcal	1 kg	15°C a 16°C
Caloria-grama ou caloria	cal	1 g	15°C a 16°C
Unidade térmica britânica	Btu	1 lb$_m$	60°F a 61°F

A conversão entre estas e outras unidades de energia pode ser feita usando os fatores de conversão dados na tabela no início deste livro.

O princípio que fundamenta todos os balanços de energia é a lei de conservação da energia, que estabelece que a energia não pode ser criada nem destruída. Esta lei é também chamada de **primeira lei da termodinâmica**. Na sua forma mais geral, a primeira lei estabelece que a taxa na qual a energia (cinética + potencial + interna) é carregada para dentro do sistema pelas correntes de entrada, mais a taxa na qual a energia entra no sistema na forma de calor, menos a taxa na qual a energia é transportada para fora do sistema pelas correntes de saída, menos a taxa na qual a energia abandona o sistema na forma de trabalho deve ser igual à taxa de acumulação de energia dentro do sistema. (Isto é, acúmulo = entrada − saída, como esperado.)

Em lugar de apresentar a equação na sua forma mais geral neste ponto, iremos construí-la por etapas. A próxima seção revisa como avaliar as energias cinética e potencial de um objeto e mostra como o cálculo pode ser facilmente estendido para determinar as taxas nas quais as energias cinética e potencial são transportadas por uma corrente. A Seção 7.3 apresenta uma forma integrada da equação do balanço transiente que descreve o comportamento de um sistema entre um estado inicial e um estado final. Esta forma da equação é particularmente útil para analisar sistemas de processos em batelada. Na Seção 7.4, a primeira lei é desenvolvida para um processo contínuo no estado estacionário.

A maior parte dos sistemas de processos é convenientemente analisada usando uma das duas formas da equação de balanço de energia apresentadas nas Seções 7.3 e 7.4. Para realizar cálculos de balanço de energia em outros tipos de processo, como processos em semibatelada ou processos contínuos que estão em partida ou parada, é necessário usar a equação de balanço de energia transiente completa. Esta equação é discutida em uma forma introdutória no Capítulo 10. Um tratamento mais amplo da equação completa é deixado para os textos e cursos de termodinâmica.

Teste (veja *Respostas dos Problemas Selecionados*)	1. Que formas de energia um sistema pode possuir? Em que formas a energia pode ser transferida de e para um sistema fechado? 2. Por que não tem significado falar do calor possuído por um sistema? 3. Suponha que a energia inicial de um sistema (interna + cinética + potencial) é E_i, que a energia final é E_f, que uma quantidade de energia Q é transferida das vizinhanças para o sistema na forma de calor e que uma quantidade W é transferida das vizinhanças para o sistema na forma de trabalho. De acordo com a primeira lei da termodinâmica, como estão relacionadas E_i, E_f, Q e W?

7.2 ENERGIAS CINÉTICA E POTENCIAL

A energia cinética, E_k(J), de um objeto de massa m movendo-se com uma velocidade u(m/s) em relação à superfície da Terra é

$$E_k = \tfrac{1}{2} mu^2$$

$$(7.2\text{-}1a)$$

Se um fluido entra em um sistema com uma vazão mássica $\dot{m}$(kg/s) e uma velocidade uniforme u(m/s), então

$$\dot{E}_k = \tfrac{1}{2}\dot{m}u^2 \qquad\qquad \text{(7.2-1b)}$$

$\dot{E}_k$(J/s) pode ser entendida como a taxa na qual a energia cinética é transportada para o sistema pela corrente de fluido.

Exemplo 7.2-1 | Energia Cinética Transportada por uma Corrente de Fluido

Água flui para dentro de uma unidade de processo através de uma tubulação de 2 cm de diâmetro interno (DI), com uma vazão de 2,00 m³/h. Calcule $\dot{E}_k$ para esta corrente em joules/segundo.

Solução Primeiro calcule a velocidade linear (que é igual à vazão volumétrica dividida pela área da seção transversal da tubulação) e a vazão mássica do fluido:

$$u = \frac{2,00\ \text{m}^3}{\text{h}} \left|\frac{100^2\ \text{cm}^2}{1^2\ \text{m}^2}\right| \frac{1}{\pi(1)^2\ \text{cm}^2} \left|\frac{1\ \text{h}}{3600\ \text{s}}\right| = 1,77\ \text{m/s}$$

$$\dot{m} = \frac{2,00\ \text{m}^3}{\text{h}} \left|\frac{1000\ \text{kg}}{\text{m}^3}\right| \frac{1\ \text{h}}{3600\ \text{s}} = 0,556\ \text{kg/s}$$

Então, conforme a Equação 7.2-1b,

$$\dot{E}_k = \frac{0,556\ \text{kg/s}}{2} \left|\frac{(1,77)^2\ \text{m}^2}{\text{s}^2}\right| \frac{1\ \text{N}}{1\ \text{kg}\cdot\text{m/s}^2} = 0,870\ \text{N}\cdot\text{m/s} = \boxed{0,870\ \text{J/s}}$$

A energia potencial gravitacional de um objeto de massa m é

$$E_p = mgz \qquad\qquad \text{(7.2-2a)}$$

em que g é a aceleração da gravidade e z é a altura do objeto acima de um plano de referência no qual E_p é arbitrariamente definido como zero. Se um fluido entra em um sistema com uma vazão mássica $\dot{m}$ e uma altura z em relação ao plano de referência da energia potencial, então

$$\dot{E}_p = \dot{m}gz \qquad\qquad \text{(7.2-2b)}$$

$\dot{E}_p$(J/s) pode ser imaginada como a taxa na qual a energia potencial gravitacional é transportada para o sistema pelo fluido. Já que estamos normalmente interessados na *mudança* na energia potencial quando um corpo ou um fluido se move de uma altura para outra [$\dot{E}_{p2} - \dot{E}_{p1} = \dot{m}g(z_2 - z_1)$], a altura escolhida como plano de referência não é importante.

Exemplo 7.2-2 | Incremento na Energia Potencial de um Fluido

Petróleo cru é bombeado com uma vazão de 15,0 kg/s desde um poço de 220 m de profundidade até um tanque de armazenamento situado 20 m acima do nível do chão. Calcule a taxa de aumento da energia potencial.

Solução Sejam os subscritos 1 e 2 a representação do primeiro e segundo pontos, respectivamente:

$$\Delta\dot{E}_p = \dot{E}_{p2} - \dot{E}_{p1} = \dot{m}g(z_2 - z_1)$$

$$= \frac{15,0\ \text{kg}}{\text{s}} \left|\frac{9,81\ \text{m}}{\text{s}^2}\right| \frac{1\ \text{N}}{1\ \text{kg}\cdot\text{m/s}^2} \left|[20 - (-220)]\ \text{m}\right.$$

$$= 35.300\ \text{N}\cdot\text{m/s} = \boxed{35.300\ \text{J/s}}$$

A resposta poderia também ter sido expressa como 35.300 W ou 35,3 kW. Uma bomba teria então que fornecer pelo menos esta quantidade de potência para elevar o petróleo na vazão dada.

Um gás flui através de uma longa tubulação de diâmetro constante. A saída da tubulação é mais alta do que a entrada, e a pressão do gás na saída é menor do que a pressão na entrada. A temperatura do gás é constante através da tubulação e o sistema está no estado estacionário.

1. Como se comparam as vazões mássicas na entrada e na saída? E as massas específicas? E as vazões volumétricas? (Admita comportamento de gás ideal.)
2. A variação na energia potencial do gás desde a entrada até a saída é positiva, negativa ou zero? E a variação na energia cinética?

7.3 BALANÇOS DE ENERGIA EM SISTEMAS FECHADOS

Um sistema é chamado de **aberto** ou **fechado** dependendo de existir ou não transferência de massa através dos limites do sistema durante o período de tempo coberto pelo balanço de energia. Um sistema de processo em batelada é fechado por definição, enquanto os processos semicontínuos e contínuos são abertos.

Um balanço integral de energia pode ser deduzido para um sistema fechado entre dois instantes de tempo. Já que a energia não pode ser criada nem destruída, os termos de geração e consumo da equação geral do balanço (4.2-1) desaparecem, deixando

$$\text{acumulação} = \text{entrada} - \text{saída} \qquad \text{(7.3-1)}$$

Ao deduzir o balanço de massa integral para um sistema fechado na Seção 4.2c, eliminamos os termos de entrada e de saída, já que, por definição, a massa não atravessa os limites do sistema durante o processo. No entanto, a energia pode atravessar os limites do sistema na forma de calor ou trabalho, de maneira que o lado direito da Equação 7.3-1 não pode ser eliminado automaticamente. Da mesma forma que nos balanços de massa, o termo de acúmulo é igual ao valor final da quantidade balanceada (neste caso, a energia do sistema) menos o valor inicial da mesma. A Equação 7.3-1 pode ser reescrita então como

$$\left\{ \begin{matrix} \text{energia final} \\ \text{do sistema} \end{matrix} \right\} - \left\{ \begin{matrix} \text{energia inicial} \\ \text{do sistema} \end{matrix} \right\} = \begin{matrix} \text{energia líquida transferida} \\ \text{ao sistema (entrada} - \text{saída)} \end{matrix} \qquad \text{(7.3-2)}$$

Agora

$$\text{energia inicial do sistema} = U_i + E_{ki} + E_{pi}$$
$$\text{energia final do sistema} = U_f + E_{kf} + E_{pf}$$
$$\text{energia transferida} = Q - W$$

em que os subscritos i e f se referem aos estados inicial e final do sistema, e U, E_k, E_p, W e Q representam energia interna, energia cinética, energia potencial, trabalho exercido pelo sistema sobre as vizinhanças e calor transferido das vizinhanças para o sistema. A Equação 7.3-2 torna-se, então,

$$(U_f - U_i) + (E_{kf} - E_{ki}) + (E_{pf} - E_{pi}) = Q + W \qquad \text{(7.3-3)}$$

ou, se o símbolo Δ é usado para representar (final − inicial),

$$\boxed{\Delta U + \Delta E_k + \Delta E_p = Q + W} \qquad \text{(7.3-4)}$$

A Equação 7.3-4 é a forma básica da primeira lei da termodinâmica para um sistema fechado. Quando esta equação é aplicada a um processo dado, você deve prestar atenção aos seguintes pontos:

1. A energia interna de um sistema depende quase inteiramente da composição química, do estado de agregação (sólido, líquido ou gasoso) e da temperatura dos materiais do sistema. Ela é independente da pressão para gases ideais e quase independente da pressão para líquidos e sólidos. *Se não há variação de temperatura, mudança de fase ou reação química em um sistema fechado, e se as variações na pressão são menores do que umas poucas atmosferas, então $\Delta U \approx 0$.*

2. *Se um sistema não está acelerando, então $\Delta E_k = 0$. Se um sistema não está subindo ou descendo, então $\Delta E_p = 0$.*

3. *Se um sistema e suas vizinhanças estão à mesma temperatura ou se o sistema está perfeitamente isolado, então Q = 0.* Este sistema é chamado de **adiabático**.

4. O trabalho exercido sobre ou por um sistema fechado é acompanhado por um deslocamento da fronteira do sistema contra uma força de resistência, ou pela passagem de uma corrente elétrica ou radiação através desta fronteira. Exemplos do primeiro tipo de trabalho são o movimento de um pistão ou a rotação de um eixo que se projeta para fora dos limites do sistema. *Se não há partes móveis ou correntes elétricas ou radiação através da fronteira do sistema, então W = 0.*

Teste (veja *Respostas dos Problemas Selecionados*)	**1.** O que significam os termos sistema fechado e sistema aberto? O que é um processo adiabático? **2.** Se 250 J são adicionados a um sistema na forma de calor, qual será o valor de Q na equação de balanço de energia? Se 250 J de trabalho são realizados pelo sistema, qual será o valor de W? **3.** Se um sistema fechado tem uma energia interna de 100 kcal no início de um processo e 50 kcal no final, qual é o valor de ΔU? **4.** Sob quais circunstâncias pode U ser considerada independente da pressão para uma substância pura?

Exemplo 7.3-1 | Balanço de Energia em um Sistema Fechado

Um gás está contido em um cilindro provido de um pistão móvel.

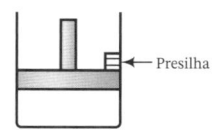
← Presilha

A temperatura inicial do gás é de 25°C.

O cilindro é colocado em água fervente com o pistão mantido em uma posição fixa por meio de uma presilha. Transfere-se calor ao gás na quantidade de 2,00 kcal e o sistema atinge o equilíbrio a 100°C (e uma pressão maior). O pistão é liberado, e o gás exerce 100 J de trabalho para mover o pistão até a sua nova posição de equilíbrio. A temperatura final do gás é 100°C.

Escreva a equação do balanço de energia para cada uma das duas etapas deste processo e resolva em cada caso para o termo de energia desconhecido. Para resolver o problema, considere o gás como o sistema, despreze a variação na energia potencial com o deslocamento do pistão e admita que o gás se comporta idealmente. Expresse todas as energias em joules.

Solução 1.

| 25°C | $\Longrightarrow$ | 100°C |
| Estado inicial | | Estado final |

$$\Delta U + \Delta E_k + \Delta E_p = Q - W \quad \text{(Equação 7.3-4)}$$

$$\Delta E_k = 0 \quad \text{(o sistema está estacionário)}$$
$$\Delta E_p = 0 \quad \text{(não há deslocamento vertical)}$$
$$W = 0 \quad \text{(não há fronteiras móveis)}$$
$$\Delta U = Q$$
$$Q = 2,00 \text{ kcal}$$

$$\Delta U = \frac{2,00 \text{ kcal}}{} \left| \frac{10^3 \text{ cal}}{\text{kcal}} \right| \frac{1 \text{ J}}{0,23901 \text{ cal}} = \boxed{8370 \text{ J} = \Delta U}$$

O gás ganha então 8370 J de energia interna ao ir de 25°C para 100°C.

2.

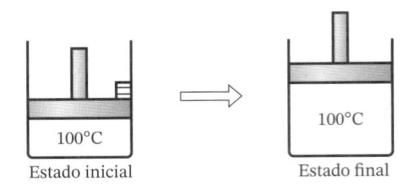

Estado inicial   Estado final

$$\Delta U + \Delta E_k + \Delta E_p = Q + W$$

$\quad \Delta E_k = 0 \quad$ (o sistema está estacionário nos estados inicial e final)

$\quad \Delta E_p = 0 \quad$ (admitido como despresível por hipótese)

$\quad \Delta U = 0 \quad$ (U depende apenas de T para um gás ideal e T não muda)

$$0 = Q + W$$

$\quad W = -100\,J \quad$ (Por que é positivo?)

$$\boxed{Q = 100\,J}$$

Então, 100 J adicionais de calor são transferidos para o gás quando ele se expande e atinge o equilíbrio a 100°C.

7.4 BALANÇOS DE ENERGIA EM SISTEMAS ABERTOS NO ESTADO ESTACIONÁRIO

Um sistema de processo aberto tem, por definição, massa atravessando suas fronteiras enquanto o processo acontece. Trabalho tem que ser feito sobre tal sistema para empurrar massa para dentro e trabalho é feito sobre as vizinhanças pela massa que sai. Ambos os termos de trabalho devem ser incluídos no balanço de energia.

Na Seção 7.4a, mostramos os cálculos do trabalho (ou, mais precisamente, a taxa de energia transferida na forma de trabalho) necessário para mover um fluido através de um sistema de processo contínuo, e na Seção 7.4b revisamos os conceitos de variáveis extensivas e intensivas introduzidas no Capítulo 6, ao mesmo tempo em que introduzimos o conceito de propriedades específicas de uma substância. A Seção 7.4c usa os resultados das duas seções precedentes para deduzir o balanço de energia para um sistema aberto no estado estacionário.

7.4a Trabalho de Fluxo e Trabalho no Eixo

A taxa líquida de trabalho feito em um sistema aberto por suas vizinhanças pode ser escrita como

$$\dot{W} = \dot{W}_s + \dot{W}_f \tag{7.4-1}$$

em que

$\dot{W}_s$ = **trabalho no eixo**, ou taxa de trabalho feito no fluido de processo por uma parte móvel dentro do sistema (por exemplo, uma bomba)

$\dot{W}_f$ = **trabalho de fluxo**, ou taxa de trabalho feito sobre o fluido na entrada do sistema menos a taxa de trabalho feito pelo fluido na saída do sistema

Para deduzir uma expressão para $\dot{W}_f$, consideremos inicialmente o sistema entrada simples–saída simples mostrado na figura a seguir.

$$\frac{\dot{V}_{entrada}(m^3/s)}{P_{entrada}(N/m^2)} \rightarrow \boxed{\begin{array}{c} \text{UNIDADE} \\ \text{DE PROCESSO} \end{array}} \xrightarrow{\dfrac{\dot{V}_{saída}(m^3/s)}{P_{saída}(N/m^2)}}$$

O fluido entra em uma tubulação com uma pressão $P_{entrada}(N/m^2)$ e uma vazão volumétrica $\dot{V}_{entrada}(m^3/s)$, e sai com uma pressão $P_{saída}(N/m^2)$ e uma vazão volumétrica $\dot{V}_{saída}(m^3/s)$. O fluido que entra no sistema realiza trabalho sobre o fluido imediatamente na frente dele com a taxa

$$\dot{W}_{entrada}(N\cdot m/s) = P_{entrada}(N/m^2)\dot{V}_{entrada}(m^3/s) \tag{7.4-2}$$

enquanto o fluido que deixa o sistema exerce trabalho sobre as vizinhanças com a taxa

$$\dot{W}_{saída} = P_{saída}\dot{V}_{saída} \tag{7.4-3}$$

A taxa líquida na qual o trabalho é feito sobre sistema na entrada e na saída é, portanto,

$$\dot{W}_f = P_{entrada}\dot{V}_{entrada} - P_{saída}\dot{V}_{saída} \tag{7.4-4}$$

Se várias correntes de entrada e saída entram e saem do sistema, o produto $P\dot{V}$ para cada uma deve ser somado para determinar $\dot{W}_f$.

Teste	Um líquido incompressível flui através de uma tubulação reta horizontal. O atrito do fluido dentro da tubulação causa a transferência de uma pequena quantidade de calor do fluido; para compensar isto, trabalho de fluxo deve ser feito sobre o fluido para que este se mova através do sistema (de forma que $\dot{W}_f$ seja maior que zero).
(veja *Respostas dos Problemas Selecionados*)	

1. Como estão relacionados $\dot{V}_{entrada}$ e $\dot{V}_{saída}$, em que $\dot{V}$ é a vazão volumétrica do líquido? (Lembre-se, o fluido é incompressível.)
2. Como estão relacionadas as pressões $P_{entrada}$ e $P_{saída}$? ($P_{entrada} > P_{saída}$, $P_{entrada} = P_{saída}$ ou $P_{entrada} < P_{saída}$?)

7.4b Propriedades Específicas e Entalpia

Como já observamos na Seção 6.2, as propriedades de um material de processo podem ser extensivas (proporcionais à quantidade do material) ou intensivas (independentes da quantidade). Massa, número de mols e volume (ou vazão mássica, vazão molar e vazão volumétrica para uma corrente contínua), e energia cinética, energia potencial e energia interna (ou as taxas de transporte destas quantidades por uma corrente contínua) são propriedades extensivas, enquanto temperatura, pressão e massa específica são intensivas.

Uma **propriedade específica** é uma quantidade intensiva obtida dividindo-se uma propriedade extensiva (ou sua vazão) pela quantidade total (ou vazão total) do material do processo. Então, se o volume de um fluido é 200 cm^3 e a massa é 200 g, o **volume específico** do fluido é 1 cm^3/g. Da mesma forma, se a vazão mássica de uma corrente é 100 kg/min e a vazão volumétrica é 150 L/min, o volume específico do material da corrente é (150 L/min/100 kg/min) = 1,5 L/kg; se a taxa na qual a energia cinética é transportada por esta corrente é 300 J/min, então a **energia cinética específica** do material da corrente é (300 J/min)/(100 kg/min) = 3 J/kg. *Usaremos o símbolo ^ para representar uma propriedade específica:* $\hat{V}$ representará o volume específico, $\hat{U}$ a energia interna específica, e assim por diante.

Se a temperatura e a pressão de um material são tais que a energia interna específica do material é $\hat{U}$(J/kg), então uma massa m(kg) deste material tem uma energia interna total

$$U(J) = m(kg)\hat{U}(J/kg) \tag{7.4-5}$$

Da mesma forma, uma corrente contínua deste material com uma vazão mássica $\dot{m}$ (kg/s) transporta energia interna com a taxa

$$\dot{U}(J/s) = \dot{m}(kg/s)\hat{U}(J/kg) \tag{7.4-6}$$

Uma propriedade que aparece com frequência na equação do balanço de energia para sistemas abertos (Seção 7.4c) é a **entalpia específica**, definida como

$$\hat{H} \equiv \hat{U} + P\hat{V} \tag{7.4-7}$$

em que P é a pressão total, e $\hat{U}$ e $\hat{V}$ são a energia interna específica e o volume específico. Os diferentes valores da constante universal dos gases, R, mostrados no início do livro constituem uma fonte conveniente de fatores de conversão necessários para avaliar $\hat{H}$ a partir da Equação 7.4-7, como mostra o exemplo seguinte.

Exemplo 7.4-1	Cálculo de Entalpia

A energia interna específica do hélio a 300 K e 1 atm é 3800 J/mol, e o volume molar específico à mesma temperatura e pressão é 24,63 L/mol. Calcule a entalpia específica do hélio sob estas condições de pressão e temperatura e a taxa na qual a entalpia é transportada por uma corrente de hélio a 300 K e 1 atm com uma vazão molar de 250 kmol/h.

Solução

$$\hat{H} = \hat{U} + P\hat{V} = 3800 \text{ J/mol} + (1 \text{ atm})(24{,}63 \text{ L/mol})$$

Para converter o segundo termo a joules precisamos do fator de conversão J/(L·atm). A partir dos valores da constante universal dos gases, R,

$$0{,}08206 \text{ L·atm/(mol·K)} = 8{,}314 \text{ J/(mol·K)}$$

Dividindo o lado direito pelo esquerdo, obtemos o fator desejado:

$$\frac{8{,}314 \text{ J/mol·K}}{0{,}08206 \text{ L·atm/(mol·K)}} = 101{,}3 \text{ J/(L·atm)}$$

Portanto,

$$\hat{H} = 3800 \text{ J/mol} + \frac{24{,}63 \text{ L·atm}}{\text{mol}} \left| \frac{101{,}3 \text{ J}}{1 \text{ L·atm}} \right. = \boxed{6295 \text{ J/mol}}$$

Se $\dot{n} = 250$ kmol/h

$$\dot{H} = \dot{n}\hat{H} = \frac{250 \text{ kmol}}{\text{h}} \left| \frac{10^3 \text{ mol}}{\text{kmol}} \right| \frac{6295 \text{ J}}{\text{mol}} = \boxed{1{,}57 \times 10^9 \text{ J/h}}$$

A função entalpia é importante na análise de sistemas abertos, como mostraremos na seguinte seção. Pode também ser mostrado, no entanto, que, *se um sistema fechado se expande (ou se contrai) contra uma pressão externa constante, ΔE_k e ΔE_p são desprezíveis, e o único trabalho feito por ou sobre o sistema é o trabalho de expansão; então, a equação do balanço de energia se reduz a $Q = \Delta H$.* Uma prova desta afirmação é solicitada no Problema 7.17.

Teste	A energia interna específica de um fluido é 200 cal/g.
(veja *Respostas dos Problemas Selecionados*)	**1.** Qual é a energia interna de 30 g deste fluido? **2.** Se o fluido deixa o sistema com uma vazão de 5 g/min, a que taxa a energia interna é transportada para fora do sistema? **3.** O que você precisaria conhecer para calcular a entalpia específica deste fluido?

7.4c O Balanço de Energia para Sistemas Abertos no Estado Estacionário

A primeira lei da termodinâmica para um sistema aberto no estado estacionário tem a forma simplificada

$$\text{entrada} = \text{saída} \qquad \text{(7.4-8)}$$

(Por que os termos de acumulação, geração e consumo da equação geral do balanço desaparecem?) "Entrada" aqui significa a taxa total de transporte das energias cinética, potencial e interna por todas as correntes que entram no processo mais a taxa com que a energia é transferida para o sistema como calor e trabalho, e "saída" é a taxa total de transporte de energia pelas correntes que saem do processo.

Se $\dot{E}_j$ representa a taxa total de transporte de energia pela j-ésima corrente de entrada ou saída, e $\dot{Q}$ e $\dot{W}$ são de novo definidos como as taxas de fluxo de calor para dentro do sistema e trabalho sobre sistema, então a Equação 7.4-8 pode ser reescrita como

$$\dot{Q} + \dot{W} + \underset{\substack{\text{correntes} \\ \text{de entrada}}}{\sum} \dot{E}_j = \underset{\substack{\text{correntes} \\ \text{de saída}}}{\sum} \dot{E}_j$$

$$\Downarrow$$

$$\underset{\substack{\text{correntes} \\ \text{de saída}}}{\sum} \dot{E}_j - \underset{\substack{\text{correntes} \\ \text{de entrada}}}{\sum} \dot{E}_j = \dot{Q} + \dot{W} \qquad \text{(7.4-9)}$$

Se $\dot{m}_j$, $\dot{E}_{kj}$, $\dot{E}_{pj}$ e $\dot{U}_j$ são a vazão mássica e as taxas de transporte das energias cinética, potencial e interna da j-ésima corrente, então a taxa total pela qual a energia é transportada para dentro ou fora do sistema por esta corrente é

$$\dot{E}_j = \dot{U}_j + \dot{E}_{kj} + \dot{E}_{pj}$$

$$\dot{U}_j = \dot{m}_j\hat{U}_j$$
$$\dot{E}_{kj} = \dot{m}_j u_j^2 / 2$$
$$\dot{E}_{pj} = \dot{m}_j g z_j$$

$$\dot{E}_j = \dot{m}_j \left(\hat{U}_j + \frac{u_j^2}{2} + g z_j \right) \qquad \textbf{(7.4-10)}$$

em que u_j é a velocidade da j-ésima corrente, e z_j é a altura desta corrente em relação a um plano de referência em que $E_p = 0$.

O trabalho total $\dot{W}$ feito sobre o sistema é igual ao trabalho no eixo $\dot{W}_s$ mais o trabalho de fluxo $\dot{W}_f$ (Equação 7.4-1). Se $\dot{V}_j$ é a vazão volumétrica da j-ésima corrente, e P_j é a pressão desta corrente quando esta cruza as fronteiras do sistema, então, como foi mostrado na Seção 7.4a,

$$\dot{W}_f = \sum_{\substack{\text{correntes} \\ \text{de entrada}}} P_j\dot{V}_j - \sum_{\substack{\text{correntes} \\ \text{de saída}}} P_j\dot{V}_j$$

$$\dot{V}_j = \dot{m}_j\hat{V}_j$$

$$\dot{W} = \dot{W}_s + \sum_{\substack{\text{correntes} \\ \text{de entrada}}} \dot{m}_j P_j\hat{V}_j - \sum_{\substack{\text{correntes} \\ \text{de saída}}} \dot{m}_j P_j\hat{V}_j \qquad \textbf{(7.4-11)}$$

Substituindo a expressão de $\dot{E}_j$ da Equação 7.4-10 e a de $\dot{W}$ da Equação 7.4-11 na Equação 7.4-9 e trazendo os termos $P\hat{V}$ para o lado esquerdo, obtemos

$$\sum_{\substack{\text{correntes} \\ \text{de saída}}} \dot{m}_j\left[\hat{U}_j + P_j\hat{V}_j + \frac{u_j^2}{2} + g z_j \right] - \sum_{\substack{\text{correntes} \\ \text{de entrada}}} \dot{m}_j\left[\hat{U}_j + P_j\hat{V}_j + \frac{u_j^2}{2} + g z_j \right] = \dot{Q} + \dot{W}_s \qquad \textbf{(7.4-12)}$$

A Equação 7.4-12 pode ser usada para todos os problemas que envolvem balanços de energia em sistemas abertos no estado estacionário. Como regra, no entanto, o termo $\hat{U}_j + P_j\hat{V}_j$ é combinado e escrito como $\hat{H}_j$, a variável já definida como a entalpia específica. Em termos desta variável, a Equação 7.4-12 se torna

$$\sum_{\substack{\text{correntes} \\ \text{de saída}}} \dot{m}_j\left(\hat{H}_j + \frac{u_j^2}{2} + g z_j \right) - \sum_{\substack{\text{correntes} \\ \text{de entrada}}} \dot{m}_j\left(\hat{H}_j + \frac{u_j^2}{2} + g z_j \right) = \dot{Q} + \dot{W}_s \qquad \textbf{(7.4-13)}$$

Finalmente, usamos o símbolo Δ para representar a diferença saída total—entrada total, de forma que

$$\Delta\dot{H} = \sum_{\substack{\text{correntes} \\ \text{de saída}}} \dot{m}_j\hat{H}_j - \sum_{\substack{\text{correntes} \\ \text{de entrada}}} \dot{m}_j\hat{H}_j \qquad \textbf{(7.4-4a)}$$

$$\Delta\dot{E}_k = \sum_{\substack{\text{correntes} \\ \text{de saída}}} \dot{m}_j u_j^2 / 2 - \sum_{\substack{\text{correntes} \\ \text{de entrada}}} \dot{m}_j u_j^2 / 2 \qquad \textbf{(7.4-4b)}$$

$$\Delta\dot{E}_p = \sum_{\substack{\text{correntes} \\ \text{de saída}}} \dot{m}_j g z_j - \sum_{\substack{\text{correntes} \\ \text{de entrada}}} \dot{m}_j g z_j \qquad \textbf{(7.4-4c)}$$

Nestes termos, a Equação 7.4-13 se transforma em

$$\boxed{\Delta\dot{H} + \Delta\dot{E}_k + \Delta\dot{E}_p = \dot{Q} + \dot{W}_s} \qquad \textbf{(7.4-15)}$$

A Equação 7.4-15 estabelece que a taxa líquida na qual a energia é transferida a um sistema como calor e/ou trabalho no eixo ($\dot{Q} + \dot{W}_s$) é igual à diferença entre as taxas nas quais a quantidade (entalpia + energia cinética + energia potencial) é transportada para dentro e para fora do sistema ($\Delta\dot{H} + \Delta\dot{E}_k + \Delta\dot{E}_p$). Usaremos esta equação como ponto de partida para a maior parte dos cálculos de balanço de energia em sistemas abertos no estado estacionário.

Note que, se um processo tem apenas uma entrada simples e uma saída simples, e se não existe acúmulo de massa no sistema (de forma que $\dot{m}_{entrada} = \dot{m}_{saída} = \dot{m}$), então a expressão para $\Delta\dot{H}$ na Equação 7.4-14a é simplificada para

$$\Delta\dot{H} = \dot{m}(\hat{H}_{saída} - \hat{H}_{entrada}) = \dot{m}\Delta\hat{H} \tag{7.4-16}$$

Note também que, se uma variável específica tem o mesmo valor para todas as correntes de entrada e de saída, o termo correspondente da Equação 7.4-15 desaparece. Por exemplo, se $\hat{H}_j$ é a mesma para todas as correntes, então, conforme a Equação 7.4-14a,

$$\Delta\dot{H} = \hat{H}\left[\underset{\substack{\text{correntes} \\ \text{de saída}}}{\sum} \dot{m}_j - \underset{\substack{\text{correntes} \\ \text{de entrada}}}{\sum} \dot{m}_j\right] \tag{7.4-17}$$

Mas, a partir de um balanço de massa total, a quantidade entre colchetes (que é simplesmente a massa total de saída menos a massa total de entrada) é igual a zero, de maneira que $\Delta\dot{H} = 0$, como afirmado.

Teste	Como você poderia simplificar a Equação 7.4-15 em cada um dos seguintes casos?
(veja *Respostas dos Problemas Selecionados*)	**1.** Não há partes móveis no sistema. **2.** O sistema e suas vizinhanças estão na mesma temperatura. **3.** As velocidades lineares de todas as correntes são iguais. **4.** Todas as correntes entram e saem do processo à mesma altura.

Exemplo 7.4-2   Balanço de Energia em uma Turbina

Quinhentos quilogramas por hora de vapor movimentam uma turbina. O vapor entra na turbina a 44 atm e 450°C com uma velocidade linear de 60 m/s, e sai por um ponto 5 m abaixo da entrada, à pressão atmosférica e a uma velocidade de 360 m/s. A turbina fornece trabalho no eixo com uma taxa de 70 kW, e a perda de calor na turbina é estimada em 10^4 kcal/h. Calcule a variação na entalpia específica associada com o processo.

Solução

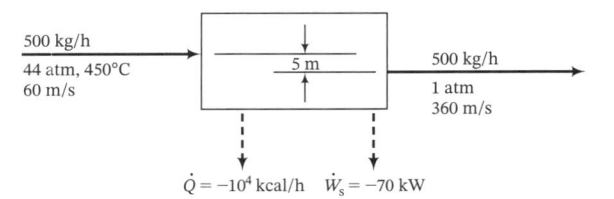

Pela Equação 7.4-15,

$$\Delta\dot{H} = \dot{Q} + \dot{W}_s - \Delta\dot{E}_k - \Delta\dot{E}_p$$

Normalmente, calor, trabalho e as energias cinética e potencial são expressas em unidades diferentes. Para avaliar $\Delta\dot{H}$, devemos primeiro converter todos os termos a kW (kJ/s), usando os fatores de conversão apropriados, notando primeiro que $\dot{m} = (500 \text{ kg/h}/3600 \text{ s/h}) = 0,139$ kg/s.

$$\Delta\dot{E}_k = \frac{\dot{m}}{2}(u_2^2 - u_1^2) = \frac{0,139 \text{ kg/s}}{2} \left| \frac{1 \text{ N}}{1 \text{ kg·m/s}^2} \right| \frac{(360^2 - 60^2)\text{m}^2}{\text{s}^2} \left| \frac{1 \text{ W}}{1 \text{ N·m/s}} \right| \frac{1 \text{ kW}}{10^3 \text{ W}}$$

$$= 8,75 \text{ kW}$$

$$\Delta \dot{E}_{\mathrm{p}} = \dot{m}g(z_2 - z_1) = \frac{0{,}139 \text{ kg/s}}{} \left| \frac{9{,}81 \text{ N}}{\text{kg}} \right| \frac{(-5)\text{ m}}{} \left| \frac{1 \text{ kW}}{10^3 \text{ N·m/s}} \right. = -6{,}81 \times 10^{-3} \text{ kW}$$

$$\dot{Q} = \frac{-10^4 \text{ kcal}}{\text{h}} \left| \frac{1 \text{ J}}{0{,}239 \times 10^{-3} \text{ kcal}} \right| \frac{1 \text{ h}}{3600 \text{ s}} \left| \frac{1 \text{ kW}}{10^3 \text{ J/s}} \right. = -11{,}6 \text{ kW}$$

$$\dot{W}_{\mathrm{s}} = -70 \text{ kW}$$

$$\Downarrow$$

$$\Delta \dot{H} = \dot{Q} + \dot{W}_{\mathrm{s}} - \Delta \dot{E}_{\mathrm{k}} - \Delta \dot{E}_{\mathrm{p}} = -90{,}3 \text{ kW}$$

Mas

$$\Delta \dot{H} = \dot{m}(\hat{H}_2 - \hat{H}_1) \quad \text{(pela Equação 7.4-16)}$$

$$\Downarrow$$

$$\hat{H}_2 - \hat{H}_1 = \Delta \dot{H} / \dot{m}$$

$$= \frac{-90{,}3 \text{ kJ/s}}{0{,}139 \text{ kg/s}} = \boxed{-650 \text{ kJ/kg}}$$

7.5 TABELAS DE DADOS TERMODINÂMICOS

7.5a Estados de Referência e Propriedades de Estado

Não é possível conhecer o valor absoluto de $\hat{U}$ ou de $\hat{H}$ para um material dentro de um processo, mas você pode determinar a *variação* em $\hat{U}(\Delta\hat{U})$ ou em $\hat{H}(\Delta\hat{H})$ correspondente a uma determinada mudança de estado (temperatura, pressão e fase). Isto pode ser feito, por exemplo, trazendo uma massa conhecida m de uma substância através da mudança de estado especificada, em uma forma tal que todos os termos da equação de balanço de energia (calor, trabalho, e as mudanças nas energias cinética e potencial) sejam conhecidos, exceto ΔU. Uma vez que $\Delta \hat{U} = (\Delta U/m)$ é determinado, $\Delta \hat{H}$ para a mesma mudança de estado pode ser calculada através de $\Delta\hat{U} + \Delta P\hat{V}$.

Uma forma conveniente de tabelar mudanças em $\hat{U}$ ou $\hat{H}$ é escolher uma determinada condição de pressão, temperatura e estado de agregação como **estado de referência**, e listar $\Delta\hat{U}$ ou $\Delta\hat{H}$ para mudanças deste estado para uma série de outros estados. Suponha, por exemplo, que as mudanças de entalpia do monóxido de carbono indo de um estado de referência a 0°C e 1 atm a outros dois estados são medidas, com os seguintes resultados:

$$CO(g, 0°C, 1 \text{ atm}) \rightarrow CO(g, 100°C; 1 \text{ atm}): \quad \Delta\hat{H}_1 = 2919 \text{ J/mol}$$
$$CO(g, 0°C, 1 \text{ atm}) \rightarrow CO(g, 500°C; 1 \text{ atm}): \quad \Delta\hat{H}_2 = 15.060 \text{ J/mol}$$

Já que $\hat{H}$ não pode ser conhecido no seu valor absoluto, por conveniência podemos atribuir um valor $\hat{H}_0 = 0$ ao estado de referência; então $\Delta\hat{H}_1 = \hat{H}_1 - 0 = \hat{H}_1$; $\Delta\hat{H}_2 = \hat{H}_2 - 0 = \hat{H}_2$, e assim por diante. Pode-se, então, construir uma tabela para CO a 1 atm:

$T(°C)$	$\hat{H}(\text{J/mol})$
0	0
100	2919
500	15.060

Note que o valor 2919 J/mol para $\hat{H}$ a 100°C *não* significa que o valor absoluto da entalpia específica do CO a 100°C e 1 atm seja 2919 J/mol — não podemos conhecer valores absolutos de $\hat{H}$ — significa sim que a *mudança* em $\hat{H}$ quando o CO vai desde o estado de referência até o novo estado a 100°C e 1 atm é 2919 J/mol. Dizemos então que *a entalpia do CO a 100°C e 1 atm em relação a CO a 0°C e 1 atm é 2919 J/mol*.

Algumas tabelas de entalpia fornecem o estado de referência no qual os valores listados estão baseados e outras não; no entanto, não é necessário conhecer o estado de referência para calcular $\Delta\hat{H}$ para a transição de um estado tabelado para outro. Se $\hat{H}_1$ é a entalpia específica no estado 1 e $\hat{H}_2$ é a entalpia específica no estado 2, então $\Delta\hat{H}$ para a transição entre os estados 1 e 2 será igual a $\hat{H}_2 - \hat{H}_1$, sem importar o estado de referência no qual estão baseados $\hat{H}_1$ e $\hat{H}_2$. (*Cuidado:* Se são usadas duas tabelas diferentes, esteja seguro de que ambas as quantidades estão baseadas no mesmo estado de referência.) Por exemplo, $\Delta\hat{H}$ para o CO indo de 100 a 500°C a 1 atm é $(15.060 - 2919)$ J/mol = 12.141 J/mol. Se qualquer outro estado de referência tivesse sido usado para gerar as entalpias específicas a 100 e 500°C, $\hat{H}_1$ e $\hat{H}_2$ teriam valores diferentes dos mostrados, mas $\hat{H}_2 - \hat{H}_1$ ainda seria 12.141 J/mol. (Veja o diagrama abaixo.)

$\hat{H}_{CO}$(J/mol)
Ref: CO(g) @ 0°C, 1 atm

$\hat{H}_{CO}$(J/mol)
Ref: CO(g) @ ?

15.060	500°C, 1 atm	12.560
2919	100°C, 1 atm	419
0	0°C, 1 atm	−2500

$CO(100°C, 1\ atm) \rightarrow CO(500°C, 1\ atm)$
$\Delta\hat{H} = (15.060 - 2919)$ J/mol
$= (12.560 - 419)$ J/mol
$= 12.141$ J/mol

Este resultado conveniente é uma consequência do fato de $\hat{H}$, tal como $\hat{U}$, ser uma **propriedade de estado** ou uma propriedade de um componente de um sistema cujo valor depende apenas do estado do sistema (pressão, temperatura, fase e composição) e não de como o sistema atingiu o dito estado.[1] O Capítulo 8 fala mais sobre este conceito.

Exemplo 7.5-1 | Uso de Dados Tabelados de Entalpia

As seguintes quantidades são tiradas de uma tabela para cloreto de metila saturado.

Estado	T(°F)	P(psia)	$\hat{V}$(ft^3/lb$_m$)	$\hat{H}$(Btu/lb$_m$)
Líquido	−40	6,878	0,01553	0,000
Vapor	0	18,90	4,969	196,23
Vapor	50	51,99	1,920	202,28

1. Qual é o estado de referência usado para gerar as entalpias dadas?
2. Calcule $\Delta\hat{H}$ e $\Delta\hat{U}$ para a transição do vapor saturado de cloreto de metila de 50°F para 0°F.
3. Que suposição você fez para resolver a questão 2 considerando o efeito da pressão sobre a entalpia específica?

Solução

1. Líquido puro a −40°F e 6,878 psia (o estado no qual $\hat{H} = 0$). Esta informação não é necessária para resolver a parte 2.

2. $\Delta\hat{H} = \hat{H}(0°F) - \hat{H}(50°F) = (196,23 - 202,28) = -6,05$ Btu/lb$_m$

$\Delta\hat{U} = \Delta\hat{H} - \Delta P\hat{V} = \Delta\hat{H} - (P_{final}\hat{V}_{final} - P_{inicial}\hat{V}_{inicial})$

$= -6,05$ Btu/lb$_m$

$- \dfrac{[(18,90)(4,969) - (51,99)(1,920)]\,ft^3 \cdot psia/lb_m}{} \left| \dfrac{1,987\ Btu}{10,73\ ft^3 \cdot psia} \right.$

$= \boxed{-4,96\ Btu/lb_m}$

O valor do fator de conversão Btu/(ft^3 · psia) foi obtido dos valores da constante universal dos gases R. (Verifique isto!)

3. $\hat{H}$ foi admitido como independente de P.

Tabelas de entalpias e outras funções de estado para muitas substâncias podem ser encontradas nas Tabelas B.5 a B.9 deste livro e no *Perry's Chemical Engineers' Handbook*,[2] páginas 2-208 até 2-418.

---

[1] Não provaremos a afirmação de que $\hat{U}$ e $\hat{H}$ satisfazem esta condição. Todos os textos de termodinâmica discutem este ponto em detalhes.
[2] R. H. Perry e D. W. Green, Eds., *Perry's Chemical Engineers' Handbook*, 8th Edition, McGraw-Hill, New York, 2008.

Teste	1. O que é uma propriedade de estado?
	2. A entalpia de um vapor A em relação ao líquido A é 5000 J/kg a 0°C e 1 atm e 7500 J/kg a 30°C e 1 atm.
(veja *Respostas dos Problemas Selecionados*)	**(a)** Qual é o valor de $\hat{H}$ para A(l) a 0°C e 1 atm?
	(b) Qual é o valor aproximado de $\hat{H}$ para A(v) a 0°C e 5 atm?
	(c) Qual é o valor de $\Delta\hat{H}$ para o processo

$$A(v, 30°C, 1\,atm) \rightarrow A(v, 0°C, 1\,atm)$$

(d) A resposta depende do estado de referência utilizado para gerar a tabela de entalpias? Por que não?

7.5b Tabelas de Vapor

Lembre-se do diagrama de fase da água (Figura 6.1-1*a*), que tem a seguinte forma:

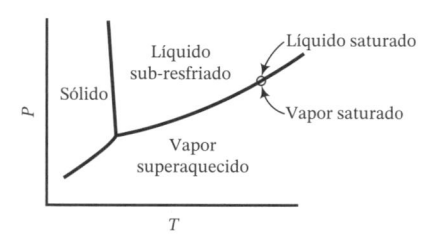

A água pura pode coexistir como líquido e vapor apenas nos pontos temperatura–pressão que estão sobre a curva de equilíbrio líquido-vapor (ELV). Nos pontos acima da curva do ELV (mas à direita da curva do equilíbrio sólido-líquido), a água é um **líquido sub-resfriado**. Nos pontos sobre a curva do ELV, a água pode ser **líquido saturado** ou **vapor saturado** ou uma mistura de ambos. Nos pontos abaixo da curva do ELV, a água é **vapor superaquecido**.

Durante muitos anos, compilações de propriedades físicas da água líquida, do vapor saturado e do vapor superaquecido listadas nas **tabelas de vapor** têm sido uma referência-padrão para engenheiros químicos e mecânicos envolvidos com ciclos de vapor para geração de energia elétrica. As tabelas de vapor aparecem nas Tabelas B.5 a B.7 deste livro. Recomendamos que você examine estas tabelas enquanto descrevemos o que você pode encontrar nelas.

A Tabela B.5 mostra as propriedades da água líquida saturada e do vapor saturado para temperatura entre 0,01°C (a temperatura do ponto triplo) até 102°C. As seguintes propriedades podem ser determinadas para cada temperatura tabelada (e para temperaturas intermediárias por interpolação):

- *Coluna 2.* A pressão, P(bar), correspondente à temperatura dada na curva do ELV — por definição, a pressão de vapor da água na temperatura dada. Em vez de procurar uma dada temperatura e achar a pressão, você pode procurar uma dada pressão na segunda coluna e achar a temperatura do ponto de ebulição correspondente na primeira coluna.

- *Colunas 3 e 4.* Os volumes específicos, $\hat{V}(m^3/kg)$, da água líquida e do vapor saturado à temperatura dada. Os inversos destas quantidades são as massas específicas (kg/m^3) da água líquida e do vapor.

- *Colunas 5 e 6.* As energias internas específicas, $\hat{U}(kJ/kg)$, da água líquida saturada e do vapor saturado na temperatura dada *em relação a um estado de referência da água líquida no ponto triplo*. (Lembre-se, não podemos conhecer os valores absolutos da energia interna ou da entalpia, mas apenas como estas quantidades variam quando a substância passa de um estado a outro — neste caso, do estado de referência aos estados listados na tabela.)

- *Colunas 7 a 9.* As entalpias específicas, $\hat{H}(kJ/kg)$, da água líquida saturada (Coluna 7) e do vapor saturado (Coluna 9), e a diferença entre estas quantidades, conhecida como *calor de vaporização* (Coluna 8). O ponto de referência para os valores tabelados de $\hat{H}$ é de novo a água líquida no ponto triplo.

A Tabela B.6 lista as mesmas propriedades da Tabela B.5, mas com a pressão na primeira coluna e a temperatura na segunda, cobrindo, além disso, um intervalo muito mais amplo de temperaturas e pressões. As Tabelas B.5 e B.6 são comumente chamadas de *tabelas de vapor saturado*.

A Tabela B.7 — conhecida como *tabela do vapor superaquecido* — lista $\hat{V}$, $\hat{U}$ e $\hat{H}$ da água (as duas últimas em relação à água líquida no ponto triplo) a *qualquer* temperatura e pressão, não apenas nos pontos que estão sobre a curva do ELV. Se você tem uma temperatura e pressão dadas, pode localizar as propriedades da água na interseção da coluna correspondente à temperatura dada e a linha correspondente à pressão dada. Se a interseção cai dentro da região fechada na tabela limitada pela linha vertical à esquerda da coluna de 50°C, a linha horizontal abaixo da linha de 221,2 bar e a hipotenusa em ziguezague, a água é líquida; fora desta região, é vapor superaquecido.

Quando você procura uma pressão na primeira coluna da Tabela B.7, encontra abaixo da mesma, entre parênteses, a temperatura do ponto de ebulição, e nas Colunas 2 e 3, as propriedades da água líquida saturada e do vapor saturado nesta pressão. Se você está em um ponto dentro da região do vapor superaquecido, pode se mover até a esquerda para determinar a temperatura de saturação na mesma pressão, ou o *ponto de orvalho* do vapor superaquecido.

O seguinte exemplo ilustra o uso destas tabelas para obter dados de propriedades físicas para água.

| **Exemplo 7.5-2** | As Tabelas de Vapor |

1. Determine a pressão de vapor, a energia interna específica e a entalpia específica do vapor saturado a 133,5°C.
2. Mostre que água a 400°C e 10 bar é vapor superaquecido e determine seu volume específico, sua energia interna específica e sua entalpia específica em relação à água líquida no ponto triplo, bem como seu ponto de orvalho.
3. Mostre que $\hat{U}$ e $\hat{H}$ para vapor superaquecido dependem fortemente da temperatura e relativamente pouco da pressão.

Solução Verifique os resultados obtidos.

1. A Tabela B.5 não vai até 133,5°C, de modo que usamos a Tabela B.6. Para vapor saturado na temperatura dada (Coluna 2),

$$\boxed{p_* = 3,0\ \text{bar},\ \hat{V} = 0,606\ \text{m}^3/\text{kg},\ \hat{U} = 2543,0\ \text{kJ/kg},\ \hat{H} = 2724,7\ \text{kJ/kg}}$$

2. Conforme a Tabela B.7 [$T = 400°C$, $P = 10$ bar], estamos fora da região fechada, mostrando que a água é vapor superaquecido nestas condições. A tabela também mostra que, nestas condições,

$$\boxed{\hat{H} = 3264\ \text{kJ/kg},\ \hat{U} = 2958\ \text{kJ/kg},\ \hat{V} = 0,307\ \text{m}^3/\text{kg},\ T_{dp} = 179,9°C}$$

3. Observe as propriedades da água a 400°C e 450°C, ambas na pressão de 10 bar. Você verá que tanto $\hat{U}$ quanto $\hat{H}$ variam em torno de 3% quando a água passa da primeira temperatura para a segunda (3264 kJ/kg → 3371 kJ/kg para $\hat{H}$, 2958 kJ/kg → 3041 kJ/kg para $\hat{U}$).

Considere agora as propriedades a 10 bar e 20 bar, ambas na temperatura de 400°C. Ainda que a pressão tenha dobrado o seu valor, os valores de $\hat{U}$ e $\hat{H}$ variam em muito menos de 1%. Resultados semelhantes podem ser obtidos para a água líquida. A conclusão é que, quando você precisa de um valor de $\hat{U}$ ou de $\hat{H}$ para a água (ou qualquer outra espécie) a uma dada T e P, você deve procurá-lo na temperatura correta — interpolando se for necessário — mas não é preciso achá-lo na pressão exata.

O exemplo seguinte ilustra o uso das tabelas de vapor para resolver problemas de balanços de energia.

| **Exemplo 7.5-3** | Balanço de Energia em uma Turbina |

Vapor a 10 bar (absoluto), com 190°C de superaquecimento, alimenta uma turbina com uma vazão $\dot{m}$ = 2000 kg/h. A operação da turbina é adiabática, e o efluente é vapor saturado a 1 bar. Calcule o trabalho exercido pela turbina em quilowatts, desprezando as variações nas energias cinética e potencial.

Solução O balanço de energia para este sistema aberto no estado estacionário é

$$\dot{W}_s = \Delta \dot{H} = \dot{m}(\hat{H}_{saída} - \hat{H}_{entrada})$$

(Por que foi eliminado o termo do calor?)

Vapor de Entrada:

A Tabela B.7 indica que o vapor a 10 bar está saturado a 180°C (*verifique*), de modo que a temperatura do vapor de entrada é 180°C + 190°C = 370°C. Interpolando na mesma tabela,

$$\hat{H}_{entrada}(10 \text{ bar}, 370°C) = 3201 \text{ kJ/kg}$$

Vapor de Saída:

Pela Tabela B.6 ou pela Tabela B.7, você pode encontrar que a entalpia do vapor saturado a 1 bar é

$$\hat{H}_{saída}(1 \text{ bar, saturado}) = 2675 \text{ kJ/kg}$$

Balanço de Energia:
$$\dot{W}_s = \Delta \dot{H} = \frac{2000 \text{ kg}}{h} \left| \frac{(2675 - 3201)\,kJ}{kg} \right| \frac{1 \text{ h}}{3600 \text{ s}}$$

$$= -292 \text{ kJ/s} = \boxed{-292 \text{ kW}}$$

A turbina exerce então 292 kW de trabalho sobre as suas vizinhanças.

A tabela do vapor superaquecido, Tabela B.7, lista valores tanto para água líquida quanto para vapor. Se você deseja determinar $\hat{H}$ para água líquida a uma temperatura T e uma pressão P que não apareçam nesta tabela, você pode calculá-la da seguinte forma: (1) procure os valores de $\hat{U}$ e $\hat{V}$ para o líquido *saturado* na temperatura especificada na Tabela B.5; (2) admita que estes valores são independentes da pressão e calcule $\hat{H}(P, T) = \hat{U} + P\hat{V}$. Além disso, se a pressão é baixa (digamos, menos de 10 bar) ou *se não é conhecida*, despreze a correção $P\hat{V}$ e use a entalpia do líquido saturado $\hat{H}(T)$ dada na Tabela B.5.

7.6 PROCEDIMENTOS DE BALANÇO DE ENERGIA

Um fluxograma apropriadamente desenhado e rotulado é essencial para a solução eficiente de problemas de balanço de energia. Na hora de rotular o diagrama, assegure-se de incluir toda a informação necessária para determinar a entalpia específica de cada componente de uma corrente, incluindo as temperaturas e pressões conhecidas. Além disso, escreva os estados de agregação dos componentes quando eles não forem óbvios: não escreva simplesmente H_2O, especifique $H_2O(s)$, $H_2O(l)$ ou $H_2O(v)$, dependendo de a água estar presente ou não na fase sólida, líquida ou vapor.

No restante deste capítulo, consideraremos somente substâncias (como a água) para as quais se dispõe de valores tabelados de energia interna ou de entalpia. Nos Capítulos 8 e 9 será mostrado como escolher estados de referência e calcular valores de $\hat{U}$ e $\hat{H}$ quando não há valores tabelados.

Exemplo 7.6-1	Balanço de Energia em um Processo de um Componente

Duas correntes de água se misturam para formar a alimentação de uma caldeira. Os dados do processo são os seguintes:

Corrente de alimentação 1	120 kg/min @ 30°C
Corrente de alimentação 2	175 kg/min @ 65°C
Pressão de caldeira	17 bar (absoluto)

O vapor sai da caldeira através de uma tubulação de 6 cm de diâmetro interno (DI). Calcule o calor de entrada requerido pela caldeira em kJ/min, se o vapor que sai dela está saturado na pressão da mesma. Despreze as energias cinéticas das correntes de entrada.

Solução

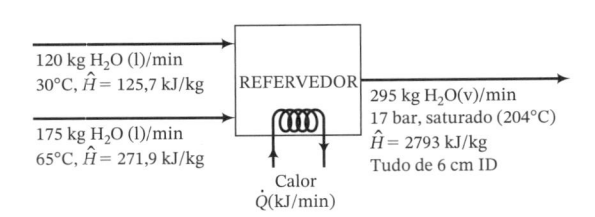

1. ***O primeiro passo na solução de problemas deste tipo é determinar (se possível) as vazões de todos os componentes das correntes usando balanços de massa***. Neste caso, é muito fácil escrever e resolver o balanço de massa da água para obter uma vazão do vapor na saída de 295 kg/min.

2. ***Depois, determinar as entalpias específicas de cada componente***. As Tabelas B.5 e B.6 foram usadas para determinar $\hat{H}$ para a água líquida a 30°C e 65°C e para o vapor saturado a 17 bar. Este último valor na tabela também traz a temperatura do vapor saturado correspondente a esta pressão (204°C). Note que os valores para a água líquida correspondem a pressões que podem ou não ser iguais às pressões reais das correntes de entrada (que não conhecemos); no entanto, admitimos que a entalpia da água líquida é aproximadamente independente da pressão e usamos os valores tabelados.

3. ***O passo final é escrever a forma apropriada do balanço de energia e resolvê-la para a quantidade desejada***. Para este processo em um sistema aberto,

$$\dot{Q} + \dot{W}_s = \Delta\dot{H} + \Delta\dot{E}_k + \Delta\dot{E}_p$$

$\dot{W}_s = 0$ (não há partes móveis)

$\Delta\dot{E}_p = 0$ (geralmente admitido, a não ser que estejam envolvidos deslocamentos através de grandes alturas)

$$\dot{Q} = \Delta\dot{H} + \Delta\dot{E}_k$$

Avaliação de $\Delta\dot{H}$:

Pela Equação 7.4-14a,

$$\Delta\dot{H} = \sum_{\text{saída}} \dot{m}_i\hat{H}_i - \sum_{\text{entrada}} \dot{m}_i\hat{H}_i$$

$$= \frac{295\text{ kg}}{\text{min}}\left|\frac{2793\text{ kJ}}{\text{kg}}\right. - \frac{120\text{ kg}}{\text{min}}\left|\frac{125,7\text{ kJ}}{\text{kg}}\right. - \frac{175\text{ kg}}{\text{min}}\left|\frac{271,9\text{ kJ}}{\text{kg}}\right.$$

$$= 7,61 \times 10^5\text{ kJ/min}$$

Avaliação de $\Delta\dot{E}_k$:

Pela Tabela B.6, o volume específico do vapor saturado a 17 bar é 0,1166 m³/kg, e a área da seção transversal da tubulação de 6 cm DI é

$$A = \pi R^2 = \frac{3,1416}{}\left|\frac{(3,00)^2\text{ cm}^2}{}\right|\frac{1\text{ m}^2}{10^4\text{ cm}^2} = 2,83 \times 10^{-3}\text{ m}^2$$

A velocidade do vapor é

$$u(\text{m/s}) = \dot{V}(\text{m}^3/\text{s}) = A(\text{m}^2)$$

$$= \frac{295\text{ kg}}{\text{min}}\left|\frac{1\text{ min}}{60\text{ s}}\right|\frac{0,1166\text{ m}^3}{\text{kg}}\left|\frac{1}{2,83 \times 10^{-3}\text{ m}^2}\right.$$

$$= 202\text{ m/s}$$

Então, já que as energias cinéticas das correntes de entrada são desprezíveis,

$$\Delta\dot{E}_k \approx (\dot{E}_k)_{\text{corrente de saída}} = \dot{m}u^2 = 2$$

$$= \frac{295\text{ kg/min}}{2}\left|\frac{(202)^2\text{ m}^2}{\text{s}^2}\right|\frac{1\text{ N}}{1\text{ kg}\cdot\text{m/s}^2}\left|\frac{1\text{ kJ}}{10^3\text{ N}\cdot\text{m}}\right. = 6,02 \times 10^3\text{ kJ/min}$$

Finalmente,

$$\dot{Q} = \Delta\dot{H} + \Delta\dot{E}_k$$

$$= [7,61 \times 10^5 + 6,02 \times 10^3]\text{ kJ/min}$$

$$= \boxed{7,67 \times 10^5\text{ kJ/min}}$$

Observe que a variação na energia cinética corresponde apenas a uma pequena fração — aproximadamente 0,8% — da energia total exigida pelo processo. Este é um resultado típico, e é comum desprezar as variações tanto na energia cinética quanto na energia potencial (pelo menos em uma primeira aproximação) em relação às variações de entalpia para processos que envolvem mudanças de fase, reação química ou grandes mudanças de temperatura.

Quando as correntes do processo contêm vários componentes, as entalpias específicas de cada componente devem ser determinadas separadamente e substituídas na equação do balanço de energia na avaliação de $\Delta \dot{H}$. *Para misturas de gases próximos da idealidade ou líquidos com estruturas moleculares semelhantes* (por exemplo, misturas de parafinas)*, você pode admitir que $\hat{H}$ para um componente na mistura é a mesma da substância pura à mesma temperatura e pressão.* Os procedimentos para soluções de gases ou sólidos em líquidos ou para misturas de líquidos de diferentes são mostrados no Capítulo 8.

| **Exemplo 7.6-2** | Balanço de Energia em um Processo de Dois Componentes |

Uma corrente de gás contendo 60,0% em peso de etano e 40,0% de *n*-butano deve ser aquecida de 150 até 200 K à pressão de 1 MPa. Calcule o calor requerido por Kmol de mistura, desprezando as variações nas energias potencial e cinética e usando dados tabelados de entalpia para o C_2H_6 e o C_4H_{10}, e admitindo que as entalpias dos componentes na mistura são as mesmas das espécies puras à mesma temperatura.

Solução   **Base: 1 kg/s de Mistura**

As entalpias do *n*-butano a 150 K e 1 MPa e a 200 K e 1 MPa aparecem na página 2-232 do *Perry's Chemical Engineers' Handbook* (veja nota de rodapé 2), e as entalpias para o etano nas mesmas condições aparecem na página 2-263 do mesmo texto. Os valores tabelados são mostrados no balanço de energia.

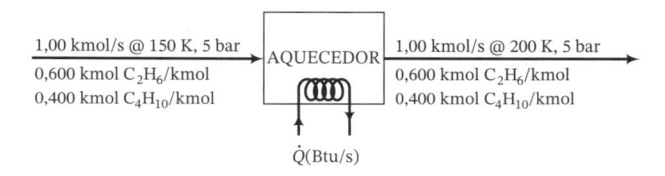

Não são necessários balanços de massa, já que há apenas uma corrente de entrada e uma de saída e não há reação química, de modo que podemos seguir diretamente para o balanço de energia.

$$\dot{Q} + \dot{W}_s = \Delta \dot{H} + \Delta \dot{E}_k + \Delta \dot{E}_p$$

$$\dot{W}_s = 0 \quad \text{(não há partes móveis)}$$
$$\Delta \dot{E}_k = 0; \Delta \dot{E}_p = 0 \quad \text{(por hipótese)}$$

$$\dot{Q} = \Delta \dot{H}$$

Já que todos os materiais do processo são gases e estamos admitindo comportamento de gás ideal, podemos determinar a entalpia de cada corrente como a soma das entalpias dos componentes individuais, escrevendo

$$\dot{Q} = \Delta \dot{H} = \underbrace{\sum \dot{m}_i \hat{H}_i}_{\substack{\text{componentes} \\ \text{na saída}}} - \underbrace{\sum \dot{m}_i \hat{H}_i}_{\substack{\text{componentes} \\ \text{na entrada}}}$$

$$= \frac{0{,}600 \text{ kmol } C_2H_6}{s} \left| \frac{1174 \text{ kJ}}{\text{kmol}} + \frac{0{,}400 \text{ kmol } C_4H_{10}}{s} \right| \frac{2446 \text{ kJ}}{\text{kmol}}$$

$$- [(0{,}600)(-2356) + (0{,}400)(-3418)] \text{ kJ/s} = 4464 \text{ kJ/s} \implies \frac{4460 \text{ kJ/s}}{1{,}00 \text{ kmol/s}} = \boxed{4460 \; \frac{\text{kJ}}{\text{kmol}}}$$

Nos dois exemplos anteriores, foi possível determinar completamente os balanços de massa antes de resolver o balanço de energia. Em outros tipos de problema, mais uma quantidade ou vazão de uma corrente é desconhecida, além das que podem ser determinadas por balanços de massa. Nestes casos, é necessário escrever e resolver simultaneamente os balanços de massa e energia.

| **Exemplo 7.6-3** | Balanços de Massa e Energia Simultâneos |

Precisa-se de vapor superaquecido a 300°C e 1 atm para alimentar um trocador de calor. Ele é produzido misturando uma corrente disponível de vapor saturado a 1 atm descarregado de uma turbina a uma vazão de 1150 kg/h com uma segunda corrente de vapor superaquecido a 400°C e 1 atm. A unidade de mistura opera de forma adiabática. Calcule a quantidade de vapor superaquecido a 300°C produzida e a vazão volumétrica requerida do vapor a 400°C.

Solução   As entalpias específicas das duas correntes de alimentação e da corrente de produto são obtidas das tabelas de vapor e aparecem no fluxograma abaixo.

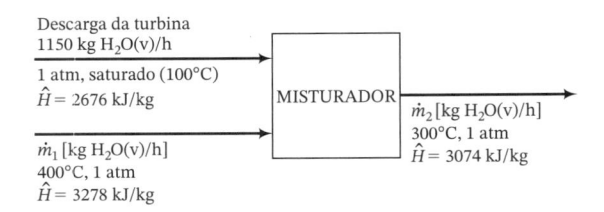

Existem duas quantidades desconhecidas neste processo — $\dot{m}_1$ e $\dot{m}_2$ — e apenas um balanço de massa possível. (Por quê?) Os balanços de massa e energia devem ser então resolvidos simultaneamente para determinar as duas vazões.

Balanço de Massa de Água: $1150\ \text{kg/h} + \dot{m}_1 = \dot{m}_2$ **(1)**

Balanço de Energia: $\dot{Q} + \dot{W}_s = \Delta\dot{H} + \Delta\dot{E}_k + \Delta\dot{E}_p$

$$\begin{Vmatrix} \dot{Q} = 0 \quad (\text{o processo é adiabático}) \\ \dot{W}_s = 0 \quad (\text{não há partes móveis}) \\ \Delta\dot{E}_k \approx 0,\ \Delta\dot{E}_p \approx 0 \quad (\text{suposição}) \end{Vmatrix}$$

$$\Delta\dot{H} = \sum_{\text{saída}} \dot{m}_i\hat{H}_i - \sum_{\text{entrada}} \dot{m}_i\hat{H}_i = 0$$

$$\frac{1150\ \text{kg}}{\text{h}} \left| \frac{2676\ \text{kJ}}{\text{kg}} \right. + \dot{m}_1(3278\ \text{kJ/kg}) = \dot{m}_2(3074\ \text{kJ/kg}) \qquad \textbf{(2)}$$

Resolvendo (1) e (2) simultaneamente, obtemos:

$$\dot{m}_1 = 2240\ \text{kg/h}$$

$$\boxed{\dot{m}_2 = 3390\ \text{kg/h}} \quad (\text{vazão do produto})$$

Conforme a Tabela B.7, o volume específico do vapor a 400°C e 1 atm (≈ 1 bar) é 3,11 m³/kg. Portanto, a vazão volumétrica da corrente é

$$\frac{2240\ \text{kg}}{\text{h}} \left| \frac{3,11\ \text{m}^3}{\text{kg}} \right. = \boxed{6980\ \text{m}^3/\text{h}}$$

Se não existirem dados disponíveis de volume específico, a equação de estado dos gases ideais pode ser usada como uma aproximação para o último cálculo.

7.7 BALANÇOS DE ENERGIA MECÂNICA

Em unidades de processos químicos, tais como reatores, colunas de destilação, evaporadores e trocadores de calor, o trabalho no eixo e as variações nas energias cinética e potencial tendem a ser desprezíveis quando comparados com os fluxos de calor e as variações de entalpia e de energia interna. Portanto, balanços de energia nestes equipamentos comumente são escritos sem levar em conta esses termos, e então assumem a forma simplificada $Q = \Delta U$ (sistemas fechados) ou $\dot{Q} = \Delta\dot{H}$ (sistemas abertos).

Em outra classe importante de operações, a afirmação recíproca é verdadeira — os fluxos de calor e as variações na energia interna e na entalpia são menos importantes que as variações nas energias cinética e potencial e o trabalho no eixo. A maior parte destas operações envolve, o fluxo de fluidos a partir de, para ou entre tanques, reservatórios, poços e unidades de processo. O cálculo dos fluxos de energia nestes processos é feito de forma conveniente com **balanços de energia mecânica**.

A forma geral do balanços de energia mecânica pode ser deduzida começando com o balanço do sistema aberto e uma segunda equação expressando a lei de conservação do momento, uma dedução que está além do escopo deste livro. Esta seção apresenta uma forma simplificada para um único fluido incompressível escoando para dentro e para fora de um processo no estado estacionário.

Considere um sistema deste tipo, com $\dot{m}$ sendo a vazão mássica e $\hat{V}$ o volume específico do líquido. Se $\hat{V}$ é substituído por $1/\rho$, em que ρ é a massa específica do líquido, então o balanço de energia para o sistema aberto (Equação 7.4-12) pode ser escrito

$$\frac{\Delta P}{\rho} + \frac{\Delta u^2}{2} + g\Delta z + \left(\Delta \hat{U} - \frac{\dot{Q}}{\dot{m}}\right) = \frac{\dot{W}_s}{\dot{m}} \tag{7.7-1}$$

O trabalho no eixo $\dot{W}_s$ é o trabalho feito sobre o fluido pelos elementos móveis na linha de processo.

Em muitos casos, apenas pequenas quantidades de calor são transferidas das ou para as vizinhanças, há pequenas variações de temperatura entre a entrada e a saída, e não há reações químicas ou mudanças de fase. Mas, ainda nestas circunstâncias, alguma energia cinética ou potencial é sempre convertida em energia térmica como resultado do atrito devido ao movimento do fluido através do sistema. Como consequência, a quantidade $(\Delta \hat{U} - \dot{Q}/\dot{m})$ é sempre positiva e é chamada de **perda por atrito**, simbolizada por $\hat{F}$. A Equação 7.7-1 pode então ser reescrita como

$$\frac{\Delta P}{\rho} = \frac{\Delta u^2}{2} + g\Delta z + \hat{F} = \frac{\dot{W}_s}{\dot{m}} \tag{7.7-2}$$

A Equação 7.7-2 é conhecida como **balanço de energia mecânica**. De novo, ela é válida para o escoamento de um fluido incompressível no estado estacionário.

Métodos para estimar as perdas por atrito para fluxo através de tubulações retas, orifícios, bicos, joelhos e outras peças de encanamento são dados na Seção 10 do *Perry's Chemical Engineers' Handbook* (veja nota de rodapé 2), e não serão discutidos neste texto. Nos balanços deste livro, consideramos apenas processos onde as perdas por atrito são sempre desprezadas ou especificadas.

Uma forma simplificada do balanço de energia mecânica é obtida para processos sem atrito ($\hat{F} \approx 0$), onde não há trabalho no eixo ($\dot{W}_s = 0$):

$$\frac{\Delta P}{\rho} + \frac{\Delta u^2}{2} + g\Delta z = 0 \tag{7.7-3}$$

A Equação 7.7-3 é chamada de **equação de Bernoulli**.

Exemplo 7.7-1   A Equação de Bernoulli

Água flui através do sistema mostrado na figura, com uma vazão de 20 L/min. Estime a pressão requerida no ponto ① se as perdas por atrito são desprezíveis.

Solução

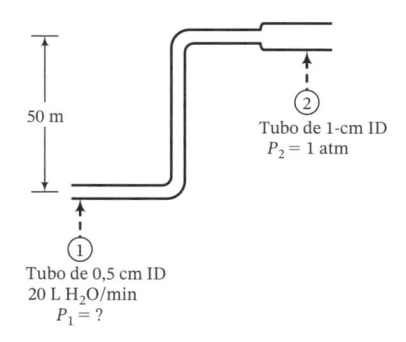

50 m

② Tubo de 1-cm ID
$P_2 = 1$ atm

① Tubo de 0,5 cm ID
20 L H_2O/min
$P_1 = ?$

Todos os termos na equação de Bernoulli, Equação 7.7-3, são conhecidos, exceto ΔP, a variável a ser determinada, e Δu^2, que deve ser calculada a partir da vazão conhecida do líquido e do diâmetro das tubulações de entrada e saída.

Velocidades:
$$\dot{u}(\text{m/s}) = \dot{V}(\text{m}^3/\text{s}) = A(\text{m}^2)$$

As vazões mássicas devem ser as mesmas nos pontos ① e ②, e nesta instância as vazões volumétricas também podem ser consideradas idênticas. (Por quê?)

$$u_1 = \frac{20\,\text{L}}{\text{min}} \left| \frac{1\,\text{m}^3}{10^3\,\text{L}} \right| \frac{1}{\pi(0,25)^2\,\text{cm}^2} \left| \frac{10^4\,\text{cm}^2}{\text{m}^2} \right| \frac{1\,\text{min}}{60\,\text{s}} = 17,0\,\text{m/s}$$

$$u_2 = \frac{20\,\text{L}}{\text{min}} \left| \frac{1\,\text{m}^3}{10^3\,\text{L}} \right| \frac{1}{\pi(0,5)^2\,\text{cm}^2} \left| \frac{10^4\,\text{cm}^2}{1\,\text{m}^2} \right| \frac{1\,\text{min}}{60\,\text{s}} = 4,24\,\text{m/s}$$

$$\Downarrow$$

$$\Delta u^2 = (u_2^2 - u_1^2) = (4,24^2 - 17,0^2)\,\text{m}^2/\text{s}^2$$
$$= -271,0\,\text{m}^2/\text{s}^2$$

Equação de Bernoulli: (Equação 7.7-3)

$$\frac{\Delta P(\text{N/m}^2)}{\rho(\text{kg/m}^3)} + \frac{\Delta u^2(\text{m}^2/\text{s}^2)}{2 \cdot 1\,[(\text{kg} \cdot \text{m/s}^2)/\text{N}]} + \frac{g(\text{m/s}^2)\Delta z(\text{m})}{1\,[(\text{kg} \cdot \text{m/s}^2)/\text{N}]}$$

$$\begin{Vmatrix} \Delta P = P_2 - P_1 \\ \rho = 1000\,\text{kg/m}^3 \\ \Delta u^2 = -271,0\,\text{m}^2/\text{s}^2 \\ g = 9,81\,\text{m/s}^2 \\ \Delta z = z_2 - z_1 \\ \quad = 50\,\text{m} \end{Vmatrix}$$

$$\frac{P_2 - P_1}{1000\,\text{kg/m}^3} - 135,5\,\text{N} \cdot \text{m/kg} + 490\,\text{N} \cdot \text{m/kg} = 0$$

$$\Big\Downarrow \begin{matrix} P_2 = 1\,\text{atm} \\ \quad = 1,01325 \times 10^5\,\text{N/m}^2 \end{matrix}$$

$$P_1 = 4,56 \times 10^5\,\text{N/m}^2$$
$$= 4,56 \times 10^5\,\text{Pa}$$
$$= \boxed{4,56\,\text{bar}}$$

Um tipo comum de problema ao qual o balanço de energia mecânica é aplicável é o que envolve a drenagem ou retirada por sifão de um líquido de um reservatório. A escolha correta dos pontos ① e ② pode simplificar grandemente estes problemas: é conveniente escolher como ponto ① a superfície do líquido dentro do tanque que está sendo drenado e escolher como ponto ② a saída da corrente de descarga. Se o tanque está se esvaziando com relativa lentidão, a energia cinética no ponto ① pode ser desprezada. O Exemplo 7.7-2 seguinte ilustra o procedimento de cálculo para estes problemas.

Exemplo 7.7-2 Retirada por Sifão

Deseja-se retirar gasolina ($\rho = 50,0\,\text{lb}_\text{m}/\text{ft}^3$) de um tanque através de um sifão. A perda por atrito na tubulação é $\hat{F} = 0,80\,\text{ft} \cdot \text{lb}_\text{f}/\text{lb}_\text{m}$. Estime quanto demorará retirar 5,00 galões, desprezando a mudança no nível do líquido no tanque durante o processo e admitindo que tanto o ponto ① (na superfície do líquido no tanque de gasolina) quanto o ponto ② (no tubo imediatamente antes da saída) estão a 1 atm.

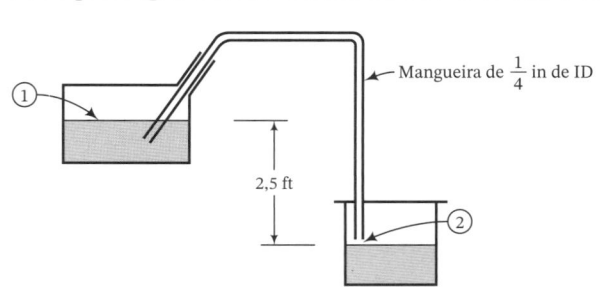

Mangueira de $\frac{1}{4}$ in de ID

2,5 ft

Solução

$$\text{Ponto } \textcircled{1}: P_1 = 1 \text{ atm}, u_1 \approx 0 \text{ ft/s}, z_1 = 2,5 \text{ ft}$$
$$\text{Ponto } \textcircled{2}: P_2 = 1 \text{ atm}, u_2 = ?, z_2 = 0 \text{ ft}$$

Balanço de Energia Mecânica: (Equação 7.7-2)

$$\frac{\Delta P}{\rho} + \frac{\Delta u^2}{2} + g\Delta z + \hat{F} = \frac{\dot{W}_s}{\dot{m}}$$

$$\left\| \begin{array}{l} \Delta P = 0 \\ \Delta u^2 \approx u_2^2 \\ g = 32{,}174 \text{ ft/s}^2 \\ \Delta z = -2{,}5 \text{ ft} \\ \hat{F} = 0{,}80 \text{ ft·lb}_f/\text{lb}_m \\ \dot{W}_s = 0 \end{array} \right.$$

$$\frac{u_2^2(\text{ft}^2/\text{s}^2)}{2} \left| \frac{1 \text{ lb}_f}{32{,}174 \text{ lb}_m \cdot \text{ft/s}^2} + \frac{32{,}174 \text{ ft/s}^2}{} \right| \frac{-2{,}5 \text{ ft}}{} \left| \frac{1 \text{ lb}_f}{32{,}174 \text{ lb}_m \cdot \text{ft/s}^2} + 0{,}80 \text{ ft·lb}_f/\text{lb}_m \right.$$

$$\Downarrow$$

$$u_2 = 10{,}5 \text{ ft/s}$$

(Verifique que cada termo aditivo nas equações acima tem as unidades de ft·lb$_f$/lb$_m$.)
A vazão volumétrica do líquido no tubo é

$$\dot{V}(\text{ft}^3/\text{s}) = u_2(\text{ft/s}) \times A(\text{ft}^2)$$

$$= \frac{10{,}5 \text{ ft}}{\text{s}} \left| \frac{\pi(0{,}125)^2 \text{ in}^2}{} \right| \frac{1 \text{ ft}^2}{144 \text{ in}^2} = 3{,}58 \times 10^{-3} \text{ ft}^3/\text{s}$$

$$t(\text{s}) = \frac{\text{volume que deve ser drenado (ft}^3)}{\text{vazão volumétrica}\ (\text{ft}^3/\text{s})}$$

$$= \frac{(5{,}00 \text{ gal})(0{,}1337 \text{ ft}^3/\text{gal})}{3{,}58 \times 10^{-3} \text{ ft}^3/\text{s}} = \frac{187 \text{ s}}{60 \text{ s/min}} = \boxed{3{,}1 \text{ min}}$$

O último exemplo a ser considerado é aquele no qual a energia potencial perdida por uma queda de água é convertida em energia elétrica por médio de uma turbina e um gerador. O trabalho feito pela água ao girar a turbina deve ser incluído como trabalho no eixo no balanço de energia.

| Exemplo 7.7-3 | Geração de Energia Hidroelétrica |

Água desce de um reservatório elevado através de uma tubulação até uma turbina localizada em um nível inferior e sai através de uma outra tubulação semelhante. Em um ponto localizado 100 m acima da turbina, a pressão é 207 kPa, e em um ponto 3 m embaixo da turbina é de 124 kPa. Qual deve ser a vazão da água se a turbina gera 1,00 MW de potência?

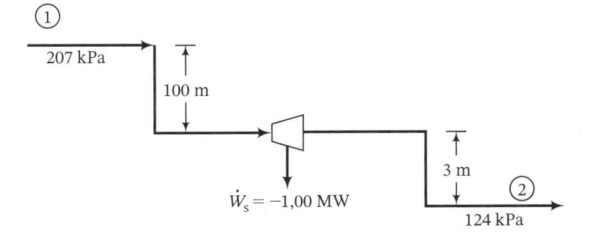

Solução   Não são dadas informações sobre as perdas por atrito, de modo que admitimos $\hat{F} = 0$, mesmo sabendo que com isso introduzimos um erro no cálculo. Já que os diâmetros das tubulações nos pontos $\textcircled{1}$ e $\textcircled{2}$ são iguais e a água pode ser considerada incompressível, $\Delta u^2 = 0$. A Equação 7.7-2 se transforma em

$$\frac{\Delta P}{\rho} + g\Delta z = \frac{\dot{W}_s}{\dot{m}}$$

$$\Downarrow$$

$$\dot{m} = \frac{\dot{W}_s}{\dfrac{\Delta P}{\rho} + g\Delta z}$$

$$\dot{W}_s = -1,00\,\text{MW} = -1,00 \times 10^6\,\text{N·m/s} \quad (\text{convença-se})$$

$$\Delta P = (124 - 207)\,\text{kPa} = -83\,\text{kPa} = -83 \times 10^3\,\text{N/m}^2$$

$$\frac{\Delta P}{\rho} = \frac{-83 \times 10^3\,\text{N/m}^2}{1,00 \times 10^3\,\text{kg/m}^3} = -83\,\text{N·m/kg}$$

$$g = 9,81\,\text{m/s}^2$$

$$\Delta z = -103\,\text{m}$$

$$g\Delta z = \frac{9,81\,\text{m}}{\text{s}^2}\left|\frac{-103\,\text{m}}{}\right|\frac{1\,\text{N}}{1\,\text{kg·m/s}^2} = -1010\,\text{N·m/kg}$$

$$\dot{m} = \frac{-1,00 \times 10^6\,\text{N·m/s}}{(-83 - 1010)\,\text{N·m/kg}} = \boxed{915\,\text{kg/s}}$$

Teste (veja *Respostas dos Problemas Selecionados*)	1. Sob que condições o balanço de energia mecânica, Equação 7.7-2, é aplicável? Qual é o significado físico do termo de perdas por atrito, $\hat{F}$, nesta equação? 2. Sob que condições a equação de Bernoulli, Equação 7.7-3, é aplicável?

7.8 RESUMO

Para operar a maior parte dos processos químicos, são necessárias quantidades consideráveis de energia. Os engenheiros usam os **balanços de energia** para calcular a energia que flui para dentro ou para fora de cada unidade de um processo, para determinar as necessidades líquidas de energia do processo, e para projetar maneiras de reduzir o consumo de energia de forma a aumentar a rentabilidade do processo.

- A energia total de um sistema de processo tem três componentes: a **energia cinética** — a energia devida ao movimento do sistema como um todo; a **energia potencial** — a energia devida à posição do sistema dentro de um campo potencial (como o campo gravitacional da Terra); e a **energia interna** — a energia devida à translação, rotação, vibração e interações eletromagnéticas das moléculas, átomos e partículas subatômicas dentro do sistema.

- Em um **sistema fechado** (no qual não há transferência de massa através dos limites do sistema durante o processo), a energia pode ser transferida entre o sistema e suas vizinhanças de duas formas: como **calor** — a energia que flui como resultado de uma diferença de temperatura entre o sistema e as vizinhanças, e como **trabalho** — a energia que flui como resposta a qualquer outro estímulo, como uma força aplicada, um torque ou uma voltagem. O calor sempre flui da temperatura maior para a temperatura menor. O calor é sempre definido como positivo se flui das vizinhanças para o sistema, e na maior parte das referências em engenharia (incluindo este livro) o trabalho é definido como positivo se flui das vizinhanças para o sistema.

- A **energia cinética** de um corpo de massa m movendo-se com velocidade u é $E_k = mu^2/2$. A **energia potencial gravitacional** do corpo é $E_p = mgz$, em que g é a aceleração da gravidade e z é a altura do objeto acima de um plano de referência no qual E_p é definido arbitrariamente como zero. Se uma corrente na altura z flui com uma vazão mássica $\dot{m}$ e velocidade u, então $\dot{E}_k = \dot{m}u^2/2$ e $\dot{E}_p = \dot{m}gz$ podem ser identificadas com as taxas nas quais a corrente transporta energia cinética e energia potencial gravitacional, respectivamente.[3]

- A **primeira lei da termodinâmica para um sistema fechado** (ao qual geralmente nos referiremos como *balanço de energia*) entre dois instantes de tempo é

$$\boxed{\Delta U + \Delta E_k + \Delta E_p = Q + W} \tag{7.3-4}$$

onde, no contexto dos sistemas fechados, Δ representa o valor final menos o valor inicial. Esta equação estabelece que a energia total transferida ao sistema no intervalo específico de tempo $(Q + W)$ é igual ao ganho na energia total do sistema no mesmo intervalo de tempo $(\Delta U + \Delta E_k + \Delta E_p)$. Se a energia é transferida *para fora* do sistema, ambos os lados da equação são negativos.

- Ao escrever um balanço de energia para um sistema fechado, simplifique primeiro a Equação 7.3-4 eliminando os termos

---

[3] Os fatores de conversão de unidades [(1 N)/(1 kg·m/s²)] e [(1 kJ)/(1 N·m/s)] devem ser aplicados ao lado direito de cada uma destas equações para expressar estas quantidades em kJ/s (kW).

desprezíveis e resolva depois a equação simplificada para qualquer variável que não possa ser independentemente determinada a partir de outras informações na descrição do processo.

(a) Se o sistema é **isotérmico** (temperatura constante), não há mudanças de fase ou reações químicas, e as variações de pressão são da ordem de algumas atmosferas, então $\Delta U \approx 0$.

(b) Se o sistema não está acelerando, então $\Delta E_k = 0$. Se o sistema não está subindo ou descendo, então $\Delta E_p = 0$. (Você quase sempre pode eliminar estes termos ao escrever balanços em sistemas fechados de processos químicos.)

(c) Se o sistema e suas vizinhanças estão na mesma temperatura ou se o sistema está perfeitamente isolado, então $Q = 0$. Este sistema é denominado **adiabático**.

(d) Se a energia não é transmitida através dos limites do sistema por uma parte móvel (tal como um pistão, uma hélice ou um rotor), uma corrente elétrica ou uma radiação, então $W = 0$.

- Em um sistema aberto, é preciso realizar trabalho para empurrar as correntes para dentro do sistema [$= \sum_{\text{entrada}} P_j \dot{V}_j$], enquanto as correntes de saída realizam trabalho ao sair do sistema [$= \sum_{\text{saída}} P_j \dot{V}_j$], em que P_j é a pressão da corrente de entrada ou de saída j, e $\dot{V}_j$ é a vazão volumétrica da corrente. A taxa total de trabalho realizado pelas vizinhanças sobre um sistema ($\dot{W}$) costuma ser dividida em **trabalho de fluxo** ($\dot{W}_f$), que é o trabalho realizado pelas correntes de entrada menos o trabalho realizado sobre as correntes de saída nos limites do sistema, e **trabalho no eixo** ($\dot{W}_s$), que representa todas as outras formas de trabalho transferido através das fronteiras por partes móveis, eletricidade ou radiação. Desta forma

$$\dot{W} = \dot{W}_s + \dot{W}_f = \dot{W}_s + \sum_{\substack{\text{correntes} \\ \text{de entrada}}} P_j \dot{V}_j - \sum_{\substack{\text{correntes} \\ \text{de saída}}} P_j \dot{V}_j$$

- A primeira lei da termodinâmica para um sistema aberto no estado estacionário assemelha-se ao balanço do sistema fechado:

$$\Delta \dot{U} + \Delta \dot{E}_k + \Delta \dot{E}_p = \dot{Q} + \dot{W}$$

exceto que agora cada termo tem as unidades de (kJ/s) em vez de (kJ) e Δ representa agora (saída − entrada) e não (final − inicial). A forma mais comumente usada para a primeira lei é deduzida (a) substituindo-se $\dot{W}$ pela expressão deduzida anteriormente em termos de trabalho de fluxo e trabalho no eixo; (b) expressando-se a vazão volumétrica de cada corrente de entrada e de saída ($\dot{V}_j$) como $\dot{m}_j \hat{V}_j$, em que $\hat{V}_j$ é o **volume específico** (inverso da massa específica) da corrente de fluido; (c) expressando-se a taxa de transporte de energia interna por uma corrente ($\dot{U}_j$) como $\dot{m}_j \hat{U}_j$, em que $\hat{U}_j$ é a **energia interna específica** da corrente de fluido; e (d) definindo-se a **entalpia específica** ($\hat{H}$) de uma substância como $\hat{U} + P\hat{V}$. Depois de algumas manipulações algébricas (Seção 7.4c), a equação do balanço se transforma em

$$\boxed{\Delta \dot{H} + \Delta \dot{E}_k + \Delta \dot{E}_p = \dot{Q} + \dot{W}_s} \qquad \text{(7.4-15)}$$

em que

$$\Delta \dot{H} = \sum_{\substack{\text{correntes} \\ \text{de saída}}} \dot{m}_j \hat{H}_j - \sum_{\substack{\text{correntes} \\ \text{de entrada}}} \dot{m}_j \hat{H}_j$$

$$\Delta \dot{E}_k = \sum_{\substack{\text{correntes} \\ \text{de saída}}} \dot{m}_j u_j^2 / 2 - \sum_{\substack{\text{correntes} \\ \text{de entrada}}} \dot{m}_j u_j^2 / 2$$

$$\Delta \dot{E}_p = \sum_{\substack{\text{correntes} \\ \text{de saída}}} \dot{m}_j g z_j - \sum_{\substack{\text{correntes} \\ \text{de entrada}}} \dot{m}_j g z_j$$

- Ao escrever um balanço de energia para um sistema aberto no estado estacionário, simplifique primeiro a Equação 7.4-15 eliminando os termos desprezíveis, e resolva logo a equação simplificada para qualquer variável que não possa ser determinada independentemente das informações concernentes à descrição do processo.

(a) Se não há variações de temperatura, mudanças de fase ou reações químicas, e as variações de pressão entre a entrada e a saída são da ordem de algumas atmosferas, então $\Delta \dot{H} \approx 0$. (Sob estas circunstâncias, os balanços de energia mecânica — Seção 7.7 — tendem a ser mais úteis do que a Equação 7.4-15.)

(b) Se as condições são tais que $\Delta \dot{H}$ não pode ser desprezada (por exemplo, se há variações na temperatura, mudanças de fase ou reações químicas), então usualmente $\Delta \dot{E}_k$ e $\Delta \dot{E}_p$ podem ser desprezadas. Em qualquer caso, se não há grandes distâncias verticais entre as entradas e as saídas de um sistema, $\Delta \dot{E}_p \approx 0$.

(c) Se o sistema e suas vizinhanças estão na mesma temperatura ou se o sistema está perfeitamente isolado, então $\dot{Q} = 0$ e o processo é adiabático.

(d) Se a energia não é transmitida através dos limites do sistema por uma parte móvel, uma corrente elétrica ou uma radiação, então $\dot{W}_s = 0$.

- O valor de $\hat{U}$ para uma substância pura em um determinado estado (temperatura, pressão e fase) é a soma das energias cinéticas e potenciais das partículas moleculares, atômicas e subatômicas individuais em uma quantidade unitária desta substância. *É impossível determinar o valor absoluto de $\hat{U}$ para uma substância, e por isso é impossível também determinar o valor absoluto de $\hat{H} = \hat{U} + P\hat{V}$.* No entanto, podemos medir a variação em $\hat{U}$ ou em $\hat{H}$ correspondente a uma determinada mudança de estado, o que é tudo que precisamos saber para fazer cálculos de balanço de energia.

- Uma prática comum é designar arbitrariamente um **estado de referência** para uma substância, no qual $\hat{U}$ ou $\hat{H}$ são declarados iguais a zero, e tabelar depois $\hat{U}$ e/ou $\hat{H}$ para a substância em relação ao estado de referência. A frase "A entalpia específica do $CO(g)$ a 100°C e 1 atm em relação ao $CO(g)$ a 0°C e 1 atm é 2919 J/mol" tem, portanto, o seguinte significado:

$$CO(g, 0°C, 1 \text{ atm}) \rightarrow CO(g, 100°C, 1 \text{ atm}) : \Delta \hat{H} = 2919 \text{ J/mol}$$

A frase não diz nada sobre a entalpia específica absoluta do CO a 100°C e 1 atm, que nunca pode ser determinada.

- Tanto $\hat{U}$ quanto $\hat{H}$ são **propriedades de estado**, o que significa que $\Delta \hat{U}$ e $\Delta \hat{H}$ para uma determinada mudança de estado são as mesmas, independentemente da trajetória que a substância segue desde o estado inicial até o estado final.

- As **tabelas de vapor** (Tabelas B.5, B.6 e B.7) podem ser usadas para estimar $\hat{U}$ e $\hat{H}$ para a água líquida e vapor a qualquer temperatura e pressão especificadas. O estado de referência para as energias internas e entalpias listadas nas tabelas de vapor é a água líquida no ponto triplo — 0,01°C e 0,00611 bar.

- Neste momento, você pode fazer cálculos de balanço de energia apenas para sistemas nos quais ΔU (sistemas fechados) ou ΔH (sistemas abertos) podem ser desprezados e para sistemas não reativos envolvendo espécies para as quais existem disponíveis tabelas de $\hat{U}$ ou de $\hat{H}$. Nos Capítulos 8 e 9 serão apresentados procedimentos de cálculo de balanços de energia para outros tipos de sistema.

- Os **balanços de energia mecânica** são úteis para sistemas abertos nos quais os fluxos de calor e as mudanças na energia interna (e na entalpia) são menos importantes do que as mudanças nas energias cinética e potencial e o trabalho no eixo. Para um líquido de massa específica constante ρ fluindo através de um sistema deste tipo, o balanço de energia mecânica no estado estacionário é

$$\frac{\Delta P}{\rho} + \frac{\Delta u^2}{2} + g\Delta z + \hat{F} = \frac{\dot{W}_s}{\dot{m}} \qquad (7.7\text{-}2)$$

em que $\hat{F}(\text{N·m/kg})$ é a **perda por atrito** — energia térmica gerada pelo atrito entre os elementos líquidos adjacentes movendo-se com velocidades diferentes e entre os elementos líquidos e as paredes do sistema. A perda por atrito é percebida como uma perda de calor do sistema ($\dot{Q} < 0$) e/ou um ganho na temperatura e portanto na energia interna desde a entrada até a saída ($\Delta \hat{U} > 0$). Se $\hat{F}$ e $\dot{W}_s$ podem ser desprezadas, a forma resultante da Equação 7.7-2 é a **equação de Bernoulli**.

- Neste ponto você pode resolver balanços de energia mecânica apenas para sistemas nos quais a perda por atrito ($\hat{F}$) é dada ou pode ser desprezada, ou se é a única quantidade desconhecida na Equação 7.7-2. Livros sobre mecânica de fluidos apresentam métodos para estimar $\hat{F}$ a partir de informações acerca das vazões do fluido e das propriedades físicas e características variadas do sistema através do qual o fluido está escoando.

PROBLEMAS

7.1. Um certo motor a gasolina tem uma eficiência de 30%; quer dizer, converte em trabalho útil 30% do calor gerado pela queima de um combustível.

  (a) Se o motor consome 0,80 L/h de uma gasolina com poder de aquecimento de $3,5 \times 10^4$ kJ/L, quanta potência ele fornece? Expresse a resposta em kW e em HP.

  (b) Suponha que o combustível é modificado para incluir 10% de etanol em volume. O poder calorífico do etanol é de aproximadamente $2,34 \times 10^4$ kJ/L, volumes de gasolina e etanol podem ser considerados aditivos. A que vazão (L/h) a mistura combustível tem que ser consumida para produzir a mesma potência que a gasolina?

7.2. Considere um automóvel com uma massa de 5500 lb_m freando até parar partindo de uma velocidade de 55 milhas/h.

  (a) Quanta energia (Btu) é dissipada como calor pelo atrito no processo de frenagem?

  (b) Suponha que, através dos Estados Unidos, 300.000.000 de tais processos de frenagem acontecem em um único dia. Calcule a taxa média (megawatts) na qual a energia é dissipada pelo atrito resultante.

  (c) Encontre uma fonte de informação sobre o consumo *per-capita* médio de eletricidade (kW) nos Estados Unidos, na França e na Índia. *Grosso modo*, quantas pessoas em cada um desses países teria as suas necessidades de energia atendidas se a energia de frenagem calculada no item (b) pudesse ser recuperada e utilizada para fornecer energia? Mostre seus cálculos e identifique sua fonte de informação.

BIOENGENHARIA →

*7.3. A *caloria alimentar* (também conhecida como *caloria nutricional*) é uma quantidade igual a 1 quilocaloria (kcal). Não surpreendentemente, a caloria alimentar é usada para representar unidades de energia associadas com a alimentação, como em "Um cachorro-quente médio com ketchup contém 315 calorias."

  Você acordou com fome esta manhã e comeu um café da manhã com pães, ovos e um grande biscoito. Uma página na Internet indica que esta refeição contém 1090 calorias (calorias alimentares).

  (a) Quantos lances de escada em um típico prédio de escritórios você teria que subir para queimar as calorias consumidas? Faça uma estimativa razoável sobre a altura de um lance de escadas e enumere qualquer outra suposição que você faça.

  (b) A altura necessária da subida será quase certamente diferente do número calculado na Parte (a), mesmo que sua estimativa sobre a altura de um lance de escadas esteja correta. Explique por que você acha que devem ser mais ou menos escadas.

MEIO AMBIENTE →

7.4. Uma versão simplificada do ciclo de vida das sacolas de supermercado é mostrada abaixo.[4]

Aquisição/ produção de matéria-prima → Produção e uso de sacos → Descarte

Sacos reciclados

---

*Adaptado de um problema contribuído por Paul Blowers da *University of Arizona*.
[4]Problema adaptado de D. T. Allen, N. Bakshani e K. S. Rosselot, *Pollution Prevention: Homework and Design Problems for Engineering Curricula*, American Institute for Pollution Prevention, New York, 1992. Os dados sobre emissões e consumo de energia são de Franklin Associates, Ltd., *Resource and Environmental Profile Analysis of Polyethylene and Unbleached Paper Grocery Sacks*. Relatório preparado para o Council for Solid Waste Solutions, Prairie Village, KS, junho de 1990.

Na década de 1970, os supermercados começaram a substituir os sacos de papel pelos de polietileno (plástico). Na década de 1980, começou um movimento para a volta dos sacos de papel, inspirado principalmente por considerações ambientais. Na década de 1990 apareceu um movimento contrário, alegando que os sacos de papel têm um impacto ambiental negativo maior do que os sacos plásticos.

Na tabela a seguir aparecem estimativas das emissões atmosféricas e os consumos de energia associados com a aquisição de matéria-prima, o processamento (corte, polpa e fabricação de papel para os sacos de papel, produção e refino de petróleo e polimerização para o polietileno) e o descarte dos sacos, e com a fabricação e o uso dos mesmos.

	Emissões (onça/saco)		Energia Consumida (Btu/saco)	
Estágio	Papel	Plástico	Papel	Plástico
Produção de máteria-prima mais descarte do produto	0,0510	0,0045	724	185
Produção e uso dos sacos	0,0516	0,0146	905	464

Admita que as emissões atmosféricas e o consumo de energia não dependem de os sacos novos serem feitos de matéria-prima nova ou da reciclagem de sacos, e também que para carregar uma quantidade dada de compras precisa-se aproximadamente de duas vezes mais sacos plásticos do que sacos de papel.

(a) Calcule as emissões para o ar (lb_m) e o consumo de energia (Btu) por cada 1000 sacos de papel usados e por cada 2000 sacos plásticos usados, admitindo que não há reciclagem.

(b) Repita os cálculos da parte (a) admitindo que 60% dos sacos usados são reciclados. Em que percentagens são reduzidos as emissões para o ar e o consumo de energia para cada material como consequência da reciclagem?

(c) Estime o número de sacos usados por dia nos Estados Unidos (população = 320 milhões) e calcule a taxa média de consumo de energia (megawatts, MW) associada com a produção, o uso e o descarte destes sacos, admitindo que eles são todos plásticos e não há reciclagem. Quantos MW seriam economizados por uma reciclagem de 60%?

(d) Você deve ter achado que tanto as emissões atmosféricas quanto o consumo de energia são maiores para o papel do que para o plástico, embora a reciclagem reduza a diferença. No entanto, decidir usar plástico com base apenas nestes resultados poderia ser um erro grave. Liste vários fatores importantes que não foram levados em conta na decisão, incluindo considerações acerca do potencial impacto ambiental de cada tipo de saco.

7.5. Etanol líquido é bombeado desde um grande tanque de armazenamento através de uma tubulação de 1 polegada de diâmetro interno (DI) com uma vazão de 3,00 gal/min.

(a) Com que taxa em (i) ft · lb_f/s e (ii) hp é transportada a energia cinética pelo etanol?

(b) A potência elétrica alimentada para a bomba que transporta o etanol deve ser maior do que o valor calculado na Parte (a). Em que você acha que se transforma a energia adicional? (Existem várias respostas possíveis.)

7.6. Ar a 300°C e 130 kPa flui através de uma tubulação horizontal com DI de 7 cm à velocidade de 42,0 m/s.

(a) Calcule $\dot{E}_k$(W) admitindo comportamento de gás ideal.

(b) Se o ar é aquecido a 400°C a pressão constante, qual é $\Delta\dot{E}_k = \dot{E}_k(400°C) - \dot{E}_k(300°C)$?

(c) Por que seria errado dizer que a taxa de transporte de calor para o gás na Parte (b) deve ser igual à taxa de mudança da energia cinética?

7.7. Suponha que você jogue um galão de água sobre um gato que está a 10 ft miando embaixo da janela do seu quarto.

(a) Quanta energia potencial (ft · lb_f) perde a água?

(b) Qual é a velocidade da água (ft/s) antes do impacto?

(c) Verdadeiro ou falso: A energia deve ser conservada, portanto a energia cinética da água antes do impacto deve ser igual à energia cinética do gato depois do impacto. Se você acha que a resposta é falsa, o que acontece com a maior parte da energia cinética que a água possui exatamente antes do impacto?

*7.8. A maioria dos parques de diversão tem um jogo no qual um competidor move um grande martelo e bate em um pedal, provocando a subida de uma bola de metal em um poste. Se o pedal é acertado com força suficiente, a bola vai até o topo e toca um sino, ganhando um prêmio para o competidor. A cabeça do martelo tem uma massa de 14 lb_m, a bola de metal tem uma massa de 4 lb_m e o sino está a 30 ft acima do pedal.

(a) A que velocidade a cabeça do martelo deve estar no momento do impacto para tocar o sino?

---

* Adaptado de um problema contribuído por James Newell da *Rowan University*.

(b) Para resolver a Parte (a) a partir das informações fornecidas, você deve ter feito pelo menos três suposições — uma sobre o martelo, uma sobre o pedal e uma sobre o poste. Quais são elas e qual é seu provável impacto sobre a sua solução?

7.9. Metano entra em uma tubulação com DI de 3 cm, a 30°C e 10 bar, com uma velocidade média de 5,00 m/s, e sai em um ponto 200 m abaixo, a 30°C e 9 bar.

(a) Sem fazer nenhum cálculo, preveja o sinal ($+$ ou $-$) de $\Delta \dot{E}_k$ e $\Delta \dot{E}_p$, em que Δ representa (saída $-$ entrada). Explique resumidamente seu raciocínio.

(b) Calcule $\Delta \dot{E}_k$ e $\Delta \dot{E}_p$(W), admitindo que o metano se comporta como um gás ideal.

(c) Se você determinou que $\Delta \dot{E}_k \neq -\Delta \dot{E}_p$, explique como este resultado é possível.

7.10. Você comprou recentemente um grande pedaço de terra em uma floresta, a um preço extremamente baixo. Você está muito feliz pela compra, até que chega ao local e descobre que a fonte de energia elétrica mais próxima está a 1500 milhas, um fato que seu cunhado, o corretor de imóveis, esqueceu de mencionar. Já que a loja de ferragens local não tem no estoque extensões elétricas de 1500 milhas, você decide construir um pequeno gerador hidrelétrico usando uma cachoeira de 75 m de altura localizada dentro de sua propriedade. A vazão da cachoeira é $10^5 \, m^3/h$, e você prevê uma necessidade de 750 kW·h/semana para ligar luzes, condicionador de ar e televisão. Calcule a potência máxima teoricamente disponível da cachoeira e veja se é suficiente para satisfazer suas necessidades.

7.11. Escreva e simplifique o balanço de energia para sistemas fechados (Equações 7.3-4) para cada um dos seguintes processos, e estabeleça se os termos de trabalho e calor diferentes de zero são positivos ou negativos. Comece por definir o sistema. A solução da Parte (a) é dada como ilustração.

(a) O conteúdo de um frasco fechado é aquecido de 25°C até 80°C.

Solução. O sistema é o conteúdo do frasco.

$$Q + W = \Delta U + \Delta E_k + \Delta E_p$$

$\quad\quad W = 0 \quad$ (não há partes móveis nem correntes geradas)

$\quad\quad \Delta E_k = 0 \quad$ (o sistema está estacionário)

$\quad\quad \Delta E_p = 0 \quad$ (não há mudanças na altura)

$$\boxed{Q = \Delta U}$$

$$\boxed{Q > 0 \quad \text{(o calor é transferido ao sistema)}}$$

(b) Uma travessa com água a 20°C é colocada no congelador. A água vira gelo a -5°C. (*Nota:* Quando uma substância se expande, ela exerce trabalho sobre suas vizinhanças, e quando se contrai são as vizinhanças que exercem trabalho sobre ela.)

(c) Uma reação química acontece em um recipiente rígido fechado e adiabático (perfeitamente isolado).

(d) Repita a Parte (c) supondo que o reator é isotérmico em vez de adiabático, e que quando a reação acontece adiabaticamente a temperatura no reator aumenta.

7.12. Um cilindro com um pistão móvel contém 5,00 litros de um gás a 30°C e 5,00 bar. O pistão move-se lentamente para comprimir o gás até 8,80 bar.

(a) Considerando o gás dentro do cilindro como o sistema e desprezando ΔE_p, escreva e simplifique o balanço de energia para um sistema fechado. Não admita que o processo é isotérmico nesta parte.

(b) Suponha agora que o processo é realizado de forma isotérmica e que o trabalho de compressão feito sobre o gás é igual a 7,65 L · bar. Se o gás é ideal, de forma que U é função apenas de T, quanto calor (em joules) é transferido de ou para (estabeleça qual) as vizinhanças? (Use a tabela de valores da constante dos gases para determinar o fator necessário para converter L · bar a joules.)

(c) Suponha que o processo é adiabático e que $\hat{U}$ aumenta com o aumento de T. A temperatura final do sistema será maior, menor ou igual a 30°C? (Justifique resumidamente o seu raciocínio.)

7.13. Um cilindro com pistão de diâmetro interno de 6 cm contém 1,40 g de nitrogênio. A massa do pistão é 4,50 kg e um peso de 25,00 kg repousa sobre ele. A temperatura do gás é 30°C e a pressão fora do cilindro é de 2,50 atm.

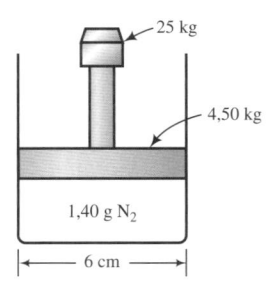

(a) Prove que a pressão absoluta do gás no cilindro é $3,55 \times 10^5$ Pa. Calcule então o volume ocupado pelo gás, admitindo comportamento de gás ideal.

(b) Suponha que o peso é tirado de forma brusca e o pistão se eleva até uma nova posição de equilíbrio. Suponha também que o processo acontece em duas etapas: uma etapa rápida, na qual uma quantidade desprezível de calor é trocada com as vizinhanças, seguida de uma etapa lenta, na qual o gás retorna a 30°C. Considerando o gás como o sistema, escreva os balanços de energia para as etapas 1 e 2 e para o processo completo. Em todos os casos, despreze ΔE_k e ΔE_p. Se $\hat{U}$ varia proporcionalmente com T, a temperatura do gás aumenta ou diminui na etapa 1? Explique sucintamente sua resposta.

(c) O trabalho feito pelo gás é igual à força de restrição (o peso do pistão mais a força devida à pressão atmosférica) vezes a distância percorrida pelo pistão. Calcule esta quantidade e use-a para determinar o calor transferido de ou para (diga qual) as vizinhanças durante o processo.

7.14. O oxigênio gasoso a 150 K e 41,64 atm tem um volume específico tabelado de 4,684 cm³/g e uma energia interna específica de 1706 J/mol.

(a) O número 1706 J/mol *não* é a energia interna verdadeira de um mol de oxigênio gasoso a 150 K e 41,64 atm. Por que não? Em uma frase, informe o significado físico correto daquele número. (O termo "estado de referência" deve aparecer na sua frase.)

(b) Calcule a entalpia específica do O_2 (J/mol) a 150 K e 41,64 atm e informe o significado físico deste número. O que você pode dizer sobre o estado de referência usado para calculá-lo?

7.15. Alguns valores da energia interna específica do bromo em três condições aparecem listados abaixo.

Estado	T(K)	P(bar)	$\hat{V}$(L/mol)	$\hat{U}$(kJ/mol)
Líquido	300	0,310	0,0516	−28,24
Vapor	300	0,310	79,94	0,000
Vapor	340	1,33	20,92	1,38

(a) Que estado de referência foi usado para gerar as energias internas específicas listadas?

(b) Calcule $\Delta\hat{U}$(kJ/mol) para um processo no qual o vapor de bromo a 300 K é condensado a pressão constante. Calcule então $\Delta\hat{H}$(kJ/mol) para o mesmo processo. (Veja o Exemplo 7.4-1.) Finalmente, calcule ΔH(kJ) para 5,00 mol de bromo submetidos ao mesmo processo.

(c) O vapor de bromo contido em um recipiente de 5,00 litros a 300 K e 0,205 bar é aquecido até 340 K. Calcule o calor (kJ) que deve ser transferido ao gás para atingir o aumento de temperatura desejado, admitindo que $\hat{U}$ é independente da pressão.

(d) Na verdade, teria que ser transferido mais calor do que aquele calculado na Parte (c) para elevar a temperatura em 40 K, por várias razões. Cite duas delas.

7.16. Prove que, para um gás ideal, $\hat{U}$ e $\hat{H}$ estão relacionadas por $\hat{H} = \hat{U} + RT$, em que R é a constante dos gases. Depois:

(a) Admitindo que a energia interna específica de um gás ideal é independente da pressão do gás, justifique a afirmação de que $\Delta\hat{H}$ para um processo no qual um gás ideal vai de (T_1, P_1) até (T_2, P_2) é igual a $\Delta\hat{H}$ para o mesmo gás indo de T_1 até T_2 à pressão constante P_1.

(b) Calcule ΔH(cal) para um processo no qual a temperatura de 2,5 mols de um gás ideal aumenta em 50°C, resultando em uma mudança na energia interna específica $\Delta\hat{U} = 3500$ cal/mol.

7.17. Se um sistema expande uma quantidade $\Delta V(m^3)$ contra uma pressão constante de restrição $P(N/m^2)$, uma quantidade $P\Delta V(J)$ de energia é transferida como *trabalho de expansão* do sistema para as vizinhanças. Suponha que as seguintes quatro condições são satisfeitas para um sistema fechado: (a) o sistema se expande contra uma pressão constante (de forma que $\Delta P = 0$); (b) $\Delta E_k = 0$; (c) $\Delta E_p = 0$; e (d) o único trabalho feito por ou sobre o sistema é trabalho de expansão. Prove que, sob estas condições, o balanço de energia é simplificado para $Q = \Delta H$.

7.18. Um cilindro horizontal equipado com um pistão sem atrito contém 785 cm³ de vapor de água a 400 K e 125 kPa. Um total de 83,8 joules de calor são transferidos ao vapor, provocando a elevação da temperatura do mesmo e o aumento do volume do cilindro. Uma força de restrição constante é mantida sobre o pistão através da expansão, de forma que a pressão exercida pelo pistão sobre o vapor permanece constante a 125 kPa.

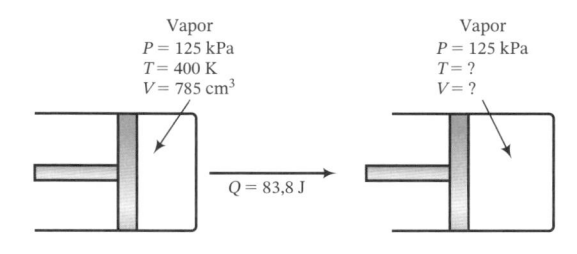

A entalpia específica do vapor de água a 125 kPa varia com a temperatura aproximadamente de acordo com

$$\hat{H}(\text{J/mol}) = 34{,}980 + 35{,}5T(\text{K})$$

(a) Considerando o vapor como o sistema, convença-se de que $Q = \Delta H$ para este processo — quer dizer, as quatro condições especificadas na Parte (a) do Problema 7.17 são aplicáveis. Prove depois que a temperatura final do vapor é 480 K. Finalmente, calcule (i) o volume final do cilindro, (ii) o trabalho de expansão feito pelo sistema e (iii) $\Delta U(\text{J})$.

(b) Qual das condições especificadas no Problema 7.17 seria apenas uma aproximação se o cilindro não fosse horizontal?

7.19. Você está realizando um experimento para medir a energia interna específica de um gás em relação a um estado de referência de 25°C e 1 atm (no qual $\hat{U}$ é arbitrariamente selecionado igual a zero). O gás é colocado em um recipiente fechado e isolado de 2,10 litros a 25°C e 1 atm. Um interruptor é alternativamente ligado e desligado, causando uma corrente elétrica que flui de forma intermitente através de uma resistência elétrica de aquecimento dentro do recipiente. A temperatura do gás, que é monitorada com um termopar calibrado, aumenta quando o circuito é fechado e permanece constante quando o circuito é aberto. Um medidor de potência lê 1,4 W quando o circuito está fechado; 90% desta potência é transferida ao gás na forma de calor. A curva de calibração do termopar é uma linha reta que passa através dos pontos ($T = 0$°C, $E = -0{,}249$ mV) e ($T = 100$°C, $E = 5{,}27$ mV), em que E é a leitura do potenciômetro do termopar.

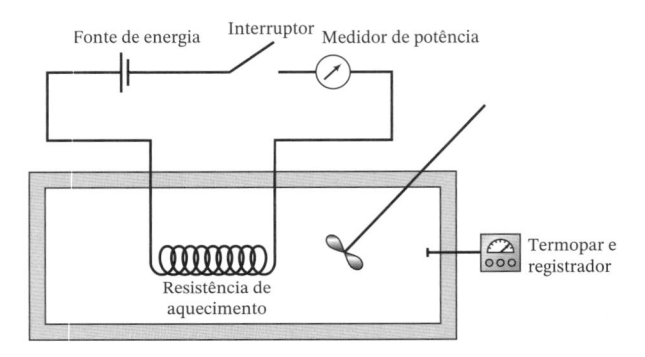

Foram obtidos os seguintes dados, em que t representa o tempo acumulado durante o qual o circuito ficou fechado:

t(s)	0	30	60	90
E(mV)	1,13	2,23	3,34	4,44

(a) Que parte da informação dada sugere que o recipiente pode ser considerado adiabático? (*Nota:* Simplesmente dizer que o recipiente é isolado não garante que seja adiabático.)

(b) Escreva o balanço de energia para o gás no recipiente e use-o para calcular $\hat{U}$(J/mol) em cada uma das temperaturas observadas, desprezando o trabalho feito pelo agitador sobre o gás. Expresse a sua solução como uma tabela de $\hat{U}$ versus T.

(c) Qual é o propósito do agitador?

(d) Que acontece com os 0,14 W de potência que não são usados para aquecer o gás?

(e) Uma colega afirma que os valores calculados de $\hat{U}$ não levam alguma coisa em consideração e não correspondem exatamente aos valores certos nas temperaturas calculadas e 1 atm. Você responde que ela está certa, mas que isso não importa. Justifique a afirmação da sua colega e estabeleça a base para a sua resposta. Sugira várias maneiras para validá-la quantitativamente.

7.20. Defina um sistema e simplifique os balanços de energia para um sistema aberto (Equação 7.4-15) para cada um dos seguintes casos. Especifique, quando possível, se os termos de calor e trabalho no eixo diferentes de zero são positivos ou negativos. A solução da Parte (a) é dada como ilustração.

(a) Vapor de água entra em uma turbina rotatória, fazendo girar um eixo conectado a um gerador. A entrada e a saída de vapor na turbina estão situadas na mesma altura. Alguma energia se perde para as vizinhanças na forma de calor.

Solução. O sistema é o vapor escoando desde a entrada até a saída da turbina.

$$\dot{Q} + \dot{W}_s = \Delta\dot{H} + \Delta\dot{E}_k + \Delta\dot{E}_p$$

$$\Downarrow \Delta\dot{E}_p = 0 \quad (\text{não há mudanças na altura})$$

$$\boxed{\Delta\dot{H} + \Delta\dot{E}_k = \dot{Q} + \dot{W}_s}$$

$$\boxed{\begin{array}{l} \dot{Q} \text{ é negativo} \\ \dot{W}_s \text{ é negativo} \end{array}}$$

(b) Uma corrente líquida escoa através de um trocador de calor no qual é aquecida de 25°C até 80°C. As tubulações de entrada e de saída têm o mesmo diâmetro e não há mudanças na elevação destes pontos.

(c) Água passa através da comporta de uma barragem e cai no rotor de uma turbina, que gira um eixo conectado a um gerador. A velocidade do fluido nos dois lados da barragem é desprezível, e a água sofre mudanças insignificantes de pressão e temperatura entre a entrada e a saída. (Veja o Exemplo 7.4-2.)

(d) Petróleo cru é bombeado através de uma tubulação. A entrada da tubulação está localizada 200 m mais elevada do que a saída, o diâmetro da tubulação é constante e a bomba está localizada próxima à metade da tubulação. A energia dissipada pelo atrito na tubulação é transferida como calor através da parede.

(e) Uma reação química acontece em um reator contínuo que não contém partes móveis. As mudanças nas energias cinética e potencial entre a entrada e a saída do reator são desprezíveis.

7.21. Ar é aquecido de 25°C até 140°C antes de entrar em uma fornalha de combustão. A mudança na entalpia específica associada com esta transição é 3349 J/mol. A vazão de ar na saída do aquecedor é 1,65 m³/min e a pressão do ar neste ponto é de 122 kPa absoluto.

(a) Calcule em kW o calor necessário, admitindo comportamento de gás ideal e que as mudanças nas energias cinética e potencial da entrada até a saída são desprezíveis.

(b) O valor de $\Delta\dot{E}_k$ [que foi desprezado na Parte (a)] seria positivo ou negativo, ou você precisaria de mais informação para poder se pronunciar? Se for este o caso, que informação adicional seria necessária?

7.22. Um **medidor de fluxo de Thomas** é um aparelho no qual transfere-se calor com uma taxa medida de uma resistência elétrica para a uma corrente de fluido, e a vazão da corrente é calculada pelo aumento de temperatura medido no fluido. Suponha que um aparelho deste tipo é colocado em uma corrente de nitrogênio, a eletricidade através da resistência é ajustada até que o medidor indica 1,25 kW, e a temperatura da corrente vai de 30°C e 110 kPa antes do aquecedor até 34°C e 110 kPa após o mesmo.

(a) Se a entalpia específica do nitrogênio é dada pela fórmula

$$\hat{H}(\text{kJ/kg}) = 1,04\left[T(°C) - 25\right]$$

qual é a vazão volumétrica do gás (L/s) antes do aquecedor (quer dizer, a 30°C e 110 kPa)?

(b) Liste várias suposições feitas no cálculo da Parte (a) que poderiam levar a erros na vazão calculada.

7.23. A entalpia específica do *n*-hexano líquido a 1 atm varia linearmente com a temperatura e é igual a 25,8 kJ/kg a 30°C e 129,8 kJ/kg a 50°C.

(a) Determine a equação que relaciona $\hat{H}(\text{kJ/kg})$ e $T(°C)$ e calcule a temperatura de referência na qual as entalpias dadas estão baseadas. Deduza depois uma equação para $\hat{U}(T)(\text{kJ/kg})$ a 1 atm.

(b) Calcule a taxa média de transferência de calor necessária para resfriar 20 kg de *n*-hexano líquido de 60°C a 25ºC a uma pressão constante de 1 atm. Estime a variação na energia interna específica (kJ/kg) conforme o *n*-hexano é resfriado nas condições informadas.

7.24. Vapor de água a 260°C e 7,00 bar (absoluto) é expandido através de um bocal até 200°C e 4,00 bar. A perda de calor para as vizinhanças pode ser desprezada. A velocidade de aproximação do vapor pode também ser desprezada. A entalpia específica do vapor é 2974 kJ/kg a 260°C e 7 bar e 2860 kJ/kg a 200°C e 4 bar. Use o balanço de energia para sistemas abertos para calcular a velocidade de saída do vapor.

BIOENGENHARIA

7.25. O coração bombeia sangue com uma vazão média de 5 L/min. A pressão relativa no lado venoso (entrada) é 0 mm Hg e no lado arterial (saída) é 100 mm Hg. A energia é fornecida ao coração na forma de calor liberado pela absorção de oxigênio nos músculos cardíacos: 5 mL (CNTP) O_2/min são absorvidos, e 20,2 kJ são liberados por mL de O_2 absorvido. Parte desta energia absorvida é convertida em trabalho de fluxo (o trabalho feito para bombear o sangue através do sistema circulatório) e o resto é perdido como calor transferido ao tecido que rodeia o coração.

(a) Simplifique a Equação 7.4-12 para este sistema, admitindo (entre outras coisas) que não há mudanças na energia interna entre a entrada e a saída.

(b) Que porcentagem do calor fornecido ao coração ($\dot{Q}_{entrada}$) é convertido em trabalho de fluxo? (A resposta pode ser encarada como uma medida da eficiência do coração como uma bomba.)

ENERGIA ALTERNATIVA → ***7.26.** A conversão da energia cinética do vento em eletricidade pode ser uma atrativa alternativa ao uso de combustíveis fósseis. Tipicamente, o vento provoca a rotação do rotor de uma turbina e um gerador converte a energia cinética rotacional do rotor em eletricidade. A potência gerada por uma turbina eólica ($\dot{W}_s$) pode ser estimada a partir da densidade do ar (ρ), velocidade do vento (u) e diâmetro do rotor da turbina D usando a seguinte fórmula:

$$\dot{W}_s = \frac{1}{2}\,\dot{m}u^2 \times \eta, \text{ em que } \dot{m} = \rho A u = \rho\frac{\pi D^2}{4}u$$

A eficiência de conversão (η) é uma função de muitas variáveis, incluindo propriedades elétricas e mecânicas da turbina, material de construção e o desenho da pá.

(a) Desenvolva uma equação para a densidade do ar (kg/m3) como função da temperatura (K) e umidade relativa do ar. Use a equação de Antoine para a pressão de vapor da água, assuma que a pressão atmosférica é igual a 1,0 atm.

(b) Uma turbina eólica com um diâmetro de 30,0 ft e 35,0% de eficiência de conversão gera eletricidade em um dia quando a temperatura é 75ºF, a umidade relativa é 78,0% e a velocidade média do vento é 9,50 milhas/h. Calcule a potência gerada em kW.

(c) Variações sazonais podem causar alterações significativas na potência obtida de uma turbina eólica. Sua tarefa é calcular e analisar estas variações ao longo de um ano para três cidades nos Estados Unidos usando médias históricas registradas pela *National Oceanic and Atmospheric Administration* (NOAA). A tabela adiante fornece médias mensais de umidades relativas, temperaturas médias e velocidades do vento nas três cidades, uma do sul, outra do nordeste e outra do oeste do país. Reproduza a tabela em uma planilha, suponha que o diâmetro da turbina eólica é 30,0 ft e a eficiência de conversão de 35%. Estime a potência gerada (kW) para cada cidade e mês. (O valor calculado para um mês é dado de forma que você possa verificar seus cálculos.)

(d) Faça um gráfico da variação de potência contra o curso do ano para todas as três cidades. Como as cidades se comparam como locais para turbinas eólicas?

(e) O consumo médio de eletricidade nos Estados Unidos é de aproximadamente 12.000 kWh por pessoa em um ano. Em uma fazenda de turbinas eólicas, uma única turbina ocupa um espaço

Diâmetro (ft)	30,0												
Eficiência	35,0%												
Cidade (Pop)		JAN	FEV	MAR	ABR	MAIO	JUN	JUL	AGO	SET	OUT	NOV	DEZ	Média Anual
Huntsville, AL (179653)	h_r(%)	80	79	78	81	85	87	89	89	88	86	82	81	
	T(ºF)	39,8	44,3	52,3	60,4	68,6	76	79,5	78,6	72,4	61,3	51,2	43,1	
	u(mph)	9	9,4	9,8	9,2	7,9	6,9	6	5,8	6,7	7,3	8,1	9	
	T(K)													
	ρ(kg/m³)													
	u(m/s)													
	$\dot{W}_s$(kW)	1,004												
Bridgeport, CT (137912)	h_r(%)	69	69	69	68	74	77	77	78	80	78	76	73	
	T(ºF)	29,9	31,9	39,5	48,9	59	68	74	73,1	65,7	54,7	45,1	35,1	
	u(mph)	12,5	12,9	13	12,4	11,1	9,9	9,4	9,5	10,5	11,3	12	12,1	
	T(K)													
	ρ(kg/m³)													
	u(m/s)													
	$\dot{W}_s$(kW)													

*Adaptado de um problema contribuído por Vinay K. Gupta da *University of South Florida*.

(Continuação)

Cidade (Pop)		JAN	FEV	MAR	ABR	MAIO	JUN	JUL	AGO	SET	OUT	NOV	DEZ	Média Anual
Sacramento, CA (1394154)	$h_r(\%)$	90	88	85	82	82	78	77	78	77	79	87	88	
	$T(^\circ F)$	51,2	54,5	58,9	65,5	71,5	75,4	74,8	71,7	64,4	53,3	45,8	51,2	
	$u(\text{mph})$	7,3	8,4	8,6	9	9,6	8,9	8,4	7,4	6,4	6	6,4	7,3	
	$T(K)$													
	$\rho(\text{kg/m}^3)$													
	$u(\text{m/s})$													
	$\dot{W}_s(\text{kW})$													

de 1000 m². Estime o número de turbinas que seriam necessárias para atender as demandas de cada uma das três cidades listadas na tabela se as turbinas fossem operadas continuamente. Estime quantos acres e hectares cada fazenda ocuparia.

(f) O número de turbinas que deveriam ser efetivamente instaladas para atender as demandas de potência das três cidades seria maior que os números calculados na Parte (e). Liste três razões para as quantidades calculadas serem subestimadas.

7.27. Vapor saturado a 100°C é aquecido até 350°C. Use as tabelas de vapor para determinar (a) a entrada de calor necessária (J/s) se uma corrente contínua fluindo a 100 kg/s é submetida a este processo a pressão constante e (b) a entrada de calor necessária (J) se 100 kg são submetidos ao processo em um recipiente de volume constante. Qual é o significado físico da diferença entre os valores numéricos destas duas quantidades?

7.28. Um óleo combustível é queimado com ar em uma caldeira. A combustão produz 813 kW de energia térmica, 65% da qual é transferida como calor aos tubos da caldeira que passam através da fornalha. Os produtos de combustão passam da fornalha para uma chaminé a 550°C. A água entra na caldeira como líquido a 30°C e sai como vapor saturado a 20 bar (absoluto).

(a) Calcule a taxa (kg/h) de produção de vapor.

(b) Use as tabelas de vapor para estimar a vazão volumétrica do vapor produzido.

(c) Repita o cálculo da Parte (b), mas admitindo comportamento de gás ideal em vez de usar as tabelas de vapor. Você confiaria mais na estimativa da Parte (b) ou da Parte (c)? Explique.

(d) O que acontece com os 35% da energia térmica liberada pela combustão que não são usados para produzir vapor?

7.29. Água líquida alimenta uma caldeira a 24°C e 10 bar, sendo convertida em vapor saturado a pressão constante.

(a) Use as tabelas de vapor para calcular $\Delta\hat{H}(\text{kJ/kg})$ para este processo e calcule então o calor necessário para produzir 15.800 m³/h de vapor nas condições da saída. Admita que a energia cinética do vapor é desprezível e que o vapor é descarregado através de uma tubulação de 15 cm de diâmetro interno.

(b) Como o valor calculado para o calor necessário seria alterado se você não desprezasse a energia cinética da entrada de água e se o diâmetro interno do tubo da descarga de vapor fosse 13 cm (aumenta, diminui, mantém-se o mesmo, ou não tenho como dizer sem mais informações)?

MEIO AMBIENTE →

*7.30. Energia pode ser produzida a partir de resíduos sólidos de duas maneiras: (1) geração de metano a partir da decomposição anaeróbica dos resíduos e queima (gás de aterro para energia, ou GAPE) ou (2) queima direta dos resíduos (resíduos para energia, ou RPE). O calor gerado por qualquer um dos métodos pode ser usado para produzir vapor, que pode rodar um rotor de turbina conectado a um gerador para produzir eletricidade. GAPE produz cerca de 215 kWh de eletricidade por tonelada de resíduo e RPE produz aproximadamente 600 kWh por tonelada de resíduo. A saída média de uma grande termoelétrica é de 1 GW, o que é suficiente para suprir o consumo residencial anual de energia de uma cidade de 800.000 pessoas.

(a) A taxa atual de geração de resíduos sólidos municipais nos Estados Unidos é de aproximadamente 413 milhões de toneladas por ano. Se todo este resíduo fosse usado para recuperação de energia, quantas termoelétricas de 1 GW a alternativa GAPE poderia suprir? Quantas se a alternativa RPE fosse usada?

(b) Uma municipalidade tentando decidir entre GAPE, RPE e uma turbina a gás natural chamou você como consultor. Use as informações nas fontes citadas abaixo para resumir os prós e contras de cada opção.

Uma fonte de informação útil para GAPE é o programa da agência ambiental norte-americana EPA, http://www.epa.gov/lmop; o conselho para pesquisa e tecnologia RPE da *Columbia University*

---

* Adaptado de um problema contribuído por Joseph DeCarolis da *North Carolina State University.*

fornece informações úteis sobre RPE, http://www.seas.columbia.edu/earth/wtert/; e informações sobre gás natural podem ser obtidas da agência norte-americana EIA, http://www.eia.doe.gov/oil_gas/natural_gas/info_glance/natural_gas.html.

7.31. Você foi encarregado de coletar dados termodinâmicos para um novo produto líquido que sua empresa quer produzir, e resolve usar uma técnica de fluxo contínuo para gerar uma correlação de $\hat{H}$ versus T. Você envolve uma tubulação com uma fita de aquecimento elétrica, cobre a fita com uma camada grossa de isolamento térmico, bombeia o líquido através da tubulação com uma vazão de 228 g/min e ajusta a potência da fita de aquecimento com uma resistência variável. Para cada valor fixo de resistência, você anota a potência da fita e a temperatura do líquido na saída da tubulação. Você multiplica o valor da potência por um fator de correção de 0,94 para determinar a taxa de calor transferido ao líquido. A temperatura de entrada do líquido permanece a 25°C através de todo o experimento.

Os seguintes dados foram determinados:

$T_{saída}(°C)$	Entrada de Calor para o Líquido (W)
25,0	0,0
26,4	17,0
27,8	35,3
29,0	50,9
32,4	94,4

(a) Gere uma tabela de $\hat{H}$(J/g) versus T(°C), usando 25°C e 1 atm como estado de referência.

(b) Ajuste uma linha reta aos dados (ou graficamente ou pelo método dos mínimos quadrados) para determinar o coeficiente b de uma expressão da forma $\hat{H} = b(T - 25)$.

(c) Estime o calor necessário para aquecer 350 kg/min do líquido de 20°C a 70°C. Por que você se preocuparia com a exatidão de sua estimativa?

(d) O fator de correção de 0,94 leva em conta o fato de que a taxa de energia fornecida à fita de aquecimento é maior do que a taxa de calor fornecido ao líquido. Para onde vai a energia adicional? (Existem várias respostas.)

7.32. Vapor saturado a uma pressão relativa de 2,0 bar é usado para aquecer uma corrente de etano. O etano entra em um trocador de calor a 16°C e 1,5 bar (gauge), com uma vazão de 795 m³/min, e é aquecido a pressão constante até 93°C. O vapor condensa e sai do trocador como líquido a 27°C. A entalpia específica do etano na pressão dada é 941 kJ/kg a 16°C e 1073 kJ/kg a 93°C.

(a) Quanta energia (kW) deve ser transferida ao etano para aquecê-lo de 16°C a 93°C?

(b) Admitindo que toda a energia transferida do vapor é usada para aquecer o etano, com que vazão (m³/s) deve ser fornecido vapor ao trocador? Se a suposição não é correta, o valor calculado seria muito alto ou muito baixo?

(c) O trocador deve ser configurado de forma cocorrente ou contracorrente (veja o diagrama abaixo)? Explique. (*Dica:* Um deles não vai funcionar.)

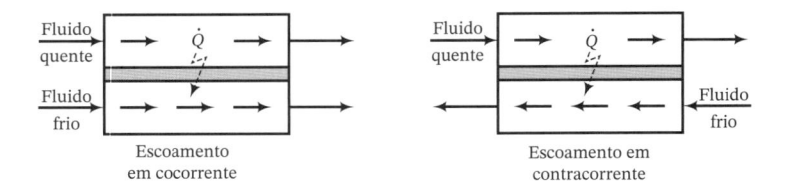

7.33. Vapor superaquecido a 40 bar (absoluto) e 500°C flui com uma vazão mássica de 250 kg/min através de uma turbina adiabática, onde se expande até 5 bar. A turbina desenvolve 1500 kW. Da turbina, o vapor flui para um aquecedor, onde é reaquecido de forma isobárica até a sua temperatura inicial. Despreze mudanças na energia cinética.

(a) Escreva um balanço de energia na turbina, e use-o para determinar a temperatura da corrente de saída.

(b) Escreva um balanço de energia no aquecedor, e use-o para determinar o calor necessário (kW) no vapor.

(c) Verifique se o balanço de energia global para o processo de duas unidades é satisfeito.

(d) Suponha que as tubulações de entrada e de saída da turbina têm diâmetro de 0,5 m. Mostre que é razoável desprezar as mudanças na energia cinética para esta unidade.

7.34. Durante um período de inatividade relativa, a taxa média de transporte de entalpia pelos dejetos metabólico e digestivo que saem do corpo humano menos a taxa de entalpia transportada pelos alimentos ingeridos e o ar respirado é aproximadamente $\Delta H = -300$ kJ/h. Calor é transferido do corpo para o ambiente (as vizinhanças) com uma taxa dada por

$$Q = hA(T_s - T_0)$$

em que A é a área superficial do corpo (aproximadamente 1,8 m² para um adulto normal), T_s é a temperatura da pele (normalmente, 34,2°C), T_0 é a temperatura ambiente e h é um **coeficiente de transferência de calor**. Os valores normais de h para o corpo humano são[5]

$$h = 8 \text{ kJ/(m}^2 \cdot \text{h} \cdot °\text{C}) \text{ (completamente vestido, soprando uma leve brisa)}$$
$$h = 64 \text{ kJ/(m}^2 \cdot \text{h} \cdot °\text{C}) \text{ (nu, submerso em água)}$$

(a) Considere o corpo humano como um sistema contínuo em estado estacionário. Escreva um balanço de energia no corpo, fazendo as simplificações e substituições apropriadas.

(b) Calcule a temperatura ambiente para a qual o balanço de energia é satisfeito (quer dizer, na qual uma pessoa não sentiria frio nem calor) para uma pessoa completamente vestida e para uma pessoa nua submersa em água.

(c) Em uma festa de família, um parente mais velho o chama em voz alta: "Ei, você é um engenheiro, então você sabe de tudo. Explica por que eu estou confortável quando a temperatura do ambiente é setenta graus, mas se eu entro em uma banheira com água a setenta graus, eu vou congelar." Ele para, com uma expressão presunçosa no seu rosto e junto com todos os outros próximos espera por sua resposta. Qual seria ela?

7.35. Água líquida a 30,0°C e água líquida a 90,0°C são combinadas em uma proporção (1 kg água fria/2 kg água quente).

(a) Use um cálculo *simples* para estimar a temperatura final da água. Para esta parte, finja que você nunca ouviu falar em balanços de energia.

(b) Admita agora uma base de cálculo e escreva um balanço de energia para um sistema fechado para este processo, desprezando as mudanças nas energias cinética e potencial e o trabalho de expansão, e admitindo que a mistura é adiabática. Use o balanço para calcular a energia interna específica e depois (pelas tabelas de vapor) a temperatura final da mistura. Qual a percentagem da diferença entre sua resposta e aquela da Parte (a)?

7.36. O vapor produzido em uma caldeira é frequentemente "úmido" — quer dizer, é uma névoa composta de vapor saturado e gotas de líquido. A **qualidade** de um vapor úmido é definida como a fração mássica da mistura que é vapor.

Um vapor úmido na pressão de 5,0 bar com uma qualidade de 0,85 é "seco" isotermicamente evaporando-se o líquido entranhado. A vazão do vapor secado é 52,5 m³/h.

(a) Use as tabelas de vapor para determinar a temperatura na qual acontece esta operação, as entalpias específicas das correntes úmida e seca e a vazão mássica total da corrente de processo.

(b) Calcule a entrada de calor (kW) necessária para o processo de evaporação.

(c) Suponha que vazamentos surjam no tubo de alimentação do secador e no tubo de saída do secador. Especule sobre o que você vai ver em cada local.

7.37. Duzentos quilogramas de vapor entram em uma turbina a 350°C e 40 bar através de uma tubulação de 7,5 cm de diâmetro e saem a 75°C e 6,5 bar através de uma tubulação de 5 cm. A corrente de saída pode ser vapor, líquido ou "vapor úmido" (veja o Problema 7.36).

(a) Se a corrente de saída fosse vapor úmido a 6,5 bar, qual seria sua temperatura?

(b) Quanta energia é transferida de ou para a turbina? (Despreze $\Delta \dot{E}_p$ mas não $\Delta \dot{E}_k$.)

7.38. Um **purgador** é um dispositivo para purgar de um sistema o vapor condensado sem perder o vapor não condensado. Em um dos tipos mais grosseiros de armadilha, o condensado se acumula e levanta um flutuador acoplado ao tampão de um dreno. Quando o flutuador atinge um certo nível, ele puxa o tampão, abrindo o dreno e permitindo que o líquido escoe. O flutuador desce até a sua posição original e o dreno fecha, impedindo o escape do vapor não condensado.

(a) Suponha que vapor saturado a 25 bar é usado para aquecer 100 kg/min de um óleo de 135°C a 185°C. O calor deve ser transferido ao óleo com uma taxa de $1,00 \times 10^4$ kJ/min para realizar esta tarefa. O vapor se condensa nas paredes externas de um feixe de tubos através dos quais flui o óleo. Este condensado se acumula no fundo do trocador e sai através de um purgador ajustado para descarregar quando 1200 g de líquido são coletados. Com que frequência o descarrega?

(b) Os purgadores de vapor, especialmente quando não é feita uma verificação e manutenção periódica, não fecham completamente, de modo que existe um vazamento contínuo de vapor. Suponha que uma planta de processos contém 1000 vazamentos deste tipo (não é uma suposição absurda para algumas plantas), operando nas condições da Parte (a), e que, na média, 10% de vapor adicional devem ser fornecidos aos condensadores para compensar a perda. Além disso, suponha que o custo de gerar este vapor adicional é $ 7,50/10⁶ Btu, onde o denominador se

---

[5](Dados tirados de R. C. Seagrave, *Biomedical Applications of Heat and Mass Transfer*, Iowa State University Press, Ames, Iowa, 1971.)

refere à entalpia do vapor que escapa pelos vazamentos, relativa à água líquida a 20°C. Estime o custo anual dos vazamentos, tomando como base uma operação de 24 h/dia, 360 dias/ano.

7.39. Uma turbina descarrega 200 kg/h de vapor saturado a 10,0 bar (absoluto). Deseja-se gerar vapor a 250°C e 10,0 bar misturando a descarga da turbina com uma segunda corrente de vapor superaquecido a 300°C e 10,0 bar.

(a) Se são gerados 300 kg/h da corrente de produto, quanto calor deve ser adicionado ao misturador?

(b) Se o processo de mistura é conduzido de forma adiabática, qual é a taxa de geração do vapor produto?

7.40. Água líquida a 60 bar e 250°C passa através de uma válvula de expansão adiabática, saindo a uma pressão P_f e uma temperatura T_f. Se P_f é suficientemente baixa, parte do líquido evapora.

(a) Se $P_f = 1{,}0$ bar, determine a temperatura da mistura final (T_f) e a fração da alimentação líquida que evapora (y_v) escrevendo um balanço de energia em torno da válvula e desprezando $\Delta \dot{E}_k$.

(b) Se você leva em conta $\Delta \dot{E}_k$ na Parte (a), como seria o valor da temperatura de saída calculada em comparação com o valor determinado? E sobre o valor calculado de y_v? Explique.

(c) Qual é o valor de P_f acima do qual não aconteceria evaporação?

(d) Esboce a forma dos gráficos de T_f versus P_f e de y_v versus P_f para 1 bar $\leqslant P_f \leqslant 60$ bar. Explique resumidamente seu raciocínio.

7.41. Um tanque de 10,0 m³ contém vapor de água a 275°C e 15,0 bar. O tanque e seu conteúdo são resfriados até a pressão cair a 1,2 bar. Parte do vapor condensa durante o processo.

(a) Quanto calor foi transferido do tanque?

(b) Qual é a temperatura final do conteúdo do tanque?

(c) Quanto vapor condensou (kg)?

7.42. Jatos de vapor a alta velocidade são usados para limpeza. Vapor a 15,0 bar com 150°C de superaquecimento alimenta uma válvula bem isolada com uma vazão de 1,00 kg/s. À medida que o vapor passa através da válvula, sua pressão cai a 1,0 bar. A corrente de saída pode ser totalmente vapor ou uma mistura de vapor e líquido. As mudanças nas energias cinética e potencial podem ser desprezadas.

(a) Desenhe e rotule um fluxograma, admitindo que tanto vapor quanto líquido saem da válvula.

(b) Escreva um balanço de energia e use-o para determinar a taxa total de fluxo de entalpia na corrente de saída ($\dot{H}_{saída} = \dot{m}_1 \hat{H}_1 + \dot{m}_v \hat{H}_v$). Determine depois se a corrente de saída é de fato uma mistura de vapor e líquido ou se é vapor puro. Explique seu raciocínio.

(c) Qual é a temperatura da corrente de saída?

(d) Assumindo que suas respostas as Partes (b) e (c) estão corretas e que os tubos na entrada e saída da válvula tenham o mesmo diâmetro interno, $\Delta \dot{E}_k$ através da válvula seria positivo, negativo ou zero? Explique a sua resposta. (*Nota:* Você não tem que calcular as energias cinéticas na entrada e saída para resolver este problema, apesar de que seria possível, caso você disponha de tempo livre.)

7.43. O seguinte diagrama mostra uma versão simplificada de como trabalha uma geladeira:

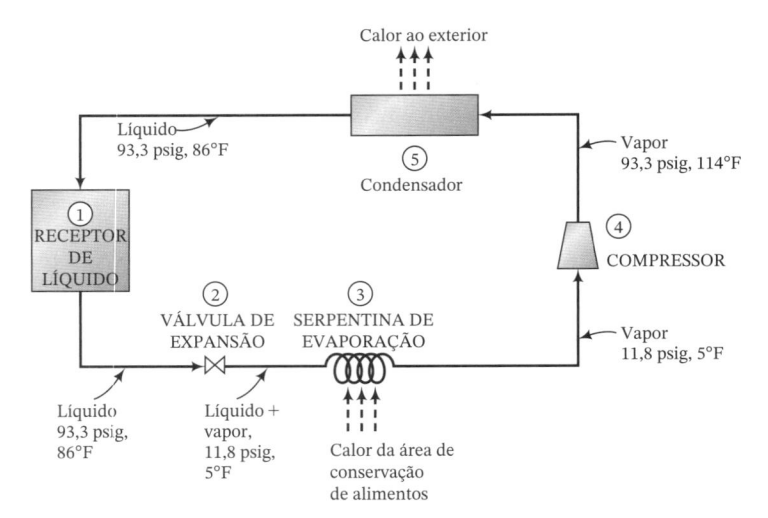

Um líquido refrigerante (qualquer um de vários hidrocarbonetos halogenados tais como CCl_2F_2) está contido em um tanque **receptor de líquido** ① a alta pressão e temperatura. O líquido passa através de uma **válvula de expansão** ②, onde se expande instantaneamente (*flash*) até uma pressão baixa, resfriando-se até o seu ponto de ebulição nesta pressão e evaporando-se parcialmente. A mistura líquido-vapor resultante passa através de uma **serpentina de evaporação** ③. Ar vindo do interior da geladeira circula sobre a serpentina e o calor absorvido pelo refrigerante ao se evaporar dentro da serpentina provoca o resfriamento do ar. O refrigerante vaporizado frio que sai da serpentina passa a um **compressor** ④ no qual é trazido de volta a uma alta pressão e uma alta temperatura. O vapor quente de refrigerante passa então por um **condensador** ⑤, onde é resfriado e condensado a pressão constante. O ar que absorve o calor fornecido pelo fluido durante a condensação é descarregado ao exterior da geladeira e o refrigerante liquefeito volta ao receptor de líquido.

Suponha que o Refrigerante R-12 (o nome padrão para o CCl_2F_2) é submetido a este ciclo com uma taxa de circulação de 40 lb_m/min, com as temperaturas e pressões nos diferentes pontos do ciclo mostradas no diagrama. Os dados termodinâmicos para o R-12 são:

Fluido Saturado: $T = 5°F$, $\hat{H}_{liq} = 9,6$ Btu/lb_m, $\hat{H}_{vap} = 77,8$ Btu/lb_m
$T = 86°F$, $\hat{H}_{liq} = 27,8$ Btu/lb_m, $\hat{H}_{vap} = 85,8$ Btu/lb_m

Vapor Superaquecido: $T = 114°F$, $P = 93,3$ psig, $\hat{H}_{vap} \simeq 90$ Btu/lb_m

(a) Suponha que a válvula de expansão opera de forma adiabática e que $\Delta \dot{E}_k$ é desprezível. Use um balanço de energia na válvula para calcular a fração do refrigerante que evapora nesta etapa do processo.

(b) Calcule a taxa em Btu/min na qual o calor é transferido ao refrigerante que evapora na serpentina. (Este é o resfriamento útil feito pelo sistema.)

(c) Se a perda de calor no condensador é de 2500 Btu/min, quanta potência (hp) deve o compressor transferir ao sistema? (Use um balanço global de energia para resolver este problema.)

(d) Você acabou de ministrar uma palestra sobre "O que os engenheiros fazem?" em uma escola de ensino fundamental e um dos estudantes na audiência pergunta se você pode explicar como funciona uma geladeira. Tente fazê-lo em termos que um brilhante estudante de 12 anos de idade possa entender.

MEIO AMBIENTE ⟶

(e) A manufatura de R-12 foi banida dos Estados Unidos como um resultado do Protocolo de Montreal. Por quê?

7.44. Trezentos L/h de uma mistura gasosa 20% molar C_3H_8 e 80% molar n-C_4H_{10} a 0°C e 1,1 atm e 200 L/h de uma outra mistura 40% molar C_3H_8 e 60% molar n-C_4H_{10} a 25°C e 1,1 atm são misturados e aquecidos a 227°C a pressão constante. As entalpias do propano e do n-butano estão listadas a seguir. Admita comportamento de gás ideal.

$T(°C)$	Propano $\hat{H}$(J/mol)	Butano $\hat{H}$(J/mol)
0	0	0
25	1772	2394
227	20.685	27.442

(a) Calcule o calor necessário em kJ/h. (Veja o Exemplo 7.6-2.)

(b) Onde em seus cálculos você usou a suposição de gás ideal?

7.45. Ar a 38°C e 97% de umidade relativa deve ser resfriado a 14°C e alimentar um processo com uma vazão de 510 m³/min.

(a) Calcule a taxa (kg/min) na qual a água condensa.

(b) Calcule em toneladas o resfriamento necessário (1 tonelada de resfriamento = 12.000 Btu/h), admitindo que a entalpia do vapor de água é a mesma do vapor saturado na mesma temperatura, e que a entalpia do ar seco é dada pela expressão

$$\hat{H}(kJ/mol) = 0,0291\left[T(°C) - 25\right]$$

7.46. Uma mistura contendo 65,0% molar de acetona (Ac) e o resto de ácido acético (AA) é separada em uma coluna de destilação contínua a 1 atm. Um fluxograma da operação aparece a seguir:

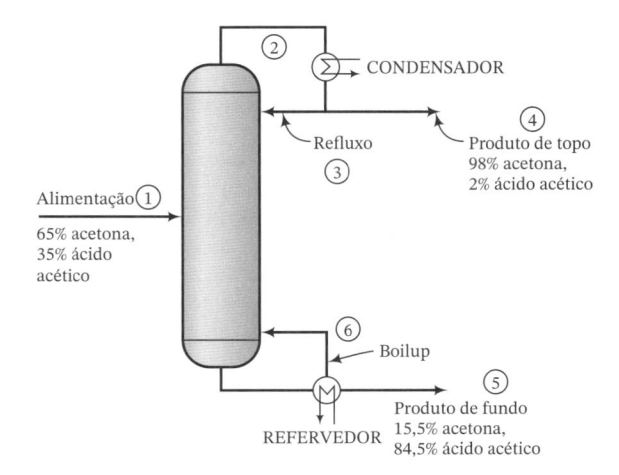

A corrente de topo da coluna é um vapor que passa através de um condensador. O líquido condensado se divide em duas correntes iguais: uma delas é retirada como produto de topo (destilado) e a outra (o *refluxo*) retorna à coluna. A corrente de fundo da coluna é um líquido que é parcialmente vaporizado em um refervedor. O líquido que sai do refervedor é retirado como produto de fundo e o vapor é retornado à coluna como *boilup*. As perdas de calor na coluna são desprezíveis, de modo que os únicos pontos onde acontece transferência de calor são o refervedor e o condensador.

Dados das Corrrentes

Alimentação	①	Líquido, 67,5°C, 65% molar Ac, 35% molar AA
Topo	②	Vapor, 63,0°C, 98% molar Ac, 2% molar AA
Refluxo	③⎫	
Destilado	④⎭	Líquido, 56,8°C, 98% molar Ac, 2% molar AA
Fundo	⑤	Líquido, 98,7°C, 15,5% molar Ac, 84,5% molar AA
Boilup	⑥	Vapor, 98,7°C, 54,4% molar Ac, 45,6% molar AA

Dados Termodinâmicos

	$\hat{H}$(cal/mol)			
	Acetona		*Ácido Acético*	
T(°C)	$\hat{H}_l$	$\hat{H}_v$	$\hat{H}_l$	$\hat{H}_v$
56,8	0	7205	0	5723
63,0	205	7322	194	6807
67,5	354	7403	335	6884
98,7	1385	7946	1312	7420

(a) Tomando como base 100 mols de alimentação, calcule a necessidade de calor líquido (cal) para este processo. (Você pode desprezar os calores de mistura, embora isto possa introduzir um erro, sobretudo em se tratando de líquidos tão diferentes como ácido acético e acetona.)

(b) Para a mesma base, calcule a necessidade de entrada de calor no refervedor e de saída de calor no condensador.

(c) Suponha que, em vez do líquido condensado do topo da coluna ser dividido em duas correntes iguais para formar o refluxo e o produto de topo, ele seja dividido em duas correntes, com o refluxo 3 vezes o valor do produto de topo. Como antes, tome uma base de 100 mols de alimentação e determine as necessidades líquidas de aquecimento (cal) para o processo e o calor removido no condensador e adicionado no refervedor.

7.47. Vapor superaquecido a T_1(°C) e 20,0 bar é combinado com vapor saturado a T_2(°C) e 10,0 bar em uma proporção (1,96 kg de vapor a 20 bar)/(1,0 kg de vapor a 10,0 bar). A corrente de produto está a 250°C e 10,0 bar. O processo opera em estado estacionário.

(a) Calcule T_1 e T_2, admitindo que o misturador opera adiabaticamente.

(b) Se há de fato perda de calor do misturador para as vizinhanças, sua estimativa de T_1 é muito alta ou muito baixa? Explique brevemente.

SEGURANÇA

7.48. Um tanque de água de 200,0 litros pode suportar pressões de até 20,0 bar absoluto antes de se romper. Em um dado momento, o tanque contém 165,0 kg de água líquida, as válvulas de entrada e saída estão fechadas e a pressão absoluta no espaço de vapor acima da superfície do líquido (espaço que pode ser admitido como contendo apenas vapor de água) é 3,0 bar. Um técnico da planta liga o aquecedor do tanque, pretendendo elevar a temperatura do mesmo até 155°C, mas é chamado pela chefia e esquece de voltar e desligar o aquecedor. Seja t_1 o instante de tempo no qual o aquecedor é ligado e t_2 o instante imediatamente antes da ruptura do tanque. Use as tabelas de vapor para fazer os cálculos a seguir.

(a) Determine a temperatura da água, os volumes do líquido e do vapor (L) e a massa de vapor de água no espaço acima da superfície (kg) no instante t_1.

(b) Determine a temperatura da água, os volumes do líquido e do vapor (L) e a massa de água (g) que evapora entre os instantes t_1 e t_2. (*Dica:* Use o fato de a massa total de água no tanque e o volume total do tanque permanecerem constantes entre os instantes t_1 e t_2.)

(c) Calcule a quantidade de calor (kJ) transferido ao conteúdo do tanque entre t_1 e t_2. Dê duas razões pelas quais a entrada real de calor no tanque deve ser maior do que o valor calculado.

(d) Cite três diferentes fatores responsáveis pelo aumento de pressão que resulta da transferência de calor ao tanque. (*Dica:* Um deles tem a ver com o efeito da temperatura sobre a densidade da água líquida.)

(e) Enumere as maneiras pelas quais o acidente poderia ter sido evitado.

(f) Uma das sugestões que pode ter ocorrido na Parte (c) é colocar uma válvula de alívio no topo do tanque. Suponha que uma tenha sido instalada e que foi projetada para abrir quando a pressão do tanque atingir 10 bar. O projeto prevê que a válvula aberta permita o vapor escapar por um tubo que o ventila para a atmosfera. A que temperatura a válvula abriria? A que taxa deveria a válvula liberar vapor (kg/kJ de calor adicionado) de maneira a evitar que a pressão do tanque suba acima de 10 bar?

7.49. Um vapor úmido a 20 bar, com uma qualidade de 0,97 (veja o Problema 7.36) vaza através de uma armadilha de vapor defeituosa e se expande até a pressão de 1 atm. O processo pode ser considerado como acontecendo em duas etapas: uma rápida expansão adiabática até 1 atm acompanhada pela evaporação completa das gotas de líquido no vapor úmido, seguida por um resfriamento a 1 atm até a temperatura ambiente. $\Delta \dot{E}_k$ pode ser desprezado nas duas etapas.

(a) Estime a temperatura do vapor superaquecido imediatamente depois da expansão adiabática.

(b) Alguém olhando para a armadilha de vapor veria um espaço claro depois do vazamento e uma "pluma" branca de vapor formando-se a uma curta distância. (O mesmo fenômeno pode ser visto no bico de uma chaleira na qual a água ferve.) Explique esta observação. Qual seria a temperatura no ponto em que a pluma começa?

7.50. Oito onças fluidas (1 quarto = 32 onças) de uma bebida em um copo a 18,0°C são resfriadas pela adição de gelo e posterior agitação. As propriedades da bebida podem ser consideradas as mesmas da água líquida. A entalpia do gelo em relação à água líquida no ponto triplo é –348 kJ/kg. Estime a massa de gelo (g) que deve derreter para trazer a temperatura do líquido até 4°C, desprezando perdas de calor para as vizinhanças. (*Nota:* Para o processo isobárico em batelada, o balanço de energia se reduz a $Q = \Delta H$.)

7.51. Um bloco de 25 g de ferro a 175°C é jogado em um recipiente isolado contendo um litro de água a 20°C e 1 atm. A entalpia específica do ferro é dada pela expressão $\hat{H}(\text{J/g}) = 17,3T(°C)$.

(a) Que temperatura de referência foi usada como base para a fórmula da entalpia?

(b) Calcule a temperatura final do conteúdo do recipiente, admitindo que o processo é adiabático, a evaporação é desprezível, não há transferência de calor às paredes do recipiente e a entalpia específica da água líquida a 1 atm e a uma temperatura dada é a mesma que a do líquido saturado à mesma temperatura. (*Nota:* Para este processo isobárico em batelada, o balanço de energia se reduz a $Q = \Delta H$.)

(c) Se parte da água no recipiente evaporasse ao contato com o ferro quente, a temperatura final no recipiente seria maior ou menor que o valor que você calculou na Parte (b)? Explique a sua resposta.

7.52. Horatio Meshuggeneh tem suas próprias ideias sobre como fazer as coisas. Por exemplo, para saber a temperatura de um forno, a maioria das pessoas usaria um termômetro. No entanto, sendo alérgico a fazer as coisas do jeito que a maioria das pessoas fazem, Meshuggeneh realiza o seguinte experimento. Ele coloca uma barra de cobre com uma massa de 5,0 kg no forno e coloca uma barra idêntica em um recipiente bem isolado de 20,0 litros, contendo 5,00 L de água líquida e o resto de vapor saturado a 760 mm Hg (absoluto). Ele espera um tempo suficiente para que ambas as barras atinjam o equilíbrio térmico com as suas respectivas vizinhanças e então, rapidamente, tira a primeira barra do forno, retira a segunda barra do recipiente com água, joga a primeira barra no recipiente, fecha, espera atingir o equilíbrio e anota a pressão relativa medida por um manômetro acoplado ao recipiente. O valor que ele lê é de 50,1 mm Hg. Ele então usa o fato de o cobre ter uma densidade relativa de 8,92 e uma energia interna específica dada pela expressão $\hat{U}(\text{kJ/kg}) = 0,36T(°C)$ para calcular a temperatura do forno.

(a) A suposição de Meshuggeneh é que a barra pode ser transferida do forno para o recipiente sem perdas de calor. Se ele faz esta suposição, qual será a temperatura calculada? Quantos gramas de água se evaporam durante o processo? (Despreze o calor transferido às paredes do recipiente — quer dizer, admita que o calor perdido pela barra é transferido completamente à água contida. Lembre também que você está trabalhando com um sistema fechado depois que a barra quente entra no recipiente.)

(b) Na verdade, a barra perde 8,3 kJ de calor entre o forno e o recipiente. Qual é a temperatura verdadeira do forno?

(c) O experimento descrito foi na verdade a segunda tentativa de Meshuggeneh. Na primeira vez que ele tentou, o manômetro registrou uma pressão negativa. O que ele esqueceu de fazer?

7.53. Um cilindro perfeitamente isolado provido de um pistão sem atrito e sem vazamentos, com uma massa de 30,0 kg e uma área superficial de 400,0 cm^2 contém 7,0 kg de água líquida e uma barra de alumínio de 3,0 kg. A barra de alumínio tem uma resistência elétrica embutida, de forma que podem ser transferidas a ela quantidades conhecidas de calor. O alumínio tem uma densidade relativa de 2,70 e uma energia interna específica dada pela fórmula $\hat{U}(\text{kJ/kg}) = 0,94T(°C)$. A energia interna da água líquida a qualquer temperatura pode ser considerada igual à do líquido saturado na mesma temperatura. A transferência de calor às paredes do cilindro pode ser desprezada. A pressão atmosférica é de 1,00 atm. O cilindro e o seu conteúdo estão inicialmente a 20°C.

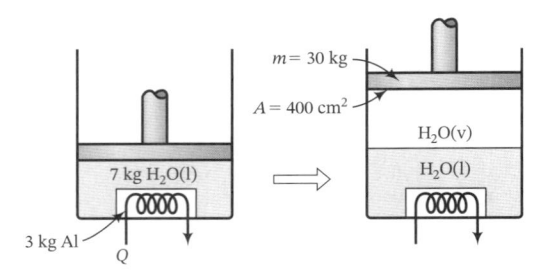

Suponha que 3310 kJ são transferidos à barra pela resistência elétrica e que o conteúdo do cilindro atinge o equilíbrio.

(a) Calcule a pressão do conteúdo do cilindro através do processo. Determine então se a quantidade de calor transferido ao sistema é suficiente para vaporizar alguma água.

(b) Determine as seguintes quantidades: (i) a temperatura final do sistema; (ii) os volumes (cm^3) das fases líquida e vapor presentes no equilíbrio; e (iii) a distância vertical percorrida pelo pistão do começo até o fim do processo. (*Sugestão:* Escreva um balanço de energia no processo completo, considerando o conteúdo do cilindro como o sistema. Note que o sistema é fechado e que quando o pistão se move no sentido vertical é feito um trabalho pelo sistema. O valor deste trabalho é $W = P\Delta V$, no qual P é a pressão constante do sistema e ΔV é a mudança no volume do sistema do estado inicial até o estado final.)

(c) Calcule o limite superior para a temperatura possível de ser atingida pela barra de alumínio durante o processo e estabeleça as condições que deveriam ser aplicadas para que a barra chegasse perto desta temperatura.

7.54. Um recipiente rígido de 6,00 litros contém 4,00 L de água líquida em equilíbrio com 2,00 L de vapor de água a 25°C. Transfere-se calor à água por meio de uma resistência elétrica submersa. O volume desta resistência é desprezível. Use as tabelas de vapor para calcular a temperatura e pressão (bar) finais do sistema e a massa de água vaporizada (g) se são adicionados 3915 kJ à água e não há transferência de calor para as vizinhanças. (*Nota:* Será necessário um cálculo por tentativa e erro.)

7.55. Uma mistura líquida de benzeno e tolueno deve ser separada em um tanque de *flash* contínuo de um único estágio.

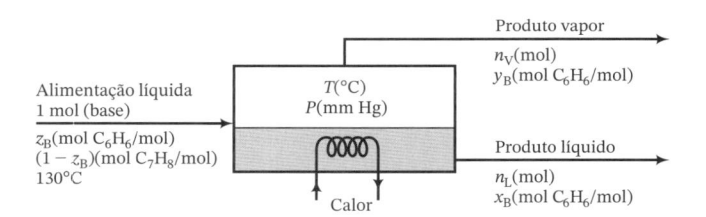

A pressão na unidade pode ser ajustada a qualquer valor desejado e a entrada de calor pode também ser ajustada para variar a temperatura na qual a separação é processada. As correntes de produto líquido e vapor saem ambas na temperatura $T(°C)$ e pressão $P(mm\ Hg)$ mantidas no recipiente.

Admita que as pressões de vapor do benzeno e do tolueno são dadas pela equação de Antoine, Tabela B.4 ou APEx; que a lei de Raoult — Equação 6.4-1 — é aplicável; e que as entalpias do benzeno e do tolueno líquido e vapor são funções lineares da temperatura. As entalpias específicas a duas temperaturas são dadas aqui para cada substância em cada fase.

$$C_6H_6(l)\ (T = 0°C, \quad \hat{H} = 0\ kJ/mol) \qquad (T = 80°C, \quad \hat{H} = 10,85\ kJ/mol)$$

$$C_6H_6(v)\ (T = 80°C, \hat{H} = 41,61\ kJ/mol) \qquad (T = 120°C, \hat{H} = 45,79\ kJ/mol)$$

$$C_7H_8(l)\ (T = 0°C, \quad \hat{H} = 0\ kJ/mol) \qquad (T = 111°C, \hat{H} = 18,58\ kJ/mol)$$

$$C_7H_8(v)\ (T = 89°C, \hat{H} = 49,18\ kJ/mol) \qquad (T = 111°C, \hat{H} = 52,05\ kJ/mol)$$

(a) Suponha que a alimentação é equimolar em benzeno e tolueno ($z_B = 0,500$). Tome como base 1 mol de alimentação e faça uma análise dos graus de liberdade na unidade para mostrar que, se T e P são especificadas, você pode calcular as composições molares de cada fase (x_B e y_B), os moles de produto líquido e vapor (n_L e n_V) e a entrada de calor necessária (Q). *Não faça nenhum cálculo numérico nesta parte.*

(b) Faça os cálculos da Parte (a) para $T = 90°C$ e $P = 652$ mm Hg. (*Sugestão:* Deduza primeiro uma equação para x_B que possa ser resolvida por tentativa e erro para valores conhecidos de T e P.)

(c) Para $z_B = 0,5$ e $T = 90°C$, existe um intervalo de pressões de operação possíveis para o evaporador, $P_{mín} < P < P_{máx}$. Se a pressão do evaporador P cair fora deste intervalo, não será efetuada nenhuma separação. Por que não? O que sairia da unidade se $P < P_{min}$? O que sairia se $P > P_{máx}$? [*Dica:* Examine sua solução da Parte (b) e pense como mudaria se você abaixasse a pressão.]

(d) Prepare uma planilha para fazer o cálculo da Parte (b) e use-a para determinar $P_{máx}$ e P_{min}. A planilha deve aparecer como segue (algumas soluções são mostradas):

Problema 7.51 — Vaporização flash de benzeno e tolueno									
zB	T	P	pB^*	pT^*	xB	yB	nL	nV	Q
0,500	90,0	652	1021				0,5543		8,144
0,500	90,0	714							−6,093
0,500	90,0								

Podem ser usadas colunas adicionais para armazenar outras variáveis calculadas (por exemplo, entalpias específicas). Explique sucintamente por que Q é positivo quando $P = 652$ mm Hg e negativo quando $P = 714$ mm Hg.

(e) Em linhas sucessivas, repita os cálculos para os mesmos z_B e T a várias pressões entre P_{miin} e $P_{máx}$. Gere um gráfico (usando o programa da planilha, se possível) de n_v versus P. Aproximadamente a que pressão é vaporizada metade da alimentação?

7.56. Uma solução aquosa com uma densidade relativa de 1,12 escoa através de um canal com uma seção transversal variável. Dados obtidos em duas posições axiais no canal são mostrados abaixo.

	Ponto 1	Ponto 2
$P_{relativa}$	$1,5 \times 10^5$ Pa	$9,77 \times 10^4$ Pa
u	5,00 m/s	?

O ponto 2 está 6,00 metros acima do ponto 1.

(a) Desprezando o atrito, calcule a velocidade no ponto 2. (Veja o Exemplo 7.7-1.)

(b) Se o diâmetro da tubulação no ponto 2 é 6,00 cm, qual é o diâmetro no ponto 1?

*7.57. Seu amigo pediu para você ajudar a mover um colchão de 60 polegadas × 78 polegadas com uma massa de 75 lb_m. Não tem nada disponível para amarrar o colchão ao trailer, mas você sabe que existe um risco do colchão ser levantado do trailer pelo ar escoando sobre ele, a partir disto executa os seguintes cálculos:

(a) Apesar das condições não corresponderem exatamente àquelas para as quais a equação de Bernoulli é aplicável, use a equação para obter uma primeira estimativa de quão rápido você pode dirigir (milhas/h) antes de o colchão ser levantado. Assuma que a velocidade do ar acima do colchão seja igual à velocidade do carro, que a diferença de pressão entre o topo e a base do colchão seja igual ao peso do colchão dividido pela área da seção transversal do colchão e que o ar tem uma massa específica constante de 0,075 lb_m/ft^3. Qual é o seu resultado?

(b) Você viu que seu amigo também tem várias caixas de livros. Como você gostaria de dirigir a 60 milhas por hora, que peso de livros (lb_f) você precisaria colocar em cima do colchão para mantê-lo no lugar?

7.58. Um **medidor venturi** é um aparelho para medir vazões de fluido, e na sua operação lembra o medidor de orifício (Seção 3.2b). Consiste em um estreitamento da tubulação, com os braços de um manômetro diferencial acoplados a um ponto antes do estreitamento e ao ponto do estreitamento máximo (a **garganta**). A leitura do manômetro está diretamente relacionada com a vazão na linha.

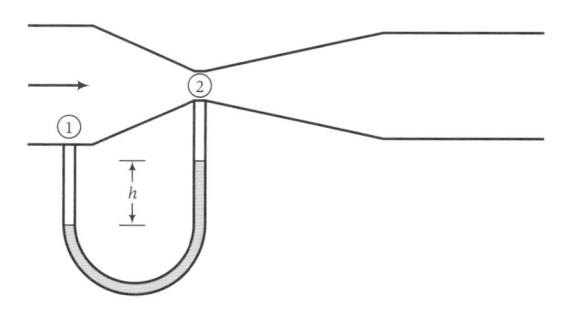

*Adaptado de um problema contribuído por Justin Wood da *North Carolina State University*.

Suponha que a vazão de um fluido incompressível deve ser medida com um venturi no qual a área da seção transversal no ponto 1 é quatro vezes a do ponto 2.

(a) Deduza a relação entre as velocidades u_1 e u_2 nos pontos 1 e 2.

(b) Escreva a equação de Bernoulli para o sistema entre os pontos 1 e 2, e use-a para provar que, quando o atrito é desprezível,

$$P_1 - P_2 = \frac{15\,\rho\dot{V}^2}{2A_1^2}$$

em que P_1 e P_2 são as pressões nos pontos 1 e 2, ρ e $\dot{V}$ são a massa específica e a vazão volumétrica do fluido, e A_1 é a área da seção transversal da tubulação no ponto 1.

(c) Suponha que este medidor é usado para medir a vazão de uma corrente de acetona, usando mercúrio como o fluido manométrico e obtendo uma leitura manométrica de $h = 38$ cm. Qual é a vazão volumétrica da água se o diâmetro da tubulação no ponto 1 é 15 cm? (Lembre da equação do manômetro diferencial, Equação 3.4-6.)

7.59. Um grande tanque contém etanol sob a pressão de 3,1 bar (absoluto). Quando uma válvula é aberta no fundo do tanque, o etanol é drenado livremente através de uma tubulação com DI de 1 cm cuja saída está 7,00 m abaixo da superfície do etanol. A pressão na saída do tubo de descarga é 1 atm.

(a) Use a equação de Bernoulli para estimar a velocidade da descarga do etanol e sua vazão em L/min quando a válvula de descarga está completamente aberta. Despreze a diminuição do nível de etanol no tanque. (Veja o Exemplo 7.7-2.)

(b) Quando a válvula de descarga está parcialmente fechada, a vazão diminui, o que significa que $\Delta u^2/2$ muda. No entanto, os outros dois termos na equação de Bernoulli ($\Delta P/\rho$ e $g\,\Delta z$) permanecem constantes. Como você explica este resultado aparentemente contraditório? (*Dica*: Examine as suposições feitas na dedução da equação de Bernoulli.)

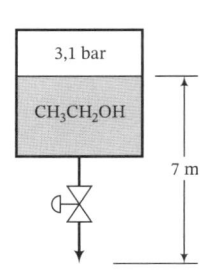

7.60. Água deve ser bombeada desde um lago até uma estação de guardas florestais na encosta de uma montanha (veja a figura). O comprimento do tubo imerso no lago é desprezível quando comparado ao comprimento a partir da superfície do lago até o ponto de descarga. A vazão deve ser 95 gal/min e a tubulação é padrão *Schedule* 40 de aço de 1 polegada (DI = 1,049 in). Existe disponível uma bomba capaz de fornecer 8 hp ($= \dot{W}_s$). A perda por atrito $\hat{F}$(ft · lb$_f$/lb$_m$) é igual a 0,041L, em que L(ft) é o comprimento do tubo.

(a) Calcule a altura máxima, z, da estação dos guardas acima do lago se o tubo sobe com uma inclinação de 30°.

(b) Suponha que a entrada do tubo é submersa a uma profundidade significativamente maior abaixo da superfície do lago, mas o ponto de descarga está na elevação calculada na Parte (a). A pressão na entrada do tubo será maior do que era na profundidade de submersão original, o que significa que DP da entrada para a saída será maior, o que por sua vez sugere que uma bomba menor seria suficiente para mover a água até a mesma elevação. Na verdade, no entanto, uma bomba maior será necessária. Explique (i) por que a pressão na entrada seria maior do que na Parte (a) e (ii) por que uma bomba maior seria necessária.

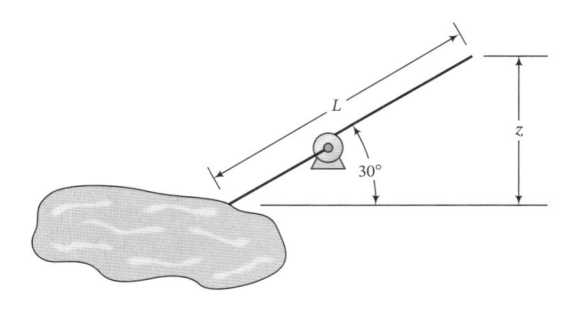

7.61. A água de um reservatório passa por cima de uma barragem através de uma turbina e é descarregada através de um tubo com DI = 70 cm, em um ponto localizado 55 m abaixo da superfície do reservatório. A turbina fornece 0,80 MW. Calcule a vazão necessária de água em m³/min se o atrito é desprezado. (Veja o Exemplo 7.7-3.) Se o atrito fosse incluído, seria necessária uma vazão maior ou menor? (*Nota*: A equação que você deve resolver neste problema tem múltiplas raízes. Encontre uma solução menor do que 2 m³/s.)

*7.62. A irrigação agrícola usa uma quantidade significativa de água. Em algumas regiões ela ultrapassou outras necessidades de água. Suponha que água seja retirada de um reservatório e enviada para uma vala de irrigação. Na maior parte do comprimento da vala, a liberação é feita através de um tubo com 10 cm de diâmetro interno e nos últimos poucos metros o diâmetro do tubo é 7 cm. A saída do tubo está a 300 m abaixo da entrada dele.

(a) Assuma que o tubo é liso (isto é, ignore a fricção) e que a vazão de envio é de 4000 kg/h. Estime a diferença de pressão necessária entre a entrada e a saída do tubo. O quão abaixo da superfície do reservatório estaria a entrada?

(b) Como a sua resposta seria diferente se o tubo não fosse liso? Explique.

Exercícios Exploratórios — Pesquise e Descubra

(c) Quais são os impactos ambientais possíveis de se desviar quantidades significativas de água de rio para uso em irrigação? Cite pelo menos duas fontes para a sua resposta.

*7.63. A contaminação por arsênio de aquíferos é um problema de saúde na maior parte do mundo e é particularmente severo em Bangladesh. Um método de remoção de arsênio constitui-se de bombear a água de um aquífero para a superfície através de um leito empacotado com material granular contendo óxido de ferro, que se liga ao arsênio. A água purificada é então usada ou devolvida ao aquífero através do solo.

Em uma instalação como descrita acima, uma bomba retira 69,1 galões por minuto de água contaminada de um aquífero através de um tubo de 3 polegadas de diâmetro interno e então descarrega a água através de um tubo de 2 polegadas de diâmetro interno para um tanque de topo aberto cheio com material granular. A água deixa o final da linha de descarga 80 pés acima da água no aquífero. As perdas por fricção no sistema de tubos são 10 ft · lb_f/lb_m.

(a) Se a bomba é 70% eficiente (isto é, 30% da energia elétrica entregue a bomba não é usada para bombear a água), qual é a potência requerida da bomba (hp)?

(b) Mesmo que se assuma que o óxido de ferro capture 100% do arsênio, que outros fatores limitam a efetividade desta operação?

7.64. Filtros de saco de tecido são usados para remover material particulado dos gases que passam através de vários processos e chaminés de caldeira em uma grande planta química. Os sacos ficam entupidos e devem ser substituídos com frequência. Já que eles são bastante caros, em vez de serem descartados eles são esvaziados, lavados e reutilizados. No processo de lavagem, uma solução detergente com uma densidade relativa de 0,96 flui de um tanque de armazenamento para uma máquina de lavar. O efluente líquido da máquina é bombeado através de um filtro para remover a sujeira e o detergente limpo é reciclado de volta ao tanque de armazenamento.

O detergente flui do tanque de armazenamento para a máquina de lavar por gravidade com uma vazão de 600 L/min. Todos os tubos na linha têm 4,0 cm de diâmetro interno. As perdas por atrito são desprezíveis na linha que vai do tanque até a máquina de lavar quando a válvula está completamente aberta, e $\hat{F}$ = 72 J/kg na linha de retorno, que inclui a bomba e o filtro.

(a) Calcule o valor da altura *H* (veja a figura) necessária para fornecer a vazão desejada de detergente na máquina de lavar quando a válvula está completamente aberta.

(b) Suponha que a bomba tem uma eficiência de 75%; quer dizer, fornece 75% do seu valor nominal como trabalho no eixo. Qual deve ser o valor nominal (kW) da bomba para retornar 600 L/min de detergente ao tanque de armazenamento?

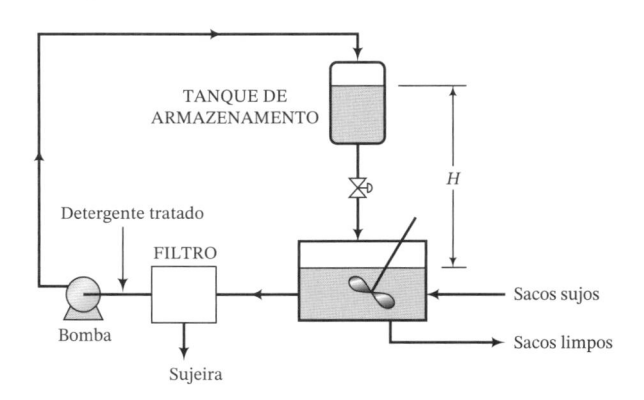

---

*Adaptado de um problema contribuído por James Newell da *Rowan University*.

7.65. Cem litros de uma solução 95% em peso de glicerol–5% de água devem ser diluídos até 60% de glicerol pela adição de uma solução 35% bombeada de um grande tanque de armazenamento através de uma tubulação com DI = 5 cm com vazão constante. O tubo descarrega em um ponto 23 m mais alto que a superfície líquida no tanque de armazenamento. A operação é executada isotermicamente e demora 13 min para ser completada. A perda por atrito ($\hat{F}$ da Equação 7.7-2) é 50 J/kg. Calcule o volume final da solução e o trabalho no eixo em kW que a bomba deve fornecer, admitindo que a superfície da solução armazenada e a saída do tubo estão ambas a 1 atm.

Dados: $\rho_{H_2O} = 1,00$ kg/L, $\rho_{glic} = 1,26$ kg/L. (Use para estimar as massas específicas das soluções.)

Balanços em Processos Não Reativos

Vimos que, para um sistema aberto no qual o trabalho no eixo e as mudanças nas energias cinética e potencial podem ser desprezadas, o balanço de energia se reduz a

$$\dot{Q} = \Delta\dot{H}$$
$$= \sum_{\text{saída}} \dot{n}_i \hat{H}_i - \sum_{\text{entrada}} \dot{n}_i \hat{H}_i$$

em que $\hat{H}_i$ são as entalpias específicas dos componentes das correntes de entrada e saída nas suas respectivas condições de processo (temperaturas, pressões e estados de agregação) em relação a esses componentes em alguma condição de referência. Para um balanço integral em um sistema fechado de volume constante ($W = 0$), o balanço de energia é

$$Q = \Delta U$$
$$= \sum_{\text{final}} n_i \hat{U}_i - \sum_{\text{inicial}} n_i \hat{U}_i$$

nas quais os valores de $\hat{U}_i$ são energias internas específicas.

No Capítulo 7, lidamos apenas com processos envolvendo espécies para as quais as entalpias e energias internas específicas nas condições do processo podiam ser encontradas em tabelas. Infelizmente, você não pode pretender achar esses dados para todas as espécies com as que vai trabalhar. Este capítulo apresenta métodos para avaliar $\Delta\dot{H}$ e ΔU quando não se encontram disponíveis tabelas de $\hat{H}$ e $\hat{U}$ para todas as espécies do processo. Uma vez que estas quantidades são calculadas, os balanços de energia podem ser escritos e resolvidos como mostrado anteriormente.

8.0 OBJETIVOS DE APRENDIZAGEM

Depois de completar este capítulo, você deve ser capaz de:

- Definir formalmente (em termos de energias internas e entalpias) e em palavras que um estudante do ensino médio possa entender, as variáveis $C_v(T)$ (capacidade calorífica a volume constante), $C_p(T)$ (capacidade calorífica a pressão constante), $\Delta\hat{H}_m$ (calor de fusão), $\Delta\hat{H}_v$ (calor de vaporização), calores padrões de fusão e vaporização e $\Delta\hat{H}_s$ (calor de solução ou calor de mistura).

- Calcular $\Delta\hat{U}$ e $\Delta\hat{H}$ para as seguintes mudanças de estado de uma espécie, usando, quando possível, as entalpias e energias internas específicas, capacidades caloríficas, calores latentes e densidades relativas líquidas e sólidas tabeladas neste livro: (a) mudanças isotérmicas na pressão, (b) mudanças isobáricas na temperatura, (c) mudanças de fase isotérmicas e isobáricas e (d) mistura isotérmica e isobárica de duas ou mais espécies. Indicar quando as fórmulas utilizadas são exatas, aproximações boas e aproximações ruins.

- Dado um estado de referência (fase, temperatura e pressão) e um estado do processo para uma espécie, (a) escolher uma trajetória a partir do estado de referência até o estado do processo consistindo em uma série de mudanças isotérmicas na pressão, mudanças isobáricas na temperatura e mudanças de fase isotérmicas e isobáricas; (b) calcular $\hat{U}$ e $\hat{H}$ para a espécie no estado de processo em relação ao estado de referência.

- Livros-texto de química e física do ensino médio dizem normalmente que o calor (Q) necessário para elevar a temperatura de uma massa m de uma substância por uma quantidade ΔT é $Q = mC_p\Delta T$, no qual C_p é definida como a capacidade calorífica da substância. Explicar por que esta fórmula é apenas uma aproximação. Listar as suposições necessárias para obtê-la a partir do balanço de energia para um sistema fechado ($Q + W = \Delta U + \Delta E_k + \Delta E_p$).

- Se seu curso inclui a Seção 8.3e, avaliar

$$\int_{T_1}^{T_2} C_p(T)\, dT$$

usando a regra do trapézio ou a regra de Simpson (Apêndice A.3) a partir de dados de C_p a várias temperaturas entre T_1 e T_2.

- Estimar a capacidade calorífica de uma espécie líquida ou sólida usando a regra de Kopp. Estimar o calor de fusão e o calor de vaporização de uma espécie usando as correlações da Seção 8.4b.

- Dado qualquer processo não reativo para o qual o calor transferido Q ou a taxa de transferência de calor $\dot{Q}$ deve ser calculado, (a) desenhar e rotular o fluxograma, incluindo Q e $\dot{Q}$; (b) efetuar uma análise dos graus de liberdade; (c) escrever os balanços de massa e energia e outras equações que possam ser usadas para resolver as quantidades requeridas; (d) efetuar os cálculos; e (e) listar as suposições e aproximações embutidas nos seus cálculos.

- Dado um processo adiabático ou qualquer outro processo não reativo para o qual o valor de Q (sistema fechado) ou $\dot{Q}$ (sistema aberto) é especificado, escrever os balanços de massa e energia e resolvê-los simultaneamente para as quantidades solicitadas.

- Definir a *temperatura do bulbo seco*, a *temperatura do bulbo úmido* e o *volume úmido* do ar úmido. Dados os valores de quaisquer duas variáveis representadas na carta psicrométrica (temperaturas de bulbo seco e bulbo úmido, umidades relativa e absoluta, ponto de orvalho, volume úmido), determinar os valores das variáveis restantes e a entalpia específica do ar úmido. Usar a carta psicrométrica para efetuar cálculos de balanços de massa e energia em um processo de aquecimento, resfriamento, umidificação ou desumidificação envolvendo ar e água a 1 atm.

- Explicar o significado do termo aparentemente contraditório *resfriamento adiabático*. Explicar como funcionam o resfriamento e a umidificação por pulverização, a desumidificação por pulverização e o secado por pulverização. Explicar como é possível *des*umidificar o ar aspergindo água nele. Usar a carta psicrométrica para efetuar cálculos de balanços de massa e energia em uma operação de resfriamento adiabático envolvendo água e ar a 1 atm.

- Explicar a um estudante do primeiro ano de engenharia por que um béquer contendo ácido esquenta quando você adiciona água.

- Usar os dados do calor de solução da Tabela B.11 e os dados da capacidade calorífica de soluções para (a) calcular a entalpia de uma solução de ácido clorídrico, ácido sulfúrico ou hidróxido de sódio de composição conhecida (fração molar do soluto) em relação ao soluto puro e à água a 25°C; (b) calcular a taxa necessária de transferência de calor de ou para um processo no qual uma solução aquosa de HCl, H_2SO_4 ou NaOH é preparada, diluída ou combinada com outra solução das mesmas espécies; e (c) calcular a temperatura final se uma solução aquosa de HCl, H_2SO_4 ou NaOH é preparada, diluída ou combinada com outra solução das mesmas espécies de forma adiabática.

- Realizar cálculos de balanços de massa e energia para um processo que envolva soluções para as quais existam disponíveis diagramas de entalpia-concentração.

8.1 ELEMENTOS DOS CÁLCULOS DE BALANÇOS DE ENERGIA

Nesta seção, mostramos um procedimento para resolver problemas de balanço de energia que será aplicado tanto a processos não reativos (este capítulo) quanto a processos reativos (Capítulo 9). A Seção 8.1a revisa o conceito de *estado de referência* para cálculos de entalpia e energia interna específicas, e a Seção 8.1b frisa o fato de que $\hat{U}$ e $\hat{H}$ são funções de estado, de forma que os valores de ΔU ou ΔH (sistema fechado) e $\Delta \dot{H}$ (sistema aberto) calculados para um processo são independentes dos estados de referência escolhidos para os cálculos de $\hat{U}_i$ e $\hat{H}_i$. A Seção 8.1c mostra um procedimento para organizar os cálculos de balanço de energia e apresenta um exemplo ilustrativo. O resto do capítulo apresenta métodos e fórmulas para calcular ΔU, ΔH e $\Delta \dot{H}$ para processos que envolvam aquecimento e resfriamento, compressão e descompressão, mudanças de fase, mistura de líquidos e dissolução de gases e sólidos em líquidos.

8.1a   Estados de Referência — Uma Revisão

Devemos lembrar que nunca podemos conhecer os valores absolutos de $\hat{U}$ e $\hat{H}$ para uma espécie em um dado estado. $\hat{U}(kJ/mol)$ é a soma das energias de movimento de todas as $6,02 \times 10^{23}$ moléculas em um mol da espécie mais as energias cinética e potencial intramoleculares de todas as partículas atômicas e subatômicas, que são quantidades que não podemos determinar. Já que $\hat{H} = \hat{U} + P\hat{V}$ e não podemos conhecer o valor de $\hat{U}$, também não podemos conhecer o valor de $\hat{H}$ em um estado específico.

Felizmente, nunca precisamos conhecer estes valores absolutos de $\hat{U}$ e $\hat{H}$ em estados específicos: apenas precisamos conhecer $\Delta\hat{U}$ e $\Delta\hat{H}$ para *mudanças* de estado específicas, e podemos determinar estas quantidades experimentalmente.[1] Podemos, portanto, escolher de forma arbitrária um **estado de referência** para uma espécie e determinar $\Delta\hat{U} = \hat{U} - \hat{U}_{ref}$ para a transição do estado de referência para uma série de outros estados. Se selecionamos $\hat{U}_{ref}$ igual a zero, então $\hat{U}$ $(= \Delta\hat{U})$ para um estado específico é a *energia interna específica neste estado em relação ao estado de referência*. As entalpias específicas em cada estado podem então ser calculadas da definição, $\hat{H} = \hat{U} + P\hat{V}$, desde que o volume específico $(\hat{V})$ da espécie na temperatura dada seja conhecido.

Os valores de $\hat{U}$ e $\hat{H}$ nas tabelas de vapor foram gerados usando este procedimento. O estado de referência foi escolhido como a água líquida no ponto triplo [$H_2O(l; 0,01°C; 0,00611 \text{ bar})$], estado no qual $\hat{U}$ foi arbitrariamente definido como zero. De acordo com a Tabela B.7, para vapor de água a 400°C e 10,0 bar, $\hat{U} = 2958 \text{ kJ/kg}$. Isto *não* significa que o valor absoluto de $\hat{U}$ para a água neste estado especificado seja 2958 kJ/kg; lembre-se, não podemos conhecer o valor absoluto de $\hat{U}$. Isto significa que $\hat{U}$ do vapor de água a 400°C e 10,0 bar é 2958 kJ/kg *em relação à água no estado de referência* ou

$$H_2O(l; 0,01°C; 0,00611 \text{ bar}) \rightarrow H_2O(v; 400°C; 10,0 \text{ bar}), \quad \Delta\hat{U} = 2958 \text{ kJ/kg}$$

Em relação à água no mesmo estado de referência, a entalpia específica do vapor de água a 400°C e 10,0 bar é

$$\hat{H} = \hat{U} + P\hat{V}$$

$$= 2958 \text{ kJ/kg} + \frac{10 \text{ bar}}{} \left| \frac{0,307 \text{ m}^3}{\text{kg}} \right| \frac{10^3 \text{ L}}{1 \text{ m}^3} \left| \frac{8,314 \times 10^{-3} \text{ kJ/(mol·K)}}{0,08314 \text{ L·bar/(mol·K)}} \right.$$

$$= 3264 \text{ kJ/kg}$$

As quantidades $8,314 \times 10^{-3}$ e 0,08314 são valores da constante universal dos gases expressos em diferentes unidades (veja tabela no final do livro).

Teste	Suponha que vapor de água a 300°C e 5 bar seja escolhido como um estado de referência no qual $\hat{H}$ é definida como zero. Em relação a este estado, qual é a entalpia da água líquida a 75°C e 1 bar? Qual é a energia interna específica da água líquida a 75°C e 1 bar? (Use a Tabela B.7.)
(veja *Respostas dos Problemas Selecionados*)	

8.1b   Trajetórias Hipotéticas de Processos

No Capítulo 7, observamos que $\hat{U}$ e $\hat{H}$ são **propriedades ou funções de estado** de uma espécie: isto é, seus valores dependem apenas do estado da espécie — principalmente da sua temperatura e do seu estado de agregação (sólido, líquido ou gás) e, em menor grau, da sua pressão (e para misturas de algumas espécies, da fração molar da mistura). Uma função de estado não depende de como a espécie chegou a este estado. Consequentemente, *quando uma espécie passa de um estado a outro, tanto $\Delta\hat{U}$ quanto $\Delta\hat{H}$ para o processo são independentes da trajetória seguida desde o primeiro estado até o segundo.*

---

[1]O método consiste em transferir uma quantidade medida de energia, Q, a uma massa conhecida da espécie, m, em um recipiente fechado sob condições tais que $W = 0$, $\Delta E_k = 0$ e $\Delta E_p = 0$; medir quaisquer mudanças na temperatura, pressão e fase; e calcular o $\Delta\hat{U}$ correspondente a estas mudanças do balanço de energia, $Q = m\Delta\hat{U}$.

Na maior parte deste capítulo e no Capítulo 9, você aprenderá como calcular mudanças na entalpia e na energia interna específicas associadas com certos processos: especificamente,

1. *Mudanças em P a T e estado de agregação constantes* (Seção 8.2).

2. *Mudanças em T a P e estado de agregação constantes* (Seção 8.3).

3. *Mudanças de fase a T e P constantes* — fusão, solidificação, vaporização, condensação, sublimação (Seção 8.4).

4. *Mistura de dois líquidos ou dissolução de um gás ou um sólido em um líquido a T e P constantes* (Seção 8.5).

5. *Reação química a T e P constantes* (Capítulo 9).

Por exemplo, comprimir hidrogênio gasoso de 1 atm até 300 atm a 25°C é um processo de Tipo 1; derreter gelo a 0°C e aquecer depois a água líquida até 30°C, tudo a 1 atm, é um processo de Tipo 3 seguido de um processo de Tipo 2; misturar ácido sulfúrico e água a uma temperatura constante de 20°C e pressão constante de 1 atm é um processo de Tipo 4.

Uma vez saibamos como calcular $\Delta\hat{U}$ e $\Delta\hat{H}$ para estes cinco tipos de processo, poderemos calcular estas quantidades para *qualquer* processo usando o fato de que $\hat{U}$ e $\hat{H}$ são funções de estado. O procedimento é construir uma **trajetória hipotética do processo** a partir do estado inicial até o estado final, consistindo em uma série de passos dos cinco tipos dados. Depois disto, calculamos $\Delta\hat{H}$ para cada um destes passos e depois somamos os $\Delta\hat{H}$ individuais para calcular $\Delta\hat{H}$ para o processo total. *Já que $\hat{H}$ é uma função de estado, $\Delta\hat{H}$ calculado para a trajetória hipotética do processo — que construímos por conveniência — é o mesmo $\Delta\hat{H}$ da trajetória realmente seguida pelo processo.* O mesmo procedimento pode ser seguido para calcular $\Delta\hat{U}$ para qualquer processo.

Por exemplo, suponha que desejamos calcular $\Delta\hat{H}$ para um processo no qual o fenol sólido a 25°C e 1 atm se converte em vapor a 300°C e 3 atm. Se tivéssemos uma tabela de entalpias para o fenol, poderíamos simplesmente subtrair $\hat{H}$ no estado inicial do $\hat{H}$ no estado final, ou

$$\Delta\hat{H} = \hat{H}(\text{vapor}, 300°C, 3\text{ atm}) - \hat{H}(\text{sólido}, 25°C, 1\text{ atm})$$

No entanto, não temos esta tabela. Nossa tarefa então é construir uma trajetória hipotética do processo partindo do sólido a 25°C e 1 atm até o vapor a 300°C e 3 atm. Para fazer isto, procuramos um pouco e notamos que a Tabela B.1 dá mudanças de entalpia para a fusão do fenol a 1 atm e 42,5°C (o ponto de fusão normal do fenol) e para a vaporização do fenol a 1 atm e 181,4°C (o ponto de ebulição normal do fenol). Portanto, escolhemos a seguinte trajetória hipotética do processo:

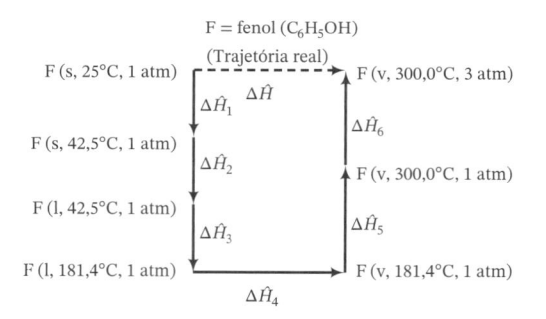

Note que, nesta trajetória, o primeiro, terceiro e quinto passos são do Tipo 2 (mudanças em *T* a *P* constante), o segundo e o quarto passos são de Tipo 3 (mudanças de fase a *T* e *P* constantes) e o sexto passo é de Tipo 1 (mudança em *P* a *T* constante). Note também que as mudanças de fase foram escolhidas para acontecer nas condições para as quais estão disponíveis mudanças de entalpia tabeladas.

O próximo passo nos cálculos seria determinar os valores de $\Delta\hat{H}$ para os Passos 1, 3, 5 e 6 usando os métodos que serão dados na Seção 8.2; leia os valores de $\Delta\hat{H}_2$ e $\Delta\hat{H}_4$ da Tabela B.1; e depois use o fato de que a entalpia é uma função de estado para calcular o $\Delta\hat{H}$ desejado ($\Delta\hat{H}$ para a linha tracejada superior na figura) como

$$\Delta\hat{H} = \Delta\hat{H}_1 + \Delta\hat{H}_2 + \Delta\hat{H}_3 + \Delta\hat{H}_4 + \Delta\hat{H}_5 + \Delta\hat{H}_6$$

Teste	Construa uma trajetória de processo para cada um dos seguintes processos, consistindo em passos sequenciais dos cinco tipos listados na seção anterior. (Uma solução ilustrativa é dada para o primeiro processo.)

(veja *Respostas dos Problemas Selecionados*)

1. Nitrogênio a 20°C e 200 mm Hg é aquecido e comprimido até 140°C e 40 atm. (Uma das infinitas soluções possíveis: Aquecer de 20°C até 140°C a 200 mm Hg e depois comprimir isotermicamente de 200 mm Hg até 40 atm.)
2. Cicloexano vapor a 180°C e 5 atm é resfriado e condensado a cicloexano líquido a 25°C e 5 atm. A mudança de entalpia para a condensação do cicloexano a 80,7°C e 1 atm é conhecida.
3. Água a 30°C e 1 atm e NaOH a 25°C e 1 atm são misturados para formar uma solução aquosa de NaOH a 50°C e 1 atm. A mudança de entalpia para a dissolução de NaOH em água a 25°C e 1 atm é conhecida.
4. O_2 a 170°C e 1 atm e CH_4 a 25°C e 1 atm são misturados e reagem completamente para formar CO_2 e H_2O a 300°C e 1 atm. A mudança de entalpia da reação a 25°C e 1 atm é conhecida.

8.1c Procedimentos para Cálculos de Balanços de Energia

A maior parte dos problemas ao final deste capítulo e do Capítulo 9 são muito parecidos com os problemas dos Capítulos 4 a 6: dados valores de algumas variáveis do processo (temperaturas, pressões, fases, quantidades ou vazões e frações molares dos componentes das correntes de entrada e saída), calcular valores para as outras variáveis do processo. Começando com este capítulo, você deverá calcular o calor transferido de ou para um sistema de processo (uma variável adicional), o que requer escrever e resolver um balanço de energia (uma equação adicional).

Eis o procedimento a ser seguido para cálculos de balanços de energia.

1. *Faça todos os cálculos de balanço de massa necessários.*

2. *Escreva a forma apropriada do balanço de energia (sistema fechado ou aberto) e elimine qualquer dos termos que seja zero ou desprezível para o processo dado.* Para um sistema imóvel fechado, elimine ΔE_k e ΔE_p e despreze W se o volume do sistema for constante, não houver partes móveis (tais como um agitador em um tanque agitado) e não houver transferência de energia de ou para o sistema por eletricidade ou radiação. Para um sistema aberto no estado estacionário, elimine $\Delta \dot{E}_p$ se não houver separação vertical apreciável entre as entradas e saídas do sistema e elimine $\dot{W}_s$ se não houver partes móveis (como uma bomba ou um rotor de turbina) e não houver transferência de energia por eletricidade ou radiação. Além disso, se houver mudanças na temperatura de mais do que uns poucos graus ou se houver mudanças de fase ou reações químicas no processo, $\Delta \dot{E}_k$ é normalmente desprezível quando comparada a $\Delta \dot{U}$ e $\Delta \dot{H}$ e assim pode ser apagada da equação.

3. *Escolha um estado de referência — fase, temperatura e pressão — para cada espécie envolvida no processo.* Se $\hat{H}$ ou $\hat{U}$ para uma espécie puder ser obtida de uma tabela (como as tabelas de vapor para água) escolha o estado de referência usado para gerar a tabela; do contrário, escolha um dos estados da entrada ou da saída como o estado de referência para a espécie (de maneira que ao menos um $\hat{H}$ ou $\hat{U}$ possa ser selecionado igual a zero).

4. *Para um sistema fechado de volume constante, construa uma tabela com colunas para as quantidades inicial e final de cada espécie (m_i ou n_i) e as energias internas específicas em relação aos estados de referência escolhidos ($\hat{U}_i$).*[2] *Para um sistema aberto, construa uma tabela com colunas para as vazões dos componentes das correntes de entrada e saída ($\dot{m}_i$ ou $\dot{n}_i$) e as entalpias específicas em relação aos estados de referência escolhidos ($\hat{H}_i$).* Insira valores conhecidos das quantidades ou vazões mássicas e das entalpias e energias internas específicas, e insira símbolos para os valores que devem ser calculados (por exemplo, $\hat{H}_1$, $\hat{H}_2$, ...). O próximo exemplo ilustra a construção de uma tabela deste tipo.

---

[2] Use $\hat{H}_i$ em vez de $\hat{U}_i$ para um sistema fechado a pressão constante, já que $Q = \Delta H$ para tais sistemas.

5. **Calcule todos os valores requeridos de $\hat{U}_i$ (ou $\hat{H}_i$) e insira os valores nos lugares apropriados da tabela.** Para fazer os cálculos para uma espécie em um estado particular (entrada ou saída), escolha qualquer trajetória conveniente a partir do estado de referência até o estado do processo e determine $\hat{U}_i$ ($\hat{H}_i$) como $\Delta\hat{U}$ ($\Delta\hat{H}$) para esta trajetória. As Seções 8.2 a 8.5 mostram estes cálculos para diferentes tipos de processos.

6. **Calcule**

Sistema Fechado:
$$\Delta U = \sum_{\text{final}} n_i\hat{U}_i - \sum_{\text{inicial}} n_i\hat{U}_i \quad \text{ou} \quad \sum_{\text{saída}} \dot{m}_i\hat{U}_i - \sum_{\text{entrada}} \dot{m}_i\hat{U}_i$$

Sistema Aberto:
$$\Delta\dot{H} = \sum_{\text{saída}} \dot{n}_i\hat{H}_i - \sum_{\text{entrada}} \dot{n}_i\hat{H}_i \quad \text{ou} \quad \sum_{\text{saída}} \dot{m}_i\hat{H}_i - \sum_{\text{entrada}} \dot{m}_i\hat{H}_i$$

7. **Calcule qualquer termo de trabalho, energia cinética ou energia potencial que não tenha sido desprezado no balanço de energia.**

8. **Resolva o balanço de energia para qualquer variável que seja desconhecida (frequentemente Q ou $\dot{Q}$).**

Sistema Fechado: $\quad Q + W = \Delta U + \Delta E_{\text{k}} + \Delta E_{\text{p}}$

Sistema Aberto: $\quad \dot{Q} + \dot{W}_{\text{s}} = \Delta\dot{H} + \Delta\dot{E}_{\text{k}} + \Delta\dot{E}_{\text{p}}$

O procedimento completo para um sistema fechado é ilustrado no exemplo seguinte. Encorajamos você a dedicar tempo para seguir cada passo, mesmo que algumas partes possam não estar completamente esclarecidas até que você leia a matéria que vem depois neste capítulo. Quanto melhor você compreender o exemplo, mais fácil será compreender o resto do capítulo e resolver os problemas no final do mesmo.

Exemplo 8.1-1 | Balanço de Energia em um Condensador

Acetona (simbolizada por Ac) é parcialmente condensada de uma corrente gasosa contendo 69,6% molar de vapor de acetona e o resto de nitrogênio. As especificações do processo e os cálculos de balanços de massa levaram ao fluxograma mostrado abaixo.

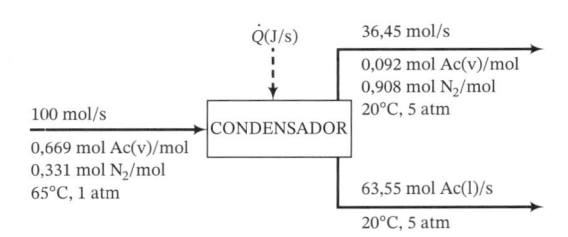

O processo opera no estado estacionário. Calcule a taxa de resfriamento necessária.

Solução   Seguiremos o procedimento dado no texto anterior.

1. **Faça os cálculos necessários de balanços de massa.** Nenhum é necessário neste exemplo.

2. **Escreva e simplifique o balanço de energia.**

Para este sistema aberto no estado estacionário, $\dot{Q} + \dot{W}_{\text{s}} = \Delta\dot{H} + \Delta\dot{E}_{\text{k}} + \Delta\dot{E}_{\text{p}}$. Não há partes móveis no sistema e não há transferência de energia por eletricidade ou radiação, de forma que $\dot{W}_{\text{s}} = 0$. Nenhuma distância vertical significativa separa as portas de entrada e de saída, de forma que $\Delta\dot{E}_{\text{p}} \approx 0$. Não há mudanças de fase nem mudanças apreciáveis na temperatura, de forma que $\Delta\dot{E}_{\text{k}} \approx 0$ (comparado a $\Delta\dot{H}$). O balanço de energia se reduz a

$$\dot{Q} = \Delta\dot{H} = \sum_{\text{saída}} \dot{n}_i\hat{H}_i - \sum_{\text{entrada}} \dot{n}_i\hat{H}_i$$

3. **Escolha estados de referência para acetona e nitrogênio.**

Os estados de referência podem ser escolhidos pela conveniência do cálculo, já que a escolha não tem nenhum efeito sobre o valor calculado de $\Delta\dot{H}$. Nós escolheremos arbitrariamente as condições da corrente de entrada para o nitrogênio (65°C, 1 atm), como o estado de referência para esta espécie e uma das duas condições das correntes de saída para a acetona (l, 20°C, 5 atm), como o estado de referência para a acetona, o que nos permitirá colocar os valores correspondentes para $\hat{H}$ na tabela de entalpias iguais a zero em vez de ter que calculá-las.

4. **Construa uma tabela de entalpias de entrada-saída.**

Escrevemos primeiro os estados de referência e depois construímos a tabela mostrada abaixo:

Referências: Ac(l, 20°C, 5 atm), N_2(g, 65°C, 1 atm)

Substância	$\dot{n}_{entrada}$ (mol/s)	$\hat{H}_{entrada}$ (kJ/mol)	$\dot{n}_{saída}$ (mol/s)	$\hat{H}_{saída}$ (kJ/mol)
Ac(v)	66,9	$\hat{H}_1$	3,35	$\hat{H}_2$
Ac(l)	—	—	63,55	0
N_2	33,1	0	33,1	$\hat{H}_3$

Note os seguintes pontos sobre a tabela:

- O nitrogênio tem apenas um estado de entrada (gás, 65°C, 1 atm) e um estado de saída (gás, 20°C, 5 atm), de modo que precisamos de uma única linha na tabela para o N_2. A acetona tem um estado de entrada (vapor, 65°C, 1 atm) mas dois estados de saída (vapor e líquido, os dois a 20°C e 5 atm), de modo que precisamos de duas linhas para esta espécie.
- Riscamos (usando traços) as duas células correspondentes a $\dot{n}_{entrada}$ e $\hat{H}_{entrada}$ para acetona líquida, já que não entra acetona líquida ao sistema.
- Os valores de $\dot{n}$ são obtidos do fluxograma. A vazão de vapor de acetona na entrada, por exemplo, é determinada como (100 mol/s)[0,669 mol Ac(v)/mol] = 66,9 mol Ac(v)/s.
- Já que a acetona líquida que sai do sistema está no seu estado de referência, fixamos a sua entalpia específica igual a zero.
- Ficaram três entalpias específicas desconhecidas, que deverão ser determinadas no Passo 5.

5. **Calcule todas as entalpias específicas desconhecidas.**

Para calcular as quatro entalpias específicas desconhecidas na tabela, construímos trajetórias hipotéticas de processo a partir dos estados de referência até os estados do processo para as duas espécies e avaliamos $\Delta\hat{H}$ para cada trajetória. Esta é a parte do cálculo que você ainda não aprendeu a fazer. Mostraremos então o cálculo de $\hat{H}_1$ para ilustrar o método, daremos os resultados dos outros cálculos e entraremos em detalhes acerca dos procedimentos nas Seções 8.2 a 8.5

$$\hat{H}_1 = \text{entalpia específica da Ac (v, 65°C, 1 atm) em relação a Ac (l, 20°C, 5 atm)}$$
$$= \Delta\hat{H} \text{ para Ac(l, 20°C, 5 atm)} \rightarrow \text{Ac(v, 65°C, 1 atm)}$$

Ao escolher uma trajetória de processo para a determinação de $\Delta\hat{H}$, é útil saber que neste capítulo são dadas fórmulas e dados para mudanças de entalpia correspondentes a certos tipos de processos:

- A Seção 8.2 fornece a fórmula $\Delta\hat{H} = \hat{V}\,\Delta P$ para uma mudança na pressão (ΔP) sofrida por um líquido ou um sólido com volume específico constante $\hat{V}$. O valor de $\hat{V}$ para a acetona líquida pode ser determinado como 0,0734 L/mol a partir da densidade relativa (0,791) dada na Tabela B.1.
- A Seção 8.3 mostra que $\Delta\hat{H} = \int_{T1}^{T2} C_p(T)\,dT$ para uma mudança de T_1 até T_2 a P constante. Fórmulas para $C_p(T)$, a *capacidade calorífica a pressão constante*, são dadas na Tabela B.2. As fórmulas para a acetona líquida e vapor são as seguintes:

Ac(l): $\quad C_p\left(\dfrac{\text{kJ}}{\text{mol·°C}}\right) = 0{,}123 + 18{,}6 \times 10^{-5}T$

Ac(v): $\quad C_p\left(\dfrac{\text{kJ}}{\text{mol·°C}}\right) = 0{,}07196 + 20{,}10 \times 10^{-5}T - 12{,}78 \times 10^{-8}T^2 + 34{,}76 \times 10^{-12}T^3$

em que T está em °C.

Uma alternativa rápida para avaliar a integral a mão é usar a **função APEx** *Enthalpy* ("*espécie*", *T1*, *T2*, [unidade temperatura], [estado]), começando a entrada da célula com um sinal de igual. A função integra a fórmula de capacidade calorífica da Tabela B.2 para a espécie especificada da temperatura *T1* até a temperatura *T2* e retorna $\Delta\hat{H}$ em kJ/mol. Se a unidade de temperatura não é especificada como "K", "R" ou "F", a função assume a unidade "C". Se o estado da espécie não é especificado como "l", "g" ou "c" (para sólido), a função assume a primeira entrada na Tabela B.2.

Por exemplo, as integrais de capacidade calorífica da acetona líquida e acetona vapor necessárias neste exemplo poderiam ser calculadas usando as seguintes fórmulas:

$$= \text{Enthalpy (“acetone”, 20, 56)}$$

$$= \text{Enthalpy (“acetone”, 56, 65,, “g”)}$$

Note que os argumentos internos que vão para seus valores padrão, como a unidade da temperatura na segunda fórmula, podem ser deixados em branco, mas as vírgulas em volta deles devem ser colocadas. Valores padrão dos argumentos no final, como a unidade da temperatura e o estado na primeira fórmula, podem ser omitidos.

- A Seção 8.4 define o calor de vaporização, $\Delta \hat{H}_v(T_b)$, como $\Delta \hat{H}$ para uma mudança do líquido para o vapor no ponto de ebulição normal, T_b. A Tabela B.1 lista T_b para a acetona como 56,0°C e $\Delta \hat{H}_v(T_b)$ como 30,2 kJ/mol. Pontos de ebulição normais em °C e calores de vaporização no ponto de ebulição normal em kJ/mol também podem ser recuperados usando as funções APEx Tb(“espécie”) e Hv(“espécie”).

A seguinte trajetória de processo a partir do estado de referência [Ac(l, 20°C, 5 atm)] até o estado do processo [Ac(v, 65°C, 1 atm)] nos permite usar toda esta informação para a determinação de $\hat{H}_1$:[3]

$$\text{Ac(l, 20°C, 5 atm)} \xrightarrow{\Delta \hat{H}_{1a}} \text{Ac(l, 20°C, 1 atm)} \xrightarrow{\Delta \hat{H}_{1b}} \text{Ac(l, 56°C, 1 atm)}$$

$$\xrightarrow{\Delta \hat{H}_{1c}} \text{Ac(v, 56°C, 1 atm)} \xrightarrow{\Delta \hat{H}_{1d}} \text{Ac(v, 65°C, 1 atm)}$$

$$\Downarrow$$

$$\begin{aligned} \hat{H}_1 &= \Delta \hat{H}_{\text{trajetória}} \\ &= \Delta \hat{H}_{1a} + \Delta \hat{H}_{1b} + \Delta \hat{H}_{1c} + \Delta \hat{H}_{1d} \\ &= \hat{V}_{\text{Ac(l)}}(1\,\text{atm} - 5\,\text{atm}) + \int_{20°C}^{56°C} (C_p)_{\text{Ac(l)}}\,dT + (\Delta \hat{H}_v)_{\text{Ac}} + \int_{56°C}^{65°C} (C_p)_{\text{Ac(v)}}\,dT \end{aligned}$$

Quando substituímos os valores de $\hat{V}_{\text{Ac(l)}}$ e $\Delta \hat{H}_v$ e as fórmulas para $C_p(T)$ na expressão para $\hat{H}_1$ e realizamos as conversões de unidades e integrações necessárias, obtemos $\hat{H}_1 = (0{,}0297 + 4{,}68 + 30{,}2 + 0{,}753)$ kJ/mol = 35,7 kJ/mol.

Prosseguindo da mesma forma, obtemos os valores para $\hat{H}_2$ e $\hat{H}_3$ mostrados na seguinte tabela revisada de entalpias:

Referências: Ac(l, 20°C, 5 atm), N_2(g, 65°C, 1 atm)

Substância	$\dot{n}_{\text{entrada}}$ (mol/s)	$\hat{H}_{\text{entrada}}$ (kJ/mol)	$\dot{n}_{\text{saída}}$ (mol/s)	$\hat{H}_{\text{saída}}$ (kJ/mol)
Ac(v)	66,9	35,7	3,35	32,0
Ac(l)	—	—	63,55	0
N_2	33,1	0	33,1	−1,26

6. **Calcule $\Delta \dot{H}$.**

$$\begin{aligned} \Delta \dot{H} &= \sum_{\text{saída}} \dot{n}_i \hat{H}_i - \sum_{\text{entrada}} \dot{n}_i \hat{H}_i \\ &= (3{,}35\,\text{mol/s})(32{,}0\,\text{kJ/mol}) + [(63{,}55)(0) + (33{,}1)(-1{,}26) - (66{,}9)(35{,}7) - (33{,}1)(0)]\,\text{kJ/s} \\ &= -2320\,\text{kJ/s} \end{aligned}$$

Os fatores na última equação vieram diretamente da tabela de entalpias de entrada-saída.

7. **Calcule os termos de trabalho, energia cinética e energia potencial diferentes de zero.**

Já que não há trabalho no eixo e desprezamos as mudanças nas energias cinética e potencial, nada há a fazer neste passo.

8. **Resolva o balanço de energia para $\dot{Q}$.**

$$\dot{Q} = \Delta \dot{H} = -2320\,\text{kJ/s} = \boxed{-2320\,\text{kW}}$$

O calor deve ser transferido do condensador com uma taxa de 2320 kW para atingir a condensação e o resfriamento exigidos.

---

[3]Para ser completamente exatos, deveríamos incluir um passo no qual a acetona e o nitrogênio são misturados, já que as referências são as espécies puras; no entanto, as mudanças de entalpia para misturas de gases são normalmente desprezíveis (Seção 8.5).

Antes de deixar esta seção, consideremos de uma perspectiva diferente o que fizemos. O processo para o qual necessitamos calcular $\Delta \dot{H}(= \dot{Q})$ pode ser representado como mostrado abaixo:

$$
\begin{array}{ccc}
\begin{array}{l} 66{,}9 \text{ mol Ac(v)} \\ 33{,}1 \text{ mol N}_2 \\ 65{°}C,\ 1 \text{ atm} \end{array}
& \xrightarrow{\ \Delta \dot{H}\ } &
\begin{array}{l} 63{,}55 \text{ mol Ac(l)} \\ 3{,}35 \text{ mol Ac(v)} \\ 33{,}1 \text{ mol N}_2 \\ 20{°}C,\ 5 \text{ atm} \end{array}
\end{array}
$$

Para calcular $\Delta \dot{H}$ na prática, construímos a seguinte trajetória de processo:

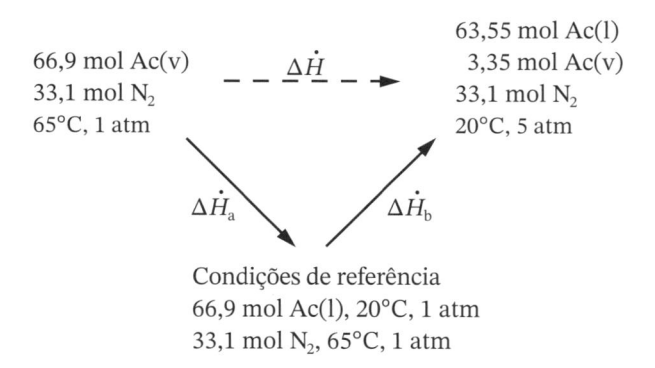

Condições de referência
66,9 mol Ac(l), 20°C, 1 atm
33,1 mol N$_2$, 65°C, 1 atm

A mudança total de entalpia para a primeira etapa, $\Delta \dot{H}_a$, é o negativo do $\Delta \dot{H}$ para o processo no qual a acetona e o nitrogênio vão dos seus estados de referência até as condições da entrada, ou

$$\Delta \dot{H}_a = -\sum_{\text{entrada}} \dot{n}_i \hat{H}_i$$

Da mesma forma, $\Delta \dot{H}_b$ é a mudança de entalpia para o processo no qual a acetona e o nitrogênio vão dos seus estados de referência até as condições da saída, ou

$$\Delta \dot{H}_b = \sum_{\text{saída}} \dot{n}_i \hat{H}_i$$

Já que a entalpia é uma função de estado, a mudança de entalpia global para o processo deve ser

$$\Delta \dot{H} = \Delta \dot{H}_a + \Delta \dot{H}_b = \sum_{\text{saída}} \dot{n}_i \hat{H}_i - \sum_{\text{entrada}} \dot{n}_i \hat{H}_i$$

Fica pendente mostrar os métodos para calcular $\Delta \hat{U}$ e $\Delta \hat{H}$ para os diferentes tipos de processos discutidos. Os métodos para os primeiros quatro (mudança em P a T constante, mudança em T a P constante, mudança de fase a P e T constantes e mistura ou dissolução a P e T constantes) são mostrados nas Seções 8.2 a 8.5 deste capítulo, e métodos para reações químicas a T e P constantes são dados no Capítulo 9.

8.2 MUDANÇAS NA PRESSÃO A TEMPERATURA CONSTANTE

Foi observado experimentalmente que a energia interna é praticamente independente da pressão para sólidos e líquidos a uma temperatura fixa, da mesma forma que o volume específico. Portanto, *se a pressão de um sólido ou de um líquido muda a temperatura constante, você pode escrever $\Delta \hat{U} \approx 0$ e $\Delta \hat{H} \, [= \Delta \hat{U} + \Delta(P\hat{V})] \approx \hat{V} \Delta P$.*

O volume molar específico ($\hat{V}$) na fórmula mostrada acima pode ser calculado a partir da densidade relativa e peso molecular da espécie sólida ou líquida em consideração, mas conversões de unidade são tipicamente necessárias para fazer as unidades de $\hat{V}\Delta P$ consistentes com as unidades mais comuns dos termos em balanços de energia (por exemplo, kJ/mol). A tabela para a constante dos gases no final deste livro fornece fatores de conversão úteis. Por exemplo, se você conhece $\hat{V}$ em L/mol e ΔP em atm e você quer $\hat{V}\Delta P$ em kJ/mol, procure por dois valores da constante dos gases com unidades de L·atm e kJ e use sua razão como um fator de conversão. O cálculo irá parecer com este:

$$\hat{V}\Delta P\left(\frac{kJ}{mol}\right) = \frac{cm^3}{SG \times 1,00\,g} \left| \frac{1\,L}{10^3\,cm^3} \right| MW(g/mol) \left| \Delta P(atm) \right| \frac{8,314\,J/(mol\cdot K)}{0,08206\,L\cdot atm/(mol\cdot K)} \left| \frac{1\,kJ}{10^3\,J} \right.$$

$$= 1,013 \times 10^{-4} \frac{(MW)\Delta P}{(SG)} \tag{8.2-1}$$

Tanto a densidade relativa (SG) como o peso molecular (MW) podem ser procurados na Tabela B.1 ou recuperados pelas funções APEx SG("espécie") e MW("espécie").

Tanto $\hat{U}$ quanto $\hat{H}$ são independentes da pressão para gases ideais. Em consequência, *você pode geralmente admitir $\Delta \hat{U} \approx 0$ e $\Delta \hat{H} \approx 0$ para um gás que sofre uma mudança isotérmica de pressão, a não ser que gases bem abaixo de 0°C ou bem acima de 1 atm estejam envolvidos.* [Se você dispuser de tabelas de $\hat{U}(T, P)$ ou $\hat{H}(T, P)$ para este gás, é claro que não há necessidade de se fazer esta suposição.] Se os gases estão longe da idealidade ou se sofrem grandes mudanças na pressão, você deve usar tabelas de propriedades termodinâmicas (como as tabelas de vapor para água) ou correlações termodinâmicas além do escopo deste livro para determinar $\Delta \hat{U}$ ou $\Delta \hat{H}$. Uma boa fonte destas correlações é o Capítulo 5 do livro de Poling, Prausnitz e O'Connell.[4]

Em resumo, para *mudanças na pressão a temperatura constante*:

$$\boxed{\begin{array}{ll} \Delta \hat{U} = 0 & \text{(gases ideais)} \\ \approx 0 & \text{(gases próximos de ideal, sólidos e líquidos)} \end{array}} \tag{8.2-2}$$

$$\boxed{\begin{array}{ll} \Delta \hat{H} = 0 & \text{(gases ideais)} \\ \approx 0 & \text{(gases próximos de ideal)} \\ \approx \hat{V}\Delta P & \text{(sólidos e líquidos)} \end{array}} \tag{8.2-3}$$

Na última fórmula da Equação 8.2-3, $\hat{V}\Delta P$ pode ser calculado de densidades relativas e pesos moleculares tabelados usando a Equação 8.2-1, desde que as variáveis sejam inseridas com as unidades apropriadas. A determinação de $\Delta \hat{U}$ e $\Delta \hat{H}$ para gases deslocados para longe das condições de gás ideal está fora do escopo deste texto.

Teste

(veja *Respostas dos Problemas Selecionados*)

1. Qual das seguintes suposições parece razoável para cada um dos processos isotérmicos descritos abaixo? (i) $\Delta \hat{U} \approx 0$, $\Delta \hat{H} \approx 0$; (ii) $\Delta \hat{U} \approx 0$, $\Delta \hat{H} \neq 0$; (iii) nenhum dos dois.
   (a) $H_2O(l, 1\,atm) \rightarrow H_2O(l, 1200\,atm)$, $T = 25°C$.
   (b) $N_2(g, 1\,atm) \rightarrow N_2(g, 1,2\,atm)$, $T = 25°C$.
   (c) $N_2(g, 1\,atm) \rightarrow N_2(g, 200\,atm)$, $T = 25°C$.
2. Considere o processo

$$C_2H_6 \,(g, 25°C, 1\,atm) \rightarrow C_2H_6 \,(g, 25°C, 30\,atm)$$

Como você usaria as cartas de compressibilidade para determinar se é razoável desprezar $\Delta \hat{H}$ para este processo?

8.3 MUDANÇAS NA TEMPERATURA

8.3a Calor Sensível e Capacidades Caloríficas

O termo **calor sensível** significa o calor que deve ser transferido para elevar ou diminuir a temperatura de uma substância ou de uma mistura de substâncias. A quantidade de calor necessária para produzir uma mudança de temperatura em um sistema pode ser determinada a partir da forma apropriada da primeira lei da termodinâmica:

$$Q = \Delta U \quad \text{(sistema fechado)} \tag{8.3-1}$$

---

[4]B. E. Poling, J. H. Prausnitz e J. P. O'Connell, *The Properties of Gases and Liquids*, 5ª Edição, McGraw-Hill, New York, 2001.

$$\dot{Q} = \Delta\dot{H} \quad \text{(sistema aberto)} \tag{8.3-2}$$

(Aqui desprezamos as mudanças nas energias cinética e potencial, bem como o trabalho.) Para determinar as necessidades de calor sensível para um processo de aquecimento ou resfriamento, você deve ser capaz de avaliar ΔU ou $\Delta\dot{H}$ para a mudança especificada de temperatura.

A energia interna específica de uma substância depende fortemente da temperatura. Se a temperatura é aumentada ou diminuída de forma tal que o volume do sistema permaneça constante, a energia interna específica pode variar como mostrado no seguinte diagrama:

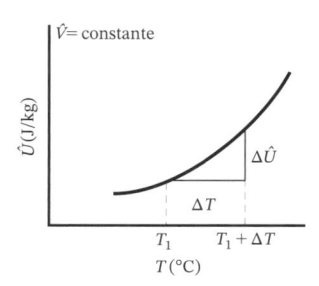

Uma mudança de temperatura ΔT a partir de T_1 leva a uma mudança $\Delta\hat{U}$ na energia interna específica. À medida que $\Delta T \to 0$, a razão $\Delta\hat{U}/\Delta T$ se aproxima de um valor limite (que é a inclinação da curva em T_1), que é, por definição, a **capacidade calorífica** ou **calor específico a volume constante** da substância, simbolizada por C_v.

$$C_v(T) = \left\{ \lim_{\Delta T \to 0} \frac{\Delta\hat{U}}{\Delta T} \right\} = \left(\frac{\partial\hat{U}}{\partial T} \right)_V \tag{8.3-3}$$

Já que o gráfico de $\hat{U}$ *versus* T geralmente não é uma linha reta, C_v (a inclinação da curva) é uma função da temperatura.

A mudança em $\hat{U}$ para uma elevação de temperatura de T para $T + dT$ a volume constante é, pela Equação 8.3-3,

$$d\hat{U} = C_v(T)\,dT \tag{8.3-4}$$

e a mudança $\Delta\hat{U} = \hat{U}_2 - \hat{U}_1$ associada com a mudança de temperatura de T_1 a T_2 a volume constante é,

$$\Delta\hat{U} = \int_{T_1}^{T_2} C_v(T)\,dT \tag{8.3-5}$$

Agora, suponha que tanto a temperatura quanto o volume de uma substância mudam durante o processo. Para calcular $\Delta\hat{U}$, você pode dividir o processo em duas etapas — uma mudança em $\hat{V}$ a T constante seguida por uma mudança em T a $\hat{V}$ constante.

$$A(T_1, \hat{V}_1) \xrightarrow{\Delta\hat{U}_1} A(T_1, \hat{V}_2) \xrightarrow{\Delta\hat{U}_2} A(T_2, \hat{V}_2)$$
$$\downarrow \underline{\hspace{6cm}} \uparrow$$
$$\Delta\hat{U}$$

Já que $\hat{U}$ é uma função de estado, $\Delta\hat{U}$ (a quantidade desejada) é igual a $\Delta\hat{U}_1 + \Delta\hat{U}_2$. Mas para gases ideais e (como uma boa aproximação) sólidos e líquidos, $\hat{U}$ depende apenas de T, e já que esta é constante ao longo da etapa 1, $\Delta\hat{U}_1 \approx 0$ para qualquer substância que não seja um gás não ideal. Por outro lado, já que a segunda etapa é uma mudança na temperatura a volume constante, $\Delta\hat{U}_2$ é dada pela Equação 8.3-5. Em resumo, para uma mudança na temperatura de T_1 a T_2,

$$\boxed{\Delta\hat{U} \approx \int_{T_1}^{T_2} C_v(T)\,dT} \qquad \begin{array}{l} \text{Gás ideal: exata} \\ \text{Sólido ou líquido: boa aproximação} \\ \text{Gás não ideal: válida apenas se } V \text{ é constante} \end{array} \tag{8.3-6}$$

| Exemplo 8.3-1 | Avaliação de uma Mudança na Energia Interna a Partir da Capacidade Calorífica Tabelada |

Calcule o calor necessário para aquecer 200 kg de óxido nitroso de 20°C a 150°C em um vaso de volume constante. A capacidade calorífica a volume constante do N_2O neste intervalo de temperatura é dada pela equação

$$C_v(kJ/kg\cdot°C) = 0{,}855 + 9{,}42 \times 10^{-4}T$$

em que T está em °C.

Solução   Conforme a Equação 8.3-6,

$$\Delta \hat{U}(kJ/kg) = \int_{20°C}^{150°C} (0{,}855 + 9{,}42 \times 10^{-4}T)\left(\frac{kJ}{kg\cdot°C}\right)dT$$

$$= 0{,}855T\big]_{20°C}^{150°C} + \frac{9{,}42 \times 10^{-4}T^2}{2}\bigg]_{20°C}^{150°C}$$

$$= (111 + 10{,}4)\,kJ/kg = 121\,kJ/kg$$

O balanço de energia para este sistema fechado desprezando ΔE_k, ΔE_p e W é

$$Q = \Delta U = m(kg)\,\Delta \hat{U}(kJ/kg) = (200\,kg)(121\,kJ/kg) = \boxed{24.200\,kJ}$$

Suponhamos agora que aquecemos uma substância a pressão constante e consideramos a mudança resultante na entalpia. Do mesmo modo que a energia interna, a entalpia também depende fortemente da temperatura. Se $\Delta \hat{H}$ é a mudança na entalpia específica resultante de um aumento na temperatura a pressão constante de T a $T + \Delta T$, então, quando ΔT se aproxima de zero, a razão $\Delta \hat{H}/\Delta T$ se aproxima de um valor limite, definido como a **capacidade calorífica a pressão constante** e representada por C_p.

$$C_p(T) = \left\{\lim_{\Delta T \to 0} \frac{\Delta \hat{H}}{\Delta T}\right\} = \left(\frac{\partial \hat{H}}{\partial T}\right)_P \tag{8.3-7}$$

Procedendo como anteriormente, observamos que a mudança em $\hat{H}$ para uma mudança na temperatura a pressão constante de T a $T + dT$ é

$$d\hat{H} = C_p(T)\,dT$$

e assim, para uma mudança de T_1 a T_2 a pressão constante,

$$\Delta \hat{H} = \int_{T_1}^{T_2} C_p(T)\,dT \tag{8.3-8}$$

Para um processo $A(T_1, P_1) \to A(T_2, P_2)$, podemos construir uma trajetória de processo de duas etapas

$$A(T_1, P_1) \xrightarrow{\Delta \hat{H}_1} A(T_1, P_2) \xrightarrow{\Delta \hat{H}_2} A(T_2, P_2)$$
$$\underline{\qquad\qquad\qquad\qquad\qquad}$$
$$\Delta \hat{H}$$

A primeira etapa é uma mudança na pressão a temperatura constante, o tipo de processo descrito na Seção 8.2. Vimos nesta seção que

$$\Delta \hat{H}_1 = 0 \quad \text{(gás ideal)}$$
$$\approx \hat{V}\Delta P \quad \text{(sólido ou líquido)} \tag{8.3-9}$$

A segunda etapa é uma mudança de temperatura a pressão constante, de modo que $\Delta \hat{H}_2$ é dada pela Equação 8.3-8. Finalmente, como $\Delta \hat{H} = \Delta \hat{H}_1 + \Delta \hat{H}_2$ (por quê?), obtemos

$$\boxed{\Delta \hat{H} = \int_{T_1}^{T_2} C_p(T)\,dT}$$

Gás ideal: exata
Gás quase ideal: aproximada para P variável   **(8.3-10a)**
Gás não ideal: exata apenas se P é constante

$$\boxed{\Delta \hat{H} \approx \hat{V} \Delta P + \int_{T_1}^{T_2} C_p(T)\, dT}$$ Sólido ou líquido **(8.3-10b)**

Para todos os casos exceto grandes mudanças na pressão e pequenas mudanças na temperatura, o primeiro termo da Equação 8.3-10b é normalmente desprezível comparado ao segundo.

Para avaliar $\Delta \hat{H}$ para um gás não ideal submetido a uma mudança de pressão e temperatura é melhor usar dados tabelados de entalpia. Se estes não estão disponíveis, uma relação termodinâmica para a variação de $\hat{H}$ com P deve ser combinada com a Equação 8.3-8 para determinar a mudança de entalpia; tais relações são dadas, por exemplo, por Poling, Prausnitz e O'Connell. (veja a nota de rodapé 4).

Teste (veja *Respostas dos Problemas Selecionados*)	**1.** Por definição, o que são C_v e C_p? **2.** Suponha que a fórmula $$\Delta \hat{H} = \int_{T_1}^{T_2} C_p(T)\, dT$$ é usada para calcular a variação na entalpia específica para uma mudança na temperatura *e na pressão* de (a) um gás ideal, (b) um gás altamente não ideal e (c) um líquido. Para qual destes casos a fórmula dada é exata e para qual a mesma conduz a um erro significativo? **3.** Se C_p para um gás ideal é 0,5 cal/(g·°C) (quer dizer, uma constante), qual é a variação na entalpia, em calorias, correspondente a uma mudança de 10°C até 30°C sofrida por cinco gramas do gás?

EXERCÍCIO DE CRIATIVIDADE

Desta vez, sua tarefa é estimar a capacidade calorífica de um líquido desconhecido. Encontram-se disponíveis uma balança de laboratório, um recipiente bem isolado, um termômetro sensível para medir temperaturas de líquidos e um termopar para medir temperaturas de sólidos. O recipiente é um mau condutor do calor, de modo que qualquer calor transferido de ou para o seu conteúdo atua inteiramente mudando a temperatura deste conteúdo. Se você precisar de mais algum equipamento (por algum motivo) este estará disponível também. Pense na maior quantidade de formas possíveis de estimar C_v, que pode ser admitido como independente da temperatura. [*Exemplo:* Misturar no vaso isolado uma massa conhecida m_1 do líquido desconhecido à temperatura T_1 e uma massa conhecida m_2 de água quente à temperatura T_2, e medir a temperatura final T_f. Já que você pode calcular o calor perdido pela água $Q = m_2 C_{v H_2O}(T_2 - T_f)$, e você sabe que Q deve também ser igual ao calor ganho pelo líquido desconhecido, $m_1 C_v(T_f - T_1)$, você pode resolver para C_v.]

8.3b Fórmulas para Capacidades Caloríficas

As capacidades caloríficas C_v e C_p são propriedades físicas dos materiais e estão tabeladas em referências padrões, como o *Perry's Chemical Engineers' Handbook*.[5] Podem ser expressas em qualquer unidade de energia por unidade de quantidade por unidade de intervalo de temperatura — por exemplo J/(mol·K) ou Btu/(lb$_m$·°F). O termo **calor específico** também é usado para esta propriedade física.

As capacidades caloríficas são funções da temperatura e são frequentemente expressas na forma polinomial ($C_p = a + bT + cT^2 + dT^3$). Valores para os coeficientes a, b, c e d são dados na Tabela B.2 do Apêndice B para uma quantidade de espécies a 1 atm, e listagens para substâncias adicionais são dadas nas páginas 2-156 a 2-180 do *Perry's Chemical Engineers' Handbook*. As capacidades caloríficas das soluções e de várias outras substâncias são fornecidas nas páginas 2-183 a 2-185

Quando for usar os coeficientes de uma fórmula de capacidade calorífica tirados da Tabela B.2, não confunda as ordens de grandeza: se um valor de 72,4 é lido de uma coluna rotulada $b \cdot 10^5$, então o valor de b deve ser cinco ordens de grandeza *menor* do que 72,4, ou $b = 72,4 \times 10^{-5}$.

---

[5]R. H. Perry e D. W. Green, eds., *Perry's Chemical Engineers' Handbook*, 8ª Edição, McGraw-Hill, New York, 2008.

Existem relações simples entre C_p e C_v em dois casos importantes:

$$\boxed{\textbf{\textit{Líquidos e Sólidos:} } C_p \approx C_v} \qquad \textbf{(8.3-11a)}$$

$$\boxed{\textbf{\textit{Gases Ideais:} } C_p = C_v + R} \qquad \textbf{(8.3-11b)}$$

onde R é a constante universal dos gases. (Tente provar a segunda relação.) A relação entre C_p e C_v para gases não ideais é complicada e não será discutida neste livro.

Você pode estimar $\Delta \hat{H}$ ou $\Delta \hat{U}$ usando as Equações 8.2-2, 8.3-10 e 8.3-11 para o aquecimento ou resfriamento de qualquer sólido, líquido ou gás (exceto um gás muito longe das condições de gás ideal), com ou sem mudanças de pressão. As fórmulas de capacidade calorífica fornecidas na Tabela B.2 podem ser integradas nestas equações ou funções APEx podem ser usadas para evitar a integração. As fórmulas matemáticas e do APEx são as seguintes (convença-se):

Gases:

$$\boxed{\Delta \hat{H}\left(\frac{\text{kJ}}{\text{mol}}\right) \approx \int_{T_1}^{T_2} C_p(T)\, dT = \text{Enthalpy}(\text{"Espécie"}, T1, T2, \text{"T unidade"}, \text{"g"}]} \qquad \textbf{(8.3-12a)}$$

$$\boxed{\begin{aligned} \Delta \hat{U}\left(\frac{\text{kJ}}{\text{mol}}\right) &\approx \int_{T_1}^{T_2} C_v(T)\, dT \approx \int_{T_1}^{T_2} C_p(T)\, dT - R(T_2 - T_1) \quad \left(R = 8{,}314 \times 10^{-3}\, \frac{\text{kJ}}{\text{mol·K}}\right) \\ &\approx \text{Enthalpy}(\text{"Espécie"}, T1, T2, \text{"T unidade"}, \text{"g"}) - 8{,}314\text{e-}3^*(\text{T2-T1}) \end{aligned}}$$

$$\textbf{(8.3-12b)}$$

Líquidos e Sólidos:

$$\boxed{\begin{aligned} \Delta \hat{H}\left(\frac{\text{kJ}}{\text{mol}}\right) &\approx \hat{V}\Delta P + \int_{T_1}^{T_2} C_p(T)\, dT \\ &\approx 1{,}013\text{e-}4^*\text{MW}(\text{"espécie"})^*(\text{P2} - \text{P1})/\text{SG}(\text{"espécie"}) \\ &\quad + \text{Enthalpy}(\text{"Espécie"}, T1, T2, \text{"T unidade"}, \text{"estado"}) \end{aligned}} \qquad \textbf{(8.3-12c)}$$

$$\boxed{\begin{aligned} \Delta \hat{U}\left(\frac{\text{kJ}}{\text{mol}}\right) &\approx \int_{T_1}^{T_2} C_v(T)\, dT \approx \int_{T_1}^{T_2} C_p(T)\, dT \\ &\approx \text{Enthalpy}(\text{"Espécie"}, T1, T2, \text{"T unidade"}, \text{"estado"}) \end{aligned}} \qquad \textbf{(8.3-12d)}$$

A fórmula APEx na Equação 8.3-12c presume uma diferença de pressão em atmosferas. Se as pressões estiverem em outras unidades, um fator de conversão de pressão deve ser adicionado.

Exemplo 8.3-2 | Resfriamento de um Gás Ideal

Admitindo comportamento de gás ideal, calcule o calor que deve ser transferido em cada um dos seguintes casos.

1. Uma corrente de nitrogênio fluindo com uma vazão de 100 mol/min é aquecida de 20°C até 100°C.
2. Nitrogênio contido em um recipiente de 5 litros a uma pressão inicial de 3 bar é resfriado de 90°C até 30°C.

Solução Desprezando a variação na energia cinética, a equação do balanço da energia para o sistema aberto da parte 1 é $Q = \Delta H$, e para o sistema fechado da Parte 2 é $Q = \Delta U$. (Demonstre isto.) Portanto, o problema consiste em avaliar ΔH e ΔU para os dois processos especificados.

1. Conforme a Tabela B.2, a capacidade calorífica do N_2 à pressão constante de 1 atm é

$$C_p[\text{kJ/(mol·°C)}] = 0{,}02900 + 0{,}2199 \times 10^{-5}\,T + 0{,}5723 \times 10^{-8}\,T^2 - 2{,}871 \times 10^{-12}\,T^3$$

onde T está em °C. Já que estamos admitindo comportamento de gás ideal, a variação de entalpia para o gás é independente de qualquer variação na pressão que possa acontecer, portanto, pela Equação 8.3-10a,

$$\Delta \hat{H} = \int_{20°C}^{100°C} C_p(T) \, dT$$

$$\Downarrow$$

$$\Delta \hat{H}(\text{kJ/mol}) = \left. 0,02900T \right]_{20°C}^{100°C} + \left. 0,2199 \times 10^{-5} \frac{T^2}{2} \right]_{20°C}^{100°C} + \left. 0,5723 \times 10^{-8} \frac{T^3}{3} \right]_{20°C}^{100°C}$$

$$- \left. 2,871 \times 10^{-12} \frac{T^4}{4} \right]_{20°C}^{100°C}$$

$$= (2,320 + 0,0106 + 1,9 \times 10^{-3} - 7 \times 10^{-5}) \, \text{kJ/mol} = 2,332 \, \text{kJ/mol}$$

Se você estivesse usando o APEx para executar os cálculos precedentes, você deveria simplesmente digitar a fórmula da Equação 8.3-12a

$$=\text{Enthalpy}(\text{"nitrogen"},20,100) \, [\text{ou} = \text{Enthalpy}(\text{"nitrogen"},20,100,\text{"C"},\text{"g"})]$$

em uma célula de planilha e o valor 2,332 (em kJ/mol) seria retornado. Finalmente

$$\dot{Q} = \Delta \dot{H} = \dot{n}\Delta\hat{H}$$

$$= 100 \, \frac{\text{mol}}{\text{min}} \left| \frac{2,332 \, \text{kJ}}{\text{mol}} \right. = \boxed{233 \, \text{kJ/min}}$$

2. Para avaliar ΔU, precisamos do número de mols n, que pode ser calculado usando a equação de estado do gás ideal, e $\Delta\hat{U}$, que nós calculamos a partir da equação 8.3.12b,

$$\Delta\hat{U} \approx \int_{90°C}^{30°C} (C_p)_{N_2} \, dT - R(30°C - 90°C)$$

Substituindo a fórmula para a capacidade calorífica da Tabela B.2 e integrando como na Parte (1) ou digitando a fórmula APEx $=\text{Enthalpy}(\text{"nitrogen"},90,30)$ para a integral, e substituindo $8,314 \times 10^{-3}$ kJ/(mol·K) para R, temos $\Delta\hat{U} = -1,250$ kJ/mol.

Cálculo de n:
Na condição inicial (o único ponto para o qual conhecemos P, V e T),

$$n = PV = RT$$

$$= \frac{(3,00 \, \text{bar})(5,00 \, \text{L})}{[0,08314 \, \text{L·bar/(mol·K)}](363 \, \text{K})} = 0,497 \, \text{mol}$$

Cálculo de Q:

$$Q = \Delta U = n\Delta\hat{U}$$

$$= (0,497 \, \text{mol})(-1,250 \, \text{kJ/mol}) = \boxed{-0,621 \, \text{kJ}}$$

Quando as entalpias precisam ser calculadas frequentemente para uma espécie, é conveniente preparar uma tabela de $\hat{H}(T)$ para esta espécie (como foi feito para a água nas tabelas de vapor) para evitar ter que integrar repetidamente a fórmula de $C_p(T)$. As Tabelas B.8 e B.9 no Apêndice B listam entalpias específicas das espécies envolvidas em reações de combustão — ar, O_2, N_2, H_2 (um combustível), CO, CO_2 e $H_2O(v)$. Os valores nestas tabelas foram gerados pela integração de $C_p(T)$ a partir do estado de referência especificado (25°C para a Tabela B.8, 77°F para a Tabela B.9) até as temperaturas citadas. O exemplo seguinte ilustra o uso destas tabelas.

Exemplo 8.3-3   Avaliação de $\Delta\dot{H}$ Usando Capacidades Caloríficas e Entalpias Tabeladas

Quinze kmol/min de ar são resfriados de 430°C até 100°C. Calcule a taxa de remoção de calor necessária usando (1) as fórmulas de capacidade calorífica da Tabela B.2 e (2) as entalpias específicas da Tabela B.8.

Solução $$\text{ar(g, 430°C)} \rightarrow \text{ar(g, 100°C)}$$

Eliminando $\Delta\dot{E}_k$, $\Delta\dot{E}_p$ e $\dot{W}_s$, o balanço de energia é

$$\dot{Q} = \Delta\dot{H} = \dot{n}_{ar}\hat{H}_{ar, \text{saída}} - \dot{n}_{ar}\hat{H}_{ar, \text{entrada}} = \dot{n}_{ar}\Delta\hat{H}$$

Admita comportamento de gás ideal, de forma que as mudanças de pressão (se houver) não afetem $\Delta\hat{H}$.

1. **A forma difícil.** Integre a fórmula da capacidade calorífica da Tabela B.2.

$$\Delta\hat{H}\left(\frac{kJ}{mol}\right) = \int_{430°C}^{100°C} C_p(T)\, dT$$

$$= \int_{430°C}^{100°C} \left[0{,}02894 + 0{,}4147 \times 10^{-5}T + 0{,}3191 \times 10^{-8}T^2 - 1{,}965 \times 10^{-12}T^3\right] dT$$

$$= \left[0{,}02894(100 - 430) + \frac{0{,}4147 \times 10^{-5}}{2}(100^2 - 430^2)\right.$$

$$\left. + \frac{0{,}3191 \times 10^{-8}}{3}(100^3 - 430^3) - \frac{1{,}965 \times 10^{-12}}{4}(100^4 - 430^4)\right] kJ/mol$$

$$= (-9{,}5502 - 0{,}3627 - 0{,}0835 + 0{,}0167)\, kJ/mol = -9{,}98\, kJ/mol$$

2. **A forma fácil.** Use as entalpias tabeladas da Tabela B.8.
   $\hat{H}$ para ar a 100°C pode ser lido diretamente da Tabela B.8 e $\hat{H}$ a 430°C pode ser estimado por interpolação linear entre os valores a 400°C (11,24 kJ/mol) e 500°C (14,37 kJ/mol).

$$\hat{H}(100°C) = 2{,}19\, kJ/mol$$

$$\hat{H}(430°C) = [11{,}24 + 0{,}30(14{,}37 - 11{,}24)]\, kJ/mol = 12{,}17\, kJ/mol$$

$$\Downarrow$$

$$\Delta\hat{H} = (2{,}19 - 12{,}17)\, kJ/mol = -9{,}98\, kJ/mol$$

3. **O jeito mais fácil.** Em uma célula de planilha, insira =Enthalpy("air",430,100). O valor −9,98 (em kJ/mol) será retornado. Ao usar a planilha, é absolutamente essencial manter o registro das unidades adicionando uma anotação explícita quando apropriado; de outra forma, a probabilidade de ter unidades erradas aumenta substancialmente.
   Não interessando o modo como $\Delta\hat{H}$ foi determinado,

$$\dot{Q} = \Delta\dot{H} = \dot{n}\Delta\hat{H} = \frac{15{,}0\,kmol}{min} \left| \frac{10^3\,mol}{1\,kmol} \right| \frac{-9{,}98\,kJ}{mol} \left| \frac{1\,min}{60\,s} \right| \frac{1\,kW}{1\,kJ/s} = \boxed{-2500\,kW}$$

Lembrete: As entalpias listadas nas Tabelas B.8 e B.9 (e, diga-se de passagem, as fórmulas de capacidade calorífica da Tabela B.2) aplicam-se estritamente ao aquecimento e resfriamento na pressão constante de 1 atm. As entalpias e capacidades caloríficas tabeladas podem também ser usadas para aquecimento e resfriamento não isobáricos de gases ideais ou quase ideais; no entanto, a pressões suficientemente elevadas (ou temperaturas suficientemente baixas) para que os gases estejam longe da idealidade, devem ser usadas tabelas de entalpias ou fórmulas de capacidade calorífica mais precisas.

Teste	
(veja Respostas dos Problemas Selecionados)	1. A capacidade calorífica de uma espécie é 28,5 kJ/(mol·K). Lembrando que a unidade de temperatura no denominador se refere a um intervalo de temperatura, qual é a capacidade calorífica desta espécie em J/(mol·°C)?

1. A capacidade calorífica de uma espécie é 28,5 kJ/(mol·K). Lembrando que a unidade de temperatura no denominador se refere a um intervalo de temperatura, qual é a capacidade calorífica desta espécie em J/(mol·°C)?
2. A constante universal dos gases R é aproximadamente igual a 2 cal/(mol·K). Se C_p para um vapor é 7 cal/(mol·°C), estime C_v para este vapor. Se C_p para um líquido é 7 cal/(mol·°C), estime C_v para este líquido.
3. Use a Tabela B.8 ou a B.9 para calcular as seguintes quantidades:
   (a) A entalpia específica (kJ/mol) do N_2 a 1000°C em relação ao N_2 a 300°C.
   (b) $\Delta\hat{H}$(kJ/mol) para o processo CO_2(g, 800°C, 1 atm) → CO_2(g, 300°C, 1 atm).
   (c) $\Delta\dot{H}$ (Btu/h) para 100 lb-mol O_2/h sendo resfriados de 500°F e 1,5 atm até 200°F e 0,75 atm.

8.3c Estimação de Capacidades Caloríficas

As expressões polinomiais para C_p na Tabela B.2 estão baseadas em dados experimentais para os componentes listados e fornecem uma base para cálculos precisos de mudanças de entalpia. Vários métodos aproximados para estimar capacidades caloríficas na ausência de fórmulas tabeladas são dados em continuação.

A **regra de Kopp** é um método empírico simples para estimar a capacidade calorífica de um sólido ou um líquido a 20°C ou próximo a esta temperatura. De acordo com esta regra, C_p para um composto molecular é a soma das contribuições (dadas na Tabela B.10) para cada elemento no composto. Por exemplo, a capacidade calorífica do hidróxido de cálcio sólido, $Ca(OH)_2$, seria estimada pela regra de Kopp como

$$(C_p)_{Ca(OH)_2} = (C_{pa})_{Ca} + 2(C_{pa})_O + 2(C_{pa})_H$$
$$= [26 + (2 \times 17) + (2 \times 9,6)] \, J/(mol \cdot °C) = 79 \, J/(mol \cdot °C)$$

[O valor real é 89,5 J/(mol·°C).]

Fórmulas mais precisas para a estimação de capacidades caloríficas de vários tipos de gases e líquidos são dadas no Capítulo 5 de Poling, Prausnitz e O'Connell (veja a nota de rodapé 4), e várias correlações são apresentadas por Gold e Ogle.[6]

Suponha que você deseja calcular a mudança de entalpia associada com uma mudança na temperatura sofrida por uma mistura de substâncias. As capacidades caloríficas e entalpias de certas misturas aparecem tabeladas em textos-padrão de referência (por exemplo, p. 2-183 e 2-184 do *Perry's Chemical Engineers' Handbook*, nota de rodapé 5). Na ausência destes dados, você pode usar a seguinte aproximação:

Regra 1. *Para uma mistura de gases ou líquidos, calcule a mudança de entalpia total como sendo a soma das mudanças de entalpia dos componentes puros.* Desta forma você está desprezando as mudanças de entalpia associadas com o processo de mistura dos componentes, o que é uma excelente aproximação para misturas de gases e misturas de líquidos similares como pentano e hexano, mas muito ruim para líquidos diferentes como ácido nítrico e água. Entalpias de mistura para sistemas deste último tipo são discutidas em detalhes na Seção 8.5.

Regra 2. *Para soluções altamente diluídas de sólidos ou gases em líquidos, despreze a mudança na entalpia do soluto.* Quanto mais diluída é a solução, melhor é esta aproximação.

O cálculo das mudanças de entalpia para o aquecimento ou resfriamento de uma mistura de composição conhecida pode frequentemente ser simplificada calculando-se uma capacidade calorífica para a mistura na seguinte maneira:

$$(C_p)_{\text{mist}}(T) = \sum_{\substack{\text{todos os} \\ \text{componentes} \\ \text{na mistura}}} y_i C_{pi}(T) \qquad \textbf{(8.3-13)}$$

em que

$(C_p)_{\text{mist}}$ = capacidade calorífica da mistura
y_i = fração mássica ou molar do i-ésimo componente.
C_{pi} = capacidade calorífica do i-ésimo componente.

Se C_{pi} e $(C_p)_{\text{mist}}$ estão expressas em unidades molares, então y_i deve ser a fração molar do i-ésimo componente, e se as capacidades caloríficas estão expressas em unidades de massa, então y_i deve ser a fração mássica do i-ésimo componente. Uma vez que $(C_p)_{\text{mist}}$ é conhecida, $\Delta \hat{H}$ para uma mudança de temperatura de T_1 a T_2 pode ser calculado como

$$\Delta \hat{H} = \int_{T_1}^{T_2} (C_p)_{\text{mist}}(T) \, dT \qquad \textbf{(8.3-14)}$$

A Equação 8.3-14 é válida na medida em que as entalpias de mistura podem ser desprezadas.

| **Exemplo 8.3-4** | Capacidade Calorífica de uma Mistura |

Calcule o calor necessário para trazer 150 mol/h de uma corrente contendo 60% em volume de C_2H_6 e 40% de C_3H_8 de 0°C até 400°C. Determine uma capacidade calorífica para a mistura como parte da solução do problema.

---

[6]P. I. Gold e G. J. Ogle, "Estimating Thermochemical Properties of Liquids, Parte 7 – Heat Capacity," *Chem. Eng.*, April 7, 1969, p. 130.

Solução Desprezando as mudanças nas energias potencial e cinética e reconhecendo que não há trabalho de eixo envolvido no processo, o balanço de energia fica $\dot{Q} = \Delta\dot{H} = \dot{n}\Delta\hat{H}$ em que $\Delta\hat{H} = \int_{0°C}^{400°C}(C_p)_{mix}dT$. As fórmulas polinomiais para as capacidades caloríficas do etano e do propano dadas na Tabela B.2 podem ser substituídas na Equação 8.3-13 para proporcionar

$$(C_p)_{mist}[kJ/(mol·°C)] = 0,600(0,04937 + 13,92\times10^{-5}T - 5,816\times10^{-8}T^2 + 7,280\times10^{-12}T^3)$$
$$+ 0,400(0,06803 + 22,59\times10^{-5}T - 13,11\times10^{-8}T^2 + 31,71\times10^{-12}T^3)$$
$$= \boxed{0,05683 + 17,39\times10^{-5}T - 8,734\times10^{-8}T^2 + 17,05\times10^{-12}T^3}$$

$$\Delta\hat{H} = \int_{0°C}^{400°C}(C_p)_{mist}dT = 34,89\ kJ/mol$$

em que T está em °C. Se as mudanças nas energias cinética e potencial e o trabalho no eixo são desprezados, o balanço de energia é

$$\dot{Q} = \Delta\dot{H} = \dot{n}\Delta\hat{H} = \frac{150\ mol}{h}\ \bigg|\ \frac{34,89\ kJ}{mol} = \boxed{5230\ \frac{kJ}{h}}$$

Como sempre, admitimos que os gases estão suficientemente perto da idealidade para que as fórmulas de C_p a 1 atm sejam válidas.

Teste	1. Estime a capacidade calorífica do carbonato de cálcio sólido ($CaCO_3$) usando a regra de Kopp e a Tabela B.10.

(veja *Respostas dos Problemas Selecionados*)

2. Dois quilogramas de *n*-hexano líquido [C_p = 2,5 kJ/(kg·°C)] e 1 kg de cicloexano líquido [C_p = 1,8 kJ/(kg·°C)] são misturados e aquecidos de 20°C até 30°C. Use a regra para misturas líquidas (Regra 1) dada nesta seção para mostrar que $\Delta H \approx$ 68 kJ para este processo. Qual é o valor de $\Delta\hat{H}$(kJ/kg de mistura)?

3. Uma solução aquosa 0,100% em peso de cloreto de sódio é aquecida de 25°C até 50°C. Use a regra para soluções (Regra 2) dada nesta seção para estimar $\Delta\hat{H}$(cal/g) para este processo. O C_p da água é 1 cal/(g·°C).

4. A capacidade calorífica da água líquida é 1 cal/(g·°C), e a do etanol é 0,54 cal/(g·°C). Estime a capacidade calorífica de uma mistura contendo 50% em peso de água e 50% de etanol.

8.3d Balanços de Energia em Sistemas Monofásicos

Estamos agora em posição de efetuar balanços de energia em qualquer processo que não envolva mudanças de fase, etapas de mistura para as quais não possam ser desprezadas as mudanças de entalpia, ou reações químicas.

Se um processo envolve apenas aquecimento ou resfriamento de uma única espécie de T_1 até T_2, o procedimento é direto:

1. Avalie $\Delta\hat{U} = \int_{T_1}^{T_2}C_v dT$ ou $\Delta\hat{H} = \int_{T_1}^{T_2}C_p dT$, corrigindo para as mudanças na pressão, se necessário.

2. Para um sistema fechado a volume constante, calcule $\Delta U = n\,\Delta\hat{U}$ (onde n é a quantidade da espécie que está sendo aquecida ou resfriada). Para um sistema fechado a pressão constante, calcule $\Delta H = n\,\Delta\hat{H}$. Para um sistema aberto, calcule $\Delta\dot{H} = \dot{n}\,\Delta\hat{H}$, onde $\dot{n}$ é a vazão da espécie.

3. Substitua ΔU, ΔH ou $\Delta\dot{H}$ na equação apropriada do balanço de energia para determinar a transferência de calor necessária, Q, ou a taxa de transferência de calor, $\dot{Q}$. (Veja o Exemplo 8.3-2.)

Se estão envolvidas mais do que uma espécie ou se há várias correntes de entrada e saída em vez de uma de cada, o procedimento dado na Seção 8.1 deve ser seguido: escolher estados de referência para cada espécie, preparar e preencher uma tabela com as quantidades e energias internas específicas (sistema fechado) ou vazões e entalpias específicas (sistema aberto), e substituir os valores calculados na equação do balanço de energia. O seguinte exemplo ilustra o procedimento para um processo de aquecimento contínuo.

| **Exemplo 8.3-5** | Balanço de Energia em um Preaquecedor de Gás |

Uma corrente contendo 10% em volume de CH_4 e 90% de ar deve ser aquecida de 20°C até 300°C. Calcule a taxa necessária de entrada de calor em quilowatts se a vazão do gás é $2,00 \times 10^3$ litros (CNTP)/min.

Solução **Base: Vazão Dada**

Admita comportamento de gás ideal.

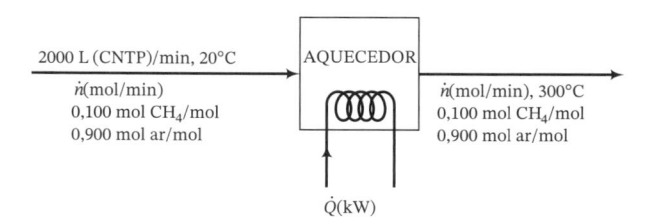

Lembre que especificar a vazão do gás de entrada em litros (CNTP)/min não significa que o gás alimentado esteja nas condições normais de temperatura e pressão; apenas é uma forma alternativa de fornecer a vazão do gás.

$$\dot{n} = \frac{2000\,\text{L (CNTP)}}{\text{min}} \left| \frac{1\,\text{mol}}{22,4\,\text{L (CNTP)}} = 89,3\,\text{mol/min}$$

O balanço de energia com os termos das mudanças nas energias cinética e potencial e o trabalho no eixo omitidos é $\dot{Q} = \Delta\dot{H}$. A tarefa agora é avaliar $\Delta\dot{H} = \sum_{\text{saída}} \dot{n}_i \hat{H}_i - \sum_{\text{entrada}} \dot{n}_i \hat{H}_i$. Já que cada espécie tem apenas uma condição de entrada e uma de saída, duas linhas são suficientes para a tabela de entalpias.

Referências: CH_4(g, 20°C, 1 atm), ar (g, 25°C, 1 atm)

Substância	$\dot{n}_{\text{entrada}}$ (mol/min)	$\hat{H}_{\text{entrada}}$ (kJ/mol)	$\dot{n}_{\text{saída}}$ (mol/min)	$\hat{H}_{\text{saída}}$ (kJ/mol)
CH_4	8,93	0	8,93	$\hat{H}_1$
Ar	80,4	$\hat{H}_2$	80,4	$\hat{H}_3$

A condição de referência para o metano foi escolhida de forma que $\hat{H}_{\text{entrada}}$ pudesse ser fixada igual a zero, e a do ar foi escolhida de forma que $\hat{H}_{\text{entrada}}$ e $\hat{H}_{\text{saída}}$ pudessem ser determinadas diretamente da Tabela B.8.

O próximo passo é avaliar todas as entalpias específicas desconhecidas na tabela. $\hat{H}_1$, por exemplo, é a entalpia específica do metano na mistura gasosa na saída a 300°C em relação ao metano puro na sua temperatura de referência de 20°C. Em outras palavras, é a mudança de entalpia específica para o processo

$$CH_4(\text{g, 20°C, 1 atm}) \rightarrow CH_4(\text{g, 300°C, } P \text{ na mistura de saída})$$

Desprezamos aqui o efeito da pressão sobre a entalpia (quer dizer, admitimos comportamento de gás ideal) e sempre desprezamos os calores de mistura de gases, de forma que a mudança de entalpia é calculada pelo aquecimento do metano puro a 1 atm:

$$\hat{H}_1 = \int_{20°C}^{300°C} (C_p)_{CH_4}\, dT$$

$\Downarrow$ Substituir a expressão de C_p na Tabela B.2

$$= \int_{20°C}^{300°C} (0{,}03431 + 5{,}469 \times 10^{-5}T + 0{,}3661 \times 10^{-8}T^2 - 11{,}0 \times 10^{-12}T^3)\, dT$$

$$= 12{,}07\,\text{kJ/mol}$$

Alternativamente, no APEx digite a fórmula =Enthalpy("CH4",20,300) em uma célula de planilha e o valor 12,07 (em kJ/mol) será retornado. As entalpias do ar nas condições de entrada e de saída em relação ao ar no seu estado de referência ($\hat{H}_2$ e $\hat{H}_3$, respectivamente) são determinadas diretamente da Tabela B.8 como

$$\hat{H}_2 = -0{,}15\,\text{kJ/mol}, \quad \hat{H}_3 = 8{,}17\,\text{kJ/mol}$$

O balanço de energia fornece agora

$$\dot{Q} = \Delta\dot{H} = \sum_{\text{saída}} \dot{n}_i\hat{H}_i - \sum_{\text{entrada}} \dot{n}_i\hat{H}_i$$
$$= (8{,}93\,\text{mol/min})(12{,}09\,\text{kJ/mol}) + [(80{,}4)(8{,}17) - (8{,}93)(0) - (80{,}4)(-0{,}15)]\,\text{kJ/min}$$
$$\Downarrow$$

$$\dot{Q} = \frac{776\,\text{kJ}}{\text{min}}\left|\frac{1\,\text{min}}{60\,\text{s}}\right|\frac{1\,\text{kW}}{1\,\text{kJ/s}} = \boxed{12{,}9\,\text{kW}}$$

No último exemplo, as temperaturas de todas as correntes de entrada e de saída eram especificadas, e a única incógnita na equação do balanço de energia era o fluxo de calor necessário para atingir as condições especificadas. Você também encontrará problemas onde a quantidade de calor é conhecida, mas a temperatura de uma corrente de saída não. Para estes problemas, você deve avaliar as entalpias dos componentes da corrente de saída em termos da incógnita T, substituir as expressões resultantes na equação do balanço de energia e resolvê-la para T. O Exemplo 8.3-6 ilustra este tipo de problema.

Exemplo 8.3-6	Balanço de Energia em uma Caldeira Recuperadora de Calor Residual

MEIO AMBIENTE

A eliminação de descargas de correntes quentes tem dois efeitos benéficos: a temperatura do corpo recebedor (por exemplo, um lago, um rio ou a atmosfera) não é aumentada, o que pode evitar a violação da legislação e a energia contida na corrente de descarga não é perdida por ser dissipada no ambiente. Por exemplo, uma corrente de gás a 500°C contendo 8,0% molar de CO e 92,0% de CO_2 que originalmente seria enviada para uma chaminé é alternativamente enviada para um trocador de calor e escoa através de tubos pelos quais a água está escoando. A água entra a 25°C e é alimentada a uma razão de 0,200 mol de água/mol de gás quente. É aquecida até seu ponto de ebulição e forma vapor saturado a 5,0 bar. O vapor pode ser usado para aquecimento ou para geração de energia dentro da planta ou para alimentar uma outra unidade de processo. A caldeira opera adiabaticamente — todo o calor transferido do gás vai para a água, em vez de em parte se perder por vazamentos através da parede externa da caldeira. O fluxograma para uma base de cálculo de 1,00 mol de gás de alimentação é mostrado abaixo. Calcule a temperatura do gás deixando o trocador de calor (a) usando dados das Tabelas B.1 e B.2, mas não usando o APEx; (b) usando o APEx.

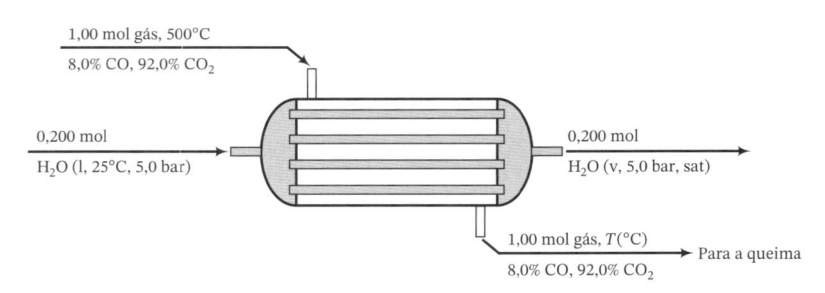

Solução

Já que não são necessários cálculos de balanços de massa para este problema, podemos proceder diretamente com o balanço de energia, que para esta unidade adiabática se reduz a

$$\Delta H = \sum_{\text{saída}} n_i\hat{H}_i - \sum_{\text{entrada}} n_i\hat{H}_i = 0$$

Observe que não escrevemos $\Delta\dot{H}$ nem $\dot{n}_i$, já que foi admitida como base de cálculo uma quantidade (1,00 mol de gás de alimentação) e não uma vazão.

(*Exercício:* Que suposições foram feitas ao escrever este balanço de energia?)

Referências: CO(g, 500°C, 1 atm), CO_2(g, 500°C, 1 atm), H_2O(l, ponto triplo)

Substância	n_{entrada}	$\hat{H}_{\text{entrada}}$	$n_{\text{saída}}$	$\hat{H}_{\text{saída}}$
CO	0,080 mol	0 kJ/mol	0,080 mol	$\hat{H}_1$ (kJ/mol)
CO_2	0,920 mol	0 kJ/mol	0,920 mol	$\hat{H}_2$ (kJ/mol)
H_2O	0,00360 kg	$\hat{H}_3$ (kJ/kg)	0,00360 kg	$\hat{H}_4$ (kJ/kg)

A estratégia de solução será calcular $\hat{H}_1(T)$ e $\hat{H}_2(T)$ integrando as fórmulas para a capacidade calorífica da Tabela B.2 desde a temperatura de referência (500°C) até a temperatura desconhecida T na saída do gás, procurar $\hat{H}_3$ e $\hat{H}_4$ nas tabelas de vapor, substituir as entalpias $\hat{H}_1$ até $\hat{H}_4$ no balanço de energia e resolver a equação resultante para T usando uma planilha.

Note os seguintes pontos acerca da tabela de entalpias.

- Escolhemos os estados de referência para o CO e o CO_2 como as temperaturas de entrada e 1 atm. Admitimos comportamento de gás ideal, de forma que desvios da pressão de 1 atm não tivessem efeito sobre as entalpias, e, de acordo com isto, selecionamos as entalpias de entrada das espécies gasosas iguais a zero.
- As entalpias da água de alimentação e do vapor produzido serão encontradas nas tabelas de vapor. Sabendo disso, escolhemos o estado de referência das tabelas de vapor (água líquida no ponto triplo) como nossa referência, e sabendo que as entalpias nas tabelas de vapor estão em kJ/kg, expressamos a quantidade de água em kg ($m = 0,200$ mol $H_2O \times 0,0180$ kg/mol $= 0,00360$ kg).
- Teremos que integrar as fórmulas para a capacidade calorífica da Tabela B.2 para o CO e o CO_2, mesmo que as entalpias para estas duas espécies apareçam na Tabela B.8, já que não sabemos a temperatura na qual procurar.

(a) As entalpias específicas são

$$\hat{H}_1 = \int_{500°C}^{T} (C_p)_{CO}\, dT$$
$$= \int_{500°C}^{T} (0{,}02895 + 0{,}4110 \times 10^{-5}T + 0{,}3548 \times 10^{-8}T^2 - 2{,}220 \times 10^{-12}T^3)\, dT$$

$$\hat{H}_2 = \int_{500°C}^{T} (C_p)_{CO_2}\, dT$$
$$= \int_{500°C}^{T} (0{,}03611 + 4{,}223 \times 10^{-5}T - 2{,}887 \times 10^{-8}T^2 + 7{,}464 \times 10^{-12}T^3)\, dT$$

$$\hat{H}_3 = \hat{H}\ H_2O(l, 25°C, 5\ bar)] \approx 105\ kJ/kg \quad \text{(Tabela B.5: desprezar o efeito da pressão sobre } \hat{H})$$

$$\hat{H}_4 = \hat{H}[H_2O(v, 5\ bar, sat)] = 2747{,}5\ kJ/kg \quad \text{(Tabela B.6)}$$

Integrando as expressões para $\hat{H}_1$ e $\hat{H}_2$ e substituindo as expressões resultantes e os valores de $\hat{H}_3$ e $\hat{H}_4$ no balanço de energia ($\Delta H = 0$), obtemos a seguinte equação

$$1{,}672 \times 10^{-12}T^4 - 0{,}8759 \times 10^{-8}T^3 + 1{,}959 \times 10^{-5}T^2 + 0{,}03554T - 12{,}16 = 0$$

O problema é encontrar o valor de $T(°C)$ que satisfaça esta equação. A equação pode ser resolvida por tentativa e erro usando qualquer programa matemático ou usando as ferramentas Solver ou Atingir Meta do Excel. A solução é $T = 299°C$. O calor transferido da quantidade especificada de gás na medida em que ele esfria de 500°C para 299°C serve para converter a quantidade especificada de água de alimentação em vapor.

(b) Segue abaixo uma parte de uma planilha Excel com o suplemento APEx ativado. Os valores de n nas Colunas C e E e os 0s (zeros) na Coluna D foram digitados como números, além disso o valor de T na Célula C8 é uma estimativa inicial da temperatura do gás de saída. Os outros valores nas Colunas C até H resultam da entrada das fórmulas mostradas após a planilha. Recomendamos fortemente que você tente replicar a planilha para você.

	A	B	C	D	E	F	G	H
1		**Solução do Exemplo 8.3-6b**						
2		**Substância**	**n(ent)**	**H(ent)**	**n(saída)**	**H(saída)**	**nH(ent)**	**nH(saída)**
3		CO	0,08	0	0,08	−12,1852	0	−0,97482
4		CO_2	0,92	0	0,92	−18,4467	0	−16,971
5		H_2O	0,0036	104,8	0,0036	2547,3	0,37728	9,891
6						Soma->	0,37728	−8,05482
7								
8		T(gás saída)	100					
9		Delta H	−8,4321					

Fórmulas das Células

[D5] = SteamSatT(25, "T", "H", "L") [Entalpia de H_2O (l) saturada a $T = 25°C$]; "T" é o primeiro argumento, "H" é a quantidade a ser fornecida pela planilha (isto é, entalpia), "L" é a fase da água.

[F3] = Enthalpy("CO", 500, C$8)   [Integral do $(C_p)_{CO}$ de 500°C a T na Célula C8]

[F4] = Enthalpy("CO2", 500, C$8)   [Como acima para o CO_2]

[F5] = SteamSatP(5,"P", "H", "V")   [Entalpia de H_2O (v) saturada a $P = 5$ bar]

[G3]=C3*D3	[H3]=E3*F3
[G4]=C4*D4	[H4]=E4*F4
[G5] = C5*D5	[H5] = E5*F5
[G6] = SOMA(G3:G5)	[H6] = SOMA(H3:H5)

[C9] = H6-G6 [ΔH, que deve ser igual a zero quando a temperatura correta for encontrada]

Uma vez que todas as fórmulas tenham sido digitadas, abra o *Solver*; indique C9 (ou $C$9) como a célula alvo, marque "Valor de" e digite 0, insira C8 como a célula a ser alterada e então acione "Resolver". A célula C8 deve então conter a solução $\boxed{T = 299°C}$.

8.3e Integração Numérica de Capacidades Caloríficas Tabeladas

Até aqui, vimos duas maneiras de avaliar uma expressão do tipo

$$\int_{T_1}^{T_2} C_p(T)\, dT$$

Se é conhecida uma relação funcional para $C_p(T)$, como os polinômios da Tabela B.2, a integração pode ser feita de forma analítica; e se existem disponíveis entalpias específicas tabeladas para a substância que está sendo aquecida ou resfriada, uma subtração simples substitui a integração.

Suponha, no entanto, que a única informação disponível acerca do C_p é o seu valor em uma série de temperaturas que varre o intervalo entre T_1 e T_2. O problema é como estimar o valor da integral a partir destes dados.

Uma forma, é claro, seria fazer um gráfico de C_p *versus* T, traçar uma curva por inspeção visual através dos pontos nos quais C_p é conhecido e estimar o valor da integral graficamente como a área embaixo da curva entre T_1 e T_2. No entanto, este é um procedimento tedioso, mesmo que você use um *planímetro*, um dispositivo que calcula a área embaixo de uma curva.

Uma solução melhor é usar uma das muitas **fórmulas de quadratura** existentes — expressões algébricas que fornecem estimativas das integrais de dados tabelados. Várias destas fórmulas são apresentadas e ilustradas no Apêndice A.3; o uso de uma delas, a **regra de Simpson**, é necessário para a integração de dados de capacidades caloríficas em vários problemas no final deste capítulo.

8.4 OPERAÇÕES DE MUDANÇA DE FASE

Considere a água líquida e o vapor de água, ambos a 100°C e 1 atm. Qual você esperaria que fosse maior, $\hat{U}_{líquido}$ ou $\hat{U}_{vapor}$? (Lembre que $\hat{U}$ está relacionada, entre outras coisas, com a energia do movimento das moléculas individuais na condição especificada.)

Se você disse $\hat{U}_{vapor}$, você está certo. Uma forma de entender é que as moléculas de um vapor, que podem se mover com relativa liberdade, são muito mais energéticas do que as moléculas densamente empacotadas de um líquido na mesma T e P. Pense também acerca do fato de que moléculas líquidas são mantidas muito próximas umas das outras por forças atrativas intermoleculares. A energia necessária para superar estas forças quando o líquido é vaporizado se reflete na maior energia interna das moléculas de vapor.

Uma inspeção da Tabela B.5 revela o quão dramática pode ser a diferença entre $\hat{U}_{líquido}$ e $\hat{U}_{vapor}$. Para água a 100°C e 1 atm, $\hat{U}_l = 419$ kJ/kg e $\hat{U}_v = 2507$ kJ/kg. A diferença na entalpia específica ($=\hat{U} + P\hat{V}$) é ainda maior, devido ao volume específico muito maior do vapor; na mesma temperatura e pressão, $\hat{H}_l = 419,1$ kJ/kg e $\hat{H}_v = 2676$ kJ/kg.

Mudanças de fase, tais como fusão e vaporização, normalmente estão acompanhadas por grandes mudanças na energia interna e na entalpia, como no exemplo acima. Consequentemente, as necessidades de transferência de calor tendem a ser substanciais em operações de mudança de fase, já que $Q \approx \Delta U$ (sistema fechado de volume constante) ou $\dot{Q} \approx \Delta \dot{H}$ (sistema aberto). Os parágrafos que se seguem descrevem os procedimentos para montar e resolver balanços de energia para este tipo de operações. A discussão estará limitada às mudanças de fase entre líquido e vapor (evaporação, condensação) e sólido e líquido (fusão, congelação); no entanto, os métodos podem ser diretamente estendidos a outras mudanças de fase, tais como sublimação (conversão de sólido a vapor) e conversão de uma fase sólida a outra (por exemplo, amorfa para cristalina).

8.4a Calores Latentes

A mudança de entalpia específica associada com a transição de uma substância de uma fase a outra, a temperatura e pressão constantes, é conhecida como o **calor latente** da mudança de fase (para distingui-lo do *calor sensível,* que está associado a mudanças de temperatura para um sistema monofásico). Por exemplo, a mudança de entalpia específica $\Delta \hat{H}$ para a transição de água líquida a vapor a 100°C e 1 atm, que é igual a 40,6 kJ/mol, é, por definição, o **calor latente de vaporização** (ou simplesmente o **calor de vaporização**) da água a esta temperatura e pressão.

Já que a condensação é o processo reverso da vaporização, e já que a entalpia é uma propriedade de estado, o calor de condensação deve ser o negativo do calor de vaporização. Então, o calor de condensação da água a 100°C e 1 atm deve ser $-40,6$ kJ/mol. De forma semelhante, o calor de solidificação é o negativo do calor de fusão à mesma temperatura e pressão.

Os calores latentes para as duas mudanças de fase mais comuns são definidos como segue:

1. *Calor de fusão*: $\Delta \hat{H}_m(T, P)$ é a diferença de entalpia específica entre as formas sólida e líquida de uma espécie a T e P.[7]

2. *Calor de vaporização*: $\Delta \hat{H}_v(T, P)$ é a diferença de entalpia específica entre as formas líquida e vapor de uma espécie a T e P.

Valores tabelados destes dois calores latentes, tais como aqueles na Tabela B.1 e nas páginas 2-144 até 2-155 do *Perry's Chemical Engineers' Handbook* (veja nota de rodapé 5), normalmente se aplicam a uma substância no seu ponto normal de ebulição ou fusão — quer dizer, à pressão de 1 atm. Estas quantidades são conhecidas como os calores de fusão e vaporização *padrões.*

Os calores de fusão e vaporização padrão na Tabela B.1 podem ser acessados no APEx com as seguintes funções:

$$(\Delta \hat{H}_m)_{espécie}(T_m, 1 \text{ atm}), \ =\text{Hm}(\text{``Espécie''}), \ (\Delta \hat{H}_v)_{espécie}(T_b, 1 \text{ atm}), \ =\text{Hv}(\text{``Espécie''})$$

Por exemplo, se você digitar = Hv("Acetic acid") na célula de uma planilha com APEx ativado, o valor 24,39 (em kJ/mol) será retornado, correspondendo ao valor listado na Tabela B.1 do calor de vaporização padrão do ácido acético no seu ponto de ebulição normal de 118°C.

O calor latente de uma mudança de fase pode variar consideravelmente com a temperatura na qual a mudança acontece, mas praticamente não varia com a pressão. Por exemplo, o calor de vaporização da água a 25°C é 2442,5 J/g a $P = 23,78$ mm Hg, e 2442,3 J/g a $P = 760$ mm Hg.[8] *Quando usar um calor latente tabelado, você deve ter certeza de que a mudança de fase em questão acontece à mesma temperatura para a qual o valor tabelado é especificado, mas você pode ignorar variações moderadas na pressão.*

Exemplo 8.4-1 | Calor de Vaporização

Com que taxa, em quilowatts, deve ser transferido calor a uma corrente de metanol líquido no seu ponto normal de ebulição para gerar 1500 g/min de vapor saturado de metanol?

---

[7] O chamamos de $\Delta \hat{H}_m$ em vez de $\Delta \hat{H}_f$ porque este último símbolo é usado para o *calor de formação*, uma quantidade definida no Capítulo 9.
[8] Em um sistema contendo apenas água pura a 25°C, a evaporação pode acontecer apenas a $P = p_w^*(25°C) = 23,78$ mm Hg, mas se o sistema contém várias espécies, a evaporação pode acontecer dentro de uma faixa de pressões.

Solução   Conforme a Tabela B.1, $\Delta\hat{H}_v = 35,3$ kJ/mol a $T_b = 64,7$°C. O balanço de energia, desprezando mudanças nas energias cinética e potencial, é

$$\dot{Q} = \Delta\dot{H} = \dot{n}\Delta\hat{H}_v$$

$$\Downarrow$$

$$\dot{Q} = \frac{1500 \text{ g CH}_3\text{OH}}{\text{min}} \left| \frac{1 \text{ mol}}{32,0 \text{ g CH}_3\text{OH}} \right| \frac{35,3 \text{ kJ}}{\text{mol}} \left| \frac{1 \text{ min}}{60 \text{ s}} \right| \frac{1 \text{ kW}}{1 \text{ kJ/s}} = \boxed{27,6 \text{ kW}}$$

Com frequência, as mudanças de fase acontecem a temperaturas diferentes daquela para a qual o calor latente é tabelado. Quando isto acontece, você deve selecionar uma trajetória hipotética de processo que permita usar os dados disponíveis.

Por exemplo, suponha que uma substância é vaporizada isotermicamente a 130°C, mas o único valor disponível do calor de vaporização é para 80°C. Deve ser escolhida uma trajetória de processo a partir do líquido a 130°C até o vapor à mesma temperatura que inclua uma etapa de vaporização isotérmica a 80°C: especificamente, resfriar o líquido de 130°C até 80°C, vaporizar o líquido a 80°C e aquecer o vapor de volta a 130°C. A soma das mudanças de entalpia para cada uma destas etapas fornece a mudança de entalpia para o processo total. (Por definição, o valor calculado é o calor latente de vaporização a 130°C.)

Exemplo 8.4-2   Vaporização e Aquecimento

Cem mols por hora de n-hexano líquido a 25°C e 7 bar são vaporizados e aquecidos até 300°C a pressão constante. Desprezando os efeitos da pressão sobre a entalpia, estime a taxa na qual o calor deve ser fornecido.

Solução   Um balanço de energia fornece

$$\dot{Q} = \Delta\dot{H} \quad (\dot{W}_s = \Delta\dot{E}_p = 0, \Delta\dot{E}_k \approx 0)$$

Portanto, uma avaliação de $\Delta\hat{H}$ fornecerá o valor desejado de $\dot{Q}$.

A partir da equação de Antoine (Tabela B.4) ou da função APEx AntoineT("n-hexane", 5250), a temperatura na qual a pressão de vapor do n-hexano é 7 bar (5250 mm Hg) é 146°C, portanto é esta a temperatura na qual a vaporização realmente acontece. No entanto, a Tabela B.1 fornece o valor de $\Delta\hat{H}_v$ no ponto de ebulição normal do n-hexano:

$$\Delta\hat{H}_v = 28,85 \text{ kJ/mol a 69°C}$$

Portanto, temos que encontrar uma trajetória que leve o hexano de líquido a vapor a 69°C, e não na verdadeira temperatura de vaporização, 146°C.

Como notado anteriormente, a mudança na entalpia associada com um processo pode ser determinada a partir de qualquer trajetória conveniente, desde que os pontos inicial e final da trajetória escolhida coincidam com os do processo. O diagrama ilustra várias trajetórias possíveis do hexano líquido a 25°C até o hexano vapor a 300°C.

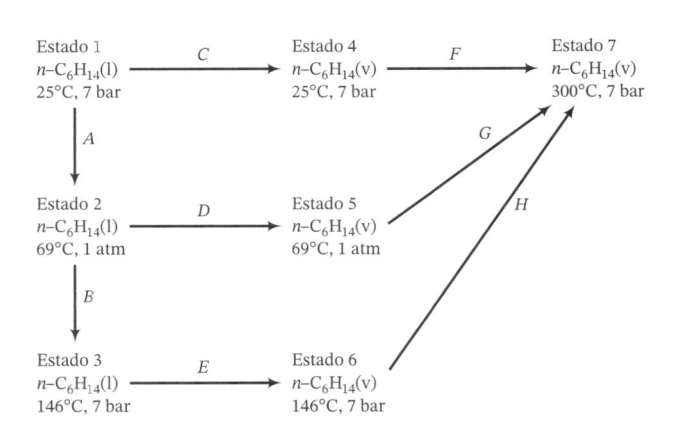

Se conhecêssemos $\Delta\hat{H}_v$ a 146°C, poderíamos seguir a trajetória *ABEH* (a trajetória real do processo) para avaliar a mudança de entalpia global $\Delta\hat{H}$, ou, se conhecêssemos $\Delta\hat{H}_v$ a 25°C, seguiríamos a trajetória *CF*, que requer apenas dois cálculos. Já que temos o valor a 69°C, devemos seguir a trajetória *ADG*, que inclui a vaporização a esta temperatura.

$$n\text{-}C_6H_{14}(l, 25°C, 7\text{ bar}) \xrightarrow{\Delta\hat{H}_A} n\text{-}C_6H_{14}(l, 69°C, 1\text{ atm})$$
$$\downarrow \Delta\hat{H}_D$$
$$n\text{-}C_6H_{14}(v, 69°C, 1\text{ atm}) \xrightarrow{\Delta\hat{H}_G} n\text{-}C_6H_{14}(v, 300°C, 7\text{ bar})$$

$$\Delta\hat{H}_A = \hat{V}\Delta P + \int_{25°C}^{69°C} (C_p)_{C_6H_{14}(l)}\, dT \quad \text{(a partir da Equação 8.3-10b)}$$

$$\begin{Vmatrix} \text{Tabela B.1} \implies DR = 0,659 \implies \rho = 0,659\text{ kg/L} \\ \text{Tabela B.2} \implies C_p = 0,2163\text{ kJ/(mol·°C)} \\ 1\text{ atm} = 1,013\text{ bar} \end{Vmatrix}$$

$$\Delta\hat{H}_A = \frac{1\text{ L}}{0,659\text{ kg}} \left| \frac{(1,013 - 7,0)\text{ bar}}{} \right| \frac{86,17\text{ kg}}{1000\text{ mol}} \left| \frac{0,008314\text{ kJ/(mol·K)}}{0,08314\text{ L·bar/(mol·K)}} \right.$$

$$+ \frac{0,2163\text{ kJ}}{\text{mol·°C}} \left| \frac{(69 - 25)°C}{} \right. = (-0,0782 + 9,517)\text{ kJ/mol} = 9,44\text{ kJ/mol}$$

$$\Delta\hat{H}_D = (\Delta\hat{H}_v)_{C_6H_{14}}(69°C, 1\text{ atm}) = 28,85\text{ kJ/mol}$$

$$\Delta\hat{H}_G = \int_{69°C}^{300°C} (C_p)_{C_6H_{14}(v)}\, dT \quad \text{(a partir da Equação 8.3-10a)}$$

$$\begin{Vmatrix} C_p[\text{kJ/(mol·°C)}] = 0,13744 + 40,85 \times 10^{-5}T - 23,92 \times 10^{-8}T^2 + 57,66 \times 10^{-12}T^3 \end{Vmatrix}$$

$$\Delta\hat{H}_G = 47,1\text{ kJ/mol}$$

Para o processo total

$$\dot{Q} = \Delta\dot{H} = \dot{n}(\text{mol/h})\Delta\hat{H}(\text{kJ/mol})$$

$$\begin{Vmatrix} \Delta\hat{H} = \Delta\hat{H}_A + \Delta\hat{H}_D + \Delta\hat{H}_G = 85,5\text{ kJ/mol} \end{Vmatrix}$$

$$\dot{Q} = \frac{100\text{ mol}}{\text{h}} \left| \frac{85,5\text{ kJ}}{\text{mol}} \right| \frac{1\text{ h}}{3600\text{ s}} \left| \frac{1\text{ kW}}{1\text{ kJ/s}} \right| = \boxed{2,38\text{ kW}}$$

Note que o termo da mudança de pressão na primeira etapa ($\hat{V}\Delta P = -0,0782$ kJ/mol) responde por apenas 0,1% da mudança de entalpia total do processo. Geralmente desprezaremos os efeitos das mudanças de pressão sobre $\Delta\hat{H}$, a não ser que ΔP seja da ordem de 50 atm ou mais.

Se uma mudança de fase acontece em um sistema fechado, você deve avaliar $\Delta\hat{U} = \Delta\hat{V} - \Delta(P\hat{V})$ da mudança de fase para substituir na equação do balanço de energia. Para a fusão, que envolve apenas sólidos e líquidos, as mudanças em $P\hat{V}$ são geralmente desprezíveis quando comparadas às mudanças em $\hat{H}$, de forma que:

$$\Delta\hat{U}_m \approx \Delta\hat{H}_m \tag{8.4-1}$$

Para a vaporização, $P\hat{V}$ para o vapor (que é igual a RT se puder ser admitido comportamento de gás ideal) é normalmente muito maior (por ordens de grandeza) do que para o líquido, de forma que $\Delta(PV) \approx RT$, e:

$$\Delta\hat{U}_v \approx \Delta\hat{H}_v - RT \tag{8.4-2}$$

Teste	1. Se você tivesse um valor de calor de vaporização a 100°C e 1 atm, você teria confiança em usá-lo para estimar a mudança de entalpia para uma vaporização a 100°C e 2 atm? E para 200°C e 1 atm?
(veja *Respostas dos Problemas Selecionados*)	2. As entalpias de um líquido puro e seu vapor a 75°C e 1 atm são 100 J/mol e 1000 J/mol, respectivamente, ambos medidos em relação ao líquido a 0°C. **(a)** Qual é a entalpia do líquido a 0°C? **(b)** Qual é o calor de vaporização a 75°C?

(c) Suponha que você tem dados de capacidade calorífica tanto para o líquido quanto para o vapor. Que trajetória você seguiria para calcular a mudança de entalpia associada com 100 mol de vapor a 400°C que são resfriadas e condensadas para formar um líquido a 25°C?

3. O calor de fusão do cloreto de zinco a 556 K é $\Delta\hat{H}_m$ = 5500 cal/mol, e o calor de vaporização a 1000 K é $\Delta\hat{H}_v$ = 28.710 cal/mol. Estime $\Delta\hat{U}_m$(556 K) e $\Delta\hat{U}_v$(1000 K) para o ZnCl$_2$. [Use R = 2 cal/(mol·K).]

8.4b Estimação e Correlação de Calores Latentes

Poling, Prausnitz e O'Connell (veja nota de rodapé 4) revisam procedimentos para determinar calores latentes de vaporização, fusão e sublimação. Vários destes métodos aparecem descritos adiante.

Uma fórmula simples para estimar um calor padrão de vaporização ($\Delta\hat{H}_v$ no ponto de ebulição normal) é a **regra de Trouton**:

$$\Delta\hat{H}_v(\text{kJ/mol}) \begin{array}{l} \approx 0{,}088T_b(\text{K}) \quad \text{(líquidos não polares)} \\ \approx 0{,}109T_b(\text{K}) \quad \text{(água, álcoois de baixo peso molecular)} \end{array} \qquad \textbf{(8.4-3)}$$

em que T_b é a temperatura de ebulição normal do líquido. A regra de Trouton fornece uma estimativa de $\Delta\hat{H}_v$ com uma margem de erro de 30%. Outra fórmula que fornece uma margem de erro de aproximadamente 2% é a **equação de Chen**:

$$\Delta\hat{H}_v(\text{kJ/mol}) = \frac{T_b[0{,}0331(T_b/T_c) - 0{,}0327 + 0{,}0297 \log_{10}P_c]}{1{,}07 - (T_b/T_c)} \qquad \textbf{(8.4-4)}$$

em que T_b e T_c são a temperatura de ebulição normal e a temperatura crítica em kelvin e P_c é a pressão crítica em atmosferas.

Uma fórmula para estimar um calor padrão de fusão é

$$\Delta\hat{H}_m(\text{kJ/mol}) \begin{array}{l} \approx 0{,}0092T_m(\text{K}) \quad \text{(elementos metálicos)} \\ \approx 0{,}0025T_m(\text{K}) \quad \text{(compostos inorgânicos)} \\ \approx 0{,}050T_m(\text{K}) \quad \text{(compostos orgânicos)} \end{array} \qquad \textbf{(8.4-5)}$$

Calores latentes de vaporização podem ser estimados a partir de dados de pressão de vapor usando a equação de Clausius-Clapeyron, que foi discutida na Seção 6.1b.

$$\ln p^* = -\frac{\Delta\hat{H}_v}{RT} + B \qquad \textbf{(8.4-6)}$$

Desde que $\Delta\hat{H}_v$ seja constante ao longo do intervalo de temperatura coberto pelos dados de pressão de vapor, o calor latente de vaporização pode ser determinado de um gráfico de $\ln p^*$ versus $1/T$. (Veja o Exemplo 6.1-1.)

Em muitos casos o calor latente de vaporização varia consideravelmente com a temperatura, invalidando a Equação 8.4-6. É necessário então usar a **equação de Clapeyron**, a partir da qual a Equação 8.4-6 foi desenvolvida. Na forma já expressa pela Equação 6.1-2,

$$\frac{d(\ln p^*)}{d(1/T)} = -\frac{\Delta\hat{H}_v}{R} \qquad \textbf{(8.4-7)}$$

O calor de vaporização a uma temperatura T pode ser estimado a partir de dados de pressão de vapor traçando-se um gráfico de $\ln p^*$ versus $1/T$, determinando a derivada $[d(\ln p^*)/d(1/T)]$ na temperatura de interesse como a inclinação da tangente e resolvendo a Equação 8.4-7 para achar $\Delta\hat{H}_v$. A inclinação pode ser determinada graficamente ou por qualquer uma de várias técnicas de diferenciação numérica mostradas em textos de análise numérica.

Na Seção 8.4a foi apresentado um procedimento para calcular o calor latente de vaporização a uma temperatura a partir de um valor conhecido a qualquer outra temperatura. A técnica mostrada é rigorosa porém demorada, e requer dados de capacidade calorífica que podem não estar disponíveis para a substância de interesse. Uma aproximação útil para estimar $\Delta \hat{H}_v$ a T_2 a partir de um valor conhecido a T_1 é a **correlação de Watson**:

$$\Delta \hat{H}_v(T_2) = \Delta \hat{H}_v(T_1)\left(\frac{T_c - T_2}{T_c - T_1}\right)^{0,38} \tag{8.4-8}$$

em que T_c é a temperatura crítica da substância.

Exemplo 8.4-3 | Estimação de um Calor de Vaporização

O ponto de ebulição normal do metanol é 337,9 K e sua temperatura e pressão críticas são 513,2 K e 78,5 atm. O calor de vaporização no ponto de ebulição normal é de 35,3 kJ/mol.

(a) Estime o calor de vaporização a 337,9 K usando a regra de Trouton e a equação de Chen. Determine o erro percentual para cada estimativa.

(b) Usando a correlação de Watson, estime o valor do calor de vaporização do metanol a 200°C usando os valores medidos e estimados no ponto de ebulição normal. Determine o erro percentual para cada estimativa se o valor medido é 19,8 kJ/mol.

Solução **(a)** *Regra de Trouton:*

$$\Delta \hat{H}_v(337,9\text{ K}) \approx 0,109 \times 337,9 = \boxed{36,8\text{ kJ/mol}}$$

O erro associado a este valor é de $+4,4\%$.

Equação de Chen:

$$\Delta \hat{H}_v(337,9\text{ K}) \approx \frac{337,9\left[0,0331(337,9/513,2) - 0,0327 + 0,0297\log_{10}78,5\right]}{1,07 - (337,9/513,2)} = \boxed{37,2\text{ kJ/mol}}$$

para um erro de 5,6%.

(b) Usando a estimativa da correlação de Watson:

$$\Delta \hat{H}_v(473\text{ K}) \approx 36,8\frac{\text{kJ}}{\text{mol}}\left(\frac{513,2 - 473}{513,2 - 337,9}\right)^{0,38} = \boxed{21,0\text{ kJ/mol}}$$

para um erro de 6,3%.

Usando o valor medido do calor de vaporização no ponto normal de ebulição:

$$\Delta \hat{H}_v(473\text{ K}) = 35,3\frac{\text{kJ}}{\text{mol}}\left(\frac{513,2 - 473}{513,2 - 337,9}\right)^{0,38} = \boxed{20,2\text{ kJ/mol}}$$

para um erro de 1,8%.

Teste

(veja *Respostas dos Problemas Selecionados*)

Como você estimaria $\Delta \hat{H}_v$ para um hidrocarboneto puro no seu ponto de ebulição normal sob cada uma das seguintes condições?

1. Você conhece apenas o ponto de ebulição normal.
2. Você conhece o ponto de ebulição normal e as constantes críticas.
3. Você dispõe de dados de pressão de vapor ao longo de um intervalo que inclui $p^* = 1$ atm e, com estes dados, um gráfico semilog de p^* *versus* $1/T$ é uma linha reta.
4. A mesma informação que no item 3, mas agora o gráfico é uma curva.
5. Você conhece $\Delta \hat{H}_v$ a uma outra temperatura diferente de T_b e não conhece as capacidades caloríficas da substância nas formas líquida e gasosa.
6. A mesma informação que no item 5, mas você conhece as capacidades caloríficas.

8.4c Balanços de Energia em Processos Envolvendo Mudança de Fases

Quando você escreve um balanço de energia em um processo no qual um componente aparece em duas fases, você deve escolher um estado de referência para este componente especificando uma fase e uma temperatura e calcular a entalpia específica do componente em todas as correntes do processo em relação a esta condição. Se a substância é um líquido no seu estado de referência e um vapor em uma corrente de processo, $\hat{H}$ pode ser calculado como descrito na Seção 8.4a; quer dizer, trazendo o líquido do seu estado de referência até um ponto no qual $\Delta\hat{H}_v$ é conhecido, vaporizando o líquido, trazendo o vapor até a temperatura da corrente de processo e somando as mudanças individuais de entalpia para as três etapas.

Exemplo 8.4-4   Vaporização Parcial de uma Mistura

Uma mistura líquida equimolar de benzeno (B) e tolueno (T) a 10°C alimenta continuamente um recipiente no qual a mistura é aquecida até 50°C. O produto líquido é 40% molar B e o produto vapor é 68,4% molar B. Quanto calor deve ser transferido à mistura por mol de alimentação?

Solução   **Base: 1 mol de Alimentação**

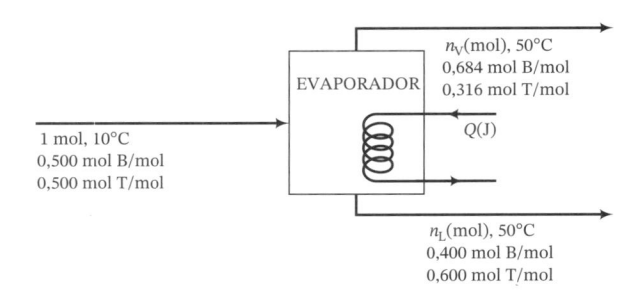

Começamos com uma análise dos graus de liberdade:

$$
\begin{aligned}
& 3 \text{ variáveis desconhecidas } (n_V, n_L, Q) \\
& -2 \text{ balanços de massa} \\
& \underline{-1 \text{ balanço de energia}} \\
& = 0 \text{ grau de liberdade}
\end{aligned}
$$

Poderíamos contar cada uma das entalpias específicas como uma variável desconhecida, mas então teríamos que contar também as equações para cada uma delas em termos das capacidades caloríficas e calores latentes, o que não mudaria os graus de liberdade.

Depois determinamos n_V e n_L por meio de balanços de massa e depois Q por meio de um balanço de energia.

Balanço de Massa Total: $1{,}00\text{ mol} = n_V + n_L$ $\Big\}\Longrightarrow$ $n_V = 0{,}352\text{ mol}$

Balanço de Benzeno: $0{,}500\text{ mol} = 0{,}684\,n_V + 0{,}400\,n_L$ $n_L = 0{,}648\text{ mol}$

O balanço de energia para este processo tem a forma simplificada $Q = \Delta H$. Uma tabela de entalpias para este processo aparece a seguir:

Referências: B(l, 10°C, 1 atm), T(l, 10°C, 1 atm)

Substância	n_{entrada} mol	$\hat{H}_{\text{entrada}}$ (kJ/mol)	$n_{\text{saída}}$ (mol)	$\hat{H}_{\text{saída}}$ (kJ/mol)
B(l)	0,500	0	0,259	$\hat{H}_1$
T(l)	0,500	0	0,389	$\hat{H}_2$
B(v)	—	—	0,241	$\hat{H}_3$
T(v)	—	—	0,111	$\hat{H}_4$

Os valores de $n_{\text{saída}}$ foram determinados das frações molares conhecidas de benzeno e tolueno nas correntes de saída e dos valores calculados de n_V e n_L. Não conhecemos a pressão da corrente de alimentação, de modo que admitimos que ΔH para a mudança de 1 atm até P_{alim} é desprezível; e já que o processo não opera a uma temperatura baixa demais ou pressão alta demais, desprezamos os efeitos da pressão sobre a entalpia nos cálculos de $\hat{H}_1$ até $\hat{H}_4$. (A pressão pode ser estimada a partir da equação de Antoine e a lei de Raoult como 164 mm Hg.) Os dados de capacidade calorífica e calor latente necessários para calcular as entalpias de saída foram obtidas das Tabelas B.1 e B.2.

As fórmulas (incluindo as fórmulas do APEx) e valores das entalpias específicas desconhecidas são dados abaixo. Convença-se de que as fórmulas representam $\Delta\hat{H}$ para as transições a partir dos estados de referência até os estados do processo.

$$\hat{H}_1 = \int_{10°C}^{50°C} (C_\text{p})_{\text{C}_6\text{H}_6(\text{l})}dT \quad [=\text{Entalpia}(\text{"benzeno"},10,50,\text{"C"},\text{"l"})] = 5,341 \text{ kJ/mol}$$

$$\hat{H}_2 = \int_{10°C}^{50°C} (C_\text{p})_{\text{C}_7\text{H}_8(\text{l})}dT \quad [=\text{Entalpia}(\text{"tolueno"},10,50,\text{"C"},\text{"l"})] = 6,341 \text{ kJ/mol}$$

$$\hat{H}_3 = \int_{10°C}^{80,1°C} (C_\text{p})_{\text{C}_6\text{H}_6(\text{l})}dT + (\Delta\hat{H}_\text{v})_{\text{C}_6\text{H}_6}(80,1°C) + \int_{80,1°C}^{50°C} (C_\text{p})_{\text{C}_6\text{H}_6(\text{v})}dT$$
$$[=\text{Entalpia}(\text{"benzeno"},10,80,1,\text{"C"},\text{"l"}) + \text{Hv}(\text{"benzeno"})$$
$$+ \text{Entalpia}(\text{"benzeno"},80,1,50,\text{"C"},\text{"g"})] = 37,53 \text{ kJ/mol}$$

$$\hat{H}_4 = \int_{10°C}^{110,62°C} (C_\text{p})_{\text{C}_7\text{H}_8(\text{l})}dT + (\Delta\hat{H}_\text{v})_{\text{C}_7\text{H}_8}(110,62°C) + \int_{110,62°C}^{50°C} (C_\text{p})_{\text{C}_7\text{H}_8(\text{v})}dT$$
$$[=\text{Entalpia}(\text{"tolueno"},10,110,62,\text{"C"},\text{"l"}) + \text{Hv}(\text{"tolueno"})$$
$$+ \text{Entalpia}(\text{"tolueno"},110,62,50,\text{"C"},\text{"g"})] = 42,94 \text{ kJ/mol}$$

O balanço de energia é

$$Q = \Delta H = \sum_{\text{saída}} n_i\hat{H}_i - \sum_{\text{entrada}} n_i\hat{H}_i \Longrightarrow \boxed{Q = 17,7 \text{ kJ}}$$

EXERCÍCIO DE CRIATIVIDADE

Um gás emerge de uma chaminé a 1200°C. Em vez de ser liberado diretamente para a atmosfera, pode ser passado através de um ou mais trocadores de calor, e o calor perdido pelo gás pode ser usado de várias maneiras. Pense na maior quantidade de usos para este calor. (*Exemplo:* Durante o inverno, passar o gás através de uma série de radiadores, obtendo aquecimento grátis.)

8.4d Cartas Psicrométricas

Em uma **carta psicrométrica** (ou **carta de umidade**), várias propriedades de uma mistura vapor–gás aparecem relacionadas de forma gráfica, fornecendo uma compilação concisa de uma grande quantidade de dados de propriedades físicas. A mais comum dessas cartas — referente ao sistema ar–água a 1 atm — é amplamente usada na análise de processos de umidificação, secagem e condicionamento de ar.

Uma carta psicrométrica em unidades SI para o sistema ar–água a 1 atm aparece na Figura 8.4-1, enquanto uma segunda carta em unidades americanas de engenharia aparece na Figura 8.4-2. Cartas que cobrem um intervalo maior de temperatura aparecem nas páginas 12-7 a 12-12 do *Perry's Chemical Engineers' Handbook* (veja nota de rodapé 5).

Os parágrafos seguintes definem e descrevem as diferentes propriedades do ar úmido a 1 atm que aparecem na carta psicrométrica. Uma vez que você conhece os valores de duas destas propriedades, pode usar a carta para determinar os valores das outras. Usaremos a abreviatura AS para ar seco.

- ***Temperatura de bulbo seco***, T — a abcissa da carta. Esta é a temperatura do ar medida por um termômetro, termopar ou outro aparelho convencional de medição da temperatura.

- ***Umidade absoluta***, h_a [kg H_2O(v)/kg AS] (chamada **conteúdo de umidade** na Figura 8.4-1) — a ordenada da carta.

  Esta razão pode facilmente ser calculada a partir da fração mássica de água ou convertida a partir dela. Se, por exemplo, a umidade absoluta é 0,0150 kg H_2O/kg AS, então, para cada quilograma de ar seco, existem 0,015 kg de vapor de água, para um total de 1,015 kg. A fração mássica de água é (0,0150 kg H_2O)/(1,015 kg ar úmido) = 0,0148 kg H_2O/kg.

- ***Umidade relativa***, $h_\text{r} = [100 \times p_{\text{H}_2\text{O}} = p^*_{\text{H}_2\text{O}}(T)]$.

  As curvas na carta psicrométrica correspondem a valores específicos de h_r (100%, 90%, 80% etc.). A curva que forma o limite esquerdo da carta é a **curva de 100% de umidade relativa**, também conhecida como a **curva de saturação**.

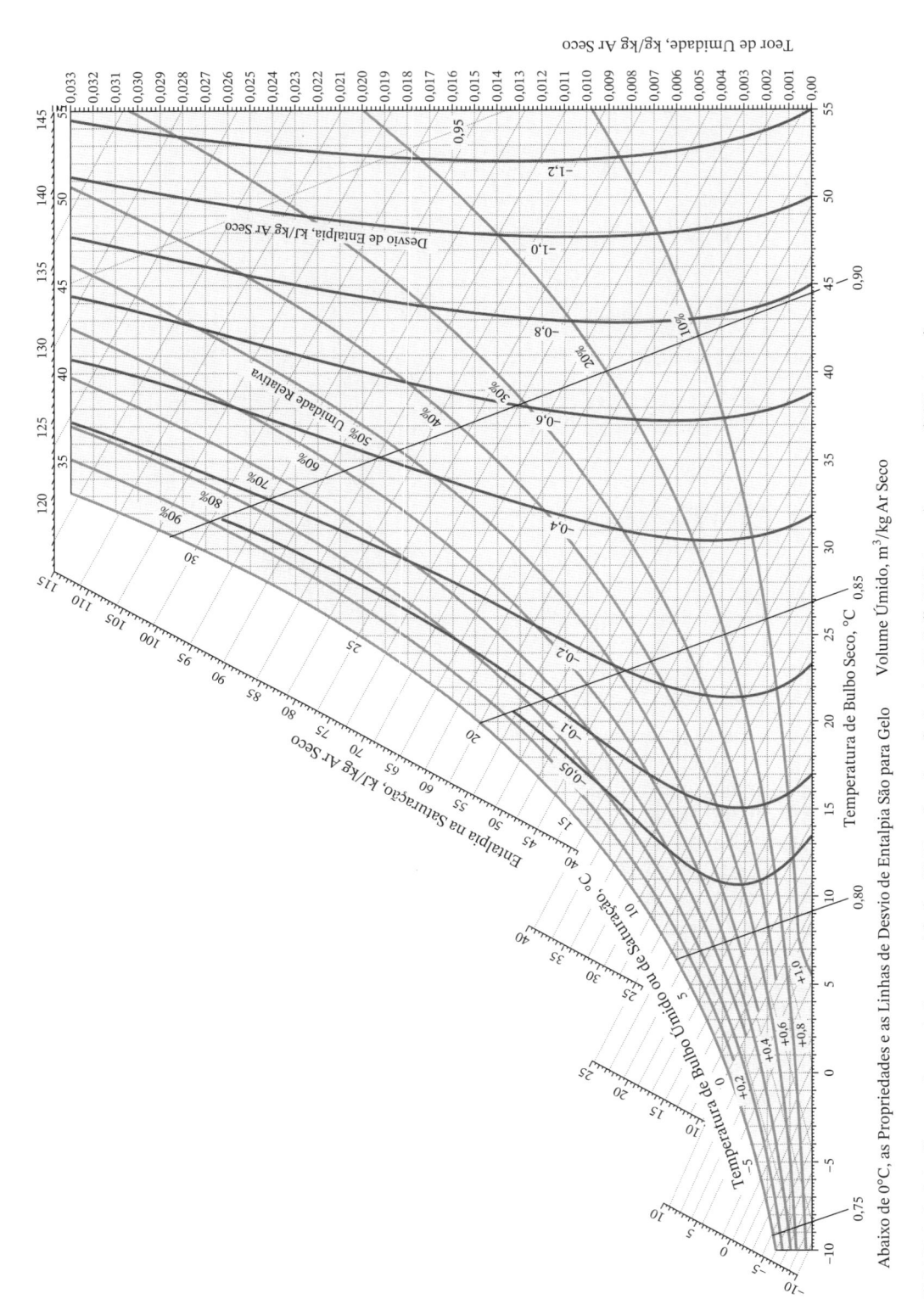

FIGURA 8.4-1 Carta psicrométrica – unidades SI. Estados de referência: H_2O (1, 0°C, 1 atm), ar seco (0°C, 1 atm). (Reproduzido com permissão de Carrier Corporation.)

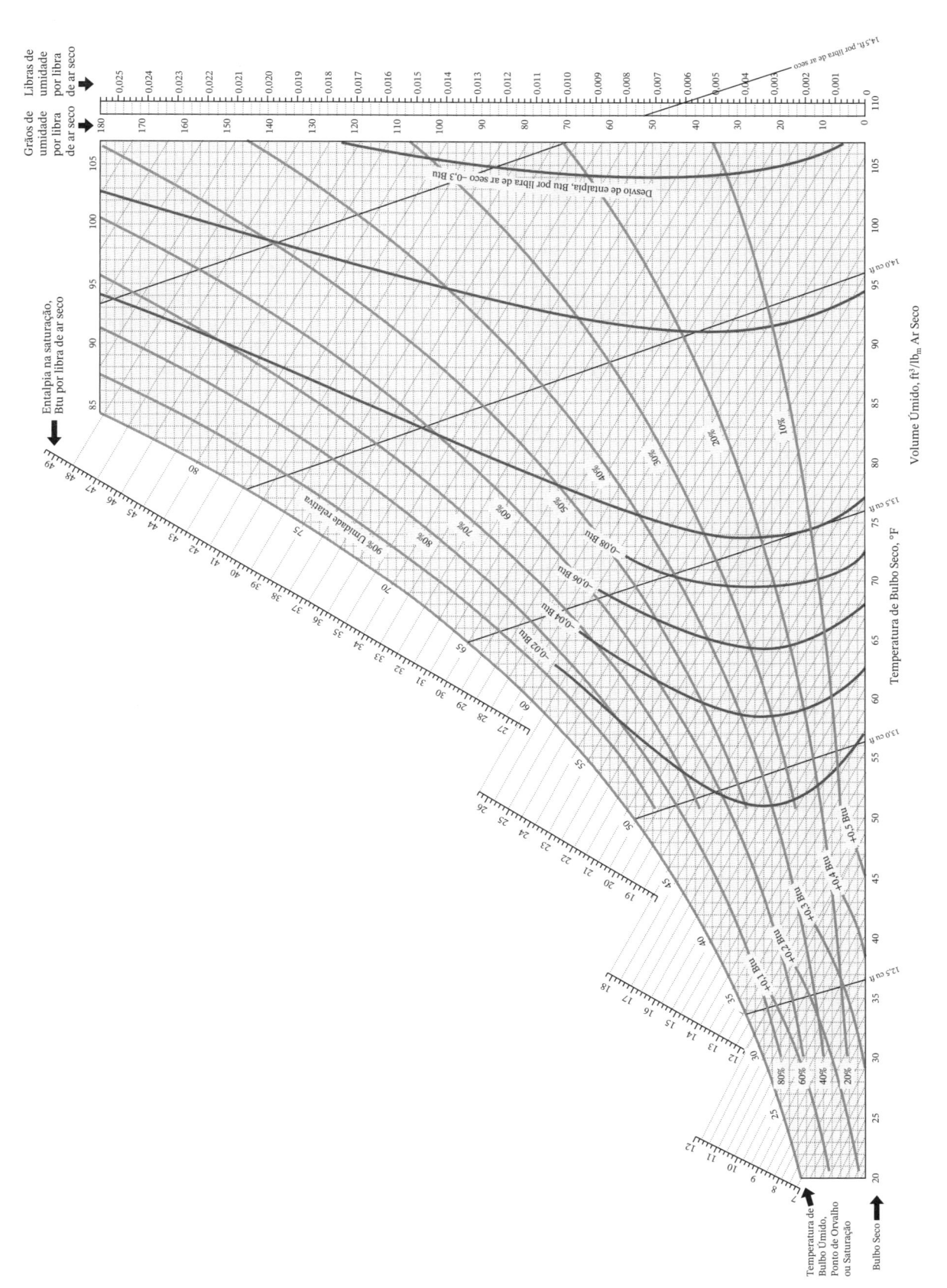

FIGURA 8.4-2 Carta psicrométrica – unidades do Sistema Americano de Engenharia. Estados de referência: H_2O (l, 32°F, 1 atm), ar seco (0°F, 1 atm). (Reproduzido com permissão de Carrier Corporation.)

- ***Ponto de orvalho***, T_{po} — a temperatura na qual o ar úmido fica saturado quando resfriado a pressão constante.

  O ponto de orvalho do ar úmido em um ponto dado da carta psicrométrica pode ser facilmente determinado. Por exemplo, localize na Figura 8.4-1 o ponto correspondente ao ar a 29°C e 20% de umidade relativa. O resfriamento deste ar a pressão constante ($= 1$ atm) corresponde ao movimento horizontal (a umidade absoluta constante) até a curva de saturação. T_{po} é a temperatura na interseção, ou 4°C. (Verifique esta afirmação.)

- ***Volume úmido***, $\hat{V}_U$(m³/kg AS).

  O volume úmido é o volume ocupado por 1 kg de ar seco mais o vapor de água que o acompanha. As linhas de volume úmido constante na carta psicrométrica são íngremes e têm inclinação negativa. Na Figura 8.4-1, as linhas de volume úmido são mostradas para os valores de 0,75; 0,80; 0,85 e 0,90 m³/kg AS.

  Para determinar o volume de uma massa dada de ar úmido usando a carta psicrométrica, você deve primeiro determinar a massa correspondente de ar seco a partir da umidade absoluta e depois multiplicar esta massa por $\hat{V}_U$. Suponha, por exemplo, que você deseja saber o volume ocupado por 150 kg de ar úmido a $T = 30°C$ e $h_r = 30\%$. Conforme a Figura 8.4-1, $h_a = 0,0080$ kg $H_2O(v)$/kg AS e $\hat{V}_U \approx 0,87$ m³/kg AS. O volume pode então ser determinado como

$$V = \frac{150 \text{ kg ar úmido}}{} \left| \frac{1,00 \text{ kg AS}}{1,008 \text{ kg ar úmido}} \right| \frac{0,87 \text{ m}^3}{\text{kg AS}} = 129 \text{ m}^3$$

(Neste cálculo, usamos o fato de que, se a umidade absoluta é 0,008 kg H_2O/kg AS, então 1 kg AS está acompanhando por 0,008 kg de água, para um total de 1,008 kg de ar úmido.)

- ***Temperatura de bulbo úmido***, T_{bu}.

  Esta grandeza é melhor definida em termos de como ela é medida. Um material poroso, como tecido ou algodão, é encharcado em água e enrolado em torno do bulbo de um termômetro para formar uma *mecha*, e o termômetro é colocado em uma corrente de ar, como na figura a seguir.[9] A evaporação da água da mecha para o ar que flui é acompanhada por uma transferência de calor do bulbo, o que causa uma queda na temperatura do bulbo e portanto uma queda na leitura do termômetro.[10] Contanto que a mecha se mantenha molhada, a temperatura do bulbo cai até um certo valor e fica constante. A leitura final do termômetro corresponde à temperatura de bulbo úmido do ar que flui em torno da mecha.

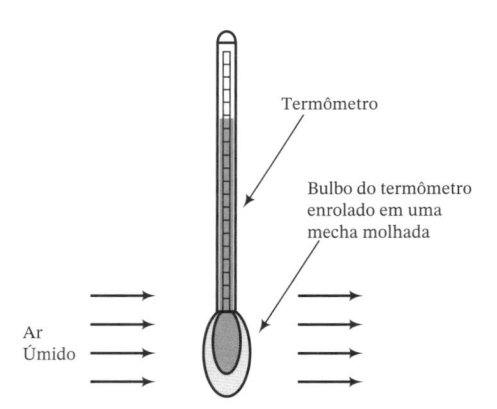

Termômetro

Bulbo do termômetro enrolado em uma mecha molhada

Ar
Úmido

A temperatura de bulbo úmido do ar úmido depende tanto da temperatura de bulbo seco quanto do teor de umidade do ar. Se o gás está saturado (100% de umidade relativa), não há evaporação a partir da mecha e as temperaturas de bulbo seco e bulbo úmido são iguais. Quanto menor umidade da mistura, maior será a diferença entre as duas temperaturas.

As condições iniciais do ar úmido que correspondem a uma dada temperatura de bulbo úmido caem sobre uma linha reta na carta psicrométrica, chamada de **linha de**

---

[9]Alternativamente, o termômetro pode ser montado em um *psicrômetro de corda* e girado no ar estacionário.
[10]Pense sobre o que acontece quanto você sai do chuveiro ou de uma piscina. A água evapora, a temperatura da sua pele cai e você sente frio, embora você se sentiria perfeitamente confortável se estivesse seco.

temperatura de bulbo úmido constante. Estas linhas para ar–água a 1 atm aparecem nas Figuras 8.4-1 e 8.4-2 como linhas retas com inclinação negativa, estendendo-se para além da curva de saturação, e que são menos íngremes que as linhas de volume úmido constante. O valor de T_{bu} correspondente a uma linha dada pode ser lido na interseção desta linha com a curva de saturação.

Por exemplo, suponha que você deseja determinar a temperatura de bulbo úmido do ar a 30°C (bulbo seco) com uma umidade relativa de 30%. Localize na Figura 8.4-1 o ponto correspondente a $T = 30°C$ e a curva correspondente a $h_r = 30\%$. A linha diagonal que passa através deste ponto é a linha de temperatura de bulbo úmido constante para o ar na condição dada. Siga esta linha para cima e para a esquerda até chegar à curva de saturação. O valor da temperatura que você lê na curva (ou verticalmente para abaixo, na abcissa) é a temperatura de bulbo úmido do ar. Você deve obter, neste caso, um valor de 18°C. Isto significa que, se você enrola uma mecha úmida em torno do bulbo de um termômetro e sopra ar com $T = 30°C$ e $h_r = 30\%$ pelo bulbo, a leitura do termômetro começará a cair até se estabilizar em 18°C.

- *Entalpia específica do ar saturado*

A escala diagonal acima da curva de saturação mostra a entalpia por unidade de massa (1 kg ou 1 lb_m) do ar seco mais o vapor de água que contém na saturação. Os estados de referência são a água líquida a 0°C (32°F) e 1 atm e o ar seco a 1 atm e 0°C (Figura 8.4-1) ou 0°F (Figura 8.4-2). Para determinar a entalpia a partir da carta, siga a linha de temperatura de bulbo úmido constante desde a curva de saturação na temperatura desejada até a escala de entalpia.

Por exemplo, o ar saturado a 25°C e 1 atm — que tem uma umidade absoluta $h_a = 0,0202$ kg H_2O/kg AS — tem uma entalpia específica de 76,5 kJ/kg AS. (Verifique estes valores, tanto de h_a quanto de $\hat{H}$ na Figura 8.4-1.) A entalpia é a soma das mudanças de entalpia para 1,00 kg de ar seco e 0,0202 kg de água indo das suas condições de referência até 25°C. Os cálculos mostrados abaixo usam dados de capacidade calorífica da Tabela B.2 para ar e dados das tabelas de vapor (Tabela B.5) para a água.

$$1,00 \text{ kg AS} (0°C) \rightarrow 1 \text{ kg AS} (25°C)$$

$$\Downarrow$$

$$\Delta H_{ar} = (1,00 \text{ kg AS}) \left(\frac{1 \text{ kmol}}{29,0 \text{ kg}}\right) \left[\int_0^{25} C_{p,ar}(T)dT\right] \left(\frac{\text{kJ}}{\text{kmol}}\right) = 25,1 \text{ kJ}$$

$$0,0202 \text{ kg } H_2O(l, 0°C) \rightarrow 0,0202 \text{ kg } H_2O(v, 25°C)$$

$$\Downarrow$$

$$\Delta H_{água} = (0,0202 \text{ kg}) \left[\hat{H}_{H_2O(v,25°C)} - \hat{H}_{H_2O(l,0°C)}\right] \left(\frac{\text{kJ}}{\text{kg}}\right) = 51,4 \text{ kJ}$$

$$\hat{H} = \frac{(\Delta H_{ar} + \Delta H_{água})(\text{kJ})}{1,00 \text{ kg AS}} = \frac{(25,1 + 51,4) \text{ kJ}}{1,00 \text{ kg AS}} = 76,5 \text{ kJ/kg AS}$$

- *Desvio da entalpia*

As curvas restantes na carta psicrométrica são quase verticais e convexas para a esquerda, com valores rotulados (na Figura 8.4-1) de −0,05, −0,1, −0,2 e assim por diante. (As unidades destes números são kJ/kg AS.) Estas curvas são usadas para determinar a entalpia do ar úmido não saturado. O procedimento é o seguinte: (a) localize na carta o ponto correspondente ao ar na condição especificada; (b) interpole para estimar o desvio da entalpia neste ponto; (c) siga a linha de temperatura de bulbo úmido constante até a escala de entalpia acima da curva de saturação, leia o valor na escala e o adicione ao desvio da entalpia.

Por exemplo, o ar a 35°C e 10% de umidade relativa tem um desvio de entalpia de aproximadamente −0,52 kJ/kg AS. A entalpia específica do ar saturado na mesma temperatura de bulbo úmido é 45,0 kJ/kg AS. (Verifique ambos os números.) Portanto, a entalpia específica do ar úmido na condição dada é (45,0 − 0,52) kJ/kg AS = 44,5 kJ/kg AS.

A base para a construção da carta psicrométrica é a regra das fases de Gibbs (Seção 6.3a), que estabelece que, especificando um certo número de variáveis intensivas (temperatura, pressão, volume específico, entalpia específica, fração molar ou mássica etc.) para um sistema, as variáveis intensivas restantes têm seu valor automaticamente fixado. O ar úmido contém uma fase e dois componentes,[11] de forma que, da Equação 6.2-1, o número de graus de liberdade é

$$F = 2 + 2 - 1 = 3$$

Portanto, especificando três variáveis intensivas, fixamos todas as outras propriedades do sistema. Se a pressão do sistema é fixada em 1 atm, então todas as outras propriedades podem ser plotadas em um gráfico bidimensional, como aqueles mostrados nas Figuras 8.4-1 e 8.4-2.

Exemplo 8.4-5	A Carta Psicrométrica

Use a carta psicrométrica para estimar (1) a umidade absoluta, a temperatura de bulbo úmido, o volume úmido, o ponto de orvalho e a entalpia específica do ar úmido a 41°C e 10% de umidade relativa e (2) a quantidade de vapor de água em 150 m³ de ar nas mesmas condições.

Solução A seguir aparece um esboço simplificado da carta psicrométrica (Figura 8.4-1) mostrando o estado do ar:

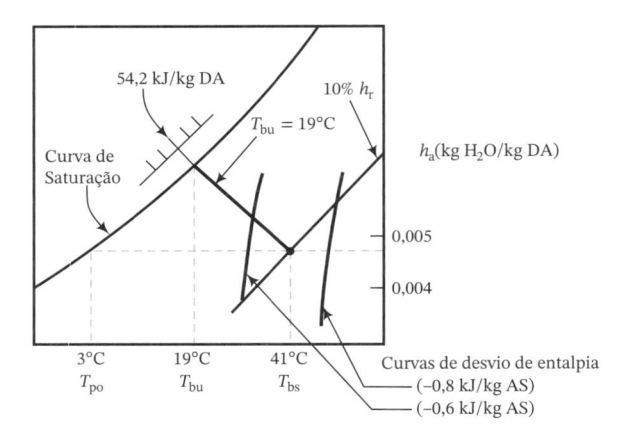

1. Lendo diretamente da carta:

$$h_a \approx 0,0048 \text{ kg } H_2O/\text{kg AS}$$
$$T_{wb} = 19°C$$
$$\hat{V}(m^3/\text{kg AS}) \approx 0,897 \text{ (curva não mostrada)}$$

O ponto de orvalho é a temperatura na qual o ar com o conteúdo de água dado estaria saturado na mesma pressão total (1 atm); portanto, está localizado na interseção da linha horizontal de umidade absoluta constante ($h_a = 0,0048$) e a curva de saturação, quer dizer,

$$T_{po} = 3°C$$

A entalpia específica do ar saturado a $T_{bu} = 19°C$ é 54,2 kJ/kg AS. Já que o ponto correspondente a 41°C e 10% de umidade relativa cai aproximadamente no meio entre as curvas de desvio de entalpia correspondentes a $-0,6$ kJ/kg e $-0,8$ kJ/kg, podemos calcular $\hat{H}$ como

$$\hat{H} = (54,2 - 0,7)\,\text{kJ/kg AS}$$
$$\Downarrow$$
$$\hat{H} = 53,5\,\text{kJ/kg AS}$$

2. *Mols de ar úmido.* Conforme a Figura 8.4-1, o volume úmido do ar é 0,897 m³/kg AS. Portanto, podemos calcular

$$\frac{150\,\text{m}^3}{} \left| \frac{1,00\,\text{kg AS}}{0,897\,\text{m}^3} \right| \frac{0,0048\,\text{kg }H_2O}{1,00\,\text{kg AS}} = \boxed{0,803\,\text{kg }H_2O}$$

---

[11]Já que os componentes do ar seco não condensam e estão presentes em uma proporção fixa, o ar seco pode ser considerado como uma única espécie (denominada AS) em cálculos de umidificação.

A carta psicrométrica pode ser usada para simplificar a solução de problemas de balanços de massa e energia para sistemas ar–água a pressão constante, com alguma perda de precisão. Note os seguintes pontos:

1. Aquecer ou resfriar ar úmido a temperaturas acima do ponto de orvalho corresponde a um movimento horizontal na carta psicrométrica. A ordenada da carta é a razão kg H_2O/kg ar seco, que não muda enquanto não houver condensação.

2. Se o ar úmido superaquecido é resfriado a 1 atm, o sistema segue uma trajetória horizontal à esquerda da carta até atingir a curva de saturação (ponto de orvalho); daqui para frente, a fase gasosa segue a curva de saturação.

3. Já que a carta psicrométrica mostra a razão mássica kg H_2O/kg ar seco em vez da fração mássica de água, é conveniente assumir uma quantidade de ar seco em uma corrente de alimentação ou de produto como base de cálculo se a carta for usada na solução.

Exemplo 8.4-6 | Balanços de Massa e Energia em um Condicionador de Ar

Ar a 80°F e 80% de umidade relativa é resfriado até 51°F à pressão constante de 1 atm. Use a carta psicrométrica para calcular a fração de água que condensa e a taxa na qual o calor deve ser removido para fornecer 1000 ft³/min de ar úmido na condição final.

Solução | **Base: 1 lb_m de ar seco (AS)[12]**

Abaixo aparece um fluxograma do processo. Por convenção mostramos a transferência de calor (Q) para dentro da unidade de processo, mas, já que o ar está sendo resfriado, sabemos que Q será negativo.

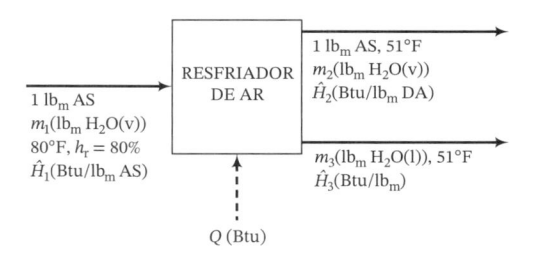

Nota: Rotulando o diagrama desta maneira, implicitamente fizemos um balanço de massa de ar seco.

Análise dos Graus de Liberdade:

> 7 incógnitas ($m_1, m_2, m_3, \hat{H}_1, \hat{H}_2, \hat{H}_3, Q$)
> -1 balanço de massa (H_2O — o ar seco já está balanceado no diagrama)
> -2 umidades absolutas tiradas da carta psicrométrica (para o ar na entrada e na saída)
> -2 entalpias tiradas da carta psicrométrica (para o ar na entrada e na saída)
> -1 entalpia do condensado (da capacidade calorífica conhecida da água)
> -1 balanço de energia
> _____
> $= 0$ grau de liberdade

Ponto 1:
$$80°F \left.\right\} \xrightarrow{\text{Figura 8.4-2}} \begin{array}{l} h_a = 0{,}018\ lb_m\ H_2O/lb_m AS \\ \hat{H}_1 = 38{,}8\ Btu/lb_m AS \end{array}$$
$$m_1 = \frac{1{,}0\ lb_m\ AS}{} \left| \frac{0{,}018\ lb_m\ H_2O}{lb_m\ AS} \right. = 0{,}018\ lb_m\ H_2O$$

Ponto 2:
$$51°F \left.\right\} \xrightarrow{\text{Figura 8.4-2}} \begin{array}{l} h_a = 0{,}0079\ lb_m\ H_2O/lb_m AS \\ \hat{H}_2 = 20{,}9\ Btu/lb_m AS \end{array}$$
$$m_2 = \frac{1{,}0\ lb_m\ AS}{} \left| \frac{0{,}0079\ lb_m\ H_2O}{lb_m\ AS} \right. = 0{,}0079\ lb_m\ H_2O$$

---

[12]Admitindo esta base, estamos ignorando temporariamente a especificação da vazão volumétrica na saída. Depois que o processo for balanceado para a base admitida, escalonaremos o resultado para uma vazão de saída de 1000 ft³/min.

Balanço de H₂O: $m_1 = m_2 + m_3$

$$\Biggl\|\begin{matrix} m_1 = 0{,}018\,\text{lb}_\text{m} \\ m_2 = 0{,}0079\,\text{lb}_\text{m} \end{matrix}$$

$m_3 = 0{,}010\,\text{lb}_\text{m}\text{H}_2\text{O condensado}$

Fração de H₂O Condensado: $\dfrac{0{,}010\,\text{lb}_\text{m}\text{ condensado}}{0{,}018\,\text{lb}_\text{m}\text{ alimentado}} = \boxed{0{,}555}$

Entalpia do Condensado:
Já que a condição de referência para a água na Figura 8.4-2 é a água líquida a 32°F, devemos usar a mesma condição para calcular $\hat{H}_3$.

$$\text{H}_2\text{O}(l, 32°F) \to \text{H}_2\text{O}(l, 51°F)$$

$$\Delta\hat{H} = \hat{H}_3 = 1{,}0\frac{\text{Btu}}{\text{lb}_\text{m}\cdot°F}(51°F - 32°F) = 19{,}0\,\text{Btu/lb}_\text{m}\,\text{H}_2\text{O}$$

Balanço de Energia:
O balanço de energia para o sistema aberto, com W_s, ΔE_k e ΔE_p iguais a zero é

$$Q = \Delta H = \sum_{\text{saída}} m_i\hat{H}_i - \sum_{\text{entrada}} m_i\hat{H}_i$$

(Não há pontos sobre as variáveis extensivas nesta equação, pois a base admitida é uma quantidade e não uma vazão.) A tabela de entalpias para este processo é mostrada abaixo. Já que (1) as entalpias ($\hat{H}_i$) das correntes de ar úmido são obtidas da carta psicrométrica em Btu/lb_m ar seco e (2) as unidades de massa de m_i e $\hat{H}_i$ devem se cancelar quando as duas são multiplicadas no balanço de energia, os valores tabelados de m_i para estas correntes devem estar em lb_m ar seco.

Referências: ar seco(AS) (g, 0°F, 1atm), H₂O (l, 32°F, 1 atm)

Substância	m_{entrada}	$\hat{H}_{\text{entrada}}$	$m_{\text{saída}}$	$\hat{H}_{\text{saída}}$
Ar úmido	$1{,}0\,\text{lb}_\text{m}$ AS	$38{,}8\,\text{Btu/lb}_\text{m}$ AS	$1{,}0\,\text{lb}_\text{m}$ AS	$20{,}9\,\text{Btu/lb}_\text{m}$ AS
H₂O(l)	—	—	$0{,}010\,\text{lb}_\text{m}$	$19\,\text{Btu/lb}_\text{m}$

Por necessidade, as referências foram escolhidas como aquelas usadas para gerar a carta psicrométrica. Substituindo os valores da tabela no balanço de energia, tem-se

$$Q = \Delta H = \frac{1{,}0\,\text{lb}_\text{m}\,\text{AS}}{}\Bigg|\frac{20{,}9\,\text{Btu}}{\text{lb}_\text{m}\,\text{AS}} + \frac{0{,}010\,\text{lb}_\text{m}\,\text{H}_2\text{O(l)}}{}\Bigg|\frac{19\,\text{Btu}}{\text{lb}_\text{m}\,\text{H}_2\text{O}} - \frac{1{,}0\,\text{lb}_\text{m}\,\text{AS}}{}\Bigg|\frac{38{,}8\,\text{Btu}}{\text{lb}_\text{m}\,\text{AS}}$$

$$= -17{,}7\,\text{Btu}$$

Para calcular o resfriamento necessário para 1000 ft³/min de ar condicionado produzido, devemos primeiro determinar o volume de ar produzido correspondente à nossa base considerada e escalonar o valor calculado de Q pela razão $(1000\,\text{ft}^3/\text{min})/(V_{\text{base}})$. Conforme a carta psicrométrica, para o ar úmido saturado a 51°F,

$$\hat{V}_\text{H} = 13{,}0\,\text{ft}^3/\text{lb}_\text{m}\,\text{AS}$$

$$\Downarrow$$

$$V_{\text{base}} = \frac{1{,}0\,\text{lb}_\text{m}\,\text{AS}}{}\Bigg|\frac{13{,}0\,\text{ft}^3}{\text{lb}_\text{m}\,\text{AS}} = 13{,}0\,\text{ft}^3$$

$$\Downarrow$$

$$\dot{Q} = \frac{-17{,}7\,\text{Btu}}{}\Bigg|\frac{1000\,\text{ft}^3/\text{min}}{13{,}0\,\text{ft}^3} = \boxed{-1360\,\text{Btu/min}}$$

Teste	Ar a 25°C e 1 atm tem uma umidade relativa de 20%. Use a carta psicrométrica para estimar a umidade absoluta, a temperatura de bulbo úmido, o ponto de orvalho, o volume úmido e a entalpia específica do ar.
(veja Respostas dos Problemas Selecionados)	

EXERCÍCIO DE CRIATIVIDADE

Em sistemas domésticos de ar-condicionado, o termostato de controle é posicionado para a temperatura ambiente desejada T_1 e a unidade de ar-condicionado tipicamente resfria o ar passando através dela para uma temperatura T_2 significativamente mais baixa que T_1. Dê pelo menos duas razões do porquê.

8.4e Resfriamento Adiabático

No **resfriamento adiabático**, um gás quente é colocado em contato com um líquido frio, provocando o resfriamento do gás e a evaporação de parte do líquido. Há transferência de calor do gás para o líquido, mas não há transferência de calor entre o sistema gás-líquido e as vizinhanças (daí a denominação resfriamento "adiabático"). Alguns processos comuns deste tipo são descritos abaixo.

- *Resfriamento por pulverização, umidificação por pulverização.* Água líquida é pulverizada em uma corrente de ar relativamente quente. Parte da água evapora e a temperatura do ar e do líquido não evaporado cai. Se o objetivo é resfriar a água ou o ar, a operação é chamada de resfriamento por pulverização; se a ideia é aumentar o teor de umidade do ar, a operação é umidificação por pulverização.[13]

- *Desumidificação por pulverização.* O ar úmido quente é *des*umidificado pulverizando-se água fria nele. Desde que a temperatura da água seja suficientemente baixa, o ar é resfriado abaixo do seu ponto de orvalho, causando a condensação de parte do vapor de água contido nele.

- *Secagem.* Ar quente é soprado sobre sólidos molhados — por exemplo, sobre uma torta úmida depositada em um filtro ou centrífuga. A água evapora, deixando um produto sólido seco. A secagem é a última etapa na produção da maior parte dos produtos cristalinos e pós, incluindo muitos produtos alimentícios e farmacêuticos.

- *Secagem por pulverização.* Uma suspensão de pequenas partículas sólidas em água é pulverizada como uma névoa fina em uma corrente de ar quente. A água evapora, as partículas sólidas maiores se depositam fora da corrente de ar e são retiradas por uma correia de transporte e as partículas finas suspensas são separadas do ar por um filtro de saco ou separador de ciclone. O leite em pó é produzido desta maneira.

Escrever as equações de balanços de massa e energia em uma operação de resfriamento adiabático é um procedimento direto, mas bastante tedioso. Pode ser mostrado, no entanto, que se são feitas certas suposições bem fundamentadas (vamos estabelecê-las depois), *o ar sofrendo um resfriamento adiabático através do contato com água líquida se move ao longo da linha de temperatura de bulbo úmido constante na carta psicrométrica, desde a sua condição inicial até a curva de 100% de umidade relativa.* Um resfriamento posterior do ar abaixo da sua temperatura de saturação leva à condensação e portanto à desumidificação.

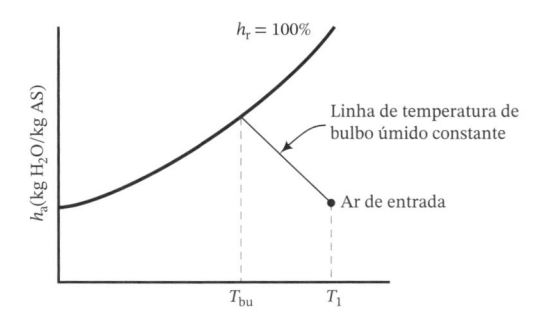

Este resultado (que está longe de ser óbvio) nos permite realizar cálculos de resfriamento adiabático com relativa facilidade usando a carta psicrométrica. Localize primeiro o estado inicial do ar na carta; localize depois o estado final sobre a linha de temperatura de bulbo úmido cons-

---

[13]Pulverizar a água no ar em vez de simplesmente soprar o ar sobre uma superfície de água fornece uma maior razão superfície/volume, aumentando grandemente a taxa de evaporação.

tante que passa através do estado inicial (ou sobre a curva de 100% de umidade relativa se o resfriamento estiver abaixo da *temperatura de saturação adiabática*, T_{sa}); e finalmente faça os cálculos de balanços de massa e energia necessários. O Exemplo 8.4-7 ilustra este cálculo para uma operação de umidificação adiabática.

Exemplo 8.4-7   Peso e Massa

Uma corrente de ar a 30°C e 10% de umidade relativa é umidificada em uma coluna de pulverização adiabática que opera a $P \approx 1$ atm. O ar na saída deve ter uma umidade relativa de 40%.

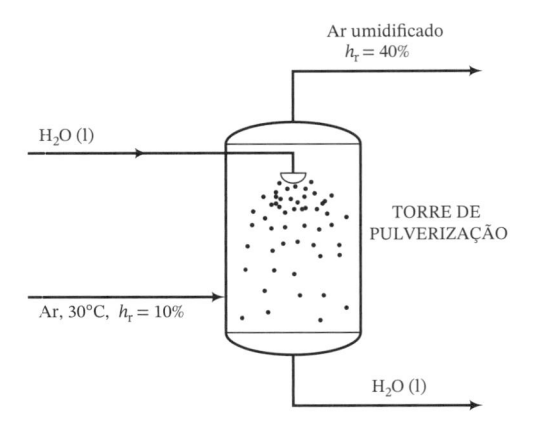

1. Determine a umidade absoluta e a temperatura de saturação adiabática do ar na entrada.
2. Use a carta psicrométrica para calcular (i) a taxa na qual a água deve ser adicionada para umidificar 1000 kg/h de ar de entrada, e (ii) a temperatura do ar de saída.

Solução   Admitimos que o calor necessário para elevar a temperatura do líquido na coluna de pulverização é desprezível se comparada com o calor de vaporização da água, de forma que o ar segue uma curva de saturação adiabática (uma linha de temperatura de bulbo úmido constante) na carta psicrométrica.

1. Ar a 30°C, 10% de umidade relativa

$$\Downarrow \text{Figura 8.4-1}$$

$$h_a = 0{,}0026 \text{ kg } H_2O/\text{kg AS}$$
$$T_{bu} = T_{sa} = 13{,}2°C$$

2. O estado do ar na saída deve estar sobre a linha $T_{bu} = 13{,}2°C$. Conforme a interseção desta linha com a curva de $h_r = 40\%$, a umidade absoluta do gás na saída pode ser determinada como 0,0063 kg H_2O/kg AS. A vazão de ar seco na entrada (e também na saída), $\dot{m}_{AS}$, é

$$\dot{m}_{AS} = (1000 \text{ kg ar/h})(1 \text{ kg AS} = 1{,}0026 \text{ kg ar}) = 997{,}4 \text{ kg AS/h}$$

A quantidade de água que deve ser evaporada, $\dot{m}_{H_2O}$, pode ser calculada como a diferença entre as vazões de água na entrada e na saída.

$$\dot{m}_{H_2O} = (997{,}4 \text{ kg AS/h})(0{,}0063 - 0{,}0026) \frac{\text{kg } H_2O}{\text{kg AS}}$$

$$= \boxed{3{,}7 \text{ kg } H_2O/\text{h}}$$

Da Figura 8.4-1, a temperatura de saída é $\boxed{21{,}2°C}$.

Uma justificativa completa do procedimento mostrado está além do escopo deste livro,[14] mas podemos oferecer ao menos uma explicação parcial. A seguir é apresentado um fluxograma de uma operação de resfriamento adiabático. Uma corrente de ar quente e uma corrente de água líquida (resfriamento por pulverização ou umidificação por pulverização), um sólido

---

[14]Uma pode ser encontrada em W. L. McCabe, J. C. Smith e P. Harriott, *Unit Operations of Chemical Engineering*, 7ª Edição, McGraw-Hill, New York, 2004, Cap. 19.

molhado (secagem) ou uma suspensão sólida (secagem por pulverização) são colocadas em contato. O ar entra a T_1 e sai a T_3, a água e quaisquer sólidos entram a T_2 e saem a T_4, e a água líquida que entra se evapora com uma taxa de $\dot{m}_{we}(kg/s)$.

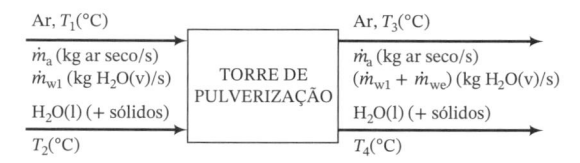

Vamos admitir:

1. $(C_p)_{ar}$, $(C_p)_{H_2O}$ e $(\Delta\hat{H}_v)_{H_2O}$ são independentes da temperatura nas condições do processo.

2. As mudanças de entalpia sofridas pela água líquida não evaporada e pelo sólido (se é que há um) indo de T_2 até T_4 são desprezíveis se comparadas às mudanças sofridas pelo ar úmido que entra e pela água evaporada.

3. O calor requerido para aquecer a água líquida de T_2 até T_3 é desprezível comparado ao calor de vaporização da água.

Se a equação de balanço de energia ($\Delta\dot{H} = 0$) é escrita para este processo e essas três suposições são feitas, a equação simplificada vira

$$\dot{m}_a(C_p)_{ar}(T_3 - T_1) + \dot{m}_{w1}(C_p)_{H_2O(v)}(T_3 - T_1) + \dot{m}_{we}(\Delta\hat{H}_v)_{H_2O} = 0$$

$$\Downarrow$$

$$\frac{\dot{m}_{we}}{\dot{m}_a} = \frac{1}{(\Delta\hat{H}_v)_{H_2O}}\left[(C_p)_{ar} + \frac{\dot{m}_{w1}}{\dot{m}_a}(C_p)_{H_2O(v)}\right](T_1 - T_3) \qquad \text{(8.4-9)}$$

Suponha agora que a temperatura T_1 e a umidade absoluta $\dot{m}_{w1}/\dot{m}_a$ do ar na entrada são especificadas, de maneira que o estado do ar na entrada está fixado na carta psicrométrica. Se fixamos também a temperatura do ar na saída T_3 ($< T_1$), então $\dot{m}_{we}/\dot{m}_a$ pode ser calculado da Equação 8.4-9, e pode depois ser usado para calcular a umidade absoluta do ar na saída, $(\dot{m}_{we} + \dot{m}_{w1})/\dot{m}_a$.

A temperatura e umidade de saída determinadas desta maneira são representadas por um ponto na carta psicrométrica. Se é admitido um valor menor de T_3, então será obtida uma maior umidade de saída, gerando um outro ponto na carta. O conjunto de tais pontos para as condições de entrada especificadas T_1 e $\dot{m}_{w1}/\dot{m}_a$ define uma curva na carta, denominada **curva de saturação adiabática**. *Se as três suposições admitidas são válidas, o estado final do ar que sofre uma umidificação adiabática deve cair sobre a curva de saturação adiabática que passa pelo estado inicial do ar na carta psicrométrica.*

Se a temperatura de saída T_3 é suficientemente baixa, o ar sai saturado com água. A temperatura correspondente a esta condição é chamada de temperatura de saturação adiabática, e pode ser encontrada na interseção da curva de saturação adiabática com a curva de 100% de umidade relativa.

Para a maior parte dos sistemas gás-líquido, a carta psicrométrica mostraria uma família de curvas de saturação adiabática, além das famílias de curvas mostradas nas Figuras 8.4-1 e 8.4-2. No entanto, *para o sistema ar–água a 1 atm, a curva de saturação adiabática para um dado estado coincide com a linha de temperatura de bulbo úmido constante para esse mesmo estado, de forma tal que $T_{sa} = T_{bu}$*. O procedimento simplificado de balanços de massa e energia para resfriamento adiabático é possível apenas por causa desta coincidência.

Teste	1. **(a)** Sob que condições a temperatura e a umidade de um gás que passa por um processo de umidificação adiabática seguem uma única curva na carta psicrométrica, sem levar em conta a temperatura de entrada do líquido?
(veja *Respostas dos Problemas Selecionados*)	**(b)** Esta curva coincide com a linha de temperatura de bulbo úmido constante se o gás é ar e o líquido é água?
	(c) E se foram nitrogênio e acetona?

> **2.** Ar a 26°C com uma umidade relativa de 10% passa por um processo de umidificação adiabática. Use a Figura 8.4-1 para estimar a temperatura de saturação adiabática do ar. Se o ar na saída tem uma temperatura de bulbo seco de 14°C, determine a sua umidade absoluta, umidade relativa e entalpia específica.

8.5 MISTURA E SOLUÇÃO

Você deve ter feito um experimento no laboratório de química no qual misturou dois líquidos (como ácido sulfúrico e água) ou dissolveu um líquido em um sólido (como hidróxido de sódio em água) e observou que a mistura ou solução fica muito quente. A questão é: por quê?

Quando dois líquidos diferentes são misturados ou quando um sólido ou um gás se dissolve em um líquido, as ligações entre as moléculas vizinhas — e possivelmente entre átomos — dos materiais na alimentação são quebradas, e novas ligações são formadas entre as moléculas ou íons vizinhos na solução produto. Se é necessária menos energia para quebrar as ligações dos materiais na alimentação da que é liberada quando se formam as ligações na solução, então o resultado é uma liberação líquida de energia. A menos que esta energia seja transferida da solução para as vizinhanças na forma de calor, ela produz um aumento na temperatura da solução, que é o que acontece no experimento descrito no primeiro parágrafo.

Suponha que você misture 1 mol de ácido sulfúrico puro com água a uma temperatura e pressão específicas e depois resfrie a mistura a pressão constante para trazê-la até a temperatura inicial. O balanço de energia para este processo a pressão constante é

$$Q = \Delta H = H_{H_2SO_4(aq)} - (H_{H_2SO_4(l)} + H_{H_2O})$$

em que ΔH — a diferença entre a entalpia da solução na temperatura e pressão especificadas e a entalpia total do soluto e do solvente puros nas mesmas T e P — é o *calor de solução* a esta temperatura e pressão. Para a diluição do ácido sulfúrico, sabemos que $Q < 0$ (o recipiente deve ser resfriado para evitar o aumento de temperatura da solução), de forma que ΔH — o calor de solução — é negativo para este processo.

Uma **mistura ideal** é aquela para a qual o calor de mistura ou solução é desprezível, de forma que $H_{mistura} \approx \Sigma n_i \hat{H}_i$, onde n_i é a quantidade do componente i e $\hat{H}_i$ é a entalpia específica do componente puro na temperatura e pressão da mistura. Até aqui, neste livro, admitimos o comportamento de mistura ideal para todas as misturas e soluções. Esta suposição funciona bem para quase todas as misturas gasosas e para misturas líquidas de compostos semelhantes (como misturas de parafinas ou de aromáticos), mas para outras misturas e soluções — como soluções aquosas de ácidos ou bases fortes ou certos gases (como o cloreto de hidrogênio) ou sólidos (como hidróxido de sódio) — os calores de solução devem ser incluídos nos cálculos de balanço de energia. Esta seção descreve os procedimentos requeridos.

8.5a Calores de Solução e Mistura

O **calor de solução** $\Delta \hat{H}_s(T, r)$ é definido como a mudança de entalpia para um processo no qual 1 mol de um soluto (gás ou sólido) é dissolvido em r mols de um solvente líquido a uma temperatura constante T. À medida que r aumenta, $\Delta \hat{H}_s$ se aproxima de um valor limite conhecido como **calor de solução a diluição infinita**. O **calor de mistura** tem o mesmo significado que o calor de solução quando o processo envolve a mistura de dois líquidos em vez da dissolução de um gás ou sólido em um líquido.

O *Perry's Chemical Engineers' Handbook* (veja nota de rodapé 5) fornece calores de solução de várias substâncias em água a 18°C ou a "temperatura ambiente", que é aproximadamente 25°C, nas páginas 2-203 a 2-206. *Atenção:* Os valores dados no Perry são calores produzidos e portanto os *negativos* dos calores de solução ($-\Delta \hat{H}_s$).

Como uma ilustração sobre a forma de usar estes dados, suponha que você deseja calcular ΔH para um processo no qual 2 mols de cianeto de potássio (KCN) são dissolvidos em 400 mols de água a 18°C. Primeiro, calcule os mols de solvente por mols de soluto:

$$r = 400 = 2 = 200 \text{ mol } H_2O/\text{mol KCN}$$

O valor de $-\Delta\hat{H}_s$ (18°C, $r = 200$) é listado como $-3,0$ kcal/mol (significando por mol de KCN dissolvido). A mudança total na entalpia é, portanto

$$\Delta H = n\Delta\hat{H}_s = \frac{2,0\ \text{mol KCN}\ \left|\ 3,0\ \text{kcal}\right.}{\left|\ \text{mol KCN}\right.} = +6,0\ \text{kcal}$$

A Tabela B.11 lista valores de calores de solução a 25°C de HCl(g) e NaOH(s) em água e o calor de mistura a 25°C de H_2SO_4(l) e água. Calores de solução como aqueles dados na Tabela B.11 podem ser usados para determinar diretamente as entalpias específicas de soluções a 25°C em relação ao soluto e solvente puros na mesma temperatura. No entanto, outras escolhas comuns de estado de referência são o solvente puro e a solução infinitamente diluída a 25°C.

Considere, por exemplo, uma solução de ácido clorídrico na qual $r = 10$ mol H_2O/mol HCl. Conforme a Tabela B.11, a entalpia específica desta solução em relação ao HCl(g) puro e H_2O(l) a 25°C é $\Delta\hat{H}_s(r = 10) = -69,49$ kJ/mol HCl. Então, a entalpia da solução em relação a H_2O(l) e a uma solução altamente diluída de HCl (digamos, $r = 10^6$ mol H_2O/mol HCl) é a mudança de entalpia para o processo isotérmico

$$\left\{\begin{array}{l} 1\ \text{mol HCl} \\ 10^6\ \text{mol } H_2O \end{array}\right\} \xrightarrow{25°C} \left\{\begin{array}{l} 1\ \text{mol HCl} \\ 10\ \text{mol } H_2O \end{array}\right\} + (10^6 - 10)\ \text{mol } H_2O(l)$$

Podemos avaliar esta mudança de entalpia usando qualquer estado de referência conveniente — em particular, tomando HCl(g) puro e H_2O(l) a 25°C como referências. Com esta última escolha, $\hat{H}$ para os $(10^6 - 10)$ mols de água pura é igual a zero, e a mudança de entalpia para o processo é, portanto,

$$\begin{aligned} \Delta\hat{H} &= \Delta\hat{H}_s(r = 10) - \Delta\hat{H}_s(r = \infty) \\ &= (-69,49 + 75,14)\ \text{kJ/mol HCl} = 5,65\ \text{kJ/mol HCl} \end{aligned}$$

Em geral, a entalpia de uma solução contendo r mol H_2O/mol de soluto é para os estados de referência de soluto puro e solvente a 25°C e 1 atm

$$\boxed{\hat{H} = \Delta\hat{H}_s(r)} \tag{8.5-1}$$

e para os estados de referência do solvente puro e da solução infinitamente diluída a 25°C e 1 atm

$$\boxed{\hat{H} = \Delta\hat{H}_s(r) - \Delta\hat{H}_s(\infty)} \tag{8.5-2}$$

Note mais uma vez que estas entalpias estão expressas por mol de *soluto*, não por mol de solução.

Teste

(veja *Respostas dos Problemas Selecionados*)

O calor de solução de um soluto A em água a 25°C é -40 kJ/mol A para $r = 10$ mol H_2O/mol A, e -60 kJ/mol A para a diluição infinita.

1. Qual é a entalpia específica (kJ/mol A) de uma solução aquosa de A para a qual $r = 10$ mol H_2O/mol A em relação a
   (a) H_2O pura e A a 25°C?
   (b) H_2O pura e uma solução infinitamente diluída de A?
2. Se 5 mols de A são dissolvidos em 50 mols de H_2O a 25°C, quanto calor é liberado ou absorvido? (Indique qual, observando que $\Delta H = Q$ para este processo.)
3. Quanto calor é liberado ou absorvido se a solução preparada no item 2 é vertida em um grande tanque de água a 25°C?

8.5b Balanços em Processos de Dissolução e Mistura

Quando você estiver escrevendo um balanço de energia para um processo que envolva a formação, a concentração ou a diluição de uma solução para a qual o calor de solução ou mistura não possa ser desprezado, prepare uma tabela de entalpias de entrada e saída considerando a solução como uma única substância e os componentes puros a 25°C como estados de referência. Para calcular a entalpia da solução a uma temperatura $T \neq 25°C$, calcule primeiro a entalpia a 25°C a partir de dados tabelados de calor de solução e depois adicione a mudança de entalpia para o aquecimento ou resfriamento da solução de 25°C até a temperatura T. A mudança de entalpia para esta última etapa deve ser calculada a partir de capacidades caloríficas da solução tabeladas, se elas estão disponíveis [por exemplo, se estão apresentadas nas páginas 2-183 e 2-184 do *Perry's Chemical Engineers' Handbook* (veja nota de rodapé 5)]; se este não for o caso, use a capacidade calorífica média da Equação 8.3-13 para misturas líquidas ou a capacidade calorífica do solvente puro para soluções diluídas.

Exemplo 8.5-1   Produção de Ácido Clorídrico

O ácido clorídrico é produzido pela absorção do HCl gasoso (cloreto de hidrogênio) em água. Calcule o calor que deve ser transferido de ou para uma unidade de absorção se HCl(g) a 100°C e H$_2$O(l) a 25°C são combinados para produzir 1000 kg/h de uma solução aquosa 20,0% em peso de HCl a 40°C.

Solução   É recomendável determinar as quantidades ou vazões molares dos componentes de todas as soluções de alimentação e produto antes de desenhar e rotular o fluxograma. Neste caso

1000 kg/h de 20,0% em peso de HCl(aq)

$$\dot{n}_{HCl} = \frac{1000 \text{ kg}}{\text{h}} \bigg| \frac{0,200 \text{ kg HCl}}{\text{kg}} \bigg| \frac{10^3 \text{ mol}}{36,5 \text{ kg HCl}} = 5480 \text{ mol HCl/h}$$

$$\dot{n}_{H_2O} = \frac{1000 \text{ kg}}{\text{h}} \bigg| \frac{0,800 \text{ kg H}_2\text{O}}{\text{kg}} \bigg| \frac{10^3 \text{ mol}}{18,0 \text{ kg H}_2\text{O}} = 44.400 \text{ mol H}_2\text{O/h}$$

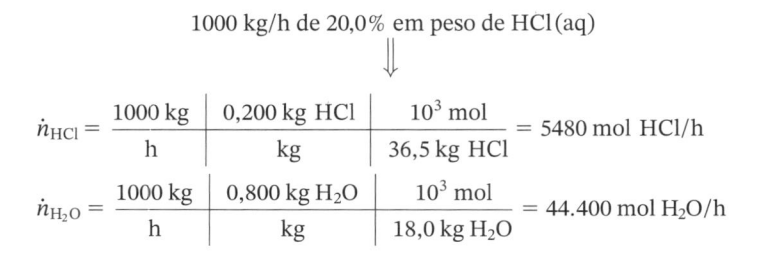

A tabela de entalpias para o processo é mostrada abaixo. Como sempre, são usados dados de propriedades físicas válidos a $P = 1$ atm, e os efeitos de qualquer diferença de pressão que possa ocorrer no processo sobre a entalpia são desprezados. Note que o valor de $\dot{n}$ para a solução produto é a vazão molar do soluto (HCl) em vez da solução, já que a entalpia será determinada em kJ/mol de soluto.

Referências: HCl(g), H$_2$O(l) a 25°C e 1 atm

Substância	$\dot{n}_{entrada}$	$\hat{H}_{entrada}$	$\dot{n}_{saída}$	$\hat{H}_{saída}$
HCl(g)	5480 mol HCl	$\hat{H}_1$ (kJ/mol HCl)	—	—
H$_2$O(l)	44.400 mol H$_2$O	0	—	—
HCl(aq)	—	—	5480 mol HCl	$\hat{H}_2$ (kJ/mol HCl)

Calcule $\hat{H}_1$ e $\hat{H}_2$

$$HCl(g, 25°C) \rightarrow HCl(g, 100°C)$$

$$\hat{H}_1 = \Delta\hat{H} = \int_{25°C}^{100°C} C_p \, dT$$

$$\Big\Downarrow C_p \text{ para HCl(g) da Tabela B.2}$$

$$\hat{H}_1 = 2{,}178 \text{ kJ/mol}$$

Para a solução produto,

$$r = (44.400 \text{ mol } H_2O) = (5480 \text{ mol } HCl) = 8,10$$

$$HCl(g, 25°C) + 8,10\ H_2O(l, 25°C) \xrightarrow{\Delta\hat{H}_a} HCl(aq, 25°C) \xrightarrow{\Delta\hat{H}_b} HCl(aq, 40°C)$$

$$\Delta\hat{H}_a = \Delta\hat{H}_s(25°C, r = 8,1) \xRightarrow{\text{Tabela B.11}} -67,4 \text{ kJ/mol } HCl$$

As capacidades caloríficas de soluções aquosas de ácido clorídrico são mostradas na p. 2-183 do *Perry's Chemical Engineers' Handbook* (veja nota de rodapé 5) como função das frações molares de HCl na solução, que no nosso problema é

$$\frac{5480 \text{ mol } HCl/h}{(5480 + 44{,}400) \text{ mol/h}} = 0{,}110 \text{ mol } HCl/\text{mol}$$

$$\Downarrow$$

$$C_p = \frac{0{,}73 \text{ kcal}}{\text{kg·}°C} \left| \frac{1000 \text{ kg solução}}{5480 \text{ mol } HCl} \right| \frac{4{,}184 \text{ kJ}}{\text{kcal}} = 0{,}557 \frac{\text{kJ}}{\text{mol } HCl·°C}$$

$$\Delta\hat{H}_b = \int_{25°C}^{40°C} C_p \, dT = 8{,}36 \text{ kJ/mol } HCl$$

$$\Downarrow$$

$$\hat{H}_2 = \Delta\hat{H}_a + \Delta\hat{H}_b = (-67{,}4 + 8{,}36) \text{ kJ/mol } HCl = -59{,}0 \text{ kJ/mol } HCl$$

Balanço de Energia

$$\dot{Q} = \Delta\hat{H} = \sum_{\text{saída}} \dot{n}_i\hat{H}_i - \sum_{\text{entrada}} \dot{n}_i\hat{H}_i$$

$$= (5480 \text{ mol } HCl/h)(-59{,}0 \text{ kJ/mol } HCl) - (5480 \text{ mol } HCl/h)(2{,}178 \text{ kJ/mol } HCl)$$

$$= \boxed{-3{,}35 \times 10^5 \text{ kJ/h}}$$

O calor precisa ser transferido para fora do absorvedor com uma taxa de 335.000 kJ/h para evitar que a temperatura do produto se eleve acima dos 40°C.

8.5c Diagramas Entalpia-Concentração — Uma Única Fase Líquida

Os cálculos de balanço de energia em sistemas em fase líquida envolvendo misturas podem ser tediosos quando os calores de mistura são significativos. Os cálculos podem ser simplificados para sistemas binários (dois componentes) usando-se um **diagrama de entalpia-concentração**, um gráfico da entalpia específica *versus* a fração molar (ou porcentagem molar) ou fração mássica (ou porcentagem em peso) de um componente. Um diagrama $\hat{H}$-x para soluções aquosas de ácido sulfúrico a várias temperaturas é mostrado na Figura 8.5-1. As condições de referência para as entalpias representadas são o H_2SO_4 líquido puro a 77°F e a água líquida a 32°F.

Os pontos sobre as isotermas da Figura 8.5-1 foram determinados usando-se o procedimento mostrado na seção anterior. Suponha, por exemplo, que você deseja calcular a entalpia específica (Btu/lb$_m$) de uma solução 40% em peso de ácido sulfúrico a 120°F. Se você conhece o calor de mistura do ácido sulfúrico a 77°F, a trajetória de processo que você seguiria seria trazer a água líquida pura desde sua temperatura de referência de 32°F até 77°F (o ácido sulfúrico começa em 77°F e portanto não precisa deste passo), misturar os dois líquidos a 77°F, trazer a solução produto até 120°F e calcular e somar as mudanças de entalpia para cada uma destas etapas.

Base: 1 lb$_m$ solução ($\Rightarrow$ 0,40 lb$_m$ H_2SO_4 = 4,08 × 10^{-3} lb-mol, 0,60 lb$_m$ H_2O = 3,33 × 10^{-2} lb-mol)

• 0,60 lb$_m$ H_2O(l, 32°F) → 0,60 lb$_m$ H_2O(l, 77°F)

$$\Delta H_1(\text{Btu}) = (0{,}60 \text{ lb}_m \text{ } H_2O)\left[\int_{32°F}^{77°F} (C_p)_{H_2O} \, dT\right]\left(\frac{\text{Btu}}{\text{lb}_m}\right)$$

A capacidade calorífica da água líquida é aproximadamente 1 Btu/(lb$_m$·°F).

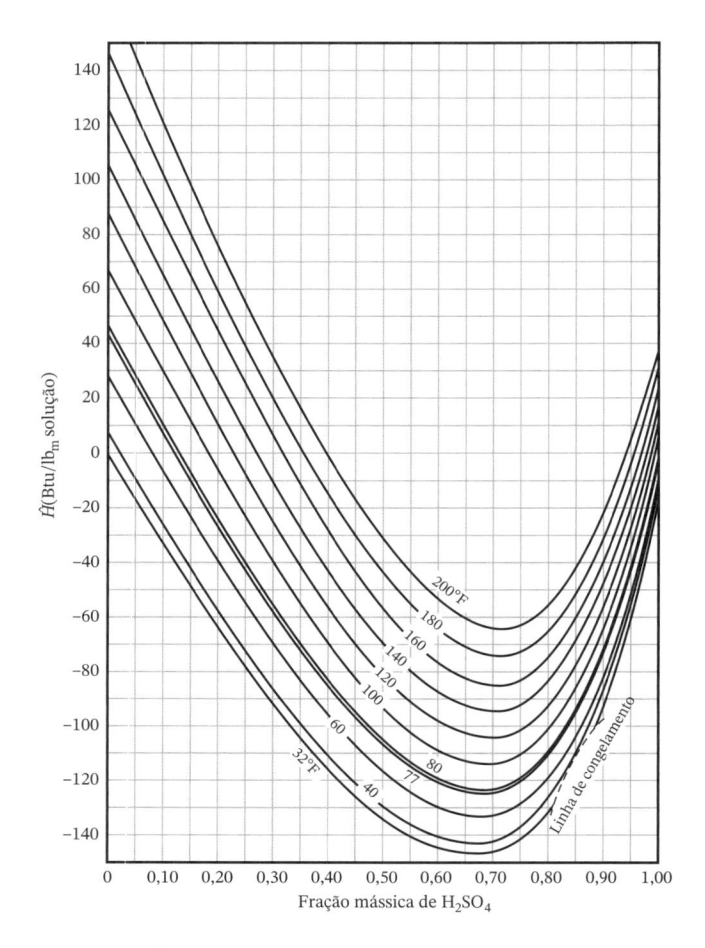

FIGURA 8.5-1 Diagrama entalpia-concentração para $H_2SO_4 - H_2O$. (A partir dos dados de W. D. Ross, *Chem. Eng. Progr.*, **43**:314, 1952.)

- $0{,}40\ lb_m\ H_2SO_4(77°F) + 0{,}60\ lb_m\ H_2O(77°F) \rightarrow 1{,}0\ lb_m$ solução de $H_2SO_4(aq, 77°F)$

$$\Delta H_2(\text{Btu}) = (0{,}40\ lb_m\ H_2SO_4)\left[\Delta\hat{H}_s\left(77°F, r = 8{,}2\frac{\text{lb-mol}\ H_2O}{\text{lb-mol}\ H_2SO_4}\right)\left(\frac{\text{Btu}}{lb_m\ H_2SO_4}\right)\right]$$

O calor de mistura pode ser determinado a partir dos dados da Tabela B.11 como $-279\ \text{Btu/lb}_m$ H_2SO_4.

- $1{,}0\ lb_m$ solução de $H_2SO_4(aq, 77°F) \rightarrow 1{,}0\ lb_m$ solução de $H_2SO_4(aq, 120°F)$

$$\Delta H_3(\text{Btu}) = (1{,}0\ lb_m)\int_{77°F}^{120°F} (C_p)_{40\%\ H_2SO_4(aq)}\,dT$$

A capacidade calorífica da solução 40% em peso de ácido sulfúrico é aproximadamente 0,67 $\text{Btu}/(lb_m\cdot°F)$.[15]

- $\hat{H}(40\%\ H_2SO_4, 120°F) = \dfrac{(\Delta H_1 + \Delta H_2 + \Delta H_3)(\text{Btu})}{1{,}0\ lb_m\ \text{solução}} \approx \boxed{-56\ \text{Btu/lb}_m}$

(Verifique se este é o valor mostrado na Figura 8.5-1.)

Se qualquer outra temperatura de referência que não 77°F tivesse sido escolhida para o ácido sulfúrico, outra etapa deveria ter sido incluída, na qual o H_2SO_4 fosse trazido deste T_{ref} até 77°F antes da mistura.

---

[15]R. H. Perry e D. W. Green, Eds., *Perry's Chemical Engineers' Handbook*, 8ª Edição, McGraw-Hill, New York, 2008, p. 2-184.

Uma vez que alguém teve o trabalho de preparar um diagrama de entalpia-concentração como o da Figura 8.5-1, os cálculos de balanço de energia ficam relativamente simples, como mostra o Exemplo 8.5-2.

Exemplo 8.5-2 | Concentração de uma Solução Aquosa de H_2SO_4

Uma solução 5,0% em peso de H_2SO_4 a 60°F deve ser concentrada até 40,0% em peso pela evaporação da água. A solução concentrada e o vapor de água saem do evaporador a 180°F e 1 atm. Calcule a taxa na qual o calor deve ser transferido ao evaporador para processar 1000 lb_m/h da solução de alimentação.

Solução **Base: Vazão Dada de Alimentação da Solução 5%**

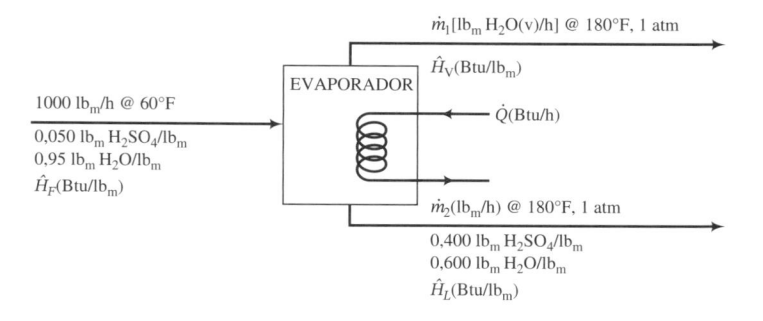

Balanço de H_2SO_4: $(0,050)(1000)\,lb_m/h = 0,400\dot{m}_2 \implies \dot{m}_2 = 125\,lb_m/h$

Balanço de Massa Total: $1000\,lb_m/h = \dot{m}_1 + \dot{m}_2 \xoverset{\dot{m}_2 = 125\,lb_m/h}{=\!=\!=\!=\!=\!=\!\Longrightarrow} \dot{m}_1 = 875\,lb_m/h$

Estados de Referência para o Balanço de Energia: $H_2O(l, 32°F), H_2SO_4(l, 77°F)$

Com base na Figura 8.5-1:

$$\hat{H}_F = 10\,Btu/lb_m \quad (5\%\ H_2SO_4\ a\ 60°F)$$
$$\hat{H}_L = -17\,Btu/lb_m \quad (40\%\ H_2SO_4\ a\ 180°F)$$

A entalpia do vapor de água a 180°F e 1 atm em relação à água líquida a 32°F pode ser obtida das tabelas de vapor no *Perry's Chemical Engineers' Handbook* (veja nota de rodapé 5) como

$$\hat{H}_V = 1138\,Btu/lb_m$$

Balanço de Energia: $$\dot{Q} = \Delta\dot{H} = \dot{m}_1\hat{H}_V + \dot{m}_2\hat{H}_L - (1000\,lb_m/h)\hat{H}_F$$
$$= [(875)(1138) + (125)(-17) - (1000)(10)]\,Btu/h$$
$$= \boxed{984,000\,Btu/h}$$

Compare a facilidade deste cálculo com a do Exemplo 8.5-1. O diagrama de entalpia concentração elimina a necessidade de todas as etapas hipotéticas de aquecimento, resfriamento e mistura isotérmica que normalmente seriam necessários para avaliar a mudança total de entalpia para o processo.

Os processos de *mistura adiabática* são particularmente simples de se analisar quando está disponível um diagrama $\hat{H}-x$. Suponha que x_A é a fração mássica de A em uma mistura de duas espécies, A e B, e que uma massa m_1 da Solução 1 $(x_{A1}, \hat{H}_1)$ é misturada adiabaticamente com uma massa m_2 da Solução 2 $(x_{A2}, \hat{H}_2)$. Mostraremos que a condição da mistura resultante, $(x_{A3}, \hat{H}_3)$, se encontra sobre uma linha reta no diagrama $\hat{H}$-x entre os pontos correspondentes às condições das correntes de alimentação.

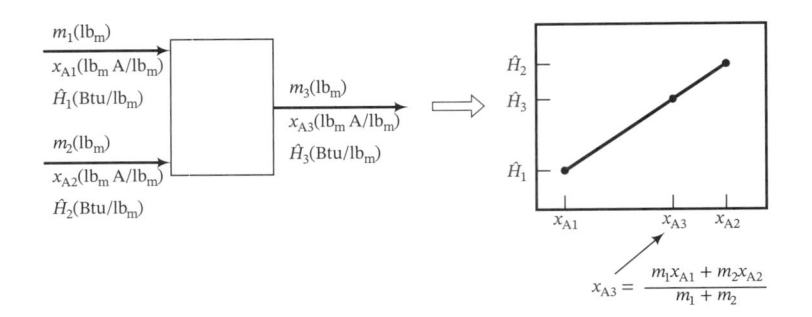

Para provar este resultado, escrevemos um balanço de massa total, um balanço de massa da espécie A e um balanço de energia ($\Delta H = 0$ para este processo em batelada a pressão constante):

Balanço de Massa Total: $\qquad m_1 + m_2 = m_3$ **(a)**

Balanço de A: $\qquad m_1 x_{A1} + m_2 x_{A2} = m_3 x_{A3}$ **(b)**

$\Big\Downarrow$ Substituir m_3 a partir de (a) e rearranjar

$$m_1(x_{A3} - x_{A1}) = m_2(x_{A2} - x_{A3})$$ **(c)**

Balanço de Energia: $\qquad \Delta H = m_3\hat{H}_3 - m_1\hat{H}_1 - m_2\hat{H}_2 = 0$

$\Big\Downarrow$ Substituir m_3 a partir de (a) e rearranjar

$$m_1(\hat{H}_3 - \hat{H}_1) = m_2(\hat{H}_2 - \hat{H}_3)$$ **(d)**

Dividindo (d) por (c) obtém-se

$$\frac{\hat{H}_3 - \hat{H}_1}{x_{A3} - x_{A1}} = \frac{\hat{H}_2 - \hat{H}_3}{x_{A2} - x_{A3}}$$ **(e)**

Já que a inclinação do segmento de reta que vai de $(x_{A1}, \hat{H}_1)$ até $(x_{A3}, \hat{H}_3)$ (o lado esquerdo desta equação) é igual à inclinação do segmento que vai de $(x_{A3}, \hat{H}_3)$ até $(x_{A2}, \hat{H}_2)$ (o lado direito), e que os segmentos têm um ponto em comum, os três pontos devem estar sobre uma linha reta. O valor de x_{A3} pode ser calculado pelas Equações a e b:

$$x_{A3} = \frac{m_1 x_{A1} + m_2 x_{A2}}{m_1 + m_2}$$ **(8.5-3)**

Segue-se que, se duas soluções de alimentação e massa e composições conhecidas ($m_i, x_i, i = 1, 2$) são misturadas de forma adiabática e você possui um diagrama $\hat{H}$-x, você pode (i) calcular x_3 para a mistura resultante a partir da Equação 8.5-3, (ii) traçar uma linha reta conectando os pontos correspondentes às duas alimentações no diagrama, e (iii) ler a entalpia e temperatura da mistura resultante a partir do ponto sobre a reta de conexão para o qual $x = x_3$.

Exemplo 8.5-3 | **Mistura Adiabática**

Água pura a 60°F é misturada com 100 g de uma solução aquosa 80% em peso de H_2SO_4, também a 60°F. O recipiente de mistura é suficientemente bem isolado como para ser considerado adiabático.

1. Se 250 g H_2O são misturados com o ácido, qual será a temperatura final da solução?
2. Qual é a máxima temperatura de solução atingível e quanta água deve ser adicionada para atingi-la?

Solução 1. A partir da Equação 8.5-3, a fração mássica de H_2SO_4 na solução produto é

$$x_p = \frac{[(100)(0,80) + (250)(0)]\,g\,H_2SO_4}{(100 + 250)\,g} = 0,23\,g\,H_2SO_4/g$$

Uma linha reta na Figura 8.5-1 entre os pontos ($x = 0$, $T = 60°F$) e ($x = 0,80$, $T = 60°F$) passa pelo ponto ($x = 0,23$, $\boxed{T \approx 100°F}$). (Verifique este resultado.)

2. A linha entre $(x = 0, T = 60°F)$ e $(x = 0,80, T = 60°F)$ passa através de um máximo na temperatura a aproximadamente $(x \approx 0,58,$ $\boxed{T \approx 150°F}$). (*Verifique.*) Pela Equação 8.5-3,

$$0,58 = \frac{(100)(0,80)\,g + (m_w)(0)}{100\,g + m_w} \Longrightarrow \boxed{m_w = 38\,g\,H_2O}$$

A construção gráfica destas soluções é ilustrada abaixo.

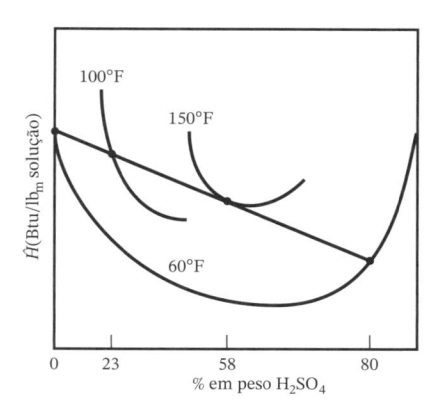

Teste	Use a Figura 8.5-1 para responder às seguintes questões.
(veja *Respostas dos Problemas Selecionados*)	**1.** Qual é a entalpia específica de uma solução 80% em peso de H_2SO_4(aq, 110°F) em relação ao H_2SO_4 puro a 77°F e à água pura a 32°F?

1. Qual é a entalpia específica de uma solução 80% em peso de H_2SO_4(aq, 110°F) em relação ao H_2SO_4 puro a 77°F e à água pura a 32°F?

2. Os pontos de interceptação de 100% em peso das isotermas da Figura 8.5-1 são difíceis de ler. Quais as isotermas que devem ter um ponto de interceptação a 0 Btu/lb$_m$? (Sua resposta deve ser uma temperatura.)

3. Água pura a 32°F é usada para diluir uma solução 90% em peso de H_2SO_4(aq, 32°F). Estime a temperatura máxima que a solução produto pode atingir e a concentração de ácido sulfúrico (% em peso) nesta solução.

4. Estime (a) a entalpia específica de uma solução 30% em peso de H_2SO_4(aq, 77°F) e (b) a entalpia específica de uma solução 30% obtida misturando adiabaticamente água pura a 77°F e ácido sulfúrico puro a 77°F. Qual é o significado físico da diferença entre estas duas entalpias?

8.5d Usando os Diagramas Entalpia-Concentração para Cálculos de Equilíbrio Líquido-Vapor

Os diagramas entalpia-concentração são particularmente úteis para sistemas de dois componentes nos quais as fases líquida e vapor estão em equilíbrio. A regra das fases de Gibbs (Equação 6.2-1) especifica que um sistema deste tipo tem $(2 + 2 - 2) = 2$ graus de liberdade. Se, como antes, fixamos a pressão do sistema, então, especificando apenas mais uma variável intensiva — a temperatura do sistema, ou a fração mássica ou molar de qualquer um dos dois componentes em qualquer uma das duas fases — fixamos os valores de todas as outras variáveis intensivas das duas fases. Um diagrama $\hat{H}$-x para o sistema amônia-água a 1 atm é mostrado na Figura 8.5-2. As entalpias específicas das soluções aquosas e misturas gasosas de amônia e água em equilíbrio são mostradas nas duas curvas da figura. Cada fase é dita estar *saturada*.

Suponha que a fração mássica de amônia em uma solução líquida de NH_3 e H_2O a 1 atm é especificada como 0,25. De acordo com a regra das fases, a temperatura do sistema e a fração mássica de NH_3 na fase vapor ficam determinadas de forma única por estas especificações. (*Verifique.*) Portanto, pode ser traçada uma **linha de amarração** sobre o diagrama entalpia-concentração desde $x = 0,25$ na curva da fase líquida até o ponto correspondente na curva da fase vapor, que está em $y = 0,95$; e a linha de amarração pode ser rotulada com a temperatura correspondente, 100°F. Várias linhas de amarração construídas desta maneira são mostradas na Figura 8.5-2; uma vez traçadas, as linhas podem ser usadas para determinar a composição de equilíbrio e a entalpia específica de cada fase na temperatura especificada.

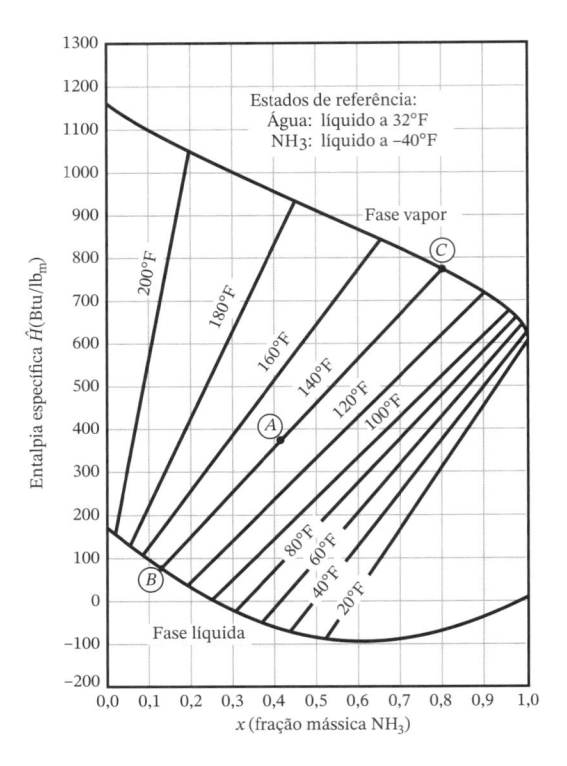

FIGURA 8.5-2 Diagrama entalpia concentração para o sistema amônia-água a 1 atm. (De G. G. Brown et al., *Unit Operations*, © 1950, Figura 551. Reproduzido com permissão de John Wiley & Sons.)

Exemplo 8.5-4	Uso do Diagrama Entalpia-Concentração para um Sistema de Duas Fases

Uma solução aquosa de amônia está em equilíbrio com uma fase vapor em um sistema fechado a 160°F e 1 atm. A fase líquida responde por 95% da massa total do sistema. Use a Figura 8.5-2 para determinar a porcentagem em peso de NH_3 em cada fase e a entalpia do sistema por unidade de massa do seu conteúdo.

Solução   As frações mássicas da amônia e as entalpias específicas de cada fase podem ser lidas a partir das interseções da linha de amarração a 160°F com as curvas de equilíbrio líquido e vapor na Figura 8.5-2.

Fase Líquida: $\boxed{8\% \text{ } NH_3, 92\% \text{ } H_2O}$ $\hat{H}_L = 110 \text{ Btu/lb}_m$

Fase Vapor: $\boxed{64\% \text{ } NH_3, 36\% \text{ } H_2O}$ $\hat{H}_V = 855 \text{ Btu/lb}_m$

Base: 1 lb_m massa total $\Longrightarrow$ 0,95 lb_m líquido, 0,05 lb_m vapor

$$\hat{H}(\text{Btu/lb}_m) = \frac{0,95 \text{ lb}_m \text{ líquido}}{\text{lb}_m} \bigg| \frac{110 \text{ Btu}}{\text{lb}_m} + \frac{0,05 \text{ lb}_m \text{ vapor}}{\text{lb}_m} \bigg| \frac{855 \text{ Btu}}{\text{lb}_m}$$

$$= \boxed{147 \text{ Btu/lb}_m}$$

Se a composição global de um sistema de duas fases e dois componentes a uma temperatura e pressão dadas é conhecida, a fração do sistema que é líquido ou vapor pode ser facilmente determinada pelo diagrama entalpia-concentração.

Suponha, por exemplo, que uma mistura de amônia e água 40% em peso de NH_3 está contida em um recipiente fechado a 140°F e 1 atm. O ponto A na Figura 8.5-2 corresponde a esta condição. Já que este ponto está entre as curvas de equilíbrio líquido e vapor, a mistura separa-se em duas fases cujas composições são encontradas nas extremidades da linha de amarração de 140°F (pontos B e C).

Em geral, se F, L e V são a massa total da mistura, a massa da fase líquida e a massa da fase vapor, respectivamente, e x_F, x_L e x_V são as frações mássicas de NH_3 correspondentes, então

Balanço Total: $$F = L + V \qquad\qquad (8.5\text{-}4)$$

Balanço de NH₃: $\qquad x_F F = x_L L + x_V V \qquad$ **(8.5-5)**

Substituindo a expressão para F da Equação 8.5-4 na Equação 8.5-5 e rearranjando o resultado, obtém-se

$$\frac{L}{V} = \frac{x_V - x_F}{x_F - x_L} \qquad (8.5\text{-}6)$$

A linha de amarração em questão aparece como mostrado abaixo:

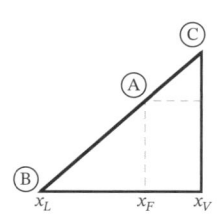

A partir das propriedades de triângulos semelhantes, o lado direito da Equação 8.5-6 é igual à razão das distâncias $\overline{AC}/\overline{AB}$. Provamos então a seguinte regra geral: se A, B e C são os pontos sobre uma linha de amarração correspondentes à mistura total, à fase líquida e à fase vapor, respectivamente, e se F, L e V são as massas correspondentes, então a razão líquido para vapor é

$$\frac{L}{V} = \frac{x_V - x_F}{x_F - x_L} = \frac{\overline{AC}}{\overline{AB}} \qquad (8.5\text{-}7)$$

Esta é a *regra da alavanca*. Também não é difícil provar que as frações mássicas das fases líquida e vapor são

$$\frac{L}{F} = \frac{x_V - x_F}{x_V - x_L} = \frac{\overline{AC}}{\overline{BC}} \qquad (8.5\text{-}8)$$

$$\frac{V}{F} = \frac{x_F - x_L}{x_V - x_L} = \frac{\overline{AB}}{\overline{BC}} \qquad (8.5\text{-}9)$$

Uma vez que você localizou a mistura total no diagrama para um conjunto especificado de condições de alimentação, torna-se uma tarefa simples determinar as composições, entalpias e proporções relativas de cada fase, o que demoraria muito mais tempo se não existisse o diagrama.

Exemplo 8.5-5 | Vaporização de Equilíbrio Flash

Uma solução 30% em peso de NH_3 a 100 psia é fornecida com uma vazão de 100 lb_m/h a um tanque no qual a pressão é 1 atm. A entalpia da solução de alimentação em relação às condições de referência usadas para construir a Figura 8.5-2 é 100 Btu/lb_m. A composição do vapor deve ser 89% em peso de NH_3. Determine a temperatura das correntes que saem do tanque, a fração mássica de NH_3 no produto líquido, as vazões das correntes de produto líquido e vapor e a taxa na qual o valor deve ser transferido para o vaporizador.

Solução **Base: 100 lb_m/h de Alimentação**

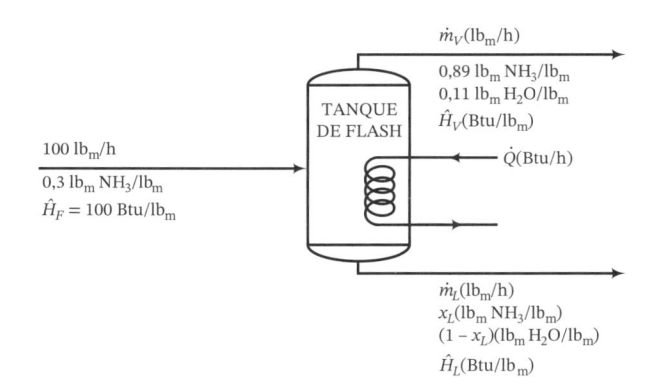

Pela Figura 8.5-2,

$$x_V = 0,89 \text{ lb}_m \text{ NH}_3/\text{lb}_m$$

$$\boxed{T = 120°\text{F}}$$

$$\boxed{x_L = 0,185 \text{ lb}_m \text{ NH}_3/\text{lb}_m}$$

$$\hat{H}_V = 728 \text{ Btu/lb}_m$$

$$\hat{H}_L = 45 \text{ Btu/lb}_m$$

A partir da Equação 8.5-8

$$\frac{\dot{m}_L}{100 \text{ lb}_m/\text{h}} = \frac{x_V - x_F}{x_V - x_L}$$

$$\Downarrow$$

$$\dot{m}_L = (100 \text{ lb}_m/\text{h})\frac{0,89 - 0,30}{0,89 - 0,185} = \boxed{84 \text{ lb}_m/\text{h produto líquido}}$$

$$\dot{m}_V = (100 - 84) \text{ lb}_m/\text{h} = \boxed{16 \text{ lb}_m/\text{h produto vapor}}$$

Balanço de Energia:

$$\dot{Q} = \Delta\dot{H} = \dot{m}_V\hat{H}_V + \dot{m}_L\hat{H}_L - 100\hat{H}_F$$

$$= [(16)(728) + (84)(45) - (100)(100)] \text{ Btu/h} = \boxed{5400 \text{ Btu/h}}$$

Teste	Use a Figura 8.5-2 para os seguintes cálculos.
(veja *Respostas dos Problemas Selecionados*)	**1.** Estime (a) a temperatura na qual a fração mássica de NH_3 na fase vapor de um sistema de duas fases é igual a 0,85 e (b) a correspondente fração mássica de NH_3 na fase líquida. **2.** Qual é o calor de vaporização de NH_3 no seu ponto de ebulição normal? **3.** Se uma mistura NH_3-H_2O cuja composição global é 50% NH_3-50% H_2O está em equilíbrio a 120°F, que fração da mistura é vapor?

8.6 RESUMO

Um balanço integral de energia (a primeira lei da termodinâmica) para um sistema fechado de volume constante no qual não há mudanças nas energias cinética ou potencial ($\Delta E_k = 0$, $\Delta E_p = 0$) e não há energia transferida para dentro ou para fora na forma de trabalho ($W = 0$) é

$$Q = \Delta U = \sum_{\text{final}} n_i\hat{U}_i - \sum_{\text{inicial}} n_i\hat{U}_i$$

Para um sistema fechado se expandindo ou contraindo contra uma pressão externa constante, o balanço é

$$Q = \Delta H = \sum_{\text{final}} n_i\hat{H}_i - \sum_{\text{inicial}} n_i\hat{H}_i$$

Para um sistema aberto no estado estacionário com mudanças desprezíveis nas energias cinética e potencial entre a entrada e a saída e onde não há energia transferida como trabalho no eixo, o balanço é

$$\dot{Q} = \Delta\dot{H} = \sum_{\text{saída}} \dot{n}_i\hat{H}_i - \sum_{\text{entrada}} \dot{n}_i\hat{H}_i$$

Nestas equações, n é a quantidade (massa ou mols) de uma espécie em um dos seus estados inicial ou final dentro do processo, $\dot{n}$ é vazão (molar ou mássica) de uma espécie em uma corrente contínua entrando ou saindo do processo, e $\hat{U}$ e $\hat{H}$ são, respectivamente, a energia interna específica e a entalpia específica de uma espécie em um estado do processo em relação a um estado de referência especificado para a mesma espécie.

Este capítulo apresenta fórmulas e métodos para avaliar $\hat{U}$ e $\hat{H}$ (e portanto ΔU, ΔH e $\Delta\dot{H}$) quando não existem disponíveis tabelas de entalpias e energias internas. Eis o procedimento geral:

1. Escolha um estado de referência (fase, temperatura e pressão) para cada espécie envolvida no processo.
2. Escolha uma trajetória a partir do estado de referência até cada estado inicial e final (ou de entrada e de saída) do processo para cada espécie e avalie $\hat{U}_i$ (ou $\hat{H}_i$) como $\Delta\hat{U}$ (ou $\Delta\hat{H}$) para a transição do estado de referência até o estado do processo.
3. Uma vez que todos os valores de $\hat{U}_i$ (ou $\hat{H}_i$) sejam determinados desta maneira, e todos os n_i (ou $\dot{n}_i$) forem determinados a partir de balanços de massa, massas específicas ou equações de estado e relações de equilíbrio de fase, calcule ΔU, ΔH ou $\Delta\dot{H}$ e substitua o resultado no balanço de energia para determinar qualquer variável que seja desconhecida (geralmente o calor, Q, ou a taxa de transferência de calor, $\dot{Q}$).

A seguir estão alguns pontos importantes para a implementação deste procedimento para vários tipos de processo. Cada etapa pode ser convenientemente executada em uma planilha.

- Os cálculos de balanço de energia para um sistema (uma unidade de processo ou uma combinação de unidades) ficam organizados convenientemente através da construção de uma *tabela de energias internas* (ou *entalpias*) *de entrada-saída*. A tabela enumera n (ou $\dot{n}$) e $\hat{U}$ (ou $\hat{H}$) para cada espécie em cada estado (fase, temperatura, pressão) no qual a espécie aparece nas correntes do processo. Uma vez que todos os valores destas variáveis tenham sido determinados e inseridos na tabela, a subsequente avaliação de ΔU, ΔH ou $\Delta\dot{H}$ é direta.

- O fato de a energia interna e a entalpia serem *propriedades de estado* significa que pode ser escolhida qualquer trajetória conveniente de processo desde um estado de referência até um estado do processo, mesmo que o processo real siga uma trajetória diferente. Como regra, você deve escolher uma trajetória que permita usar dados de capacidades caloríficas, temperaturas de transição de fase e calores latentes tabelados em uma referência disponível (como este livro).

- *Variações na pressão a temperatura constante.* Para uma espécie submetida a uma mudança isotérmica na pressão, ΔP,

  $\Delta\hat{U} \approx 0$ para sólidos, líquidos e gases próximos da idealidade. Para gases ideais, $\Delta\hat{U} = 0$.

  $\Delta\hat{H} \approx \hat{V}\Delta P$ para sólidos e líquidos, onde $\hat{V}$ é o volume específico (admitido como constante) do sólido ou do líquido.

  $\Delta\hat{H} \approx 0$ para gases próximos da idealidade ou para variações moderadamente pequenas da pressão (da ordem de umas poucas atmosferas). Para gases ideais, $\Delta\hat{H} = 0$.

  Se os gases estão em condições muito distantes daquelas de um gás perfeito, você deve usar tabelas de propriedades termodinâmicas (como as tabelas de vapor para água) ou correlações termodinâmicas além do escopo deste livro para determinar $\Delta\hat{U}$ ou $\Delta\hat{H}$.

- *Variações na temperatura.* A energia interna específica de uma espécie aumenta com o aumento da temperatura. Se uma espécie é aquecida a volume constante e é feito um gráfico de $\hat{U}$ *versus* T, a inclinação da curva resultante é a *capacidade calorífica a volume constante* da espécie, $C_v(T)$, ou $C_v(\partial\hat{U}/\partial T)_{\hat{V}\,\text{constante}}$. Se uma espécie sofre uma variação de temperatura de T_1 a T_2 sem mudar de fase,

$$\Delta\hat{U} \approx \int_{T_1}^{T_2} C_v(T)\,dT$$

Esta equação é

(a) exata para um gás ideal, mesmo se $\hat{V}$ muda durante o processo de aquecimento ou resfriamento. (Para um gás ideal, $\hat{U}$ não depende de $\hat{V}$.)

(b) uma boa aproximação para um sólido ou líquido.

(c) válida para um gás não ideal apenas se $\hat{V}$ é constante.

- A entalpia específica de uma espécie ($\hat{H} = \hat{U} + P\hat{V}$) também aumenta com o aumento de temperatura. Se uma espécie é aquecida a pressão constante e é traçado um gráfico de $\hat{H}$ *versus* T, a inclinação da curva resultante é a *capacidade calorífica a pressão constante* da espécie, $C_p(T)$, ou $C_p = (\partial\hat{H}/\partial T)_{P\,\text{constante}}$. Segue-se que, se um *gás* sofre uma variação de temperatura de T_1 a T_2, com ou sem uma variação correspondente na pressão,

$$\Delta\hat{H} \approx \int_{T_1}^{T_2} C_p(T)\,dT$$

Esta equação é

(a) exata para um gás ideal, mesmo se P muda durante o processo de aquecimento ou resfriamento. (Para um gás ideal, $\hat{H}$ não depende de P.)

(b) válida para um gás não ideal apenas se P é constante.

Se um líquido ou um sólido sofre uma mudança de temperatura de T_1 a T_2 e uma variação simultânea na pressão, ΔP, então

$$\Delta\hat{H} \approx \hat{V}\Delta P + \int_{T_1}^{T_2} C_p(T)\,dT$$

- A Tabela B.2 lista os coeficientes de expressões polinomiais para $C_p(T)[\text{kJ/(mol·°C)}]$ a $P = 1$ atm. As expressões devem ser precisas para sólidos, líquidos e gases ideais a qualquer pressão e para gases não ideais apenas a 1 atm.

- Para determinar uma expressão ou valor para $C_v(T)$ a partir de uma expressão ou valor conhecido de $C_p(T)$, use uma das seguintes relações:

  Líquidos e Sólidos: $C_v \approx C_p$

  Gases Ideais: $C_v = C_p - R$

  em que R é a constante dos gases. Já que a unidade grau no denominador da capacidade calorífica é um intervalo de temperatura, R pode ser diretamente subtraído das expressões para C_p da Tabela B.2.

- A capacidade calorífica de um sólido ou de um líquido pode ser estimada, na falta de dados tabelados, usando-se a *regra de Kopp* (Seção 8.3c).

- Se estão disponíveis apenas dados tabelados de C_p ou C_v a temperaturas discretas, as integrais nas expressões para $\Delta\hat{U}$ e $\Delta\hat{H}$ devem ser avaliadas por *integração numérica*, usando-se fórmulas como as dadas no Apêndice A.3.

- *Mudanças de fase a pressão e temperatura constantes.* Os *calores latentes* são variações na entalpia específica associadas com mudanças de fase a T e P constantes. Por exemplo, o *calor latente de fusão* (normalmente chamado de *calor de fusão*), $\Delta\hat{H}_m(T, P)$, é a variação de entalpia para o processo no qual um sólido à temperatura T e pressão P se transforma em um líquido nas mesmas temperatura e pressão, e o *calor de vaporização*, $\Delta\hat{H}_v(T, P)$ é $\Delta\hat{H}$ para o processo no qual um líquido a T e P se transforma em um vapor nas mesmas T e P.

- A Tabela B.1 enumera *calores padrões de fusão e de vaporização* para uma quantidade de espécies, ou $\Delta\hat{H}_m$ e $\Delta\hat{H}_v$ nas temperaturas normais de fusão e de ebulição ($P = 1$ atm), que também aparecem na Tabela B.1. Se não há dados disponíveis de calor latente para uma espécie, $\Delta\hat{H}_m$ e $\Delta\hat{H}_v$ podem ser estimados usando fórmulas dadas na Seção 8.4b.

- Você pode usar as fórmulas acima para determinar a entalpia específica de qualquer espécie em um estado em relação à espécie em outro estado. Por exemplo, para calcular $\hat{H}$ para o vapor de benzeno a 300°C e 15 atm em relação ao benzeno sólido no estado de referência -20°C e 1 atm, você pode seguir as seguintes etapas.

1. Aquecer o sólido desde a temperatura de referência (-20°C) até o seu ponto de ebulição normal, T_m, que, de acordo com a Tabela B.1, é 5,53°C.

$$\Delta\hat{H}_1 = \int_{0°C}^{5,53°C} (C_p)_{\text{sólido}}\,dT$$

O $(C_p)_{\text{sólido}}$ não aparece na Tabela B.2, de forma que deve ser obtido de outra fonte ou estimado usando a regra de

Kopp. Esta última fornece uma aproximação grosseira, mas bastante razoável neste caso, considerando quão pouco esta etapa contribuirá para a mudança de entalpia total.

2. Fundir o sólido a T_m. $\Delta\hat{H}_2 = \Delta\hat{H}_m(5{,}53°C)$, que, de acordo com a Tabela B.1, é 9,837 kJ/mol.

3. Aquecer o líquido desde T_m até o ponto de ebulição normal, T_b, que, de acordo com a Tabela B.1, é 80,10°C.

$$\Delta\hat{H}_3 = \int_{5,53°C}^{80,1°C} (C_p)_{\text{líquido}} dT$$

Uma fórmula polinomial para $(C_p)_{\text{líquido}}$ é dada na Tabela B.2. Já que esta se aplica a T expressa em unidades de kelvin, os limites da integral devem ser trocados pelos seus equivalentes em kelvin.

4. Vaporizar o líquido a T_b. $\Delta\hat{H}_4 = \Delta\hat{H}_v(80,1°C)$, que, de acordo com a Tabela B.1, é 30,765 kJ/mol.

5. Aquecer o vapor desde T_b até 300°C.

$$\Delta\hat{H}_5 = \int_{80,1°C}^{300°C} (C_p)_{\text{vapor}} dT$$

Uma fórmula para $(C_p)_{\text{vapor}}$ é dada também na Tabela B.2.

6. Trazer o vapor desde 1 atm até 15 atm, a 300°C. $\Delta\hat{H}_6 \approx 0$ desde que o vapor se comporte como um gás ideal, o que é razoável nesta alta temperatura.

7. Somar as variações de entalpia para cada uma das etapas precedentes para calcular a entalpia específica desejada.

- A *carta psicrométrica* (ou *carta de umidade*) contém valores de uma quantidade de variáveis de processo para o sistema ar-água a 1 atm. Os valores que aparecem na carta incluem a *temperatura de bulbo seco* (a temperatura medida com instrumentos comuns de medição de temperatura), o *teor de umidade* ou a *umidade absoluta* (a razão mássica de vapor de água para ar seco), a *umidade relativa*, o *volume úmido* (volume por massa de ar seco), a *temperatura de bulbo úmido* (a leitura de temperatura de um termômetro com uma mecha saturada de água em torno do seu bulbo, imerso em uma corrente de ar úmido), e a *entalpia por massa de ar seco*. Se você conhece os valores de quaisquer duas destas variáveis para o ar úmido a 1 atm ou perto disso, você pode usar a carta para determinar os valores das outras quatro, o que simplifica grandemente os cálculos de balanços de massa e energia.

- Nas operações de *resfriamento adiabático*, uma corrente de gás quente é colocada em contato com uma corrente de líquido frio, provocando o resfriamento do gás e a evaporação de parte do líquido. Se (a) o gás é ar seco ou úmido, o líquido é água e o processo acontece perto de 1 atm, (b) o processo é adiabático, (c) as capacidades caloríficas da água líquida, do vapor de água e do ar podem ser consideradas constantes ao longo do intervalo de temperatura do processo, e (d) as variações de entalpia associadas com as mudanças na temperatura do líquido podem ser desprezadas, então o estado final do ar deve estar sobre a mesma linha de temperatura de bulbo úmido na carta psicrométrica que o estado do gás na entrada.

- Uma variação de entalpia conhecida como *calor de mistura* ou *calor de solução* está associada com a mistura de certos líquidos (como ácidos e água) e a dissolução de alguns gases ou sólidos em um solvente líquido a uma dada temperatura e pressão. Uma solução *ideal* é aquela para a qual o calor de mistura ou de solução é desprezível, de forma que a entalpia da solução é a soma das entalpias dos componentes puros na mesma temperatura e pressão. Todas as misturas gasosas são ideais, como também as misturas de líquidos estruturalmente semelhantes (como benzeno, tolueno e xileno). A Tabela B.11 fornece calores de mistura a 25°C e 1 atm para soluções aquosas de ácido sulfúrico e calores de solução à mesma temperatura e pressão para soluções aquosas de HCl(g) (ácido clorídrico) e NaOH(s) (soda cáustica).

- Para realizar cálculos de balanço de energia em processos envolvendo soluções não ideais, tome os componentes puros a 25°C como referências. Para determinar a entalpia específica de uma solução de alimentação ou de produto, procure por um *diagrama entalpia-concentração*, se é que ele está disponível (por exemplo, a Figura 8.5-1 para soluções de ácido sulfúrico ou a Figura 8.5-2 para soluções aquosas de amônia). Se não for o caso, forme a solução a 25°C $[\Delta\hat{H} = \Delta\hat{H}_s(25°C)]$ e a aqueça ou a resfrie até o seu estado do processo $\left(\Delta\hat{H} = \int_{25°C}^{T} C_p \, dT\right)$.

  Para esta última etapa, ache dados da capacidade calorífica da solução ou (para soluções diluídas) considere que a capacidade calorífica é a mesma do solvente puro.

PROBLEMAS

8.1. A energia interna específica do vapor de formaldeído (HCHO) a 1 atm e temperaturas moderadas é dada pela fórmula

$$\hat{U}(\text{J/mol}) = 25{,}96T + 0{,}02134T^2$$

em que T está em °C.

(a) Calcule as energias internas específicas do vapor de formaldeído a 0°C e 200°C. Que temperatura de referência foi usada para gerar a expressão dada para $\hat{U}$?

(b) O valor de $\hat{U}$ calculado para 200°C não é o valor verdadeiro da energia interna do vapor de formaldeído nesta condição. Por que não? (*Dica*: Volte à Seção 7.5a.) Explique sucintamente o significado físico da quantidade calculada.

(c) Use a equação do balanço de energia para um sistema fechado para calcular o calor (J) necessário para elevar a temperatura de 3,0 mol HCHO a volume constante de 0°C até 200°C. Enumere todas as suas suposições.

(d) A partir da definição da capacidade calorífica a volume constante, deduza uma fórmula para $C_v(T)[\text{J/(mol·°C)}]$. Use depois esta fórmula e a Equação 8.3-6 para calcular o calor (J) necessário para elevar a temperatura de 3,0 mol HCHO(v) a volume constante de 0°C até 200°C. [Você deve obter a mesma resposta que na Parte (c).]

8.2. A capacidade calorífica a pressão constante do cianeto de hidrogênio é dada pela expressão

$$C_p[\text{J/(mol·°C)}] = 35{,}3 + 0{,}0291\,T(°C)$$

(a) Escreva uma expressão para a capacidade calorífica a volume constante para o HCN, admitindo comportamento de gás ideal.

(b) Calcule $\Delta\hat{H}$(J/mol) para o processo a pressão constante

$$\text{HCN(v, 25°C, 0,80 atm)} \rightarrow \text{HCN(v, 200°C, 0,80 atm)}$$

(c) Calcule $\Delta\hat{U}$(J/mol) para o processo a volume constante

$$\text{HCN(v, 25°C, 50 m}^3\text{/kmol)} \rightarrow \text{HCN(v, 200°C, 50 m}^3\text{/kmol)}$$

(d) Se o processo da Parte (b) fosse conduzido de forma tal que as pressões inicial e final fossem iguais a 0,80 atm, mas que a pressão variasse durante o aquecimento, o valor de $\Delta\hat{H}$ ainda seria aquele que você obteve admitindo pressão constante. Por quê?

8.3. A capacidade calorífica a volume constante do sulfeto de hidrogênio a pressões baixas é

$$C_v[\text{kJ/(mol·°C)}] = 0{,}0252 + 1{,}547 \times 10^{-5}\,T - 3{,}012 \times 10^{-9}\,T^2$$

em que T está em °C. Uma quantidade de H_2S é mantida em um cilindro provido de um pistão com a temperatura, pressão e volume iniciais iguais a 25°C, 2,00 atm e 3,00 litros, respectivamente.

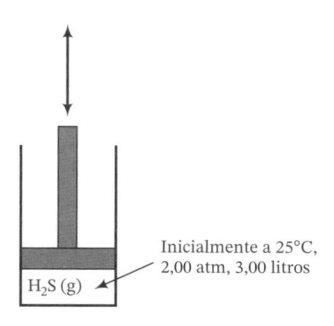

Inicialmente a 25°C,
2,00 atm, 3,00 litros

H_2S (g)

(a) Calcule o calor (kJ) necessário para elevar a temperatura do gás de 25°C até 1000°C se o aquecimento acontece a volume constante (quer dizer, se o pistão não se move), usando de forma sucessiva um termo, dois termos e todos os três termos da fórmula da capacidade calorífica. (Veja o Exemplo 8.3-1.) Determine as porcentagens de erro em Q que resultam do uso de um e de dois termos da fórmula, admitindo que a expressão completa fornece o resultado correto.

(b) Para um sistema fechado a pressão constante com mudanças desprezíveis nas energias cinética e potencial, a equação do balanço de energia é $Q = \Delta H$. Use a Equação 8.3-12 para determinar uma expressão para a capacidade calorífica a pressão constante (C_p) do H_2S, admitindo comportamento de gás ideal. Use-a depois para calcular o calor (J) necessário para elevar a temperatura do gás de 25°C até 1000°C a pressão constante. O que faria o pistão durante este processo?

(c) Qual é o significado físico da diferença entre os valores de Q calculados nas Partes (a) e (b)?

8.4. Use os dados da Tabela B.2 para calcular o seguinte:

(a) A capacidade calorífica (C_p) do tolueno líquido a 40°C.

(b) A capacidade calorífica a pressão constante do vapor de tolueno a 40°C.

(c) A capacidade calorífica a pressão constante do carbono sólido a 40°C.

(d) $\Delta\hat{H}$(kJ/mol) para o vapor de tolueno indo de 40°C até 300°C.

(e) $\Delta\hat{H}$(kJ/mol) para o carbono sólido indo de 40°C até 300°C.

8.5. Estime a entalpia específica do vapor (kJ/kg) a 100°C e 1 atm em relação ao vapor a 350°C e 100 bar, usando:

(a) As tabelas de vapor.

(b) A Tabela B.2 e a suposição de gás ideal.

Qual é o significado físico da diferença entre os valores de $\hat{H}$ calculados pelos dois métodos?

8.6. A Tabela B.7 do Apêndice B fornece os seguintes valores para vapor a 400°C e 150 bar:

$$\hat{H} = 2975 \text{ kJ/kg}, \quad \hat{U} = 2744 \text{ kJ/kg}, \quad \hat{V} = 0{,}0157 \text{ m}^3\text{/kg}$$

(a) O valor de 2975 não é a verdadeira entalpia específica do vapor na condição dada. Por que não? Indique o processo $[H_2O(\_\_) \rightarrow H_2O(\_\_)]$ para o qual a variação de entalpia específica é 2975 kJ/kg. (Escreva a fase, temperatura e pressão da água nas condições inicial e final dentro dos parênteses.)

(b) Estime a entalpia específica do vapor a 100°C e 1 atm relativa ao vapor a 400°C e 150 bar usando as tabelas de vapor. Repita o cálculo assumindo comportamento de gás ideal e a Tabela B.2 ou o APEx.

(c) Qual o significado físico da diferença entre os dois valores calculados na Parte (b)?

(d) Dados o primeiro e terceiro dos valores tabulados a 400°C e 150 bar (isto é, 2975 e 0,0157), calcule o segundo valor. (*Dica*: Comece com a definição de $\hat{H}$.) Não se preocupe se o seu valor calculado difere um pouco de 2744 — a diferença é só um erro de arredondamento. No entanto, se a diferença for da ordem de 1% ou mais, você fez alguma coisa errada.

8.7. Calcule $\Delta\hat{H}$ para cada um dos seguintes processos. Em cada caso, enuncie o seu resultado como uma entalpia específica em relação a um estado de referência. [A solução — que você deve verificar — e o enunciado da Parte (a) são dados como ilustração.] Admita que as pressões do processo são suficientemente baixas para que $\hat{H}$ seja considerado independente da pressão, de forma que as fórmulas da Tabela B.2 (que se aplicam estritamente a 1 atm) possam ser usadas.

(a) $CH_3COCH_3(l, 15°C) \rightarrow CH_3COCH_3(l, 55°C)$.

Solução: $\boxed{\Delta\hat{H} = 5{,}180 \text{ kJ/mol}}$

A entalpia específica da acetona líquida a 55°C em relação à acetona líquida a 15°C é 5,180 kJ/mol.

(b) $n\text{-}C_6H_{14}(l, 25°C) \rightarrow n\text{-}C_6H_{14}(l, 80°C)$

(c) $n\text{-}C_6H_{14}(v, 500°C) \rightarrow n\text{-}C_6H_{14}(v, 0°C)$. (Faça comentários acerca da entalpia específica do vapor de hexano a 500°C em relação ao vapor de hexano a 0°C e da entalpia específica do vapor de hexano a 0°C em relação ao vapor de hexano a 500°C.)

8.8. Duas fórmulas para a capacidade calorífica do CO são dadas:

$$C_p[\text{cal}/(\text{mol}\cdot°C)] = 6{,}890 + 0{,}001436\,T(°C)$$

$$C_p[\text{Btu}/(\text{lb-mol}\cdot°F)] = 6{,}864 + 0{,}0007978\,T(°F)$$

Começando com a primeira fórmula, deduza a segunda. (Lembre da Seção 2.5 e também que a unidade de temperatura no denominador de C_p se refere a um intervalo de temperatura.)

8.9. A Tabela B.2 apresenta valores da capacidade calorífica do etanol líquido a duas temperaturas. Use os valores tabelados para deduzir uma expressão linear para $C_p(T)$; use depois a equação deduzida e os dados da Tabela B.1 para calcular a taxa de transferência de calor (kW) necessária para trazer uma corrente de etanol líquido fluindo com uma vazão de 55,0 L/s desde 20°C até o ponto de ebulição a 1 atm.

*8.10. Os freios de um automóvel agem forçando as pastilhas de freio, que têm um suporte de metal e um revestimento, a pressionar contra um disco (rotor) preso à roda. O atrito entre as pastilhas e o disco faz com que o carro diminua a velocidade ou pare. Cada roda tem um disco de freio de ferro com uma massa de 15 lb_m e duas pastilhas de freio, cada uma com uma massa de 1 lb_m.

(a) Suponha um automóvel se movendo a 55 milhas por hora quando o motorista repentinamente aciona os freios e faz o carro parar rapidamente. Assuma que a capacidade calorífica do disco e das pastilhas de freio é 0,12 BTU/($\text{lb}_m\cdot°F$) e que o carro parou tão rapidamente que a transferência de calor do disco e pastilhas foi insignificante. Estime a temperatura final do disco e das pastilhas no caso do carro ser (i) um Toyota Camry, que tem uma massa de cerca de 3200 lb_m ou (ii) um Cadillac Escalade, que tem uma massa de cerca de 5900 lb_m.

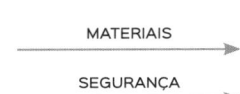

(b) Por que os revestimentos nas pastilhas de freio não são mais feitas de amianto? Sua resposta deve fornecer informações sobre questões ou preocupações específicas causadas pelo uso do amianto.

8.11. O gás cloro deve ser aquecido de 120°C e 1 atm até 180°C.

(a) Calcule a entrada de calor (kW) necessária para aquecer uma corrente do gás escoando a 15,0 kmol/s a pressão constante.

(b) Calcule a entrada de calor (kJ) necessária para elevar a temperatura de 15,0 kmol de cloro em um vaso rígido fechado desde 120°C e 1 atm até 180°C. (*Sugestão:* Avalie $\Delta\hat{U}$ diretamente do resultado do último cálculo, de forma que você não tenha que fazer uma outra integração.) Qual é o significado físico da diferença numérica entre os valores calculados nas Partes (a) e (b)?

(c) Para atingir o aquecimento da Parte (b), você na verdade teria que fornecer ao vaso uma quantidade de calor maior do que a calculada. Por quê?

8.12. O calor necessário para elevar a temperatura de uma massa $m(\text{kg})$ de um líquido de T_1 a T_2 a pressão constante é

$$Q = \Delta H = m\int_{T_1}^{T_2} C_p(T)\,dT \tag{1}$$

Nos cursos de física do ensino médio e de primeiro ano da faculdade, esta fórmula normalmente é dada como

$$Q = mC_p\,\Delta T = mC_p(T_2 - T_1) \tag{2}$$

(a) Que suposição acerca de C_p é necessária para passar da Equação 1 à Equação 2?

(b) A capacidade calorífica (C_p) do *n*-hexano líquido é medida em uma **bomba calorimétrica**. Um pequeno vaso de reação (a bomba) é colocado em um vaso bem isolado contendo 2,00 L de *n*-C_6H_{14} líquido a $T = 300$ K. Uma reação de combustão da qual se sabe que libera 16,73 kJ de calor acontece na bomba e o subsequente aumento da temperatura do sistema é medido, sendo 3,10 K. Em um experimento separado, encontra-se que são necessários 6,14 kJ de calor para elevar a temperatura do sistema completo (exceto o hexano) em 3,10 K. Use estes dados para estimar C_p[kJ/(mol·K)] para o *n*-hexano líquido a $T \approx 300$ K, admitindo que a condição necessária para que a Equação 2 seja válida é satisfeita. Compare o seu resultado com um valor tabelado.

8.13. As capacidades caloríficas de uma substância foram definidas como

$$C_v = \left(\frac{\partial \hat{U}}{\partial T}\right)_V, \quad C_p = \left(\frac{\partial \hat{H}}{\partial T}\right)_P$$

Use a relação entre $\hat{H}$ e $\hat{U}$ e o fato de que $\hat{H}$ e $\hat{U}$ são funções apenas da temperatura para gases ideais, para provar que $C_p = C_v + R$ para um gás ideal. (Equação 8.3-12).

MEIO AMBIENTE →

8.14. Rafaela Buscapé, a sua vizinha, surpreendeu seu marido no último inverno instalando uma banheira aquecida no quintal enquanto ele estava viajando a trabalho. O surpreendeu, tudo bem, mas em vez de ficar feliz, ele ficou espantado.

"Você ficou louca, Rafaela?" gritou. "Vai custar uma fortuna manter este troço aquecido e você sabe que o Presidente falou sobre conservação de energia."

"Não seja bobo, João", respondeu ela. "Não pode custar mais do que alguns centavos por dia, mesmo em pleno inverno."

"De jeito nenhum — só porque você tem um doutorado, você pensa que é uma especialista em tudo!"

Eles discutiram por algum tempo levantando várias questões que cada um tinha guardado exatamente para uma ocasião como esta. Após se acalmarem e usarem a banheira por uma semana, lembrando que você estuda engenharia química, vieram pedir sua opinião para resolver o assunto. Você fez algumas perguntas, algumas observações, converteu tudo para unidades métricas e chegou aos seguintes dados, todos correspondentes a uma temperatura externa do ar de aproximadamente 5°C.*

- A banheira comporta 1230 litros de água.
- Normalmente, João mantém a banheira a 29°C, aquece até 40°C quando planeja usá-la, a mantém a 40°C por aproximadamente uma hora e depois a deixa resfriar até 29°C após o uso.
- Durante o aquecimento, leva três horas para elevar a temperatura da água de 29°C até 40°C. Quando o aquecimento é desligado, leva oito horas para que a temperatura da água caia de novo até 29°C.
- A eletricidade custa 10 centavos por quilowatt-hora.

Considerando que a capacidade calorífica da água na banheira seja a mesma da água líquida pura e desprezando a evaporação, responda as seguintes questões.

(a) Qual é a taxa média de perda de calor (kW) da banheira para o ar externo? (*Dica:* Considere o período no qual a temperatura da banheira cai de 40°C até 29°C.)

(b) Com que taxa média (kW) o aquecedor da banheira fornece calor à água quando está aquecendo? Qual é a quantidade total de eletricidade (kW·h) que o aquecedor deve fornecer durante este período? [Considere o resultado da Parte (a) ao fazer este cálculo.]

(c) (Estas respostas devem resolver a discussão.) Considere um dia no qual a banheira é usada uma vez. Use os resultados das Partes (a) e (b) para estimar o custo (R$) de aquecer a banheira de 29°C até 40°C e o custo (R$) de mantê-la a temperatura constante. (Não há custo para o período no qual a temperatura está caindo.) Qual é o custo total diário de usar a banheira? Admita que a taxa de perda de calor é independente da temperatura da banheira.

(d) A tampa da banheira, que é isolante, é removida quando a banheira está em uso. Explique como este fato provavelmente afetaria as estimativas de custo da Parte (c).

8.15. Use a função entalpia do APEx para calcular $\Delta \hat{H}$ para cada um dos processos fornecidos abaixo e verifique sua resposta para a Parte (a) utilizando a capacidade calorífica indicada na Tabela B.2. (Inclua as unidades nas suas respostas.) A entrada na célula da planilha Excel para Parte (a) deve ser "=Enthalpy("N2",25,700)".

(a) N_2(g, 25°C) → N_2(g, 700°C)

(b) H_2(g, 800°F) → H_2(g, 77°F)

(c) H_2O(g, 20°C) → H_2O(g, 80°C)

(d) H_2O(l, 20°C) → H_2O(l, 80°C)

(e) Ferric oxide(s, 275K) → Fe_2O_3(s, 438K)

8.16. Uma corrente de monóxido de carbono que escoa a 300 kg/min é resfriada de 450°C até 50°C a uma baixa pressão.

(a) Calcule a taxa de resfriamento (kW) necessária, usando a função *enthalpy* do APEx. Verifique os cálculos usando a fórmula de capacidade calorífica da Tabela B.2.

(b) Enumere todas as suposições que você fez na Parte (a). Onde nos cálculos você usou o fato de que o resfriamento foi feito a uma baixa pressão?

*8.17. Latas de alumínio de uma fórmula líquida para bebês são esterilizadas com vapor em uma autoclave antes de serem enviadas para distribuidores de atacado. Uma batelada do produto consiste em 500 latas, cada uma com uma massa de tara (vazia) de $1,00 \times 10^2$ g e contém 0,750 kg da fórmula. As latas são carregadas na autoclave a 35°C e vapor saturado a 2 bar é usado para deslocar todo o ar da autoclave e levar as latas e seu conteúdo à mesma temperatura do vapor. Após a estabilização da temperatura da autoclave, ela é mantida constante por 15 minutos, o que é suficiente para atingir o grau de esterilização desejado. Com isso, o vapor é ventilado , a pressão na autoclave é reduzida para 1 atm e as latas de fórmula são resfriadas até a temperatura ambiente antes de serem embaladas para envio. As capacidades caloríficas das latas e da fórmula são 0,91 kJ/(kg·°C) e 3,77 kJ/(kg·°C), respectivamente.

(a) Qual é a temperatura (°C) mais alta na autoclave?

(b) Estime quanto de vapor (kg) condensa na medida em que as latas vão da sua temperatura inicial até o valor calculado na Parte (a).

(c) Por que há mais condensado de vapor produzido na operação real do que é calculado na Parte (c)?

(d) Por que é importante que a fórmula infantil seja mantida na temperatura da parte (a) por um período de 15 minutos?

MATERIAIS

**8.18. Dentre os mais conhecidos elementos básicos em aplicações de nanotecnologia estão as nanopartículas de metais nobres. Por exemplo, suspensões coloidais de nanopartículas de prata ou ouro (10-200 nm) exibem cores vivas por causa da intensa absorção óptica no espectro visível, fazendo-as úteis em sensores colorimétricos.[16]

Na ilustração mostrada abaixo, uma suspensão em água de nanopartículas de ouro de um tamanho relativamente uniforme exibe um pico de absorção próximo ao comprimento de onda de 525 nm (próximo da região do azul do espectro do visível da luz). Quando alguém vê a solução em luz ambiente (branca), a solução aparece vermelho-vinho porque a parte azul do espectro é grandemente absorvida. Quando as nanopartículas se agregam para formar partículas grandes, um pico de absorção óptica próximo a 600-700 nm (próximo da região do vermelho no espectro do visível) é observado. A largura do pico reflete uma distribuição de tamanho de partículas relativamente ampla. A solução aparece azulada porque a luz não absorvida alcançando o olho é dominada pela região de baixo (azul-violeta) comprimento de onda do espectro.

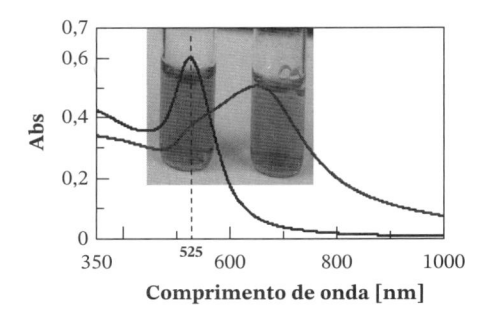

Como as propriedades ópticas das nanopartículas metálicas são fortes em função do seu tamanho, alcançar uma distribuição de tamanho de partículas estreita é uma etapa importante no desenvolvimento de aplicações de nanopartículas. Um maneira promissora de se fazer isto é *fotólise laser*, na qual uma suspensão de partículas de vários tamanhos diferentes é irradiada com pulso laser de alta intensidade. Selecionando-se cuidadosamente o comprimento de onda e energia do pulso para igualar um pico de absorção de um dos tamanhos das partículas (por exemplo, irradiando a solução vermelha no diagrama comum pulso laser de 525 nm), partículas daquele tamanho ou próximo podem ser seletivamente vaporizadas.

(a) Uma nanopartícula esférica de prata de diâmetro D a 25°C deve ser aquecida a seu ponto de ebulição normal e vaporizada com um laser pulsado. Considerando que a partícula é um sistema fechado a pressão constante, escreva um balanço de energia para este processo, procure as propriedades físicas da prata que são requeridas no balanço de massa e execute todas as substituições e integrações necessárias para deduzir uma expressão para a energia Q_{abs} (J) que deve ser absorvida pela partícula como uma função de D (nm).

(b) A energia total absorvida por uma única partícula (Q_{abs}) também pode ser calculada a partir da seguinte relação:

$$Q_{abs} = FA_p\sigma_{abs}$$

*Adaptado de Stephanie Farrell, Mariano J. Savelski e C. Stewart Slater (2010). "Integrating Pharmaceutical Concepts into Introductory Chemical Engineering Courses – Parte I", http://pharmahub.org/resources/360.
**Adaptado de um problema proposto por Vinay K. Gupta da *University of South Florida*.
[16]A. Pyatenko, M. Yamaguchi e M. Suzuki, *J. Phys. Chem. B*, **109**, 21608(2005).

na qual F (J/m^2) é a energia em um único pulso laser por unidade de área de ponto (área do raio laser) e A_p (m^2) é a área superficial total da nanopartícula. O fator de efetividade, σ_{abs}, considera a eficiência da absorção pela nanopartícula no comprimento de onda do pulso laser e é dependente do tamanho, forma e material da partícula. Para uma nanopartícula esférica de prata irradiada por um pulso laser com um comprimento de onda do pico de 525 nm e diâmetro de ponto de 7 nm com D variando de 40 a 200 nm, a seguinte equação empírica pode ser usada para σ_{abs}.

$$\sigma_{abs} = \frac{1}{4}\left[0,05045 + 2,2876 \exp\left(-\left(\frac{D - 137,6}{41,675}\right)^2\right)\right]$$

em que σ_{abs} e o fator $\frac{1}{4}$ são adimensionais e D tem unidades de nm.

Use os resultados da Parte (a) para determinar os mínimos valores de F requerido para vaporização completa de nanopartículas isoladas com diâmetros de 40,0 nm, 80,0 nm e 120,0 nm. Se a frequência de pulso do laser é 10 Hz (isto é, 10 pulsos por segundo), qual a potência mínima do laser P (W) necessária para cada um daqueles valores de D? (*Dica:* Construa uma equação dimensional relacionando P a F.)

(c) Suponha que você tenha uma suspensão de uma mistura de nanopartículas esféricas de prata com $D = 40$ nm e $D = 120$ nm e uma fonte de laser pulsado 10 Hz/532 nm com um diâmetro de ponto de 7 nm e potência ajustável. Descreva como você usaria o laser para produzir uma suspensão de partículas de apenas um único tamanho e indique que tamanho seria este.

8.19. Uma corrente de vapor de água escoando com uma vazão de 250 mol/h é trazida de 600°C e 10 bar até 100°C e 1 atm.

(a) Estime a taxa de resfriamento necessária (kW) de três formas: (i) a partir das tabelas de vapor, (ii) usando dados de capacidade calorífica da Tabela B.2 e (iii) usando dados de *entalpia* específica da Tabela B.8.

(b) Qual das respostas da Parte (a) é mais precisa e por quê?

(c) Qual é o significado físico da diferença entre os valores calculados pelos métodos (i) e (ii)?

8.20. Uma corrente de ar a 77°F e 1,2 atm absoluta, escoando com uma vazão de 225 ft³/h, é conduzida por dutos que atravessam o interior de um grande motor industrial. O ar emerge a 500°F. Calcule a taxa na qual o ar está removendo o calor gerado pelo motor. Que suposição você teve que fazer em relação à dependência da entalpia específica do ar com a pressão?

8.21. Calcule o calor necessário para elevar a temperatura de 50 kg de carbonato de sódio sólido (Na_2CO_3) de 10°C até 50°C na pressão de 1 atm usando

(a) a capacidade calorífica verdadeira do Na_2CO_3, que é 1,14 kJ/(kg·°C).

(b) uma capacidade calorífica estimada pela regra de Kopp. Calcule a porcentagem de erro neste último cálculo.

8.22. Calcule o calor transferido (kJ) necessário para resfriar 55,0 litros de uma mistura líquida 70% em peso de acetona e 30% de 2-metil-1-pentanol ($C_6H_{14}O$) de 45°C até 20°C. Use a regra de Kopp para estimar qualquer capacidade calorífica para a qual não possa ser encontrado um valor tabelado. Enumere todas as suposições que fizer.

8.23. Vinte litros de benzoato de *n*-propila ($C_6H_5CO_2C_3H_7$, DR = 1,021) e 15 litros de benzeno líquido são misturados e aquecidos de 25°C a 75°C. Calcule a entrada de calor (kJ) requerida, usando a regra de Kopp quando necessário. Indique todas as suposições que você fez.

8.24. Uma mistura gasosa contém um terço de metano em volume (lembre-se do que isto significa em termos de porcentagem molar) e o resto de oxigênio a 350°C e 3,0 bar. Calcule a entalpia específica desta corrente em kJ/kg (não por kmol) em relação aos componentes puros a 25°C e 1 atm. *Especifique claramente todas as suposições.*

ENERGIA ALTERNATIVA

MEIO AMBIENTE

8.25. A energia radiante que incide sobre a superfície da Terra em um dia ensolarado é aproximadamente 900 W/m^2. Coletar e focalizar a luz solar e usar esta luz para aquecer um fluido é uma ideia antiga, e à medida que os custos ambientais da queima de combustível fóssil aumentam, o aquecimento solar vai se transformando em uma alternativa cada vez mais atraente.

Suponha que vá ser projetada uma casa com uma unidade central de aquecimento de ar com circulação forçada, e que a energia solar está sendo considerada como fonte de calor (acoplada a uma fornalha convencional para ser usada em dias nublados). Se o ar vai ser fornecido com uma vazão de 1000 m³/min a 30°C e 1 atm, e aquecido até 55°C antes de ser liberado nos ambientes da casa, qual é a área necessária para as placas do coletor solar? Considere que 30% da energia radiante que incide nas placas é usada para aquecer o ar.

8.26. Propano deve ser queimado com 25,0% de ar em excesso. Antes de entrar na fornalha, o ar é preaquecido de 32°F até 575°F.

(a) Com que taxa (Btu/h) deve ser transferido calor ao ar se a vazão de alimentação de propano é $1,35 \times 10^5$ PCNH [ft³(CNTP)/h]?

(b) O gás da chaminé deixa a fornalha a 855°F. Como o ar poderia ser pré-aquecido?

8.27. Um gás combustível contendo 95% molar de metano e o resto de etano é queimado completamente com 25% de ar em excesso. O gás de chaminé sai da fornalha a 900°C e é resfriado até 450°C em um **refervedor de calor perdido**, um trocador de calor no qual o calor perdido pelo resfriamento de gases é usado para produzir vapor a partir de água líquida para aquecimento, geração de energia ou aplicações do processo.

(a) Admitindo como base de cálculo 100 mols do gás combustível alimentando a fornalha, calcule a quantidade de calor (kJ) que deve ser transferido do gás no refervedor de calor perdido para atingir o resfriamento desejado.

(b) Quanto vapor saturado a 50 bar pode ser produzido a partir de água de caldeira a 40°C para a mesma base de cálculo? (Admita que todo o calor transferido do gás vai para a produção de vapor.)

(c) Com que vazão (kmol/s) deve ser queimado o combustível para produzir 1250 kg de vapor por hora (uma quantidade necessária em outro lugar da planta) no refervedor de calor perdido? Qual é a vazão volumétrica (m³/s) do gás que sai do refervedor?

(d) Explique resumidamente como o refervedor de calor perdido contribui para a lucratividade da planta. (Pense sobre o que seria necessário na ausência do mesmo.)

8.28. Seu companheiro de quarto aprendeu que queimar aproximadamente 3.500 calorias alimentares (veja o Problema 7.3) resulta em uma perda de peso de 1 lb_m. A partir desta reflexão, ele tem a brilhante ideia de perder peso rapidamente comendo gelo. Sua teoria é que a energia gasta pelo corpo na fusão do gelo e na elevação da temperatura da água líquida resultante até a temperatura do corpo fará o serviço. Você estoura a bolha do pobre rapaz contando para ele a quantidade de gelo que ele deveria consumir. Quanto gelo seria requerido por libra de perda de peso?

MEIO AMBIENTE →

*8.29. O escoamento de água subterrânea frequentemente atrapalha a construção de túneis e outros sistemas subterrâneos. Uma maneira de prevenir o problema é com um *selo de gelo* — congelando a água no solo de forma que o gelo formado seja uma barreira para o movimento da água. Tal estrutura foi planejada para a central nuclear de Fukushima, que foi severamente danificada pelo tsunami de 2011 criando um tremendo desafio ambiental. Uma preocupação maior era a contaminação potencial com isótopos radioativos da água subterrânea escoando sob a usina e indo para o oceano. Uma proposta considerada foi canalizar o fluxo em volta da usina pela formação de um dique de gelo com um perímetro de 1.400 metros, a profundidade de 30 m e uma espessura de aproximadamente 2 m. Isto deveria ser feito bombeando uma solução salina a uma temperatura de −40°C através de tubos verticais espaçados com intervalos de 1 m. A salmoura sairia com uma temperatura de até −25°C. Para evitar que flutuações da temperatura ambiente provocasse fusão ocasional, o dique deveria ter uma temperatura média de cerca de −20°C.

(a) Estime a taxa média de resfriamento (kW) e o fluxo associado de salmoura (L/min) requeridos para formação completa do dique em 60 dias de partida do sistema de refrigeração. Indique seu raciocínio para cada suposição e/ou aproximação necessária para obter seu resultado.

(b) De uma referência adequada, para a qual você deve fornecer uma citação, encontre uma estimativa da razão entre o calor removido e o trabalho realizado por um sistema de refrigeração. Use o valor para estimar a energia utilizada durante o tempo em que o dique estava sendo criado.

(c) É esperado que substancialmente menos energia seja utilizada uma vez que o dique esteja formado. Explique.

Exercícios Exploratórios — Pesquise e Descubra

(d) Identifique as espécies radioativas primárias que eram as maiores preocupações com relação à contaminação da água subterrânea.

(e) Explosões de hidrogênio ocorreram na central depois que o sistema de água de refrigeração foi interrompido por inundação pelo tsunami. Qual era a fonte do hidrogênio? Descreva o cenário que levou à formação de hidrogênio.

**8.30. Você nunca se perguntou por que o expresso custa muito mais por xícara que um café coado comum? Parte da razão é o equipamento caro necessário para fazer um bom expresso. Primeiro, um moinho de alta potência mói os grãos de café até um pó fino sem produzir muito calor. (Aquecer o café durante o estágio de moagem libera prematuramente óleos voláteis que dão ao expresso seus ricos sabor e aroma.) O café moído é colocado em um recipiente cilíndrico chamado *gruppa* e acomodado firmemente para permitir um escoamento uniforme de água através dele. Uma caldeira aquecida eletricamente dentro da máquina de expresso mantém a água em um reservatório a 1,4 bar e 109°C. Uma bomba elétrica pega água fria a 15°C e 1 bar, aumenta sua pressão para um pouco acima de

---

*Os valores usados no enunciado do problema são baseados nos seguintes artigos: A. C. Madrigal, *Atlantic Monthly*, 13 de agosto, 2013; M. Iwata, *Wall Street Journal*, 17-18 de maio, 2014.

**Adaptado de um problema proposto por Justin Wood da North *Carolina State University*. Os balanços de energia requeridos para resolver o problema são diretos, mas trabalhar ao longo do problema completo fornece informações sobre um número de fenômenos familiares.

9 bar e alimenta uma serpentina de aquecimento que passa através do reservatório. O calor transferido do reservatório através da parede da serpentina aumenta a temperatura da água para 96°C. A água aquecida flui para a parte de cima da gruppa a 96°C e 9 bar, passa lentamente através dos grãos moídos compactados e dissolve os óleos e alguns dos sólidos nos feijões para se tornar um expresso, que descomprime para 1 atm e sai da máquina. A temperatura da água e o fluxo uniforme através do leito de café compactado na gruppa levam ao sabor mais intenso do expresso relativamente ao café coado comum. Água retirada diretamente do reservatório é expandida para a pressão atmosférica onde ela forma vapor, que é usado para aquecer e espumar leite para lattes e cappuccinos.

(a) Esquematize este processo usando blocos para representar a bomba, reservatório e gruppa. Rotule todos os fluxos de calor e trabalho no processo, incluindo energia elétrica.

(b) Para fazer um latte de 14 oz, você deve passar vapor em 12 onças de leite frio (3°C) até que ele atinja 71°C e misturá-lo com 2 onças de expresso. Assuma que o vapor esfria, mas não condensa enquanto borbulha pelo leite. Para cada latte feito, o elemento de aquecimento que mantém a temperatura do reservatório deve fornecer energia suficiente para aquecer a água do expresso, mais calor suficiente para aquecer o leite, mais energia adicional. Assumindo

$$(C_p)_{\text{leite}} = 3{,}93\,\frac{\text{J}}{\text{g}\cdot{}^\circ\text{C}}, \quad SG_{\text{leite}} = 1{,}03$$

calcule a quantidade de energia elétrica que deve ser fornecida para o elemento de aquecimento para completar estas duas funções. Por que será necessário mais energia do que você calculou? (Existem várias razões.)

(c) Grãos de café contêm uma quantidade considerável de dióxido de carbono aprisionado e nem todo ele é liberado quando os grãos são moídos. Quando a água quente pressurizada percola através dos grãos moídos, parte do dióxido de carbono é absorvido pelo líquido. Quando o líquido é liberado a pressão atmosférica, pequenas bolhas de CO_2 saem da solução. Adicionalmente, um dos compostos químicos formados quando os grãos de café são tostados e extraídos no expresso é melanoidina, um *surfactante*. Moléculas de surfactante são assimétricas, com uma ponta sendo *hidrofílica* (atraída pela água) e a outra ponta *hidrofóbica* (repelida pela água). Quando as bolhas (filmes finos de água contendo CO_2) passam através do líquido do expresso, as pontas hidrofílicas das moléculas de melanoidina se ligam às bolhas, enquanto as pontas hidrofóbicas se ligam aos óleos dos grãos dissolvidos. O resultado é que as bolhas emergem revestidas com os óleos para formar a *crema*, a familiar espuma estável vermelho-amarronzada na superfície de um bom expresso. Especule sobre por que você não vê crema em um café coado comum. (*Dica:* A lei de Henry aparece na sua explicação.) *Nota:* Todos os sabões e xampus contêm pelo menos uma espécie surfactante. (O lauril sulfato de sódio é um comum.) Sua presença explica por que se você tiver mãos engorduradas, lavar só com água pode deixar a gordura intocada, mas lavar com sabão remove a gordura.

(d) Explique com suas palavras (i) como o expresso é feito, (ii) por que o expresso tem um sabor mais intenso que o café coado comum, (iii) o que é a crema no expresso, como ela é formada e por que ela não aparece no café coado comum e (iv) por que lavar só com água não remove gordura mas lavar com sabão remove. (*Nota:* Muitas pessoas automaticamente assumem que todos os engenheiros químicos são extraordinariamente inteligentes. Se você conseguir explicar estas quatro coisas, você pode ajudar a perpetuar esta crença.)

8.31. Gás propano entra em um trocador de calor adiabático[17] contínuo a 40°C e 250 kPa e sai a 240°C. Vapor superaquecido a 300°C e 5,0 bar entra no trocador escoando de forma contracorrente ao propano, e sai como líquido saturado na mesma pressão.

(a) Admitindo como base 100 mols de propano na alimentação ao trocador, desenhe e rotule um fluxograma do processo. Inclua no seu rotulado o volume do propano alimentado (m^3), a massa de vapor alimentado (kg) e o volume do vapor alimentado (m^3).

(b) Calcule os valores das entalpias específicas rotuladas na seguinte tabela de entalpias de entrada-saída para este processo.

Referências: H_2O(l, 0,01°C), C_3H_8(g, 40°C)

Espécie	n_{entrada}	$\hat{H}_{\text{entrada}}$	$n_{\text{saída}}$	$\hat{H}_{\text{saída}}$
C_3H_8	100 mol	$\hat{H}_{\text{a}}$(kJ/mol)	100 mol	$\hat{H}_{\text{c}}$(kJ/mol)
H_2O	m_{w}(kg)	$\hat{H}_{\text{b}}$(kJ/kg)	m_{w}(kg)	$\hat{H}_{\text{d}}$(kJ/kg)

---

[17]Um trocador de calor adiabático é aquele no qual não há troca de calor com as vizinhanças. Todo o calor perdido pela corrente quente é transferido à corrente fria.

(c) Use um balanço de energia para calcular a vazão mássica necessária de alimentação de vapor. Calcule depois a razão volumétrica de alimentação das duas correntes (m³ vapor alimentado/m³ propano alimentado). Admita comportamento de gás ideal para o propano, mas não para o vapor, e lembre-se de que o trocador é adiabático.

(d) Calcule o calor transferido da água para o propano (kJ/m³ propano alimentado). (*Dica:* Faça um balanço de energia na água ou no propano em vez de no trocador inteiro.)

(e) Ao longo de um período de tempo, formam-se incrustações nas superfícies de troca térmica, provocando uma taxa menor de transferência de calor entre o propano e o vapor. Que mudanças você esperaria nas correntes de saída como resultado desta transferência de calor diminuída?

8.32. Vapor saturado a 300°C é usado para aquecer uma corrente de vapor de metanol escoando em contracorrente de 65°C até 260°C em um trocador de calor adiabático. A vazão de metanol é 6500 litros padrões por minuto, e o vapor condensa e sai do trocador como água líquida a 90°C.

(a) Calcule a vazão necessária de vapor entrando em m³/min.

(b) Calcula a taxa de transferência de calor da água para o metanol (kW).

(c) Suponha que a temperatura de saída do metanol é medida e encontra-se 240°C em vez do valor especificado de 260°C. Liste cinco possíveis explicações realistas para a diferença de 20°C.

8.33. Etano puro é queimado completamente com 20% de excesso de ar pré-aquecido. O gás produto de combustão passa através de um trocador de calor isolado (o pré-aquecedor) no qual ele transfere calor para o ar que seguirá para a fornalha. Os seguintes dados foram registrados para as correntes de entrada e saída do pré-aquecedor:

	Vazão de entrada (L/s)	T_{ent}(°C)	P_{ent}(torr)	Vazão de saída (L/s)	$T_{saída}$(°C)	$P_{saída}$(torr)
Gás produto	—	945	830	$1,98 \times 10^5$	850	912
Ar	$5,53 \times 10^4$	30	684	—	—	836

A temperatura do ar liberado do pré-aquecedor não é conhecida porque o termopar montado naquele tubo está com defeito.

(a) Calcule as vazões molares (mol/s) das duas correntes escoando através do pré-aquecedor e a temperatura do ar deixando o pré-aquecedor.

(b) O termopar do ar pré-aquecido é trocado e fornece uma leitura de 161°C. Liste possíveis razões para a discrepância entre o que você predisse e o que foi medido. (Pense sobre todas as suposições incluídas nos seus cálculos.)

(c) Novas medidas são feitas cuidadosamente para as vazões das correntes de processo, temperaturas e pressões e todos os valores dados foram replicados. Qual é a razão mais provável para a diferença entre a temperatura de saída do ar medida e a temperatura predita na Parte (a)? O que você recomendaria para corrigir o problema?

8.34. Uma unidade de separação adiabática por membranas é usada para secar (remover o vapor de água) uma mistura gasosa contendo 10,0% molar H_2O(v), 10,0% molar CO e o resto de CO_2. O gás entra na unidade a 30°C e flui através de uma membrana semipermeável. O vapor de água permeia através da membrana até dentro de uma corrente de ar. O gás seco sai do separador a 30°C contendo 2,0% molar H_2O(v) e o resto de CO e CO_2. O ar entra no separador a 50°C, com uma umidade absoluta de 0,002 kg H_2O/kg ar seco e sai a 48°C. Quantidades desprezíveis de CO, CO_2, O_2 e N_2 permeiam através da membrana. Todas as correntes gasosas estão aproximadamente a 1 atm.

(a) Desenhe e rotule um fluxograma do processo e faça uma análise dos graus de liberdade para verificar se você pode determinar todas as incógnitas no diagrama.

(b) Calcule (i) a razão do ar que entra para o gás que entra (kg ar úmido/mol gás) e (ii) a umidade relativa do ar que sai.

(c) Liste várias propriedades desejáveis da membrana. (Tente ir além daquilo que permite e o que não permite permear.)

8.35. Um gás contendo vapor de água tem uma composição em base seca de 7,5% molar CO, 11,5% de CO_2, 0,5% O_2 e 80,5% N_2. O gás sai de uma unidade de regeneração de catalisador a 620°C e 1 atm, com um ponto de orvalho de 57°C e com uma vazão de 28,5 MCNH [m³(CNTP)/h]. As partículas sólidas e valiosas de catalisador suspensas no ar devem ser recuperadas em um precipitador eletrostático, mas o gás deve primeiro ser resfriado até 425°C para prevenir danos nos eletrodos do precipitador. O resfriamento é atingido pulverizando-se água a 20°C dentro do gás.

(a) Use balanços simultâneos de massa e energia no resfriador de pulverização para calcular a vazão de alimentação de água necessária (kg/h). Trate o resfriador de pulverização como adiabático e despreze o calor transferido das partículas sólidas a medida que elas se resfriam.

(b) Em termos que um aluno de ensino médio possa entender, explique a operação do secador por pulverização neste problema. (O que acontece quando a água fria entra em contato com o gás quente?)

BIOENGENHARIA

8.36. Em um dia frio de inverno, a temperatura é 2°C e a umidade relativa é 15%. Você inala ar com uma vazão média de 5500 mL/min e exala um gás saturado com água na temperatura do corpo, aproximadamente 37°C. Se as vazões mássicas do ar inalado e exalado (com exceção da água) são iguais, as capacidades caloríficas (C_p) dos gases livres de água são 1,05 J/(g·°C) cada, e a água é ingerida pelo corpo a 22°C, com que vazão, em J/dia, você perde energia respirando? Trate a respiração como um processo contínuo (entra água e ar inalado, sai ar exalado) e despreze o trabalho feito pelos pulmões.

8.37. Sessenta e cinco litros de etanol líquido a 70,0°C e 55 L de água líquida a 20,0°C devem ser misturados em um frasco bem isolado. O balanço de energia para este processo a pressão constante é $Q = \Delta H$.

    (a) Desprezando a evaporação e o calor de mistura, estime a temperatura final da mistura. (Como parte do cálculo, use os dados na Tabela B.2 para estimar uma fórmula linear para a capacidade calorífica do etanol líquido.)

    (b) Se o experimento fosse realmente realizado e a temperatura final da mistura fosse medida, quase que certamente não seria igual ao valor estimado na Parte (a). Liste tantas razões quantas possa imaginar. (Existem pelo menos sete, a maior parte delas envolvendo as aproximações feitas na estimação.)

8.38. Uma corrente de ar a 500°C e 835 torr, com um ponto de orvalho de 30°C, fluindo com uma vazão de 1515 L/s deve ser resfriada em um resfriador por pulverização. Uma fina névoa de água líquida a 15°C é pulverizada dentro do ar quente com uma vazão de 110,0 g/s e evapora completamente. O ar resfriado sai a 1 atm.

    (a) Calcule a temperatura final da corrente do gás de saída, admitindo que o processo é adiabático. (*Sugestão:* Deduza expressões para as entalpias do ar seco e da água na temperatura do ar de saída, substitua-as no balanço de energia e use uma planilha para resolver a equação polinomial de quarta ordem resultante.)

    (b) Com que taxa (kW) o calor é transferido da corrente de ar quente no resfriador por pulverização? Em que se transforma este calor?

    (c) Em poucas frases, explique como funciona este processo em termos que um aluno de ensino médio possa entender. Incorpore os resultados das Partes (a) e (b) na sua explicação.

8.39. Na fabricação de ácido nítrico, amônia e ar preaquecido são misturados para formar um gás contendo 10,0% molar NH_3 a 600°C. A amônia é então oxidada cataliticamente para formar NO_2, que é absorvido em água para formar HNO_3. Se a amônia entra na unidade de mistura de gases a 25°C com uma vazão de 520 kg/h, e se há uma perda de calor do misturador para as vizinhanças de 7,00 kW, determine em qual temperatura o ar deve ser preaquecido. (Veja o Exemplo 8.3-6.)

8.40. Um gás natural contendo 95% molar de metano e o resto de etano é queimado com 20,0% de ar em excesso. O gás de chaminé, que não contém nenhum hidrocarboneto não queimado nem monóxido de carbono, sai da fornalha a 900°C e 1,2 atm e passa através de um trocador de calor. O ar, no seu caminho para a fornalha, passa também através do trocador, entrando a 20°C e saindo a 245°C.

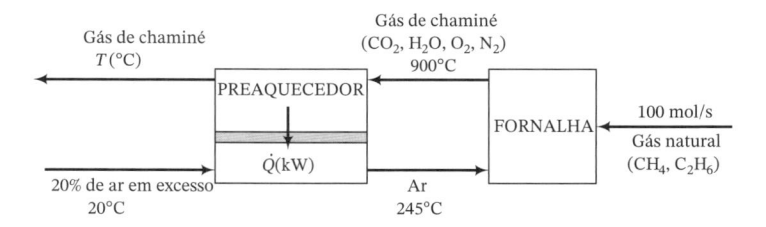

    (a) Tomando como base 100 mol/s de gás natural fornecido, calcule a vazão molar necessária de ar, a vazão molar e a composição do gás de chaminé, a taxa requerida de transferência de calor no preaquecedor, $\dot{Q}$ (escreva um balanço de energia para o ar), e a temperatura na qual o gás de chaminé sai do preaquecedor (escreva um balanço de energia para o gás de chaminé). *Nota:* O enunciado do problema não fornece a temperatura da alimentação de combustível. Faça uma suposição razoável e mostre por que o seu resultado final deve ser praticamente independente desta suposição.

    (b) Qual seria $\dot{Q}$ se a vazão real de alimentação do gás natural fosse 350 MCNH [metros cúbicos normais por hora, m³(CNTP)/h]? Escalone o fluxograma da Parte (a) em vez de repetir o cálculo.

8.41. A capacidade calorífica a pressão constante de um gás é determinada experimentalmente a várias temperaturas, com os seguintes resultados:

$T(°C)$	0	100	200	300	400	500	600
$C_p[J/(mol·°C)]$	33,5	35,1	36,7	38,4	40,2	42,0	43,9

(a) Calcule o calor (kW) necessário para elevar a temperatura de 150 mol/s de um gás de 0°C até 600°C, usando a regra de Simpson (Apêndice A.3) para integrar as capacidades caloríficas tabeladas.

(b) Use o método dos mínimos quadrados (Apêndice A.1) para deduzir uma expressão linear para $C_p(T)$ no intervalo que vai de 0°C até 600°C, e use esta expressão para estimar de novo o calor (kW) necessário para elevar a temperatura de 150 mol/s do gás de 0°C até 600°C. Se as estimativas diferem, em qual você teria mais confiança e por quê?

*8.42. Como parte dos cálculos de um projeto, você deve avaliar uma variação de entalpia para um raro vapor orgânico que deve ser resfriado de 1800°C até 150°C em um trocador de calor. Você procura através de todas as referências padrões por dados tabelados de entalpia ou de capacidade calorífica para este vapor, mas sem sorte, até que finalmente encontra um artigo na *Revista Antártica de Raros Vapores Orgânicos*, Maio de 1922, que traz um gráfico de C_p[cal/(g·°C)], em escala logarítmica, *versus* $[T(°C)]^{1/2}$, em escala linear. O gráfico é uma linha reta que passa pelos pontos ($C_p = 0,329$, $T^{1/2} = 7,1$) e ($C_p = 0,533$, $T^{1/2} = 17,3$).

(a) Deduza uma equação para C_p como função de T.

(b) Suponha que a relação da Parte (a) resulte em

$$C_p = 0,235 \exp[0,0473T^{1/2}]$$

e que você deseja avaliar

$$\Delta \hat{H}(\text{cal/g}) = \int_{1800°C}^{150°C} C_p \, dT$$

Faça primeiro a integração de forma analítica, usando uma tabela de integrais se necessário; escreva depois uma planilha ou um programa de computador para fazer o mesmo usando a regra de Simpson (Apêndice A.3). Faça com que o programa avalie C_p em 11 pontos igualmente espaçados de 150°C até 1800°C, estime e imprima o valor de ΔH e repita o cálculo usando 101 pontos. O que você conclui acerca da precisão do cálculo numérico?

8.43. Uma corrente de vapor de tolueno no seu ponto de ebulição normal e 1 atm, fluindo com uma vazão de 175 kg/min, deve ser condensada a pressão constante. A corrente de produto do condensador é tolueno líquido na temperatura de condensação.

(a) Usando os dados da Tabela B.1, calcule a taxa (kW) na qual o calor deve ser transferido do condensador.

(b) Se o calor fosse transferido com uma taxa menor do que a calculada na Parte (a), qual seria o estado da corrente de produto? (Deduza o mais que possa acerca da fase e da temperatura da corrente.)

(c) Se fosse transferido calor a uma taxa maior do que a calculada na Parte (a), o que você deduziria sobre o estado da corrente de produto? Esboce um diagrama de fase (veja a Figura 6.1-1) e use-o para explicar sua resposta.

8.44. (a) Determine a entalpia específica (kJ/mol) do vapor de *n*-pentano a 200°C e 2,0 atm em relação ao *n*-hexano líquido a 20°C e 1,0 atm, admitindo comportamento de gás ideal para o vapor. Mostre claramente a trajetória de processo construída para este cálculo e forneça as variações de entalpia para cada etapa. Indique onde você usou a suposição de gás ideal.

(b) Qual é a entalpia do *n*-pentano líquido a 20°C e 1,0 atm em relação ao vapor de *n*-pentano a 200°C e 2,0 atm? (Esta parte não deve levar muito tempo.)

(c) Começando com o valor de $\hat{H}$ calculado na Parte (a) e ainda admitindo comportamento de gás ideal, determine a energia interna específica do vapor a 200°C e 2,0 atm. De novo, indique onde você usou a suposição de gás ideal.

8.45. Calcule o calor de vaporização da água (kJ/mol) a 50°C e baixas pressões a partir do calor de vaporização apresentado na Tabela B.1 e dos dados nas Tabelas B.2 e B.8. Mostre claramente a trajetória de processo construída para o cálculo. Compare sua resposta com o valor de $\Delta \hat{H}_v(50°C)$ dado na Tabela B.5 (converta-o a kJ/mol para comparação). O que pode causar a diferença entre os dois valores?

MATERIAIS → ***8.46.** Polivinilpirrolidona (PVP) é um produto polimérico usado como um agente ligante em aplicações farmacêuticas assim como em itens de cuidados pessoais como um spray de cabelo. Na manufatura do PVP, um processo de secagem por pulverização é usado para coletar PVP sólido de uma suspensão aquosa, como mostrado no fluxograma abaixo. Uma solução líquida contendo 65% em massa de PVP e o balanço água a 25°C é bombeada através de um bico atomizador a uma vazão de 1500 kg/h para dentro de uma corrente de ar pré-aquecido escoando a uma vazão de $1,57 \times 10^4$ MCPH. A água evapora na corrente de ar quente e as partículas sólidas de PVP são suspensas no ar umedecido. A jusante, as partículas são separadas do ar em um filtro e coletadas. O processo é projetado de forma que o produto sólido saindo e o ar úmido estão em equilíbrio térmico entre si a 110°C. Por conveniência, os processos de secagem por pulverização e separação de sólidos são mostrados como uma unidade que pode ser considerada adiabática.

---

*Adaptado de um problema proposto por Jeffrey Seay da *University of Kentucky*.

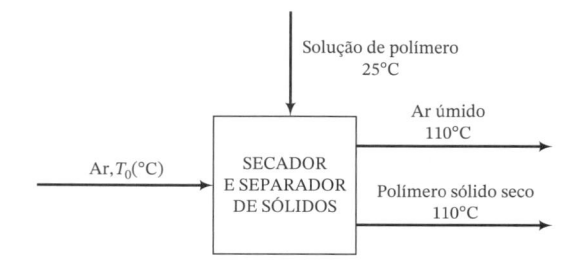

(a) Desenhe e rotule completamente o fluxograma do processo e execute uma análise de graus de liberdade.

(b) Calcule a temperatura requerida do ar de entrada, T_0, e a vazão volumétrica (m³/h) e a umidade relativa do ar de saída. Assuma que o polímero tem uma capacidade calorífica por unidade de massa de um terço daquela da água e somente use os dois primeiros termos da fórmula polinomial da capacidade calorífica para o ar na Tabela B.2.

(c) Por que você pensa que a solução de polímero é forçada através de um bico atomizador, que a converte em uma névoa de pequenas gotas, em vez de ser pulverizada através de um bico mais barato do tipo comumente encontrado em chuveiros?

(d) Devido a uma falha de projeto, a solução de polímero não permanece no secador tempo suficiente para que toda água evapore, de forma que o produto sólido saindo do separador é um pó molhado. Como isso mudará os valores das temperaturas de saída do gás, do pó, da vazão volumétrica e umidade relativa do gás de saída (aumenta, diminui, sem mudança, não tem como dizer sem fazer os cálculos)? Explique suas respostas.

8.47. Vapor de benzeno a 480°C é resfriado e convertido em líquido a 25°C em um condensador contínuo. O condensado é vertido em tambores de 1,75 m³, cada um dos quais demora 2,0 minutos para encher. Calcule a taxa (kW) na qual o calor é transferido do benzeno no condensador.

8.48. Na adsorção de gases, um vapor é transferido de uma mistura gasosa para a superfície de um sólido. (Veja a Seção 6.7.) Uma forma aproximada porém útil de analisar a adsorção é tratá-la simplesmente como a condensação de vapor sobre uma superfície sólida.

Suponha que uma corrente de nitrogênio a 35°C e 1 atm, contendo tetracloreto de carbono com 15% de saturação relativa, passa através de um leito de 6 kg de carvão ativado com uma vazão de 10,0 mol/min. A temperatura e a pressão do gás não mudam de forma significativa da entrada até a saída do leito, e não resta nenhum CCl_4 no gás que sai do adsorvedor. O carvão pode adsorver 40% do seu próprio peso de tetracloreto de carbono antes de ficar saturado, ponto no qual ele deve ser regenerado (remove o tetracloreto de carbono) ou substituído com um leito fresco de carvão ativado. Despreze o efeito da temperatura no calor de vaporização do CCl_4 ao resolver os seguintes problemas:

(a) Estime a taxa (kJ/min) com a qual o calor deve ser removido do adsorvedor para manter o processo isotérmico e o tempo (min) que levará para saturar o leito.

(b) A razão superfície para volume de partículas esféricas é $(3/r)$ (cm² de superfície externa)/(cm³ de volume). Primeiro, deduza esta fórmula. Segundo, use-a para explicar como diminuir o diâmetro médio das partículas no leito de carbono pode fazer a adsorção mais eficiente. Terceiro, uma vez que a maior parte da área sobre a qual a adsorção acontece é fornecida pelos poros penetrando a partícula, explique por que a razão superfície para volume, como calculada pela expressão acima, pode ser relativamente sem importância.

8.49. Se o dióxido de carbono é resfriado a 1 atm, condensa diretamente a um sólido (**gelo seco**) a −78,4°C. O calor de sublimação a esta temperatura é $\Delta \hat{H}_{sub}(-78,4°C) = 6030$ cal/mol.

(a) Calcule a taxa de remoção de calor (kW) necessária para produzir 300 kg/h de gelo seco a 1 atm e −78,4°C se a alimentação consiste em $CO_2(v)$ a 20°C.

(b) Suponha que o processo é realizado a 9,9 atm em vez de 1 atm, com as mesmas temperaturas inicial e final. Consultando a Figura 6.1-1b, escreva uma expressão para a taxa de remoção de calor necessária em termos das capacidades caloríficas e os calores latentes do CO_2 em diferentes fases.

8.50. Cloreto de sódio fundido é usado como um banho de temperatura constante para um reator químico de alta temperatura. Duzentos quilogramas de NaCl sólido a 300 K são carregados em um recipiente isolado, no qual é colocado um aquecedor elétrico de 3000 kW, elevando a temperatura do sal até seu ponto de fusão de 1073 K, fundindo-o à pressão constante de 1 atm.

(a) A capacidade calorífica (C_p) do NaCl sólido é 50,41 J/(mol·K) a $T = 300$ K e 53,94 J/(mol·K) a $T = 500$ K, e o calor de fusão do NaCl a 1073 K é 30,21 kJ/mol. Use estes dados para determinar uma expressão linear para $C_p(T)$ e para calcular $\Delta \hat{H}$(kJ/mol) para a transição de NaCl de um sólido a 300 K para um líquido a 1073 K.

(b) Escreva e resolva a equação do balanço de energia para este processo isobárico em sistema fechado para determinar a entrada de calor necessária em quilojoules.

(c) Se 85% da potência total de 3000 kW vão para o aquecimento e fusão do sal, quanto levará o processo?

8.51. Estime o calor de vaporização do dietil éter no seu ponto de ebulição normal usando a regra de Trouton e a regra de Chen, e compare os resultados com um valor tabelado desta quantidade. Calcule o erro percentual que resulta do uso de cada estimativa. Estime depois $\Delta \hat{H}_v$ a 100°C usando a correlação de Watson.

8.52. Você está escrevendo balanços de energia em um composto para o qual você não pode encontrar dados de capacidade calorífica ou calor latente. Tudo que você sabe acerca do material é sua fórmula molecular ($C_7H_{12}N$) e que ele é um líquido a temperatura ambiente e tem um ponto de ebulição normal de 200°C. Use esta informação para estimar a entalpia do vapor desta substância a 200°C em relação ao líquido a 25°C. (Lembre da Seção 8.3c.)

8.53. Estime o calor de vaporização (kJ/mol) do benzeno à 25°C, usando cada uma das seguintes correlações e dados:

    (a) O calor de vaporização no ponto de ebulição normal e a correlação de Watson.

    (b) A equação de Clausius–Clapeyron e os pontos de ebulição a 50 mm Hg e 150 mm Hg.

    (c) Tabelas B.1 e B.2

    (d) Encontre um valor tabulado do calor de vaporização do benzeno a 25°C. (*Sugestão:* Faça a mesma coisa que você faz quando você quer encontrar praticamente qualquer informação.) Calcule então os erros percentuais que resultam das estimativas das Partes (a), (b) e (c).

8.54. Uma corrente de vapor de ciclopentano puro fluindo com uma vazão de 1550 L/s a 150°C e 1 atm entra em um resfriador no qual 65% da alimentação são condensados a pressão constante.

    (a) Qual é a temperatura na saída do condensador? Explique como você sabe (uma única frase deve ser suficiente).

    (b) Prepare e preencha uma tabela de entalpias de entrada-saída e calcule a taxa de resfriamento necessária em kW.

*8.55. Um humano adulto em repouso produz aproximadamente 0,40 mJ/h de energia térmica através de atividade metabólica. Use este fato para resolver os seguintes problemas.

    (a) Uma estudante universitária que pesa 128 libras adiou um trabalho importante até a véspera da entrega e trabalhou oito horas para completá-lo. Se ela for modelada como um sistema adiabático fechado a pressão constante, sua capacidade calorífica e peso molecular são aproximadamente as mesmas da água líquida, e sua temperatura era normal quando ela começou a trabalhar, qual seria sua temperatura na hora em que o trabalho foi terminado?

    (b) Agora modele a estudante como um sistema aberto e assuma que a evaporação da transpiração (resfriamento evaporativo) é o único mecanismo para perda de calor. Quanto peso ela teria perdido pela evaporação se ela manteve a temperatura do corpo constante?

    (c) Algum dos modelos nas Partes (a) e (b) é razoável? Explique. Qual é a explicação mais plausível do que aconteceu a energia metabólica produzida em seu corpo?

8.56. Ar úmido a 50°C e 1,0 atm, com 2°C de superaquecimento alimenta um condensador. As correntes de gás e líquido saem do condensador em equilíbrio a 20°C e 1 atm.

    (a) Admita uma base de cálculo de 100 mols de ar na entrada, desenhe e rotule um fluxograma do processo (incluindo Q na rotulagem), e faça uma análise dos graus de liberdade para verificar se todas as variáveis rotuladas podem ser determinadas.

    (b) Escreva em ordem as equações que você resolveria para calcular a massa de água condensada (kg) por metro cúbico de ar na alimentação do condensador. Marque as variáveis desconhecidas para as quais você resolveria cada equação. Não faça nenhum cálculo.

    (c) Prepare uma tabela de entalpias de entrada-saída, inserindo símbolos para as entalpias específicas desconhecidas ($\hat{H}_1, \hat{H}_2, ...$). Escreva expressões para as entalpias específicas, substituindo valores ou fórmulas de capacidades caloríficas ou de calores latentes, mas sem calcular os valores das entalpias específicas. Escreva depois uma expressão para a taxa na qual o calor deve ser transferido da unidade (kJ por metro cúbico de ar na alimentação do condensador).

    (d) Resolva à mão as equações para calcular as quantidades kg H_2O condensada/m³ ar fornecido e kJ transferidos/m³ ar alimentado.

    **(e) Use um programa de resolução de equações para fazer os cálculos da Parte (d).

    (f) Que taxa de resfriamento (kW) seria necessária para processar 250 m³ ar alimentado/h?

8.57. Um condicionador de ar resfria 226 m³/min de ar úmido a 36°C e 98% de umidade relativa para 10°C.

    (a) Faça uma análise dos graus de liberdade para provar que existe informação suficiente para determinar a carga de resfriamento necessária (taxa de transferência de calor).

    (b) Calcule a taxa de condensação da água na unidade e a carga de resfriamento em toneladas de refrigeração (1 TR = 12.000 Btu/h).

8.58. Uma corrente gasosa contendo *n*-hexano em nitrogênio com uma saturação relativa de 90% alimenta um condensador a 75°C e 3,0 atm absoluta. O produto gasoso sai a 0°C e 3,0 atm, com uma vazão de 746,7 m³/h.

---

*Adaptado de um problema proposto por John Falconer e Garret Nicodemus da *University of Colorado (Boulder)*.
**Problema de computador.

(a) Calcule a porcentagem de condensação do hexano (mols condensados/mols fornecidos) e a taxa (kW) na qual o calor deve ser removido do condensador.

(b) Suponha que a vazão e a composição da corrente de alimentação e a transferência de calor do condensador são as mesmas da Parte (a), mas a pressão do condensador e da corrente de saída é de apenas 2,5 atm em vez de 3,0 atm. Como a temperatura e vazão da corrente de saída e a porcentagem de condensação do hexano calculados nas Partes (a) e (b) mudam (aumenta, diminui, sem mudança, não tem como dizer)? Não faça nenhum cálculo, mas explique seu raciocínio.

8.59. Uma corrente gasosa contendo acetona em ar flui a partir de uma unidade de recuperação de solvente com uma vazão de 142 L/s a 150°C e 1,3 atm. A corrente flui para um condensador que liquefaz a maior parte da acetona, e as correntes líquida e gasosa estão em equilíbrio a -18°C e 5,0 atm. É fornecido trabalho no eixo ao sistema na taxa de 25,2 kW para atingir a compressão de 1,3 atm até 5,0 atm. Para determinar a composição da corrente de alimentação do condensador, uma amostra de 3,00 litros do gás é coletada e resfriada a uma temperatura na qual praticamente toda a acetona na amostra é recuperada como líquido. O líquido é colocado em um frasco vazio com uma massa de 4,017 g. O frasco contendo a acetona líquida é pesado e obtém-se uma massa de 4,973 g.

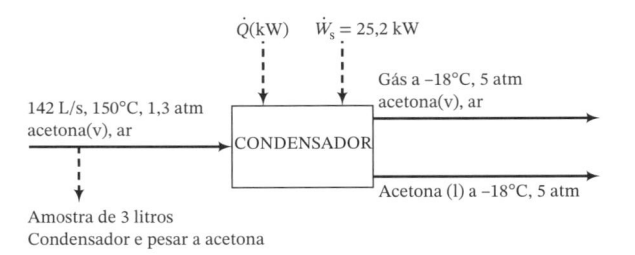

(a) Faça uma análise dos graus de liberdade para mostrar que existe informação suficiente para determinar as composições de todas as correntes e a taxa de transferência de energia necessária.

(b) Escreva um conjunto completo de equações para as vazões molares de todas as correntes, as frações molares de acetona nas correntes gasosas de alimentação e produto, e a taxa (kW) na qual o calor deve ser removido do condensador. Não faça cálculos.

(c) Resolva à mão as equações da Parte (b).

(d) Resolva as equações da Parte (b) usando um programa de resolução de equações.

8.60. Uma mistura de vapor de n-hexano e ar sai de uma unidade de recuperação de solventes e flui através de um duto de 70 cm de diâmetro com velocidade de 3,00 m/s. Em um ponto de amostragem no duto, a temperatura é 40°C, a pressão é 850 mm Hg e o ponto de orvalho do gás amostrado é 25°C. O gás alimenta um condensador no qual é resfriado a pressão constante, condensando 70% do hexano na alimentação.

(a) Faça uma análise dos graus de liberdade para mostrar que a informação disponível é suficiente para calcular a temperatura necessária na saída do condensador (°C) e a taxa de resfriamento (kW).

(b) Faça os cálculos.

(c) Se o diâmetro do duto fosse de 35 cm para a mesma vazão molar do gás de alimentação, qual seria a velocidade média do gás (vazão volumétrica dividida pela área da seção reta)?

(d) Suponha que você quer aumentar a porcentagem de condensação do hexano para a mesma corrente de alimentação. Quais as três variáveis de operação do condensador que você alteraria e em que direção?

8.61. Uma mistura líquida equimolar de n-pentano e n-hexano a 80°C e 5,00 atm alimenta um evaporador flash com uma vazão de 100,0 mol/s. Quando a alimentação é exposta à pressão reduzida dentro do evaporador, uma parte substancial é vaporizada. A temperatura no tanque é mantida a 65°C pela adição de calor. As fases líquida e vapor, que estão em equilíbrio, são separadas e descarregadas em correntes diferentes. A corrente de produto líquido contém 41,0% molar de pentano. Um fluxograma e uma tabela de entalpias de entrada-saída para o processo são mostrados abaixo.

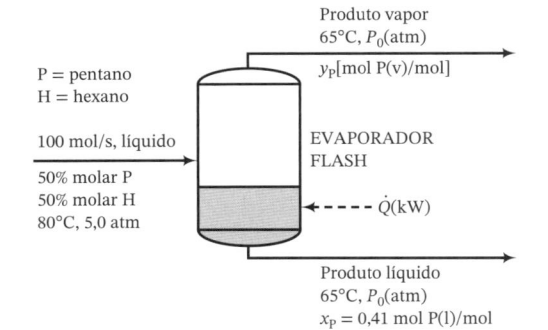

Referências: P(l, 65°C), H(l, 65°C)

Substância	$\dot{n}_{entrada}$	$\hat{H}_{entrada}$	$\dot{n}_{saída}$	$\hat{H}_{saída}$
P(l)	$\dot{n}_a$	$\hat{H}_a$	$\dot{n}_c$	$\hat{H}_c$
P(v)	—	—	$\dot{n}_d$	$\hat{H}_d$
H(l)	$\dot{n}_b$	$\hat{H}_b$	$\dot{n}_e$	$\hat{H}_e$
H(v)	—	—	$\dot{n}_f$	$\hat{H}_f$

(a) Usando a lei de Raoult para os cálculos de equilíbrio líquido-vapor, calcule (i) a pressão do sistema, P_0(atm), (ii) a fração molar de pentano no produto vapor, y_P, (iii) a vazão volumétrica do produto vapor, V(L/s), e (iv) a vaporização fracional do pentano, f(mols vaporizados/mols de alimentação).

(b) Determine valores para todos os $\dot{n}$ e $\hat{H}$ na tabela de entalpias e calcule a taxa necessária de adição de calor ao evaporador, $\dot{Q}$(kW).

(c) Como mudaria cada uma das variáveis calculadas nas Partes (a) e (b) se a temperatura do evaporador fosse aumentada (aumenta, diminui, sem mudança, não tem como dizer)? Explique o seu raciocínio.

8.62. Uma corrente líquida contendo 50,0% molar de benzeno e o resto de tolueno a 25°C alimenta um evaporador contínuo de estágio único com uma vazão de 1320 mol/s. As correntes líquida e vapor que saem do evaporador estão a 95,0°C. O líquido contém 42,5% molar de benzeno e o vapor contém 73,5% molar de benzeno.

(a) Calcule o aquecimento necessário para este processo em kW.

(b) Usando a lei de Raoult (Seção 6.4b) para descrever o equilíbrio entre as correntes de saída líquida e vapor, determine se as análises de benzeno dadas são consistentes entre si. Se são, calcule a pressão (torr) na qual deve operar o evaporador; se não são, dê várias explicações possíveis para a inconsistência.

8.63. O efluente gasoso de um reator em uma planta de processo no coração de uma obscura localidade começa a condensar e entupir a linha de alívio, causando um perigoso aumento de pressão dentro do reator. Foram feitos planos para fazer passar o gás diretamente do reator para um condensador resfriador no qual o gás e o líquido condensado são levados até 25°C.

(a) Você foi chamado como consultor para ajudar no projeto desta unidade. Infelizmente, o engenheiro-chefe (e único) da planta desapareceu e ninguém na planta sabe dizer o que é o efluente gasoso (ou o que é qualquer outra coisa, diga-se de passagem). No entanto, um trabalho é um trabalho, e você tenta ver o que dá para fazer. Você encontra uma análise elementar no caderno de apontamentos do engenheiro que indica que a fórmula do gás é $C_5H_{12}O$. Em outra página do caderno, a vazão do efluente gasoso é dada como 235 m³/h a 116°C e 1 atm. Você coleta uma amostra do gás e a resfria até 25°C, e ela vira um sólido. Depois, você aquece a amostra solidificada a 1 atm e nota que ela funde a 52°C e ferve a 113°C. Finalmente, você faz várias suposições e estima em kW a taxa de remoção de calor necessária para trazer o efluente gasoso de 116°C até 25°C. Qual é o seu resultado?

(b) Se você tivesse o equipamento certo, o que você teria feito para obter uma melhor estimativa da taxa de refrigeração?

8.64. Uma folha de filme de acetato de celulose contendo 5,00% em peso de acetona líquida entra a um secador adiabático onde 90% da acetona evaporam em uma corrente de ar seco fluindo sobre o filme. O filme entra no secador a $T_{f1} = 35$°C e sai a T_{f2}(°C). O ar entra no secador a T_{a1}(°C) e 1,01 atm e sai do mesmo a $T_{a2} = 49$°C e 1 atm, com uma saturação relativa de 40%. O C_p pode ser tomado como 1,33 kJ/(kg·°C) para o filme seco e 0,129 kJ/(mol·°C) para a acetona líquida. Faça uma suposição razoável levando em conta a capacidade calorífica do ar seco. O calor de vaporização da acetona pode ser considerado independente da temperatura. Para os cálculos solicitados, use uma base de 100 kg de filme fornecidos ao secador.

(a) Estime a razão de alimentação [litros ar seco (CNTP)/kg filme seco].

(b) Deduza uma expressão para T_{a1} em termos da variação de temperatura do filme, $(T_{f2} - 35)$, e a use para responder às Partes (c) e (d).

(c) Calcule a variação de temperatura do filme se a temperatura do ar de entrada é 120°C.

(d) Calcule o valor necessário de T_{a1} se a temperatura do filme cai até 34°C e se o valor se eleva até 36°C.

(e) Se você resolveu as Partes (c) e (d) corretamente, encontrou que, mesmo que a temperatura do ar seja sistematicamente maior que a temperatura do filme no secador, de forma que o calor seja sempre transferido do ar para o filme, a temperatura do filme pode cair entre a entrada e a saída. Como isto é possível?

8.65. Vapor de propano saturado a $2{,}00 \times 10^2$ psia alimenta um trocador de calor bem isolado com uma vazão de $3{,}00 \times 10^3$ PCNH (pés cúbicos normais por hora). O propano sai do trocador como líquido saturado (quer dizer, um líquido no seu ponto de ebulição) na mesma pressão. Água de resfriamento entra no trocador a 70°F, escoando em co-corrente (na mesma direção) com o propano. A diferença de temperatura entre as correntes de saída (propano líquido e água) é de 15°F.

(a) Qual é a temperatura de saída da corrente de água? (Use a equação de Antoine.) A temperatura da água na saída é menor ou maior do que a temperatura de saída do propano? Explique sucintamente.

(b) Estime a taxa (Btu/h) na qual o calor deve ser transferido do propano para a água no trocador de calor, e a vazão necessária (lb$_m$/h) de água. (Você terá que escrever dois balanços de energia separados.) Admita que a capacidade calorífica da água líquida é constante a 1,00 Btu/(lb$_m$·°F) e despreze as perdas de calor para o exterior e os efeitos da pressão sobre o calor de vaporização do propano.

MEIO AMBIENTE

*8.66. Responsáveis por peixes e vida selvagem determinaram que um aumento repentino de temperatura maior que 5°C pode ser danoso para o ecossistema de um rio. As águas mais quentes contêm menos oxigênio dissolvido e faz com que os organismos em um rio aumentem seu metabolismo; se o aumento da temperatura é repentino, os organismos não têm tempo de se adaptar para o novo ambiente e provavelmente irão morrer. (Mudanças em temperaturas de rios de cinco graus ou mais devidas às variações sazonais são comuns, mas estas mudanças de temperatura são graduais.)

Uma planta química proposta planeja usar água de rio para resfriamento do processo. O rio flui a uma vazão de 15,0 m³/s a uma temperatura de 15°C e uma fração dela será desviada para a planta. Cálculos preliminares revelaram que a água de refrigeração removerá $5,00 \times 10^5$ kJ/s de calor da planta. Uma porção da água extraída irá evaporar da planta para a atmosfera e o restante será retornado para o rio a uma temperatura de 35°C.

  (a) Desenhe e rotule completamente um fluxograma do processo e prove que há informação suficiente disponível para calcular todas as vazões de correntes desconhecidas no fluxograma.

  (b) Estime a fração do fluxo do rio que deve ser desviada para a planta e o percentual da água de refrigeração que evapora. Assuma que a água tem uma capacidade calorífica constante de 4,19 kJ/(kg · °C) e um calor de vaporização próximo ao da água no ponto de ebulição normal, e assuma também que a entalpia específica do vapor d'água relativo à água líquida a 15°C é igual ao calor de vaporização.

  (c) Escreva (mas não avalie) uma expressão para a mudança de entalpia desprezada pela suposição sobre a entalpia específica do vapor.

8.67. Uma lama aquosa a 30°C contendo 20,0% em peso de sólidos alimenta um evaporador no qual é vaporizada água suficiente a 1 atm como para produzir uma lama contendo 35,0% em peso de sólidos. O calor é fornecido ao evaporador através da alimentação de vapor saturado a 2,6 bar de pressão absoluta por uma serpentina imersa no líquido. O vapor condensa dentro da serpentina e a lama ferve no ponto de ebulição normal da água pura. A capacidade calorífica dos sólidos pode ser considerada como metade daquela da água líquida.

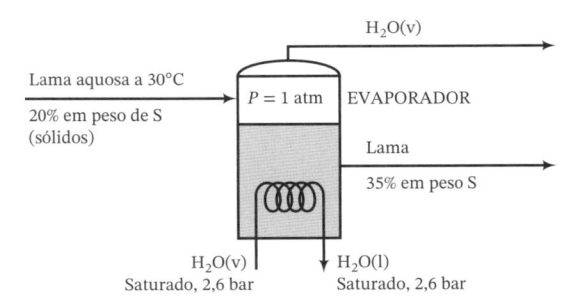

  (a) Calcule a vazão de alimentação de vapor necessária (kg/h) para uma vazão de alimentação de lama de $1,00 \times 10^3$ kg/h.

  (b) A **recompressão do vapor** às vezes é usada na operação de um evaporador. Suponha que o vapor gerado no evaporador descrito acima é comprimido até 2,6 bar e simultaneamente aquecido até a temperatura de saturação a 2,6 bar, de forma que não haja condensação. O vapor comprimido, junto com vapor saturado adicional a 2,6 bar, alimentam então a serpentina do evaporador, na qual acontece uma condensação isobárica. Quanto vapor adicional é necessário?

  (c) Que mais você precisaria saber para determinar se a recompressão de vapor é economicamente vantajosa ou não para este processo?

8.68. Uma mistura que contém 46% em peso de acetona (CH_3COCH_3), 27% de ácido acético (CH_3COOH) e 27% de anidrido acético $[(CH_3CO)_2O]$ é destilada a $P = 1$ atm. A alimentação entra na coluna de destilação a $T = 348$ K com uma vazão de 15.000 kg/h. O destilado (produto de topo) é basicamente acetona pura, e o produto de fundo contém 1% da acetona da alimentação.

O efluente vapor do topo da coluna entra no condensador a 329 K e sai como líquido a 303 K. Metade do condensado é retirado como produto de topo e o restante volta à coluna como refluxo. O líquido que sai pelo fundo da coluna vai para um refervedor aquecido a vapor, no qual é parcialmente vaporizado. O vapor que sai do refervedor retorna à coluna na temperatura de 398 K e o líquido residual, também a 398 K, constitui o produto de fundo. Abaixo estão um fluxograma do processo e dados termodinâmicos para os materiais de processo.

  (a) Calcule as vazões mássicas e composições das correntes de produto.

  (b) Calcule a necessidade de resfriamento no condensador $\dot{Q}_C$(kJ/h).

  (c) Use um balanço de energia global para determinar a necessidade de aquecimento no refervedor $\dot{Q}_r$(kJ/h).

---

*Adaptado de um problema proposto por J. Patrick Abulencia do *Manhattan College*.

(d) Se o calor do refervedor é providenciado pela condensação de vapor saturado a 10 bar de pressão manométrica, com que vazão deveria este ser alimentado?

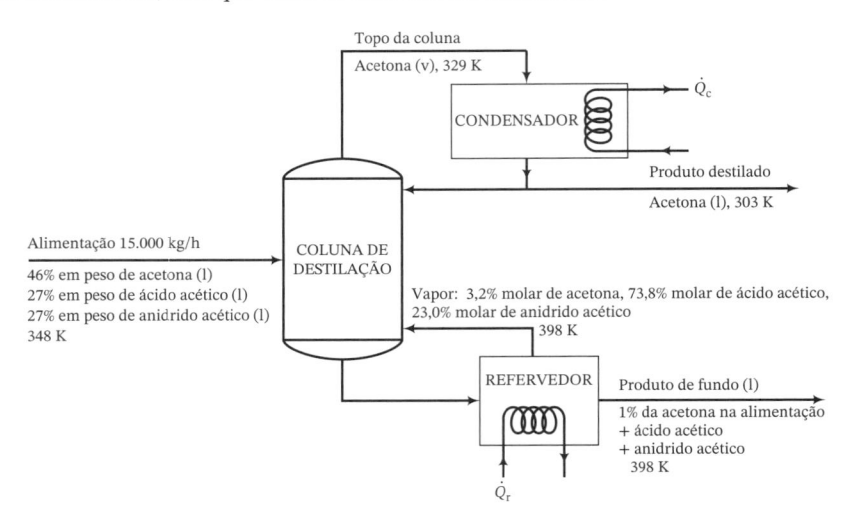

Dados Termodinâmicos (Todas as temperaturas estão em kelvin)

Acetona: $C_{pl} = 2{,}30 \text{ kJ/(kg·K)}$

$$C_{pv}[\text{kJ/(kg·K)}] = 0{,}459 + 3{,}15 \times 10^{-3}T - 0{,}790 \times 10^{-6}T^2$$

$$\Delta\hat{H}_v(329 \text{ K}) = 520{,}6 \text{ kJ/kg}$$

Ácido acético: $C_{pl} = 2{,}18 \text{ kJ/(kg·K)}$

$$C_{pv}[\text{kJ/(kg·K)}] = 0{,}688 + 1{,}87 \times 10^{-3}T - 0{,}411 \times 10^{-6}T^2$$

$$\Delta\hat{H}_v(391 \text{ K}) = 406{,}5 \text{ kJ/kg}$$

Anidrido acético: $C_{pl}[\text{kJ/(kg·K)}] = ?$ (Estime-o — veja a Seção 8.3c.)

$$C_{pv}[\text{kJ/(kg·K)}] = 0{,}751 + 1{,}34 \times 10^{-3}T - 0{,}046 \times 10^{-6}T^2$$

$$\Delta\hat{H}_v(413 \text{ K}) = ?$$ (Estime-o — veja a Seção 8.4b.)

8.69. Um **evaporador de duplo efeito** (dois evaporadores em série) é usado para produzir água potável a partir de água de mar contendo 3,5% em peso de sólidos dissolvidos. Um fluxograma do processo é mostrado aqui.

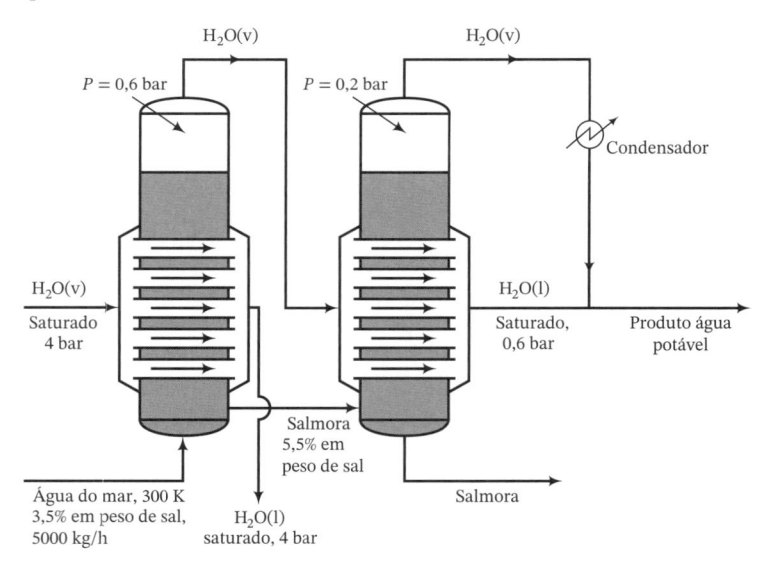

A água de mar entra no primeiro efeito a 300 K com uma vazão de 5000 kg/h; no mesmo efeito, vapor saturado a 4,00 bar (pressão absoluta) alimenta um feixe de tubos no interior do mesmo. O vapor condensa a 4,00 bar e o condensado é retirado na temperatura de saturação correspondente a esta pressão.

O calor cedido pela condensação do vapor nos tubos causa a evaporação de água da solução de salmoura na pressão de 0,60 bar mantida no efeito. A salmoura que sai contém 5,5% em peso de sal. O vapor gerado no primeiro efeito alimenta um feixe de tubos no segundo efeito. O condensado deste feixe de tubos e o vapor gerado pelo segundo efeito na pressão de 0,20 bar constituem a água potável produzida no processo.

Ao resolver os problemas dados, admita que a salmoura nos dois efeitos tem as mesmas propriedades físicas da água pura e que os efeitos operam adiabaticamente.

(a) Desenhe e rotule um fluxograma para este processo, dando as temperaturas e entalpias específicas de cada corrente.

(b) Com que vazão o vapor deve alimentar o primeiro efeito?

(c) Qual é a taxa de produção de água potável? Qual é a concentração de sal (porcentagem em peso) da salmoura final? Por que é inapropriado adicionar o condensado do primeiro efeito a vazão de produção de água fresca?

(d) Por que é necessário que a pressão diminua de um efeito para o outro?

(e) Suponha que fosse usado um evaporador de efeito simples, operando a $P = 0,20$ bar. Calcule a vazão de alimentação do vapor saturado a $P = 4,00$ bar que seria necessária para atingir a mesma taxa de produção de água potável. Que mais você precisaria saber para determinar qual processo é o mais econômico?

8.70. Água de mar contendo 3,5% em peso de sais dissolvidos deve ser dessalinizada em um evaporador adiabático de seis efeitos. (Veja o Problema 8.69.) É usada alimentação reversa: a água de mar alimenta o último evaporador, e soluções de salmoura paulatinamente mais concentradas fluem em contracorrente em relação à direção do fluxo de vapor de um efeito para o seguinte. Vapor saturado a 2 bar alimenta o feixe de tubos do primeiro efeito. As pressões de operação, em bar, dos seis efeitos são, respectivamente, 0,9; 0,7; 0,5; 0,3; 0,2 e 0,1. A salmoura que sai do primeiro efeito contém 30% em peso de sal. O fluxograma mostra os efeitos 1, 5 e 6.

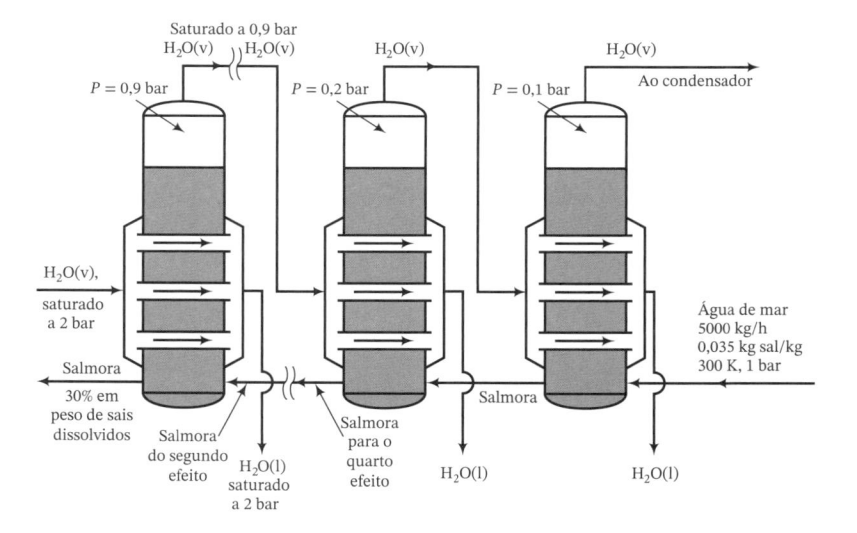

Em seguida aparece um diagrama rotulado para o i-ésimo efeito:

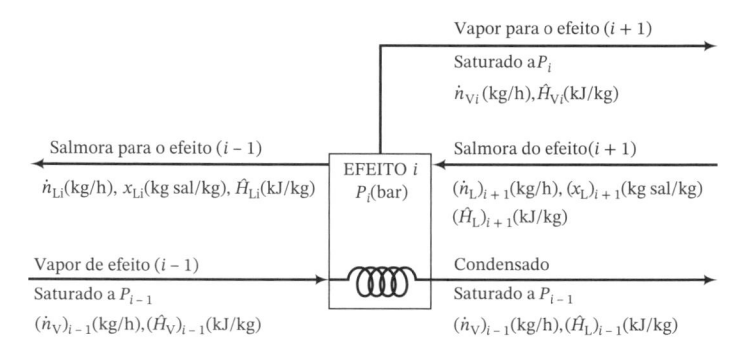

Em termos das variáveis definidas no diagrama,

$$\dot{n}_{L7} = 5000 \text{ kg/h}$$

$$x_{L7} = 0,035 \text{ kg sal/kg}$$

$$x_{L1} = 0,30 \text{ kg sal/kg}$$

$$\dot{n}_{V0} = \text{vazão de alimentação de vapor no primeiro efeito}$$

(a) Use um balanço de sal para calcular $\dot{n}_{L1}$. Use depois este resultado para determinar quanta água potável é produzida no processo.

(b) Prepare uma tabela como a seguinte:

		P (bar)	T (K)	$\dot{n}_L$ (kg/h)	x_L	$\hat{H}_L$ (kJ/kg)	$\dot{n}_V$ (kg/h)	$\hat{H}_V$ (kJ/kg)
Vapor de entrada		2,0		—	—	—		
Efeito	1	0,9			0,30			
	2	0,7						
	3	0,5						
	4	0,3						
	5	0,2						
	6	0,1						
	(7)	1,0	300	5000	0,035		—	—

Preencha todos os valores da variáveis *conhecidas* (não calcule nada ainda), incluindo os valores obtidos das tabelas de vapor, *admitindo que as propriedades físicas das soluções de salmoura são as mesmas da água pura.*

(c) Mostre que as seguintes equações podem ser deduzidas dos balanços:

$$x_{Li} = (\dot{n}_L)_{i+1}(x_L)_{i+1} = \dot{n}_{Li} \tag{1}$$

$$(\dot{n}_V)_{i-1} = \frac{\dot{n}_{Vi}\hat{H}_{Vi} + \dot{n}_{Li}\hat{H}_{Li} - (\dot{n}_L)_{i+1}(\hat{H}_L)_{i+1}}{(\hat{H}_V)_{i-1} - (\hat{H}_L)_{i-1}} \tag{2}$$

$$(\dot{n}_L)_{i-1} = \dot{n}_{Li} - (\dot{n}_V)_{i-1} \tag{3}$$

(d) Resolva as equações da Parte (c) para todos os seis efeitos usando o Solver do Excel ou outro programa de resolução de equações. Preencha a tabela da Parte (b).

8.71. Um líquido é colocado em um recipiente bem isolado, que é imediatamente selado. Inicialmente, o recipiente e seu conteúdo (o líquido e nitrogênio puro) estão a 93°C e 1 atm; o volume do líquido é 70 cm³ e o volume do gás é 3,00 L. O líquido evapora parcialmente, e o sistema resfria até atingir o equilíbrio térmico a 85°C, com líquido ainda presente. Alguns dados de propriedades físicas para o líquido e o vapor são:

$$\Delta\hat{U}_V = 20\,\text{kcal/mol a } 90°C$$
$$(C_p)_{\text{líq}} = 20\,\text{cal/(mol·°C)}$$
$$(C_p)_{\text{vap}} = 10\,\text{cal/(mol·°C)}$$
$$(DR)_{\text{líq}} = 0,90$$
$$PM = 42$$

(a) Determine $(C_v)_{\text{líq}}$ e $(C_v)_{\text{vap}}$. (Veja as Equações 8.3-11 e 8.3-12.)

(b) Desenhe e rotule um fluxograma para este processo em sistema fechado e escreva e simplifique a equação do balanço de energia, admitindo operação adiabática.

(c) Use o balanço de energia para calcular a massa de líquido que evapora, usando 4,97 cal/(mol·°C) como a capacidade calorífica do nitrogênio.

(d) Calcule a pressão de vapor do líquido a 85°C, admitindo que o volume de gás permanece constante em 3,00 L.

BIOENGENHARIA

8.72. Uma pequena firma de produtos farmacêuticos planeja fabricar uma nova droga e contratou você como consultor para projetar um condensador com o objetivo de remover a droga de uma mistura gás-vapor. A mistura, que contém 20% molar da droga e o resto de nitrogênio, alimentará o condensador a 510 K e 1 atm, com uma vazão de 3,5 L/s. Da droga que alimentará o condensador, 90% devem ser condensados. Não existem dados de propriedades físicas disponíveis para a droga, e parte do seu trabalho é determinar os dados necessários para o projeto do condensador. A companhia lhe enviou uma grande amostra da droga líquida com este propósito.

Você compra um recipiente isolado de 2,000 litros com capacidade calorífica conhecida e uma resistência elétrica para aquecimento embutida, que pode fornecer uma quantidade conhecida de calor ao recipiente. Um termopar calibrado é usado para medir a temperatura do vaso, enquanto a pressão é medida com um manômetro de mercúrio.

Você realiza uma série de experimentos em um dia em que a pressão atmosférica é 763 mm Hg.

Experimento 1. Encha o recipiente com o líquido, sele e pese.

$$\text{massa do recipiente} + \text{líquido} = 4,4553 \text{ kg}$$
$$\text{massa do recipiente evacuado} = 3,2551 \text{ kg}$$

Depois, começando a duas temperaturas (T_0), adicione uma quantidade fixa de calor ao líquido, observe a temperatura final (T_f) e subtraia o calor absorvido pelo recipiente do calor total para determinar a quantidade de calor adicionado ao líquido, Q_a.

$$T_0 = 283,0 \text{ K}, Q_a = 800,0 \text{ J} \Longrightarrow T_f = 285,4 \text{ K}$$
$$T_0 = 330,0 \text{ K}, Q_a = 800,0 \text{ J} \Longrightarrow T_f = 332,4 \text{ K}$$

Considere que a capacidade calorífica do líquido pode ser expressa como uma função linear da temperatura ($C_v = aT + b$) ao analisar estes resultados.

Experimento 2. Derrame uma pequena quantidade da droga no recipiente, coloque o recipiente em um banho de nitrogênio líquido para congelar a droga, evacue todo o ar e sele o recipiente. Pese o recipiente depois que ele voltar à temperatura ambiente.

$$\text{massa do recipiente} + \text{droga} = 3,2571 \text{ kg}$$

Depois, aqueça o recipiente selado até que todo o líquido evapore e repita o Experimento 1.

$$T_0 = 363,0 \text{ K}, h_{\text{manômetro}} = -500 \text{ mm}, Q_a = 1,30 \text{ J} \Longrightarrow T_f = 366,9 \text{ K}$$
$$T_0 = 490,0 \text{ K}, h_{\text{manômetro}} = -408 \text{ mm}, Q_a = 1,30 \text{ J} \Longrightarrow T_f = 492,7 \text{ K}$$

Considere que a capacidade calorífica do vapor pode ser expressa como uma função linear da temperatura ao analisar estes resultados.

Experimento 3. Encha aproximadamente metade do recipiente, congele, evacue e sele. Meça a pressão a várias temperaturas, verificando se há líquido presente a cada temperatura.

$$T = 315,0 \text{ K}, h_{\text{manômetro}} = -564 \text{ mm}$$
$$T = 334,0 \text{ K}, h_{\text{manômetro}} = -362 \text{ mm}$$
$$T = 354,0 \text{ K}, h_{\text{manômetro}} = -2 \text{ mm}$$
$$T = 379,0 \text{ K}, h_{\text{manômetro}} = +758 \text{ mm}$$

(a) Usando os dados fornecidos, determine as seguintes propriedades físicas da droga: (i) densidade relativa do líquido; (ii) peso molecular; (iii) expressões lineares para as capacidades caloríficas a volume constante [em J/(mol·K)] do líquido e do vapor [$C_v = a + bT(K)$]; (iv) expressões lineares para C_p do líquido e do vapor; (v) uma expressão de Clausius–Clapeyron para p*(T); (vi) o ponto de ebulição normal; e (vii) o calor de vaporização (em J/mol) no ponto de ebulição normal.

(b) Calcule a temperatura necessária no condensador, admitindo a operação a 1 atm.

(c) Calcule a taxa na qual o calor deve ser removido do condensador, admitindo a capacidade calorífica do nitrogênio como constante e igual a 29,0 J/(mol·K).

8.73. A **secagem por congelamento** é uma técnica para desidratar substâncias a baixas temperaturas, evitando a degradação que pode acompanhar o aquecimento. O material a ser secado é resfriado até uma temperatura na qual toda a água presente vira gelo. A substância congelada é colocada, depois, em uma câmara de vácuo, podendo ainda ser submetida a aquecimento por radiação ou microonda; o gelo no alimento sublima e o vapor é carregado pela bomba de vácuo.

Deseja-se secar bifes por esta técnica em uma câmara aquecida a 1 torr (1 mm Hg). Os bifes, que contém 72% em peso de água, entram na câmara a −26°C, com uma vazão de 50 kg/min. Da água que entra com os bifes, 96% saem como vapor a 60°C; o restante sai como líquido junto com os bifes a 50°C.

(a) Use os dados de capacidade calorífica mostrados abaixo junto com dados adicionais tabelados da água para calcular a entrada de calor necessária em quilowatts.

$$(C_p)_{\text{gelo}} = 2,17 \text{ J/(g} \cdot \text{°C)}$$
$$(C_p)_{\text{carne seca}} = 1,38 \text{ J/(g} \cdot \text{°C)}$$

(b) Quando, em operações de mudança de fase, não estão envolvidas grandes mudanças de temperatura, pode ser obtida uma estimativa razoável da taxa de transferência de calor necessária desprezando-se as contribuições das mudanças de temperatura na mudança total de entalpia do processo (quer dizer, levando em conta apenas a mudança de fase). Além disso, frequentemente é razoável usar quaisquer valores disponíveis de calores latentes, desprezando a sua dependência da temperatura e da pressão. No caso do processo de secagem por congelamento, a aproximação pode ser calcular apenas o calor necessário para derreter toda a água e vaporizar 96% dela usando calores latentes nos pontos normais de fusão e de ebulição (Tabela B.1) e desprezar o calor necessário para elevar a temperatura da carne e da água. Que porcentagem de erro no valor calculado de Q resultaria desta aproximação? Admita o valor calculado da Parte (a) como o valor exato.

BIOENGENHARIA

(c) Muitas substâncias, tais como comida e remédios, estragam se expostas muito tempo a temperaturas elevadas (que aceleram as taxas de degradação) ou a água líquida (que fornece um ambiente para o crescimento de espécies microbianas que causam degradação). As taxas de evaporação e sublimação também aumentam com o aumento da temperatura e redução da pressão. Use estas observações para construir uma explicação de um parágrafo de como a secagem por congelamento funciona e a razão para cada etapa do processo. (Por exemplo, por que a sublimação é feita em uma câmara a vácuo?) Sua explicação deve ser clara para alguém com uma formação não técnica ou não científica.

BIOENGENHARIA

*8.74. Os produtores de um novo produto de aveia querem determinar a maneira menos custosa de proteger e transportar seu produto. Eles escolheram a *liofilização* (secagem por congelamento), que remove a água do produto, fazendo ele mais leve e, portanto, menos custoso para transportar por longas distâncias e aumenta o tempo de prateleira substancialmente. A liofilização também remove algumas das impurezas introduzidas pelos métodos da agricultura industrial.

Uma corrente de alimentação sólida contendo 70% em massa de aveia, 27% de água (gelo) e o balanço de impurezas orgânicas entra em uma câmara a vácuo a uma vazão de $1,0 \times 10^3$ kg/h a uma temperatura de $-10°C$. Na câmara a vácuo, 97% da água e 99% das impurezas orgânicas na alimentação sublimam (vaporizam). O produto seco é então embalado e despachado. Uma corrente de vapor sai da câmara a 15°C. Durante o processo, $7,95 \times 10^5$ kJ/h de calor é transferido para o sistema.

(a) Desenhe e rotule completamente o fluxograma do processo e execute uma análise de graus de liberdade.

(b) Calcule as composições e vazões das correntes de produto e resíduos.

(c) Encontre a temperatura da corrente de produto, usando os seguintes valores para a capacidade calorífica e calor de sublimação e desprezando a contribuição das impurezas orgânicas para o balanço de energia.

$$C_p[H_2O(s)] = 2,11 \text{ kJ/(kg·°C)}$$
$$C_p[H_2O(v)] = 1,86 \text{ kJ/(kg·°C)}$$
$$C_p(\text{aveia}) = 1,5 \text{ kJ/(kg·°C)}$$
$$(\Delta \hat{H}_{\text{subl}})_{H_2O} = 2845 \text{ kJ/kg}$$

(d) A evaporação é uma maneira mais convencional para secar um sólido molhado — isto é, aquecer o sólido a pressão atmosférica a uma temperatura próxima ao ponto de ebulição do líquido (neste caso, a água) e mantê-lo assim por tempo suficiente para retirá-lo todo. Dê pelo menos duas razões por que a secagem por congelamento é uma alternativa melhor para a secagem da aveia.

BIOENGENHARIA

8.75. A **concentração por congelamento** é usada para produzir um concentrado de suco de fruta. Uma corrente de suco fresco contendo 12% em peso de sólidos solúveis em água a 20°C é combinada com uma corrente de reciclo para formar um pré-concentrado, que alimenta um cristalizador. A mistura é resfriada no cristalizador a $-7°C$, cristalizando 20.000 kg/h de gelo. Do cristalizador sai uma lama contendo 10% em peso de gelo, que alimenta um filtro. O filtrado, que contém 45% em peso de sólidos dissolvidos, é removido como o produto do processo. A lama remanescente, que contém todo o gelo e parte do concentrado (também contendo 45% em peso de sólidos dissolvidos), é enviada a um separador que remove todo o gelo. O líquido residual é a corrente de reciclo que se combina com a alimentação fresca para formar o pré-concentrado.

(a) Determine as vazões (kg/h) nas quais é alimentado o suco fresco e é produzido o concentrado, e a vazão mássica (kg/h) e concentração de sólidos do pré-concentrado.

(b) Calcule o resfriamento necessário (kW) para o congelador, admitindo que a temperatura da corrente de reciclo é 0°C e que a capacidade calorífica de todas as soluções é 4,0 kJ/(kg·°C).

(c) Uma alternativa à concentração por congelamento é evaporar parte da água do suco a pressão atmosférica, produzindo um concentrado com 45% de sólidos dissolvidos. Existem duas razões para que este processo seja eventualmente menos atrativo: uma é aplicável a qualquer soluto e a segunda se aplica particularmente a um produto alimentício. Especule sobre quais elas são.

(d) Uma segunda alternativa também envolveria vaporização, mas a baixa pressão. Por que esta alternativa poderia ser preferível àquela na Parte (c) e o que determinaria se ela seria preferível à concentração por congelamento?

---

*Adaptado de um problema proposto por J. Patrick Abulencia do *Manhattan College*.

8.76. Uma mistura contendo 35,0% molar de *n*-butano e o resto de isobutano a 10°C entra em um trocador de calor com uma vazão de 24,5 kmol/h e a uma pressão suficientemente alta para que a mistura seja líquida. O trocador foi projetado para aquecer e vaporizar o líquido e aquecer a mistura vapor até 180°C. O fluido de aquecimento é um líquido de alto peso molecular com uma capacidade calorífica constante $C_p = 2{,}62$ kJ/(kg·°C). Este líquido entra no trocador a 215°C e flui em contracorrente com a mistura de hidrocarbonetos.

- **(a)** Estime a pressão mínima (bar) necessária para que a alimentação de hidrocarbonetos seja um líquido.
- **(b)** Admitindo que as capacidades caloríficas e os calores de vaporização do *n*-butano e do isobutano são independentes da pressão (de forma que os valores das Tabelas B.1 e B.2 possam ser usados), calcule a variação de entalpia ΔH(kJ/h) sofrida pela mistura de hidrocarbonetos no trocador de calor. Mostre as trajetórias de processo para o *n*-butano e o isobutano nos seus cálculos. (*Dica:* Já que você não tem as capacidades caloríficas para o *n*-butano e o isobutano líquidos neste livro, use trajetórias de processo nas quais elas não sejam necessárias.)
- **(c)** De acordo com os cálculos de projeto do trocador de calor, a temperatura de saída do fluido de aquecimento deve ser 45°C. Admitindo que todo o calor perdido pelo fluido de aquecimento é transferido para a mistura de hidrocarbonetos, qual é a vazão mássica necessária do fluido de aquecimento, $\dot{m}_{fa}$(kg/h)?
- **(d)** Quando o trocador de calor é operado com $\dot{m}_{fa}$ igual ao valor calculado na Parte (c), a temperatura da mistura de hidrocarbonetos é medida, obtendo-se um valor de apenas 155°C em vez do valor de projeto de 180°C. O operador do processo observa que o exterior do trocador está quente, indicando que parte do calor perdido pelo fluido de aquecimento está escapando para o ambiente em vez de estar sendo transferido para a mistura de hidrocarbonetos. Após discutir a situação com o engenheiro de produção, o operador aumenta gradualmente a vazão do fluido de aquecimento enquanto monitora a temperatura de saída dos hidrocarbonetos. Quando a vazão atinge 2540 kg/h, as temperaturas de saída se equiparam aos valores de projeto (180°C para os hidrocarbonetos e 45°C para o fluido de aquecimento). Com que taxa o calor está sendo transferido do trocador para o ar da planta?
- **(e)** Quando o fluido de aquecimento sai do trocador, passa através de um aquecedor, o qual eleva a sua temperatura de volta a 215°C, e é reciclado para o trocador. Como a lucratividade do processo é reduzida pela perda de calor do trocador para o ar ambiente? (Tente pensar em dois custos que podem resultar da perda de calor.)
- **(f)** O engenheiro propõe adicionar mais isolamento ao trocador de calor, o que cortaria os custos de perda de calor e reduziria a vazão necessária de fluido de aquecimento. Quais são as vantagens e desvantagens das duas respostas ao problema da perda de calor (adicionar isolamento versus aumentar a vazão do fluido de aquecimento)? Qual você acha que seria a melhor resposta a longo prazo e por quê?

BIOENGENHARIA →

***8.77.** Ketchup contém tomates, xarope de milho, vinagre, açúcar, água e uma variedade de temperos. Uma receita para ketchup caseiro envolve combinar os ingredientes e vertê-los em frascos de conservas esterilizados, deixando algum espaço vazio (ar) no topo; cobrir cada frasco com uma tampa metálica que tem um selo de borracha na sua parte inferior; e enroscar frouxamente uma banda metálica no topo roscado do frasco para manter a tampa no lugar, mas deixando vapor e ar escapar. Os frascos são imersos em água fervente por cerca de 30 minutos e são então removidos; as bandas são apertadas para assegurar um selo hermético entre a tampa e o conteúdo do frasco; e os frascos esfriam até a temperatura ambiente. Se o selo permanecer apertado, o frasco pode ser armazenado por até um ano.

Suponha que o diâmetro do frasco de conserva é 2,25 polegadas e que um espaço de meia polegada é deixado depois que o ketchup foi adicionado ao frasco. A temperatura do cômodo é 25°C. Nos cálculos que seguem, assuma que a água é o único componente volátil do ketchup e que o volume do espaço vazio permanece constante no seu valor inicial.

- **(a)** Durante este processo, qual é a menor pressão (atm) no espaço vazio do frasco?
- **(b)** Estime a composição molar do gás no espaço vazio quando o processo de conservação está completo, indicando todas as suposições que você fez.
- **(c)** Calcule a energia (kJ) transferida do espaço vazio durante o processo de resfriamento. Novamente, indique suas suposições.
- **(d)** Especule sobre a razão provável para se ferver o ketchup.
- **(e)** Quando a banda é removida do topo de um frasco de ketchup, a tampa permanece firmemente presa ao topo do frasco e algumas vezes ela tem que ser forçada para abrir. Por quê?

Exercícios Exploratórios — Pesquise e Descubra

- **(f)** Uma preocupação no preparo de qualquer item para consumo humano é a existência de patogênicos, alguns dos quais prosperam em ambientes ricos em oxigênio (aeróbico) e alguns em

---

*Adaptado de um problema proposto por Paul Blowers da *University of Arizona*.

ambientes pobres em oxigênio (anaeróbico). Entre as bactérias mais mortais encontradas em alimentos impropriamente conservados é a *clostridium botulinum*.

(i) Identifique as condições sob as quais o crescimento da *clostridium botulinum* é favorecido.

(ii) Esporos de botulinum estão presentes nas superfícies da maioria dos alimentos frescos. Por que isto é relativamente inofensivo?

(iii) Explique por que conservas em pressão podem ser recomendadas para alguns alimentos e locais.

8.78. Uma mistura líquida de benzeno e tolueno contendo 50% em peso de benzeno a 100°C e pressão P_0 alimenta um *tanque de flash*, um tanque aquecido mantido a uma pressão $P_{tanque} \ll P_0$, com uma vazão de 32,5 m³/h. Quando a alimentação é exposta à pressão reduzida nesta unidade, uma parte da mesma evapora. Os produtos vapor e líquido estão em equilíbrio a 75°C e P_{tanque}. O produto líquido contém 43,9% molar de benzeno. Ao fazer os cálculos necessários, admita a aditividade dos volumes do benzeno e tolueno líquidos, use a lei de Raoult e a equação de Antoine onde for necessário, e despreze o efeito da pressão sobre a entalpia.

(a) Calcule a vazão molar (mol/s) e composição molar (fração molar do componente) da corrente de alimentação. Calcule depois o valor mínimo de P_0(atm) necessário para manter a corrente de alimentação no estado líquido até que entre no tanque de flash.

(b) Calcule P_{tanque}(atm), a fração molar de benzeno no vapor e as vazões molares dos produtos líquido e vapor.

(c) Calcule a taxa de entrada de calor necessária em quilowatts.

(d) Uma hora após o começo da operação, é feita uma análise cromatográfica do produto vapor, obtendo-se uma fração molar de benzeno 3% maior do que o valor calculado na Parte (b). A pressão e temperatura do sistema são checadas, confirmando os valores corretos. Dê várias possíveis explicações da discrepância entre o valor calculado e o valor medido.

(e) Explique sucintamente por que a temperatura do produto é menor que a temperatura da alimentação. O que seria necessário para operar a unidade de forma isotérmica?

*8.79. Um tanque de flash adiabático contínuo é usado para separar uma mistura líquida de duas substâncias (A e B). A alimentação entra na temperatura T_F e sob alta pressão, e vaporiza parcialmente até uma baixa pressão, P, na qual a sua temperatura cai para T. Para uma base admitida de 1 mol/s de alimentação, seja

$$\dot{n}_L, \dot{n}_V = \text{vazões molares dos produtos líquido e vapor}$$
$$x_F, x, y = \text{frações molares de A na alimentação, produto líquido e produto vapor}$$
$$p_A^*(T), p_B^*(T) = \text{pressões de vapor de A e B}$$
$$T_{RA}, T_{RB} = \text{temperaturas de referência para cálculos de entalpia}$$

$$\left.\begin{array}{l}\hat{H}_{AF}(T_F), \hat{H}_{AL}(T), \hat{H}_{AV}(T)\\ \hat{H}_{BF}(T_F), \hat{H}_{BL}(T), \hat{H}_{BV}(T)\end{array}\right\} \begin{array}{l}\text{entalpias específicas de A e B na}\\ \text{alimentação, produto líquido e}\\ \text{produto vapor em relação a } T_{RA} \text{ e } T_{RB}\end{array}$$

(a) Deduza as seguintes relações a partir da lei de Raoult e dos balanços de massa e energia no tanque de flash:

$$x = \frac{P - p_B^*(T)}{p_A^*(T) - p_B^*(T)} \tag{1}$$

$$y = x p_A^*(T)/P \tag{2}$$

$$\dot{n}_L = \frac{y - x_F}{y - x} \tag{3}$$

$$\dot{n}_V = 1 - \dot{n}_L \tag{4}$$

$$\Delta\dot{H} = \dot{n}_L[x\hat{H}_{AL}(T) + (1-x)\hat{H}_{BL}(T)] + \dot{n}_V[y\hat{H}_{AV}(T) + (1-y)\hat{H}_{BV}(T)]$$
$$- [x_F\hat{H}_{AF}(T_F) + (1-x_F)\hat{H}_{BF}(T_F)] = 0 \tag{5}$$

(b) Escreva uma planilha para fazer os cálculos do flash para uma mistura de alimentação de *n*-pentano e *n*-hexano. Ao calcular as entalpias destas espécies, as seguintes fórmulas de capacidade calorífica devem ser usadas para o líquido e o vapor, respectivamente:

$$C_{pl} = a_l$$
$$C_{pv} = a_v + b_v T(°C)$$

A planilha deve ter a seguinte forma. Alguns valores são dados, outros devem ser procurados em tabelas de dados, e os restantes devem ser calculados a partir das Equações 1 a 5 e das fórmulas apropriadas para as entalpias específicas.

Capítulo 8 – Problema 8.79								
Tref = 25°C								
Composto	A	B	C	al	av	bv	Tb	DHv
n-pentano	6,84471	1060,793	231,541	0,195	0,115	3,41E-4	36,07	25,77
n-hexano				0,216	0,137	4,09E-4		
xF	0,5	0,5	0,5	0,5				
Tf(graus C)	110	110	150					
P(mm Hg)	760	1000	1000					
HAF (kJ/mol)								
HBF (kJ/mol)								
T(graus C)	80,0							
pA* (mm Hg)								
pB* (mm Hg)								
x								
y								
nL (mol/s)								
nV (mol/s)								
HAL (kJ/mol)								
HBL (kJ/mol)								
HAV (kJ/mol)								
HBV (kJ/mol)								
DH (kJ/s)	−51,333							

Nesta tabela, A, B e C são as constantes da equação de Antoine, al, av e bv são os coeficientes das fórmulas dadas para capacidades caloríficas; Tb(°C) e DHv(kJ/mol) ($\Delta \hat{H}_v$) são a temperatura de ebulição normal e o calor de vaporização, xF(mol pentano/mol) é a fração molar de pentano na alimentação, Tf(°C) é a temperatura da alimentação, P(mm Hg) é a pressão do sistema, HAF ($\hat{H}_{AF}$) e HBF ($\hat{H}_{BF}$) são as entalpias específicas do pentano e do hexano na corrente de alimentação, pA* é a pressão de vapor do *n*-pentano (a ser determinada usando a equação de Antoine), x e nL (x e $\dot{n}_L$) são a fração molar de pentano na corrente de produto líquido e a vazão molar desta corrente, respectivamente, y e nV são as propriedades correspondentes da corrente de produto vapor, HAL é a entalpia específica do pentano na corrente de produto líquido, e DH ($\Delta \dot{H}$) é a expressão dada na Equação 5 para a variação na entalpia total desde a entrada até a saída.

Insira as constantes e fórmulas apropriadas de A, B, C, al, av, bv, Tb e DHv para o *n*-pentano e o *n*-hexano, uma estimativa inicial de T na Coluna 2 (= 80,0) e as fórmulas apropriadas para o restante das variáveis na Coluna 2. Varie então o valor de T até que o valor de $\Delta \dot{H}$ esteja razoavelmente perto de zero usando a ferramenta *Atingir Meta* se existir no programa da sua planilha. O valor de $\Delta \dot{H}$(−51,33 kJ/s) correspondente à estimativa inicial de 80°C é mostrado na segunda coluna da tabela. Sua planilha deve gerar este mesmo valor.

Após completar os cálculos na segunda coluna, copie as fórmulas para a terceira e quarta colunas e faça os cálculos para estes dois conjuntos de valores dos parâmetros de entrada. Mostre como o aumento da pressão do sistema e da temperatura da alimentação afeta a fração vaporizada (nV) e a temperatura final do sistema (T) e explique resumidamente por que seus resultados fazem sentido.

8.80. Uma corrente de vapor saturado contendo 10,9% molar de propano, 75,2% de isobutano e 13,9% de *n*-butano passa do topo de uma coluna de destilação para um condensador total. Setenta e cinco por cento do condensado retorna à coluna como refluxo e o restante é removido como produto de topo, com uma vazão de 2500 kmol/h.

Deve ser tomada uma decisão acerca de se usar um refrigerante ou água de resfriamento no condensador. Se for usado o refrigerante, este alimentará o condensador como um líquido e será vaporizado pelo calor liberado pelo vapor que condensa. A pressão do refrigerante será tal que a vaporização acontecerá a -6°C, temperatura na qual $\Delta \hat{H}_v = 151$ kJ/kg. A outra opção usa água de resfriamento coletada de um rio nas proximidades, na sua temperatura média de verão de 25°C. Para evitar problemas ambientais, a temperatura da água ao retornar ao rio não pode ser maior do que 34°C. Com qualquer dos dois sistemas, a temperatura do condensado deve ser 6°C maior do que a temperatura de saída do fluido de resfriamento, de forma que, se for usado o refrigerante, o condensado saturado deve estar a 0°C, enquanto, se for usada água de resfriamento, o condensado saturado deve estar a 40°C. A pressão do condensador será fixada no valor mínimo necessário para condensar todo o vapor, o que significa que o condensado estará na sua temperatura do ponto de bolha na pressão do condensador. A lei de Raoult pode ser usada para todos os cálculos de ponto de bolha e ponto de orvalho (veja a Seção 6.4c).

(a) Suponha que seja usado o refrigerante. Estime a pressão do condensador P(mm Hg); a temperatura T_f(°C) do vapor fornecido ao condensador, admitindo que o vapor está no seu ponto de orvalho na pressão P; e a vazão necessária de refrigerante (kg/h).

(b) Repita a Parte (a) admitindo que seja usada água de resfriamento no condensador.

(c) Que mais você precisaria saber para escolher entre as duas opções?

8.81. O formaldeído é produzido a partir do metanol em um reator de oxidação catalítica. As seguintes reações ocorrem:

$$CH_3OH \rightarrow HCHO + H_2$$
$$2H_2 + O_2 \rightarrow 2H_2O$$

Uma corrente de metanol se junta a uma corrente de reciclo, também de metanol, e a corrente combinada alimenta o reator de conversão. Também entram no reator ar (para oxidar parte do hidrogênio produzido na reação de conversão do metanol) e vapor (para controlar a temperatura da reação). O produto gasoso do reator está a 600°C e 1 atm, e contém 19,9% molar de formaldeído, 8,34% de metanol, 30,3% de nitrogênio, 0,830% de oxigênio, 5,0% de hidrogênio e 35,6% de vapor de água.

O processo seguinte é usado para separar o formaldeído do metanol não reagido e dos gases não condensáveis. Os gases que saem do reator alimentam um refervedor de calor perdido no qual são resfriado até 145°C; o processo gera vapor a 3,1 bar a partir de água líquida saturada (quer dizer, no seu ponto de ebulição) na mesma pressão. Os gases são ainda resfriados até 100°C em um trocador de calor, onde entram em contato térmico com água de resfriamento a 30°C. Para reduzir a incrustação nos tubos do trocador de calor, o aumento de temperatura da água de resfriamento está limitado a 15°C. Os gases resfriados alimentam uma coluna de absorção, onde o metanol e o formaldeído são absorvidos em água. O topo desta coluna é alimentado com água pura a 20°C. O gás que sai do absorvedor está saturado com vapor de água a 27°C e 1 atm, e contém 200 partes de formaldeído por milhão de partes (em volume) do gás total. A solução aquosa que sai pelo fundo do absorvedor a 88°C alimenta uma coluna de destilação que opera a 1 atm. A solução do produto final, que contém 37% em peso de formaldeído, 1% de metanol e o resto de água, é removida do refervedor no fundo da coluna, enquanto vapor de metanol puro emerge como produto de topo e é condensado a 1 atm. Uma parte deste condensado retorna ao topo da coluna como refluxo e o resto é reciclado de volta ao reator de conversão de metanol. A razão de refluxo, ou razão do metanol que retorna para o metanol reciclado ao reator, é 2,5:1.

(a) Tomando como base de cálculo 100 mols de gás saindo do reator de conversão, desenhe e rotule completamente um fluxograma deste processo. Calcule então os mols da alimentação fresca de metanol, da solução de formaldeído produto, do metanol reciclado e do gás que sai do absorvedor, os kg de vapor gerado no refervedor de calor perdido e os kg de água de resfriamento que alimentam o trocador de calor entre o refervedor de calor perdido e o absorvedor. Finalmente, calcule o calor (kJ) que deve ser removido do condensador no topo da coluna de destilação, admitindo que o metanol entra como vapor saturado a 1 atm e sai como líquido saturado à mesma pressão.

(b) Por que fator devem ser multiplicadas as quantidades calculadas para escalonar o fluxograma a uma taxa de produção de $3,6 \times 10^4$ toneladas métricas por ano de solução de formaldeído, admitindo que o processo opera 350 dias por ano?

8.82. Uma amostra de ar exterior é tomada em um dia com a temperatura de 78°F e a umidade relativa de 40%.

(a) Use a carta psicrométrica para determinar o máximo de propriedades físicas do ar sem fazer nenhum cálculo. Para cada uma, dê uma breve descrição em suas próprias palavras da propriedade.

(b) Existe um termômetro na varanda da sua casa. Que temperatura ele mostra?

(c) Uma amostra do ar ambiente é resfriada a pressão constante. A que temperatura começa a condensação?

(d) Você sai da piscina e sente frio até que você se enxuga. Explique por quê. Estime a temperatura da sua pele enquanto você ainda está molhado. Explique sua resposta. O que seria diferente se a umidade fosse 98%?

8.83. Um recipiente aberto contendo 0,205 lb_m de água líquida é colocado em um cômodo vazio de 5 ft de comprimento, 4 ft de largura e 7 ft de altura, que contém inicialmente ar seco a 90°F. Toda a água evapora sem que mude a temperatura do cômodo.

(a) Use a carta psicrométrica para estimar a umidade relativa, a temperatura de bulbo úmido, o volume úmido, a temperatura do ponto de orvalho e a entalpia específica finais do ar no cômodo. Admita o peso molecular do ar como 29,0, e, para simplificar, admita que a massa de ar seco no cômodo permanece constante no seu valor inicial.

(b) Para responder à Parte (a), você teve que fazer uma suposição significativa além daquela dada no enunciado do problema. Qual foi? (*Dica:* Você poderia testá-la medindo as quantidades calculadas em diferentes partes do cômodo.)

8.84. Um **psicrômetro de corda** é um aparelho para medir a umidade do ar. Um tecido poroso molhado (a **mecha**) é enrolado em torno do bulbo de um termômetro de mercúrio, que então é girado velozmente no ar. À medida que a água da mecha evapora, a temperatura do bulbo do termômetro cai, até que se estabiliza na temperatura de bulbo úmido do ar. A temperatura de bulbo seco é lida em um segundo termômetro montado na corda.

Um dia de verão, o boletim meteorológico informa uma temperatura de 33°C e uma umidade relativa de 40%. Você enxuga o suor da sua testa e comenta com um amigo que você apostaria 50 reais em que o boletim está errado e que a umidade relativa é mais do que 80%. Ele imediatamente coloca uma nota de 50 reais na mesa, aceitando o desafio. Você pega o seu psicrômetro de corda, gira-o no ar e lê uma temperatura de bulbo seco de 35°C e uma temperatura de bulbo úmido de 29°C. Quem ganha a aposta?

8.85. Ar úmido está contido em um frasco de 2,00 litros a 40°C. O frasco é resfriado lentamente. Quando a temperatura atinge 20°C, aparecem gotas de umidade nas paredes do recipiente. Embora a pressão dentro do frasco varie quando a temperatura cai, permanece perto o suficiente de 1 atm para que a carta psicrométrica forneça uma boa representação do comportamento do sistema ao longo do processo. Use a carta para resolver os seguintes problemas.

(a) Quais são a umidade relativa, a umidade absoluta e a temperatura de bulbo úmido do ar a 40°C?

(b) Calcule a massa de água no frasco. (Veja o Exemplo 8.4-5.)

(c) Calcule a variação de entalpia, em joules, sofrida pelo ar ao ir de 40°C até 20°C.

(d) Escreva um balanço de energia para este processo em sistema fechado, considerando o ar úmido dentro do frasco como o sistema, e use-o para calcular o calor, em joules, que deve ser transferido do ar para atingir o resfriamento. (Admita comportamento de gás ideal, de forma que $\hat{H} = \hat{U} + RT$.)

(e) Você assumiu que a pressão no frasco permaneceu constante a 1 atm ao longo do processo de resfriamento para poder usar a carta psicrométrica. Qual faria realmente a pressão no frasco e por quê? Como as suas respostas a Parte (a) mudariam se você levasse em consideração a mudança de pressão (aumenta, diminui, sem mudança, não tem como dizer sem mais informação)? Explique suas respostas.

8.86. Sólidos molhados passam através de um secador contínuo. Ar seco e quente entra no secador com uma vazão de 400 kg/min, recolhendo a água que evapora dos sólidos. O ar úmido sai do secador a 50°C, contendo 2,44% em peso de água, e passa através de um condensador, no qual é resfriado até 20°C. A pressão é constante em 1 atm através do sistema.

(a) Com que taxa (kg/min) a água evapora no secador?

(b) Use a carta psicrométrica para estimar a temperatura de bulbo úmido, a umidade relativa, o ponto de orvalho e a entalpia específica do ar que sai do secador.

(c) Use a carta psicrométrica para estimar a umidade absoluta e a entalpia específica do ar que sai do condensador.

(d) Use os resultados das Partes (b) e (c) para calcular a taxa de condensação da água (kg/min) e a taxa na qual o calor deve ser transferido do condensador (kW).

(e) Se o secador opera adiabaticamente, o que você pode concluir acerca da temperatura do ar na entrada? Explique sucintamente seu raciocínio. Que informação adicional você precisaria para calcular esta temperatura?

SEGURANÇA

*8.87. Trabalhadores na indústria petroquímica frequentemente vestem macacões retardantes de chama. Infelizmente, o material do qual eles são feitos dificulta a evaporação da transpiração e consequentemente estresse por calor pode ser um perigo em plantas onde é quente e úmido.

Uma sala de controle em uma unidade petroquímica com dimensões 20 ft × 40 ft × 10 ft é usada por trabalhadores para relaxar periodicamente em um ambiente refrigerado. Em um dia de verão,

---

*Adaptado de um problema proposto por Carol Clinton do *National Institute for Occupational Safety and Health* (NIOSH).

a temperatura do ar ambiente é 33°C e a umidade relativa é 96%. A unidade de ar condicionado (AC) na sala de controle admite ar ambiente e o resfria para 11°C, o que provoca condensação de água que é descartada para um dreno e fornece o ar resfriado para a sala de controle. O ar da sala é mantido a 22°C e ocorrem 15 mudanças do ar da sala por hora. O processo pode ser mostrado esquematicamente como segue.

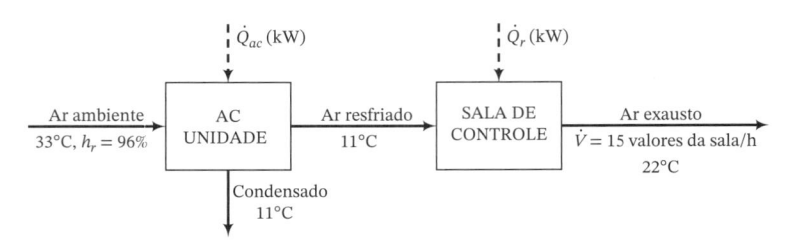

(a) Use a carta psicrométrica para estimar as seguintes propriedades do ar ambiente, ar resfriado e ar exausto: teor de umidade, ponto de orvalho, volume úmido e entalpia na condição do processo. Estime também a vazão volumétrica (m³/h) e a umidade relativa do ar exausto. (*Dica:* O que você pode dizer sobre o teor de umidade do ar resfriado e do ar exausto?) Como você poderia saber simplesmente por inspeção das propriedades do ar ambiente que uma parte da água entrando no aparelho de ar-condicionado condensaria?

(b) Desenhe e rotule completamente um fluxograma do processo. (*Sugestão:* Rotule as vazões molares de cada componente da corrente.) Calcule então a taxa de condensação de água (kg/h).

(c) Prepare uma tabela de entalpia de entrada e saída para um balanço de energia no aparelho de ar-condicionado, tomando as mesmas condições de referência usadas para preparar a Figura 8.4-1 (dadas na legenda da figura). Calcule a carga de resfriamento do aparelho de ar-condicionado $[-\dot{Q}_{ac}\,(\text{kW})]$.

(d) Calcule a taxa líquida de transferência de calor para o ar na sala, $\dot{Q}_r\,(\text{kW})$. Liste fontes prováveis deste calor.

(e) Na prática, cerca de 80% do ar exausto seria reciclado para a entrada do aparelho de ar-condicionado. Indique pelo menos dois benefícios de se fazer isto.

8.88. Em um dia sufocante de verão, o ar está a 87°F e 80% de umidade relativa. O condicionador de ar do laboratório deve fornecer $1,00 \times 10^3$ ft³/min de ar a 55°F para manter a ar interno a uma temperatura média de 75°F e umidade relativa de 40%.

(a) Se o seletor de ventilação do condicionador de ar está na posição "aberto", o ar externo entra na unidade como mostrado abaixo.

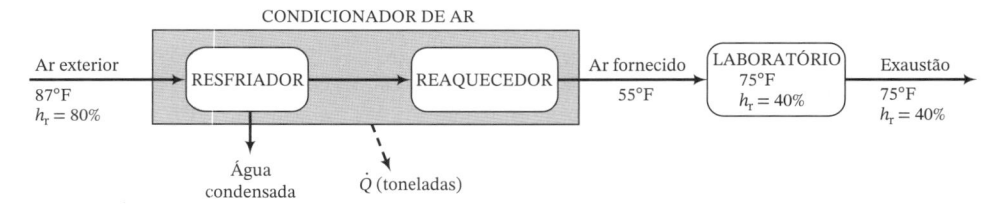

No condicionador de ar, o ar é resfriado a uma temperatura baixa o suficiente para condensar a quantidade necessária de água e reaquecido a 55°C, ponto no qual tem a mesma umidade absoluta do ar interno. Use a carta psicrométrica para estimar a taxa (lb$_\text{m}$/min) na qual a água é condensada, a temperatura até a qual o ar deve ser resfriado para condensar água com esta taxa, e as toneladas líquidas de resfriamento necessárias ($\dot{Q}$), onde 1 tonelada de resfriamento = −12.000 Btu/h. [*Nota:* O volume úmido do ar fornecido (a 55°F), que é difícil de ler na carta psicrométrica, é 13,07 ft³/lb$_\text{m}$ de ar seco, e a capacidade calorífica da água líquida é 1,0 Btu/(lb$_\text{m}$·°F).]

(b) Se o seletor de ventilação está na posição "fechado" (como normalmente estaria), o ar interno seria recirculado no condicionador de ar, como mostra o seguinte diagrama.

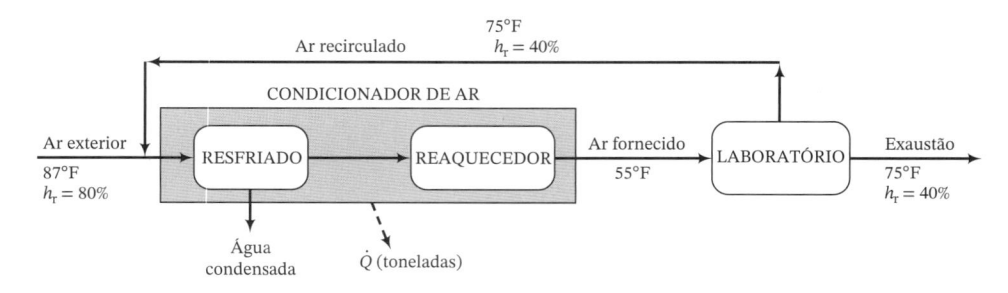

A razão de reciclo (ft³ de ar recirculado/ft³ de ar exaurido) é 6:1. Calcule a taxa de condensação e a necessidade de resfriamento total em toneladas se o ar condicionado é fornecido como a mesma vazão, temperatura e umidade relativa da parte (a). Que porcentagem da carga de resfriamento no condensador é economizada pela recirculação do ar? Explique com suas próprias palavras por que a taxa de resfriamento é menor quando o ar interno é recirculado em vez de trazer todo o ar do exterior.

(c) Seria necessária uma carga de resfriamento ainda menor se todo o ar que passa pelo condicionador fosse recirculado em vez de 6/7 dele, eliminando então a necessidade de ar externo e exaustão. Por que esta seria uma má ideia? (*Dica*: Pense nas pessoas que trabalham no laboratório.)

8.89. Cavacos de madeira úmida são secos em um secador rotatório contínuo que opera a pressão atmosférica. Os cavacos entram a 19°C com um conteúdo de água de 40% em peso, e devem sair com um teor de umidade de menos de 15%. Ar quente alimenta o secador com uma vazão de 11,6 m³(CNTP)/kg cavacos molhados.

Monitorar o desempenho do secador amostrando os cavacos na saída e determinando o seu teor de umidade de forma direta seria uma tarefa complicada e praticamente impossível de se automatizar. Ao contrário, termômetros de bulbo seco e de bulbo úmido são colocados nas linhas de ar de entrada e de saída, e o conteúdo de umidade dos cavacos na saída é determinado por um balanço de massa.

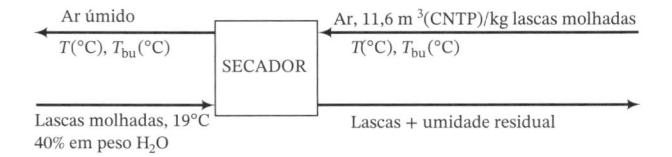

Depois que a unidade entra em operação, a temperatura de bulbo seco na entrada é 100°C e a temperatura de bulbo úmido é suficientemente baixa para que a umidade do ar na entrada seja desprezada. A temperatura de bulbo seco do ar de saída é 38°C e a temperatura de bulbo úmido é 29°C.

(a) Use a carta psicrométrica para calcular a umidade absoluta (kg H_2O/kg ar seco) e a entalpia específica (kJ/kg ar seco) da corrente de ar na saída. Calcule então a massa de água no ar de saída por quilogramas de cavacos molhados fornecidas, admitindo que o ar seco tem um peso molecular de 29,0.

(b) Calcule o teor de umidade dos cavacos na saída e determine se a especificação de projeto de menos de 15% foi ou não atingida.

(c) Suponha que uma amostra de cavacos úmidos deixando o secador seja colhida, o teor de umidade medido e o resultado é significativamente diferente do valor calculado na Parte (b). Primeiro, indique como o teor de umidade foi provavelmente medido (tente manter simples); liste então possíveis razões para a diferença entre os dois valores; e finalmente diga em que valor você teria mais confiança e explique por quê.

(d) Se a unidade opera adiabaticamente e a capacidade calorífica dos cavacos secos é 1,70 kJ/(kg·°C), qual é a temperatura de saída das lascas? (Ao estimar a entalpia específica do ar na entrada, lembre que a temperatura de referência para o ar seco usada na construção da carta psicrométrica da Figura 8.4-1 é 0°C.)

8.90. Ar a 45°C (bulbo seco) e 10% de umidade relativa deve ser umidificado adiabaticamente até 70% de umidade relativa.

(a) Use a carta psicrométrica para estimar a temperatura adiabática de saturação do ar.

(b) Estime a temperatura final do ar e a vazão com a qual a água deve ser adicionada para umidificar 15 kg/min do ar na entrada. (Veja o Exemplo 8.4-7.)

(c) O que você assumiu ao executar este cálculo?

8.91. Ar a 50°C com um ponto de orvalho de 4°C entra em um secador de tecidos com uma vazão de 11,3 m³/min e sai saturado. O secador opera adiabaticamente. Use a carta psicrométrica para determinar a umidade absoluta e o volume úmido do ar na entrada, e use depois este resultado para determinar a vazão de ar seco (kg/min) através do secador, a temperatura final do ar e a taxa (kg/min) na qual a água é evaporada no secador. (*Dica:* Consulte a Seção 8.4e.) O que você assumiu para executar os cálculos?

8.92. Uma solução de açúcar em água deve ser concentrada de 5% em peso de açúcar até 20% de açúcar. A solução está a aproximadamente 45°C quando alimenta de forma contínua uma coluna de borbulhamento. Borbulha-se ar a 45°C, com um ponto de orvalho de 4°C, e o ar sai saturado. A umidificação do ar pode ser considerada adiabática.

Use a carta psicrométrica para resolver os seguintes problemas:

(a) Quais são as umidades absolutas do ar na entrada e na saída?

(b) Quantos quilogramas de ar seco devem ser fornecidos por quilograma de solução de açúcar na entrada? Qual é o volume correspondente do ar úmido na saída? (Use a carta para este último problema também.)

(c) Suponha que em vez de alimentar o ar através de um dispersor (um dispositivo que parece um chuveiro e libera o gás no líquido como pequenas bolhas), o ar entre na coluna através de um simples tubo. Especule sobre as prováveis mudanças que ocorreriam nas duas correntes de saída e explique brevemente seu raciocínio.

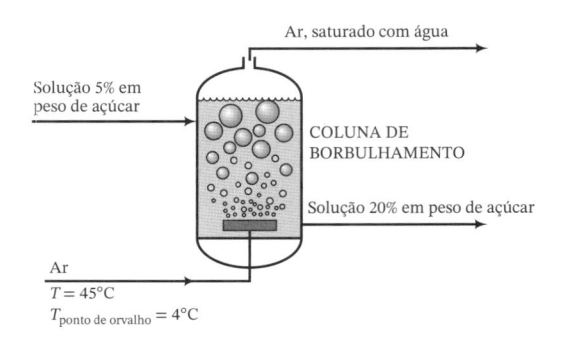

8.93. Ar frio a 20°F, 760 mm Hg de pressão e 70% de umidade relativa é condicionado fazendo-o passar através de um banco de serpentinas de aquecimento, depois através de uma pulverização de água e por último por outro conjunto de serpentinas de aquecimento. Ao passar pelo primeiro banco de serpentinas, o ar é aquecido até 75°F. A temperatura da água fornecida à câmara de pulverização é ajustada à temperatura de bulbo úmido do ar que entra na câmara, de forma que a unidade de umidificação pode ser considerada adiabática. Requer-se que o ar que sai da unidade de condicionamento esteja a 70°F e 35% de umidade relativa. Use a Figura 8.4-2 para resolver os seguintes problemas:

(a) Calcule a temperatura da água fornecida à câmara de pulverização e a umidade relativa e a temperatura de bulbo seco do ar que sai da mesma.

(b) Calcule a massa de água evaporada (lb_m) por pé cúbico de ar alimentado à unidade de condicionamento.

(c) Calcule as taxas de transferência e calor (Btu/ft^3 de ar que entra) em cada um dos bancos de serpentinas de aquecimento.

(d) Esboce uma carta psicrométrica e mostre a trajetória seguida pelo ar em cada uma das três etapas do processo.

8.94. O **resfriamento por pulverização** é uma técnica para resfriar e umidificar ou desumidificar ar pelo contato com um jato de água líquida pulverizada.

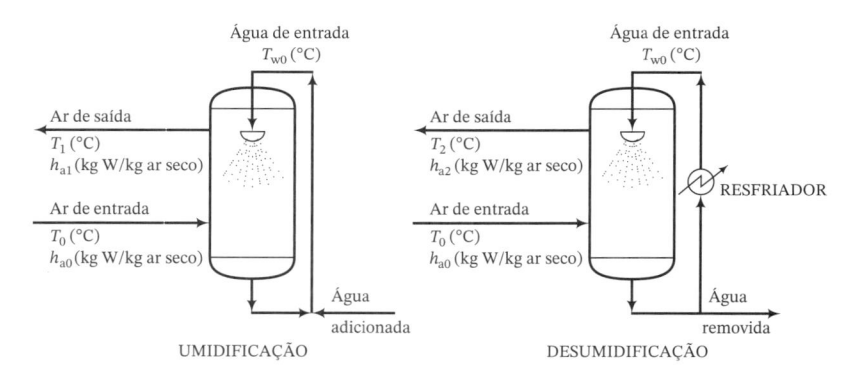

UMIDIFICAÇÃO · DESUMIDIFICAÇÃO

A água líquida que sai da torre é recirculada e, no caso da desumidificação, resfriada antes de reentrar na mesma.

Duas possíveis trajetórias na carta psicrométrica correspondentes a duas temperaturas diferentes do líquido na entrada são mostradas na figura a seguir. Na carta, T_0 e T_{po} são a temperatura de bulbo seco e o ponto de orvalho do ar que entra, respectivamente.

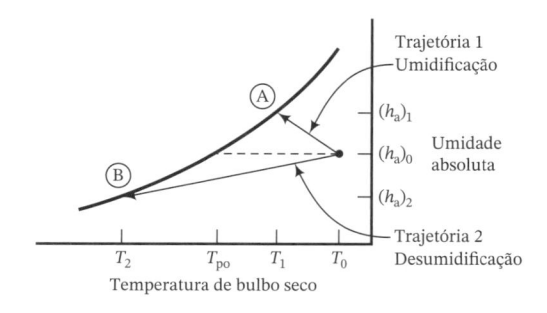

Trajetória Ⓐ: A temperatura do líquido na entrada (T_{w0}) está acima do ponto de orvalho do ar na entrada. A água líquida evapora no ar superaquecido, causando um aumento na umidade absoluta do ar (a trajetória sobe) e tanto a evaporação quanto o contato com o líquido frio causam um decréscimo na temperatura do ar (a trajetória se desloca para a esquerda).

Trajetória Ⓑ: A temperatura do líquido na entrada está abaixo do ponto de orvalho do ar na entrada. A temperatura do ar em contato com as gotas de líquido frias cai abaixo do ponto de orvalho (a trajetória se desloca de novo para a esquerda) e o vapor de água se condensa fora do ar (a trajetória desce).

Chegamos então à interessante conclusão de que *você pode remover água do ar pulverizando água fria nele*, desde que a temperatura do líquido na entrada esteja a baixo do ponto de orvalho do ar entrando. Use a carta psicrométrica para resolver os seguintes problemas de resfriamento por pulverização.

(a) Uma torre de pulverização é usada para resfriar e umidificar ar com temperaturas de bulbo seco e bulbo úmido de 40°C e 18°C, respectivamente. O ar sai da coluna a 20°C. A operação da coluna é tal que o ar segue uma curva de umidificação adiabática (uma curva de temperatura de bulbo úmido constante sobre a carta psicrométrica). Quanta água deve ser adicionada por quilo de ar seco tratado?

(b) Uma corrente de ar a 37°C e 50% de umidade relativa fluindo com uma vazão de 1250 kg/h deve ser resfriada até 15°C e desumidificada em uma torre de pulverização. O ar sai da torre saturado. Água líquida sai da torre a 12°C; parte dela é retirada e o resto é resfriado e recirculado. Não há transferência de calor entre a torre e as vizinhanças. Calcule a vazão (kg/h) na qual a água deve ser retirada do ciclo de recirculação e a carga de resfriamento no resfriador (kW). (*Sugestão:* Use um balanço global de energia para este último cálculo.)

(c) Um amigo seu não engenheiro ouviu alguém dizer que você pode remover água do ar borrifando água nele. Ele pensou que aquilo soou estranho e foi até você para buscar esclarecimento. Ele primeiro pergunta "É possível?" e complementa "Se é, como funciona?" Em um parágrafo curto, coloque o que você diria para ele.

8.95. O calor de solução da amônia em água a 1 atm é

$$\Delta \hat{H}_s(25°C, r = 2\ mol\ H_2O/mol\ NH_3) = -78,2\ kJ/mol$$

(a) Calcule a variação de entalpia que acompanha a dissolução de 200 mols de NH_3 em 400 mols de água a 25°C e 1 atm.

(b) Se você realmente borbulhasse 200 mols de amônia a 25°C através de 400 mols de água inicialmente a 25°C e calculasse o calor liberado no processo como $Q = \Delta H$, por que Q não seria igual ao valor que você calculou na Parte (a)? (Dê duas razões.)

8.96. Use a Tabela B.11 para determinar a entalpia específica (kJ/mol HCl) do ácido clorídrico contendo 1 mol HCl/5 mol H_2O a 25°C, em relação a:

(a) HCl(g) e H_2O(l) a 25°C.

(b) H_2O(l) e uma solução infinitamente diluída de HCl a 25°C. (Observe a Equação 8.5-2.)

8.97. Hidróxido de sódio é dissolvido em água suficiente para formar uma solução 20,0% molar.

(a) Se o NaOH e a água estão inicialmente a 77°F (25°C), quanto calor (Btu/lb_m solução produto) deve ser removido para que a solução também esteja a 77°F? Admita que o processo é conduzido a pressão constante, de forma que $Q = \Delta H$, e use a Tabela B.11 para avaliar $\Delta \hat{H}_s$.

(b) Se a dissolução é feita adiabaticamente, estime a temperatura final da solução. Assuma que a capacidade calorífica da solução é aproximadamente àquela da água líquida pura.

(c) Se o processo na Parte (b) fosse realmente implementado, a temperatura final seria menor que o valor calculado. Por quê? (Despreze os erros causados pelas suposições de dissolução adiabática e uma capacidade calorífica da solução igual àquela da água pura.)

8.98. Uma solução de ácido sulfúrico é rotulada 8N (em que 1N = 1 equivalente-grama/L e 1 mol de H_2SO_4 contém dois equivalentes-grama). A densidade relativa desta solução é 1,230 e sua capacidade calorífica é 3,00 J/(g·°C). Calcule a entalpia específica desta solução (em kJ/mol H_2SO_4) a 60°C em relação a H_2O pura e uma solução infinitamente diluída a 25°C.

8.99. Você quer diluir 2,00 mols de ácido sulfúrico 100% com água suficiente para produzir uma solução aquosa 30% molar. O ácido e a água estão inicialmente a 25°C.

(a) Quanto calor deve ser removido para manter a solução final a 25°C?

(b) Suponha que o frasco tem uma massa de 150 g e que a capacidade calorífica do frasco e do seu conteúdo é 3,30 J/(g·°C). Se o frasco está suficientemente isolado para ser considerado adiabático, qual será a temperatura final da solução?

8.100. Uma solução 8 molar de ácido clorídrico [DR = 1,12, C_p = 2,76 J/(g·°C)] é produzida pela absorção do cloreto de hidrogênio [HCl(g)] em água. Água líquida entra no absorvedor a 25°C, enquanto HCl gasoso é fornecido a 20°C e 790 torr (absoluta). Praticamente todo o HCl alimentado à coluna é absorvido. Tome um litro da solução como base de cálculo.

(a) Estime o volume (litros) de HCl que deve ser alimentado ao absorvedor.

(b) Estime o calor (kJ) que deve ser transferido do absorvedor se a solução produto deve sair a 40°C.

(c) Estime a temperatura final da solução se o absorvedor opera de forma adiabática.

(d) Descreva brevemente como você usaria este sistema experimental com a coluna de absorção cuidadosamente isolada para estimar

$$(\Delta \hat{H}_s)_{HCl(g)}(25°C, r = 5{,}75 \text{ mol } H_2O/\text{mol } HCl)$$

8.101. Uma solução 0,1% molar de soda cáustica (NaOH) deve ser concentrada em um evaporador contínuo. A solução entra na unidade a 25°C com uma vazão de 150 mol/min, e é concentrada até 5% molar a 60°C. Ar quente e seco a 200°C e 1,1 bar (absoluto) é borbulhado através do evaporador e sai saturado com água a 60°C e 1 atm. Calcule a vazão volumétrica necessária de ar na entrada e a taxa na qual o calor deve ser transferido da unidade ou para a unidade. Admita que a capacidade calorífica por unidade de massa de todas as soluções líquidas é a da água pura.

8.102. Adiciona-se água a ácido sulfúrico puro em um frasco bem isolado, inicialmente a 25°C e 1 atm, para produzir uma solução 4,00 molar de ácido sulfúrico (DR = 1,231). A temperatura final da solução produto deve ser 25°C, de forma que a água adicionada deve ser gelada ($T < 25°C$) ou uma mistura de gelo e água. Tome como base de cálculo um litro da solução produto e considere $Q = \Delta H$ para o processo. Se você precisar da capacidade calorífica do gelo, admita-a como metade da capacidade calorífica da água líquida.

(a) Se for adicionada apenas água líquida, que massas (g) de H_2SO_4 e H_2O devem ser misturadas e qual seria a temperatura inicial da água?

(b) Se for usada uma mistura de água líquida e gelo, quantos gramas de cada um devem ser alimentados?

8.103. O ácido orto-fosfórico (H_3PO_4) é produzido como uma solução aquosa diluída que deve ser concentrada antes do seu uso. Em uma planta química, 100 toneladas/dia de uma solução 28% em peso de P_2O_5 [veja a Parte (a) deste problema] a 125°F devem ser concentradas em um evaporador de efeito simples até 42% em peso de P_2O_5. O calor é fornecido ao evaporador pela condensação de vapor saturado a 27,5 psia. O evaporador deve operar a 3,7 psia, e existe uma elevação do ponto de ebulição de 37°F para a solução 42% em peso de P_2O_5 no evaporador (veja a Seção 6.5c). O calor de solução do H_3PO_4 a 77°F pode ser admitido como -5040 Btu/lb-mol H_3PO_4 em relação a $H_3PO_4(l)$ e a $H_2O(l)$. A capacidade calorífica da solução 28% é 0,705 Btu/(lb$_m$·°F) e a da solução 42% é 0,583 Btu/(lb$_m$·°F).

(a) É normal expressar a composição de soluções de ácido fosfórico em termos de porcentagem em peso de P_2O_5. Escreva a equação estequiométrica para a formação do ácido orto-fosfórico (PM = 98,00) a partir do pentóxido de fósforo (PM = 141,96) e use-a para deduzir a expressão

$$\% \text{ em peso } H_3PO_4 = 1{,}381(\% \text{ em peso } P_2O_5)$$

(b) Calcule a razão (lb$_m$ água evaporada/lb$_m$ solução de alimentação).

(c) Suponha que a água evaporada é subsequentemente condensada na pressão constante de 3,7 psia. Determine a vazão de condensado em gal/min. Quanto calor (Btu/min) pode ser recuperado através da condensação da água? A que temperatura este calor estará disponível? (Em outras palavras, se este calor fosse transferido a uma outra corrente, qual o limite superior de temperatura desta corrente?)

(d) Quanto vapor (lb$_m$/h) deve ser fornecido ao sistema para evaporar a quantidade necessária de água? Reescreva sua resposta em termos de lb$_m$ vapor por lb$_m$ água evaporada.

8.104. Duzentos quilogramas por hora de uma solução aquosa contendo 20,0% molar de acetato de sódio ($NaC_2H_3O_2$) entra em um cristalizador por evaporação a 60°C. Quando a solução é exposta a baixa pressão no evaporador, 16,9% da água evaporam, concentrando a solução restante e provocando a formação de cristais de acetato de sódio triidratado ($NaC_2H_3O_2 \cdot 3 H_2O$). O produto é uma mistura em equilíbrio de cristais e uma solução aquosa saturada contendo 15,4% molar $NaC_2H_3O_2$. Os efluentes (cristais, solução e vapor de água) estão todos a 50°C.

(a) Calcule a vazão de alimentação do cristalizador em kmol/h.

(b) Calcule a taxa de produção (kg/h) de cristais triidratados, e a vazão mássica (kg/h) da solução líquida na qual os cristais estão suspensos.

(c) Estime a taxa (kJ/h) na qual o calor deve ser transferido do cristalizador ou para o cristalizador (diga qual), usando as seguintes propriedades físicas:

$$(C_p)_{\text{todas as soluções}} = 3{,}5 \text{ kJ/(kg·°C)}$$
$$(C_p)_{\text{cristais}} = 1{,}2 \text{ kJ/(kg·°C)}$$
$$(C_p)_{H_2O(v)} = 32{,}4 \text{ kJ/(kmol·°C)}$$
$$(\Delta \hat{H}_v)_{H_2O} = 4{,}39 \times 10^4 \text{ kJ/kmol}$$

Calor de solução do acetato de sódio anidro:

$$\Delta \hat{H}_s(25°C) = -1{,}71 \times 10^4 \text{ kJ/kmol } NaC_2H_3O_2$$

Calor de hidratação: $NaC_2H_3O_2(s) + 3\ H_2O(l) \rightarrow NaC_2H_3O_2 \cdot 3\ H_2O(s)$

$$\Delta\hat{H}(25°C) = -3,66 \times 10^4\ kJ/kmol\ NaC_2H_3O_2$$

(d) Em um processo comercial para produzir acetato de sódio triidratado cristalino, quais são as diversas etapas de processamento que a lama deixando o cristalizador deve sofrer?

8.105. Cinquenta mililitros de H_2SO_4 100% a 25°C são misturados com 84,2 mL de água líquida a 15°C. A capacidade calorífica da solução produto é 2,43 J/(g·°C).

(a) Usando os dados de calor de mistura da Tabela B.11, estime a temperatura máxima atingível pela solução produto e indique as condições sob as quais esta temperatura seria atingida.

(b) Liste diversas razões por que a temperatura calculada na Parte (a) não pode ser atingida na prática.

(c) Estime quanto calor deve ser transferido do vaso de mistura para manter a temperatura da solução do produto a 25°C. (Você deve ser capaz de resolver este problema rapidamente olhando a tabela de entalpia da Parte (a).)

8.106. Suponha que m_A(g) da espécie A {peso molecular M_A, capacidade calorífica C_{pA} [J/(g·°C)]} na temperatura T_{A0}(°C) e m_B(g) da espécie B (M_B, C_{pB}) na temperatura T_{B0} são misturados adiabaticamente. O calor de mistura de A e B a 25°C é $\Delta\hat{H}_m(r)$(J/mol A em solução), onde $r = (m_B/M_B)/(m_A/M_A)$. A capacidade calorífica da solução produto é C_{ps}[J/(g·°C)]. Todas as capacidades caloríficas podem ser consideradas independentes da temperatura.

(a) Deduza uma expressão para $T_{máx}$, a maior temperatura atingível pela solução produto, em termos das outras quantidades definidas. Indique as condições nas quais esta temperatura seria atingida.

(b) Use a sua expressão para estimar $T_{máx}$ para um processo no qual 100,0 g de hidróxido de sódio a 25°C são combinados com 225,0 g de água a 40°C para formar uma solução produto com uma capacidade calorífica de 3,35 J/(g·°C).

8.107. Um mol de ácido sulfúrico líquido puro na temperatura T_0(°C) é misturado com r mols de água líquida, também na temperatura T_0, em um recipiente adiabático. A temperatura final da solução é T_s(°C). As capacidades caloríficas por unidade de massa do ácido puro, da água pura e da solução produto [J/(g·°C)] são C_{pa}, C_{pw} e C_{ps}, respectivamente, todas as quais podem ser consideradas independentes da temperatura.

(a) Sem fazer nenhum cálculo, esboce o gráfico de T_s *versus* r que você espera obter para r variando entre 0 e ∞. (*Dica:* Pense primeiro nos valores esperados de T_s nos extremos de r.)

(b) Use um balanço de energia para deduzir uma expressão de T_s em termos das temperaturas iniciais do ácido e da água, as capacidades caloríficas, a razão molar água/ácido (r) e o calor de mistura $\Delta\hat{H}_m(r, 25°C)$ (kJ/mol H_2SO_4).

(c) Uma série de amostras de 1,00 mol de ácido sulfúrico líquido puro é adicionada a 11 frascos isolados contendo quantidades variadas de água. As quantidades de água nos frascos e as capacidades caloríficas por unidade de massa das soluções produto são tabeladas abaixo:

r (mol H_2O)	0,5	1,0	1,5	2,0	3,0	4,0	5,0	10,0	25,0	50,0	100,0
C_p [J/(g·°C)]	1,58	1,85	1,89	1,94	2,10	2,27	2,43	3,03	3,56	3,84	4,00

As capacidades caloríficas do ácido sulfúrico puro e da água pura podem ser determinadas a partir das capacidades caloríficas molares na Tabela B.2 avaliadas a 25°C. Todas as capacidades caloríficas devem ser consideradas independentes da temperatura.

Infelizmente, o condicionador de ar do laboratório quebrou há três semanas (a manutenção prometeu que ficará pronto por estes dias) e a temperatura na tarde de janeiro do experimento (que é igual à temperatura inicial do ácido e da água puros) é de desconfortáveis 40°C. Prepare uma planilha para gerar uma tabela e depois um gráfico de T_s, a temperatura final em cada frasco, versus r, a razão molar água/ácido da solução no frasco. (*Sugestão:* Faça o eixo r logarítmico.) Admita que a mistura é adiabática.

(d) O gráfico experimental real de T_s *versus* r ficaria abaixo do traçado na Parte (c). Por quê?

***8.108.** Sacos de frio instantâneos são usados para primeiros socorros quando gelo não está disponível. Em um destes dispositivos, uma pequena bolsa contendo $2,00 \times 10^2$ gramas de nitrato de amônio (NH_4NO_3) é colocada em uma outra bolsa contendo $2,00 \times 10^2$ mililitros de água inicialmente a 25°C. Quando a primeira é rasgada, o nitrato de amônio se dissolve na água e o saco de frio atinge uma temperatura final de -2°C.

(a) Calcule $\Delta\hat{H}_s$ para a solução no saco de frio, assumindo que o saco perde uma quantidade desprezível de calor para as vizinhanças durante o processo de dissolução e que a capacidade calorífica da solução é aquela da água pura.

(b) Qual seria a temperatura final de um saco contendo 300 gramas de nitrato de amônio e 300 mL de água?

8.109. Um tanque agitado com volume $V_t(L)$ é carregado com $V_l(L)$ de um líquido B. O espaço acima do líquido (volume $V_g = V_t - V_l$) é enchido com um gás puro A, com uma pressão inicial $P_0(atm)$. A temperatura inicial do sistema é $T_0(K)$. O agitador no tanque é ligado, e A começa a se dissolver em B. A dissolução continua até que o líquido está saturado com A na temperatura e pressão finais do sistema (T) e (P).

O equilíbrio da solubilidade de A em B está governado pela seguinte expressão, que relaciona a razão molar A/B no líquido à pressão parcial de A na fase gasosa (que pela sua vez é igual à pressão no tanque, já que o gás é A puro):

$$r(\text{mol A/mol B}) = k_s p_A(\text{atm})$$

em que

$$k_s[\text{mol A/(mol B·atm})] = c_0 + c_1 T(\text{K})$$

Ao resolver os problemas abaixo, use as seguintes definições de variáveis:

- M_A, M_B = pesos moleculares de A e B
- C_{vA}, C_{vB}, $C_{vS}[J/(g·K)]$ = capacidades caloríficas a volume constante de A(g), B(l) e soluções de A em B, respectivamente
- DR_B = densidade relativa de B(l)
- $\Delta \hat{U}_s$(J/mol A dissolvido) = energia interna de solução a 298 K (independente da composição sobre o intervalo de concentrações a ser considerado)
- n_{A0}, n_{B0} — mols de A(g) e B(l) inicialmente no tanque
- $n_{A(l)}$, $n_{A(v)}$ = mols de A dissolvidos e remanescentes na fase vapor no equilíbrio, respectivamente

Faça as seguintes suposições:

- A quantidade evaporada de B é desprezível.
- O tanque é adiabático e o trabalho feito pelo agitador sobre o sistema é desprezível.
- O gás se comporta de forma ideal.
- Os volumes da fases líquida e gás podem ser considerados constantes.
- As capacidades caloríficas C_{vA}, C_{vB} e C_{vS} são constantes, independentes da temperatura e (no caso de C_{vS}) da composição da solução.

(a) Use balanços de massa, a equação dada para a relação do equilíbrio de solubilidade e a equação de estado dos gases ideais para deduzir expressões para n_{A0}, n_{B0}, $n_{A(v)}$, $n_{A(l)}$ e P em termos da temperatura final, $T(\text{K})$, e das variáveis M_A, M_B, DR_B, V_t, V_l, T_0, P_0, c_0 e c_1. Use então o balanço de energia para deduzir a seguinte expressão:

$$T = 298 + \frac{n_{A(l)}(-\Delta \hat{U}_s) + (n_{A0}M_A C_{vA} + n_{B0}M_B C_{vB})(T_0 - 298)}{n_{A(v)}M_A C_{vA} + (n_{A(l)}M_A + n_B M_B)C_{vS}}$$

(b) Prepare uma planilha para calcular T a partir dos valores especificados de $M_A(= 47)$, $M_B(= 26)$, $DR_B(= 1,76)$, $V_t(= 20,0)$, $V_l(= 3,0)$, $c_0(= 1,54 \times 10^{-3})$, $c_1(= -1,60 \times 10^{-6})$, $C_{vA}(= 0,831)$, $C_{vB}(= 3,85)$, $C_{vS}(= 3,80)$ e $\Delta \hat{U}_s(= -1,74 \times 10^5)$, e de uma quantidade de valores diferentes de T_0 e P_0. A planilha deve ter a estrutura dada abaixo. (Valores calculados são mostrados para uma temperatura e pressão iniciais.)

Problema 8.109									
Vt	MA	CvA	MB	CvB	DRB	c0	c1	DUs	Cvs
20,0	47,0	0,831	26,0	3,85	1,76	0,00154	-1,60E-06	-174000	3,80
Vl	T0	P0	Vg	nB0	nA0	T	nA(v)	nA(l)	P	Tcalc
3,0	300	1,0								
3,0	300	5,0								
3,0	300	10,0	17,0	203,1	6,906	320,0	5,222	1,684	8,1	314,2
3,0	300	20,0								
3,0	330	1,0								
3,0	330	5,0								
3,0	330	10,0								
3,0	330	20,0								

Os valores de V_g, n_{B0} e n_{A0} devem ser calculados primeiro a partir dos valores dados das outras variáveis. Depois, um valor de T deve ser admitido (no exemplo da tabela, o valor admitido é 320 K) e os valores de $n_{A(v)}$, $n_{A(l)}$ e P devem ser calculados a partir das equações deduzidas na Parte (a), com a temperatura sendo recalculada no balanço de energia na coluna rotulada T_{calc} (é igual a 314,2 no exemplo). O valor de T deve então ser variado até que seja igual ao valor recalculado em T_{calc}. (*Sugestão:* Crie uma nova célula com a expressão $T - T_{calc}$ e use a função Atingir Meta para encontrar o valor de T que leva $T - T_{calc}$ até zero.)

Insira as fórmulas nas células para $V_1 = 3,0$ L, $T_0 = 300$ K e $P_0 = 10,0$ atm, e verifique se as suas células conferem com as mostradas acima. Encontre depois o valor correto de T usando o procedimento descrito, copie as fórmulas nas outras linhas da tabela e determine T para cada conjunto de condições iniciais. Resuma os efeitos da temperatura e da pressão iniciais sobre a elevação adiabática da temperatura e explique sucintamente por que seus resultados fazem sentido.

8.110. Trezentos e cinquenta mL de uma solução aquosa contendo 85,0% em peso de H_2SO_4 a 60°F (DR = 1,78) são diluídos com água líquida pura na mesma temperatura. A mistura pode ser considerada adiabática e a pressão é constante em 1 atm.

    (a) A solução produto deve conter 30,0% em peso de H_2SO_4. Calcule o volume (mL) de água necessário para a diluição, usando uma única equação dimensional.

    (b) Use o diagrama de entalpia-concentração da Figura 8.5-1 para estimar as entalpias específicas (Btu/lb_m) da solução inicial e da água. Escreva depois um balanço de energia para este processo a pressão constante em sistema fechado e resolva-o para a entalpia específica da solução produto. Finalmente, use a Figura 8.5-1 para verificar o valor calculado de $\hat{H}_{produto}$ e para estimar a temperatura da solução produto. (Veja o Exemplo 8.5-3.)

    (c) Use a Figura 8.5-1 para estimar a máxima temperatura que pode ser atingida ao misturar a solução inicial com água pura, e a concentração (% em peso de H_2SO_4) da solução produto.

    (d) A boa prática de laboratório pede para adicionar o ácido à água ao fazer as diluições em vez do contrário. Use a Figura 8.5-1 para justificar esta regra para a diluição da solução inicial deste problema.

8.111. Soluções aquosas de ácido sulfúrico contendo 15,0% e 80% em peso de H_2SO_4 são misturadas para produzir uma solução produto 30,0% em peso. A solução 15% estava em um laboratório no qual a temperatura era de 77°F. A solução 80% acabara de ser retirada de uma prateleira no almoxarifado, com ar condicionado, e estava a 60°F quando foi feita a mistura.

    (a) A massa da solução 15% é 2,30 lb_m. Que massa da solução 80% deve ser pesada?

    (b) Use a Figura 8.5-1 para estimar a temperatura da solução produto se a mistura é adiabática. (Veja o Exemplo 8.5-3.)

    (c) A temperatura da solução produto finalmente se estabiliza em 77°F. Quanto calor (Btu) é transferido da solução ao ar do laboratório neste processo de resfriamento a pressão constante?

    (d) O que seria mais seguro: adicionar a solução 15% lentamente à solução 80% ou vice-versa? Use a Figura 8.5-1 para determinar a temperatura máxima que seria atingida usando cada procedimento. Qual procedimento seria mais seguro?

8.112. Tomando como referências ácido sulfúrico líquido puro a 77°F e água líquida pura a 32°F e sem usar a Figura 8.5-1, calcule $\hat{H}(BTU/lb_m)$ para cada uma das seguintes substâncias. Para cada substância, relate também o valor que você leria na Figura 8.5-1.

    (a) H_2O (l, 120°F)

    (b) H_2SO_4 (l, 200°F)

    (c) 60% em massa H_2SO_4 (aq, 200°F)

8.113. Você analisou uma solução aquosa de amônia e determinou que contém 30% em peso de NH_3.

    (a) Use a Figura 8.5-2 para determinar a fração mássica de NH_3 no vapor que estaria em equilíbrio com esta solução em um frasco fechado a 1 atm e na temperatura correspondente do sistema.

    (b) Se a fase líquida da Parte (a) corresponde a 90% da massa total do sistema, calcule a composição global do sistema e a entalpia específica usando balanços. (Veja o Exemplo 8.5-3.)

8.114. Uma mistura NH_3–H_2O contendo 60% em peso de NH_3 atinge o equilíbrio em um recipiente fechado a 140°F. A massa total da mistura é 250 g. Use a Figura 8.5-2 para determinar as massas de amônia e de água em cada fase do sistema.

8.115. Uma solução de amônia a alta pressão é vaporizada por flash com uma vazão de 200 lb_m/h. A solução contém 0,70 lb_m NH_3/lb_m e a sua entalpia em relação a H_2O(l, 32°F) e NH_3(l, −40°F) é −50 Btu/lb_m. As correntes de gás e líquido saem da unidade a 1 atm e 80°F. Use a Figura 8.5-2 para determinar as vazões mássicas e as frações mássicas de amônia das correntes de produto líquido e vapor, e a taxa (Btu/h) na qual o calor deve ser transferido ao vaporizador. (Veja o Exemplo 8.5-4.)

Balanços em Processos Reativos

Considere a conhecida reação na qual se forma água a partir de hidrogênio e oxigênio:

$$2H_2(g) + O_2(g) \rightarrow 2H_2O(v)$$

Em nível molecular, a reação pode ser representada como segue:

Cada vez que a reação acontece, são quebradas três ligações químicas (duas entre átomos de hidrogênio e uma entre átomos de oxigênio) e são formadas quatro ligações entre os átomos das duas moléculas de água. Quando isto acontece, é liberada mais energia na formação das ligações das moléculas de água do que a necessária para quebrar as ligações das moléculas de hidrogênio e de oxigênio. Para que a temperatura do reator permaneça constante, a energia líquida liberada pela reação (cerca de 250 kJ por mol de água formada) deve ser transferida do reator para as vizinhanças; se não, a temperatura do reator pode aumentar substancialmente.

Em *qualquer* reação entre moléculas estáveis, precisa-se de energia para quebrar as ligações químicas dos reagentes, e libera-se energia quando se formam as ligações dos produtos. Se o primeiro processo absorve menos energia do que o segundo libera (como na reação de formação da água), a reação é **exotérmica**: as moléculas dos produtos a uma dada temperatura e pressão têm uma energia interna menor (e, portanto, uma entalpia menor) do que as moléculas dos reagentes na mesma temperatura e pressão. A energia líquida liberada — o **calor de reação** — deve ser transferida do reator na forma de calor ou trabalho, ou a temperatura do sistema aumentará. Por outro lado, se é liberada menos energia na formação das ligações dos produtos do que é absorvida pela quebra das ligações dos reagentes, a reação é **endotérmica**: deve ser adicionada energia ao reator na forma de calor ou trabalho para manter a temperatura constante ou ela diminuirá.

As grandes variações de energia interna e de entalpia normalmente associadas às reações químicas podem desempenhar um papel importante no projeto e operação de processos químicos. Se uma reação é endotérmica, a energia necessária para evitar a diminuição da temperatura do reator (e, portanto, da taxa da reação) pode custar o suficiente para tornar um processo lucrativo em um não lucrativo. Por outro lado, se a reação é exotérmica, normalmente deve ser transferido calor do reator para manter a temperatura abaixo de um valor que implique problemas de segurança ou de qualidade no produto final. O calor transferido pode ser um ativo, como quando o reator é uma fornalha de combustão e o calor é usado para gerar vapor em uma caldeira. Pode também ser um passivo: por exemplo, uma falha momentânea no controle da temperatura do reator pode levar a um superaquecimento e possivelmente a uma explosão.

Um balanço de energia em um reator diz ao engenheiro do processo quanto aquecimento ou resfriamento o reator requer para operar nas condições desejadas. Neste capítulo, mostramos como as variações de entalpia que acompanham as reações químicas são determinadas a partir de propriedades físicas tabeladas dos reagentes e produtos, e como as entalpias de reação calculadas são incorporadas nos balanços de energia em processos reativos.

Teste

(veja *Respostas dos Problemas Selecionados*)

1. Explique com suas próprias palavras os conceitos de reações endotérmica e exotérmica. Os termos "ligações químicas" e "calor de reação" devem aparecer na sua explicação.

2. As duas frases seguintes parecem estar em contradição.

Em uma reação exotérmica, os produtos estão em um nível de energia inferior ao dos reagentes. No entanto, se o reator não é resfriado, os produtos ficam mais quentes que os reagentes, o que significa que eles devem estar em um nível de energia superior ao dos reagentes.

Identifique o erro lógico neste parágrafo.

EXERCÍCIO DE CRIATIVIDADE

Suponha que uma reação exotérmica acontece em um reator contínuo. Pense em várias maneiras de remover o calor de reação, ilustrando as suas sugestões com desenhos. (Por exemplo, passar um fluido frio através de um tubo metálico imerso no reator, de forma que o calor seja transferido do fluido reativo quente para o refrigerante.)

9.0 OBJETIVOS DE APRENDIZAGEM

Depois de completar este capítulo, você deve ser capaz de:

- Explicar com suas próprias palavras os conceitos de: calor de reação; reação exotérmica e reação endotérmica; calor de formação; combustão; calor de combustão; calores padrão de formação, combustão e reação; valor calorífico de um combustível; temperatura adiabática de chama; temperatura de ignição; retardo de ignição; limite superior e inferior de inflamabilidade e ponto de fulgor de um combustível; chama; chamas azul e amarela; retorno da chama e detonação.

- Dados (a) a quantidade de qualquer reagente consumido ou de qualquer produto gerado em uma reação a uma dada temperatura e pressão e (b) o calor de reação a esta temperatura e pressão, calcular a variação total de entalpia.

- Determinar um calor de reação a partir dos calores de outras reações usando a lei de Hess. Determinar entalpias e energias internas padrão de reação a partir de calores de combustão e calores de formação padrão conhecidos.

- Escrever e resolver um balanço de energia em um reator químico usando seja o método do calor de reação (tomando as espécies de produtos e reagentes como referências para cálculos de entalpia), seja o método do calor de formação (tomando as espécies elementares como referências), e especificar qual destes métodos é preferível para um processo dado. Escrever a trajetória do processo adotada implicitamente quando cada método é usado.

- Resolver problemas de balanço de energia em sistemas reativos para (a) a transferência de calor necessária para as condições especificadas de entrada e saída, (b) a temperatura de saída correspondente a uma entrada específica de calor (por exemplo, para um reator adiabático), e (c) a composição do produto correspondente a cada entrada de calor e cada temperatura de saída especificadas.

- Resolver problemas de balanço de energia para processo envolvendo soluções para as quais os calores de solução são significativos.

- Converter o valor calorífico superior de um combustível no valor calorífico inferior e vice-versa.

9.1 CALORES DE REAÇÃO

Quando uma reação química ocorre, energia é consumida na medida em que ligações químicas entre os átomos nas moléculas reagentes são quebradas e energia é liberada na medida em que átomos formam novas ligações nas moléculas do produto. O resultado é uma mudança na energia interna — e, portanto, da entalpia — do sistema. O **calor de reação** (ou **entalpia de reação**), $\Delta H_r(T, P)$, é a variação de entalpia quando as quantidades estequiométricas dos reagentes na temperatura T e pressão P reagem completamente e os produtos estão nas mesmas temperatura e pressão.

Por exemplo, considere a reação entre carbeto de cálcio sólido e água líquida para formar hidróxido de cálcio sólido e acetileno gasoso:

$$CaC_2(s) + 2H_2O(l) \rightarrow Ca(OH)_2(s) + C_2H_2(g) \qquad \textbf{(9.1-1)}$$

$$\Delta H_r(25°C,\ 1\ atm) = -125,4\ kJ^1 \qquad \textbf{(9.1-2)}$$

Neste texto, quando um calor de reação é dado em kJ, as quantidades estequiométricas referenciadas estão em grama-mols (mol). (Veja a nota de rodapé 1.) A Equação 9.1-2 indica que, quando 1 mol de carbeto de sódio sólido e 2 mols de água líquida reagem completamente para formar 1 mol de hidróxido de cálcio sólido e 1 mol de acetileno gasoso, e os reagentes e produtos estão todos a 25°C e 1 atm, a variação de entalpia é $-125,4$ kJ. Nós podemos escrever este resultado em qualquer das maneiras abaixo:

$$\frac{-125,4\ kJ}{1\ mol\ CaC_2\ consumido}, \quad \frac{-125,4\ kJ}{2\ mol\ H_2O\ consumido}, \quad \frac{-125,4\ kJ}{1\ mol\ Ca(OH)_2\ gerado}, \quad \frac{-125,4\ kJ}{1\ mol\ C_2H_2\ gerado}$$

Se você conhece a quantidade ou a taxa de consumo ou geração de qualquer espécie reativa nas condições especificadas, você pode calcular a variação de entalpia associada a partir do calor de reação. Por exemplo:

$$100\ mol\ Ca(OH)_2\ gerado \Longrightarrow \Delta H = \frac{100\ mol\ Ca(OH)_2\ ger}{} \left| \frac{-125,4\ kJ}{mol\ Ca(OH)_2\ ger} \right. = -1,254 \times 10^4\ kJ$$

$$100\ \frac{mol\ H_2O\ consumido}{s} \Longrightarrow \Delta \dot{H} = \frac{100\ mol\ H_2O\ cons}{s} \left| \frac{-125,4\ kJ}{2\ mol\ H_2O\ cons} \right. = -0,627 \times 10^4\ \frac{kJ}{s}$$

Podemos generalizar o resultado precedente para qualquer reação para a qual o calor de reação, $\Delta H_r(T_0, P_0)$, é conhecido em uma temperatura e pressão T_0 e P_0. Se $(n_i - n_{i0})$ é a quantidade da Espécie i que reage (seria positivo se i é um produto e negativo se ele é um reagente) e os reagentes e produtos estão todos na temperatura T_0 e pressão P_0, então a variação de entalpia para a reação é

$$\Delta H(kJ) = \frac{\Delta H_r(T_0, P_0)(kJ)}{\nu_i(mol\,i)}(n_i - n_{i0})(mol\,i) = \frac{\Delta H_r(T_0, P_0)}{|\nu_i|}n_{ir}$$

em que n_{ir} é a quantidade da Espécie i que foi consumida ou produzida pela reação e $\nu_i(mol\ i)$ é o coeficiente estequiométrico da Espécie i (positivo para produtos, negativo para reagentes). Para um sistema contínuo,

$$\Delta \dot{H}(kJ/s) = \frac{\Delta H_r(T_0, P_0)(kJ)}{\nu_i(mol\,i)}(\dot{n}_i - \dot{n}_{i0})(mol\,i/s) = \frac{\Delta H_r(T_0, P_0)}{|\nu_i|}\dot{n}_{ir}$$

No Capítulo 4, definimos a extensão da reação, ξ, como uma medida de quanto uma reação avançou. A partir da Equação 4.6-3, esta quantidade é

$$\xi = \begin{cases} Batelada: & \dfrac{(n_{i,saída} - n_{i,ent})(mol\,i)}{\nu_i(mol\,i)} = \dfrac{n_{ir}}{|\nu_i|} \\[2ex] Contínuo: & \dfrac{(\dot{n}_{i,saída} - \dot{n}_{i,ent})(mol\,i/tempo)}{\nu_i(mol\,i/tempo)} = \dfrac{\dot{n}_{ir}}{|\nu_i|} \end{cases} \qquad \textbf{(9.1-3)}$$

A partir das equações precedentes, segue que, se uma reação ocorre com um calor de reação $\Delta H_r(T_0, P_0)(kJ)$, todos os reagentes e produtos estão na temperatura T_0 e pressão P_0, e a extensão da reação é ξ, então a variação de entalpia é

$$\boxed{\Delta H(kJ) = \xi \Delta H_r(T_0, P_0)} \qquad \textbf{(9.1-4a)}$$

---

[1]*Nota:* Em muitos livros texto, você verá calores de reação fornecidos com a dimensão energia/mol (mais comumente, kJ/mol). O valor de ΔH_r com tais unidades tem exatamente o mesmo significado que aquele na definição dada neste livro – a variação de entalpia quando quantidades estequiométricas dos reagentes reagem completamente. O mol no denominador simplesmente indica a unidade molar a ser usada (mol, kmol, lb-mol etc.) quando se especifica as quantidades estequiométricas, em oposição a significar por mol de uma espécie particular. Neste texto, sempre que calores de reação são fornecidos em kJ, a unidade molar será o mol, e se eles estão em BTU, a unidade será lb-mol.

Uma expressão similar se aplica a um reator contínuo em estado estacionário, mas a álgebra necessária para se chegar lá é mais complexa. Agora, a taxa de variação de entalpia para a reação é

$$\Delta \dot{H}(kJ/tempo) = \frac{\Delta H_r(T_0, P_0)(kJ)}{\nu_i(mol\, i)}(\dot{n}_i - \dot{n}_{i0})(mol\, i/tempo)$$

(Um exemplo desta equação foi dado acima quando a taxa de variação de entalpia foi calculada como 2500 kJ/s.) Como dado na Equação 9.1-3, a extensão da reação para um reator contínuo é

$$\xi = \frac{(\dot{n}_i - \dot{n}_{i0})(mol\, i/tempo)}{\dot{\nu}_i(mol\, i/tempo)} \Longrightarrow (\dot{n}_i - \dot{n}_{i0}) = \xi\dot{\nu}_i$$

Combinando as duas equações anteriores leva ao resultado

$$\Delta \dot{H}(kJ/tempo) = \xi\Delta H_r(T_0, P_0)(kJ)\left[\frac{\dot{\nu}_i\left(\dfrac{mol}{tempo}\right)}{\nu_i(mol)}\right]$$

O fator entre colchetes tem um valor numérico de 1 e uma dimensão de tempo^{-1}. Se $\Delta H_r = 148$ kJ, então $\Delta \dot{H}_r = 148$ kJ/tempo, em que a unidade de tempo deve ser a mesma usada para expressar as vazões das correntes ($\dot{n}$) e os coeficientes estequiométricos ($\dot{\nu}$) no processo. As duas últimas equações levam ao resultado

$$\boxed{\Delta \dot{H}(kJ/tempo) = \xi\Delta \dot{H}_r(T_0, P_0)} \tag{9.1-4b}$$

Se você está confuso com esta derivação, ninguém pode culpá-lo, mas os cálculos que você terá que realizar são diretos. Se você está analisando um processo com quantidades das espécies expressas em mols, use a Eq. (9.1-4a), e se as quantidades forem expressas em vazões molares, use a Eq. (9.1-4b).

A seguir aparecem vários termos e observações importantes relacionados aos calores de reação.

1. Se $\Delta H_r(T, P)$ é negativo, a reação é **exotérmica** na temperatura T e pressão P, e se $\Delta H_r(T, P)$ é positivo, a reação é **endotérmica** a T e P. Estas definições de exotérmico e endotérmico são equivalentes àquelas dadas anteriormente em termos das forças das ligações químicas. (Convença-se.)

2. *A pressões baixas ou moderadas, $\Delta H_r(T, P)$ é praticamente independente da pressão.* Admitiremos esta independência nos balanços deste capítulo e escreveremos sempre o calor de reação como $\Delta H_r(T)$.

3. *O valor do calor de reação depende de como é escrita a equação estequiométrica.* Por exemplo,

$$CH_4(g) + 2O_2(g) \longrightarrow CO_2(g) + 2H_2O(l): \quad \Delta H_{r1}(25°C) = -890,3 \text{ kJ}$$
$$2CH_4(g) + 4O_2(g) \longrightarrow 2CO_2(g) + 4H_2O(l): \quad \Delta H_{r2}(25°C) = -1780,6 \text{ kJ}$$

Este resultado deve lhe parecer razoável se você revisar a definição de ΔH_r. A primeira linha estabelece que a entalpia combinada de 1 mol de CO_2 mais 2 mols de água líquida é 890,3 kJ menor do que a entalpia combinada de 1 mol de metano mais 2 mols de oxigênio a 25°C e 1 atm. Dobrar a quantidade de reagentes nas condições dadas dobra a entalpia total dos reagentes nesta condição, e o mesmo acontece com os produtos. A diferença entre as entalpias dos reagentes e os produtos na segunda reação (por definição, ΔH_{r2}) deve, portanto, ser o dobro da diferença de entalpia da primeira reação (ΔH_{r1}).

4. *O valor do calor de reação depende das fases (gás, líquido ou sólido) dos reagentes e produtos.* Por exemplo,

$$CH_4(g) + 2O_2(g) \rightarrow CO_2(g) + 2H_2O(l): \quad \Delta H_r(25°C) = -890,3 \text{ kJ}$$
$$CH_4(g) + 2O_2(g) \rightarrow CO_2(g) + 2H_2O(g): \quad \Delta H_r(25°C) = -802,3 \text{ kJ}$$

A única diferença entre estas reações é que a água formada é líquida na primeira e vapor na segunda. Já que a entalpia é uma função de estado, a diferença entre os dois calores de reação deve ser a variação de entalpia associada com a vaporização de 2 mols de água a 25°C, ou seja, $2\Delta \hat{H}_v(25°C)$.

5. O **calor padrão de reação**, $\Delta\hat{H}_r°$, é o calor de reação quando tanto os reagentes quanto os produtos se encontram a uma temperatura e pressão de referência, normalmente (e sempre neste livro) 25°C e 1 atm.

Exemplo 9.1-1 Cálculo de Calores de Reação

---

1. O calor padrão da combustão de vapor de *n*-butano é

$$C_4H_{10}(g) + \tfrac{13}{2}O_2(g) \rightarrow 4CO_2(g) + 5H_2O(l): \quad \Delta H_r° = -2878 \text{ kJ}$$

Calcule a taxa de variação de entalpia, $\Delta\dot{H}$(kJ/s), se 2400 mol/s CO_2 são produzidos nesta reação e os reagentes e produtos estão todos a 25°C.

2. Qual é o calor padrão da reação abaixo?

$$2C_4H_{10}(g) + 13O_2(g) \rightarrow 8CO_2(g) + 10H_2O(l)$$

Calcule $\Delta\dot{H}$ se 2400 mol/s CO_2 são produzidos *nesta* reação e os reagentes e produtos estão todos a 25°C.

3. Os calores de vaporização de *n*-butano e água a 25°C são 19,2 kJ/mol e 44,0 kJ/mol, respectivamente. Qual é o calor padrão da reação abaixo?

$$C_4H_{10}(l) + \tfrac{13}{2}O_2(g) \rightarrow 4CO_2(g) + 5H_2O(v)$$

Calcule $\Delta\dot{H}$ se 2400 mol/s CO_2 são produzidos nesta reação e os reagentes e produtos estão todos a 25°C.

Solução 1. A partir da Equação 9.1-3,

$$\xi = \frac{\dot{n}_{CO_2,r}}{|\dot{\nu}_{CO_2}|} = \frac{2400 \text{ mol/s}}{4 \text{ mol/s}} = 600$$

$$\Big\Downarrow \text{Equação 9.1-4b}$$

$$\Delta\dot{H} = \xi\left(\frac{\dot{\nu}}{\nu}\right)\Delta H_r° = (600)\left(\frac{4 \text{ mol/s}}{4 \text{ mol}}\right)(-2878 \text{ kJ}) = -1,73 \times 10^6 \text{ kJ/s}$$

2. Já que dobrar os coeficientes estequiométricos de uma reação impõe dobrar o calor da reação,

$$\Delta\dot{H}_{r2}° = 2\Delta\dot{H}_{r1}° = 2(-2878 \text{ kJ/s}) = -5756 \text{ kJ/s}$$

A variação de entalpia associada com a produção de 2400 mol/s CO_2 a 25°C não pode depender da maneira pela qual é escrita a equação estequiométrica (as mesmas quantidades de reagentes e produtos nas mesmas temperaturas devem ter as mesmas entalpias), portanto $\Delta\dot{H}$ deve ter o mesmo valor calculado na Parte 1. No entanto, façamos o cálculo para provar esta afirmação. Pela Equação 9.1-3,

$$\xi = \frac{(\dot{n}_{CO_2})_{saída}}{|\dot{\nu}_{CO_2}|} = \frac{2400 \text{ mol/s}}{8 \text{ mol/s}} = 300$$

$$\Big\Downarrow \text{Equação 9.1-4b}$$

$$\Delta\dot{H} = \xi\Delta\dot{H}_r° = (300)(-5756 \text{ kJ/s}) = -1,73 \times 10^6 \text{ kJ/s}$$

3. Compare as duas equações

$$C_4H_{10}(g) + \tfrac{13}{2}O_2(g) \rightarrow 4CO_2(g) + 5H_2O(l): \quad (\Delta H_{r1}°) = -2878 \text{ kJ}$$

$$C_4H_{10}(l) + \tfrac{13}{2}O_2(g) \rightarrow 4CO_2(g) + 5H_2O(v): \quad (\Delta H_{r2}°) = ?$$

A entalpia total dos produtos da segunda reação [4 mol CO_2(g) + 5 mol H_2O(v) a 25°C] é maior do que a dos produtos da primeira reação [4 mol CO_2(g) e 5 mol H_2O(l) a 25°C] por cinco vezes o calor de vaporização da água. Da mesma forma, a entalpia total dos reagentes na segunda reação é menor do que a dos reagentes da segunda reação pelo calor de vaporização do butano. (Por quê?) Já que $\Delta H_r = H_{produtos} - H_{reagentes}$, segue-se que

$$(\Delta H_{r2}°) = (\Delta H_{r1}°) + 5 \text{ mol } H_2O(\Delta\hat{H}_v)_{H_2O} + 1 \text{ mol } C_4H_{10}(\Delta\hat{H}_v)_{C_4H_{10}}$$

$$= [-2878 + 5(44,0) + 19,2] \text{ kJ} = \boxed{-2639 \text{ kJ}}$$

$$\Delta\dot{H} = \xi\Delta\dot{H}_{r2}° = (600)(-2639 \text{ kJ/s}) = \boxed{-1,58 \times 10^6 \text{ kJ/s}}$$

Se uma reação acontece em um reator fechado a volume constante, o calor absorvido ou liberado é determinado pela variação da energia interna entre os reagentes e os produtos. A **energia interna de reação**, $\Delta U_r(T)$, é a diferença $U_{\text{produtos}} - U_{\text{reagentes}}$ se as quantidades estequiométricas dos reagentes reagirem completamente na temperatura T.

Suponha que aconteça uma reação e que ν_i seja o i-ésimo coeficiente estequiométrico do reagente ou produto gasoso. Se pode-se admitir o comportamento de gás ideal e os volumes específicos dos reagentes e produtos sólidos ou líquidos podem ser desprezados, a energia interna pode ser relacionada com o calor de reação por

$$\Delta U_r(T) = \Delta H_r(T) - RT \left(\sum_{\substack{\text{produtos} \\ \text{gasosos}}} |\nu_i| - \sum_{\substack{\text{reagentes} \\ \text{gasosos}}} |\nu_i| \right) \tag{9.1-5}$$

Por exemplo, para a reação

$$C_6H_{14}(l) + \tfrac{19}{2}O_2(g) \rightarrow 6CO(g) + 7H_2O(v)$$

a energia interna de reação é

$$\begin{aligned} \Delta U_r(T) &= \Delta H_r(T) - RT(6 + 7 - \tfrac{19}{2})\,\text{mol} \\ &= \Delta H_r(T) - RT(\tfrac{7}{2}\,\text{mol}) \end{aligned}$$

Se não há reagentes ou produtos gasosos, uma boa aproximação é $\Delta U_r = \Delta H_r$.

Exemplo 9.1-2   Avaliação de ΔU_r

O calor padrão da reação

$$C_2H_4(g) + 2Cl_2(g) \rightarrow C_2HCl_3(l) + H_2(g) + HCl(g)$$

é $\Delta H_r^\circ = -420{,}8$ kJ/mol. Calcule ΔU_r° para esta reação

Solução   Pela equação estequiométrica

$$\sum |\nu_i|\,(\text{produtos gasosos}) = (1 + 1)\,\text{mol} = 2\ \text{mols}$$
$$\sum |\nu_i|\,(\text{reagentes gasosos}) = (1 + 2)\,\text{mol} = 3\ \text{mols}$$

Pela Equação 9.1-5

$$\Delta U_r = \Delta H_r - RT(2 - 3)\,\text{mol}$$

$$= -420{,}8\ \text{kJ} - \frac{8{,}314\ \text{J}}{\text{mol·K}}\ \bigg|\ \frac{298\ \text{K}}{}\ \bigg|\ \frac{-1\ \text{mol}}{}\ \bigg|\ \frac{1\ \text{kJ}}{10^3\ \text{J}}$$

$$= \boxed{-418{,}3\ \text{kJ}}$$

Teste

(veja *Respostas dos Problemas Selecionados*)

1. O que é um calor de reação? E um calor padrão de reação?
2. Suponha que ΔH_r° é -40 kJ para a reação $2A \rightarrow B$.
   (a) Qual é o valor da razão (kJ/mol A reagido)?
   (b) A reação é exotérmica ou endotérmica a 25°C?
   (c) Se os reagentes e produtos estão à mesma temperatura, deve ser adicionado ou removido calor ao reator? (Admita que o balanço de energia se reduz a $Q = \Delta H$.)
   (d) Se o reator é adiabático ($Q = 0$), os produtos sairiam a uma temperatura maior ou menor do que a dos reagentes na entrada?
3. $C_6H_{14}(l) + \tfrac{19}{2}O_2 \rightarrow 6CO_2 + 7H_2O(l)$: $\Delta H_r^\circ = -4163$ kJ

   $C_6H_{14}(g) + \tfrac{19}{2}O_2 \rightarrow 6CO_2 + 7H_2O(l)$: $\Delta H_r^\circ = -4195$ kJ

   O estado de referência para os calores de reação é 25°C e 1 atm. Qual é o significado físico da diferença entre os dois valores dados de ΔH_r°?

4. Escreva a fórmula para $\Delta U_r(T)$ em termos de $\Delta H_r(T)$ para a reação A(g) + 2B(g) + C(l) → D(g) + 2E(s).

5. Deduza a Equação 9.1-5 a partir da definição de $\hat{H}$ como $\hat{U} + P\hat{V}$.

9.2 MEDIÇÃO E CÁLCULO DE CALORES DE REAÇÃO: LEI DE HESS

Um calor de reação pode ser medido em um **calorímetro** — um reator fechado imerso em um fluido contido em um recipiente bem isolado. O aumento ou a diminuição da temperatura do fluido pode ser medido e usado para determinar a energia liberada ou absorvida pela reação, e o valor de ΔH_r° pode então ser calculado a partir desta energia e das capacidades caloríficas conhecidas dos reagentes e produtos.

No entanto, existem sérias limitações para esta técnica. Suponha, por exemplo, que você deseja determinar ΔH_r° para a reação

$$C(s) + \tfrac{1}{2}O_2(g) \rightarrow CO(g)$$

Você pode colocar 1 mol de carbono e 0,5 mol de oxigênio juntos em um reator, mas nunca obterá 1 mol de monóxido de carbono como produto final. Se os reagentes estão a 25°C ou perto desta temperatura, aparentemente nada acontece, já que a taxa na qual o carbono e o oxigênio reagem nesta temperatura é incomensuravelmente baixa. Se, pelo contrário, a mistura fosse aquecida até uma temperatura na qual C e O_2 reagem a uma taxa mensurável, o produto seria CO_2 puro ou uma mistura de CO_2 e CO, tornando impossível a determinação do calor da reação de formação do CO.

No entanto, você *pode* conduzir as reações

1. $C + O_2 \rightarrow CO_2$: $\Delta H_{r1}^\circ = -393,51$ kJ

2. $CO + \tfrac{1}{2}O_2 \rightarrow CO_2$: $\Delta H_{r2}^\circ = -282,99$ kJ

e determinar os calores de reação experimentalmente. Pode então construir uma trajetória de processo para a reação

3. $C + \tfrac{1}{2}O_2 \rightarrow CO$: $\Delta H_{r3}^\circ = ?$

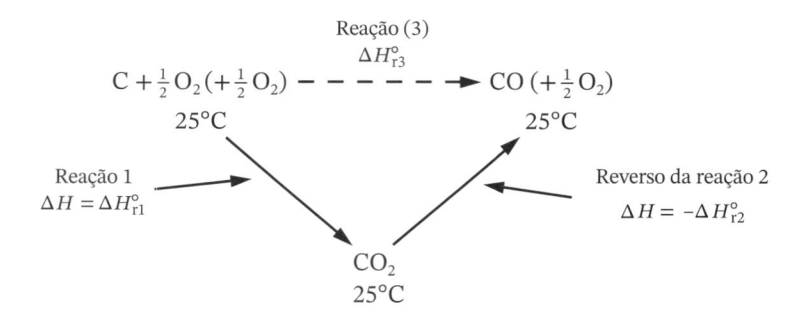

Já que H é uma função de estado,

$$\Delta H_{r3}^\circ = \Delta H_{r1}^\circ + (-\Delta H_{r2}^\circ) = (-393,51 + 282,99)\,\text{kJ} = -110,52\,\text{kJ}$$

Você calculou então o calor de reação desejado, que não poderia ter sido medido diretamente, através de dois calores de reação mensurados.

Este resultado poderia ter sido obtido de forma mais concisa tratando as equações estequiométricas para as reações 1 e 2 como equações algébricas. Se a equação para a reação 2 é subtraída daquela para a reação 1, o resultado é

$$C + O_2 - CO - \tfrac{1}{2}O_2 \rightarrow CO_2 - CO_2$$

$$\Downarrow$$

$$C + \tfrac{1}{2}O_2 \rightarrow CO \text{ (reação 3)}$$

O calor padrão da reação 3 pode ser calculado aplicando a mesma operação aos calores das reações 1 e 2 — quer dizer, $\Delta H_{r3}^{\circ} = \Delta H_{r1}^{\circ} - \Delta H_{r2}^{\circ}$ — confirmando o resultado já obtido.

O enunciado geral da validade deste procedimento é chamado de **lei de Hess**: *Se a equação estequiométrica para a reação 1 pode ser obtida por operações algébricas (multiplicação por constantes, adição e subtração) sobre as equações estequiométricas para as reações 2, 3, ..., então o calor de reação ΔH_{r1}° pode ser obtido aplicando-se as mesmas operações sobre os calores de reação ΔH_{r2}°, ΔH_{r3}°, ...*

Exemplo 9.2-1	Lei de Hess

Os calores padrão das seguintes reações de combustão foram determinados experimentalmente:

1. $C_2H_6 + \frac{7}{2}O_2 \rightarrow 2CO_2 + 3H_2O$: $\Delta H_{r1}^{\circ} = -1559,8$ kJ

2. $C + O_2 \rightarrow CO_2$: $\Delta H_{r2}^{\circ} = -393,5$ kJ

3. $H_2 + \frac{1}{2}O_2 \rightarrow H_2O$: $\Delta H_{r3}^{\circ} = -285,8$ kJ

Use a lei de Hess e os calores de reação dados para determinar o calor padrão da reação

4. $2C + 3H_2 \rightarrow C_2H_6$: $\Delta H_{r4}^{\circ} = ?$

Solução A equação estequiométrica da quarta reação pode ser obtida como a seguinte combinação linear das três primeiras reações:

$$(4) = 2 \times (2) + 3 \times (3) - (1) \text{ (verifique)}$$

Pela lei de Hess

$$\Delta H_{r4}^{\circ} = 2\Delta H_{r2}^{\circ} + 3\Delta H_{r3}^{\circ} - \Delta H_{r1}^{\circ} = -84,6 \text{ kJ}$$

Este calor de reação não poderia ter sido medido diretamente, já que o carbono e o hidrogênio não podem reagir de forma tal que o etano seja o único produto.

Teste	1. O que é a lei de Hess?
(veja *Respostas dos Problemas Selecionados*)	2. Suponha que são medidos experimentalmente os calores de reação a 25°C para o seguinte conjunto de reações:

$$2A + B \rightarrow 2C: \quad \Delta H_{r1}^{\circ} = -1000 \text{ kJ}$$

$$A + D \rightarrow C + 3E: \quad \Delta H_{r2}^{\circ} = -2000 \text{ kJ}$$

Use a lei de Hess para mostrar que

$$B + 6E \rightarrow 2D: \quad \Delta H_{r}^{\circ} = +3000 \text{ kJ}$$

9.3 REAÇÕES DE FORMAÇÃO E CALORES DE FORMAÇÃO

Uma **reação de formação** de um composto é a reação na qual o composto é formado a partir dos seus constituintes elementares na forma como eles estão presentes na natureza (por exemplo, O_2 no lugar de O). A variação de entalpia associada com a formação de 1 mol de composto a uma temperatura e pressão de referência (normalmente 25°C e 1 atm) é o **calor padrão de formação** do composto, $\Delta \hat{H}_f^{\circ}$.

Calores padrão de formação para muitos compostos aparecem na Tabela B.1 deste livro e nas páginas 2-185 a 2-200 do *Perry's Chemical Engineers' Handbook*.[2] Os valores na Tabela B.1 também podem ser encontrados usando as funções APEx DeltaHfg("composto"), DeltaHfl("composto") e DeltaHfc("composto") para o composto especificado nas formas gasosa, líquida e sólida (cristalina), respectivamente. Por exemplo, $\Delta \hat{H}_f^{\circ}$ para nitrato de amônio cristalino é dado na Tabela B.1, como $-365,15$ kJ/mol, na qual o mol é entendido como NH_4NO_3. Isto significa que a

---

[2]R. H. Perry e D. W. Green, editores, *Perry's Chemical Engineers' Handbook*, 8ª Edição, McGraw-Hill, New York, 2008.

variação de entalpia associada com a formação de um grama-mol de nitrato de amônio cristalino a partir de seus elementos é $-365,15$ kJ. Podemos também escrever isto em termos de um calor de reação:

$$N_2(g) + 2H_2(g) + \tfrac{3}{2} O_2 \rightarrow NH_4NO_3(c); \quad \Delta H_r^\circ = -365,14 \text{ kJ}$$

Da mesma forma, para o benzeno líquido $\Delta \hat{H}_f^\circ = 48,66$ kJ/mol C_6H_6, ou

$$6C(s) + 3H_2(g) \rightarrow C_6H_6(l); \quad \Delta H_r^\circ = 48,66 \text{ kJ}$$

Estes valores de calor de formação podem ser determinados usando APEx inserindo as fórmulas =DeltaHfc("NH4NO3") e =DeltaHfl("benzene") em células de uma planilha Excel. *Nota:* O calor padrão de formação de uma espécie elementar (por exemplo, O_2) é zero. (Por quê?)

Pode ser demonstrado, usando a lei de Hess, que, *se v_i é o coeficiente estequiométrico da espécie i que participa de uma reação (+ para produtos, − para reagentes) e $\Delta \hat{H}_{fi}^\circ$ é o calor padrão de formação desta espécie, então o calor padrão da reação é*

$$\Delta H_r^\circ = \sum_i v_i \Delta \hat{H}_{fi}^\circ = \sum_{\text{produtos}} |v_i| \Delta \hat{H}_{fi}^\circ - \sum_{\text{reagentes}} |v_i| \Delta \hat{H}_{fi}^\circ \tag{9.3-1}$$

Os calores padrão de formação de todas as espécies elementares devem ser fixados como zero nesta fórmula. A validade da Equação 9.3-1 é ilustrada no seguinte exemplo.

Exemplo 9.3-1 | Determinação de um Calor de Reação a Partir de Calores de Formação

Determine o calor padrão de reação para a combustão do *n*-pentano líquido, admitindo que $H_2O(l)$ é um dos produtos da combustão.

$$C_5H_{12}(l) + 8O_2(g) \rightarrow 5CO_2(g) + 6H_2O(l)$$

Solução | Pela Equação 9.3-1

$$\Delta H_r^\circ = 5 \text{ mol } CO_2 (\Delta \hat{H}_f^\circ)_{CO_2(g)} + 6 \text{ mol } H_2O (\Delta \hat{H}_f^\circ)_{H_2O(l)} - 1 \text{ mol } C_5H_{12} (\Delta \hat{H}_f^\circ)_{C_5H_{12}(l)}$$

⇓ Calores de formação da Tabela B.1 ou APEx

$$\Delta H_r^\circ = [5(-393,5) + 6(-285,84) - (-173,0)] \text{ kJ}$$

$$= \boxed{-3509 \text{ kJ}}$$

Para verificar a fórmula de ΔH_r°, podemos escrever as equações estequiométricas para as reações de formação dos reagentes e produtos:

1. $5C(s) + 6H_2(g) \rightarrow C_5H_{12}(l)$: $\Delta H_{r1}^\circ = 1 \text{ mol } C_5H_{12} (\Delta \hat{H}_f^\circ)_{C_5H_{12}(l)}$
2. $C(s) + O_2(g) \rightarrow CO_2(g)$: $\Delta H_{r2}^\circ = 1 \text{ mol } CO_2 (\Delta \hat{H}_f^\circ)_{CO_2(g)}$
3. $H_2(g) + \tfrac{1}{2} O_2(g) \rightarrow H_2O(l)$: $\Delta H_{r3}^\circ = 1 \text{ mol } H_2O (\Delta \hat{H}_f^\circ)_{H_2O(l)}$

A reação desejada,

4. $C_5H_{12}(l) + 8O_2(g) \rightarrow 5CO_2(g) + 6H_2O(l)$: $\Delta H_r^\circ = ?$

pode ser obtida como $5 \times (2) + 6 \times (3) - (1)$ (*verifique*), e a fórmula dada para ΔH_r° é uma consequência da lei de Hess.

Técnicas para a estimação de calores de formação de compostos com estruturas moleculares desconhecidas são mostradas por Reid *et al.*[3]

[3]B. E. Poling, J. M. Prausnitz e J. P. O'Connell. *The Properties of Gases and Liquids*, 5ª Edição, McGraw-Hill, New York, 2001.

Teste	1. O calor padrão da reação

1. O calor padrão da reação

$$2CO \rightarrow 2C + O_2$$

é $\Delta H_r^\circ = +221{,}0$ kJ. Use este resultado para calcular o calor padrão de formação do CO e cheque o seu resultado com um valor tabelado.

2. $\Delta \hat{H}_f^\circ$ é $-28{,}64$ kcal/mol para $C_3H_8(l)$ e $-24{,}82$ kcal/mol para $C_3H_8(g)$. Qual é o significado físico da diferença entre estes valores?

3. Considere a reação

$$CH_4 + 2O_2 \rightarrow CO_2 + 2H_2O(v)$$

Escreva a fórmula para ΔH_r° em termos dos calores padrão de formação dos reagentes e produtos.

9.4 CALORES DE COMBUSTÃO

O **calor padrão de combustão** de uma substância, $\Delta \hat{H}_c^\circ$, é o calor da combustão desta substância com oxigênio para produzir produtos específicos [por exemplo, $CO_2(g)$ e $H_2O(l)$], com reagentes e produtos a 25°C e 1 atm (o estado de referência arbitrário, mas convencional).

A Tabela B.1 mostra os calores padrão de combustão para uma certa quantidade de substâncias. Os valores dados estão baseados nas seguintes suposições: (a) todo o carbono no combustível forma $CO_2(g)$, (b) todo o hidrogênio forma $H_2O(l)$, (c) todo o enxofre forma $SO_2(g)$, e (d) todo o nitrogênio forma $N_2(g)$. O calor padrão de combustão do etanol líquido, por exemplo, é dado na Tabela B.1 como $\Delta \hat{H}_c^\circ = -1366{,}9$ kJ/mol, em que o mol é entendido como etanol. Isto significa que a variação na entalpia associada com a combustão completa de um grama-mol de etanol líquido com a quantidade estequiométrica de oxigênio é $-1366{,}9$ kJ. Também podemos escrever isto em termos de um calor de reação:

$$C_2H_5OH(l) + 3O_2(g) \rightarrow 2CO_2(g) + 3H_2O(l); \quad \Delta H_r^\circ = -1366{,}9 \text{ kJ}$$

Os calores de combustão na Tabela B.1 também podem ser encontrados usando as funções APEx DeltaHcg("composto"), DeltaHcl("composto") e DeltaHcc("composto") para o composto especificado nas formas gasosa, líquida e sólida (cristalina), respectivamente. Calores de combustão adicionais são dados nas páginas 2-195 até 2-200 do *Perry's Chemical Engineers' Handbook* (veja nota de rodapé 2).

Calores padrão de reações que envolvem apenas substâncias combustíveis e produtos de combustão podem ser calculados através de calores padrão de combustão, em uma outra aplicação da lei de Hess. Pode-se construir uma trajetória hipotética de reação na qual (a) todos os reagentes combustíveis queimam com O_2 a 25°C e (b) CO_2 e H_2O se combinam para formar os produtos da reação, mais O_2. O passo (b) envolve as reações de combustão dos produtos da reação em forma reversa. Já que os dois passos envolvem apenas reações de combustão, a variação total de entalpia — que é igual ao calor de reação desejado — pode ser determinada apenas com base nos calores de combustão como

$$\Delta H_r^\circ = -\sum_i \nu_i (\Delta \hat{H}_c^\circ)_i = \sum_{\text{reagentes}} |\nu_i|(\Delta \hat{H}_c^\circ)_i - \sum_{\text{produtos}} |\nu_i|(\Delta \hat{H}_c^\circ)_i \qquad \textbf{(9.4-1)}$$

Se qualquer dos reagentes ou produtos são eles próprios produtos de combustão [CO_2, $H_2O(l)$, SO_2, ...], os seus termos $\Delta \hat{H}_c^\circ$ na Equação 9.4-1 devem ser tomados como zero.

Note que esta fórmula é semelhante àquela usada para determinar ΔH_r° a partir de calores de formação, exceto que neste caso é usado o negativo da soma. A validade desta fórmula é ilustrada no exemplo seguinte.

Exemplo 9.4-1	Cálculo de um Calor de Reação a Partir de Calores de Combustão

Calcule o calor padrão de reação para a desidrogenação do etano:

$$C_2H_6 \rightarrow C_2H_4 + H_2$$

Solução Da Tabela B.1 ou usando a função APEx DeltaHcg,

$$(\Delta \hat{H}_c^\circ)_{C_2H_6} = -1559{,}9 \text{ kJ/mol}$$
$$(\Delta \hat{H}_c^\circ)_{C_2H_4} = -1411{,}0 \text{ kJ/mol}$$
$$(\Delta \hat{H}_c^\circ)_{H_2} = -285{,}84 \text{ kJ/mol}$$

Portanto, da Equação 9.4-1,

$$\Delta H_r^\circ = 1 \text{ mol } C_2H_6 (\Delta \hat{H}_c^\circ)_{C_2H_6} - 1 \text{ mol } C_2H_4 (\Delta \hat{H}_c^\circ)_{C_2H_4} - 1 \text{ mol } H_2 (\Delta \hat{H}_c^\circ)_{H_2} = \boxed{136{,}9 \text{ kJ}}$$

Como ilustração, vamos demostrar a validade desta fórmula usando a lei de Hess. As reações de combustão são

1. $C_2H_6 + \frac{7}{2}O_2 \rightarrow 2CO_2 + 3H_2O$
2. $C_2H_4 + 3O_2 \rightarrow 2CO_2 + 2H_2O$
3. $H_2 + \frac{1}{2}O_2 \rightarrow H_2O$

É fácil mostrar que

4. $C_2H_6 \rightarrow C_2H_4 + H_2$

é obtido de (1) — (2) — (3). (Demostre.) O resultado desejado segue-se da lei de Hess.

Uma das principais aplicações da Equação 9.4-1 é determinar calores de formação para substâncias combustíveis cujas reações de formação não acontecem naturalmente. Por exemplo, a reação de formação do pentano

$$5C(s) + 6H_2(g) \rightarrow C_5H_{12}(l): \quad \Delta \hat{H}_f^\circ = ?$$

não pode ser conduzida em um laboratório, mas o carbono, o hidrogênio e o pentano podem todos eles serem queimados e seus calores padrão de combustão podem ser determinados experimentalmente. O calor de formação do pentano pode então ser calculado a partir da Equação 9.4-1 como

$$(\Delta \hat{H}_f^\circ)_{C_5H_{12}(l)} = 5(\Delta \hat{H}_c^\circ)_{C(s)} + 6(\Delta \hat{H}_c^\circ)_{H_2(g)} - (\Delta \hat{H}_c^\circ)_{C_5H_{12}(l)}$$

em que entende-se que os coeficientes dos dois primeiros termos na equação têm unidades de mol C/mol C_5H_{12} e mol H/mol C_5H_{12}, respectivamente.

EXERCÍCIO DE CRIATIVIDADE

Quando uma reação exotérmica acontece, a energia liberada eleva a temperatura do conteúdo do reator, a não ser que o mesmo seja resfriado. Suponha que uma reação deste tipo aconteça em um reator batelada.

1. Pense em tantas razões quantas possa pelas quais você pode não querer o incremento da temperatura. (*Exemplo:* O produto pode se degradar ou decompor a altas temperaturas.)

2. Pense em tantas maneiras quantas possa de evitar o aumento da temperatura do reator à medida que a reação acontece. (*Exemplo:* Jogar dentro um pedaço de gelo.)

9.5 BALANÇOS DE ENERGIA EM PROCESSOS REATIVOS

9.5a Procedimentos Gerais

Para realizar cálculos de balanço de energia em um sistema reativo, o procedimento é muito semelhante ao seguido para processos não reativos: (a) desenhar e rotular um fluxograma; (b) usar balanços de massa e relações de equilíbrio de fase, tais como a lei de Raoult, para determinar tantas quantidades ou vazões dos componentes de cada corrente quantas seja possível; (c) escolher estados de referência para os cálculos da entalpia específica (ou da energia interna específica) e preparar e preencher uma tabela de entalpias (ou energias internas) de entrada-saída; e (d) calcular $\Delta \dot{H}$ (ou ΔH ou ΔU), substituir os valores calculados na forma apropriada das equações de balanço de energia e completar os cálculos necessários.

Normalmente são usados dois métodos para escolher estados de referência para cálculos de entalpia e para calcular as entalpias específicas e $\Delta \dot{H}$.[4] Abaixo mostramos os detalhes de cada um, usando um processo de combustão de propano para ilustrá-los. Por simplicidade, os cálculos de balanço de massa para o processo ilustrativo já foram feitos e os resultados incorporados no fluxograma.

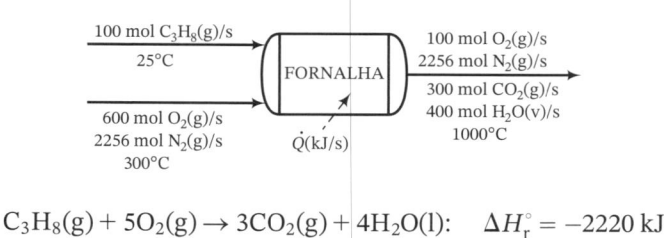

$$C_3H_8(g) + 5O_2(g) \rightarrow 3CO_2(g) + 4H_2O(l): \quad \Delta H_r^\circ = -2220 \text{ kJ}$$

Método do Calor de Reação. Este método é geralmente preferível quando há uma única reação para a qual o $\Delta \hat{H}_r^\circ$ é conhecido.

1. *Complete os cálculos de balanço de massa no reator o mais que puder.*

2. *Escolha estados de referência para os cálculos de entalpia específica.* As melhores escolhas são, geralmente, as espécies reagentes e produtos a 25°C e 1 atm nos estados para os quais o calor de reação é conhecido [$C_3H_8(g)$, $O_2(g)$, $CO_2(g)$ e $H_2O(l)$ no processo do exemplo] e as espécies não reativas a qualquer temperatura conveniente, como a temperatura de entrada ou de saída do reator ou a condição de referência usada para a espécie em uma tabela disponível de entalpias [$N_2(g)$ a 25°C e 1 atm, o estado de referência da Tabela B.8].

3. *Para uma única reação em um processo contínuo, calcule a extensão da reação, $\dot{\xi}$, da Equação 9.1-3.*[5] Ao escrever a equação, escolha como espécie A qualquer reagente ou produto para o qual sejam conhecidas as vazões na alimentação e no produto. No exemplo, podemos escolher qualquer reagente ou produto, já que conhecemos as vazões de entrada e saída de todas as espécies, e calcular a taxa de geração ou consumo de A ($\dot{n}_{A,r}$ na Eq. 9.1-3) como $|(\dot{n}_A)_{\text{saída}} - (\dot{n}_A)_{\text{entrada}}|$. Se A for propano,

$$\xi = \frac{|(\dot{n}_{C_3H_8})_{\text{saída}} - (\dot{n}_{C_3H_8})_{\text{entrada}}|}{|\nu_{C_3H_8}|} = \frac{|0 - 100|\text{mol/s}}{1 \text{ mol/s}} = 100$$

Como exercício, faça com que A seja O_2, CO_2 ou H_2O e verifique que o valor de ξ é independente da espécie escolhida.

4. *Prepare uma tabela de entalpias de entrada-saída, inserindo as quantidades molares conhecidas (n_i) ou vazões ($\dot{n}_i$) para todos os componentes das correntes de entrada e saída.* Se qualquer dos componentes está no seu estado de referência, coloque zero na $\hat{H}_i$ correspondente. Para o processo do exemplo, a tabela apareceria como segue:

Referências: $C_3H_8(g)$, $O_2(g)$, $N_2(g)$, $CO_2(g)$, $H_2O(l)$ a 25°C e 1 atm

Substância	$\dot{n}_{\text{entrada}}$ (mol/s)	$\hat{H}_{\text{entrada}}$ (kJ/mol)	$\dot{n}_{\text{saída}}$ (mol/s)	$\hat{H}_{\text{saída}}$ (kJ/mol)
C_3H_8	100	0	—	—
O_2	600	$\hat{H}_2$	100	$\hat{H}_4$
N_2	2256	$\hat{H}_3$	2256	$\hat{H}_5$
CO_2	—	—	300	$\hat{H}_6$
H_2O	—	—	400	$\hat{H}_7$

---

[4]No texto seguinte, admitimos que o valor de $\Delta \dot{H}$ é necessário para o balanço de energia. Se ΔU ou ΔH são necessários, substitua cada $\dot{H}$ que aparecer por U ou H.

[5]Se acontecem reações múltiplas, você pode calcular a extensão de cada reação independente, $\dot{\xi}_1$, $\dot{\xi}_2$, ... (Equação 4.6-7), mas para estes processos geralmente é melhor usar o método do calor de formação descrito mais adiante.

5. *Calcule a entalpia de cada componente desconhecido, $\hat{H}_i$, como $\Delta\hat{H}$ para a espécie indo do seu estado de referência até o estado do processo, e insira as entalpias na tabela.* No exemplo,

$$\hat{H}_2 = \Delta\hat{H} \text{ para } O_2(25°C) \rightarrow O_2(300°C)$$
$$= 8,47 \text{ kJ/mol (pela Tabela B.8 ou a função APEx Enthalpy)}$$

Procedemos da mesma maneira para calcular $\hat{H}_3 = 8,12$ kJ/mol, $\hat{H}_4 = 32,47$ kJ/mol, $\hat{H}_5 = 30,56$ kJ/mol, $\hat{H}_6 = 48,60$ kJ/mol e $\hat{H}_7 = 81,71$ kJ/mol.

Considere este último resultado. Por definição

$$\hat{H}_7 = \Delta\hat{H} \text{ para } H_2O(l, 25°C) \rightarrow H_2O(g, 1000°C)$$

Podemos usar tabelas de vapor para calcular $\Delta\hat{H}$ em um passo ou aquecer a água líquida de 25°C até 100°C, vaporizá-la, aquecer o vapor de 100°C até 1000°C e calcular

$$\hat{H}_7 = \int_{25°C}^{100°C} C_{pl}\, dT + \Delta\hat{H}_v(100°C) + \int_{100°C}^{1000°C} C_{pv}\, dT$$

O último cálculo pode ser feito facilmente usando APEx digitando a seguinte fórmula em uma célula de uma planilha:

=Enthalpy("water",25,100,,"l") + Hv("water") + Enthalpy("water",100,1000,,"g")

6. *Calcule $\Delta\dot{H}$ para o reator.* Use uma das seguintes fórmulas:

$$\Delta\dot{H} = \xi\Delta\dot{H}_r° + \sum \dot{n}_{\text{saída}}\hat{H}_{\text{saída}} - \sum \dot{n}_{\text{entrada}}\hat{H}_{\text{entrada}} \text{ (uma reação simples)} \qquad \textbf{(9.5-1a)}$$

$$\Delta\dot{H} = \sum_{\text{reações}} \xi_j\Delta\dot{H}_{rj}° + \sum \dot{n}_{\text{saída}}\hat{H}_{\text{saída}} - \sum \dot{n}_{\text{entrada}}\hat{H}_{\text{entrada}} \text{ (reações múltiplas)} \qquad \textbf{(9.5-1b)}$$

Uma dedução destas equações aparece esboçada na apresentação do método do calor de formação. A substituição dos valores previamente calculados na Equação 9.5-1a proporciona $\Delta\dot{H} = -1,26 \times 10^5$ kJ/s.

7. Substitua o valor calculado de $\Delta\dot{H}$ no balanço de energia ($\dot{Q} + \dot{W}_s = \Delta\dot{H} + \Delta\dot{E}_k + \Delta\dot{E}_p$ para um sistema aberto) e complete os cálculos necessários.

Método do Calor de Formação. Este método é geralmente preferível para reações múltiplas e reações simples para as quais o ΔH_r não está disponível.

1. *Complete os cálculos de balanço de massa no reator o mais que puder.*

2. *Escolha estados de referência para os cálculos de entalpia.* (Este é o passo que distingue este método do anterior.) As escolhas devem ser as espécies elementares que constituem os reagentes e os produtos nos estados nos quais os elementos são encontrados a 25°C e 1 atm [C(s), H$_2$(g) etc.] e as espécies não reativas a qualquer temperatura conveniente. No exemplo, os estados de referência devem ser C(s), H$_2$(g) e O$_2$(g) a 25°C (as espécies elementares que constituem reagentes e produtos) e N$_2$(g) a 25°C (a temperatura de referência da Tabela B.8).

3. *Prepare uma tabela de entalpias de entrada-saída, inserindo as quantidades molares conhecidas (n_i) ou vazões ($\dot{n}_i$) para todos os componentes das correntes de entrada e saída.* Para o processo do exemplo, a tabela apareceria como segue:

Referências: C(s), H$_2$(g), O$_2$(g), N$_2$(g) a 25°C e 1 atm

Substância	$\dot{n}_{\text{entrada}}$ (mol/s)	$\hat{H}_{\text{entrada}}$ (kJ/mol)	$\dot{n}_{\text{saída}}$ (mol/s)	$\hat{H}_{\text{saída}}$ (kJ/mol)
C$_3$H$_8$	100	$\hat{H}_1$	—	—
O$_2$	600	$\hat{H}_2$	100	$\hat{H}_4$
N$_2$	2256	$\hat{H}_3$	2256	$\hat{H}_5$
CO$_2$	—	—	300	$\hat{H}_6$
H$_2$O	—	—	400	$\hat{H}_7$

4. *Calcule cada uma das entalpias específicas desconhecidas.* Para um reagente ou um produto, comece com as espécies elementares a 25°C e 1 atm (as referências) e forme 1 mol da espécie do processo a 25°C e 1 atm ($\Delta\hat{H} = \Delta\hat{H}_f^\circ$ conforme a Tabela B.1). Traga então as espécies desde 25°C e 1 atm até o estado do processo, calculando $\Delta\hat{H}$ usando as capacidades caloríficas apropriadas da Tabela B.2 ou a função APEx Enthalpy, as entalpias específicas da Tabela B.8 ou da Tabela B.9, e os calores latentes da Tabela B.1 ou as funções APEx Hm (calor de fusão) e/ou Hv (calor de vaporização). A entalpia específica que vai para a tabela de entrada-saída é a soma das variações de entalpia para cada passo na trajetória do processo.

No exemplo, calcularíamos primeiro a entalpia específica do propano na entrada ($\hat{H}_1$) como segue:

$$3C(s)(25°C, 1\text{ atm}) + 4H_2(g)(25°C, 1\text{ atm}) \rightarrow C_3H_8(g)(25°C, 1\text{ atm})$$

$$\Downarrow$$

$$\hat{H}_1 = (\Delta\hat{H}_f^\circ)_{C_3H_8(g)} = -103{,}8 \text{ kJ/mol (conforme a Tabela B.1)}$$

Esta é a entalpia do propano a 25°C (o estado do processo) em relação ao C(s) e H_2(g) a 25°C (os estados de referência). Se o propano tivesse entrado a uma temperatura T_0, diferente de 25°C, um termo da forma $\int_{25°C}^{T_0} C_p\, dT$ seria adicionado ao calor de formação do propano.

Depois, calculamos a entalpia específica do O_2 a 300°C (o estado do processo) em relação ao O_2 a 25°C (o estado de referência) como $\hat{H}_2 = 8{,}47$ kJ/mol (conforme a Tabela B.8). Não há termo de calor de formação, já que o O_2 é uma espécie elementar. Procedemos da mesma maneira para calcular $\hat{H}_3 = 8{,}12$ kJ/mol, $\hat{H}_4 = 32{,}47$ kJ/mol, $\hat{H}_5 = 30{,}56$ kJ/mol, $\hat{H}_6 = -344{,}9$ kJ/mol e $\hat{H}_7 = -204{,}1$ kJ/mol. Para calcular $\hat{H}_6$ e $\hat{H}_7$, formamos as espécies correspondentes [CO_2(g) e H_2O(v)] a 25°C a partir dos seus elementos ($\Delta\hat{H} = \Delta\hat{H}_f^\circ$), as aquecemos desde 25°C até 1000°C ($\Delta\hat{H} = \hat{H}_{1000°C}$ pela Tabela B.8 ou APEx) e somamos os termos de formação e aquecimento.

5. *Calcule $\Delta\dot{H}$ para o reator.* Tanto para reações simples quanto para múltiplas, a fórmula é

$$\Delta\dot{H} = \sum \dot{n}_{saída}\hat{H}_{saída} - \sum \dot{n}_{entrada}\hat{H}_{entrada} \tag{9.5-2}$$

Note que os termos de calor de reação não são necessários se os elementos são escolhidos como referências. Os calores de reação são incluídos implicitamente quando os calores de formação dos reagentes (incluídos nos termos de $\hat{H}_{entrada}$) são subtraídos daqueles dos produtos (nos termos $\hat{H}_{saída}$) na expressão para $\Delta\dot{H}$. Substituindo os valores calculados de $\dot{n}$ e $\hat{H}$ na Equação 9.5-2 resulta $\Delta\dot{H} = -1{,}26 \times 10^5$ kJ/s.

6. *Substitua o valor calculado de $\Delta\dot{H}$ na equação do balanço de energia e complete os cálculos necessários.*

As trajetórias do processo que correspondem aos métodos do calor de reação e do calor de formação são mostradas a seguir

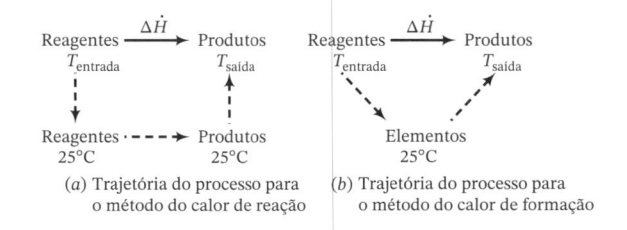

(a) Trajetória do processo para   (b) Trajetória do processo para
o método do calor de reação   o método do calor de formação

O método do calor de reação trabalha trazendo os reagentes desde as suas condições iniciais de entrada até os seus estados de referência a 25°C ($\Delta\dot{H} = -\sum \dot{n}_{entrada}\hat{H}_{entrada}$), conduzindo a reação a 25°C (pela Equação 9.1-4b, $\Delta\dot{H} = \xi\Delta H_r^\circ$ ou a soma destes termos no caso de reações múltiplas), trazendo os produtos desde os seus estados de referência a 25°C até os seus estados de saída ($\Delta\dot{H} = \sum \dot{n}_{saída}\hat{H}_{saída}$), e somando as variações de entalpia para estas etapas para calcular $\Delta\dot{H}$ do processo global. O método do calor de formação atua trazendo os reagentes desde as condições iniciais até os seus elementos constituintes a 25°C ($\Delta\dot{H} = -\sum \dot{n}_{\text{entrada}} \hat{H}_{\text{entrada}}$), levando os elementos até os seus produtos nas condições de saída ($\Delta\dot{H} = \sum \dot{n}_{\text{saída}} \hat{H}_{\text{saída}}$), e somando as variações de entalpia para estas etapas para calcular $\Delta\dot{H}$ do processo global.

Exemplo 9.5-1 | Balanço de Energia em um Reator de Oxidação de Amônia

Cem mol NH_3/s e 200 mol O_2/s a 25°C alimentam um reator no qual a amônia é completamente consumida. O produto gasoso sai a 300°C. Calcule a taxa na qual o calor deve ser transferido de ou para o reator, admitindo a operação a aproximadamente 1 atm. O calor padrão de reação para a oxidação de amônia é dado por

$$4NH_3(g) + 5O_2(g) \rightarrow 4NO(g) + 6H_2O(v): \quad \Delta H_r^\circ = -904,7 \text{ kJ} \left(\Delta\dot{H}_r^\circ = -904,7 \frac{\text{kJ}}{\text{s}} \right)$$

Solução | **Base: Vazões de Alimentação Dadas**

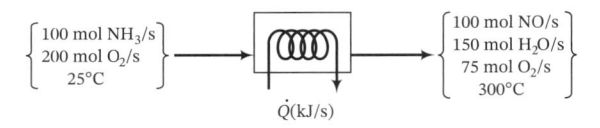

(Verifique as vazões dos produtos.) Já que acontece apenas uma reação e ΔH_r° é conhecido, usaremos o método do calor de reação para o balanço de energia, escolhendo como referências as espécies de reagentes e produtos nos estados para os quais o calor de reação é dado. A tabela de entalpias parece como segue:

Referências: $NH_3(g)$, $O_2(g)$, $NO(g)$, $H_2O(v)$ a 25 °C e 1atm

Substância	$\dot{n}_{\text{entrada}}$ (mol/s)	$\hat{H}_{\text{entrada}}$ (kJ/mol)	$\dot{n}_{\text{saída}}$ (mol/s)	$\hat{H}_{\text{saída}}$ (kJ/mol)
NH_3	100	0	—	—
O_2	200	0	75	$\hat{H}_1$
NO	—	—	100	$\hat{H}_2$
H_2O	—	—	150	$\hat{H}_3$

Calcule as Entalpias Desconhecidas

$O_2(g, 300°C)$: Conforme Tabela B.8, $\hat{H}_1 = 8.470$ kJ/mol (Insira o valor na tabela de entalpias)

$NO(g, 300°C)$: $\hat{H}_2 = \int_{25°C}^{300°C} (C_p)_{NO} \, dT \xrightarrow{\text{Tabela B.2}} \hat{H}_2 = 8.453$ kJ/mol (Insira na tabela)

$H_2O(v, 300°C)$: Conforme Tabela B.8, $\hat{H}_3 = 9.570$ kJ/mol (Insira na tabela)

Calcule ξ e $\Delta\dot{H}$

Já que 100 mol NH_3/s são consumidos no processo (A = NH_3, $\dot{n}_{A,r}$ = 100 mol NH_3 consumidos/s), a Equação 9.1-3 vira

$$\xi = \frac{\dot{n}_{NH_3,r}}{|\dot{\nu}_{NH_3}|} = \frac{100 \text{ mol/s}}{4 \text{ mol/s}} = 25$$

$$\Big\| \text{Equação 9.5-1a}$$

$$\Delta\dot{H} = \xi \Delta\dot{H}_r^\circ + \underbrace{\sum \dot{n}_{\text{saída}} \hat{H}_{\text{saída}} - \sum \dot{n}_{\text{entrada}} \hat{H}_{\text{entrada}}}_{\text{conforme a tabela}}$$

$$= (25)(-904,7 \text{ kJ/s}) + [(75)(8.470) + (100)(8.453)$$

$$+ (150)(9.570) - (100)(0) - (200)(0)] \text{ kJ/s} = -19.700 \text{ kJ/s}$$

Balanço de Energia

Para este sistema aberto

$$\dot{Q} + \dot{W}_s = \Delta\dot{H} + \Delta\dot{E}_k + \Delta\dot{E}_p$$

$$\dot{W}_s = 0 \quad \text{(sem partes móveis)}$$
$$\Delta\dot{E}_p = 0 \quad \text{(unidade horizontal)}$$
$$\Delta\dot{E}_k \approx 0 \quad \text{(desprezando mudanças na energia cinética)}$$

$$\dot{Q} \approx \Delta\dot{H} = -19.700 \text{ kJ/s} = \boxed{-19.700 \text{ kW}}$$

Então, 19.700 kW de calor devem ser transferidos do reator para manter a temperatura dos produtos a 300°C. Se fosse transferido menos calor, mais do calor de reação iria para a mistura reacional e a temperatura de saída aumentaria.

O método do calor de formação, que envolve o uso dos constituintes elementares dos reagentes e produtos nos seus estados naturais de ocorrência como referências para os cálculos de entalpia, é mais conveniente para processos que envolvem várias reações simultâneas. O seguinte exemplo ilustra esta abordagem.

Exemplo 9.5-2 | Balanço de Energia em um Reator de Oxidação de Metano

---

O metano é oxidado com ar para produzir formaldeído em um reator contínuo. Uma reação paralela que compete pelos reagentes é a combustão do metano para formar CO_2.

1. $CH_4(g) + O_2 \rightarrow HCHO(g) + H_2O(v)$
2. $CH_4(g) + 2O_2 \rightarrow CO_2 + 2H_2O(v)$

Um fluxograma do processo para uma base admitida de 100 mols de metano na entrada do reator é mostrado aqui.

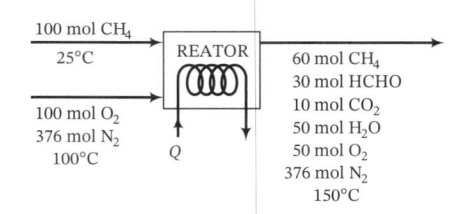

Solução | **Base: 100 mol de CH_4 na Alimentação**

Já que as quantidades dos componentes de todas as correntes são conhecidas, podemos ir diretamente ao balanço de energia. Escolhemos como referência as espécies elementares que formam os reagentes e produtos a 25°C e 1 atm (o estado para o qual os calores de formação são conhecidos) e a espécie não reativa — $N_2(g)$ — também a 25°C e 1 atm (o estado de referência da Tabela B.8). A tabela de entalpias de entrada-saída é mostrada abaixo.

Referências: C(s), $O_2(g)$, $H_2(g)$, $N_2(g)$ a 25 °C e 1 atm

Substância	$n_{entrada}$ (mol)	$\hat{H}_{entrada}$ (kJ/mol)	$n_{saída}$ (mol)	$\hat{H}_{saída}$ (kJ/mol)
CH_4	100	$\hat{H}_1$	60	$\hat{H}_4$
O_2	100	$\hat{H}_2$	50	$\hat{H}_5$
N_2	376	$\hat{H}_3$	376	$\hat{H}_6$
HCHO	—	—	30	$\hat{H}_7$
CO_2	—	—	10	$\hat{H}_8$
H_2O	—	—	50	$\hat{H}_9$

Calcule as Entalpias Desconhecidas

Todas as quantidades mostradas podem ser encontradas facilmente usando as funções apropriadas no APEx. Nos cálculos seguintes, os valores de $\Delta \hat{H}_f^\circ$ vêm da Tabela B.1, as fórmulas para $C_p(T)$ vêm da Tabela B.2 e os valores de $\hat{H}(T)$ para O_2 e N_2 são as entalpias específicas em relação às espécies gasosas a 25°C, tiradas da Tabela B.8. O efeitos das mudanças de pressão sobre as entalpias são desprezados.

$$CH_4(25°C): \quad \hat{H}_1 = (\Delta \hat{H}_f^\circ)_{CH_4} = -74,85 \text{ kJ/mol}$$

$$O_2(100°C): \quad \hat{H}_2 = \hat{H}_{O_2}(100°C) = 2,235 \text{ kJ/mol}$$

$$N_2(100°C): \quad \hat{H}_3 = \hat{H}_{N_2}(100°C) = 2,187 \text{ kJ/mol}$$

$$CH_4(150°C): \quad \hat{H}_4 = (\Delta \hat{H}_f^\circ)_{CH_4} + \int_{25°C}^{150°C} (C_p)_{CH_4} \, dT$$
$$= (-74,85 + 4,90) \text{ kJ/mol} = -69,95 \text{ kJ/mol}$$

$$O_2(150°C): \quad \hat{H}_5 = \hat{H}_{O_2}(150°C) = 3,758 \text{ kJ/mol}$$

$$N_2(150°C): \quad \hat{H}_6 = \hat{H}_{N_2}(150°C) = 3,655 \text{ kJ/mol}$$

$$HCHO(150°C): \quad \hat{H}_7 = (\Delta \hat{H}_f^\circ)_{HCHO} + \int_{25°C}^{150°C} (C_p)_{HCHO} \, dT$$
$$= (-115,90 + 4,75) \text{ kJ/mol} = -111,15 \text{ kJ/mol}$$

$$CO_2(150°C): \quad \hat{H}_8 = (\Delta \hat{H}_f^\circ)_{CO_2} + \hat{H}_{CO_2}(150°C)$$
$$= (-393,5 + 4,75) \text{ kJ/mol} = -388,6 \text{ kJ/mol}$$

$$H_2O(v, 150°C): \quad \hat{H}_9 = (\Delta \hat{H}_f^\circ)_{H_2O(v)} + \hat{H}_{H_2O(v)}(150°C)$$
$$= (-241,83 + 4,27) \text{ kJ/mol} = -237,56 \text{ kJ/mol}$$

À medida que cada um desses valores é calculado, deve ser substituído na tabela de entalpias de entrada-saída. A tabela final aparece como segue:

Referências: C(s), O_2(g), H_2(g), N_2(g) a 25°C e 1 atm

Substância	n_{entrada} (mol)	$\hat{H}_{\text{entrada}}$ (kJ/mol)	$n_{\text{saída}}$ (mol)	$\hat{H}_{\text{saída}}$ (kJ/mol)
CH_4	100	−74,85	60	−69,95
O_2	100	2,235	50	3,758
N_2	376	2,187	376	3,655
HCHO	—	—	30	−111,15
CO_2	—	—	10	−388,6
H_2O	—	—	50	−237,56

Avalie ΔH

Pela Equação 9.5-2,

$$\Delta H = \sum n_{\text{saída}} \hat{H}_{\text{saída}} - \sum n_{\text{entrada}} \hat{H}_{\text{entrada}} = -15.300 \text{ kJ}$$

Se tivessem sido escolhidas as espécies moleculares como referência, as extensões de cada reação (ξ_1 e ξ_2) teriam que ter sido calculadas, e a Equação 9.5-1b deveria ter sido usada para determinar ΔH. Quando há mais de uma reação envolvida em um processo, é aconselhável usar as espécies elementares como referências para evitar estas complicações.

Balanço de Energia

Lembre-se de que estamos lidando com um processo contínuo, portanto com um sistema aberto. [O motivo de termos usado n(mol) e não $\dot{n}$(mol/s) é que tomamos 100 mol CH_4 como base de cálculo.] Com ΔE_k, ΔE_p e W_s desprezados, o balanço de energia do sistema aberto se transforma em

$$\boxed{Q = \Delta H = -15.300 \text{ kJ}}$$

9.5b Processos com Condições Desconhecidas na Saída: Reatores Adiabáticos

Nos sistemas reativos que temos examinado até aqui, as condições de entrada e saída foram especificadas, e a taxa de calor requerida poderia ser calculada por um balanço de energia.

Em outra classe importante de problemas, as condições de entrada, a entrada de calor e a composição dos produtos precisam ser especificadas, e a temperatura na saída deve ser calculada. Para resolver estes problemas, você deve avaliar as entalpias dos produtos em relação aos estados de referência escolhidos em termos da temperatura final desconhecida e depois substituir as expressões resultantes no balanço de energia ($\dot{Q} = \Delta\dot{H}$, ou $\Delta\dot{H} = 0$ para um reator adiabático) para calcular $T_{\text{saída}}$. Excel com o suplemento APEx torna cálculos de tentativa e erro deste tipo particularmente fáceis. O próximo exemplo ilustra um cálculo manual e o uso do APEx.

Exemplo 9.5-3 | Balanço de Energia em um Reator Adiabático

A desidrogenação do etanol para formar acetaldeído

$$C_2H_5OH(v) \rightarrow CH_3CHO(v) + H_2(g)$$

é conduzida em um reator adiabático contínuo. O vapor de etanol alimenta o reator a 400°C e é obtida uma conversão de 30%. Calcule a temperatura do produto (a) usando as fórmulas de capacidade calorífica da Tabela B.2 e (b) usando APEx.

Solução | **Base: 100 mols de Alimentação**

Os balanços de massa levam à informação mostrada no fluxograma abaixo.

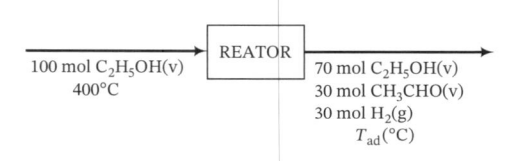

Já que acontece apenas uma reação, podemos escolher seja os reagentes e produtos [$C_2H_5OH(v)$, $CH_3CHO(v)$, $H_2(g)$], seja seus constituintes elementares [$C(s)$, $H_2(g)$, $O_2(g)$] como referências para os cálculos de entalpia. Vamos escolher as espécies moleculares.

Referências: $C_2H_5OH(v)$, $CH_3CHO(v)$, $H_2(g)$ a 25 °C e 1atm

Substância	n_{entrada} (mol)	$\hat{H}_{\text{entrada}}$ (kJ/mol)	$n_{\text{saída}}$ (mol)	$\hat{H}_{\text{saída}}$ (kJ/mol)
C_2H_5OH	100,0	$\hat{H}_1$	70,0	$\hat{H}_2$
CH_3CHO	—	—	30,0	$\hat{H}_3$
H_2	—	—	30,0	$\hat{H}_4$

O balanço de energia para um sistema aberto desprezando as variações nas energias cinética e potencial e o trabalho no eixo e selecionando $Q = 0$ para o reator adiabático é

$$\Delta H = \xi\Delta H_r^\circ + \sum n_{\text{saída}}\hat{H}_{\text{saída}} - \sum n_{\text{entrada}}\hat{H}_{\text{entrada}} = 0$$

A expressão para ΔH é a da Equação 9.5-1a, com os pontos acima de H e n omitidos uma vez que uma quantidade molar e não uma vazão foi escolhida como uma base de cálculo.

(a) Cálculo Manual
Extensão da Reação:
Podemos usar qualquer reagente ou produto como base para calcular ξ. Vamos usar o acetaldeído. Pela Equação 9.1-3,

$$\xi = \frac{|(n_{CH_3CHO})_{\text{saída}} - (n_{CH_3CHO})_{\text{entrada}}|}{|\nu_{CH_3CHO}|} = \frac{|30,0\text{ mol} - 0\text{ mol}|}{1\text{ mol}} = 30,0$$

Calor Padrão da Reação:

Pela Equação 9.3-1 e pela Tabela B.1 (calores de formação),

$$\Delta H_r^\circ = \sum \nu_i \Delta \hat{H}_f^\circ = (-1 \text{ mol } C_2H_5OH)(\Delta \hat{H}_f^\circ)_{C_2H_5OH(v)} + (1 \text{ mol } CH_3CHO)(\Delta \hat{H}_f^\circ)_{CH_3CHO(v)}$$

$$+ (1 \text{ mol } H_2)(\Delta \hat{H}_f^\circ)_{H_2(g)}$$

$$= [(-1)(-235,31) + (1)(-166,2) + (1)(0)] \text{ kJ} = 69,11 \text{ kJ}$$

Entalpia de Entrada:

$$\hat{H}_1 = \int_{25°C}^{400°C} (C_p)_{C_2H_5OH} \xrightarrow{\;C_p \text{ pela Tabela B.2}\;} \hat{H}_1 = 33,79 \text{ kJ/mol}$$

Entalpias de Saída:

As capacidades caloríficas do vapor de etanol e do hidrogênio são dadas na Tabela B.2. Para o vapor de acetaldeído, a capacidade calorífica é dada por Poling, Prausnitz e O'Connell:[6]

$$(C_p)_{CH_3CHO} \left(\frac{kJ}{mol \cdot °C} \right) = 0,05048 + 1,326 \times 10^{-4}T - 8,050 \times 10^{-8}T^2 + 2,380 \times 10^{-11}T^3$$

em que T está em °C. Para as três espécies na corrente de produto,

$$\hat{H}_i = \int_{25°C}^{T_{ad}} C_{pi}(T)\, dT, \quad i = 1, 2, 3$$

Se as fórmulas das capacidades caloríficas para as três espécies são substituídas nesta expressão e as integrais são avaliadas, os resultados são três expressões polinomiais de quarta ordem para $\hat{H}_2(T_{ad})$, $\hat{H}_3(T_{ad})$ e $\hat{H}_4(T_{ad})$:

C₂H₅OH:
$$\hat{H}_2(kJ/mol) = 4,958 \times 10^{-12}T_{ad}^4 - 2,916 \times 10^{-8}T_{ad}^3$$
$$+ 7,860 \times 10^{-5}T_{ad}^2 + 0,06134T_{ad} - 1,582$$

CH₃CHO:
$$\hat{H}_3(kJ/mol) = 5,950 \times 10^{-12}T_{ad}^4 - 2,683 \times 10^{-8}T_{ad}^3$$
$$+ 6,630 \times 10^{-5}T_{ad}^2 + 0,05048T_{ad} - 1,303$$

H₂:
$$\hat{H}_4(kJ/mol) = -0,2175 \times 10^{-12}T_{ad}^4 + 0,1096 \times 10^{-8}T_{ad}^3$$
$$+ 0,003825 \times 10^{-5}T_{ad}^2 + 0,02884T_{ad} - 0,7210$$

Resolva o Balanço de Energia para T_{ad}

$$\Delta H = \xi \Delta H_r^\circ + (70,0 \text{ mol})\hat{H}_2 + (30,0 \text{ mol})\hat{H}_3 + (30,0 \text{ mol})\hat{H}_4 - (100,0 \text{ mol})\hat{H}_1 = 0$$

$$\Downarrow \text{Substitua } \xi(= 30,0), \Delta H_r^\circ(= 69,11 \text{ kJ}), \hat{H}_1(= 33,79 \text{ kJ/mol}) \text{ e } \hat{H}_2 \text{ até } \hat{H}_4$$

$$\Delta H = 5,190 \times 10^{-10}T_{ad}^4 + 2,813 \times 10^{-6}T_{ad}^3 + 7,492 \times 10^{-3}T_{ad}^2 + 6,673T_{ad} - 1477 = 0$$

Esta equação pode ser resolvida usando um programa de resolução de equações ou uma planilha.[7] A solução é

$$\boxed{T_{ad} = 185°C}$$

(b) **Cálculo com planilha.** Replique a seguinte solução para você no Excel com APEx para ter certeza que você entendeu. Cada passo equivale a um cálculo na Parte (a). Os números e fórmulas digitados na Coluna B — incluindo uma estimativa inicial de 100°C para a temperatura — são mostrados abaixo da planilha.

---

[6]B. E. Poling, J. M. Prausnitz e J. P. O'Connell. *The Properties of Gases and Liquids*, 5ª Edição, McGraw-Hill, New York, 2001. A fórmula dada foi deduzida de uma amostra nesta referência, que fornece a capacidade calorífica em J/(mol·K), com a temperatura expressa em kelvin.

[7]Para obter a solução usando uma planilha, coloque um valor estimado de T_{ad} em uma célula e a expressão para ΔH em uma célula adjacente, e use a ferramenta "Atingir Meta" para determinar o valor de T_{ad} para o qual a expressão de ΔH é igual a zero. Uma primeira estimativa pode ser o valor de T_{ad} obtido eliminado-se todos os termos de ordem superior da expressão deixando $6,673T_{ad} - 1134 = 0 \Rightarrow T_{ad} \approx 170°C$.

	A	B
1	Example 9.5-3	
2		
3	Xi	30
4	DHr	69,11
5	H1	33,79029
6	T	100
7	H2(T)	5,309161
8	H3(T)	4,381741
9	H4(T)	2,164416
10	DH	−737,703

[B3]   30
[B4]   =DeltaHfg("acetaldehyde") − DeltaHfg("ethanol")
[B5]   =Enthalpy("ethanol",25,400,,"g")
[B6]   100
[B7]   =Enthalpy("ethanol",25,B$6,,"g")

[B8]   =0,05048*(B$6−25) + 1,326e−4*(B$6^2−25^2)/2
       −8,05e−8*(B$6^3−25^3)/3 + 2,38e−11*(B$6^4−25^4)/4

[B9]   =Enthalpy("hydrogen",25,B$6)

[B10] =B3*B4 + 70*B7 + 30*B8 + 30*B9−100*B5

Uma vez que as entradas foram digitadas, use o Solver ou Atingir a Meta do Excel para fazer o valor na Célula B10 (que é igual a ΔH) igual a 0 variando o valor na Célula B6 (a temperatura). Quando você clicar "Solve" ou "OK", o valor na Célula B6 muda para 185, de forma que a solução é $\boxed{185°C}$ e o valor na Célula B10 muda para $-2,4 \times 10^{-7}$, mais do que próximo o suficiente de zero para nossos fins.

Compare a facilidade deste cálculo com o conjunto pesado de cálculos na Parte (a). Este exemplo seria ainda mais fácil se a fórmula de capacidade calorífica para o acetaldeído fosse listada na Tabela B.2 de forma que a função Enthalpy do APEx pudesse ser usada para determinar $\hat{H}_3$. Como ela não está, a fórmula para a integral da fórmula dada teve que ser adicionada manualmente em [B8].

Uma outra classe de problemas envolve processos para os quais a entrada de calor e a temperatura de saída são especificadas, mas a extensão da reação e a composição dos produtos não. Resolver estes problemas requer a resolução simultânea da equações de balanço de massa de energia, como mostra o seguinte exemplo.

Exemplo 9.5-4 | **Balanços Simultâneos de Massa e Energia**

A reação de desidrogenação do etanol do Exemplo 9.5-3 é conduzida com uma alimentação a 300°C. A alimentação contém 90,0% molar de etanol e o resto de acetaldeído, e entra no reator com uma vazão de 150 mol/s. Para evitar que a temperatura caia demais e, portanto, diminua a taxa de reação até um nível inaceitavelmente baixo, transfere-se calor ao reator. Quando a taxa de adição de calor é 2440 kW, a temperatura de saída é 253°C. Calcule a conversão fracional do etanol atingida no reator.

Solução

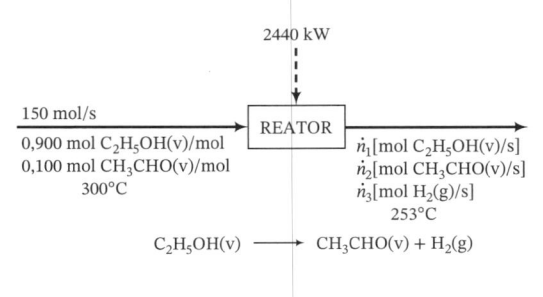

Uma análise dos graus de liberdade baseada nas espécies atômicas (veja a Seção 4.7) é:

$$\begin{array}{l} 3 \text{ variáveis rotuladas independentes } (\dot{n}_1, \dot{n}_2, \dot{n}_3) \\ -2 \text{ balanços em espécies atômicas independentes (C e H)} \\ \underline{-1 \text{ balanço de energia}} \\ =0 \text{ grau de liberdade} \end{array}$$

(Convença-se de que há apenas dois balanços atômicos independentes escrevendo os balanços de C e O e observado que conduzem à mesma equação.)

Balanço de C

$$\frac{150 \text{ mol}}{s} \left| \frac{0,900 \text{ mol } C_2H_5OH}{\text{mol}} \right| \frac{2 \text{ mol } C}{1 \text{ mol } C_2H_5OH} + \frac{150 \text{ mol}}{s} \left| \frac{0,100 \text{ mol } CH_3CHO}{\text{mol}} \right| \frac{2 \text{ mol } C}{1 \text{ mol } CH_3CHO}$$

$$= \frac{\dot{n}_1 (\text{mol } C_2H_5OH)}{s} \left| \frac{2 \text{ mol } C}{1 \text{ mol } C_2H_5OH} + \frac{\dot{n}_2 (\text{mol } CH_3CHO)}{s} \right| \frac{2 \text{ mol } C}{1 \text{ mol } CH_3CHO}$$

$$\Downarrow$$

$$\dot{n}_1 + \dot{n}_2 = 150 \text{ mol/s} \tag{1}$$

Balanço de H

$$[(150)(0,900)(6) + (150)(0,100)(4)] \text{ mol H/s} = 6\dot{n}_1 + 4\dot{n}_2 + 2\dot{n}_3 \quad \text{(Convença-se)}$$

$$\Downarrow$$

$$3\dot{n}_1 + 2\dot{n}_2 + \dot{n}_3 = 435 \text{ mol H/s} \tag{2}$$

Balanço de Energia

No exemplo anterior, usamos as espécies moleculares como referências para os cálculos de entalpia específica. Desta vez, usaremos as espécies elementares [C(s), H_2(g), O_2(g)] a 25°C e 1 atm. (Para uma única reação, as duas escolhas requerem aproximadamente o mesmo esforço computacional.) O balanço de energia, desprezando o trabalho no eixo e as variações nas energias cinética e potencial, se transforma em

$$\dot{Q} = \Delta \dot{H} + \sum \dot{n}_{\text{saída}} \hat{H}_{\text{saída}} - \sum \dot{n}_{\text{entrada}} \hat{H}_{\text{entrada}}$$

O valor de $\dot{Q}$ é 2440 kJ/s, e a expressão para $\Delta\dot{H}$ é a da Equação 9.5-2. As entalpias específicas das espécies na entrada e na saída do processo em relação aos seus constituintes elementares são calculadas como

$$\hat{H}_i = \Delta \hat{H}_{\text{fi}}^{\circ} + \int_{25°C}^{T} C_{pi}(T)\, dT$$

em que T é 300°C na entrada e 253°C na saída. Tirando os calores padrão de formação da Tabela B.1 (ou a função APEx DeltaHfg)e as fórmulas para C_p da Tabela B.2 (ou a função APEx Enthalpy para as integrais destas fórmulas) e a fórmula para C_p para o vapor de acetaldeído do Exemplo 9.5-3, calculamos os valores de $\hat{H}_i$ mostrados na tabela de entalpias de entrada-saída.

Referências: C(s), H_2(g), O_2(g) a 25°C e 1 atm

Substância	$\dot{n}_{\text{entrada}}$ (mol/s)	$\hat{H}_{\text{entrada}}$ (kJ/mol)	$\dot{n}_{\text{saída}}$ (mol/s)	$\hat{H}_{\text{saída}}$ (kJ/mol)
C_2H_5OH	135	−212,19	$\dot{n}_1$	−216,81
CH_3CHO	15	−147,07	$\dot{n}_2$	−150,90
H_2	—	—	$\dot{n}_3$	6,595

O balanço de energia $\left(\dot{Q} = \sum \dot{n}_{\text{saída}} \hat{H}_{\text{saída}} - \sum \dot{n}_{\text{entrada}} \hat{H}_{\text{entrada}}\right)$ é

$$2440 \text{ kJ/s} = [-216,81\dot{n}_1 - 150,90\dot{n}_2 + 6,595\dot{n}_3 - (135)(-212,19) - (15)(-147,07)] \text{ kJ/s}$$

$$\Downarrow$$

$$216,81\dot{n}_1 + 150,90\dot{n}_2 - 6,595\dot{n}_3 = 28.412 \text{ kJ/s} \tag{3}$$

Resolvendo as Equações 1-3 simultaneamente, tem-se

$$\dot{n}_1 = 92,0 \text{ mol } C_2H_5OH/s$$
$$\dot{n}_2 = 58,0 \text{ mol } CH_3CHO/s$$
$$\dot{n}_3 = 43,0 \text{ mol } H_2/s$$

A conversão fracional do etanol é

$$x = \frac{(\dot{n}_{C_2H_5OH})_{\text{entrada}} - (\dot{n}_{C_2H_5OH})_{\text{saída}}}{(\dot{n}_{C_2H_5OH})_{\text{entrada}}} = \frac{(135 - 92,0) \text{ mol/s}}{135 \text{ mol/s}} = \boxed{0,319}$$

9.5c Termoquímica de Soluções[8]

A variação de entalpia associada com a formação de uma solução a partir dos elementos do soluto e o solvente a 25°C é chamada de **calor padrão de formação da solução**. Se uma solução contém n mols de solvente por mol de soluto, então

$$\boxed{(\Delta\hat{H}_f^\circ)_{\text{solução}} = (\Delta\hat{H}_f^\circ)_{\text{soluto}} + \Delta\hat{H}_s^\circ(n)} \qquad (9.5\text{-}3)$$

em que $\Delta\hat{H}_s^\circ$ é o calor de solução a 25°C (Seção 8.5). Das definições de $\Delta\hat{H}_f^\circ$ e $\Delta\hat{H}_s^\circ$, as dimensões do calor de formação da solução são (energia)/(mol de soluto).

O calor padrão de uma reação envolvendo soluções pode ser calculado a partir dos calores padrão de formação das soluções. Por exemplo, para a reação

$$2HNO_3(aq, r = 25) + Ca(OH)_2(aq, r = \infty) \rightarrow Ca(NO_3)_2(aq, r = \infty) + 2H_2O(l)$$

O calor padrão de reação é

$$\begin{aligned}\Delta H_r^\circ &= 1 \text{ mol } Ca(NO_3)_2(\Delta\hat{H}_f^\circ)_{Ca(NO_3)_2(aq)} + 2 \text{ mol } H_2O(\Delta\hat{H}_f^\circ)_{H_2O(l)} \\ &\quad - 2 \text{ mol } HNO_3(\Delta\hat{H}_f^\circ)_{HNO_3(aq,\, r=25)} - 1 \text{ mol } Ca(OH)_2(\Delta\hat{H}_f^\circ)_{Ca(OH)_2(aq,\, r=\infty)} \\ &= -114,2 \text{ kJ}\end{aligned}$$

A última equação significa que, se uma solução contendo 2 mol HNO_3 em 50 mol H_2O ($r = 25$) for neutralizada a 25°C com 1 mol $Ca(OH)_2$ dissolvido em água suficiente para que a adição de mais água não cause uma variação mensurável de entalpia ($r = \infty$), a variação de entalpia será $-114,2$ kJ.

Se um calor padrão de formação é tabelado para uma solução envolvida em uma reação, o valor tabelado pode ser diretamente substituído na expressão para ΔH_r; em qualquer outro caso, $(\Delta\hat{H}_f^\circ)_{\text{sol}}$ pode ser calculado primeiro somando-se o calor padrão de formação do soluto puro com o calor padrão de solução.

Exemplo 9.5-5 | Calor Padrão de uma Reação de Neutralização

1. Calcule ΔH_r° para a reação

$$H_3PO_4(aq, r = \infty) + 3NaOH(aq, r = 50) \rightarrow Na_3PO_4(aq, r = \infty) + 3H_2O(l)$$

2. Se 5,00 mol NaOH dissolvidos em 250 mol de água são completamente neutralizados a 25°C com ácido fosfórico diluído, qual é a variação de entalpia associada?

Solução 1. $H_3PO_4(aq)$: $\Delta\hat{H}_f^\circ = -309,3$ kcal/mol $= -1294$ kJ/mol [conforme a página 2-188 do *Perry's Chemical Engineers' Handbook* (veja nota de rodapé 2)].

$$NaOH(aq, r = 50): \quad (\Delta\hat{H}_f^\circ)_{NaOH(aq)} = (\Delta\hat{H}_f^\circ)_{NaOH(s)} + \Delta\hat{H}_s^\circ(r = 50)$$

$$\left\Vert \text{ Tabela B.1}(\Delta\hat{H}_f^\circ)\right.$$
$$\Big\Downarrow \text{ Tabela B.11}(\Delta\hat{H}_s^\circ)$$
$$= (-426,6 - 42,51) \text{ kJ/mol} = -469,1 \text{ kJ/mol}$$

---

[8]Revisar as Seções 8.5a e 8.5b antes de ler esta seção pode ser útil.

$Na_3PO_4(aq)$: $\Delta \hat{H}_f^\circ = -471,9$ kcal/mol $= -1974$ kJ/mol (da página 2-192 do *Perry's Chemical Engineers' Handbook*).

$H_2O(l)$: $\Delta \hat{H}_f^\circ = -285,8$ kJ/mol (pela Tabela B.1)

$$\Delta H_r^\circ = 1 \text{ mol } Na_3PO_4(\Delta \hat{H}_f^\circ)_{Na_3PO_4(aq)} + 3 \text{ mol } H_2O(\Delta \hat{H}_f^\circ)_{H_2O(l)} - 1 \text{ mol } H_3PO_4(\Delta \hat{H}_f^\circ)_{H_3PO_4(aq)}$$
$$- 3 \text{ mol } NaOH(\Delta \hat{H}_f^\circ)_{NaOH(aq,\ r=50)}$$
$$= \boxed{-130,1 \text{ kJ}}$$

2. Se 5 mol NaOH dissolvidos são neutralizados, então

$$\Delta H(25°C) = \frac{-130,1 \text{ kJ}}{3,00 \text{ mol NaOH}} \left| \frac{5,00 \text{ mol NaOH}}{} \right. = \boxed{-217 \text{ kJ}}$$

Quando você calcula ΔH para um processo reativo como

$$\sum_{\text{produtos}} n_i \hat{H}_i - \sum_{\text{reagentes}} n_i \hat{H}_i$$

e uma das espécies reagentes ou produtos é uma solução, sua entalpia específica normalmente tem as dimensões (energia)/(mols de soluto), de forma que o valor correspondente de n_i deve ser os mols ou a vazão molar do soluto e não da solução total. Um fator complicador pode ser que, enquanto o calor de formação de uma solução é sempre obtido nas unidades desejadas, as capacidades caloríficas de soluções estão normalmente baseadas na unidade de massa da solução total e não na do soluto. Para calcular a entalpia específica de uma solução na temperatura T em (energia)/(mols de soluto), você deve primeiro calcular m_i, a massa de solução correspondente a 1 mol de soluto dissolvido, para depois adicionar a expressão

$$m \int_{25°C}^{T} (C_p)_{\text{solução}}\, dT$$

ao calor padrão de formação da solução. O seguinte exemplo ilustra o cálculo.

Exemplo 9.5-6 | Balanço de Energia em um Processo de Neutralização

Uma solução aquosa 10,0% em peso de H_2SO_4 a 40°C deve ser neutralizada com uma solução aquosa 20,0% em peso de NaOH a 25°C em um reator contínuo. Com que taxa, em kJ/kg solução de H_2SO_4, deve ser removido calor da solução se a solução produto sai a 35°C?

Solução   **Base: 1 kg de Solução de H_2SO_4**

$$H_2SO_4(aq, 10\%) + 2NaOH(aq, 20\%) \rightarrow Na_2SO_4(aq) + 2H_2O(l)$$

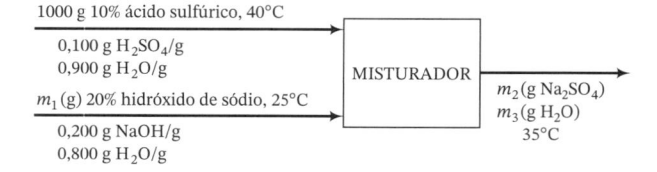

Este é um problema direto, mas a quantidade de cálculos intermediários necessários para solucioná-lo pode fazê-lo parecer mais difícil do que ele é. Vamos resumir o que deve ser feito.

1. Determinar m_1, m_2 e m_3 por meio de balanços de massa.
2. Calcular as razões solvente/soluto de todas as soluções. (Estas quantidades são necessárias para determinar as entalpias das soluções a partir de dados tabelados de calores de solução.)
3. Calcular as entalpias das soluções. (Isto requer cálculos adicionais de composição que permitam usar capacidades caloríficas tabeladas de soluções.)
4. Escrever a equação do balanço de energia e resolvê-la para a taxa de remoção de calor.

Observe que nada aqui é realmente novo e, à medida que prosseguir nos cálculos até a solução final, comprove que a maior parte dos cálculos são simplesmente conversões de composições de solução de frações mássicas para razões molares e daqui para razões mássicas de novo — conversões exigidas pela natureza dos dados disponíveis para as propriedades das soluções.

1. **Determinar m_1, m_2 e m_3 por balanços de massa e calcular a quantidade de água formada.**

$$\text{Balanço de S:} \quad \frac{100 \text{ g H}_2\text{SO}_4}{98,1 \text{ g H}_2\text{SO}_4} \Bigg| \frac{32,0 \text{ g S}}{} = \frac{m_2(\text{g Na}_2\text{SO}_4)}{142 \text{ g Na}_2\text{SO}_4} \Bigg| \frac{32,0 \text{ g S}}{}$$

$$\Downarrow$$

$$m_2 = 145 \text{ g Na}_2\text{SO}_4$$

$$\text{Balanço de Na:} \quad \frac{0,200 \, m_1(\text{g NaOH})}{40,0 \text{ g NaOH}} \Bigg| \frac{23,0 \text{ g Na}}{} = \frac{145 \text{ g Na}_2\text{SO}_4}{142 \text{ g Na}_2\text{SO}_4} \Bigg| \frac{46,0 \text{ g Na}}{}$$

$$\Downarrow$$

$$m_1 = 408 \text{ g NaOH(aq)}$$

Balanço de massa total: $1000 \text{ g} + 408 \text{ g} = 145 \text{ g} + m_3 \Longrightarrow m_3 = 1263 \text{ g H}_2\text{O(l)}$

Massa da solução produto: $m = m_2 + m_3 = 1408 \text{ g}$

$$\text{Água formada pela reação} = \frac{145 \text{ g Na}_2\text{SO}_4 \text{ formado}}{142 \text{ g}} \Bigg| \frac{1 \text{ mol}}{} \Bigg| \frac{2 \text{ mol H}_2\text{O}}{1 \text{ mol Na}_2\text{SO}_4}$$

$$= 2,04 \text{ mol H}_2\text{O}$$

2. **Calcular as razões molares solvente/soluto** (necessárias para determinar calores de solução).

$H_2SO_4(aq)$: $(900 \text{ g H}_2\text{O})/(18,0 \text{ g/mol}) = 50,0 \text{ mol H}_2\text{O}$
$(100 \text{ g H}_2\text{SO}_4)/(98,1 \text{ g/mol}) = 1,02 \text{ mol H}_2\text{SO}_4$

$$\Downarrow$$

$$r = 50,0 \text{ mol H}_2\text{O}/1,02 \text{ mol H}_2\text{SO}_4 = 49,0 \text{ mol H}_2\text{O/mol H}_2\text{SO}_4$$

$NaOH(aq)$: $[(0,800 \times 408)\text{g H}_2\text{O}]/(18,0 \text{ g/mol}) = 18,1 \text{ mol H}_2\text{O}$
$[(0,200 \times 408)\text{g NaOH}]/(40,0 \text{ g/mol}) = 2,04 \text{ mol NaOH}$

$$\Downarrow$$

$$r = 18,1 \text{ mol H}_2\text{O}/2,04 \text{ mol NaOH} = 8,90 \text{ mol H}_2\text{O/mol NaOH}$$

$Na_2SO_4(aq)$: $(1263 \text{ g H}_2\text{O})/(18,0 \text{ g/mol}) = 70,2 \text{ mol H}_2\text{O}$
$(145 \text{ g Na}_2\text{SO}_4)/(142 \text{ g/mol}) = 1,02 \text{ mol Na}_2\text{SO}_4$

$$\Downarrow$$

$$r = 70,2 \text{ mol H}_2\text{O} / 1,02 \text{ mol Na}_2\text{SO}_4 = 68,8 \text{ mol H}_2\text{O/mol Na}_2\text{SO}_4$$

3. **Calcular a extensão da reação.** Para calcular ξ, note que 1,02 mol H_2SO_4 reagiu. Pela Equação 9.1-3,

$$\xi = \frac{(n_{\text{H}_2\text{SO}_4})_{\text{reagido}}}{|v_{\text{H}_2\text{SO}_4}|} = \frac{1,02 \text{ mol}}{1 \text{ mol}} = 1,02$$

4. **Calcular ΔH.** Este problema é enganador pelo fato de que a água não é apenas o solvente das soluções, mas também é formada como um produto da reação. Tomando como referências as soluções reagente e produto a 25°C e avaliando ΔH usando a Equação 9.5-1a:

$$\Delta H = \xi \Delta H_r^\circ + \sum n_{\text{saída}} \hat{H}_{\text{saída}} - \sum n_{\text{entrada}} \hat{H}_{\text{entrada}}$$

Em cálculos de química de soluções é conveniente tabelar o produto $n\hat{H}$ em vez de n e $\hat{H}$ separadamente. A tabela completa de entalpias é mostrada abaixo, seguida pelos cálculos que levaram aos valores nela inseridos.

Referências: $H_2SO_4(aq, r = 49)$, $NaOH(aq, r = 8,9)$,
$Na_2SO_4(aq, r = 69)$ a 25°C

Substância	$n_{\text{entrada}}\hat{H}_{\text{entrada}}$ (kJ)	$n_{\text{saída}}\hat{H}_{\text{saída}}$ (kJ)
$H_2SO_4(aq)$	57,5	—
$NaOH(aq)$	0	—
$Na_2SO_4(aq)$	—	58,9

$H_2SO_4(aq, r = 49, 40°C)$: Conforme a Tabela 2.174, pág. 2-184 do *Perry's Chemical Engineers' Handbook* (veja nota de rodapé 1), a capacidade calorífica de uma solução de ácido sulfúrico com a composição dada é por interpolação de aproximadamente 0,916 cal/(g·°C), ou 3,83 J/(g·°C).

$$n\hat{H} = m \int_{25°C}^{40°C} C_p dT$$

$$= \frac{1000\,g \mid 3,83\,J \mid (40 - 25)°C \mid 1\,kJ}{g \cdot °C \mid \mid 1000\,J} = 57,5\,kJ$$

$NaOH(aq, r = 8,9, 25°C)$: $n\hat{H} = 0$

$Na_2SO_4(aq, r = 69, 35°C)$: Na ausência de uma informação melhor, admitimos que a capacidade calorífica da solução é a mesma da água pura, 4,184 J/(g·°C).

$$n\hat{H} = m \int_{25°C}^{35°C} C_p\, dT$$

$$= \frac{1408\,g \mid 4,184\,J \mid (35 - 25)°C \mid 1\,kJ}{g \cdot °C \mid \mid 1000\,J} = 58,9\,kJ$$

Os calores de formação do $H_2SO_4(l)$ e do NaOH(c) são dados na Tabela B.1, e os calores de solução destas espécies são dados na Tabela B.11. Na pág. 2-192 do *Perry's Chemical Engineers' Handbook* (veja nota de rodapé 2), o calor padrão de formação do $Na_2SO_4(aq, r = 1100)$ é dado como $-330,82$ kcal/mol $Na_2SO_4 = -1384$ kJ/mol Na_2SO_4. Na ausência de dados de calor de solução, admitimos que este valor se aplica também à solução com $r = 69$ mols de água por mol de soluto. Os calores padrão de formação das espécies envolvidas na reação

$$H_2SO_4(aq, r = 49) + 2NaOH(aq, r = 8,9) \rightarrow Na_2SO_4(aq) + 2H_2O(l)$$

são obtidos a partir da Equação 9.5-3 (o calor de formação da solução é igual ao calor de formação do soluto mais o calor de solução) como

$$H_2SO_4(aq): \quad \Delta\hat{H}_f° = [(-811,3) + (-73,3)]\,kJ/mol\,H_2SO_4 = -884,6\,kJ/mol\,H_2SO_4$$
$$NaOH(aq): \quad \Delta\hat{H}_f° = [(-426,6) + (-41,5)]\,kJ/mol\,NaOH = -468,1\,kJ/mol\,NaOH$$
$$Na_2SO_4(aq): \quad \Delta\hat{H}_f° = -1384\,kJ/mol\,Na_2SO_4$$
$$H_2O(l): \quad \Delta\hat{H}_f° = -285,84\,kJ/mol\,H_2O$$

e o calor padrão da reação é, portanto,

$$\Delta H_r° = [(-1384)(1) + (-285,84)(2) - (-884,6)(1) - (-468,1)(2)]\,kJ$$
$$= -134,9\,kJ$$

5. ***Balanço de energia.***

$$Q = \Delta H = \xi\,\Delta H_r° + \sum n_{saída}\hat{H}_{saída} - \sum n_{entrada}\hat{H}_{entrada}$$
$$= (1,02)(-134,9\,kJ) + (58,9 - 57,5)\,kJ = \boxed{-136\,kJ}$$

Quando um ácido forte ou uma base forte dissolve-se em água, dissocia-se em espécies iônicas; por exemplo, o NaOH dissolvido existe como Na^+ e OH^- em uma solução diluída. Os **calores de formação de íons** podem ser determinados a partir dos calores de solução destas substâncias e podem ser usados para calcular calores de formação de soluções diluídas de materiais altamente dissociados. Uma boa discussão deste tópico e uma tabela de calores de formação de íons é dada por Hougen, Watson e Ragatz.[9]

---

[9]O. A. Hougen, K. M. Watson e R. A. Ragatz, *Chemical Process Principles*, Parte I, Wiley, New York, 1954, páginas 315-317.

O calor de formação de A(s) é $(\Delta \hat{H}_f^o)_A = -100$ kJ/mol; os calores de solução de A em um solvente B são $\Delta \hat{H}_s^o(r = 50$ mol B/mol A$) = -10$ kJ/mol e $\Delta \hat{H}_s^o(r = \infty) = -15$ kJ/mol.

1. **(a)** Qual é o calor padrão de formação de A(sol, $r = 50$) em relação a B e aos elementos de A(s)?
   (b) Qual é $\Delta \hat{H}_f^o$ para A(sol, $r = \infty$) em relação às mesmas referências?
2. **(a)** Qual é a entalpia (kJ/mol A) de uma solução de A em B a 25°C para a qual $r = 50$, em relação a B e aos elementos de A a 25°C?
   (b) Qual é a entalpia (kJ) de uma solução contendo 5 mol A em 250 mol B a 25°C, em relação a A(s) e B(l) a 25°C? Qual seria em relação a B(l) e aos elementos de A a 25°C?

9.6 COMBUSTÍVEIS E COMBUSTÃO

O uso de calor gerado por uma reação de combustão para produzir vapor, que move turbinas para produzir eletricidade, deve ser a aplicação comercial simples mais importante das reações químicas.

A análise de combustíveis e de reações e reatores de combustão sempre foi uma importante atividade para engenheiros químicos. Nesta seção, revisamos as propriedades dos combustíveis mais usados para geração de energia e mostramos técnicas para balanços de energia em reatores de combustão.

9.6a Combustíveis e Suas Propriedades

Os combustíveis queimados em fornalhas de plantas de energia podem ser sólidos, líquidos ou gases. Alguns dos mais comuns são:

Combustíveis sólidos: Principalmente carvão (uma mistura de carbono, água, cinzas não combustíveis, hidrocarbonetos e enxofre), coque (quase que carbono puro — o resíduo sólido que fica após o aquecimento de petróleo ou carvão, liberando as substâncias voláteis e decompondo os hidrocarbonetos), e, em menor escala, madeira e dejetos sólidos (lixo).

Combustíveis líquidos: Principalmente hidrocarbonetos obtidos pela destilação de petróleo cru; também alcatrão e óleo de xisto. Existe também um forte interesse mundial no uso de álcoois obtidos da fermentação de grãos e outras formas de biomassa.

Combustíveis gasosos: Principalmente gás natural (80 a 95% metano, o resto sendo etano, propano e pequenas quantidades de outros gases); também hidrocarbonetos leves obtidos do tratamento de petróleo ou carvão, acetileno e hidrogênio.

O carvão contém principalmente carbono e hidrocarbonetos combustíveis, mas também contém quantidades importantes de cinzas não combustíveis e até 5% em peso de enxofre. Estes constituintes minoritários frequentemente levantam preocupações quanto ao uso do carvão e estimulam as seguintes questões.

1. O que acontece com o enxofre quando o carvão é queimado? O que acontece com as cinzas? (Sugira duas possibilidades para as cinzas.)

MEIO AMBIENTE

2. Tendo em vista as respostas à questão anterior, por que o carvão é um combustível menos desejável que o gás natural?

3. O que pode levar uma companhia de geração de energia a usar carvão como combustível primário, a despeito das suas desvantagens em relação aos combustíveis líquidos ou gasosos?

O **poder calorífico** de um material combustível é o negativo do calor padrão de combustão. O **poder calorífico superior** (HHV — *higher heating value*, ou **poder calorífico total** ou **poder calorífico bruto**) é $-\Delta \hat{H}_c^o$ com $H_2O(l)$ como produto da combustão, e o **poder calorífico inferior** (LHV — *lower heating value*, ou **poder calorífico líquido**) é o valor baseado em $H_2O(v)$ como produto. Já que $\Delta \hat{H}_c^o$ é sempre negativo, o poder calorífico será sempre positivo.

Para calcular o poder calorífico inferior de um combustível a partir do seu maior valor de aquecimento, ou vice-versa, você deve determinar os mols de água produzidos quando é queimado um mol de combustível. Se esta quantidade é chamada de n, então

$$HHV = LHV + n\Delta \hat{H}_v(H_2O,\ 25°C) \tag{9.6-1}$$

(Tente provar esta relação a partir das definições de *HHV* e *LHV* e da lei de Hess.) O calor de vaporização da água a 25°C é

$$\Delta \hat{H}_v(H_2O, 25°C) = 44,013 \text{ kJ/mol} \tag{9.6-2a}$$

$$= 18,934 \text{ Btu/lb-molar} \tag{9.6-2b}$$

Se um combustível contém uma mistura de substâncias combustíveis, seu valor de aquecimento (HV) (superir ou inferior) é

$$HV = \sum x_i(HV)_i \tag{9.6-3}$$

em que $(HV)_i$ é o poder calorífico da substância combustível i. Se os poderes caloríficos são expressos em unidades de (energia)/(massa), então x_i são as frações mássicas dos componentes do combustível, enquanto se as dimensões dos poderes caloríficos são (energia)/(mol), x_i são as frações molares.

| Exemplo 9.6-1 | Cálculo de um Poder Calorífico |

Um gás natural contém 85% de metano e 15% de etano em volume. Os calores de combustão do metano e do etano a 25°C e 1 atm com água *vapor* como o produto admitido da combustão são dados abaixo:

$$CH_4(g) + 2O_2(g) \rightarrow CO_2(g) + 2H_2O(v): \quad \Delta \hat{H}_c^\circ = -802 \text{ kJ/mol}$$
$$C_2H_6(g) + \tfrac{7}{2}O_2(g) \rightarrow 2CO_2(v) + 3H_2O(v): \quad \Delta \hat{H}_c^\circ = -1428 \text{kJ/mol}$$

Calcule o poder calorífico superior (kJ/g) do gás natural.

Solução Já que se deseja obter o poder calorífico por unidade de massa do combustível, calculamos primeiro a composição mássica:

$$1 \text{ mol de combustível} \Longrightarrow \begin{array}{l} 0,85 \text{ mol CH}_4 \Longrightarrow 13,6 \text{ g CH}_4 \\ 0,15 \text{ mol C}_2\text{H}_6 \Longrightarrow \underline{4,5 \text{ g C}_2\text{H}_6} \\ \phantom{0,15 \text{ mol C}_2\text{H}_6 \Longrightarrow} 18,1 \text{ g total} \end{array}$$

Então

$$x_{CH_4} = 13,6 \text{ g CH}_4 = 18,1 \text{ g} = 0,751 \text{ g CH}_4/\text{g de combustível}$$

$$x_{C_2H_6} = 1 - x_{CH_4} = 0,249 \text{ g C}_2\text{H}_6/\text{g de combustível}$$

Os poderes caloríficos superiores dos componentes são calculados a partir dos calores de combustão dados (que são os negativos dos poderes caloríficos inferiores) como segue:

$$(HHV)_{CH_4} = (LHV)_{CH_4} + n_{H_2O}(\Delta \hat{H}_v)_{H_2O}$$
$$= \left[802 \frac{\text{kJ}}{\text{mol CH}_4} + \frac{2 \text{ mol H}_2\text{O}}{\text{mol CH}_4}\left(44,013 \frac{\text{kJ}}{\text{mol H}_2\text{O}}\right)\right] \frac{1 \text{ mol}}{16,0 \text{ g CH}_4}$$
$$= 55,6 \text{ kJ/g}$$

$$(HHV)_{C_2H_6} = \left[1428 \frac{\text{kJ}}{\text{mol C}_2\text{H}_6} + \frac{3 \text{ mol H}_2\text{O}}{\text{mol C}_2\text{H}_6}\left(44,013 \frac{\text{kJ}}{\text{mol H}_2\text{O}}\right)\right] \frac{1 \text{ mol}}{30,0 \text{ g C}_2\text{H}_6}$$
$$= 52,0 \text{ kJ/g}$$

O poder calorífico superior da mistura é dada pela Equação 9.6-3:

$$HHV = x_{CH_4}(HHV)_{CH_4} + x_{C_2H_6}(HHV)_{C_2H_6}$$
$$= [(0,751)(55,6) + (0,249)(52,0)] \text{ kJ/g} = \boxed{54,7 \text{ kJ/g}}$$

Os poderes caloríficos superiores para combustíveis comuns, sólidos, líquidos e gasosos, aparecem tabelados na Seção 24 do *Perry's Chemical Engineers' Handbook* (veja nota de rodapé 2). Tais valores frequentemente dependem da fonte e do tipo do combustível particular (por exemplo, madeira dura *versus* madeira macia, carvão sub-betuminoso *versus* betuminoso), e

TABELA 9.6-1 Poderes Caloríficos Típicos de Combustíveis Comuns (veja nota de rodapé 10)

Combustível	Poder Calorífico Superior	
	kJ/g	Btu/lb$_m$
Gás natural	52	22.000
Hidrogênio	142	61.000
Diesel baixo teor de enxofre	46	20.000
Petróleo bruto	46	20.000
Carvão (base úmida)	24	10.000
Carvão bituminoso (base úmida)	27	12.000
Sabugo de milho (base seca)	17	7.500
Resíduo florestal (base seca)	16	7.100

os valores fornecidos devem ser usados somente como estimativas. Estimativas adicionais de poderes caloríficos para uma variedade de combustíveis sólidos, líquidos e gasosos podem ser encontradas em *Biomass Energy Data Book*,[10] do qual os valores na Tabela 9.6-1 foram extraídos.

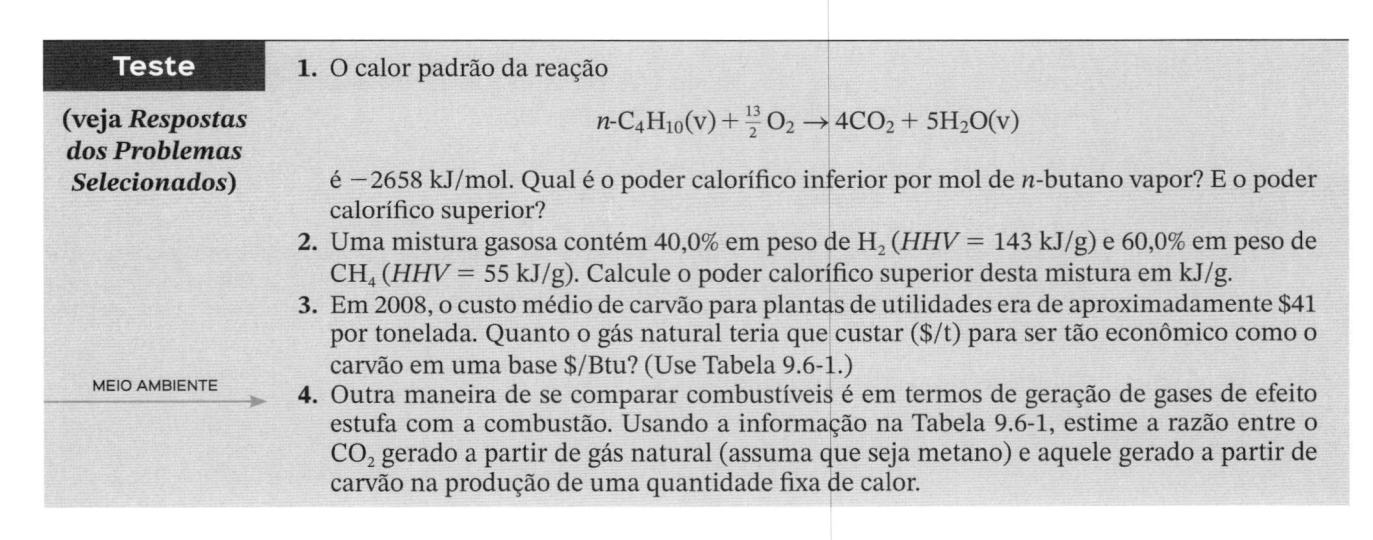

Teste

(veja *Respostas dos Problemas Selecionados*)

1. O calor padrão da reação

$$n\text{-}C_4H_{10}(v) + \tfrac{13}{2}O_2 \rightarrow 4CO_2 + 5H_2O(v)$$

é -2658 kJ/mol. Qual é o poder calorífico inferior por mol de n-butano vapor? E o poder calorífico superior?

2. Uma mistura gasosa contém 40,0% em peso de H_2 ($HHV = 143$ kJ/g) e 60,0% em peso de CH_4 ($HHV = 55$ kJ/g). Calcule o poder calorífico superior desta mistura em kJ/g.

3. Em 2008, o custo médio de carvão para plantas de utilidades era de aproximadamente \$41 por tonelada. Quanto o gás natural teria que custar (\$/t) para ser tão econômico como o carvão em uma base \$/Btu? (Use Tabela 9.6-1.)

MEIO AMBIENTE

4. Outra maneira de se comparar combustíveis é em termos de geração de gases de efeito estufa com a combustão. Usando a informação na Tabela 9.6-1, estime a razão entre o CO_2 gerado a partir de gás natural (assuma que seja metano) e aquele gerado a partir de carvão na produção de uma quantidade fixa de calor.

9.6b Temperatura Adiabática de Chama

Quando um combustível é queimado, libera-se uma considerável quantidade de energia. Parte desta energia é transferida como calor através das paredes do reator, e o restante eleva a temperatura dos produtos da reação; quanto menos calor for transferido, maior será a temperatura dos produtos. A maior temperatura atingível é aquela obtida quando o reator é adiabático e toda a energia liberada pela combustão serve para elevar a temperatura dos produtos da mesma. Esta temperatura é chamada de **temperatura adiabática de chama**, T_{ad}.

O cálculo de uma temperatura adiabática de chama segue o mesmo procedimento geral já detalhado na Seção 9.5b. As vazões desconhecidas de correntes são determinadas primeiro, através de balanços de massa. São escolhidas as condições de referência e são calculadas as entalpias específicas dos componentes na alimentação, enquanto as entalpias dos produtos são expressas em função da temperatura do produto, T_{ad}. Finalmente, $\Delta\dot{H}(T_{ad})$ para o processo é avaliada e substituída na equação do balanço de energia ($\Delta\dot{H} = 0$), que é então resolvido para T_{ad}.

Suponha que $\dot{n}_f$(mol/s) de uma espécie combustível com calor de combustão $\Delta\hat{H}_c^\circ$ são queimados completamente com oxigênio puro ou ar em um reator adiabático com a corrente de produto saindo a uma temperatura T_{ad}. Lembrando que os calores de combustão tabelados presumem um coeficiente estequiométrico de 1 mol para o combustível, é fácil mostrar a partir

---

[10]*Biomass Energy Data Book*, Departamento de Energia dos Estados Unidos, http://cta.ornl.gov/bedb/appendix_a.shtml.

da Equação 9.1-3 que a extensão da reação $\xi = 1$ (Mostre.) e, portanto, que $\xi\Delta\hat{H}_r^\circ = (1$ mol de combustível$) \times \Delta\hat{H}_c^\circ$. Se as condições de referência para calcular as entalpias dos reagentes e produtos são as espécies moleculares da alimentação e produtos nas condições usadas na definição de $\Delta\hat{H}_c^\circ$, a Equação 9.5-1a escrita em termos de quantidades em vez de vazões fica

$$\Delta H = (1 \text{ mol de alimentação}) \times \Delta\hat{H}_c^\circ + \sum_{\text{saída}} n_i\hat{H}_i(T_{\text{ad}}) - \sum_{\text{entrada}} n_i\hat{H}_i(T_{i0})$$

Já que o reator é adiabático, $Q = 0$ no balanço de energia. Se o trabalho no eixo e as variações nas energias cinética e potencial (W_s, ΔE_k e ΔE_p) são desprezíveis comparados aos primeiros dois termos na expressão para ΔH, o balanço de energia se simplifica a $\Delta H = 0$, o que por sua vez leva a

$$\Delta\hat{H}_c^\circ + \sum_{\text{saída}} n_i\hat{H}_i(T_{\text{ad}}) - \sum_{\text{entrada}} n_i\hat{H}_i(T_{i0}) = 0 \qquad \textbf{(9.6-4)}$$

Na Equação 9.6-4, os valores de n_i são os mols de oxigênio, nitrogênio (se o oxigênio é parte de uma corrente de alimentação de ar), CO_2 e H_2O associados com a combustão completa de 1 mol de combustível, T_{i0} é a temperatura das espécies de alimentação i e as condições de referência para os cálculos de entalpia são aquelas usadas para determinar o valor de $\Delta\hat{H}_c^\circ$.

Se as fórmulas polinomiais de terceira ordem para as capacidades caloríficas da Tabela B.2 são usadas para determinar $\hat{H}_i(T_{\text{ad}})$ para cada espécie, a Equação 9.6-4 se transforma em um polinômio de quarta ordem. A solução desta equação para T_{ad} é facilmente encontrada com uma planilha ou com um programa de resolução de equações e mais facilmente ainda se APEx for usado. O próximo exemplo ilustra este procedimento.

Exemplo 9.6-2 | Cálculo de uma Temperatura Adiabática de Chama

Metanol líquido deve ser queimado com 100% de ar em excesso. O engenheiro que projeta a fornalha deve calcular a maior temperatura que as paredes da mesma terão que suportar, de forma que possa ser escolhido um material apropriado para a construção. Faça este cálculo, admitindo que o metanol entra a 25°C e o ar entra a 100°C.

Solução — **Base: 1 mol de CH_3OH Queimado**

Admitimos combustão completa. Pela Tabela B.1,

$$CH_3OH(l) + \tfrac{3}{2}O_2 \rightarrow CO_2 + 2H_2O(l): \quad \Delta\hat{H}_c^\circ = -726{,}6 \text{ kJ/mol}$$

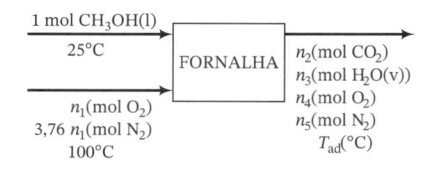

Calcule as Quantidades do Componente $(n_{O_2})_{\text{teórico}} = 1{,}50$ mol

$$n_1 = (2)(1{,}50 \text{ mol}) = 3{,}00 \text{ mol } O_2 \text{ alimentados}$$

$$\Downarrow$$

$$(3{,}76 \text{ mol } N_2/\text{mol } O_2)(3{,}00 \text{ mol } O_2) = 11{,}28 \text{ mol } N_2 \text{ alimentados}$$

Os balanços de massa fornecem

$$n_2 = 1{,}00 \text{ mol } CO_2$$
$$n_3 = 2{,}00 \text{ mol } H_2O$$
$$n_4 = 1{,}50 \text{ mol } O_2$$
$$n_5 = 11{,}28 \text{ mol } N_2$$

A planilha a seguir ilustra o cálculo da temperatura adiabática a partir da Equação 9.6-4. Os valores mostrados correspondem a uma estimativa inicial de $T_{\text{ad}} = 200°C$. As fórmulas digitadas nas células são mostradas abaixo da planilha.

	A	B	C	D	E	F	G
1	**Solução do Exemplo 9.6-2**						
2							
3	Referências: CH3OH(l), O2, N2, CO2, H2O(l) a 25C						
4	DeltaHc	−726,6					
5	Espécies	n(entrada)	H(entrada)	n(entrada)H(entrada)	n(saída)	H(saída)	n(saída)H(saída)
6	CH3OH	1	0	0	—	—	—
7	O2	3	2,235	6,704	1,5	5,305	7,957
8	N2	11,28	2,187	24,671	11,28	5,132	57,893
9	CO2	—	—	—	1	7,079	7,079
10	H2O(v)	—	—	—	2	50,023	100,046
11	Soma			31,375			172,975
12							
13	Tcomb	25					
14	Ar	100					
15	Tad	200					
16	DeltaH	−585,000					

[B4] =DeltaHcl("methanol") $[= \Delta\hat{H}_c^\circ]$
[C6] =Enthalpy("methanol",25,B13,,"l")
[C7] =Enthalpy("O2",25,B14)
[C8] =Enthalpy("N2",25,B14)
[D6] =B6*C6
[D7] =B7*C7
[D8] =B8*C8
[D11] =Sum(D6:D8) $\left[=\sum n_{\text{entrada}}\hat{H}_{\text{entrada}}\right]$
[B16] =B4 + G11 − D11 $[= \Delta H]$

[F7] =Enthalpy("O2",25,B\$15)
[F8] =Enthalpy("N2",25,B\$15)
[F9] =Enthalpy("CO2",25,B\$15)
[F10] =44.013+Enthalpy("H2O",25,B\$15,,"g")
[G7] =E7*F7
[G8] =E8*F8
[G9] =E9*F9
[G10] =E10*F10
[G11] =Sum(G7:G10) $\left[=\sum n_{\text{saída}}\hat{H}_{\text{saída}}\right]$

Na Célula F10, 44,013 é o calor de vaporização da água a 25°C e 1 atm (da Equação 9.6-2a). Uma vez que a planilha estiver pronta como mostrado, o Solver do Excel é usado para levar o valor na Célula B16 a zero variando o valor na Célula B15. O valor na Célula B15 muda imediatamente para a temperatura adiabática,

$$ T_{\text{ad}} = 1257°C $$

As paredes da fornalha não serão nunca expostas a uma temperatura maior que 1257°C enquanto as propriedades da alimentação e do ar permanecerem as mesmas.

Uma vez pronta a planilha, a temperatura adiabática pode ser facilmente calculada para diferentes temperaturas do combustível e do ar variando-se os valores nas Células B13 e B14 e repetindo os cálculos usando o Solver do Excel.

A temperatura adiabática de chama é muito maior quando se usa oxigênio puro em vez de ar no reator, e atinge seu maior valor quando o oxigênio e o combustível estão na proporção estequiométrica.

Teste	1. O que é a temperatura adiabática de chama de um combustível?
(veja Respostas dos Problemas Selecionados)	2. Suponha que T_{ad} é a temperatura adiabática de chama calculada para uma alimentação combustível + ar para uma fornalha. Dê duas razões para que a temperatura real da fornalha seja menor do que T_{ad}.
	3. Por que a temperatura adiabática de chama é muito maior para uma alimentação de oxigênio puro do que para uma de ar?

9.6c Inflamabilidade e Ignição

Nesta seção e na próxima, discutimos de forma qualitativa o que acontece durante a rápida reação química entre um combustível e o oxigênio. Ao longo desta discussão, fornecemos as respostas para as seguintes perguntas:

1. O que é uma chama? Por que algumas chamas são azuis e outras amarelas?

2. Se você acende um fósforo em uma mistura de metano e ar que contém 10% CH_4 em volume a mistura queimará de forma explosiva, mas se a mistura contém 20% CH_4 nada acontece. Por quê?

3. O que é uma explosão? O que é o ruído forte que você escuta quando algo explode?

4. O hidrogênio e o oxigênio reagem explosivamente para formar água, mas se você mistura os dois gases em um frasco nada acontece. Por que não?

Até aqui consideramos apenas as condições inicial e final em um reator químico, e não quanto tempo leva para ir de uma à outra. Quando você estudar **cinética das reações químicas**, aprenderá que a taxa de uma reação depende fortemente da temperatura da reação; para muitas reações, uma elevação de temperatura de apenas 10°C é suficiente para duplicar a taxa.

Suponha que uma mistura de metano e ar contendo 10% molar CH_4 é aquecida por uma fonte de calor central (por exemplo, uma resistência elétrica) à pressão atmosférica, começando na temperatura ambiente. Embora o metano reaja com o oxigênio

$$CH_4 + 2O_2 \rightarrow CO_2 + 2H_2O$$

a reação transcorre a uma taxa incomensuravelmente lenta na temperatura ambiente, e para um observador nada pareceria estar acontecendo dentro do reator.

À medida que a temperatura aumenta, a taxa da reação de oxidação aumenta também, e começam a aparecer quantidades mensuráveis de CO_2 e H_2O. No entanto, se a fonte de calor é desligada, a temperatura da reação cai de novo — a taxa na qual o calor é gerado pela reação não é suficiente para compensar a taxa na qual o calor é perdido pela zona de reação.

No entanto, se a temperatura em qualquer ponto do reator atinge 640°C ou mais, a taxa de geração de calor pela reação excede a taxa de perda de calor pela zona de reação. O gás adjacente a esta zona é então aquecido acima de 640°C, causando o espalhamento da zona de reação rápida. A temperatura do gás aumenta rapidamente por várias centenas ou até milhares de graus em uma fração de segundo; mesmo se a fonte de calor é desligada, a taxa de geração de calor pela reação, agora rápida, é suficiente para manter o sistema na sua alta temperatura até que se esgotem os reagentes.

A **combustão** é definida como uma reação de oxidação rápida a alta temperatura. O que acontece no reator acima descrito depois que a taxa de reação aumenta dramaticamente é uma combustão, enquanto a reação de oxidação inicialmente lenta entre o metano e o oxigênio para formar CO_2 e H_2O e outras reações entre estas espécies, tais como a reação de formação do formaldeído,

$$CH_4 + O_2 \rightarrow HCHO + H_2O$$

não são classificadas como reações de combustão.

O aumento rápido da taxa de uma reação de oxidação quando a mistura reacional excede uma certa temperatura é chamada **ignição**; a temperatura na qual este fenômeno acontece é chamada de **temperatura de ignição**, e o tempo entre o instante em que a mistura atinge a temperatura de ignição e o momento da ignição é o **retardo da ignição**. A temperatura e o retardo da ignição são mostrados aqui em um gráfico representativo da temperatura de uma mistura combustível sendo aquecida.

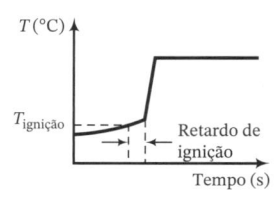

O valor da temperatura de ignição depende de uma quantidade de coisas para um combustível dado, incluindo a razão combustível/ar, a pressão total no reator e inclusive a geometria

TABELA 9.6-2 Limites de Inflamabilidade, Pontos de Fulgor e Temperaturas de Autoignição para Espécies Selecionadas. Extraído de Crowl e Louvar[11]

Espécies	Limites de Inflamabilidade		Temperaturas (°C)	
	Inferior	Superior	Ponto de Fulgar	Autoignição
Parafinas				
Metano	5,3	15,0	−222,5	632
Etano	3,0	12,5	−130,0	472
Propano	2,2	9,5	−104,4	493
Butano	1,9	8,5	−60,0	408
Olefinas				
Etileno	3,1	32,0	—	490
Propileno	2,4	10,3	−107,8	458
Aromáticos				
Benzeno	1,4	7,1	−11,1	740
Tolueno	1,4	6,7	4,4	810
Álcoois				
Metanol	7,3	36,0	12,2	574
Etanol	4,3	19,0	12,8	558
Cetonas				
Acetona	3,0	13,0	−17,8	700
Metil Etil Cetona	1,8	10,0	−4,4	514

do reator. Para qualquer combustível, existe um limite inferior para esta quantidade chamado de **temperatura de autoignição**. Valores representativos desta quantidade para misturas estequiométricas ar-combustível a 1 atm são fornecidos na Tabela 9.6-2. Retardos de ignição têm valores típicos de 0,1 a 10 s em duração, e diminuem com o aumento da temperatura acima da temperatura de autoignição.

Vimos na Seção 9.6b que a maior temperatura atingível em uma reação de combustão — a temperatura adiabática de chama — depende da razão combustível/ar, e dissemos, mas não provamos, que este limite superior de temperatura é um máximo quando o combustível e o oxigênio estão presentes na proporção estequiométrica. Se a mistura é **rica** (combustível em excesso) ou **pobre** (O_2 em excesso), a temperatura adiabática de chama diminui.

SEGURANÇA

Os termos *limite inferior (ou pobre) de inflamabilidade* e *limite superior (ou rico) de inflamabilidade* foram introduzidos em problemas de fim de capítulo anteriores. Uma mistura combustível-ar cuja composição cai fora destes limites é incapaz de sofrer ignição ou explodir, mesmo se exposta a uma centelha ou chama. A faixa de composições entre os dois limites de inflamabilidade é conhecida como faixa explosiva (ou de explosividade) da mistura, e os termos *limites de explosão inferior e superior* são usados de forma intercambiável com os limites de inflamabilidade correspondentes.

Se um líquido (ou um sólido volátil) é exposto ao ar, o vapor liberado pode formar uma mistura combustível com o ar adjacente a ele e uma centelha ou fósforo aceso na vizinhança do líquido pode causar a ignição ou explosão da mistura. O **ponto de fulgor** de um líquido é a temperatura na qual o líquido libera vapor suficiente para formar uma mistura passível de ignição com o ar acima da superfície do líquido. O ponto de fulgor da gasolina, por exemplo, é de aproximadamente −43°C e aquele do etanol é 12,8°C, de forma que estes líquidos constituem perigo de incêndio na temperatura ambiente, enquanto os pontos de fulgor de óleos combustíveis variam de 38°C a 55°C, fazendo com que os perigos associados a estes materiais sejam consideravelmente menores.

A Tabela 9.6-2 mostra limites de inflamabilidade para um número limitado de espécies retirados de uma lista fornecida por Crowl e Louvar. Por exemplo, a Tabela 9.6-2 indica os limites

---

[11]D. A. Crowl e J. F. Louvar, *Chemical Process Safety: Fundamentals with Applications*, 2ª Edição, Prentice Hall, Upper Saddle River, 2002.

de inflamabilidade inferior e superior de uma mistura de metano em ar como 5,3% e 15,0%. Assim, uma mistura CH_4-ar contendo entre 3% e 15% de CH_4 deve ser considerada um perigo de incêndio ou explosão, enquanto uma mistura contendo 3% de CH_4 ou 18% de CH_4 pode ser considerada segura e a última mistura também, caso não seja diluída com ar adicional. Crowl e Louvar e *Perry's Chemical Engineers Handbook* (nota de rodapé 2, páginas 2-515 a 2-517) fornecem métodos para estimação dos limites de inflamabilidade quando valores tabulados não podem ser encontrados, eles também incluem métodos que levam em conta os efeitos da temperatura e pressão nos limites de inflamabilidade.

Exemplo 9.6-3	Temperatura de Ignição e Limites de Inflamabilidade

Gás propano e ar devem ser misturados para alimentar um reator de combustão. A combustão deve ser iniciada com uma tocha. Determine as porcentagens mínima e máxima de propano na alimentação do reator e a temperatura mínima necessária para a chama da tocha.

Solução   Da Tabela 9.6-2,

$$\text{Mínima porcentagem molar de } C_3H_8 \text{ para combustão} = 2,2\%$$
$$\text{Máxima porcentagem molar de } C_3H_8 \text{ para combustão} = 9,5\%$$

A temperatura da chama da tocha deve ser pelo menos tão alta quanto a temperatura de autoignição de uma mistura ar-propano, que, pela Tabela 9.6-2, é $\boxed{493°C}$.

---

2. Use a Tabela 9.6-2 para responder as seguintes questões:

   (a) O que aconteceria se uma faísca fosse lançada em uma mistura metano-ar contendo 10% CH_4? E o que aconteceria com uma mistura contendo 20% CH_4?

   (b) Se uma mistura metano-ar contendo 20% CH_4 fosse aquecida até 700°C, aconteceria a reação de combustão? O que aconteceria se a fonte de calor fosse desligada?

   (c) O metano puro claramente não está dentro do intervalo explosivo de misturas metano-ar; no entanto, se um cilindro de metano puro é aberto e um fósforo é aceso perto da saída, observa-se uma chama que persiste após o fósforo ter sido apagado. Como pode ser possível?

9.6d Chamas e Detonações

Suponha que uma mistura gás combustível-ar está contida em um tubo de extremo aberto, e que um fósforo ou outra fonte de ignição é aplicada a um extremo do tubo. A mistura gasosa neste extremo é aquecida e, por fim, acende. O calor intenso gerado pela reação de combustão eleva as espécies químicas formadas durante a reação até altos níveis de energia. Quando estas espécies retornam a níveis de energia mais baixos, parte da energia que perdem é liberada na forma de luz. O resultado é uma **chama** visível que acompanha a combustão.

Inicialmente, a chama está localizada no extremo do tubo que foi aceso. No entanto, o calor da combustão eleva rapidamente o gás adjacente não queimado acima do seu ponto de ignição, causando a "viagem" da chama em direção ao outro extremo do tubo. Em um momento dado, o tubo aparece como mostrado na figura a seguir.

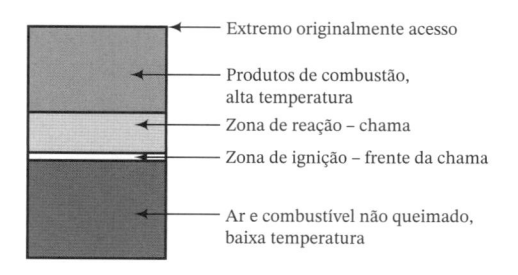

- Extremo originalmente acesso
- Produtos de combustão, alta temperatura
- Zona de reação – chama
- Zona de ignição – frente da chama
- Ar e combustível não queimado, baixa temperatura

A frente da chama se move na direção dos gases não queimados a uma velocidade chamada **velocidade da chama**, que tem valores típicos de 0,3 a 1 m/s. O valor exato da velocidade da chama depende de várias coisas, como o tipo de combustível, a razão combustível/ar, a temperatura e a pressão iniciais dos gases não queimados e a geometria da câmara de combustão.

Suponha agora que, em vez de ficar estacionária dentro do tubo, a mistura de combustão alimenta continuamente um extremo do tubo (como em um bico de Bunsen) e que o outro extremo é aceso. Se a velocidade com a qual os gases saem do tubo é igual à velocidade com que a chama viaja de volta em um gás estacionário, aparece uma **chama estacionária** no extremo aceso do tubo. As paredes do tubo diminuem a velocidade da chama, de forma que a chama queima no extremo mas não penetra no tubo.

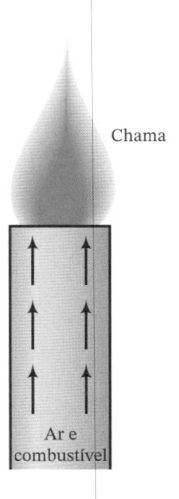

Chama

Ar e combustível

Se a vazão de gás aumenta, o tamanho da chama e a taxa de geração de calor também aumentam, já que uma maior quantidade de gás está sendo queimada. No entanto, uma vez que a vazão atinge um valor crítico, a chama não consegue voltar tão rápido quanto a região de combustão é empurrada para fora do bico. Os gases na região de combustão ficam progressivamente mais diluídos com ar, até que a região sai dos limites de inflamabilidade e o fogo é literalmente apagado.

Por outro lado, se a vazão de gás no tubo diminui, a velocidade do gás dentro do mesmo pode ficar menor do que a velocidade de propagação da chama dentro do tubo. O resultado é o **retorno da chama** — a chama viaja de volta através do tubo em direção à fonte de combustível. O retorno da chama é extremamente perigoso, e qualquer sistema de fluxo envolvendo gases combustíveis deve ser projetado de forma a garantir que a vazão permaneça sempre acima da velocidade de propagação da chama.

Quando ocorre a combustão de uma mistura combustível-ar homogênea, o combustível reage rapidamente com o oxigênio para formar uma quantidade de espécies intermediárias instáveis (tais como átomos de hidrogênio e oxigênio, e radicais OH^- e H_3O^+), que depois passam por um complicado mecanismo de reação em cadeia para formar CO_2 e H_2O. Parte destas espécies sofrem transições que fazem com que emitam radiação cujo comprimento de onda cai dentro da região azul do espectro visível. O resultado é que a chama parece azul.

Por outro lado, quando o ar e o combustível não estão bem misturados (como quando um hidrocarboneto gasoso puro é queimado assim que sai de uma chaminé e se mistura com o ar atmosférico), a combustão acontece relativamente devagar, e parte do hidrocarboneto combustível se decompõe para formar carbono e hidrogênio elementares antes que aconteça a oxidação. O calor da reação é suficiente para elevar a temperatura até um ponto no qual as partículas de carbono brilham de forma incandescente. O resultado é uma chama amarela.

Finalmente, suponha que a ignição de um gás acontece em um espaço total ou parcialmente confinado. O grande aumento de temperatura na região de combustão causa uma rápida elevação na pressão. Se a combustão é rápida o suficiente e o calor de reação é alto o suficiente, pode produzir-se uma **detonação**, enquanto uma frente de alta pressão bem definida, chamada de **onda de choque**, viaja através do gás a uma velocidade muito maior do que a velocidade de propagação da chama no gás. A onda de choque comprime e acende rapidamente o gás à medida que passa por ele, dando a aparência de uma combustão instantânea.

Mesmo após a reação de combustão que deu origem à detonação ter consumido todo o combustível disponível, a onda de choque pode persistir por grandes distâncias, carregando uma energia considerável. Mesmo a energia de uma pequena onda de choque é suficiente para vibrar os ouvidos de qualquer um perto do sítio da detonação, produzindo o estampido que sempre acompanha uma explosão. A energia de uma grande onda de choque pode ser suficiente para demolir uma cidade.

Teste (veja *Respostas dos Problemas Selecionados*)	Você é o palestrante convidado em uma feira de ciências em uma escola de segundo grau. São formuladas as seguintes questões. Como você as responderia em termos que um garoto inteligente de 14 anos possa entender? **1.** O que é uma chama? **2.** O que é uma chama amarela? E uma chama azul? **3.** O que é uma detonação? O que é o ruído forte que você ouve quando algo explode? O que derruba um prédio quando a dinamite é acesa? Como funciona um revólver? **4.** (Esta foi feita por um dos professores de ciências que pensa que deveriam ter pedido a *ele* para dar esta palestra.) Você disse que o hidrogênio e o oxigênio reagem explosivamente para produzir água. Por que então eu posso misturar hidrogênio e oxigênio em um frasco e nada acontece? (*Dica:* Releia o começo da Seção 9.6c.)

9.7 RESUMO

Grandes variações de energia interna e entalpia se encontram frequentemente associadas com reações químicas, levando a consideráveis necessidades de transferência de calor (aquecimento ou resfriamento) nos reatores químicos. Este capítulo mostra métodos de cálculo de $\Delta \hat{H}$ para sistemas reativos abertos e de ΔH e ΔU para sistemas fechados. Uma vez que a quantidade apropriada foi determinada, pode ser substituída no balanço de energia para encontrar a transferência de calor necessária.

- O **calor da reação** (ou **entalpia da reação**), $\Delta H_r(T, P)$, é a variação de entalpia que acontece quando as quantidades estequiométricas de reagentes na temperatura T e pressão P são completamente consumidas para formar produtos na mesma temperatura e pressão. O **calor padrão da reação**, ΔH_r°, é o calor da reação a uma temperatura e pressão especificadas como referências, que neste livro são 25°C e 1 atm. A pressões baixas ou moderadas, o calor de reação é praticamente independente de P.

  Por exemplo, o calor padrão de reação para a combustão completa do metano é

  $$CH_4(g) + 2O_2(g) \rightarrow CO_2(g) + 2H_2O(l): \quad \Delta H_r^\circ = -890,3 \text{ kJ}$$

  o que significa que, se 1 mol de metano gasoso e 2 mols de oxigênio gasoso a 25°C e 1 atm reagem completamente para formar 1g mol de dióxido de carbono gasosos 2g mols de água líquida, e os produtos são trazidos de volta até 25°C e 1 atm, a variação de entalpia líquida seria $\Delta H = -890,3$ kJ. Se o balanço de energia se reduz a $Q = \Delta H$, 890,3 kJ de calor teriam que ser transferidos para fora do reator para manter os produtos a 25°C.

- Se $\Delta H_r(T, P) < 0$, a reação é **exotérmica** a T e P: requer-se menos energia para quebrar as ligações que mantêm unidas as moléculas reagentes do que a que é liberada na formação das ligações dos produtos, causando uma liberação líquida de energia à medida que a reação transcorre. Esta energia pode ser transferida para fora do reator como calor ou pode servir para elevar a temperatura da mistura reacional.

- Da mesma forma, se $\Delta H_r(T, P) > 0$, a reação é **endotérmica** a T e P: requer-se mais energia para quebrar as ligações dos reagentes do que a que é liberada na formação das ligações dos produtos, o que leva a uma absorção de energia líquida à medida que a reação transcorre. A não ser que esta energia seja fornecida ao reator na forma de calor, a temperatura da mistura diminui.

- Desde que os produtos e reagentes gasosos se comportem de forma ideal e que os volumes específicos dos regentes e produtos líquidos ou sólidos sejam desprezíveis quando comparados aos volumes específicos dos gases, a **energia interna da reação** pode ser calculada a partir da Equação 9.1-5. (Esta quantidade é necessária para balanços de energia em reatores em batelada de volume constante.)

- De acordo com a **lei de Hess**, se uma equação estequiométrica para uma reação pode ser obtida através de uma combinação linear das equações para outras reações (quer dizer, por adição ou subtração das equações), o calor da primeira reação pode ser obtido aplicando-se a mesma combinação linear aos calores das outras reações.

- O **calor padrão de formação** de uma espécie, $\Delta \hat{H}_f^\circ$, é o calor da reação na qual um mol da espécie é formado a partir dos seus elementos constituintes nos estados em que se apresentam normalmente na natureza, a 25°C e 1 atm. Calores padrões de formação para várias substâncias aparecem listados na Tabela B.1.

- Uma consequência da lei de Hess é que o calor padrão de qualquer reação pode ser calculado como

  $$\Delta H_r^\circ = \sum \nu_i \, \Delta \hat{H}_{fi}^\circ$$

  em que ν_i é o coeficiente estequiométrico da espécie reagente ou produto i (positivo para produtos e negativo para reagentes), e $\Delta \hat{H}_{fi}^\circ$ é o calor padrão de formação desta espécie.

- O **calor padrão de combustão** de uma espécie, $\Delta \hat{H}_c^\circ$, é o calor da reação na qual um mol da espécie sofre uma combustão completa para formar produtos em estados específicos. Calores padrão de combustão de várias espécies estão listados na Tabela B.1, onde os produtos admitidos da reação são CO_2, $H_2O(l)$, SO_2 para espécies que contenham enxofre, e N_2 para espécies que contenham nitrogênio. Uma consequência da lei de Hess é que o calor padrão de qualquer reação envolvendo apenas oxigênio e espécies combustíveis pode ser calculado como

$$\Delta H_r^\circ = -\sum \nu_i \, \Delta \hat{H}_{ci}^\circ$$

Como antes, ν_i é o coeficiente estequiométrico da espécie i.

- Ao efetuar balanços de energia em um processo químico reativo, podem ser seguidos dois procedimentos para o cálculo de $\Delta \dot{H}$ (ou ΔH ou ΔU) que diferem na escolha dos estados de referência para os cálculos de entalpia ou energia interna específicas. No **método do calor de reação**, as referências são as espécies reagentes e produtos a 25°C e 1 atm na fase (sólido, líquido ou gás) para a qual o calor de reação é conhecido. No **método do calor de formação**, as referências são as espécies elementares que constituem as espécies reagentes e produtos (por exemplo, C(s), O_2(g), H_2(g) etc.] a 25°C e 1 atm. Em ambos os métodos, os estados de referência para espécies não reativas podem ser escolhidos por conveniência, como foi feito para processos não reativos nos Capítulos 7 e 8.

- O método do calor de reação pode ser ligeiramente mais fácil quando há apenas uma reação envolvida e o calor da reação é conhecido. Quando este método é usado, a entalpia específica de cada espécie em cada corrente de alimentação ou de produto é calculada escolhendo-se uma trajetória do processo desde o estado de referência até o estado do processo, calculando-se $\Delta \hat{H}$ para cada etapa de aquecimento ou de resfriamento e para cada mudança de fase na trajetória, e somando-se as entalpias para todas as etapas. Quando as entalpias específicas forem determinadas para todas as espécies em todas as condições de entrada e saída, $\Delta \dot{H}$ para o processo contínuo pode ser calculado como

$$\Delta \dot{H} = \xi \Delta \dot{H}_r^\circ + \sum_{\text{saída}} \dot{n}_i \hat{H}_i - \sum_{\text{entrada}} \dot{n}_i \hat{H}_i$$

Nesta equação, ξ é a extensão da reação (determinada a partir da Equação 9.1-3); $\dot{n}_i$ e $\hat{H}_i$ são a vazão molar e a entalpia específica para uma espécie do processo, respectivamente; e os somatórios são feitos sobre todas as espécies em todos os estados de entrada e saída. Uma vez calculado, $\Delta \dot{H}$ é substituído na equação do balanço de energia para sistemas abertos, a qual é resolvida para $\dot{Q}$ ou para qualquer outra variável desconhecida.[12]

- O método do calor de formação é normalmente mais fácil quando existem reações múltiplas. Quando este método é usado, a entalpia específica de uma espécie em uma corrente de alimentação ou de produto é calculada escolhendo-se uma trajetória do processo desde o estado de referência (os elementos a 25°C) até o estado do processo, começando com a formação da espécie a partir dos elementos ($\Delta \hat{H} = \Delta \hat{H}_f^\circ$); avaliando-se $\Delta \hat{H}$ para cada etapa subsequente de aquecimento ou resfriamento e cada mudança de fase na trajetória; e somando-se as entalpias para todas as etapas (incluindo a etapa de formação). Quando as entalpias específicas forem determinadas para todas as espécies em todos os estados de

entrada e saída, $\Delta \dot{H}$ será calculado para um sistema aberto como

$$\Delta \dot{H} = \sum_{\text{saída}} \dot{n}_i \hat{H}_i - \sum_{\text{entrada}} \dot{n}_i \hat{H}_i$$

Como antes, os somatórios são feitos sobre todas as espécies em todos os estados de entrada e saída. Uma vez calculado, $\Delta \dot{H}$ é substituído na equação do balanço de energia para sistemas abertos, a qual é resolvida para $\dot{Q}$ ou para qualquer outra variável desconhecida (veja a nota de rodapé 12).

- Algumas vezes, as condições da alimentação e a entrada de calor para um reator são especificadas (como no caso de um reator adiabático), e a temperatura de saída, $T_{\text{saída}}$, deve ser determinada. O procedimento é deduzir expressões para as entalpias específicas das espécies de saída do reator em função de $T_{\text{saída}}$; substituir estas expressões no somatório $\Sigma_{\text{saída}}(\dot{n}_i \hat{H}_i)$ na expressão para $\Delta \dot{H}$; depois, substituir $\Delta \dot{H}(T_{\text{saída}})$ no balanço de energia, e resolver a equação resultante para $T_{\text{saída}}$.

- O **calor padrão de formação de uma solução líquida** é a soma do calor padrão de formação do soluto e do calor padrão de solução calculado pelos métodos da Seção 8.5. O calor padrão de uma reação envolvendo soluções pode ser determinado como a soma ponderada dos calores de formação de reagentes e produtos (incluindo as soluções), com os coeficientes estequiométricos servindo de fatores de ponderação (positivo para produtos, negativo para reagentes). Um balanço de energia para um reator no qual soluções se formam ou reagem pode ser escrito tomando-se as soluções de alimentação e produto a 25°C e 1 atm como referências e usando o método do calor de reação.

- **Combustão** é uma reação rápida a alta temperatura entre um combustível e o oxigênio. O **poder calorífico superior** de um combustível é o negativo do calor padrão de combustão do combustível ($-\Delta H_c^\circ$) com $H_2O(l)$ como produto de combustão, e o **poder calorífico inferior** é o negativo do calor padrão de combustão baseado em $H_2O(v)$ como produto. A relação entre os dois poderes caloríficos é dada pela Equação 9.6-1.

- A **temperatura adiabática de chama** de um combustível é a temperatura que seria atingida se o combustível fosse queimado em uma câmara de combustão adiabática e toda a energia liberada servisse para elevar a temperatura dos produtos da reação (em vez de ser absorvida por ou liberada através das paredes do mesmo).

- Quando a temperatura de uma mistura combustível excede um certo valor, após um curto retardo no tempo a taxa da reação e a temperatura da mesma aumentam extremamente rápido. Este fenômeno é chamado **ignição**, e o intervalo de tempo após a temperatura de ignição ter sido atingida e antes do incremento rápido da temperatura é o **retardo de ignição**. A menor temperatura na qual pode acontecer a ignição é a **temperatura de autoignição** do combustível.

- Se a porcentagem molar de um combustível em uma mistura combustível-ar cai abaixo de um certo valor (o **limite inferior de inflamabilidade**) ou acima de outro valor (o **limite superior de inflamabilidade**), a mistura não acende nem explode, mesmo quando exposta a uma chama ou a uma faísca. O intervalo de composição entre os limites de inflamabilidade é o **intervalo explosivo** da mistura.

---

[12]Se o sistema for fechado a pressão constante, os pontos sobre as variáveis devem ser retirados nas fórmulas acima, e se o sistema for fechado a volume constante, U deve substituir H.

PROBLEMAS

9.1. O calor padrão da reação

$$4NH_3(g) + 5O_2(g) \rightarrow 4NO(g) + 6H_2O(g)$$

é $\Delta H_r^\circ = -904{,}7$ kJ.

(a) Explique brevemente o que isto significa. A sua explicação pode ser da forma "Quando _____ (especifique as quantidades das espécies reagentes e seus estados físicos) reagem para formar _____ (quantidades das espécies produtos e seus estados físicos), a variação de entalpia é _____."

(b) Esta reação é exotérmica ou endotérmica a 25°C? Você teria que resfriar ou aquecer o reator para manter a temperatura constante? O que aconteceria com a temperatura se o reator fosse adiabático? O que você pode concluir acerca da energia necessária para quebrar as ligações moleculares dos reagentes e a energia libertada pela formação das ligações dos produtos?

(c) Qual é ΔH_r° para

$$2NH_3(g) + \tfrac{5}{2}O_2 \rightarrow 2NO(g) + 3H_2O(g)$$

(d) Qual é ΔH_r° para

$$NO(g) + \tfrac{3}{2}H_2O(g) \rightarrow NH_3(g) + \tfrac{5}{4}O_2$$

(e) Estime a variação de entalpia associada com o consumo de 340 g NH_3/s se os reagentes e produtos estão todos a 25°C. (Veja o Exemplo 9.1-1.) Qual foi a sua suposição sobre a pressão? (Você não precisa admitir que é igual a 1 atm.)

(f) Os valores de ΔH_r° dados neste problema se aplicam a vapor de água 25°C e 1 atm, mas o ponto de ebulição normal da água é 100°C. Pode existir vapor de água a 25°C e pressão total de 1 atm? Explique sua resposta.

9.2. O calor padrão de combustão do *n*-octano líquido para formar CO_2 e água líquida a 25°C e 1 atm é $\Delta \hat{H}_c^\circ = -5471$ kJ/mol.

(a) Explique sucintamente o que isso significa. Sua explicação pode ser da forma "Quando _____ (especifique as quantidades das espécies reagentes e seus estados físicos) reagem para formar _____ (quantidades das espécies produtos e seus estados físicos), a variação de entalpia é _____."

(b) Esta reação é exotérmica ou endotérmica a 25°C? Você teria que resfriar ou aquecer o reator para manter a temperatura constante? O que aconteceria com a temperatura se o reator fosse adiabático? O que você pode concluir acerca da energia necessária para quebrar as ligações moleculares dos reagentes e a energia libertada pela formação das ligações dos produtos?

(c) Se 25,0 mol/s de octano líquido são consumidos e os reagentes e produtos estão todos a 25°C, estime a taxa necessária de adição ou remoção de calor (diga qual) em quilowatts, admitindo que $\dot{Q} = \Delta \dot{H}$ para o processo. Qual foi a sua suposição sobre a pressão? (Você não precisa admitir que é igual a 1 atm.)

(d) O calor padrão de combustão do *n*-octano *vapor* é $\Delta \hat{H}_c^\circ = -5528$ kJ/mol. Qual é o significado físico dos 57 kJ/mol de diferença entre este calor de combustão e aquele dado anteriormente?

(e) O valor de $\Delta \hat{H}_c^\circ$ dado na Parte (d) se aplica ao *n*-octano vapor a 25°C e 1 atm, mas o ponto de ebulição normal do *n*-octano é 125,5°C. Pode o *n*-octano existir como um vapor a 25°C e pressão total de 1 atm? Explique sua resposta.

9.3. O calor padrão da reação de combustão do *n*-hexano líquido para formar $CO_2(g)$ e $H_2O(l)$, com todos os reagentes e produtos a 77°F e 1 atm, é $\Delta H_r^\circ = -1{,}791 \times 10^6$ Btu. O calor de vaporização do hexano a 77°F é 13.550 Btu/lb-mol e o da água é 18.934 Btu/lb-mol.

(a) Esta reação é exotérmica ou endotérmica a 77°F? Você teria que resfriar ou aquecer o reator para manter a temperatura constante? O que aconteceria com a temperatura se o reator fosse adiabático? O que você pode concluir acerca da energia necessária para quebrar as ligações moleculares dos reagentes e a energia libertada pela formação das ligações dos produtos?

(b) Use os dados fornecidos para calcular ΔH_r° (Btu) para a combustão do *n*-hexano vapor para formar $CO_2(g)$ e $H_2O(g)$.

(c) Se $\dot{Q} = \Delta \dot{H}$, com que taxa (Btu/s) o calor é absorvido ou removido (diga qual) se 120 lb$_m$/s de O_2 são consumidas na combustão do hexano vapor, água vapor é o produto, e os reagentes e produtos estão todos a 77°F?

(d) Se a reação fosse conduzida em um reator real, o valor verdadeiro de $\dot{Q}$ seria maior (menos negativo) que o valor calculado na Parte (c). Explique por quê.

9.4. O calor padrão da reação

$$CaC_2(s) + 5H_2O(l) \rightarrow CaO(s) + 2CO_2(g) + 5H_2(g)$$

é $\Delta H_r^\circ = 69{,}36$ kJ.

(a) Esta reação é exotérmica ou endotérmica a 25°C? Você teria que resfriar ou aquecer o reator para manter a temperatura constante? O que aconteceria com a temperatura se o reator fosse adiabático? O que você pode concluir acerca da energia necessária para quebrar as ligações moleculares dos reagentes e a energia libertada pela formação das ligações dos produtos?

(b) Calcule ΔU_r° para esta reação. (Veja o Exemplo 9.1-2.) Explique sucintamente o significado físico do valor calculado.

(c) Suponha que você coloca 150,0 g CaC_2 e água líquida em um recipiente rígido a 25°C, aquece o recipiente até o carbeto de cálcio reagir completamente, e resfria os produtos de volta a 25°C, condensando praticamente toda a água não consumida. Escreva e simplifique a equação do balanço de energia para este sistema fechado a volume constante e a use para determinar a quantidade líquida de calor (kJ) que deve ser transferido de ou para o reator (diga qual).

(d) Se na Parte (c) o termo "recipiente rígido" fosse substituído por "recipiente a pressão constante de 1 atm", o valor calculado de Q estaria ligeiramente errado. Explique por quê.

(e) Se você colocar 1 mol de carbeto de cálcio sólido e 5 mols de água líquida em um recipiente a 25°C e deixá-los lá por vários dias, ao retornar você não encontraria 1 mol de óxido de cálcio sólido, 2 mols de dióxido de carbono e 5 mols de hidrogênio gasoso. Explique por quê.

9.5. Use a lei de Hess para calcular o calor padrão da reação de deslocamento de gás d'água

$$CO(g) + H_2O(v) \rightarrow CO_2(g) + H_2(g)$$

a partir de cada um dos seguintes conjuntos de dados:

(a) $CO(g) + H_2O(l) \rightarrow CO_2(g) + H_2(g)$: $\Delta H_r^\circ = +1226$ Btu

$H_2O(l) \rightarrow H_2O(v)$: $\Delta \hat{H}_v = +18.935$ Btu/lb-mol

(b) $CO(g) + \frac{1}{2}O_2(g) \rightarrow CO_2(g)$: $\Delta H_r^\circ = -121.740$ Btu

$H_2(g) + \frac{1}{2}O_2(g) \rightarrow H_2O(v)$: $\Delta H_r^\circ = -104.040$ Btu

9.6. O formaldeído pode ser produzido na reação entre o metanol e o oxigênio:

$$2CH_3OH(l) + O_2(g) \rightarrow 2HCHO(g) + 2H_2O(l): \quad \Delta H_r^\circ = -326,2 \text{ kJ}$$

O calor padrão de combustão do hidrogênio é

$$H_2(g) + \frac{1}{2}O_2(g) \rightarrow H_2O(l): \quad \Delta \hat{H}_c^\circ = -285,8 \text{ kJ/mol}$$

(a) Use estes calores de reação e a lei de Hess para determinar o calor padrão da decomposição direta do metanol para formar formaldeído:

$$CH_3OH(l) \rightarrow HCHO(g) + H_2(g)$$

(b) Explique por que provavelmente você usaria o método da Parte (a) para determinar o calor da reação da decomposição do metanol experimentalmente em vez de conduzir a reação de decomposição e medir o calor de reação diretamente.

9.7. Use calores de formação tabelados (Tabela B.1) para determinar o calor padrão das seguintes reações em kJ/mol, fazendo o coeficiente estequiométrico do primeiro reagente de cada reação igual a 1.

(a) Nitrogênio + oxigênio reagem para formar dióxido de nitrogênio (NO_2).

(b) *n*-butano gasoso + oxigênio reagem para formar monóxido de carbono + água líquida.

(c) *n*-heptano líquido + oxigênio reagem para formar dióxido de carbono + vapor de água. Após o cálculo, escreva as equações estequiométricas para a formação das espécies reagentes e produtos, e use a lei de Hess para deduzir a fórmula que você usou no cálculo de ΔH_r°.

(d) Sulfato de sódio líquido + monóxido de carbono reagem para formar sulfeto de sódio + monóxido de carbono. (Note que a Tabela B.1 lista apenas os calores de formação dos sais de sódio sólidos. Para estimar o calor de reação necessário, você precisará também de calores de fusão tabelados.)

9.8. O tricloroetileno, um solvente desengordurante muito usado para partes de maquinária, é produzido em uma reação de duas etapas. Primeiro o etileno é clorado para produzir tetracloroetano, que é depois desclorado para formar o tricloroetileno.

$$C_2H_4(g) + 2Cl_2(g) \rightarrow C_2H_2Cl_4(l) + H_2(g): \quad \Delta H_r^\circ = -385,76 \text{ kJ}$$

$$C_2H_2Cl_4(l) \rightarrow C_2HCl_3(l) + HCl(g)$$

O calor padrão de formação do tricloroetileno líquido é $-276,2$ kJ/mol.

(a) Use os dados fornecidos e os calores padrões de formação tabelados do etileno e do cloreto de hidrogênio para calcular a calor padrão de formação do tetracloroetano e o calor padrão da segunda reação.

(b) Use a lei de Hess para calcular o calor padrão da reação

$$C_2H_4(g) + 2Cl_2(g) \rightarrow C_2HCl_3(l) + H_2(g) + HCl(g)$$

(c) Se 300 mol/h C_2HCl_3(l) são produzidos na reação da Parte (b) e os reagentes e produtos estão todos a 25°C e 1 atm, quanto calor é removido ou absorvido no processo? (Admita $\dot{Q} = \Delta\dot{H}$.)

(d) Se a reação da Parte (c) fosse conduzida e a temperatura final no reator fosse 40°C em vez de 25°C, como isto afetaria a solução do problema? Explique a sua resposta.

9.9. O calor padrão de combustão do etano gasoso está listado na Tabela B.1 como −1559,9 kJ/mol.

(a) Com as suas próprias palavras, explique brevemente o que isto significa. (Sua explicação deve mencionar os estados de referência usados para definir os calores de combustão tabelados.)

(b) Use calores de formação tabelados para verificar o valor dado de $\Delta\hat{H}_c^\circ$.

(c) Calcule o calor padrão da reação no qual etano é desidrogenado para formar acetileno e hidrogênio

$$C_2H_6(g) \rightarrow C_2H_2(g) + 2H_2(g)$$

usando (i) calores de formação tabelados e (ii) calores de combustão tabelados (Equação 9.4-1).

(d) Escreva as equações estequiométricas para as reações de combustão do acetileno, hidrogênio e etano, e use a lei de Hess para deduzir a fórmula que você usou na Parte (c-ii).

9.10. O calor padrão de combustão ($\Delta\hat{H}_c^\circ$) do 2,3,3-trimetilpentano líquido [C_8H_{18}] é mostrado em uma tabela de propriedades físicas como −4850 kJ/mol. Uma nota de rodapé indica que a temperatura de referência para o valor listado é 25°C, e que os produtos admitidos da combustão são CO_2(g) e H_2O(g).

(a) Com as suas próprias palavras, explique o que significa tudo isso.

(b) Existe alguma dúvida em relação à precisão do valor listado, e você foi chamado para determinar experimentalmente o calor de combustão. Você queima 2,010 g do hidrocarboneto com oxigênio puro em um calorímetro de volume constante e encontra que o calor líquido liberado quando os reagentes e produtos [CO_2(g) e H_2O(g)] estão todos a 25°C é suficiente para elevar a temperatura de 1,00 kg de água líquida em 21,34°C. Escreva um balanço de energia para mostrar que o calor liberado é igual a $n_{C_8H_{18}}\Delta\hat{U}_c^\circ$, e calcule $\Delta\hat{U}_c^\circ$(kJ/mol). Calcule depois $\Delta\hat{H}_c^\circ$. (Veja o Exemplo 9.1-2.) Por qual porcentagem do valor medido o valor tabulado difere daquele?

(c) Use o resultado da Parte (b) para estimar $\Delta\hat{H}_f^\circ$ para o 2,3,3-trimetilpentano. Por que o calor de formação do 2,3,3-trimetilpentano seria mais provavelmente determinado desta forma em vez de diretamente da reação de formação?

BIOENGENHARIA

9.11. Uma cultura do fungo A*spergillus niger* é usada industrialmente na manufatura de ácido cítrico e outros produtos orgânicos. As células do fungo têm uma análise elementar de $CH_{1,79}N_{0,2}O_{0,5}$ e o calor de formação desta espécie é necessário para estimar a carga térmica para o biorreator no qual o ácido cítrico será produzido. Você coletou uma amostra seca do fungo e determinou seu calor de combustão como −550 kJ/mol. Estime o calor de formação (kJ/mol) das células secas do fungo.

9.12. O *n*-butano é convertido a isobutano em um reator de isomerização contínuo que opera isotermicamente a 149°C. A alimentação do reator contém 93% molar de *n*-butano, 5% de isobutano e 2% HCl a 149°C, e é atingida uma conversão de 40% do *n*-butano.

(a) Tomando como base 1 mol do gás de alimentação, calcule os mols de cada componente das misturas de alimentação e de produto, e a extensão da reação, ξ.

(b) Calcule o calor padrão da reação de isomerização (kJ). Depois, tomando as espécies na alimentação e no produto a 25°C como referências, prepare uma tabela de entalpias de entrada-saída e calcule e preencha as quantidades dos componentes (mol) e as entalpias específicas (kJ/mol). (Veja o Exemplo 9.5-1.)

(c) Calcule a taxa necessária de transferência de calor necessária (kJ) do reator ou para o reator (diga qual). Determine então a taxa necessária de transferência de calor (kW) para uma alimentação de 325 mol/h.

(d) Use os seus resultados para estimar o calor da reação de isomerização a 149°C, $\Delta H_r(149°C)$(kJ). Liste as premissas adotadas na estimativa. (Uma está relacionada com a pressão.)

MATERIAIS

9.13. Na produção de vários aparelhos eletrônicos, processos contínuos de **deposição de vapor químico** (CVD) são usados para depositar camadas finas e excepcionalmente uniformes de dióxido de silício sobre placas de silício. Um processo CVD envolve a reação entre o silano e o oxigênio a pressão muito baixa.

$$SiH_4(g) + O_2(g) \rightarrow SiO_2(s) + 2H_2(g)$$

O gás de alimentação, que contém oxigênio e silano na razão de 8,00 mol O_2/mol SiH_4, entra no reator a 298 K e 3,00 torr (absoluto). Os produtos da reação saem a 1375 K e 3,00 torr (absoluto). Praticamente todo o silano na alimentação é consumido.

(a) Tomando como base 1 m³ de gás de alimentação, calcule os mols de cada componente nas misturas de alimentação e de produto, e a extensão da reação, ξ.

(b) Calcule o calor padrão da reação de oxidação do silano (kJ). Depois, tomando as espécies de reagentes e produtos a 298 K (25°C) como referências, prepare uma tabela de entalpias entrada-saída e calcule e preencha as quantidades dos componentes (mol) e as entalpias específicas (kJ/mol). (Veja o Exemplo 9.5-1.)

Dados

$$(\Delta \hat{H}_f^\circ)_{SiH_4(g)} = -61,9 \text{ kJ/mol}, \quad (\Delta \hat{H}_f^\circ)_{SiO_2(s)} = -851 \text{ kJ/mol}$$

$$(C_p)_{SiH_4(g)}[\text{kJ/(mol·K)}] = 0,01118 + 12,2 \times 10^{-5}T - 5,548 \times 10^{-8}T^2 + 6,84 \times 10^{-12}T^3$$

$$(C_p)_{SiO_2(s)}[\text{kJ/(mol·K)}] = 0,04548 + 3,646 \times 10^{-5}T - 1,009 \times 10^3 = T^2$$

As temperaturas nestas fórmulas de C_p estão em kelvin.

(c) Calcule o calor (kJ) que deve ser transferido do ou para o reator (diga qual). Determine então a taxa de transferência de calor (kW) necessária para uma alimentação no reator de 27,5 m³/h.

MATERIAIS

9.14. A produção da maior parte do aço fabricado nos Estados Unidos começa com a redução do minério de hematita (na maior parte óxido férrico) com coque (carbono) em uma fornalha para obter ferro. A reação básica é

$$Fe_2O_3(s) + 3C(s) \rightarrow 2Fe(s) + 3CO(g): \quad \Delta H_r(77°F) = 2,111 \times 10^5 \text{ Btu}$$

Suponha que quantidades estequiométricas de óxido férrico e carbono alimentam a fornalha a 77°F, a reação é completa, o ferro sai líquido a 2800°F e o CO sai a 570°F. Faça os seguintes cálculos para uma base de 1 tonelada de ferro produzido.

(a) Desenhe e rotule um fluxograma e faça todos os cálculos de balanço de massa necessários para determinar as quantidades (lb-mol) de cada componente das correntes de alimentação e produto.

(b) Tomando as espécies reagentes e produtos nos seus estados normais a 77°F como referências, prepare uma tabela de entalpias entrada-saída e calcule e preencha todas as entalpias específicas desconhecidas (Btu/lb-mol). Use os seguintes dados de propriedades físicas para o ferro:

$$Fe(s): \quad C_p[\text{Btu/(lb-mol·°F)}] = 5,90 + 1,50 \times 10^{-3}T(°F)$$

$$T_m = 2794°F, \quad \Delta \hat{H}_m(T_m) = 6496 \text{ Btu/lb-mol}$$

$$Fe(l): \quad C_p[\text{Btu/(lb-mol·°F)}] = 8,15$$

(c) Estime as necessidades de calor da fornalha (Btu/tonelada Fe produzida).

(d) Enumere as suposições que fazem com que o valor calculado na Parte (b) seja apenas uma estimativa aproximada da necessidade de calor da fornalha. (Uma das suposições tem a ver com a pressão do reator.)

9.15. O *n*-heptano é convertido a tolueno em uma reação contínua em fase vapor:

$$C_7H_{16} \rightarrow C_6H_5CH_3 + 4H_2$$

Heptano puro a 400°C alimenta o reator, que opera isotermicamente a 400°C, conduzindo a reação até se completar. *Dado:* A capacidade calorífica média do *n*-heptano entre 25°C e 400°C é de 0,2427 kJ/(mol·°C).

(a) Tomando como base 1 mol de heptano na alimentação, desenhe e rotule um fluxograma.

(b) Tomando as espécies elementares [C(s), H₂(g)] a 25°C como referências, prepare e preencha uma tabela de entalpias de entrada-saída. (Veja o Exemplo 9.5-2.)

(c) Calcule a transferência necessária do calor de ou para o reator (diga qual) em kJ.

(d) Qual é o calor da reação de dehidrociclização do heptano (ΔH_r) a 400°C e 1 atm?

(e) O cálculo da Parte (c) teria sido claramente muito mais simples se apenas você tivesse procurado o calor da reação a 400°C em vez de calculá-lo. Explique brevemente por que você provavelmente não poderia ter feito isto desta maneira.

9.16. A decomposição térmica do dimetil éter

$$(CH_3)_2O(g) \rightarrow CH_4(g) + H_2(g) + CO(g)$$

deve ser conduzida em um reator de laboratório isotérmico de 2,00 litros a 600°C. O reator é carregado com dimetil éter puro a uma pressão de 350 torr. Após duas horas, a pressão do reator é de 875 torr.

(a) A reação foi completada após o período de duas horas? Se não, que porcentagem de dimetil éter foi decomposta?

(b) Tomando as espécies elementares [C(s), H₂(g), O₂(g)] a 25°C como referências, prepare e preencha uma tabela de entalpias de entrada-saída. (Veja o Exemplo 9.5-2.) Use dados tabelados para o metano, hidrogênio e monóxido de carbono, e os seguintes dados para o dimetil éter:

$$\Delta \hat{H}_f^\circ = -180,16 \text{ kJ/mol}$$

$$C_p[\text{J/(mol·K)}] = 26,86 + 0,1659T - 4,179 \times 10^{-5}T^2 \quad (T \text{ em kelvin})$$

(c) Calcule $\Delta H_r(600°C)$ e $\Delta U_r(600°C)$ para a reação de decomposição do dimetil éter.

(d) Quanto calor (kJ) foi transferido do reator ou para o reator (diga qual) durante o período de duas horas de reação?

(e) Suponha agora que a reação tivesse sido conduzida em um reator expansível a 600°C a uma pressão constante de 350 torr, com o mesmo percentual final de decomposição de dimetil éter. Calcule o volume final do reator e a quantidade requerida de transferência de calor. (*Nota:* Estes devem ser ambos cálculos rápidos.) Explique por que os valores de *Q* calculado na Parte (d) e nesta parte são diferentes, apesar das condições iniciais e extensões da reação serem as mesmas.

9.17. O dióxido de enxofre é oxidado a trióxido de enxofre em um pequeno reator de planta piloto. SO_2 e 100% de ar em excesso alimentam o reator a 450°C. A reação transcorre até 65% de conversão do SO_2, e os produtos saem do reator a 550°C. A taxa de produção de SO_3 é $1,00 \times 10^2$ kg/min. O reator está provido de uma jaqueta de resfriamento, na qual circula água a 25°C.

(a) Calcule as vazões de alimentação (metros cúbicos padrão por segundo) das correntes de SO_2 e de ar, e a extensão da reação, ξ.

(b) Calcule o calor padrão da reação de oxidação do SO_2, ΔH_r^o (kJ). Depois, tomando as espécies moleculares a 25°C como referência, prepare e preencha uma tabela de entalpias de entrada-saída e escreva um balanço de energia para calcular o calor (kW) que deve ser transferido do reator para a água de resfriamento.

(c) Calcule a vazão mínima da água de resfriamento se a elevação da sua temperatura deve ser mantida abaixo de 15°C.

(d) Explique sucintamente o que teria sido diferente nos seus cálculos se você tivesse usado as espécies elementares como referências na Parte (b).

9.18. Monóxido de carbono a 25°C e vapor a 150°C alimentam um reator contínuo de deslocamento de gás d'água. O produto gasoso, que contém 40,0% molar H_2, 40,0% CO_2 e o resto de $H_2O(v)$, sai a 500°C com uma vazão de 3,50 MCPH (metros cúbicos padrão por hora) e passa a um condensador. As correntes líquida e gasosa que saem do condensador estão em equilíbrio a 15°C e 1 atm. O líquido pode ser considerado como água pura (sem gases dissolvidos).

(a) Calcule a porcentagem de excesso de vapor na alimentação do reator e a taxa de condensação da água (kg/h).

(b) Calcule a taxa (kW) na qual o calor deve ser transferido do condensador.

(c) Tomando as espécies atômicas a 25°C como referência, prepare e preencha uma tabela de entalpias de entrada-saída e calcule a taxa necessária de transferência de calor (kW) do reator ou para o reator.

(d) Foi sugerido que a corrente de alimentação de monóxido de carbono poderia passar através de um trocador de calor antes de entrar no reator e que o produto gasoso do reator poderia passar através do mesmo trocador antes de entrar no condensador. Desenhe e rotule um fluxograma do trocador de calor e explique os benefícios econômicos que podem resultar do seu uso. (*Dica:* Operações de aquecimento e de resfriamento são caras.)

ENERGIA ALTERNATIVA

*9.19. Células combustível têm sido propostas como uma tecnologia alternativa de geração de energia para uso em aplicações estacionárias e de transporte. Uma célula combustível é um dispositivo eletroquímico no qual hidrogênio reage com oxigênio do ar para produzir água e eletricidade em corrente contínua (CC). O projeto mais flexível de célula combustível é a célula combustível de membrana trocadora de prótons (PEMFC, em inglês). Uma PEMFC de 1-W pode ser usada para aplicações portáteis como telefones celulares e uma 100-kW PEMFC pode ser usada para alimentar um automóvel elétrico.

Um esquema de uma pilha de 10-células conectadas em série é mostrado a seguir. Cada célula consiste em um anodo (bloco esquerdo com linhas inclinadas para cima e para direita), membrana eletrolítica (bloco central com linhas horizontais) e catodo (bloco direito com linhas inclinadas para baixo e para a direita). O hidrogênio e ar são alimentados em paralelo para cada célula. As linhas de saída de gás também são conectadas em paralelo.

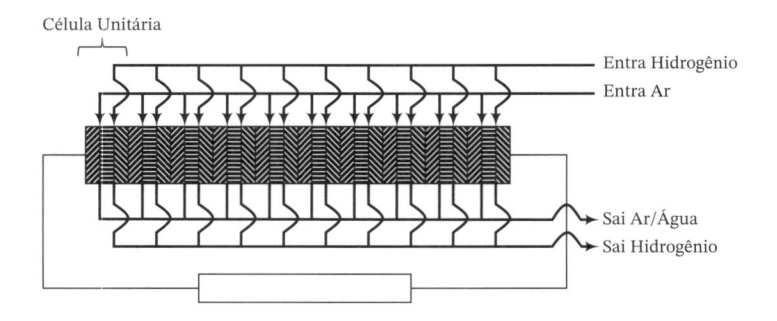

*Adaptado de um problema proposto por Jason M. Keith da *Mississippi State University*.

As seguintes reações ocorrem dentro da PEMFC:

$$\text{Anodo:} \quad H_2 \rightarrow 2H^+ + 2e^-$$
$$\text{Catodo:} \quad \tfrac{1}{2}O_2 + 2H^+ + 2e^- \rightarrow H_2O$$
$$\text{Geral:} \quad H_2 + \tfrac{1}{2}O_2 \rightarrow H_2O$$

Neste problema, vamos analisar os fluxos das espécies químicas entrando e saindo de uma PEMFC que poderia ser usada para produzir eletricidade para um complexo de apartamentos. A carga total, a célula combustível trabalha a uma voltagem de 26 V e uma corrente de 500 A e potência máxima de 13 kW. (*Nota:* Uma célula unitária opera a 0,7 V.)

(a) De acordo com o governo norte-americano (www.eia.doe.gov), uma residência familiar típica usa 936 kW·h por mês. Determine o uso médio de potência (kW) por residência, use o resultado para estimar o número de apartamentos que poderiam ser alimentados pela célula de 13 kW.

(b) A necessidade de hidrogênio para uma PEMFC é dada por $(n_{H_2})_{esteq} = IN/2F$, em que I é a corrente em A, N é o número de células e F é a constante de Faraday, 96.485 coulombs da carga por mol de elétrons. Note que nesta expressão, usamos a constante de 2 mols de elétrons por mol de combustível, que é derivada da reação no anodo. Se o hidrogênio é alimentado com 15% de excesso desta quantidade, o ar é alimentado com 200% de excesso da quantidade necessária para consumir todo o hidrogênio, quais são as vazões de hidrogênio e ar necessárias em mol/s e em L(padrão)/min?

(c) Determine a vazão molar de hidrogênio saindo do anodo e a composição molar do gás de saída do catodo.

(d) A demanda total de potência elétrica em 10 apartamentos é dada no gráfico abaixo. Lembrando que células combustível respondem rapidamente a mudanças de carga, mas não podem exceder sua capacidade nominal, calcule quantos apartamentos poderiam ser alimentados com segurança por uma célula combustível de 13 kW. O que é uma desvantagem desta prática em termos de uso de potência?

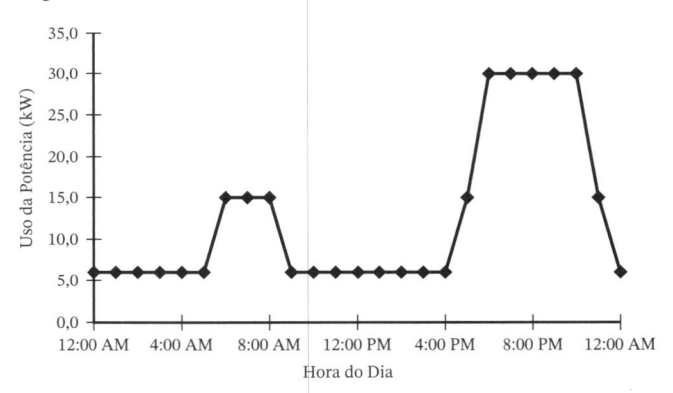

(e) Foi sugerido que um sistema híbrido com uma célula combustível e uma bateria de ciclo profundo fosse utilizado. O sistema funciona como segue:
- Se a demanda de potência excede a capacidade da célula combustível, a bateria será usada para fornecer energia por tempo curto.
- Se a demanda de potência está abaixo da capacidade da célula combustível, a bateria será recarregada pela célula combustível.

O gráfico abaixo mostra o uso da potência da célula combustível (diamantes) e da bateria (quadrados) para o mesmo perfil de uso da figura acima. Determine os tempos em que a bateria está sendo recarregada e a capacidade de energia total mínima da bateria em kW·h.

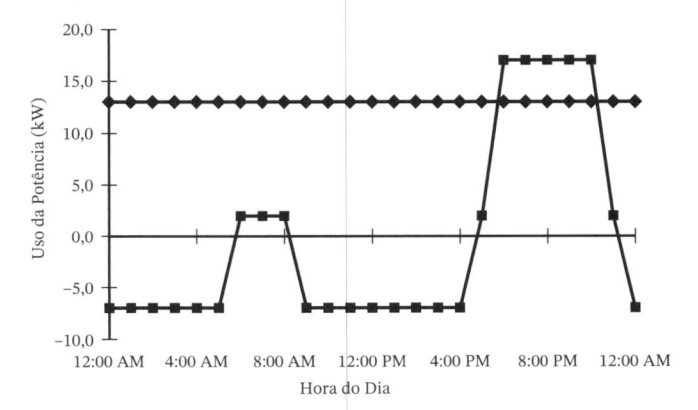

9.20. O ferro metálico é produzido na reação entre o óxido ferroso e o monóxido de carbono:

$$FeO(s) + CO(g) \rightarrow Fe(s) + CO_2(g), \quad \Delta H_r^\circ = -16{,}480 \text{ kJ}$$

O fluxograma mostrado a seguir representa o processo para uma base de 1 mol de FeO alimentado a 298 K.

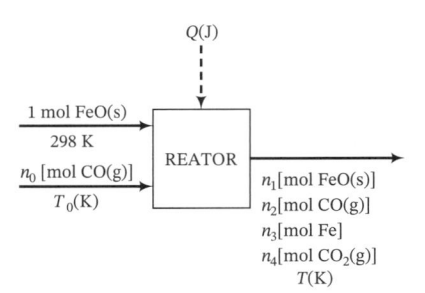

(a) Desejamos explorar os efeitos das variáveis n_0 (a razão molar na alimentação de CO para FeO), T_0 (a temperatura da alimentação de monóxido de carbono), X (a conversão fracional do FeO) e T (a temperatura dos produtos) sobre Q (a carga térmica no reator). *Sem fazer nenhum cálculo*, esboce as formas das curvas que você esperaria obter para os seguintes gráficos:

   (i) Seja $n_0 = 1$ mol CO/mol FeO na alimentação, $T_0 = 400$ K e $X = 1$. Variando T de 298 K até 1000 K, calcule Q para cada T e trace Q versus T.
   (ii) Seja $n_0 = 1$ mol CO/mol FeO na alimentação, $T = 700$ K e $X = 1$. Variando T_0 de 298 K até 1000 K, calcule Q para cada T_0 e trace Q versus T_0.
   (iii) Seja $n_0 = 1$ mol CO/mol FeO na alimentação, $T_0 = 400$ K e $T = 500$ K. Variando X de 0 até 1, calcule Q para cada X e trace Q versus X.
   (iv) Seja $X = 0{,}5$, $T_0 = 400$ K e $T = 400$ K. Variando n_0 de 0,5 até 2 mol CO/mol FeO na alimentação, calcule Q para cada n_0 e trace Q versus n_0.

(b) A seguir encontra-se uma tabela de entalpias de entrada-saída para este processo:

Referências: FeO(s), CO(g), Fe(s), CO_2(g) a 25°C

Substância	n_{entrada} (mol)	$\hat{H}_{\text{entrada}}$ (kJ/mol)	$n_{\text{saída}}$ (mol)	$\hat{H}_{\text{saída}}$ (kJ/mol)
FeO	1,00	0	n_1	$\hat{H}_1$
CO	n_0	$\hat{H}_0$	n_2	$\hat{H}_2$
Fe	—	—	n_3	$\hat{H}_3$
CO_2	—	—	n_4	$\hat{H}_4$

Escreva uma expressão para a carga térmica do reator, Q(kJ), em termos dos n e $\hat{H}$ na tabela, o calor padrão da reação dada e a extensão da reação, ξ. Deduza depois expressões para as quantidades ξ, n_1, n_2, n_3 e n_4 em termos das variáveis n_0 e X. Finalmente, deduza expressões para $\hat{H}_0$ como função de T_0, e para $\hat{H}_1$, $\hat{H}_2$, $\hat{H}_3$ e $\hat{H}_4$ como funções de T. Nas deduções subsequentes, use as seguintes fórmulas para C_p[kJ/(mol·K)] em termos de T(K), adaptadas da Tabela 2-151 do *Perry's Chemical Engineers' Handbook* (veja nota de rodapé 2):

$$FeO(s): \quad C_p = 0{,}05280 + 6{,}243 \times 10^{-6}T - 3{,}188 \times 10^2 T^{-2}$$
$$Fe(s): \quad C_p = 0{,}01728 + 2{,}67 \times 10^{-5}T$$
$$CO(g): \quad C_p = 0{,}02761 + 5{,}02 \times 10^{-6}T$$
$$CO_2(g): \quad C_p = 0{,}04326 + 1{,}146 \times 10^{-5}T - 8{,}180 \times 10^2 T^{-2}$$

(c) Calcule a carga térmica, Q(kJ), para $n_0 = 2{,}0$ mol CO, $T_0 = 350$ K, $T = 550$ K e $X = 0{,}700$ mol FeO reagidos/mol FeO alimentado.

(d) Prepare uma planilha que tenha o seguinte formato (é dada uma solução parcial para um conjunto de variáveis do processo):

Problema 9.20														
	FeO + CO → Fe + CO2							DHr=	−16.480	kJ/mol				
n0	T0	X	T	Xi	n1	n2	n3	n4	H0	H1	H2	H3	H4	Q
(mol)	(K)		(K)	(mol)	(mol)	(mol)	(mol)	(mol)	(kJ/mol)	(kJ/mol)	(kJ/mol)	(kJ/mol)	(kJ/mol)	(kJ)
2	350	0,7	550	0,7	0,3	1,3	0,7	0,7	1,520	13,482	. . .	. . .	. . .	11,863

em que DHr ($= \Delta H_r^o$) representa o calor padrão da reação de redução do FeO e Xi (ξ) é a extensão da reação. Use a planilha para gerar os quatro gráficos descritos na Parte (a). Se as formas não batem com as suas previsões, explique por quê.

BIOENGENHARIA →

9.21. O álcool etílico (etanol) pode ser produzido pela **fermentação** de açúcares derivados de grãos e outros produtos agrícolas. Alguns países sem grandes reservas naturais de petróleo e gás natural — como o Brasil — têm achado lucrativo converter em etanol uma parte dos seus abundantes grãos para misturar com gasolina, aumentando a octanagem, ou como matéria-prima para a síntese de outros produtos químicos.

Em um desses processos, uma parte do amido de milho é convertido em etanol em duas reações consecutivas. Em uma reação de *sacarificação*, o amido se decompões na presença de certas enzimas (catalisadores biológicos) para formar uma *pasta* aquosa contendo maltose ($C_{12}H_{22}O_{11}$, um açúcar) e vários outros produtos da decomposição. A pasta é resfriada e combinada com mais água e uma cultura de levedura em um tanque de fermentação em batelada (fermentador). Na reação de fermentação (na verdade uma série complexa de reações), a cultura de levedura cresce, e durante o processo converte a maltose em etanol e dióxido de carbono:

$$C_{12}H_{22}O_{11} + H_2O \rightarrow 4C_2H_5OH + 4CO_2$$

O fermentador é um tanque de 550.000 galões cheio até 90% da sua capacidade com uma suspensão de pasta e levedura em água. A massa da levedura é desprezível comparada com a massa total do conteúdo do tanque. Energia térmica é liberada pela conversão exotérmica de maltose em etanol. Em uma etapa adiabática, a temperatura do conteúdo do tanque aumenta do seu valor inicial de 85°F até 95°F, e em uma segunda etapa a temperatura é mantida constante em 95°C por um sistema de resfriamento. A mistura final contém dióxido de carbono dissolvido em uma lama contendo 7,1% em peso de etanol, 6,9% em peso de sólidos solúveis e suspensos, e o resto de água. A mistura é bombeada para um evaporador *flash*, no qual o CO_2 é vaporizado e o etanol produzido é separado dos componentes remanescentes da mistura em uma série de operações de destilação e dessorção.

Dados

- Um bushel (56 lb$_m$) de milho rende 25 galões de pasta que alimenta o fermentador, que por sua vez proporciona 2,6 galões de etanol. Podem ser colhidos aproximadamente 101 bushels de milho por acre de terra.
- Um ciclo de fermentação em batelada (carregar o tanque de fermentação, conduzir a reação, descarregar o tanque e prepará-lo para receber a próxima carga) toma oito horas. O processo opera 24 horas por dia, 330 dias por ano.
- A densidade relativa da mistura de fermentação é aproximadamente constante e igual a 1,05. A capacidade calorífica média da mistura é 0,95 Btu/(lb$_m$·°F).
- O calor padrão de combustão da maltose para formar $CO_2(g)$ e $H_2O(l)$ é $\Delta \hat{H}_c^o = -5649$ kJ/mol.
  - **(a)** Calcule (i) a quantidade de etanol (lbm) produzido por batelada, (ii) a quantidade de água (gal) que deve ser adicionada à pasta e à levedura no tanque de fermentação, e (iii) os acres de terra que devem ser colhidos por ano para manter o processo funcionando.
  - **(b)** Calcule o calor padrão da reação de conversão da maltose, ΔH_r^o(Btu).
  - **(c)** Estime a quantidade total de calor (Btu) que deve ser transferido do fermentador durante o período da reação. Leve em conta apenas a conversão da maltose neste cálculo (quer dizer, despreze a reação de crescimento da levedura e quaisquer outras reações que possam ocorrer no fermentador), admita que o calor da reação é independente da temperatura no intervalo de 77°F (= 25°C) a 95°F, e despreze o calor de solução do dióxido de carbono em água.
  - **(d)** Embora o Brasil e a Venezuela sejam países vizinhos, a produção de etanol a partir de grãos para uso como combustível é um processo importante no Brasil e quase inexistente na Venezuela. Que diferença entre os dois países é provavelmente responsável por esta situação?

9.22. Como descrito no Problema 9.21, a manufatura do etanol a partir de amido de milho envolve fermentação usando uma levedura que converte açúcares do amido em etanol e dióxido de carbono em uma série complicada de reações. Representando os açúcares pela maltose (peso molecular = 342,3 g/mol), a soma das reações de fermentação pode ser escrita como

$$C_{12}H_{22}O_{11}(aq) + H_2O \rightarrow 4C_2H_5OH(aq) + 4CO_2(g) \tag{1}$$

(a) O calor de combustão da maltose sólida foi medido como -5649 kJ/mol. Estime o calor padrão da reação de fermentação na Equação 1. Indique suas premissas.

(b) Quando o sistema é operado a 85°F, 0,8 kg de levedura é produzido para cada kg de etanol formado. A levedura usada no processo tem uma fórmula química de $CH_{1,8}O_{0,5}N_{0,2}$ e um calor padrão de combustão de $-23,4$ kJ/g. Uma modificação da reação de fermentação que leva em conta a produção de levedura e também mostra o consumo de amônia adicionada é

$$C_{12}H_{22}O_{11}(aq) + cNH_3(aq) \rightarrow dC_2H_5OH(aq) + eCO_2(g) + fCH_{1,8}O_{0,5}N_{0,2}(s) + gH_2O \tag{2}$$

na qual c, d, e, f e g são coeficientes estequiométricos. Determine os valores dos coeficientes, estime o calor de formação da levedura e inclua este resultado na obtenção de um novo valor para o calor padrão da reação de fermentação da levedura pela Equação 2. Indique qualquer premissa.

9.23. A amônia é oxidada com ar para formar óxido nítrico na primeira etapa da produção do ácido nítrico. Ocorrem duas reações principais:

$$4NH_3 + 5O_2 \rightarrow 4NO + 6H_2O$$

$$2NH_3 + \tfrac{3}{2}O_2 \rightarrow N_2 + 3H_2O$$

Um fluxograma do processo aparece abaixo.

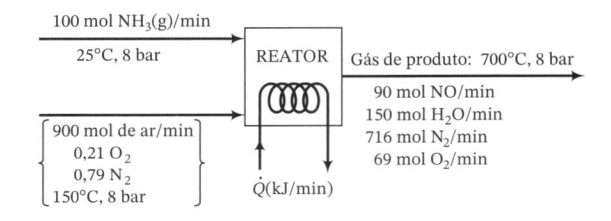

(a) Tomando as espécies elementares [$N_2(g)$, $H_2(g)$, $O_2(g)$] a 25°C como referência, prepare e preencha uma tabela de entalpias de entrada-saída.

(b) Calcule em kWa taxa necessária de transferência de calor do reator ou para o reator em kW.

(c) O que mudaria nos seus cálculos e resultados das Partes (a) e (b) se você tivesse usado as espécies moleculares como referência na Parte (a)?

9.24. Etanol produzido sinteticamente é uma importante *commodity* industrial usado para vários fins, incluindo como um solvente (especialmente para substâncias planejadas para contato ou consumo humano); em revestimentos, tintas e produtos de higiene pessoal; para esterilização; e como um combustível. Etanol industrial é um petroquímico sintetizado pela hidrólise do etileno:

$$C_2H_4(g) + H_2O(v) \rightleftharpoons C_2H_5OH(v)$$

Parte do produto é convertido a dietil éter na reação paralela indesejada

$$2C_2H_5OH(v) \rightleftharpoons (C_2H_5)_2O(v) + H_2O(v)$$

A alimentação combinada do reator contém 53,7% molar C_2H_4, 36,7% molar H_2O e o resto de nitrogênio, e entra no reator a 310°C. O reator opera isotermicamente a 310°C. É atingida uma conversão de 5% do etileno, e o rendimento de etanol (mols de etanol produzido/mol de etileno consumido) é 0,900.

Dados para Dietil Éter

$$\Delta\hat{H}_f^\circ = -271,2 \text{ kJ/mol } \textit{para o líquido}$$

$$\Delta\hat{H}_v = 26,05 \text{ kJ/mol} \quad (\text{considere independente de } T)$$

$$C_p[\text{kJ/(mol·°C)}] = 0,08945 + 40,33 \times 10^{-5}T(\text{°C}) - 2,244 \times 10^{-7}T^2$$

(a) Calcule as necessidades de aquecimento ou resfriamento do reator em kJ/mol de alimentação.

(b) Por que o reator foi projetado para uma conversão tão baixa do etileno? Que etapa ou etapas provavelmente viriam depois do reator em uma implantação comercial deste processo?

9.25. Formaldeído é produzido comercialmente pela oxidação catalítica do metanol. Em uma reação paralela, metanol é oxidado a CO_2.

$$CH_3OH + O_2 \rightarrow CH_2O + H_2O$$
$$CH_3OH + O_2 \rightarrow CO_2 + 2H_2O$$

Uma mistura contendo 55,6% molar de metanol e o balanço de oxigênio entra um reator a 350°C e 1 atm a uma vazão de $4,60 \times 10^4$ L/s. Os produtos da reação saem na mesma temperatura e pressão a uma vazão de $6,26 \times 10^4$ L/s. Uma análise dos produtos indica uma composição molar de 36,7% CH_2O, 4,1% CO_2, 14,3% O_2 e 44,9% H_2O. A taxa de resfriamento necessária para o reator foi calculada em $1,05 \times 10^5$ kW.

(a) A taxa de resfriamento calculada está correta para os dados das correntes fornecidos?

(b) Os dados das correntes não podem estar certos. Prove.

9.26. O benzaldeído é produzido a partir do tolueno na reação catalítica

$$C_6H_5CH_3 + O_2 \rightarrow C_6H_5CHO + H_2O$$

Ar seco e tolueno são misturados e alimentam o reator a 350°F e 1 atm. O ar é fornecido com 100% de excesso. Do tolueno que alimenta o reator, 13% reagem para formar benzaldeído e 0,5% reage com oxigênio para formar CO_2 e H_2O. O produto gasoso sai do reator a 379°F e 1 atm. Através de uma jaqueta em torno do reator circula água, que entra a 80°F e sai a 105°F. Durante um período de teste de quatro horas, 29,3 lb_m de água foram condensadas do produto gasoso. (Pode ser admitida condensação total.) O calor padrão de formação do benzaldeído vapor é -17.200 Btu/lb-mol; as capacidades caloríficas do tolueno vapor e do benzaldeído vapor são aproximadamente 31 Btu/(lb-mol·°F), e a do benzaldeído líquido é 46 Btu/(lb-mol·°F).

(a) Calcule as vazões volumétricas (ft^3/h) da corrente de alimentação combinada e do produto gasoso.

(b) Calcule a taxa necessária de transferência de calor do reator (Btu/h) e a vazão da água de resfriamento (gal/min).

(c) Suponha que o processo segue como projetado por várias semanas, mas, um dia, as correntes do produto gasoso e refrigerante saem a temperaturas mais elevadas, o produto contém significativamente menos benzaldeído. A vazão de refrigerante é aumentada, mas a temperatura do produto gasoso não pode ser trazida para baixo até seu valor prescrito, então o processo tem que ser parado para resolução do problema. Liste e explique brevemente várias possíveis causas do problema.

BIOENERGIA →

*9.27. Na respiração, ar é inalado para os pulmões, que fornecem uma grande superfície para transporte do oxigênio, dióxido de carbono e água de ou para o sangue. O oxigênio transportado é entregue para as células do sangue onde ele oxida a glicose e gorduras da comida para produzir dióxido de carbono, água e energia térmica. O dióxido de carbono e água são transportados das células para o sangue e de volta para os pulmões, de onde eles são exalados. O gás exalado está na temperatura do corpo e saturado com água, parte produzida na oxidação da glicose e gordura e parte adicionalmente retirado do tecido úmido do pulmão. Outras correntes contendo água — comida, água, perspiração e correntes residuais excretadas — mantêm o nível de hidratação do corpo.

Suponha que um indivíduo inala ar a 20°C e 20% de umidade relativa e que 25% do oxigênio inalado é consumido na reação de oxidação da glicose. (Sob certas condições, é razoável desprezar a oxidação de gorduras.) Um fluxograma do processo de respiração-metabolismo é mostrado abaixo. A água no gás exalado é igual a água inalada mais a água produzida pela oxidação da glicose mais água adicional retirada dos pulmões. Q_m representa somente o calor transferido de ou para o corpo como uma consequência do fenômeno descrito acima; não são mostrados o calor e trabalho transferidos devido a outros processos corporais.

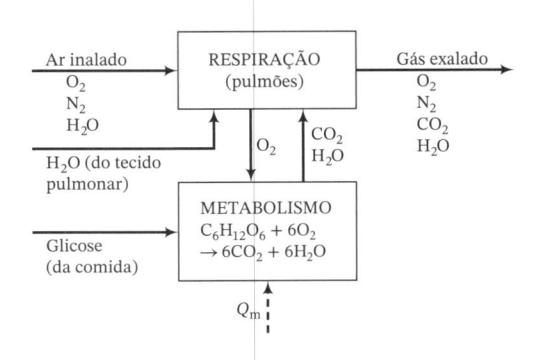

*Adaptado de um problema proposto por Stephanie Farrell da *Rowan University*.

(a) Assuma uma base de 1 mol de ar seco (mais a água que vai com ele) inalado a 20°C. Desenhe e rotule completamente um fluxograma do processo metabólico, considerando somente a respiração e a oxidação da glicose como componentes do processo. Você não precisa rotular as correntes entre as duas unidades, uma vez que este problema não requer a determinação de suas massas ou composições. Faça uma análise de graus de liberdade do sistema global.

(b) Suponha que toda água e CO_2 produzidos a partir da oxidação da glicose são transportados para os pulmões e exalados, e calcule as massas de todos os componentes de todas as correntes rotuladas.

(c) Se o indivíduo inala uma média e 500 mL de ar por respiração e respira 12 vezes por minuto, quanta água (onças fluidas) ele deve beber por dia para repor a água que ele perde pela respiração?

(d) Retornando à base original, estime o calor (kJ) transferido de ou para o corpos como uma consequência da respiração e oxidação da glicose, assumindo que a glicose é oxidada a 37°C e que nesta temperatura $\Delta \hat{H}_c = -2816$ kJ/mol.

9.28. A cal (óxido de cálcio) é amplamente usada na produção de cimento, aço, medicamentos, inseticidas, alimento para plantas e animais, sabão, borracha e muitos outros materiais comuns. Normalmente é produzida pelo aquecimento e decomposição do calcário ($CaCO_3$), um minério abundante e barato, em um processo de *calcinação*:

$$CaCO_3(s) \xrightarrow{\text{calor}} CaO(s) + CO_2(g)$$

(a) O calcário a 25°C alimenta um reator de calcinação contínuo. A calcinação é completa e o produto sai a 900°C. Tomando uma tonelada métrica (1000 kg) de calcário como base e as espécies elementares [Ca(s), C(s), $O_2(g)$] a 25°C como referências para o cálculo das entalpias, prepare e preencha uma tabela de entalpias de entrada-saída e prove que a taxa de transferência de calor necessária ao reator é $2,7 \times 10^6$ kJ.

(b) Em uma variação comum do processo, gases quentes contendo oxigênio e monóxido de carbono (entre outros) alimentam o reator de calcinação junto com o calcário. O monóxido de carbono é oxidado na reação

$$CO(g) + \tfrac{1}{2} O_2(g) \rightarrow CO_2(g)$$

Suponha que
- os gases de combustão que alimentam o reator de calcinação contêm 75% molar N_2, 2,0% O_2, 9,0% CO e 14% CO_2;
- o gás entra no reator a 900°C com uma razão de alimentação de 20 kmol de gás/kmol de calcário;
- a calcinação é completa;
- todo o oxigênio na alimentação é consumido pela reação de oxidação do CO;
- os efluentes do reator estão a 900°C.

Tomando de novo como base 1 tonelada métrica de calcário calcinado, prepare e preencha uma tabela de entalpias de entrada-saída para este processo [não recalcule as entalpias já calculadas na Parte (a)] e calcule a taxa de transferência de calor necessária ao reator.

(c) Você deve ter encontrado que o calor que deve ser transferido ao reator é significativamente menor com o gás de combustão na alimentação do que sem ele. Qual é a porcentagem de redução da taxa de transferência de calor? Dê duas razões para esta redução. Indique outro benefício de se alimentar o gás de combustão, além da redução da necessidade de aquecimento.

9.29. Um par de reações em fase gasosa com a seguinte estequiometria transcorrem em um reator contínuo:

$$A + B \rightarrow C$$
$$2C \rightarrow D + B$$

A reação entre etileno e hidrogênio para formar etanol e a do etanol para formar dietil éter e hidrogênio constituem um sistema reativo deste tipo. (Veja o Problema 9.24.)

(a) Suponha que a alimentação do reator contém A, B e inertes (I), com frações molares x_{A0}, x_{B0} e x_{I0}, respectivamente. Fazendo f_A a conversão fracional de A (mol A consumidos/mol A alimentado) e Y_C o rendimento de C baseado no consumo de A (mol C gerados/mol A consumido), prove que, para uma base de 1 mol de alimentação, o número de mols de cada espécie na saída é como segue:

$$n_A = x_{A0}(1 - f_A)$$
$$n_C = x_{A0} f_A Y_C$$
$$n_D = \tfrac{1}{2}(x_{A0} f_A - n_C)$$
$$n_B = x_{B0} - x_{A0} f_A + n_D$$
$$n_I = x_{I0}$$

(b) Escreva uma planilha para efetuar cálculos de balanços de massa e energia para uma base de 1,00 mol de alimentação. O programa deve usar como entradas
   (i) os calores padrão de formação (kJ/mol) de A(g), B(g), C(g) e D(g);
   (ii) os coeficientes (a, b, c, d) das fórmulas $C_p = a + bT + cT^2 + dT^3$ para A, B, C, D e I gasosos, em que C_p tem as unidades de kJ/(mol·°C);
   (iii) as temperaturas da alimentação e do produto, $T_f(°C)$ e $T_p(°C)$;
   (iv) x_{A0}, x_{B0}, f_A e Y_C.

A planilha deve gerar uma tabela de entalpias de entrada-saída baseada nas espécies elementares a 25°C como referência e calcular a taxa de transferência de calor necessária do reator ou para o reator, $Q(kJ)$. A planilha deve ser testada usando as espécies e reações do Problema 9.24 e deve aparecer como mostrado abaixo. (Alguns dados de entrada são calculados e os resultados são apresentados.)

Problema 9.29						
Espécie	Fórmula	DHf	a	b	c	d
A	C2H4(v)	52,28	0,04075	11,47e-5	−6,891e-8	17,66e-12
B	H2O(v)					
C	C2H5OH(v)					
D	(C4H10)O(v)	−246,8	0,08945	40,33e-5	−2,244e-7	
I	N2(g)					
Tf	Tp	xA0	xB0	xI0	fA	YC
310	310	0,537	0,367	0,096	0,05	0,90
	n(entrada)	H(entrada)	n(saída)	H(saída)		
Espécie	(mol)	(kJ/mol)	(mol)	(kJ/mol)		
A						
B						
C						
D						
I						
Q(kJ)=	−1,31					

em que DHf [$= \Delta \hat{H}_f°(kJ/mol)$] representa o calor padrão de formação.

(c) Use o programa para calcular Q nas condições do reator mostradas na planilha, e depois para uma temperatura de alimentação de 175°C, mantendo todas as outras entradas. (A tabela de entalpias e o valor de Q devem se corrigir automaticamente quando um novo valor de T_f for inserido.) Imprima a saída do seu programa para a segunda temperatura de alimentação.

(d) Execute o programa para vários valores diferentes de T_p, f_A e Y_C. Resuma os efeitos de cada um desses parâmetros sobre Q e explique brevemente por que seus resultados fazem sentido.

9.30. Uma mistura gasosa contendo 85% molar de metano e o resto de oxigênio deve ser carregada em um recipiente de reação evacuado e bem isolado de 20 litros, a 25°C e 200 kPa. Uma resistência elétrica dentro do reator, que fornece calor com uma taxa de 100 watts, será ligada por 85 segundos e depois desligada. O formaldeído será produzido na reação

$$CH_4 + O_2 \rightarrow HCHO + H_2O$$

Os produtos da reação serão resfriados e descarregados do reator.

(a) Calcule a pressão máxima que o reator deve suportar, admitindo que não há reações paralelas. Se você estivesse encomendando o reator, por que especificaria uma pressão ainda maior? (Dê várias razões.)

(b) Por que deve ser adicionado calor à mistura reativa em vez de operar o reator adiabaticamente?

(c) Suponha que a reação transcorre como planejado, os produtos são analisados por cromatografia e é encontrado algum CO_2. De onde ele veio? Se você tivesse levado ele em conta, a pressão calculada na Parte (a) teria sido maior, menor ou você não saberia dizer sem fazer o cálculo completo?

9.31. O óxido de etileno é produzido pela oxidação catalítica do etileno:

$$C_2H_4(g) + \tfrac{1}{2}O_2(g) \rightarrow C_2H_4O(g)$$

Uma reação indesejada é a combustão do etileno para formar CO_2.

A alimentação do reator contém 2 mol C_2H_4/mol O_2. A conversão e o rendimento no reator são, respectivamente, 25% e 0,70 mol C_2H_4O produzidos/mol C_2H_4 consumido. Um processo de múltiplas unidades separa os componentes da corrente de saída do reator: o C_2H_4 e o O_2 são reciclados para o reator, o C_2H_4O é vendido e o CO_2 e a H_2O são descartados. As correntes de entrada e de saída do reator estão a 450°C, e a alimentação fresca e todas as espécies que saem do processo de separação estão a 25°C. A corrente combinada do reciclo e a alimentação fresca é preaquecida até 450°C.

(a) Tomando como base 2 mols de etileno na entrada do reator, desenhe e rotule um fluxograma do processo completo (mostre o processo de separação como uma única unidade) e calcule as quantidades molares e composições de todas as correntes do processo.

(b) Calcule as necessidades de calor (kJ) para o reator e para o processo inteiro.

Dados para óxido de etileno gasoso

$$\Delta\hat{H}_f^\circ = -51,00\ \text{kJ/mol}$$
$$C_p[\text{J/(mol·K)}] = -4,69 + 0,2061T - 9,995 \times 10^{-5}T^2$$

em que T está em kelvins.

(c) Calcule a vazão (kg/h) e a composição da alimentação fresca, a conversão global de etileno e as necessidades de calor do reator e do processo completo (kW) para uma taxa de produção de 1500 kg de C_2H_4O/dia. Explique brevemente as razões para se separar e reciclar a corrente etileno-oxigênio.

(d) Um dos atributos deste processo definido no enunciado do problema é extremamente irrealista. Qual deles é?

9.32. O cumeno $(C_6H_5C_3H_7)$ é produzido pela reação do benzeno com propileno $[\Delta\hat{H}_r^\circ(77°F) = -39.520\ \text{Btu}]$.

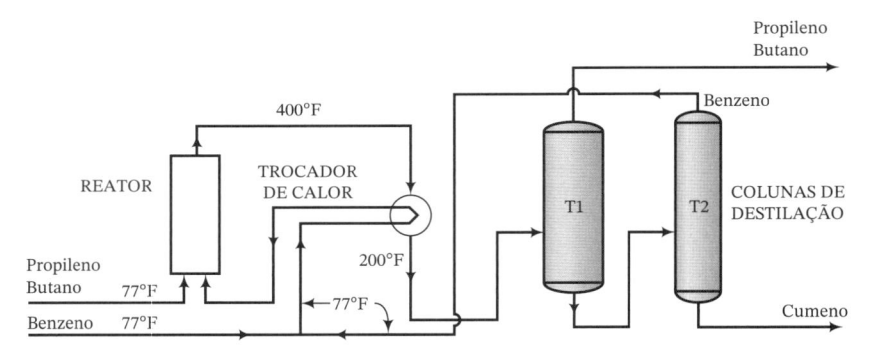

Uma alimentação líquida contendo 75% molar de propileno e 25% de n-butano e uma segunda corrente líquida contendo praticamente benzeno puro alimentam o reator. Benzeno novo e benzeno reciclado, ambos a 77°F, são misturados em uma razão 1 mol benzeno novo/3 mols reciclo e passados através de um trocador de calor, onde são aquecidos pelo efluente do reator antes de alimentar o próprio. O efluente do reator entra no trocador a 400°F e sai a 200°F. A pressão no reator é suficiente para manter líquida a corrente de efluente.

Após ser resfriado no trocador de calor, o efluente do reator alimenta uma coluna de destilação (T1). Todo o butano e o propileno não reagido são retirados como produto de topo da coluna, e o cumeno e o benzeno não reagido são removidos como produto de fundo e alimentam uma segunda coluna de destilação (T2), onde são separados. O benzeno que sai pelo topo da segunda coluna é o reciclo que é misturado com a alimentação fresca de benzeno. Do propileno que alimentou o processo, 20% não reagem e saem como produto de topo da primeira coluna de destilação. A taxa de produção do cumeno é 1200 lb_m/h.

(a) Calcule as vazões mássicas das correntes que alimentam o reator, a vazão molar e composição do efluente do reator e a vazão molar e composição do produto de topo da primeira coluna de destilação, T1.

(b) Calcule a temperatura da corrente de benzeno que entra no reator e a taxa necessária de adição ou remoção de calor do reator. Use as seguintes capacidades caloríficas aproximadas nos seus cálculos: $C_p[\text{Btu/(lb}_\text{m}\cdot°\text{F)}] = 0,57$ para o propileno, 0,55 para o butano, 0,45 para o benzeno e 0,40 para o cumeno.

(c) A maioria das pessoas não familiarizadas com a indústria de processos químicos imagina que engenheiros químicos são pessoas que lidam principalmente com reações químicas conduzidas em uma grande escala. Na verdade, na maioria dos processos industriais, um visitante da planta teria dificuldades para encontrar o reator em um labirinto de torres e tanques e tubos que foram adicionados ao projeto do processo para melhorar a lucratividade do processo. Explique brevemente como o trocador de calor, as duas colunas de destilação e a corrente de reciclo no processo do cumeno ajudam nesta função.

9.33. O etilbenzeno é convertido em estireno na reação de desidrogenação catalítica

$$C_8H_{10}(g) \rightarrow C_8H_8(g) + H_2: \quad \Delta H_r^\circ(600°C) = +124,5 \text{ kJ}$$

Um fluxograma de uma versão simplificada do processo comercial é mostrado aqui.

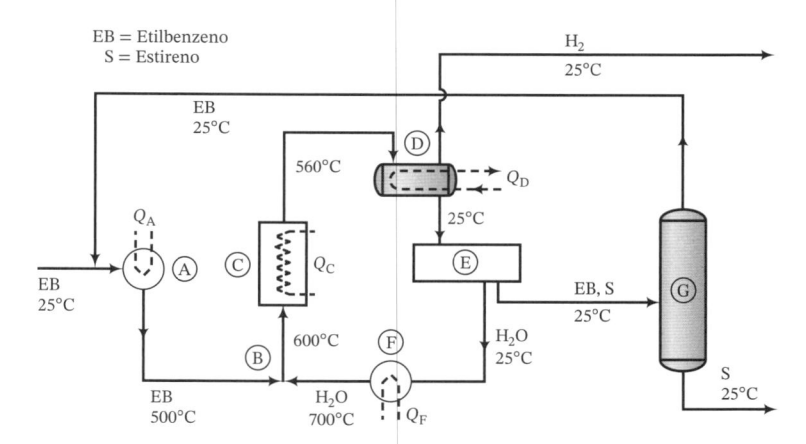

Etilbenzeno novo e reciclado são combinados e aquecidos de 25°C até 500°C Ⓐ, e a corrente aquecida é misturada adiabaticamente com vapor a 700°C Ⓑ para produzir a alimentação do reator a 600°C. (O vapor elimina reações paralelas indesejadas e remove o carbono depositado na superfície do catalisador.) Uma conversão em uma passagem de 35% é atingida no reator Ⓒ, e os produtos saem a 560°C. A corrente de produto é resfriada até 25°C Ⓓ, condensando toda a água, o etilbenzeno e o estireno, e permitindo a passagem do hidrogênio para ser recuperado como um subproduto do processo.

A água e os hidrocarbonetos líquidos são imiscíveis, e são separados em um tanque de decantação Ⓔ. A água é vaporizada e aquecida Ⓕ para produzir o vapor que se mistura ao etilbenzeno na alimentação do reator. A corrente de hidrocarbonetos que sai do decantador alimenta uma torre de destilação Ⓖ (na verdade, várias torres em série), que separa a mistura em estireno e etilbenzeno praticamente puros, cada um a 25°C após as etapas de resfriamento e condensação. O etilbenzeno é reciclado ao preaquecedor do reator e o estireno é retirado como produto.

(a) Calcule, na base de 100 kg/h de estireno produzido, a vazão necessária de etilbenzeno fresco, a vazão do etileno reciclado e a vazão de circulação da água, tudo em mol/h. (Considere $P = 1$ atm.)

(b) Calcule as taxas necessárias de adição ou remoção de calor em kJ/h para o preaquecedor de etilbenzeno Ⓐ, o gerador de vapor Ⓕ e o reator (C).

(c) Sugira algumas maneiras possíveis de melhorar a economia energética do processo.

Dados de Propriedades Físicas

Etilbenzeno:
$$(C_p)_{\text{líquido}} = 182 \text{ J/(mol·°C)}$$
$$(\Delta \hat{H}_v) = 36,0 \text{ kJ/mol a } 136°C$$
$$(C_p)_{\text{vapor}}[\text{J/(mol·°C)}] = 118 + 0,30T(°C)$$

Estireno:
$$(C_p)_{\text{líquido}} = 209 \text{ J/(mol·°C)}$$
$$(\Delta \hat{H}_v) = 37,1 \text{ kJ/mol a } 145°C$$
$$(C_p)_{\text{vapor}}[\text{J/(mol·°C)}] = 115 + 0,27T(°C)$$

9.34. O formaldeído é produzido pela decomposição do metanol sobre um catalisador de prata:

$$CH_3OH \rightarrow HCHO + H_2$$

Para fornecer o calor para esta reação endotérmica, algum oxigênio é incluído na alimentação do reator, levando à combustão parcial do hidrogênio produzido na decomposição do metanol.

A alimentação de um reator adiabático de produção de formaldeído é obtida borbulhando-se uma corrente de ar a 1 atm através de metanol líquido. O ar sai do vaporizador saturado com metanol e contém 42% de metanol em volume. A corrente passa então através de um aquecedor, no qual a temperatura é elevada até 145°C. Para evitar a desativação do catalisador, a temperatura máxima atingida no reator deve estar limitada a 600°C. Com este propósito, vapor saturado a 145°C é misturado à corrente de ar-metanol, e esta corrente combinada entra no reator. Uma conversão fracional de metanol de 70,0% é atingida no reator, e o produto gasoso contém 5,00% molar de hidrogênio. O produto gasoso é resfriado até 145°C em um refervedor de calor perdido, no qual é gerado vapor saturado a 3,1 bar a partir de água líquida a 30°C. Várias unidades de absorção e destilação seguem o refervedor de calor perdido, e o formaldeído é finalmente recuperado em uma solução aquosa contendo 37,0% em peso de HCHO. A planta é projetada para produzir 36 quilotoneladas métricas desta solução por ano, operando 350 dias/ano.

(a) Desenhe o fluxograma do processo e rotule-o completamente. Mostre a série de unidades de destilação e absorção como uma única unidade, com o produto gasoso do reator e água adicional entrando e a solução e formaldeído e uma corrente gasosa contendo metanol, oxigênio, nitrogênio e hidrogênio saindo.

(b) Calcule a temperatura de operação do vaporizador de metanol.

(c) Calcule a vazão necessária de alimentação (kg/h) de vapor no reator e a vazão e composição molares do produto gasoso.

(d) Calcule a taxa (kg/h) na qual o vapor é gerado no refervedor de calor perdido.

(e) Vapor saturado suficiente foi adicionado à alimentação do reator para manter a temperatura de saída do reator a 600°C. Explique em suas próprias palavras (i) por que adicionar vapor abaixa a temperatura de saída, e (ii) as desvantagens econômicas de temperaturas de saída mais altas e mais baixas.

9.35. A síntese de cloreto de etila é realizada reagindo-se etileno com cloreto de hidrogênio na presença de um catalisador de cloreto de alumínio:

$$C_2H_4(g) + HCl(g) \xrightarrow{\text{catalisador}} C_2H_5Cl(g): \quad \Delta H_r(0°C) = -64,5 \text{ kJ}$$

Dados do processo e um fluxograma simplificado aparecem abaixo.

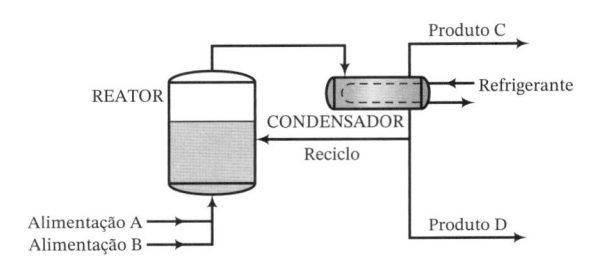

Dados
Reator: adiabático, temperatura de saída = 50°C
Alimentação A: 100% HCl(g), 0°C
Alimentação B: 93% molar C_2H_4, 7% C_2H_6, 0°C
Produto C: consiste em 1,5% HCl, 1,5% C_2H_4 e todo o C_2H_6 que entra no reator
Produto D: 1600 kg $C_2H_5Cl(l)$/h, 0°C
Reciclo ao reator: $C_2H_5Cl(l)$/h, 0°C
C_2H_5Cl: $\Delta \hat{H}_v = 24,7$ kJ/mol (considerado independente de T)
$(C_p)_{C2H5Cl(v)}[kJ/(mol·°C)] = 0,052 + 8,7 \times 10^{-5}T(°C)$

A reação é exotérmica, e se o calor de reação não for removido de alguma forma, a temperatura do reator poderá aumentar até um nível indesejavelmente alto. Para evitar isto, a reação é conduzida com o catalisador suspenso em cloreto de etila líquido. À medida que a reação transcorre, a maior parte do calor liberado é usado para vaporizar o líquido, possibilitando manter a reação a 50°C ou abaixo disso.

A corrente que sai do reator contém o cloreto de etila formado pela reação e o vaporizado no reator. Esta corrente passa através de um trocador de calor onde é resfriada até 0°C, condensando praticamente todo o cloreto de etila e deixando apenas o C_2H_4 e o HCl não reagidos, junto com o C_2H_6 na fase gasosa. Uma parte do condensado líquido é reciclado ao reator com uma vazão igual à taxa de vaporização do cloreto de etila, e o resto é retirado como produto. Nas condições do processo, os calores de mistura e a influência da pressão sobre a entalpia podem ser desprezados.

(a) Com que vazão (kmol/h) as duas correntes de alimentação entram no processo?

(b) Calcule a composição (frações molares dos componentes) e vazão molar da corrente de produto C.

(c) Escreva um balanço de energia em torno do reator e use-o para determinar a vazão na qual o cloreto de etila deve ser reciclado.

(d) Foram feitas várias suposições simplificadoras na descrição do processo e na análise dos sistema do processo, de forma que os resultados obtidos usando uma simulação mais realista devem diferir consideravelmente daquele que você obteve nas Partes (a) até (c). Enumere tantas destas suposições quantas possa imaginar.

*9.36. Biodiesel — uma alternativa sustentável ao diesel de petróleo como um combustível para transporte — é produzido via a transesterificação de moléculas de triglicerídeos derivadas de óleos vegetais ou gorduras animais. Para cada 9 kg de biodiesel produzido neste processo, 1 kg de glicerina (glicerol), $C_3H_8O_3$, é produzido como um subproduto. Encontrar um mercado para a glicerina é importante para que a indústria do biodiesel seja economicamente viável.

Um processo para conversão da glicerina no industrialmente importante intermediário químico acroleína, C_3H_4O, e hidroxiacetona, $C_3H_6O_2$, foi proposto.[13]

$$C_3H_8O_3 \rightarrow C_3H_4O + 2H_2O$$

$$C_3H_8O_3 \rightarrow C_3H_6O_2 + H_2O$$

As reações ocorrem na fase vapor a 325°C em um reator de leito fixo sobre um catalisador ácido. A alimentação do reator é uma corrente vapor a 325°C contendo 25% molar de glicerina, 25% de água e o balanço de nitrogênio. Toda a glicerina é consumida no reator e a corrente de produto contém acroleína e hidroxiacetona em uma proporção molar de 9:1. Dados para as espécies do processo são mostrados abaixo.

Espécies	$\Delta \hat{H}_f^\circ$(kJ/mol)	C_p[kJ/(mol·°C)]
glicerina(v)	−620	0,1745
acroleína(v)	−65	0,0762
hidroxiacetona(v)	−372	0,1096
água(v)	−242	0,0340
nitrogênio(g)	0	0,0291

(a) Assuma uma base de 100 mols de alimentação para o reator, desenhe e rotule completamente um fluxograma. Execute uma análise de graus de liberdade assumindo que você usará extensões da reação para os balanços materiais. Calcule então as quantidades molares de todas as espécies do produto.

(b) Calcule o calor total adicionado ou removido do reator (indique qual o caso), usando as capacidades caloríficas constantes fornecidas na tabela acima.

(c) Assumindo que este processo seja implementado em paralelo à produção de biodiesel, como você determinaria se o biodiesel é uma alternativa economicamente viável ao diesel do petróleo?

(d) Se você fizer uma análise de graus de liberdade baseada em balanços de espécies atômicas, você provavelmente deverá contar uma equação a mais do que você tem de incógnitas e, mesmo assim, você sabe que o sistema tem zero graus de liberdade. Tente descobrir qual é o problema e então prove.

9.37. A amônia é oxidada em um reator contínuo bem isolado:

$$4NH_3(g) + 5O_2(g) \rightarrow 4NO(g) + 6H_2O(v): \quad \Delta H_r^\circ = -904,7 \text{ kJ}$$

A corrente de alimentação entra a 200°C e o produto sai na temperatura $T_{\text{saída}}$(°C). A tabela de entalpias de entrada-saída para o reator aparece a seguir:

Referências: $NH_3(g)$, $O_2(g)$, $NO(g)$, $H_2O(v)$ a 25°C, 1 atm

Substância	$\dot{n}_{\text{entrada}}$ (mol/s)	$\hat{H}_{\text{entrada}}$ (kJ/mol)	$\dot{n}_{\text{saída}}$ (mol/s)	$\hat{H}_{\text{saída}}$ (kJ/mol)
$NH_3(g)$	4,00	$\hat{H}_1$	—	—
$O_2(g)$	6,00	$\hat{H}_2$	$\dot{n}_3$	$\hat{H}_3$
$NO(g)$	—	—	$\dot{n}_4$	$\hat{H}_4$
$H_2O(v)$	—	—	$\dot{n}_5$	$\hat{H}_5$

(a) Desenhe e rotule um fluxograma do processo e calcule as quantidades molares dos componentes da corrente de produto e a extensão da reação, ξ. Preencha os valores de $\dot{n}_3$, $\dot{n}_4$ e $\dot{n}_5$ na tabela de entalpias.

---

*Adaptado de um problema proposto por Jeffrey Seay da *University of Kentucky*.
[13]J. Seay e M. J. Eden, "Incorporating Environmental Impact Assessment into Conceptual Process Design," *J. Environmental Progress & Sustainable Energy*, **28**, 30 (2009).

(b) O balanço de energia para este reator se reduz a $\Delta \dot{H} \approx 0$. Enumere as suposições que devem ser feitas para obter este resultado.

(c) Calcule os valores de $\hat{H}_1$ e $\hat{H}_2$ e escreva expressões para $\hat{H}_3$, $\hat{H}_4$ e $\hat{H}_5$ em termos da temperatura de saída, $T_{saída}$ e das fórmulas de capacidade calorífica na Tabela B.2. Calcule então $T_{saída}$ a partir do balanço de energia, usando uma planilha. (Veja o Exemplo 9.5-3.)

(d) Um engenheirao de projeto obteve uma estimativa preliminar da temperatura de saída do reator usando apenas os primeiros termos das fórmulas das capacidades caloríficas na Tabela B.2. [Por exemplo, $(C_p)_{NH_3} \approx 0,03515$ kJ/(mol.°C).] Que valor ela calculou? Tomando o resultado da Parte (c) como correto, determine a porcentagem de erro em $T_{saída}$ da Parte (d) que resulta do uso das fórmula de capacidade calorífica de um termo.

(e) A estimativa preliminar de $T_{saída}$ da Parte (d) foi usada por engano como base para o projeto e a construção do reator. Foi um erro perigoso do ponto de vista da segurança do reator ou, ao contrário, diminuiu o potencial de risco? Explique.

9.38. O coque pode ser convertido em CO — um gás combustível — na reação

$$CO_2(g) + C(s) \rightarrow 2CO(g)$$

Um coque que contém 84% de carbono em massa e o resto de cinzas não combustíveis alimenta um reator com uma quantidade estequiométrica de CO_2. O coque entra a 77°F e o CO_2 entra a 400°F. Transfere-se calor ao reator na quantidade de 5859 Btu/lb$_m$ de coque na alimentação. Os produtos gasosos e os efluentes sólidos do reator (as cinzas e o carbono não queimado) saem do reator a 1830°F. A capacidade calorífica do sólido é 0,24 Btu/(lb$_m$·°F).

(a) Calcule a porcentagem de conversão do carbono no coque.

(b) O monóxido de carbono produzido desta maneira pode ser usado como combustível para aquecimento residencial, como também o coque. Pense sobre as vantagens e desvantagens de se usar o gás. (Existem várias de cada uma.)

*9.39. *Células combustível de óxido sólido* (SOFC) têm sido propostas como uma tecnologia alternativa de geração de energia para uso em aplicações estacionárias de grande porte (1 a10 MW de potência elétrica). Estes dispositivos possuem um material cerâmico condutor de íons (como zircônia estabilizada por ítria) como a membrana que separa o anodo do catodo e operam tipicamente a 500-1000°C. Existem duas vantagens de se operar células combustível a temperaturas tão altas: Elas podem ser alimentadas diretamente por combustíveis em vez de hidrogênio, incluindo monóxido de carbono (que envenena o catalisador de platina nas células combustível de baixa temperatura) e hidrocarbonetos, o calor produzido pelas ineficiências da célula combustível pode ser recuperado e usado em outro ponto da planta.

Na SOFC mostrada na figura que segue, uma mistura contendo 75% molar de hidrogênio e balanço de monóxido de carbono reage com oxigênio do ar para produzir água e dióxido de carbono mais eletricidade em corrente contínua (CC). O processo global é mostrado no seguinte diagrama esquemático e um dispositivo consistindo em 10 células unitárias empilhadas em série é mostrado no Problema 9.19.

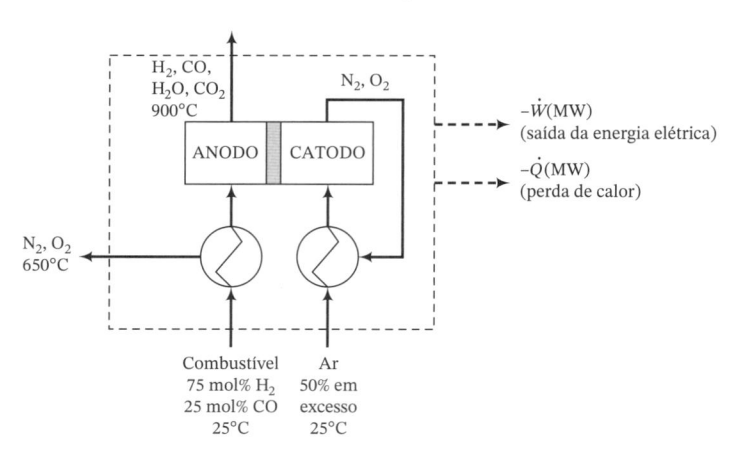

O processo funciona como segue:

• Hidrogênio e monóxido de carbono a 25°C são preaquecidos e alimentados aos compartimentos do anodo das células unitárias, onde eles se combinam com íons de oxigênio que vieram através das membranas que separam os eletrodos e formam água e dióxido de carbono mais elétrons livres. As membranas são permeáveis a íons oxigênio, mas impermeáveis a elétrons. As conversões fracionais do H$_2$ e CO são 95,0% cada. Os produtos da reação e combustível não consumidos são transportados dos compartimentos do anodo para um incinerador.

---

*Adaptado de um problema proposto por Jason M. Keith da *Mississippi State University*.

- Os elétrons gerados em todos, menos no último dos anodos de cada célula, fluem através de uma placa condutora para o catodo da célula adjacente. Os elétrons da última célula fluem através de um circuito externo que entrega eletricidade para os dispositivos sendo alimentados pela célula combustível e se conecta de volta ao catodo da primeira célula.
- Ar com 50% de excesso a 25°C é preaquecido e alimentado ao catodo de cada célula, onde o oxigênio do ar reage com os elétrons entrando o catodo para produzir íons oxigênio que permeiam através da membrana até o anodo da célula. As correntes de saída dos catodos são combinadas e passam através dos preaquecedores de ar e combustível antes de serem descartadas para a atmosfera.

As seguintes reações ocorrem na SOFC:

$$\text{Anodo:} \quad 2H_2 + 2O^{-2} \rightarrow 2H_2O + 4e^-$$
$$2CO + 2O^{-2} \rightarrow 2CO_2 + 4e^-$$
$$\text{Catodo:} \quad O_2 + 4e^- \rightarrow 2O^{-2}$$
$$\text{Geral:} \quad 2H_2 + O_2 \rightarrow 2H_2O$$
$$2CO + O_2 \rightarrow 2CO_2$$

Uma SOFC de 1,00 MW (máximo) é usada para alimentar um prédio de escritórios que tem a seguinte demanda média de energia elétrica para cada inquilino quando o prédio está ocupado.

Item	Unidades	Alimentação (W)/unidades
Luzes	120	33
Computadores	30	125
Monitores	30	80
Fotocopiadoras	1	800
Refrigeradores	1	200

Após o horário comercial, uma média de 5 computadores, 5 monitores e refrigerador são deixados ligados por cada inquilino.

(a) Determine o número total de inquilinos no prédio de escritórios que pode ser alimentado pela SOFC de 1,00 MW.

(b) Determine a perda de calor da célula combustível em kW quando a célula está funcionando a plena carga de 1 MW, assumindo uma eficiência térmica de 60% (isto é, a saída de potência elétrica corresponde a 60% da taxa total de variação de entalpia para a unidade).

(c) As conversões fracionais do CO e H_2 alimentados na célula são de 95% cada. Determine a vazão molar de entrada do combustível necessária. (*Sugestão:* Comece tomando como base 100 mols de combustível e então escalone o processo para a saída elétrica especificada de 1,00 MW. Não se esqueça que você sabe a eficiência térmica do processo.)

(d) Calcule a vazão molar de entrada do combustível necessária para as horas depois do horário comercial.

9.40. A síntese de metanol a partir de monóxido de carbono e hidrogênio é conduzida em um reator contínuo em fase vapor a 5,00 atm absolutas. A alimentação contém CO e H_2 na proporção estequiométrica e entra no reator a 25°C e 5,00 atm, com uma vazão de 21,1 m³/h. A corrente de produto sai do reator a 127°C. A taxa de transferência de calor do reator é 21,0 kW. Calcule a conversão fracional atingida e a vazão volumétrica (m³/h) da corrente de produto. (Veja o Exemplo 9.5-4.)

9.41. O dissulfeto de carbono, um componente essencial na fabricação de fibras de rayon, é produzido na reação entre metano e vapor de enxofre sobre um catalisador de óxido metálico:

$$CH_4(g) + 4S(v) \rightarrow CS_2(g) + 2H_2S(g)$$
$$\Delta H_r(700°C) = -274 \text{ kJ}$$

O metano e o enxofre fundido, ambos a 150°C, alimentam um trocador de calor na proporção estequiométrica. Troca-se calor entre as correntes de alimentação e de produto do reator, e o enxofre na alimentação é vaporizado. O metano e o enxofre gasosos saem do trocador e passam a um segundo preaquecedor, no qual são aquecidos até 700°C, temperatura na qual entram no reator. Transfere-se calor do reator com uma taxa de 41,0 kJ/mol de alimentação. Os produtos da reação saem a 800°C, passam pelo trocador de calor e saem a 200°C, com o enxofre líquido. Use os dados de capacidade calorífica seguintes para realizar os cálculos: $C_p[\text{J/(mol·°C)}] \approx 29,4$ para o S(l), 36,4 para o S(v), 71,4 para o CH_4(g), 31,8 para o CS_2 e 44,8 para o H_2S(g).

(a) Estime a conversão fracional atingida no reator. Em cálculos de entalpia, tome as espécies da alimentação e do produto a 700°C como referências.

(b) Suponha que o calor de reação a 700°C não tivesse sido dado. O que teria sido diferente na sua solução para a Parte (a)? (Seja minucioso na sua explanação.) Esquematize os caminhos do processo da alimentação aos produtos incluídos nos cálculos da Parte (a) e nos seus cálculos alternativos. Explique por que o resultado seria o mesmo independente do método usado por você.

(c) Sugira um meio de melhorar a economia de energia deste processo.

9.42. A constante de equilíbrio para a reação de desidrogenação do etano

$$C_2H_6(g) \rightleftharpoons C_2H_4(g) + H_2(g)$$

é definida como

$$K_p(\text{atm}) = \frac{y_{C_2H_4} y_{H_2}}{y_{C_2H_6}} P$$

em que $P(\text{atm})$ é a pressão total e y_i é a fração molar da i-ésima substância em uma mistura em equilíbrio. A constante de equilíbrio varia com a temperatura de acordo com a fórmula determinada experimentalmente

$$K_p(T) = 7{,}28 \times 10^6 \exp[-17.000 / T(\text{K})] \tag{1}$$

O calor de reação a 1273 K é +145,6 kJ, e as capacidades caloríficas das espécies reativas podem ser aproximadas pelas fórmulas

$$\left.\begin{array}{l} (C_p)_{C_2H_4} = 9{,}419 + 0{,}1147\,T(\text{K}) \\ (C_p)_{H_2} = 26{,}90 + 4{,}167 \times 10^{-3}\,T(\text{K}) \\ (C_p)_{C_2H_6} = 11{,}35 + 0{,}1392\,T(\text{K}) \end{array}\right\} [\text{J/(mol·K)}]$$

Suponha que etano puro alimenta um reator adiabático contínuo a pressão constante a 1273 K e pressão $P(\text{atm})$, os produtos saem a $T_f(\text{K})$ e $P(\text{atm})$, e o tempo de residência da mistura reativa no reator é suficientemente grande para que a corrente de saída possa ser considerada uma mistura em equilíbrio de etano, etileno e hidrogênio.

(a) Prove que a conversão fracional do etano no reator é

$$f = \left(\frac{K_p}{P + K_p}\right)^{1/2} \tag{2}$$

(b) Escreva um balanço de energia no reator e use-o para provar que

$$f = \frac{1}{1 + \phi(T_f)} \tag{3}$$

em que

$$\phi(T_f) = \frac{\Delta H_r(1273\text{ K}) - \displaystyle\int_{T_f}^{1273\text{K}} [(\nu C_p)_{C_2H_4} + (\nu C_p)_{H_2}]\, dT}{\displaystyle\int_{T_f}^{1273\text{K}} (\nu C_p)_{C_2H_6}\, dT} \tag{4}$$

Finalmente, substitua ΔH_r e as capacidades caloríficas na Equação 4 para deduzir uma expressão explícita para $\phi(T_f)$.

(c) Temos agora duas expressões para a conversão fracional f: as Equações 2 e 3. Se estas expressões são igualadas, K_p é substituída pela expressão da Equação 1 e $\phi(T_f)$ é substituída pela expressão deduzida na Parte (b), o resultado é uma única equação com uma única incógnita, T_f. Deduza esta expressão e arranje-a para obter uma expressão da forma

$$\psi(T_f) = 0 \tag{5}$$

(d) Escreva uma planilha que use P como entrada, resolva a Equação 5 para T_f (use 'Atingir Meta' ou Solver) e determine a conversão fracional final, f. (*Sugestão:* Monte colunas para P, T_f, f, K_p, ϕ e ψ.) Execute o programa para $P(\text{atm}) = 0{,}01$; 0,05; 0,10; 0,50; 1,0; 5,0 e 10,0. Trace os gráficos T_f versus P e f versus P, usando uma escala logarítmica para P.

9.43. Você está aferindo o desempenho de um reator no qual é produzido acetileno a partir de metano na reação

$$2CH_4(g) \rightarrow C_2H_2(g) + 3H_2(g)$$

Uma reação paralela indesejada é a decomposição do acetileno:

$$C_2H_2(g) \rightarrow 2C(s) + H_2(g)$$

O metano alimenta o reator a 1500°C com uma vazão de 10,0 mol CH_4/s. Transfere-se calor ao reator com uma taxa de 975 kW. A temperatura do produto é 1500°C e a conversão fracional do metano é 0,600. Um fluxograma do processo e uma tabela de entalpias são mostrados abaixo.

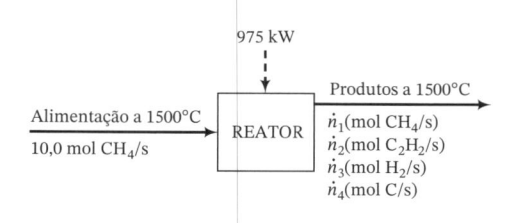

Referências: C(s), H_2(g), a 25°C, 1 atm

Substância	$\dot{n}_{entrada}$ (mol/s)	$\hat{H}_{entrada}$ (kJ/mol)	$\dot{n}_{saída}$ (mol/s)	$\hat{H}_{saída}$ (kJ/mol)
CH_4	10,0	41,65	$\dot{n}_1$	$\hat{H}_1$
C_2H_2	—	—	$\dot{n}_2$	$\hat{H}_2$
H_2	—	—	$\dot{n}_3$	$\hat{H}_3$
C	—	—	$\dot{n}_4$	$\hat{H}_4$

(a) Usando as capacidades caloríficas dadas abaixo para os cálculos de entalpia, escreva e resolva os balanços de massa e o balanço de energia para determinar as vazões dos componentes no produto e o rendimento de acetileno (mol C_2H_2 produzido/mol CH_4 consumido).

$$CH_4(g): \quad C_p \approx 0{,}079 \text{ kJ/(mol·°C)}$$
$$C_2H_2(g): \quad C_p \approx 0{,}052 \text{ kJ/(mol·°C)}$$
$$H_2(g): \quad C_p \approx 0{,}031 \text{ kJ/(mol·°C)}$$
$$C(s): \quad C_p \approx 0{,}022 \text{ kJ/(mol·°C)}$$

Por exemplo, a entalpia específica do metano a 1500°C em relação ao metano a 25°C é [0,079 kJ/(mol·°C)](1500°C − 25°C) = 116,5 kJ/mol.

(b) A eficiência do reator pode ser definida como a razão (rendimento real de acetileno/rendimento de acetileno sem a reação paralela). Qual é a eficiência do reator para este processo?

(c) O *tempo de residência médio* no reator [τ(s)] é a média do tempo gasto pelas moléculas de gás no reator indo da entrada para a saída. Quanto mais τ aumenta, maior a extensão da reação para todas as reações ocorrendo no processo. Para uma dada taxa de alimentação, τ é proporcional ao volume do reator e inversamente proporcional à vazão da corrente de alimentação.

  (i) Se o tempo de residência médio aumenta até infinito, o que você esperaria encontrar na corrente de produto? Explique.

  (ii) Alguém propôs conduzir o processo com uma taxa de alimentação muito maior que aquela usada na Parte (a), separando os produtos dos reagentes não consumidos e reciclando os reagentes. Por que você esperaria que este projeto do processo aumentasse a eficiência do reator? O que mais você precisaria saber para determinar se o novo projeto seria economicamente interessante?

9.44. O hidrogênio é produzido na reforma a vapor do propano:

$$C_3H_8(g) + 3H_2O(v) \rightarrow 3CO(g) + 7H_2(g)$$

A reação de deslocamento de gás d'água acontece também no reator, levando à formação de hidrogênio adicional:

$$CO(g) + H_2O(v) \rightarrow CO_2(g) + H_2(g)$$

A reação é conduzida sobre um catalisador de níquel dentro dos tubos de um reator de casco e tubo. A alimentação do reator contém vapor e propano na proporção molar 6:1 a 125°C, e os produtos saem a 800°C. O vapor em excesso na mistura assegura o consumo completo do propano. Adiciona-se calor à mistura reativa fazendo-se passar um gás quente de uma caldeira próxima pelo exterior dos tubos que contêm o catalisador. O gás é alimentado a 4,94 m^3/mol C_3H_8, entrando na unidade a 1400°C e 1 atm e saindo a 900°C. A unidade pode ser considerada adiabática.

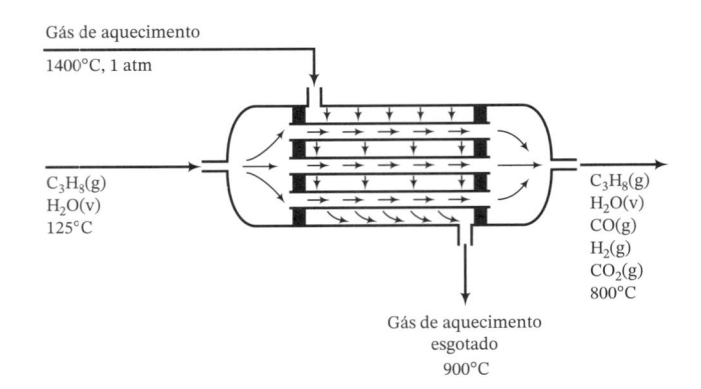

(a) Calcule a composição molar do produto gasoso, admitindo que a capacidade calorífica do gás de aquecimento é 0,04 kJ/(mol·°C).

(b) A reação é exotérmica ou endotérmica? Explique como você sabe. Explique ainda como conduzir a reação em um reator-trocador de calor melhora a economia do processo.

9.45. Em um processo de **gaseificação de carvão**, o carbono (principal constituinte do carvão) reage com vapor para produzir monóxido de carbono e hidrogênio (*gás de síntese*). O gás pode ser queimado ou submetido a processamento posterior para produzir uma grande variedade de produtos químicos.

Um carvão contém 10,5% em peso de umidade (água) e 22,6% em peso de cinzas não combustíveis. A fração remanescente do carvão contém 81,2% em peso de C, 13,4% em peso de O e 5,4% em peso de H. Uma lama de carvão contendo 2,00 kg de carvão/kg de água alimenta, a 25°C, um reator de gaseificação adiabático junto com uma corrente de oxigênio puro na mesma temperatura. As seguintes reações ocorrem no reator:

$$C(s) + H_2O(v) \rightarrow CO(g) + H_2(g): \quad \Delta H_r^\circ = +131,3 \text{ kJ} \tag{1}$$

$$C(s) + O_2(g) \rightarrow CO_2(g): \quad \Delta H_r^\circ = -393,5 \text{ kJ} \tag{2}$$

$$2H(\text{no carvão}) + \tfrac{1}{2}O_2(g) \rightarrow H_2O(v): \quad \Delta H_r^\circ \approx -242 \text{ kJ} \tag{3}$$

A saída do reator consiste em gás e escória (cinzas fundidas) a 2500°C. O gás contém CO, H_2, CO_2 e H_2O.[14]

(a) A adição de oxigênio ao reator diminui o rendimento do gás de síntese, mas nenhum gaseificador sequer opera sem oxigênio suplementar. Por que o oxigênio diminui o rendimento? Por que ele, apesar disso, é sempre fornecido? (*Dica:* Toda informação necessária está nas primeiras duas equações estequiométricas e nos calores de reação associados mostrados anteriormente.)

(b) Suponha que o oxigênio gasoso fornecido ao reator e o oxigênio no carvão se combinam com todo o hidrogênio no carvão (Reação 3) e com parte do carbono (Reação 2), e que o restante do carbono é consumido na Reação 1. Tomando como base 1,00 kg de carvão na alimentação do reator e fazendo n_0 os mols de O_2 fornecidos, desenhe e rotule um fluxograma. Deduza então expressões para as vazões molares das quatro espécies no gás de saída em termos de n_0. [Solução parcial: $n_{H_2} = (51,3 - n_0)$ mol H_2.]

(c) O calor padrão da combustão do carvão foi determinado como -21.400 kJ/kg, tomando $CO_2(g)$ e $H_2O(l)$ como os produtos de combustão. Use este valor e a composição elementar dada do carvão para provar que o calor padrão de formação do carvão é -1510 kJ/kg. Use então um balanço de energia para calcular n_0, usando as seguintes capacidades caloríficas aproximadas nos seus cálculos:

Espécie	O_2	CO	H_2	CO_2	$H_2O(v)$	Escória(l)
C_p[kJ/(mol·°C)]	0,0336	0,0332	0,0300	0,0508	0,0395	—
C_p[kJ/(kg·°C)]	—	—	—	—	—	1,4

Considere o calor de fusão das cinzas (o calor necessário para converter as cinzas em escória) como 710 kJ/kg.

---

[14]Em um reator de gaseificação real, o enxofre no carvão formaria sulfeto de hidrogênio no gás de produto, o nitrogênio no carvão formaria N_2, parte do monóxido de carbono formado na primeira reação reagiria com o vapor para formar dióxido de carbono e mais hidrogênio, e parte do carbono no carvão reagiria com hidrogênio para formar metano. Por simplicidade, estamos ignorando essas reações.

9.46. Cinco metros cúbicos de uma solução aquosa de ácido sulfúrico 1,00 molar (DR = 1,064) são armazenados a 25°C. Use os dados das Tabelas B.1 e B.11 para calcular o calor padrão de formação da solução em kJ/mol de H_2SO_4 em relação aos elementos do soluto e à água, e a entalpia total da solução em relação às mesmas condições de referência.

9.47. Calcule o calor padrão (kJ/mol) da reação de neutralização entre soluções de ácido clorídrico diluído e hidróxido de sódio diluído, considerando o calor de solução do NaCl como +4,87 kJ/mol. Calcule então o calor padrão da reação entre o cloreto de hidrogênio gasoso e o hidróxido de sódio sólido para formar cloreto de sódio sólido e água líquida. Qual é o significado físico da diferença entre os dois valores calculados?

9.48. Uma solução aquosa de ácido sulfúrico 10,0% molar (DR = 1,27) deve ser titulada até a neutralidade a 25°C com uma solução de soda cáustica (hidróxido de sódio) 3,00 molar (DR = 1,13):

$$H_2SO_4(aq) + 2NaOH(aq) \rightarrow Na_2SO_4(aq) + 2H_2O(l)$$

(a) Calcule a razão volumétrica necessária (cm^3 de solução de soda cáustica/cm^3 de solução ácida).

(b) Calcule os calores padrões de formação (kJ/mol de soluto) de cada uma das três soluções envolvidas no processo e o calor liberado (kJ/cm^3 de solução ácida neutralizada) se os reagentes e produtos estão todos a 25°C. O calor de solução do sulfato de sódio é −1,17 kJ/mol. Assuma $Q = \Delta H$ para este processo. (Veja o Exemplo 9.5-5.)

9.49. A maior parte do hidróxido de sódio e de cloro produzido no mundo é obtida pela eletrólise da salmoura:

$$NaCl(aq) + H_2O(l) \rightarrow \tfrac{1}{2} H_2(g) + \tfrac{1}{2} Cl_2(g) + NaOH(aq)$$

(a) Determine os calores padrão de formação do NaCl(aq) e NaOH(aq) e depois o calor padrão da reação da eletrólise da salmoura. O calor padrão de solução do NaCl é $\Delta \hat{H}_s(r = \infty) = +4,87$ kJ/mol NaCl.

(b) Vários anos atrás, a produção anual de cloro nos Estados Unidos era de aproximadamente 8800 quilotoneladas métricas. Calcule as necessidades de energia em MW·h/ano correspondentes a esta taxa de produção, admitindo que todo o cloro é produzido por eletrólise a 25°C e que a energia necessária é igual a ΔH para o processo.

9.50. Cloreto de cálcio é um sal usado em um número de aplicações alimentares e médicas e em salmouras para sistemas de refrigeração. Sua propriedade mais característica é a afinidade com a água: na forma anidra ele absorve eficientemente vapor d'água de gases e a partir de soluções líquidas aquosas ele pode formar (em diferentes condições) hidrato de cloreto de cálcio ($CaCl_2 \cdot H_2O$), di-hidrato ($CaCl_2 \cdot 2H_2O$), tetraidrato ($CaCl_2 \cdot 4H_2O$) e hexaidrato ($CaCl_2 \cdot 6H_2O$).

Você foi incumbido de determinar o calor padrão da reação na qual o cloreto de cálcio hexaidratado é formado a partir do cloreto de cálcio anidro:

$$CaCl_2(s) + 6H_2O(l) \rightarrow CaCl_2 \cdot 6H_2O(s): \quad \Delta H_r^\circ (kJ) = ?$$

Por definição, a quantidade desejada é o *calor de hidratação* do cloreto de cálcio hexaidratado. Você não pode conduzir a reação de hidratação diretamente, de forma que opta por desenvolver um método indireto. Primeiro você dissolve 1,00 mol $CaCl_2$ anidro em 10,0 mol de água em um calorímetro e encontra que 64,85 kJ de calor devem ser transferidos do calorímetro para manter a temperatura da solução em 25°C. Depois, você dissolve 1,00 mol do sal hexaidratado em 4,00 mols de água e encontra que 32,1 kJ de calor devem ser transferidos ao calorímetro para manter a temperatura em 25°C.

(a) Use estes resultados para calcular o calor de hidratação desejado. (*Sugestão:* Comece por escrever as equações estequiométricas dos dois processos de dissolução.)

(b) Calcule o calor padrão de formação do $CaCl_2$(aq, $r = 10$) em kJ, em relação a Ca(s), Cl_2(g) e H_2O(l) a 25°C.

(c) Especule sobre por que o calor padrão de reação na formação do hexaidrato de cloreto de cálcio não pode ser medido diretamente reagindo-se o sal anidro com água em um calorímetro.

9.51. Uma solução aquosa diluída de ácido sulfúrico a 25°C é usada para absorver amônia em um reator contínuo, produzindo o fertilizante sulfato de amônia:

$$2NH_3(g) + H_2SO_4(aq) \rightarrow (NH_4)_2SO_4(aq)$$

(a) Se a amônia entra no absorvedor a 75°C, o ácido sulfúrico entra a 25°C e a solução produto sai a 25°C, quanto calor deve ser removido da unidade por mol de $(NH_4)_2SO_4$ produzido? (Todas as propriedades físicas necessárias podem ser encontradas no Apêndice B.)

(b) Estime a temperatura final se o reator da Parte (a) é adiabático e a solução produto contém 1,00% molar de sulfato de amônia. Admita que a capacidade calorífica da solução é a da água líquida pura [4,184 kJ/(kg·°C)].

(c) Em um reator real (imperfeitamente isolado), a temperatura da solução final seria menor, maior ou igual ao valor calculado na Parte (b), ou não há como dizer sem mais informação? Explique resumidamente sua resposta.

9.52. Uma solução 2,00% molar de ácido sulfúrico é neutralizada com uma solução 5,00% molar de hidróxido de sódio em um reator contínuo. Todos os reagentes entram a 25°C. O calor padrão de solução do sulfato de sódio é $-1,17$ kJ/mol Na_2SO_4, e as capacidades caloríficas de todas as soluções podem ser consideradas iguais à da água líquida pura [4,184 kJ/(kg·°C)].

    (a) Quanto calor (kJ/kg de solução ácida fornecida) deve ser transferido do conteúdo do reator ou para este (diga qual) se a solução produto sai a 40°C?

    (b) Estime a temperatura da solução produto se o reator é adiabático, desprezando o calor transferido entre o conteúdo do reator e a parede do reator.

9.53. Uma solução 12,0 molar de hidróxido de sódio (DR = 1,37) é neutralizada com 75,0 mL de uma solução 4,0 molar de ácido sulfúrico (DR = 1,23) em um recipiente bem isolado.

    (a) Estime o volume da solução de hidróxido de sódio e a temperatura final da solução se as duas soluções de alimentação estão a 25°C. A capacidade calorífica da solução produto pode ser considerada igual à da água líquida pura, o calor padrão de solução do sulfato de sódio é $-1,17$ kJ/mol e o balanço de energia se reduz a $Q = \Delta H$ para este processo em batelada a pressão constante.

    (b) Enumere várias suposições adicionais que você fez para chegar aos seus valores estimados de volume e temperatura.

BIOENGENHARIA

*9.54. Ácido cítrico ($C_6H_8O_7$) é usado na preparação de muitos alimentos, produtos farmacêuticos, refrigerantes e produtos de higiene pessoal. Apesar dele poder ser concentrado e cristalizado a partir de sucos cítricos, especialmente de limões, a produção comercial moderna envolve a síntese pela fermentação de melaço ou outros carboidratos como glicose ou frutose pelo fungo *Aspergillus niger* (*A. niger*). O processo envolve a adição do fungo a um fermentador junto com glicose, nutrientes, água e ar é borbulhado através do mosto de fermentação. Após a conversão desejada, o liquor resultante é processado primeiro por filtração da massa de células e outros sólidos do líquido e então por recuperação e purificação do ácido cítrico por cristalização.

Como uma parte da avaliação de um processo de fermentação contínua proposto, você foi solicitado a estimar a necessidade de aquecimento ou refrigeração associada a um fermentador que deve produzir 10,0 kg de ácido cítrico por hora. A alimentação da unidade inclui (1) uma solução aquosa com 20% em peso de glicose ($C_6H_{12}O_6$), 0,4% de amônia e o restante de água; e (2) ar a 1,2 atm, saturado com água, fornecendo uma vazão molar de oxigênio o dobro daquela de glicose. Deixando fermentador estão (3) uma corrente de gás a 1 atm contendo N_2, O_2 não reagido e CO_2 formado pela fermentação e saturado com água, e (4) uma corrente líquida contendo massa celular produzida no fermentador, água, ácido cítrico e amônia e glicose não reagidas. Todas as correntes podem ser consideradas a 25°C, assim como o conteúdo do fermentador bem agitado. A estequiometria da reação de fermentação é dada por

$$C_6H_{12}O_6(aq) + aNH_3(aq) + bO_2(g) \rightarrow$$
$$cCH_{1,79}N_{0,2}O_{0,5}(s) + dCO_2(g) + eH_2O(l) + fC_6H_8O_7(aq)$$

na qual os coeficientes das espécies (a, b, ...) são a determinar. Experimentos com a reação de fermentação encontraram que 70% da glicose consumida é convertida em ácido cítrico e que o *quociente de respiração* (QR) é 0,45 (QR = mols de CO_2 produzidos por mol de O_2 consumido).

A tabela abaixo fornece dados para espécies do processo selecionadas. Informações sobre outras espécies podem ser encontradas na Tabela B.1.

Espécies	MW(g/mol)	$\Delta \hat{H}_f^\circ$(kJ/mol)	$\Delta \hat{H}_s$(kJ/mol)
glicose(s)	180	$-1006,8$	9,9
ácido cítrico(s)	192	$-1543,8$	22,6
amônia(g)	17	$-46,19$	-35
material celular(s)	24,6	$-59,9$	—

    (a) Use balanços das espécies elementares para determinar os coeficientes na equação estequiométrica.

    (b) O sistema é dimensionado de forma que 90% do reagente limitante seja consumido. Para uma taxa de produção de ácido cítrico de 10 kg/h, estime todas as vazões das correntes e constituintes tanto em kg/h como em mol/h. Quais são as vazões volumétricas de ar entrando no fermentador e da corrente de gás residual?

    (c) Os calores de formação da glicose e do ácido cítrico dados na descrição do processo acima são para as espécies como sólidos, enquanto o calor de formação da amônia é para um gás. No entanto, a reação de fermentação envolve soluções aquosas de todas as três espécies. Mostre como

---

a lei de Hess pode ser usada para estimar o calor de formação em uma solução aquosa a partir de um calor de formação de espécies gasosas ou sólidas. (*Nota:* Calores de solução podem ser assumidos como constantes.)

(d) Determine a taxa na qual calor deve ser adicionado ou removido (indique qual) do fermentador.

Exercícios Exploratórios — Pesquise e Descubra

(e) Existem várias cepas de *A. niger*, algumas sendo úteis na produção de produtos químicos específicos, como o ácido cítrico, e algumas perigosas. Forneça uma breve descrição de como ele deve ser cultivado para aplicação neste problema.

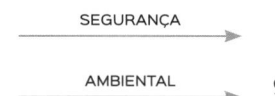

(f) Identifique questões de segurança associadas com o uso do *A. niger* na produção de ácido cítrico. Escolha uma destas questões e sugira meios para mitigar os riscos no processo em consideração.

9.55. A lavagem com amônia é um dos vários processos para remover dióxido de enxofre de gases de combustão. Os gases são borbulhados através de uma solução aquosa de sulfeto de amônia, e o SO_2 reage para formar bissulfito de amônia:

$$(NH_4)_2SO_3(aq) + SO_2(g) + H_2O(l) \rightarrow 2NH_4HSO_3(aq)$$

As etapas posteriores fornecem o SO_2 concentrado e regeneram o sulfeto de amônia, que é reciclado para o lavador de gases. O dióxido de enxofre é oxidado e absorvido em água para formar ácido sulfúrico ou reduzido para enxofre elementar.

Gás de chaminé da caldeira de uma planta de energia contendo 0,30% SO_2 em volume entra em um lavador de gases com uma vazão de 50.000 mol/h a 50°C. O gás é borbulhado através de uma solução aquosa contendo 10,0% molar de sulfeto de amônia, que entra para o lavador a 25°C. Os efluentes líquido e gasoso do lavador saem a 35°C. O lavador remove 90% SO_2 que entra com o gás de chaminé. O efluente líquido é analisado, contendo 1,5 mol $(NH_4)_2SO_3$ por mol de NH_4HSO_3. O calor de formação do $(NH_4)_2SO_3(aq)$ a 25°C é $-890,0$ kJ/mol, e o do NH_4HSO_3 (aq) é -760 kJ/mol. As capacidades caloríficas de todas as soluções líquidas podem ser consideradas iguais a 4,0 J/(g·°C) e a do gás de chaminé pode ser considerada igual à do nitrogênio. A evaporação da água pode ser desprezada. Calcule a taxa necessária de transferência de calor do lavador ou para o lavador (kW).

9.56. Vários usos do ácido nítrico são dados no Problema 6.43, junto com informações sobre como este importante produto químico é sintetizado comercialmente. As reações chave são oxidações da amônia a óxido nítrico e do óxido nítrico a dióxido de nitrogênio, seguida da dissolução do NO_2 em água:

$$4NH_3(g) + 5O_2(g) \rightarrow 4NO(g) + 6H_2O(v)$$

$$2NO(g) + O_2(g) \rightarrow 2NO_2(g)$$

$$3NO_2(g) + H_2O(l) \rightarrow 2HNO_3(aq) + NO(g)$$

O óxido nítrico gerado na dissolução do NO_2 na água é oxidado para produzir NO_2 adicional, que é então combinado com água para formar mais HNO_3. Neste problema, nós desprezamos reações paralelas que reduziriam o rendimento do produto.

Vapor de amônia a 275°C e 8 atm é misturado com ar, também a 275°C e 8 atm, e a corrente combinada é alimentada a um conversor. Ar fresco entrando no sistema a 30°C e 1 atm com uma umidade relativa de 50% é comprimido a 100°C e 8 atm, e o ar comprimido então troca calor com o produto gasoso deixando o conversor. A quantidade de oxigênio na alimentação para o conversor é 20% em excesso da quantidade teórica necessária para converter toda a amônia a HNO_3. O processo inteiro após o compressor pode ser considerado operando à pressão constante de 8 atm.

No conversor, a amônia é completamente oxidada, com uma quantidade desprezível de NO_2 formado. O produto gasoso deixa o conversor a 850°C e, como descrito no parágrafo precedente, troca calor com o ar entrando no sistema. O produto gasoso é então alimentado a uma caldeira recuperadora de calor que produz vapor superaquecido a 200°C e 10 bar a partir de água líquida a 35°C. O produto gasoso deixando a caldeira recuperadora é resfriado adicionalmente a 35°C e alimentado a uma coluna de absorção na qual o NO é completamente oxidado a NO_2, que por sua vez se combina com água (parte da qual está presente no produto gasoso). Água é alimentada no absorvedor a 25°C, a uma vazão suficiente para formar uma solução aquosa a 55% em peso de ácido nítrico. O NO formado na reação do NO_2 para formar o HNO_3 é oxidado e o NO_2 produzido é hidratado para formar mais HNO_3.

(a) Construa um fluxograma mostrando todas as correntes de processo, incluindo entrada e saída do processo e dos seguintes equipamentos: conversor, compressor de ar, trocador recuperando calor do produto do conversor, caldeira recuperadora de calor produzindo vapor superaquecido, trocador resfriando o produto gasoso antes que ele seja alimentado no absorvedor e absorvedor.

(b) Tomando como base 100 kmol de amônia alimentada no processo, desenvolva planilhas (preferencialmente incorporando o uso do APEx) para determinar o seguinte:

(i) Quantidades molares (kmol) de oxigênio, nitrogênio e vapor d'água no ar alimentado no processo, metros cúbicos de ar alimentados no processo e kmol de água alimentada no absorvedor.

(ii) Quantidades molares, composição molar e volume de gás residual deixando o absor-vedor.

(iii) Massa (kg) de solução de ácido nítrico produto.

(iv) Quantidades molares e composição do gás deixando o conversor.

(v) Calor removido de ou adicionado para (indique qual) o conversor.

(vi) Temperatura do produto gasoso depois que ele trocou calor com o ar, assumindo que nenhum calor é transferido entre o trocador de calor e o ambiente.

(vii) Taxa de produção do vapor superaquecido se a temperatura do gás deixando a caldeira é 205°C. Antes de executar estes cálculos, determine se ocorre condensação de água quando o gás é resfriado a 205°C. Como a temperatura do vapor superaquecido é 200°C, explique por que a temperatura selecionada para o produto gasoso é razoável.

(viii) Calor removido do produto gasoso antes dele ser alimentado no absorvedor (*Dica:* Veri-fique a condição do gás a 35°C) e massa de água de refrigeração requerida para remover aquele calor se a temperatura da água só pode ser aumentada de 5°C. Assuma que ne-nhum calor é transferido entre o trocador de calor e o ambiente.

(ix) Calor removido de ou adicionado para o absorvedor. Assuma que a capacidade calorí-fica da solução de ácido nítrico é aproximadamente a mesma da água líquida e que as temperaturas de saída das correntes de gás residual e produto são 25°C e 35°C, respec-tivamente.

(c) Escalone os resultados calculados na Parte (b) para determinar todas as vazões das correntes e taxas de transferência de calor para a produção de $5,0 \times 10^3$ kg/h de solução produto.

9.57. Um gás natural é analisado, consistindo em 85,5% v/v (porcentagem em volume) de metano, 8,5% de etano, 2,5% de propano e 3,5% N_2 (não combustível).

(a) Calcule os poderes caloríficos superior e inferior deste combustível em kJ/mol, usando os ca-lores de combustão na Tabela B.1.

(b) Calcule o poder calorífico inferior do combustível em kJ/kg.

(c) Diga com suas próprias palavras o significado da quantidade calculada na Parte (b).

9.58. Uma **análise elementar** de um carvão é uma série de operações que fornecem as porcentagens em peso de carbono, hidrogênio, nitrogênio, oxigênio e enxofre no carvão. O poder calorífico de um carvão é melhor determinado em um calorímetro, mas pode ser estimado com uma precisão razo-ável a partir da análise fundamental usando a **fórmula de Dulong**:

$$HHV(kJ/kg) = 33.801(C) + 144.158[(H) - 0,125(O)] + 9413(S)$$

na qual (C), (H), (O) e (S) são as frações mássicas dos elementos correspondentes. O termo 0,125(O) leva em conta a ligação de hidrogênio na água contida no carvão.

(a) Deduza uma expressão para o poder calorífico superior (*HHV*) de um carvão em termos de C, H, O e S, e compare seu resultado com a fórmula de Dulong. Sugira uma razão para a diferença.

MEIO AMBIENTE ⟶

(b) Um carvão com uma análise elementar de 75,8% em peso de C, 5,1% H, 8,2% O, 1,5% N, 1,6% S e 7,8% de cinzas (não combustíveis) é queimado na fornalha da caldeira de uma planta de energia. Todo o enxofre no carvão forma SO_2. O gás que sai da fornalha passa através de uma alta chaminé e é descarregado na atmosfera. A razão ϕ(kg SO_2 no gás de chaminé/kJ de valor de aquecimento do combustível) deve ficar abaixo de um valor especificado para que a planta de energia esteja dentro dos regulamentos impostos pela Agência de Proteção Ambiental em relação às emissões de enxofre. Estime ϕ usando a fórmula de Dulong para o poder calorífico do carvão.

(c) Uma versão anterior do regulamento ambiental especificava que a fração molar de SO_2 no gás de chaminé devia ser menor que uma quantidade especificada para evitar uma pesada multa e a instalação de uma custosa unidade de lavagem do gás de chaminé. Quando este regulamento era válido, alguns operadores de planta pouco éticos injetavam ar na base da chaminé enquan-to a fornalha estava em operação. Explique sucintamente por que eles faziam isso e por que pararam com esta prática quando o novo regulamento foi introduzido.

9.59. Sabe-se que um gás combustível contém metano, etano e monóxido de carbono. Uma amostra des-te gás é colocada em um recipiente de 2000 litros, previamente evacuado, a 25°C e 2323 mm Hg absoluto. O recipiente é pesado antes e depois de se carregar a amostra, e a diferença de massa é de 4,929 g. Depois, o maior valor de aquecimento do gás é determinado em um calorímetro como sendo 841,9 kJ/mol.

(a) Calcule a composição molar do gás combustível.

(b) Calcule o poder calorífico inferior do gás. Comente com suas próprias palavras o significado físico do valor calculado.

9.60. Um gás combustível contendo 85,0% molar de metano e o resto de etano é completamente queima-do com oxigênio puro a 25°C, e os produtos são trazidos de volta a 25°C.

(a) Suponha que o reator é contínuo. Tome como base de cálculo 1 mol/s de gás combustível, admita algum valor para a porcentagem de excesso de oxigênio fornecido ao reator (o valor escolhido não afetará os resultados) e calcule $-\dot{Q}(kW)$, a taxa na qual o calor deve ser transferido do reator.

(b) Suponha agora que a combustão acontece em um reator em batelada de volume constante. Tome como base de cálculo 1 mol de gás combustível carregado no reator, admita qualquer porcentagem em excesso de oxigênio e calcule $-Q$(kJ). (*Dica:* Lembre-se da Equação 9.1-5.)

(c) Explique sucintamente por que os resultados nas Partes (a) e (b) não dependem da porcentagem de excesso de O_2 e por que eles não mudariam se fosse usado ar em vez de oxigênio puro na alimentação do reator.

9.61. Uma mistura de ar e uma fina névoa de gasolina na temperatura ambiente (exterior) alimenta um conjunto de cilindros providos de pistões em um motor de automóvel. Faíscas acendem as misturas combustíveis em um cilindro após o outro, e o rápido aumento de temperatura que acontece nos cilindros provoca a expansão dos produtos de combustão, o que movimenta os pistões. O movimento de vaivém dos pistões é convertido no movimento rotatório de um virabrequim, movimento que por sua vez é transmitido através de um sistema de eixos e engrenagens para movimentar o veículo.

Considere um carro rodando em um dia em que a temperatura ambiente é 298 K e suponha que a taxa de perda de calor do motor para o ar exterior é dado pela fórmula

$$-\dot{Q}_l\left(\frac{kJ}{h}\right) \approx \frac{15 \times 10^6}{T_a(K)}$$

na qual T_a é a temperatura ambiente.

(a) Considere a gasolina como um líquido com uma densidade relativa de 0,70 e um poder calorífico superior de 49,0 kJ/g, admita que a combustão é completa e que os produtos de combustão que saem do motor estão a 298 K e calcule a vazão mínima de alimentação de gasolina (gal/h) necessária para produzir 100 hp de trabalho no eixo.

(b) Se os gases de exaustão estivessem bem acima de 298 K (como de fato estão), o trabalho fornecido pelos pistões seria maior ou menor que o valor determinado na Parte (a)? Explique.

(c) Se a temperatura ambiente fosse bem menor que 298 K, o trabalho fornecido pelos pistões diminuiria. Dê duas razões.

9.62. O poder calorífico de um óleo combustível deve ser medido em um calorímetro de bomba a volume constante. A bomba é carregada com oxigênio e 0,00215 lb_m do combustível, após o que é selada e submersa em um recipiente de água isolado. A temperatura inicial do sistema é 77,00°F. A mistura combustível-oxigênio é acesa e o combustível é completamente consumido. Os produtos de combustão são CO_2(g) e H_2O(v). A temperatura final do calorímetro é 89,06°F. A massa do calorímetro, incluindo a bomba e seu conteúdo, é 4,62 lb_m, e a capacidade calorífica média do sistema (C_v) é 0,900 Btu/(lb_m·°F).

(a) Calcule $\Delta \hat{U}_c^o$(Btu/lb_m de óleo) para a combustão do óleo a 77°F. Explique sucintamente seu cálculo.

(b) Que mais você deveria saber para determinar o maior poder calorífico superior do óleo?

9.63. Vapor de metanol é queimado com ar em excesso em uma câmara de combustão catalítica. O metanol líquido, inicialmente a 25°C, é vaporizado a 1,1 atm e aquecido até 100°C; o vapor é misturado com ar preaquecido a 100°C, e a corrente combinada alimenta o reator a 100°C e 1 atm. O efluente do reator sai a 300°C e 1 atm. A análise do produto gasoso fornece uma composição em base seca de 4,8% CO_2, 14,3% O_2 e 80,9% N_2.

(a) Calcule a porcentagem de ar em excesso fornecido e o ponto de orvalho do produto gasoso.

(b) Tomando como base 1 mol de metanol queimado, calcule o calor (kJ) necessário para vaporizar e aquecer a alimentação de metanol, e o calor (kJ) que deve ser transferido do reator.

(c) Sugira como a economia de energia deste processo poderia ser melhorada. Sugira então por que a companhia pode eventualmente escolher não implementar sua sugestão.

9.64. Metano a 25°C é queimado na fornalha de uma caldeira com 10,0% de ar em excesso preaquecido até 100°C. Noventa por cento do metano fornecido são consumidos, o produto gasoso contém, 10,0 mol CO_2/mol CO e os produtos da combustão saem da fornalha a 400°C.

(a) Calcule o calor transferido da fornalha, $-\dot{Q}$(kW), para uma base de 100 mol CH_4 fornecido/s. (Quanto maior o valor de $-\dot{Q}$, mais vapor será produzido na caldeira.)

(b) As seguintes mudanças aumentariam ou diminuiriam a taxa de produção de vapor? (Admita que a vazão de alimentação do combustível e a conversão fracional do metano permaneçam constantes.) Explique sucintamente suas respostas. (i) Aumentar a temperatura do ar na entrada; (ii) aumentar a porcentagem em excesso do ar para uma temperatura dada do gás de chaminé; (iii) aumentar a seletividade da formação de CO_2 para CO na fornalha; (iv) aumentar a temperatura do gás de chaminé.

*9.65. Metano é queimado completamente com 40% de excesso de ar. O metano entra na câmara de combustão a 25°C, o ar de combustão entra 150°C e o gás de chaminé [CO_2, H_2O(v), O_2, N_2] sai a 450°C. A câmara funciona como um preaquecedor para uma corrente de ar, escoando em um tubo

---

*Adaptado de um problema proposto por Jeffrey Seay da *University of Kentucky*.

através da câmara para um secador por pulverização. O ar entra na câmara a 25°C, a uma taxa de $1,57 \times 10^4 \, m^3$ (padrão)/h e é aquecido a 181°C. Todo calor gerado pela combustão é usado para aquecer os produtos de combustão e o ar indo para o secador (isto é, a câmara de combustão pode ser considerada adiabática).

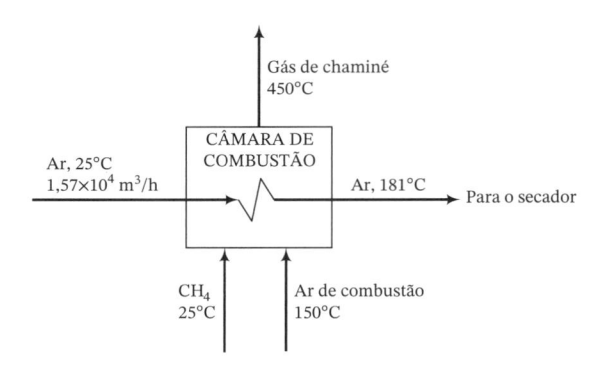

(a) Desenhe e rotule completamente o fluxograma do processo e execute uma análise de graus de liberdade.

(b) Calcule as vazões molares requeridas de metano e ar de combustão (kmol/h) e as vazões volumétricas (m^3/h) das duas correntes efluentes. Indique todas as premissas adotadas.

(c) Quando o sistema funciona pela primeira vez, o monitoramento ambiental do gás de chaminé revela uma quantidade considerável de CO, sugerindo um problema de projeto ou de operação da câmara de combustão. Que mudanças nos seus valores calculados você esperaria ver nas temperaturas e vazões volumétricas das correntes efluentes [aumentar, diminuir, não pode dizer sem fazer os cálculos]?

9.66. Um combustível gasoso contendo metano e etano é queimado com ar em excesso. O combustível entra na fornalha a 25°C e 1 atm e o ar entra a 200°C e 1 atm. O gás de chaminé sai da fornalha a 800°C e 1 atm e contém 5,32% molar CO_2, 1,60% CO, 7,32% O_2, 12,24% H_2O e o resto de N_2.

(a) Calcule as porcentagens molares de metano e etano no gás combustível e a porcentagem de ar em excesso na alimentação do reator.

(b) Calcule o calor (kJ) transferido do reator por metro cúbico de gás combustível fornecido.

(c) Uma proposta foi feita para reduzir a taxa de alimentação do ar para a fornalha. Indique vantagens e uma desvantagem de se fazer isto.

9.67. Um carvão contém 73,0% em peso de C, 4,7% H (sem incluir o hidrogênio na umidade do carvão), 3,7% S, 6,8% H_2O e 11,8% de cinzas. O carvão é queimado com uma vazão de 50.000 lbm/h na caldeira de uma termoelétrica com 50% de ar em excesso daquele necessário para oxidar todo o carbono no carvão a CO_2. O ar e o carvão alimentam a fornalha a 77°F e 1 atm. O resíduo sólido da fornalha é analisado, contendo 28,7% C, 1,6% S e o resto de cinzas. O enxofre oxidado na fornalha é convertido a SO_2(g). Das cinzas no carvão, 30% saem no resíduo sólido e o resto é emitido junto com os gases de chaminé na forma de fuligem. Os gases de chaminé e o resíduo sólido saem da fornalha a 600°F. O poder calorífico superior do carvão é 18.000 Btu/lb_m.

(a) Calcule as vazões mássicas de todos os componentes do gás de chaminé e a vazão volumétrica deste gás. (Ignore a contribuição da fuligem no cálculo desta última quantidade e admita que o gás de chaminé contém uma quantidade desprezível de CO.)

(b) Admita que a capacidade calorífica do resíduo sólido da fornalha é 0,22 Btu/($lb_m\cdot$°F), que a do gás de chaminé é a mesma capacidade calorífica por unidade de massa do nitrogênio e que 35% do calor gerado na fornalha são usados para produzir eletricidade. Com que taxa, em MW, é produzida a eletricidade?

(c) Calcule a razão (calor transferido da fornalha)/(valor de aquecimento do combustível). Por que esta razão é menor do que 1?

(d) Suponha que o gás fornecido à fornalha fosse preaquecido em vez de entrar à temperatura ambiente, mas que todo o resto (vazões de alimentação, temperaturas de saída e conversão fracional do carvão) fossem os mesmos. Que efeito teria esta mudança sobre a razão calculada na Parte (c)? Explique. Sugira uma maneira econômica pela qual este preaquecimento poderia ser feito.

Exercícios Exploratórios — Pesquise e Descubra

AMBIENTAL

(e) Pelo menos três componentes do gás de chaminé da termoelétrica levantam preocupações ambientais significativas. Identifique os componentes, explique por que eles são considerados problemas e descreva como os problemas podem ser resolvidos em uma moderna termoelétrica à carvão.

(f) Vários constituintes minoritários do carvão não foram mencionados no enunciado do problema e mesmo assim eles podem ser parte do gás de chaminé. Identifique uma das tais espécies e, como na Parte (e), explique por que ela é um problema e como o problema está resolvido ou pode ser resolvido em uma moderna termoelétrica à carvão.

9.68. Uma mistura de metano, etano e argônio a 25°C é queimada com ar em excesso na caldeira de uma termoelétrica. Os hidrocarbonetos no combustível são completamente consumidos. As seguintes definições de variáveis serão usadas neste problema:

$$x_M = \text{fração molar de metano no combustível}$$
$$x_A = \text{fração molar de argônio no combustível}$$
$$P_{xs}(\%) = \text{porcentagem de ar em excesso alimentado na fornalha}$$
$$T_a(°C) = \text{temperatura do ar na entrada}$$
$$T_s(°C) = \text{temperatura do gás na chaminé}$$
$$r = \text{razão de } CO_2 \text{ para CO no gás de chaminé (mol } CO_2/\text{mol CO)}$$
$$\dot{Q}(kW) = \text{taxa de transferência de calor da fornalha para os tubos da caldeira}$$

(a) Sem fazer nenhum cálculo, esboce as formas das curvas que você esperaria obter nos gráficos de $\dot{Q}$ *versus* (i) x_M, (ii) x_A, (iii) P_{xs}, (iv) T_a, (v) T_s e (vi) r, admitindo em cada caso que as outras variáveis permanecem constantes. Explique de forma resumida seu raciocínio para cada gráfico.

(b) Tome uma base de 1,00 mol/s de gás combustível, desenhe e rotule um fluxograma e deduza expressões para as vazões molares dos componentes do gás de chaminé em termos de x_M, x_A, P_{xs} e r. Depois, tome como referência os elementos a 25°C, prepare e preencha uma tabela de entalpias de entrada-saída para a fornalha e deduza expressões para as entalpias molares específicas dos componentes da alimentação e do gás de chaminé em termos de T_a e T_s.

(c) Calcule $\dot{Q}(kW)$ para $x_M = 0,85$ mol CH_4/mol, $x_A = 0,05$ mol Ar/mol, $P_{xs} = 5\%$, $r = 10,0$ mol CO_2/mol CO, $T_a = 150°C$ e $T_s = 700°C$. (*Solução:* $\dot{Q} = -655$ kW.)

(d) Prepare uma planilha que tenha colunas para x_M, x_A, P_{xs}, T_a, r, T_s e $\dot{Q}$, além de colunas adicionais para quaisquer outras variáveis que você possa precisar para o cálculo de $\dot{Q}$ a partir dos valores dados das seis variáveis anteriores (por exemplo, vazões molares dos componentes e entalpias específicas). Use a planilha para gerar os gráficos de $\dot{Q}$ versus cada uma das seguintes variáveis ao longo dos intervalos especificados:

$$x_M = 0,00-0,85 \text{ mol } CH_4/\text{mol}$$
$$x_A = 0,01-0,05 \text{ mol Ar/mol}$$
$$P_{xs} = 0\%-100\%$$
$$T_a = 25°C-250°C$$
$$r = 1-100 \text{ mol } CO_2/\text{mol CO (faça o eixo } r \text{ logarítmico)}$$
$$T_s = 500°C-1000°C$$

Ao gerar cada gráfico, use os valores das variáveis dados na Parte (c) como valores base. (Por exemplo, gere um gráfico de $\dot{Q}$ *versus* x_M para $x_A = 0,05$, $P_{xs} = 5\%$ e assim por diante, com x_M variando entre 0,00 e 0,85 no eixo horizontal.) Se possível, inclua os gráficos na mesma planilha dos dados.

9.69. Uma corrente gasosa composta de *n*-hexano e metano entra em um condensador a 60°C e 1,2 atm. O ponto de orvalho do gás (considerando o hexano como o único componente condensável) é 55°C. O gás é resfriado até 5°C no condensador, recuperando hexano puro como um líquido. O efluente gasoso sai do condensador saturado com hexano a 5°C e 1,1 atm, e entra na fornalha de uma caldeira com uma vazão de 207,4 L/s, onde é queimado com 100% de excesso de ar, que entra na fornalha a 200°C. O gás de chaminé sai a 400°C e 1 atm e não contém monóxido de carbono nem hidrocarbonetos não queimados. O calor transferido da fornalha é usado para gerar vapor saturado a 10 bar a partir de água líquida a 25°C.

(a) Calcule as frações molares do hexano nas correntes de alimentação do condensador e do produto gasoso e taxa de condensação do hexano (litros de condensado/s).

(b) Calcule a taxa na qual o calor deve ser transferido do condensador (kW) e a taxa de geração de vapor na caldeira (kg/s).

AMBIENTAL

BIOENGENHARIA

*9.70. Uma cidade com uma população de 200.000 pessoas opera uma planta de tratamento de águas residuais de $20,0 \times 10^6$ gal/dia. Para cada milhão de galões de água tratada, 1875 lb_m de sólidos são geradas, com 75% de sólidos sendo classificados como "voláteis" (significando que eles são convertidos a gases durante a digestão).

Os sólidos gerados na planta de tratamento são alimentados a um digestor anaeróbico no qual microrganismos quebram materiais biodegradáveis na ausência de oxigênio. A alimentação para

---

o digestor contém 45.000 mg sólidos/L a 55°F e tem uma densidade aproximadamente igual ao da água. O digestor opera a 95°F, converte 50% dos sólidos voláteis para um biogás contendo 65% em volume de CH_4 e 35% de CO_2 a uma taxa de 15 SCF (pé cúbico padrão) de gás por lb_m de sólidos convertido e perde aproximadamente 250.000 Btu/h de calor para o ambiente. Para fornecer o calor necessário para aumentar a temperatura da alimentação de 55°F para 95°F e para compensar a perda de calor, uma corrente de lama é bombeada do digestor através de um trocador de calor, nesta situação ela entra em contato térmico com uma corrente de água quente. A lama aquecida é retornada para o digestor. O biogás do digestor é alimentado em uma fornalha na qual uma fração dele é queimada para aquecer a água para o trocador de calor de 160°F para 180°F. Um esquema de parte do processo é mostrado abaixo.

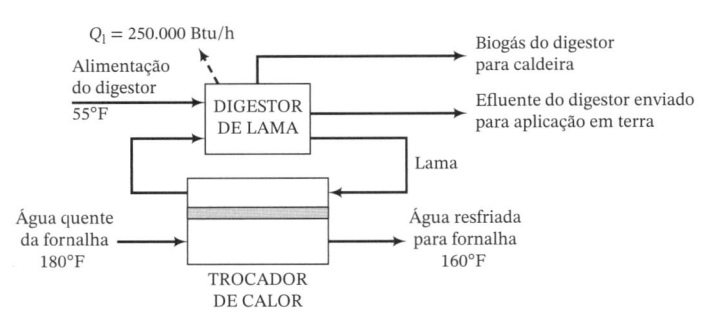

(a) Calcule a vazão (SCF/h) na qual o biogás é produzido no digestor e o poder calorífico total (Btu/h) do gás (= vazão de combustível × poder calorífico inferior).

(b) Calcule a taxa de transferência de calor (Btu/h) entre a água quente, a lama e a vazão volumétrica (ft^3/h) de água passando através do trocador de calor. Assuma que o calor da reação do processo de digestão anaeróbica é desprezível.

(c) Se o biogás é queimado em uma caldeira com 80% de eficiência (isto é, 80% do poder calorífico do combustível vai para produzir água quente para o trocador de calor), que fração do gás do digestor deve ser queimada para aquecer a água de 160°F a 180°F? O que acontece com os outros 20% do poder calorífico?

(d) Se existe um excesso de gás do digestor disponível após atender as demandas do processo — aquecimento de água — quais são seus potenciais usos?

9.71. No projeto preliminar da fornalha para uma caldeira industrial, metano a 25°C é completamente queimado com 20% de excesso de ar, também a 25°C. A vazão de alimentação de metano é 450 kmol/h. Os gases quentes da combustão saem da fornalha a 300°C e são descarregados na atmosfera. O calor transferido da fornalha ($\dot{Q}$) é usado para converter água líquida a 25°C em vapor superaquecido a 17 bar e 250°C.

(a) Desenhe e rotule um fluxograma para este processo [ele deve parecer-se com o mostrado na Parte (b) sem o preaquecedor] e calcule a composição do gás que sai da fornalha. Finalmente, calcule $\dot{Q}$(kJ/h) e a taxa de produção de vapor na caldeira (kg/h).

(b) No projeto final da caldeira, o ar de alimentação a 25°C e os gases de combustão que saem da fornalha a 300°C passam através de um trocador de calor (o *preaquecedor de ar*). O gás de combustão é resfriado até 150°C no preaquecedor e depois descarregado na atmosfera, e o ar aquecido alimenta a fornalha.

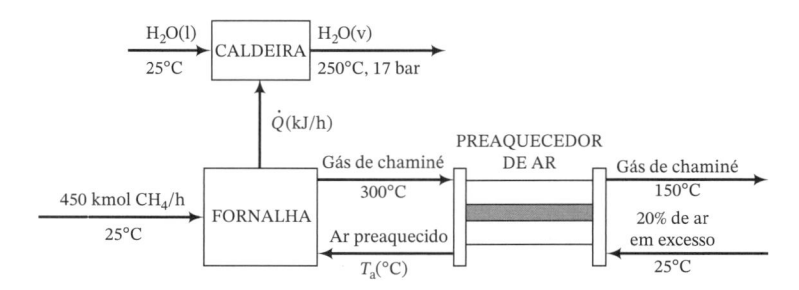

Calcule a temperatura do ar que entra na fornalha (uma solução por tentativa e erro será necessária) e a taxa de produção de vapor (kg/h).

(c) Explique por que o preaquecimento do ar aumenta a taxa de produção de vapor. (*Sugestão:* Use o balanço de energia na fornalha na sua explicação.) Por que faz sentido economicamente usar o gás de combustão como meio de aquecimento?

9.72. Um carvão betuminoso é queimado com ar na fornalha de uma caldeira. O carvão é fornecido com uma vazão de 40.000 kg/h e tem uma análise fundamental de 76% em peso de C, 5% H, 8% O, quantidades desprezíveis de N e S, e 11% de cinzas não combustíveis (veja o Problema 9.58), e um poder calorífico superior de 25.700 kJ/kg. O ar entra em um preaquecedor a 30°C e 1 atm com uma umidade relativa de 30%, troca calor com o gás quente de combustão que sai da fornalha e entra na mesma na temperatura $T_a(°C)$. O gás de combustão contém 7,71% molar CO_2 e 1,29% molar CO em base seca, e o resto é uma mistura de O_2, N_2 e H_2O. Sai da fornalha a 260°C e é resfriado até 150°C no preaquecedor. O resíduo não combustível (*escória*) sai da fornalha a 450°C e tem uma capacidade calorífica de 0,97 kJ/(kg·°C).

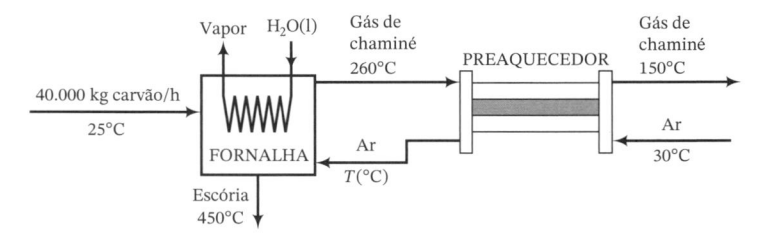

(a) Prove que a razão ar/combustível é 16,1 metros cúbicos padrões/kg de carvão e que o gás de combustão contém 4,6% H_2O em volume.

(b) Calcule a taxa de resfriamento necessária para resfriar o gás de combustão de 260°C até 150°C e a temperatura na qual o ar é preaquecido. (*Nota:* Um cálculo de tentativa e erro será necessário.)

(c) Se 60% do calor transferido da fornalha $(-\dot{Q})$ são usados para produzir vapor saturado a 30 bar a partir de água líquida a 50°C, com que taxa (kg/h) é gerado o vapor?

9.73. Monóxido de carbono é queimado com ar em excesso a 1 atm em um reator adiabático. Os reagentes são alimentados a 25°C e a temperatura final (quer dizer, a temperatura adiabática de chama) é 1500°C.

(a) Calcule a porcentagem em excesso do ar fornecido ao reator.

(b) Se a porcentagem em excesso de ar fosse aumentada, como mudaria a temperatura adiabática de chama e por que mudaria desta maneira?

9.74. Um gás natural contendo 82,0% molar CH_4 e o resto de C_2H_6 é queimado com 20% de ar em excesso na fornalha de uma caldeira. O gás combustível entra na fornalha a 298 K e o ar é preaquecido até 423 K. As capacidades caloríficas dos componentes do gás de chaminé podem ser admitidas como constantes, com os seguintes valores:

$$CO_2: \quad C_p = 50,0 \text{ J/(mol·K)}$$
$$H_2O(v): \quad C_p = 38,5 \text{ J/(mol·K)}$$
$$O_2: \quad C_p = 33,1 \text{ J/(mol·K)}$$
$$N_2: \quad C_p = 31,3 \text{ J/(mol·K)}$$

(a) Admitindo a combustão completa do combustível, calcule a temperatura adiabática de chama.

(b) Como mudaria a temperatura da chama se a porcentagem de ar em excesso fosse aumentada? Como mudaria se a porcentagem de metano no combustível aumentasse? Explique sucintamente suas respostas.

AMBIENTAL

9.75. Em uma operação de revestimento de uma superfície, um polímero (plástico) dissolvido em acetona líquida é pulverizado sobre uma superfície sólida e uma corrente de ar quente é soprada sobre a superfície, vaporizando a acetona e deixando uma película de polímero residual de espessura uniforme. Já que os regulamentos ambientais não permitem descarregar a acetona na atmosfera, está sendo avaliada uma proposta de incinerar a corrente.

O processo proposto usa duas colunas paralelas contendo leitos de partículas sólidas. A corrente de ar e acetona, que contém acetona e oxigênio na proporção estequiométrica, entra em um dos leitos a 1500 mm Hg (absolutos) com uma vazão de 1410 metros cúbicos padrões por minuto. As partículas no leito são preaquecidas e transferem calor ao gás. A mistura acende quando sua temperatura atinge 562°C, e a combustão acontece rápida e adiabaticamente. Os produtos de combustão passam depois através do segundo leito, aquecendo as partículas e resfriando-se até 350°C no processo. Periodicamente o fluxo é invertido, de forma que o leito aquecido de saída se transforma no preaquecedor de gás de combustão e reator de combustão e vice-versa.

Use os seguintes valores médios para $C_p[\text{kJ/(mol·°C)}]$ para resolver os problemas abaixo: 0,126 para C_3H_6O, 0,033 para O_2, 0,032 para N_2, 0,052 para CO_2 e 0,040 para $H_2O(v)$.

(a) Se a saturação relativa da acetona na corrente de alimentação é 12,2%, qual é a temperatura da corrente?

(b) Determine a composição do gás após a combustão, admitindo que toda a acetona é convertida a CO_2 e H_2O, e estime a temperatura desta corrente.

(c) Estime a taxa (kW) na qual o calor é transferido do leito de partículas na entrada ao gás de alimentação antes da combustão e dos gases de combustão ao leito de partículas de saída. Sugira uma alternativa para o arranjo de inversão dos dois leitos que atinja o mesmo objetivo.

9.76. n-Pentano líquido a 25°C é queimado com 30% de excesso de oxigênio (não de ar) fornecido a 75°C. A temperatura adiabática de chama é T_{ad}(°C).

(a) Tome como base de cálculo 1,00 mol C_5H_{12}(l) queimado e use um balanço de energia no reator adiabático para deduzir uma equação da forma $f(T_{ad}) = 0$, na qual $f(T_{ad})$ é um polinômio de quarta ordem $[f(T_{ad}) = c_0 + c_1 T_{ad} + c_2 T_{ad}^2 + c_3 T_{ad}^3 + c_4 T_{ad}^4]$. Caso sua dedução esteja correta, a razão c_0/c_4 deve ser igual a $-6,892 \times 10^{14}$. Use uma planilha para determinar T_{ad}.

(b) Repita o cálculo da Parte (a) usando sucessivamente os primeiros dois termos, os primeiros três termos e os primeiros quatro termos da equação polinomial de quarta ordem. Se a solução da Parte (a) é tomada como exata, que porcentagem de erro está associada com as aproximações linear (dois termos) quadrática (três termos) e cúbica (quatro termos)?

(c) Por que a solução de quarta ordem é no melhor dos casos uma aproximação e muito possivelmente uma ruim? (*Dica:* Examine as condições de aplicabilidade das fórmulas de capacidade calorífica na Tabela B.2.)

9.77. Metano é queimado com 25% de excesso de ar em um reator adiabático contínuo. O metano entra no reator a 25°C e 1,10 atm, com uma vazão de 550 L/s, e o ar na entrada está a 150°C e 1,1, atm. A combustão no reator é completa, e o efluente gasoso do reator sai a 1,05 atm.

(a) Calcule a temperatura e os graus de superaquecimento do efluente do reator. (Considere a água como a única espécie condensável no efluente.)

(b) Suponha que apenas 15% de excesso de ar seja fornecido. Sem fazer nenhum cálculo adicional, indique como a temperatura e graus de superaquecimento do efluente do reator seriam afetados [aumentam, diminuem, permanecem os mesmos, não pode dizer sem mais informações] e explique seu raciocínio. Que risco está envolvido em diminuir-se o percentual de excesso de ar?

SEGURANÇA → ***9.78.** Metano e 30% de ar em excesso devem ser fornecidos a um reator de combustão. Um técnico inexperiente confunde as instruções e carrega os gases na proporção necessária para um tanque fechado evacuado. (Os gases deveriam ter sido fornecidos diretamente ao reator.) O conteúdo do tanque está a 25°C e 4,00 atm (absolutas).

(a) Calcule a energia interna padrão de combustão da reação de combustão do metano, $\Delta \hat{U}_c^\circ$(kJ/mol), tomando CO_2(g) e H_2O(v) como os produtos presumidos. Prove então que, se a capacidade calorífica a pressão constante de uma espécie de gás ideal é independente da temperatura, a energia interna específica desta espécie à temperatura T(°C) em relação à mesma espécie a 25°C é dada pela expressão

$$\hat{U} = (C_p - R)(T - 25°C)$$

na qual R é a constante universal dos gases. Use esta fórmula na próxima parte do problema.

(b) Você deseja calcular a temperatura máxima, $T_{máx}$(°C), e a pressão correspondente, $P_{máx}$(atm), que o tanque deveria suportar se a mistura que ele contém fosse acidentalmente acesa. Tomando as espécies moleculares a 25°C como referência e tratando todas as espécies como gases ideais, prepare uma tabela de energias internas de entrada-saída para o processo de combustão em sistema fechado. Ao deduzir expressões para cada $\hat{U}_i$ na condição final do reator ($T_{máx}, P_{máx}$) use os seguintes valores aproximados para C_{pi}[kJ/(mol·°C)]: 0,033 para O_2, 0,032 para N_2, 0,052 para CO_2 e 0,040 para H_2O(v). Use então um balanço de energia e a equação de estado dos gases ideais para realizar os cálculos necessários.

(c) Por que as verdadeiras temperatura e pressão alcançadas no tanque seriam menores do que os valores calculados na Parte (a)? (Apresente várias razões.)

(d) Pense nas formas em que a mistura no tanque poderia ser acidentalmente acesa. A lista deve sugerir por que os regulamentos de segurança de uma planta proíbem o armazenamento de misturas gasosas combustíveis.

9.79. Um reator de síntese de metanol é alimentado com uma corrente gasosa a 220°C consistindo em 5,0% molar de metano, 25,0% CO, 5,0% CO_2 e o restante de hidrogênio. O reator e a corrente de alimentação estão a 7,5 MPa. A reação primária ocorrendo no reator e sua constante de equilíbrio associada são

$$CO + 2H_2 \rightleftharpoons CH_3OH$$

$$K = \frac{y_{CH_3OH} y_{H_2}}{y_{CO} y_{H_2}^2 P^2} = \exp\left(\begin{array}{c} 21,225 + \dfrac{9143,6}{T} - 7,492 \ln T \\ + 4,076 \times 10^{-3} T - 7,161 \times 10^{-8} T^2 \end{array}\right)$$

na qual T está em kelvins. Pode-se considerar que a corrente de produto atinge o equilíbrio a 250°C.

(a) Determine a composição (frações molares) da corrente de produto e as conversões percentuais de CO e H_2.

(b) Desprezando o efeito da pressão nas entalpias, estime a quantidade de calor (kJ/ mol de gás alimentado) que deve ser adicionado ou removido (indique qual) do reator.

*Esta é uma versão modificada de um problema em D. A. Crowl, D. W. Hubbard e R. M. Felder, *Problem Set: Stoichiometry*, AIChE Center for Chemical Process Safety, New York, 1993.

(c) Calcule a extensão da reação e a taxa de remoção de calor (kJ/mol de alimentação) para temperaturas do reator entre 200°C e 400°C em incrementos de 50°C. Use estes resultados para obter uma estimativa da temperatura da reação adiabática.

(d) Determine o efeito da pressão sobre a reação avaliando a extensão da reação e a taxa de transferência de calor a 1 MPa e 15 MPa.

(e) Considerando os resultados dos seus cálculos nas Partes (c) e (d), proponha uma explicação para a seleção das condições iniciais da reação de 250°C e 7,5 MPa.

9.80. No Problema 9.79, a síntese do metanol a partir de monóxido de carbono e hidrogênio foi descrita. Análises complementares, no entanto, revelam que três reações ocorrem:

$$CO + 2H_2 \rightleftharpoons CH_3OH$$
$$CO_2 + 3H_2 \rightleftharpoons CH_3OH + H_2O$$
$$CO_2 + H_2 \rightleftharpoons CO + H_2O$$

(a) Mostre que somente duas destas três reações são independentes.

(b) As constantes de equilíbrio para a primeira e terceira reações são

$$K_{(1)} = \frac{y_{CH_3OH}y_{H_2}}{y_{CO}y_{H_2}^2 P^2} = \exp\left(\begin{array}{c} 21{,}225 + \dfrac{9143{,}6}{T} - 7{,}492 \ln T \\ + 4{,}076 \times 10^{-3} T - 7{,}161 \times 10^{-8} T^2 \end{array}\right)$$

$$K_{(3)} = \frac{y_{CO}y_{H_2O}}{y_{CO_2}y_{H_2}} = \exp\left(\begin{array}{c} 13{,}148 - \dfrac{5639{,}5}{T} - 1{,}077 \ln T \\ - 5{,}44 \times 10^{-4} T + 1{,}125 \times 10^{-7} T^2 + \dfrac{49170}{T^2} \end{array}\right)$$

Como no Problema 9.79, a composição da alimentação é 5,0% molar de metano, 25,0% CO, 5,0% CO_2 e o restante de hidrogênio. A temperatura e pressão da corrente de produto equilibrada são 250°C e 7,5 MPa. Determine a composição (frações molares) da corrente de produto e as conversões percentuais de CO e H_2.

9.81. Um gás natural que contém metano, etano e propano deve ser queimado com ar úmido. A temperatura adiabática de chama deve ser calculada a partir do valores especificados das seguintes quantidades:

$$y_{CH_4}, y_{C_2H_6}, y_{C_3H_8} = \text{frações molares dos componentes do combustível}$$
$$T_f, T_a = \text{temperaturas de entrada do combustível e do ar, °C}$$
$$P_{xs} = \text{percentagem de excesso do ar}$$
$$y_{W0} = \text{fração molar de água no ar de entrada}$$

(a) Sem fazer nenhum cálculo, preveja a direção da mudança (aumento, diminuição, sem mudança) na temperatura adiabática de chama que você esperaria para um aumento em (i) y_{CH_4}, com $y_{C_3H_8}$ permanecendo constante, (ii) T_f, (iii) T_a, (iv) P_{xs}, e (v) y_{W0}. Explique resumidamente seu raciocínio em cada caso.

(b) Para uma base de 1 mol de gás natural, calcule os mols de cada espécie molecular nas correntes de alimentação e produto, admitindo combustão completa e desprezando a formação de CO. A resposta deve ser expressa em termos das variáveis dadas acima.

(c) São dadas aqui expressões para as entalpias específicas dos componentes da alimentação e do produto em relação aos seus elementos a 25°C.

$$\hat{H}_i(kJ/mol) = a_i + b_i T + c_i T^2 + d_i T^3 + e_i T^4, \quad T \text{ em } °C$$

Substância (i)	a	$b \times 10^2$	$c \times 10^5$	$d \times 10^8$	$e \times 10^{12}$
(1) CH_4	−75,72	3,431	2,734	0,122	−2,75
(2) C_2H_6	−85,95	4,937	6,96	−1,939	1,82
(3) C_3H_8	−105,6	6,803	11,30	−4,37	7,928
(4) N_2	−0,7276	2,900	0,110	0,191	−0,7178
(5) O_2	−0,7311	2,910	0,579	−0,2025	0,3278
(6) $H_2O(v)$	−242,7	3,346	0,344	0,2535	−0,8982
(7) CO_2	−394,4	3,611	2,117	−0,9623	1,866

Deduza a expressão dada para a entalpia específica do metano a partir dos dados de capacidade calorífica da Tabela B.2. Mostre então que ΔH para o reator é dado por uma expressão da forma

$$\Delta H = \alpha_0 + \alpha_1 T + \alpha_2 T^2 + \alpha_3 T^3 + \alpha_4 T^4$$

na qual T é a temperatura do produto e

$$\alpha_0 = \sum_{i=4}^{7} (n_i)_{\text{saída}} a_i - \sum_{i=1}^{3} (n_i)_{\text{entrada}} \hat{H}_i(T_f) - \sum_{i=4}^{6} (n_i)_{\text{entrada}} \hat{H}_i(T_a)$$

$$\alpha_1 = \sum_{i=4}^{7} (n_i)_{\text{saída}} b_i \qquad \alpha_3 = \sum_{i=4}^{7} (n_i)_{\text{saída}} d_i$$

$$\alpha_2 = \sum_{i=4}^{7} (n_i)_{\text{saída}} c_i \qquad \alpha_4 = \sum_{i=4}^{7} (n_i)_{\text{saída}} e_i$$

(d) Escreva uma planilha de cálculo que tenha como entradas os valores de y_{CH_4}, $y_{C_3H_8}$, T_f, T_a, P_{xs} e y_{w0} e resolva a equação do balanço de energia $[\Delta H(T) = 0]$ para determinar a temperatura adiabática de chama. Execute o programa para os seguintes conjuntos de variáveis de entrada.

Variável	Corrida 1	Corrida 2	Corrida 3	Corrida 4	Corrida 5	Corrida 6
y_{CH_4}	0,75	0,86	0,75	0,75	0,75	0,75
$y_{C_3H_8}$	0,04	0,04	0,04	0,04	0,04	0,04
$T_f (°C)$	40	40	150	40	40	40
$T_a (°C)$	150	150	150	250	150	150
P_{xs}	25%	25%	25%	25%	100%	25%
y_{w0}	0,0306	0,0306	0,0306	0,0306	0,0306	0,10

Sugestão: Perto do topo da planilha, insira os valores de a, b, c, d e e para cada espécie. Começando várias linhas abaixo destes valores, coloque na Coluna A rótulos para as variáveis de entrada e para todas as variáveis calculadas (vazões molares de componentes, entalpias específicas, T_{ad}, α_0, α_1, ..., α_4, ΔH) e insira nas colunas adjacentes os valores ou fórmulas correspondentes para estas variáveis nas sucessivas corridas. (*Solução para a Corrida 1:* $T_{ad} = 1743,1°C$.)

9.82. O acetileno é produzido pela pirólise — decomposição a alta temperatura — do gás natural (predominantemente metano):

$$2CH_4(g) \rightarrow C_2H_2(g) + 3H_2$$

O calor necessário para sustentar esta reação endotérmica é proporcionado pelo oxigênio fornecido ao reator e pela queima de uma parte do metano para formar principalmente CO e algum CO_2.

Uma versão simplificada do processo aparece em seguida. Uma corrente de gás natural, que para os propósitos deste problema pode ser considerado metano puro, e uma corrente contendo 96,0% molar de oxigênio e o resto de nitrogênio são aquecidas de 25°C até 650°C. As correntes são combinadas e alimentam um conversor adiabático no qual a maior parte do metano e todo o oxigênio são consumidos, e o produto gasoso é rapidamente resfriado até 38°C assim que sai do conversor. O tempo de residência dentro do conversor é menor do que 0,01 s, suficientemente baixo para evitar que a maior parte do metano, mas não todo ele se decomponha para formar hidrogênio e partículas sólidas de carbono (fuligem). Do carbono na alimentação, 5,67% saem como fuligem.

O efluente resfriado passa através de um filtro de carvão no qual a fuligem é removida. O gás limpo é então comprimido e alimenta uma coluna de absorção, onde é posto em contato com um solvente líquido reciclado, dimetilformamida ou DMF (PM = 73,09). O gás que sai do absorvedor contém todo o hidrogênio e o nitrogênio, 98,8% do CO e 95% do metano no gás que alimenta a coluna. O solvente "pobre" que alimenta o absorvedor é DMF praticamente pura; o solvente "rico" que sai da coluna contém toda a água e o CO_2 e 99,4% do acetileno no gás da alimentação. Este solvente é analisado, contendo 1,55% molar C_2H_2, 0,68% CO_2, 0,055% CO, 0,055% CH_4, 5,96% H_2O e 91,7% DMF.

O solvente rico passa a um processo de separação de múltiplas unidades, do qual saem três correntes. Uma — o *gás de produto* — contém 99,1% molar C_2H_2, 0,059% H_2O e o resto de CO_2; a segunda — o *gás dessorvido* — contém metano, monóxido de carbono, dióxido de carbono e água; e a terceira, o *solvente regenerado* — é a DMF líquida alimentada ao absorvedor.

A planta está projetada para produzir 5 toneladas métricas/dia do gás de produto. Sua tarefa é calcular (i) as vazões requeridas (MCPH) das correntes de alimentação de metano e oxigênio; (ii) as vazões molares (kmol/h) e composições do gás de alimentação do absorvedor, o gás de saída do absorvedor e o gás dessorvido; (iii) A vazão de circulação de DMF (kmol/h); (iv) o rendimento global do produto (mol C_2H_2 no gás de produto/mol CH_4 na alimentação do reator) e a fração que esta quantidade representa do seu valor teórico máximo; (v) as necessidades totais de calor (kW) para os preaquecedores de metano e oxigênio; (vi) a temperatura atingida no conversor.

(a) Desenhe e rotule um fluxograma do processo. Determine os graus de liberdade para o sistema global, para cada unidade de processo individual e para o ponto de mistura da corrente de alimentação.

(b) Escreva e numere um conjunto completo de equações para as quantidades especificadas como (i)-(iv), identificando cada uma (por exemplo, balanço de C no conversor, balanço de CH_4 no absorvedor, equação de estado do gás ideal para as correntes de alimentação etc.). Você deve terminar com tantas equações quantas variáveis desconhecidas.

(c) Resolva as equações da Parte (b).

(d) Calcule as quantidades (v) e (vi).

(e) Especule sobre quais passo(s) adicional(s) de processo os gases residuais poderiam ser submetidos e indique o seu raciocínio.

AMBIENTAL

*9.83. A planta de tratamento de águas na fábrica de papel Ossabaw Paper Company gera cerca de 24 toneladas de lama por dia. A consistência da lama é 35%, o que significa que a lama contém 35% em peso de sólidos e o resto de líquido. A fábrica gasta atualmente 40 dólares/tonelada para descartar a lama em um aterro. O engenheiro de meio ambiente da planta determinou que, se a consistência da lama pudesse ser aumentada até 75%, a lama poderia se queimada para gerar energia útil e eliminar os problemas ambientais associados com o descarte no aterro.

Um fluxograma para um projeto preliminar do processo de tratamento de lama proposto aparece em seguida. Por simplicidade, admitimos que o líquido na lama é apenas água.

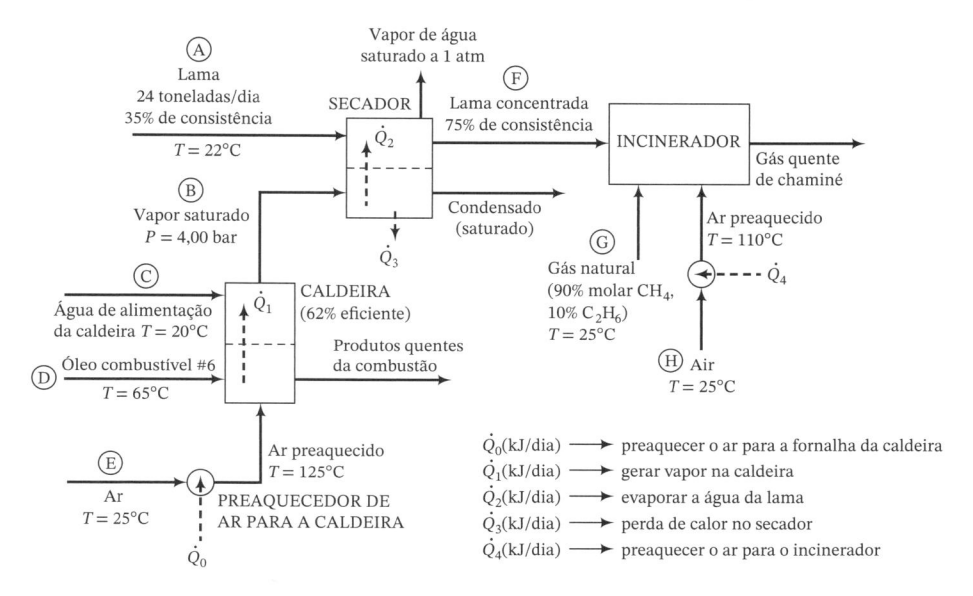

Descrição do processo: A lama da planta de tratamento de água (Corrente Ⓐ) passa através de um secador, onde uma parte da água é vaporizada. O calor necessário para a vaporização vem da condensação de vapor saturado a 4,00 bar (Corrente Ⓑ). O vapor fornecido ao secador é produzido na caldeira a óleo da planta, a partir de água a 20°C (Corrente Ⓒ). O calor necessário para produzir o vapor é transferido da fornalha da caldeira, onde óleo combustível (Corrente Ⓓ) é queimado com 25% de ar em excesso (Corrente Ⓔ). A lama concentrada que sai do secador (Corrente Ⓕ), que tem uma consistência de 75%, entra para um incinerador. O calor de aquecimento da lama é insuficiente para manter a temperatura do incinerador suficientemente alta para a combustão completa, de forma que é usado gás natural (Corrente Ⓖ) como combustível suplementar. Uma corrente de ar externo a 25°C (Corrente Ⓗ) é aquecida até 110°C e fornecida ao incinerador junto com a lama concentrada e o gás natural. O gás de chaminé do incinerador é descarregado para a atmosfera.

Óleo combustível: O óleo é um óleo número 6 com baixo teor de enxofre. A análise elementar em base mássica é 87% C, 10% H, 0,84% S e o resto é oxigênio, nitrogênio e cinzas não voláteis. O poder calorífico superior do óleo é $3,75 \times 10^4$ kJ/kg e a capacidade calorífica é $C_p = 1,8$ kJ/(kg·°C).

Caldeira: A caldeira tem uma eficiência de 62%, o que significa que 62% do valor de aquecimento do óleo combustível queimado são usados para produzir vapor saturado a 4,00 bar a partir de água a 20°C. O óleo combustível a 65°C e ar seco a 125°C são fornecidos à fornalha da caldeira. A vazão de alimentação de ar é de 25% em excesso da quantidade teoricamente necessária para o consumo completo do combustível.

Lama: A lama que sai da planta de tratamento de água contém 35% em peso de sólidos (S) e o resto é líquido (que, para os propósitos deste problema, pode ser tratado como apenas água) e entra

*Problema baseado em material fornecido por Joseph Lemanski, de Kimberly-Clark Corporation e Morton Barlaz, da North Carolina State University.

para o secador a 22°C. A lama inclui uma quantidade de espécies voláteis orgânicas, algumas das quais podem ser tóxicas, e tem um cheiro horrível. A capacidade calorífica dos sólidos é aproximadamente constante no valor de 2,5 kJ/(kg·°C).

Secador: O secador tem uma eficiência de 55%, o que significa que o calor transferido à lama, $\dot{Q}_2$, é 55% do calor total perdido pelo vapor condensado, e o resto, $\dot{Q}_3$, é perdido para as vizinhanças. O secador opera a 1 atm e o vapor de água e a lama concentrada saem na temperatura de saturação correspondente. O vapor condensado sai do secador como líquido saturado a 4,00 bar.

Incinerador: A lama concentrada tem um valor de aquecimento de 19.000 kJ/kg de sólidos secos. Para uma alimentação de lama de 75% de consistência, o incinerador requer 195 MCP de gás natural/tonelada de lama úmida [1 MCP = 1 m³(CNTP)]. A necessidade de ar teórico para a lama é 2,5 MCP de ar/10.000 kJ de poder calorífico. O ar é fornecido com 100% de excesso da quantidade teoricamente necessária para queimar a lama e o gás natural.

(a) Use balanços de massa e energia para calcular as vazões mássicas (toneladas/dia) das Correntes Ⓑ, Ⓒ, Ⓓ, Ⓔ, Ⓕ, Ⓖ e Ⓗ, e os fluxos de calor $\dot{Q}_0$, $\dot{Q}_1$, ..., $\dot{Q}_4$ (kJ/dia). Considere o peso molecular do ar como 29,0. (*Cuidado:* Antes de começar a fazer longos e desnecessários cálculos de balanço de energia na fornalha da caldeira, lembre da eficiência da mesma.)

Exercícios Exploratórios — Pesquise e Descubra

(b) O dinheiro economizado pela implementação deste processo será o custo atual de descartar a lama da planta de tratamento de água no aterro. Dois custos importantes do novo processo são os custos de instalação do secador e do incinerador. Que outros custos devem ser levados em conta ao determinar a viabilidade econômica deste processo? Por que a direção da empresa pode decidir levar adiante o projeto, mesmo que ele se revele não lucrativo?

(c) Que oportunidades existem para a melhora da economia de energia no processo? (*Sugestão:* Pense sobre a necessidade de preaquecer o óleo combustível e as correntes de ar na caldeira e no incinerador e considere as possibilidades de troca de calor.)

(d) A força motriz para a introdução deste processo é eliminar os custos ambientais do descarte da lama. O que é este custo — quer dizer, quais são as penalidades e riscos ambientais associados com o uso de aterros para descarte de resíduos perigosos? Que problemas ambientais a incineração pode introduzir?

Balanços em Processos Transientes

Diz-se que um sistema está na condição transiente (ou no estado não estacionário) se o valor de qualquer variável do sistema varia com o tempo. Os sistemas em batelada e semibatelada são sempre transientes: em um sistema em batelada, se nada muda com o tempo é porque nada está acontecendo, e em um sistema semibatelada (que tem uma corrente de entrada mas não de saída ou vice-versa), pelo menos a massa dos conteúdos do sistema deve variar com o tempo. Os sistemas contínuos são sempre transientes quando estão na operação de partida ou de parada, e podem ficar transientes em outras ocasiões, como resultado de mudanças planejadas ou não nas condições operacionais.[1]

Os procedimentos para deduzir balanços em sistemas transientes são praticamente os mesmos desenvolvidos nos Capítulos 4 (balanços de massa) e 7 (balanços de energia). A principal diferença é que os balanços transientes têm termos de acúmulo diferentes de zero que são derivadas, de forma que, em vez de equações algébricas, os balanços são equações diferenciais.

10.0 OBJETIVOS DE APRENDIZAGEM

Após completar este capítulo, você deve ser capaz de:

- Deduzir equações de balanço de massa e fornecer condições iniciais para processos transientes bem misturados de um única unidade, e deduzir equações de balanço de energia e fornecer condições iniciais para processos transientes não reativos bem misturados de uma única unidade.

- Prever o comportamento de um sistema transiente pela inspeção das equações de balanço. Por exemplo, dada uma equação com a forma $[dC_A/dt = 4 - 2C_A, C_A(0) = 0]$, traçar o gráfico esperado de CA *versus t* sem integrar a equação.

- Obter soluções analíticas de problemas que envolvem uma única equação de balanço diferencial separável de primeira ordem.

- Deduzir equações de balanço para sistemas que envolvem diversas variáveis dependentes [por exemplo, $y_1 = C_A(t)$, $y_2 = C_B(t)$, $y_3 = T(t)$] e expressar as equações em uma forma apropriada para a solução usando software de solução de equações $[dy_i/dt = f_i(y_1, y_2, ..., y_n, t), i = 1, 2, ..., n]$.

10.1 A EQUAÇÃO GERAL DO BALANÇO... DE NOVO

Na Seção 4.2, a equação geral do balanço (Equação 4.2-1) foi dada como

$$\text{acúmulo} = \text{entrada} + \text{geração} - \text{saída} - \text{consumo}$$

Foram discutidas duas formas desta equação: balanços diferenciais, que relacionam taxas instantâneas de variação em um instante de tempo, e balanços integrais, que relacionam mudanças que ocorrem ao longo de um intervalo finito de tempo. Nesta seção, examinamos a natureza das relações entre estes dois tipos de balanços; ao fazer isso, mostramos, com algum atraso, por que eles são chamados diferencial e integral.

---

[1]Na verdade, o conceito de um verdadeiro estado estacionário é fictício, pois sempre há flutuações nas variáveis de processo para sistemas reais. Quando você admite operação no estado estacionário, está admitindo que estas flutuações são pequenas o suficiente para ser desprezíveis sem causar erros severos nos valores calculados.

10.1a Balanços Diferenciais

Suponha que uma espécie A está envolvida em um processo. Sejam $\dot{m}_{entrada}(kg/s)$ e $\dot{m}_{saída}(kg/s)$ as vazões nas quais A entra e sai do processo cruzando as fronteiras, e sejam $\dot{r}_{geração}(kg/s)$ e $\dot{r}_{consumo}(kg/s)$ as taxas de geração e consumo de A dentro do sistema por reação química. Qualquer uma ou todas as variáveis $\dot{m}_{entrada}$, $\dot{m}_{saída}$, $\dot{r}_{geração}$ e $\dot{r}_{consumo}$ podem variar com o tempo.

Vamos escrever um balanço de A para um período de tempo de t até $t + \Delta t$, supondo que Δt é pequeno o suficiente para que as quantidades $\dot{m}_{entrada}$, $\dot{m}_{saída}$, $\dot{r}_{geração}$ e $\dot{r}_{consumo}$ sejam consideradas constantes. (Já que no fim vamos fazer Δt tender a zero, esta suposição não é restritiva.) Os termos de um balanço de A são facilmente calculados.

$$\text{entrada (kg)} = \dot{m}_{entrada}\,(kg/s)\Delta t(s)$$

$$\text{saída} = \dot{m}_{saída}\,\Delta t$$

$$\text{geração} = \dot{r}_{geração}\,\Delta t$$

$$\text{consumo} = \dot{r}_{consumo}\,\Delta t$$

Suponhamos também que a massa de A no sistema varia por uma quantidade $\Delta M(kg)$ durante este pequeno intervalo de tempo. Por definição, ΔM é o acúmulo de A no sistema. Conforme a equação do balanço (Equação 4.2-1),

$$\Delta M = (\dot{m}_{entrada} + \dot{r}_{geração} - \dot{m}_{saída} - \dot{r}_{consumo})\Delta t \qquad \textbf{(10.1-1)}$$

Se dividimos agora por Δt e depois fazemos Δt tender a zero, a razão $\Delta M/\Delta t$ se transforma na derivada de M em relação a t (dM/dt), e a equação de balanço se transforma em

$$\boxed{\frac{dM}{dt} = \dot{m}_{entrada} + \dot{r}_{geração} - \dot{m}_{saída} - \dot{r}_{consumo}} \qquad \textbf{(10.1-2)}$$

Esta é a equação geral do balanço diferencial: M é a quantidade da variável balanceada no sistema, e os quatro termos do lado direito são taxas que podem variar com o tempo.

Se a Equação 10.1-2 é aplicada a um sistema contínuo no estado estacionário, a quantidade M deve ser uma constante, portanto, a sua derivada com o tempo deve ser zero, e a equação se reduz à equação familiar introduzida no Capítulo 4:

$$\text{entrada + geração = saída + consumo}$$

No entanto, sempre que qualquer um dos termos varia com o tempo, a derivada do lado esquerdo da Equação 10.1-2 permanece na equação. Concluímos então que *a equação de balanço para um sistema em estado não estacionário em um instante de tempo* é *uma equação diferencial* (daí o termo balanço diferencial).

A Equação 10.1-2 é uma equação diferencial ordinária de primeira ordem. Antes que possa ser resolvida para proporcionar uma expressão para $M(t)$, deve ser providenciada uma **condição de contorno** — um valor especificado da variável dependente (M) em algum valor da variável independente (t). Frequentemente é especificado o valor de M no tempo $t = 0$ (uma "condição inicial"). A equação completa do balanço seria a Equação 10.1-2 seguida de

$$t = 0, M = \ldots$$

ou simplesmente $\qquad\qquad\qquad\qquad M(0) = \ldots$

Quando você analisa um sistema transiente, sua análise não está completa até que cada equação diferencial deduzida esteja acompanhada por uma condição de contorno semelhante a uma das fornecidas aqui.

O procedimento para escrever um balanço diferencial para um sistema em estado não estacionário normalmente começa com três passos: (1) apague os termos da equação de balanço geral que são zero ou desprezíveis; (2) escreva uma expressão para a quantidade total da grandeza balanceada (massa, partículas, mols de uma espécie, energia, etc.) no sistema; e (3) diferencie a expressão com relação ao tempo para determinar o termo de acúmulo. Em seguida, substitua expressões para os termos não nulos na equação, cancele variáveis, se possível, e formule uma condição de contorno (ou uma condição inicial a $t = 0$). O próximo exemplo fornece duas ilustrações deste procedimento.

| **Exemplo 10.1-1** | Balanços Diferenciais em um Reator Químico |

Um reator contínuo de tanque agitado é usado para produzir um composto R na reação em fase líquida $A \rightarrow R$. A alimentação entra no reator com uma vazão $\dot{v}_0(L/s)$; a concentração do reagente na alimentação é $C_{A0}(mol\ A/L)$. O volume do conteúdo do tanque é $V(L)$. O recipiente pode ser considerado como perfeitamente misturado, de forma que a concentração de A é igual a $kC_A[mol/(s{\cdot}L\ do\ volume\ de\ reação)]$. Todos os fluidos (a alimentação, o conteúdo do tanque e o produto) podem ser considerados como tendo a mesma massa específica, $\rho(g/L)$.

Escreva os balanços diferenciais da massa total e dos mols de A, expressando os balanços em termos das variáveis mostradas no seguinte diagrama:

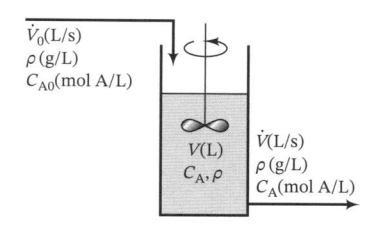

Solução **Base: Quantidades Dadas**

Balanço de Massa Total (geração $= 0$, consumo $= 0$)

$$\text{acúmulo} = \text{entrada} - \text{saída}$$

Massa no reator: $M(g) = V(L)\,\rho(g{=}L)$

$$\Downarrow$$

$$\text{acúmulo}(g/s) = \frac{dM}{dt} = \frac{d(V\rho)}{dt} = \rho\frac{dV}{dt}\ (\text{já que }\rho\text{ é constante})$$

$$\text{entrada}(g/s) = \dot{V}_0(L/s)\,\rho(g/L)$$

$$\text{saída}(g/s) = \dot{V}(L/s)\,\rho(g/L)$$

$$\Downarrow$$

$$\rho\frac{dV}{dt} = \dot{V}_0\,\rho - \dot{V}\rho$$

$$\Downarrow \text{ cancelamento } \rho$$

$$\boxed{\begin{array}{l} dV/dt = \dot{V}_0 - \dot{V} \\[4pt] t = 0, \quad V = V_0 \end{array}}$$

em que V_0 é o volume inicial do conteúdo do tanque.

Pergunta: Se $\dot{V}_0 = \dot{V}$, o que o balanço de massa lhe diz?

Balanço de A

$$\text{acúmulo} = \text{entrada} - \text{saída} - \text{consumo}$$

Mols de A no reator $= V(L)C_A(mol/L)$

$$\Downarrow$$

$$\text{acúmulo}(mol\ A/s) = \frac{d(VC_A)}{dt}$$

$$\text{entrada}(mol\ A/s) = \dot{V}_0(L/s)C_{A0}(mol\ A/L)$$

$$\text{saída}(mol\ A/s) = \dot{V}(L/s)C_A(mol\ A/L)$$

$$\text{consumo}(mol\ A/s) = kC_A[mol\ A/(s{\cdot}L)]V(L)$$

$$\Downarrow$$

$$\boxed{\begin{array}{l} \dfrac{d(VC_A)}{dt} = \dot{V}_0C_{A0} - \dot{V}C_A - kC_AV \\[6pt] t = 0, \quad C_A = C_A(0) \end{array}}$$

na qual $C_A(0)$ é a concentração de A no conteúdo inicial do tanque. A forma de você resolver esta equação para a concentração da saída $C_A(t)$ depende de como as quantidades $\dot{V}_0$, $\dot{V}$ e C_{A0} variam com o tempo.

O procedimento a ser seguido quando se resolve um problema envolvendo um balanço transiente é escrever a equação de balanço diferencial, integrá-la entre os tempos inicial e final e resolver para a quantidade desejada ou função do tempo.

| **Exemplo 10.1-2** | Balanço de Água em um Reservatório Municipal |

O nível de água em um reservatório municipal tem diminuído sistematicamente durante um período de seca, que pode continuar por outros 60 dias. A companhia de água local estima que a taxa de consumo na cidade é aproximadamente 10^7 L/dia. A Agência Estadual do Meio Ambiente estima que a chuva e a contribuição das correntes para o reservatório aliadas à evaporação do mesmo devem fornecer uma taxa líquida de entrada de água de $10^6 \exp(-t/100)$ L/dia, em que t é o tempo em dias desde o início do período de seca, quando o reservatório continha um volume estimado de 10^9 litros de água.

(a) Escreva um balanço diferencial da água no reservatório.
(b) Integre o balanço para calcular o volume do reservatório no fim dos 60 dias de seca contínua.

Solução

(a) Escrevamos um balanço da massa M(kg) de água no reservatório, mas expressando a equação em termos de volumes para poder usar os dados fornecidos, usando a relação M(kg) $= \rho$(kg/L)V(L). Como a água não é nem gerada nem consumida pelas reações químicas no reservatório (mais precisamente, nós assumimos que suas taxas de geração e consumo são desprezíveis), a equação do balanço diferencial é como segue:

$$\text{acúmulo} = \text{entrada} - \text{saída}$$

$$\frac{dM}{dt} = \dot{m}_{\text{entrada}} + \dot{r}_{\text{geração}} - \dot{m}_{\text{saída}} - r_{\text{consumo}} \quad \text{(cada termo em kg/dia)}$$

$$\left. \begin{array}{l} \frac{dM}{dt} = \frac{d}{dt}(\rho V) = \rho(\text{kg/L})\frac{dV}{dt}(\text{L/dia}) \quad \text{(já que } \rho \text{ é constante)} \\ \dot{m}_{\text{entrada}} = \rho(\text{kg/L})[10^6 e^{-t/100}(\text{L/dia})] \\ \dot{m}_{\text{saída}} = \rho(\text{kg/L})(10^7 \text{ L/dia}) \\ \dot{r}_{\text{geração}} = \dot{r}_{\text{consumo}} = 0 \quad \text{(a água não é produzida ou consumida no reservatório)} \end{array} \right.$$

$\Downarrow$ Cancelando ρ

$$\boxed{\begin{array}{l} \frac{dV(t)}{dt} = 10^6 \exp(-t/100) - 10^7 \\ t = 0, \quad V = 10^9 \text{ L} \end{array}}$$

(b) Separemos agora as variáveis e integremos a equação do balanço diferencial desde $t = 0$ até $t = 60$ dias.

$$\int_{V(0)}^{V(60)} dV = \int_0^{60\,\text{d}} [10^6 \exp(-t/100) - 10^7] dt$$

$\Downarrow$

$$V(60 \text{ dias}) - V(0) = \int_0^{60\,\text{d}} 10^6 e^{-t/100} dt - \int_0^{60\,\text{d}} 10^7 dt$$

$\Downarrow V(0) = 10^9$ litros

$$V(60 \text{ dias}) = 10^9 - 10^6(10^2)e^{-t/100} \Big]_0^{60\,\text{d}} - 10^7 t \Big]_0^{60\,\text{d}}$$

$$= \boxed{4,45 \times 10^8 \text{ L}} \quad (\textit{verifique})$$

10.1b Uma Breve Olhada de Volta nos Balanços Integrais

Vamos reconsiderar a forma do balanço diferencial dada na Equação 10.1-3.

$$\frac{dM}{dt} = \dot{m}_{\text{entrada}} + \dot{r}_{\text{geração}} - \dot{m}_{\text{saída}} - \dot{r}_{\text{consumo}} \tag{10.1-3}$$

A equação pode ser reescrita como

$$dM = \dot{m}_{\text{entrada}}dt + \dot{r}_{\text{geração}}\,dt - \dot{m}_{\text{saída}}\,dt - \dot{r}_{\text{consumo}}\,dt$$

e integrada desde um tempo inicial t_0 até um tempo posterior t_f para obter

$$\int_{t_0}^{t_f} dM = M(t_f) - M(t_0) = \int_{t_0}^{t_f} \dot{m}_{entrada}dt + \int_{t_0}^{t_f} \dot{r}_{geração}dt - \int_{t_0}^{t_f} \dot{m}_{saída}dt - \int_{t_0}^{t_f} \dot{r}_{consumo}dt \quad \textbf{(10.1-4)}$$

Esta é a equação do balanço integral. O lado esquerdo é o acúmulo da quantidade balanceada no sistema entre t_0 e t_f. O termo ($\dot{m}_{entrada}dt$) é o tanto da quantidade balanceada que entra no sistema no intervalo infinitesimal de t até $t + dt$, de forma que a integral

$$\int_{t_0}^{t_f} \dot{m}_{entrada} \, dt$$

é a quantidade total que entra entre t_0 e t_f. Um raciocínio semelhante pode ser aplicado aos outros termos, levando à conclusão de que a Equação 10.1-4 é simplesmente um outro enunciado da equação geral do balanço

$$\text{acúmulo} = \text{entrada} + \text{geração} - \text{saída} - \text{consumo} \quad \textbf{(10.1-5)}$$

só que agora cada termo representa um tanto da quantidade balanceada em vez de uma taxa. Para um sistema fechado (batelada), se a quantidade balanceada é a massa (ao contrário da energia), $\dot{m}_{entrada} = \dot{m}_{saída} = 0$, e a equação pode ser escrita

$$M_{inicial} + \int_{t_0}^{t_f} \dot{r}_{geração} \, dt = M_{final} + \int_{t_0}^{t_f} \dot{r}_{consumo} \, dt$$

ou

$$\text{entrada inicial} + \text{geração} = \text{saída final} - \text{consumo}$$

Esta é a forma da equação do balanço integral dada no Capítulo 4 para um sistema fechado.

Teste

(veja *Respostas dos Problemas Selecionados*)

Um líquido A é vertido com uma taxa de 10 kg/h em um tanque contendo inicialmente 350 kg de um segundo líquido B. Uma reação A → 2B ocorre. O líquido é retirado do recipiente com uma taxa de 10 kg/h.

1. Quais termos da equação geral do balanço

$$\text{acúmulo} = \text{entrada} + \text{geração} - \text{saída} - \text{consumo}$$

não são iguais a zero em cada um dos seguintes balanços no recipiente de reação?
(a) Massa total.   **(b)** Mols de A.   **(c)** Mols de B.

2. Escreva e resolva um balanço de massa diferencial no sistema, sendo $m(t)$ a massa total do conteúdo do sistema.

10.2 BALANÇOS DE MASSA

10.2a Balanços de Massa Total

Um balanço de massa total tem necessariamente a forma [acúmulo = entrada − saída], já que a massa não pode ser gerada nem consumida.[2] O termo de acúmulo é sempre dM/dt, onde $M(t)$ é a massa do conteúdo do sistema. Uma vez que você determinou $M(t)$ resolvendo a equação do balanço diferencial, você pode ter de verificar se a solução matemática permanece dentro dos limites da realidade física — que não fique negativa, por exemplo, ou que não exceda a capacidade total do sistema.

Exemplo 10.2-1 Balanço de Massa em um Tanque de Armazenamento de Água

Um tanque de 12,5 m³ está sendo enchido com água a uma taxa de 0,050 m³/s. Em um momento no qual o tanque contém 1,20 m³ de água, aparece no fundo do tanque um vazamento, que fica progressivamente pior com o tempo. A taxa de vazamento pode ser aproximada como 0,0025t (m³/s) onde t(s) é o tempo a partir do momento em que apareceu o vazamento.

---

[2]Estamos excluindo as reações nucleares desta consideração.

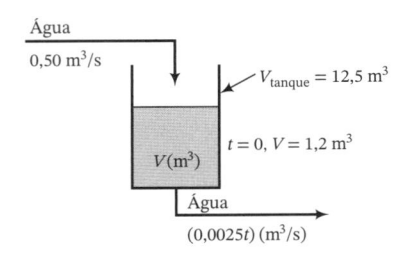

1. Escreva um balanço de massa no tanque e use-o para obter uma expressão de dV/dt, na qual V é o volume de água no tanque a qualquer momento. Forneça uma condição inicial para a equação diferencial.
2. Resolva a equação do balanço para obter uma expressão para $V(t)$ e desenhe um gráfico de V *versus* t.

Solução

1. A massa total do conteúdo do tanque é $M(\text{kg}) = \rho(\text{kg/m}^3)V(\text{m}^3)$, em que $\rho = 1000 \text{ kg/m}^3$ é a massa específica da água líquida. Então

$$\text{acúmulo}\,(\text{kg/s}) = \frac{d(\rho V)}{dt} = \rho\frac{dV}{dt}$$

(O segundo passo vem do fato de a massa específica da água líquida no tanque ser independente do tempo e pode então sair da derivada.)

$$\text{entrada}\,(\text{kg/s}) = \rho(\text{kg/m}^3)(0{,}05 \text{ m}^3/\text{s}) = 0{,}05\rho$$

$$\text{saída}\,(\text{kg/s}) = \rho(\text{kg/m}^3)[0{,}0025t(\text{m}^3/\text{s})] = 0{,}0025\rho t$$

Substituindo estes termos na equação do balanço de água (acúmulo = entrada − saída) e cancelando ρ, obtemos a equação diferencial

$$\boxed{\begin{aligned} \frac{dV}{dt} &= 0{,}050 \text{ m}^3/\text{s} - 0{,}0025t \\ t &= 0, \quad V = 1{,}2 \text{ m}^3 \end{aligned}}$$

Verifique se cada termo da equação (incluindo dV/dt) tem as unidades de m^3/s.

2. Para resolver a equação, separamos as variáveis (trazendo dt para o lado direito) e integramos desde a condição inicial ($t = 0$, $V = 1{,}2 \text{ m}^3$) até um tempo arbitrário, t, e o seu volume correspondente, V.

$$dV(\text{m}^3) = (0{,}050 - 0{,}0025t)dt \implies \int_{1{,}2 \text{ m}^3}^{V} dV = \int_{0}^{t}(0{,}050 - 0{,}0025t)dt$$

$$\implies V\Big]_{1{,}2 \text{ m}^3}^{V} = \left(0{,}050t - 0{,}0025\frac{t^2}{2}\right)\Big]_{0}^{t}$$

$$\implies V(\text{m}^3) = 1{,}2 \text{ m}^3 + 0{,}050t - 0{,}00125t^2$$

Checando 1: Quando $t = 0$, $V = 1{,}2 \text{ m}^3$ (confirmando a condição inicial dada).

Checando 2: $dV/dt = 0{,}050 - 0{,}0025t$ [derivando $V(t)$ obtemos a equação original para dV/dt].

Um gráfico da expressão deduzida para $V(t)$ é como segue:

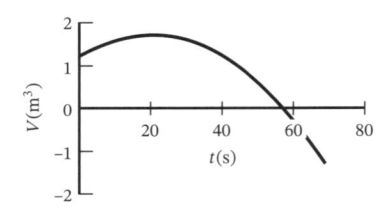

Inicialmente, a entrada de água provoca um aumento no volume do tanque, porém, à medida que o vazamento aumenta, o tanque começa a esvaziar. O volume máximo é $1{,}7 \text{ m}^3$, bem abaixo da capacidade do tanque, que é de $12{,}5 \text{ m}^3$. No tempo aproximado de $t = 57 \text{ s}$ o conteúdo vaza completamente. A fórmula matemática para V prevê volumes negativos após este tempo, mas fisicamente o volume permanece em zero (o líquido esvazia assim que é vertido dentro do tanque). A solução real da equação do balanço e, portanto,

$$\boxed{\begin{aligned} V(\text{m}^3) &= 1{,}2 + 0{,}050t - 0{,}00125t^2 & 0 \leq t \leq 57 \text{ s} \\ &= 0 & t > 57 \text{ s} \end{aligned}}$$

O gráfico mostrado acima deve ser mudado no intervalo $t > 57$ s para uma linha coincidente com o eixo t.

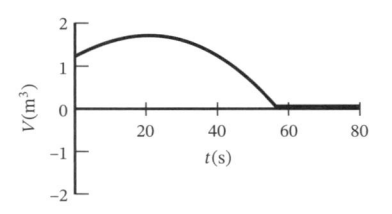

10.2b Uma Breve Olhada de Volta em Cálculo

Como você verá, os balanços em processos transientes levam frequentemente a equações diferenciais que têm uma forma como esta:

$$\frac{d(VC_A)}{dt} = 1{,}50 \text{ mol/s} - 0{,}200VC_A \tag{10.2-1}$$

$$C_A(0) = 2{,}00 \text{ mol/L}$$

Nesta equação, 1,50 mol/s seria a soma dos termos de entrada e geração no balanço da espécie A, e $0{,}200C_A$ seria a soma dos termos de consumo e saída. O objetivo seria resolver o balanço diferencial para determinar a concentração C_A(mol/L) como função do tempo t(s), seja como uma função analítica, seja na forma de uma tabela ou gráfico.

Esta seção revisa algumas regras e procedimentos de cálculo para resolver equações diferenciais como a Equação 10.2-1. No texto que se segue, x é uma variável independente, $y(x)$ é uma variável dependente e a é uma constante.

Regra 1: Derivada de uma constante vezes uma função

$$\frac{d(ay)}{dx} = a\frac{dy}{dx} \tag{10.2-2}$$

Se o volume do sistema na Equação 10.2-1 fosse constante, a equação seria

$$V\frac{dC_A}{dt} = 1{,}50 \text{ mol/s} - 0{,}200VC_A$$

Em breve veremos como resolver esta equação.

Regra 2: Derivada de um produto

$$\frac{d(y_1 y_2)}{dx} = y_1\frac{dy_2}{dx} + y_2\frac{dy_1}{dx} \tag{10.2-3}$$

Se o volume do sistema na Equação 11.2-1 variasse com o tempo (por exemplo, porque o tanque está sendo enchido ou esvaziado, ou porque o reator é um cilindro provido de um pistão móvel), a regra do produto forneceria

$$\frac{d(VC_A)}{dt} = V\frac{dC_A}{dt} + C_A\frac{dV}{dt} = 1{,}50 \text{ mol/s} - 0{,}200C_A$$

ou

$$\frac{dC_A}{dt} = \frac{1}{V}[1{,}50 \text{ mol/s} - 0{,}200C_A] - \frac{C_A}{V}\left(\frac{dV}{dt}\right)$$

Se V é uma constante, esta equação se reduz àquela dada na Regra 1 (convença-se). Para resolver para $C_A(t)$, você tem que obter uma expressão independente para dV/dt e resolver as duas equações simultaneamente. Discutiremos problemas deste tipo na Seção 10.5.

Regra 3: Solução de equações diferenciais separáveis de primeira ordem

A forma geral de uma equação diferencial de primeira ordem é

$$\frac{dy}{dx} = f(x, y)$$

Consideremos um exemplo específico:

$$\frac{dy}{dx} = 3xy$$

Estudantes iniciantes de cálculo amiúde sentem a tentação de resolver esta equação fazendo algo como

$$y = \int (3xy)dx$$

o que é correto mas inútil, pois você não pode avaliar a integral sem substituir primeiro a expressão para $y(x)$, que é a expressão que se está tentando determinar.

Uma equação diferencial *separável* de primeira ordem é aquela que pode ser escrita na forma

$$\frac{dy}{dx} = f_1(x)f_2(y)$$
$$x = 0, \quad y = y(0)$$

O procedimento para resolver uma equação separável é trazer para um lado da equação todos os termos envolvendo y (incluindo dy) e para o outro lado todos os termos que envolvem x (incluindo dx) e então integrar cada lado na sua respectiva variável desde o valor inicial [0 para x, $y(0)$ para y] até um valor arbitrário.

$$\frac{dy}{dx} = f_1(x)f_2(y) \xrightarrow{\text{separar}} \frac{dy}{f_2(y)} = f_1(x)dx \xrightarrow{\text{integrar}} \int_{y(0)}^{y} \frac{dy}{f_2(y)} = \int_0^x f_1(x)dx \quad \text{(10.2-4)}$$
$$x = 0, \quad y = y(0)$$

Cada integral envolve uma função de apenas a variável de integração (y na esquerda, x na direita), de forma que ambas as integrais podem ser avaliadas para se obter uma expressão que relacione x e y.

Reconsidere a Equação 10.2-1 mais uma vez, fazendo o volume do sistema V igual a 1,00 litro.

$$\left\{ \begin{array}{l} \dfrac{dC_A}{dt} = 1,50\ \text{mol/s} - (0,200\ \text{L/s})C_A \\[2mm] t = 0, \quad C_A = 2,00\ \text{mol/L} \end{array} \right\}$$

$$\xrightarrow{\text{separar}} \frac{dC_A}{1,50 - 0,200C_A} = dt \xrightarrow{\text{integrar}} \int_{2,00}^{C_A} \frac{dC_A}{1,50 - 0,200C_A} = \int_0^t dt$$

$$\implies -\frac{1}{0,200} \ln(1,50 - 0,200C_A) \Big]_{2,00}^{C_A} = t \implies \ln\left(\frac{1,50 - 0,200C_A}{1,50 - 0,400}\right) = -0,200t$$

$$\implies \frac{1,50 - 0,200C_A}{1,10} = e^{-0,200t} \implies \boxed{C_A(\text{mol/L}) = \frac{1}{0,200}\left(1,50 - 1,10e^{-0,200t(s)}\right)}$$

O último passo é verificar a solução. Existem várias maneiras de se fazer isso, as quais serão discutidas mais à frente neste capítulo, mas a verificação se torna mais fácil se a condição inicial é satisfeita. Neste caso, ela é. Se você substitui $t = 0$ na expressão para C_A, você encontrará rapidamente que $C_A = 2,0$.

Tente reproduzir cada passo deste procedimento sem olhar para ele. Ele será usado para resolver quase todas as equações de balanço no restante do capítulo.

Teste	Separe as variáveis para cada uma das seguintes equações para obter integrais da forma da Equação 10.2-4. Prossiga então até onde puder para obter expressões de $y(t)$.
(veja *Respostas dos Problemas Selecionados*)	**1.** $(dy/dt) = 2 - t, y(0) = 1$. **2.** $(dy/dt) = 2 - y, y(0) = 1$. **3.** $(dy/dt) = (2 - t)(2 - y), y(0) = 1$.

10.2c Balanços em Unidades Simples de Processo Bem Misturadas

Eis o procedimento geral para escrever e resolver uma equação de balanço de massa transiente:

1. *Elimine os termos da equação geral do balanço que sejam iguais a zero* (entrada e saída para sistemas em batelada, geração e consumo para balanços de massa total e espécies não reativas).

2. *Escreva uma expressão para a quantidade total da espécie balanceada no sistema* [$V(\text{m}^3)\rho(\text{kg/m}^3)$ para a massa total, $V(\text{m}^3)C_A(\text{mol A/m}^3)$ ou $n_{total}(\text{mol})x_A(\text{mol A/mol})$ para a espécie A]. *Derive esta equação em relação ao tempo para obter o termo de acúmulo na equação do balanço.*

3. *Substitua as variáveis do sistema nos termos remanescentes* (entrada, geração, consumo, saída) *na equação do balanço.* Assegure-se de que todos os termos tenham as mesmas unidades (kg/s, lb-mol/h, etc.).

4. *Se y(t) é a variável dependente a ser determinada* (por exemplo, a massa do conteúdo do sistema, a concentração da espécie A, a fração molar de metano), *reescreva a equação para obter uma expressão explícita para dy/dt. Forneça uma condição de contorno* — o valor da variável dependente em um tempo específico (normalmente $t = 0$). Esta condição pode ser expressa como [$t = 0, y = y_0$] ou simplesmente [$y(0) = y_0$], onde y_0 é um número.

5. *Resolva a equação — se possível, analiticamente; se não, numericamente.* Nos processos que serão analisados neste capítulo, geralmente você poderá usar a separação de variáveis para obter a solução analítica.

6. *Cheque a solução.* Você pode fazer isto usando qualquer um (e preferivelmente todos) dos seguintes métodos:
   (a) Substitua $t = 0$ e verifique se é obtida a condição inicial conhecida [$y(0) = y_0$].
   (b) Encontre o valor assintótico a longo tempo (estado estacionário) da variável dependente fazendo $dy/dt = 0$ na equação original do balanço e resolvendo a equação algébrica resultante para y_{ss}, e então verificando que, se você faz $t \to \infty$ na solução, $y \to y_{ss}$. (A equação pode não ter uma solução no estado estacionário, em cujo caso este método não funcionará.)
   (c) Derive a sua solução para obter uma expressão para dy/dt, e verifique se a equação é satisfeita.

7. *Use sua solução para gerar um gráfico ou uma tabela de y versus t.*
   O próximo exemplo ilustra este procedimento.

Exemplo 10.2-2 | Comportamento Transiente de um Reator de Tanque Agitado

Uma reação em fase líquida com estequiometria A → B acontece em um reator contínuo de tanque agitado bem misturado de 10,0 litros. Um diagrama esquemático do processo é mostrado abaixo.

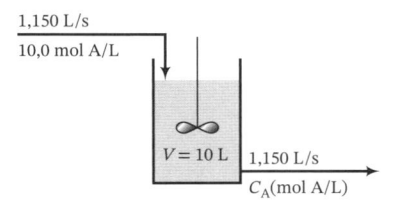

A ⟶ B, taxa = $0,0050 C_A$[mol A reage/(L·s)]

O reator pode ser considerado perfeitamente misturado, de forma que o conteúdo é uniforme e a concentração de A na corrente de produto é igual à concentração dentro do tanque. O tanque está inicialmente cheio com uma solução que contém 2,00 mol A/L, e então começam os fluxos de entrada e saída.

1. Escreva um balanço da espécie A no tanque e forneça uma condição inicial.
2. Calcule C_{AS}, a concentração no estado estacionário de A no tanque (o valor obtido quando $t \to \infty$).
3. Esboce a forma esperada de um gráfico de C_A versus t.
4. Resolva a equação do balanço para $C_A(t)$, cheque a solução e trace o gráfico real de C_A versus t.

Solução   Compare o que se segue com o procedimento geral dado antes deste exemplo.

1. Os mols totais de A no reator a qualquer momento são iguais a $(10,0 \text{ L})[C_A(\text{mol/L})] = 10,0CA(\text{mol A})$. Portanto,

   Acúmulo: $\dfrac{d(10,0C_A)}{dt} = 10,0 \dfrac{dC_A}{dt} \left(\dfrac{\text{mol A}}{\text{s}}\right)$

   Entrada: $(0,150 \text{ L/s})(10,0 \text{ mol A/L}) = 1,50 \text{ mol A/s}$

   Saída: $(0,150 \text{ L/s})[C_A(\text{mol A/L})] = 0,150C_A(\text{mol A/s})$

   Geração: 0 mol A/s (A não é um produto da reação)

   Consumo: $(10,0 \text{ L})[0,0050C_A(\text{mol A/(L·s)})] = 0,050C_A \text{ (mol A/s)}$

   Estes termos são substituídos na equação do balanço de A (acúmulo = entrada − saída − consumo), que é então dividida por 10,0 para obter uma expressão para dC_A/dt. O resultado, junto com a condição inicial para a equação $[C_A(0) = 2,00 \text{ mol A/L}]$, é

   $$\frac{dC_A}{dt} = 0,150 \text{ mol A/s} - (0,0200 \text{ L/s})C_A$$

   $$t = 0, \quad C_A = 2,00 \text{ mol A/L}$$

2. No estado estacionário, nada varia com o tempo, de forma que a derivada de C_A (e de qualquer outra variável do sistema) em relação ao tempo deve ser zero. Fixando $dC_A/dt = 0$ na equação do balanço e fazendo $C_A = C_{AS}$ (estado estacionário) na equação resultante, obtemos

   $$0 = 0,150 \text{ mol/s} - 0,0200C_{AS} \implies \boxed{C_{AS} = 7,50 \text{ mol A/L}}$$

   Se C_{AS} não tem um limite assintótico (estado estacionário), a equação não terá uma solução finita.

3. Podemos agora deduzir muita coisa sobre o gráfico de C_A *versus* t, mesmo que não tenhamos ainda resolvido a equação do balanço diferencial. Conhecemos um ponto em $t = 0$ (a condição inicial) e o valor assintótico em $t \rightarrow \infty$ (a solução do estado estacionário) e temos também uma expressão para a inclinação do gráfico em qualquer momento (dC_A/dt) como função da concentração (inclinação = $0,150 - 0,0200C_A$). Vamos resumir o que podemos deduzir.

   - O gráfico começa em ($t = 0$, $C_A = 2,00 \text{ mol/L}$).
   - Em $t = 0$, a inclinação do gráfico é $[0,150 - 0,0200](2,00\text{mol/s}) = 0,110 \text{ mol/s}$. Já que é positiva, C_A deve aumentar com o tempo.
   - À medida que t aumenta e C_A também aumenta, a inclinação da curva ($0,150 - 0,0200C_A$) fica progressivamente menos positiva. Portanto, a curva deve ser côncava para baixo.

   - Depois de um longo tempo, o gráfico se aproxima assintoticamente de $C_A = 7,50 \text{ mol/L}$.

     Combinando todas estas observações, chegamos ao seguinte esboço do gráfico:

   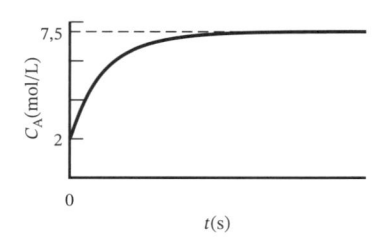

4. Podemos agora resolver o balanço diferencial para determinar os valores de C_A em valores específicos de t ou vice versa. Reconsidere a equação

   $$\frac{dC_A}{dt} = 0,150 - 0,0200C_A$$

   $$t = 0, \quad C_A = 2,00$$

Separando as variáveis e integrando como na Equação 10.2-4 obtemos,

$$\frac{dC_A}{0,150 - 0,0200C_A} = dt \implies \int_{2,00}^{C_A} \frac{dC_A}{0,150 - 0,0200C_A} = \int_0^t dt = t$$

$$\implies -\frac{1}{0,0200}\ln(0,150 - 0,0200C_A)\Big]_{2,00}^{C_A} = t \implies \ln\left[\frac{0,150 - 0,0200C_A}{0,150 - 0,0200(2,00)}\right] = -0,0200t$$

$$\implies \frac{0,150 - 0,0200C_A}{0,110} = e^{-0,0200t} \implies \boxed{C_A(\text{mol/L}) = 7,50 - 5,50e^{-0,0200t}}$$

(Verifique cada passo.)

Analisando a solução:

Checando 1: Substitua $t = 0$ na solução $\Rightarrow C_A(0) = 2,00$ mol/L (o valor inicial correto). ✔

Checando 2: Substitua $t \to \infty$ na solução para obter $C_A(\infty) = 7,50$ mol/L (o valor do estado estacionário previamente determinado). ✔

Checando 3: Derive a equação para obter uma expressão para dC_A/dt, e depois substitua tanto dC_A/dt quanto $C_A(t)$ na equação original $[dC_A/dt = 1,50 - 0,200C_A]$ para mostrar que a solução satisfaz a equação. ✔

Verifique se a solução deduzida satisfaz cada uma destas condições.

Um gráfico da solução coincide com a forma previamente esboçada.

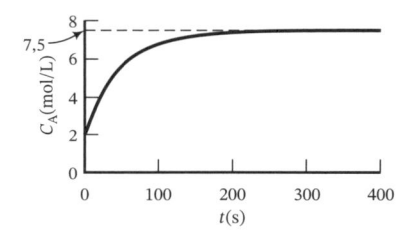

10.3 BALANÇOS DE ENERGIA EM PROCESSOS MONOFÁSICOS NÃO REATIVOS

A equação geral do balanço tem a forma

$$\text{acúmulo} = \text{entrada} - \text{saída} \tag{10.3-1}$$

já que a energia não pode ser gerada nem consumida.

Suponha que $E_{\text{sis}}(t)$ é a energia total (interna + cinética + potencial) de um sistema, e $\dot{m}_{\text{entrada}}$ e $\dot{m}_{\text{saída}}$ são as vazões mássicas das correntes de entrada e saída do sistema. (Se o sistema é fechado, estas quantidades são iguais a zero.) Procedendo como no desenvolvimento da equação do balanço de massa transiente, aplicamos a equação geral do balanço (10.3-1) ao sistema em um pequeno intervalo de tempo desde t até $t + \Delta t$, tempo durante o qual as propriedades das correntes de entrada e de saída permanecem aproximadamente constantes. Os termos da equação são os seguintes (veja a Seção 7.4):

$$\text{acúmulo} = \Delta E_{\text{sis}} = \Delta U_{\text{sis}} + \Delta E_{\text{k,sis}} + \Delta E_{\text{p,sis}}$$

$$\text{entrada} = \dot{m}_{\text{entrada}}\left(\hat{H}_{\text{entrada}} + \frac{u_{\text{entrada}}^2}{2} + gz_{\text{entrada}}\right)\Delta t + \dot{Q}\Delta t + \dot{W}_s\Delta t$$

$$\text{saída} = \dot{m}_{\text{saída}}\left(\hat{H}_{\text{saída}} + \frac{u_{\text{saída}}^2}{2} + gz_{\text{saída}}\right)\Delta t$$

na qual as quantidades entre parênteses são as entalpias específicas, energias cinéticas e energias potenciais das correntes de entrada e saída, e $\dot{Q}$ e $\dot{W}_s$ são as taxas de transferência de calor e trabalho no eixo. (Veja a Seção 7.4c.) Qualquer uma ou todas as variáveis $\dot{m}$, $\hat{H}$, u, z, $\dot{Q}$ e $\dot{W}_s$ podem variar com o tempo.

Se substituirmos agora as expressões dadas para o acúmulo, a entrada e a saída na Equação 10.3-1, dividirmos por Δt e fizermos Δt se aproximar de zero, obtemos o balanço geral diferencial de energia:

$$\frac{dU_{sis}}{dt} + \frac{dE_{k,sis}}{dt} + \frac{dE_{p,sis}}{dt} = \dot{m}_{entrada}\left(\hat{H}_{entrada} + \frac{u^2_{entrada}}{2} + gz_{entrada}\right)$$
$$- \dot{m}_{saída}\left(\hat{H}_{saída} + \frac{u^2_{saída}}{2} + gz_{saída}\right) + \dot{Q} + \dot{W}_s \tag{10.3-2}$$

Se existem várias correntes de entrada e de saída, um termo da forma

$$\dot{m}\left(\hat{H} + \frac{u^2}{2} + gz_{entrada}\right)$$

deve ser incluído na Equação 10.3-2 para cada corrente.

É bastante difícil resolver a Equação 10.3-2, a não ser que sejam feitas várias simplificações. Restringiremos nossa consideração a sistemas que satisfaçam as seguintes condições:

1. O sistema tem no máximo uma única corrente de entrada e uma única corrente de saída, cada uma com a mesma vazão mássica.

$$\dot{m}_{entrada} = \dot{m}_{saída} = \dot{m} \tag{10.3-3}$$

Uma consequência desta suposição é que a massa do sistema não varia com o tempo.

2. As variações nas energias cinética e potencial dentro do sistema entre as correntes de entrada e de saída são desprezíveis.

$$\frac{dE_{k,sis}}{dt} \approx \frac{dE_{p,sis}}{dt} \approx 0 \tag{10.3-4}$$

$$\dot{m}\left(\frac{u^2_{entrada}}{2} - \frac{u^2_{saída}}{2}\right) \approx 0 \tag{10.3-5}$$

$$\dot{m}(gz_{entrada} - gz_{saída}) \approx 0 \tag{10.3-6}$$

Sob estas condições, a Equação 10.3-2 se simplifica para

$$\frac{dU_{sis}}{dt} = \dot{m}(\hat{H}_{entrada} - \hat{H}_{saída}) + \dot{Q} + \dot{W}_s \tag{10.3-7}$$

Se a equação é aplicada a um sistema fechado, $\dot{m} = 0$, e a taxa de transferência de energia como trabalho no eixo, $\dot{W}_s$, deve ser substituída pela taxa total de transferência de energia como trabalho, $\dot{W}$.

A Equação 10.3-7 é simples na aparência, mas sua solução ainda é geralmente difícil de obter. Se, por exemplo, a composição ou a temperatura do conteúdo do sistema varia com a posição dentro do sistema, é difícil expressar a energia interna U_{sis} em termos de quantidades mensuráveis, e o mesmo acontece se ocorrem mudanças de fase ou reações químicas durante o processo. Para ilustrar a solução de problemas de balanço de energia sem ficar muito envolvidos com as complexidades termodinâmicas, vamos impor as restrições adicionais seguintes.

3. A temperatura e composição do conteúdo do sistema não variam com a posição dentro do sistema (quer dizer, o sistema está perfeitamente misturado). Como consequência, a corrente de saída e o conteúdo do sistema devem estar na mesma temperatura, ou

$$T_{saída} = T_{sis} = T \tag{10.3-8}$$

4. Não ocorrem mudanças de fase nem reações químicas dentro do sistema; $\hat{U}$ e $\hat{H}$ são independentes da pressão; e as capacidades caloríficas médias C_v e C_p do conteúdo do sistema (e das correntes de entrada e de saída) são independentes da composição e da temperatura, e portanto não variam com o tempo. Então, se T_r é uma temperatura de referência na qual $\hat{H}$ é definida como zero e M é a massa (ou número de mols) do conteúdo do sistema,

$$U_{sis} = M\hat{U}_{sis} = M[\hat{U}(T_r) + C_v(T - T_r)]$$

$$\Downarrow M, \hat{U}(T_r) \text{ e } C_v \text{ são constante}$$

$$\frac{dU_{sis}}{dt} = MC_v \frac{dT}{dt} \qquad \text{(10.3-9)}$$

$$\hat{H}_{entrada} = C_p(T_{entrada} - T_r) \qquad \text{(10.3-10)}$$

$$\hat{H}_{saída} = C_p(T_{saída} - T_r)$$

$$\Downarrow \text{ Equação 10.3-8}$$

$$\hat{H}_{saída} = C_p(T - T_r) \qquad \text{(10.3-11)}$$

Finalmente, podemos substituir as expressões das Equações 10.3-3 até 10.3-11 na equação geral do balanço (Equação 10.3-2) para obter, para um sistema aberto,

Sistema Aberto:
$$\boxed{MC_v \frac{dT}{dt} = \dot{m}C_p(T_{entrada} - T) + \dot{Q} + \dot{W}_s} \qquad \text{(10.3-12)}$$

(Verifique este resultado você mesmo.) Para um sistema fechado, a equação é

Sistema Fechado:
$$\boxed{MC_v \frac{dT}{dt} = \dot{Q} + \dot{W}} \qquad \text{(10.3-13)}$$

Resumindo, as condições sob as quais as Equações 10.3-12 e 10.3-13 são válidas são (a) variações desprezíveis nas energias cinética e potencial, (b) nenhum acúmulo de massa dentro do sistema, (c) independência com a pressão de $\hat{U}$ e de $\hat{H}$, (d) nenhuma mudança de fase ou reações químicas dentro do sistema, e (e) uma temperatura espacialmente uniforme. Qualquer uma ou todas as variáveis T, $T_{entrada}$, $\dot{Q}$ e $\dot{W}_s$ (ou $\dot{W}$) podem variar com o tempo, mas a massa do sistema, M, a vazão mássica através do mesmo, $\dot{m}$, e as capacidades caloríficas C_v e C_p devem permanecer constantes.

O exemplo seguinte ilustra a dedução e solução de um balanço de energia em um sistema fechado que satisfaz estas restrições.

Exemplo 10.3-1 | Partida de um Reator em Batelada

Um reator em batelada bem agitado, coberto com uma manta elétrica de aquecimento, é carregado com uma mistura reativa líquida. Os reagentes devem ser aquecidos desde uma temperatura inicial de 25°C até 250°C antes que a reação possa ocorrer com uma taxa mensurável. Use os dados abaixo para determinar o tempo necessário para que este aquecimento aconteça.

Reagentes: Massa = 1,50 kg

$C_v = 0,900 \text{ cal/(g} \cdot °\text{C)}$

Reator: Massa = 3,00 kg

$C_v = 0,120 \text{ cal/(g} \cdot °\text{C)}$

Taxa de aquecimento: $\dot{Q} = 500,0 \text{ W}$

A reação é desprezível e não há mudanças de fase durante o período de aquecimento.
A energia adicionada ao sistema pelo agitador é desprezível.

Solução Notemos primeiro que as condições de validade da equação do balanço de energia simplificada para um sistema fechado, Equação 10.3-13, são todas satisfeitas (*verifique*); além disso, já que o sistema tem um volume constante e que a entrada de energia devida ao agitador é desprezível, $\dot{W} \approx 0$. Portanto, a equação se transforma em

$$MC_v \frac{dT}{dt} = \dot{Q}$$

$$t = 0, \quad T_{sis} = 25°C$$

A tarefa agora é integrar esta equação desde o estado inicial do sistema ($t = 0$, $T = 25°C$) até o estado final ($t = t_f$, $T = 250°C$) e resolver a equação integrada para o tempo de aquecimento t_f. Rearranjando a equação,

$$MC_v dT = \dot{Q} dt$$
$$\Downarrow \text{ Integrar}$$
$$\int_{25°C}^{250°C} MC_v dT = \int_0^{t_f} \dot{Q} dt$$
$$\Downarrow \dot{Q}, M \text{ e } C_v \text{ são constante}$$
$$MC_v(250°C - 25°C) = \dot{Q} t_f$$
$$\Downarrow$$
$$t_f = \frac{225 MC_v}{\dot{Q}}$$

A capacidade calorífica do sistema é obtida da Equação 8.3-13 como

$$C_v = \frac{M_{\text{reagentes}}}{M}(C_v)_{\text{reagentes}} + \frac{M_{\text{reator}}}{M}(C_v)_{\text{reator}}$$
$$\Downarrow$$
$$MC_v = (1500\text{ g})\left(0{,}900\ \frac{\text{cal}}{\text{g·°C}}\right) + (3000\text{ g})\left(0{,}120\ \frac{\text{cal}}{\text{g·°C}}\right)$$
$$= (1710\text{ cal/°C})(4{,}184\text{ J/cal})$$
$$= 7150\text{ J/°C}$$

O resultado final é

$$t_f = \frac{225 MC_v}{\dot{Q}}$$
$$\Downarrow \begin{array}{l} MC_v = 7150\text{ J/°C} \\ \dot{Q} = 500{,}0\text{ W} = 500{,}0\text{ J/s} \end{array}$$
$$t_f = \frac{7150\text{ J/°C}}{500{,}0\text{ J/s}}(225°C)$$
$$= 3220\text{ s} \Longrightarrow \boxed{53{,}7\text{ min}}$$

Pergunta: Que restrição no balanço de energia (Equação 10.3-13) provavelmente seria violada se os reagentes não fossem agitados?

O exemplo final ilustra um balanço de energia transiente em um sistema contínuo.

Exemplo 10.3-2 — Comportamento Transiente de um Sistema de Resfriamento de Ar

Um motor resfriado a ar gera calor com uma taxa constante $\dot{Q}_{\text{geração}} = 8530$ Btu/min.

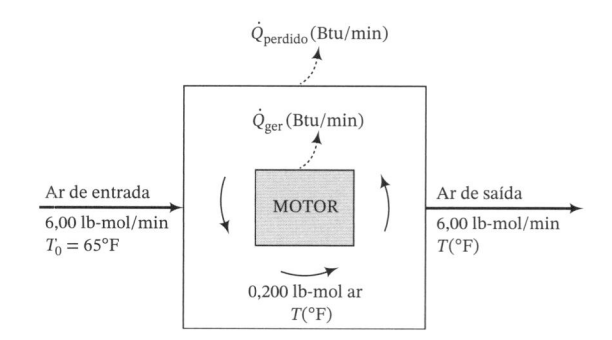

$\dot{Q}_{\text{perdido}}$ (Btu/min)

$\dot{Q}_{\text{ger}}$ (Btu/min)

Ar de entrada
6,00 lb-mol/min
$T_0 = 65°F$

MOTOR

Ar de saída
6,00 lb-mol/min
$T(°F)$

0,200 lb-mol ar
$T(°F)$

O ar no invólucro do motor circula rápido o suficiente para que sua temperatura seja considerada uniforme e igual à temperatura do ar na saída. O ar passa através do invólucro do motor com uma vazão de 6,00 lb-mol/min, entrando com uma temperatura de 65°F; uma média de 0,200 lb-mol de ar está contida no invólucro do motor. (Desprezaremos a variação desta quantidade com a mudança da temperatura do ar.) O calor é perdido do invólucro para as vizinhanças com uma taxa de

$$\dot{Q}_{\text{perdido}}(\text{Btu/min}) = [33,0\ \text{Btu/(°F·min)}](T - 65°F)$$

Suponha que o motor é ligado com a temperatura do ar dentro do invólucro igual a 65°F.

1. Calcule a temperatura do ar no estado estacionário se o motor funciona continuamente por um período indefinido de tempo, admitindo

$$C_v = 5,00\ \text{Btu/(lb-mol·°F)}$$

2. Deduza uma equação diferencial para a variação da temperatura de saída com o tempo desde a partida e a resolva. Calcule quanto tempo levará para a temperatura de saída alcançar um grau abaixo do seu valor no estado estacionário.

Solução   Sistema = o ar dentro do invólucro do motor.

1. A equação do balanço de energia no estado estacionário pode ser obtida fixando-se dT/dt igual a zero na Equação 10.3-12.

$$0 = \dot{m}C_p(T_{\text{entrada}} - T) + \dot{Q} + \dot{W}_{\text{s}}$$
$$\left\|\begin{array}{l} T_{\text{entrada}} = 65°F\ (\text{dado}) \\ T = T_{\text{s}}(°F)\quad (\text{temperatura de saída no estado estacionário}) \\ \dot{W}_{\text{s}} = 0\quad (\text{não há partes móveis}) \\ \dot{Q} = \dot{Q}_{\text{gerado}} - \dot{Q}_{\text{perdido}} \end{array}\right.$$
$$\dot{m}C_p(T_{\text{s}} - 65,0°F) = 8530\ \text{Btu/min} - 33,0(T_{\text{s}} - 65,0°F)$$

Admitindo comportamento de gás ideal

$$C_p = C_v + R = (5,00 + 1,99)\ \text{Btu/(lb-mol·°F)}\qquad (\text{Equação 8.3-12})$$

$$\dot{m}C_p = \frac{6,00\ \text{lb-mol}}{\text{min}}\ \left|\ \frac{6,99\ \text{Btu}}{\text{lb-mol·°F}}\right. = 41,9\ \frac{\text{Btu}}{\text{min·°F}}$$

A equação do balanço de energia se transforma então em

$$41,9(T_{\text{s}} - 65,0°F) = 8530\ \text{Btu/min} - 33,0(T_{\text{s}} - 65,0°F)$$
$$\Downarrow$$
$$\boxed{T_{\text{s}} = 179°F}$$

2. A equação do balanço no estado não estacionário (Equação 10.3-12) é, para o nosso sistema,

$$MC_v\frac{dT}{dt} = \dot{m}C_p(65°F - T) + \dot{Q}_{\text{gerado}} - \dot{Q}_{\text{perdido}}$$
$$\left\|\begin{array}{l} M = 0,200\ \text{lb-mol} \\ C_v = 5,00\ \text{Btu/(lb-mol·°F)} \\ \dot{m}C_p = 41,9\ \text{Btu/(min·°F)}\ \ [\text{de acordo com a parte 1}] \\ \dot{Q}_{\text{gerado}} = 8530\ \text{Btu/min} \\ \dot{Q}_{\text{perdido}} = 33,0(T - 65°F)\text{Btu/(min·°F)} \end{array}\right.$$

$$\boxed{\begin{array}{l} \dfrac{dT}{dt} = -74,9T + 13.400°F/\text{min} \\[2mm] t = 0,\quad T = 65°F \end{array}}$$

Você pode checar este resultado fazendo $dT/dt = 0$ e resolvendo a equação resultante para o valor de estado estacionário de T. O resultado é $(13.400/74,9)°F = 179°F$, de acordo com o resultado da Parte 1.

A solução da equação é obtida separando as variáveis e integrando:

$$\int_{65°F}^{T} \frac{dT}{(13.400 - 74,9T)} = \int_{0}^{t} dt$$

$$\Downarrow$$

$$-\frac{1}{74,9} \ln(13.400 - 74,9T)\Big]_{65°F}^{T} = t$$

$$\Downarrow$$

$$\ln\frac{(13.400 - 74,9T)}{[13.400 - (74,9)(65)]} = -74,9t$$

$$\Downarrow$$

$$13.400 - 74,9T = 8530 \exp(-74,9t)$$

$$\Downarrow$$

$$\boxed{T(°F) = 179 - 114 \exp(-74,9t)}$$

Uma checagem desta solução pode ser obtida substituindo $t = 0$ e verificando que T é igual ao valor inicial especificado, 65°F.

Se você avalia T a partir desta equação para uma quantidade de valores de t(s), um gráfico teria a seguinte forma:

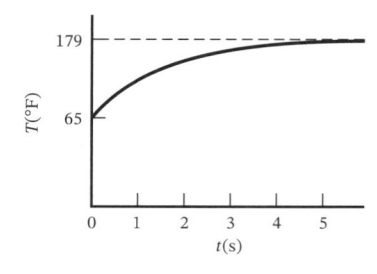

O gráfico começa na condição inicial de 65°F e se aproxima assintoticamente do valor do estado estacionário de 179°F. Demora 3,8 segundos para que a temperatura atinja 178°F, um grau abaixo do seu valor final.

Teste

(veja *Respostas dos Problemas Selecionados*)

1. Sob que condições a forma simplificada do balanço de energia (Equação 10.3-12) é válida?
2. Suponha que a capacidade calorífica C_v é função de T, que varia com o tempo. Onde se desenvolveria a dedução da Equação 10.3-12?

10.4 BALANÇOS TRANSIENTES SIMULTÂNEOS

Ao longo deste livro vimos que, quando mais de uma espécie está envolvida em um processo, ou quando os balanços de energia são necessários, várias equações de balanço devem ser deduzidas e resolvidas simultaneamente. Para sistema em estado estacionário, estas equações são algébricas, mas quando o sistema é transiente, é necessário resolver equações diferenciais simultâneas. Para os sistemas mais simples, soluções analíticas podem ser obtidas manualmente, mas normalmente são necessárias soluções numéricas. Pacotes computacionais que resolvem sistemas de equações diferenciais ordinárias — como Mathematica®, Maple®, Matlab®, TK-Solver®, Polymath® e EZ-Solve® — são facilmente obtidos para a maior parte dos computadores.

Suponha que $y_1(t)$, $y_2(t)$, ..., $y_n(t)$ são variáveis dependentes em um sistema de processo (tais como as vazões ou concentrações ou frações molares das espécies, ou a temperatura) e que, em um tempo $t = t_0$ (normalmente mas nem sempre 0), estas variáveis têm os valores

$y_{10}, y_{20}, ..., y_{n0}$. O objetivo é deduzir um conjunto de n equações diferenciais que tenha a seguinte forma:

$$\frac{dy_1}{dt} = f_1(y_1, y_2, \ldots, y_n, t)$$
$$y_1(t_0) = y_{10}$$

(10.4-1)

$$\frac{dy_2}{dt} = f_2(y_1, y_2, \ldots, y_n, t)$$
$$y_2(t_0) = y_{20}$$

(10.4-2)

$$\vdots$$

$$\frac{dy_n}{dt} = f_n(y_1, y_2, \ldots, y_n, t)$$
$$y_n(t_0) = y_{n0}$$

(10.4-n)

As funções nos lados direitos destas equações são deduzidas dos termos de entrada, saída, geração e consumo das equações de balanço. As soluções das equações podem ser expressas como uma tabela de $y_1, y_2, ..., y_n$ para valores crescentes de t, ou como um gráfico de y_1 *versus* t, y_2 *versus* t,..., y_n *versus* t. O exemplo seguinte merece uma ilustração.

Exemplo 10.4-1	Balanços Transientes em um Reator Semibatelada

Uma solução aquosa contendo 0,015 mol/L da espécie A alimenta um tanque de retenção que contém inicialmente 75 litros de água pura. O reagente se decompõe com uma taxa

$$r[\text{mol A}/(\text{L·s})] = 0{,}0375 C_A$$

em que C_A(mol A/L) é a concentração de A no tanque. A vazão volumétrica de alimentação da solução, $\dot{v}(t)$, aumenta linearmente ao longo de um período de 10 segundos, desde 0 até 25 L/s, e permanece constante nesta vazão até que o tanque é enchido até o nível desejado. A massa específica da corrente de alimentação é constante.

1. Escreva os balanços transientes para a massa total do conteúdo do tanque e a massa de A no tanque. Converta as equações em equações diferenciais para $V(t)$ (o volume do conteúdo do tanque) e $C_A(t)$ (a concentração de A no tanque) que tenham a forma das Equações 10.4-1 e 10.4-2 e forneça as condições iniciais.
2. Esboce as formas dos gráficos que você esperaria para o volume do conteúdo do tanque, V(L), e a concentração de A no tanque, C_A(mol/L), *versus* tempo.
3. Descreva como as equações seriam resolvidas para deduzir uma expressão para $C_A(t)$ no período entre $t = 0$ e $t = 60$ s.

Solução   Um fluxograma do processo aparece em seguida:

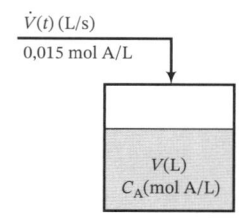

A concentração de A no tanque varia com o tempo devido a que tanto os mols de A quanto o volume do conteúdo do tanque estão variando.

1. **Balanço de massa total:** acúmulo = entrada (kg/s). A massa total do conteúdo do tanque (kg) a qualquer momento é ρ(kg/L)V(L), e a vazão mássica da corrente de alimentação (kg/s) é ρ(kg/L)$\dot{V}$(L/s). O balanço de massa então se transforma em $d(\rho V)/dt = \rho\dot{V}$, ou trazendo ρ (que foi nos dito que é constante) para fora da derivada e cancelando,

$$\boxed{\frac{dV}{dt} = \dot{V}}$$
$$V(0) = 75{,}0\,\text{L}$$

(1)

Balanço de A: acúmulo (mol A/s) = entrada − consumo. O número de mols de A no tanque a qualquer momento é igual a $V(L)C_A$(mol A/L). Portanto, a equação do balanço se transforma em

$$\frac{d}{dt}(VC_A) = \dot{V}\left(\frac{L}{s}\right) \times 0{,}015\,\frac{\text{mol A}}{L} - (0{,}0375C_A)\left(\frac{\text{mol A}}{L \cdot s}\right)V(L)$$

⇓ regra do produto

$$V\frac{dC_A}{dt} + C_A\frac{dV}{dt} = 0{,}015\dot{V} - 0{,}0375VC_A$$

⇓ Substituir dV/dt da Equação 1 e resolver para dC_A/dt

$$\boxed{\begin{array}{c}\dfrac{dC_A}{dt} = \dfrac{\dot{V}}{V}(0{,}015\,\text{mol A/L} - C_A) - 0{,}0375C_A \\[2mm] C_A(0) = 0\,\text{mol A/L}\end{array}} \qquad \textbf{(2)}$$

A condição inicial na Equação 2 vem da afirmação de que o tanque contém inicialmente água pura. Nas Equações 1 e 2,

$$\dot{V}(t) = 2{,}5t \qquad 0 \le t \le 10\,\text{s} \qquad\qquad \textbf{(3a)}$$

$$= 25\,\text{L/s} \quad t > 10\,\text{s} \qquad\qquad \textbf{(3b)}$$

(Verifique a Equação 3a.)

As Equações 1 e 2 são duas equações diferenciais em duas variáveis dependentes que têm a forma das Equações 10.4-1 e 10.4-2, onde V e C_A correspondem a y_1 e y_2, respectivamente. Portanto, as equações podem ser resolvidas com qualquer dos programas de computador mencionados no começo desta seção.[3]

2. Para prever a forma da curva em um gráfico de V *versus* t, precisamos apenas lembrar que a inclinação desta curva é dV/dt, que por sua vez é igual a $\dot{V}(t)$ (conforme a Equação 1). Tente seguir esta cadeia de raciocínio:

- Um ponto no gráfico de V *versus* t é a condição inicial ($t = 0$, $V = 75$ L).
- Durante os primeiros 10 segundos, $dV/dt = 2{,}5t$ (conforme as Equações 1 e 3a). Portanto, a inclinação da curva é igual a zero em $t = 0$ (de forma que a curva é horizontal no eixo V) e aumenta nos primeiros 10 segundos (de forma que a curva é côncava para cima).
- Em $t = 10$ segundos, dV/dt atinge um valor de 25 L/s e permanece constante neste valor. Uma curva com inclinação constante é uma linha reta. Portanto, o gráfico de V *versus* t para $t \geqslant 10$ s deve ser uma linha reta com uma inclinação de 25 L/s.
- Juntando as observações anteriores, concluímos que o gráfico de V *versus* t começa horizontalmente em ($t = 0$, $V = 75$ L), se curva para cima por 10 segundos e depois se transforma em uma linha reta com uma inclinação de 25 L/s. Deve ter a seguinte aparência:

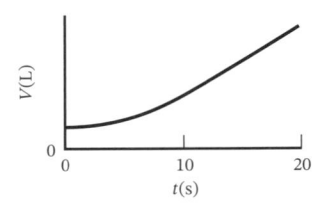

- O gráfico de C_A *versus* t deve começar em ($t = 0$, $C_A = 0$), já que o tanque contém inicialmente água pura.
- Em $t = 0$, a expressão da Equação 2 para dC_A/dt é igual a zero, pois tanto C_A quanto t são zero neste ponto. (*Verifique.*) Portanto, o gráfico de C_A *versus* t é horizontal no eixo C_A. Já que estamos adicionando água ao tanque, sua concentração deve aumentar, de forma que a curva deve ser côncava para cima.

---

[3]Seria mais fácil, neste problema em particular, resolver a Equação 1 analiticamente e substituir $V(t)$ na Equação 2. Os métodos que estamos ilustrando agora funcionariam mesmo que não pudesse ser obtida uma solução analítica para a Equação 1.

- À medida que o tempo passa, mais e mais do volume do tanque é ocupado pelo fluido, no qual A teve um longo tempo para reagir. Podemos antecipar que, em um tempo *muito* longo, o tanque conterá um volume muito grande de líquido com muito pouco A nele, e que o A adicionado será diluído até uma concentração próxima de zero. Portanto, C_A deve aumentar perto de $t = 0$, chegar a um máximo, começar a diminuir e se aproximar de zero para tempos longos.
- Além disso, a concentração no tanque não pode ser nunca maior do que a concentração da corrente de alimentação (0,015 mol/L) e, de fato, deve sempre ser menor do que este valor, já que (a) a alimentação é diluída pela água contida inicialmente no tanque e (b) parte do A na alimentação reage uma vez que entra no tanque. Portanto, o valor máximo de C_A deve ser menos do que 0,015 mol A/L.

- Todas estas observações se combinam para prever um gráfico da seguinte forma:

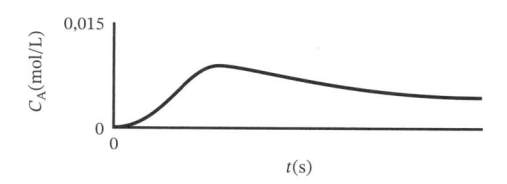

3. O sistema de equações deve ser resolvido em duas etapas — a primeira desde $t = 0$ até $t = 10$ s (quando $\dot{V} = 2{,}5t$) e a segunda para $t > 10$ s, quando $\dot{V} = 25$ L/s. O procedimento é o seguinte:
- Substituir $2{,}5t$ para $\dot{V}(t)$ nas Equações 1 e 2.

$$\frac{dV}{dt} = 2{,}5t$$
$$V(0) = 75{,}0 \text{ L}$$
$$\text{(1a)}$$

$$\frac{dC_A}{dt} = \frac{2{,}5t}{V}(0{,}015 - C_A) - 0{,}0375 C_A$$
$$C_A(0) = 0$$
$$\text{(2a)}$$

Quando este par de equações for resolvido para $V(t)$ e $C_A(t)$ (omitiremos os detalhes do procedimento de solução), determinamos que $V(10 \text{ s}) = 200$ L e $C_A(10 \text{ s}) = 0{,}00831$ mol A/L.
- Substituir $\dot{V}(t) = 25$ L/s nas Equações 1 e 2 e substituir valores da variável dependente a $t = 10$ s para as condições iniciais:

$$\frac{dV}{dt} = 25 \text{ L/s}$$
$$V(10) = 200 \text{ L}$$
$$\text{(1b)}$$

$$\frac{dC_A}{dt} = \frac{25}{V}(0{,}015 - C_A) - 0{,}0375 C_A$$
$$C_A(10) = 0{,}0831 \text{ mol A/L}$$
$$\text{(2b)}$$

Estas equações podem ser resolvidas para $V(t)$ e $C_A(t)$ para $t > 10$ s. Estas soluções, junto com as soluções anteriores para $t \leqslant 10$ s, são mostradas nos seguintes gráficos:

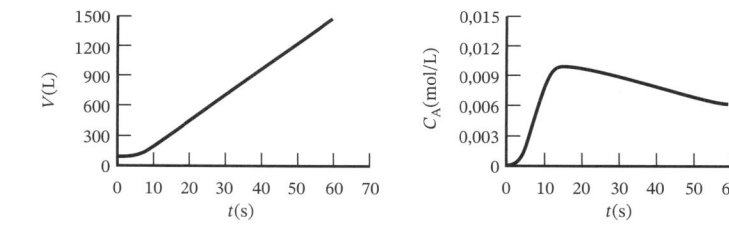

10.5 RESUMO

Todos os processos em batelada e semibatelada são transientes, como também o são os processos contínuos nas condições de partida ou de parada, ou na transição de um estado operacional para outro. Os termos de acúmulo nas equações de balanço para sistemas transientes não são zero (como o são para sistemas no estado estacionário), mas são derivadas das variáveis do sistema em relação ao tempo, e as equações de balanço são, consequentemente, equações diferenciais em vez de algébricas.

O procedimento para escrever e resolver balanços transientes é o seguinte:

- Escreva uma expressão para a quantidade da grandeza balanceada no sistema (massa, mols de uma espécie particular, energia) e faça o termo de acúmulo na equação do balanço igual à derivada desta grandeza em relação ao tempo.

- Substitua os termos de entrada, saída, geração e consumo nas equações de balanço e converta a equação resultante em uma com a forma

$$\frac{dy}{dt} = f(y, t)$$
$$y(0) = y_0$$

em que $y(t)$ é a variável dependente do sistema a ser determinada (massa total ou volume do conteúdo do sistema, concentração ou fração molar de uma espécie, temperatura) e y_0 é o valor inicial especificado de y.

- Esboce o gráfico antecipado de y versus t, usando a condição inicial para localizar o ponto de partida e usando o que você sabe sobre a inclinação da curva (que é igual a dy/dt) para prever a forma da curva.

- Se a equação do balanço puder ser resolvida analiticamente (por exemplo, por separação de variáveis e integração), faça-o; se não, resolva-a usando um programa de solução de equações diferenciais.

- Se o sistema envolve mais do que uma variável dependente (tal como uma unidade em semibatelada na qual tanto o volume quanto a composição do conteúdo do sistema varia, ou um reator no qual ocorrem várias reações simultaneamente), escreva equações de balanço para todas as variáveis dependentes e as converta à forma

$$\frac{dy_1}{dt} = f_1(y_1, y_2, \ldots, y_n, t)$$
$$y_1(t_0) = y_{10}$$
$$\vdots$$
$$\frac{dy_n}{dt} = f_n(y_1, y_2, \ldots, y_n, t)$$
$$y_n(t_0) = y_{n0}$$

Os programas de solução de equações diferenciais podem então ser usados para gerar tabelas e/ou gráficos das variáveis dependentes versus tempo.

PROBLEMAS

A maior parte dos problemas a seguir pede que você escreva um ou mais balanços transientes, forneça condições iniciais para cada equação deduzida e integre as equações. Mesmo que o problema não o peça explicitamente, você deve sempre checar sua solução verificando se (a) a condição inicial é satisfeita, (b) a derivada da solução proporciona a equação do balanço original e (c) a solução previamente determinada para o estado estacionário (se foi determinada) é aproximada quando $t \to \infty$ na solução transiente.

10.1. Uma solução contendo peróxido de hidrogênio com uma fração mássica x_{p0}(kg H_2O_2/kg solução) é adicionada a um tanque de armazenamento com uma vazão constante $\dot{m}_0$(kg/h). Durante este processo, o nível de líquido atinge uma porção corroída na parede do tanque, originando um vazamento. À medida que o tanque vai enchendo, a taxa de vazamento $\dot{m}_1$(kg/h) fica cada vez pior. Além disso, uma vez que entra no tanque, o peróxido começa a se decompor com uma taxa

$$r_d(\text{kg/h}) = kM_p$$

em que M_p(kg) é a massa de peróxido no tanque. O conteúdo do tanque está bem misturado, de forma que a concentração de peróxido é a mesma em todas as posições. No tempo $t = 0$, o nível de líquido atinge a porção corroída. Sejam M_0 e M_{p0} a massa total de líquido e a massa de peróxido no tanque neste momento, respectivamente, e seja $M(t)$ a massa total de líquido no tanque a qualquer momento daí em diante.

(a) Mostre que a taxa do vazamento de peróxido de hidrogênio a qualquer momento é $\dot{m}_1 M_p/M$.

(b) Escreva balanços diferenciais para o conteúdo total do tanque e para o peróxido no tanque, e forneça as condições iniciais. Sua solução deve envolver apenas as quantidades $\dot{m}_0$, $\dot{m}_1$, x_{p0}, k, M, M_0, M_p, M_{p0} e t.

10.2. Cento e cinquenta quilomols de uma solução aquosa de ácido fosfórico contêm 5,00% molar H_3PO_4. A solução é concentrada pela adição de ácido fosfórico puro com uma vazão de 20,0 L/min.

(a) Escreva um balanço diferencial molar no ácido fosfórico e forneça a condição inicial. [Comece por definir n_p(kmol), a quantidade total de ácido fosfórico no tanque a qualquer momento.] Sem resolver a equação, esquematize um gráfico de n_p versus t e explique seu raciocínio.

(b) Resolva o balanço para obter uma expressão para $n_p(t)$. Use o resultado para deduzir uma expressão para $x_p(t)$, a fração molar de ácido fosfórico na solução. Sem fazer nenhum cálculo numérico, esquematize um gráfico de x_p *versus* t de $t = 0$ a $t \to \infty$, rotulando os valores inicial e assintótico de x_p no gráfico. Explique seu raciocínio.

(c) Quanto tempo demorará para concentrar a solução até 15% H_3PO_4?

10.3. Metanol é adicionado a um tanque de armazenamento com uma vazão de 1200 kg/h e é ao mesmo tempo retirado com uma vazão $\dot{m}_w(t)$(kg/h), que aumenta linearmente com o tempo. Em $t = 0$, o tanque contém 750 kg de líquido e $\dot{m}_w = 750$ kg/h. Cinco horas depois, $\dot{m}_w = 1000$ kg/h.

(a) Calcule uma expressão para $\dot{m}_w(t)$, com $t = 0$ significando o momento em que $\dot{m}_w = 750$ kg/h, e incorpore-a em um balanço diferencial de metanol, fazendo M(kg) a massa de metanol no tanque a qualquer momento.

(b) Integre a equação do balanço para obter uma expressão para $M(t)$ e cheque a solução de duas maneiras. (Veja o Exemplo 10.2-1.) Por enquanto, admita que a capacidade do tanque é infinita.

(c) Calcule quanto tempo demorará para que a massa de metanol no tanque atinja o seu valor máximo e calcule este valor. Calcule então o tempo que demorará para que o tanque esvazie.

(d) Suponha agora que o volume do tanque é 3,40 m³. Desenhe um gráfico de M *versus* t, cobrindo o período desde $t = 0$ até uma hora após o tanque esvaziar. Escreva expressões para $M(t)$ em cada intervalo de tempo em que a função varia.

10.4. Um tanque de ar comprimido de 10,0 ft³ está sendo enchido. Antes que comece o enchimento, o tanque está aberto à atmosfera. A leitura de um manômetro Bourdon montado no tanque aumenta linearmente desde um valor inicial de 0,0 até 100 psi após 15 segundos. A temperatura é constante em 72°F e a pressão atmosférica é 1 atm.

(a) Calcule a vazão $\dot{n}$(lb-mol/s) na qual o ar está sendo adicionado ao tanque, admitindo comportamento de gás ideal. (*Sugestão:* Comece por calcular quanto ar há no tanque em $t = 0$.)

(b) Faça $N(t)$ igual ao número de lb-mol de ar no tanque a qualquer momento. Escreva um balanço diferencial de ar no tanque em termos de N e forneça uma condição inicial.

(c) Integre o balanço para obter uma expressão para $N(t)$. Cheque sua solução de duas maneiras.

(d) Estime o número de lb-mol de *oxigênio* no tanque após dois minutos.

SEGURANÇA $\longrightarrow$ ***10.5.** Um tanque de 7,35 milhões de galões usado para armazenar gás natural liquefeito (GNL, que pode ser considerado metano puro) deve ser colocado fora de serviço e inspecionado. Todo o líquido que pode ser bombeado a partir do tanque é removido primeiro e o tanque esquenta da sua temperatura de serviço de cerca de -260°F até a temperatura de 80°F a 1 atm. O gás restante no tanque é então purgado em duas etapas: (1) nitrogênio líquido é aspergido gentilmente sobre o piso do tanque, onde ele vaporiza. Na medida em que vapor de nitrogênio frio é formado, ele desloca o metano em um escoamento tipo pistão até que o tanque esteja cheio de nitrogênio. Uma vez que todo o metano foi deslocado, deixa-se o nitrogênio se aquecer até a temperatura ambiente. (2) Ar é soprado no tanque onde ele rapidamente e completamente se mistura com o nitrogênio até que a composição do gás deixando o tanque esteja muito perto daquela do ar.

(a) Use a equação de estado do gás ideal para estimar as densidades do metano a 80°F e 1 atm e do nitrogênio a -260°F e 1 atm. O quão confiante você está com a precisão de cada estimativa? Explique.

(b) Se a densidade do nitrogênio líquido é 50 lb_m/ft^3, quantos galões serão necessários para deslocar todo o metano do tanque?

(c) Quantos pés cúbicos de ar serão necessários para aumentar a concentração de oxigênio até 20% em volume?

(d) Explique a lógica por trás da vaporização do nitrogênio da maneira descrita. Por que purgar com nitrogênio primeiro em vez de purgar com ar?

10.6. A vazão de uma corrente de processo flutuou consideravelmente, criando problemas na unidade de processo para a qual a corrente está escoando. Um tambor pulmão horizontal foi inserido na linha para manter uma vazão constante à jusante mesmo que a vazão à montante varie. Um corte do tambor, que tem comprimento L e raio r, é mostrado abaixo.

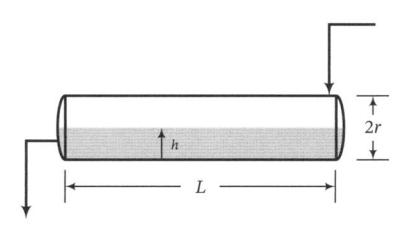

---

*Adaptado de "Safety, Health, and Loss Prevention in Chemical Processes: Problems for Undergraduate Engineering Curricula," The Center for Chemical Process Safety of the American Institute of Chemical Engineers, AIChE (1990), Volume 1, p. 13

O nível de líquido no tambor é h e a expressão para o volume de líquido no tambor é

$$V = L\left[r^2 \cos^{-1}\left(\frac{r-h}{r}\right) - (r-h)\sqrt{r^2-(r-h)^2}\right]$$

O tambor funciona da seguinte maneira. A vazão de drenagem de um líquido de um recipiente varia de acordo com a altura: quanto maior a altura, maior a vazão de drenagem. O tambor é inicialmente carregado com líquido suficiente para que, quando a vazão de entrada tem o seu valor desejado, o nível de líquido seja tal que a vazão de drenagem do tambor tenha o mesmo valor. Um sensor no tambor envia um sinal proporcional ao nível de líquido para uma válvula de controle na linha à jusante. Se a vazão de entrada aumenta, o nível de líquido começa a subir; a válvula de controle detecta o aumento pelo sinal transmitido e abre para aumentar a vazão de drenagem, parando quando o nível desce até o seu valor desejado. Similarmente, se a vazão de entrada cai, a válvula de controle fecha o suficiente para trazer o nível de volta para o seu valor desejado.

(a) O tambor deve ser carregado inicialmente com benzeno (massa específica = 0,879 g/cm³) a uma vazão constante de $\dot{m}$(kg/min) até que o tanque esteja meio cheio. Se $L = 5$ m, $r = 1$ m e $\dot{m} = 10$ kg/min, quanto tempo deve demorar para atingir aquele ponto?

(b) Agora suponha que a vazão de entrada no tanque seja desconhecida. Um visor no tanque permite a determinação do nível de líquido e existem instruções para parar o fluxo quando o tanque contenha 3000 kg. A que valor de h isto deve ser feito?

(c) Depois que o tanque foi carregado, a vazão de entrada no tambor, $\dot{m}_1$, varia com operações à montante e a vazão de saída é de 10 kg/min. Escreva um balanço de massa em torno do tambor de forma que você obtenha uma relação entre $\dot{m}_1$ e a taxa de mudança na altura de líquido no tanque (dh/dt) como uma função de h. Estime a vazão de entrada no tanque quando h tem o valor aproximado de 50 cm e $dh/dt = 1$ cm/min. (*Dica:* Apesar de uma solução analítica ser possível, você pode achar mais fácil criar gráficos de V e dV/dh com incrementos de 0,1 m em h, que podem ser usados para obter uma solução aproximada para o problema.)

(d) Especule por que o uso do tambor forneceria melhor desempenho do que alimentar um sinal proporcional a vazão diretamente à válvula de controle, que faria com que a válvula fechasse se a vazão caísse abaixo do valor desejado e abrisse se a vazão subisse acima daquele ponto.

10.7. Um tanque de armazenamento de gás com um teto flutuante recebe uma entrada constante de 540 m³/h de gás natural. A taxa de retirada do gás do tanque, $\dot{V}_w$, varia mais ou menos aleatoriamente durante o dia e é registrada a intervalos de 10 minutos. Uma manhã, às 8 horas, o volume de gás armazenado é $3,00 \times 10^3$ m³. Os dados da taxa de retirada das 4 horas seguintes são:

Horas Começando às	$\dot{V}_w$(m³/min)
8:00	11,4, 11,9, 12,1, 11,8, 11,5, 11,3
9:00	11,4, 11,1, 10,6, 10,8, 10,4, 10,2
10:00	10,2, 9,8, 9,4, 9,5, 9,3, 9,4
11:00	9,5, 9,3, 9,6, 9,6, 9,4, 9,9
12:00	9,8

A temperatura e a pressão do gás na entrada, armazenado, e na saída são iguais e aproximadamente constantes através do período de tempo dado.

(a) Escreva um balanço diferencial nos mols de gás no tanque e prove que, quando integrado, ele fornece a seguinte expressão para o volume do gás:

$$V(t) = 3,00 \times 10^3 \text{ m}^3 + \left(9,00 \frac{\text{m}^3}{\text{min}}\right)t - \int_0^t \dot{V}_w dt$$

em que t(min) é o tempo transcorrido desde as 8 horas da manhã.

(b) Calcule o volume de gás armazenado ao meio-dia, usando a regra de Simpson (Apêndice A.3) para avaliar a integral.

(c) Embora seja importante ter uma estimativa do volume no tanque, provavelmente ela não seria obtida desta maneira. Como seria obtida? O que você poderia inferir se o valor estimado na Parte (b) fosse maior do que aquele obtido pelo método mais acurado?

10.8. Adiciona-se água com vazões variáveis a um tanque de retenção de 300 litros. Quando se abre uma válvula na linha de descarga, a água flui para fora do tanque com uma vazão proporcional à altura e, portanto, ao volume V de água no tanque. O fluxo de água para o tanque é aumentado progressivamente e, como consequência, o nível aumenta, até que, a uma vazão constante de 60,0 L/min, o nível atinge a borda do tanque mas não transborda. A vazão de entrada então é diminuída abruptamente para 40,0 L/min.

(a) Escreva a equação que relaciona a vazão de descarga, $\dot{V}_{saída}$ (L/min), com o volume de água no tanque, V(L), e use-a para calcular o volume no estado estacionário quando a vazão de entrada for 40 L/min.

(b) Escreva um balanço diferencial da água no tanque para o período entre o momento em que a vazão de entrada é diminuída ($t = 0$) e o estado estacionário ($t = \infty$), expressando-o na forma $dV/dt = \ldots$. Forneça uma condição inicial.

(c) Sem integrar a equação, use-a para confirmar o valor de V no estado estacionário calculado na Parte (a) e a seguir preveja a forma que você espera obter de um gráfico V versus t. Explique seu raciocínio.

(d) Separe as variáveis e integre a equação do balanço para deduzir uma expressão de $V(t)$. Calcule o tempo em minutos necessário para que o volume diminua até 1% do seu valor no estado estacionário.

10.9. O supervisor de produção de uma pequena firma farmacêutica observou uma demanda decrescente para o regurgitol de potássio (RGP) em um período de dois meses, e já que o gerente tem se queixado das baixas vendas deste produto nas reuniões semanais do conselho, o supervisor decide descontinuar a produção imediatamente. No dia desta decisão, o estoque de RGP é 28.000 kg. Com base nos pedidos existentes, o gerente projeta a seguinte demanda semanal para as próximas seis semanas:

Semana	1	2	3	4	5	6
Demanda $\dot{D}$(kg/semana)	2385	1890	1506	1196	950	755

(a) Use um gráfico semilog dos números da demanda projetada para deduzir uma equação para $\dot{D}$ como função do tempo (semanas) a partir do momento atual.

(b) Escreva um balanço diferencial do estoque E(kg) de RGP e integre-o para determinar E como função de t.

(c) Se a demanda continuar seguindo a tendência projetada pelas próximas seis semanas, quanto RGP terá por fim que ser descartado?

SEGURANÇA

10.10. Um sistema de ventilação foi projetado para um laboratório grande com um volume de 1100 m³. A vazão volumétrica do ar de ventilação é 700 m³/min a 22°C e 1 atm. (Estes dois últimos valores podem ser considerados também para a temperatura e pressão do ar ambiente.) Um reator localizado no laboratório pode emitir até 1,50 mol de dióxido de enxofre se a vedação se romper. Uma fração molar de SO_2 no ar ambiente maior do que $1,0 \times 10^{-6}$ (1 ppm) constitui um risco para saúde.

(a) Suponha que a vedação do reator se rompe no tempo $t = 0$ e a quantidade máxima de SO_2 é emitida e se espalha uniformemente através do ar ambiente de forma quase instantânea. Admitindo que o fluxo de ar é suficiente para que a composição do ar ambiente seja espacialmente uniforme, escreva um balanço diferencial de SO_2, fazendo N os mols totais de gás no laboratório (admita como constante) e $x(t)$ a fração molar de SO_2 neste mesmo ambiente. Converta o balanço em uma equação para dx/dt e forneça uma condição inicial. (Admita que todo o SO_2 emitido já está no ar em $t = 0$.)

(b) Preveja a forma do gráfico de x versus t. Explique seu raciocínio, usando a equação da Parte (a) na explicação.

(c) Separe as variáveis e integre o balanço para obter uma expressão para $x(t)$. Verifique sua solução.

(d) Converta a expressão de $x(t)$ em uma expressão para a concentração de SO_2 no laboratório, C_{SO_2}(mol SO_2/L). Calcule (i) a concentração de SO_2 no laboratório dois minutos após a ruptura e (ii) o tempo necessário para que a concentração de SO_2 atinja o nível "seguro".

(e) Por que provavelmente não seria seguro entrar no laboratório após o tempo calculado na parte (d)? (Dica: Provavelmente uma das suposições feitas no problema não é boa.)

MEIO AMBIENTE

*10.11. A purificação de proteínas para uso como biofarmacêuticos é frequentemente realizada por cromatografia de troca iônica, na qual um fluido de processo passa através de uma coluna cheia com pequenas esferas de resina cuja carga superficial iônica faz com que elas adsorvam alguns componentes da corrente mais fortemente que outros. Uma corrida de troca iônica acontece em duas etapas: (1) uma etapa de carregamento, na qual a corrente de processo escoa através da coluna e a proteína alvo (o produto) e algumas impurezas indesejadas são adsorvidas pela resina; e (2) uma etapa de eluição, durante a qual outro fluido passa através da coluna e dessorve as impurezas e a proteína da resina. O fluido de eluição consiste em uma solução aquosa de um soluto conhecido como Tris diluído com uma solução de NaCl, com a razão Tris — NaCl começando em 0 e aumentando continuamente com o tempo. As impurezas dessorvem para o fluido quando a concentração de NaCl é baixa e o efluente é coletado em um vaso de resíduo. Na medida em que a concentração de NaCl aumenta, a proteína alvo dessorve. Quando a análise do efluente revela a presença de proteína alvo,

*Adaptado de um problema proposto por Gary Gilleskie da *North Carolina State University*.

o fluxo é desviado para o vaso de coleta de produto e o efluente é coletado até que não se detecte mais produto no efluente. O produto coletado é então submetido a etapas adicionais de processo para melhor isolar a proteína e a coluna é limpa para reuso.

Considere uma etapa de eluição na qual soluções de NaCl (solução A) e 50mM de Tris (solução B) são misturadas e alimentadas em uma coluna de troca iônica carregada. O sistema é programado para manter a vazão volumétrica total ($\dot{V}_A + \dot{V}_B$) para a coluna constante em 120 L/h enquanto aumenta linearmente a fração volumétrica da solução A na alimentação de 0% para 20% ao longo de um período de 33,6 minutos, ponto no qual a eluição é declarada como completa. O fluxograma é mostrado abaixo:

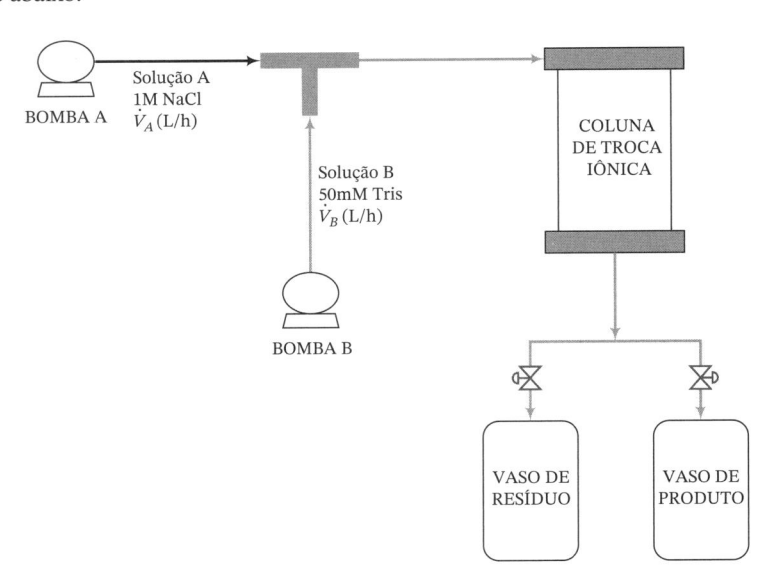

(a) Calcule V_t(L), a quantidade total de solução alimentada na coluna.

(b) Derive uma equação para a vazão volumétrica da solução A, $\dot{V}_A(t)$, assumindo que as massas específicas de ambos os fluidos são as mesmas. Use a expressão para determinar V_A(L), o volume total desta solução alimentado na coluna e m_A(g NaCl), a massa total de NaCl alimentado. Determine então $\dot{V}_B(t)$ e V_B(L) e n_B (mol Tris), o volume total de solução B e os mols totais de Tris alimentado, respectivamente. (*Dica:* Uma vez que você fez os cálculos para a solução A, aqueles para B devem ser triviais.)

(c) Suponha que, em uma corrida, produto seja detectado no efluente ao mesmo tempo que impurezas — ou seja, a proteína produto começa a dessorver antes do que nas corridas anteriores. Liste até cinco possíveis causas para este problema.

SEGURANÇA

10.12. Um vazamento de gás levou à presença de 1,00% molar de monóxido de carbono em um laboratório de 350 m³.[4] O vazamento foi descoberto e consertado, e o laboratório deve ser purgado com ar limpo até que o ar contenha menos do que o Nível de Exposição Permissível (PEL) especificado pela OSHA (Occupational Safety and Health Administration), que é de 35 ppm (base molar). Admita que o ar limpo e o ar do laboratório estão na mesma temperatura e pressão e que o ar do laboratório é perfeitamente misturado durante o processo de purga.

(a) Faça t_r(h) o tempo necessário para a redução especificada na concentração de monóxido de carbono. Escreva um balanço diferencial de CO, com N igual aos mols totais de gás no laboratório (admita como constante), x a fração molar de CO no ar do laboratório, e $\dot{V}_p$ (m³/h) a vazão de ar de purga que entra no laboratório (e também do ar que sai do laboratório). Converta o balanço em uma equação para dx/dt e forneça uma condição inicial. Esquematize um gráfico de x *versus* t, rotulando o valor de x a $t = 0$ e o valor assintótico a $t \to \infty$.

(b) Integre o balanço para deduzir uma equação para t_r em termos de $\dot{V}_p$.

(c) Se a vazão volumétrica é 700 m³/h (representando a renovação de dois volumes do laboratório por hora), quanto tempo demorará a purga? Qual teria que ser a vazão volumétrica para reduzir o tempo de purga pela metade?

(d) Dê várias razões de por que não seria seguro retomar o trabalho no laboratório após o tempo de purga calculado? Que passos adicionais de precaução você aconselharia neste ponto?

ENERGIA ALTERNATIVA

BIOENGENHARIA

*10.13. Metano é gerado via *decomposição anaeróbica* (degradação biológica na ausência de oxigênio) de resíduos sólidos em aterros. Coletar o metano para uso como um combustível em vez de permitir sua dispersão na atmosfera fornece um suplemento útil ao gás natural como uma fonte de energia.

---

[4]D. A. Crowl, D. W. Hubbard e R. M. Felder, *Problem Set: Stoichiometry*, AIChE/CCPS, New York, 1993.
*Adaptado de um problema proposto por Joseph F. DeCarolis da North Carolina State University.

MEIO AMBIENTE

Se uma batelada de resíduos com massa M (toneladas) é depositada em um aterro a $t = 0$, a taxa de geração de metano no tempo t é dada por

$$\dot{V}_{CH_4}(t) = kL_0 M_{resíduo} e^{-kt} \tag{1}$$

Na qual $\dot{V}_{CH_4}$ é a taxa de geração de metano em metros cúbicos padrão por ano, k é uma constante da taxa, L_0 é o rendimento potencial total de gás de aterro em metros cúbicos padrão por tonelada de resíduos e $M_{resíduo}$ é a quantidade de resíduos (em toneladas) no aterro a $t = 0$.

(a) Começando com a Equação 1, derive uma expressão para a taxa de geração mássica de metano, $\dot{M}_{CH_4}(t)$. Sem fazer nenhum cálculo, esquematize o formato de um gráfico de $\dot{M}_{CH_4}$ *versus* t de $t = 0$ a $t = 3$ anos e mostre graficamente no esquema as massas totais de metano geradas nos anos 1, 2 e 3. Derive então uma expressão para $M_{CH_4}(t)$, a massa total de metano (toneladas) gerada de $t = 0$ a um tempo t.

(b) Um novo aterro tem um rendimento potencial padrão $L_0 = 100$ m³ de CH_4/tonelada de resíduo e uma constante $k = 0,04$ ano^{-1}. No início do primeiro ano, 48.000 toneladas de resíduos são depositadas no aterro. Calcule as toneladas de metano gerado deste depósito para um período de três anos.

(c) Um colega resolvendo o problema da Parte (b) calcula o metano produzido em três anos a partir de $4,8 \times 10^4$ toneladas de resíduos como

$$M_{CH_4}(t=3) = \dot{M}_{CH_4}(t=0) \times 1\ ano + \dot{M}_{CH_4}(t=1) \times 1\ ano + \dot{M}_{CH_4}(t=2) \times 1\ ano$$

Em que $\dot{M}_{CH_4}$ é a primeira expressão derivada na Parte (a). Explique brevemente o que foi assumido sobre a taxa de geração do metano. Calcule o valor determinado com este método e o erro percentual do cálculo. Mostre graficamente a que o valor calculado corresponde em outro esquema de $\dot{M}_{CH_4}$ *versus* t.

(d) As seguintes quantidades de resíduos são depositadas no aterro em 1º de janeiro de cada um de três anos consecutivos.

	Resíduo (toneladas)
Ano 1	48.000
Ano 2	45.000
Ano 3	54.000

Calcule as toneladas métricas de metano geradas até o final do terceiro ano.

Exercícios Exploratórios — Pesquise e Descubra

(e) Explique com suas próprias palavras os benefícios de se reduzir a liberação de metano dos aterros e de se usar o metano gerado como um combustível em vez de gás natural.

(f) Uma maneira de se evitar o problema ambiental da geração de metano é incinerar os resíduos antes que eles tenham chance de se decompor. Quais problemas este processo alternativo poderia introduzir?

10.14. Noventa quilogramas de nitrato de sódio são dissolvidos em 110 kg de água. Quando a dissolução é completada (no tempo $t = 0$), introduz-se água pura no tanque com uma vazão constante $\dot{m}$ (kg/min), e retira-se solução do tanque com a mesma vazão. O tanque pode ser considerado perfeitamente misturado.

(a) Escreva um balanço de massa total no tanque e use-o para provar que a massa total de líquido no tanque permanece constante no valor inicial.

(b) Escreva um balanço de nitrato de sódio, com $x(t, \dot{m})$ sendo igual à fração mássica de $NaNO_3$ no tanque e na corrente de saída. Converta o balanço em uma equação para dx/dt e forneça uma condição inicial.

(c) Em um único gráfico de x *versus* t, esboce as formas dos gráficos que você esperaria obter para $\dot{m} = 50$ kg/min, 100 kg/min e 200 kg/min. (Não faça nenhum cálculo.) Explique o seu raciocínio usando a equação da Parte (b) na sua explicação.

(d) Separe as variáveis e integre o balanço para obter uma expressão para $x(t, \dot{m})$. Verifique sua solução. Gere depois os gráficos de x *versus* t para $\dot{m} = 50$ kg/min, 100 kg/min e 200 kg/min e mostre-os em um único gráfico. (Uma planilha é o meio mais conveniente de fazer isto.)

(e) Se $\dot{m} = 100$ kg/min, quanto tempo levará para retirar 90% do nitrato de sódio originalmente no tanque? Quanto tempo levará para retirar 99%? E 99,9%?

(f) A corrente de água entra no tanque em um ponto próximo ao topo e o tubo de saída do tanque está localizado no lado oposto, no fundo. Um dia, o técnico da planta esqueceu-se de ligar o misturador no tanque. No mesmo gráfico, esquematize as formas das curvas de x

versus t que você esperaria ver com o misturador ligado e desligado, mostrando claramente as diferenças entre as duas curvas em valores pequenos e valores elevados de *t*. Explique o seu raciocínio.

10.15. Um tanque agitado contém $1500\,lb_m$ de água pura a 70°F. No tempo $t = 0$, duas correntes começam a escoar para dentro do tanque e uma outra corrente é retirada. Uma corrente de entrada é uma solução aquosa 20% em peso de NaCl a 85°F, escoando a uma vazão de $15\,lb_m/min$, e a outra é água pura a 70°F, escoando a $10\,lb_m/min$. A massa de líquido no tanque é mantida constante a $1500\,lb_m$. Mistura perfeita pode ser assumida para o tanque, de forma que a corrente de saída tem a mesma fração mássica (x) de NaCl e temperatura (T) que o conteúdo do tanque. Assuma também que o calor de mistura é zero e a capacidade calorífica de todos os fluidos é $C_P = 1\,Btu/(lb_m \cdot °F)$.

   (a) Escreva os balanços diferenciais de massa e energia e use-os para derivar expressões para dx/dt e dT/dt.

   (b) Sem resolver as equações derivadas na Parte (a), esquematize gráficos de T e x como uma função do tempo (t). Identifique claramente os valores no tempo zero e em $t \to \infty$.

10.16. Um isótopo radioativo decai a uma taxa proporcional a sua concentração. Se a concentração de um isótopo é $C(mg/L)$, então a taxa de decaimento pode ser expressa como

$$r_d[mg/(L \cdot s)] = kC$$

em que k é uma constante.

   (a) Um volume $V(L)$ de uma solução de um radioisótopo cuja concentração é $C_0(mg/L)$ é colocada em um vaso fechado. Escreva um balanço para o isótopo no vaso e integre a expressão para provar que a **meia-vida** $t_{1/2}$ do isótopo — por definição, o tempo necessário para que a concentração do isótopo diminua à metade de seu valor inicial — seja igual a $(\ln 2)/k$.

SEGURANÇA →

   (b) A meia-vida do ^{56}Mn é 2,6 h. Uma batelada deste isótopo que foi usada em um experimento de radiotraçamento foi coletada em um tanque de armazenamento. O responsável pela segurança de radiação declara que a atividade (que é proporcional à concentração do isótopo) deve decair a 1% do seu valor presente antes que solução possa ser descartada. Quanto tempo isto vai levar?

10.17. Um *traçador* é usado para caracterizar o grau de mistura em um tanque agitado contínuo. Água entra e sai do misturador com uma vazão $\dot{V}(m^3/min)$. Formaram-se incrustações nas paredes internas do tanque, de forma que o volume efetivo $V(m^3)$ do tanque é desconhecido. No tempo $t = 0$, uma massa $m_0(kg)$ de traçador é injetada no tanque e a concentração do mesmo na corrente de saída, $C(kg/m^3)$, é monitorada.

   (a) Escreva um balanço diferencial do traçador no tanque em termos de V, C e $\dot{V}$, admitindo que o conteúdo do tanque está perfeitamente misturado, e converta o balanço em uma equação para dC/dt. Forneça uma condição inicial, admitindo que a injeção é rápida o suficiente para que todo o traçador possa ser considerado como já estando no tanque em $t = 0$. Sem fazer nenhum cálculo, esquematize um gráfico de C *versus t*, rotulando o valor de C a $t = 0$ e o valor assintótico a $t \to \infty$.

   (b) Integre o balanço para provar que

$$C(t) = (m_0/V)\exp(-\dot{V}t/V)$$

   (c) Suponha que a vazão através do misturador é $\dot{V} = 30,0\,m^3/min$ e que os seguintes dados são obtidos:

Tempo desde a injeção, t(min)	1	2	3	4
$C \times 10^3 (kg/m^3)$	0,223	0,050	0,011	0,0025

   (Por exemplo, em $t = 1$ min, $C = 0,223 \times 10^{-3}\,kg/m^3$.) Verifique graficamente se o tanque está funcionando como um misturador perfeito — quer dizer, se a expressão da Parte (b) ajusta os dados — e determine o volume efetivo $V(m^3)$ a partir da inclinação do gráfico.

   (d) Uma solução de um elemento radioativo com uma meia-vida relativamente curta (veja o Problema 10.16) é frequentemente usada como um traçador para aplicações como esta neste problema. A vantagem de se fazer isso é que a concentração do traçador na saída pode ser medida com um detector sensível à radiação montado fora do tubo de saída em vez de se ter que coletar amostras de fluido do tubo e enviar para análise. Qual é uma potencial desvantagem de radiotraçadores? Por que é importante que a meia-vida do traçador não seja nem muito curta nem muito longa?

10.18. Uma tenda de oxigênio de $40,0\,ft^3$ contém inicialmente ar a 68°F e 14,7 psia. No tempo $t = 0$, uma mistura de ar enriquecido contendo 35,0% v/v O_2 e o resto de N_2 alimenta uma tenda a 68°F e 1,3 psig, com uma vazão de $60,0\,ft^3/min$, e o gás é retirado da tenda a 68°F e 14,7 psia, com uma vazão molar igual à vazão do gás de alimentação.

   (a) Calcule os lb-mol totais de gás ($O_2 + N_2$) na tenda a qualquer momento.

(b) Faça $x(t)$ igual à fração molar de oxigênio na corrente de saída. Escreva um balanço diferencial molar de oxigênio, admitindo que o conteúdo da tenda está perfeitamente misturado (de forma que temperatura, pressão e composição do conteúdo são os mesmos da corrente de saída). Converta o balanço em uma equação para dx/dt e forneça uma condição inicial.

(c) Integre a equação para obter uma expressão para $x(t)$. Quanto tempo levará para que a fração molar de oxigênio na tenda atinja 0,33? Esquematize um gráfico de x *versus* t, rotulando o valor de x a $t = 0$ e o valor assintótico a $t \to \infty$.

10.19. Diz-se que uma reação química com estequiometria A $\to$ produtos segue uma *taxa de reação de ordem n* se A é consumido a uma taxa proporcional à potência n da sua concentração na mistura reativa. Se r_A é a taxa de consumo de A por unidade de volume do reator, então

$$r_A[\mathrm{mol}/(\mathrm{L}\cdot\mathrm{s})] = kC_A^n$$

em que C_A(mol/L) é a concentração de reagente, e a constante de proporcionalidade k é a *constante da taxa* da reação. Uma reação que segue esta lei é conhecida como uma *reação de ordem n*. A constante da taxa é uma função forte da temperatura, mas é independente da concentração de reagente.

(a) Suponha que uma reação de primeira ordem ($n = 1$) seja conduzida em um reator isotérmico em batelada de volume constante V. Escreva um balanço de massa de A e integre-o para deduzir a expressão

$$C_A = C_{A0} \exp(-kt)$$

em que C_{A0} é a concentração de A no reator em $t = 0$.

(b) Suspeita-se que a decomposição em fase gasosa do cloreto de sulfurilo

$$SO_2Cl_2 \to SO_2 + Cl_2$$

segue uma taxa de primeira ordem. A reação é conduzida em um reator isotérmico em batelada de volume constante e a concentração de SO_2Cl_2 é medida a vários tempos de reação, com os seguintes resultados:

t(min)	4,0	21,3	39,5	63,4	120,0	175,6
C_A(mol/L)	0,0279	0,0262	0,0246	0,0226	0,0185	0,0152

Verifique graficamente a taxa proposta [quer dizer, demonstre que expressão dada na parte (a) se ajusta aos dados para $C_A(t)$] e determine a constante da taxa k, dando o valor numérico e as unidades.

BIOENGENHARIA → ***10.20.** A demanda por produtos biofarmacêuticos na forma de proteínas complexas está crescendo. Estas proteínas são mais frequentemente produzidas por células geneticamente modificadas para produzir a proteína de interesse, conhecida como uma **proteína recombinante**. As células são cultivadas e um cultura líquida e a proteína é coletada e purificada para gerar o produto final.

Células Sf9 obtidas de uma determinada lagarta podem ser usadas para produzir proteínas terapêuticas. Considere o crescimento de células Sf9 em um biorreator de bancada operando a 22°C, com um volume líquido de 4,0 litros, que pode ser assumido constante.

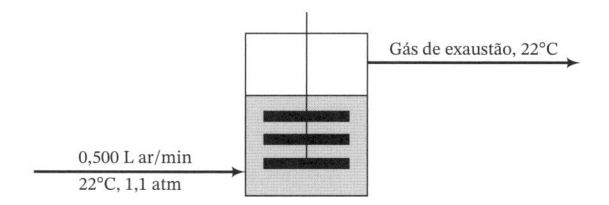

O oxigênio necessário para o crescimento celular e produção da proteína é fornecido em uma alimentação de ar a 22°C e 1,1 atm. Durante o processo, o gás deixando o biorreator a 22°C e 1 atm é analisado continuamente. Os dados podem ser usados para calcular a taxa com a qual o oxigênio é absorvido pela cultura, a qual por sua vez pode ser usada para determinar a taxa de crescimento das células Sf9 (uma quantidade difícil de se medir diretamente) e a uniformidade da operação de batelada a batelada.

(a) A análise do gás de exaustão a um tempo 25 horas depois do início do processo mostra uma composição de 15,5% molar de O_2, 78,7% N_2 e o balanço de CO_2 e pequenas quantidades de outros gases. Determine o valor da taxa de utilização do oxigênio (TUO) em mmol O_2 consumido/(L·h) naquele ponto do tempo. Assuma que o nitrogênio não é absorvido pela cultura.

(b) TUR está relacionada com a concentração de células, X(g células/L), pela expressão TUR $=$ $q_{O2}X$, onde q_{O2} é a *taxa específica de consumo de oxigênio*. A análise de uma amostra de cultura coletada a $t = 25$ h indica que a concentração de células é de 5,0 g células/L. Qual é o valor de q_{O2}? (Não se esqueça de incluir suas unidades.)

(c) Seis horas depois da medida, o gás exausto contém 14,5% molar de O_2 e a percentagem de N_2 não se alterou. Qual é a concentração de células, X, neste ponto? Assuma que a taxa específica de consumo de oxigênio não se alterou desde que a temperatura do processo tenha permanecido constante.

(d) A taxa de crescimento das células pode ser expressa como:

$$\frac{dX}{dt} = \mu_g X$$

Em que μ_g é a taxa de crescimento específica, com unidades de h^{-1}. Começando com esta equação e tratando μ_g como constante, derive uma expressão para $X(t)$. Use os dados das partes anteriores do problema para determinar μ_g (inclua as unidades). Calcule então o *tempo de duplicação das células* (t_d), definido como o tempo para a concentração de células dobrar.

10.21. Uma reação de decomposição em fase gasosa com estequiometria 2A $\rightarrow$ 2B + C segue uma taxa de segunda ordem (veja o Problema 10.19):

$$r_d[\text{mol}/(\text{m}^3 \cdot \text{s})] = kC_A^2$$

em que C_A é a concentração de reagente em mol/m³. A constante da taxa varia com a temperatura da reação de acordo com a **lei de Arrhenius**

$$k[\text{m}^3/(\text{mol} \cdot \text{s})] = k_0 \exp(-E/RT)$$

em que

$k_0[\text{m}^3/(\text{mol·s})] = $ o *fator pré-exponencial*
$\quad E(\text{J}/\text{mol}) = $ a *energia de ativação* da reação
$\quad\quad R = $ a constante dos gases
$\quad\quad T(\text{K}) = $ a temperatura da reação

(a) Suponha que a reação é conduzida em um reator em batelada de volume constante V(m³) a uma temperatura constante T(K), começando com A puro na concentração C_{A0}. Escreva um balanço diferencial de A e integre-o para obter uma expressão para $C_A(t)$ em termos de C_{A0} e k.

(b) Faça P_0(atm) a pressão inicial do reator. Prove que $t_{1/2}$, o tempo necessário para atingir uma conversão de 50% de A no reator, é igual a RT/kP_0, e deduza uma expressão para $P_{1/2}$, a pressão no reator neste ponto, em termos de P_0. Admita comportamento de gás ideal.

(c) A decomposição do óxido nitroso (N_2O) em nitrogênio e oxigênio é conduzida em um reator em batelada de 5,00 litros à temperatura constante de 1015 K, começando com N_2O puro a várias pressões iniciais. A pressão do reator $P(t)$ é monitorada, e os tempos ($t_{1/2}$) necessários para atingir 50% de conversão de N_2O são registrados.

P_0(atm)	0,135	0,286	0,416	0,683
$t_{1/2}$(s)	1060	500	344	209

Use estes resultados para verificar se a reação de decomposição do N_2O é de segunda ordem e determine o valor de k a $T = 1015$ K.

(d) O mesmo experimento é realizado a várias outras temperaturas, com uma pressão inicial de 1,00 atm, com os seguintes resultados:

T(K)	900	950	1000	1050
$t_{1/2}$(s)	5464	1004	219	55

Use um método gráfico para determinar os parâmetros da lei de Arrhenius (k_0 e E) para a reação.

(e) Suponha que a reação é conduzida em um reator em batelada a $T = 980$ K, começando com uma mistura a 1,20 atm contendo 70% molar N_2O e o resto de um gás quimicamente inerte. Quanto tempo (minutos) levará para atingir uma conversão de 90% N_2O?

10.22. Em uma reação catalisada por enzimas, com estequiometria A → B, A é consumido com uma taxa dada por uma expressão da forma de **Michaelis-Menten**:

$$r_A[\text{mol/(L·s)}] = \frac{k_1 C_A}{1 + k_2 C_A}$$

em que C_A(mol/L) é a concentração de reagente e k_1 e k_2 dependem apenas da temperatura.

(a) A reação é conduzida em um reator isotérmico em batelada com volume de mistura reativa constante V(litros), começando com A puro na concentração C_{A0}. Escreva uma expressão para dC_A/dt e forneça uma condição inicial. Esquematize um gráfico de C_A *versus t*, rotulando o valor de C_A a $t = 0$ e o valor assintótico a $t \to \infty$.

(b) Resolva e equação diferencial da Parte (a) para obter uma expressão para o tempo necessário para se atingir uma concentração especificada C_A.

(c) Use a expressão da Parte (b) para desenvolver um método gráfico de determinar k_1 e k_2 a partir de dados de C_A *versus t*. O seu gráfico deve envolver o ajuste de uma linha reta e a determinação dos dois parâmetros a partir da inclinação e da intercepção da linha. (Existem várias soluções possíveis.) Então, aplique o seu método à determinação de k_1 e k_2 a partir dos seguintes dados obtidos em um reator de 2,00 litros, começando com A a uma concentração $C_{A0} = 5,00$ mol/L.

t(s)	60,0	120,0	180,0	240,0	480,0
C_A(mol/L)	4,484	4,005	3,561	3,154	1,866

10.23. O fosgeno ($COCl_2$) é formado pela reação entre CO e Cl_2 na presença de carvão ativado:

$$CO + Cl_2 \to COCl_2$$

A $T = 303,8$ K, a taxa de formação de fosgeno na presença de 1 g de carvão é

$$R_f(\text{mol/min}) = \frac{8,75 C_{CO} C_{Cl_2}}{(1 + 58,6 C_{Cl_2} + 34,3 C_{COCl_2})^2}$$

em que C significa concentração em mol/L.

(a) Suponha que a carga de um reator em batelada de 3,00 litros é 1 g de carvão e um gás contendo 60% molar CO e o balanço de Cl_2, e que as condições iniciais do reator são 303,8 K e 1 atm. Calcule as concentrações iniciais (mol/L) dos dois reagentes, desprezando o volume ocupado pelo carvão. Depois, fazendo $C_F(t)$ a concentração de fosgeno em qualquer momento, deduza relações para C_{CO} e C_{Cl2} em termos de C_F.

(b) Escreva um balanço diferencial de fosgeno e mostre que pode ser simplificado para obter

$$\frac{dC_P}{dt} = \frac{2,92(0,02407 - C_P)(0,01605 - C_P)}{(1,941 - 24,3 C_P)^2}$$

Forneça uma condição inicial para esta equação.

(c) Um gráfico de C_P *versus t* começa a $C_P = 0$ e assintoticamente se aproxima de um valor máximo. Explique como você poderia prever tal comportamento a partir da forma da equação da Parte (b). Sem procurar resolver a equação diferencial, determine o valor máximo de C_P.

(d) Começando com a equação da Parte (b), deduza uma expressão para o tempo necessário para atingir uma conversão de 75% do reagente limitante. *Sua solução deve ter a forma t = uma integral definida.*

(e) A integral que você deduziu na Parte (d) pode ser avaliada analiticamente; no entanto, taxas mais complexas do que aquela dada para a reação de formação do fosgeno produziriam uma integral que deve se avaliada numericamente. Um procedimento é avaliar o integrando em vários pontos dentro dos limites de integração e usar uma fórmula de quadratura, como a regra trapezoidal ou a regra de Simpson (Apêndice A.3) para estimar o valor da integral.

Use uma planilha para avaliar o integrando da integral da Parte (c) em n_p pontos igualmente espaçados entre os limites de integração (incluindo os mesmos), onde n_p é um número ímpar, e avalie a integral usando a regra de Simpson. Faça o cálculo para $n_p = 5$, 21 e 51. O que você pode concluir sobre o número de pontos necessários para se obter um resultado preciso a três algarismos significativos?

10.24. Um gás que contém CO_2 é posto em contato com água líquida em um absorvedor agitado em batelada. A solubilidade de equilíbrio do CO_2 em água é dada pela lei de Henry (Seção 6.4b)

$$C_A = p_A/H_A$$

em que C_A(mol/cm³) = concentração de CO_2 na solução, p_A(atm) = pressão parcial do CO_2 na fase gasosa, H_A[atm/(mol/cm³)] = constante de Henry. A taxa de absorção do CO_2 (quer dizer, a taxa de transferência de CO_2 do gás ao líquido por unidade de área da interface gás-líquido) é dada pela expressão

$$r_A \left[\text{mol/(cm}^2\cdot\text{s)}\right] = k\left(C_A^* - C_A\right)$$

em que C_A = concentração real de CO_2 no líquido, C_A^* = concentração de CO_2 que estaria em equilíbrio com o CO_2 na fase gasosa ($C_A^* = p_A/H_A$), k(cm/s) = um *coeficiente de transferência de massa*.

A fase gasosa está a uma pressão total P(atm) e contém y_A(mol CO_2/mol gás), e a fase líquida consiste inicialmente em V(cm³) de água pura. A agitação da fase líquida é suficiente para que sua composição seja considerada espacialmente uniforme, e a quantidade de CO_2 absorvido é baixa o suficiente para que P, V e y_A sejam considerados constantes através do processo.

(a) Escreva uma expressão para dC_A/dt e forneça uma condição inicial. Sem fazer nenhum cálculo, esquematize um gráfico de C_A *versus* t, rotulando o valor de C_A a $t = 0$ e o valor assintótico a $t \to \infty$. Dê uma explicação física para o valor assintótico da concentração.

(b) Prove que

$$C_A(t) = \frac{p_A}{H_A}\left[1 - \exp(-kSt/V)\right]$$

em que S(cm²) é a área de contato efetiva entre as fases gás e líquido.

(c) Suponha que a pressão do sistema é 20,0 atm, o volume do líquido é 5,00 litros, o diâmetro do tanque é 10,0 cm, o gás contém 30,0% molar CO_2, a constante de Henry é 9230 atm/(mol/cm³) e o coeficiente de transferência de massa é 0,020 cm/s. Calcule o tempo necessário para que C_A atinja 0,620 mol/L se as propriedades da fase gasosa permanecem essencialmente constantes.

(d) Se A não fosse CO_2, mas sim um gás com uma solubilidade moderadamente elevada em água, a expressão para C_A dada na Parte (b) seria incorreta. Explique onde a derivação que levou a ela estaria errada.

10.25. Uma reação em fase líquida com estequiometria A →B acontece em um reator semibatelada. A taxa de consumo de A por unidade de volume do conteúdo do reator é dada pela expressão da taxa de primeira ordem (veja o Problema 10.19)

$$r_A\left[\text{mol/(L}\cdot\text{s)}\right] = kC_A$$

em que C_A(mol A/L) é a concentração de reagente. O tanque está inicialmente vazio. Começando no tempo $t = 0$, uma solução contendo A na concentração C_{A0}(mol A/L) é fornecida ao tanque com uma vazão constante $\dot{V}$(L/s).

(a) Escreva um balanço diferencial da massa total do conteúdo do reator. Admitindo que a massa específica do conteúdo é sempre igual à da corrente de alimentação, converta o balanço em uma equação para dV/dt, na qual V é o volume total do conteúdo, e forneça uma condição inicial. Escreva então um balanço diferencial de mols do reagente A, fazendo $N_A(t)$ igual aos mols totais de A no recipiente, e forneça uma condição inicial. Sua equação deve conter apenas as variáveis N_A, V e t e as constantes $\dot{V}$ e C_{A0}. (Você deve ser capaz de eliminar C_A como uma variável.)

(b) Sem tentar integrar as equações, deduza uma fórmula para o valor de N_A no estado estacionário.

(c) Integre as duas equações para deduzir expressões para $V(t)$ e $N_A(t)$, e deduza depois uma expressão para $C_A(t)$. Determine o valor assintótico de N_A quando $t \to \infty$ e verifique se o valor no estado estacionário obtido na Parte (b) está correto. Explique sucintamente como é possível que N_A atinja um valor constante se você continua adicionando A ao reator, e dê duas razões pelas quais este valor nunca seria atingido em um reator real.

(d) Determine o valor limite de C_A quando $t \to \infty$ a partir das suas expressões para $N_A(t)$ e $V(t)$. Explique então por que seus resultados fazem sentido, em vista dos resultados da Parte (c).

10.26. Uma chaleira contendo 3,00 litros de água a uma temperatura de 18°C é colocada em um fogareiro elétrico e começa a ferver em três minutos.

(a) Escreva um balanço de energia para a água e determine uma expressão para dT/dt, desprezando a evaporação da água antes que o ponto de ebulição seja atingido, e forneça uma condição inicial. Esquematize um gráfico de T *versus* t de $t = 0$ a $t = 4$ minutos.

(b) Calcule a taxa média (W) em que o calor está sendo adicionado à água. Calcule então a taxa (g/s) em que água evapora uma vez que a ebulição começa.

(c) A taxa de saída de calor do fogareiro difere significativamente da taxa de aquecimento calculada na Parte (b). Em que direção e por quê?

10.27. Uma resistência elétrica é usada para aquecer 20,0 kg de água em um recipiente fechado bem isolado. A água está inicialmente a 25°C e 1 atm. A resistência fornece uma potência constante de 3,50 kW ao recipiente e seu conteúdo.

(a) Escreva um balanço diferencial de energia na água, admitindo que 97% da energia fornecida pela resistência vão para o aquecimento da água. O que acontece com os outros 3%?

(b) Integre a equação da Parte (a) para deduzir uma expressão para a temperatura da água como função do tempo.

(c) Quanto tempo levará para que a água atinja o ponto de ebulição normal? A água ferverá a esta temperatura? Explique a sua resposta.

10.28. Uma barra de ferro de 2,00 cm $\times$ 3,00 cm $\times$ 10,0 cm a uma temperatura de 95°C é jogada em um barril de água a 25°C. O barril é grande o suficiente para que a temperatura da água aumente de forma desprezível à medida que a barra esfria. A taxa na qual o calor é transferido da barra à água é dada pela expressão

$$\dot{Q}(\text{J/min}) = UA(T_b - T_w)$$

em que $U[= 0{,}050 \text{ J/(min} \cdot \text{cm}^2 \cdot {}^\circ\text{C})]$ é um *coeficiente de transferência de calor*, $A(\text{cm}^2)$ é a área superficial exposta da barra e $T_b({}^\circ\text{C})$ e $T_w({}^\circ\text{C})$ são a temperatura superficial da barra e a temperatura da água, respectivamente. A capacidade calorífica da barra é 0,460 J/(g · °C). A condução de calor no ferro é rápida o suficiente para que a temperatura $T_b(t)$ seja considerada uniforme através da barra.

(a) Escreva um balanço de energia na barra, admitindo que todos os seis lados estão expostos. Seu resultado deve ser uma expressão para dT_b/dt e uma condição inicial.

(b) Sem integrar a equação, esboce o gráfico esperado de T_b *versus t*, rotulando os valores de T_b em $t = 0$ e $t \to \infty$.

(c) Deduza uma expressão para $T_b(t)$ e verifique-a de três formas. Quanto tempo levará para que a barra se esfrie até 30°C?

10.29. Uma serpentina de vapor é imersa em um tanque agitado de aquecimento. Dentro da serpentina se condensa vapor saturado a 7,50 bar, e o condensado sai na sua temperatura de saturação. Um solvente com uma capacidade calorífica de 2,30 kJ/(kg · °C) alimenta o tanque com uma vazão constante de 12,0 kg/min e uma temperatura de 25°C, e o solvente aquecido é descarregado com a mesma vazão. O tanque está cheio inicialmente com 760 kg de solvente a 25°C, quando então os fluxos de solvente de vapor começam. A taxa na qual o calor é transferido da serpentina de vapor para o solvente é dada pela expressão

$$\dot{Q} = UA(T_{\text{vapor}} - T)$$

em que UA (o produto do coeficiente de transferência de calor e a área superficial da serpentina através da qual o calor é transferido) é igual a 11,5 kJ/(min · °C). O tanque é bem agitado, de forma que a temperatura do conteúdo e espacialmente uniforme e é igual à temperatura da saída.

(a) Prove que um balanço de energia no conteúdo do tanque se reduz à equação abaixo e forneça uma condição inicial.

$$\frac{dT}{dt} = 1{,}50{}^\circ\text{C/min} - 0{,}0224T$$

(b) Sem integrar a equação, calcule o valor no estado estacionário de T e esboce o gráfico esperado de T *versus t*, rotulando os valores de T_b em $t = 0$ e $t \to \infty$.

(c) Integre a equação do balanço para obter uma expressão para $T(t)$ e calcule a temperatura do solvente após 40 minutos.

(d) O tanque foi esvaziado para manutenção de rotina, e um técnico percebeu que uma escama mineral fina havia se formado na parte externa da serpentina de vapor. A serpentina é tratada com um ácido diluído para remover a escama e reinstalada no tanque. O processo descrito acima é repetido com as mesmas condições do vapor, vazão de solvente e massa de solvente carregada no tanque, e a temperatura após 40 minutos é 55°C em vez do valor calculado na Parte (c). Uma das variáveis do sistema listadas no enunciado do problema deve ter mudado como resultado da alteração da serpentina. Que variável você acha que é e por qual percentagem do seu valor inicial ela mudou?

SEGURANÇA

10.30. Um dia, às 9h30min da manhã, um aluno de pós-graduação mediu 350 gramas de benzeno líquido a 20°C em um frasco de vidro sujo o bastante para não se poder ver o conteúdo, colocou o frasco aberto em um bico de Bunsen, ligou o queimador e saiu para tomar um café. A conversa na cantina estava boa e ele só voltou às 10h10min. Ele então olha para o frasco, vê que o líquido está fervendo, desliga o queimador, sente uma leve irritação nos olhos e os esfrega com a mão, pega o frasco, diz "Ai" (ou algo equivalente), coloca-o sobre o trabalho de termodinâmica do seu colega e começa a preparar a próxima etapa do experimento.

(a) Suponha que a taxa de entrada de calor para o conteúdo do frasco é 40,2 W. Calcule o tempo no qual a temperatura do benzeno atingiu 40°C. Despreze a evaporação do benzeno durante o aquecimento e considere a capacidade calorífica do benzeno líquido como constante no valor de 1,77 J/(g · °C).

(b) Calcule a quantidade de benzeno que resta no frasco às 10h10min, admitindo que, uma vez que o benzeno começa a ferver, a taxa de entrada de calor no frasco (40,2 W) é igual à taxa de vaporização (g/s) vezes o calor de vaporização (J/g).

(c) O estudante de pós-graduação teve sorte. Primeiro, nem seu orientador nem o fiscal de segurança da universidade entraram no laboratório durante o episódio. Mais importante, ele estava vivo e bem no fim do dia. Identifique tantas violações de segurança quantas possa, explicando o perigo e sugerindo, para cada violação, o que ele deveria ter feito.

10.31. Um radiador de vapor é usado para aquecer um cômodo de 60 m³. Dentro do radiador se condensa vapor saturado a 3,0 bar, e o condensado sai como líquido na temperatura de saturação. Perde-se calor do cômodo para o exterior com uma taxa

$$\dot{Q}(\text{kJ/h}) = 30{,}0(T - T_0)$$

na qual $T(°C)$ é a temperatura do cômodo e $T_0 = 0°C$ é a temperatura do exterior. No momento em que o radiador é ligado, a temperatura no cômodo é de 10°C.

(a) Seja $\dot{m}_s$ (kg/h) a taxa na qual o vapor condensa no radiador e n(kmol) a quantidade de ar no cômodo. Escreva um balanço diferencial de energia no ar do cômodo, admitindo que n permanece constante no seu valor inicial, e avalie todos os coeficientes numéricos. Considere a capacidade calorífica (C_v) do ar como constante em 20,8 J/(mol · °C).

(b) Escreva o balanço de energia no estado estacionário no ar do cômodo e use-o para calcular a taxa de condensação de vapor necessária para manter uma temperatura constante de 24°C no cômodo. Sem integrar o balanço transiente, esquematize um gráfico de T *versus* t, rotulando ambos os valores inicial e máximo de T.

(c) Integre a equação do balanço transiente para calcular o tempo necessário para a temperatura ambiente subir 99% do intervalo do seu valor inicial a seu valor no estado estacionário, admitindo que a taxa de condensação do vapor é aquela calculada na Parte (b).

10.32. Um aquecedor elétrico de imersão é usado para elevar a temperatura de um líquido de 20°C até 60°C em 20,0 min. A massa combinada do líquido e do recipiente é de 250 kg e a capacidade calorífica média do sistema é 4,00 kJ/(kg · °C). O líquido se decompõe explosivamente a 85°C.

Às 10 horas da manhã, uma batelada de líquido é vertida no recipiente, o operador liga o aquecedor e sai para fazer uma ligação telefônica. Dez minutos depois, sua supervisora entra e olha para o registro da potência no computador. Isto é o que ela vê.

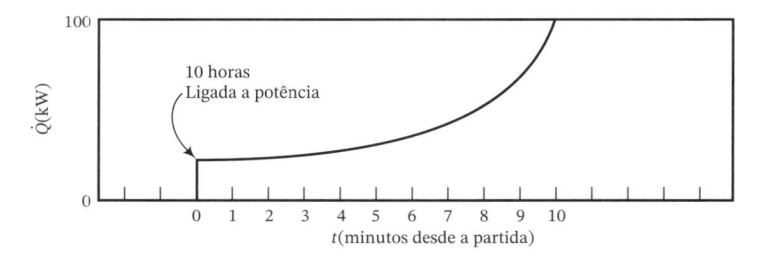

A supervisora imediatamente desliga o aquecedor e corre para dizer várias observações que vieram a sua mente.

(a) Calcule a potência constante necessária $\dot{Q}$ (kW), desprezando as perdas de energia do recipiente.

(b) Escreva e integre, usando a regra de Simpson (Apêndice A.3), um balanço de energia no sistema para estimar a temperatura no momento em que o aquecedor foi desligado. Use os seguintes dados do registro:

t(s)	0	30	60	90	120	150	180	210	240	270	300
$\dot{Q}$(kW)	33	33	34	35	37	39	41	44	47	50	54

t(s)	330	360	390	420	450	480	510	540	570	600
$\dot{Q}$(kW)	58	62	66	70	75	80	85	90	95	100

(c) Suponha que, se o calor não tivesse sido desligado, $\dot{Q}$ teria continuado a aumentar linearmente com uma taxa de 10 kW/min. Em que momento alguém na planta se daria conta de que alguma coisa saiu errada?

10.33. Um tanque de 2000 litros contém inicialmente 400 litros de água pura. Começando em $t = 0$, uma solução aquosa contendo 1,00 g/L de cloreto de potássio escoa dentro do tanque com uma vazão de 8,00 L/s e, simultaneamente, uma corrente de saída começa a escoar com uma vazão de 4,00 L/s.

O conteúdo do tanque está perfeitamente misturado e a massa específica da corrente de alimentação e da solução no tanque, $\rho(g/L)$, pode ser considerada constante. Seja $V(t)(L)$ o volume do conteúdo do tanque e $C(t)(g/L)$ a concentração de cloreto de potássio no conteúdo do tanque e na corrente de saída.

(a) Escreva um balanço de massa total do conteúdo do tanque, converta-o em uma equação para dV/dt e forneça uma condição inicial. Escreva depois um balanço de cloreto de potássio, reduza-o a

$$\frac{dC}{dt} = \frac{8 - 8C}{V}$$

e forneça uma condição inicial. (*Dica:* Você precisará usar a expressão do balanço de massa na sua derivação.)

(b) Sem resolver nenhuma equação, esboce os gráficos que você esperaria obter para V *versus* t e C *versus* t. Se o gráfico de C *versus* t tem um limite assintótico quando $t \to \infty$, determine qual é este valor e explique por que ele faz sentido.

(c) Resolva a equação do balanço de massa total para obter uma expressão para $V(t)$. Substitua então V no balanço do cloreto de potássio e resolva para $C(t)$ até o ponto em que o tanque transborda. Calcule a concentração de KCl no tanque naquele momento.

10.34. O diagrama abaixo mostra três tanques agitados contínuos conectados em série.

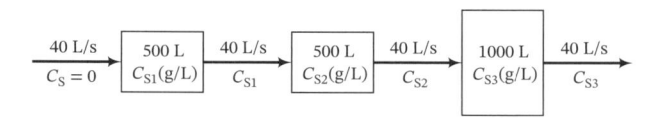

Os padrões de fluxo e de mistura neste sistema são estudados dissolvendo 1500 g de um sal (S) no primeiro tanque, enchendo os outros dois tanques com solvente puro e começando o escoamento de 40 L/s através do sistema. Cada corrente de saída é monitorada com um detetor de condutividade térmica on-line calibrado para fornecer leituras instantâneas da concentração de sal. Os dados são plotados em função do tempo e os resultados são comparados com os gráficos que seriam esperados se os tanques fossem perfeitamente misturados. O seu trabalho é gerar estes últimos gráficos.

(a) Admitindo que solvente puro alimenta o primeiro tanque e que cada tanque está perfeitamente misturado (de forma que a concentração de sal em um tanque é uniforme e igual à concentração na corrente de saída do mesmo), escreva balanços de sal em cada um dos três tanques, converta-os em expressões para dC_{S1}/dt, dC_{S2}/dt e dC_{S3}/dt e forneça as condições iniciais apropriadas.

(b) Sem fazer nenhum cálculo, esboce em um único gráfico as formas dos gráficos de C_{S1} *versus* t, C_{S2} *versus* t e C_{S3} *versus* t que você esperaria obter. Explique sucintamente seu raciocínio.

(c) Use um programa de solução de equações diferenciais para resolver as três equações, indo até o ponto em que C_{S3} cai abaixo de 0,01 g/L e plote os resultados.

10.35. As seguintes reações químicas acontecem em um reator em batelada em fase líquida de volume constante V.

$$A \to 2B \quad r_1[\text{mol A consumido}/(L \cdot s)] = 0,100C_A$$
$$B \to C \quad r_2[\text{mol C gerado}/(L \cdot s)] = 0,200C_B^2$$

nas quais as concentrações C_A e C_B estão em mol/L. O reator é carregado inicialmente com A puro a uma concentração de 1,00 mol/L.

(a) Escreva expressões para (i) a taxa de geração de B na primeira reação e (ii) a taxa de consumo de B na segunda reação. (Se isto levar mais do que 10 segundos, você está perdido.)

(b) Escreva balanços molares de A, B e C, converta-os em expressões para dC_A/dt, dC_B/dt e dC_C/dt e forneça as condições de contorno.

(c) Sem fazer nenhum cálculo, esboce em um único gráfico as curvas que você esperaria obter de C_A *versus* t, C_B *versus* t e C_C *versus* t. Mostre claramente os valores das funções em $t = 0$ e $t \to \infty$ e a curvatura (côncava para baixo, côncava para cima ou linear) nas vizinhanças de $t = 0$. Explique resumidamente seu raciocínio.

(d) Resolva as equações deduzidas na Parte (b) usando um programa de solução de equações diferenciais. Em um único gráfico, mostre as curvas de C_A *versus* t, C_B *versus* t e C_C *versus* t desde $t = 0$ até $t = 50$ s. Verifique se as suas previsões da Parte (c) estão corretas. Se não estão, mude-as e revise sua explicação.

10.36. Uma mistura líquida contendo 70,0 mol de n-pentano e 30,0 mol de n-hexano inicialmente a 46°C é parcialmente vaporizada a $P = 1$ atm em um aparelho de destilação de único estágio (**destilador Rayleigh**).

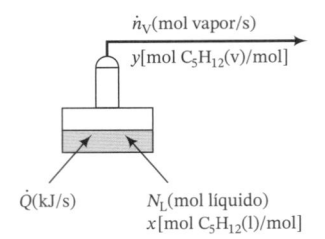

O calor adicionado ao sistema, $\dot{Q}$, vaporiza o líquido com uma vazão $\dot{n}_V$(mol/s). O produto vapor e o líquido remanescente estão sempre em equilíbrio um com o outro. A relação entre a fração molar de pentano no líquido (x) e no vapor (y) tem a forma

$$y = \frac{ax}{x+b}$$

de forma que o sistema envolve quatro variáveis dependentes do tempo — N_L, $\dot{n}_V$, x e y, em que N_L representa os mols totais de líquido no destilador a qualquer momento. (Suporemos que a taxa de transferência de calor ao evaporador, $\dot{Q}$, é constante e conhecida.) Serão necessárias quatro equações relacionando as quatro incógnitas para determinar estas variáveis. As equações são dois balanços de massa, um balanço de energia e a relação do equilíbrio líquido−vapor dada acima.

(a) Quando $x = 1$, qual deve ser o valor de y? (Pense nas definições destas quantidades.) Use sua resposta e a expressão do equilíbrio líquido-vapor para deduzir uma equação que relacione os parâmetros a e b.

(b) Use a lei de Raoult (Equação 6.4-1) e a equação de Antoine para calcular a fração molar de pentano na fase vapor em equilíbrio com a mistura de alimentação 70% pentano-30% hexano na temperatura inicial do sistema de 46°C e pressão de 1 atm. Use então este resultado e aquele da Parte (a) para estimar a e b. (Admitiremos que estes valores permanecem os mesmos ao longo dos intervalos de composições e temperaturas pelos quais passa o sistema.)

(c) Considerando o líquido residual como seu sistema, escreva um balanço diferencial de mols totais para obter uma expressão para dN_L/dt. A seguir escreva um balanço de pentano, levando em conta que tanto N_L quanto x são funções do tempo. (*Dica:* Lembre a regra da derivada de um produto.) Prove que o balanço de pentano pode ser convertido na seguinte equação:

$$\frac{dx}{dt} = \frac{\dot{n}_V}{N_L}\left(\frac{ax}{x+b} - x\right)$$

Forneça as condições iniciais para suas duas equações diferenciais.

(d) Na Parte (c), você deduziu duas equações em três variáveis dependentes desconhecidas — $\dot{n}_V(t)$, $N_L(t)$ e $x(t)$. Para determinar estas variáveis, precisamos de uma terceira relação. Um balanço de energia pode fornecê-la.

Um balanço rigoroso de energia levaria em conta a composição variável do líquido, os calores de vaporização levemente diferentes do pentano e do hexano, e as variações de entalpia associadas com as variações de temperatura, o que tornaria este problema relativamente difícil de resolver. Uma aproximação razoável é admitir que (i) o líquido tem um calor de vaporização constante de 27,0 kJ/mol, independente da composição e da temperatura; e (ii) todo o calor fornecido ao destilador [$\dot{Q}$(kJ/s)] é usado para a vaporização do líquido (quer dizer, desprezando a energia que é usada para elevar a temperatura do líquido ou do vapor). Faça estas suposições, considere $\dot{Q}$ como constante e conhecido, e deduza uma expressão para $\dot{n}_V$ que possa ser usada para eliminar esta variável nas equações diferenciais da Parte (c). Daqui, deduza a seguinte expressão:

$$\frac{dx}{dt} = -\frac{\dot{Q}/27,0}{100,0\,\text{mol} - \dot{Q}t/27,0}\left(\frac{ax}{x+b} - x\right)$$

(e) Use um programa de solução de equações diferenciais para calcular x, y, N_L e $\dot{n}_V$ desde $t = 0$ até o momento em que o líquido evapora completamente. Faça o cálculo para (i) $\dot{Q} = 1,5$ kJ/s e (ii) $\dot{Q} = 3,0$ kJ/s. Em um único gráfico, plote x e y *versus* t, mostrando curvas para os dois valores de $\dot{Q}$.

(f) Em um parágrafo curto, descreva o que acontece com as composições do produto vapor e do líquido residual ao longo de uma corrida. Inclua uma frase sobre as composições inicial e final do vapor e como a taxa de aquecimento afeta o comportamento do sistema.

Técnicas Computacionais

Este apêndice introduz vários conceitos e métodos matemáticos que têm ampla aplicabilidade na análise de processos químicos. A apresentação admite um conhecimento de cálculo elementar, mas não de álgebra linear ou de análise numérica. O estudante que deseje um tratamento mais amplo ou mais profundo dos tópicos discutidos é aconselhado a procurar uma referência de análise numérica.

Apêndice A.1   O MÉTODO DOS MÍNIMOS QUADRADOS

Nesta seção, descrevemos uma técnica estatística para ajustar uma linha reta a dados y versus x. No entanto, você deve estar ciente de que, ao fazer isto, estamos apenas arranhando a superfície do campo da análise estatística; não discutiremos técnicas para ajustar funções de várias variáveis, para determinar quantitativamente as incertezas associadas com um ajuste, nem para comparar funções alternativas usadas para ajustar um conjunto especificado de dados.

Suponha que você mede y em quatro valores de x, plota os dados em um gráfico de y versus x e traça uma linha reta pelos pontos.

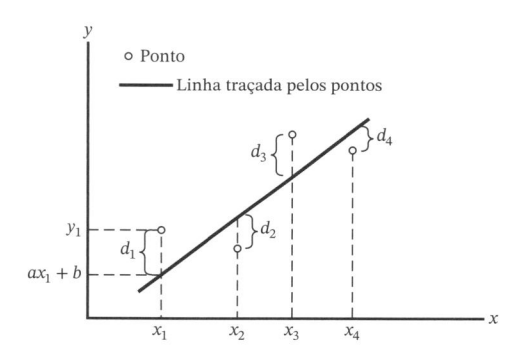

Se a linha que você traçou é $y = ax + b$, então em qualquer ponto da abcissa x_i ($i = 1, 2, 3$ ou 4), o valor medido de y é y_i, e o valor correspondente de y sobre a linha é $ax_i + b$. Portanto, a distância vertical d_i entre o i-ésimo ponto do dado e a linha (chamada i-ésimo **resíduo**) é

$$d_i = y_i - (ax_i + b), \quad i = 1, 2, 3, 4 \tag{A.1-1}$$

Se d_i é positivo, então o i-ésimo ponto deve estar acima da linha (por quê?); se d_i é negativo, o ponto deve estar abaixo da linha, e se d_i é zero, a linha passa pelo ponto. Diz-se que uma linha ajusta bem os dados se o valor da maior parte dos resíduos é próximo de zero.

Existem várias maneiras de determinar a linha que ajusta melhor um conjunto de dados, que diferem principalmente na definição de "melhor". O método mais comum é o **método dos mínimos quadrados**.

Suponha que existem n pontos plotados $(x_1, y_1), (x_2, y_2),..., (x_n, y_n)$, de forma que uma linha $y = ax + b$ traçada através dos pontos fornece um conjunto de n resíduos $d_1, d_2,..., d_n$. De acordo com o método dos mínimos quadrados, *a melhor linha que passa pelos dados é aquela que minimiza a soma dos quadrados dos resíduos*.[1] Portanto, a tarefa é encontrar os valores de a e de b que minimizam

$$\phi(a, b) = \sum_{i=1}^{n} d_i^2 = \sum_{i=1}^{n} (y_i - ax_i - b)^2 \tag{A.1-2}$$

---

[1]Poderíamos também escolher a melhor linha como aquela que minimiza a soma dos valores absolutos dos resíduos, ou a soma das quartas potências dos resíduos. Usar os quadrados simplesmente é conveniente do ponto de vista computacional.

Você pode obter expressões para os melhores valores de a e b em termos de quantidades conhecidas derivando a equação de ϕ (Equação A.1-2) em relação a a e a b, fixando as derivadas iguais a zero e resolvendo as equações algébricas resultantes para a e b. Os resultados destes cálculos são os seguintes. Se definimos

$$s_x = \frac{1}{n}\sum_{i=1}^{n} x_i \qquad s_{xx} = \frac{1}{n}\sum_{i=1}^{n} x_i^2$$

$$s_y = \frac{1}{n}\sum_{i=1}^{n} y_i \qquad s_{xy} = \frac{1}{n}\sum_{i=1}^{n} x_i y_i$$

(A.1-3)

então

1. Melhor linha: $y = ax + b$

Inclinação: $\qquad a = \dfrac{s_{xy} - s_x s_y}{s_{xx} - (s_x)^2}$ (A.1-4)

Intercepção: $\qquad b = \dfrac{s_{xx} s_y - s_{xy} s_x}{s_{xx} - (s_x)^2}$ (A.1-5)

2. Melhor linha através da origem: $y = ax$

Inclinação: $\qquad a = \dfrac{s_{xy}}{s_{xx}} = \dfrac{\sum x_i y_i}{\sum x_i^2}$ (A intercepção é igual a 0,0.) (A.1-6)

Uma vez que você determinou a e b, você deve plotar a linha $y = ax + b$ no mesmo gráfico que os dados, para ter uma ideia do quanto o ajuste é bom.

Exemplo A.1-1 | O Método dos Mínimos Quadrados

Duas variáveis, P e t, estão relacionadas pela equação

$$P = \frac{1}{mt^{1/2} + r}$$

Foram obtidos os seguintes dados:

P	0,279	0,194	0,168	0,120	0,083
t	1,0	2,0	3,0	5,0	10,0

Calcule m e r usando o método dos mínimos quadrados.

Solução A equação pode ser reescrita na forma

$$\frac{1}{P} = mt^{1/2} + r$$

de maneira que um gráfico de $1/P$ versus $t^{1/2}$ deve ser uma linha reta com inclinação m e intercepto r. A partir dos dados tabelados,

$y = 1/P$	3,584	5,155	5,952	8,333	12,048
$x = t^{1/2}$	1,00	1,414	1,732	2,236	3,162

$$\frac{1}{P} = mt^{1/2} + r$$
$$\Downarrow y = 1/P, \, x = t^{1/2}$$
$$y = mx + r$$

Avaliando as quantidades da Equação A.1-3:

$$s_x = \tfrac{1}{5}(1{,}000 + 1{,}414 + 1{,}732 + 2{,}236 + 3{,}162) = 1{,}909$$
$$s_y = 7{,}014$$
$$s_{xx} = 4{,}200$$
$$s_{xy} = 15{,}582$$

Portanto, conforme a Equação A.1-4,

Inclinação: $\qquad\qquad\qquad\qquad m = \dfrac{s_{xy} - s_x s_y}{s_{xx} - (s_x)^2} = 3{,}94$

e pela Equação A.1-5,

Intercepção: $\qquad\qquad\qquad\qquad r = \dfrac{s_{xx} s_y - s_{xy} s_x}{s_{xx} - (s_x)^2} = -0{,}517$

de forma que o resultado final é

$$P = \frac{1}{3{,}94 t^{1/2} - 0{,}517}$$

Uma forma de checar o resultado é plotar $1/P$ versus $t^{1/2}$, mostrando tanto os dados quanto a linha

$$\frac{1}{P} = 3{,}94 t^{1/2} - 0{,}517$$

Se a escolha desta função para ajustar os dados foi razoável e se não houve erros nos cálculos, os pontos devem estar espalhados em torno da linha. De fato, é este o caso, como mostra o seguinte diagrama.

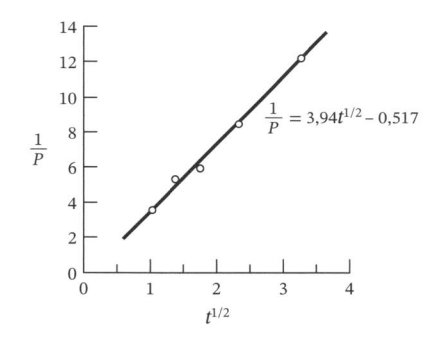

Teste
(veja *Respostas dos Problemas Selecionados*)

1. Uma linha $y = 3x + 2$ foi ajustada a um conjunto de dados incluindo os pontos ($x = 1$, $y = 4$) e ($x = 3, y = 13$). Quais são os resíduos nestes dois pontos?
2. Qual é a definição da melhor linha através de um conjunto de dados que forma a base do método dos mínimos quadrados?
3. O método dos mínimos quadrados poderia ser usado para ajustar uma linha reta a dados que estão sobre uma outra curva diferente? (*Corolário:* A linha que ajusta "melhor" os dados necessariamente os ajusta bem?)
4. Uma alternativa ao método dos mínimos quadrados pode ser minimizar a soma dos resíduos em vez da soma dos quadrados dos resíduos. O que estaria errado neste método?

Apêndice A.2 SOLUÇÃO ITERATIVA DE EQUAÇÕES ALGÉBRICAS NÃO LINEARES

A.2a Equações Lineares e Não lineares

Abaixo aparece a equação de estado de van der Waals:

$$(P + a/\hat{V})(\hat{V} - b) = RT$$

Resolver esta equação para calcular P a partir de T e $\hat{V}$ dados é fácil, enquanto resolver para $\hat{V}$ para valores especificados de T e P é relativamente difícil.

O que faz uma equação fácil ou difícil de resolver é sua **linearidade** ou **não linearidade** na variável desconhecida. Equações que contêm variáveis desconhecidas elevadas apenas à primeira potência (x, mas não x^2 ou $x^{1/2}$) e que não contêm produtos (xy) ou funções transcendentais (sen x, e^x) das variáveis desconhecidas são chamadas de **equações lineares**. Equações que não satisfazem estas condições são chamadas de **equações não lineares**.

Por exemplo, se a, b e c são constantes e x, y e z são variáveis,

$$
\begin{aligned}
ax + by &= c & &\text{é linear} \\
ax^2 &= by + c & &\text{é não linear (contém } x^2\text{)} \\
x - \ln x + b &= 0 & &\text{é não linear (contém } \ln x\text{)} \\
ax + by &= cx & &\text{é linear}
\end{aligned}
$$

Equações lineares que contêm uma única variável desconhecida têm uma e apenas uma única solução (uma **raiz**).

$$7x - 3 = 2x + 4 \implies x = 1{,}2$$

$$\left.\begin{aligned} P\hat{V} &= RT \\ P = 3, R = 2, T &= 300 \end{aligned}\right\} \implies \hat{V} = RT/P = (2)(300)/(3) = 200$$

Em contrapartida, equações não lineares que contêm uma única variável desconhecida podem ter qualquer número de raízes reais (bem como raízes imaginárias e complexas). Por exemplo,

$$
\begin{aligned}
x^2 + 1 &= 0 & &\text{não tem raízes reais} \\
x^2 - 1 &= 0 & &\text{tem duas raízes reais } (x = +1 \text{ e } x = -1) \\
x - e^{-x} &= 0 & &\text{tem uma raiz real } (x = 0{,}56714\ldots) \\
\text{sen } x &= 0 & &\text{tem um número infinito de raízes reais } (x = 0, \pi, 2\pi, \ldots)
\end{aligned}
$$

As raízes de algumas equações não lineares, tais como a segunda das equações acima, podem ser obtidas diretamente usando álgebra simples, mas a maior parte das equações não lineares devem ser resolvidas usando um procedimento iterativo ou de tentativa e erro.

Uma única equação contendo várias variáveis pode ser linear em relação a algumas variáveis e não linear com relação a outras. Por exemplo,

$$xy - e^{-x} = 3$$

é linear em y e não linear em x. Se x for conhecido, a equação pode ser facilmente resolvida para y, enquanto a solução de x para um valor conhecido de y é muito mais difícil de obter. Outro exemplo é a equação de estado do virial de três termos:

$$P\hat{V} = RT\left(1 + \frac{B(T)}{\hat{V}} + \frac{C(T)}{\hat{V}^2}\right)$$

em que B e C são funções conhecidas da temperatura. Esta equação é linear em P e não linear em $\hat{V}$ e T. Portanto, é fácil de resolver para P a partir de valores dados de T e $\hat{V}$ e difícil de resolver para $\hat{V}$ ou T a partir de valores dados das outras duas variáveis.

A maior parte dos problemas que você deve resolver neste livro se reduz a uma ou duas equações lineares em uma ou duas incógnitas. A parte difícil do problema, se é que é difícil, é deduzir as equações; a solução das mesmas é uma questão de álgebra simples. No entanto, muitos problemas de processos envolvem equações não lineares. As técnicas para resolver estes problemas são o objeto desta seção.

Teste (veja *Respostas dos Problemas Selecionados*)	Classifique as seguintes equações de uma única variável como linear ou não linear, considerando a, b e c como constantes. **1.** $3x + 17 = 23x - 12$ **2.** $3x = a(\ln x) + b$ **3.** $x\exp(x) = 14$

4. $axy - b^2 = cy/x$
  (a) x é conhecido
  (b) y é conhecido
5. $14x \cos(y) - 8/z = 23$
  (a) x e y são conhecidos
  (b) x e z são conhecidos
  (c) y e z são conhecidos

A.2b Solução Gráfica

Nesta e em várias das seções seguintes, discutiremos métodos para resolver uma equação não linear em uma incógnita. A extensão para problemas multivariáveis será apresentada na Seção A.2i.

Suponha que você precise resolver uma equação da forma $f(x) = 0$ — quer dizer, encontrar a raiz ou raízes da função $f(x)$. [Qualquer equação pode ser escrita desta forma trazendo-se todos os termos para o lado esquerdo. Por exemplo, $x = e^{-x}$ se transforma em $f(x) = x - e^{-x} = 0$.] Uma técnica de solução óbvia é plotar $f(x)$ versus x e localizar, por interpolação gráfica, o ponto no qual a curva corta o eixo.

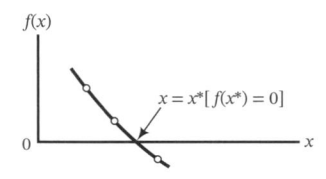

Existem vários problemas com esta técnica. É um método manual; ele é relativamente lento e não muito preciso. Sua principal vantagem é que permite ver como f varia com x, o que é particularmente útil quando você está lidando com uma função que tem várias raízes.

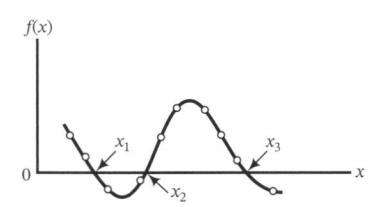

Os pontos x_1, x_2 e x_3 são todos raízes (soluções) da equação $f(x) = 0$. As técnicas computacionais que descreveremos em breve localizariam uma ou outra destas raízes, dependendo da estimativa inicial; no entanto, para todos os casos, exceto funções polinomiais simples, o gráfico é o único método conveniente que detecta a existência e a localização aproximada de raízes múltiplas. Portanto, a não ser que você saiba que existe apenas uma raiz, ou que conheça a localização aproximada de cada raiz de interesse, um bom procedimento é plotar f versus x e usar o gráfico para determinar estimativas iniciais para métodos mais precisos de solução de raízes.

Teste	1. Use um argumento gráfico para justificar a afirmação de que uma equação linear tem apenas uma raiz.
(veja *Respostas dos Problemas Selecionados*)	2. Quantas raízes tem a função $f(x) = x - \exp(-x)$? [*Sugestão:* Esboce um gráfico de $f_1(x) = x$ e $f_2(x) = \exp(-x)$ versus x e use estes gráficos para obter sua resposta.]

A.2c Solução por Planilha

Se você tem acesso a um programa de planilha, encontrar soluções para equações lineares de uma única variável é relativamente fácil. Se a equação tem a forma $f(x) = 0$, você precisa apenas inserir uma estimativa inicial de x em uma célula, inserir a fórmula para $f(x)$ em outra célula, e variar então o valor na primeira célula até que o valor na segunda esteja próximo o suficiente de zero para satisfazer um critério especificado de convergência. O exemplo seguinte ilustra esta aplicação.

| Exemplo A.2-1 | Solução por Planilha de uma Equação Não linear |

Estime a solução da equação $x = e^{-x}$ usando uma planilha.

Solução O primeiro passo é expressar a equação em uma forma $f(x) = 0$, trazendo todos os termos para o lado esquerdo da equação. O resultado é

$$f(x) = x - e^{-x} = 0$$

Podemos montar a planilha como segue, usando uma estimativa inicial de 1,0 para a solução da equação.

	A	B
1	x	f(x)
2	1	0,632121

A fórmula inserida na Célula B2 seria $= A2 - \exp(-A2)$. À medida que o valor de x na Célula A2 muda, o valor de $f(x)$ na Célula B2 muda também. A estratégia é encontrar um valor na Célula A2 que traga o valor na Célula B2 satisfatoriamente perto de zero. Se isto é feito, é obtido o seguinte resultado:

	A	B
1	x	f(x)
2	0,56714	-5,2E-06

A solução desejada é $\boxed{x = 0{,}56714}$, para o qual $f(x) = -0{,}0000052$. Se quiséssemos um valor mais preciso, poderíamos adicionar um número de seis algarismos significativos ao valor dado de x, mas é raro precisar mesmo cinco algarismos significativos.

A solução é ainda mais fácil de obter se a planilha possui uma ferramenta *atingir meta*. Uma vez que a primeira planilha mostrada acima foi montada, selecione *Atingir Meta* (normalmente pode ser encontrada no menu "Ferramentas"), e insira **B2** como célula-alvo, 0,0 como o alvo e **A2** como a célula variável. A planilha fará a busca e convergirá (normalmente) para a solução em uma fração de segundo.

Uma limitação deste método (e de todos os outros métodos numéricos para solução de equações não lineares) é que, uma vez que você encontrou uma solução, não pode ter certeza de que não existem soluções adicionais. A forma de determinar a existência de raízes múltiplas é avaliar $f(x)$ ao longo de um amplo intervalo de valores de x e encontrar os intervalos nos quais $f(x)$ muda de sinal (veja a segunda figura na seção anterior). As estimativas iniciais podem então ser feitas dentro desses intervalos e a planilha pode ser usada para determinar as raízes com precisão.

A.2d O Método *Regula-falsi*

Nesta subseção e na seguinte, mostramos algoritmos para encontrar raízes de equações de uma única variável usando a forma $f(x) = 0$. O primeiro procedimento, chamado **método regula-falsi**, é usado apropriadamente quando não existe disponível uma expressão analítica para a derivada de f em relação a x — como, por exemplo, quando $f(x)$ é obtida pela saída de um programa de computador para um determinado valor de x. O algoritmo é como segue:

1. Encontre um par de valores de x — x_n e x_p — tais que $f_n = f[x_n] < 0$ e $f_p = f[x_p] > 0$.

2. Estime o valor da raiz de $f(x)$ a partir da seguinte fórmula:

$$x_{\text{novo}} = \frac{x_n f_p - x_p f_n}{f_p - f_n} \tag{A.2-1}$$

e avalie $f_{\text{novo}} = f[x_{\text{novo}}]$.

3. Use o novo ponto para substituir um dos pontos originais, mantendo os dois pontos nos lados opostos do eixo x. Se $f_{\text{novo}} < 0$, substitua os velhos x_n e f_n com x_{novo} e f_{novo}. Se $f_{\text{novo}} > 0$, substitua x_p e f_p com x_{novo} e f_{novo}. (Se $f_{\text{novo}} = 0$ você achou a raiz e não precisa continuar.)

4. Confira se os novos x_n e x_p estão perto o suficiente para que a convergência possa ser considerada (veja a Seção A.2h). Se não, volte ao passo 2.

O que você faz com este procedimento é o equivalente algébrico de traçar uma linha reta entre os dois pontos $[x_n, f_n]$ e $[x_p, f_p]$ em um gráfico de f versus x, e usar a interseção desta linha com o eixo x como a nova estimativa da raiz.

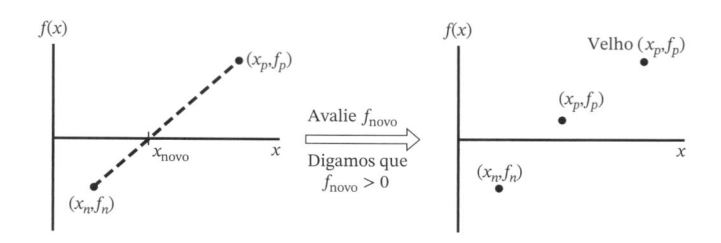

Os pontos sucessivos determinados desta maneira se aproximam claramente do eixo x (em que $f = 0$). O procedimento termina quando f_{novo} está perto o suficiente de zero para satisfazer um critério especificado de convergência.

O método regula-falsi é o procedimento usado pela maioria das planilhas nos seus algoritmos de "atingir meta".

Teste	1. Suponha que um programa de computador "caixa-preta" fornece valores de uma função $f(x)$ para valores especificados de x. A função, que é desconhecida para a programadora, é
(veja *Respostas dos Problemas Selecionados*)	$$f = 4 - (x - 2)^2$$ **(a)** Quais são as raízes desta função? (Você deve ser capaz de responder por inspeção.) **(b)** Suponha que a programadora testa os valores $x_p = 3$ e $x_n = 5$. Se ela usa o método regula-falsi, qual será o próximo par? Para que raiz o método convergirá no fim? 2. Deduza a Equação A.2-1.

A.2e A Regra de Newton

O seguinte algoritmo para encontrar a raiz de uma função $f(x)$ é a **regra de Newton**. Ele é consideravelmente mais eficiente do que o regula-falsi, mas apenas para funções cuja derivada $f'(x) = df/dx$ possa ser avaliada analiticamente. A fórmula para passar de uma estimativa da raiz para a seguinte é

$$x_{k+1} = x_k - \frac{f_k}{f'_k} \qquad \textbf{(A.2-2)}$$

na qual x_k é a k-ésima estimativa da raiz, $f_k = f(x_k)$ e $f'_k = df/dx$ avaliada em $x = x_k$. Como sempre, você começa estimando um valor para a raiz, x_1. As estimativas sucessivas são geradas a partir da Equação A.2-2, com um teste de convergência (Seção A.2h) sendo aplicado após a obtenção de cada estimativa.

A forma mais fácil de compreender como funciona a regra de Newton é usar um gráfico. Suponha que o gráfico de f versus x tem a seguinte forma:

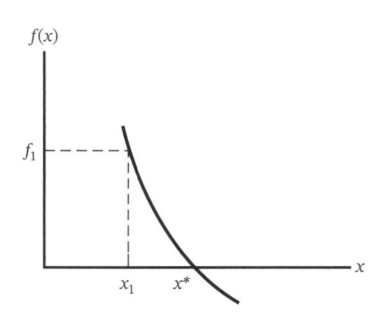

Embora não seja óbvio à primeira vista, a regra de Newton é equivalente a escolher um valor de x_1 e calcular $f_1 = f(x_1)$, desenhar uma linha tangente à curva em (x_1, f_1) e usar a interseção desta linha com o eixo x como a nova estimativa (x_2). Como mostra o diagrama a seguir, os valores sucessivos de x gerados desta maneira (x_2, x_3, x_4,...) podem convergir na raiz x^*, embora a convergência não seja garantida.

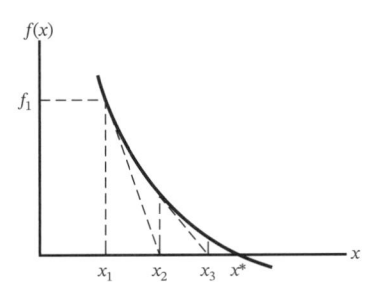

A fórmula para cada estimativa (x_{k+1}) em termos da estimativa anterior (x_k) pode ser deduzida facilmente. A representação gráfica de um passo deste procedimento é mostrada abaixo. A inclinação da linha tangente é $(df/dx)_{xk} = f'_k$; no entanto, dois pontos conhecidos sobre esta linha são (x_{k+1}, 0) e (x_k, f_k), de forma que a inclinação é também igual a $(0 - f_k)/(x_{k+1} - x_k)$. Igualando estas duas expressões para a inclinação obtemos

$$f'_k = \frac{-f_k}{x_{k+1} - x_k}$$

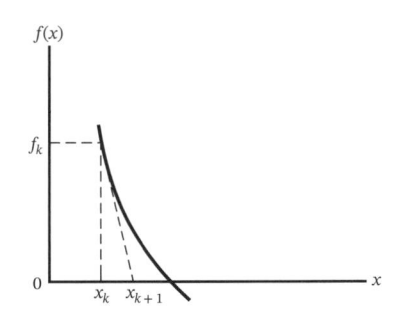

A solução desta equação para x_{k+1} é a regra de Newton, Equação A.2-2:

$$x_{k+1} = x_k - \frac{f_k}{f'_k}$$

Exemplo A.2-2   A Regra de Newton

Determine a raiz da equação $x = e^{-x}$ usando a regra de Newton.

Solução

$$f(x) = x - e^{-x}$$
$$f'(x) = df/dx = 1 + e^{-x}$$

Quando $x = 0$, $f(x)$ é negativo, enquanto quando $x = 1$, $f(x)$ é positivo (*verifique*). A raiz x^* deve, portanto, encontrar-se entre 0 e 1. Tentemos $x_1 = 0,2$ como uma primeira estimativa.

Primeira Iteração: $x_1 = 0,2$

$$\Downarrow$$
$$f(x_1) = 0,2 - e^{-0,2} = -0,6187$$
$$\Downarrow$$
$$f'(x_1) = 1 + e^{-0,2} = 1,8187$$
$$\Downarrow$$
$$x_2 = x_1 - f(x_1)/f'(x_1) = 0,5402$$

Segunda Iteração: $x_2 = 0,5402$

$$\Downarrow$$

$$f(x_2) = 0,5402 - e^{-0,5402} = -0,0424$$

$$\Downarrow$$

$$f'(x_2) = 1 + e^{-0,5402} = 1,5826$$

$$\Downarrow$$

$$x_3 = x_2 - f(x_2)/f'(x_2) = 0,5670$$

Terceira Iteração: $x_3 = 0,5670$

$$\Downarrow$$

$$f(x_3) = 0,5670 - e^{-0,5670} = 2,246 \times 10^{-4}$$

$$\Downarrow$$

$$f'(x_3) = 1 + e^{-0,5670} = 1,5672$$

$$\Downarrow$$

$$x_4 = x_3 - f(x_3)/f'(x_3) = 0,56714$$

As estimativas sucessivas de x^* são, portanto,

$$0,2 \Longrightarrow 0,5402 \Longrightarrow 0,5670 \Longrightarrow 0,56714$$

Esta é uma sequência claramente convergente. Dependendo de quanta precisão você necessite, pode parar aqui ou continuar uma ou duas iterações adicionais. Vamos parar por aqui e dizer que $x^* \approx 0,56714$.

Teste

(veja *Respostas dos Problemas Selecionados*)

1. Você poderia usar a regra de Newton para encontrar uma raiz da equação $x^2 - 3x - 3 = 0$? Você a usaria? Por que não?
2. Suponha que você deseja encontrar uma raiz de $f(x) = 0$, onde $f(x)$ versus x aparece como mostrado aqui.

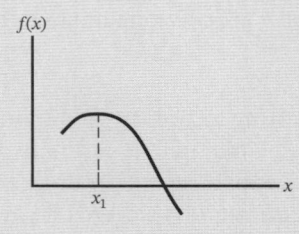

O que aconteceria se você usasse como estimativa inicial o valor de x_1 mostrado? (O que acontece mostra que a regra de Newton não necessariamente funciona se for feita uma escolha ruim de x_1.)

A.2f Substituição Sucessiva e Substituição Sucessiva Modificada

Os problemas que envolvem a solução de equações não lineares podem amiúde ser expressos na forma

$$x = f(x)$$

em que $f(x)$ é uma função não linear. (*Exemplo:* $x = e^{-x}$.) Como mostrado no Capítulo 10, as equações de balanço para processo de múltiplas unidades com reciclo frequentemente se enquadram nesta categoria: x seria o valor admitido de uma variável de corrente aberta, e $f(x)$ seria o valor gerado pelo cálculo ao longo do ciclo.

O método mais simples de solução é a **substituição sucessiva**. É selecionada uma estimativa inicial, $x^{(1)}$, e é calculada a função correspondente, $f(x^{(1)})$; e o valor calculado é usado como a nova estimativa da raiz. A fórmula é

$$x^{(i+1)} = f(x^{(i)}) \qquad \text{(A.2-3)}$$

O procedimento é repetido até que o critério especificado de convergência seja satisfeito.

Algumas vezes a substituição sucessiva funciona muito bem, convergindo em poucos passos. No entanto, às vezes também se observam três padrões insatisfatórios de convergência. No primeiro, as estimativas sucessivas oscilam em torno de um valor central:

$$37,6;\ 2,3;\ 36,8;\ 2,6;\ 34,4;\ 2,9;\ldots$$

A raiz está em algum lugar entre 3 e 30, mas o procedimento claramente levará um grande número de iterações para chegar lá.

O problema aqui é que a substituição sucessiva gera passos excessivamente grandes. Em vez de andar todo o caminho desde 37,6 até 2,3, como indica a substituição sucessiva, devemos andar apenas parte do caminho entre o primeiro e segundo valores para obter a nossa estimativa de $x^{(2)}$. Para fazer isto, podemos usar a **substituição sucessiva modificada** (também chamada substituição sucessiva amortecida). A fórmula é:

$$x^{(i+1)} = x^{(i)} + p[f(x^{(i)}) - x^{(i)}] \tag{A.2-4}$$

na qual p, o **parâmetro de amortecimento**, é um número entre 0 e 1. Se $p = 1$, o procedimento se reduz à substituição sucessiva pura, e à medida que p se aproxima de zero o tamanho do passo fica cada vez menor. Umas poucas iterações de tentativa e erro devem fornecer um bom valor de p para um problema específico.

O segundo caso de convergência lenta na substituição sucessiva envolve uma progressão que se arrasta, como

$$151,7;\ 149,5;\ 147,4;\ 145,6;\ 143,8;\ldots$$

De novo, parece que o procedimento pode chegar a convergir para uma solução, mas é igualmente claro que ele não tem pressa alguma para chegar lá.

O remédio para este problema é **acelerar** o procedimento de convergência — pular muitas das soluções intermediárias às quais a substituição sucessiva nos conduz. A próxima seção mostra o método de Wegstein, um dos algoritmos de aceleração mais comumente usados.

O terceiro padrão insatisfatório de convergência é a instabilidade. Por exemplo, se a substituição sucessiva proporciona uma sequência como

$$1,0;\ 2,5;\ -6,8;\ 23,5;\ 97,0;\ldots$$

então a substituição sucessiva claramente não funcionará, não importa quantas iterações sejam usadas. Uma melhor estimativa inicial poderia fornecer uma sequência convergente, ou o problema pode ser intrinsecamente instável e deve ser reestruturado ou resolvido por uma técnica diferente. Os livros de análise numérica descrevem condições de estabilidade para algoritmos de solução de equações não lineares; estas considerações estão além do escopo deste apêndice.

Teste
 	
(veja *Respostas dos Problemas Selecionados*)
	1. Para cada uma das seguintes sequências de estimativas sucessivas de uma raiz, indique se a substituição sucessiva parece ser adequada ou se você usaria a substituição sucessiva modificada ou um método de aceleração (diga qual).
	   (a) 165; 132; 163; 133; 162; 133;...
	   (b) 43; 28; 26; 26,7; 26,71;...
	   (c) 21,0; 21,2; 21,4; 21,59; 21,79;...
	2. Suponha que $x^{(i)} = 14,0$, $f(x^{(i)}) = 13,0$ e você está usando a substituição sucessiva modificada com $p = 0,4$. Qual é a sua próxima estimativa da raiz?

A.2g Algoritmo de Wegstein

O procedimento descrito nesta seção engloba a substituição sucessiva e a substituição sucessiva modificada como casos particulares, e além disso proporciona um meio de aceleração.

1. Comece por escolher $x^{(1)}$. Calcule $f(x^{(1)})$ e faça $x^{(2)} = f(x^{(1)})$. (Quer dizer, faça um passo de substituição sucessiva.) Faça $k = 2$.

2. Calcule $f(x^{(k)})$.

3. Cheque a convergência. Se $x^{(k)}$ e $f(x^{(k)})$ estão perto o suficiente para satisfazer o critério de convergência, termine o procedimento. Se a convergência não é atingida, calcule

$$w = \frac{f(x^{(k)}) - f(x^{(k-1)})}{x^{(k)} - x^{(k-1)}} \qquad \text{(A.2-5a)}$$

$$q = w/(w-1) \qquad \text{(A.2-5b)}$$

4. Calcule

$$x^{(k+1)} = qx^{(k)} + (1-q)f(x^{(k)}) \qquad \text{(A.2-6)}$$

5. Aumente k em 1 e volte ao passo 2.

Não é difícil ver que o método de Wegstein é equivalente a gerar dois pontos sobre a curva de $f(x)$ versus x e usar como próxima estimativa a interseção da linha entre esses dois pontos e a linha de 45° [na qual $x = f(x)$].

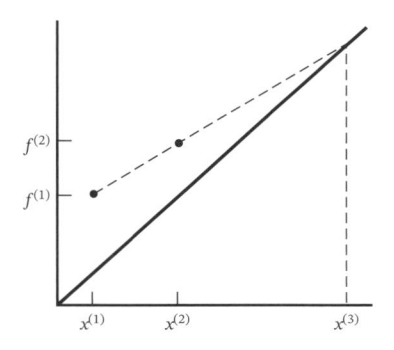

Se você examinar a Equação A.2-6, verá que, se o parâmetro q é igual a zero, o procedimento se reduz à substituição sucessiva; se q está entre zero e 1, o procedimento é a substituição sucessiva modificada; e se q é negativo, o procedimento envolve aceleração.

Teste	Um esforço para resolver a equação $x = f(x)$ começa com dois passos de substituição sucessiva:
(veja *Respostas dos Problemas Selecionados*)	$x = 2,00 \rightarrow f(x) = 2,30$ $x = 2,30 \rightarrow f(x) = 2,45$

1. Calcule o próximo valor de x usado o algoritmo de Wegstein.
2. Esboce um gráfico de $f(x)$ versus x, mostrando os dois pontos dados, e mostre graficamente que o valor de x calculado está correto.

A.2h Critérios de Convergência

Um problema comum a todos os métodos iterativos computacionais é saber quando parar. Um método iterativo raras vezes fornece uma raiz precisa; em vez disso, fornece aproximações sucessivas que (se o método converge) se aproximam cada vez mais da raiz. Quer você esteja fazendo os cálculos de forma manual quer escrevendo um programa para fazê-lo, deve especificar quão perto é perto o suficiente.

Suponha que desejamos encontrar uma solução da equação $f(x) = 0$ usando um método que fornece estimativas sucessivas $x^{(1)}$, $x^{(2)}$ e assim por diante. Vários critérios diferentes podem ser usados para determinar quando acabar o procedimento. O mais direto acaba quando o valor absoluto de $f(x^{(i)})$ cai dentro de um intervalo especificado em torno de $f = 0$:

$$|f(x^{(i)})| < \varepsilon \qquad \text{(A.2-7)}$$

em que ε, a *tolerância da convergência*, é escolhida como de várias ordens de grandeza menor que os valores típicos de $f(x)$ no intervalo de busca. A diminuição do valor de ε leva a estimativas mais precisas da solução, mas aumenta o número de passos (e portanto o tempo de computação) necessário para chegar lá. Existem maneiras formais de escolher um valor de ε, mas isto pode ser tão fácil quanto escolher um valor (por exemplo, 0,0001 vez o valor de f na primeira estimativa de x), encontrar a raiz, diminuir o valor de ε por um fator de 10, procurar de novo começando com o valor anteriormente convergido e ver se a solução muda o suficiente para preocupar.

O critério de convergência (A.2-7) pode fornecer uma falsa solução se a função $f(x)$ é quase horizontal ao longo de um amplo intervalo em torno da raiz, de forma que $|f(x^{(i)})|$ pode ser menor do que ε (satisfazendo o critério de convergência) quando $x(i)$ ainda está longe da raiz. Neste caso, um dos seguintes critérios de convergência pode ser mais apropriado:

$$\left| x^{(i)} - x^{(i-1)} \right| < \varepsilon \tag{A.2-8}$$

$$\frac{\left| x^{(i)} - x^{(i-1)} \right|}{x^{(i)}} < \varepsilon \tag{A.2-9}$$

A Equação A.2-8 é um *critério de convergência absoluto*. Se o valor de x muda menos do que ε entre uma iteração e outra, o procedimento termina e o último valor de x é considerado a raiz desejada. A exatidão deste critério para um dado ε depende da grandeza dos valores estimados. Se $\varepsilon = 0,01$, por exemplo, e as estimativas sucessivas de x fossem 358.234,5 e 358.234,6, o procedimento não terminaria, embora as estimativas estivessem indubitavelmente perto o suficiente para qualquer propósito realístico. Por outro lado, estimativas sucessivas de 0,0003 e 0,0006 levariam à terminação para mesmo valor de ε, embora as duas estimativas difiram por um fator de dois.

A Equação A.2-9, um critério de convergência relativo, evita esta dificuldade. Se este critério é usado, um valor de $\varepsilon = 0,01$ especifica que o procedimento será terminado quando o valor de x mudar de uma iteração para outra por menos de 1%, sem levar em conta a grandeza do valor. Este critério não funcionará se as estimativas sucessivas de x convergirem para o valor de zero.

A.2i Algoritmos de Busca de Raízes Multivariáveis

Resolver n equações não lineares em n incógnitas é normalmente um problema difícil, e um tratamento geral está fora do escopo deste livro. Nesta seção apresentamos várias abordagens sem prova ou muita explicação. Para detalhes adicionais, os livros padrões de análise numérica devem ser consultados.

Três métodos que podem ser usados para encontrar os valores de $x_1,..., x_n$ que satisfazem n equações simultâneas são extensões dos métodos dados anteriormente para problemas de uma única variável. Eles são (a) a substituição sucessiva, (b) o algoritmo de Wegstein, e (c) o método de Newton–Raphson (uma extensão multivariável da regra de Newton). O exemplo que conclui esta seção ilustra todos os três algoritmos.

*A **Substituição Sucessiva**.* Suponha que as equações podem ser colocadas na forma

$$\begin{aligned} x_1 &= f_1(x_1, x_2, \ldots, x_n) \\ x_2 &= f_2(x_1, x_2, \ldots, x_n) \\ &\ \vdots \\ x_n &= f_n(x_1, x_2, \ldots, x_n) \end{aligned} \tag{A.2-10}$$

(Um ciclo com n variáveis de corrente aberta se enquadra nesta categoria.) O método da substituição sucessiva consiste em admitir valores para cada uma das n variáveis desconhecidas, avaliar as funções $f_1,... f_n$, e usar os valores calculados como as próximas estimativas das variáveis. O procedimento termina quando todos os valores das variáveis satisfazem um critério de convergência especificado. Por exemplo, se $x_i(k)$ é o valor da variável i na iteração k, o procedimento pode terminar quando

$$\frac{\left| x_i^{(k)} - x_i^{(k-i)} \right|}{x_i^{(k)}} < \varepsilon, \quad i = 1, 2, \ldots, n \tag{A.2-11}$$

Esta abordagem é simples mas geralmente ineficiente. Quanto maior o número de variáveis, mais tempo leva o algoritmo para convergir, se chegar a convergir. Geralmente é preferível usar o algoritmo de Wegstein ou o método de Newton–Raphson, dependendo de as derivadas parciais das funções $f_1,..., f_n$ poderem ou não ser avaliadas analiticamente. (Use Newton–Raphson se elas puderem, caso contrário, use o algoritmo de Wegstein, mas não se surpreenda se não convergir.)

O Algoritmo de Wegstein. Se as equações a serem resolvidas têm a forma da Equação A.2-10 [quer dizer, $x_i = f_i(x_1, x_2,..., x_n)$], escolha valores arbitrários para todas as n variáveis e aplique o procedimento da Seção A.2g separadamente para cada variável. Termine quando os critérios de convergência forem satisfeitos para todas as variáveis.

Este procedimento funcionará relativamente bem se a função geradora f_1 depender quase inteiramente de x_1, f_2 depender de x_2 e assim por diante (quer dizer, se houver pouca interação entre as variáveis). Se este não for o caso, a convergência geralmente será bastante difícil de atingir.

O Método de Newton–Raphson. Suponha agora que as equações a serem resolvidas têm a forma

$$g_1(x_1, x_2, \ldots, x_n) = 0$$
$$g_2(x_1, x_2, \ldots, x_n) = 0$$
$$\vdots$$
$$g_n(x_1, x_2, \ldots, x_n) = 0$$

(A.2-12)

O método de Newton–Raphson é como segue:

1. Estime (ou apenas escolha arbitrariamente) valores para as n variáveis $(x_1, x_2,..., x_n)$, chamando as estimativas de $x_1^{(1)}, x_2^{(1)},..., x_n^{(1)}$. Faça $k = 1$ (o número da iteração).

2. Avalie os valores da função $(g_1,..., g_n)$ correspondentes à estimativa mais recente dos valores de x_i:

$$g_i^{(k)} = g_i[x_1^{(k)}, \ldots, x_n^{(k)}], \quad i = 1, 2, \ldots, n$$

(A.2-13)

3. Se os valores de g_i são usados para o teste de convergência, termine o procedimento se

$$|g_i^{(k)}| < \varepsilon_i, \quad i = 1, 2, \ldots, n$$

A tolerância de convergência para a i-ésima iteração, ε_i, deve ser uma fração muito pequena dos valores típicos de g_i (por exemplo, $0{,}0001 g_i^{(1)}$). Se o procedimento não convergiu, siga para o passo 4.

4. Avalie as derivadas parciais em relação a cada variável

$$a_{ij} = \left(\frac{\partial g_i}{\partial x_j}\right) \quad \text{em } [x_1^{(k)}, x_2^{(k)}, \ldots, x_n^{(k)}]$$

(A.2-14)

5. Resolva o seguinte conjunto de equações lineares para as variáveis $d_1, d_2,..., d_n$.

$$a_{11}d_1 + a_{12}d_2 + \cdots + a_{1n}d_n = -g_1^{(k)}$$
$$a_{21}d_1 + a_{22}d_2 + \cdots + a_{2n}d_n = -g_2^{(k)}$$
$$\vdots$$
$$a_{n1}d_1 + a_{n2}d_2 + \cdots + a_{nn}d_n = -g_n^{(k)}$$

(A.2-15)

Se há apenas três ou quatro equações, você pode resolvê-las por técnicas algébricas simples. Para sistemas maiores de equações, um programa de resolução de equações deve ser usado.

6. Calcule o próximo conjunto de valores de x_i como

$$x_i^{(k+1)} = x_i^{(k)} + d_i$$

(A.2-16)

7. Se as mudanças nos valores de x são usadas como a base para um teste de convergência, declare que o procedimento convergiu para $[x_1^{(k+1)}, x_2^{(k+1)},..., x_n^{(k+1)}]$ se for satisfeito um critério absoluto ou relativo,

$$|d_i| < \varepsilon_i, \quad i = 1, 2, \ldots, n \quad \text{ou} \quad |d_i/x_i^{(k)}| < \varepsilon_i, \quad i = 1, 2, \ldots, n$$

Caso contrário, aumente o valor de k em 1 (de forma que o que foi calculado no passo 6 como $x_i^{(k+1)}$ é agora $x_i^{(k)}$) e volte ao passo 2.

O método de Newton–Raphson está baseado na linearização das funções $g_1, g_2,..., g_n$ em torno de cada conjunto estimado de raízes, e a solução das equações lineares resultantes fornece o próximo conjunto de estimativas. (Se você não tem ideia do que isto significa, não se preocupe.)

É um procedimento eficiente para usar quando as derivadas parciais analíticas das funções g_1, g_2,..., g_n são passíveis de avaliação. Quando existe apenas uma equação, ($n = 1$) o algoritmo se reduz à regra de Newton (Seção A.2e).

O próximo exemplo ilustra os três métodos de resolução de equações não lineares multivariáveis descritos nesta seção.

Exemplo A.2-3   Resolvendo Equações Não Lineares Multivariáveis

---

Encontre as soluções para as seguintes equações simultâneas:

$$g_1(x, y) = 2x + y - (x + y)^{1/2} - 3 = 0$$

$$g_2(x, y) = 4 - y - 5/(x + y) = 0$$

1. Por substituição sucessiva.
2. Usando o algoritmo de Wegstein.
3. Usando o método de Newton–Raphson.

Em cada caso, use um valor inicial ($x = 2$, $y = 2$) e pare quando as mudanças relativas em x e y de uma iteração para a seguinte forem menores do que 0,001. (Veja a Equação A.2-11.)

Solução   1. *Substituição sucessiva.* As equações $g_1 = 0$ e $g_2 = 0$ devem ser reescritas para fornecer expressões explícitas de x e y. Uma forma de fazer isto é a seguinte:

$$x_c = 0,5[3 - y_a + (x_a + y_a)^{1/2}]$$

$$y_c = 4 - 5/(x_a + y_a)$$

em que o subscrito "a" significa admitido e o subscrito "c" significa calculado. Admitimos valores de x e y, recalculamos x e y usando estas expressões e iteramos até atingir a convergência. O cálculo prossegue da seguinte forma:

Iteração	Admitido		Calculado	
	x	y	x	y
1	2,000	2,000	1,500	2,750
2	1,500	2,750	1,156	2,824
3	1,156	2,824	1,086	2,744
4	1,086	2,744	1,107	2,694
5	1,107	2,694	1,128	2,684
6	1,128	2,684	1,134	2,688
7	1,134	2,688	1,133	2,692
8	1,133	2,692	1,132	2,693
9	1,1320	2,6929	1,1314	2,6928

Já que as mudanças relativas em x e y na última iteração são menores que 0,001, o cálculo termina neste ponto e os valores finais são aceitos como as raízes das duas equações dadas.

2. *Algoritmo de Wegstein.* As mesmas funções são usadas para gerar valores calculados de x e de y a partir de valores admitidos, mas agora as equações da Seção A.2 são usadas para gerar novos valores admitidos após a segunda iteração. Os resultados são os seguintes. (Verifique a primeira série de números com uma calculadora manual para ter certeza de que você sabe aplicar a fórmula.)

Iteração	Admitido		Calculado	
	x	y	x	y
1	2,000	2,000	1,500	2,750
2	1,500	2,750	1,156	2,824
3	0,395	2,832	0,982	2,450
4	1,092	2,641	1,146	2,660
5	1,162	2,651	1,151	2,689
6	1,150	2,670	1,142	2,691
7	1,123	2,694	1,130	2,690
8	1,136	2,690	1,133	2,693
9	1,1320	2,6919	1,1318	2,6924

Neste caso, o algoritmo de Wegstein não acelerou a convergência. De fato, o grande pulo no valor de x na terceira iteração (quando o procedimento de Wegstein foi usado pela primeira vez) poderia ter sido o primeiro sintoma de instabilidade, mas o algoritmo se recuperou bem.

3. **Método de Newton–Raphson.** As fórmulas necessárias são as seguintes:

$$g_1(x, y) = 2x + y - (x + y)^{1/2} - 3$$

$$g_2(x, y) = 4 - y - 5/(x + y)$$

$$a_{11}(x, y) = \partial g_1 / \partial x = 2 - 0{,}5(x + y)^{-1/2}$$

$$a_{12}(x, y) = \partial g_1 / \partial y = 1 - 0{,}5(x + y)^{-1/2}$$

$$a_{21}(x, y) = \partial g_2 / \partial x = 5/(x + y)^2$$

$$a_{22}(x, y) = \partial g_2 / \partial y = -1 + 5/(x + y)^2$$

As Equações A.2-15 se reduzem, para este problema bidimensional, a

$$a_{11}d_1 + a_{12}d_2 = -g_1$$

$$a_{21}d_1 + a_{22}d_2 = -g_2$$

O procedimento é admitir valores de x e de y; calcular $g_1, g_2, a_{11}, a_{12}, a_{21}$ e a_{22} a partir das fórmulas dadas; resolver as duas equações anteriores para d_1 e d_2; e calcular as novas estimativas das raízes como

$$x_c = x_a + d_1$$

$$y_c = y_a + d_2$$

O teste de convergência é então aplicado, e se os valores admitidos e calculados não estão suficientemente perto, os últimos valores são usados para substituir os primeiros e o cálculo é repetido. Os resultados são mostrados aqui.

Iteração	Admitido		Calculado	
	x	y	x	y
1	2,000	2,000	1,130	2,696 (verifique!)
2	1,130	2,696	1,1315	2,6925
3	1,1315	2,6925	1,1315	2,6925

A superioridade do método de Newton–Raphson sobre os outros testados é clara neste exemplo e é ainda mais dramática quando mais de duas equações devem ser resolvidas simultaneamente. Geralmente, quando as derivadas analíticas estão disponíveis, o método de Newton–Raphson deve ser usado para resolver equações algébricas não lineares múltiplas.

Apêndice A.3 INTEGRAÇÃO NUMÉRICA

No Capítulo 8, mostramos que a variação de entalpia associada com o aquecimento ou resfriamento de uma substância é avaliada pela integração da capacidade calorífica da substância, $C_p(T)$, desde a temperatura inicial até a temperatura final. Este é um dos muitos casos que você encontrará na análise de processos onde uma integração é necessária como parte da solução do problema.

Acontece com frequência que os valores requeridos de integrais definidas não podem ser obtidos usando-se os métodos do cálculo elementar. Se, por exemplo, lhe pedirem que avalie algo como

$$\int_0^{10} e^{-x^3} dx$$

você não encontrará a solução em um livro de cálculo ou em uma tabela de integrais — simplesmente não existe uma expressão analítica para a integral de $\exp(-x^3)$.

No entanto, é possível substituir qualquer operação matemática, como a diferenciação ou a integração, por uma série de operações aritméticas que fornecem aproximadamente o mesmo resultado. As operações aritméticas são normalmente simples mas numerosas e repetitivas, de forma que são ideais para serem resolvidas por computador.

A.3a Quadratura

O problema geral que discutiremos é a avaliação de uma integral definida:

$$I = \int_a^b y(x)dx \qquad \text{(A.3-1)}$$

Existem várias razões possíveis pelas quais você não pode avaliar I analiticamente: $y(x)$ pode ser uma função analítica não integrável, como $\exp(-x^3)$, ou pode ser uma tabela de dados (x, y), ou um gráfico de y versus x.

É necessário um método de **integração numérica** (ou **quadratura**, como também é chamado) para avaliar I em cada um desses casos. As técnicas específicas que apresentaremos são algébricas, mas a abordagem geral ao problema é mais bem visualizada de forma gráfica. Para o momento, suporemos que tudo o que temos relacionando x e y é uma tabela de dados, que podemos plotar em um gráfico de y versus x.

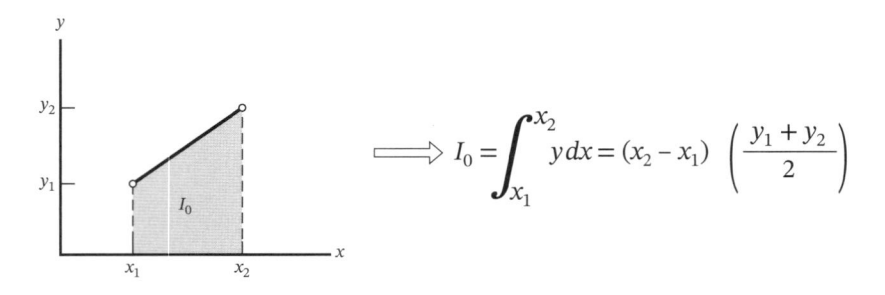

A integral que estamos tentando avaliar (I da Equação A.3-1) é igual à área embaixo da curva contínua de y versus x, mas esta curva não está disponível — conhecemos apenas os valores da função nos pontos discretos correspondentes aos dados. O procedimento geralmente seguido é ajustar funções aproximadas aos dados e depois integrar estas funções analiticamente.

As muitas fórmulas de quadratura existentes diferem apenas na escolha das funções para ajustar os dados. Duas das aproximações mais simples são ajustar linhas retas entre pontos sucessivos e somar as áreas embaixo das linhas, e ajustar parábolas a trincas sucessivas de pontos e somar as áreas embaixo das parábolas. Estas aproximações levam a fórmulas de quadratura conhecidas respectivamente como a **regra trapezoidal** e a **regra de Simpson**. Discutiremos cada uma delas em separado.

A.3b A Regra Trapezoidal

A área abaixo da reta que passa por (x_1, y_1) e (x_2, y_2) em um gráfico de y versus x é facilmente calculada.

$$\Longrightarrow \quad I_0 = \int_{x_1}^{x_2} y\,dx = (x_2 - x_1)\left(\frac{y_1 + y_2}{2}\right)$$

A área abaixo de uma série de pontos desde x_1 até x_n é obtida pela soma de tais termos:

$$I = \tfrac{1}{2}[(x_2 - x_1)(y_1 + y_2) + (x_3 - x_2)(y_2 + y_3) + \cdots + (x_n - x_{n-1})(y_{n-1} + y_n)]$$

$$\Downarrow$$

Regra Trapezoidal:

$$\int_{x_1}^{x_n} y(x)dx \approx \frac{1}{2}\sum_{j=1}^{n-1}(x_{j+1} - x_j)(y_j + y_{j+1}) \qquad \text{(A.3-2)}$$

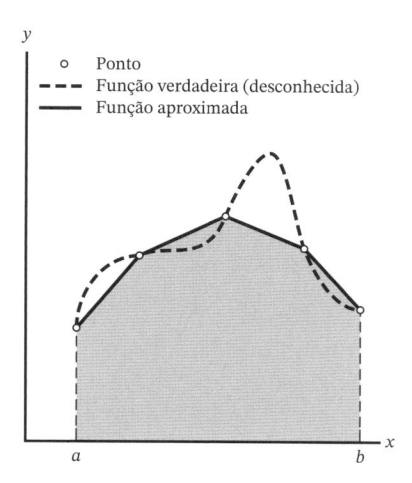

FIGURA A.3-1 Representação gráfica da regra trapezoidal.

Se os valores da abscissa destes pontos estão espaçados a intervalos iguais, então a regra trapezoidal se simplifica a:

$$I = \frac{h}{2}[(y_1 + y_2) + (y_2 + y_3) + \cdots + (y_{n-1} + y_n)]$$

$$\Downarrow$$

Regra Trapezoidal — Intervalos Iguais: $\boxed{\int_{x_1}^{x_n} y(x)\,dx \approx \frac{h}{2}\left(y_1 + y_n + 2\sum_{j=2}^{n-1} y_j\right)}$ **(A.3-3)**

em que h é a distância entre os valores de x nos pontos adjacentes. Observe que para usar a regra trapezoidal você não precisa plotar nada — simplesmente substituir os dados tabelados na Equação A.3-2 ou (para espaços iguais) na Equação A.3-3.

A regra trapezoidal é uma aproximação, como o são todas as fórmulas de quadratura. A Figura A.3-1 ilustra a natureza do erro introduzido por seu uso. A integral a ser avaliada

$$I = \int_a^b y(x)\,dx$$

é a área abaixo da curva tracejada na Figura A.3-1, enquanto a regra trapezoidal, Equação A.3-2, forneceria a área abaixo dos segmentos de linha reta, que pode diferir significativamente do valor correto de I. No entanto, note também que, se existissem muito mais pontos no intervalo entre a e b, a série de linhas aproximadas seguiria a curva tracejada muito mais de perto e a estimativa da integral seria, consequentemente, mais acurada.

A.3c A Regra de Simpson

Uma segunda e mais acurada fórmula de quadratura é uma das mais usadas. É aplicável apenas a um número ímpar de pontos igualmente espaçados e se baseia no ajuste de funções parabólicas a grupos sucessivos de três pontos.

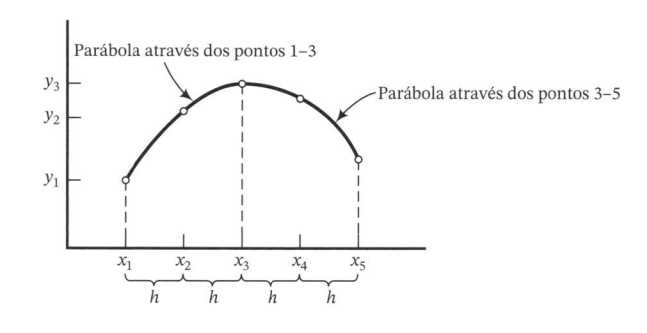

Pode ser mostrado, após uma boa quantidade de álgebra, que a área abaixo de uma parábola através de pontos igualmente espaçados (x_1, y_1), (x_2, y_2) e (x_3, y_3) é

$$I_0 = \frac{h}{3}(y_1 + 4y_2 + y_3)$$

em que h é a distância entre valores sucessivos de x. Consequentemente, a área abaixo de uma série de tais parábolas ajustadas a n pontos igualmente espaçados é

$$I = \frac{h}{3}[(y_1 + 4y_2 + y_3) + (y_3 + 4y_4 + y_5) + \cdots + (y_{n-2} + 4y_{n-1} + y_n)]$$

$$\Downarrow$$

$$\textbf{\textit{Regra de Simpson:}} \quad \int_{x_1}^{x_n} y(x)dx \approx \frac{h}{3}\left(y_1 + y_n + 4\sum_{\substack{j=2;\\4,\ldots,\\n-1}} y_j + 2\sum_{\substack{j=3\\5,\ldots,\\n-2}} y_j\right) \qquad \textbf{(A.3-4)}$$

Se acontecer de você ter um número par de pontos, pode integrar ao longo de todos menos o primeiro ou último intervalo (omita aquele que contribui menos para a integral) usando a regra de Simpson e ao longo do subintervalo restante usando a regra trapezoidal.

Exemplo A.3-1   A Regra de Simpson

A capacidade calorífica de um gás é tabelada a uma série de temperaturas:

$T(°C)$	20	50	80	110	140	170	200	230
$C_p[J/(mol·°C)]$	28,95	29,13	29,30	29,48	29,65	29,82	29,99	30,16

Calcule a variação de entalpia para 3,00 mols deste gás indo de 20°C a 230°C.

Solução

$$\Delta H(J) = n \int_{20°C}^{230°C} C_p \, dT$$

Os pontos estão igualmente espaçados na variável independente (T), de forma que a regra de Simpson pode ser aplicada na integração, mas, já que há um número par de pontos, a regra trapezoidal deve ser aplicada ao longo do primeiro ou do último intervalo. Já que C_p aumenta com a temperatura, aplicaremos a regra trapezoidal, menos acurada, ao intervalo entre 20°C e 50°C, e usaremos a regra de Simpson entre 50°C e 230°C. Se $\Delta T (= 30°C)$ é o intervalo de temperatura entre os pontos, as Equações A.3-3 e A.3-4 proporcionam

$$\int_{T_1}^{T_a} C_p \, dT \approx \frac{\Delta T}{2}(C_{p1} + C_{p2}) + \frac{\Delta T}{3}\left[C_{p2} + C_{p8} + 4(C_{p3} + C_{p5} + C_{p7}) + 2(C_{p4} + C_{p6})\right]$$

$$= 6208 \text{ J/mol}$$

$$\Downarrow$$

$$\Delta H = (3,00 \text{ mols})(6208 \text{ J/mol}) = \boxed{1,86 \times 10^4 \text{ J}}$$

A regra trapezoidal é exata se a função a ser integrada é de fato linear em cada intervalo entre os pontos, enquanto a regra de Simpson é exata se a função real é parabólica *ou cúbica* em cada intervalo. (O último ponto está longe de ser óbvio; para uma prova, veja qualquer texto de análise numérica.)

A.3d Integração Numérica de Funções Analíticas

Quando você tem uma expressão analítica para um integrando $y(x)$ mas não pode fazer a integração desde $x = a$ até $x = b$ analiticamente, o procedimento é avaliar y em uma série de valores de x entre a e b — quer dizer, gerar uma tabela de dados — e então usar uma fórmula de quadratura como a regra de Simpson para estimar a integral. No entanto, agora você tem a escolha do número de avaliações de $y(x)$ a serem feitas.

Como regra, a precisão de uma fórmula de quadratura aumenta com o número de pontos no intervalo de integração, mas também aumenta o tempo de computação. A escolha do número de pontos para proporcionar uma combinação adequada de precisão e baixo tempo computacional pode ser feita usando técnicas sofisticadas de análise numérica, mas a simples tentativa e erro funciona muito bem. Um procedimento comum é avaliar a integral usando (digamos) 9 pontos, depois 17, depois 33 e assim por diante ($n_{novo} = 2n_{velho} - 1$), até que os valores calculados sucessivamente estejam de acordo dentro de uma tolerância especificada. O último valor deve ser uma boa aproximação do valor exato da integral.

Teste	Suponha que $f(x) = x^3 + 4$. Avalie $\int_0^4 f(x)\,dx$:
(veja *Respostas dos Problemas Selecionados*)	**1.** Analiticamente. **2.** Usando a regra trapezoidal, com pontos em $x = 0, 1, 2, 3, 4$. **3.** Usando a regra de Simpson, com pontos em $x = 0, 1, 2, 3, 4$. Explique a relação entre as respostas de 1 e 3.

Tabelas de Propriedades Físicas

Composto	Fórmula	Peso Molecular	DR $(20°/4°)$	$T_m(°C)^a$	$\Delta \hat{H}_m(T_m)^{b,i}$ kJ/mol	$T_b(°C)^c$	$\Delta \hat{H}_v(T_b)^{d,i}$ kJ/mol	$T_c(K)^e$	$P_c(\text{atm})^f$	$(\Delta \hat{H}_f^\circ)^{g,i}$ kJ/mol	$(\Delta \hat{H}_c^\circ)^{h,i}$ kJ/mol
Acetaldeído	CH_3CHO	44,05	$0,783^{18°}$	−123,7	—	20,2	25,1	461,0	—	−166,2(g)	−1192,4(g)
Acetato de etila	$C_4H_8O_2$	88,10	0,901	−83,8	—	77,0	—	523,1	37,8	−463,2(l)	−2246,4(l)
										−426,8(g)	—
Acetato de metila	$C_3H_6O_2$	74,08	0,933	−98,9	—	57,1	—	506,7	46,30	−409,4(l)	−1595(l)
Acetileno	C_2H_2	26,04	—	—	—	−81,5	17,6	309,5	61,6	+226,75(g)	−1299,6(g)
Acetona	C_3H_6O	58,08	0,791	−95,0	5,69	56,0	30,2	508,0	47,0	−248,2(l)	−1785,7(l)
										−216,7(g)	−1821,4(g)
Ácido acético	CH_3COOH	60,05	1,049	16,6	12,09	118,2	24,39	594,8	57,1	−486,18(l)	−871,69(l)
										−438,15(g)	−919,73(g)
Ácido benzoico	$C_7H_6O_2$	122,12	$1,266^{15°}$	122,2	—	249,8	—	—	—	—	−3226,7(g)
Ácido fórmico	CH_2O_2	46,03	1,220	8,30	12,68	100,5	22,25	—	—	−409,2(l)	−262,8(l)
										−362,6(g)	—
Ácido fosfórico	H_3PO_4	98,00	$1,834^{18°}$	42,3	10,54	$(-\frac{1}{2}H_2O$ a 213°C)		—	—	−1281,1(c)	—
										−1278,6(aq, 1H_2O)	—
Ácido nítrico	HNO_3	63,02	1,502	−41,6	10,47	86	30,30	—	—	−173,23(l)	—
										−206,57(aq)	
Ácido oxálico	$C_2H_2O_4$	90,04	1,90			Se decompõe a 186°C		—	—	−826,8(c)	−251,9(s)
Ácido sulfúrico	H_2SO_4	98,08	$1,834^{18°}$	10,35	9,87	Se decompõe a 340°C		—	—	−811,32(l)	—
										−907,51(aq)	—
Água	H_2O	18,016	$1,00^{4°}$	0,00	6,0095	100,00	40,656	647,4	218,3	−285,84(l)	—
										−241,83(g)	—
Álcool benzílico	C_7H_8O	108,13	1,045	−15,4	—	205,2	—	—	—	—	−3741,8(l)
Álcool etílico (etanol)	C_2H_5OH	46,07	0,789	−114,6	5,021	78,5	38,58	516,3	63,0	−277,63(l)	−1366,91(l)
										−235,31(g)	−1409,25(g)
Álcool isopropílico	C_3H_7OH	60,09	0,785	−89,7	—	82,24	—	508,8	53,0	−310,9(l)	−1986,6(l)
Álcool metílico (metanol)	CH_3OH	32,04	0,792	−97,9	3,167	64,7	35,27	513,20	78,50	−238,6(l)	726,6(l)
										−201,2(g)	−764,0(g)
Álcool n-propílico	C_3H_5OH	60,09	0,804	−127	—	97,04	—	536,7	49,95	−300,70(l)	−2010,4(l)
										−255,2(g)	−2068,6(g)
Amônia	NH_3	17,03	—	−77,8	5,653	−33,43	23,351	405,5	111,3	−67,20(l)	—
										−46,19(g)	−382,58(g)

(continua)

TABELA B.1 (*Continuação*)

Composto	Fórmula	Peso Molecular	DR (20°/4°)	$T_m(°C)^a$	$\Delta \hat{H}_m(T_m)^{b,i}$ kJ/mol	$T_b(°C)^c$	$\Delta \hat{H}_v(T_b)^{d,i}$ kJ/mol	$T_c(K)^e$	$P_c(atm)^f$	$(\Delta \hat{H}_f°)^{g,i}$ kJ/mol	$(\Delta \hat{H}_c°)^{h,i}$ kJ/mol
Anilina	C_6H_7N	93,12	1,022	−6,3	—	184,2	—	699	52,4	—	—
Benzaldeído	C_6H_5CHO	106,12	1,046	−26,0	—	179,0	38,40	—	—	−88,83(l)	−3520,0(l)
										−40,04(g)	
Benzeno	C_6H_6	78,11	0,879	5,53	9,837	80,10	30,765	562,6	48,6	+48,66(l)	−3267,6(l)
										+82,93(g)	−3301,5(g)
Bicarbonato de sódio	$NaHCO_3$	84,01	2,20		Se decompõe a 270°C			—	—	−945,6(c)	
Bissulfato de sódio	$NaHSO_4$	120,07	2,742	—	—	—	—	—	—	−1126,3(c)	—
Brometo de etila	C_2H_5Br	108,98	1,460	−119,1	—	38,2	—	504	61,5	−54,4(g)	—
Brometo de hidrogênio	HBr	80,92	—	−86	—	−67	—	—	—	−36,23(g)	—
Bromo	Br_2	159,83	3,119	−7,4	10,8	58,6	31,0	584	102	0(l)	—
1,2-Butadieno	C_4H_6	54,09	—	−136,5	—	10,1	—	446	—	—	—
1,3-Butadieno	C_4H_6	54,09	—	−109,1	—	−4,6	—	425	42,7	—	—
n-Butano	C_4H_{10}	58,12	—	−138,3	4,661	−0,6	22,305	425,17	37,47	−147,0(l)	−2855,6(l)
										−124,7(g)	−2878,5(g)
1-Buteno	C_4H_8	56,10	—	−185,3	3,8480	−6,25	21,916	419,6	39,7	+1,17(g)	−2718,6(g)
Carbeto de cálcio	CaC_2	64,10	$2,22^{18°}$	2300	—	—	—	—	—	−62,76(c)	—
Carbonato de cálcio	$CaCO_3$	100,09	2,93		Se decompõe a 825°C				—	−1206,9(c)	—
Carbonato de sódio	Na_2CO_3	105,99	2,533		Se decompõe a 854°C				—	−1130,9(c)	—
Carbono (grafite)	C	12,010	2,26	3600	46,0	4200	—	—	—	0(c)	−393,51(c)
Chumbo	Pb	207,21	$11,337^{20°/20°}$	327,4	5,10	1750	179,9	—	—	0(c)	—
Cianeto de hidrogênio	HCN	27,03	—	−14	—	26	—	—	—	+130,54(g)	—
Cianeto de sódio	NaCN	49,01	—	562	16,7	1497	155	—	—	−89,79(c)	—

^{a}Ponto de fusão a 1 atm.
^{b}Calor de fusão a T_m e 1 atm.
^{c}Ponto de ebulição a 1 atm.
^{d}Calor de vaporização a T_b e 1 atm.
^{e}Temperatura crítica.
^{f}Pressão crítica.
^{g}Calor de formação a 25°C e 1 atm.
^{h}Calor de combustão a 25°C e 1 atm. Os estados de referência dos produtos são $CO_2(g)$, $H_2O(l)$, $SO_2(g)$, HCl(aq) e $N_2(g)$. Para calcular $\Delta \hat{H}_c°$ com $H_2O(g)$ como produto, adicione $44,01n_w$ ao valor tabelado, em que n_w = mols de H_2O formados/mol de combustível queimado.
^{i}Para converter $\Delta \hat{H}$ em kcal/mol, divida os valores dados por 4,184; para converter em Btu/lb-mol, multiplique por 430,28.

Cicloexano	C$_6$H$_{12}$	84,16	0,779	6,7	2,677	80,7	30,1	553,7	40,4	−156,2(l)	−3919,9(l)
										−123,1(g)	−3953,0(g)
Ciclopentano	C$_5$H$_{10}$	70,13	0,745	−93,4	0,609	49,3	27,30	511,8	44,55	−105,9(l)	−3290,9(l)
										−77,2(g)	−3319,5(g)
Cloreto de cálcio	CaCl$_2$	110,99	2,152$^{15°}$	782	28,37	>1600	—	—	—	−794,96(c)	—
Cloreto de etila	C$_2$H$_5$Cl	64,52	0,903$^{15°}$	−138,3	4,452	13,1	24,7	460,4	52,0	−105,0(g)	—
Cloreto de hidrogênio	HCl	36,47	—	−114,2	1,99	−85,0	16,1	324,6	81,5	−92,31(g)	—
Cloreto de magnésio	MgCl$_2$	95,23	2,325$^{25°}$	714	43,1	1418	136,8	—	—	−641,8(c)	—
Cloreto de metila	CH$_3$Cl	50,49	—	−97,9	—	−24	—	416,1	65,80	−81,92(g)	—
Cloreto de sódio	NaCl	58,45	2,163	808	28,5	1465	170,7	—	—	−411,0(g)	—
Cloro	Cl$_2$	70,91	—	−101,00	6,406	−34,06	20,4	417,0	76,1	0(g)	—
Clorobenzeno	C$_6$H$_5$Cl	112,56	1,107	−45	—	132,10	36,5	623,4	44,6	—	—
Cloroetano	C$_2$H$_5$Cl	Veja cloreto de etila									
Clorofórmio	CHCl$_3$	119,39	1,489	−63,7	—	61,0		536,0	54,0	−131,8(l)	−373(l)
Cobre	Cu	63,54	8,92	1083	13,01	2595	304,6	—		0(c)	—
n-Decano	C$_{10}$H$_{22}$	142,28	0,730	−29,9	—	173,8	—	619,0	20,8	−249,7(l)	−6778,3(l)
Dietil éter	(C$_2$H$_5$)$_2$O	74,12	0,708$^{25°}$	−116,3	7,30	34,6	26,05	467	35,6	−272,8(l)	−2726,7(l)
Dióxido de carbono	CO$_2$	44,01	—	−56,6	8,33	(Sublima a −78°C)		304,2	72,9	−412,9(l)	—
				a 5,2 atm						−393,5(g)	
Dióxido de enxofre	SO$_2$	64,07	—	−75,48	7,402	−10,02	24,91	430,7	77,8	−296,90(g)	—
Dióxido de nitrogênio	NO$_2$	46,01	—	−9,3	7,335	21,3	14,73	431,0	100,0	+33,8(g)	—
Dióxido de silício	SiO$_2$	60,09	2,25	1710	14,2	2230	—	—	—	−851,0(c)	—
Dissulfeto de carbono	CS$_2$	76,14	1,261$^{22°/20°}$	−112,1	4,39	46,25	26,8	552,0	78,0	+87,9(l)	−1075,2(l)
										+115,3(g)	1102,6(g)
Enxofre (monoclínico)	S$_8$	256,53	1,96	119	14,17	444,6	83,7	—	—	+0,30(c)	—
Enxofre (rômbico)	S$_8$	256,53	2,07	113	10,04	444,6	83,7	—	—	0(c)	—
Etano	C$_2$H$_6$	30,07	—	−183,3	2,859	−88,6	14,72	305,4	48,2	−84,67(g)	−1559,9(g)
Etilbenzeno	C$_8$H$_{10}$	106,16	0,867	−94,67	9,163	136,2	35,98	619,7	37,0	−12,46(l)	−4564,9(l)
										+29,79(g)	−4607,1(g)
Etileno	C$_2$H$_4$	28,05	—	−169,2	3,350	−103,7	13,54	283,1	50,5	+52,28(g)	−1410,99(g)

(continua)

TABELA B.1 (*Continuação*)

Composto	Fórmula	Peso Molecular	DR $(20°/4°)$	$T_m(°C)^a$	$\Delta \hat{H}_m(T_m)^{b,i}$ kJ/mol	$T_b(°C)^c$	$\Delta \hat{H}_v(T_b)^{d,i}$ kJ/mol	$T_c(K)^e$	$P_c(atm)^f$	$(\Delta \hat{H}_f°)^{g,i}$ kJ/mol	$(\Delta \hat{H}_c°)^{h,i}$ kJ/mol
Etilenoglicol	$C_2H_6O_2$	62,07	$1,113^{19°}$	−13	11,23	197,2	56,9	—	—	−451,5(l)	−1179,5(l)
										−387,1(g)	—
3-Etilexano	C_8H_{18}	114,22	0,717	—	—	118,5	34,27	567,0	26,4	−250,5(l)	−5407,1(l)
										−210,9(g)	−5509,8(g)
Fenol	C_6H_5OH	94,11	$1,071^{25°}$	42,5	11,43	181,4	—	692,1	60,5	−158,1(l)	−3063,5(s)
										−90,8(g)	—
Ferro	Fe	55,85	7,7	1535	15,1	2800	354,0	—	—	0(c)	—
Fluoreto de hidrogênio	HF	20,0	—	−83	—	20	—	503,2	—	−268,6(g)	—
										—	—
										316,9(aq, 200)	—
Formaldeído	H_2CO	30,03	$0,815^{-20°}$	−92	—	−19,3	24,48	—	—	−115,90(g)	−563,46(g)
Fosfato de cálcio	$Ca_3(PO_4)_2$	310,19	3,140	1670	—	—	—	—	—	−4138(c)	—
Fósforo (branco)	P_4	123,9	1,82	44,2	2,51	280	49,71	—	—	—	—
Fósforo (vermelho)	P_4	123,9	2,20	$590^{43\,atm}$	81,17	Inflama no ar, 725°C	—	—	—	−17,6(c)	—
										0(c)	—
Glicerol	$C_3H_8O_3$	92,09	$1,260^{50°}$	18,20	18,30	290,0	—	—	—	−665,9(l)	−1661,1(l)
Hélio	He	4,00	—	−269,7	0,02	−268,9	0,084	5,26	2,26	0(g)	—
n-Heptano	C_7H_{16}	100,20	0,684	−90,59	14,03	98,43	31,69	540,2	27,0	−224,4(l)	−4816,9(l)
										−187,8(g)	−4853,5(g)
n-Hexano	C_6H_{14}	86,17	0,659	−95,32	13,03	68,74	28,85	507,9	29,9	−198,8(l)	−4163,1(l)
										−167,2(g)	−4194,8(g)
Hidrogênio	H_2	2,016	—	−259,19	0,12	−252,76	0,904	33,3	12,8	0(g)	−285,84(g)
Hidróxido de amônia	NH_4OH	35,03	—	—	—	—	—	—	—	−366,48(aq)	—
Hidróxido de cálcio	$Ca(OH)_2$	74,10	2,24	—	—	(−H₂O a 580°C)	—	—	—	−986,59(c)	—
Hidróxido de magnésio	$Mg(OH)_2$	58,34	2,4		Se decompõe a 350°C						
Hidróxido de sódio	NaOH	40,00	2,130	319	8,34	1390	—	—	—	−426,6(c)	—
										−469,4(aq)	—
Iodo	I_2	253,8	4,93	113,3	—	184,2	—	826,0	—	0(c)	—
Isobutano	C_4H_{10}	58,12	—	−159,6	4,540	−11,73	21,292	408,1	36,0	−158,4(l)	−2849,0(l)
Isopentano	C_5H_{12}	72,15	$0,62^{19°}$	−160,1	—	27,7	—	461,00	32,9	−179,3(l)	−3507,5(l)
										−152,0(g)	−3529,2(g)
Magnésio	Mg	24,32	1,74	650	9,2	1120	131,8	—	—	0(c)	—
Mercúrio	Hg	200,61	13,546	−38,87	—	−356,9	—	—	—	0(c)	—

Metano	CH_4	16,04	—	−182,5	0,94	−161,5	8,179	190,70	45,8	−74,85(g)	−890,36(g)
Metil etil cetona	C_4H_8O	72,10	0,805	−87,1	—	78,2	32,0	—	—	—	−1071,5(l)
Metilamina	CH_5N	31,06	$0,699^{-11°}$	−92,7	—	−6,9	—	429,9	73,60	−28,0(g)	−1071,5(l)
Monóxido de carbono	CO	28,01	—	−205,1	0,837	−191,5	6,042	133,0	34,5	−110,52(g)	−282,99(g)
Naftaleno	$C_{10}H_8$	128,16	1,145	80,0	—	217,8	—	—	—	—	−5157(g)
Níquel	Ni	58,69	8,90	1452	—	2900	—	—	—	0(c)	—
Nitrato de amônia	NH_4NO_3	80,05	$1,725^{25°}$	169,6	5,4	Se decompõe a 210°C				−365,14(c)	—
										−399,36(aq)	—
Nitrato de sódio	$NaNO_3$	85,00	2,257	310	15,9	Se decompõe a 380°C			—	−466,7(c)	—
											—
Nitrito de sódio	$NaNO_2$	69,00	$2,168^{0°}$	271	—	Se decompõe a 320°C			—	−359,4(c)	—
Nitrobenzeno	$C_6H_5O_2N$	123,11	1,203	5,5	—	210,70	—	—	—	—	−3092,8(l)
Nitrogênio	N_2	28,02	—	−210,0	0,720	−195,8	5,577	126,20	33,5	0(g)	—
n-Nonano	C_9H_{20}	128,25	0,718	−53,8	—	150,6	—	595	23,0	−229,0(l)	−6124,5(l)
										—	−6171,0(g)
n-Octano	C_8H_{18}	114,22	0,703	−57,0	—	125,5	—	568,8	24,5	−249,9(l)	−5470,7(l)
										−208,4(g)	−5512,2(g)
Óxido de cálcio	CaO	56,08	3,32	2570	50	2850	—	—	—	−635,6(c)	—
Óxido de chumbo	PbO	223,21	9,5	886	11,7	1472	213	—	—	−219,2(c)	—
Óxido de magnésio	MgO	40,32	3,65	2900	77,4	3600	—	—	—	−601,8(c)	—
Óxido férrico	Fe_2O_3	159,70	5,12	Se decompõe a 1560°C						−822,2(c)	—
Óxido ferroso	FeO	71,85	5,7	—	—	—	—	—	—	−266,5(c)	—
Óxido nítrico	NO	30,01	—	−163,6	2,301	−151,8	13,78	179,20	65,0	+90,37(g)	—
Óxido nitroso	N_2O	44,02	$1,226^{-89°}$	−91,1	—	−88,8	—	309,5	71,70	+81,5(g)	—
Oxigênio	O_2	32,00	—	−218,75	0,444	−182,97	6,82	154,4	49,7	0(g)	—
n-Pentano	C_5H_{12}	72,15	$0,63^{18°}$	−129,6	8,393	36,07	25,77	469,80	33,3	−173,0(l)	−3509,5(l)
										−146,4(g)	−3536,1(g)
1-Penteno	C_5H_{10}	70,13	0,641	−165,2	4,94	29,97	—	474	39,9	−20,9(g)	−3375,8(g)
Pentóxido de nitrogênio	N_2O_5	108,02	$1,63^{18°}$	30	—	47	—	—	—	—	—
Pentóxido fosforoso	P_2O_5	141,95	2,387	Sublima a 250°C					—	−1506,2(c)	—
Propano	C_3H_8	44,09	—	−187,69	3,52	−42,07	18,77	369,9	42,0	−119,8(l)	−2204,0(l)
										−103,8(g)	−2220,0(g)

(*continua*)

TABELA B.1 (*Continuação*)

Composto	Fórmula	Peso Molecular	DR (20°/4°)	$T_m(°C)^a$	$\Delta\hat{H}_m(T_m)^{b,i}$ kJ/mol	$T_b(°C)^c$	$\Delta\hat{H}_v(T_b)^{d,i}$ kJ/mol	$T_c(K)^e$	$P_c(atm)^f$	$(\Delta\hat{H}_f^\circ)^{g,i}$ kJ/mol	$(\Delta\hat{H}_c^\circ)^{h,i}$ kJ/mol
n-Propil-benzeno	C_9H_{12}	120,19	0,862	−99,50	8,54	159,2	38,24	638,7	31,3	−38,40(l)	−5218,2(l)
										+7,82(g)	−5264,48(g)
Propileno	C_3H_6	42,08	—	−185,2	3,00	−47,70	18,42	365,1	45,4	+20,41(g)	−2058,4(l)
Silicato de cálcio	$CaSiO_3$	116,17	2,915	1530	48,62	—	—	—	—	−1584(c)	—
Sulfato cúprico	$CuSO_4$	159,61	$3,606^{15°}$			Se decompõe > 600°C				−769,9(c)	—
										−843,1(aq)	
Sulfato de amônia	$(NH_4)_2SO_4$	132,14	1,769	513	—	Se decompõe a 513°C após a fusão				−1179,3(c)	−5157(g)
										−1173,1(aq)	
Sulfato de cálcio	$CaSO_4$	136,15	2,96	—	—	—	—	—	—	−1432,7(c)	—
										−1450,4(aq)	
Sulfato de cálcio (gesso)	$CaSO_4·2H_2O$	172,18	2,32	(−1,5 H_2O a 128°C)		—	—	—	—	−2021(c)	—
Sulfato de sódio	Na_2SO_4	142,05	2,698	890	24,3	—	—	—	—	−1384,5(c)	—
Sulfeto de hidrogênio	H_2S	34,08	—	−85,5	2,38	−60,3	18,67	373,6	88,9	−19,96(g)	−562,59(g)
Sulfeto de sódio	Na_2S	78,05	1,856	950	6,7	—	—	—	—	−373,2(c)	—
Sulfeto ferroso	FeS	87,92	4,84	1193	—	—	—	—	—	−95,1(c)	—
Sulfito de sódio	Na_2SO_3	126,05	$2,633^{15°}$	Se decompõe			—	—	—	−1090,3(c)	—
Tetracloreto de carbono	CCl_4	153,84	1,595	−22,9	2,51	76,7	30,0	556,4	45,0	−139,5(l)	−352,2(l)
										−106,7(g)	−385,0(g)
Tetróxido de nitrogênio	N_2O_4	92,0	1,448	−9,5	—	21,1	—	431,0	99,0	+9,3(g)	—
Tiossulfato de sódio	$Na_2S_2O_3$	158,11	1,667	—	—	—	—	—	—	−1117,1(c)	—
Tolueno	C_7H_8	92,13	0,866	−94,99	6,619	110,62	33,47	593,9	40,3	+12,00(l)	−3909,9(l)
										+50,00(g)	−3947,9(g)
Trióxido de enxofre	SO_3	80,07	—	16,84	25,48	43,3	41,80	491,4	83,8	−395,18(g)	—
m-Xileno	C_8H_{10}	106,16	0,864	−47,87	11,569	139,10	36,40	619	34,6	−25,42(l)	−4551,9(l)
										+17,24(g)	−4594,5(g)
o-Xileno	C_8H_{10}	106,16	0,880	−25,18	13,598	144,42	36,82	631,5	35,7	−24,44(l)	−4552,9(l)
										+18,99(g)	−4596,3(g)
p-Xileno	C_8H_{10}	106,16	0,861	13,26	17,11	138,35	36,07	618	33,9	−24,43(l)	−4552,91(l)
										17,95(g)	−4595,2(g)
Zinco	Zn	65,38	7,140	419,5	6,674	907	114,77	—	—	0(c)	—

TABELA B.2 Capacidades Caloríficas

Forma 1: $C_p[kJ/(mol\cdot°C)]$ ou $[kJ/(mol\cdot K)] = a + bT + cT^2 + dT^3$
Forma 2: $C_p[kJ/(mol\cdot°C)]$ ou $[kJ/(mol\cdot K)] = a + bT + cT^{-2}$

Exemplo: $(C_p)_{acetona(g)} = 0,07196 + (20,10 \times 10^{-5})T - (12,78 \times 10^{-8})T^2 + (34,76 \times 10^{-12})T^3$, em que T está em °C.

Nota: As fórmulas para gases são estritamente aplicáveis a pressões baixas o suficiente para que a equação de estado dos gases ideais possa ser aplicada.

Composto	Fórmula	Peso Molecular	Estado	Forma	Unidade de Temperatura	$a \times 10^3$	$b \times 10^5$	$c \times 10^8$	$d \times 10^{12}$	Intervalo (Unidades de T)
Acetileno	C_2H_2	26,04	g	1	°C	42,43	6,053	−5,033	18,20	0−1200
Acetona	CH_3COCH_3	58,08	l	1	°C	123,0	18,6			−30−60
			g	1	°C	71,96	20,10	−12,78	34,76	0−1200
Ácido nítrico	HNO_3	63,02	l	1	°C	110,0				25
Ácido sulfúrico	H_2SO_4	98,08	l	1	°C	139,1	15,59			10−45
Água	H_2O	18,016	l	1	°C	75,4				0−100
			g	1	°C	33,46	0,6880	0,7604	−3,593	0−1500
Álcool etílico (etanol)	C_2H_5OH	46,07	l	1	°C	103,1				0
			l	1	°C	158,8				100
Álcool metílico (metanol)	CH_3OH	32,04	l	1	°C	75,86	16,83			0−65
			g	1	°C	42,93	8,301	−1,87	−8,03	0−700
Amônia	NH_3	17,03	g	1	°C	35,15	2,954	0,4421	−6,686	0−1200
Ar		29,0	g	1	°C	28,94	0,4147	0,3191	−1,965	0−1500
Benzeno	C_6H_6	78,11	l	1	°C	126,5	23,4			6−67
Brometo de hidrogênio	HBr	80,92	g	1	°C	29,10	−0,0227	0,9887	−4,858	0−1200
n-Butano	C_4H_{10}	58,12	g	1	°C	92,30	27,88	−15,47	34,98	0−1200
Carbeto de cálcio	CaC_2	64,10	c	2	K	68,62	1,19	$-8,66 \times 10^{10}$	—	298−720
Carbonato de cálcio	$CaCO_3$	100,09	c	2	K	82,34	4,975	$-12,87 \times 10^{10}$	—	273−1033
Carbonato de sódio	Na_2CO_3	105,99	c	1	K	121				288−371
Carbonato de sódio decaidrato	$Na_2CO_3 \cdot 10H_2O$	286,15	c	1	K	535,6				298
Carbono	C	12,01	c	2	K	11,18	1,095	$-4,891 \times 10^{10}$		273−1373
Cianeto de hidrogênio	HCN	27,03	g	1	°C	35,3	2,908	1,092		0−1200
Cicloexano	C_6H_{12}	84,16	g	1	°C	94,140	49,62	−31,90	80,63	0−1200
Ciclopentano	C_5H_{10}	70,13	g	1	°C	73,39	39,28	−25,54	68,66	0−1200
Cloreto de hidrogênio	HCl	36,47	g	1	°C	29,13	−0,1341	0,9715	−4,335	0−1200

(continua)

TABELA B.2 (*Continuação*)

Composto	Fórmula	Peso Molecular	Estado	Forma	Unidade de Temperatura	$a \times 10^3$	$b \times 10^5$	$c \times 10^8$	$d \times 10^{12}$	Intervalo (Unidades de T)
Cloreto de magnésio	$MgCl_2$	95,23	c	1	K	72,4	1,58			273–991
Cloro	Cl_2	70,91	g	1	°C	33,60	1,367	−1,607	6,473	0–1200
Cobre	Cu	63,54	c	1	K	22,76	0,6117			273–1357
Cumeno (isopropilbenzeno)	C_9H_{12}	120,19	g	1	°C	139,2	53,76	−39,79	120,5	0–1200
Dióxido de carbono	CO_2	44,01	g	1	°C	36,11	4,233	−2,887	7,464	0–1500
Dióxido de enxofre	SO_2	64,07	g	1	°C	38,91	3,904	−3,104	8,606	0–1500
Dióxido de nitrogênio	NO_2	46,01	g	1	°C	36,07	3,97	−2,88	7,87	0–1200
Enxofre	S	32,07	c (Rômbico)	1	K	15,2	2,68			−273–368
			c (Monoclínico)	1	K	18,3	1,84			368–392
Etano	C_2H_6	30,07	g	1	°C	49,37	13,92	−5,816	7,280	0–1200
Etileno	C_2H_4	28,05	g	1	°C	+40,75	11,47	−6,891	17,66	0–1200
Formaldeído	CH_2O	30,03	g	1	°C	34,28	4,268	0,0000	−8,694	0–1200
Hélio	He	4,00	g	1	°C	20,8				0–1200
n-Hexano	C_6H_{14}	86,17	l	1	°C	216,3				20–100
			g	1	°C	137,44	40,85	−23,92	57,66	0–1200
Hidróxido de cálcio	$Ca(OH)_2$	74,10	c	1	K	89,5				276–373
Hidrogênio	H_2	2,016	g	1	°C	28,84	0,00765	0,3288	−0,8698	0–1500
Isobutano	C_4H_{10}	58,12	g	1	°C	89,46	30,13	−18,91	49,87	0–1200
Isobuteno	C_4H_8	56,10	g	1	°C	82,88	25,64	−17,27	50,50	0–1200
Metano	CH_4	16,04	g	1	°C	34,31	5,469	0,3661	−11,00	0–1200
			g	1	K	19,87	5,021	1,268	−11,00	273–1500
Metil cicloexano	C_7H_{14}	98,18	g	1	°C	121,3	56,53	−37,72	100,8	0–1200
Metil ciclopentano	C_6H_{12}	84,16	g	1	°C	95,83	45,857	−30,44	83,81	0–1200
Monóxido de carbono	CO	28,01	g	1	°C	28,95	0,4110	0,3548	−2,220	0–1500
Nitrogênio	N_2	28,02	g	1	°C	29,00	0,2199	0,5723	−2,871	0–1500
Óxido de cálcio	CaO	56,08	c	2	K	41,84	2,03	$-4,52 \times 10^{10}$		273–1173
Óxido de magnésio	MgO	40,32	c	2	K	45,44	0,5008	$-8,732 \times 10^{10}$		273–2073
Óxido férrico	Fe_2O_3	159,70	c	2	K	103,4	6,711	$-17,72 \times 10^{10}$	—	273–1097
Óxido nítrico	NO	30,01	g	1	°C	29,50	0,8188	−0,2925	0,3652	0–3500
Óxido nitroso	N_2O	44,02	g	1	°C	37,66	4,151	−2,694	10,57	0–1200

Oxigênio	O_2	32,00	g	1	°C	29,10	1,158	−0,6076	1,311	0−1500
n-Pentano	C_5H_{12}	72,15	l	1	°C	155,4	43,68			0−36
			g	1	°C	114,8	34,09	−18,99	42,26	0−1200
Propano	C_3H_8	44,09	g	1	°C	68,032	22,59	−13,11	31,71	0−1200
Propileno	C_3H_6	42,08	g	1	°C	59,580	17,71	−10,17	24,60	0−1200
Sulfato de amônia	$(NH_4)_2SO_4$	132,15	c	1	K	215,9				275−328
Sulfeto de hidrogênio	H_2S	34,08	g	1	°C	33,51	1,547	0,3012	−3,292	0−1500
Tetracloreto de cabono	CCl_4	153,84	l	1	K	93,39	12,98			273−343
Tetróxido de nitrogênio	N_2O_4	92,02	g	1	°C	75,7	12,5	−11,3		0−300
Tolueno	C_7H_8	92,13	l	1	°C	148,8	32,4			0−110
Trióxido de enxofre	SO_3	80,07	g	1	°C	48,50	9,188	−8,540	32,40	0−1000

TABELA B.3 Pressão de Vapor da Água[a]

p_V(mm Hg) versus T(°C)

Exemplo: A pressão de vapor da água líquida a 4,3°C é 6,230 mm Hg

	T(°C)	0,0	0,1	0,2	0,3	0,4	0,5	0,6	0,7	0,8	0,9
	−14	1,361	1,348	1,336	1,324	1,312	1,300	1,288	1,276	1,264	1,253
↓	−13	1,490	1,477	1,464	1,450	1,437	1,424	1,411	1,399	1,386	1,373
Gelo	−12	1,632	1,617	1,602	1,588	1,574	1,559	1,546	1,532	1,518	1,504
	−11	1,785	1,769	1,753	1,737	1,722	1,707	1,691	1,676	1,661	1,646
	−10	1,950	1,934	1,916	1,899	1,883	1,866	1,849	1,833	1,817	1,800
	−9	2,131	2,122	2,093	2,075	2,057	2,039	2,021	2,003	1,985	1,968
	−8	2,326	2,306	2,285	2,266	2,246	2,226	2,207	2,187	2,168	2,149
	−7	2,537	2,515	2,493	2,472	2,450	2,429	2,408	2,387	2,367	2,346
	−6	2,765	2,742	2,718	2,695	2,672	2,649	2,626	2,603	2,581	2,559
	−5	3,013	2,987	2,962	2,937	2,912	2,887	2,862	2,838	2,813	2,790
	−4	3,280	3,252	3,225	3,198	3,171	3,144	3,117	3,091	3,065	3,039
	−3	3,568	3,539	3,509	3,480	3,451	3,422	3,393	3,364	3,336	3,308
	−2	3,880	3,848	3,816	3,785	3,753	3,722	3,691	3,660	3,630	3,599
	−1	4,217	4,182	4,147	4,113	4,079	4,045	4,012	3,979	3,946	3,913
	−0	4,579	4,542	4,504	4,467	4,431	4,395	4,359	4,323	4,287	4,252
↓	0	4,579	4,613	4,647	4,681	4,715	4,750	4,785	4,820	4,855	4,890
	1	4,926	4,962	4,998	5,034	5,070	5,107	5,144	5,181	5,219	5,256
Água	2	5,294	5,332	5,370	5,408	5,447	5,486	5,525	5,565	5,605	5,645
líquida	3	5,685	5,725	5,766	5,807	5,848	5,889	5,931	5,973	6,015	6,058
	4	6,101	6,144	6,187	6,230	6,274	6,318	6,363	3,408	6,453	6,498
	5	6,543	6,589	6,635	6,681	6,728	6,775	6,822	6,869	6,917	6,965
	6	7,013	7,062	7,111	7,160	7,209	7,259	7,309	7,360	7,411	7,462
	7	7,513	7,565	7,617	7,669	7,722	7,775	7,828	7,882	7,936	7,990
	8	8,045	8,100	8,155	8,211	8,267	8,323	8,380	8,437	8,494	8,551
	9	8,609	8,668	8,727	8,786	8,845	8,905	8,965	9,025	9,086	9,147
	10	9,209	9,271	9,333	9,395	9,458	9,521	9,585	9,649	9,714	9,779
	11	9,844	9,910	9,976	10,042	10,109	10,176	10,244	10,312	10,380	10,449
	12	10,518	10,588	10,658	10,728	10,799	10,870	10,941	11,013	11,085	11,158
	13	11,231	11,305	11,379	11,453	11,528	11,604	11,680	11,756	11,833	11,910
	14	11,987	12,065	12,144	12,223	12,302	12,382	12,426	12,543	12,624	12,706
	15	12,788	12,870	12,953	13,037	13,121	13,205	13,290	13,375	13,461	13,547
	16	13,634	13,721	13,809	13,898	13,987	14,076	14,166	14,256	14,347	14,438
	17	14,530	14,622	14,715	14,809	14,903	14,997	15,092	15,188	15,284	15,380
	18	15,477	15,575	15,673	15,772	15,871	15,971	16,771	16,171	16,272	16,374
	19	16,477	16,581	16,685	16,789	16,894	16,999	17,105	17,212	17,319	17,427
	20	17,535	17,664	17,753	17,863	17,974	10,085	18,197	18,309	18,422	18,536
	21	18,650	18,765	18,880	18,996	19,113	19,231	19,349	19,468	19,587	19,707
	22	19,827	19,948	20,070	20,193	20,316	20,440	20,565	20,690	20,815	20,941
	23	21,068	21,196	21,324	21,453	21,583	21,714	21,845	21,977	22,110	22,243
	24	22,377	22,512	22,648	22,785	22,922	23,060	23,198	23,337	23,476	23,616

[a]De R. H. Perry e C. H. Chilton, Editores, *Chemical Engineers' Handbook*, 5.ª Edição, McGraw-Hill, New York, 1973, Tabelas 3-3 e 3-5. Reproduzido com permissão de McGraw-Hill Book Co.

(continua)

TABELA B.3 (*Continuação*)

$T(^\circ C)$	0,0	0,1	0,2	0,3	0,4	0,5	0,6	0,7	0,8	0,9
25	23,756	23,897	24,039	24,182	24,326	24,471	24,617	24,764	24,912	25,060
26	25,209	25,359	25,209	25,660	25,812	25,964	26,117	26,271	26,426	26,582
27	26,739	26,897	27,055	27,214	27,374	27,535	27,696	27,858	28,021	28,185
28	28,349	28,514	28,680	28,847	29,015	29,184	29,354	29,525	29,697	29,870
29	30,043	30,217	30,392	30,568	30,745	30,923	31,102	31,281	31,461	31,642
30	31,824	32,007	32,191	32,376	32,561	32,747	32,934	33,122	33,312	33,503
31	33,695	33,888	34,082	34,276	34,471	34,667	34,864	35,062	35,261	35,462
32	35,663	35,865	36,068	36,272	36,477	63,683	36,891	37,099	37,308	37,518
33	37,729	37,942	38,155	38,369	38,584	38,801	38,018	39,237	39,457	39,677
34	39,898	40,121	40,344	10,569	40,796	41,023	41,251	41,480	41,710	41,942
35	42,175	42,409	42,644	42,880	43,117	43,355	43,595	43,836	44,078	44,320
36	44,563	44,808	45,054	45,301	45,549	45,799	46,050	46,302	46,556	46,811
37	47,067	47,324	47,582	47,841	48,102	48,364	48,627	48,891	49,157	49,424
38	49,692	49,961	50,231	50,502	50,774	21,048	51,323	51,600	51,879	52,160
39	52,442	52,725	53,009	53,294	53,580	53,867	54,156	54,446	54,737	55,030
40	55,324	55,61	55,91	56,21	56,51	56,81	57,11	57,41	57,72	58,03
41	28,34	58,65	58,96	59,27	59,58	59,90	60,22	60,54	60,86	61,18
42	61,50	61,82	62,14	62,47	62,80	63,13	63,46	63,79	64,12	64,46
43	64,80	65,14	65,48	65,82	66,16	66,51	66,86	67,21	67,56	67,91
44	68,26	68,61	68,97	69,33	69,69	70,05	70,41	70,77	71,14	71,51
45	71,88	72,25	72,62	72,99	73,36	73,74	74,12	74,50	74,88	75,26
46	75,65	76,04	76,43	76,82	77,21	77,60	78,00	78,40	78,80	79,20
47	79,60	80,00	80,41	80,82	81,23	81,64	82,05	82,46	82,87	83,29
48	83,71	84,13	84,56	84,99	85,42	85,85	86,28	86,71	87,14	87,58
49	88,02	88,46	88,90	89,34	89,79	90,24	90,69	91,14	91,59	92,05

$T(^\circ C)$	0	1	2	3	4	5	6	7	8	9
50	92,51	97,20	102,09	107,20	112,51	118,04	123,80	129,82	136,08	142,60
60	149,38	156,43	163,77	171,38	179,31	187,54	196,09	204,96	214,17	223,73
70	233,7	243,9	254,6	265,7	277,2	289,1	301,4	314,1	327,3	341,0
80	355,1	369,7	384,9	400,6	416,8	433,6	450,9	468,7	487,1	506,1

$T(^\circ C)$	0,0	0,1	0,2	0,3	0,4	0,5	0,6	0,7	0,8	0,9
90	525,76	527,76	529,77	531,78	533,80	535,82	537,86	539,90	541,95	544,00
91	546,05	548,11	550,18	552,26	554,35	556,44	558,53	560,64	562,75	564,87
92	566,99	569,12	571,26	573,40	575355,00	577,71	579,87	582,04	584,22	586,41
93	588,60	590,80	593,00	595,21	597,43	599,66	601,89	604,13	606,38	608,64
94	610,90	613,17	615,44	617,72	620,01	622,31	624,61	626,92	629,24	631,57
95	633,90	636,24	638,59	640,94	643,30	645,67	648,05	650,43	652,82	655,22
96	657,62	660,03	662,45	664,88	667,31	669,75	672,20	674,66	677,12	679,69
97	682,07	684,55	687,04	689,54	692,05	694,57	697,10	699,63	702,17	704,71
98	707,27	709,83	712,40	714,98	717,56	720,15	722,75	725,36	727,98	730,61
99	733,24	735,88	738,53	741,18	743,85	746,52	749,20	751,89	754,58	757,29
100	760,00	762,72	765,45	768,19	770,93	773,68	776,44	779,22	782,00	784,78
101	787,57	790,37	793,18	796,00	798,82	801,66	804,50	807,35	810,21	813,08

TABELA B.4 Constantes da Equação de Antoine[a]

$$\log_{10} p^* = A - \frac{B}{T+C} \qquad p^* \text{ em mm Hg, } T \text{ em } °C$$

Exemplo: A pressão de vapor do acetaldeído a 25°C é determinada como segue:

$$\log_{10} p^*_{C_2H_4O}(25°C) = 8,00552 - \frac{1600,017}{25 + 291,809} = 2,9551$$

$$\Rightarrow p^*_{C_2H_4O}(25°C) = 10^{2,9551} = 902 \text{ mm Hg}$$

Composto	Fórmula	Intervalo (°C)	A	B	C
Acetaldeído	C_2H_4O	−0,2 a 34,4	8,00552	1600,017	291,809
Acetato de etila	$C_4H_8O_2$	15,6 a 75,8	7,10179	1244,951	217,881
Acetato de etila*	$C_4H_8O_2$	−20 a 150	7,09808	1238,710	217,0
Acetato de metila	$C_3H_6O_2$	1,8 a 55,8	7,06524	1157,630	219,726
Acetado de vinila	$C_4H_6O_2$	21,8 a 72,0	7,21010	1296,130	226,655
Acetona	C_3H_6O	−12,9 a 55,3	7,11714	1210,595	229,664
Ácido acético	$C_2H_4O_2$	29,8 a 126,5	7,38782	1533,313	222,309
Ácido acético*	$C_2H_4O_2$	0 a 36	7,18807	1416,7	225
Ácido acrílico	$C_3H_4O_2$	20,0 a 70,0	5,65204	648,629	154,683
Ácido butírico	$C_4H_8O_2$	20,0 a 150,0	8,71019	2433,014	255,189
Ácido fórmico	CH_2O_2	37,4 a 100,7	7,58178	1699,173	260,714
Ácido propiônico	$C_3H_6O_2$	72,4 a 128,3	7,71423	1733,418	217,724
Água*	H_2O	0 a 60	8,10765	1750,286	235,000
Água*	H_2O	60 a 150	7,96681	1668,210	228,000
Amônia*	NH_3	−83 a 60	7,55466	1002,711	247,885
Anidrido acético	$C_4H_6O_3$	62,8 a 139,4	7,14948	1444,718	199,817
Anilina	C_6H_7N	102,6 a 185,2	7,32010	1731,515	206,049
Benzeno	C_6H_6	14,5 a 80,9	6,89272	1203,531	219,888
Brometo de metila	CH_3Br	−70,0 a 3,6	7,09084	1046,066	244,914
i-Butano	i-C_4H_{10}	−85,1 a −11,6	6,78866	899,617	241,942
n-Butano	n-C_4H_{10}	−78,0 a −0,3	6,82485	943,453	239,711
1-Butanol	$C_4H_{10}O$	89,2 a 125,7	7,36366	1305,198	173,427
2-Butanol	$C_4H_{10}O$	72,4 a 107,1	7,20131	1157,000	168,279
1-Buteno	C_4H_8	−77,5 a −3,7	6,53101	810,261	228,066
Cianeto de hidrogênio	HCN	−16,4 a 46,2	7,52823	1329,49	260,418
Cicloexano	C_6H_{12}	19,9 a 81,6	6,84941	1206,001	223,148
Cicloexanol	$C_6H_{12}O$	93,7 a 160,7	6,25530	912,866	109,126
Cloreto de etila	C_2H_5Cl	−55,9 a 12,5	6,98647	1030,007	238,612
Cloreto de metila	CH_3Cl	−75,0 a 5,0	7,09349	948,582	249,336
Clorobenzeno	C_6H_5Cl	62,0 a 131,7	6,97808	1431,053	217,550
Clorobenzeno*	C_6H_5Cl	0 a 42	7,10690	1500,0	224,0
Clorobenzeno*	C_6H_5Cl	42 a 230	6,94504	1413,12	216,0
Clorofórmio	$CHCl_3$	−10,4 a 60,3	6,95465	1170,966	226,232
Clorofórmio*	$CHCl_3$	−30 a 150	6,90328	1163,03	227,4
n-Decano	n-$C_{10}H_{22}$	94,5 a 175,1	6,95707	1503,568	194,738
1-Deceno	$C_{10}H_{20}$	86,8 a 171,6	6,95433	1497,527	197,056
1,1-Dicloroetano	$C_2H_4Cl_2$	−38,8 a 17,6	6,97702	1174,022	229,060
1,2-Dicloretano	C_2H_4Cl	−30,8 a 99,4	7,02530	1271,254	222,927
Diclorometano	CH_2Cl_2	−40,0 a 40	7,40916	1325,938	252,616
Dietil cetona	$C_5H_{10}O$	56,5 a 111,3	7,02529	1310,281	214,192
Dietil éter	$C_4H_{10}O$	−60,8 a 19.9	6,92032	1064,066	228,799
Dietilenoglicol	$C_4H_{10}O_2$	130,0 a 243,0	7,63666	1939,359	162,714

[a]Adaptado de T. Boublik, V. Fried e E. Hala, *The Vapour Pressures of Pure Substances*, Elsevier, Amsterdam, 1973. Se estiver marcado com um asterisco (*), as constantes são tiradas do *Lange's Handbook of Chemistry*, 9.ª Edição, Handbook Publishers, Inc., Sandusky, OH, 1956.

(continua)

TABELA B.4 (*Continuação*)

Composto	Fórmula	Intervalo (°C)	A	B	C
Dimetil éter	C_2H_6O	−78,2 a −24,9	6,97603	889,264	241,957
Dimetilamina	C_2H_7N	−71,8 a 6,9	7,08212	960,242	221,667
N,N-Dimetilformamida	C_3H_7NO	30,0 a 90,0	6,92796	1400,869	196,434
1,4-Dioxano	$C_4H_8O_2$	20,0 a 105,0	7,43155	1554,679	240,337
Dissulfeto de carbono	CS_2	3,6 a 79,9	6,94279	1169,110	241,593
Estireno	C_8H_8	29,9 a 144,8	7,06623	1507,434	214,985
Etanol	C_2H_6O	19,6 a 93,4	8,11220	1592,864	226,184
Etanolamina	C_2H_7NO	65,4 a 170,9	7,45680	1577,670	173,368
Etilbenzeno	C_8H_{10}	56,5 a 137,1	6,95650	1423,543	213,091
1,2-Etilenodiamina	$C_2H_8N_2$	26,5 a 117,4	7,16871	1336,235	194,366
Etilenoglicol	$C_2H_6O_2$	50,0 a 200,0	8,09083	2088,936	203,454
Fenol	C_6H_6O	107,2 a 181,8	7,13301	1516,790	174,954
Formaldeído	HCHO	−109,4 a −22,3	7,19578	970,595	244,124
Glicerol	$C_3H_8O_3$	183,3 a 260,4	6,16501	1036,056	28,097
i-Heptano	*i*-C_7H_{16}	18,5 a 90,9	6,87689	1238,122	219,783
n-Heptano	*n*-C_7H_{16}	25,9 a 99,3	6,90253	1267,828	216,823
1-Hepteno	C_7H_{14}	21,6 a 94,5	6,91381	1265,120	220,051
i-Hexano	*i*-C_6H_{14}	12,8 a 61,1	6,86839	1151,401	228,477
n-Hexano	*n*-C_6H_{14}	13,0 a 69,5	6,88555	1175,817	224,867
1-Hexeno	C_6H_{12}	15,9 a 64,3	6,86880	1154,646	226,046
Metacrilato de metila	$C_5H_8O_2$	39,2 a 89,2	8,40919	2050,467	274,369
Metanol	CH_3OH	14,9 a 83,7	8,08097	1582,271	239,726
Metanol*	CH_3OH	−20 a 140	7,87863	1473,11	230,0
Metil cicloexano	C_7H_{14}	25,6 a 101,8	6,82827	1273,673	221,723
Metil etil cetona	C_4H_8O	42,8 a 88,4	7,06356	1261,339	221,969
Metil isobutil cetona	$C_6H_{12}O$	21,7 a 116,2	6,67272	1168,408	191,944
Metilamina	CH_5N	−83,1 a −6,2	7,33690	1011,532	233,286
Naftaleno	$C_{10}H_8$	80,3 a 179,5	7,03358	1756,328	204,842
Nitrobenzeno	$C_6H_5NO_2$	134,1 a 210,6	7,11562	1746,586	201,783
Nitrometano	CH_3NO_2	55,7 a 136,4	7,28166	1446,937	227,600
n-Nonano	*n*-C_9H_{20}	70,3 a 151,8	6,93764	1430,459	201,808
1-Nonano	C_9H_{18}	66,6 a 147,9	6,95777	1437,862	205,814
i-Octano	*i*-C_8H_{18}	41,7 a 118,5	6,88814	1319,529	211,625
n-Octano	*n*-C_8H_{18}	52,9 a 126,6	6,91874	1351,756	209,100
1-Octeno	C_8H_{16}	44,9 a 122,2	6,93637	1355,779	213,022
Óxido etileno	C_2H_4O	0,3 a 31,8	8,69016	2005,779	334,765
Óxido de propileno	C_3H_6O	−24,2 a 34,8	7,01443	1086,369	228,594
i-Pentano	*i*-C_5H_{12}	16,3 a 28,6	6,73457	992,019	229,564
n-Pentano	*n*-C_5H_{12}	13,3 a 36,8	6,84471	1060,793	231,541
1-Pentanol	$C_5H_{12}O$	74,7 a 156,0	7,18246	1287,625	161,330
1-Penteno	C_5H_{10}	12,8 a 30,7	6,84268	1043,206	233,344
Piridina	C_5H_5N	67,3 a 152,9	7,04115	1373,799	214,979
1-Propanol	C_3H_8O	60,2 a 104,6	7,74416	1437,686	198,463
2-Propanol	C_3H_8O	52,3 a 89,3	7,74021	1359,517	197,527
Tetracloreto de carbono	CCl_4	14,1 a 76,0	6,87926	1212,021	226,409
Tolueno	C_7H_8	35,3 a 111,5	6,95805	1346,773	219,693
1,1,1-Tricloroetano	$C_2H_3Cl_3$	−5,4 a 16,9	8,64344	2136,621	302,769
1,1,2-Tricloroetano	$C_2H_3Cl_3$	50,0 a 113,7	6,95185	1314,410	209,197
Tricloroetileno	C_2HCl_3	17,8 a 86,5	6,51827	1018,603	192,731
m-Xileno	*m*-C_8H_{10}	59,2 a 140,0	7,00646	1460,183	214,827
o-Xileno	*o*-C_8H_{10}	63,5 a 145,4	7,00154	1476,393	213,872
p-Xileno	*p*-C_8H_{10}	58,3 a 139,3	6,98820	1451,792	215,111

TABELA B.5 Propriedades do Vapor Saturado: Tabela da Temperatura[a]

T(°C)	P(bar)	$\hat{V}$ (m³/kg) Água	$\hat{V}$ (m³/kg) Vapor	$\hat{U}$ (kJ/kg) Água	$\hat{U}$ (kJ/kg) Vapor	$\hat{H}$ (kJ/kg) Água	$\hat{H}$ (kJ/kg) Evaporação	$\hat{H}$ (kJ/kg) Vapor
0,01	0,00611	0,001000	206,2	zero	2375,6	+0,0	2501,6	2501,6
2	0,00705	0,001000	179,9	8,4	2378,3	8,4	2496,8	2505,2
4	0,00813	0,001000	157,3	16,8	2381,1	16,8	2492,1	2508,9
6	0,00935	0,001000	137,8	25,2	2383,8	25,2	2487,4	2512,6
8	0,01072	0,001000	121,0	33,6	2386,6	33,6	2482,6	2516,2
10	0,01227	0,001000	106,4	42,0	2389,3	42,0	2477,9	2519,9
12	0,01401	0,001000	93,8	50,4	2392,1	50,4	2473,2	2523,6
14	0,01597	0,001001	82,9	58,8	2394,8	58,8	2468,5	2527,2
16	0,01817	0,001001	73,4	67,1	2397,6	67,1	2463,8	2530,9
18	0,02062	0,001001	65,1	75,5	2400,3	75,5	2459,0	2534,5
20	0,0234	0,001002	57,8	83,9	2403,0	83,9	2454,3	2538,2
22	0,0264	0,001002	51,5	92,2	2405,8	92,2	2449,6	2541,8
24	0,0298	0,001003	45,9	100,6	2408,5	100,6	2444,9	2545,5
25	0,0317	0,001003	43,4	104,8	2409,9	104,8	2442,5	2547,3
26	0,0336	0,001003	41,0	108,9	2411,2	108,9	2440,2	2549,1
28	0,0378	0,001004	36,7	117,3	2414,0	117,3	2435,4	2552,7
30	0,0424	0,001004	32,9	125,7	2416,7	125,7	2430,7	2556,4
32	0,0475	0,001005	29,6	134,0	2419,4	134,0	2425,9	2560,0
34	0,0532	0,001006	26,6	142,4	2422,1	142,4	2421,2	2563,6
36	0,0594	0,001006	24,0	150,7	2424,8	150,7	2416,4	2567,2
38	0,0662	0,001007	21,6	159,1	2427,5	159,1	2411,7	2570,8
40	0,0738	0,001008	19,55	167,4	2430,2	167,5	2406,9	2574,4
42	0,0820	0,001009	17,69	175,8	2432,9	175,8	2402,1	2577,9
44	0,0910	0,001009	16,04	184,2	2435,6	184,2	2397,3	2581,5
46	0,1009	0,001010	14,56	192,5	2438,3	192,5	2392,5	2585,1
48	0,1116	0,001011	13,23	200,9	2440,9	200,9	2387,7	2588,6
50	0,1234	0,001012	12,05	209,2	2443,6	209,3	2382,9	2592,2
52	0,1361	0,001013	10,98	217,7	2446	217,7	2377	2595
54	0,1500	0,001014	10,02	226,0	2449	226,0	2373	2599
56	0,1651	0,001015	9,158	234,4	2451	234,4	2368	2602
58	0,1815	0,001016	8,380	242,8	2454	242,8	2363	2606
60	0,1992	0,001017	7,678	251,1	2456	251,1	2358	2609
62	0,2184	0,001018	7,043	259,5	2459	259,5	2353	2613
64	0,2391	0,001019	6,468	267,9	2461	267,9	2348	2616
66	0,2615	0,001020	5,947	276,2	2464	276,2	2343	2619
68	0,2856	0,001022	5,475	284,6	2467	284,6	2338	2623
70	0,3117	0,001023	5,045	293,0	2469	293,0	2333	2626
72	0,3396	0,001024	4,655	301,4	2472	301,4	2329	2630
74	0,3696	0,001025	4,299	309,8	2474	309,8	2323	2633
76	0,4019	0,001026	3,975	318,2	2476	318,2	2318	2636
78	0,4365	0,001028	3,679	326,4	2479	326,4	2313	2639
80	0,4736	0,001029	3,408	334,8	2482	334,9	2308	2643
82	0,5133	0,001030	3,161	343,2	2484	343,3	2303	2646
84	0,5558	0,001032	2,934	351,6	2487	351,7	2298	2650
86	0,6011	0,001033	2,727	360,0	2489	360,1	2293	2653
88	0,6495	0,001034	2,536	368,4	2491	368,5	2288	2656
90	0,7011	0,001036	2,361	376,9	2493	377,0	2282	2659
92	0,7560	0,001037	2,200	385,3	2496	385,4	2277	2662
94	0,8145	0,001039	2,052	393,7	2499	393,8	2272	2666
96	0,8767	0,001040	1,915	402,1	2501	402,2	2267	2669
98	0,9429	0,001042	1,789	410,6	2504	410,7	2262	2673
100	1,0131	0,001044	1,673	419,0	2507	419,1	2257	2676
102	1,0876	0,001045	1,566	427,1	2509	427,5	2251	2679

[a]De R. W. Haywood, *Thermodynamic Tables in SI (Metric) Units*, Cambridge University Press, London, 1968, $\hat{V}$ = volume específico, $\hat{U}$ = energia interna específica, e $\hat{H}$ = entalpia específica. *Nota:* kJ/kg × 0,4303 = Btu/lb$_m$.

TABELA B.6 Propriedades do Vapor Saturado: Tabela da Pressão[a]

		$\hat{V}$(m³/kg)		$\hat{U}$(kJ/kg)		$\hat{H}$(kJ/kg)		
P(bar)	T(°C)	Água	Vapor	Água	Vapor	Água	Evaporação	Vapor
0,00611	0,01	0,001000	206,2	zero	2375,6	0,0	2501,6	2501,6
0,008	3,8	0,001000	159,7	15,8	2380,7	15,8	2492,6	2508,5
0,010	7,0	0,001000	129,2	29,3	2385,2	29,3	2485,0	2514,4
0,012	9,7	0,001000	108,7	40,6	2388,9	40,6	2478,7	2519,3
0,014	12,0	0,001000	93,9	50,3	2392,0	50,3	2473,2	2523,5
0,016	14,0	0,001001	82,8	58,9	2394,8	58,9	2468,4	2527,3
0,018	15,9	0,001001	74,0	66,5	2397,4	66,5	2464,1	2530,6
0,020	17,5	0,001001	67,0	73,5	2399,6	73,5	2460,2	2533,6
0,022	19,0	0,001002	61,2	79,8	2401,7	79,8	2456,6	2536,4
0,024	20,4	0,001002	56,4	85,7	2403,6	85,7	2453,3	2539,0
0,026	21,7	0,001002	52,3	91,1	2405,4	91,1	2450,2	2541,3
0,028	23,0	0,001002	48,7	96,2	2407,1	96,2	2447,3	2543,6
0,030	24,1	0,001003	45,7	101,0	2408,6	101,0	2444,6	2545,6
0,035	26,7	0,001003	39,5	111,8	2412,2	111,8	2438,5	2550,4
0,040	29,0	0,001004	34,8	121,4	2415,3	121,4	2433,1	2554,5
0,045	31,0	0,001005	31,1	130,0	2418,1	130,0	2428,2	2558,2
0,050	32,9	0,001005	28,2	137,8	2420,6	137,8	2423,8	2561,6
0,060	36,2	0,001006	23,74	151,5	2425,1	151,5	2416,0	2567,5
0,070	39,0	0,001007	20,53	163,4	2428,9	163,4	2409,2	2572,6
0,080	41,5	0,001008	18,10	173,9	2432,3	173,9	2403,2	2577,1
0,090	43,8	0,001009	16,20	183,3	2435,3	183,3	2397,9	2581,1
0,10	45,8	0,001010	14,67	191,8	2438,0	191,8	2392,9	2584,8
0,11	47,7	0,001011	13,42	199,7	2440,5	199,7	2388,4	2588,1
0,12	49,4	0,001012	12,36	206,9	2442,8	206,9	2384,3	2591,2
0,13	51,1	0,001013	11,47	213,7	2445,0	213,7	2380,4	2594,0
0,14	52,6	0,001013	10,69	220,0	2447,0	220,0	2376,7	2596,7
0,15	54,0	0,001014	10,02	226,0	2448,9	226,0	2373,2	2599,2
0,16	55,3	0,001015	9,43	231,6	2450,6	231,6	2370,0	2601,6
0,17	56,6	0,001015	8,91	236,9	2452,3	236,9	2366,9	2603,8
0,18	57,8	0,001016	8,45	242,0	2453,9	242,0	2363,9	2605,9
0,19	59,0	0,001017	8,03	246,8	2455,4	246,8	2361,1	2607,9
0,20	60,1	0,001017	7,65	251,5	2456,9	251,5	2358,4	2609,9
0,22	62,2	0,001018	7,00	260,1	2459,6	260,1	2353,3	2613,5
0,24	64,1	0,001019	6,45	268,2	2462,1	268,2	2348,6	2616,8
0,26	65,9	0,001020	5,98	275,6	2464,4	275,7	2344,2	2619,9
0,28	67,5	0,001021	5,58	282,7	2466,5	282,7	2340,0	2622,7
0,30	69,1	0,001022	5,23	289,3	2468,6	289,3	2336,1	2625,4
0,35	72,7	0,001025	4,53	304,3	2473,1	304,3	2327,2	2631,5
0,40	75,9	0,001027	3,99	317,6	2477,1	317,7	2319,2	2636,9
0,45	78,7	0,001028	3,58	329,6	2480,7	329,6	2312,0	2641,7
0,50	81,3	0,001030	3,24	340,5	2484,0	340,6	2305,4	2646,0
0,55	83,7	0,001032	2,96	350,6	2486,9	350,6	2299,3	2649,9
0,60	86,0	0,001033	2,73	359,9	2489,7	359,9	2293,6	2653,6
0,65	88,0	0,001035	2,53	368,5	2492,2	368,6	2288,3	2656,9
0,70	90,0	0,001036	2,36	376,7	2494,5	376,8	2283,3	2660,1
0,75	91,8	0,001037	2,22	384,4	2496,7	384,5	2278,6	2663,0
0,80	93,5	0,001039	2,087	391,6	2498,8	391,7	2274,1	2665,8
0,85	95,2	0,001040	1,972	398,5	2500,8	398,6	2269,8	2668,4
0,90	96,7	0,001041	1,869	405,1	2502,6	405,2	2265,6	2670,9
0,95	98,2	0,001042	1,777	411,4	2504,4	411,5	2261,7	2673,2
1,00	99,6	0,001043	1,694	417,4	2506,1	417,5	2257,9	2675,4
1,01325 (1 atm)	100,0	0,001044	1,673	419,0	2506,5	419,1	2256,9	2676,0

[a]De R. W. Haywood, *Thermodynamic Tables in SI (Metric) Units*, Cambridge University Press, London, 1968, $\hat{V}$ = volume específico, $\hat{U}$ = energia interna específica, e $\hat{H}$ = entalpia específica. *Nota*: kJ/kg $\times$ 0,4303 = Btu/lb$_m$.

(*continua*)

TABELA B.6 (*Continuação*)

P(bar)	T(°C)	$\hat{V}$(m³/kg) Água	$\hat{V}$(m³/kg) Vapor	$\hat{U}$(kJ/kg) Água	$\hat{U}$(kJ/kg) Vapor	$\hat{H}$(kJ/kg) Água	$\hat{H}$(kJ/kg) Evaporação	$\hat{H}$(kJ/kg) Vapor
1,1	102,3	0,001046	1,549	428,7	2509,2	428,8	2250,8	2679,6
1,2	104,8	0,001048	1,428	439,2	2512,1	439,4	2244,1	2683,4
1,3	107,1	0,001049	1,325	449,1	2514,7	449,2	2237,8	2687,0
1,4	109,3	0,001051	1,236	458,3	2517,2	458,4	2231,9	2690,3
1,5	111,4	0,001053	1,159	467,0	2519,5	467,1	2226,2	2693,4
1,6	113,3	0,001055	1,091	475,2	2521,7	475,4	2220,9	2696,2
1,7	115,2	0,001056	1,031	483,0	2523,7	483,2	2215,7	2699,0
1,8	116,9	0,001058	0,977	490,5	2525,6	490,7	2210,8	2701,5
1,9	118,6	0,001059	0,929	497,6	2527,5	497,8	2206,1	2704,0
2,0	120,2	0,001061	0,885	504,5	2529,2	504,7	2201,6	2706,3
2,2	123,3	0,001064	0,810	517,4	2532,4	517,6	2193,0	2710,6
2,4	126,1	0,001066	0,746	529,4	2535,4	529,6	2184,9	2714,5
2,6	128,7	0,001069	0,693	540,6	2538,1	540,9	2177,3	2718,2
2,8	131,2	0,001071	0,646	551,1	2540,6	551,4	2170,1	2721,5
3,0	133,5	0,001074	0,606	561,1	2543,0	561,4	2163,2	2724,7
3,2	135,8	0,001076	0,570	570,6	2545,2	570,9	2156,7	2727,6
3,4	137,9	0,001078	0,538	579,6	2547,2	579,9	2150,4	2730,3
3,6	139,9	0,001080	0,510	588,1	2549,2	588,5	2144,4	2732,9
3,8	141,8	0,001082	0,485	596,4	2551,0	596,8	2138,6	2735,3
4,0	143,6	0,001084	0,462	604,2	2552,7	604,7	2133,0	2737,6
4,2	145,4	0,001086	0,442	611,8	2554,4	612,3	2127,5	2739,8
4,4	147,1	0,001088	0,423	619,1	2555,9	619,6	2122,3	2741,9
4,6	148,7	0,001089	0,405	626,2	2557,4	626,7	2117,2	2743,9
4,8	150,3	0,001091	0,389	633,0	2558,8	633,5	2112,2	2745,7
5,0	151,8	0,001093	0,375	639,6	2560,2	640,1	2107,4	2747,5
5,5	155,5	0,001097	0,342	655,2	2563,3	655,8	2095,9	2751,7
6,0	158,8	0,001101	0,315	669,8	2566,2	670,4	2085,0	2755,5
6,5	162,0	0,001105	0,292	683,4	2568,7	684,1	2074,7	2758,9
7,0	165,0	0,001108	0,273	696,3	2571,1	697,1	2064,9	2762,0
7,5	167,8	0,001112	0,2554	708,5	2573,3	709,3	2055,5	2764,8
8,0	170,4	0,001115	0,2403	720,0	2575,5	720,9	2046,5	2767,5
8,5	172,9	0,001118	0,2268	731,1	2577,1	732,0	2037,9	2769,9
9,0	175,4	0,001121	0,2148	741,6	2578,8	742,6	2029,5	2772,1
9,5	177,7	0,001124	0,2040	751,8	2580,4	752,8	2021,4	2774,2
10,0	179,9	0,001127	0,1943	761,5	2581,9	762,6	2013,6	2776,2
10,5	182,0	0,001130	0,1855	770,8	2583,3	772,0	2005,9	2778,0
11,0	184,1	0,001133	0,1774	779,9	2584,5	781,1	1998,5	2779,7
11,5	186,0	0,001136	0,1700	788,6	2585,8	789,9	1991,3	2781,3
12,0	188,0	0,001139	0,1632	797,1	2586,9	798,4	1984,3	2782,7
12,5	189,8	0,001141	0,1569	805,3	2588,0	806,7	1977,4	2784,1
13,0	191,6	0,001144	0,1511	813,2	2589,0	814,7	1970,7	2785,4
14	195,0	0,001149	0,1407	828,5	2590,8	830,1	1957,7	2787,8
15	198,3	0,001154	0,1317	842,9	2592,4	844,7	1945,2	2789,9
16	201,4	0,001159	0,1237	856,7	2593,8	858,6	1933,2	2791,7
17	204,3	0,001163	0,1166	869,9	2595,1	871,8	1921,5	2793,4
18	207,1	0,001168	0,1103	882,5	2596,3	884,6	1910,3	2794,8
19	209,8	0,001172	0,1047	894,6	2597,3	896,8	1899,3	2796,1
20	212,4	0,001177	0,0995	906,2	2598,2	908,6	1888,6	2797,2
21	214,9	0,001181	0,0949	917,5	2598,9	920,0	1878,2	2798,2
22	217,2	0,001185	0,0907	928,3	2599,6	931,0	1868,1	2799,1
23	219,6	0,001189	0,0868	938,9	2600,2	941,6	1858,2	2799,8
24	221,8	0,001193	0,0832	949,1	2600,7	951,9	1848,5	2800,4
25	223,9	0,001197	0,0799	959,0	2601	962,0	1839,0	2800,9
26	226,0	0,001201	0,0769	968,6	2602	971,7	1829,6	2801,4
27	228,1	0,001205	0,0740	978,0	2602	981,2	1820,5	2801,7
28	230,0	0,001209	0,0714	987,1	2602,1	990,5	1811,5	2802,0
29	232,0	0,001213	0,0689	996,0	2602,3	999,5	1802,6	2802,2
30	233,8	0,001216	0,0666	1004,7	2602,4	1008,4	1793,9	2802,3
32	237,4	0,001224	0,0624	1021,5	2602,5	1025,4	1776,9	2802,3
34	240,9	0,001231	0,0587	1037,6	2602,5	1041,8	1760,3	2802,1

(*continua*)

TABELA B.6 *(Continuação)*

P(bar)	T(°C)	$\hat{V}$ (m³/kg) Água	$\hat{V}$ Vapor	$\hat{U}$ (kJ/kg) Água	$\hat{U}$ Vapor	$\hat{H}$ (kJ/kg) Água	$\hat{H}$ Evaporação	$\hat{H}$ Vapor
36	244,2	0,001238	0,0554	1053,1	2602,2	1057,6	1744,2	2801,7
38	247,3	0,001245	0,0524	1068,0	2601,9	1072,7	1728,4	2801,1
40	250,3	0,001252	0,0497	1082,4	2601,3	1087,4	1712,9	2800,3
42	253,2	0,001259	0,0473	1096,3	2600,7	1101,6	1697,8	2799,4
44	256,0	0,001266	0,0451	1109,8	2599,9	1115,4	1682,9	2798,3
46	258,8	0,001272	0,0430	1122,9	2599,1	1128,8	1668,3	2797,1
48	261,4	0,001279	0,0412	1135,6	2598,1	1141,8	1653,9	2795,7
50	263,9	0,001286	0,0394	1148,0	2597,0	1154,5	1639,7	2794,2
52	266,4	0,001292	0,0378	1160,1	2595,9	1166,8	1625,7	2792,6
54	268,8	0,001299	0,0363	1171,9	2594,6	1178,9	1611,9	2790,8
56	271,1	0,001306	0,0349	1183,5	2593,3	1190,8	1598,2	2789,0
58	273,3	0,001312	0,0337	1194,7	2591,9	1202,3	1584,7	2787,0
60	275,6	0,001319	0,0324	1205,8	2590,4	1213,7	1571,3	2785,0
62	277,7	0,001325	0,0313	1216,6	2588,8	1224,8	1558,0	2782,9
64	279,8	0,001332	0,0302	1227,2	2587,2	1235,7	1544,9	2780,6
66	281,8	0,001338	0,0292	1237,6	2585,5	1246,5	1531,9	2778,3
68	283,8	0,001345	0,0283	1247,9	2583,7	1257,0	1518,9	2775,9
70	285,8	0,001351	0,0274	1258,0	2581,8	1267,4	1506,0	2773,5
72	287,7	0,001358	0,0265	1267,9	2579,9	1277,6	1493,3	2770,9
74	289,6	0,001364	0,0257	1277,6	2578,0	1287,7	1480,5	2768,3
76	291,4	0,001371	0,0249	1287,2	2575,9	1297,6	1467,9	2765,5
78	293,2	0,001378	0,0242	1296,7	2573,8	1307,4	1455,3	2762,8
80	295,0	0,001384	0,0235	1306,0	2571,7	1317,1	1442,8	2759,9
82	296,7	0,001391	0,0229	1315,2	2569,5	1326,6	1430,3	2757,0
84	298,4	0,001398	0,0222	1324,3	2567,2	1336,1	1417,9	2754,0
86	300,1	0,001404	0,0216	1333,3	2564,9	1345,4	1405,5	2750,9
88	301,7	0,001411	0,0210	1342,2	2562,6	1354,6	1393,2	2747,8
90	303,3	0,001418	0,02050	1351,0	2560,1	1363,7	1380,9	2744,6
92	304,9	0,001425	0,01996	1359,7	2557,7	1372,8	1368,6	2741,4
94	306,4	0,001432	0,01945	1368,2	2555,2	1381,7	1356,3	2738,0
96	308,0	0,001439	0,01897	1376,7	2552,6	1390,6	1344,1	2734,7
98	309,5	0,001446	0,01849	1385,2	2550,0	1399,3	1331,9	2731,2
100	311,0	0,001453	0,01804	1393,5	2547,3	1408,0	1319,7	2727,7
105	314,6	0,001470	0,01698	1414,1	2540,4	1429,5	1289,2	2718,7
110	318,0	0,001489	0,01601	1434,2	2533,2	1450,6	1258,7	2709,3
115	321,4	0,001507	0,01511	1454,0	2525,7	1471,3	1228,2	2699,5
120	324,6	0,001527	0,01428	1473,4	2517,8	1491,8	1197,4	2689,2
125	327,8	0,001547	0,01351	1492,7	2509,4	1512,0	1166,4	2678,4
130	330,8	0,001567	0,01280	1511,6	2500,6	1532,0	1135,0	2667,0
135	333,8	0,001588	0,01213	1530,4	2491,3	1551,9	1103,1	2655,0
140	336,6	0,001611	0,01150	1549,1	2481,4	1571,6	1070,7	2642,4
145	339,4	0,001634	0,01090	1567,5	2471,0	1591,3	1037,7	2629,1
150	342,1	0,001658	0,01034	1586,1	2459,9	1611,0	1004,0	2615,0
155	344,8	0,001683	0,00981	1604,6	2448,2	1630,7	969,6	2600,3
160	347,3	0,001710	0,00931	1623,2	2436,0	1650,5	934,3	2584,9
165	349,8	0,001739	0,00883	1641,8	2423,1	1670,5	898,3	2568,8
170	352,3	0,001770	0,00837	1661,6	2409,3	1691,7	859,9	2551,6
175	354,6	0,001803	0,00793	1681,8	2394,6	1713,3	820,0	2533,3
180	357,0	0,001840	0,00750	1701,7	2379,9	1734,8	779,1	2513,9
185	359,2	0,001881	0,00708	1721,7	2362,1	1756,6	736,6	2493,1
190	361,4	0,001926	0,00668	1742,1	2343,8	1778,7	692,0	2470,6
195	363,6	0,001977	0,00628	1763,2	2323,6	1801,8	644,2	2446,0
200	365,7	0,000204	0,00588	1785,7	2300,8	1826,5	591,9	2418,4
205	367,8	0,000211	0,00546	1810,7	2274,4	1853,9	532,5	2386,4
210	369,8	0,000220	0,00502	1840,0	2242,1	1886,3	461,3	2347,6
215	371,8	0,000234	0,00451	1878,6	2198,1	1928,9	366,2	2295,2
220	373,7	0,000267	0,00373	1952	2114	2011	185	2196
221,2	374,15	0,000317	0,00317	2038	2038	2108	0	2108

(Ponto crítico)

TABELA B.7 Propriedades do Vapor Superaquecido[a]

P (bar) (T sat. °C)		Água Saturada	Vapor Saturado	Temperatura (°C) → 50	75	100	150	200	250	300	350
0,0	$\hat{H}$	—	—	2595	2642	2689	2784	2880	2978	3077	3177
(—)	$\hat{U}$	—	—	2446	2481	2517	2589	2662	2736	2812	2890
	$\hat{V}$	—	—	—	—	—	—	—	—	—	—
0,1	$\hat{H}$	191,8	2584,8	2593	2640	2688	2783	2880	2977	3077	3177
(45,8)	$\hat{U}$	191,8	2438,0	2444	2480	2516	2588	2661	2736	2812	2890
	$\hat{V}$	0,00101	14,7	14,8	16,0	17,2	19,5	21,8	24,2	26,5	28,7
0,5	$\hat{H}$	340,6	2646,0	209,3	313,9	2683	2780	2878	2979	3076	3177
(81,3)	$\hat{U}$	340,6	2484,0	209,2	313,9	2512	2586	2660	2735	2811	2889
	$\hat{V}$	0,00103	3,24	0,00101	0,00103	3,41	3,89	4,35	4,83	5,29	5,75
1,0	$\hat{H}$	417,5	2675,4	209,3	314,0	2676	2776	2875	2975	3074	3176
(99,6)	$\hat{U}$	417,5	2506,1	209,2	313,9	2507	2583	2658	2734	2811	2889
	$\hat{V}$	0,00104	1,69	0,00101	0,00103	1,69	1,94	2,17	2,4	2,64	2,87
5,0	$\hat{H}$	640,1	2747,5	209,7	314,3	419,4	632,2	2855	2961	3065	3168
(151,8)	$\hat{U}$	639,6	2560,2	209,2	313,8	418,8	631,6	2643	2724	2803	2883
	$\hat{V}$	0,00109	0,375	0,00101	0,00103	0,00104	0,00109	0,425	0,474	0,522	0,571
10	$\hat{H}$	762,6	2776,2	210,1	314,7	419,7	632,5	2827	2943	3052	3159
(179,9)	$\hat{U}$	761,5	2582	209,1	313,7	418,7	631,4	2621	2710	2794	2876
	$\hat{V}$	0,00113	0,194	0,00101	0,00103	0,00104	0,00109	0,206	0,233	0,258	0,282
20	$\hat{H}$	908,6	2797,2	211,0	315,5	420,5	633,1	852,6	2902	3025	3139
(212,4)	$\hat{U}$	906,2	2598,2	209,0	313,5	418,4	603,9	850,2	2679	2774	2862
	$\hat{V}$	0,00118	0,09950	0,00101	0,00102	0,00104	0,00109	0,00116	0,111	0,125	0,139
40	$\hat{H}$	1087,4	2800,3	212,7	317,1	422	634,3	853,4	1085,8	2962	3095
(250,3)	$\hat{U}$	1082,4	2601,3	208,6	313,0	417,8	630,0	848,8	1080,8	2727	2829
	$\hat{V}$	0,00125	0,04975	0,00101	0,00102	0,00104	0,00109	0,00115	0,00125	0,0588	0,0665
60	$\hat{H}$	1213,7	2785,0	214,4	318,7	423,5	635,6	854,2	1085,8	2885	3046
(275,6)	$\hat{U}$	1205,8	2590,4	208,3	312,6	417,3	629,1	847,3	1078,3	2668	2792
	$\hat{V}$	0,00132	0,0325	0,00101	0,00103	0,00104	0,00109	0,00115	0,00125	0,0361	0,0422
80	$\hat{H}$	1317,1	2759,9	216,1	320,3	425,0	636,8	855,1	1085,8	2787	2990
(295,0)	$\hat{U}$	1306,0	2571,7	208,1	312,3	416,7	628,2	845,9	1075,8	2593	2750
	$\hat{V}$	0,00139	0,0235	0,00101	0,00102	0,00104	0,00109	0,00115	0,00124	0,0243	0,0299
100	$\hat{H}$	1408,0	2727,7	217,8	322,9	426,5	638,1	855,9	1085,8	1343,4	2926
(311,0)	$\hat{U}$	1393,5	2547,3	207,8	311,7	416,1	627,3	844,4	1073,4	1329,4	2702
	$\hat{V}$	0,00145	0,0181	0,00101	0,00102	0,00104	0,00109	0,00115	0,00124	0,0014	0,0224
150	$\hat{H}$	1611,0	2615,0	222,1	326,0	430,3	641,3	858,1	1086,2	1338,2	2695
(342,1)	$\hat{U}$	1586,1	2459,9	207,0	310,7	414,7	625,0	841,0	1067,7	1317,6	2523
	$\hat{V}$	0,00166	0,0103	0,00101	0,00102	0,00104	0,00108	0,00114	0,00123	0,00138	0,0115
200	$\hat{H}$	1826,5	2418,4	226,4	330,0	434,0	644,5	860,4	1086,7	1334,3	1647,1
(365,7)	$\hat{U}$	1785,7	2300,8	206,3	309,7	413,2	622,9	837,7	1062,2	1307,1	1613,7
	$\hat{V}$	0,00204	0,005875	0,00100	0,00102	0,00103	0,00108	0,00114	0,00122	0,00136	0,00167
221,2(P_c)	$\hat{H}$	2108	2108	228,2	331,7	435,7	645,8	861,4	1087,0	1332,8	1635,5
(374,15)(T_c)	$\hat{U}$	2037,8	2037,8	206,0	309,2	412,8	622,0	836,3	1060,0	1302,9	1600,3
	$\hat{V}$	0,00317	0,00317	0,00100	0,00102	0,00103	0,00108	0,00114	0,00122	0,00135	0,00163
250	$\hat{H}$	—	—	230,7	334	437,8	647,7	862,8	1087,5	1331,1	1625,0
(—)	$\hat{U}$	—	—	205,7	308,7	412,1	620,8	834,4	1057,0	1297,5	1585,0
	$\hat{V}$	—	—	0,00100	0,00101	0,00103	0,00108	0,00113	0,00122	0,00135	0,00160
300	$\hat{H}$	—	—	235,0	338,1	441,6	650,9	865,2	1088,4	1328,7	1609,9
(—)	$\hat{U}$	—	—	205,0	307,7	410,8	618,7	831,3	1052,1	1288,7	1563,3
	$\hat{V}$	—	—	0,0009990	0,00101	0,00103	0,00107	0,00113	0,00121	0,00133	0,00155
500	$\hat{H}$	—	—	251,9	354,2	456,8	664,1	875,4	1093,6	1323,7	1576,3
(—)	$\hat{U}$	—	—	202,4	304,0	405,8	611,0	819,7	1034,3	1259,3	1504,1
	$\hat{V}$	—	—	0,0009911	0,001	0,00102	0,00106	0,00111	0,00119	0,00129	0,00144
1000	$\hat{H}$	—	—	293,9	394,3	495,1	698,0	903,5	1113,0	1328,7	1550,5
(—)	$\hat{U}$	—	—	196,5	295,7	395,1	594,4	795,3	999,0	1207,1	1419,0
	$\hat{V}$	—	—	0,0009737	0,0009852	0,001000	0,00104	0,00108	0,00114	0,00122	0,00131

[a]Adaptado de R. W. Haywood, *Thermodynamic Tables in SI (Metric) Units*, Cambridge University Press, London, 1968. A água é um líquido na região fechada entre 50°C e 350°C. $\hat{H}$ = entalpia específica (kJ/kg), $\hat{U}$ = energia interna específica (kJ/kg), $\hat{V}$ = volume específico (m³/kg). *Nota:* kJ/kg × 0,4303 = Btu/lb$_m$.

(continua)

TABELA B.7 (*Continuação*)

P (bar) ($T_{sat.}°C$)		Temperatura (°C) → 400	450	500	550	600	650	700	750
0,0	$\hat{H}$	3280	3384	3497	3597	3706	3816	3929	4043
(—)	$\hat{U}$	2969	3050	3132	3217	3303	3390	3480	3591
	$\hat{V}$	—	—	—	—	—	—	—	—
0,1	$\hat{H}$	3280	3384	3489	3596	3706	3816	3929	4043
(45,8)	$\hat{U}$	2969	3050	3132	3217	3303	3390	3480	3571
	$\hat{V}$	21,1	33,3	35,7	38,0	40,3	42,6	44,8	47,2
0,5	$\hat{H}$	3279	3383	3489	3596	3705	3816	3929	4043
(81,3)	$\hat{U}$	2969	3049	3132	3216	3302	3390	3480	3571
	$\hat{V}$	6,21	6,67	7,14	7,58	8,06	8,55	9,01	9,43
1,0	$\hat{H}$	3278	3382	3488	3596	3705	3816	3928	4042
(99,6)	$\hat{U}$	2968	3049	3132	3216	3302	3390	3479	3570
	$\hat{V}$	3,11	3,33	3,57	3,80	4,03	4,26	4,48	4,72
5,0	$\hat{H}$	3272	3379	3484	3592	3702	3813	3926	4040
(151,8)	$\hat{U}$	2964	3045	3128	3213	3300	3388	3477	3569
	$\hat{V}$	0,617	0,664	0,711	0,758	0,804	0,850	0,897	0,943
10	$\hat{H}$	3264	3371	3478	3587	3697	3809	3923	4038
(179,9)	$\hat{U}$	2958	3041	3124	3210	3296	3385	3475	3567
	$\hat{V}$	0,307	0,330	0,353	0,377	0,402	0,424	0,448	0,472
20	$\hat{H}$	3249	3358	3467	3578	3689	3802	3916	4032
(212,4)	$\hat{U}$	2946	3031	3115	3202	3290	3379	3470	3562
	$\hat{V}$	0,151	0,163	0,175	0,188	0,200	0,021	0,223	0,235
40	$\hat{H}$	3216	3331	3445	3559	3673	3788	3904	4021
(250,3)	$\hat{U}$	2922	3011	3100	3188	3278	3368	3460	3554
	$\hat{V}$	0,0734	0,0799	0,0864	0,0926	0,0987	0,105	0,111	0,117
60	$\hat{H}$	3180	3303	3422	3539	3657	3774	3892	4011
(275,6)	$\hat{U}$	2896	2991	3083	3174	3265	3357	3451	3545
	$\hat{V}$	0,0474	0,0521	0,0566	0,0609	0,0652	0,0693	0,0735	0,0776
80	$\hat{H}$	3142	3274	3399	3520	3640	3759	3879	4000
(295,0)	$\hat{U}$	2867	2969	3065,0	3159	3252	3346	3441	3537
	$\hat{V}$	0,0344	0,0382	0,0417	0,0450	0,0483	0,0515	0,0547	0,0578
100	$\hat{H}$	3100	3244	3375	3500	3623	3745	3867	3989
(311,0)	$\hat{U}$	2836	2946	3047	3144	3240	3335	3431	3528
	$\hat{V}$	0,0264	0,0298	0,0328	0,0356	0,0383	0,0410	0,0435	0,0461
150	$\hat{H}$	2975	3160	3311	3448	3580	3708	3835	3962
(342,1)	$\hat{U}$	2744	2883	2999	3105	3207	3307	3407	3507
	$\hat{V}$	0,0157	0,0185	0,0208	0,0229	0,0249	0,0267	0,0286	0,0304
200	$\hat{H}$	2820	3064	3241	3394	3536	3671	3804	3935
(365,7)	$\hat{U}$	2622	2810	2946	3063	3172	3278	3382	3485
	$\hat{V}$	0,009950	0,0127	0,0148	0,0166	0,0182	0,1970	0,2110	0,0225
221,2(P_c)	$\hat{H}$	2733	3020	3210	3370	3516	3655	3790	3923
(374,15)(T_c)	$\hat{U}$	2553	2776	2922	3045	3157	3265	3371	3476
	$\hat{V}$	0,008157	0,0110	0,0130	0,0147	0,0162	0,0176	0,0190	0,0202
250	$\hat{H}$	2582	2954	3166	3337	3490	3633	3772	3908
(—)	$\hat{U}$	2432	2725	2888	3019	3137	3248	3356	3463
	$\hat{V}$	0,006013	0,009174	0,0111	0,0127	0,0141	0,0143	0,0166	0,0178
300	$\hat{H}$	2162	2826	3085	3277	3443	3595	3740	3880
(—)	$\hat{U}$	2077	2623	2825	2972	3100	3218	3330	3441
	$\hat{V}$	0,002830	0,006734	0,008680	0,0102	0,0114	0,0126	0,0136	0,0147
500	$\hat{H}$	1878	2293	2723	3021	3248	3439	3610	3771
(—)	$\hat{U}$	1791	2169	2529	2765	2946	3091	3224	3350
	$\hat{V}$	0,001726	0,002491	0,003882	0,005112	0,006112	0,007000	0,007722	0,008418
1000	$\hat{H}$	1798	2051	2316	2594	2857	3105	3324	3526
(—)	$\hat{U}$	1653	1888	2127	2369,0	2591	2795,0	2971	3131
	$\hat{V}$	0,001446	0,001628	0,001893	0,002246	0,002668	0,003106	0,003536	0,003953

TABELA B.8 Entalpias Específicas de Gases Selecionados: Unidades SI

$\hat{H}$ (kJ/mol)

Estado de referência: Gás, P_{ref} = 1 atm, T_{ref} = 25°C

T	Ar	O_2	N_2	H_2	CO	CO_2	H_2O
0	−0,72	−0,73	−0,73	−0,72	−0,73	−0,92	−0,84
25	0,00	0,00	0,00	0,00	0,00	0,00	0,00
100	2,19	2,24	2,19	2,16	2,19	2,90	2,54
200	5,15	5,31	5,13	5,06	5,16	7,08	6,01
300	8,17	8,47	8,12	7,96	8,17	11,58	9,57
400	11,24	11,72	11,15	10,89	11,25	16,35	13,23
500	14,37	15,03	14,24	13,83	14,38	21,34	17,01
600	17,55	18,41	17,39	16,81	17,57	26,53	20,91
700	20,80	21,86	20,59	19,81	20,82	31,88	24,92
800	24,10	25,35	23,86	22,85	24,13	37,36	29,05
900	27,46	28,89	27,19	25,93	27,49	42,94	33,32
1000	30,86	32,47	30,56	29,04	30,91	48,60	37,69
1100	34,31	36,07	33,99	32,19	34,37	54,33	42,18
1200	37,81	39,70	37,46	35,39	37,87	60,14	46,78
1300	41,34	43,38	40,97	38,62	41,40	65,98	51,47
1400	44,89	47,07	44,51	41,90	44,95	71,89	56,25
1500	48,45	50,77	48,06	45,22	48,51	77,84	61,09

TABELA B.9 Entalpias Específicas de Gases Selecionados: Unidades Americanas de Engenharia

$\hat{H}$ (Btu/lb-mol)

Estado de referência: Gás, P_{ref} = 1 atm, T_{ref} = 77°F

T	Ar	O_2	N_2	H_2	CO	CO_2	H_2O
32	−312	−315	−312	−310	−312	−394	−361
77	0	0	0	0	0	0	0
100	160	162	160	159	160	206	185
200	858	875	857	848	859	1132	996
300	1563	1602	1558	1539	1564	2108	1818
400	2275	2342	2265	2231	2276	3129	2652
500	2993	3094	2976	2925	2994	4192	3499
600	3719	3858	3694	3621	3720	5293	4359
700	4451	4633	4418	4319	4454	6429	5233
800	5192	5418	5150	5021	5195	7599	6122
900	5940	6212	5889	5725	5945	8790	7025
1000	6695	7015	6635	6433	6702	10015	7944
1100	7459	7826	7399	7145	7467	11263	8880
1200	8230	8645	8151	7861	8239	12533	9831
1300	9010	9471	8922	8581	9021	13820	10799
1400	9797	10304	9699	9306	9809	15122	11783
1500	10590	11142	10485	10035	10606	16436	12783
1600	11392	11988	11278	10769	11409	17773	13798
1700	12200	12836	12080	11509	12220	19119	14831
1800	13016	13691	12888	12254	13036	20469	15877
1900	13837	14551	13702	13003	13858	21840	16941
2000	14663	15415	14524	13759	14688	23211	18019

TABELA B.10   **Capacidades Caloríficas Atômicas para a Regra de Kopp**[a]

Elemento	C_{pa} [J/(g-átomo·°C)]	
	Sólidos	Líquidos
C	7,5	12
H	9,6	18
B	11	20
Si	16	24
O	17	25
F	21	29
P	23	31
S	26	31
Todos os Outros	26	33

[a]D. M. Himmelblau, *Basic Principles and Calculations in Chemical Engineering*, 3.ª edição, Prentice-Hall, Englewood Cliffs, NJ, 1974, pág. 270.

TABELA B.11   **Calores Integrais de Solução e de Mistura de 25°C**[a]

r(mol H$_2$O/mol soluto)	$(\Delta \hat{H}_s)_{HCl(g)}$ kJ/mol HCl	$(\Delta \hat{H}_s)_{NaOH(s)}$ kJ/mol NaOH	$(\Delta \hat{H}_m)_{H_2SO_4}$ kJ/mol H$_2$SO$_4$
0,5	—	—	−15,73
1	−26,22	—	−28,07
1,5	—	—	−36,90
2	−48,82	—	−41,92
3	−56,85	−28,87	−48,99
4	−61,20	−34,43	−54,06
5	−64,05	−37,74	−58,03
10	−69,49	−42,51	−67,03
20	−71,78	−42,84	—
25	—	—	−72,30
30	−72,59	−42,72	—
40	−73,00	−42,59	—
50	−73,26	−42,51	−73,34
100	−73,85	−42,34	−73,97
200	−74,20	−42,26	—
500	−74,52	−42,38	−76,73
1 000	−74,68	−42,47	−78,57
2 000	−74,82	−42,55	—
5 000	−74,93	−42,68	−84,43
10 000	−74,99	−42,72	−87,07
50 000	−75,08	−42,80	—
100 000	−75,10	—	−93,64
500 000	—	—	−95,31
∞	−75,14	−42,89	−96,19

[a]De J. C. Whitwell e R. K. Toner, *Conservation of Mass and Energy*, págs. 344-346. Copyright © 1969 por McGraw-Hill, Inc. Usado com permissão de McGraw-Hill.

Respostas dos Testes

Capítulo 2

Seção 2.2

1. Uma razão de valores equivalentes de uma quantidade expressa em diferentes unidades.
2. $(60\text{ s})/(1\text{ min})$
3. $(1\text{ min}^2)/3600\text{ s}^2)$
4. $(1\text{ m}^3)/(10^6\text{ cm}^3)$

Seção 2.3

1. **(a)** $(1000\text{ mm})/(1\text{ m})$; **(b)** $(10^{-9}\text{ s})/(1\text{ ns})$:
   (c) $(1\text{ m}^2)/(10^4\text{ cm}^2)$; **(d)** $(1\text{ m}^3)/(35{,}3145\text{ ft}^3)$;
   (e) $(9{,}486 \times 10^{-4}\text{ Btu/s})/(1{,}341 \times 10^{-3}\text{ hp})$
2. m/s; cm/s; ft/s

Seção 2.4

1. 2 N; $(2/32{,}174)$ lb$_f$
2. Não
3. 1 kg; igual; menor
4. 2 lb$_m$; igual; menor

Seção 2.5a

1. **(a)** $1{,}22 \times 10^4$ (3 d.s.); **(b)** $1{,}22000 \times 10^4$ (6 d.s.);
   (c) $3{,}040 \times 10^{-3}$ (4 d.s.)
2. **(a)** 134.000 (3 d.s.); **(b)** 0,01340 (4 d.s.); **(c)** 4200 (3 d.s.)
3. **(a)** 3 d.s.; **(b)** 2 d.s.; **(c)** 3 d.s., 11,2; **(d)** 2 d.s., 12
4. **(a)** 1460; **(b)** 13,4; **(c)** $1{,}76 \times 10^{-7}$
5. **(a)** 4,25–4,35; **(b)** 4,295–4,305;
   (c) $2{,}7775 \times 10^{-3} - 2{,}7785 \times 10^{-3}$;
   (d) 2450–2550; **(e)** 2499,5–2500,5

Seção 2.5c

1. Quebras, paradas planejadas ou não, instalação de equipamentos na segunda semana. (Existem muitas outras possibilidades.)
2. 35,5 ou 35 bateladas/semana.
3. 40 bateladas/semana. A segunda semana foi claramente atípica e não deve influenciar na predição.

Seção 2.5d

(a) $\overline{V} = 237{,}4\text{ cm}^3/\text{s}$, intervalo $= 21\text{ cm}^3/\text{s}$, $s_V^2 = 66{,}3\text{ cm}^6/\text{s}^2$,
   $s_V = 8{,}1\text{ cm}^3/\text{s}$
(b) $\dot{V} = 237{,}4\text{ cm}^3/\text{s} \pm 16{,}2\text{ cm}^3/\text{s}$

Seção 2.6

1. Todos os termos aditivos têm as mesmas dimensões. Não. Sim.
2. $\text{m}^{-2} \cdot \text{s}^{-2}$
3. Uma combinação multiplicativa de fatores sem unidades; st^2/r ou r/st^2.
4. $a(\text{lb}_f)$; Q é adimensional.

Seção 2.7a

1. Substituir na Equação 2.7-1.
2. Correto; muito alto; muito baixo; muito baixo.

Seção2.7c

1. $y = a(x^2 - 2)$
2. **(b)** Plote $1/y$ versus $(x - 3)^2$: $a =$ inclinação, $b =$ intercepto.
   (c) Plote y^3 versus x^2; $a =$ inclinação, $b = -$intercepto.
   (d) Plote $\sqrt{x/\text{sen } y}$ versus x: $a =$ inclinação, $b =$ intercepto.
   (e) Plote $\ln y$ versus x: $b = \ln(y_2/y_1)/(x_2 - x_1)$,
      $\ln a = \ln y_1 - bx_1$, $a = e^{\ln a}$.
   (f) Plote $\ln y$ versus $\ln x$: $b = \ln(y_2/y_1)/\ln(x_2/x_1)$,
      $\ln a = \ln y_1 - b\ln x_1$, $a = e^{\ln a}$.

Seção 2.7d

1. **(a)** $P = at + b$; **(b)** $P = ae^{bt}$;
   (c) $P = at^b$; **(d)** $y^2 = 3 + a\exp(b/x^2)$;
   (e) $1/F = a(t^2 - 4)^b$.
2. **(a)** P versus t em um papel semilog;
   (b) P versus t em papel log;
   (c) P^2 versus t^3 em papel semilog;
   (d) $1/P$ (ou P) versus $(t - 4)$ em papel log.

Capítulo 3

Seção 3.1

1. Adimensional.
2. 0,50 g/cm^3; 2,0 cm^3/g; 31 lb$_m$/ft^3; 1,5 g; 36 cm^3
3. Sim
4. Não — possivelmente foram usadas diferentes massas específicas de referência para cada um.
5. $\rho_{H_2O(s)} < \rho_{H_2O(l)}$; $\rho_{NBA(s)} > \rho_{NBA(l)}$
6. Quando T aumenta, o mercúrio no termômetro se expande. A temperaturas maiores, a mesma massa de mercúrio ocupa um volume maior, significando que a massa específica do mercúrio $(= m/V)$ *diminui*.

Seção 3.2a

1. 10,0 cm^3/s
2. 159,5 g/min
3. Igual; igual; maior na saída.

Seção 3.2b

1. 100 mL/min; 100 g/min
2. Medidores de fluxo — veja Figura 3.2-1
3. Muito baixa (o gás é muito menos denso, de forma que deve escoar com uma vazão muito maior que o líquido para elevar o flutuador até a mesma posição).

Seção 3.3a

1. **(a)** $6{,}02 \times 10^{23}$ moléculas;
   (b) M gramas
2. O peso molecular da espécie expresso em toneladas.
3. **(a)** 1 lb-mol, 2 lb$_m$
   (b) 2 lb-mol, 2 lb$_m$
4. 2000
5. 50×10^3 mol/h
6. $1{,}4 \times 10^{-4}$ mol

Seção 3.3b

1. **(a)** $80/81$; **(b)** $0,5$
2. $0,25\,lb_m\ A/lb_m$; $0,75\,lb_m\ B/lb_m$; $0,333\ mol\ A/mol$; $0,667\ mol\ B/mol$; $100\,lb_m\ A/min$; $100\ lb\text{-}mol\ B/min$; $400\,lb_m/min$; $150\ lb\text{-}mol/min$

Seção 3.3c

1. n/V (mol/L)
2. nM/V (g/L)
3. $(20/C_A)$ (L)
4. $(120\,c_A)$ g/h

Seção 3.3d

1. 68×10^{-6} kg creatinina/kg de sangue (ou g/g ou lb_m/lb_m)
2. 68 mg de creatinina
3. $0,0721$ g creatinina/L de sangue (concentração de sangue $= 1060$ kg/m^3)

Seção 3.4a

1. Veja as Figs. 3.4-1 e 3.4-2 e Equação 3.4-2.
2. A pressão do fluido é maior no fundo que no topo (efeito da carga hidrostática). Não. Talvez. Sim. (As respostas dependem do tamanho do tanque.)
3. Não. Converta 1300 mm Hg em (digamos) dinas/cm^2 e multiplique depois por 4 cm^2 para calcular F(dinas).
4. 79 mm Hg

Seção 3.4b

1. Não
2. Pressão em relação ao vácuo; pressão em relação à pressão atmosférica.
3. 735 mm Hg (absoluto); 20 mm Hg de vácuo.
4. 4 polegadas de Hg; 33,9 polegadas de Hg

Seção 3.4c

1. Veja a Figura 3.4-3; 0–7000 atm; relativa.
2. Veja a Figura 3.4-4.
3. **(a)** Verdadeiro; **(b)** verdadeiro; **(c)** falso
4. -14 mm Hg

Seção 3.5

1. Submerso em uma mistura água-gelo, marque o nível como $0\,°C$. Submerso em água fervente, marque o nível como $100\,°C$. Divida 0 a 100 em 100 subintervalos iguais, rotulando-os apropriadamente.
2. $1\,°C$
3. $1\,°C$

Capítulo 4

Seção 4.1

1. Semibatelada, transiente
2. Batelada, transiente
3. Semibatelada, transiente
4. **(a)** Contínuo, transiente;
   (b) contínuo; estado estacionário

Seção 4.2d

3. Estado estacionário, sem reação ou sem mudança líquida no número de moles na reação (por exemplo, A → B mas não A → 2B ou A + B → C).

4. Estado estacionário, A não é reativo.
5. Estado estacionário, sem mudança na massa específica da entrada para a saída. (Uma boa aproximação para líquidos e sólidos, embora requeira efetivamente nenhuma reação e temperatura e pressão constantes para gases.)

Seção 4.3a

2. $\dot{m}_T = 250(1-x)/60$
3. $n = (75)(1{,}595)/(154)$
4. $\dot{m} = 50 + \dot{m}_{dg}$; $\dot{m}_{co} = 0{,}25\dot{m}_{dg}$; $y = 0{,}75\dot{m}_{dg}/(50 + \dot{m}_{dg})$

Seção 4.3b

1. (átomos)$_{entrada}$ = (átomos)$_{saída}$ para cada espécie atômica; multiplique todas as quantidades das correntes por um fator constante; uma quantidade admitida de uma corrente de entrada ou de saída.
2. **(a)** As vazões são 1000, 20.000 e 21.000 (todas em kmol/h), as frações molares permanecem as mesmas.
   (b) As vazões são 200, 100 e 100 (todas em lb_m/min), as frações mássicas permanecem as mesmas.

Seção 4.3c

1. H_2: $(5\ lb_m)_{entrada} = (1\ lb_m + 4\ lb_m)_{saída}$; O_2: $(5\ lb_m)_{entrada} = (4 lb_m + 1\ lb_m)_{saída}$; massa total: $(10\ lb_m)_{entrada} = (10\ lb_m)_{saída}$.
2. Balanço de B, resolva para $\dot{m}_1$; balanço de C, resolva para x; balanço de massa total, resolva para $\dot{m}_2$.

Seção 4.6a

1. Sim
2. 4
3. (4 mols H_2O produtos)/(6 mols O_2 consumidos)
4. $(400)(6)/(4) = 600$
5. 200 mols/min

Seção 4.6b

1. C_2H_4
2. 100%
3. 50 kmol O_2; 100 kmol C_2H_4O; 50 kmol
4. 50 kmol C_2H_4; 75 kmol O_2; 50 kmol C_2H_4O; 25 kmol
5. $0,80$; $0,40$; 40 kmol

Seção 4.6d

1. $0,90$
2. 80%
3. 16 mols B/mol C
4. 80 mols, 10 mols

Seção 4.7b

1. Três espécies moleculares independentes (C_2H_4, C_4H_8, N_2). Duas espécies atômicas independentes (N e C ou H).
2. **(a)** $CH_4 + 2O_2 \rightarrow CO_2 + 2H_2O$
   (b) $CH_4 + \frac{3}{2}O_2 \rightarrow CO + 2H_2O$
   (c) $C_2H_6 + \frac{7}{2}O_2 \rightarrow 2CO_2 + 3H_2O$
   (d) $C_2H_6 + \frac{5}{2}O_2 \rightarrow 2CO + 3H_2O$

   Já que (b) pode ser obtida de (a) $- \frac{1}{2}$ [(c) $-$ (d)] (*verifique*), as quatro equações não são independentes.

Seção 4.7e

1. 60 mols; $0,60$
2. 120 mols; $0,48$

3. 40 mols CH_4 = 100 mols $CH_4 - \xi \Rightarrow \xi$ = 60 mols
   130 mols O_2 = 250 mols $O_2 - 2\xi \Rightarrow \xi$ = 60 mols
   60 mols CO_2 = 0 mol $O_2 + \xi \Rightarrow \xi$ = 60 mols

4. Quatro balanços em espécies moleculares (CH_4, O_2, CO_2, H_2O). Três balanços em espécies atômicas (C, H, O).

5. **(b)** I = O. (250)(2) mol O entrada =
   $[(130)(2) + (60)(2) + (120)(1)]$ mol O saída
   (c) I = O + C. 250 mols O_2 entrada = 130 mols O_2 saída + 120 mols O_2 consumidos
   (d) G = O. 120 mols H_2O gerados = 120 mols H_2O saída
   (e) I = O. (100)(4) mol H entrada =
   $[(40)(4) + (120)(2)]$ mol H saída

Seção 4.7f

1. Global = 100/110 = 0,909 mol A consumido/mol A alimentado; no reator = 100/200 = 0,500 mol A consumido/mol A alimentado.

Seção 4.7g

1. Conversão global = 0,833 (83,3%), conversão no reator = 0,25 (25%).

2. Os clientes querem B, não uma mistura que contenha principalmente A. Não faz sentido pagar por 200 mols de A (alimentação virgem) e depois descartar 140 mols do mesmo.

3. C continuaria se acumulando no sistema. Retire uma corrente de purga do reciclo.

4. O custo do reator que seria necessário para atingir uma conversão de 83,3% em uma única passagem pode ser muito maior que o custo do equipamento de separação e reciclo.

Seção 4.8a

1. 21% O_2, 79% N_2; 79/21 = 3,76 mols N_2/mol O_2
2. 25% H_2, 25% O_2, 50% H_2O; 50% H_2, 50% O_2
3. 20; 0,95; 5/95 = 0,0526

Seção 4.8b

1. 200 mols O_2/h
2. 200 mols O_2/h
3. $(4,76 \times 200)$ mol ar/h
4. $(2 \times 4,76 \times 200)$ mol ar/h
5. 50%

Capítulo 5

Seção 5.1

1. 255 cm^3/s. Se T aumenta, a vazão mássica permanece constante, mas a vazão volumétrica aumenta levemente. Procure a massa específica da água a 75°C e divida-a por 255 g/s.

2. $P_h = \rho gh$, e ρ_{Hg} varia com a temperatura. A diferença seria extremamente pequena.

3. $V_{tot} = \dfrac{m_1}{\rho_1} + \dfrac{m_2}{\rho_2} + \dots + \dfrac{m_n}{\rho_n}$;
$\dfrac{1}{\rho} = \dfrac{V_{tot}}{m_{tot}} = \dfrac{m_1}{m_{tot}\rho_1} + \dfrac{m_2}{m_{tot}\rho_2} + \dots = \dfrac{x_1}{\rho_1} + \dfrac{x_2}{\rho_2} + \dots$

Seção 5.2a

1. Uma relação entre a pressão absoluta, o volume específico, e a temperatura absoluta de uma substância. $P\hat{V} = RT$. Alta temperatura, baixa pressão.

2. (c) e (e). A massa e a massa específica de CO_2 aumentam por um fator (PM_{CO2}/PM_{H2}) = 22.

3. (a) e (c).

$$\dot{V} = \frac{\dot{n}RT}{P} = \frac{\dot{m}}{PM}\frac{RT}{P}$$

Admita que E represente etileno e B represente buteno. $PM_B = 2PM_E \Rightarrow \dot{V}_E = 2\dot{V}_B$. $\hat{V} = RT/P$, que é igual para B e E. Massa específica: $\rho = \dot{m}/\dot{V} = (PM)P/RT \Rightarrow \rho_B = 2\rho_E$

4. RT/P = [0,08206 L·atm/(mol·K)](200 K)/(20 atm) = 0,8206 L/mol < 5 L/mol. Pela Equação 5.2-3, o erro provavelmente será maior que 1%.

Seção 5.2b

1. Veja Tabela 5.2-1.
2. $V_{novo} = V_{velho}/2$; $V_{novo} = 2V_{velho}$
3. Diminui (n permanece inalterado, V aumenta); nada.
4. (a)

Seção 5.2c

1. (b), (d)
2. 5 bar, 50 m^3, p_{H_2} aumenta, v_{H_2} não muda.
3. Maior que

Seção 5.3a

1. Vapor
2. **(a)** $P_a < P_b$; **(b)** $\rho_{va}?\rho_{vb}$; **(c)** $\rho_{la} > \rho_{lb}$
3. Gás. Fluido supercrítico.

Seção 5.3c

1. A equação para determinar $\hat{V}$ para valores dados de T e P é uma equação cúbica.
2. Temperatura e pressão críticas (Tabela B.1), fator acêntrico de Pitzer (Tabela 5.3-1).
3. (b), (a), (c)

Seção 5.4b

1. Não. $T_r = (-190 + 273,2)/(T_c + 8)$, $P_r = 300/(P_c + 8)$, procure z nos gráficos, calcule $V = znRT/P$.
2. Precisa de um gráfico diferente para cada espécie.
3. A lei dos estados correspondentes diz que os valores de certas propriedades físicas de um gás dependem da proximidade do gás de seu estado crítico. Isto sugere que um gráfico de z em função de T_r e P_r deve ser aproximadamente o mesmo para todas as substâncias (o gráfico de compressibilidade generalizada).

Seção 5.4c

Veja o Exemplo 5.4-2. Compostos não polares com propriedades críticas semelhantes.

Capítulo 6

1. Destilação. As naftas saem pelo topo da coluna, os óleos lubrificantes pelo fundo e os óleos de aquecimento pelo meio.
2. Evaporação, filtração, centrifugação
3. Evaporação, osmose inversa (filtração por membranas a alta pressão)
4. Condensação, absorção
5. Adsorção

Seção 6.1a

1. $-5°C$, 3 mm Hg
2. $-56,6°C$, 5,112 atm
3. Todo o CO_2 solidifica a 1 atm, o sólido funde a 9,9 atm e $-56°C$, o líquido ferve a 9,9 atm e $-40°C$.
4. 1 atm; 9,9 atm
5. $-78,5°C$; $-56°C$, $-40°C$; **6.** Não

Seção 6.1b

1. **(a)** 1304,063 mm Hg; **(b)** 1304,063 mm Hg
2. (i) procure por T_b para o benzeno na Tabela B.1; (ii) usando a equação de Antoine para o benzeno, resolva para T_b dado $p^* = 760$ mm Hg; (iii) use a função AntoineT para o benzeno no APEx.
3. Trace um gráfico de p^* em função de $1/T_{absoluta}$ em papel semilog, desenhe uma linha passando pelos pontos e extrapole para $1/T_4$.

Seção 6.2

1. Equação 6.2-1
2. **(a)** 2; **(b)** 2; **(c)** 4; **(d)** 3

Seção 6.3

1. Sim; sim.
2. 200 mm Hg; 600 mm Hg; 200/960; procure ou calcule a temperatura na qual $p^*_{acetona} = 960$ mm Hg.
3. **(a)** A temperatura na qual o gás deve ser resfriado antes que qualquer espécie condense; superaquecido, saturado.
   (b) $y_{H_2O} = p^*_{H_2O}(T_0)/P_0$ (i) nada; (ii) condensa; (iii) condensa; (iv) nada
   (c) $p^*_{H_2O}(T_{p0}) = y_{H_2O}p_0$. Procure a temperatura na qual a pressão de vapor é $p^*_{H_2O}$.
   (d) $T_{po} = T_0 - T_{sa}$; $y_{H_2O} = p^*_{H_2O}(T_{po})/P_0$.

Seção 6.3

1. $82°C$
2. 50%
3. $s_m = 0,111$, $s_p = 44,4\%$

Seção 6.4b

1. Lei de Raoult: $p_A = x_A p^*_A$, em que x_A é a fração molar de A na fase líquida; é mais provável que seja válida quando $x_A \to 1,0$.
2. Lei de Henry: $p_A = x_A H_A$; é mais provável que seja válida quando $x_A \to 0$.
3. Uma solução para a qual é obedecida a lei de Raoult ou a lei de Henry, para todas as espécies e em todas as composições da solução.
4. Lei de Henry para x_{CO_2} e p_{CO_2}, lei de Raoult para x_{H_2O} e p_{H_2O}. Procure as constantes de Henry para o CO_2 (*Perry's Chemical Engineers' Handbook*, 8.ª edição, págs. 2-130 a 2-133) e a pressão de vapor de H_2O (Tabela B.3 deste livro).
5. Quando a lata é aberta, P diminui imediatamente para a pressão atmosférica. Na pressão mais baixa, o CO_2 é menos solúvel no líquido e então bolhas de CO_2 emergem. À medida que a concentração de CO_2 dissolvido (x_{CO_2}) se aproxima do seu valor de equilíbrio, o borbulhamento diminui. Ao longo de um período mais longo, a lata esquenta e a fração molar de CO_2 no gás acima do líquido diminui conforme o gás se mistura com ar. Ambos os fenômenos diminuem a solubilidade do CO_2 ainda mais e bolhas continuam emergindo. Eventualmente y_{CO_2} é próxima de zero, quase nenhum CO_2 dissolvido permanece no líquido e a bebida fica "sem gás".

Seção 6.4d

1. A temperatura na qual se forma a primeira bolha de vapor se o líquido é aquecido na pressão dada. A temperatura na qual se forma a primeira gota de líquido se a mistura vapor é resfriada na pressão dada.
2. $92°C$; 0,70 mol benzeno/mol (pela Figura 6.4-1a)
3. $99°C$; 0,30 mol benzeno/mol (pela Figura 6.4-1a); diminui
4. Aumenta (veja a Equação 6.4-4); aumenta (veja a Equação 6.4-6)
5. A carga hidrostática do líquido deve se adicionada à pressão na superfície do líquido. Converta 5 ft de água em atm, some com 1 atm e procure o ponto de ebulição da água à pressão corrigida.
6. As equações não lineares não podem ser resolvidas explicitamente para I.

Seção 6.5b

1. 380 g. O sal adicionado não permanecerá sem dissolver.
2. $55°C$. Ao aumentar a quantidade de KNO_3 os cristais precipitam (saem da solução).
3. Veja a Seção 6.5b (Tabela 6.5-1). Sulfato de magnésio tetraidratado.
4. $120,4/138,4 = 0,870$
5. Acima de $40°C$ os cristais que precipitam são sais hidratados.

Seção 6.5c

1. Uma propriedade de solução que depende apenas da concentração, e não de que são o soluto e o solvente. Pressão de vapor, ponto de ebulição e ponto de congelamento.
2. 850 mm Hg. O soluto é não volátil, não dissociativo e não reativo com o solvente; a lei de Raoult é válida.
3. Maior. $p^* = (1000$ mm Hg$)/0,85 = 1176$ mm Hg.
4. Abaixa o ponto de congelamento da água, de forma que evita a formação de gelo a temperaturas nas quais caso contrário ele seria formado.
5. O anticongelante abaixa o ponto de congelamento e aumenta o ponto de ebulição da água, de forma que a água é menos propensa a se congelar no inverno e a ferver no verão.

Seção 6.6a

1. Dados A e S, dois líquidos quase imiscíveis, e B, um soluto distribuído entre as fases de uma mistura A-S, o coeficiente de distribuição do componente B é a razão entre a fração mássica de B na fase S e aquela na fase A. Extração é a transferência de um soluto de um solvente líquido para outro.
2. Menos solúvel; $m_{VA} \gg m_W$

Seção 6.6b

1. Uma linha de amarração conecta as composições de duas fases em equilíbrio.
2. Fase rica em H_2O – 95,0% H_2O, 2,5% acetona, 2,5% MIBC; fase rica em MIBC – 92,5% MIBC, 2,5% H_2O, 5,0% acetona. Razão mássica entre a fase MIBC e a fase H_2O = $(0,950 - 0,450)/(0,450 - 0,025) = 1,18$.

Seção 6.7

1. Na absorção, uma espécie gasosa se dissolve em um líquido; na adsorção, uma espécie gasosa ou líquida adere à superfície de um sólido.
2. Um adsorvato é uma espécie que adere à superfície de um sólido adsorvente.
3. Concentração é igual à pressão parcial vezes uma constante (e vice-versa).

4. Espécies tóxicas no ar são adsorvidas na superfície do carbono. O carbono não ativado tem uma área superficial muito menor, de forma que a máscara ficaria saturada em muito menos tempo.

Capítulo 7

Seção 7.1

1. Cinética, potencial, interna; calor, trabalho
2. O calor é definido apenas em termos de energia sendo transferida (em trânsito).
3. $E_i + Q + W = E_F$

Seção 7.2

1. As vazões mássicas são as mesmas; $\rho_{saída} < \rho_{entrada}$; $V_{saída} > V_{entrada}$
2. $\Delta E_p > 0$, $\Delta E_k > 0$

Seção 7.3

1. Sistema fechado: não há passagem de massa através das fronteiras do sistema. Sistema aberto: há passagem de massa através das fronteiras do sistema. Sistema adiabático: não há calor transferido de ou para o sistema.
2. $Q = 250$ J
$W = -250$ J
3. $\Delta U = -50$ kcal
4. Se a substância é um líquido ou um sólido, ou um gás sob condições próximas da idealidade, é razoável desprezar a dependência de U com a pressão.

Seção 74a

1. $\dot{V}_{entrada} = \dot{V}_{saída}$
2. $P_{entrada} > P_{saída}$

Seção 74b

1. 6000 cal
2. 1000 cal/min
3. O volume específico e a pressão: $\hat{H} = \hat{U} + P\hat{V}$

Seção 7.4c

1. $\dot{W}_s = 0$
2. $\dot{Q} = 0$
3. $\Delta \dot{E}_k = 0$
4. $\Delta \dot{E}_p = 0$

Seção 7.5a

1. Uma propriedade cuja mudança de valor em qualquer processo depende apenas dos estados inicial e final e não da trajetória entre eles.
2. **(a)** 0;
(b) 5000 J/kg;
(c) $\Delta \hat{H} = \hat{H}_A(v, 0°C, 1 \text{ atm}) - \hat{H}_A(v, 30°C, 1 \text{ atm})$
$= (5000 \text{ J/kg} - 7500 \text{ J/kg}) = -2500$ J/kg
(d) Não $- \hat{H}$ é uma função de estado.

Seção 7.7

1. Fluido incompressível, transferência de calor desprezível, e sem variações de energia interna, salvo as devidas à fricção.
2. Acima, mais sem fricção ou trabalho no eixo.

Capítulo 8

Seção 8.1a

$\hat{H} = -2751$ kJ/kg. $\hat{U} = -2489$ kJ/kg.

Seção 8.1b

2. Abaixar P isotermicamente até 1 atm, resfriar a 1 atm até 80,7°C, condensar a 80,7°C, resfriar o líquido a 1 atm até 25°C, elevar a pressão até 5 atm.
3. Mantendo a pressão constante em 1 atm, resfriar a água até 25°C, dissolver o NaOH em água a 25°C, aquecer a solução até 50°C.
4. Mantendo a pressão constante em 1 atm, resfriar o O_2 até 25°C, misturar O_2 e CH_4 a 25°C, conduzir a reação a 25°C, aquecer os produtos até 300°C.

Seção 8.2

1. **(a)** ii; **(b)** i; **(c)** iii
2. Determine z para C_2H_6 a cada uma das condições do sistema. Se z está perto de 1 para os dois estados, pode ser razoável desprezar $\Delta \hat{H}$.

Seção 8.3a

1. $C_v = (\partial \hat{U} = \partial T)_v$,
$C_p = (\partial \hat{H} = \partial T)_P$
2. **(a)** exato,
(b) inexato,
(c) boa aproximação
3. $\Delta H = (5 \text{ g})[0,5 \text{ cal} = (\text{g} \cdot °C)](20°C) = 50$ cal

Seçao 8.3b

1. 28,5 J/(mol·°C)
2. 5 cal/(mol·°C); 7 cal/(mol·°C)
3. **(a)** 22,44 kJ/mol,
(b) −25,78 kJ/mol,
(c) $-2,22 \times 10^5$ Btu/h (Despreze os efeitos da pressão).

Seção 8.3c

1. $CaCO_3(s)$: $C_p = 26 + 7,5 + 3(17) = 84,5$ J/(mol·°C)
2. $\Delta H = \{(2 \text{ kg})[2,5 \text{ kJ/(kg·°C)}]$
$+ (1 \text{ kg})(1,8 \text{ kJ/(kg·°C)})\}(10°C) = 68$ kJ
$\Delta \hat{H} = 68 \text{ kJ/3 kg} = 23$ kJ/kg
3. $\Delta \hat{H} = 25$ cal/g
4. $(C_p)_{mistura} = [(0,50)(1,00) + (0,50)(0,54)]$ cal/g $= 0,77$ cal/g

Seção 8.4a

1. Sim; não
2. **(a)** 0; **(b)** 900 J/mol
(c) Resfriar o vapor até 75°C; condensar a 75°C; resfriar o líquido até 25°C.
3. $\Delta \hat{U}_f \approx 5500$ cal/mol
$\Delta U_v = \Delta \hat{H}_v - RT = 26,710$ cal/mol

Seção 8.4b

1. Equação 8.4-3
2. Equação 8.4-4
3. Pela Equação 8.4-6, a inclinação da linha é $-\Delta \hat{H}_v/R$.

4. Pela Equação 8.4-7, a inclinação da tangente à curva em $p^* = 1$ atm é $-\Delta\hat{H}_v/R$.

5. Equação 8.4-8.

6. $\Delta\hat{H}_v(T_2) = \int_{T_2}^{T_1} C_{pl}dT + \Delta\hat{H}_v(T_1) + \int_{T_1}^{T_2} C_{pv}dT$

Seção 8.4d

Ar a 25°C, $h_r = 20\% \Longrightarrow h_a = 0,0040$ kg H_2O/kg ar seco; $T_{bu} = 12,5°C$; $T_{po} = 0,5°C$; $\hat{V}_H = 0,85$ m³/kg ar seco, $\hat{H} = (35,00 - 0,27)$ kJ/kg ar seco $= 34,73$ kJ/kg ar seco

Seção 8.4e

1. **(a)** $(C_p)_{gás}$, $(C_p)_{líquido}$ e $(\Delta\hat{H}_v)_{líquido}$ são independentes da temperatura, e a variação de entalpia do líquido não evaporado é desprezível se comparada ao calor de vaporização e à entalpia do gás.
(b) Sim; **(c)** não

2. $T_{sa} = 11°C$; $h_a = 0,0069$ kg H_2O/kg ar seco; $h_r = 70\%$; $\hat{H} = (31,60 - 0,06)$ kJ/kg ar seco $= 31,54$ kJ/kg ar seco

Seção 8.5a

1. **(a)** $\hat{H} = -40$ kJ/mol A; **(b)** $\hat{H} = 20$ kJ/mol A

2. $Q = \Delta H = (5)(-40)$ kJ $= -200$ kJ (liberado)

3. $Q = 5(-60 + 40)$ kJ $= -100$ kJ (liberado)

Seção 8.5c

1. -97 Btu/lb$_m$ solução

2. 77°F (a temperatura de referência para H_2SO_4)

3. 190°F. 65% em peso de H_2SO_4. (A maior temperatura em uma linha entre os pontos de alimentação.)

4. **(a)** -60 Btu/lb$_m$ solução. **(b)** 30 Btu/lb$_m$ solução. O calor de solução a 77°F (ou a energia necessária para aquecer a solução desde 77°F até a sua temperatura adiabática de mistura de cerca de 195°F).

Seção 8.5d

1. 130°F, 0,15

2. 600 Btu/lb$_m$

3. Fração de vapor $\approx (0,50 - 0,18)/(0,88 - 0,18) = 0,46$

Capítulo 9

2. A segunda frase está errada e a primeira está correta, mas apenas se os reagentes e produtos estão à mesma temperatura. A energia liberada pela quebra das ligações dos reagentes e a formação das ligações dos produtos deve ser transferida do reator para manter os produtos na mesma temperatura; caso contrário a energia permanece no reator e eleva a temperatura dos produtos. Se o reator é adiabático, os produtos à temperatura maior teriam *o mesmo* nível de energia que os reagentes na temperatura menor.

Seção 9.1

1. $H_{produtos} - H_{reagentes}$ quando são fornecidas quantidades estequiométricas dos reagentes, a reação prossegue até se completar, e os reagentes e produtos estão à mesma temperatura e pressão. Como acima, com reagentes e produtos a 25°C e 1 atm.

2. **(a)** -20 kJ/mol A reagido; **(b)** exotérmico; **(c)** retirado; **(d)** maior

3. O calor latente de vaporização de C_6H_{14} a 25°C e 1 atm

4. $\Delta U_r(T) = \Delta H_r(T) + 2RT$

5. $\Delta H_r = \sum_{produtos} |v_i|\hat{H}_i - \sum_{reagentes} |v_i|\hat{H}_i$

Em geral, $\hat{H}_i = \hat{U}_i + P\hat{V}_i$; para líquidos e sólidos, $\hat{H}_i \approx \hat{U}_i$; e para gases ideais, $P\hat{V}_i = RT$, de forma que $\hat{H}_i = \hat{U}_i + RT$. Para obter o resultado desejado, substitua $\hat{H}_i$ na expressão para ΔH_r e lembre que

$$\Delta U_r = \sum_{produtos} |v_i|\hat{U}_i - \sum_{reagentes} |v_i|\hat{U}_i$$

Seção 9.2

1. Veja o último parágrafo da Seção 9.2.

2. Multiplique a Equação 2 por -2 e some o resultado à Equação 1
$$2A + B - 2A - 2D \rightarrow 2C - 2C - 6E$$

$$B + 6E \rightarrow 2D, \Delta H_r = \Delta H_{r1} - 2\Delta H_{r2} = 3000 \text{ kJ}$$

Seção 9.3

1. A reação de formação de CO é $C + \frac{1}{2}O_2 \rightarrow CO$, de forma que o calor de reação é $-\frac{1}{2}$ vez o calor da reação dada, ou $-110,5$ kJ/mol. (Isto coincide com o valor da Tabela B.1.)

2. O calor de vaporização do propano a 25°C.

3. $\Delta H_r^{\circ} = (\Delta\hat{H}_f^{\circ})_{CO_2} + 2(\Delta\hat{H}_f^{\circ})_{H_2O(v)} - (\Delta\hat{H}_f^{\circ})_{CH_4}$

Seção 9.5c

1. **(a)** $\Delta\hat{H}_f^{\circ}(sol, n = 50) = (\Delta H_f)_A - 100 - 10$
$$= -110 \text{ kJ/mol A}$$
(b) $\Delta\hat{H}_f^{\circ}(sol, n = \infty) = -115$ kJ/mol A

2. **(a)** $\hat{H}(25°C) = -110$ kJ/mol A
(b) $H(25°C) = -550$ kJ

Seção 9.6a

1. $LHV = 2658$ kJ/mol
$HHV = 2658$ kJ/mol $+ 5(44,013$ kJ/mol$)$
$$= 2878 \text{ kJ/mol}$$

2. $HHV = (0,40)(143$ kJ/g$) + (0,60)(55$ kJ/g$)$
$$= 90,2 \text{ kJ/g}$$

3. Para o carvão:
($150/tonelada)(1 lb$_m$/15.000 Btu)(1 tonelada/2000 lb$_m$)
$$= 5,0 \times 10^{-6} \text{ \$/Btu}$$

Para o gás natural:
x($/tonelada)(1 tonelada/2000 lb$_m$)(1 lb$_m$/23.000 Btu)
$$= 5,0 \times 10^{-6} \text{ \$/Btu}$$

$\Downarrow$

$x = \$230$/tonelada

Seção 9.6b

1. A temperatura do produto quando o combustível é completamente queimado em um reator adiabático.

2. Perdas de calor através das paredes do reator, reação incompleta.

3. Com uma alimentação de ar, o calor liberado pela combustão de uma quantidade fixa (digamos, 1 mol) de combustível é usado para o aquecimento do nitrogênio no ar, além dos produtos de reação e o oxigênio em excesso, enquanto apenas os dois últimos precisam ser aquecidos no caso de uma alimentação de O_2. Se uma quantidade fixa de calor é adicionada a uma quantidade maior de material, a temperatura resultante deve ser menor.

Seção 9.6c

1. **(a)** Ignição — aumento brusco da taxa de uma reação de oxidação.

(b) Temperatura de ignição — a temperatura na qual ocorre a ignição quando a mistura combustível é aquecida lentamente.

(c) Retardo de ignição — o tempo entre o momento em que a mistura atinge a temperatura de ignição e o momento de ocorrência da ignição.

(d) Limites de inflamabilidade — limites de composição fora dos quais não pode haver ignição ou explosão.

(e) Ponto de fulgor de um líquido — temperatura na qual um líquido libera vapor suficiente para formar uma mistura inflamável com o ar acima da superfície líquida.

2. (a) Uma explosão ou ignição; não haveria reação.

(b) Sim; a reação pararia.

(c) Existe uma região entre o jato de saída (metano puro) e o grosso do ar no cômodo (quase sem metano) na qual a fração de metano se encontra dentro dos limites de inflamabilidade. A chama persiste nesta região.

Seção 9.6d

1. Uma chama é uma zona de combustão na qual várias espécies sofrem transições entre estados de alta energia e estados de baixa energia. A energia perdida nas transições é liberada como uma luz visível.

2. Em chamas de baixa temperatura, que ocorrem quando o combustível e o oxigênio não estão bem misturados, são formadas partículas de carbono que permanecem sem queimar, mas o calor na zona de reação as aquece até uma temperatura na qual elas brilham de forma incandescente. O resultado é uma chama amarela. A temperaturas mais altas de combustão, se formam várias espécies intermediárias que são excitadas em níveis de alta energia. Quando retornam aos estados de baixa energia emitem uma luz azul. O resultado é uma chama azul.

3. Em uma detonação, se forma uma frente de pressão (onda de choque) que se propaga a velocidade supersônica, comprimindo e acendendo rapidamente a mistura inflamável, dando a aparência de uma combustão instantânea. Nas vizinhanças da detonação, a força da onda de choque pode demolir um edifício ou impulsar uma bala. O ruído é a vibração nos tímpanos causada pela onda de choque.

4. A taxa da reação depende fortemente da temperatura; na temperatura ambiente é incomensuravelmente baixa.

Capítulo 10

Seção 10.1b

1. (a) Acúmulo, entrada, saída (embora o balanço de massa forneça o resultado de acúmulo = 0);

(b) todos exceto a geração;

(c) acúmulo, saída, consumo

2. $dm/dt = 10 \text{ kg/h} - 10 \text{ kg/h} = 0 \text{ kg/h}$

Seção 10.2b

1. $dy = (2-t)dt \Longrightarrow \int_1^y dy = \int_0^t (2-t)\, dt$

$$\Longrightarrow y = 1 + 2t - \frac{t^2}{2}$$

2. $\dfrac{dy}{2-y} = dt \Longrightarrow \int_1^y \dfrac{dy}{2-y} = \int_0^t dt$

$$\Longrightarrow -\ln(2-y)\rvert_1^y = t$$

$$\Longrightarrow \ln\left(\frac{1}{2-y}\right) = t$$

$$\Longrightarrow \left(\frac{1}{2-y}\right) = e^t$$

$$\Longrightarrow y = 2 - e^{-t}$$

3. $\dfrac{dy}{2-y} = (2-t)dt \Longrightarrow \int_1^y \dfrac{dy}{2-y} = \int_0^t (2-t)\, dt$

$$\Longrightarrow -\ln(2-y)\rvert_1^y = 2t - \frac{t^2}{2}$$

$$\Longrightarrow \ln\left(\frac{1}{2-y}\right) = 2t - \frac{t^2}{2}$$

$$\Longrightarrow \left(\frac{1}{2-y}\right) = \exp\left(2t - \frac{t^2}{2}\right)$$

$$\Longrightarrow y = 2 - \exp\left(-2t + \frac{t^2}{2}\right)$$

Seção 10.3

1. As mudanças em $\dot{E}_k$ e $\dot{E}_p$ são desprezíveis; não há acúmulo de massa; $\hat{U}$ e $\hat{H}$ são independentes de P; não há mudanças de fase ou reações químicas; não há variação espacial em T; C_v e C_p são constantes.

2. Quando a expressão de U_{sis} é derivada para produzir a Equação 10.3-9, se C_v varia com a temperatura (e portanto com o tempo) teria que ser adicionado um outro termo da forma $M(T_{sis} - T_r)$ (dC_v/dt).

Apêndice A

Seção A.1

1. $-1, +2$

2. A linha para a qual a soma dos quadrados dos resíduos é mínima.

3. Sim. (Corolário — não.)

4. Os desvios positivos e negativos em relação à linha se cancelam, possivelmente fazendo um ajuste horrível parecer bom.

Seção A.2a

1. Linear

2. Não linear

3. Não linear

4. (a) Linear; **(b)** Não linear

5. (a) Linear (multiplique a equação por z); **(b)** Não linear; **(c)** Linear

Seção A.2b

1. Uma linha reta em um gráfico de f versus x só pode cruzar o eixo x em um ponto.

2. Uma raiz. (A interseção de uma linha de 45° através da origem com uma curva que começa em 1 quando $x = 0$ e diminui, tendendo a zero à medida que x tende a infinito.)

Seção A.2d

1. (a) $x = 4$ e $x = 0$;   **(b)** $x_p = 15/4$; $x_n = 5$. Converge para $x = 4$.

2. A equação de uma linha em um gráfico f versus x através de (x_n, f_n) e (x_p, f_p) é $f = f_n + [(f_p - f_n)/(x_p - x_n)](x - x_n)$. O intercepto desta linha com o eixo x, que chamaremos x_{novo}, é obtido fazendo $f = 0$ e resolvendo a equação para x. O resultado é a Equação A.2-1.

Seção A.2e

1. Sim. Não. Você pode determinar as raízes diretamente.

2. O valor de $f'(x_0)$ seria 0, e o termo de correção f/f' estouraria.

Seção A.2f

1. **(a)** Substituição sucessiva modificada; **(b)** substituição sucessiva; **(c)** aceleração
2. 13,6

Seção A.2g

1. 2,60

2. Uma linha em um gráfico f versus x que passa através de (2; 2,3) e (2; 3,245) cruza a linha de 45° em $x = 2,60$.

Seção A.3d

1. 80
2. 84
3. 80. A função é cúbica, de forma que a regra de Simpson é exata.

Respostas de Problemas Selecionados

CAPÍTULO 2

Problema	Respostas Selecionadas
2	**(c)** 7200 hp
4	7×10^{16} passos
6	4×10^{11} relatórios
8	**(a)** $3,15 \times 10^{15}$ J/ano
10	$6,6 \times 10^6$ lb$_f$
12	$1,2 \times 10^8$ m^3
14	**(b)** $1,49$ g/cm^3
16	**(b)** 124 kg
18	**(b)** $W = 3$ ferns na Lua
20	**(a)** 27, 23
22	**(a)** $s = 0,3°C$
26	$1,5 \times 10^3$
28	**(a)** 0,888 m/s
30	**(b)** $1,13$ g/cm^3
32	**(a)** 3,00 mol/L
34	**(c)** $C = 1250$
36	**(c)** $C_C = 502,25$ mol/L
38	**(c)** $y = 2/x$
40	**(b)** 110 kg H$_2$O/h
42	**(a)** $T = 9677,6\phi^{-1,19}$
44	**(c)** $V(m^3) = 1,00 \times 10^{-3} \exp(1,5 \times 10^{-7} t^2)$
46	**(b)** $G = 1,806 \times 10^{-3}$
48	**(b)** $y = 1,0065x$
50	**(c)** $C = 12,2$ g/L
52	**(c)** $k = 0,0063 \ s^{-1}$

CAPÍTULO 3

Problema	Respostas Selecionadas
2	**(b)** 360 lb$_m$/ft^3
4	$P_{\text{França}} = \$154$
6	1,17
8	**(a)** 445 L
10	242 g
12	**(a)** o nível da lagoa baixa
14	**(a)** 2,05 kg/L
16	**(c)** 0,29
18	**(a)** $x = 0,9956 \ f - 0,0296$
20	**(f)** $1,44 \times 10^6$ g C
22	**(b)** 13.617 lb$_m$/h
24	**(a)** $SG_{\text{lama}} = 2,05$
26	**(c)** 99,3%
28	Ela estava errada.
30	$\dot{n}_C = 109$ lb-mol C/min
32	20.200 mol ar/h
34	0,917 g/cm^3
38	**(c)** 93 s
40	**(b)** 76%
42	**(a)** 0,996
44	**(c)** 30,4 N/cm^2
48	$F = 2250$ lb$_f$

Problema	Respostas Selecionadas
50	**(a)** 576 ft/s^2
52	**(a)** $(P_g)_{tor} = 245$ kPa
54	**(b)** $h = 7,58$ polegadas
56	**(a)** (i) $R = 23,8$ cm
58	8,1 mm Hg
60	**(b)** 23 mm H$_2$O
62	**(c)** 1,80 mol/s
64	**(a)** 208°F
66	**(b)** $R = 49,3$
68	**(c)** $P_2 = 911,9$ mm Hg

CAPÍTULO 4

Problema	Respostas Selecionadas
2	**(c)** 0,015 L/s
4	**(c)** $y_B = 0,612$ mol B/mol
6	**(b)** $\dot{n}_v = 2,9$ kmol/h
8	**(a)** 3 balanços independentes
10	**(c)** 44 g/min
12	**(c)** 0,04 ovo quebrado/ovo
14	**(c)** $m_1 = 0,49$ lb$_m$ morangos
16	**(b)** $\dot{V}_E = 54.375$ L/d
18	**(b)** 0,176 mol CH$_3$OH/mol
20	**(b)** $n_{1CS2} = 19$ kmol/h
24	**(c)** $R = 65,5$
26	**(a)** 0,323 (kg H$_2$SO$_4$/kg solução)
28	**(e)** Max $x_w = 0,00177$
30	**(b)** 13,5 g de tecido
32	**(b)** $m_5 = 28,6$ kg de produto
34	**(b)** $D = 1,08$ m
36	**(c)** $x_4 = 0,245$ kg SO$_2$ absorvido/kg
38	Balanços máximo = 3 Globais
40	**(b)** Recuperação global de benzeno: 97%
42	**(c)** $x_B = 0,100$ mol B/mol
44	**(b)** $x_6 = 0,0154$ kg Cr/kg
46	**(d)** Razão de bactéria: 4,4
48	**(b)** yield = 0,118 kg óleo/kg feijões alimentados
50	**(a)** 3,17 lb$_m$ Whizzo
52	**(b)** 33,3% excesso C$_2$H$_2$
54	**(a)** 1 grau de liberdade
56	HBr é o reagente limitante.
58	**(b)** $3,67 \times 10^3$ kg CO$_2$/h
60	3,25 kmol/s
62	**(b)** 9 mol NH$_3$/dia
64	**(b)** 0,688
66	**(e)** 0,324 mol A reagido/mol A alimentado
68	**(c)** Rendimento fracionário = 0,877
70	147 acres de terra
72	0,0129 kg ar/kg carvão
74	**(c)** $\xi_1 = 0,0593$
76	**(a)** conversão por passe CO: 25,07%

Problema	Respostas Selecionadas
78	**(c)** $n_{O2} = 37{,}8$ lb-mol O_2/h
80	**(a)** Conversão global de CO: 76%
82	Produto: 173,5 kmol C_8H_{18}/h
84	**(b)** 68,41 kmol ar/h
86	1365 mol ar/h
90	**(a)** 16,5% excesso O_2
92	**(c)** 18,6% excesso de ar
94	**(b)** 46% excesso de ar
96	10,7% CO_2
98	$3{,}72 \times 10^5$ mol ar
100	**(a)** 0,62 mol C/mol H

Problema	Respostas Selecionadas
96	0,041 m^3
98	126 ft^3/min
100	10,6 cm
102	37,3 atm
104	**(a)** 7,44 bar

CAPÍTULO 5

Problema	Respostas Selecionadas
2	**(c)** 76,98 mL
4	$2{,}3 \times 10^3$ min
6	**(c) (i)** 1415 kg/m^3
8	0,0064 m^3/mol
10	**(a)** 249 kg N_2
12	**(b)** 24 polegadas de H_2O
14	165 m/s
16	3,9 g/mol
18	**(b)** 7,9
20	**(c)** 2,3% erro
22	0,87
24	1,52
28	**(a)** 2440 ft^3/h
30	**(a)** $y_B = 0{,}749$ às 13 h.
32	**(c)** 12,3 m/s^2
34	**(d)** 1,15 kg/m^3
36	**(b)** 1,078 mL exalado/mL inalado
38	**(a)** 0,525 L H_2O perdido/dia
40	$\dot{V}_{ar} = 111{,}3$ m^3/h ar
42	**(b)** 0,55 L/min
44	$4{,}0 \times 10^4$ m^3(STP)/h
48	**(b)** 50% NO conversão
50	**(c)** $9{,}2 \times 10^5$ $\dot{A}$
52	**(a)** $0 \leq x \leq 1$
54	**(a)** 27,3 atm
56	**(b)** 196 kg Ac/h
58	A especificação está errada.
60	**(c)** 0,03832 atm
62	**(b)** Base úmida: 720 ppm SO_2
64	**(a)** 0,762 L
66	**(a)** $x = 390$ m^3 ar/100 kg minério necessário
68	**(c)** $b = 7367$ K
70	**(a)** $\dot{V}_{rec} = 1860$ SCMH
72	**(d)** $3{,}65 \times 10^4$ kg/h
74	**(b)** $\dot{V}_{real} = 354$ m^3/h
76	**(a)** $n = 5{,}28 \times 10^6$ lb-mol gás
78	**(a)** $c_3 = 50{,}0$ atm
80	$T_{ideal} = 435{,}0$ K
82	**(b)** m_{CO_2}(adicionado) = 3,63 kg
86	**(b)** 83,1 kg/m^3
88	0,246 m^3/h
92	**(c)** Precisa de pelo menos 5 estágios.
94	**(b)** 34.900 gal

CAPÍTULO 6

Problema	Respostas Selecionadas
2	**(a)** 269 mm Hg
4	**(b)** inclinação = -7076 kJ/mol
6	**(a)** 599 mm Hg
8	**(a)** 2 variáveis intensivas
10	**(a)** 38,1°C
12	$h_p = 61\%$
14	**(c)** 2,00 atm
16	**(a)** 383 mm Hg
18	0,0166 kg vapor/min
20	**(c)** 49%
22	**(a)** 1,31 lb_m tolueno
24	**(a)** 14,5 SCMM
26	26,3 mL H_2O exalado
28	0,265 kg/h
30	15,3°C
32	**(d)** 4836 mm Hg
34	**(b)** $1{,}56 \times 10^4$ m^3/min
36	**(b)** 90%
38	30,2% excesso de ar
40	49% C_3H_8
42	**(a)** 0,222 mol gás/mol líq. alimentado
44	**(a)** 18,4%
46	**(a)** Lei de Raoult – água; Lei de Henry – N_2
48	378,5 atm
50	**(c)** 5,8 ml M/ml SW
52	**(e)** 1,3%
54	**(c)** 0,958 mol ar seco/mol
56	0,0406 mol B/mol
58	**(a)** $P = 7300$ mm Hg na primeira bolha de vapor
60	**(a)** $T_{pe} = 80{,}5$°C
62	**(c)** 3,62 mol C_4H_{10}/s
64	**(b)** 0,96 kmol B/kmol
66	**(a)** A temperatura irá diminuir.
68	**(a)** 13% B
70	**(a)** $x_B = 0{,}323$, $y_B = 0{,}615$
72	**(b)** $x_A = 0{,}47$ mol A/mol
74	116,3°C
76	**(c)** 0,73 torr
78	**(a)** 4,5 ft^3 W/dia
80	32,3%
82	**(b)** 114 g A(s)
84	0,429 lb_m cristais/lb_m solução
86	$1{,}51 \times 10^6$ L/h
88	**(b)** 62,2%
90	**(b)** $4{,}475 \times 10^4$ lb_m H_2O/h
92	$T_m = 1{,}9$°C
94	6,38 kJ/mol
96	5,45 kg xileno
98	**(a)** $1{,}30 \times 10^4$ kg H

Problema	Respostas Selecionadas
100	**(b)** 0,394 kg P/kg
102	4200 g na fase rica em MIBC
104	**(b)** 1,82
106	**(a)** 33,1 g sílica-gel
108	**(b)** 68 min

CAPÍTULO 7

Problema	Respostas Selecionadas
2	**(a)** 715 Btu
4	**(c)** 431 MW
6	**(a)** 113 J/s
8	**(a)** 23,5 ft/s
10	$3,43 \times 10^6$ kW·h/semana
12	**(b)** −765 J
14	**(b)** 2338,72 J/mol
16	**(b)** $9,0 \times 10^3$ cal
18	**(a)** 480 K
20	**(b)** $\Delta \dot{H} = \dot{Q}$
22	246 L/s
24	477 m/s
26	**(b)** 1,04 kW
28	**(a)** 711,5 kg/h
30	10,1 GW (LFGTE)
32	**(a)** $5,47 \times 10^3$ kW
34	**(a)** 300 kJ/h
36	**(a)** 140 kg/h
38	**(a)** 13 s/descarga
40	**(c)** 39,8 bar
42	**(c)** 337°C
44	**(a)** 587 kJ/h
46	**(a)** $1,82 \times 10^4$ cal
48	**(b)** 20 g
50	38 g gelo
52	**(a)** 0,53 g
54	37,5 g
56	**(b)** 2,54 cm
58	**(b)** 37 L/s
60	**(a)** 290 ft
62	**(a)** 289,7 m
64	**(a)** 3,23 m

CAPÍTULO 8

Problema	Respostas Selecionadas
2	**(b)** 6750 J/mol
4	**(a)** 0,1618 kJ/mol·C
6	**(b)** −594 kJ/kg
8	$6,890 + 0,001436T$
10	**(a)** 169°F
12	**(b)** 0,223 kJ/mol·K
14	**(c)** Custo total = R$4,72
16	**(a)** −2156 kW
20	2062 Btu/h

Problema	Respostas Selecionadas
22	3378 kJ
24	433 kJ/kg
26	**(a)** $1,447 \times 10^6$ Btu/h
28	66 lb_m gelo consumido
30	**(b)** 117 kJ
32	**(b)** 52,6 kW
34	**(b)** 79,7%
36	$1,39 \times 10^6$ J/dia
38	**(b)** −294 kW
40	**(b)** 341 kW
42	**(b)** −1730 cal/g
44	**(a)** 50,10 kJ/mol
46	**(b)** $h_r = 2,8\%$
48	**(a)** 45,0 min
50	**(c)** 100 s
52	100 kJ/mol
54	**(a)** 49,3°C
56	**(f)** −12,6 kW
58	**(a)** 96,5%
60	**(b)** 257 kW
62	**(a)** $2,42 \times 10^4$ kW
64	**(d)** 552°C quando $T_f = 36$°C
66	**(b)** 25,5% do fluxo do rio desviado para a planta
68	**(d)** 4070 kg vapor/h
70	**(a)** 4417 kg água fresca/h
72	**(a)** (i) $SG_{líq} = 0,600$
74	**(c)** 21,6°C
76	**(c)** 2280 kg/h
78	**(c)** 935 kW
80	**(b)** 4667 mm Hg
82	**(b)** 78°F
84	65%
86	**(a)** 10 kg água/min
88	**(b)** 68%
90	**(a)** 0,0059 kg água/kg DA
92	**(b)** 67 m^3
94	**(a)** 0,0083 kg água/kg DA
96	**(a)** −64,05 kJ/mol HCl
98	60,9 kJ/mol H_2SO_4
100	**(b)** −471 kJ/L
102	**(a)** −52°C
104	**(a)** 6,49 kmol/h
106	**(b)** 112°C
108	**(b)** −2°C
110	**(a)** 1140 mL água
112	**(a)** 88,3 Btu/lb_m
114	O vapor tem 140 g NH_3, 35g H_2O

CAPÍTULO 9

Problema	Respostas Selecionadas
2	**(d)** 57 kJ/mol
4	**(b)** 52,0 kJ
6	**(a)** −17.700 Btu
8	**(b)** −35 kW
10	**(b)** −4,3%
12	**(c)** $Q = -3,68$ kJ
14	**(d)** $4,98 \times 10^6$ Btu/ton Fe

Problema	Respostas Selecionadas
16	**(a)** 75% decomposto
18	**(b)** 1,62 kg/h
20	**(c)** 11,86 kJ
22	**(b)** $g = 1,26787$
24	**(a)** 1,3 kJ
26	**(c)** 5,15 gal H_2O/min
28	**(a)** $2,7 \times 10^6$ kJ
30	**(a)** 1724 kPa
32	**(b)** 6,67 lb-mol/h
34	**(d)** 1892 kg vapor/h
36	**(b)** 10.200 kJ transferido para o reator
38	**(a)** 80,1% conversão
40	0,652 mol CO convertido/mol alimentado
44	**(b)** Endotérmico
46	$-4,42 \times 10^6$ kJ
48	**(b)** $-14,2$ kJ
50	**(a)** $-859,81$ kJ/mol
52	**(b)** 43°C
54	-86.995 kJ/h
56	**(b)** (i) 240,0 kmol O_2 alimentado
58	**(b)** $1,01 \times 10^{-6}$ kg SO_2/kJ
60	986 kJ transferido para o reator
62	**(a)** -23.300 Btu/lb_m
64	**(a)** $-5,85 \times 10^4$ kW
66	**(b)** 50% excesso de ar
68	**(c)** -655 kW
70	**(c)** 37,3%
72	**(c)** 150°C
74	**(b)** 2317 K

Problema	Respostas Selecionadas
76	**(a)** 4414°C
78	**(b)** 34,5 atm
80	71,41% CO conversão
82	**(d)** 176 kW

CAPÍTULO 10

Problema	Respostas Selecionadas
2	**(c)** 47,1 min
4	**(d)** 0,30 lb-mol O_2
6	**(a)** 11,5 h
8	**(a)** 200 L
10	**(b)** côncavo para cima
12	**(c)** 2,83 h
14	**(a)** 200 kg
16	**(b)** 17,2 h
18	**(a)** 0,1038 lb-mol
20	**(d)** 25 h
22	**(c)** $k_2 = 0,115$ L/mol
24	**(c)** 2,7 h
26	**(b)** 2,53 g/s
28	**(b)** 25°C
30	**(a)** 5,1 min
32	**(a)** 33,3 kW
34	**(a)** $C_{S1} = 3$ g/L
36	**(a)** $a = 1 + b$

Índice

Pré-impressão, impressão e acabamento

GRÁFICA SANTUÁRIO

grafica@editorasantuario.com.br
www.editorasantuario.com.br

Aparecida-SP

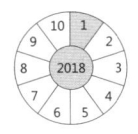

PESOS E NÚMEROS ATÔMICOS

Os pesos atômicos se aplicam às composições isotópicas que ocorrem naturalmente e estão baseados em uma massa atômica de $^{12}C = 12$

Elemento	Símbolo	Número Atômico	Peso Atômico	Elemento	Símbolo	Número Atômico	Peso Atômico
Actínio	Ac	89	—	Hidrogênio	H	1	1,00797
Alumínio	Al	13	26,9815	Hólmio	Ho	67	164,930
Amerício	Am	95	—	Índio	In	49	114,82
Antimônio	Sb	51	121,75	Iodo	I	53	126,9044
Argônio	Ar	18	39,948	Irídio	Ir	77	192,2
Arsênico	As	33	74,9216	Itérbio	Yb	70	173,04
Astato	At	85	—	Ítrio	Y	39	88,905
Bário	Ba	56	137,34	Lantânio	La	57	138,91
Berílio	Be	4	9,0122	Laurêncio	Lr	103	—
Berquélio	Bk	97	—	Lítio	Li	3	6,939
Bismuto	Bi	83	208,980	Lutécio	Lu	71	174,97
Boro	B	5	10,811	Magnésio	Mg	12	24,312
Bromo	Br	35	79,904	Manganês	Mn	25	54,9380
Cádmio	Cd	48	112,40	Mendelévio	Md	101	—
Cálcio	Ca	20	40,08	Mercúrio	Hg	80	200,59
Califórnio	Cf	98	—	Molibdênio	Mo	42	95,94
Carbono	C	6	12,01115	Neodímio	Nd	60	144,24
Cério	Ce	58	140,12	Neônio	Ne	10	20,183
Césio	Cs	55	132,905	Netúnio	Np	93	—
Chumbo	Pb	82	207,19	Nióbio	Nb	41	92,906
Cloro	Cl	17	35,453	Níquel	Ni	28	58,71
Cobalto	Co	27	58,9332	Nitrogênio	N	7	14,0067
Cobre	Cu	29	63,546	Nobélio	No	102	—
Criptônio	Kr	36	83,80	Ósmio	Os	75	190,2
Cromo	Cr	24	51,996	Ouro	Au	79	196,967
Cúrio	Cm	96	—	Oxigênio	O	8	15,9994
Disprósio	Dy	66	162,50	Paládio	Pd	46	106,4
Einstêinio	Es	99	—	Platina	Pt	78	195,09
Enxofre	S	16	32,064	Plutônio	Pu	94	—
Érbio	Er	68	167,26	Polônio	Po	84	—
Escândio	Sc	21	44,956	Potássio	K	19	39,102
Estanho	Sn	50	118,69	Praseodímio	Pr	59	140,907
Estrôncio	Sr	38	87,62	Prata	Ag	47	107,868
Európio	Eu	63	151,96	Promécio	Pm	61	—
Férmio	Fm	100	—	Protactínio	Pa	91	—
Ferro	Fe	26	55,847	Rádio	Ra	88	—
Flúor	F	9	18,9984	Radônio	Rn	86	—
Fósforo	P	15	30,9738	Rênio	Re	75	186,2
Frâncio	Fr	87	—	Ródio	Rh	45	102,905
Gadolínio	Gd	64	157,25	Rubídio	Rb	37	84,57
Gálio	Ga	31	69,72	Rutênio	Ru	44	101,07
Germânio	Ge	32	72,59	Samário	Sm	62	150,35
Háfnio	Hf	72	178,49	Selênio	Se	34	78,96
Hélio	He	2	4,0026	Silício	Si	14	28,086